王连铮

（1930—2018）

1930年王连铮生于辽宁省海城县腾鳌镇
杨柳河畔穿过的福安村

1937—1942年王连铮在辽宁省海城县腾鳌镇
保安中心小学就读

1943—1945年王连铮在鞍山工科
国民高等学校学习（初中）原址

1954年东北农学院俄文一班毕业前
合影（前排右三是王连铮）

1956年8月王连铮赴苏联黑海
考察林业，在黑海附近海滨游泳

1956—1960年王连铮在黑龙江省
农业科学院从事马铃薯和小麦育种研究

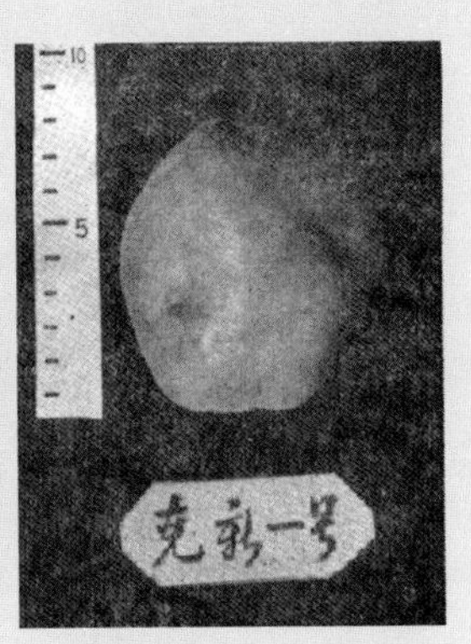

1958—1960年王连铮
参与马铃薯克新1号
部分选育工作

1956—1970年王连铮从事大豆辐射育种工作

1960年王连铮赴苏联
季米里捷夫农学院
研究生学习

1963—1966年王连铮在
黑龙江省农业科学院从事
大豆营养生理研究工作

1978年王连铮任黑龙江省农业科学院副院长

1981年王连铮任黑龙江省农业科学院院长
兼大豆研究所所长

1983年4月黑龙江省副省长王连铮与领导班子成员合影

1983—1987年王连铮任黑龙江省副省长期间与黑龙江
省委常委朱典明推广水稻稀植技术在全国推广2亿亩

1983年4月与《温饱十亿人》作者合影，左起孙颔研究员、余有泰教授、Wittwer S. H. 教授、王连铮研究员

1984年黑农26获国家发明二等奖的课题组成员合影（左三为第二主持人王连铮）

1984年王连铮副省长（右一）陪同中共黑龙江省委书记李立安（右三）和陈雷省长（左三）欢迎罗马尼亚大使米库列斯库（右四）

1984年8月王连铮研究员（左二）和常汝镇研究员（右二）参观美国伊利诺伊大学大豆品种资源鉴定圃，Bernard R. L.教授介绍美国大豆品种资源研究与利用情况

1985年6月王连铮主持“加强黑龙江省大豆研究，促进大豆生产发展项目”，任项目主任

1986年王连铮在“加拿大援助黑龙江省牛的繁育项目”启动会上讲话

1987年在美国出版《温饱十亿人》的英文版《Feeding a Billion》专著封面

1988年12月苏联驻华大使特洛扬诺夫斯基受全苏列宁农业科学院委托将该院院士证书和证章授予王连铮（左一）

1993年11月王连铮研究员应联合国粮农组织亚太地区办事处邀请访问东南亚国家考察大豆科研和生产

1993年10月联合国粮农组织亚太地区办事处举行世界粮食日活动，泰国诗琳通公主接见外国宾客（右一为王连铮）

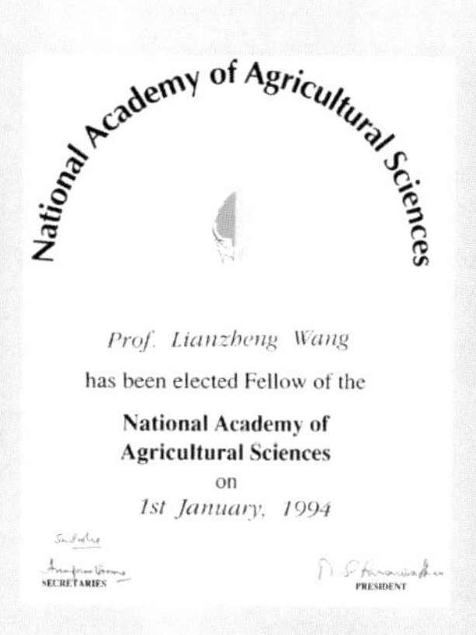

National Academy of Agricultural Sciences

Prof. Lianzheng Wang

has been elected Fellow of the

National Academy of Agricultural Sciences

on

1st January, 1994

SECRETARIES　　PRESIDENT

1994年1月王连铮当选“印度国家农业科学院院士”

1995年1月王连铮与世界粮食奖获得者合影

1995年王连铮研究员赴英国牛津参加英国国际农业和生物科学中心理事会会议

1997年7月王连铮（右）与王金陵老师（左）合影

1997年8月王连铮（左一）与盖钧镒院士（右二）和韩天富研究员（右一）考察山西农业大学大豆科研工作，李遗全教授进行介绍（左二）

1999年8月王连铮（中）参加在美国芝加哥召开的第六届世界大豆研究大会，与大会主席Kauffman H.（右）和孙寰研究员（左）合影

1999年10月与联合国粮农组织驻华代表库瑞希参加中华人民共和国五十周年国庆

2000年5月5—17日王连铮（右）陪同诺贝尔和平奖获得者Norman Borlaug博士（左）赴新疆、四川和北京等地考察中国农业

2000年5月中国科协欢送诺贝尔和平奖获得者Norman Borlaug博士（右四），右一为王连铮、右二为卢良恕、左一为庄巧生、左三为何康

2000年5月王连铮（右五）陪同诺贝尔和平奖获得者Norman Borlaug博士（右二）赴新疆考察农业生产

2000年8月王连铮（左）与安徽省种子管理站夏英萍副站长（中）和朱国富科长（右）考察大豆品种中黄13在安徽的生产情况

2002年12月王连铮及夫人李淑贞接待苏联攻克柏林英雄、原苏联农业部常务副部长鲁诺夫院士（左二）和汪懋华院士（左一）

2003年9月，王连铮在母校沈阳东北中山中学校门前

2004年12月王连铮研究员（左二）与刘忠堂研究员（左三）和杜维广研究员（左一）赴全俄大豆科学研究所考察，该所的奇里巴院士（右一）和Ala教授（右二）接待

2006年9月王岚向全俄大豆科学研究所介绍大豆育种情况

2006年9月王连铮研究员（左三）、董钻教授（左一）等参观全俄大豆科学研究所，阿拉教授（右一）介绍野生大豆生长情况

2006年10月王连铮参加在中国西安召开的全国种子双交会

2007年中黄35在新疆实收亩产达371.8千克，被547位院士投票评选为2007年度国内十大科技进展新闻之一。测产专家组组长邱家训教授（右四）和董钻教授（右二）以及王连铮研究员（右三）、罗赓彤研究员（左二）、韩敬花副处长（左三）、刘建安博士（左一）和王岚副研究员（右一）

2008年12月研究第八届世界大豆研究大会筹备工作，右一为大会主席翟虎渠、右二为大会副主席和学术委员会主席王连铮，右三为大会秘书长万建民

2009年8月王连铮在第八届世界大豆研究大会作主题报告

2009年8月王连铮（右一）与参加第八届世界大豆研究大会的外国专家讨论大豆品种中黄13特性

2009年9月王连铮与中国工程院刘旭院士参加新疆召开中黄35大豆示范高产现场会

2009年9月王连铮（右五）参加安徽淮北召开中黄13高产示范现场会，右四为张保明、右三为李路、右二为胡献忠、右一为年海、左五为韩敬花、左一为王宗标

2010年9月王连铮研究员（左二）陪同全国农技中心夏敬源主任（左三）和作科所张保明书记（左四）考察辽宁大连种植的中黄系列大豆品种生产情况

2011年王连铮研究员（右二）、孙君明研究员（右三）和胡献忠经理（右一）在安徽濉溪考察中黄13大豆生长情况

2011年中国农业科学院作物科学研究所万建民所长（左四）到中国农业科学院南口中试基地检查指导工作，右四为王连铮、右三为王述民、右二为李新海、右一为孙君明、左一为王安增、左二为张辉

2012年王连铮（中）获何梁何利基金科学与技术进步奖，左一为万建民，右一为李付广

2012年10月29日王连铮获何梁何利基金科学与技术进步奖

2012年11月王连铮等“何梁何利基金”奖金捐赠仪式，农业部党组成员、中国农业科学院院长李家洋和作物学会理事长翟虎渠等与会

2013年中国农业科学院陈萌山书记（前排右二）出席大豆高产综合技术集成示范现场会，前排右一为王连铮，左二为万建民

2013年9月中国农业科学院陈萌山书记（左二）考察中黄13大豆高产配套技术生产田，左一为韩天富、左三为王连铮、右一为袁隆江、右二为万建民、右三为周新安

2014年大豆高产优质育种创新研究组成员在北圃场大豆试验田合影（左起赵荣娟、李斌、孙君明、王连铮、王岚和袁玫瑰）

2015年中国农业科学院院长李家洋、副院长万建民、副院长王汉中参加在安徽宿州召开的大豆绿色增产增效技术示范现场会

2016年10月中国农业科学院作物科学研究所刘春明所长（左三）、孙好勤书记（左二）、李新海副所长（左一）、王连铮（右三）、韩天富（右二）和孙君明（右一）考察北圃场大豆试验田

2018年9月21日在安徽宿州召开了中黄13第一亿亩展示示范现场会，左一为余欣荣，左二为张合成，右一为刘春明

2018年10月15日中国农业科学院唐华俊院长（右一）、张合成书记（右二）、院办公室主任高士军、人事局局长贾广东和作物科学研究所范静书记到北京友谊医院祝贺王连铮先生88周岁寿辰

王连铮文选

◎王连铮　孙君明　主编

中国农业科学技术出版社

图书在版编目（CIP）数据

王连铮文选／王连铮，孙君明主编．—北京：中国农业科学技术出版社，2019.9
ISBN 978-7-5116-4331-5

Ⅰ.①王…　Ⅱ.①王…②孙…　Ⅲ.①大豆-育种-文集②大豆-栽培技术-文集
Ⅳ.①S565.1-53

中国版本图书馆 CIP 数据核字（2019）第 165834 号

责任编辑　崔改泵　李　华
责任校对　李向荣

出 版 者　中国农业科学技术出版社
北京市中关村南大街 12 号　邮编：100081
电　　话　(010)82109708(编辑室)　(010)82109702(发行部)
(010)82109709(读者服务部)
传　　真　(010) 82106631
网　　址　http://www.castp.cn
经 销 者　各地新华书店
印 刷 者　北京建宏印刷有限公司
开　　本　889mm×1 194mm　1/16
印　　张　43.75　　彩插　10 面
字　　数　1578 千字
版　　次　2019 年 9 月第 1 版　2019 年 9 月第 1 次印刷
定　　价　398.00 元

《王连铮文选》

编委会

《王连铮文选》

编写人员

主　编： 王连铮　孙君明

副主编： 叶兴国　李　斌

编　委： (以姓氏笔画为序)

王　岚　王　晖　王连铮　叶兴国　孙君明

刘志芳　杜维广　李　斌　李　强　肖文言

吴存祥　张晟瑞　隋德志　董　钻　裴颜龙

颜清上　魏国浩

王连铮简历
(1930—2018)

王连铮，博士，研究员，博士生导师。1930 年出生于辽宁省海城县，著名农学家和大豆遗传育种专家，俄罗斯农业科学院院士和印度农业科学院院士。1954 年毕业于东北农学院。1957—1960 年在黑龙江省农业科学院从事马铃薯育种研究，1960 年赴莫斯科农学院从事遗传育种研究，获博士学位。曾任黑龙江省农业科学院院长、黑龙江省人民政府常务副省长、农业部常务副部长与党组副书记、中国农业科学院院长、中国科协副主席、中国作物学会理事长、中国种子协会理事长、国务院学位委员会植物遗传育种栽培学科评议组召集人、农业部科学技术委员会副主任、国际农业及生物科学中心理事、国际农业发展基金会理事、联合国粮农组织亚太区农业科研理事会常务理事、中国欧共体农业技术中心顾问委员会中方主席、第八届全国政协委员、第九届全国人大代表兼农委委员等职务。任中国农业科学院学术委员会名誉主任。

自 1957 年开始，从事作物遗传育种研究 60 载，取得了辉煌成绩。1958—1960 年，参与选育的马铃薯品种“克新 1 号”累计推广 2.0 亿亩，连续 15 年推广面积居全国第一，1987 年获国家发明二等奖。面向东北地区和黄淮海大豆主产区选育大豆新品种 34 个，累计推广面积 2.1 亿亩，其中，大豆品种“黑农 16”于 1978 年获全国科学大会奖，“黑农 26”推广 3 200余万亩，1984 年获国家发明二等奖，“中黄 13”累计推广 1 亿亩，2012 年获得国家科技进步一等奖、“中黄 35”多次刷新全国大豆高产纪录，2012 年创大豆亩产 421.37kg 的全国高产纪录。

王连铮先生发表论文 180 余篇，主编和合编《Feeding A Billion》和《大豆遗传育种》等具有重要影响的专著 8 部。发起创办《大豆科学》杂志。曾获得全国科学大会奖 1 项、国家科技进步一等奖 1 项、国家发明二等奖 2 项、省部级科技进步奖 8 项，2010 年获作物学会科学技术成就奖，2012 年获何梁何利科学与技术进步奖。

王连铮先生无论从事农业科研工作，还是担任领导职务，给人留下的深刻印象是务实和奉献。每次工作变动，他都服从组织需要，并且干一行，钻一行，爱一行。

王连铮先生务农、学农、爱农，从事农业科研 60 载，老骥伏枥，壮心不已，为我国农业事业倾注了毕生心血。他为民、为学、为政，为中国农业发展竭尽全力，奋斗不息，既是创新之典范，又是实践之楷模。

Curriculum Vitae of Dr. Lianzheng Wang (1930–2018)

Dr. Lianzheng Wang was born on 15th October, 1930 in Haicheng, Liaoning province of China. He did his graduate studies at Northeast Agricultural College from 1948 to 1954. He did his post-graduate studies at K. A. Timiryazev Agricultural Academy, Moscow, in 1960 to 1962 and also obtained his Ph. D. degree.

Dr. Wang was the honorable Chairman of Academic Committee of Chinese Academy of Agricultural Sciences (CAAS). He served as potato and wheat breeder from 1957 to 1960 at Crop Breeding Department, Heilongjiang Academy of Agricultural Sciences (HAAS). He was a famous professor of soybean breeding and agronomist on crop production. He was also a foreign member of Soviet and Russian Academy on Agricultural Sciences from 1988 and a fellow of National Academy of Agricultural Sciences of India from 1994.

Dr. Wang has also served in different committees among which includes:

- President, Heilongjiang Academy of Agricultural Sciences from 1981 to 1986.
- Vice-governor of the Heilongjiang Province in charge of agricultural production, science and technology from 1983 to 1987.
- Vice-Minister of Agriculture of the People Republic of China from 1988 to 1991.
- President, Chinese Academy of Agricultural Sciences from 1987 to 1994.
- Member, International Fund of Agricultural Development, Rome, Italy from 1988 to 1991.
- Convener of Crop Genetics, Breeding and Cultivation Group, the Academic Degree Committee of State Council China, from 1992 to 1997.
- Member, Standing Committee of Asia and Pacific Association for Agricultural Research Institutions, RAPA/FAO from 1992 to 1996.
- President, China Crop Science Society and Chairman for Soybean Committee from 1994 to 2002.
- President, China International Exchange Association of Agricultural Sciences and Technology in 1993 to 1997.
- Chairman, Advisory Committee of China-EU Centre for Agricultural Technology in Chinese side from 1993 to 1996.
- Board member, Centre for Agricultural and Biosciences International, Wallingfford, U. K. from 1994 to 1997.
- Vice Chairman, China National Committee for Release of Cultivars of Crops from 1988 to 1992.
- Vice Chairman, China Association for Science and Technology (CAST) from 1991 to 2001.
- President, China Seed Association from 1998 to 2006.

- President of China Association for Rural Agricultural technology from 1999 to 2006.

Since 1957, he has taken up on the crop genetics and breeding for over 60 years and made brilliant achievements. In 1958-1960, he participated in potato breeding and released one famous potato cultivar, Kexin 1, with an accumulative total planting area over 13. 3 million hectares, ranked first in China for 15 years, and gained the second Award of National Invention in China in 1987. He developed 34 soybean cultivars for northeast and Huanghuaihai valley soybean regions, with accumulative total planting area over 11. 3 million hectares. Among the developed cultivars, Heinong 16 got an award of National Sci-Tech Congress of China in 1978; Heinong 26 with two million hectares accumulative total planting area, gained a second Award of National Invention in China in 1984; Zhonghuang 13 with 6. 67 million hectares accumulative total planting area won a first Award of National Sci-Tech Progress; Zhonghuang 35 won a top high-yield record with 6. 32 tons per hectare in China.

Dr. Wang won one of the awards of National Sci-Tech Congress, one of the first awards of National Sci-Tech Progress, two of the second awards of National Invention, eight of the awards of Provincial Sci-Tech Progress in China. He also gained an achievement award of Crop Sci-Tech in 2010, and a HLH award of Sci-Tech Progress. He has published 180 scientific papers on soybean genetics and breeding. As an editor in chief, he has published five high impact scientific monographs, such as "Feeding A Billion" and "Soybean Genetics and Breeding".

Dr. Wang was involved in agricultural research for over 60 years, as an able man tied down to a routine post for agricultural innovation. He did his great service for national agriculture affairs until his death. As a model of innovation and practice, he worked hard for China agricultural development.

Кратая биография Ван Ляньчжена бывшего министра Министерства сельского хозяйства и президента Китайской Академии сельскохозяйственных наук Китая (1930–2018)

Ван Ляньчжен был профессором и руководителем докторской учёной степени, генетик–селекционером по сои.

В 1930г. он родился в провинции Ляонин.

В 1954г. он закончил северо–Восточный селькохозяйственный Институт.

В 1957–1960гг. он занимался селекцией картофеля.

В 1960г. он поступил Московскую Тимирязевсую Академию с.–х. наук, занимался генетико–селекционными исследованиями. Вернувшись на родину, Ван Ляньчжен стал директором Академии с. – х. наук, провинци Хэйлунцзян, исполнительным заместителем начальника провинции Хэйлунцзян, заместителем–исполнителем министра Министерства сельского хозяйства Китая, президентом Китайской Академии сельскохозяйственных наук, заместителем председателя научного общества, председателем всекитайского общества агрономов.

Он вывестил 34 сортов сои для Северо–восточного региона Китая и Хуан–Хэи–Нэи региона Китая. Сорт сои–Чжунхуан 13 распространен 6.67 миллионов ha. Этот сорт сои занимал первое место по площади распространения в Китае. В 2012 г. сорт сои – Чжунхуан 13 приобретел награду–гос. научно – техничесого прогресса Ⅰ степени. По урожайности сорт сои – Чжунхуан35 достиг всекитайского рекорда–6.32 t/ha.

Бывший министр Ван Ляньчжен получил следующие награды: 1 раз награда Всекитайской Научной Сессии; 1 раз награда Ⅰстепени государственного научно–техничесого прогресса; 8 раз провинционального научно–техничесого прогресса; 1раз Хе–Ля Хе– Ли научно–технического прогресса. Он публиковал 170 статьей, выпустил 5 моногафии.

Министр Ван Ляньчжен всю жизнь посвятил своей родине и своему народу. Он является наилучшим примером интеллигеции Китая.

序　言

大豆原产中国，是重要的粮饲兼用作物，在国计民生和国际贸易中的作用举足轻重。早年有幸在我国著名大豆遗传育种学家马育华教授指导下从事大豆数量遗传研究，深知大豆对农业生产和粮食安全的重要性。中国农业科学院的老院长王连铮先生是我国著名的农学家和大豆遗传育种学家，遵嘱我欣然命笔为《王连铮文选》作序。

王连铮先生从事大豆遗传育种研究60余载，辛勤耕耘，硕果累累，选育大豆品种34个，累计推广面积超2亿亩，参与选育的马铃薯品种“克新1号”，累计推广超2亿亩。获全国科学大会奖1项，国家科技进步一等奖1项，国家发明二等奖2项，省部级奖8项。2010年获中国作物学会科学技术成就奖，2012年获何梁何利科学与技术进步奖。

王连铮先生1954年从东北农学院毕业，分配到中央人民政府林业部调查设计局，参与大兴安岭的调查开发设计。1957年，他怀着对农业科研的满腔热情返回哈尔滨，到黑龙江省农业科学院从事小麦和马铃薯育种，其间参与了马铃薯“克新1号”的部分选育工作。该品种从1967年开始推广，在生产上占主导地位50余年，连续近20年推广面积居全国第一，累计推广2亿多亩，1987年获国家发明二等奖。1960年，他赴苏联莫斯科季米里亚捷夫农学院农学系植物遗传育种教研室农学专业深造。1963年回国，到黑龙江省农业科学院大豆研究所和育种研究所，主要从事大豆遗传育种和栽培生理研究。1963—1966年，开展大豆营养生理研究。为提高大豆亩产，他从矿物质营养入手，对不同土壤如何提高肥力促进大豆增产进行了专门研究，提出了低产土壤施氮肥效果优于施磷钾肥，高肥力土壤施磷钾肥优于施氮肥的观点。

1970年2月，王连铮先生到黑龙江省农业科学院作物育种所工作，培育出“黑农26”大豆品种，累计推广3 000多万亩，1984年获国家发明二等奖。1970—1978年，与王彬如、胡立成共同主持育成大豆品种19个，其中“黑农35”获黑龙江省科技进步二等奖，“黑农16”获全国科学大会奖，育成的“黑农10、11、17、23、24、28、33、34”等大豆品种，累计推广超过1亿亩。

1987年12月，王连铮调任中国农业科学院院长，组织大豆联合攻关。主持育成大豆新品种22个，其中“中黄13”通过了国家及9个省（市）审定，适宜北纬29°～42°，跨三个生态区，是迄今为止我国纬度跨度最大、适应区域最广的大豆品种，连续9年居全国大豆品种种植面积首位，累计推广超1亿亩，2010年获北京市科技进步一等奖，2012年获国家科技进步一等奖。主持选育的“中黄35”连续多年创全国大豆高产纪录，2007年在新疆亩产达371.8kg，被评为年度十大科技进展新闻之一。此后，利用“中黄35”结合滴灌施肥化控调酸等方法，做到水肥同步，减少化肥流失，提高水肥利用率，创新了栽培模式，又连续创高产纪录。2009年在新疆小面积亩产达402.5kg，2012年在新疆再创小面积亩产421.37kg的全国纪录。

王连铮先生不仅在大豆品种选育上取得重大突破，对大豆产量性状及抗病性等遗传规律也进行了系统研究，在大豆育种理论、改进育种方法上有所创新。1980年提出在大豆育种上降低株高的4种途径，即利用有限结荚习性品种与无限结荚习性品种杂交、有限结荚习性品种间杂交、辐射育种及从地方品种中筛选矮秆材料，这对大豆高产育种具有较强的指导意义。利用该理论育成的 2 个大豆品种，较好地解决了高产与高蛋白的矛盾，还育成了在生育期和蛋白质含量上均超双亲的新品种。在研究大豆品种性状演变规律过程中，他发现单株粒重与群体产量呈极显著正相关并用于育种实践。他重视在不同水肥条件下对杂交后代进行鉴定，并采用南繁北育、温室加代、适当缩短株行距、加大优良组合株行数和优良株系早期繁殖等方法，加快育种进程，同时提出利用不同纬度、地理远缘、遗传背景差异大的材料进行杂交，结合异地鉴定，选育广适应性大豆品种，突破了大豆“百里不引豆”的局限。

王连铮先生的学术水平和在中外农业科技交流中的贡献得到国际同行的广泛认可，1982 年被美国密歇根州立大学授予名誉校友，1988 年当选苏联农业科学院院士，1992 年当选俄罗斯农业科学院院士，1994 年当选印度农业科学院院士，同年当选英国国际农业及生物科学中心理事会理事，1991 年当选联合国粮农组织亚太区农业科研理事会常务理事。

王连铮先生不仅是一位杰出的农业科学家，也是一位优秀的农业行政管理者。他深刻领会“实践出真知”的真谛，经常深入农村和生产一线了解存在的问题及技术需求，根据生产需要开展研究，使科研成果具有针对性和实用性。他注重通过高产创建、现场观摩、集中培训、发放资料、电视宣传、企业参与等方式，加快新品种、新技术的推广力度，使优良品种的推广速度大大提高。在担任黑龙江省副省长期间，他积极开展科技兴农，大力推广先进实用技术，组织实施三江平原开发项目时，提出的“挡住外水、排出内水、以稻治涝、全面发展”策略得到省委、省政府采纳，通过改善三江平原的水利设施和建设人工湿地（稻田），较好地解决了保护生态环境与发展农业生产的矛盾，使三江地区成为我国优质水稻生产基地，对保障全国粮食安全发挥了重大作用。在担任中国农业科学院院长期间，他十分重视科研成果的转化与应用，全院共获得国家级奖励 52 项，巩固和加强了中国农业科学院作为农业科研国家队“领头羊”的地位。

王连铮先生一生活跃在大豆科研第一线，为我国的大豆事业鞠躬尽瘁。他情系“三农”，足迹遍布华夏大地，为我国大豆科技和生产事业奉献了青春和智慧，是我国农业科技工作者的楷模。

翟虎渠

2018 年 11 月

目 录

大豆育种研究

·一、大豆超高产育种·

·二、大豆抗胞囊线虫病育种·

·三、大豆品质育种·

·四、大豆广适应性育种·

·五、大豆生物技术育种·

·六、大豆诱变育种·

大豆遗传研究

野生大豆收集、保存与利用

大豆高产栽培与营养生理

国内外大豆科研和生产情况报告

附　录

大豆育种研究

一、大豆超高产育种

大豆高产品种选育的研究

王连铮　王彬如　吴和礼　翁秀英　陈　怡　徐兴昌　王培英

（黑龙江省农业科学院，哈尔滨　150086）

摘　要：本文报道了如何选育大豆高产品种问题。通过研究发现，目前有些大豆品种在生产上有倒伏现象，为提高大豆产量，必须选育秆强不倒的品种。有2条途径可达上述目的，一是选育矮秆和半矮秆的大豆品种，大豆矮源的产生有4种：①利用有限结荚习性品种和无限结荚习性品种杂交。②有限结荚习性品种之间进行杂交。③用^{60}Co等射线处理有限结荚习性的大豆。④农家品种中的矮秆材料。应用上述方法已选出一些矮秆半矮秆大豆品系。二是对高秆大豆后代在高肥水条件下进行筛选，从中已选出秆强不倒高产的新品种黑农26，该品种已在黑龙江省南部地区推广200多万亩（1亩≈667m^2，15亩=1hm^2，全书同）。

1　前言

随着社会主义农业生产水平的不断发展，肥力水平不断提高，在一些高产社队的高产田块里出现局部倒伏现象。在科研单位和农业院校的一些高产试验田有的年份也出现程度不同的倒伏现象。

为了解决大豆进一步高产问题，必须积极选育秆强不倒、早熟高产的大豆品种。本文重点报道1970—1975年黑龙江省农业科学院大豆高产品种的选育工作。

2　试验材料和方法

为了选育早熟、高产、抗倒伏的大豆新品种，每年均配制50~60个组合。同时还专门配制一些选育高产品种的组合，每年10~15个组合。如1970年利用黑农10、黑农11、黑农16、黑农18与日本品种十胜长叶杂交配制这种高产组合。

种植方法：杂交圃采用行距60~70cm种植，母本穴播，穴距50cm，每穴留3株，中间种两行母本，母本旁各种父本1行，条播。F_1 20cm等距点播，淘汰伪杂种，一般不选择。F_2~F_6为选种圃，10cm单粒点播或双粒点播，行长3~5m。至F_5~F_6代植株主要性状已整齐一致时决选品系。

对决选品系和原始材料从1970年开始在高肥水条件下（亩施有机肥3 000kg，氮磷肥15~25kg，生育期间灌水2~3次）鉴定其抗倒伏性和丰产性。

决选的品系第二年在所内进行产量鉴定，在黑龙江省农业科学院大豆研究所所外进行异地鉴定。表现突出的品系和后代材料当年冬季在广东省海南岛崖县进行加代繁殖。

对鉴定中的优良品系进行3年品种比较、区域试验和生产示范。区域试验采用随机区组法，重复4次，4行区，行距70cm，行长8m，同时在黑龙江省农业科学院大豆研究所所外设置多点进行鉴定。高产品系放在水肥条件较好的生产队进行试验。

本文由王连铮执笔，曾蒙东北农学院王金陵教授和黑龙江省农业科学院大豆研究所陈洪文所长、洪亮副所长审阅，并提出宝贵意见，谨致谢意。参加此项研究工作的还有范秀琴、梁锡福、张成嘉、王秀珍等同志

3 试验结果

3.1 大豆高产品种的选育

3.1.1 育种目标和方法

育种目标的确定：近几年来，松哈地区生产上应用的大豆品种如黑农10、黑农11、黑农16、黑农24等在各地生产上种植面积已达数百万亩以上，成为当地的当家品种，但在有些地力较高的社队的地块上发生倒伏现象，致使植株郁闭，通风透光不良，使大豆产量降低，这些发生倒伏的品种株高均在90cm以上。因此，为了选育高产大豆品种，必须选育矮秆（50~60cm）和半矮秆（70cm左右），且分枝较多、尖叶（通风透光较好）、熟期适中、病害轻、簇状花序、单株结荚多。

注意选育每荚粒数多（3~4粒荚占的比重大）、百粒重20g左右的品种，同时也需要选育株高在80cm以上、秆强不倒伏的大豆品种。

于1970年对所掌握的近千份原始材料和高世代材料进行了高肥鉴定（亩施优质有机肥3 000kg，各种化肥近50kg），经过高肥水鉴定，从原始材料中筛选出了秆较强的大豆品种有：十胜长叶、北见长叶、小粒豆9号、北良55-1、丰豆5号、克东铁荚青等10个品种，又从高世代材料中选出秆较强的高秆品种哈70-5049（以后推广定名为黑农26）、哈70-5135、哈70-5004等8个品系。从1970年以后，每年还专门配制一些创造适于高肥水的高产品种的组合，并在肥水较高的圃场上鉴定和选拔其后代。经过几年的培育选择，现在已获得一些秆强、多荚的材料。

3.1.2 亲本的选配

1970年开始对黑龙江省大豆特别是黑龙江省农业科学院选育的大豆品种的亲缘关系进行了分析。从表1中可以看出，在17个黑农号大豆品种中，14个品种有满仓金亲缘，8个有东农4号亲缘，8个有紫花4号亲缘，6个有荆山朴亲缘，而利用其他品种的亲缘则较少，这说明遗传上种质来源不够丰富。

表1 黑农号大豆品种亲缘

品种名	系统号	亲本
黑农1号	哈58-3049	满仓金×哈49-2126
黑农2号	哈59-3766	哈49-2005×东农1号
黑农3号	哈58-2633	满仓金×东农3号
黑农4号	哈光1559	用X射线照射满仓金从中选出
黑农6号	哈光615-14	用X射线照射满仓金从中选出
黑农7号	哈光1515	用X射线照射满仓金从中选出
黑农8号	哈光1654	用X射线照射满仓金从中选出
黑农5号	哈钴1114	用^{60}Co照射东农4号（满仓金×紫花4号）
黑农16	哈65-5135	用^{60}Co照射F_2（五顶珠×荆山朴）
黑农10	哈63-7267	东农4号×荆山朴
黑农11	哈64-8334	东农4号×（荆山朴+紫花4号+东农10号）
黑农17	哈65-4212	东农4号×（荆山朴+紫花4号）
黑农19	哈65-4217	东农4号×（荆山朴+紫花4号）
黑农23	哈68-1023	黑农3号×东农4号
黑农24	哈68-1024	黑农3号×东农4号
黑农26	哈70-5049	哈63-2294×小金黄一号

注：除黑农1~3号系与东北农学院合作育成外其余为黑龙江省农业科学院育成

黑龙江省 50 个大豆品种亲缘关系分析结果列于表 2，从表 2 中可以看出，27 个品种有满仓金亲缘，26 个品种有紫花 4 号亲缘，17 个品种有元宝金，11 个品种有荆山朴，8 个品种有东农 4 号，5 个品种有东农 1 号，5 个品种有四粒荚亲缘，有小金黄和黑龙江 41 亲缘的各 2 个品种，其余 10 个品种亲缘中各有 1 个品种的亲缘，即黄-中-中、56-10、金元二号、香 2-13、四粒顶、千金黄、小粒豆 9 号等。

表 2　黑龙江省主要大豆品种的亲缘（个）

所用亲本	黑农号	丰收号	合交号	东农号	黑河号	绥农号	嫩丰号	牡丰号	合计
满仓金	14		5	3		2	2		27
紫花 4 号	8	10	3	1	3		1		26
元宝金		10	2		3	2			17
荆山朴	6		4				1		11
东农 4 号	3								8
东农 1 号	1	1		1		2			5
四粒荚		1	1		1	2			5
佳木斯秃荚子		1	2						3
小金黄	1							1	2
黑龙江 41			1			1			2

目前，黑龙江省播种面积较大的大豆品种都有黄宝珠和金元的亲缘。黑农 10、黑农 11 和黑农 16 在黑龙江省中南部种植的面积近几年扩大到几百万亩，都来自东农 4 号和荆山朴这 2 个亲本的杂交组合，由原来的圆叶类型改为尖叶。而 1970 年前黑龙江省北部种植的都是圆叶品种丰收 1~6 号，近几年已逐渐被尖叶品种黑河 3 号和丰收 10 号所代替，这 2 个品种面积也在 200 万亩以上，其母本是圆叶的丰收 6 号，父本是尖叶的克山四粒荚。

从上述结果来看，应选择优点较多的生产上大面积应用的品种进行杂交；此外在亲缘上应扩大，不应局限于东北现有的大豆品种，同时选择亲本类型应丰富些，包括无限、有限、亚有限结荚习性。

3.1.3　各代结果

1970 年以来，根据育种目标和对亲缘的分析，以及通过对原始材料和高世代材料进行高肥水鉴定，选用了日本品种十胜长叶和当地优良品种进行了杂交，同时还选用了有限结荚习性品种和有限结荚习性品种杂交，有限结荚习性和无限结荚习性品种杂交，试图选育高产品种。

3.1.3.1　1970 年结果

1970 年以黑农 5 号、黑农 10、黑农 11、黑农 16、黑农 18 等为母本，以十胜长叶为父本进行了杂交，当年将这些组合的杂交种子一部分拿到广东省海南岛崖县种植加代，按组合混合收种子。

3.1.3.2　1971 年结果

（1）对未南繁的 F_0 种子，进行了种植，发现有部分十胜长叶组合其 F_1 杂种优势较强，对 F_1 及其亲本测定了杂种优势（表 3）。凡有十胜长叶的组合，其 F_1 的株高均显著超亲。

表 3　1971 年部分杂交组合杂种优势测定（10 株平均）

组合号	亲本名	株高 (cm)	荚高 (cm)	分枝数 (个)	节数 (个)	一株荚数 (个)	单株粒重 (g)	完全粒数 (个)	完全粒重 (g)	虫食粒重 (g)	病粒重 (g)	百粒重 (g)
7032♀	黑农 5 号	103.6	14.6	4.0	21.0	100.6	46.5	196	42.1	3.3	0.84	21.9
7032♂	合交 6 号	84.5	16.2	4.5	18.2	87.0	43.9	137.2	35.9	4.9	3.2	25.0
7032F_1	（黑农 5 号×合交 6 号）	87.3	16.0	6.6	18.4	127.2	70.4	236.6	55.0	10.1	3.5	22.1
7006♀	东农一号	109.2	15.2	3.0	22.2	85.4	39.1	122.0	31.3	5.6	0.3	22.2
7006♂	合交 6 号	98.4	20.2	4.2	19.6	88.8	43.8	124.8	33.0	7.7	2.7	26.4
7006F_1	（东农一号×合交 6 号）	113.4	19.6	3.2	19.6	93.2	44.3	143.6	34.3	9.1	0.5	24.2
7011♀	黑农 16	100.1	14.5	4.0	21.9	106.6	43.4	189.0	36.4	5.4	1.3	19.3
7011♂	哈 68-1083	113.8	20.0	5.6	22.4	104.5	43.3	183.0	36.2	4.4	1.2	19.7
7011F_1	（黑农 16×哈 68-1083）	101.6	13.2	4.4	19.6	95.2	44.5	201.4	39.6	4.4	0.8	20.3
7022♀	黑农 18	103.6	8.0	2.0	20.5	71.0	39.7	128.0	36.6	4.2	1.3	27.0
7022♂	十胜长叶	72.0	20.0	6.0	15.8	124.0	42.6	208.6	41.1	9.6	0.08	19.6
7022F_1	黑农 18×十胜长叶	131.4	23.4	4.6	27.4	116.6	46.8	186.0	38.5	1.3	6.3	20.9
7037♀	黑农 22	87.6	10.0	3.0	19.2	84.8	43.5	157.0	38.6	4.1	0.7	24.6
7037♂	早丰一号	76.0	18.0	34.0	19.8	106.2	38.8	197.0	37.9	0.24	0.38	20.2
7037F_1	黑农 22×早丰一号	97.2	15.6	3.6	22.8	84.2	47.8	181.8	41.3	5.4	0.56	22.6
7009♀	哈 68-1182	101.2	17.6	1.6	20.6	72.0	31.1	117.0	24.9	5.3	0.2	21.6
7009♂	黑农 24	99.4	8.4	0.8	20.6	88.2	42.8	159.6	34.4	5.7	2.2	21.3
7009F_1	（哈 68-1182×黑农 24）	107.0	10.0	2.2	20.2	96.4	43.7	146.2	33.7	8.8	0.8	22.6

特别是 7046（黑农 10×十胜长叶）组合、7047（黑农 11×十胜长叶）组合和 7013（黑农16×十胜长叶）组合表现较突出，从株高、节数、每株荚数来看，这些组合的杂种第一代均超过其亲本，其后代表现也较好。而 7031 组合（黑农 5 号×十胜长叶）F_1 优势差，后代表现也差些。没有十胜长叶作亲本的组合也是如此。如 7032 组合（黑农 5 号×合交 6 号）第一代表现较好，单株荚数、单株粒重、完全粒数、完全粒重等均超过双亲，其后代表现也较好。而 7011 组合（黑农 16×哈 68-1083）第一代表现优势不强，其后代表现也不好。当然也不能完全根据 F_1 表现就过早淘汰组合。

（2）1970 年冬进行南繁增代的材料，1972 年为 F_2，从 F_2 中看出，有的组合表现很好，F_2 性状分离很大，株高、成熟期、株型、开花结荚习性均有很大差异，有些组合如 7013 组合（黑农 16×十胜长叶）的第二代，分离出一些多分枝多荚类型的材料，株高 78cm，半矮秆，熟期适中，株型收敛，但结荚密，而黑农 16 株高为 92cm，十胜长叶株高为 50cm，但成熟晚，霜前不能成熟，7047 组合（黑农 11×十胜长叶）的杂种第二代，分离出矮秆（株高为 55cm），与父本十胜长叶近似，但熟期比父本提前 10 多天。

3.1.3.3　1971 年冬至 1972 年春在广东省海南岛崖县南育基点种植第三代

为了避免优良材料漏选，每一组合应多选些单株突出好的组合，入选株数将近 100 株。这一代总计选拔单株将近 1 000 株。

3.1.3.4　1972 年第四代材料

从 1972 年开始，每年均划出 2~3 亩地作为高肥选种圃施以高量有机肥和化肥，并保证及时灌水。为了能多种些材料，但又不致试验区面积太大，采取 2m 行长，双行拐子苗的办法进行种植，这样相对增加了株数，好材料不易漏选。第四代成熟期已经符合要求，但株高仍然分离，对再分离出来的表现为半矮秆（60~70cm）、分枝较多的株系中选了很多单株，对抗病性和丰产性也开始注意。另外，以十胜长叶亲本的组合其后代材料成熟时易炸荚，对表现炸荚的株系都淘汰掉。

3.1.3.5　1973 年试验结果（第五代）

上年入选的单株继续放在肥力较高条件下选拔。本年约种植有 1 000 个株系。从中选出将近 1 000 株供来年种植。除成热期、株高、抗病性继续进行选择外，对丰产性状表现较好的单株进行选择。特别对半矮秆和矮秆的（株高 50~70cm）、结荚多的材料多选了一些，对炸荚的单株一律淘汰。

3.1.3.6　1974 年试验结果（第六代）

本年在高肥选种圃中种植有 700 个株系。还在表现优良的株系中选了一些品系（表 4），如 74-3455、74-3456、74-3453、74-3454、74-3553、74-3727、74-3743 等。这些品系株高 50~60cm，秆较强，有 4~5 个分枝，单株荚数 60~90 个，百粒重 19~21g，品质较好。其中 74-3456 品系，1975 年在阿城县亚沟公社长胜三队科研室小面积高产试验亩产达 520 斤*，比对照黑农 11 增产 8%。但这个品系由于成熟期较晚，还有一些秕荚，尚需要多次回交进一步改造，这种丰产性较高的矮秆、半矮秆株型的品种是选育大豆高产品种的重要方向之一。

为了研究决选品系是否稳定，对龙 74-3456 株高的平均数、标准差和变异系数进行了分析，从表 5 中可以看出，龙 74-3456 标准差较小，说明此品系株高已经稳定。

表 4　1974 年决选的矮秆品系主要性状

品系名	组合	株高（cm）	成熟期（月．日）	分枝（个）	单株荚数（个）	百粒重（g）
74-3455	黑农 16×十胜长叶	55.8	9.25	4.4	74.0	21.8
74-3456	黑农 16×十胜长叶	59.4	9.25	4.2	80.4	21.1
74-3727	黑农 23×呼兰一号	47.0	9.18	2.4	61.4	19.2
74-3743	早丰 5 号×呼兰一号	53.4	9.20	2.2	82.0	19.4
74-3553	丰山一号照射后代	58.2	9.20	4.0	86.4	18.9
对照（3450）	黑农 11	76.2	9.17	2.1	44.4	17.6

表 5　龙 74-3456 株高的平均数、标准差和变异系数

品种	株高的平均数（cm）	标准差	变异系数（*CV*）
黑农 11	75.60	3.112	4.1%
龙 74-3456	59.2	3.116	5.3%

3.1.4　大豆的矮源产生问题

为了选育矮秆或半矮秆品种，必须把目前生产上种植的易倒伏品种株高适当地降下来，降低株高可以通过以下几种途径。

* 1 斤=0.5kg，全书同

（1）利用有限结荚习性的品种（如十胜长叶、呼兰一号）和无限结荚习性品种进行杂交，可以获得矮秆或半矮秆的后代，1973 年在 F_5 代时，对 7013 组合（黑农 16×十胜长叶）197 个单株进行调查，80cm 以上的为 111 株，占 56.3%；60~79cm 的为 64 株，占 32.5%；59cm 以下的为 22 株，占 11.2%。而对 7046 组合（黑农 10×十胜长叶）91 个单株进行调查，其中 80cm 以上的有 54 株，占 59.3%；60~79cm 的为 30 株，占 32.9%；59cm 以下的为 7 株，占 7.8%。

这 2 个组合的母本黑农 16 和黑农 10 均是无限结荚习性，株高相近，在十胜长叶杂交后代稳定品系中均有 10%左右的矮秆类型，30%左右的半矮秆类型产生。从以十胜长叶作亲本的后代来看，均有较高比例矮秆或半矮秆材料产生。同时出现超亲现象，有 45cm 高的后代，比最矮的亲本还要矮，而且还可以遗传，十胜长叶和黑农 16 等品种杂交可出现不同高度的后代，这一点在育种上很有价值。有限结荚习性的呼兰一号和无限结荚习性（如黑农 23）杂交也有这种情况，如龙 74-3727 就是这个组合的后代，株高为 47cm，有限结荚习性，9 月 18 日成熟。这说明十胜长叶、呼兰一号等有限结荚品种有矮秆基因。

（2）有限结荚习性品种之间进行杂交也可产生矮秆半矮秆后代，如早丰 5 号×呼兰一号杂交其后代为哈 74-3743，株高仅 53.4cm。但这种杂交分离年代较长，稳定较慢。

（3）用 ^{60}Co（1 万~2 万伦琴）处理有限结荚习性大豆品种，如处理巴彦千层塔也可产生矮秆和半矮秆后代。巴彦千层塔 75cm，经处理从后代中发现有 55cm 的植株。过去用 ^{60}Co 处理丰地黄，也产生过矮秆后代。

（4）农家品种中有些原来就是半矮秆或矮秆品种，也可利用作为矮源。如尚志嘟噜豆、压破车等。

3.2 黑农 26 的育成

黑龙江省农业科学院作物育种研究所于 1965 年以哈 63-2294 为母本、小金黄一号为父本进行杂交，F_2~F_5 连续进行系谱法单株选择，至 F_6 代时（1970 年）于主要性状稳定一致时把同一单株种子同时放在高肥选种圃和一般肥力选种圃进行鉴定，当年在 2 个圃均表现植株高大（1m 左右）、秆强不倒伏、丰产等优良性状，为当年中选品系中最优良的品系。1975 年 1 月在松花江地区品种区域试验会议上确定在松花江地区的双城、阿城、宾县、巴彦、呼兰等地推广，1975 年 2 月经黑龙江省品种审定委员会审定推广，目前黑农 26 的面积已达 20 多万亩。

黑农 26 的生育期（从出苗到成熟）为 113~126d，适于黑龙江省南部无霜期在 130~140d 的地区种植。一般株高 90~110cm，无限结荚习性，系以主茎结荚为主的品种，因此适于密植，在中等肥力条件下亩保苗 2 万株左右。主茎节数多，一般为 15~19 个，平均 16.8 个，平均比标准多 2 个节，秆强，结荚部位高，适于机械化收割，三四粒荚多，白花、叶披针形，叶形较窄小，通风透光较好。1972—1974 年在松花江地区 11 个县 3 年 52 个点次区试结果，平均亩产 160.2kg，其中增产点 42 个，平均增产 11.3%。如 1974 年在宾县农科所生产试验地为丘陵岗地，生育期间遇干旱，亩产仍达 135.75kg，比黑农 11 增产 21.1%，比绥农 3 号增产 12%。

4 讨论

4.1 关于大豆的矮源

经观察，通过下述几种办法可创造和发现大豆矮源。

（1）用有限结荚习性如十胜长叶和无限结荚习性品种如黑农 10、黑农 11、黑农 16 等杂交，可获得一系列矮秆、半矮秆品系。

（2）在有限结荚习性品种如早丰 5 号、呼兰一号等之间进行杂交，也可产生矮秆、半矮秆品系。

（3）^{60}Co 照射有限结荚习性品种可产生矮秆、半矮秆后代。

(4) 农家品种中有些品种如尚志嘟噜豆、压破车等原来就是半矮秆品种。

4.2 关于选育高产品种的培育条件问题

为了选育高产品种，必须有高肥足水的环境条件，大量施肥及时灌溉，这样高产性能才能表现出来，相反，在肥水较低的条件下选择高产品种是比较困难的。对于植株比较高大的品系（这类品系适应性广），也应在选种圃高世代鉴定其丰产性和抗倒伏性，以便明确秆的强弱，在高肥水条件下如果能选出植株高大秆强，其他性状也好的品系，这种类型的品种既能高产，也有较好适应性能，黑农 26 就是经高肥鉴定时表现植株高大（1m 以上）又秆强不倒伏，丰产性也较好而选拔出来的。这种品种在高肥水条件下，可以亩产稳定在 200kg 以上。而一般植株高大的品种在同样高肥水条件下则倒伏减产，亩产达不到 200kg。

4.3 关于亲本选择问题

除了选择适于本地种植的优良当家品种作为亲本外，还应考虑亲本之间的亲缘关系。应避免近缘杂交，尽量采用地理远缘和亲缘远的材料进行杂交，其杂交后代表现出的遗传类型丰富，有选择余地。如利用十胜长叶和本地优良品种杂交，后代广泛分离，类型丰富。但是以十胜长叶为亲本的组合也有炸荚、秕荚多、晚熟、病害重等缺点，还需要对这些后代材料进行回交进一步的改造。

4.4 关于提高大豆丰产性问题

要想提高大豆产量，除了秆强不倒伏之外，主要是要增加大豆的荚数、每荚粒数和粒重。曾试验将十胜长叶的簇状花序尽量保存在杂交后代中，在一些组合中出现了少数簇状花序和多荚的单株后代。1973 年试验里选择的 145 株 7046 组合中（黑农 10×十胜长叶），保持原有十胜长叶花序的仅为 12 株，而在 7013 组合（黑农 16×十胜长叶）中选择的 155 株中，仅 10 株保存十胜长叶花序。从荚数来看，1974 年在 7013 组合的 197 株中，单株有 200 个荚以上的只有 1 株，100 个荚以上的 15 株；在 7046 组合的 90 株当中，20 个荚以上的 1 株，100 个荚以上的为 8 株，这些性状还需和每荚粒数、粒重以及抗病性等综合起来，才能获得高产。

本文原载：黑龙江农业科学，1980（1）：11-17

大豆超高产育种研究

王　岚　王连铮　赵荣娟　李　强

（中国农业科学院作物科学研究所，北京　100081）

摘　要：中国大豆每公顷产量仅为1.83t，比国外大豆主产国家低0.7~0.9t。我国近几年每年进口大豆2 500万~2 700万t。显著超过我国大豆总产，我国大豆年总产为1 700万t左右。因此，提高大豆单产，增加大豆总产是大豆产业的主要任务。通过过去15年的工作，利用杂交育种育成了超过4.5t/hm^{2}的大豆品种3个：中黄13、中黄19和中黄35，其中，中黄13在2003年已成为关内各省推广面积最大的大豆品种，2005年已推广22.4万hm^2，居全国第三。

关键词：大豆；超高产；育种

Study on Soybean Breeding for Super High-Yielding

Wang Lan　Wang Lianzheng　Zhao Rongjuan　Li Qiang

(*Crop Science Research Institute*, *Chinese Academy of Agricultural Sciences*, *Beijing* 100081, *China*)

Abstract: In China average yield of soybean is 1.83t/ha, it was lower 0.7~0.9t/ha than main producer in the world. During the past several years China import soybean annually above 20~26 million tons. Total annual soybean production was about 27 million tons. Main task for Chinese soybean industry is increasing of soybean production per unit and total production. Breeding on Superhigh yield of soybean is important task for soybean scientists. Through crossing breeding, mutation we developed three cultivars: Zhonghuang 13, Zhonghuang 19 and Zhonghuang 35. Zhong huang 13 released 224 000ha in 2005 year, it occupied first place in Northern China, and third place in whole China. Ministry of Agriculture of PRC announced Zhonghuang 13 as main soybean cultivar for release in China during 2005-2007 years.

Key Words: Soybean; Superhigh yield; Breeding

据美国农业部2005年12月预测，2005—2006年世界大豆产量为22 171万t，各国进口为6 774万t，进口以中国为最多，达2 750万t。其次是欧盟25国进口1 595万t，日本进口440万t，墨西哥进口370万t。中国2005大豆年总产量约为1 700万t，基本库存410万t。我国大豆单产每公顷1.8t，比世界平均大豆单产低0.5t，比巴西、美国等大豆主产国家单产每公顷低0.8~0.9t。由上述数字初步可以看出，中国大豆的消费量在4 000万t左右。大豆及豆油是我国

基金项目：本研究得到科技部国家高技术研究发展计划（863计划）“优质超高产农作物新品种选育”和农业部农业结构调整重大专项支持

作者简介：王岚（1963—　），女，副研，硕士，主要研究方向为大豆育种及生物技术

通讯作者：王连铮研究员，博士。E-mail：wanglz@ mail. caas. net. cn

进口最多的农产品，因此选育超高产或高产大豆品种兼具优质、多抗性和广适应性等特性，并采用配套的栽培技术以提高我国大豆单产和大豆总产，是最紧迫任务。

1 我国大豆高产品种的选育现状

我国大豆品种近年来产量有很大提高，2001—2006 年国家审定的大豆品种中已有一大批产量达到 200kg/667m^2，见表 1、表 2、表 3。有些品种产量超过 220kg/667m^2，说明我国大豆育种和栽培水平有了明显提高。

表 1 区域试验产量在 190kg/667m^2 以上的大豆品种

品种	区试年限	产量（kg/667m^2）	比 CK±	国审年度	蛋白含量（%）	脂肪含量（%）
冀豆 12	黄淮北组	195.42	7.47	2001	46.48	17.09
豫豆 19	北方春大豆早熟组	190.57	4.26	2001	46.22	19.79
黑河 26	1998—2000 黄淮北组	190.6	7.3	2001	40.11	20.96
中黄 17	1998—2000 黄淮南组	191.8	5.48	2001	44.13	20.25
豫豆 23	1998—2000 黄淮南组	192.6	7.48	2002	43.26	18.94
科丰 14	1999—2001	195.32	6.13	2003	45.04	18.14
中黄 19	1998—2001 黄淮南片	193.09	5.12	2003	44.45	18.04
商豆 1099	2000—2001 黄淮南片	195.16	13.82	2003	41.46	20.98
吉育 65	1999—2000 北方春大豆	197.7	5.2	2003	39.35	20.00
齐黄 29	2001—2002 黄淮北组	193.6	1.5	2003	41.55	21.17
合豆 3 号	2001—2002 黄淮南片	196.1	5.13	2003	43.37	20.34
丰收 24	2001—2002 北方春大豆早熟组	196.9	8.3	2003	40.10	19.97
濮豆 6018	2003—2004 黄淮中片	193.41	8.02	2005	42.89	19.85
五星 3 号	2002—2003 黄淮北组	191.19	4.36	2005	41.61	19.82
中黄 36	2004—2005 黄淮北组	197.1	7.9	2006	39.32	23.11
晋豆 34	2004—2005 淮中片	197.8	9.0	2006	41.19	21.07
冀豆 17	2004—2005 黄淮中片	194.6	7.3	2006	38.02	2.98
航丰 2 号	2004—2005 北方春大豆晚熟组	191.7	11.0	2006	41.66	20.85
滇豆 4 号	2004—2005 西南春大豆区试	196.0	13.6	2006	42.27	20.33
桂夏豆 2 号	2004—2005 热带夏大豆区试	190.4	30.3	2006	41.67	19.08
华夏 3 号	2004—2005 热带夏大豆区试	191.6	31.1	2006	42.19	20.41

表 2 区域试验超过 200kg/667m^2 的大豆品种

品种	区试年限	产量（kg/667m^2）	比 CK±	国审年度	蛋白含量（%）	脂肪含量（%）
中黄 13	1999—2000 安徽省区试	202.73	16.0	2001	42.82	18.66
徐豆 10	1998—1999 黄淮南一组	205.3	12.2	2001	43.7	18.68
中黄 25	2000—2001 黄淮北组	205.61	11.94	2003	43.35	19.86
中黄 22	2001—2002 黄淮北组	202.93	6.41	2003	47.05	17.4
绥农 14	2001—2002 北方春大豆	208.9		2003	38.66	21.93
红丰 11	2001—2002 北方大豆中早熟组	204.80	2.0	2005	37.76	21.51
中黄 35	2004—2005 黄淮北组	205.1	12.5	2006	38.86	23.45

表 3　国家区试超过 210kg/667m² 的大豆品种

品种	区试年限	产量（kg/667m²）	比 CK±	国审年度	蛋白含量（%）	脂肪含量（%）
黑农 46	2001—2002 北方春大豆早熟组	213.2	5.2	2003	38.57	20.57
晋遗 30	2001—2002 北方春大豆晚熟组	217.2	9.8	2003	41.28	21.74
冀黄 13	2002—2003 西北春大豆	214.34	5.12	2004	39.6	21.7
五星 2 号	2002—2003 西北春大豆	212.22	4.08	2004	38.75	21.57
垦丰 14 号	2003—2004 北方春大豆中早熟组	221.80	6.4	2005	37.65	20.15
吉林 81	2003—2004 北方春大豆中早熟组	221.40	3.3	2005	39.67	21.97
吉农 17	2003—2004 北方春大豆中早熟组	219.40	7.2	2005	39.65	20.35
中黄 37	2004—2005 黄淮北组	212.7	16.4	2006	43.87	19.67

国家大豆区域试验产量超过 190kg/667m² 的大豆品种共有 21 个，这些品种中蛋白质含量超过 44%的有 5 个：冀豆 12、豫豆 19、科丰 14、中黄 17 和中黄 19。含油量超过 22%的高油大豆品种有中黄 36 和冀豆 17。

国家大豆区域试验产量超过 200kg/667m² 的大豆品种共有 7 个，这些品种中蛋白质含量超过 44%的有中黄 22（47.05%），含油量超过 23%的高油大豆品种有中黄 35（23.45%）。

国家大豆区域试验产量超过 210kg/667m² 的大豆品种共有 8 个，这些品种中蛋白质含量接近 44%的有 1 个品种：中黄 37（43.87%），含油量接近 22%的高油大豆品种有吉林 81（21.97%）。

上述品种中含油量超过 21.5%以上的高产高油品种有：中黄 35 含油量（23.45%）、中黄 36（23.11%）、冀豆 17（22.98%）、吉农 81（21.97%）、绥农 14（21.93%）、晋遗 30（21.74%）、冀黄 13（21.7）、五星 2 号（21.57%）、红丰 11（21.51%）9 个品种。

上述品种中蛋白质含量超过 44%以上的高产高蛋白大豆品种有中黄 22（47.05%）、冀豆 12（46.48%）、豫豆 19（46.22%）、科丰 14（45.04%）、中黄 19（44.45%）、中黄 17（44.13%）6 个品种。

2005 年推广面积超过 6.7 万 hm² 的大豆品种有 19 个，按种植面积大小排序见表 4。

表 4　2005 年推广面积超过 6.7 万 hm² 的大豆品种

品种名称	推广面积（1×10⁴hm²）	品种名称	推广面积（1×10⁴hm²）	品种名称	推广面积（1×10⁴hm²）
绥农 14	38.3	鲁豆 11	14.8	豫豆 25	8.6
合丰 41	25.1	垦农 18	14.6	黑农 38	7.9
豫豆 22	21.6	绥农 10	14.5	鲁豆 4 号	7.8
黑河 19	19.5	黑河 27	12.0	黑农 43	7.7
绥农 11	17.4	合丰 40	11.7	徐豆 10	7.1
中黄 13	15.5	合丰 45	10.5	冀豆 12	6.9
徐豆 9 号	15.1				

2　大豆超高产育种

2.1　超高产育种目标和达到目标的品种

一般来说，大豆产量达到 300kg/667m² 以上即可称为超高产品种。根据国家大豆品种改良中心、南京农业大学邱家驯教授介绍，全国共有 12 个大豆品种达到攻关指标。新大豆 1 号每公顷产量达 5 956.2kg，居第一位；其次还有辽 21051、诱处 4 号、鲁宁 1 号、MN914B、南农 88-31、浙春 3 号、中黄 13、柏香 1 号、兴农 2 号、开豆 4 号、商豆 1099 等，见表 5。

表 5　突破公关指标的单位和品种（邱家驯，2006）

单位	品种	产量（kg/hm^2）	产量（$kg/667m^2$）	年份	种植地点
中国科学院遗传所	诱处 4 号	4 603.5	306.9	1994	河南邓州等地
新疆农垦科学院	新大豆 1 号	5 956.2	394.1	1999	新疆石河子地区
辽宁省农业科学院	辽 21051	4 908	327.2	2000	辽宁南台镇
山东济宁农科所	鲁宁 1 号	4 684.5	312.3	2000	山东济宁
南京农业大学	鲁宁 1 号	4 506	300.4	2001	
安徽省农业科学院	MN91413	4 737	315.8	2000	安徽蒙城
浙江省农业科学院	浙春 3 号	3 780	252.0	2000	重庆忠县
南京农业大学	南农 88-31	3 765.3	251.0	2002	江苏大丰
中国农业科学院	中黄 13	4 686	312.4	2004	山西襄垣县
河南省沁阳市	柏香 1 号	4 075.5	271.7	2000	河南沁阳柏香
山东单县田素华	兴农 2 号	4 507.1	300.5	2001	安徽定远年家岗
河南开封农科所	开豆 4 号	4 705.2	313.7	2002	河南鹤壁浚县小河镇
河南商丘农科所	商豆 1099	4 581.8	305.5	2002	河南商丘路河乡

从绝对产量来看，经国家大豆专家组实际验收每公顷产量最高的为新疆石河子地区的新大豆 1 号和石大豆 1 号，产量分别达到 5 956.2kg/hm^2 和 5 407.8kg/hm^2。

黑龙省鸡西市采用龙选 1 号品种，连续 3 年获得 300$kg/667m^2$ 以上的单产，2005 年达 398$kg/667m^2$。辽宁省农业科学院 2000 年在辽宁省海城市南台镇也获得 327.2$kg/667m^2$ 的产量。在黄淮海地区，山东济宁和南京农业大学利用鲁宁 1 号，产量达到 312.3$kg/667m^2$ 和 300.4$kg/667m^2$。盖翠香等育成 JN96-2434，2000—2002 年高产攻关示范田分别达到 312.32$kg/667m^2$ 和 300.4$kg/667m^2$ 的产量。

上述试验结果表明，大豆有很大的增产潜力，只要采取良种良法相结合，大豆攻关的目标是可以实现的。

2.2　大豆超高产品种的产量构成因素

各个单位对大豆超高产品种的产量构成因素进行分析（表 6）。

从大多数超高产品种的实收田块来看，超过 300$kg/667m^2$ 的大豆品种产量的构成如下。

株高：一般以 70~90cm 为宜，株高太低营养体不繁茂，总产很难有突破，植株高度超过 90cm，则容易倒伏，也不容易创造高产。超高产品种抗倒伏性强，株高适中。

主茎节数：应在 15 个以上，达 20 个最宜。

单株荚数：32.9~56.7 个，更多易创造高产。

单株粒数：76.52~115.1 粒。

平方米株数：76.52~33.2 株，平方米低于 21.5 株不易获得高产。

分枝数：至少要有 2~3 个，因为生长期有限，单株节数也只能在 15~20 个，不可能太多，因此适宜的分枝等于增加了节数。

表 6 超高产大豆品种的产量构成

地点	品种	产量（kg/667m²）	株高（cm）	主茎节数（个）	单株荚数（个）	单株粒数（个）	株数/m²（株）	荚数/m²（个）	粒数/m²（个）	粒重（g/m²）	百粒重（g）
新疆石河子	新大豆 1 号	397. 1	76. 3	15. 68	32. 9	85. 94	22. 8	910	2 360	613. 7	22. 4
新疆石河子	石大豆 5 号	360. 5	74. 5	14. 9	44. 3	108. 15	21. 5	952	2 318	611. 1	26. 36
黑龙江鸡西	龙选 1 号	398. 0	90. 0				24. 0				20. 0
山东济宁	JN96-2343	312. 3	60~95	17. 0			100~155				20~23
山西襄垣	中黄 13	312. 4	86. 4	16. 84	36. 6	76. 52	22. 2				
山西襄垣	中黄 13	305. 6	73. 6		39. 8	87. 1	26. 3				
山西襄垣	中黄 19	314. 6	88. 8		56. 7	115. 1	10. 6				
新疆农业科学院粮作所	8932-10	426. 3	80. 4	15. 65	49. 8		25. 4				18. 01

3 育成的超高产大豆品种及产量

中国农业科学院作物科学研究所4-4课题组在1991—2006年配制了500多个杂交组合，通过选择高产品种作为亲本，早代用高肥水条件鉴定后代的抗倒伏性，对优良高产组合加大群体的数量，F_3以后除高产性状外结合品质分析抗病性鉴定，对突出优良高产品系及时繁殖，并在不同生态条件、不同生产水平进行试验以明确其适应性。通过在北京的16代工作及在海南进行的14代育繁，共育成3个产量超过300kg/667m^{2}的超高产大豆新品种：中黄13、中黄19和中黄35，在3个地点（山西襄垣良种场、山西襄垣县、新疆农垦科学院）和3年（2004—2006年）达到300kg/667m^{2}的超高产指标（表7）。

表7 育成的产量达300kg/667m^{2}的大豆品种

品种	产量（kg/hm^2）	产量（kg/667m^2）	年份	种植地点
中黄13	4 686	312.4	2004	山西襄垣县
中黄13	4 584	305.6	2005	山西襄垣县
中黄19	4 719	314.6	2005	山西襄垣县
中黄35		345	2006	新疆农垦科学院

3.1 中黄13

已通过安徽、天津、陕西、北京、辽宁、四川和全国农作物品种审定委员会审定，同时在相邻省河南、河北、山东、山西、湖北及苏北等地大面积生产示范和推广，2005年已在全国推广22.4万hm^2。该品种增产潜力大、抗性好（抗病、耐涝）、高蛋白（在安徽种子蛋白含量达45.8%）、适应性广（可在北纬29°~42°种植）

3.2 中黄19

已在陕西南部、山东南部、河南中北部、河北南部和陕西中部等地推广。1999年在河南黄泛农场区域试验亩产达322.3kg。蛋白质含量达44.45%，脂肪含量为18.04%。熟期比中黄13晚3~5d，可在中黄13以南地区种植。

中黄13和中黄19均系国审品种，并已获得新品种保护权。

3.3 中黄35

该品种高产突出，2006年新隆农科学院种植产量达345kg/667m^2。

4 超高产品种的选育措施

（1）单株结荚要选择荚数多、丰产性好、抗倒状性强、株高适中的推广品种或优良品系及原始材料作为杂交亲本。

（2）杂交后代一定放在肥力高的条件下进行选拔和鉴定，产量要达到200kg/667m^2。因为现在的材料要在5年后才能在生产上应用，要有一定的超前性。

（3）决选的品系要有一定量，每年参加产量鉴定的材料要达80~100份，同时要选择每次重复中产量均显著优于对照的品系。参加全国和省区域试验。

（4）决选时除产量为主要目标外，也要结合抗病性、抗倒伏性、品质等综合性状来考虑。

参考文献（略）

本文原载：大豆科学，2007，26（3）：407-411

高产高油早熟广适应性大豆新品种中黄35的选育

王　岚　王连铮　赵荣娟　李　强

（中国农业科学院作物科学研究所，北京　100081）

摘　要：高产高油早熟大豆新品种中黄35具有高产特点，2007年在新疆石河子获得5 577.0kg/hm²的产量。在黄淮海北组两年试验及全国北方春大豆两年试验增产均极显著，含油量高，黄淮海北组试验及北方春大豆试验的含油量平均为23.1%。北方春大豆晚熟组试验比对照早7d，适应性广，已在辽宁、吉林、内蒙古东南部、河北、山东、天津、北京、陕西、宁夏、甘肃等地审定推广，是一个极有推广价值的品种。

关键词：大豆；中黄35；高产；高油；广适性

Development of New Soybean Cultivar Zhonghuang 35 with High Yielding, High Oil, Early Maturity and Broad Adaptability

Wang Lan　Wang Lianzheng　Zhao Rongjuan　Li Qiang

(*Institute of Crop Sciences*, *Chinese Academy of Agricultural Sciences*, *Beijing* 100081, *China*)

Abstract: A new soybean cultivar Zhonghuang 35 with high yielding, high oil, early maturity and broad adaptability was developed. In 2007, this cultivar got a yield of 5 577.0kg/ha in Xinjiang. In the 2 years of Summer planting and Spring planting regional test the yield of Zhonghuang 35 increased significantly with an average oil content of 23.1%, and the maturity advanced 7 days than CK in Spring planting group test. The cultivar has broad adaptability, which has released in Liaoning, Jilin, Inner Mongolia, Hebei, Shandong, Tianjin, Beijing, Shanxi, Ningxia and Gansu.

Key Words: Soybean; Zhonghuang 35; High yielding; High oil; Broad adaptability

大豆作为植物油和植物蛋白的主要来源，其重要性越来越被人们所认识，同时大豆蛋白是完全性蛋白，被世界卫生组织（WHO）定为甲级蛋白。我国大豆的消费量不断提高，据报道，约为4 300万t左右。而我国大豆总产量仅为1 500万~1 700万t，我国大豆总产量严重不足；据海关统计，2007年我国进口大豆3 082万t，进口豆油282万t，是我国进口最多的农产品。因此，抓好我国大豆生产至关重要。而在提高大豆总产量的诸多措施中，选育高产优质多抗性大豆品种是关键措施之一，良种良法相结合更能发挥科技在提高大豆生产水平中的作用。为此，针对我国东北、华北和西北地区缺少高产高油广适应性大豆品种的现状，课题组从1991年开始开展了以

基金项目：科技部科技成果转化项目、农业部农业结构调整项目

作者简介：王岚（1963—　）女，副研究员，硕士，研究方向为大豆育种和生物技术

通讯作者：王连铮，研究员，博士。E-mail：wanglz@mail.caas.net.cn

有性杂交为主的大豆育种工作，育成了高产高油早熟广适应性大豆品种中黄35。

1 品种来源和选育经过

中黄35（中作122）由中国农业科学院作物科学研究所大豆高产育种课题组以（PI486355×郑8431）F_3株系为母本，以郑6062为父本进行杂交，采用系谱法选育而成。

中黄35（中作122）的系谱

1994年以（PI486355×郑6062）F_3为母本，以郑6062为父本杂交获5粒杂交种子。

1995年F_1种植5株，淘汰假杂种，收2株。

1996年F_2种植2株行，秋收时选5株。

1997年F_3种植5株行，秋收时选6株。

1998年F_4种植6株行，秋收时选14株。

1999年F_5种植14株行，秋收时选10株。

2000年F_6种植10株行，秋收时选1株。

2001年F_7决选品系。

2002年F_8所内鉴定。

2003年F_9所内品种比较。

2004年F_{10}参加国家黄淮海地区北组区域试验。

2005年F_{11}参加国家黄淮海地区北组区域试验和生产试验。

2006年国家农作物品种审定委员会审定通过在黄淮海地区河北、北京、天津和山东北部做夏大豆推广。

2005—2006年参加国家北方春大豆晚熟组区域试验和生产试验。

2007年确定在北方春大豆区：辽宁、河北、陕西、宁夏、甘肃等适宜地区推广。

2005—2006年参加内蒙古自治区春大豆区域试验和生产试验。

2007年通过内蒙古审定，确定在内蒙古自治区东南部推广。

2008年参加吉林省试验，2009年1月通过吉林省审定。

2 历年产量试验及审定情况

2.1 2004—2005年国家黄淮海北组夏大豆品种区域试验

2004年产量3 089.40 kg/hm^2，比对照早熟18增产19.30%；2005年区试产量3 064.05kg/hm^2，比对照冀豆12增产5.56%；两年平均产量3 076.80kg/hm^2，增产12.47%。2005年生产试验，产量3 286.35kg/hm^2，6个试验点全部增产，增产幅度2.77%~9.50%，平均比对照增产5.81%。2006年8月，国家农作物品种审定委员会确定在河北、北京、天津、山东北部夏播推广。审定编号为国审豆2006002。

2.2 2005—2006年北方春大豆晚熟组区域试验

2005年7个点区域试验平均产量2 812.5kg/hm^2，增产10.0%；2006年8个点区域试验产量2 877.0kg/hm^2，增产7.0%。两年区试平均产量2 845.5kg/hm^2，比对照增产8.5%。2006年生产试验产量2 607.0kg/hm^2，增产3.5%。2007年国家品种审定委员会确定在北方春大豆地区陕西关中平原、宁夏中部、甘肃中部、辽宁锦州、瓦房店和沈阳等地春播推广。编号为国审豆2007016。

2.3 2004—2005年内蒙古区域试验和生产试验

两年区域试验平均产量2 436.0kg/hm^2，比对照开育10增产23.4%；生产试验比对照显著增产21.54%。2007年内蒙古农作物品种审定委员会确定在内蒙古通辽市、赤峰市活动积温大于

2 600℃地区种植。审定编号为蒙审豆2007005。

2.4 小面积高产

（1）中国农业科学院作物科学研究所大豆高产育种课题组与新疆农垦科学院作物所合作，2007年种植0.16hm^{2}中黄35大豆高产田，实收800m^2，平均产量5 577.0kg/hm^2，系2000年以来我国大豆单产的最高纪录。2008年1月21日被547位两院院士评为中国国内十大科技进展新闻之一；2008年2月19被《中国农村科技》杂志社评选为“2007年度十大农村科技新闻”。

（2）2006年在新疆农垦科学院利用中黄35进行240m^{2}的高产栽培试验，产量达5 130kg/hm^2。

（3）2008年中黄35在新疆143团进行大豆高产试验，实收667m^2，产量达5 767.5kg/hm^2。

（4）2008年辽宁省农业科学院在辽宁辽中进行大豆高产试验，实收667m^2，产量达3 907.5kg/hm^2。

3 品种特征特性

3.1 国家黄淮海夏大豆北组评价

生育期102d，比对照冀豆12早熟5d，平均株高78.02cm，圆叶，白花，灰毛，有限结荚习性，株型收敛，有效分枝0.93个。底荚高度8.68cm，单株有效荚数45.28个，单株粒数108.38粒，单株粒重18.38g。丰产、稳产，抗倒性和落叶性好。2004年经接种鉴定，对SMV SC3株系的抗性表现为中抗。蛋白质含量两年平均为38.86%，脂肪含量两年平均为23.45%，属高油品系。

3.2 北方春大豆晚熟组评价

生育期121d，比对照早熟7d，圆叶，白花，有限结荚习性。株高67.3cm，百粒重18.5g，单株有效荚数50.6个。成熟时落叶，不裂荚，种皮黄色，淡脐，籽粒圆形。田间表现抗病和抗倒伏。两年平均粗脂肪为22.75%。粗蛋白含量为39.75%。

4 品质分析和抗性鉴定

中黄35（中作122）为高产高油大豆。根据农业部谷物品质监督检验测试中心2002年测定，黄淮海北组两年平均蛋白质含量为38.86%，脂肪含量23.45%。

2005—2006年参加北方春大豆晚熟组区域试验的种子进行测定，两年品质分析中，蛋白质含量为39.75%，脂肪含量22.75%。

2004年对黄淮北组种子经接种鉴定，对SMV SC_3株系的抗性表现为中抗。中抗大豆胞囊线虫病和大豆花叶病毒病。

参加北方春大豆晚熟组区域试验的种子进行抗性鉴定，2005年接种鉴定中抗大豆花叶病毒病1号株系和3号株系，中抗灰斑病；2006年接种鉴定抗大豆花叶病毒病1号株系，中抗3号株系，病圃鉴定中感线虫病。

5 主要栽培技术措施

（1）选择肥沃、排水良好的土壤种植。

（2）施用有机肥。

（3）适时播种。春播于4月下旬人工点种或采用机械条播。播种时，施种肥磷酸二铵75kg/hm^2、施磷钾肥100~150kg/hm^2；夏播最好在6月10日前播；要因地制宜。

（4）科学密植、苗匀苗壮。一般留苗在24万~30万株/hm^2。做到苗匀、苗全、苗壮。

（5）苗期松土，提高地温。苗期为了提高地温，保墒，促进幼苗生长，进行人工松土，深

6cm。松土后，幼苗生长旺盛，效果显著；三片复叶期用机械进行行间松土，耕深15cm。

（6）节水灌溉，按需灌溉。在大豆生育期间，根据土壤墒情需水情况灌溉5~13次（滴灌）。

（7）及时田间管理。生育期中耕3次，人工拔草2~3次，保持田间无杂草。

（8）防治病虫害。花荚期根据病虫害发生情况及时防治。

（9）根据当地耕作制度进行播种、管理和收获。春播9月15—20日成熟，生育天数121~135d。夏播于6月10日前播完，生育天数100d左右。管理收获时间不相同。

（10）保持品种纯度，收前拔杂去劣。为了提高品种纯度，在收获前应拔掉杂株。

上述栽培措施要因地制宜，并要结合当地先进的大豆高产栽培技术经过试验后再大面积推广。

6 选育体会

（1）高产高油育种在杂交时要选择高产亲本和高油亲本，两者都要有。

（2）高产和高油要结合，对后代及品系的含油量要及时测定，同时要大量测定，才能选出好的品系来，F_5代以后要进行产量鉴定，将产量和含油量结合起来选择效果会更好。

（3）在后代选择时也要考虑抗性，因为抗病性、抗倒伏等性状对一个品种也很重要，必须结合来考虑。

（4）对适应性也要考虑，因为一个品种适应性太窄，推广面积不会太大，只有适应性广的品种，才能得到大面积推广。

（5）在育种过程中，应抓好原良种繁殖，这样，才能保持品种的纯度，使品种在生产中应用的时间久一些。

本文原载：大豆科学，2009，28（2）：360-362

大豆超高产育种与大豆种业发展问题

王连铮

（中国农业科学院作物科学研究所，北京　100081）

我国大豆超高产育种正在展开。目前全国大豆平均亩产仅 120kg，而新疆生产建设兵团 148 团大面积（86.83 亩）亩产达 364.68kg，小面积亩产 405.89kg，增产潜力很大。巴西 1989—1990 年大豆平均亩产 115kg，2001 年亩产达 181kg，11 年平均单产提高 66kg。如果我国大豆平均亩产提高 50kg，则 1.4 亿亩大豆可年增加总产 700 万 t。

1　大豆超高产育种问题

1.1　大豆育种目标和方法

一般来说，大豆亩产超过 200kg 算作高产，因为全国大豆平均亩产才 120kg。亩产在 300kg 以上算作超高产，但对不同地区的要求应当有所不同，如新疆每亩产量应在 350kg 以上算超高产，而长江以南可降低些标准。除了产量目标之外，品质、抗性和适应性等性状也是大豆超高产育种必须考虑的问题。

关于大豆育种方法，从目前国内大豆育种实践来看，有性杂交仍然是最主要、最有效的方法。1984—2005 年，中国推广了 141 个国审大豆品种，其中通过有性杂交育成的品种占 92.9%。当然，分子育种、辐射育种等育种手段也应当结合利用。近 20 年来，我们课题组育成的 18 个大豆品种中，有 16 个是通过有性杂交选育而成的，占 88.8%。

1.2　育种进展

近年来，在农业部、科技部、财政部、发改委和中国农业科学院以及兄弟单位的大力支持下，在大豆高产育种方面取得了较大进展。育成 3 个亩产超 300kg 的品种。

中黄 13：2001 年通过国审，2003 年通过辽宁省审定。2009 年通过山西省审定。2008 年获韩国新品种保护权。2005—2010 年连续 6 年被农业部列为主推品种，推广面积连续 3 年居全国首位。2004 年在山西襄垣良种场试验亩产 312.4kg，2010 年在新疆库尔勒测产亩产 364kg，种子蛋白质含量 45.8%。抗倒伏、抗涝、抗花叶病、中抗胞囊线虫病。

中黄 35：为高产高油大豆品种。2007 年通过国审，确定在北方春大豆地区陕西关中平原、宁夏中部，甘肃中部，辽宁锦州，瓦房店和沈阳等地春播种植推广；2009—2010 年被农业部列为主推品种。2004—2005 年参加国家黄淮海北片夏大豆品种区域试验两年平均亩产 205.12kg，增产 12.47%，参加生产试验亩产 219.09kg，增产 5.81%。

中黄 19（中作 9612）：为超高产高蛋白大豆品种，蛋白质含量 44.45%。2003 年通过国审。2005 年在山西襄垣良种场试验亩产 314.6kg；在河南黄泛农场区域试验 3 次重复平均亩产 322.5kg。在山东省菏泽试验亩产 251.5kg。不同产量水平的每亩种植密度 1.25 万株。

1.3　高产栽培取得突破性进展

2007 年中国农业科学院与新疆农垦科学院合作种植中黄 35 高产田，实收 1.2 亩平均亩产 371.8kg；2008 年中国农业科学院在新疆 143 团 15 连沈辉承包地采用覆膜沟灌种植中黄 35 实收 1.588 亩，单产 394.9kg，实收 11.227 亩单产 385.4kg；2009 年中国农业科学院与 148 团合作采用覆膜滴灌种植中黄 35，实收 1.39 亩单产 399.0kg，实收 1.19 亩创亩产 402.5kg 的高产纪录，同年在辽宁普兰店市大豆高产示范田平均亩产300.2kg。对种植中黄13、中黄19、中黄35高产田土壤营养进行诊断分析，发现一个重要现象，亩产达300kg及以上田块的有机质含量1.88%～2.38%，平均含量2.16%，但2009年获402.5kg土壤有机质仅0.69%，钾的含量高，是氮含量的2.6倍，其他元素含量：钙3 762.6mg/L，镁580mg/L，硫117.7mg/L，铁21.5mg/L，钙/镁6.5，镁/钾2.5。

1.4 高产栽培技术要点

选用高产、高油、广适应性的中黄35大豆良种；秋季伏翻，秋施腐熟的羊粪每亩2～3m^3；播前精选良种，采用两膜18行播种机，一次完成铺滴灌带、覆膜、膜上精量播种；出苗后及时间苗、定苗；采用膜下节水滴灌结合施肥方法，隔10～15d滴灌1次，共滴灌10次，结合滴灌施肥，每次滴灌施尿素2～3kg，硫酸钾0.5～1kg，硝酸钾铵1kg，共计亩施尿素26kg、硫酸钾4kg、磷酸钾铵9kg，做到水肥同步，全生育期满足需要。在初花期、初荚期和鼓粒期进行叶面喷肥；中耕2次，松土灭草，每亩对水喷施苯草通150～180g进行化学除草；化学调控用多效唑矮化壮秆；及时防治红蜘蛛、棉铃虫；收获前拔掉杂株，以提高品种纯度；及时收获减少损失。该技术具有独创性，水肥同步，农艺农机同步，良种良法结合，在大豆高产栽培上是个突破和创新，行之有效，可大幅度提高我国大豆产量。

2 大豆超高产育种的体会

（1）对原始材料要进行深入研究，从原始材料、亲本中筛选出抗倒伏性、丰产性、抗病性、品质、熟期等好的材料用于亲本选配，拓宽大豆育种品种资源，曾经对黄淮海地区300余份大豆品种资源进行鉴定，从中选出一些杂交亲本用于育种。

（2）要选择高产品种和资源作为亲本进行杂交，用豫豆8号为母本与中作90052-76为父本进行杂交育成中黄13（中作975），用中品661为母本与豫豆10为父本进行杂交育成中黄19，说明品种增产潜力很大。

（3）选择纬度差异大、遗传背景丰富的亲本进行杂交，将决选品系放在不同肥力下鉴定、将同一品系放在不同地点鉴定可育成广适应性的大豆品种。大面积推广的品种均是广适应性品种，如合丰25、铁丰18、中黄13、中黄35等。

（4）高产大豆品种株高在65～85cm，太高易倒伏，太低生长不繁茂，难以高产。

（5）对大豆品种遗传研究表明，单株粒重与产量相关极显著，三四粒荚、每节荚数、百粒重等呈显著正相关；倒伏性与产量呈极显著负相关。因此，选择单株粒重高，单株荚数多（40～50个），每节荚数多（顶端荚数要多，可利用顶端优势），百粒重较高，单株粒多，以有限结荚习性品种或亚有限结荚习性品种为好；选择分枝多，长短分枝结合的类型。

（6）将杂交后代，特别是F_4、F_5的品系一定放在高肥水条件下鉴定，以明确其抗倒伏性和丰产性。

（7）对丰产性突出的品系决选时要与品质、抗性和成熟期等结合起来综合考虑。

（8）对优良的大豆品系要及时进行产量鉴定、品比，及时参加区域试验和生产试验，并在不同生态区进行多点试验。

（9）我国野生大豆资源每个位点的等位基因最多，为17个；美国的原始基因型为5.8个；中国原始基因型为5.5个；美国的优良品系为4.5个，因此要加强对野生大豆资源的利用。

（10）保存和科学利用育种中间材料是大豆育种中不可忽视的问题，中黄13是利用了杜文卿先生选育的中90052-76和河南省农业科学院育成的豫豆8号进行杂交育成的。辽宁省铁岭农业科学院育成的铁丰18是以45-15为母本、5621为父本进行杂交，后代用^{60}Co处理育成的。5621是辽宁省锦州农业试验站1956年用丰地黄作母本，熊岳小粒黄为父本进行杂交，采用系谱

法选至 F_3、F_4 代，移至辽宁省农业科学院作物研究所继续选育而成并广为利用。原中国农业科学院江苏分院育成的56-181是个非常好的材料，各地利用其育成了很多大豆品种。

3 大豆种业的发展问题

大豆种业近几年有很大发展，产生一些较大的经营种业公司，如黑龙江省齐齐哈尔的富尔农艺集团，已在美国纳斯达克上市，2010年营销大豆1 050万kg；还有安徽淮北永民种业、山东圣丰种业等。在发展的同时应当看到还存在一些问题，有些还很严重，如种子套牌问题，大豆、玉米种子销售过程中均存在这种问题。应采取切实可行的办法加以解决。

（1）育种单位应不断提供高质量的原种，以满足大豆生产的种子需求。

（2）各种子经营单位要繁育好原种，以便提供给农民合格的良种。在繁育过程中要拔除杂株以保持品种纯度。国家要求大豆原种纯度要达到99.9%，良种纯度在98%，发芽率在85%以上。

（3）建议种子执法机关认真执法，维护国家法律的尊严和农民利益，严厉打击违法种子经销户。

（4）建议国家加大对大豆生产，特别是种业的支持力度。由于我国2009年进口大豆4 255万t，是我国进口第一大农产品，因此扩大大豆种植面积，提高大豆的自给率极为重要。

（5）建议国家加强早熟大豆良种的储备以应急需，我国每年均有不同的受灾地区，而在灾后恢复生产至关重要。早熟大豆是良好的救灾品种，建议国家组织救灾品种试验，并建立繁育基地和良种储备库。

本文原载：新农业，2011（1）：6-7

大豆超高产品种选育研究进展

王　岚　孙君明　赵荣娟　王连铮　罗赓彤　李　斌

（中国农业科学院作物科学研究所，北京　100081）

摘　要：采用杂交育种结合高肥水鉴定后代的方法育成中黄13、中黄19和中黄35共3个超高产大豆品种。中黄13和中黄19产量各2次达4.5t/hm^{2}以上；中黄35利用滴灌结合施肥、化控倒伏、调节土壤pH值等措施，产量3次达6.0t/hm^{2}以上，在大豆超高产育种和栽培研究取得进展。中黄13获2012年国家科技进步一等奖和2010年北京科技进步一等奖，推广面积已连续5年居全国首位。

关键词：大豆；超高产；育种

Advances in Soybean Breeding for Super High Yielding

Wang Lan　Sun Junming　Zhao Rongjuan

Wang Lianzheng　Luo Gengtong　Li Bin

(*Crop Science Institute*, *Chinese Academy of Agricultural Sciences*, *Beijing* 100081, *China*)

Abstract: We used cross breeding and evaluated progenies and lines under conditions of high fertility with irrigation, developed Zhonghuang 13, Zhonghuang 19 and Zhonghuang 35, three soybean cultivars with super high yielding, and made certain progress in soybean breeding for super high yielding and cultivation. Zhonghuang 13 and Zhonghuang 19 each obtained yield of 4.5t/ha twice. Zhonghuang 35 got to 6.0t/ha three times by using drip irrigation with fertilizer, lodging controlled by chemical and soil pH regulation by ferrous sulphate. Zhonghuang 13 won State and Beijing first-class Science and Technology Award, Zhonghuang 13 occupied first place among released soybean cultivars in China during the past five years.

Key Words: Soybean; Super high yielding; Breeding

我国著名水稻专家杨守仁教授对水稻超高产育种有深入的研究，形成了独特的理论和方法，即“理想株型和优势利用相结合”和优化性状组配以及关于杂交后代选择标准的“偏矮秆”（理想株型）与“偏大穗”（优势利用）相结合的方法。他同时指出，日本自1981年起通过籼粳稻杂交开展水稻超高产育种，国际水稻研究所通过理想株型进行水稻超高产育种，都有一定进展。韩国近年对水稻矮秆大穗有一定研究，认为有生产潜力。关于对大豆的超高产研究，赵团结、盖钧镒等指出，“八五”国家育种攻关立项后，已逐步实现了西北5.625t/hm^2、东北4.875t/hm^2、

基金项目：国家高技术研究发展计划“863计划”（2003AA207170）、国家科技支撑计划（2006BAD01A04、2011BAD35B06-3）

第一作者简介：王岚，女，硕士，副研究员，主要从事大豆遗传育种研究

通讯作者：王连铮，男，研究员，莫斯科季米里亚捷夫农业大学农学博士，苏联、印度农业科学院院士，主要从事大豆遗传育种研究

黄淮 4.5t/hm^2、南方 3.75t/hm^{2}的小面积（667m^2 以上）高产。很多单位和专家进行大豆超高产研究，并获得了可喜的结果。罗赓彤等利用新大豆 1 号等创造了我国 20 世纪大豆单产最高纪录 5.95t/hm^2，宋书宏等在辽宁海城利用辽豆 14 创造了 4.91t/hm^{2}高产，盖翠香等利用 JN96-2343 创造了 4.63t/hm^{2}高产，李杰坤、张磊等利用夏大豆 MN413 创造了 4.73t/hm^{2}高产，张性坦等利用诱处 4 号创造了 4.88t/hm^{2}高产，赵正金等利用南农 88-31 创造了 3.77t/hm^{2}高产，魏建军等对超高产大豆中黄 35 的生理参数进行了研究。许多学者对大豆超高产的株型、高光效、超高产品种的设计等做了深入的探讨。从 1991 年开始从事黄淮海地区大豆超高产育种研究，经 20 余年的工作，先后育成了 3 个大豆超高产品种——中黄 13、中黄 19 和中黄 35，现将试验结果加以汇总，以期为大豆超高产育种提供参考。

1 材料来源及选育经过

1.1 试验材料

1991—1995 年广泛搜集高产抗倒伏优质综合性状优良的大面积推广的大豆品种和品种资源作为有性杂交的亲本。以有性杂交为主，年配制组合 60~70 个。1991—2012 年配制杂交组合 1 200 余个，其中以提高产量为目标的组合占 60%，以提高抗性和品质为目标的组合各占 15%，以提高适应性等为目标的组合占 10%。组合配制时，选择有显性性状的材料作为父本，如紫花、棕毛、高大等。

1.2 杂交后代的处理

采用改良系谱法。F_1 淘汰假杂种，F_2 以株高熟期为重点进行选择，F_3 继续株高熟期选择同时对抗性进行重点选择，F_4 在 F_3 的基础上重点选择抗性品质，F_5~F_6 重点选择丰产性，整齐一致时决选品系。早期（F_3 开始）淘汰组合；F_3~F_5 先选组合，后选单株；F_4 后加大优良组合的群体数。

1.3 高肥水条件下鉴定后代

为了选出超高产材料，对大豆品种资源和杂交后代在高肥水条件下进行鉴定，重点鉴定其丰产性和抗倒伏性。

1.4 南繁

对表现优良的杂交后代和稳定品系，从 1993 年开始在海南三亚崖城中国农业科学院棉花研究所海南试验站南繁，有的年份进行 2 次，已南繁 20 次，对加速大豆新品种选育和推广起到重要作用。

2 选育过程中的主要措施

2.1 鉴定筛选抗倒伏性亲本

对 250 份大豆原始材料、推广品种及大量的杂交后代进行抗倒伏性鉴定，选出豫豆 8 号、中 90052-76、Hobbit、中品 661、遗-2、遗-4、Dekabig、Osaka、科丰 6 号、中黄 2 号、中黄 4 号、诱处 4 号、铁丰 18 和中 91-1 等 20 份材料作为有性杂交的骨干亲本，先后育成 22 个大豆新品种在黄淮海、东北、华北和西北地区推广，其中中黄 13、中黄 19 和中黄 35 为超高产大豆品种。

2.2 明确当地大豆品种遗传改良的方向

叶兴国、王连铮等对黄淮海地区和黑龙江不同时期有代表性的大豆主要品种的遗传改良进行了试验和比较研究，结果表明，单株粒重与产量相关达极显著，相关系数为 0.59**（河南安阳）~0.72**（北京昌平）；倒伏度与产量相关系数为 0~0.61**；脂肪含量与产量达0.54*~0.66*；荚比与产量达 0.51*~0.53*；每荚粒数与产量达 0.47*~0.51*；三四粒荚率与产量达

0.44* ~0.50*；每节荚数与产量达0.43* ~0.50*；百粒重与产量达0.42* ~0.45*。因此，在后代选择时，应当注意这些与产量有关的性状，特别是单株粒重和抗倒伏性。株重粒大中高不倒广适多抗肥水鉴定应是大豆超高产育种的方向。

2.3 异地鉴定

1995年决选的中作951、中作952和中作953于1996年在河北、天津等地试验，这些品系严重倒伏，说明：①当时选的品系抗倒伏性不过关。②当时育种圃场的肥力水平低于大豆生产水平，亟需提高育种圃场的肥力水平。在1995年前育种圃场施磷酸二铵300kg/hm^2，灌水1次；在1995年以后，育种圃场施磷酸二铵600kg/hm^2，灌水3次。

2.4 选择优良品系

F_5和F_6以上世代，当性状整齐一致时可决选品系。高世代组合数量要少，每个组合群体要大，优良组合株行数达1 000行左右，这样选出优良品系的概率较大。对优良品系来说，产量是第一位的，其次要考虑品质、抗性和适应性等。1997年决选的中作975（中黄13）较对照中黄4号增产40.88%，1998年参加所内品比试验较对照增产28.09%。

2.5 对突出好的品系和优良组合的后代及时进行南繁

从1993年开始先后进行了20次南繁，如中黄13（中作975）南繁了3次、南繁缩短了育种年限，加快了优良品系繁殖速度，进而使大豆新品系较快地投入试验和生产。

2.6 及时参加区域试验和生产试验

从1995年起每年有5~10个品系参加全国和省级区域试验和生产试验，先后有22个品种被全国和省级品种审定委员会审定。中黄13（中作975）于1998—2000年参加天津市区域试验和生产试验，1999—2000年参加安徽省区域试验和生产试验，2001年3月分别被安徽省和天津市审定；同年8月，被全国品种审定委员会审定；以后相继参加陕西、北京、辽宁、四川、湖北等省（市）试验并获得审定。又参加河南省和山西省的引种试验，获准在这2个省适宜地区推广种植。

3 产量表现

2004—2012年，对育成的超高产品种在黄淮海地区和新疆地区进行了超高产鉴定，成绩较突出。

3.1 黄淮海地区产量表现

1999年，中黄19（中作9612）参加全国黄淮海地区南片大豆区域试验，于河南西华试点出现4 838kg/hm^{2}的高产（3次重复平均），居西华试点首位。这是黄淮海区域试验首次出现产量4.5t/hm^{2}以上的结果。2004年，与京晋公司合作，在山西襄垣良种场种植8.1hm^{2}中黄号大豆，其中中黄13种植2.24hm^2。经专家组现场验收，实收0.067hm^{2}中黄13和中黄19，产量分别为4 686kg/hm^{2}和4 413kg/hm^2；2005年，专家组对山西襄垣县夏店镇坡底村现场验收，实收0.067hm^{2}中黄13和中黄19，产量分别为4 584kg/hm^{2}和4 719kg/hm^2。

3.2 新疆地区产量表现

为了探讨中黄系列大豆品种的高产潜力，从2007年开始在新疆进行大豆高产栽培的研究。2007年与新疆农垦科学院作物科学研究所合作，中黄35种植面积0.36hm^2，实收0.18hm^2，获产量5 577kg/hm^2；2009年与新疆148团合作，实收中黄350.178 5hm^2，获产量6 038kg/hm^2；2010年与新疆148团试验站合作，种植3.02hm^{2}中黄35，实收0.159 9hm^2，获产量6 088kg/hm^2；2012年与新疆沙湾县乌兰乌苏镇小庙村合作，种植0.62hm^{2}中黄35，实收0.15hm^2，获产量6 321kg/hm^2。除小面积（667m^{2}以上）3次创造产量6t/hm^{2}以上的全国纪录以外，还创造了我国大豆大面积高产纪录（3hm^{2}以上）。

4　超高产大豆的产量构成及关键栽培措施

4.1　超高产大豆的产量构成

4.1.1　黄淮海及辽宁地区超4.5t/hm^{2}的大豆产量构成

经实测，产量超4.5t/hm^{2}的大豆产量构成如下：密度18.7~35.0株/m^2，株高73.6~97.0cm，节数16.6~17.0个，单株荚数30.1~56.2个，单株粒数71.2~115.1个，单株粒重21.5~24.4g，百粒重24.8~24.9g（表1）。

表1　黄淮海及辽宁地区超4.5t/hm^{2}的大豆产量构成

年度	品种	产量(t/hm^2)	实收面积(m^2)	密度(m^2)	株高(cm)	主茎节数(个)	单株荚数(个)	单株粒数(个)	单株粒重(g)	百粒重(g)	地点
2004	中黄13	4.686	667	22.2	86.4	16.8	36.6	76.5	21.5	24.9	山西襄垣
2005	中黄13	4.584	667	26.3	73.6	–	39.8	87.1	–	–	山西襄垣
2005	中黄19	4.719	667	25.4	88.8	–	56.2	115.1	–	–	山西襄垣
1999	中黄19	4.838	区试	18.7	85.4	17.0	42.1	98.3	24.4	24.8	河南西华区域试验3次重复平均
2009	中黄35	4.503	667	35.0	93.7	16.6	30.1	71.2	–	–	辽宁普兰店
2011	中黄35	4.872	667	18.7	97.0	17.0	52.4	–	–	–	北京密云太师屯

4.1.2　新疆地区超6t/hm^{2}的大豆产量构成

经实测，产量超6t/hm^{2}的大豆产量构成如下：密度28.3~29.9株/m^2，株高52.4~114.5cm，节数11.8~16.8个，单株荚数36.4~47.5个，单株粒数94.3~102.1个，百粒重20.0~22.1g（表2）。2012年6月17日由于遭受严重雹灾，生长点全部被打掉，叶大部被打坏，因此株高和节数等性状不太典型，但可说明，受灾后加强肥水等田间管理，也可获得高产。

表2　新疆地区超6t/hm^{2}的大豆产量构成

年度	品种	产量(t/hm^2)	实收面积(m^2)	密度(m^2)	株高(cm)	主茎节数(个)	单株荚数(个)	单株粒数(个)	百粒重(g)	地点
2009	中黄35	6.038	794	29.3	90.1	16.8	36.4	94.3	22.0	新疆148团19号地
2010	中黄35	6.088	711	29.9	114.5	–	40.5	102.1	22.1	148团试验站苏红
2012	中黄35	6.321	668	28.3	52.4	11.8	47.5	–	20.0	新疆沙湾县乌兰乌苏镇小庙村

4.2　超高产大豆的关键栽培技术措施

选用高产品种，精细整地，合理施有机肥。春播大豆最好秋整地，翻地前秋施腐熟有机肥30t/hm^2，翻后整平耙细，达到播种状态。播种量根据品种的百粒重、土壤肥力和所要求的密度来决定。在2~3片复叶期定苗，做到植株均匀健壮。每7~10d进行滴灌结合施肥，每次滴灌375~600m^3/hm^2，施肥45~60kg/hm^2，做到水肥同步，可减少化肥流失，提高肥料利用率。采用化控调节土壤pH值和植株高度，如土壤pH值高时可用硫酸亚铁来调节，可用缩节胺来调节植株高度，以免倒伏。及时防治病虫草害，苗前用除草剂进行化学除草；生育期间对病虫要注意防治，可中耕2~3次；生育后期及时喷洒叶面肥和微量元素，以增加粒重；收获前，拔掉杂株，以保持品种纯度。

土壤营养状况对大豆产量影响显著。产量4.5t/hm^{2}以上时，土壤碱解氮66.76~82.27 mg/kg，速效磷11.6~18.3mg/kg，速效钾167.2~430.0mg/kg，有机质2.0g/kg左右；产量6t/hm^{2}以上时，土壤的速效钾显著高，达430mg/kg，这点值得重视（表3）。

表3　大豆不同产量水平时土壤的营养状况

年度	品种	产量 (t/hm^2)	实收面积 (m^2)	碱解氮 (mg/kg)	速效磷 P_2O_5 (mg/kg)	速效钾 K_2O (mg/kg)	有机质 (g/kg)	pH值	地点
2004	中黄13	4.686	667	82.27	11.6	167.2	2.378	–	山西襄垣
2005	中黄13	4.584	667	66.76	18.3	205.2	1.880	–	山西襄垣
2005	中黄19	4.719	667	79.72	14.5	219.1	2.059	–	山西襄垣
2010	中黄35	6.088	711	67.00	16.6	430.0	1.820	8.52	148团试验站苏红

5　讨论

5.1　在诸多育种目标中，产量是第一位的，要选株重粒大的品系

大豆的产量是由每株荚数、每株粒数、百粒重（上述几个性状构成单株粒重）及密度构成的。在育种进程中对与产量有关的性状要特别注意选择。相关研究表明，每株粒重和产量呈极显著正相关，相关系数达0.59**（安阳）~0.72**（昌平）；产量与每荚粒数、每节荚数、百粒重、三四粒荚率显著相关，在后代选择时也应当注意。这与Byth等的结果相似。

5.2　要注意选择密植条件下不倒伏的品种（系）

根据研究表明，倒伏性与产量呈极显著负相关（$r=-0.61^{**}$）。因此，在大豆超高产育种中，首先要筛选抗倒伏的推广品种和有一定特点的材料作为亲本。从250余份材料选出20份材料作亲本，同时对杂交后代及品系进行高肥水鉴定，以明确后代和品系的抗倒伏性，决选品系，特别注意选择在密植条件下（30株/m^2）不倒伏的品系。

5.3　株高适中，不宜太高

目标产量3.0t/hm^{2}以下时，株高为60~80cm即可。中黄35产量在3.0t/hm^{2}时，株高为78.02cm；产量4.5t/hm^{2}时株高达93.7cm；产量6.08t/hm^{2}时株高为114.5cm。中黄35在产量超过6.0t/hm^{2}时，虽然株高达114.5cm，由于调控适当并未倒伏，而是略有倾斜（似倒非倒），籽粒很饱满，百粒重达22.1g。

5.4　品种具有高光合生产率是超高产的基础

魏建军等对中黄35超高产大豆群体的生理参数进行了研究，结果表明，中黄35和对照新大豆1号的最大叶面积指数（LAI_{max}）分别为4.31和3.64，*LAI*大于3的天数分别持续50d和36d，全生育期的总光合势（*LAD*）分别为2 766 375m^2·d和2 385 645m^2·d；中黄35生育前期（出苗后第16~58d）群体的光合生产率为3.3~5.2g/(m^2·d)，而后期（出苗后第72~114d）则为2.52~5.0g/(m^2·d)，对照分别为3.8~6.0g/(m^2·d)和0.6~3.5g/(m^2·d)；中黄35的生物产量、籽粒产量和经济系数为13 943.2 kg/hm^2、5 521.5 kg/hm^{2}和39.6%，对照则为13 108.1kg/hm^2、4 666.5kg/hm^{2}和35.63%。与对照相比，中黄35最大叶面积指数持续时间长，全生育期的总光合势高，后期群体的光合生产率大，经济系数高是实现超高产目标的基础。

5.5 在超高产大豆育种中，应综合考虑品质、抗性和适应性

如在选育适于黄淮海中南部种植的大豆品种中黄 13 时，既考虑产量，又考虑品种的蛋白质含量，因为此地为高蛋白大豆产区，而东北、华北和西北大部地区是高油品种，因此，中黄 35 既考虑品种的产量，又考虑品种的含油量。而品种能否大面积推广与其适应性密切相关。通过利用不同纬度、遗传背景丰富且地理远缘的品种杂交，选育出高产广适应的中黄 13 和中黄 35 等品种。Zhang 等研究证明，中黄 13 在长光照条件下，*GmCRY1a* 基因表达量恒定，说明此品种适应性广。通过对大豆胞囊线虫进行研究，明确北京地区以 4 号生理小种为主，通过杂交明确灰皮支黑豆和 PI437654 是抗胞囊线虫的较好抗源，以此为资源育成了高抗的品种和品系。

5.6 在超高产大豆育种中，育种方法应以有性杂交为主，结合辐射育种和分子育种

因为产量性状是受多基因控制的，只改变 1~2 个基因对产量影响不一定很大。杨守仁教授认为，产量受“微效多基因”所控制。各种育种方法有自己的特点，如辐射育种对提早熟期、提高含油量很有效，而分子育种在转化抗性基因上效果很好，所以应当结合起来运用。

5.7 在超高产大豆育种中，应重视野生大豆资源的利用

野生大豆具有遗传多样性，它在一些性状如高蛋白抗胞囊线虫等优于栽培大豆，因此，对野生大豆应加以利用。

5.8 良种良法相结合，才能创造高产

只有将高产品种放在高肥水条件下鉴定，才能明确该品种高产潜力，而且，不同品种对肥料的反应是不同的。张晓红等对 17 个大豆品种进行比较研究，以筛选大豆耐低磷基因型，为提高土壤磷素利用率提供依据。结果表明，不同品种在根干重、冠干重、根系活性吸收表面积、植物磷含量、分泌性酸性磷酸酶活性等差异显著，确定了中黄 15、中黄 19、NF37 为耐低磷基因型，中黄 10 和冀黄 13 为不耐低磷基因型。

参考文献（略）

本文原载：大豆科学，2013，32（5）：687-693

广适高产高蛋白大豆品种中黄 13 的选育与应用

王连铮　孙君明　王　岚　李　斌　赵荣娟

（中国农业科学院作物科学研究所/作物分子育种国家工程实验室/
农业部大豆生物学重点实验室，北京　100081）

摘　要：中黄 13 是中国农业科学院作物科学研究所大豆高产优质育种团队历经 20 多年育成的广适高产高蛋白大豆新品种。该品种以豫豆 8 号为母本，中 90052-76 为父本，经有性杂交利用系谱法选育而成，原品系号为中作 975。该品种主要技术特点：一是适应性广。先后通过国家以及安徽、河南、湖北、陕西、山西、北京、天津、辽宁、四川 9 个省（市）审定，适宜种植区域从 29°~42°N，跨 3 个生态区 13 个纬度，是迄今国内纬度跨度最大、适应范围最广的大豆品种。中黄 13 光周期钝感，蓝光受体基因（*GmCRY1a*）研究结果揭示了其适应性广的分子机理。二是高产。在山西省襄垣县创 4 686kg/hm² 的大豆高产纪录，在推广面积最大的安徽省区试平均产量 3 041kg/hm²，增产 16.0%，全部 25 个试点均增产，产量列参试品种首位。三是优质。蛋白质含量高达 45.8%，百粒重 2 426g，商品品质好。四是多抗。抗倒伏，耐涝，抗花叶病毒病，中抗胞囊线虫病。采用良种良法相结合实现了中黄 13 大面积推广应用，自 2007 年以来已连续 9 年位居全国大豆年种植面积首位；截至 2018 年，累计推广面积超 1 亿亩。2009 年获国家自主创新产品证书，2010 年获第十二届中国国际高新技术交易会优秀产品奖，2010 年获北京市科学技术一等奖，2012 年获国家科技进步一等奖。2006 年授权中国植物新品种权，2008 年授权韩国植物新品种权。

关键词：大豆；中黄 13；广适；高产；高蛋白；选育；应用

Breeding and Application of Soybean Cultivar Zhonghuang 13 with Wide Adaptability, High Yield and High Protein Content Traits

Wang Lianzheng　Sun Junming　Wang Lan　Li Bin　Zhao Rongjuan

(*Institute of Crop Sciences*, *Chinese Academy of Agricultural Sciences/National Engineering Laboratory for Crop Molecular Breeding/MOA Key Laboratory of Soybean Biology*, *Beijing* 100081, *China*)

Abstract: Soybean cultivar Zhonghuang 13 is released by the soybean high yield and quality research group in the Institute of Crop Sciences, CAAS. We made cross using Yudou 8 as female parent and Zhong

基金项目：国家科技支撑计划（2014BAD11B01-X02）、北京市科技计划项目（Z161100000916005）、中国农业科学院科技创新工程（2060302-2-18）

第一作者简介：王连铮（1930—2018），男，博士，研究员，主要从事大豆遗传育种与高产栽培研究

通讯作者：孙君明（1972—　），男，博士，研究员，主要从事大豆遗传育种研究。E-mail：sunjunming@caas.cn

90052-76 as male parent, and selected by the pedigree method. Its original line name was Zhongzuo 975. The main characters are as follows: 1. Wide adaptability, the cultivar was registered in national level and Anhui, Henan, Hubei, Shanxi, Shaanxi, Beijing, Tianjin, Liaoning and Sichuan provincial levels. The planting area is from 29°-42°N across three ecological areas covering 13 degrees of latitude, which is the top cultivar with the widest adaptability and cross degree of attitude in China until now. It is insensitive in the photoperiod which *GmCRY1a* can explain the molecular mechanism of wide adaptability; 2. High yield, a high-yield record of Zhonghuang 13 with 4. 69 tons per hectare is presented in Xiangyuan county of Shanxi province. In Anhui Province, the average yield is 3. 04 tons per hectare with increasing rate of 16. 0% comparing to the control in Anhui regional test, in which all of 25 plots are 100% increasing. 3. High quality, its protein content is over 45. 8%, and 100-seed weight is 24-26g. 4. Multiple resistances, it is resistant to lodging, flooding tolerance, SMV, and moderate SCN. We popularized the suitable cultivation technology for *cv*. Zhonghuang 13 and expanded the planting area quickly in Huanghuaihai soybean region, which its planting area was continued on the top one in recent 9 years from 2007. The total planting area is over 6. 67 million hectares until 2018 in China. It won a certification of independent innovation product in 2009, an excellent product award of 12th international Hi-Tech fair in 2010, a Beijing First Prize Award of Sci & Tech Progress in 2010, and a National First Prize Award of Sci & Tech Progress in 2012. It was authorized China novel plant variety right in 2006 and Korea novel plant variety right in 2008.

Key Words: *Glycine max* (L.) Merrill; Zhonghuang 13; Wide adaptability; High yield; High protein content; Breeding; Application

黄淮海地区是我国大豆第二大产区，大豆常年种植面积在233. 3 万 hm^2 左右，产量占全国大豆种植总面积的 1/3。中国农业科学院作物科学研究所大豆高产优质育种团队，针对我国黄淮海等地区南北跨度大，生态条件复杂，品种适应范围窄、单产低、品质差等突出问题，开展广适高产优质大豆新品种选育与应用研究，取得重要进展和显著成效。该团队经过 28 年持续努力攻关，已选育出国审大豆品种 9 个，省、自治区、直辖市审定大豆品种 20 个。其中中黄 13 表现十分突出，已通过 9 个省（市）审定和示范推广，这是新中国成立以来，第一个在 9 个省（市）审定的大豆品种。2006 年授权中国植物新品种权，2008 年授权韩国植物新品种权。2010 年获北京市科技一等奖。2012 年获国家科技进步一等奖，也是唯一获国家科技进步一等奖的大豆品种。目前，已在 14 个省（市）推广种植，且自 2007 年以来连续 9 年居全国大豆年种植面积首位，也是连续 12 年位居关内大豆品种年种植面积首位。截至 2018 年，累计推广面积超 1 亿亩，是近 30 年来唯一累计推广面积超亿亩和 20 年来唯一年种植面积超过千万亩的大豆品种。

1 大豆品种中黄 13 的选育

1.1 亲本选择

为了选育高产高蛋白大豆品种，选择亲本性状必须互补。选择高产高蛋白大豆品种豫豆 8 号为母本，是因为该品种在国家大豆品种区域试验中比大面积推广的大豆品种跃进 5 号增产 17%，增产极显著，其蛋白质含量为 44. 6%。父本中 90052-76 是中国农业科学院作物科学研究所杜文卿选育的高蛋白大豆品系，其蛋白质含量高达 46. 5%。由此可见，高产和高蛋白质两个性状可以形成互补，选育出高产高蛋白大豆品种。

1.2 中黄 13 大豆品种系谱

我国大豆品种的遗传背景普遍狭窄，因此必须选择遗传背景丰富的材料进行有性杂交，才能选育出遗传背景丰富的大豆品种。中黄 13 亲本中的遗传背景极为丰富，涵盖了黄淮海地区（包括山东、河南、北京、江苏、上海等）大豆主要核心亲本，如 58-161、莒选 23、徐豆 1 号等（图 1）。

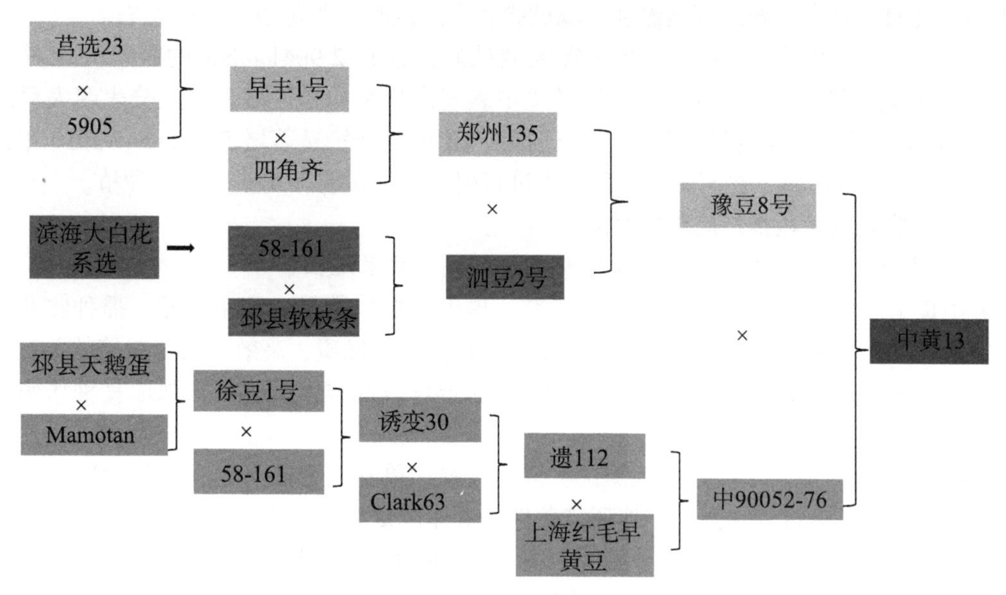

图 1　大豆品种中黄 13（中作 975）的系谱

Figure 1　Genetic pedigree of soybean cultivar Zhonghuang 13（Zhongzuo 975）

1.3　不同纬度、地理远缘的亲本杂交可选育出广适应大豆品种

利用来自河南省农业科学院选育的豫豆 8 号为母本和来自中国农业科学院作物科学研究所（北京）选育的中 90052-76 品系为父本，经有性杂交利用系谱法选育出中黄 13。光周期鉴定研究表明中黄 13 对光周期钝感，且在长光照条件下，该品种的 *GmCRY1a* 基因表达量恒定，初步解释了该品种的广适应性特点。另外，地理远缘亲本杂交也可丰富大豆基因库，中黄 13 的亲本中含有 Clark63、Mamoton 等外国品种血缘，丰富了该品种的基因库，扩大了适应范围。基因组分析表明，中黄 13 的基因组与美国品种 Williams 82 的基因组之间存在较大的遗传差异，包括 1 404 个易位事件、161 个倒位事件、1 233 个倒位易位事件以及在中黄 13 基因组中出现的 505 506 个小插入缺失和 17 409 个大插入缺失，充分表明了中黄 13 与国外大豆品种遗传远缘。另外，中黄 13 基因组是目前已公布的连续性最好的大豆基因组之一，从中还发现了 26 个控制大豆开花相关基因。

1.4　大豆决选品系的综合性状鉴定

大豆品系通过决选后，要对该品系的综合性状进行鉴定。首先，通过高肥水条件的品种比较鉴定，以明确该品种的丰产潜力和倒伏特性。对大量品系后代进行品质性状分析，以明确其蛋白质和油分含量，曾分析了 1 100 份大豆品系，才选育出 6 个高蛋白大豆品种，同时又要和其他性状结合起来考虑。

2　大豆品种中黄 13 的区域试验、示范与推广

2.1　中黄 13 参加大豆品种区域试验情况

1999—2000 年中黄 13 以品系名称中作 975 参加安徽省大豆品种区域试验与生产试验。全部试验点均增产，两年区试平均产量为 3 041 kg/hm^2，比对照增产 16%，生产试验平均产量为 2 880kg/hm^2，比对照增产 12.7%，列参试品种首位，是安徽省大豆区域试验中第一个产量超过 3 000kg/hm^{2}的品种。

1998—2000 年中黄 13 参加天津市大豆品种区域试验与生产试验，平均产量为 2 450kg/hm^2，比对照增产 9.2%，生产试验平均产量为 2 504kg/hm^2，比对照增产 18.2%。2001—2005 年中黄

13 在陕西、北京、辽宁、四川等地参加区域试验和生产试验，普遍增产 10%左右。

2009—2010 年，中黄 13 参加了湖北省区域试验，达到 2 904kg/hm^{2}的高产，比对照增产 16.98%，增产效果极显著，在安徽省区域试验中表现出显著的增产效果，充分表明大豆品种中黄 13 的产量高而且种子纯度保持较好，虽已推广 10 年，仍然显著增产。2007—2010 年，为进一步扩大该品种示范区域，在河南、山西等省进行引种示范试验，均获得推广种植。

2.2 中黄 13 实现大面积推广应用的原因

2.2.1 制定高产优质高效安全栽培的定量化指标和栽培技术规程

开展中黄 13 原种生产和配套栽培技术研究，提出了群体数量、肥水调控、播种收获、良种精选等定量化实用指标，研制针对广适大豆品种的超高产、优质、高效、安全栽培的关键调控技术，并进行集成和高产示范，制定出针对中黄 13 的定量栽培技术规程，加强原良种繁殖、提纯复壮，促进了中黄 13 品种大面积推广。

针对中黄 13 的广适、半矮秆、抗倒伏、抗病性强、单株粒重高、单株荚数和粒数多、有效分枝多、经济系数高等特点，提出产地环境条件、群体产量结构、生育指标和精确定量栽培技术要点，制定了适合不同地区春/夏播种植的中黄 13 定量栽培技术规程，保证了中黄 13 超高产潜力的充分发挥。通过与企业合作，大面积推广了配套的先进栽培技术。

2004—2005 年，在山西省襄垣县针对中黄 13 开展营养诊断和配方施肥试验，连续两年创造小面积产量超过 4 500kg/hm^{2}的高产典型，重演性好。2004 年创 4 686kg/hm^{2}的黄淮海地区高产纪录，2005 年经重复试验达 4 584kg/hm^{2}的产量，并制定出针对中黄 13 产量高于 4 500kg/hm^{2}的关键性高产栽培技术规程。

2.2.2 建立了育、繁、推一体化推广体系，实现黄淮海地区的快速覆盖

联合种子公司、推广部门和繁种示范基地，实现“科研单位—推广部门—种子公司—种植农户”的科研和推广合作的育、繁、加、销一体化推广模式，扩大中黄 13 的推广规模。由科研单位负责提供中黄 13 原原种与配套栽培技术，充分利用种子公司和地方推广部门的推广网络优势向农户传播新品种和新技术，采用与企业协作模式，组织集中成片展示与示范中黄 13 大豆品种，建立中黄 13 的百亩示范片和万亩示范片，加强示范作用，促进中黄 13 大豆种子产业和大豆生产的发展。

选育的广适高产优质大豆新品种中黄 13 不仅适应范围广、产量高，品质佳、商品性好，而且由于连年抓原良种繁殖，品种纯度高，形成了加工企业喜欢收购中黄 13，农民喜欢种植中黄 13 的良性循环，加速了中黄 13 的推广速度。自 2007 年以来连续 9 年位居全国大豆年种植面积首位，也是 20 年来全国唯一年种植面积超千万亩的大豆品种，年种植面积占黄淮海地区 33.1%。占全国 10.1%。截至 2018 年累计推广超 1 亿亩，显示了广阔的推广应用前景，为我国大豆食物安全和农民增收作出突出贡献。

3 高产优质大豆的育种体会

3.1 遗传亲本的选择

在大豆品种选育过程中应尽量考虑选择遗传背景丰富的大豆品种和资源进行杂交组配，以提高大豆后代材料的有益变异概率，有望选育出超亲遗传的突破性品种。目前，已经育成 3 个产量高于 4 500kg/hm^{2}的大豆品种（中黄 13、中黄 19 和中黄 35），和一个产量高于 6 000kg/hm^{2}的大豆品种（中黄 35）。

在选择亲本上既要考虑当前应用的大面积推广的亲本，又要有所创新选择有特色的种质资源。为了扩大品种的适应范围，应尽量选择广适应性的品种，凡大面积推广应用的品种均是广适应性的品种，同时不仅要与当时大豆生产水平相适应，又要与当时当地主推品种相对应，如东农

4号、黑农26、合丰25、铁丰18、跃进5号、中黄13和中黄35等。

3.2 重视品种高产栽培和田间管理

在参加大豆区域试验和生产试验阶段，要与地方种子部门的试验基点密切配合，及时了解试验点的栽培模式及各品系田间表现情况，总结出适宜不同地区的高产栽培模式。如中国农业科学院大豆育种团队在新疆地区利用超高产大豆中黄35采用滴灌结合水肥同步高产栽培技术，通过秋灌秋施有机肥，早春整地，适当密植，滴灌结合施肥，合理中耕，喷施微量元素及肥料防治病虫草害，调节土壤pH值，控制倒伏等一整套技术，连续4年在该地区小面积（1亩以上）产量高达6 000kg/hm^{2}以上的大豆高产典型。2012年在新疆维吾尔自治区沙湾县乌兰乌苏镇小庙村最高产量达6 320.55kg/hm^2，创全国大豆小面积高产纪录，两次大面积试验产量均超过5 400kg/hm^2，2009年在148团19号地实收5.79hm^2，产量达到5 470kg/hm^2，创全国大豆大面积高产纪录。

3.3 严格保证种子纯度和质量

在推广过程中要和种子管理部门、种子企业密切配合，要始终保持品种的纯度。科研单位要为种子企业提供原种和纯度高的良种，企业在繁殖过程中要注意拔杂，以保持品种纯度。中黄13之所以经过10多年推广长盛不衰的主要原因是品种纯度保持较好，特别注意抓好原良种繁殖。

3.4 获得相关部门的大力支持

在选育和推广过程中重点争取有关部门的支持，育种繁殖和推广要形成一条龙。中黄13得以大面积推广，同时离不开资金的支持，农业部、科技部、财政部、中国农业科学院以及进行试验的各省、市、区均在项目上给予了大力支持，在此特向各部委、各省市有关科研单位及院校和相关人员、各级农业部门、农业技术推广部门、试验承担单位及种子企业以及参与生产劳动的广大农民致以深切的谢意。

4 关于发展我国大豆生产的几点建议

我国已成为世界最大的大豆进口国，据海关统计2017年我国进口大豆9 554万t，居世界第一位。这说明我国自产大豆严重不足，如何提高我国大豆产量、减少进口大豆量、提高进口大豆质量，是当下亟需解决的问题。

4.1 扩大大豆种植面积

建议适当扩大大豆面积，俗话说，“不种千晌地，难打万担粮”，这是个非常浅显易懂的道理。2018年3月在“两会”记者会上农业部部长韩长赋（现农业农村部部长）宣布我国已累计调减玉米种植面积333万hm^2，增加大豆127万hm^2。政府部门增加大豆面积的决定是完全正确的，建议在3—5年内将大豆面积增加到1 000万hm^{2}左右。

建议在玉米种植面积过大的地区，适当扩大大豆种植面积的同时对种植大豆的农民进行适当补贴倾斜，以利大豆种植面积的扩大。在四川等西南玉米大豆间套种地区，应适当扩大大豆面积。玉米大豆间套作方面四川农业部门和农业大学都做了大量工作，大豆产量可高达2 250kg/hm^2，在西南地区具有较高的应用推广前景。同时应在全国范围内，筛选大豆玉米间套作适宜的区域，鼓励当地进行间混套作，扩大田埂豆，以增加大豆产量。

4.2 提高大豆单产

我国大豆平均产量为1 800kg/hm^2，这是我国提高大豆产量的潜力所在。我国有些省份，大豆单产不足1 500kg/hm^2，如何全面提高我国大豆单产，值得深入研究。建议提高中低产地区大豆产量，设置中低产地区大豆产量提升计划，建议因地制宜地制定具体规划，提出具体大豆增产措施，并分步实施。

4.2.1　新疆轻碱地区发展高产滴灌大豆

建议在新疆轻碱地区发展67万hm^2的超高产滴灌大豆。在新疆石河子地区针对超高产品种中黄35采用覆膜滴管结合水肥同步高产栽培技术连续4年实现了公顷产量超6t的高产纪录。这说明我国大豆还可以获得更高产量，但需要结合具体的相适应条件，因此建议国家设立新疆千万亩滴灌超高产大豆专项项目。新疆滴管高产项目建成后有望为国家增产大豆300万t，相关成果和经验在国家其他盐碱地和低产田也可示范推广。

4.2.2　设立区域大豆高产专项

建议在黑龙江省及黑龙江农垦设立大豆大面积超高产专项。黑龙江农垦已有产量超过4 500kg/hm^2的高产经验，建议将当地综合性增产措施与滴灌技术、抗倒伏措施、降低土壤pH值、扩大盐碱地利用等措施加以推广利用。如果相应的高产技术推广133万hm^2，每公顷增产大豆1 500kg，则可增产大豆200万t以上。在安徽等黄淮海等其他地区因地制宜地设立提高大豆单产专项，综合运用当地先进配套栽培技术，以提高大豆单产。

4.3　政府部门加大补贴力度

建议国家增加对大豆生产科研、大豆贸易和对大豆种植农民的补贴，对从事大豆生产贸易加工企业予以支持，鼓励企业选择国产优质大豆原料，以利大豆产业链的健康发展。我国选育的大豆品种质量不低于美国，我国大豆产量不高的原因关键在于投入不足，有些技术推广不够，转化不够。

4.4　拓展进口渠道

据报道，2017年我国从巴西进口大豆5 093万t，从美国进口3 285万t，从阿根廷进口658万t，从其他国家进口的数量较少。2017年我国通过黑龙江口岸，从俄罗斯进口大豆51.55万t，由于俄罗斯远东地区土地资源适于种植大豆，且距离中国近，大豆运输半径小，运输成本低，建议加强与俄罗斯合作，扩大在远东地区的大豆生产科研进出口的合作。而过去数年双方有合作基础，我国有优良品种和高产栽培技术适于远东地区，但种植规模较小，且日本、韩国等也都关注远东地区的大豆种植，建议抓紧设置俄罗斯大豆专项，以利扩大进口水平；同时可继续扩大从巴西、阿根廷等国进口大豆，也可从非洲莫桑比克等国开辟新的进口来源，不断优化进口大豆的质量。

参考文献（略）

本文原载：大豆科学，2019，38（1）：1-6

二、大豆抗胞囊线虫病育种

大豆抗胞囊线虫病鉴定方法研究进展

颜清上　王连铮

（中国农业科学院，北京　100081）

摘　要：大豆抗大豆胞囊线虫病的鉴定标准，主要根据植株根部着生的胞囊数来决定。因而在鉴定过程中，充分满足大豆胞囊线虫在寄主植株上最适发育所需要的条件，是鉴定方法准确、可靠的前提。本文综述了抗病性鉴定期间大豆植株的生长环境、接种物的制备、接种技术及抗病性评价等环节中所采用的各种方法和技术。寄主和寄生物生长条件最佳化，均匀一致有强感染力的同质接种物的制备方法和简便、快速、定量的接种技术是目前提倡应用的鉴定方法的技术关键。

关键词：大豆胞囊线虫；抗病性；鉴定方法；寄主植株的生长环境；抗病性评价

大豆胞囊线虫（*Heterodera glycines* Ichinohe）属异皮科胞囊线虫属，是引起大豆黄萎病的病原线虫。其特点是分布广、为害重、寄主范围宽、传播途径多、存活时间久，是一种极难防治的土传性病害。已有的文献报道，大豆胞囊线虫在主要大豆生产国美国、巴西、中国、日本都有大面积发生。目前，防治该病最经济有效的途径是培育抗病品种，并已为各国科学家广泛接受和采用。培育抗病品种离不开抗源筛选和杂交后代的抗病性鉴定，为能客观反映测试材料的抗病性，线虫学家和育种学家探索并利用了多种鉴定方法。从鉴定程序上看，抗病性鉴定包括寄主植株的生长环境、接种物的制备、接种技术和抗病性评价等环节。本文综述了抗病性鉴定过程中，每个环节所采用的各种方法和技术。

1　大豆植株的生长环境

1.1　田间种植鉴定

1.1.1　病地双行法

病地种植测试材料进行抗病性鉴定，优点是简便、省事，缺点是不能保证每个测试材料附近土壤线虫密度的均匀一致。为克服这一缺陷，Ross 和 Brim（1957）在进行抗源筛选时，采用了双行法，即在每行测试品系约 6 英寸（15.24cm）的地方种植一行感病对照，相邻的高感对照可作为测试品系附近土壤线虫群体的指示，从而消除田间线虫密度不均匀的缺陷。

1.1.2　病圃种植法

在进行大量种质的抗病性筛选和杂交后代抗病性鉴定时多采用此法。我国育种学家在“七五”期间对 10 000 多份大豆种质抗病性初步筛选时就采用了病圃法（大豆种质抗胞囊线虫鉴定研究协作组，1993）。病圃的特点是经多年培植，土壤内胞囊的分布均匀，线虫密度大，能满足大豆胞囊线虫感染的需要。一个好的病圃，线虫密度应大于 40 个胞囊/100g 土。鉴定时将测试材料与感病对照种于病圃，同时种植一套鉴别寄主以监测生理小种。

1.1.3　病土盆栽法

将采自病圃或田间重病地的病土掺入部分无菌的细沙，经对胞囊的密度检查后，充分混匀，装入瓦盆或塑料盆中。每盆种植 1～2 株测试材料进行抗病性鉴定。优点是便于管理和控制试验

中国农业科学院植物保护研究所陈品三研究员审阅并修改此文，谨致谢意

条件的一致，可使胞囊分布均匀。假如胞囊量不够，还可添加漂浮出的胞囊，增加其密度。盆栽还易于控制水分，使线虫容易侵入，而且倒盆鉴定不损伤根系，观察根上胞囊量准确可靠（吴和礼等，1984）。鉴定用盆的大小不尽一致，我国多采用直径15cm的瓦盆，美国则采用直径8cm的塑料盆。武天龙等（1992）研究了瓦盆大小对鉴定材料根系重量和胞囊数的影响。结果表明，在直径10cm的小盆中生长的大豆比在直径13cm或20cm大盆中生长的大豆，单株根系集中，白色胞囊随着根系在盆的边缘明显裸露，抗感表现极易区别，且直观性强，工作量小。

1.2 可控制光温的温室鉴定

田间种植鉴定，由于光照、温度等生长条件不易人为控制，大大影响了鉴定的准确性和重复性，而且因受季节限制，也影响了鉴定效率。因而，利用可控光温的温室鉴定，不仅能保证鉴定的准确性，还能提高鉴定效率。

1.2.1 病土盆栽法

该法基本与田间盆栽法一致，不同的是将花盆放在温室的工作台架上，以利于光温控制。Anand等（1984，1988）在进行抗源筛选时，采用这种方法。温室温度为（26.5±2）℃或（24±4）℃，病土中胞囊含量20~30个/100g。

1.2.2 塑料钵柱法

中国农业科学院植物保护研究所线虫室首创并使用（陈品三，未发表资料）。具体做法是：将重病土拌匀装入20cm×4.5cm的塑料筒中，制成透明的塑料钵柱。测试材料首先在蛭石中萌发，当子叶露出变绿但还未展开时，连根完整取出，用清水洗净，移栽到制好的钵柱中，每钵1苗或2~3苗，放置于温室的玻璃钢池中，控制温度在26℃左右。移栽后30~35d，在白色搪瓷盘内抽掉封缝大头针，拆开并撤除塑料布，用解剖针剖开土柱，露出完整的根系，检查上面的胞囊数。这种方法比盆栽法更节省空间和成本，管理也更方便、更直观，并且不用倒盆，易保护根系不受损伤，结果更可靠。

1.2.3 盆栽接种法

Caldwell等（1960）在进行抗病遗传研究时，采用人工接种盆栽大豆对各世代材料进行抗病性鉴定。F_1植株在装有消毒土的盆中生长2周，然后连根取出，冲净根上的土，移栽到直径3英寸（7.62cm）的盆中，移栽过程中，将挤碎的胞囊接种在根区周围，并将盆放置在装满沙子的工作台上，以防止失水干燥。Thomas等（1975）在评价亲本、F_1、F_2及回交世代材料对大豆胞囊线虫的反应时也采用了盆栽接种法。其做法是将种子在蛭石中萌发，2~3d后根长4cm时，将幼苗移植到装满消毒土的瓦盆，当第一片三出复叶的叶子完全展开时，用胞囊线虫的卵和幼虫接种。Riggs等（1991）将消毒的壤土与细沙混匀，装于直径7.5cm的瓦盆，在每个盆的中央做一个直径1.3cm的小坑，然后，将接种物倾倒在小坑中，再将幼苗放置其中，用土将四周封严，最后将盆放于生长箱中控制温度为28℃，16h光照。人工接种可以人为控制根系周围的线虫数量，使其更集中一致，有利于线虫的侵染。

1.2.4 微盆水浴法

Lueders等（1985）在研究大豆胞囊线虫在大豆上的选择和自交作用时，将幼苗生长在15cm×2.5cm的塑料管中，塑料管放在27℃水浴中恒温生长。Anand等（1985）对筛选出的10个抗病PI系的抗病性重复鉴定时，采用了微盆水浴法：将消毒的细沙土装于20cm×2.5cm的塑料微盆中，在蛭石中萌发大豆，胚根长1.5~2.0cm时，单个幼苗移栽于微盆，然后用卵和幼虫接种，28℃水浴保温。Rao-Arelli等（1988）在此基础上又做了小小的改进，先将已移苗的微盆置于27℃水浴，5d后接种。好处是植株建成良好的根系，增加线虫的侵入位点。目前，美国许多育种家采用此法进行种质筛选和杂交后代抗性鉴定（Anand等，1989；Myers等，1991；Rao-Arelli等，1992）。

1.2.5 改良切顶法

为了进一步节省抗性鉴定时的劳力及空间，Halbrandt 等（1987）描述了一种改良的温室法，在含有 128 个生长室的 Todd 种植盘中装满干净的河沙，用移液管吸取 1ml 含有 1 200 个卵的水溶液接种于每个生长室的 5cm 深处，萌发 3d 的幼苗移栽于每个小室，种植盘上放一层蛭石，并用水轻轻洗一下，放置在温室的工作台上，保温 27℃，第一片叶展开后，剪掉子叶节以上的茎叶，以后若子叶节上再长出新叶也剪掉。接种 33～37d 后检查根上的胞囊数，确定抗病性。

1.3 实验室鉴定法

对植株的抗病性鉴定主要根据其感染线虫后根部着生的胞囊数来决定。这似乎表明植株对线虫的抗性反应可能是根部的一个特征。Chambers 等（1967）研究了根尖、茎段产生的不定根对大豆胞囊线虫的抗性反应。结果表明不定根与整株对胞囊线虫的抗感反应一致。大豆叶片切段的不定根对大豆胞囊线虫的反应也与整株的反应一致（Halbrandt 等，1987）。Chambers 等（1967）通过嫁接试验表明植株的抗病性是整个植株的遗传本质，抗病性的表达主要通过根侵染点的组织反应来体现。基于这些基础研究，美国的线虫学家研究了一些利用植株根部特性鉴定抗病性的方法。

1.3.1 单根系培养鉴定

Lauirtis 等（1982）认为在实验室条件下，利用单根外植体研究大豆—大豆胞囊线虫互作是可行的，并且利用单株根系培养物筛选大豆对大豆胞囊线虫的抗病性。大豆单根素培养的做法：培养皿内装有 1.3%的琼脂，表面消毒的大豆种子放于其上，（25±1）℃ 培养 3d，然后剪取 2～3cm 长的根尖，转移到改良的 STW 的琼脂培养基上，当侧根发育时，每个根培物接种 200 个 2 龄幼虫的水悬浮液，用封口膜将培养皿封严，（25±1）℃暗培养 3 周，检查每个品种根外植体上雌成虫及雄成虫数。经邓肯氏复方测验，抗感品种差异显著。

1.3.2 切顶水培法

Halbrandt 和 Dropkin（1986）描述了一项利用幼苗切顶快速检测大豆—大豆胞囊线虫关系的技术。该技术的要点是：将接种的幼苗 5～10 株用纱布束紧成一束，放入 20cm×3cm 的试管中，水培。试管固定在一个架上，部分沉浸在 27℃ 水浴中，白天给予 16h 的光照，隔天向试管中充气。为控制根的生长，水培时，从顶端切去幼苗的茎。切顶分两种水平：一种是在子叶下面切去下胚轴；另一种是将每个子叶切去 75%，留下完整的顶端分生组织，当胚轴伸长时，再从子叶节处切顶。15d 后检查根表面的胞囊数。这种方法的优点是持续时间短，省时、省工、省空间，不受土壤干扰，数据可靠。

2 接种物的制备

2.1 接种物的类型

接种物一般有胞囊、卵、二龄幼虫及卵和二龄幼虫的混合物等几种类型。其中，卵和二龄幼虫混合物较为常用，它们常与沙质土壤混在一起，密度 1 000 个/cm^3 或制成 1 200 个/ml 的悬浮液。接种数量由 700 个至几千个不等。以密苏里州立大学农学系 Anand 为首的育种家，在抗源筛选、抗性遗传研究中多采用每苗 1 000 个卵和幼虫；而以阿肯色州立大学植病系 Riggs 等为代表的线虫学家，在生理小种测定时多采用 4 000 个卵和幼虫接种。Triantaphyllou（1975）、Halbrandt 等（1986）、Riggs 等（1991）在对线虫繁殖、发育及生理小种鉴定等特殊研究中，还采用了二龄幼虫作接种物，接种量 500～2 000 个。Riggs 和 Schmitt（1991）认为在测定生理小种时，每盆接种 40 个丰满的胞囊或 4 000 个卵效果最好。Rao-Arelli 等（1987）建议在进行抗性遗传研究时，用完全由白色胞囊挤破释放的卵接种，可得到二龄幼虫的同步孵化，使侵染同时进行。

2.2 接种物的制备方法

2.2.1 直接分离法

Caldwell 等（1960）直接将病土过 60 目筛子，收集筛子上的胞囊并用镊子挤碎，显微镜下检查没有完整的胞囊，用破碎的胞囊接种于植株的根际。Thomas 等（1975）将感病植株和沙子放在水中搅拌，通过摩擦作用将胞囊从根上分离下来，悬浮液过 20 目和 60 目的筛子，保留在 60 目筛子上的胞囊强行通过 200 目的细筛，去除碎片，将卵和幼虫收集在 400 目筛子上，即可得到接种物。Acedo 等（1982）采用蔗糖密度梯度离心获取更加纯净的卵和二龄幼虫。具体做法为：从土中分离胞囊收集于 60 目的筛子，用橡胶瓶塞轻轻磨碎胞囊，释放卵和幼虫，800g/min 离心 5min，用吸管慢慢吸去上清，剩余 2ml 左右与沉淀搅匀。在一个 50ml 离心管里依次加入 50%、40%、20% 的蔗糖溶液各 10ml，制成蔗糖密度梯度，冰箱放置 5min，加入卵混合液，800g/min 离心 5min，卵和幼虫聚集在 40% 的梯度中成一带，胞囊碎片和杂物沉淀在 50% 的梯度里，而细菌孢子等较轻的东西则漂浮在 20% 的梯度中。这些方法得到的接种物尽管可以控制接种数量，但它本身是一个群体，因而，很难保证线虫种类的均一性。

2.2.2 原种培养物法

原种培养就是将从典型病地、病株或其他途径收集到的线虫，通过合适的方法繁殖保存，需要时随用随取。Halbrandt 等（1987）将 5 个大豆胞囊线虫群体，通过种植感病品种在 52cm×52cm×31cm 的洗衣盆中进行原种培养。制备接种物时，收集根上的胞囊，磨碎，过 100 目筛子，冲洗物用蔗糖梯度离心，分离出卵，27℃下培养 1～2d，即可作为接种物。Riggs 和 Schmitt（1991）将原种培养物保存在感病品种 Lee 和 Pickett 上，制备接种物时，先用水在根球处浸泡土壤，取出完整的根系，高压水喷射，分检过筛去除碎片，在玻璃混匀器中破碎胞囊，释放卵和幼虫，过 100μm 孔径的筛子，冲洗物即为卵和幼虫的悬浮物，显微镜下计数即可得到接种物。

2.2.3 多代选择繁殖法

Anand 等（1982）将 7 个抗病品系和一个感病对照盆栽种植在 3 号、4 号生理小种感染的土壤。每隔 30d，拔出植株，挑取 50 个白色胞囊，接种于另一盆种植相同品系的消毒土中。如此反复选择、繁殖 10 个轮次。Rao-Arelli 等（1987）提出，鉴定种质对 4 号生理小种抗性遗传时，接种物的制备应在抗病品系 PI90763 上选择、繁殖 30 代以上，以减少群体内所存在的遗传变异。Anand 和 Rao-Arelli（1988）描述了获得 5 号生理小种遗传同质群体的步骤：①从种植在 5 号生理小种感染田的 PI88788 植株上收集白色胞囊。②破碎胞囊得到卵和幼虫。③在消毒土里生长 PI88788 幼苗，接种上述卵和幼虫。④30～35d 从接种的 PI88788 根上收集白色胞囊，接种。重复 10 次。

2.2.4 单胞囊繁殖法

得到遗传同质的接种物，最好的途径是来自同一个胞囊繁殖的群体，但随之而来的问题是多代自交造成线虫的感染力丧失或降低。Luedders（1985）首次报道，以 PI209332 和 PI89772 为选择寄主，通过单胞囊转移，自交 9 代，获得了有功能的新鲜卵的接种物。这些接种物在选择寄主上繁殖扩大群体后可作为原种培养物以供利用。Halbrandt 等（1987）用选择寄主 PI209332 和 PI88788 繁殖单胞囊群体，获得了卵和二龄幼虫的接种物。

2.2.5 单根系无菌培养物法

Lauritis 等（1981）在大豆品种 Kent 上建立了大豆胞囊线虫的单根系无菌培养物，从感病植株根上的卵块和胞囊里提取幼虫，用 50mg/L 的硫酸链霉素和 20mg/L 的 8-硫酸喹啉混合水溶液对幼虫表面消毒，无菌水冲洗 3 次，离心（1 500rpm，5min）浓缩，然后，用 1 000mg/L 的硫酸链霉素水溶液悬浮 1h，过滤，幼虫收集在滤纸上。大豆单株根系切段无菌生长在琼脂培养基上，用幼虫的水悬浮液接种，26℃培养，21d 即可完成一个生活史。随后继续转移卵块或二龄幼虫于大豆单根系培养物上，建成原种培养物。1982 年 Lauritis 等从单根系培养物获取二龄幼虫作接种物，筛选了大豆对胞囊线虫的抗病性。

3　接种方法的改进

3.1　接种技术的提高

Caldwell 等（1960）在幼苗移栽的同时，将挤碎的胞囊放置于幼苗的根际，这是最初的接种方法。Thomas 等（1975）利用自动注射器将接种物等量接种于消毒沙中，每次为 2.3ml 的等份，每盆接种 3 次。Luedders（1985）用磁力搅拌器混匀接种物，用临床注射器吸取 1 000 个左右的卵注入到塑料管的细沙中完成接种。Rao-Arelli 等（1987）提出用水族充气泵不断向悬浮物吹气，保持接种物的均匀一致，并且将卵悬浮物紧挨着寄主根系接种，以使卵尽快孵化，从尽可能多的侵染位点侵入。在大量接种时通常采用嘴吸—移液管法接种，即一人用手保持接种物中卵和幼虫的均匀悬浮，另一人用嘴和移液管吸取 5ml 的等量悬浮液，接种于根区周围 4~5cm 深的开口内，然后封上开口即可（Rao-Arelli 等，1991）。这些方法都要花费较多的人力、工时，且速度慢。对大量的测试材料来说，极难满足同时接种的需要。Rao-Arelli 等（1991）发明了一种快速接种大量幼苗的技术——自动加样器法，该法实际上是利用一套自动分液装置，一边由水族充气泵悬浮混匀接种物，一边用自动分液器每隔 2.5s 吸取 5ml 接种物接种于微盆中。据报道，这种方法可提高效率近 20 倍。

3.2　接种时期

接种时期主要有以下几种：①由蛭石向消毒土移苗的同时，进行接种（Caldwell 等，1960）。②第一片三出复叶完全展开时接种（Thomas 等，1975）。③移栽后 2d 或 5d，待产生新的根系时接种，其好处是可以为线虫的侵染提供更多的有效位点（Hancock 等，1987；Rao-Arelli 等，1988，1959）。

4　抗病性评价

4.1　抗病性的鉴定标准

大豆对胞囊线虫抗病的鉴定标准主要根据大豆植株根部着生的胞囊数来决定。划分抗病性的标准有两套体系：一是直接以根上胞囊的绝对数目来判断，二是根据寄生指数来判断。寄生指数（IP，Index of Parasitisim）指测试植株根上着生的胞囊数占感病对照的百分比（Triantaphllou，1975），有时也称雌成虫指数（Hancock，1987）。由于大豆抗病性划分标准的人为性，所以，不同时期、不同作者对抗病性的判定标准差异很大。Ross 和 Brim（1957）把每个根系上少于 10 个胞囊，并且低于邻近对照行根上胞囊数的材料定为抗病材料。Caldwell 等（1960）则只把仅着生 0 或 1 个胞囊的材料定为抗病，多于 1 个胞囊就为感病。Thomas 等（1975）的划分标准为：高抗，0~7 个；抗，8~23 个；中抗，24~39 个；中感，40~55 个；高感，55 个以上。目前，在美国采用胞囊数判定抗病性的划分指标多为：高抗，0~5 个；中抗，6~10 个；高感，30 个以上。直接以胞囊的绝对数判定抗病性，常常因土壤质地及土壤中线虫密度的不同或其他条件的不一致，造成鉴定结果的差异。Golden 等（1970）在生理小种鉴定中，把寄主植株上繁殖的雌成虫与对照品种 Lee 上繁殖的雌成虫的比值作为评价抗病性的标准。小于 10%为（-）反应即抗病，大于 10%（+）反应即感病。后来，这种划分标准（即 IP<10%为抗病，IP≥10%为感病）被广泛应用于种质及品系的抗病性鉴定（Anand 等，1985，1989；Hancock 等，1987；Rao-Arelli 等，1988，1989，1992；Myers 等，1991；Riggs 等，1988）。这种两级分法把 IP=10%硬性作为一个阈值，跨过它即为感病，这显然不能真实反映植株的抗病程

度。鉴于此，Anand 等（1988）采用 IP 的四级分法的标准：高抗，IP<10%；中抗，10%≤IP<25%；中感，25%≤IP<50%；感病，IP≥50%。Schmitt 和 Shannon（1992）总结了多数育种家的意见后，提出鉴定大豆抗病性的 IP 标准为：高抗，0~9%；中抗，10%~30%；中感，31%~60%；大于 60%为感病。

我国经十几年的研究，鉴定标准已经统一。基本上与美国的标准一致。按根上胞囊数分为五级；免疫，0；高抗，0.1~3.0；中抗，3.1~10；中感，10.1~30；高感，30 以上。按胞囊指数分为二级：IP<10%为抗病；IP≥10%为感病。而且这两种标准必须在感病对照根上的胞囊数在 30 个/株以上才可靠。

4.2 抗病性的鉴定时期

抗病性鉴定一般在第一代显囊盛期。此时，第一代雌虫刚刚成熟，容易识别。从时间上说，美国多在种植或接种后一个月左右。我国田间种植条件下，东北是出苗后 30~40d（马书君等，1991；刘维志等，1991），山西为出苗后 30~35d（李莹等，1991），安徽在播种后 28~30d（张磊等，1991）。吴和礼等（1984）比较了春播、夏播和冬季温室播种的鉴定效果后认为，东北地区以春播为最好。以哈尔滨为例，5 月 10 日播种，25 日出苗，35~45d 后地上部展开四片复叶时，正是第一代雌虫突破根部表皮，形成肉眼可见的白色柠檬状胞囊，个体大，又极少脱落，是鉴定的最适宜时期。

4.3 胞囊的收集和计数

一般只收集根部的胞囊进行计数。基本方法大体一致，具体操作有些不同。Anand 和 Gallo（1984）拔出植株，摇去根上的土粒，直接统计根上的胞囊。Caldwell 等（1960）先从根上洗下土粒，60 目筛子过筛，对残留在根部和保持在筛子上的胞囊计数。Thomas 等（1975）和 Hancock 等（1987）用沙子将根上的胞囊摩擦到水中，悬浮，过筛，收集胞囊于 60 目筛子上，然后冲洗到带格的培养皿内，低倍镜下统计胞囊数。Anand 等（1983，1985）逐步完善了一套步骤：先将塑料微盆浸泡在水中，然后轻轻拔出植株，用高压水喷射根部，分离出白色胞囊，过 20 目和 60 目筛子，并用放大镜检查根部，确信所有的胞囊被取出，最后转移到带格的培养皿中镜检计数。

5 抗病性鉴定方法发展前瞻

常规的鉴定方法依赖于根上的胞囊数，其发展的原则是准确、快速。鉴定环节最佳化，包括鉴定期间寄主和寄生物生长环境最适化，均匀一致有强感染力的同质接种物的制备方法和简便、快速、定量的接种技术是当前提倡应用的技术关键。常规的鉴定方法在目前和今后一段时间内仍是最主要的鉴定方法。随着抗大豆胞囊线虫基础研究的进一步深入，以生化标记和分子标记辅助的鉴定方法将会得到发展。Pavlova（1989）根据对抗感品种根部过氧化物酶和超氧化物歧化酶活性研究结果，认为呼吸酶的差异可作为抗线虫品种选择的一个因子。Kim 等（1990）报道了过氧化物同工酶酶谱与抗胞囊线虫的关系，抗病品种的第五条谱带较厚而感病品种则较薄。这表明与抗性相关的酶的活性及同工酶谱的变化，有可能作为抗性筛选的生化标记。同样，分子生物学的发展，尤其是 RFLP 和 RAPD 技术的出现，为分子标记辅助的抗性鉴定方法提供了更广阔的前景。Weismann 等（1992）报道，pBLT24 和 pBLT65 两个 RFLP 标记与 Rhg4 基因座位连锁。Concibido 等（1993，1994）报道，两个 RFLP 标记，pA85 和 pB32 与大豆对大豆胞囊线虫的抗性紧密度相关。可以相信，分子标记辅助的鉴定方法不久就可以应用于抗病种质筛选和抗病育种实践。

参考文献（略）

本文原载：1995，大豆科学，14（2）：151-159

北京地区大豆胞囊线虫 4 号生理小种的验证

颜清上　陈品三　王连铮

（中国农业科学院作物育种栽培研究所，北京　100081）

摘　要： 利用国际上通用的一套标准鉴别品种，对采自中国农业科学院昌平基地大豆试验田的大豆胞囊线虫群体进行了生理小种鉴定。温室盆栽鉴定和塑料钵柱鉴定结果表现一致，各个鉴别品种根部都着生较多的胞囊，胞囊指数最低为 49.8%，对胞囊线虫的反应极明显地全部表现为（+）。按 Riggs 和 Schmitt（1988）的划分标准，该线虫群体为 4 号生理小种。这一结果极有力地证实北京地区有 4 号生理小种分布。

关键词： 大豆胞囊线虫；生理小种鉴定；北京地区

The Verification of Race 4 of Soybean Cyst Nematode in Suburban Beijing

Yan Qingshang　Chen Pinsan　Wang Lianzheng

（*Crop Breeding and Cultivation Institute*，*CAAS*，*Beijing* 100081，*China*）

Abstract： Using a set of standard differentials of Golden et al（1970），we determined the race type of soybean cyst nematode population collected from Changping experimental base of CAAS in suburban Beijing. The results identified in clay pots and in plastic bags（20cm×4. 5cm）indicated the reactions on every differential were significantly（+）. According to the classfication scheme by R. D. Riggs and D. P. Schmitt（1988）this population is race 4 of soybean cyst nematode which strongly verified that there is race 4 of soybean cyst nematode distributed in suburban Beijing.

Key words： *Heterodera glycines*；physiological race identification；Beijing

大豆胞囊线虫（*Heterodera glycines*）病是影响大豆生长最具破坏力的病害之一，在世界大豆主产国普遍发生。我国是遭受该病严重危害的国家之一，在辽宁、吉林、黑龙江、内蒙古、北京、河北、河南、山西、山东、江苏、安徽和陕西等省（市）均有发生。自 20 世纪 80 年代初期以来，刘维志和陈品三等（1984）、周贵发等（1984）、刘汉起等（1985）、陈品三等（1987）、赵经荣等（1988）、张磊（1988）、商绍刚等（1989）、张东生等（1991）相继对我国大豆产区胞囊线虫生理小种进行了研究，初步查明了各生理小种的分布。就北京地区而言，一般认为有 4 号小种分布，但缺乏强有力试验数据的支持。1993 年中国农业科学院作物所昌平基地大豆试验田大豆胞囊线虫病严重发生，部分植株枯黄致死。收获后，从该试验田多点挖取病土进行生理小种鉴定研究。

陈品三在中国农业科学院植物保护研究所工作

中国农业科学院植保所植病线虫室彭德良同志协助部分研究工作，谨致谢意

1　材料和方法

1.1　病土来源

在中国农业科学院作物育种栽培研究所昌平基地大豆胞囊线虫发病严重的试验田，多点取样，采集0~20cm土层的病土，经漂浮鉴定每100g风干土中含胞囊169个。

1.2　鉴别寄主和生理小种划分

鉴别寄主：采用Golden等（1970）的一套标准鉴别品种：Lee、Pickett、Peking、PI88788和PI90763，其中Lee为感病对照。鉴别品种的种子由陈品三研究员保存提供。

生理小种的划分：按Riggs和Schmitt（1988）的标准（表1）。

表1　Riggs和Schmitt（1988）的大豆胞囊线虫生理小种划分标准

小种	鉴别品种的反应			
	Pickett	Pcking	PI88788	PI90763
1	−	−	+	−
2	+	+	+	−
3	−	−	−	−
4	+	+	+	+
5	+	−	+	−
6	+	−	−	−
7	−	−	+	+
8	−	−	−	+
9	+	+	−	−
10	+	−	−	+
11	−	+	+	−
12	−	+	−	+
13	−	+	−	−
14	+	+	−	+
15	+	−	+	+
16	−	+	+	+

注：“−”表示鉴别品种根上雌虫和胞囊数小于感病对照Lee根上的10%

“+”表示鉴别品种根上雌虫和胞囊数大于或等于感病对照Lee根上的10%

1.3　鉴定方法

1994年3—5月在中国农业科学院植物保护研究所温室进行。采用塑料钵柱法和温室盆栽鉴定法进行生理小种鉴定。

1.3.1　塑料钵柱法

先将病土掺入1/4的细沙，混合均匀，装于直径20cm×4.5cm（Φ）的塑料袋内制成塑料钵柱，整齐排放于65cm×45cm×15cm的塑料大盒内，向盒内放适量的水，塑料钵柱靠边上的缝隙吸水湿润土壤。将鉴别品种的种子在蛭石中萌发（生长箱内，24℃，16h光照）4~5d后，待子叶即将展开时，选取根长相近的幼苗移栽到塑料钵柱内。每个鉴别品种10个塑料钵柱，每钵柱移栽一苗。置于温室培养，温度为（24±4）℃，30d后拆开外层塑料布，用水轻轻冲洗根部，检查根上的胞囊数。

1.3.2　温室盆栽鉴定法

基本上同塑料钵柱法，不同的是用直径15cm，深20cm的瓦盆代替塑料筒进行鉴定。每个鉴别品种5个瓦盆，每盆一苗，温室培养。30d后，倒盆检查胞囊数。

胞囊指数（CI,%）= 鉴别品种上的胞囊数×100/Lee上胞囊数。

2 结果与讨论

根据每株根上着生的胞囊数，计算出每个鉴别品种根上的平均胞囊数和胞囊指数，列于表2和表3。

表2 鉴别品种根上着生的胞囊数

鉴定方法	鉴别品种				
	Lee	Pickett	Pcking	PI88788	PI90763
塑料钵柱	178.5	87.8	100.5	98.9	120.9
温室盆栽	326.8	221.2	206.6	159.8	224.2

表3 生理小种鉴定结果

鉴定方法	鉴别品种										生理小种
	Lee		Pickett		Pcking		PI88788		PI90763		
	CI[a]	RE[b]	CI	RE	CI	RE	CI	RE	CI	RE	
塑料钵柱	100	+	54.79	+	56.30	+	55.41	+	67.73	+	4
温室盆栽	100	+	67.69	+	63.22	+	48.90	+	68.60	+	4

注：a. CI=胞囊指数（%）；b. RE=反应

从表2可以看出，塑料钵柱鉴定和温室盆栽鉴定，结果表现一致，每个鉴别品种根上均着生较多的胞囊，单株平均胞囊数变幅为塑料钵柱法87.8~178.5个，温室盆栽鉴定法159.8~326.8个。表3的数据表明各个鉴别品种上的胞囊指数最低为48.9%，均大大超过10%的标准，对所鉴别的生理小种群体表现出强敏感性，反应都表现为（+）。依Riggs的标准，采自昌平基地的土样的胞囊线虫群体为大豆胞囊线虫4号生理小种。

大豆胞囊线虫4号生理小种是黄淮海大豆产区的优势小种。一般认为北京地区有4号生理小种的分布，但一直没有试验数据证实。直到1991年，张东生、陈品三等才报道北京1、北京2线虫群体（均未标明具体来源地）为4号生理小种。从其试验数据看，北京1群体，100ml风干土含胞囊358.8个，而鉴别品种之一的Peking上胞囊数仅为7.92个，胞囊指数为10.44%，十分接近10%的临界值；北京2群体100ml风干土含胞囊262个，而作为感病对照Lee上的胞囊仅23.4个。这表明此2线虫群体为较弱的4号生理小种。在本研究中，采自昌平基地土样的胞囊数是169个/100g土，盆栽鉴定和塑料钵柱鉴定都表现出线虫群体对所有鉴别品种的强感染性，Lee上的平均胞囊数分别为326.8个和178.5个，其他鉴别品种根上的平均胞囊数各在160~220个和100个上下。胞囊指数最低49.8%以上，大大高于10%的临界标准，各鉴别品种对该线虫群体的反应都十分明显为（+），本试验的结果充分验证了北京地区有大豆胞囊线虫4号分布。而且，所鉴定的线虫群体可能比张东生等（1991）鉴定的群体具有更强的感染和存活能力。鉴于小种划分方案中4号生理小种在鉴别品种上的反应均为感病，难于区分4号生理小种群体的复杂性，因而不排除昌平群体可能是有别于北京1、北京2群体的新变异型。采用合适的鉴别品种有可能区分出它们的差异。本研究中采用塑料钵柱进行生理小种鉴定取得了与盆栽鉴定一致的效果，鉴别品种根上着生的胞囊充足，反应明显，结果可靠。采用塑料钵柱鉴定的优点是钵柱面积较小，上下筒径一致，多个钵柱挤靠在一起可以控制水分的散失，这样不仅节省空间便于管理，而且由于每个钵柱紧密地靠在一起减少了缝隙，形成了类似于地下生长的环境，容易保持各钵柱内水分相对一致，有利于根系的生长。同时，透过外层的塑料布可以直接观察钵柱边缘根上的胞囊，准确掌握调查时间。该钵柱制作十分简单，成本很低，每平方米塑料布可做 20 个钵柱，每人每天可制作 500~1 000 个。适合于大豆胞囊线虫生理小种鉴定及种质或杂交后代等大量材料的抗病性鉴定。

参考文献（略）

本文原载：大豆科学，1995，14（4）：355-359

大豆抗胞囊线虫基础研究

颜清上　王连铮

（中国农业科学院作物育种栽培研究所，北京　100081）

摘　要：本文从大豆—大豆胞囊线虫相互关系、大豆抗性的生化基础和遗传本质3个方面对大豆抗胞囊线虫的基础研究作了简要概述。

关键词：大豆；大豆胞囊线虫；抗病；大豆—大豆胞囊线虫相互关系；生化基础；遗传本质

大豆胞囊线虫（*Heterodera glycines*，SCN）是大豆生产中的毁灭性病害之一。最早在中国发现，主要为害我国东北和黄淮海大豆产区。20世纪50年代后期，此病在美、日两国极受重视，至今仍是研究的热门课题。我国自20世纪80年代初期开始重视对该病的研究，"七五"期间对万余份大豆种质对1、3、4、5号生理小种的抗性进行了筛选研究，鉴定出一大批抗1个或多个生理小种的抗性种质。与美、日两国相比，有关抗性品种抗病的基础研究则十分薄弱。本文主要就抗性品种对大豆胞囊线虫抗性的基础研究做一简要概述。

1　大豆—大豆胞囊线虫相互关系

1.1　根渗出物对卵孵化的影响

Tefft等（1985）报道从30日龄幼苗及初荚发育时收集根渗出物能够促进卵的孵化，而且从感病品种收集的渗出物比抗病品种更能刺激卵的孵化（Caballero等，1986）；刘维志等（1993）的研究表明感病品种Lee的根分泌物能很快地刺激卵的孵化，而抗病的Peking未能刺激胞囊线虫卵孵化；颜清上等（1995）利用抗感品种根渗出物对大豆胞囊线虫4号小种越冬胞囊、新鲜胞囊和离体卵孵化的研究表明，抗病品种比感病品种刺激较少的卵孵化。但Schmitt等（1991）的结果却与上述结果恰好相反，抗病品种Bedford和Forrest的根渗出物比感病的Lee或Essex的渗出物诱导了更多的卵孵化。由于不同的研究者所用的抗病品种、线虫的生理小种及根渗出物的提取方法不同，造成了结果的差异，但也说明了抗病品种不一定都能抑制卵的孵化。不同的抗病品种，对不同的生理小种可能有不同的抗病机制。如大豆胞囊线虫的非寄主植物蓖麻的根渗出物也能较快地促进卵的孵化（刘维志等，1993）。

1.2　抗病品种对线虫发育的影响

寄主对病原物抗性是寄主植物抑制病原物的发展及繁殖的能力。大豆胞囊线虫在寄主植物上完成一个生活史包括寻找寄主、侵染、取食、生长、发育、性成熟和卵繁殖，在这一过程中任何一个阶段的失败就表明大豆对大豆胞囊线虫具有抗病性，大豆抑制胞囊线虫的发育是大豆对胞囊线虫产生抗病的一种抗性机制。Ross（1958）在抗性大豆品种Peking上发现坏死细胞附近的雌线虫发育未能越过3龄幼虫，但雄虫可以达到4龄或成虫期。Endo（1965）发现在Peking根上2龄幼虫发育受阻，没有形成成虫；而在感病品种Lee上大多数线虫完全发育成熟；Lee×Peking杂交后代中，2龄幼虫有死亡，但有一些雌虫和雄虫成熟。Acedo等（1984）对胞囊线虫的侵染和发育研究结果表明，在抗感品种中，胞囊线虫对其根的侵染差别不大，但在感病品种中有14%的侵入幼虫发育成成熟的雌虫。而在抗病品种中则只有1%的线虫发育成成熟的雌虫。刘晔、刘维志（1988）报道了胞囊线虫1号生理小种感染13d后，感病品种PI88788上雌虫体开始膨大呈长卵形，而抗病的 Peking 上线虫仍处于蠕虫阶段。第 19d 时，PI88788 上雌虫已成熟、虫体膨大成梨形、末端已突破根表皮露出根外，而抗病的 Peking 上，有的雌虫虽已膨大呈长卵形，但仍在根组织内发育；在抗病的磨石黑豆根中线虫仍处于幼虫阶段虫体没有膨大。张东升（1995）对 7 号小种抗感品种的研究结果表明，接种后 15d，抗病品种 Pickett 和 Peking 的根部只有 11. 51%~26. 86%的虫体发育到 3 龄以上，而感病的 PI88788、PI90763 和 Lee 上 3 龄以上虫态占 46. 14%~68. 73%。Halbrandt（1992）提出了一种新的评价发育的方法，并比较了胞囊线虫在大豆抗感品种上发育的差异，结果表明大豆对胞囊线虫的抗病性与线虫的发育阶段有关，PI209332 主要影响 3 龄和 4 龄线虫的发育，Pickett 主要影响 2 龄和 3 龄线虫的发育，而 PI89772 影响各龄期线虫的发育。颜清上等（1995）利用上述技术，发现灰皮支黑豆和元钵黑豆主要抑制大豆胞囊线虫 4 号生理小种的发育，使其较多地停留在 2 龄、3 龄阶段。灰皮支黑豆和元钵黑豆根上 2 龄、3 龄、4 龄、雌成虫和总成虫所占百分数分别为 22. 3%、26. 5%、13. 55%、3. 80%、37. 65%和 24. 3%、29. 6%、15. 05%、2. 50%、31. 15%；而感病对照鲁豆 1 号的百分数为 4. 4%、10. 2%、24. 95%、29. 35%、60. 45%。抗病品种根上线虫的性比极明显地高于感病品种，主要原因是抗病品种根上形成的雌成虫数量太少。

1.3 寄生对胞囊线虫侵入的细胞病理学反应

Ross（1958）发现受线虫侵染的根系的核细胞受损伤，在感病品种中形成合胞体，进一步破坏维管组织，而在抗病品种中环绕线虫头部的细胞坏死并分解死亡。据此推测抗病品种因此而不能给入侵线虫提供养分，使其不能发育，并认为这是大豆对胞囊线虫的抗病机制。Endo（1965）的结果表明在胞囊线虫侵染的最初期，抗感品种表现相似，都出现合胞体，5d 后光学显微镜下观察，抗病品种的合胞体具有染色反应，表明细胞质退化和出现坏死反应。Riggs 等（1973）在抗病品种 Peking 上发现了不规则的细胞壁加厚，认为这是寄主对胞囊线虫的抗病机制。Acedo 等（1984）认为细胞坏死在抗感寄主中都有发生，但抗病植株上的发生频率更高，Kim 等（1987）比较了接种胞囊线虫 3 号生理小种后，抗感品种的细胞结构变化，发现在感病品种中直到线虫成熟，合胞体发育是不断的，感染的早期阶段核膨大，内质网增多，而后期则形成细胞壁的内生长。而抗病品种的反应是有一个坏死层环绕合胞体细胞，并与正常的细胞区分开来，导致合胞体坏死，从而抑制线虫的发育。颜清上等（1995）对灰皮支黑豆和元钵黑豆接种 4 号生理小种的根部的组织和细胞病理学研究表明，抗病品种在中柱鞘细胞处有较小的、染色较深的合胞体，而感病品种在中柱内有大的合胞体细胞；抗病品种根内线虫头部有较多的组织坏死，感病品种较少观察到这一现象；感病品种的合胞体组成细胞较大、靠近木质部导管一侧有内生长，各种细胞器丰富，内质网数量多形体长、多为光滑型；抗病品种合胞体组成细胞较小，核糖体较多，内质网小而少、多为粗糙型，细胞内出现较多的类脂肪体，在侵染早期细胞质快速降解，有时发现细胞质膜与细胞壁发生分离。

2 大豆抗胞囊线虫的生化基础

Pavlova（1989）用盆栽试验，接种卵和幼虫后 14~15d 检查根的生化反应，发现抗性品种过氧化物酶（POD）活性增加 2. 1 倍，超氧化物歧化酶活性（SOD）增加 1. 2 倍而感病品种分别增加 5 倍和 3 倍，表明呼吸酶的差异可作为抗线虫品种选择的一个因子。颜清上等（1995）的研究结果表明，接种后 5d、10d、15d 抗病品种根部的苯丙氨酸裂解酶活性的增加程度、SOD 酶活性的降低程度都大于感病品种，而接种后 10d POD 酶活性的增加却低于感病品种。Kin 等（1990）报道了 POD 酶谱与抗胞囊线虫的关系，聚丙烯酰胺凝胶电泳分析揭示出抗病品种的第 5 条酶带较厚而感病品种则较薄。Huang 等（1986）在一篇摘要中报道胞囊线虫 1 号小种接种 8h 后，采用放射免疫技术对线虫头部邻近位点的大豆素Ⅰ进行测定，结果在抗病品种 Centennial 中发现有大豆素Ⅰ产生，而在感病品种 Ransom 中没有发现，这表明大豆素Ⅰ是抗病品种对胞囊线虫感染的一个早期反应，Huang 等（1991）采用 HPLC 和放免测定对大豆素Ⅰ在抗感品种中含量和分布做了进一步研究，接种后立即测定大豆素Ⅰ的含量，无论抗病品种还是感病品种都没有发现有大豆素产生，但随后在抗病品种中以较大数量稳定增长，而在感病品种中积累量很少。在抗病品种中侵染 8h 后可检测到大豆素Ⅰ，24h 后含量达到 0.3μmol/ml。大豆素Ⅰ是作为抗性品种对抗线虫侵染迅速产生的抗性物质，可能是大豆抗胞囊线虫的机制之一。颜清上等（1995）的结果表明，抗病品种根部的总酚含量、绿原酸含量和阿魏酸的增加高出感病品种一倍到数倍；类黄酮和木质素在抗病品种中含量增加，而在感病品种中含量降低。次生物质含量增加是抗性品种应激线虫侵害的保护反应之一。

3　大豆抗胞囊线虫的遗传本质

3.1　大豆对胞囊线虫抗病的遗传规律

大豆胞囊线虫生物学表明，其具有两性交配和专性寄生的特性，这决定了其极富变异的特性。同时，寄主和病原物长期的协同进化不但创造了丰富的抗病大豆基因型，也造就了抗源遗传的复杂性。Caldwell 等（1960）第一次报道了小黑豆抗源 Peking、PI90763、PI84751 对美国北卡罗来纳州的胞囊线虫群体（1970 年 Colden 认定为 1 号生理小种）的抗病性遗传规律，通过对 F_1、F_2 及测交群体植株的抗性分析，得出了抗病性为 3 个独立的隐性基因控制，后来规定基因符号为 *rhgl*、*rhg2*、*rhg3*。1965 年 Matson 等报道了 Peking 中控制抗病性的第 4 个基因、显性的 *Rhg4*，并认为 *Rhg4* 与 *I* 基因座位上控制黑种皮的 *i* 基因连锁，因而大多数抗源表现为黑种皮。Sugiyana（1966）等也报道了 Peking 中对日本胞囊线虫群体的一个隐性抗病基因与黑种皮连锁。

Hartwig 等（1970）对美国胞囊线虫弗吉尼亚种群（后鉴定为 2 号小种）做了 PI90763 的抗病性遗传研究，结果表明 PI90763 比 Peking 多了 1 个抗病基因（Peking 感染该种群），后来命名为 *Rhg5*。Rao-Arelli 和 Anand（1988）进行了 PI 系抗源对 3 号生理小种抗性遗传的研究，结果表明在 Peking×PI88788 中，控制 3 号小种抗病性的为 1 个显性基因和 1 个隐性基因，而在PI88788×PI438496B 中，则由各自携带 1 个不同的显性抗病基因来控制。Meyers 等（1991）根据 PI437654×Essex 的结果得出 PI437654 的抗性由 2 个隐性基因和 1 个显性基因来控制。薛庆喜等（1991）推断 84-7831（哈尔滨小黑豆后代）、CN210（Peking 后代）的抗性由 3 个独立的隐性基因控制。刘维志等（1993）认为在铁丰 24×小粒黑豆组合中抗病基因为 1 显性 1 隐性，开育 10×小粒黑豆可能存在 4 对抗病基因，而且存在互补现象。Rao-Arelli（1989）通过 PI437654，PI88788 与 Essex 正反交 F_1 植株均为感病，说明至少含 1 个隐性抗病基因，进一步研究（Rao-Arelli 等，1992）表明 *Rhg4* 和 *Rhg2* 基因在 Peking、PI90763、PI88788 中均控制抗病性，而在 PI88788 中有另外 1 个显性抗病基因，在 Peking 及 PI90763 中还有第 2 个隐性抗病基因进行非等位互作。Rao-Arelli（1994）对另外几个 PI 系抗源的遗传研究表明，PI84772 和 PI209332 对 3 号小种的抗性由 1 显 1 隐 2 对基因控制，而 PI438489B 和 PI404166 的抗病基因则分别为 2 隐 1 显和 1 隐两显。

王志等（1990）对我国的抗病材料灰皮支黑豆、84-7、84-2，对 4 号生理小种抗性的遗传进行研究。认为抗性由 2 个隐性基因控制。而颜清上等（1995）对灰皮支黑豆和元钵黑豆的遗传研究表明，此二抗源对 4 号小种的抗性至少由 3 对隐性基因和 1~2 对显性基因控制。

Anand 等（1989）在大豆抗 5 号生理小种的遗传分析时发现，Peking×PI88788 表现为 2 对独立的隐性抗病基因，PI438489×PI88788 表现为单基因隐性，PI90763×Forrest 也为隐性抗病基因，而 Peking×PI90763 F_2 群体表现为 15R：1S 分离，说明 2 个亲本在不同基因座位上各有 1 个显性抗病基因。Myers 等（1991）对 PI437654×Essex 的分离研究，表明抗性遗传符合 2 显性 2 隐性基因模型。Anand（1994）研究了抗 5 号小种的遗传，PI90763 的抗性由 1 对显性基因和两对隐性基因控制；PI424595具有3对隐性抗病基因，其中有2对与PI90763相同，另外有1对不同于PI90763和PI437654。Youns等（1994）根据PI399061、PI424595和PI438342与Tracy-M杂交数据推断其对5号小种的抗性由3对或更多对基因控制。Rao-Arelli等（1995）对Peking抗3和5号小种的遗传研究表明，控制3号、5号抗性的基因可能在相同的基因座位。

Thomas等（1975）对14号（当时误定为4号）生理小种的抗性遗传进行了分析，结果表明PI88788×PI90763有1对隐性抗病基因控制的差异，而PI88788×Peking和PI90763×Peking都符合1∶3分离，这表明在1个基因座位有3个等位基因分别控制着这3个亲本的抗性，而且PI88788上的基因对PI90763、Peking表现为显性。而在另外的组合PI90763×Mack，Hill×PI90763的分离符合1对显性基因2对隐性基因的分离，由此推测，控制14号生理小种的抗病基因，在1个基因座位上有3个复等位基因为显性，另2个基因座位上有2对隐性等位基因。Mack上的抗3号小种基因对14号小种的抗性没有影响。Rao-Arelli等（1987）用改良温室方法对抗14号小种的遗传研究表明，PI88788控制抗性的基因为1个隐性基因和两个显性基因。Rao-Arelli等（1989）根据Peking×PI88788、PI90763×PI88788两个组合F_1植株上白色胞囊的显著差异，推测PI88788抗14号小种的核基因在Peking和PI90763上表达不同。事实上，组合Peking×PI88788 F_1植株着生的胞囊数比PI90763×PI88788上得多，正好验证了PI90763含有14号小种的中抗基因，而且对Peking的基因为显性的推论（Thomas等，1975）。Myers等（1991）对14号生理小种的抗性遗传进行了研究。结果如下：组合PI437654×PI90763，F_1全抗，F_2为3R∶1S符合单基因显性控制的分离；组合PI437654×Peking，F_1全感，F_2为1R∶3S，符合单基因隐性控制的分离；组合PI437654×Essex，F_1全感，F_2为1R∶63S，说明由抗病性1对显性基因和2对隐性基因控制。Hancock（1987）还报道了抗“X”小种的遗传由1对隐性基因控制。

Mansur等（1993）考虑到F_2植株上胞囊的连续分布，按数量遗传模型对大豆抗3号小种的遗传进行世代平均数分析，结果表明控制抗性的基因不超过4对，加性遗传模型足以解释绝大多数抗性的遗传变异，但有时也存在显性效应。抗性基因一般由核基因控制，不存在母体效应或细胞质效应（Rao-Arelli等，1986，1989；Hancock等，1987；Mansur等，1993）。

3.2 大豆抗胞囊线虫的分子标记

随着分子生物学的发展，RFLP、RAPD技术为揭示遗传的分子基础提供了很好的工具。完整的RFLP图谱，使RFLP标记饱合分布于整个基因组，而且RFLP标记之间，RFLP标记与数量性状基因座之间的关系一目了然。近几年来，用RFLP技术和RAPD技术研究大豆对胞囊线虫的抗性的报道已屡见不鲜。Baltazar等（1992）对高抗的PI437654和高感的BSR101用*pst I*随机探针检测到了17%~41%的多态性，其中*Hind*Ⅲ酶切消化的多态性达41%，对PI437654×BSR101得到的120个近重组自交系（$F_{2:7}$）用PB-032探针检测RFLP的分离符合1∶1的比率。Boutin（1992）用以PI209332为抗源得到的4个抗性品系为材料，通过与各自感病亲本的RFLP模式比较，鉴定从PI209332得到的基因组片段。在所用的52个标记中，有1个RFLP标记*pK69*，使抗病品系与感病亲本在4个组合中有4次出现差异，有9个RFLP标记在4个组合中有3次表现出差异。这些标记位于4个不同的连锁群的4个基因组片段上。Weisemann等（1992）报道，*pBLT24*，*pBLT65*两个RFLP标记不仅与*I*基因座位连锁而且与*Rhg4*基因座位连锁。Concibido等（1993，1994）报道，2个RFLP标记*pB32*、*pA85*与大豆胞囊线虫抗病反应紧密相关，分别控制抗病反应总方差的39%和23%。pA85在RFLP遗传图A连锁群上，与黑脐紧密连锁，*pB32*在RFLP遗传图的K连锁群上。克莱姆森（Clemson University）大学的Skorupska等（1994）、Mahalingam等（1995a，1995b）、Choi等（1995）以回交品系、分离群体混合样品和来自同一抗源的抗病品种的混合样品为试验材料利用RAPD技术对Peking、PI437654和PI88788等抗源抗大豆胞囊线虫1号、3号、5号、14号小种的多态性进行了分析，获得了一些抗大豆胞囊线虫的

RADP 标记。DNA 标记之间的距离不仅能用以厘摩（cM）为单位的遗传距离表示，而且还可以直接用碱基对数目的物理距离表示。Danesh 等（1995）利用脉冲场凝胶分析技术对连锁群 G 上与 SCN 抗病基因座位连锁的 5 个紧密相连的 DNA 标记（遗传距离约为 6cM）进行物理作图，结果表明 *Bng189* 与 *Bng122* 之间约为 150kb；*Bng126* 与 *Bng133*、*Bng133* 与 *Bng30* 之间的距离分别为 100kb 和 200kb。所有这些研究为将来的基因转移和分子标记辅助的抗病育种提供了坚实的理论基础。

参考文献（略）

本文原载：大豆科学，1996，15（4）：345-352

利用 RAPD 技术寻找大豆抗胞囊线虫 4 号小种标记初报

颜清上[1]　王　岚[1]　李　莹[2]　王连铮[1]　陈品三[3]

（1. 中国农业科学院作物育种与栽培研究所，北京　100081；2. 山西省农业科学院农作物品种资源研究所，太原　030031；3. 中国农业科学院植物保护研究所，北京　100094）

摘　要：以高抗大豆胞囊线虫 4 号生理小种的 2 个大豆品系 1259 系（黄色）和 1259 系（双色）及其抗感亲本灰皮支黑豆和晋遗 9 号，以及另外两个高抗品种 PI437654 和元钵黑豆，两个高感品种鲁豆 1 号和鲁豆 7 号为试验材料，进行大豆抗胞囊线虫的 PAPD 分析。在所用的 33 个引物中，引物 *OPG04* 的扩增产物中有一条谱带系抗病品系、抗病品种（包括抗病亲本）特有。

关键词：大豆；大豆胞囊线虫；RAPD 技术

大豆胞囊线虫病（SCN）是影响大豆生产的毁灭性病害之一。利用新近发展的生物技术寻找、鉴定以及定位抗大豆胞囊线虫的分子标记已成为受人关注的热门课题。美国 13 家从事大豆分子作图的单位中，有 9 家在进行抗大豆胞囊线虫分子标记的研究（张国栋，1994）。Concibido 等（1993，1994）、Weisemann 等（1992）已分别找到了控制大豆抗 SCN3 号小种和与 *Rhg4* 紧密连锁的 RFLP 标记，Skorupska 等（1994）、Mahalingam 等（1995a，1995b）、Choi 等（1955）利用 RAPD 技术对 Peking、PI437654 和 PI88788 等抗源及其来源的抗病品种抗大豆胞囊线虫 1 号、3 号、5 号、14 号小种的多态性进行分析，获得了一些抗大豆胞囊线虫的 RAPD 标记。但有关抗大豆胞囊线虫 4 号生理小种的分子标记的研究尚未见报道。

1　材料和方法

1.1　供试植物材料

供试大豆材料为高抗大豆胞囊线虫 4 号生理小种的大豆品系 1259 系（黄色）和 1259 系（双色）及其抗感亲本灰皮支黑豆和晋遗 9 号，以及另外两个高抗品种 PI437654 和元钵黑豆、两个高感品种鲁豆 1 号和鲁豆 7 号。将这 8 份材料种于温室，出苗后 3 周左右，取第一片真叶，放入-70℃冰箱保存备用。

1.2　模板 DNA 的提取

参照 Tai 和 Tanksley（1990）的方法提取 DNA。提取缓冲液为 100mM Tris-HCl（pH 值 8.0）、50mM EDTA（pH 值 8.0）、500mM NaCl、1.25% SDS（W/V）。提取步骤：取低温保存的叶片 2g 左右，液氮冷冻下迅速研磨成粉末，在一个 50ml 的聚丙烯管内加入16ml DNA 提取缓冲液，预热到 65℃，加入 0.5ml 巯基乙醇，迅速加入研磨好的材料，65℃保温 15min 或以上。然后，取出试管加入 5ml 5M 的 KAc（pH 值 7.0）充分混匀、冰水浴 20min。取出试管 8 000rpm 离心 10min，将上清液转至一新的离心管，加入 1：1 体积的氯仿：异戊醇（24：1），混匀后离心，1 000rpm 10min，上清液移入另一新的离心管，加入等体积-20℃预冷的异丙醇，-20℃放置 30min。用玻璃棒挑出沉淀的 DNA，转移到 1.5ml Eppendorf 管，用 70%乙醇洗两遍，室温干燥。干燥的 DNA

本试验得到中国农业科学院品种资源研究所贾继增副研究员的帮助，谨致谢意

沉淀用 50μl TE 缓冲液溶解，加入 0.5μl RNase A（10μg/μl），37℃保温 30min，酚：氯仿，氯仿：异戊醇各抽提一次，上清液加入 2 倍体积的乙醇，5 000rpm 离心 10min，回收 DNA，沉淀用 70%乙醇洗两遍，干燥后加入 400μl TE 溶解 DNA。

在 Pharmacia LKB Ultrospec Ⅲ紫外分光光度计上，波长 260nm 及 280nm 处测定光吸收值，根据光吸收值计算 DNA 的纯度和浓度。

1.3 RAPD 扩增

引物为 Operon 公司生产的随机引物，OPE01-20 以及 A 盒、G 盒、K 盒、Z 盒、I 盒、V 盒、X 盒中的 13 个随机引物。

反应体系：2.5μl 10 × PCR buffer，200μmol/L dNTP（dATP、dGTP、dCTP、dTTP），0.2μmol/L 引物，0.8 单位的 Tag DNA 聚合酶，20ng 模板 DNA，最后加超纯水至 25μl。

DNA 扩增：样品加入 0.5ml Eppendorf 管，充分混匀，加入 30μl 石蜡油覆盖，DNA 热循环仪（PTC™ Programmable Thermal Controller）上扩增，扩增程序为：94℃ 15s，36℃ 30s，72℃ 45s，45 个循环，72℃保持 5min，最后 4℃下 10min。

1.4 扩增产物检测

反应结束后，每个反应管加入 3μl 溴酚兰指示剂，混匀、离心，然后在 2%的琼脂糖凝胶上电泳，电压为 50V。电泳结束后，取出凝胶在 0.01%的 EB 溶液中染色 20min，在水溶液中褪色 10min，UVP White/UV Transillumiator 紫外检测仪下检测谱带并拍照。

2 结果和讨论

（1）测定提取 DNA 的光吸收值，OD260/OD280 在 1.8～2.0，浓度在 0.51～0.85mg/ml。DNA 纯度满足 RAPD 试验的要求，最后稀释 DNA 至终浓度为 10ng/μl。

（2）在所用的 33 个随机引物中，只有 *OPE13* 和 *OPI08* 没有产生任何谱带，其余引物都产生了较多的谱带，而且有 20 个引物在 8 个材料间表现完全一致，11 个有差异的引物中，仅 *OPG04* 扩增的谱带中，有一条谱带为 2 个抗病品系和 3 个抗病品种特有，而 3 个感病品种没有的（图 1）。经重复得到了相同的结果。

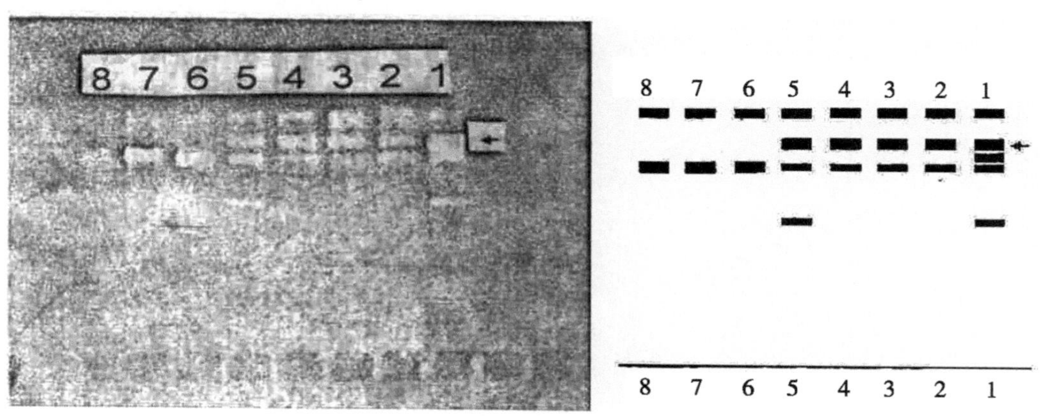

图 1 引物 OPG04 扩增产物

Figure 1 RAPD products amplified by primer *OPG04*

1～8 依次为 PI437654、元钵黑豆、灰皮支黑豆、1259（黑色）、1259（双色）、晋遗 9 号、鲁豆 7 号和鲁豆 1 号所指的谱带为抗病品种（系）特有谱带

找寻与目标性状紧密连锁的 RAPD 遗传标记，最好通过分离个体分组分析（Bulked segregant analysis）或近等基因系的方法。采用这两种方法，RAPD 具有同工酶或 RFLP 无法比拟的优越

性，因为在短时间内就可以筛选大量的随机引物。分离个体分组分析最初由 Michlmore 等(1991) 在筛选抗白粉病基因的遗传标记时采用。其方法是将 F_2 分离群体中抗病的个体分成一组，感病的个体分成一组，每组 20 株为宜，然后以这两组群体作为 2 个样品，提取 DNA 进行 RAPD 分析。理论上讲，这 2 个样品中除抗病性差异外，其余背景基本相同，因此扩增出的 DNA 分子片断的差异应与抗病性紧密连锁。近等基因系作为 RAPD 分析的材料当然具有明显的优点，但因其培育需多代回交、鉴定，费力又耗时。因而，混合样品分析受到多数研究者的喜爱。鉴于此，在进行抗大豆胞囊线虫分子标记研究中采用分离个体分组分析法。本文是其中的一部分，对 2 个抗病品系、抗感亲本和几个抗感品种扩增的 RAPD 产物进行分析，寻找特异引物，进一步的工作正在进行中。从本文的结果看，引物 *OPG04* 对抗病材料，无论是黑种皮，还是黄种皮或双色种皮，经 RAPD 扩增，均产生一段感病品种（亲本）所没有的特异 DNA，这段 DNA 可能与大豆对 SCN 的抗性有关。

参考文献（略）

本文原载：大豆科学，1996，15（2）：126-129

中国小黑豆抗源对大豆胞囊线虫4号生理小种抗性机制的研究

Ⅰ. 抗源品种对大豆胞囊线虫侵染和发育的影响

颜清上[1]　陈品三[2]　王连铮[1]

（1. 中国农业科学院作物育种栽培研究所，北京　100081；2. 中国农业科学院植物保护研究所，北京　100094）

摘　要：以鲁豆1号作感病对照，通过接种相同数量的卵和二龄幼虫并采用切顶水培技术研究我国筛选出的两个小黑豆抗源：灰皮支黑豆和元钵黑豆对大豆胞囊线虫4号生理小种侵染和发育的影响。结果表明，接种后24h侵入大豆抗感品种根内的二龄幼虫数十分接近，差异不显著；接种后水培15~17d，抗病品种根内的二龄、三龄幼虫数无论是单株平均值，还是所占百分数均极显著高于感病对照，而四龄幼虫、雌成虫和总成虫数正好与此相反。感病对照鲁豆1号根上二龄、三龄、四龄、雌成虫和总成虫数所占百分数为4.40%、10.20%、24.95%、29.35%和60.45%，而元钵黑豆和灰皮支黑豆根上各龄线虫的百分数分别为22.30%、26.50%、13.55%、3.80%、37.65%和24.30%、29.60%、15.05%、2.50%、31.15%。抗感品种根上线虫性比的差异极明显，抗病品种为10左右，而感病对照稍大于1；抗病品种根上线虫幼虫从二龄到三龄及从三龄到四龄阶段有较高的死亡率，而且从三龄到四龄阶段的死亡率高于从二龄到三龄阶段。

关键词：大豆抗源品种；大豆胞囊线虫；侵染；发育

Mechanism of Resistance to Race 4 of *Heterodera Glycines* in Chinese Black Soybeans

Ⅰ. The Effects of Resistrant Varieties on the Penetration and Development of *Heterodera Glycines*

Yan Qingshang[1]　Chen Pinsan[2]　Wang Lianzheng[1]

（1. *Institute of Crop Breeding and Cultivation*, *CAAS*, *Beijing* 100081, *China*; 2. *Institute of Plant Protection*, *CAAS*, *Beijing* 100094, *China*）

Abstract: The penetration and development of race 4 of *Heterodera glycines* were studied with roots of highly resistant Chinese black soybeans, Huipizhiheidou and Yuanboheidou, and susceptible control, Ludou No. 1. Variance analysis showed that there is no significant difference for the numbers of second stage juveniles (J2) between in resistant and in susceptible soybean roots 24 hours after inoculation. The inoculated seedlings were pruned and hydroponic cultured for 15−17 days. The average numbers per plant and percentages of J2, third stage juveniles (J3) of *Heterodera glycines* were significantly higher ($P=0.01$) on resistant roots than that on susceptible roots, which were contrary to these of fourth stage juveniles (J4), female adults and total adults of *Heterodera glycines*. The J2, J3, J4 female adults and total adults developed on the root of Ludou

该试验在中国农业科学院植物保护研究所植病线虫室完成

No. 1 were 4. 40%, 10. 20%, 24. 95%, 29. 35% and 60. 45%. However, they were 22. 30%, 26. 50%, 13. 55%, 3. 80%, 37. 65% and 24. 30%, 29. 60%, 15. 05%, 2. 50%, 31. 15% on the roots of Yuanboheidou and Huipizhiheidou respectively. Sex ratios of adults of *Heterodera glycines* were also different significantly. They were about 10 on resistant roots, and was one and fewer on susceptible one. There were high mortalities from J2 to J3 and from J3 to J4 on the roots of Huipizhiheidou and Yuanboheidou compared with susceptible control.

Key Words: Resistant soybean varieties; *Heterodera glycines*; Penetration; Development

大豆胞囊线虫（*Heterodera glycines*，SCN）是大豆生产中的毁灭性病害之一，在美国、中国、日本等国家发病严重。迄今，利用寄主植物抗性是最有效的控制措施。我国从 20 世纪 70 年代后期开始重视对此病害的研究，目前主要集中在病原的生理小种分布和抗源筛选研究，对抗源品种抗性的基础研究较少。4 号生理小种是黄淮海地区的优势小种，也是致病力最强的小种之一。“七五”期间对我国万余份大豆种质的抗性进行了鉴定，筛选出 11 份抗 4 号小种的种质，其中 9 份为小黑豆品种。本文选用 2 个抗性最好的小黑豆抗源品种，研究其对大豆胞囊线虫侵染和发育的影响。

大豆胞囊线虫在寄主植物上完成一个生活史需要多个阶段，包括寻找寄主、侵染寄主、取食、生长、发育、性成熟和产卵。寄主的抗性主要表现在影响其中某一阶段受阻，使线虫只能部分（或完全不能）完成其生活史。从这一认识出发，抗性机制从理论上可分为抗侵入、抗发育和抗繁殖。前人对 1 号、3 号生理小种抗性研究表明，侵入大豆抗感品种根部的二龄幼虫数基本相同，大豆的抗性主要与抑制线虫的发育有关。Ross 在大豆抗病品种 Peking 上发现坏死细胞附近的雌虫未能越过三龄幼虫。Endo 也发现在 Peking 上线虫发育受阻，没有形成成虫。刘晔等的研究表明，大豆胞囊线虫 1 号小种侵染后 19d，感病品种 PI88788 上雌虫已成熟；而抗病的磨石黑豆中线虫仍处于幼虫阶段、虫体没膨大。上述研究都是采用石蜡切片技术对大豆幼根及根内线虫进行组织病理学观察，或是根据观察到发育最快的线虫虫态，或是根据坏死细胞附近线虫状况来分析，其结果只能观察很少的线虫数，极难得到充足的可供量化分析的数据。本文利用 Halbrandt 等建立的评价线虫在大豆根内发育的新方法，逐一统计每株上不同发育阶段的线虫数，以评价中国黑豆抗源品种对大豆胞囊线虫 4 号生理小种发育的影响。

1 材料和方法

1.1 植物材料的准备

将抗病的元钵黑豆、灰皮支黑豆、PI437654 和感病对照鲁豆 1 号、Lee 的种子洗净，在蛭石中萌发，3~4d 后待子叶即将展开时，连同蛭石一起把根倒出，用水冲去根上的蛭石，选取根长基本一致的幼苗，作为接种材料。

1.2 接种物制备

从中国农业科学院作物所昌平试验基地 4 号生理小种发病严重的病田采集土样，分筛法分离胞囊。解剖镜下挑取饱满的胞囊，放于 60 目筛上，用橡胶瓶塞破碎胞囊，下接 180 目和 400 目分离筛，收集卵和幼虫。然后，将收集的卵和幼虫冲洗干净，放到鲁豆 1 号根渗出物中，24℃孵化 1d，最后制成 2 000 个卵和二龄幼虫/ml 的悬浮物。

1.3 接种

在容量为 2L 的烧杯中，装入 1/3 体积的消毒细沙，先用水轻微湿润。将根长 3. 5~4cm 的大豆幼苗 4~5 个作为一组，用湿润的滤纸卷成一束，下部露出 3cm 长的根尖。用玻璃棒在烧杯的沙中扎一 3cm 深的小孔，将根垂直放入其中。根尖处接种 3ml 混匀的接种物，封实小孔。全部接种完后，将烧杯轻轻在手中墩几下，使沙粒在根周围堆实。烧杯口用塑料布包紧，保湿。置于生长箱中，27℃、16h 光照，培养 24h。

1.4 根内幼虫的检测

将接种后的幼苗从沙中取出，用水冲净上面的沙粒，齐滤纸底边切去上面部分，然后按 Byrd 等改良的冰醋酸—酸性品红—甘油法透明、染色。此后将染好的根段压在载玻片上，显微镜下检查、统计侵入的幼虫数。试验重复 3 次。

1.5 线虫发育的水培试验

供试大豆材料为鲁豆 1 号（感病对照）、灰皮支黑豆和元钵黑豆。接种 24h 后取出大豆幼苗，仔细冲净根部的沙粒，切去子叶上部的 3/4。5～6 个一组用纱布束成一束，放入盛有 Hoagland 全营养液的试管内，置于生长箱内，27℃，16h 光照，水培，隔天用充氧器向试管底部充气，每次 5min。待幼叶长出后再从子叶节处切顶。15～17d 后检查根内各龄线虫数。

1.6 抗发育试验线虫的计数和分龄统计

培养 15~17d 后，从试管中取出幼苗。用 400 目的筛子收集水中的雄成虫和胞囊，低倍镜下调查雄虫数。胞囊数为根上可见的胞囊数与水中的胞囊数之和。然后去掉侧根，将主根切成 2~3cm 长的根段，按上面 1.4 的方法检查根内发育的各龄线虫数。线虫发育进程以各龄线虫的单株平均数和所占百分数表示。线虫发育完成情况的评价通过计算各发育阶段的 P 值和相对 P 值（P'）表示。P_1 值为二龄幼虫（J_2）完成蜕皮成为三龄幼虫（J_3）的频率；P_2 值为三龄幼虫完成蜕皮成为四龄幼虫（J_4）的频率；P_3 值为四龄幼虫完成蜕皮成为成虫的频率。

其计算公式为：

P_1＝［（J_3+J_4）+成虫］/总成虫数

P_2＝［（J_4）+成虫］/（J_3+J_4+成虫）

P_3＝成虫/（J_4+成虫）

各材料的相对 P 值为各测试材料各个发育阶段的 P 值除以感病对照鲁豆 1 号相应的 P 值。

2 结果与分析

2.1 抗侵入试验

每品种检查 12 株幼苗，取 10 株侵入最多的单根统计幼虫的单株平均数。结果列成表 1。

以每次试验作为一个重复，进行方差分析，结果见表 2。

表 1 接种后 24h 侵入大豆根内的二龄幼虫数

试验号	元钵黑豆	灰皮支黑豆	鲁豆 1 号	PI437654	Lee
试验 1	23.1	24.4	26.7	25.7	26.5
试验 2	27.6	26.3	25.8	24.5	27.5
试验 3	26.1	28.7	28.2	27.4	27.5
平均	25.6	26.5	26.9	25.9	27.2

表 2 侵入根内二龄幼虫数的方差分析

变异来源	自由度	平方和	均方	F 值
品种间	4	13.03	6.51	3.59
重复间	2	5.45	1.36	0.75
误差	8	14.49	1.81	

（续表）

变异来源	自由度	平方和	均方	F 值
总变异	14	32.97		

注：$F_{0.05(4,8)}=3.84$；$F_{0.01(4,8)}=7.01$

从表 1、表 2 的数据不难看出，大豆接种后 24h，抗感品种根内的二龄幼虫数极为接近，平均数为 25.6~27.2，F 值低于 0.05 显著水平的临界值。因而，可以认为大豆胞囊线虫 4 号生理小种的二龄幼虫侵入抗感品种根内的频率基本相等。这说明中国黑豆抗源品种灰皮支黑豆、元钵黑豆以及 PI437654 对 4 号生理小种的侵入没有什么阻碍作用。

2.2 抗发育试验

水培 15d 和 17d 后，逐株检查根内的各龄线虫数，然后按品种计算单株平均各龄线虫数。水培 15d 时，每个供试品种均检查 30 株；水培 17d 时，鲁豆 1 号检查 28 株，灰皮支黑豆 20 株，元钵黑豆 19 株。统计结果显示出单株平均的各龄线虫数及其他参数在两个试验间的结果十分相似。因而，以水培 15d 和 17d 的数据作为两个重复的值进行方差分析，比较各个参数在抗感品种间的差异。

2.2.1 单株平均的各龄线虫数在抗感品种中的差异

表 3 是抗感品种根上发育的各龄幼虫和成虫的单株平均数和多重比较。表 3 中的数据表明，侵入每株根内的线虫总数在抗感品种间差异不大，但分龄比较各虫态的单株平均数却差异极大，抗病品种根内的二龄、三龄幼虫数极显著地高于感病对照鲁豆 1 号，灰皮支黑豆和元钵黑豆根内二龄幼虫数比鲁豆 1 号的 5 倍还多，三龄幼虫也高出 2.5 倍以上。但四龄幼虫、雌成虫和总成虫数为抗病品种极显著低于感病对照，尤其是雌成虫数，抗感病品种间的差异在 7~13 倍。雄成虫在抗感品种间十分接近，差异不大。

表 3 抗感品种上单株平均的各龄线虫数

品种名称	株数	线虫总数	单株线虫数	幼虫			成虫		
				二龄	三龄	四龄	雌虫	雄虫	总数
鲁豆 1 号	58	2037	35.1	1.55B	3.57B	8.76A	10.32A	10.91	21.22Aa
元钵黑豆	49	1818	37.1	8.13A	9.69A	4.98B	1.39B	12.37	13.76Bb
灰皮支黑豆	50	1637	32.7	7.83A	9.54A	4.85B	0.81B	9.32	10.14Bc

注：邓肯氏新复极差测验，数据后带有不同字母者为差异显著（大写字母为 $P=0.01$；小写字母为 $P=0.05$），下同

2.2.2 抗感品种上各发育阶段线虫所占的百分数

各发育阶段线虫占侵入线虫总数的百分数在抗感品种上的表现与单株平均数的表现基本一致。抗病品种上的二龄、三龄线虫的百分数大大高于感病对照，差异达极显著水平。而且，二龄幼虫所占百分数在抗源品种之间差异也达显著水平。四龄幼虫、雌成虫和成虫总数所占百分数则表现为抗病品种极显著低于感病对照。具体数据见表 4。

2.2.3 抗感品种上线虫的性比及发育完成的评价

将各品种的性比及各发育阶段的 P 值和相对 P 值的平均数及多重比较列于表 5。从表 4 和表 5 的数据可以看出，在感病对照植株上形成的雄虫和雌虫十分接近，性比（雄成虫：雌成虫）为 1 左右；而在两个抗源品种上均表现为高的雄虫数和极低的雌虫数，性比在 10 上下（灰皮支黑豆略高于 10，元钵黑豆稍低于 10）。性比在抗、感品种间的差异十分明显，上面的结果已清楚地表明抗感品种间的雄成虫十分接近，性比的差异主要表现在形成的雌成虫数量差异上。P_1、P_2、

P_3 分别为完成从二龄到三龄、从三龄到四龄、从四龄到成虫蜕皮的线虫数，占相应各发育阶段存活线虫数的比率。在感病对照中，不能完成发育的线虫比率为正常死亡率。正常死亡率在不同发育阶段表现不同，本研究中鲁豆 1 号的 P_1、P_2、P_3 呈递减的规律变化，说明从二龄到四龄幼虫阶段，线虫的正常死亡率为增加的趋势，四龄阶段的正常死亡率最高。相对 P 值为各发育阶段 P 值与对照相应 P 值的比率（用 P'表示），低的 P'_1、P'_2、P'_3值说明二龄、三龄、四龄幼虫分别有高的死亡率。表 5 的结果显示出抗病品种的 P'_1和 P'_2都极显著低于鲁豆 1 号相应的 P'值，而且 P'_1值在抗源品种之间的差异也达显著水平，但 P'_3与对照差异不明显。抗病品种在各阶段相对 P 值的大小为 $P'_2<P'_1<P'_3$。这表明，在抗源品种中，从二龄到三龄和从三龄到四龄阶段的幼虫有较高的死亡率，并且，从三龄到四龄阶段的死亡率比从二龄到三龄阶段更高；抗感品种 P'_3值差异不显著说明从四龄到成虫阶段线虫死亡率，在抗感品种间差异不大。灰皮支黑豆在二龄到三龄阶段幼虫的死亡率比元钵黑豆更高些。

表 4　抗感品种上各发育阶段线虫所占百分率（%）

品种名称	幼虫			成虫		
	二龄	三龄	四龄	雌虫	雄虫	总数
鲁豆 1 号	4.4 Bc	10.2 B	24.95 A	29.35 A	31.05	60.45 A
元钵黑豆	22.3 Ab	26.5 A	13.55 B	3.80 B	33.85	37.65 B
灰皮支黑豆	24.3Aa	29.6 A	15.05 B	2.50 B	28.65	31.15 B

表 5　抗感品种上线虫的性比及各发育阶段 P 值、相对 P 值

品种名称	性比	P 值			相对 P 值		
		P_1	P_2	P_3	P'_1	P'_2	P'_3
鲁豆 1 号	1.104B	0.956Aa	0.894A	0.708	1.000Aa	1.000A	1.000
元钵黑豆	8.973A	0.777Bb	0.699B	0.736	0.812Bb	0.737B	1.038
灰皮支黑豆	11.455A	0.758Bc	0.609B	0.673	0.793Bc	0.682B	0.950

3　讨论

Williams 将植物对线虫的抗病本质分为几种类型：第 1 类是二龄幼虫可以侵入植物根内，但不能进一步发育进入下一个幼虫阶段；第 2 类是侵入后的部分幼虫可以发育成三龄幼虫；第 3 类是侵入后的部分幼虫发育成成熟的雄虫但不能形成雌虫；第 4 类是形成了较多的雄虫和为数不多的无繁殖力的雌虫；第 5 类可形成少量能繁殖的雌虫。其主要点是说明植物的抗性与抑制线虫的发育和繁殖有关，抗性强的寄主可使线虫停留在较早的发育阶段，而不能进一步发育。

本文的结果表明大豆胞囊线虫 4 号小种侵入抗感品种根内的二龄幼虫有相近的频率，这说明抗源品种灰皮支黑豆、元钵黑豆及 PI437654 对胞囊线虫 4 号小种的抗性不具有抗侵入的作用。这一点与其他生理小种的线虫对大豆幼根的侵入是一致的。大豆胞囊线虫的生物学研究已经知道该线虫的二龄幼虫有极强的刺穿力，很容易侵入寄主植物的根部。前人的研究表明，大豆胞囊线虫的 1 号、3 号生理小种不但对感病寄主有极强的侵染力，对抗病寄主和一些非寄主植物也能很容易侵入。Acedo、J. R. 等对从 PI209332、PI89772 和 Pickett 71 上选择的线虫群体，对适合及不适合关系的寄主的侵入进行比较，结果表明两者差异不明显。Halbrandt 等也认为二龄幼虫侵入抗感品种的频率相等。4 号生理小种是大豆胞囊线虫致病力最强的小种，对于抗病寄主甚至某些非寄主根有强的侵染力也应在情理之中。

Ross 的研究表明，Peking 限制北卡罗来纳州线虫群体的雌虫停留在三龄阶段，而雄虫可发育到四龄和成虫阶段（属第三类）。本文的研究表明，灰皮支黑豆和元钵黑豆根上生成了较多的雄虫和很少的几个雌虫，对大豆胞囊线虫的抗性属第四类或第五类。较低的相对 *P* 值还表明它们在二龄、三龄阶段有较高的死亡率。其抗性主要表现在阻碍二龄、三龄幼虫的进一步发育，这种机制与 Halbrandt 等研究中的 N-ESA1、N-ESA2 线虫群体（Essex 上的选择群体）在抗性品种 Pickett 上的表现相近。

本试验结果表明抗感品种性比差异极为明显，分析形成原因，发育的雄虫无论单株平均数，还是其所占总线虫数的百分数，抗感品种基本一致，造成性比差异的主要因素是抗病品种抑制幼虫形成了较少的雌虫数。抗病品种上形成雌虫、雄虫数量差异的原因可能与雌虫、雄虫的取食习惯不同有关，雄虫只在发育早期取食，需要较少的营养，即使细胞过敏坏死也较少影响其发育，而雌虫发育成成虫需要严格的取食环境，抗病品种上产生的任何一种抗性反应都有可能影响其正常发育。Halbrandt 等推测假定抗性机制通过取食来表达，那么雄虫和雌虫都接触到一个早期型的抗病因子，而只有雌虫才接触到影响后期发育的因子，从而影响雌成虫的发育。本研究采用切顶水培技术研究抗性与线虫发育的关系，除可以方便地控制条件一致外，还克服了解剖学方法只能对少量的材料、根的局部、个别线虫进行观察的缺陷，可以对大量的材料侵入线虫的命运逐一检查，容易得到量化分析的数据。利用水培法还能准确收集成熟的雄虫，从而客观地反映出抗性品种对线虫成虫总数和性比的影响。

参考文献（略）

本文原载：植物病理学报，1996，26（4）：317-323

大豆根渗出物对大豆胞囊线虫4号生理小种卵孵化的影响

颜清上[1]　陈品三[2]　王连铮[1]

（1. 中国农业科学院作物育种栽培研究所，北京　100081；2. 中国农业科学院植物保护研究所，北京　100094）

摘　要：本文研究了中国小黑豆抗源灰皮支黑豆和元钵黑豆根渗出物对大豆胞囊线虫4号生理小种越冬胞囊、新鲜胞囊和离体卵孵化的影响。结果表明，抗源品种根渗出物诱导越冬胞囊孵化幼虫数目一开始就显著高于去离子水对照，孵化8d后显著低于感病对照鲁豆1号；根渗出物诱导新鲜胞囊孵化幼虫数和离体卵孵化率在各材料间的差异表现一致，即抗源品种始终显著低于感病对照，孵化中后期与去离子水对照的差异达显著水平。

关键词：大豆；大豆胞囊线虫；根渗出物；卵孵化

The Effect of Soybean Root Diffusates on the Hatching of *Heterodera Glycines* Race 4

Yan Qingshang[1]　Chen Pinsan[2]　Wang Lianzheng[1]

(1. *Institute of Crop Breeding and Cultivation*, *CAAS*, *Beijing* 100081, *China*; 2. *Institute of Plant Protection*, *CAAS*, *Beijing* 100081, *China*)

Abstract: The effect of root diffusates from Chinese resistant black soybean varieties, Huipizhiheidou and Yuanboheidou, and susceptible cultivar, Ludou 1, on the hatching of old cyst, new cyst and *in vitro* eggs of *Heterodera glycines* race 4 was studied. The results indicated that the numbers of second stage juveniles (J_2) of *Heterodera glycines* from old cysts induced by soybean root diffusates were significantly higher than that in deionized water control since the begining of hatching, and the J_2 numbers in the root diffusates of resistant soybean varieties were significantly less than that in susceptible one at 8 days after hatching (DAH) and later. The J_2 numbers emerged from new cysts and the hatching rates of *in vitro* eggs in root diffusates of susceptible cultivar were significantly higher than those in the root diffusates of resistant varieties and in deionied water since the laveral emergence, and they were not significantly higher in root diffusates of resistant soybeans than in deionized water control until at 14 DAH or 9 DAH respectively.

Key Words: Soybean; *Heterodera glycines*; Root diffusate; Eggs hatching

大豆根渗出物是影响大豆胞囊线虫卵孵化的重要因素之一，而且这种影响作用与测试植株的生理状态和品种的抗感特性有关。抗性品种与诱导胞囊卵孵化的关系因试验所用的抗性品种、线虫的生理小种和根渗出物制备方法不同，得出的结论也不尽相同。Caballero等对3号小种、刘晔等对1号和3号小种的研究表明，抗性品种比感病品种刺激胞囊后孵化出较少的幼虫，但Schmitt和Riggs的结果与此恰好相反，抗病品种Bedford和Forrest根渗出物诱导3号小种离体卵孵化率高于感病对照Lee和Essex。有关中国小黑豆抗源根渗出物对大豆胞囊线虫4号生理小种孵化的影响尚未见报道。

1 材料与方法

1.1 大豆根渗出物的制备

供试大豆品种为中国小黑豆抗源灰皮支黑豆和元钵黑豆及感病对照鲁豆1号，种子由中国农业科学院品资所常汝镇研究员提供。大豆植株在4号小种感染的病土中生长45d，长出4片复叶后，参照Tefft等的方法，用完整的大豆植株提取根渗出物。根渗出物的孵化活力用单位体积去离子水所含的根重与浸泡时间的乘积值（Foot gram-hours per milliter，RGH）表示。每材料3次重复，所有材料根渗出物的孵化活力为RGH=0.5。

1.2 越冬胞囊的分离和孵化

从中国农业科学院昌平基地大豆胞囊线虫4号小种严重感染的田块采集病土直接分离胞囊，Olympus解剖镜下选取饱满、颜色鲜亮、大小整齐一致的胞囊，去离子水仔细冲洗5遍。在孵化板的小室中，每室放3个胞囊，6个小室各加1ml相同的根渗出物。一块孵化板为一重复，包括3个大豆材料的根渗出物和去离子水空白对照。3次重复、盖上孵化板的盖子，放入盛有少量水的搪瓷盘内，上面覆盖两层湿润的滤纸，防止根渗出物蒸发。置于生长箱内，24℃孵化，每2d检查一次孵化出的二龄幼虫数。

1.3 新鲜胞囊的分离和孵化

将高感品种Lee种植在4号小种严重感染的病土中，35d后挖出整个根系，解剖镜下挑取根上颜色正要变黄的胞囊，先在冰箱内4~6℃下放置24h，然后解剖镜下选取个体丰满、大小均匀一致的胞囊，去离子水仔细冲洗5遍，解剖镜下挑取具完整卵囊的胞囊用于孵化。孵化同1.2。

1.4 离体卵的制备和孵化

将1.2中提取的越冬胞囊在水中用镊子挤碎，悬浮液过180目的分离筛去除胞囊碎片，400目分离筛收集卵，并转移到0.45μm孔径的滤纸上，冲洗3遍后用去离子水制成300~400粒卵/ml的悬浮液。孵化处理同1.2，每孵化小室先加200μl含有50~80粒卵的悬浮液，然后加入800μl根渗出物，空白对照加800μl去离子水。每3d统计一次孵化出的二龄幼虫数，计算孵化率。

1.5 统计分析

每材料取6个小室孵化幼虫数（或孵化率）计算平均数，作为该材料的一个重复值，统计不同时段孵化出的二龄幼虫数（或孵化率），按单因素随机区组试验进行方差分析。新复极差法进行各处理间差异的多重比较。

2 结果与分析

2.1 根渗出物对越冬胞囊卵孵化的影响

表1结果表明，供试大豆材料的根渗出物，无论是感病对照鲁豆1号，还是抗源品种灰皮支黑豆和元钵黑豆对越冬胞囊卵的孵化都具有较强的诱导作用。而且抗源品种灰皮支黑豆、元钵黑豆根渗出物诱导胞囊孵化的能力均低于感病对照品种鲁豆1号。孵化的第8d，抗、感品种根渗出物诱导孵化出的二龄幼虫数的差异达显著水平，第10d及以后差异达极显著水平。抗源品种之间相比，灰皮支黑豆比元钵黑豆诱导胞囊内卵孵化出的二龄幼虫数较低，但总的差异不显著，只是在0~10d和0~12d时差异曾达显著水平，0~14d时差异又恢复到不显著水平。分时段比较（2d为一个时段），每一时段都表现出抗源品种对越冬胞囊卵的孵化比感病对照具有较低的诱导作用，但只有7~8d时段抗、感品种的差异达极显著水平，另外在3~4d时段内抗源品种灰皮支黑豆孵化出的二龄幼虫数显著低于感病对照鲁豆1号。

表1　大豆根渗出物诱导越冬胞囊孵化幼虫数（个）

根渗出物	孵化时间（d）						
	0~2	0~4	0~6	0~8	0~10	0~12	0~14
鲁豆Ⅰ号	4.27Aa	15.07Aa	28.47Aa	42.87Aa	52.00Aa	55.13Aa	56.87Aa
元钵黑豆	3.67Aa	10.47Aab	21.27ABa	30.67ABb	36.67Bb	38.47Bb	38.73Bb
灰皮支黑豆	3.07ABa	8.13ABb	16.47ABa	23.80Bb	29.20Bc	31.00Bc	31.80Bb
去离子水	1.40Bb	1.60Bc	1.60Bb	1.67Cc	2.07Cd	2.07Cd	2.27Cc
根渗出物	孵化时段（d）						
	0~2	3~4	5~6	7~8	9~10	11~12	13~14
鲁豆Ⅰ号	4.27Aa	10.8Aa	13.40Aa	14.40Aa	9.13Aa	3.13Aa	1.74
元钵黑豆	3.67Aa	6.8Bab	10.80Aa	9.40Bb	6.00ABa	1.80ABa	0.26
灰皮支黑豆	3.07ABa	5.07ABb	8.33Aab	7.33Bb	5.40ABa	1.80ABa	0.80
去离子水	1.40Bb	0.2Bc	0.0Ab	0.07Cc	0.40Ba	0.00Bb	0.20

注：新复极差法，后面带有不同字母者为差异显著：大写字母为0.01水平，小写字母为0.05水平。下同

2.2　根渗出物对新鲜胞囊卵孵化的影响

新鲜胞囊在各种孵化介质中，孵化的前8d均未有二龄幼虫孵化，到第9d才开始有二龄幼虫出现，这可能是新鲜胞囊内的卵在成熟的初期需要一定的时间完成后熟，打破滞育。从第10d开始，孵化出的二龄幼虫数（表2）表明，抗源品种根渗出物对新鲜胞囊内卵的孵化诱导远不如感病品种鲁豆1号。多重比较表明抗、感品种孵化出的二龄幼虫数的差异十分明显，除第12d时两类品种的差异为显著水平外，第10d、14d、16d、18d时的差异均为极显著水平；分时段比较，在9~10d和15~16d时其差异分别达极显著和显著差异水平。与去离子水对照比，从开始出现二龄幼虫起，感病对照就表现出极强的诱导孵化作用，每次统计的线虫数都表现出极显著的差异；抗源品种尽管诱导孵化出较多的二龄幼虫数，但在开始出现二龄幼虫前4d（孵化12d以前）差异未达显著水平，从第6d（孵化14d）后差异达极显著水平。这表明抗源品种根渗出物对新鲜胞囊内卵孵化诱导作用也极为明显，但不及感病品种来得快，诱导强度也赶不上感病品种。分时段对孵化的二龄幼虫数进行多重比较，抗源品种与去离子水对照差异均不显著，这也说明抗源品种对新鲜胞囊卵孵化的诱导作用较小，其诱导作用均匀分布于各个时段，与去离子水对照的差异是逐步累加的结果。两个抗源品种在孵化的任一时间，二龄幼虫数基本相近，差异均不显著。

表2　大豆根渗出物诱导新鲜胞囊孵化幼虫数（个）

根渗出物	孵化时间（d）				
	0~10	0~12	0~14	0~16	0~18
鲁豆Ⅰ号	5.33Aa	15.20Aa	19.53Aa	22.93Aa	24.07Aa
元钵黑豆	1.53Bb	6.80ABb	9.73Bb	11.00Bb	11.33Bb
灰皮支黑豆	0.60Bb	6.40ABb	9.40Bb	10.60Bb	11.00Bb
去离子水	0.00Bb	2.13Bb	2.90Cc	3.80Cc	3.93Cc

（续表）

根渗出物	孵化时段（d）				
	9~10	11~12	13~14	15~16	17~18
鲁豆Ⅰ号	5. 33Aa	9. 87Aa	4. 33	3. 40Aa	1. 13
元钵黑豆	1. 53Bb	5. 80Aab	3. 33	1. 27Ab	0. 33
灰皮支黑豆	0. 60Bb	5. 27Aab	2. 60	1. 20Ab	0. 40
去离子水	0. 00Bb	2. 13Ab	0. 80	0. 87Ab	0. 13

2.3 根渗出物对离体卵孵化的影响

根渗出物对离体卵孵化结果（表3）表明，去离子水及大豆根渗出物都能诱导较多的卵孵化，而且这种作用主要表现在前9d，第9d时离体卵在各孵化介质中的孵化率都占总孵化率的86%以上，鲁豆1号、元钵黑豆、灰皮支黑豆和去离子水的孵化率分别为89. 57%、86. 13%、86. 20%和89. 3%。感病对照的孵化率在每次的统计数据都显著或极显著高于抗源品种和去离子水对照，各个时段的数据也表现了相同结果。抗源品种与去离子水对照相比，两者的孵化率在前6d差异不大，到第9d时，元钵黑豆的总孵化率与去离子水对照的差异达显著水平，但灰皮支黑豆与去离子水差异不显著，第12d、第15d时抗源品种与去离子水的总孵化率的差异达到极显著水平，而且在第12d、第15d时两个抗源品种之间的差异也达极显著水平。

表3　大豆根渗出物诱导离体卵孵化的孵化率（%）

根渗出物	孵化时间（d）				
	0~3	0~6	0~9	0~12	0~15
鲁豆Ⅰ号	15. 21Aa	38. 26Aa	43. 28Aa	47. 02Aa	48. 32Aa
元钵黑豆	10. 99Ab	22. 02Bb	33. 66ABb	38. 00Bb	39. 07Bb
灰皮支黑豆	10. 26Ab	19. 62Bb	26. 60BCbc	29. 53Cc	30. 85Cc
去离子水	8. 02Ab	16. 78Bb	20. 37Cc	22. 14Dd	22. 81Dd

根渗出物	孵化时段（d）				
	0~3	4~6	7~9	10~12	13~15
鲁豆Ⅰ号	15. 21Aa	23. 05Aa	11. 64Aa	3. 74	1. 31
元钵黑豆	10. 99Ab	11. 03Bb	6. 98ABb	4. 34	1. 06
灰皮支黑豆	10. 26Ab	9. 36Bb	5. 02Bbc	2. 94	1. 32
去离子水	8. 02Ab	8. 75Bb	3. 60Bc	1. 76	0. 67

3 讨论

大豆胞囊线虫以胞囊的形式在土壤中越冬，第二年春季温度适合时，胞囊内的卵孵化成二龄幼虫，进入土壤寻找大豆根尖侵入根部。而且在一个生长季，胞囊线虫可发生3~4代。根渗出物诱导较少的卵孵化，降低侵染根部的幼虫密度是抗病品种抗性的重要表现。本文参考Tefft等（1985）诱导卵孵化的最佳条件，采用4片复叶植株活体根的渗出物来研究抗源品种根渗出物对大豆胞囊线虫4号小种的越冬胞囊、新鲜胞囊孵化诱导作用。得到的初步结果表明灰皮支黑豆和元钵黑豆的根渗出物对4号小种胞囊孵化的诱导活力明显低于感病对照。据此，笔者初步认为，根渗出物诱导较少的卵孵化，降低了根区周围有侵染活力的二龄幼虫的密度，从而减少侵入根部的线虫数，可能是本研究的两个抗源品种对4号生理小种抗性的机制之一。

综合比较表1和表3的数据，离体卵在去离子水对照中有较高的孵化率，相当于感病对照的0.47，抗源品种的0.59~0.74（表3）；而越冬胞囊在去离子水对照中孵化出的线虫数只相当于感病对照的0.04，抗源品种的0.059~0.071（表1），两者相差10倍以上。由此推测，一方面根渗出物中可能存在某些物质可直接诱导较多的卵孵化；另一方面根渗出物还可诱导胞囊壳对这些诱导物质透性的增加，从而加速胞囊内卵的孵化。根渗出物诱导胞囊内卵孵化可能是这两方面因素共同作用的结果。究竟根渗出物中何种物质在起作用，根渗出物是否促进胞囊壳对这些物质透性增加尚需进一步研究。

参考文献（略）

本文原载：植物病理学报，1997，27（3）269-274

中国小黑豆抗源对大豆胞囊线虫4号生理小种抗性机制的研究

Ⅱ. 抗感品种根部合胞体超微结构的比较

颜清上[1]　陈品三[2]　王连铮[1]

（1. 中国农业科学院作物育种栽培研究所，北京　100081；2. 中国农业科学院植物保护研究所，北京　100094）

摘　要：接种大豆胞囊线虫4号生理小种后第4d、第9d、第14d，对我国小黑豆抗源灰皮支黑豆和元钵黑豆及感病对照鲁豆1号根部形成的合胞体组织的超微结构进行了研究。结果发现，感病品种的合胞体细胞较大、靠近木质部导管一侧有内生长，各种细胞器丰富，内质网数量多形体长、多为光滑型；抗病品种合胞体细胞较小，核糖体较多，内质网小而少、多为粗糙型，细胞内出现较多的类脂肪体，在侵染早期，细胞质快速降解，有时发现细胞质膜与细胞壁发生分离。

关键词：抗源品种；大豆胞囊线虫；超微结构；合胞体

Mechanism of Resistance to Race 4 of *Heterodera Glycines* in Chinese Black Soybeans

Ⅱ. Ultrastructure of Syncytia in the Roots of Resistant and Susceptible Soybeans

Yan Qingshang[1]　Chen Pinsan[2]　Wang Lianzheng[1]

（1. *Institute of Crop Breeding and Cultivation*, *CAAS*, *Beijing* 100081, *China*; 2. *Institute of Plant Protection*, *CAAS*, *Beijing* 100094, *China*）

Abstract: The present paper deals with studies on the ultrastructure of syncytia in roots of resistant soybean varieties, Huipizhiheidou and Yuanboheidou, and susceptible control, Ludou 1 at 4, 9, 14 days after inoculation. The results showed that there were bigger syncytium component cells, formation of allingrowths and a lot of various organelles, especially with more and bigger smooth endoplasmic reticula in susceptible roots; whereas the syncytia in resistant roots were with smaller syncytium component cells, and there were more ribosomes, and less and smaller rough endoplasmic reticula, and more lipidlike droplets in their cytoplasm. It was also observed that the separation of plasmalmma from cell wall and the early degeneration of cytoplasm in resistant roots also occurred.

Key Words: Resistant soybean varieties; *Heterodera glycines*; Ultrastructure; Syncytium

大豆胞囊线虫从根尖侵入根部之后，在皮层细胞内运动寻找合适的取食位点，然后将口针插入内皮层或与其靠近的中皮层细胞内，吸取营养，营寄生生活。在感病品种内，因其组织对大豆胞囊线虫分泌物刺激的易感性，被取食细胞和附近细胞恢复分生组织状态，细胞质变浓，细胞变

电镜观察得到中国农业科学院原子能所电镜室傅苍生先生、郝宏京先生的帮助，谨致谢意

大，细胞壁溶解，形成大的合胞体，为线虫发育提供所需的养分；而在抗病品种内，大豆胞囊线虫侵入后尽管也有合胞体形成，但同时也刺激了寄主本身防御机制活化，使合胞体的结构、大小及内容物均发生与感病品种不同的变化，为线虫吸取营养制造各种障碍，从而抑制线虫发育。有关感病品种受侵染后的组织病理学研究较多，而对抗病品种细胞学反应的研究较少。迄今，利用光学显微镜和电子显微镜对抗病品种 Peking 、Forrest、Bedford 抗 1 号、3 号小种反应的细胞学进行了研究，Acedo 等还对 P-89、P-pic 线虫群体侵染不适合反应（抗病）寄主的组织学进行了研究。结果发现，不但抗、感品种间形成的组织结构修饰（Modify）有明显的不同，而且这为数不多的几个抗病寄主的组织病理反应也存在差异，这说明了不同的抗病品种可能存在不同的抗性机制。有关大豆胞囊线虫 4 号生理小种抗感品种受侵染后的细胞病理学研究，目前尚未见报道。本文利用电镜对我国的两个高抗品种灰皮支黑豆和元钵黑豆受 4 号小种侵染后，合胞体细胞的超微结构进行了研究。

1　材料和方法

1.1　植物材料的准备

供试大豆品种为鲁豆 1 号（感病对照）和抗病的元钵黑豆、灰皮支黑豆、种子萌发、接种物制备及接种同颜清上等（1996）。接种后的植物材料移栽到装有消毒细沙的塑料钵柱内，每品种 16 个钵柱排放于塑料盆中，置生长箱内，27℃，16h 光照，沙培，每 5d 向塑料盆中补充一次 Hoagland 全营养液。

1.2　大豆根组织超微结构的观察

移栽后第 4d、第 9d、第 14d 每材料分别取 4 株大豆幼苗，洗净根上的沙粒，光镜下检查侵染的部位，从侵染点附近切取 1cm 长的根段，放入 4%戊二醛溶液，前固定 2h 以上，1%锇酸后固定（冰箱 2h），0.5%醋酸钠预染色（0~4℃过夜），酒精梯度系列脱水，无水丙酮置换，然后用环氧树脂：丙酮（2：1）渗透，最后环氧树脂包埋。用 LKB8800Ⅲ 型超薄切片机半薄切片，1%甲苯胺兰染色，光镜观察找出线虫侵染位点进行超薄切片，厚度 400Å，切片收集在铜网上，醋酸钠、柠檬酸铅双染色，用 H-500EM201C 透射电镜观察。

2　试验结果

由图 1 可知，感病品种合胞体细胞较大，在邻近木质部导管的一侧有细胞壁内生长、细胞质内各种细胞器丰富，有较多的核糖体、内质网、线粒体、高尔基体，内质网形体长而且数量多、为光滑型，个别线粒体受损伤。

由图 2、图 3 可知，在抗病的灰皮支黑豆和元钵黑豆中，合胞体细胞较小，其较明显的特征是有的核变得很大，细胞质内充满核糖体，内质网较小而少、为粗糙型，线粒体结构不可辨。细胞质内有许多着色较深的类脂肪小滴，灰皮支黑豆接种后第 9d，这种类脂肪体还伸展到液泡内。灰皮支黑豆在接种后第 4d、元钵黑豆在第 14d，有些细胞的细胞质降解严重，各种细胞器已不复存在，细胞质高度浓缩成丝状和颗粒状，甚至还影响附近的木质部导管内陷。灰皮支黑豆接种后第 4d 的超薄切片观察到细胞质膜与细胞壁分离，细胞质成不规则膜状，聚集在细胞的中央部位；接种后第 9d 液泡侵入细胞核内，细胞器遭破坏，形成大量的多泡体。接种后第 4d、第 9d 灰皮支黑豆的个别细胞的细胞壁局部有沉积或加厚。

3　分析与讨论

受大豆胞囊线虫侵染后大豆抗感品种根部都形成合胞体，随着线虫在寄主根内发育，感病品种合胞体继续发育，为线虫提供营养；而抗病品种合胞体细胞的细胞质迅速降解，造成

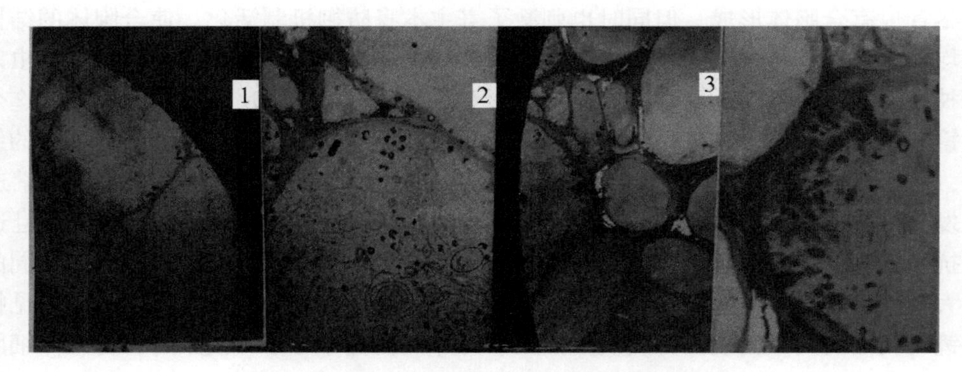

图1　鲁豆1号接种后4d合胞体的超微结构

1. 大的合胞体细胞和丰富的细胞器（×1 000）；2. 细胞质内长而多的光滑型内质网（×3 000）；3. 靠近木质部导管一侧的细胞壁内生长（×1 500）；4. 放大的细胞壁内生长和受损伤的线粒体（×6 000）

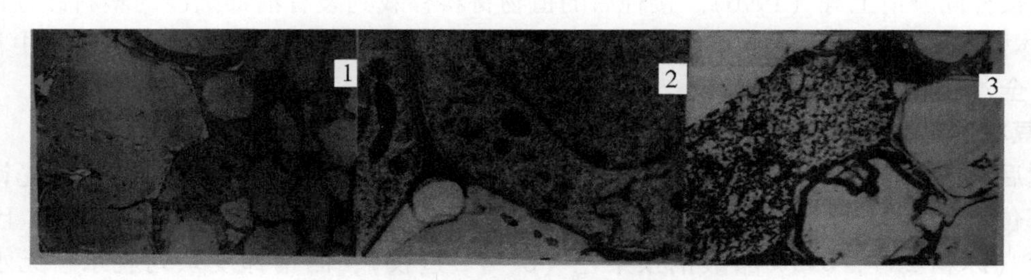

图2　元钵黑豆根部合胞体的超微结构

1. 接种后4d的合胞体，具有小的合胞体细胞，变大的细胞核和染色较深的类脂肪体（×1 500）；2. 合胞体细胞质中丰富的核糖体和少量的形体较小的粗糙型内质网（接种后4d，×10 000）；3. 合胞体细胞质严重降解，邻近木质部导管内陷（×2 000）

细胞坏死，阻碍线虫取食，这是影响线虫发育的主要原因，也是重要的抗病机制。接种后第4d，感病品种出现大的合胞体，各种细胞器异常丰富；而此时的抗病品种，有的细胞的细胞质才开始恢复出现，细胞核变得很大，有的细胞的细胞质严重降解。这说明抗病品种的细胞对线虫侵入的刺激反应比较迟缓，一方面缓慢调整自身养分缺乏的状况，另一方面迅速产生应激措施，破坏自身结构，抑制线虫发育。本研究中，感病对照合胞体细胞有两个明显的特征，一是细胞质颜色浓厚，深度增加，各种细胞器丰富，尤其是光滑型内质网不但数量多而且形体长面积大；二是在靠近导管一侧的细胞壁具有明显的内生长。内质网增加，液泡内沉积电子密度较大的物质是分泌细胞的特征，而内生长表明细胞是吸收性的，其作用是通过它的吸收功能增加传输能力或使合胞体内溶质积累。这些特征决定了它能够为线虫发育提供充足的营养；与感病对照不同，抗病品种合胞体细胞中只有小而少的内质网，也没有观察到细胞壁的内生长，因而很难像鲁豆1号那样从导管内吸取大量营养成分，从而使合胞体细胞内的养分不能得到及时供应，影响线虫的取食。此外，接种后第4d，灰皮支黑豆中观察到细胞质膜内陷，这种细胞质膜与细胞壁的分离可以使细胞之间的胞间连丝断裂，阻止营养成分在细胞间的运输，从而限制合胞体细胞的发育。

合胞体细胞降解或坏死前，在抗感品种的细胞内都发现有染色较深的嗜锇小滴，但在抗

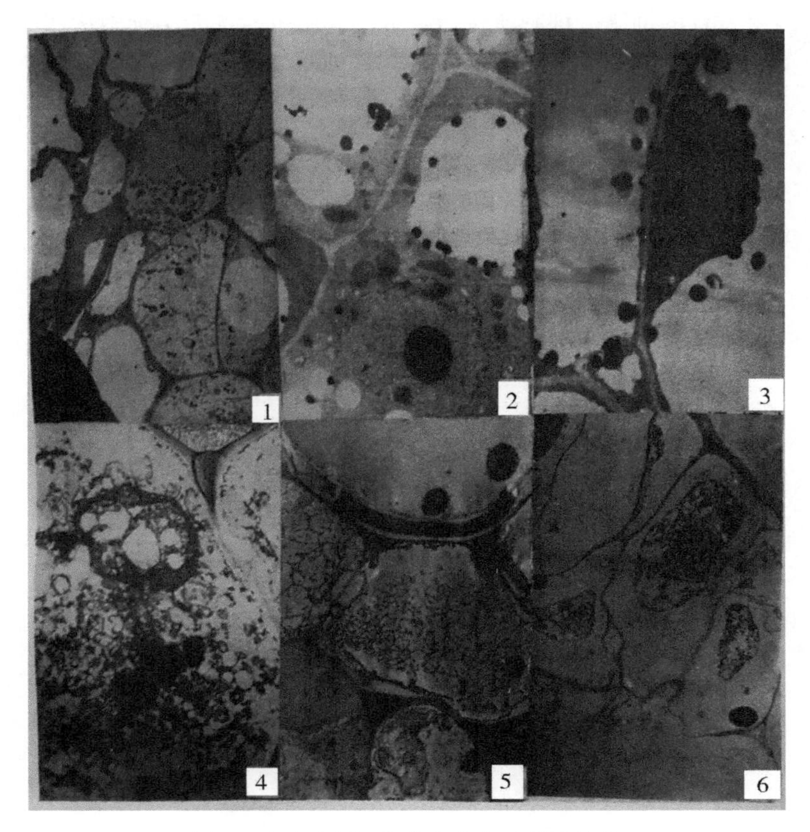

图 3　灰皮支黑豆根部合胞体的超微结构

1. 接种后 4d 的合胞体，具有小的合胞体细胞，变大的细胞核，细胞质含有丰富的核糖体和类脂肪体（×2 000）；2. 类脂肪体伸入液泡中（接种后 9d，×5 000）；3. 细胞沉积物和类脂肪体（接种后 9d，×5 000）；4. 液泡进入细胞核，核仁构造破坏（接种后 9d，×3 000）；5. 细胞质膜与细胞壁分离，细胞质积聚在细胞中央（接种后 4d，×3 000）；6. 细胞质高度降解成丝状和细胞壁的局部加厚（接种后4d，×3 000）

病品种中要比感病品种中多得多。Riggs 等、Kim 等在研究 Peking、Forrest 对 3 号小种反应的超微结构中也观察到了这种染色较深的类脂的球状体，并且认为在降解的合胞体中，这种类脂的球状体的增加表明水解酶活性的增加，从而引起一组细胞的细胞质降解，结果形成的有毒物质积累能够杀死线虫。但作者更倾向于 J. Shi 等的观点，认为这种脂肪类物质是细胞应激线虫分泌物产生的抗性物质。与 Wyss 对甜菜胞囊线虫侵染甜菜的研究一样，抗感品种细胞反应的差异还表现在内质网的性质上。线虫侵染的早期，感病品种多形成光滑型内质网，抗病品种则形成粗糙型内质网。这一现象有助于解释抗病品种早期的细胞质降解。因为光滑型内质网主要负责溶质的传送；而粗糙内质网上的核糖体是蛋白质合成的地方，它可以促进消化酶合成，并释放到囊泡腔中，再被运送到液泡中。含有消化酶的囊泡在液泡中增大，液泡膜破裂后导致细胞质的快速裂解。

细胞壁加厚是寄主植物重要的抗病机制之一。Riggs 等对 Peking、Kim 等对 Forrest 抗大豆胞囊线虫研究中已清晰地观察到了细胞壁加厚。但本文的结果却表现出元钵黑豆和灰皮支黑豆的细胞壁加厚不很明显，只是受侵染后第 4d，灰皮支黑豆合胞体细胞之间有一处曾观察到成对的细胞壁加厚，在合胞体细胞与健康的细胞交界处没有观察到细胞壁加厚。据此作者推测，灰皮支黑豆和元钵黑豆对线虫发育的抑制，细胞质快速降解的作用可能优先于细胞壁加厚。

参考文献（略）

本文原载：植物病理学报，1997，27（1）：37-41

中国小黑豆抗源对大豆胞囊线虫4号生理小种抗性机制研究

Ⅲ. 抑制线虫发育的组织病理学证据

颜清上[1]　王连铮[1]　陈品三[2]

（1. 中国农业科学院作物育种栽培研究所，北京　100081；2. 中国农业科学院植物保护研究所，北京　100094）

摘　要：对接种后水培15d的大豆幼苗的根段染色，光镜下可以观察到抗病品种根内大豆胞囊线虫头部有明显的坏死，感病品种较少观察到这一现象。接种后第4d对大豆根部的半薄切片研究发现，感病品种中柱内有较大的合胞体形成，抗病品种在鞘细胞处形成较小的合胞体，且染色较深，呈坏死反应特征。

关键词：大豆抗源；大豆胞囊线虫；组织坏死；组织病理学

Nature of Resistance to Race 4 of *Heterodera Glycines* in Chinese Black Soybeans

Ⅲ. Histological Responses in Roots of Resistant and Susceptible Varieties Infected with *Heteroders Glycines*

Yan Qingshang[1]　Wang Lianzheng[1]　Chen Pinsan[2]

(1. *Institute of Crop Breeding and Cultivation*, *CAAS*, *Beijing* 100081, *China*; 2. *Institute of Plant Protection*, *CAAS*, *Beijing* 100094, *China*)

Abstract: The inoculated soybean seedlings had been hydroponic cultured for 15 days, and the roots were removed and stained. Necrosis adjacent to the head of second stage and third stage juveniles of *Hetecdera glycines* in the roots of resistant cultivars Huipizhiheidou and Yuanboheidou was found under light microscope, whereas, necrosis was not found in the roots of susceptible control, Ludou 1. Semi-thin sections of infected roots cultured in sterilized sand were inspected, and the bigger syncytia in central cylinder were found in susceptible roots, whereas the smaller syncytia, which were stained deeply, were observed on pericycle cells in resistant roots at 4 days after inoculation.

Key Words: Resistant soybean varieties; *Heterodera glycines*; Histopathology; Necrosis

大豆胞囊线虫最早在中国发现，是东北和黄淮海大豆产区的一个毁灭性病害，保守估计我国每年的受害面积在2 000万亩以上。自20世纪80年代初期以来，对该病的研究受到重视，特别是在“七五”期间，组织了全国大豆种质抗胞囊线虫鉴定研究协作组，筛选了中国的10 000余份大豆种质对大豆胞囊线虫1号、3号、4号、5号小种的抗性，鉴定出一大批免疫和高抗的资源。目前，有关我国抗源品种抗性的基础研究的文献较少，对4号小种研究的报道则更少。笔者前文研究表明，灰皮支黑豆和元钵黑豆对大豆胞囊线虫4号生理小种的抗性主要表现为抑制线虫发育，使其较多地停留在二龄、三龄阶段。本文对这两个抗源品种抑制线虫发育的细胞病理学原因进行探讨。

1　材料和方法

1.1　接种大豆材料的制备

供试大豆品种为（感病对照）和抗病的元钵黑豆、灰皮支黑豆和鲁豆1号。种子萌发、接种物制备及接种同颜清上等（颜清上，1996）。

1.2　接种大豆幼苗的切顶水培

接种24h后将大豆幼苗取出，仔细冲净根部的沙粒，切去子叶上部的3/4。5~6个一组用纱布束成一束，放入盛有Hoagland全营养液的试管内，置于生长箱内，27℃，16h光照，水培，隔天用充氧器向试管底部充气，每次5min。待幼叶长出后再从子叶节处切顶。15d后观察根内的线虫及周围根组织。

1.3　接种大豆幼苗的沙培

接种24h的植物材料移栽到装有消毒细沙的塑料钵柱内，每品种16个钵柱排放于塑料盆中，置生长箱内，27℃，16h光照，沙培。

1.4　根内幼虫的观察

将接种15d的幼苗从营养液中取出，用水冲洗2遍，切去上面部分，幼根按Byrd（1983）改良的冰醋酸—酸性品红—甘油法进行透明染色。此后将染好的根段压在载玻片上，显微镜下观察根内的大豆胞囊线虫和周围的根组织情况。

1.5　大豆根组织的半薄切片及观察

沙培第4d、第9d后每材料取4株大豆幼苗，洗净根上的沙子，光镜下检查侵染的部位，从侵染点附近切取1cm长的根段，放入4%戊二醛溶液，前固定2h以上，1%锇酸后固定（冰箱2h），0.5%醋酸钠预染色（0~4℃过夜），酒精梯度系列脱水，无水丙酮置换，然后用环氧树脂：丙酮（2：1）渗透，最后环氧树脂包埋。用LKB8800Ⅲ型超薄切片机半薄切片，1%甲苯胺兰染色，光镜观察，拍照。

2　试验结果

（1）水培大豆根段染色、压片，光学显微镜下观察到抗病品种元钵黑豆、灰皮支黑豆根内较多的侵入线虫，头部有坏死，大多数线虫发育停留在三龄幼虫阶段（图1-1、图1-2）。而感病品种根内线虫头部的坏死较少（图1-3）。

（2）半薄切片表明，接种4d后，感病品种根部木质部导管附近细胞形成较大的合胞体（图1-4），抗病品种鞘细胞处（图1-5、图1-6）细胞结构发生变化，形成了合胞体，但细胞较小，而且染色较深，呈细胞坏死反应特征。

3　讨论

前人对一些线虫群体和1号、3号小种抗性品种的组织病理学研究表明，大豆胞囊线虫对抗感品种的侵入有相近的频率，而且线虫头部附近的根组织都有合胞体形成，不同的是感病品种的合胞体进一步发育、扩大，而抗病品种的合胞体却发生组织坏死，不能为线虫发育提供充足的养分。组织坏死是典型的抗病特征之一，本文的结果不但观察到抗病品种根部线虫头部的组织坏死，还观察到抗病品种的合胞体较小，染色较深，多发生在鞘细胞处，这不利于细胞间营养物质的运输和交换，影响线虫的取食；而感病品种合胞体细胞较大，多发生在细胞中柱内邻近木质部导管处，可以使线虫从其中源源不断地汲取养分，正常发育。

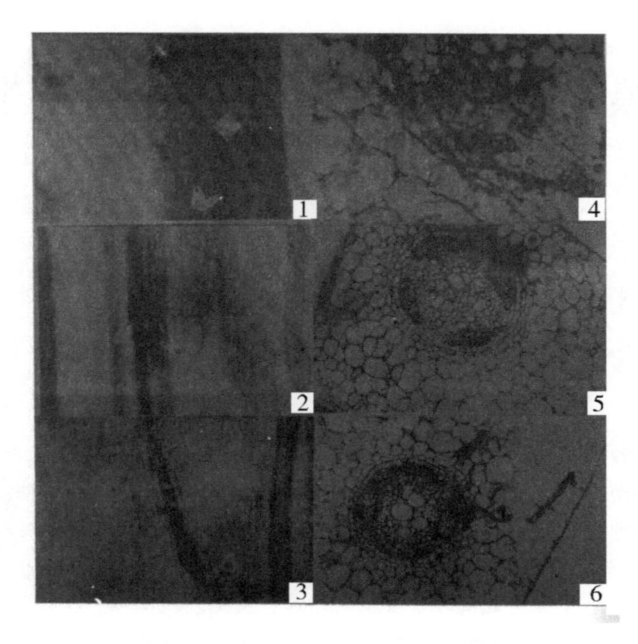

图 1　2 个野生大豆材料根组织观察

1、2. 分别为抗病品种灰皮支黑豆和元钵黑豆根内的三龄幼虫（Ne）和组织坏死（Nc）；3. 为感病对照鲁豆 1 号根内的三龄幼虫；4. 感病对照鲁豆 1 号根部中柱内较大的合胞体（Sy），Xy 为木质部；5、6. 分别为抗病品种灰皮支黑豆和元钵黑豆根部鞘细胞处的合胞体（Sy），Ne 为大豆胞囊线虫

参考文献（略）

本文原载：大豆科学，1997，16（1）：34-37

中国小黑豆抗源对大豆胞囊线虫4号生理小种抗病的生化反应

颜清上[1]　王连铮[1]　陈品三[2]

（1. 中国农业科学院作物育种栽培研究所，北京　100081；2. 中国农业科学院植物保护研究所，北京　100094）

摘　要：抗源品种灰皮支黑豆、元钵黑豆和高感品种鲁豆1号为供试大豆材料，大豆胞囊线虫4号生理小种卵和二龄幼虫为接种物。接种后17d，测定大豆根部的营养物质和次生代谢物含量。与不接种对照比，抗源品种灰皮支黑豆和元钵黑豆根部的总糖含量分别降低24.91%和37.77%，而感病对照鲁豆1号升高46.01%；果糖和麦芽四糖含量在感病对照根上增加幅度较大，分别为144.30%和62.90%，但在抗源品种根上或是具有较小幅度的增加，或是表现降低。接种与否，感病对照根上的游离氨基酸总量以及精氨酸、谷氨酸、丙氨酸、天门冬氨酸、亮氨酸和缬氨酸含量增加的百分数明显高于抗源品种。胱氨酸含量在两个抗源品种上始终为0。接种后，抗感品种根部的总酚含量、绿原酸含量和阿魏酸含量都增加，但抗源品种增加量比感病品种鲁豆1号高出一倍到数倍，类黄酮含量和木质素含量变化在抗感品种间正好相反：抗源品种含量增加，感病品种却为降低。

关键词：大豆；大豆胞囊线虫；抗源品种；糖分；游离氨基酸；次生代谢物

Biochemical Responses of Resistance to Race 4 of *Heterodera Glycines* in Chinese Black Soybean

Yan Qingshang[1]　Wang Lianzheng[1]　Chen Pinsan[2]

(1. *Institute of Crop Breeding and Cultivation*, *CAAS*, *Beijing* 100081, *China*; 2. *Institute of Plant Protection*, *CAAS*, *Beijing* 100094, *China*)

Abstract: The contents of nutriment and some secondary metabolites in fibrous roots of soybean seedlings were determined at 17 days after inoculation with race 4 of *Heterodera glycines*. The results showed as follows: The content of total sugar in intfcted roots of susceptible control, Ludou 1, was 46.01% higher than that in healthy one, meanwhile the contents of total sugar were 24.91% and 37.77% lower in the roots of two resistant varieties, Huipizhiheidou and Yuanboheidou, respectively. Compared to their corresponding healthy roots, the contents of fructose, maltotetrose increased 144.30% and 62.90% in infected roots of cultivar Ludou 1 respectively, whereas they decreased or increased to a smaller extent in the roots of resistant cultivars. After inoculation, the increasing percentages of the concentrations of total free amino acid as well as arginine, glutamic acid, alanine, aspartic acid, leucine, valine in roots of cultivar Ludou 1 were higher than that in the roots of two resistant cultivars. The contents of cystine either in infected roots or in healthy roots of the two resistant cultivars were all zeros. In response to inoculation, the increases of the contents of total phenolics, chlorogenic acid and ferulic acid in the roots of resistant cultivars, Huipizhiheidou and Yuanboheidou, were on time to-several times more than these in the roots of susceptible control, Ludou 1. At the same time, the contents of flanvonoid and lignin varied diversely between resistant cultivars and susceptible one, which increased in infected roots of resistant cultivars and decreased in infected roots of Ludou 1 after inoculation.

Key Words: Soybean; *Heterodera glycines*; Resistant cultivars; Nutriment; Free amino acid; Secondary metabolites

大豆胞囊线虫是大豆生产中的毁灭性病害之一，美国、日本和中国十分重视对该病的防治。目前，种植抗病品种是最经济有效的控制措施。我国“七五”期间筛选出一批高抗各种生理小种的抗源，但对抗源品种抗性的基础研究的报道较少。

大豆胞囊线虫是一种定居性内寄生线虫，其二龄幼虫从根尖侵入大豆根部后，需不断地从根内吸取营养物质维持生长和发育。作为寄主植物的大豆，一方面为线虫的发育提供营养，另一方面应激线虫侵染而在机体内部产生各种生化反应。由于品种的抗感特性不同，大豆为侵染线虫在体内营寄生生活所提供的环境和反应也不同。Gommers 和 Dorpkin（1977）报道了大豆胞囊线虫侵染后 15d 根部形成的合胞体的游离氨基酸含量是对照根尖细胞的 1.7 倍，而葡萄糖的含量是对照的 4.4 倍。但他们的研究并未考虑寄主品种抗感特性。一般情况下，植物在病原物的胁迫下，抗性品种往往形成、积累一些对病原物有害的次生物质或者通过细胞壁修饰等各种防御机制以抵抗病原物的侵入。Huang（191）等研究了大豆胞囊线虫 1 号小种侵染大豆根尖后大豆根部大豆素Ⅰ的含量，发现抗病品种根部大豆素Ⅰ的含量的增加速度和积累量均高于感病品种。本文主要探讨接种大豆胞囊线虫 4 号生理小种后，中国小黑豆抗源幼根的营养成分和某些次生代谢物的变化。

1 材料与方法

1.1 植物材料的制备

供试大豆品种为高抗 4 号小种的灰皮支黑豆和元钵黑豆及感病对照鲁豆 1 号，种子由中国农业科学院品种资源研究所常汝镇提供。种子在蛭石中萌发，待子叶即将展开时，选取根长基本一致的幼苗作接种用。接种物为大豆胞囊线虫 4 号生理小种的卵和二龄幼虫，接种物的制备同颜清上等（1996）。然后，再装满消毒上的塑料钵柱中，用玻璃棒开一个 5cm 深的小孔，用移液管加入 2ml 混匀的接种物，移栽幼苗，封实小孔，完成接种。同时，取相同数量的钵柱，直接移栽幼苗作不接种对照。接种及不接种的钵柱放于不同的塑料盒中，室外生长。接种后 17d，拆开塑料钵柱，取出幼根，洗净上面的土粒，装入塑料袋中封严，置于-20℃冰箱保存备用。

1.2 大豆根部营养成分的测定

糖分含量采用高效液相色谱法，由中国林业科学研究院分析中心测定。游离氨基酸含量采用氨基酸自动分析仪法，由中国农业科学院作物科学研究所中心实验室测定。

1.3 根部次生代谢物的提取与测定

1.3.1 总酚、类黄酮的提取与测定

参照林植芳等（1988）的方法，每份材料取 0.5g 幼根，剪成 2mm 左右的根段，放入试管中，加入 5ml 含有 1%（V/V）HCl 的甲溶液，提取 2h，取 1ml 提取液稀释，50ml 定容，于 325nm 和 280nm 处测 O.D. 值，类黄酮含量直接用 A325/g 鲜重表示，总酚含量以没食子酸作标准曲线，根据 O.D. 280nm 的值来计算。

1.3.2 阿魏酸的提取与测定

参照 Stafford（1960）的方法，每份材料取 0.5g 根剪成小段，80℃烘干至恒重，放于研钵中加乙醚研磨抽取一次，再加入水研磨抽取一次，然后转至离心管中，3 500rpm 离心 15min，弃去上清，沉淀用 3ml 0.5N NaOH 溶液，70℃水解 16h，3 500rpm 离心 15min，上清液及 2ml 的 0.5N

NaOH 冲洗物转移到试管中，用 1N HCl 调 pH 值至 8.5~9.0，3h 内作为阿魏酸测定液。阿魏酸的测定：取上清液 0.5ml，用 0.05N NaOH 稀释到 3.5ml，350nm 处测光密度值 O.D.Ⅰ，另取上清液 0.5ml 用 pH 值 7.0 的磷酸缓冲液稀释到 3.5ml，350nm 处测光密度值 O.D.Ⅱ，根据两者的差值 O.D.=O.D.Ⅰ-O.D.Ⅱ，按阿魏酸标准曲线计算出阿魏酸的含量。

1.3.3　绿原酸提取和测定

参照杨家书等（1986）的方法，每份材料取 1g 鲜根剪碎，60℃烘干至恒重，加入 5ml 乙醇提取 1h，提取液 1ml 加 4ml 乙醇后，于 324nm 处测 O.D. 值，绿原酸的含量直接用 O.D.324nm 表示。

1.3.4　木质素的测定

按波钦诺克（1981）的方法测定根部的木质素含量。

2　结果与分析

2.1　根部营养成分对接种大豆胞囊线虫的反应

2.1.1　根部糖分含量对接种大豆胞囊线虫的反应

表 1 列出了接种和不接种胞囊线虫情况下抗感品种根部的糖分含量。从表 1 数据可以看出，接种胞囊线虫后抗感品种根部总糖含量的变化差异明显，抗源品种灰皮支黑豆和元钵黑豆分别降低了 24.91%和 37.7%；而感病品种鲁豆 1 号的总糖含量则升高 46.01%。果糖和麦芽四糖变化相似，接种后，感病对照都有较大程度的升高；而两个抗源品种或是较小幅度的升高，或是明显的降低。对大豆根部的葡萄糖含量而言，感病对照增加的绝对量大于抗病品种。接种后，抗感品种根部的蔗糖含量均为 0。此外，在抗病的灰皮支黑豆未接种健株的根部曾检测到棉籽糖，但接种后含量为 0。

表 1　大豆幼根的糖分含量（mg/100g 鲜重）

糖分种类	大豆幼根	抗病品种		感病对照
		灰皮支黑豆	元钵黑豆	鲁豆 1 号
果糖	健株	0.176	0.114	0.079
	接种	0.253	0.068	0.193
	△Increase	0.059	-0.046	0.114
	△% Percentage of increase	33.52	-40.35	144.30
葡萄糖	健株	0.222	0.072	0.148
	接种	0.222	0.096	0.182
	△Increase	0	0.024	0.034
	△% Percentage of increase	0	33.33	22.97
蔗糖	健株	0.166	0.071	0.037
	接种	0	0	0
	△Increase	-0.166	-0.071	-0.037
	△% Percentage of increase	-100	-100	-100
棉籽糖	健株	0.089	0	0
	接种	0	0	0
	△Increase	-0.089	0	0
	△% Percentage of increase	-100	0	0

（续表）

糖分种类	大豆幼根	抗病品种		感病对照鲁豆1号
		灰皮支黑豆	元钵黑豆	
麦芽四糖	健株	0.138	0.119	0.062
	接种	0.138	0.079	0.101
	△Increase	0	-0.040	0.039
	△% Percentage of increase	0	-33.61	62.90
总糖	健株	0.791	0.376	0.326
	接种 Inoculated	0.594	0.234	0.476
	△Increase	-0.197	-0.142	0.150
	△% Percentage of increase	-24.91	-37.77	46.01

2.1.2　*根部游离氨基酸含量对接种大豆胞囊线虫的反应*

大豆根部的17种氨基酸含量的测定结果列于表2。除所测材料中均未检测到酪氨酸和赖氨酸外，其余15种氨基酸接种与不接种间均有不同程度的变化，有些氨基酸的变化抗感品种间的差异明显。与不接种健株比，接种后，抗感大豆品种根部的游离氨基酸总量都表现为增加，但感病品种增加的幅度大大超过抗病品种。感病的鲁豆1号游离氨基酸的总量增加了33.21%，而两个抗病品种分别增加11.77%和10.54%，感病对照是抗病品种的3倍多。根据抗感品种含量变化的差异，将15种上述氨基酸归为几类：①精氨酸、谷氨酸、亮氨酸的变化基本一致、其表现为接种大豆胞囊线虫后，感病品种鲁豆1号的含量急剧增加，分别增加了144.44%、103.47%和79.29%；而抗病品种中接种前含量与鲁豆1号十分接近的灰皮支黑豆，这3种氨基酸的含量只有轻微的增加，另一个接种前含量较高的元钵黑豆接种后反而出现了含量降低的趋势。②该组的氨基酸变化与氨基酸总量的变化一致，接种后抗感品种的含量都表现为增加，但感病对照增加的幅度明显高于抗病品种，这一类氨基酸有丙氨酸、天门冬氨酸、苏氨酸、缬氨酸和组氨酸。③苯丙氨酸自成一类，接种后感病品种的含量有较大程度的增加，而两个抗病品种都表现较少的降低，这可能与苯丙氨酸参与苯丙烷类代谢有关。④与苯丙氨酸的变化正相反的为脯氨酸和甘氨酸，接种大豆胞囊线虫后，两个抗源品种的脯氨酸含量分别增加29.64%和27.06%，而感病品种鲁豆1号只增加了16.67%。甘氨酸的含量在两个抗病品种中分别增加20.00%和28.36%，而感病品种却降低了11.63%。事实上若以该种氨基酸占总氨基酸的百分数表示其相对含量，则这两种氨基酸在感病品种中都呈降低的趋势，分别降低12.44%和33.68%。⑤两种含硫氨基酸在抗、感品种间十分不同。胱氨酸的含量在感病品种上接种前后基本无变化，而在两个抗病品种中始终未检测到，抗病品种缺乏胱氨酸可能是其营养抗性的一个方面；蛋氨酸接种前抗感品种都处于中等水平，接种后抗病品种基本维持没变，而感病品种的含量则降低到零。⑥丝氨酸和异亮氨酸的变化似乎与品种的抗感特性关系不大。

表 2　大豆根部游离氨基酸的含量（mg/100g 鲜重）

品种	大豆幼根	游离氨基酸																	
		天门冬氨酸	苏氨酸	丝氨酸	谷氨酸	甘氨酸	丙氨酸	胱氨酸	缬氨酸	蛋氨酸	异亮氨酸	亮氨酸	酪氨酸	苯丙氨酸	赖氨酸	组氨酸	精氨酸	脯氨酸	总和
鲁豆 1 号	健株	2.76	0.96	4.26	2.02	0.86	1.40	1.16	1.60	1.64	1.37	1.40	0.00	3.44	0.00	0.96	1.17	1.32	26.32
	接种	4.70	1.46	3.50	4.11	0.76	2.62	1.11	2.12	0.00	1.56	2.51	0.00	4.96	0.00	1.26	2.86	1.54	35.07
	△Increase	1.94	0.50	−0.76	2.09	−0.10	1.22	−0.05	0.52	−1.64	0.19	1.11	0.00	1.52	0.00	0.30	1.69	0.22	8.75
	△% Percentage of increase	70.29	52.08	−17.84	103.47	−11.63	87.14	−4.31	32.50	−100.00	13.87	79.29	0.00	44.19	0.00	31.25	144.44	16.67	33.21
元钵黑豆	健株	3.66	1.10	2.91	2.70	0.60	2.07	0.00	1.95	1.07	1.50	2.24	0.00	4.24	0.00	0.94	1.60	3.40	29.98
	接种	4.06	1.18	4.68	2.26	0.72	2.28	0.00	2.08	1.59	1.74	1.97	0.00	3.98	0.00	1.22	1.15	4.32	33.14
	△Increase	0.40	0.08	1.77	−0.44	0.12	0.21	0.00	0.13	0.52	0.24	−0.27	0.00	−0.26	0.00	0.28	−0.45	0.92	3.16
	△% Percentage of increase	10.93	7.27	60.82	−16.30	20.00	10.14	0.00	6.67	78.60	16.00	−12.5	0.00	−6.13	0.00	29.79	−28.13	27.06	10.54
灰皮支黑豆	健株	2.44	0.88	3.38	1.77	0.67	1.48	0.00	1.59	1.59	1.36	1.74	0.00	4.14	0.00	0.72	1.22	2.80	25.78
	接种	3.69	1.20	3.20	1.94	0.86	1.98	0.00	1.78	1.23	1.26	2.12	0.00	4.11	0.00	0.78	1.44	3.63	29.02
	△Increase	1.25	0.32	−0.18	0.17	0.19	0.50	0.00	0.19	−0.36	−0.10	0.38	0.00	−0.03	0.00	0.06	0.22	0.83	3.24
	△% Percentage of increase	51.23	36.26	−5.33	9.60	28.36	33.78	0.00	11.95	−22.64	7.35	21.84	0.00	−0.72	0.00	8.33	18.03	29.64	11.77

2.2 根部次生代谢物对接种大豆胞囊线虫的反应

将接种 17d 后测定的大豆根部各种次生代谢物的含量列于表 3。各种次生代谢物的变化如下。

表 3 大豆幼根的各种次生代谢物质含量

次生代谢物	大豆幼根	抗病品种		感病对照 鲁豆 1 号
		灰皮支黑豆	元钵黑豆	
总酚	健株	1.712	1.518	1.529
(mg/g 鲜重)	接种	2.832	2.083	1.740
	△Increase	1.121	0.565	0.211
	△% Percentage of increase	65.30	37.27	13.80
类黄酮	健株	148.00	166.50	233.50
(O.D.325/g 鲜重)	接种	174.50	219.00	187.00
	△Increase	26.50	52.50	-46.50
	△% Percentage of increase	17.91	31.53	-19.91
绿原酸	健株	2.200	1.925	1.900
(O.D.324/g 鲜重)	接种	6.575	6.800	4.075
	△Increase	4.375	4.875	2.175
	△% Percentage of increase	198.86	253.25	114.47
阿魏酸	健株	58.70	48.90	61.80
(μg/g 鲜重)	接种	118.00	93.90	87.80
	△Increase	59.30	45.00	26.00
	△% Percentage of increase	101.02	92.03	42.07
本质素	健株	2.81	3.48	3.17
(mg/g 鲜重)	接种	3.52	3.96	2.74
	△Increase	0.71	0.48	-0.42
	△% Percentage of increase	25.27	13.79	-13.57

2.2.1 总酚含量的变化

从表 3 数据可以发现，接种前抗感品种的总酚含量基本接近，灰皮支黑豆稍高于鲁豆 1 号，而元钵黑豆则略低于鲁豆 1 号。接种后各个材料的总酚含量都表现为增加，但抗病品种总酚含量的增加大大高于感病品种，两个抗源品种的增加量分别为：灰皮支黑豆 1.121mg/g 鲜重、元钵黑豆 0.565mg/g 鲜重，而鲁豆 1 号的增加量仅为 0.211mg/g 鲜重。若以接种后的增加量占接种前的百分数表示时，抗源品种的增加比鲁豆 1 号的增加高出 3~5 倍。

2.2.2 类黄酮含量的变化

大豆根部类黄酮类的含量变化在抗感品种中表现出明显的差异：一方面是抗病品种接种大豆胞囊线虫后类黄酮类物质的含量大量增加，元钵黑豆和灰皮支黑豆分别增加 31.53% 和 17.91%；另一方面是感病品种类黄酮含量的下降，与接种前相比，鲁豆 1 号下降了 19.91%。从类黄酮含量上看，接种前抗源品种低于感病品种许多，尽管接种后抗源品种类黄酮含量明显增加，感病品种的含量降低，但从总量上看，接种后 17d，鲁豆 1 号的类黄酮含量仍高于灰皮支黑豆。

2.2.3 绿原酸含量的变化

绿原酸含量的变化与总酚类含量的变化极为相似。接种前，鲁豆 1 号与元钵黑豆绿原酸的含量十分接近。接种大豆胞囊线虫后 17d，抗、感品种绿原酸的含量都急剧增加，感病品种鲁豆 1 号增加 114.47%，而抗源品种元钵黑豆和灰皮支黑豆分别增加 253.25% 和 198.86%；抗源品种的增加量比感病品种的增加量高出一倍多。从绿原酸的绝对含量上看，接种后抗源品种灰皮支和元钵黑豆分别为6.575 O.D.$_{324}$nm/g 鲜重和6.800 O.D.$_{324}$nm/g 鲜重，大大高于鲁豆1号的4.075 O.D.$_{324}$nm/g 鲜重。绿原酸是总酚类物质的组分之一，总酚类物质对线虫发育的影响可能主要通过绿原酸发挥作用。

2.2.4 阿魏酸含量的变化

阿魏酸是合成木质素的前体物质，是苯丙烷代谢途径中的一个产物。表3结果表明，接种大豆胞囊线虫后，无论抗病品种还是感病品种，阿魏酸含量都表现为增加，各材料增加量为：感病的鲁豆1号26.00μg/g 鲜重，占接种前含量的42.07%；抗病的元钵黑豆45.00μg/g 鲜重，占接种前的92.03%、灰皮支黑豆59.30μg/g 鲜重，占接种前的101.02%。

2.2.5 木质素含量的变化

在寄主植物和病原物的相互关系中，寄主植物细胞壁在感染病原物后的木质化作用——木质素含量的增加，是寄主植物对病原感染产生抗性反应的一种特性。对抗感品种幼根木质素含量测定结果表明，接种前木质素含量与植株的抗性并没有什么相关，抗病的灰皮支黑豆的含量低于鲁豆1号很多；接种后，抗、感品种的木质素含量的变化却截然不同，感病品种鲁豆1号降低13.57%，而抗病的元钵黑豆和灰皮支黑豆分别增加13.79%和25.27%。接种17d后，抗源品种木质素含量的增加量及其绝对含量均高于感病品种。

3 讨论

3.1 大豆根部营养成分在对胞囊线虫抗性中的作用

周明祥（1991）在讨论植物营养成分参与对昆虫的抗生作用时认为主要表现在以下几种形式：①缺乏某些营养物质如维生素或主要氨基酸。②某些营养物质的含量不足。③有效营养物质的不平衡。钦俊德（1980）认为抗性植物非但使昆虫取食少，同时也因各类氨基酸的相对浓度不同，而可能导致营养的不平衡和助食作用的降低。大豆胞囊线虫是一种定居性内寄生线虫，它的生长发育强烈地依赖于寄主植物特别是取食位点附近细胞和组织的营养状况，寄主植株的抗性应该比抗虫植物对昆虫的抗性更明显地体现在营养成分的变化上。Rohde（1965）综述植物对线虫的抗病本质时，认为在很多情况下寄主的抗病性与其向寄生线虫所提供的必需养分的失败有关。本文中总糖含量的变化（接种大豆胞囊线虫后感病品种含量升高而抗病品种含量降低）及果糖、麦芽四糖在感病品种上的增加明显不同于抗病品种的变化，都说明了糖分的变化与品种的抗感特性有关，诱导局部糖分含量的增加是一种感病特性。同样，接种后感病品种根部游离氨基酸总量的增加高于抗病品种，以及精氨酸、谷氨酸、丙氨酸、天门冬氨酸的变化在抗、感品种上的差异，都表明抗病品种可以通过控制调节自身的营养状况，造成某些氨基酸含量的不足或不平衡，使其不能为线虫发育提供最佳的营养环境，从而不利于线虫的发育，达到抗性的结果。在本试验中两个抗源品种根部都缺乏胱氨酸，这可能是其营养抗性的一个方面。

氨基酸不但供侵入线虫作为营养吸取，还是酶和蛋白质的基本构成单位，参与形成新的蛋白质和新的酶类，另外有些氨基酸还是一些次生代谢物质及植物生长调节剂的前体物质。苯丙氨酸是苯丙烷代谢的最初物质，通过它可以形成一系列酚类化合物，从而对病原物有抑制或毒害作用。本文中，接种大豆胞囊线虫后，感病品种苯丙氨酸的含量有大幅度升高，而抗病品种的含量有所降低，同时抗病品种根部有较多的酚类化合物形式，这可能是由于抗病品种中有较多的苯丙氨酸参与苯丙烷代谢，用于合成较多酚类化合物的缘故。Lewis 和 McClure（1975）对棉花接种根结线虫后，也曾观察到抗病品种苯丙氨酸含量的降低。脯氨酸在一些植物上对形成细胞壁蛋白非常重要，接种后，抗病品种的脯氨酸含量增加较多，可能与脯氨酸参与蛋白质合成有关。大豆受胞囊线虫侵染后2~3d即能形成合胞体，抗病品种与此同时（或稍后）即产生应激反应，这些应激措施包括细胞壁沉积物增加、周围细胞壁加厚等。脯氨酸含量增加有助于这一过程的完成。

3.2 大豆根组织中游离酚含量与对胞囊线虫抗性的关系

酚类化合物及其氧化产物不但是植物细胞结构和功能上十分重要的有机物，而且在植物直接防御外来因素攻击方面起着重要作用，是一类与植物对病害抗感反应密切相关的因子。Giebel（1974）报道将从抗马铃薯金线虫的马铃薯根中提取的酚类物质导入感病品种，结果使其反应由感病变为抗病反应，同时将从感病的马铃薯根中提取的酚类物质导入抗病品种，使抗病反应向感病反应转变。酚类化合物在植物抗病中的作用，一是表现为对病原物的毒害作用，二是以植保素的形式对植物起保护作用。另外，酚化合物的积累也是亚丁生物合成的必需步骤。其作用主要以游离酚的形式完成。受细菌、真菌、病毒侵染后，抗病品种组织内游离酚含量能明显增加本文结果表明，受大豆胞囊线虫侵染后抗病品种根部绿原酸、总酚含量的增加远远大于感病品种的增加，这一结果与番茄受根结线虫侵染后抗病品种的反应一致 Gayed 等（1975）认为绿原酸在保护植物感染方面起着重要作用，该化合物的原始活性不是因为其在组织中自然存在而是由于病原物存在引起的反应中形成。本文结果支持此种观点。绿原酸是参加过敏组织坏死最主要的底物之一，其本身及其氧化产物的积累与组织变褐有关，本文中绿原酸含量的增加，是前文观察到的抗病品种根部幼虫周围组织坏死的生化物质基础。这表明受大豆胞囊线虫侵染后游离酚含量以较快幅度增加是大豆抗大豆胞囊线虫的一种反应。线虫胁迫诱导产生较多的游离酚是大豆抗胞囊线虫的一种机制。

3.3 木质化作用在大豆抗胞囊线虫中的作用

在寄主植物和病原物的相互作用中，寄主细胞壁受到病原物感染后的木质化作用——木质素含量的增加，是寄主植物病原物感染抗性反应的一种特性，它为阻止病原物对寄主的侵染提供了有效的保护作用。Asada 等（1975）用日本胡萝卜根研究感染霜霉病对木质素形成的影响时，发现感染和不感染根中木质素不仅在数量上不同，而且在本质上也有区别，健康的萝卜根的木质素含有丁香单位，而感病的萝卜根组织中含有较多愈创木酞单位。木质素的增加是植物对真菌、细菌病害抗性反应的一种普遍存在的特性。在有关线虫抗性反应中，Giebel 等（1974）曾认为线虫分泌的糖苷酶可以刺激植物木质素形成过程，并观察到了抗病的马铃薯根中有类木质素物质的形成。Riggs 等（1973）和 Kim 等（1957）对大豆品种“Peking”和“Forrest”抗胞囊线虫 3 号小种超微结构研究都发现合胞体细胞有细胞壁加厚的现象。作者在进行抗病的细胞病理学研究中发现，受感染的灰皮支黑豆根部也观察到细胞壁局部加厚。本研究中接种胞囊线虫 4 号生理小种，抗病品种根部的木质素含量和木质素的前体物质阿魏酸的含量增加，而感病品种木质素含量表现降低。究其原因，一方面抗病品种根内的胞囊线虫周围活细胞存在木质化作用，另一方面感病品种根内合胞体细胞壁溶解和大量新根形成。灰皮支黑豆、元钵黑豆根部的木质化作用是其对胞囊线虫抗性的一种机制。

参考文献（略）

本文原载：作物学报，1997，23（5）：529-537

大豆胞囊线虫病抗源筛选和利用研究概述

颜清上[1]　王连铮[1]　常汝镇[2]

（1. 中国农业科学院作物育种栽培研究所，北京　100081；2. 中国农业科学院品种资源研究所，北京　100081）

摘　要：本文简要概述了美国、日本和中国对大豆胞囊线虫抗源的筛选、遗传关系研究及在育种中的利用。

关键词：大豆；大豆胞囊线虫；抗源；筛选；遗传关系；利用

大豆胞囊线虫病是大豆生产上的毁灭性病害之一，在传统的大豆主产国中国、美国、日本发病严重，20世纪70年代以来新崛起的大豆生产大国巴西和阿根廷也有此病发生。就世界范围而言，大豆胞囊线虫病的为害和蔓延有日趋加重的趋势，有关抗大豆胞囊线虫的研究越来越受到重视。生物学研究表明，大豆胞囊线虫是一种土传的定居性内寄生线虫，完成一个生活史只需30d左右，繁殖力很强，形成的胞囊有极强的生活力和广泛的适应性，一般在土壤中可存活9年以上。土壤一经感染，则极难防治。化学药剂防治尽管有效，但成本太高，而且还造成环境污染。利用植物本身的抗性，培育抗病品种是目前采用的最经济有效的控制措施。培育抗病品种首先要筛选和鉴定抗源材料。本文就这一方面的研究做一简要概述。

1　大豆胞囊线虫抗源的筛选

进行大豆胞囊线虫抗源筛选研究工作较为突出的国家当推美、日两国。美国1954年首次在北卡罗来纳州发现此病，后在密苏里、阿肯色、田纳西、弗吉尼亚、伊利诺斯及印第安纳等州的大豆产区相继发现，严重影响美国的大豆生产。此后，筛选大豆胞囊线虫抗源的工作引起重视。Ross和Brim（1957）在重病田采用双行法对2 800份材料进行了抗病性鉴定，筛选出了8份高抗材料：Ilsoy、Peking、PI89920、PI79693、PI90763、PI209332、PI84751。其中Peking成为最著名的抗源。由于当时尚未对大豆胞囊线虫的小种进行划分，所以不知是抗哪一号生理小种。Epps和Hartwig等（1972）对3 000多份大豆品种和品系，在温室针对14号生理小种（当时误认为4号）的抗病性进行了筛选，结果发现PI88788、PI89772、PI87631-1、Cloud、Columbia、Peking、PI84751和PI90763具有较高的抗性。Anand（1982）对另外2 000多份引进材料（PI系）进行筛选，结果发现一个新的引进种质PI416762既抗14号生理小种，又抗3号生理小种。1984年Anand等将从世界各地收集的全部9 153份种质对3号生理小种的抗病性进行了全面的筛选鉴定，共鉴定出19份高抗材料和15份中抗材料。Anand等（1988）又将上述种质对14号和5号小种的抗性进行了筛选，得到对14号小种高抗的7份，中抗的3份；对5号小种高抗的7份，中抗的2份。而且所有抗5号、14号小种的材料都抗3号小种，PI437654抗当时所发现的全部5个生理小种。Young（1990）对另外收集的600份材料接种3号、5号、14号小种，发现PI399061、PI424595和PI438342抗5号生理小种，却感3号及14号生理小种。这是首次报道的大豆品系感3号生理小种而抗其他小种。Rao-Arelli等（1992）选择抗性稳定的材料，对多个小种的抗性反应进行研究，结果表明PI437654、PI438489B、PI438503A和PI89772抗6号、9号小种，PI404166和PI209332抗9号小种。PI437654抗目前发现的所有生理小种和变异型，是一个不可多得的抗源。Young（1995）又对后来收集的 1 900份引进种质抗 3 号、5 号、14 号小种的特性进行评价，筛选出 19 份抗 3 号的材料；11 份抗 5 号；2 份抗 14 号。其中，PI467312 抗 3 号、5 号和 14 号小种，该种质从中国引入。表 1 列出了美国筛选出的抗源名称。

表 1　美国大豆种质对大豆胞囊线虫不同生理小种的反应

PI 系	生理小种						PI 系	生理小种					
	3	4	5	6	9	14*		3	4	5	6	9	14*
Ⅱ soy	R	–	MS	–	–	MR	PI437770	MR	–	S	–	–	MR
PI16790	R	–	S	–	–	MR	PI438183	MR	–	S	–	–	S
PI17852B（Peking）	R	S	MR	S	S	S	PI438342	S	–	R	–	–	S
PI22897	R	–	S	–	–	S	PI438489B	R	–	R	R	R	S
PI54591	MR	–	S	–	–	S	PI438496B	R	–	S	S	S	S
PI70218-2-19-3	MR	–	S	–	–	S	PI438497	R	–	MS	–	–	S
PI79609	R	–	S	–	–	MS	PI438498	R	–	MS	–	–	S
PI79693	MR	–	S	–	–	S	PI438503A	R	–	MS	R	R	R
PI84751	R	–	MR	–	–	S	PI458175B	S	–	MR	–	–	S
PI87631-1	R	–	S	–	–	R	PI458199	S	–	MR	–	–	S
PI88788	R	S	S	–	–	R	PI458519A	MR	–	MR	–	–	MR
PI89008	MR	–	S	–	–	S	PI458520	R	–	R	–	–	MR
PI89014	MR	–	S	–	–	S	PI461509	R	–	MR	–	–	MR
PI90763	R	S	R	–	–	S	PI464912	R	–	S	–	–	MR
PI89772	R	–	R	R	R	S	PI464915B	MR	–	MR	–	–	MR
PI91138	MR	–	S	–	–	S	PI467310	MR	–	MR	–	–	MR
PI92790	R	–	S	–	–	S	PI467312	R	–	R	–	–	R
PI200495	MR	–	MS	–	–	S	PI467327	S	–	R	–	–	S
PI209332	R	–	S	R	R	R	PI467332	R	–	MR	–	–	R
PI303652	R	–	S	–	–	S	PI468903	R	–	R	–	–	S
PI339868	R	–	MR	–	–	MS	PI468915	R	–	R	–	–	S
PI398680	R	–	S	–	–	R	PI475810	S	–	MR	–	–	S
PI398682	MR	–	S	–	–	S	PI490769	MR	–	MR	–	–	MR
PI399061	S	–	R	–	–	S	PI494182	R	–	R	–	–	S
PI404166	R	–	R	S	R	S	PI495017C	R	–	S	–	–	MR
PI404198A	R	–	R	–	–	MR	PI506862	S	–	R	–	–	S
PI404198B	R	–	MS	S	S	MR	PI507354	R	–	R	–	–	S
PI407729	R	–	MS	–	–	MR	PI507422	R	–	S	–	–	S
PI407944	MR	–	S	–	–	S	PI507423	R	–	S	–	–	S

（续表）

PI 系	生理小种						PI 系	生理小种					
	3	4	5	6	9	14*		3	4	5	6	9	14*
PI408192-2	MR	-	S	-	-	S	PI507443	R	-	MR	-	-	S
PI416762	R	-	MS	-	-	MR	PI507470	R	-	MR	-	-	S
PI417091	MR	-	MS	-	-	S	PI507471	S	-	R	-	-	MR
PI417094	MR	-	S	-	-	S	PI507475	R	-	R	-	-	S
PI424595	S	-	R	-	-	S	PI507476	R	-	R	-	-	S
PI437488	MR	-	S	-	-	S	PI509095	R	-	MR	-	-	S
PI437654	R	R	R	R	R	R	PI509100	R	-	MR	-	-	S
PI437655	R	-	MS	-	-	MR	PI528772	R	-	S	-	-	S
PI437679	R	-	MR	-	-	S	PI532434	MR	-	S	-	-	MR
PI437690	R	-	MR	S	S	S	PI532444A	MR	-	MR	-	-	MR
PI437725	R	-	MS	-	-	S	PI532444B	S	-	S	-	-	MR

注：* 以前误定为 4 号生理小种，Riggs 等（1988）提出新的划分方案后修订为现今的 14 号

“-”代表未对该小种的抗性进行鉴定；R 代表抗；MR 代表中抗；S 代表感病；MS 代表中感

日本在 20 世纪 50 年代初，在青森县农试、东北农试试验地、北海道十胜农试及山形县农试对当地大豆品种进行了抗线虫筛选，先后筛选出了南郡竹馆、黑荚三本木、目黑 1 号、岩手 2 号、赤荚野起、第一稗贯、再来种 B、下田不知、淡绿 10 及“ソコッソ”共 10 个抗线虫的地方品种，后来用系统选育法从下田不知中选出的耐病品种下田不知 1 号和线虫不知成为日本抗线虫育种最重要的抗源。苏联也鉴定出了阿穆尔州线虫群体的抗源高杆 1 号、黑眼眉、Amurskaya 472 等。朝鲜也鉴定出中录、哈曼等抗源。

自 20 世纪 70 年代后期，我国对大豆胞囊线虫的抗源筛选也受到重视，吴和礼等（1982）、刘汉起等（1985）、张仁双等（1985）、刘维志等（1985）、李莹等（1987）都对收集的材料进行对胞囊线虫抗性筛选，鉴定出一批免疫或高抗的资源。但由于当时鉴定标准未统一，有的未按小种进行鉴定，结果不够确定。为此，1985 年组织了大豆种质抗胞囊线虫鉴定协作组，并于 1986—1990 年对全国的 1 万多份种质按统一的鉴定方法和分级标准进行了抗性鉴定研究，已得到比较明确的结果。刘维志等（1991）、李莹等（1991）、马书君等（1991）、张磊等（1991，1992），对各自承担的 1 号、3 号、4 号和 5 号生理小种鉴定结果分别作了报道，1993 年大豆种质抗胞囊线虫鉴定研究协作组对全国的鉴定结果做了总结，抗 1 号生理小种品种 128 份，其中免疫的 16 份；抗 3 号生理小种的 288 份，免疫的 30 份；抗 4 号生理小种的 11 份，无免疫品种；抗 5 号生理小种的 9 份。五寨黑豆和灰皮支黑豆兼抗 1 号、3 号、4 号和 5 号生理小种。“八五”期间，李莹等对 95 份兼抗材料进行抗 4 号小种的稳定性鉴定，结果表明“七五”鉴定的高抗种质五寨黑豆、赤不流黑豆、山阴大黑豆、灰皮支黑豆、大黑豆（全国编号 8510）、本地黑豆和元钵黑豆抗性稳定。此外，还发现串山黄黑豆、黑豆（全国编号 10253）和三股条黑豆高抗 4 号小种。上述结果说明我国大豆种质具有丰富的抗病资源，这对于拓宽狭窄的抗病种质资源，加速抗大豆胞囊线虫育种有着积极的推动作用。

2 大豆胞囊线虫抗源的遗传关系研究

抗源筛选的目的在于应用到育种实践，研究抗源之间的遗传关系对抗病育种尤为重要。研究

抗源的遗传关系可依据抗源对同一生理小种反应的差异来判断，也可根据不同抗源杂交后代分离情况去决定，利用生物间遗传学原理推断抗源携带的抗性基因是一个简便、可靠的途径。McCann 等（1982）发现从 PI89772 上选择的线虫群体在 PI89772 上繁殖很好，而在 Cloud、PI209332、PI87631-1、PI88788、PI90763R 上繁殖极差。由此认为，后 5 个寄主至少具有一些相同的抗病基因，而且不同于 PI89772、Young（1982）在 4 号小种感染田中，从抗病植株上选择胞囊繁殖。结果发现，在 Bedford 及 PI88788 植株上选择繁殖的线虫，在其根上大量繁殖，而在 PI89772、PI90763、Peking 上却表现繁殖下降；同样从后者根上选择繁殖的线虫，在 Bedford 及 PI88788 根上繁殖很差。这说明 PI89772、PI90763、Peking 具有不同于 PI88788 的抗病基因。Anand 等（1983）根据不同寄主对 4 号生理小种的反应，证明 PI88788 和 PI90763 携带不同的抗病基因，PI87631-1、PI209332、Cloud 与 PI88788 的抗病基因相似，而 PI89772 与 PI90763 的抗性基因紧密相关。Young（1995）筛选出多抗的 PI467312 种质后，对其和 PI437654 又接种 2 号小种，结果 PI467312 上的寄生指数为 30，而 PI437654 上为 0，表明两者抗性存在遗传上的差异。确切研究各抗源遗传关系的方法是配制抗×抗组合，根据 F_2 和 F_3 的分离来判断。Anand（1986）的结果表明，PI437654、PI88788、PI209332、PI90763 带有不同于 Forrest（抗病基因来自于 Peking）的抗 3 号小种基因，Peking 与 PI438489B 含有对 3 号小种不同的抗病基因，PI90763 与 PI404198A 含有对 5 号小种不同的抗病基因。Rao-Arelli 等（1988）杂交结果表明，Peking、PI90763、PI438489B、PI404166 和 PI404198 具有对抗 3 号小种相同的抗病基因；Peking、PI88788、PI438496B 至少有一对抗病基因存在差异。Anand 等（1989）对 5 号小种的研究表明，Peking、PI90763 各有一对互不相同的显性抗病基因，后来又证明 PI424595 含有一个不同于 PI90763 的隐性抗病基因（Anand，1994）。而 Young 等（1994）的结果则表明 PI424595、PI438342、Peking、PI90763、PI437654 在大多数基因座位含有相同的抗 5 号小种的基因，PI399061 在一个或多个位点具有不同于上述抗源的抗病基因。在明确一些抗源的抗性基因并收集到足够多的生理小种时，利用生物间遗传学原理可以不通过杂交推导抗病基因。刘维志等（1994）采用上述方法对我国某些黑豆抗源的抗病基因进行了推导，结果表明，长粒黑豆与 Peking 的抗病基因相同，哈尔滨小黑豆含有与 PI90763 相同的抗病基因，小粒黑豆比 PI90763 多含抗 14 号生理小种的基因，磨石黑豆比 PI88788 缺少抗 14 号小种的基因，连毛会黑豆仅含抗 3 号生理小种的基因。

3　抗源品种在大豆抗胞囊线虫育种中的利用

美国的 Ross 和 Brim 筛选出高抗的 Peking 后，立即着手进行抗病基因的回交转育，经与黄种皮的栽培品种 Lee 三次回交后，1966 年育成第一个抗病品种“Pickett”；以 Peking 为供体亲本稍后又育成了“Custer”和“Deyer”。以这些材料为抗病亲本陆续育成推广了一大批抗病性强的丰产品种。据 Anand（1991）报道，到 1991 年美国共育成 130 个抗病品种，其中有 69 个品种抗 3 号生理小种，其抗病基因均可追溯到 Peking 的血缘。PI88788 是另一个被广泛利用的抗源，1978 年利用 PI88788 育成的“Bedford”及其姊妹系对控制当时为害猖獗的 14 号生理小种的蔓延和为害起了决定性作用；1991 年前育成的 55 个抗 14 号小种的品种，均含有 PI88788 的抗病基因。利用 PI90763 为抗源育成了 2 个抗 5 号生理小种的品种。以 Forrest 和 PI437654 为亲本育成的新品种“Hartwig”结合了 PI437654 和 Peking 的抗病基因抗目前发现的所有生理小种。日本的东北农试、十胜农试和中信农试利用本国和美国的抗源通过系统选育、辐射诱变和有性杂交已育成近 40 个抗病品种。我国利用美国的 Franklin、Custer 和索尔夫等抗病品种通过系统选育和杂交育种已育成几个抗病品种；利用我国的抗源还没有育成生产上可推广利用的黄种皮品种，但通过杂交和回交转育已育成一批高抗的黄种皮高代品系和育种中间材料；如吴和礼等（1989）利用哈尔滨小黑豆育成的高代品系 84-783、84-793、84-819 抗性达到小黑豆水平；王志等（1990）利用兴县灰皮支黑豆和应县小黑豆育成了一些黄种皮抗性强农艺性状优良的高代中间材料；李莹等（1994）利用我国的高抗资源与优良的推广品种杂交，育成 14 个高抗的黄种皮品系。从上不难看出，尽管我国具有丰富的抗病种质资源，但其在大豆抗胞囊线虫育种中的应用及其与满足大豆生产上的需要极不适应。加强黄种皮抗病种质的创新和抗病基因的回交转育研究，对于开拓我国抗病种质资源的利用，提高抗病育种水平大有帮助。

参考文献（略）

本文原载：大豆科学，1997，16（2）：162-167

“抗病值”在大豆抗胞囊线虫病遗传研究中应用的探讨

颜清上　王连铮

（中国农业科学院作物育种栽培研究所，北京　100081）

摘　要：以抗病值表示大豆单株对胞囊线虫的抗性，探讨其在大豆对胞囊线虫4号生理小种抗性遗传研究中的应用。在所研究的4个高感×高抗杂交组合中，直接用胞囊数作为抗性的参数，不分离群体具有较大的方差，群体平均数与方差有较强的正相关；而采用抗病值表示抗性，不分离群体有较小的方差，但 F_2 分离群体方差较大。与原始数据相比，经平方根转化后，单株胞囊数的群体平均数与方差的高度正相关只有轻微的下降；而单株抗病值的群体平均数与方差的相关性则明显降低。4个组合单株抗病值的广义遗传力为57.49%~71.79%，高于单株胞囊数的48.42%~65.96%；根据抗病值推导出的最小基因数目为3~4，比用胞囊数推导为2~3的结果更接近按质量性状遗传估算出的结果。对 F_2 单株频次分布研究表明，采用抗病值标准品种法分级统计的高抗株数，与按全国抗性分级标准下<10个胞囊/株的株数完全一致，而且得到了更广泛的中间类型分布。按质量性状遗传模式对4个高感×高抗组合 F_2 分离群体研究表明，灰皮支黑豆和元钵黑豆对SCN4号生理小种的抗性遗传可能由三对隐性基因和两对显性基因控制。

关键词：大豆；抗病值；大豆胞囊线虫；抗病遗传

Studies on Inheritance of Soybean Resistance to Race 4 of *Heterodera Glycines* by Using the Concept of “Resistance Value”

Yan Qingshang　Wang Lianzheng

(*Institute of Crop Breeding and Cultivation*, *CAAS*, *Beijing* 100081, *China*)

Abstract: The number of cysts adherd on the roots of soybean is a result of soybean's comptiability to this pest. So it is not proper to experess the resistance with the number of cysts per plant directly. In this paper, we suggested the concept of “resistance value” and it was used to represent the resistance of plant. For the P_1, P_2, F_1 and F_2 populations from four crosses of high susceptible parent ×high resistant parent, nonsegregating populations had very small variations, meanwhile, the segregating populations had very extensive variations when the “resistance value” was used as a resistant indicator. The strongly politive correlation between population mean and population variation decreased significantly compared the cysts per plant with transformed resistancce value. The general heritablities of four crosses based on resistance value were from 57.49% to 71.79%, which were higher then 48.42% to 65.96% based on cysts per plant. With the resistance values, the least gene numbers estimated on resistance value according to the principle of quantitative genetics were 3 or 4 pairs of genes which were more proximate to the results supposed by qualitative genetics than 2 or 3 pairs estimated on

本研究系“国家农业综合开发项目——黄淮海大豆育种和良种繁育”

cyst number per plant. Using "resistance value" to divide resistant grades for F_2 plants, the F_2 plants which cysts were less than or equal to the resistant parents were identified as resistant plants. Basing on ration of resistant: susceptible plants of F_2 population, there were at least three or four recessive genes and one to two dominant genes control the resistance to SCN race 4 in these two resistant cultivars. The most possible suppose was that the genes in Huipizhiheidou and Yuanboheidou controlling the resistance to SCN was three pares of recessive genes and two dominant genes.

Key Words: Soybean; Resistance value; *Heterodera glycine*; Resistunce genetic

大豆胞囊线虫（SCN）是世界范围的大豆毁灭性病害，利用寄主品种的抗性是防治此病的重要措施。因而研究大豆对 SCN 的抗性遗传普遍受到重视。自 20 世纪 60 年代以来，美国科学家对所掌握的资源进行了大量的遗传研究，进入 20 世纪 90 年代后，我国学者也对所筛选出的抗源进行了一些抗性遗传研究。但在进行植株的抗性评价时，无一例外均以根上的胞囊数直接作为抗性分级的参数。研究发现，根上的胞囊数呈连续分布，而且其数量的多寡与发病条件有极大的关系。这样，在进行抗感植株评判时难免造成误差。再者，不同作者所采用的鉴定方法、鉴定环境及研究时间不同，也难免造成研究结果的不尽一致。因而，在按质量性状进行大豆抗 SCN 遗传分析时，直接用根上着生的胞囊数的绝对值评价植株的抗性，似乎不如寻找一个适当的相对值更为合理。为此，笔者提出以抗病值作为抗性的量值并探讨其在大豆对 SCN 4 号生理小种的抗性遗传研究中的应用。

1 材料和方法

1.1 遗传材料的获得

供试的亲本材料为：高感品种鲁豆 1 号和鲁豆 7 号，高抗品种灰皮支黑豆和元钵黑豆。种子由中国农业科学院品资所常汝镇提供。1994 年配成 4 个高感×高抗组合：Ⅰ鲁豆 7 号×灰皮支黑豆，Ⅱ鲁豆 7 号×元钵黑豆，Ⅲ鲁豆 1 号×灰皮支黑豆，Ⅳ鲁豆 1 号×元钵黑豆。9 月收获杂交种（F_0 种子）后，一部分于当年冬天海南繁殖加代，去除伪杂种，1995 年 4 月得到 F_1 种子；一部分留作 F_1 植株抗性鉴定。

1.2 抗病性鉴定

1995 年 4—5 月在中国农业科学院作物育种栽培研究所温室对各组合的亲本、F_1、F_2 植株进行抗病性鉴定，病土取自昌平基地 SCN 4 号小种严重感染的田块，经漂浮鉴定每 100ml 风干土含胞囊 112 个。然后掺入 1/4 经高压灭菌的细沙，混匀作为鉴定用土，鉴定方法采用塑料钵柱法，每个组合根据种子量的多少，分别占用 1～4 个塑料盒（66cm×45cm×17cm），每钵柱播 1 粒种子，同时每盒播父、母本种子 5 个钵柱，做好标记。另外播种各组合的 F_0 种子及一套标准鉴别品种以监测生理小种。鉴定期间温室的温度控制为（24±4）℃，出苗后 32d 调查统计大豆根上的胞囊数。

1.3 抗病值计算及抗病性分级

1.3.1 抗病值计算

首先，参考盖钧镒等对豆秆黑潜蝇抗性的标准品种分级法，对各世代材料的单株进行抗级划分。用试验中的 4 个亲本作为标准品种，两个感病亲本为高感的标准品种，其上的胞囊数的平均值为高感标准品种的平均值 X_s；两个抗病亲本为高抗的标准品种，其平均值为高抗标准品种的平均值 X_r；$d=(X_s-X_r)/8$。$X \geq X_s-d$ 为高感，抗级为 0；$X_s-d>X \geq X_s-3d$ 为感病，抗级为 1；$X_s-3d>X \geq X_s-5d$，中间，抗级为 2；$X_s-5d>X \geq X_S-7d$，为抗病，抗级为 3；$X<X_s-7d$，为高抗，抗级为 4。X 表示植株根上胞囊数。

本文规定，抗级为 0 级时，抗病值（RV）为 0；胞囊数为 0 时，$RV=100$；其余每个抗级的

RV 变幅为 25。当抗级为 1~3 时，单株的抗病值（RV）=（X_s-d-X）×25/2d，其中，X 为该单株上的胞囊数；当抗级为 4 时，若 $X_r \geqslant d$，则 RV 计算同上式，若 $X_r<d$，则 $RV=$（X_s-d-X）×25/（$d+X_r$）。

1.3.2　抗病性分级

用 2 套标准分别对各群体逐株进行抗病性分级：一是按单株胞囊数的全国标准：0 为免疫，1~3 为高抗，4~10 为中抗，11~30 为感病，30 以上为高感。二按单株抗病值的标准品种法：两个感病亲本为高感的标准品种，其抗病值的平均数作为高感标准品种的平均值 RV_s；两个抗病亲本作为高抗的标准品种，其抗病值的平均数为高抗标准品种的平均值 RV_r；$d=$（RV_r-RV_s）/8，参照 1.3.1 的公式进行分级：$RV \geqslant RV_s+3d$ 为高感，抗级为 0；$RV_s+3d>RV \geqslant RV_s+d$ 为感病，抗级为 1；$RV_s+5d>RV \geqslant RV_s+3d$ 为中间型，抗级为 2；$RV_s+7d>RV \geqslant RV_s+5d$ 为抗病，抗级为 3；$RV<RV_s+7d$ 为高抗，抗级为 4。

1.4　参数计算

分别以单株胞囊数和单株胞囊值作为抗病性的量值，计算各群体的平均数、变异幅度、群体方差和变异系数。以两个抗病亲本单株中最小抗病值或最大胞囊数所在的级别作为判断植株是否抗病的标准级别。并根据此标准对 F_2 植株进行抗病归类，用卡平方测验对观察的抗、感比率与期望比率进行适合性测验以判断 F_2 群体分离基因的数目。广义遗传力的计算，最少基因数目估计均按马育华的方法。

2　结果分析

2.1　接种病土的生理小种监测

表 1 列出了鉴别品种根上的单株胞囊数及其反应，胞囊数是 10 个钵柱的平均值。结果表明，接种病土的 SCN 为 4 号生理小种。

表 1　接种病土 SCN 的生理小种监测结果

鉴别品种	Lee	Pickett	Peking	PI88788	PI90763
根上胞囊数	221	168	190	182	203
胞囊指数（%）	100	76.29	86	83.53	91.86
反应	+	+	+	+	+
生理小种			4		

2.2　各个世代对 SCN 反应的群体参数特征

胞囊数表示单株的抗病性，从表 2 可以看出，4 个高感×高抗组合中各群体参数基本表现一致。就群体平均数而言，抗感亲本有明显的差别，F_1、F_2 群体（组合鲁豆 1 号×元钵黑豆缺少 F_1 群体）的平均值与感病亲本十分接近，这表明灰皮支黑豆、元钵黑豆在鲁豆 1 号、鲁豆 7 号背景下，控制 SCN 抗性的基因为隐性；F_2 群体具有广泛的变异，其最小值接近抗病亲本，最大值则超过感病亲本的最大值。在 4 个组合中，只有鲁豆 1 号×元钵黑豆的 F_2 的最小值低于抗病亲本的最大值，且仅有 1 株。与群体平均数一样，F_1、F_2 的群体方差、变异系数与感病亲本很接近，F_1、F_2 和感病亲本具有高的方差和较低的变异系数，抗病亲本正相反，方差极小、变异系数却很高。两个抗病亲本的原始胞囊数的变异系数分别为 185.63%和 230.28%。群体平均数与方差之间呈高度正相关，平方根转化后尽管其程度有所降低，但仍保持较强的相关（表 3）。

表 2　各组合不同群体的参数特征

组合	世代	株数	单株胞囊数				单株抗病值			
			平均数	变幅	方差	变异系数	平均数	变幅	方差	变异系数
Ⅰ	鲁豆 7 号	13	231.85	118~341	5 221.47	31.17	7.61	0~36.03	167.68	170.15
	灰皮支黑豆	13	0.35	0~3	0.64	230.28	97.50	86.48~100	27.28	5.36
	F_1	14	218.43	116~231	4 468.26	30.60	8.64	0~36.91	193.48	161.04
	F_2	193	205.56	8~364	5 736.98	36.83	12.76	0~84.29	412.24	159.07
Ⅱ	鲁豆 7 号	13	231.85	118~341	5 221.47	31.17	7.61	0~36.03	167.68	170.15
	元钵黑豆	13	1.02	0~7	3.60	185.63	95.39	84.73~100	42.29	6.82
	F_1	12	212.33	113~312	3 440.79	27.63	7.84	0~83.85	154.24	158.28
	F_2	363	205.51	9~365	5 065.43	34.63	11.60	0~38.22	376.43	167.24
Ⅲ	鲁豆 1 号	13	225.38	112~352	5 338.92	32.42	8.05	0~38.22	172.80	163.24
	灰皮支黑豆	13	0.35	0~3	0.64	230.28	97.50	86.48~100	27.28	5.36
	F_2	65	214.06	8~366	6 271.43	37.00	11.29	0~84.29	497.10	197.40
Ⅳ	鲁豆 1 号	13	225.38	112~352	5 338.92	32.42	8.05	0~38.22	172.80	163.24
	元钵黑豆	13	1.02	0~7	3.60	185.63	95.39	84.73~100	42.29	6.82
	F_1	16	214.63	89~321	4 966.65	32.84	10.41	0~48.75	261.83	155.35
	F_2	270	203.65	6~390	7 849.05	43.50	15.36	0~85.17	480.29	142.67

表3 亲本及 F_1、F_2 群体估算的群体平均数与方差的相关系数

组合	单株胞囊数		单株抗病值	
	原始数据	转化数据	原始数据	转化数据
Ⅰ	0.97	0.89	-0.69	-0.07
Ⅱ	0.95	0.86	-0.65	0.40
Ⅲ	0.89	0.89	-0.66	0.11

以抗病值表示单株的抗病性，各组合群体的参数与单株胞囊数表示的群体参数特征基本一致（表2）。F_1 的平均数、变幅、方差、变异系数与感病亲本十分接近，由此可推论出抗病亲本的抗性基因主要由隐性基因控制。F_2 的变幅在0到抗病亲本最小值之间，其平均值尽管比感病亲本和 F_1 的平均值高，但仍十分靠近感病亲本。变化最明显的是 F_2 的方差，显著高于其他类型群体，表明了其广泛的分离。在变异系数方面，F_2、F_1 和感病亲本具有较高的变异系数，而抗病亲本的变异系数极低，这一点与单株胞囊数表示的值正相反。原始抗病值的平均数与方差表现出较强的负相关，平方根转化可使这种负相关明显减弱或变为较低的正相关（表3）。

2.3 F_2 单株的频次分布

两种分级标准下 F_2 分离群体和亲本各类单株的频次分布列于表4。结果看出，用单株胞囊数的全国标准分级，F_2 单株几乎全部集聚在高感级别中：免疫及高抗级别的株数为0，只有极少的单株表现中抗，大部分单株表现为高感。用抗病值的标准品种分级法，F_2 分布比全国标准得到了更多的中间级别分布，且表现出与单株胞囊数全国标准分级有极大的相似性：其高感级别占据了 F_2 的绝大多数，其高抗级别与全国标准分级中的中抗级别完全一致，中抗级别等同于全国标准中的感病级别。对亲本群体而言，采用单株抗病值标准品种分级，抗病亲本全部分布在最抗级别、感病亲本全部分布在最感级别中，而采用单株胞囊数的全国标准时，抗病亲本元钵黑豆还有3株分布于中抗级别中。可见，单株胞囊数的全国标准，对抗病级别要求较严，而对感病级别划分过于宽松，不利于中间类型的发现。抗病值的标准品种法可以详细地反映各植株的抗性。

表4 F_2 群体单株的频次分布

群体		单株胞囊数全国标准分级					单株抗病值标准品种分级				
世代	组合	单株胞囊数					抗级				
		0	1~3	4~10	11~30	>30	4	3	2	1	0
F_2	Ⅰ	0	0	1	25	190	1	2	1	8	181
	Ⅱ	0	0	1	4	358	1	4	3	7	348
	Ⅲ	0	0	1	1	63	1	1	1	3	59
	Ⅳ	0	0	3	4	263	3	4	3	9	251
亲本	元钵黑豆	29	11	3	0	0	43	0	0	0	0
	灰皮支黑豆	21	5	0	0	0	26	0	0	0	0
	鲁豆1号	0	0	0	0	13	0	0	0	0	13
	鲁豆7号	0	0	0	0	13	0	0	0	0	13

2.4 大豆对 SCN 抗性的广义遗传力和最小基因数目估计

尽管杂交中采用的两个亲本的胞囊数和抗病值差异极其明显，但不分离群体（亲本和 F_1 群体）表现出较大的方差和变异系数（表2），这说明环境对抗病性的表现有很大的影响作用。同

时，F_2 群体的分布也具有连续分布的特征。为此，分别以单株胞囊数及单株抗病值为抗性指标，用两亲本的群体方差估计环境方差，按马育华（1982）的方法估算各组合的广义遗传力和最小基因数目，结果列于表5。

表5 抗性的广义遗传力和最小基因数目估算

组合	单株胞囊数		单株抗病值	
	广义遗传力	最小基因数目	广义遗传力	最小基因数目
Ⅰ	54.49	2.14	63.47	3.08
Ⅱ	48.42	2.72	57.49	3.30
Ⅲ	57.65	1.76	70.39	2.44
Ⅳ	65.96	1.22	71.19	2.42

从表5可以看出，4个组合中单株胞囊数的广义遗传力为48.42%~65.96%，这与Hancock等对X小种，Mansur等对3号小种的估计值是很接近的，这表明遗传对抗病性的表达是主要的。用单株抗病值估计的广义遗传力在57.49%~71.19%，高于单株胞囊数的估计值。对4个组合大豆抗病性最小基因数目估计表明，在不同的感病亲本背景下所估计的基因数目不同（表5）。以单株胞囊数表示抗病性，在鲁豆1号背景下，控制抗性的最小基因数目为2；在鲁豆7号背景下，控制抗性的最小基因数目为3。以单株抗病值表示抗病性时，鲁豆1号背景下，控制抗性的最小基因数目为3；而鲁豆7号背景下，控制抗性的最小基因数目为4。从这一结果看，鲁豆1号可能比鲁豆7号多含一个控制抗病的基因。

2.5 F_2 群体抗性分离基因的估计

根据2.3中对 F_2 群体单株分布的分析，以抗病亲本所在的级别定为抗病。这样全国标准下免疫、高抗和中抗3个级别的植株均为抗病，单株抗病值标准品种法分级标准下的高抗级别的单株作为抗病。两者数据完全一致，统计各组合分离群体的抗、感单株。对观察的分离比率与期望比率进行比较，进行连续性矫正的卡方适合性测验，推测分离基因的数目和性质，结果列于表6。

在组合Ⅰ鲁豆7号×灰皮支黑豆中，F_2 的分离为192感：1抗，这一比率与表6中所列的所有基因分离模式的理论比率都比较符合，其中最接近的是四对隐性基因一对显性基因，四对隐性基因二对显性基因和三对隐性基因二对显性基因模式。组合Ⅱ鲁豆7号×元钵黑豆 F_2 的分离为362感：1抗，除三对隐性基因控制的分离比率有较大的卡方值（但也低于3.84）外，与其他基因模式也有较好的符合，其中与四对隐性基因的分离最为接近，卡方值为0.004 8，概率为0.95以上。组合Ⅲ鲁豆1号×灰皮支黑豆的 F_2 分离为64感：1抗，这一比率符合表6中的所有基因分离模式，其中最接近的两种模式为三隐性二显性和三隐性一显性控制的分离。组合Ⅳ鲁豆1号×元钵黑豆中 F_2 的分离为267感：3抗，此比率符合三对隐性基因、四对隐性基因、三隐性一显性及三隐两显基因控制的分离比率，其中与三隐两显模式符合最接近。将4个组合数据合并分析，感抗比率为885：6，此比率符合三隐二显、三隐一显和四隐模式，其中三隐二显符合度最好，概率为63%。结合2.4中最小基因数目估计的结果，这两个抗源的抗病性较有可能为三对隐性基因和两对显性基因控制。除此之外，本试验的结果还有多种不同的解释，如四个组合的抗性均由四对隐性基因控制或均由三隐一显或三隐二显基因模式控制等。但不管如何解释，有一点可以肯定：灰皮支黑豆和元钵黑豆中控制大豆胞囊线虫4号小种的抗性基因至少包括三对隐性基因。

表 6　各组合 F_2 群体对 4 号生理小种的抗、感比率及遗传反应

组合	观察比率	分离基因模式													
		三隐		四隐		三隐一显		五隐		四隐一显		三隐二显		四隐二显	
		期望比率													
		63∶1		255∶1		253∶3		1 023∶1		1 021∶3		1 015∶9		4 087∶9	
		X^2	P	X^2	P	X^2	P	X^2	P	X^2	P	X^2	P	X^2	P
Ⅰ	192∶1	0.77	0.38	0.09	0.77	0.26	0.61	0.52	0.47	0.007 6	0.93	0.02	0.88	0.01	0.91
Ⅱ	362∶1	3.11	0.08	0.004 8	0.94	1.80	0.18	0.06	0.81	0.18	0.67	0.90	0.34	0.11	0.74
Ⅲ	64∶1	0.23	0.63	0.24	0.62	0.09	0.76	3.00	0.08	0.50	0.48	0.01	0.92	0.90	0.34
Ⅳ	267∶3	0.12	0.72	1.99	0.16	0.04	0.85	19.00	0	3.70	0.05	0.01	0.93	6.14	0.01
合并检验	885∶6	40.2	–	1.18	0.31	1.51	0.23	24.66	–	3.21	–	0.228	0.63	6.42	–

3 讨论

3.1 有关抗病值的概念

长期以来，育种家一直沿用病理研究中的病级或病情指数表示各种作物的抗性，病级低或病指小则抗病性强。以此对研究对象的抗、感特性定性划分，无可争议，但以病级或病指直接作为抗性的量值进行数量分析时则存在较大的问题。如以病指进行抗性遗传力研究时，得到的遗传力实际上是感病性的遗传力而非抗性的遗传参数，再如用病级或病指作抗性指标研究抗性与产量、品质等性状的相关时，很难得到客观的相关系数。因为这种“抗性”值与实际的抗性总是呈反向的相互关系。为此，本文尝试了抗病值的提法，目的是寻找一个“性状”，使其值大小直接反映抗病性强弱。在抗病值的计算中，本文参考盖钧镒等的标准品种法，先将胞囊数由绝对值换算成一种相对值，再通过公式以“感病值”作为被减数，把胞囊数转换成一个与抗性呈正相关的“抗病值”。这样也可以消除抗性鉴定过程中不同病原、不同发病环境、不同研究条件带来的误差。在本文研究中，杂交亲本灰皮支黑豆和元钵黑豆是我国筛选出抗性较好的 4 号小种的抗源，感病亲本鲁豆 7 号、鲁豆 1 号在我国鉴定的 10 000 余份种质中感病性也是极强的，以其作为标准品种，有一定代表性。

3.2 抗病值在大豆抗 SCN 遗传研究中的应用

以单株胞囊数表示抗病性，群体平均数（不论是 F_2 群体还是不分离群体）与方差的高度正相关是一个十分头疼的问题，感病亲本和 F_2 群体具有相近或高的方差，使得环境因素对于抗病遗传的负面影响显得尤为突出；采用抗病值表示抗性不但消除了胞囊平均值与方差的高度正相关，而且 F_2 群体的方差明显高于不分离群体。这一切说明用抗病值表示抗病性是可行也是可靠的。同时，根据数量性状推导的控制抗性的最小基因数目也表现出抗病值表示的抗病性比单株胞囊数表示的抗病性与按质量性状实际推导出的基因数目更接近。根据单株抗病值的标准品种法对各组合材料的 F_2 群体进行分级，其高抗级别等同于全国分级标准中免疫、高抗和中抗级别，抗病、中抗、感病级别中单株的分布更广泛，而且 4 个组合中，抗病亲本每一植株的抗病值都分布在高抗等级中。而在胞囊数的全国分级标准中，分离群体绝大部分单株分布于高感级别，没有一个单株落于高抗级别。这说明采用抗病值对抗病性的鉴定在某些方面已经优于现行的标准，它能否应用于大豆对胞囊线虫抗性分级有待进一步验证。抗病值是基于标准品种分级而后计算出来，它也适用于其他作物可量化表示的病害的抗性研究。

3.3 大豆抗胞囊线虫遗传规律

大豆对胞囊线虫抗性遗传的复杂性一方面是由于数量形式表现的性状按质量性状遗传方式研究，造成的抗病类型的不容易判断，但更主要的一方面是由于大豆—大豆胞囊线虫协同进化造成病原及寄主植物遗传背景的复杂化，使得不同的抗源可能具有不同的抗病基因，这点是大家公认的。目前研究表明大豆对 SCN 的抗性由 3 对以上隐性基因控制，另外还有一些显性抗病基因起作用，本文研究也支持上述结论。

对大豆抗 SCN 4 号小种遗传研究较少，王志等推导出灰皮支黑豆、84-7、84-2 由两对隐性基因控制对 4 号小种抗性，这与本文研究结果出入较大。从其研究的 4 个杂交组合 F_2 的分离比率看，卡方测验表明它们也适合二隐一显的基因模式，除 83-85×灰皮支黑豆外，其余 3 个组合还符合三隐一显的基因模式。而且，其 F_3、F_4 抗病的品系在下一代出现分离（该文认为是伪抗病株），也从另一方面说明有显性基因控制其抗病性。大豆对 SCN 4 号小种的抗性到底由几对基因控制还有待进一步探讨。

参考文献（略）

本文原载：作物学报，2000，26（1）：20-27

大豆抗胞囊线虫 4 号生理小种新品种的选育研究

王连铮[1]　赵荣娟[1]　王　岚[1]　颜清上[1]　陈品三[2]　李　强

（1. 中国农业科学院作物育种栽培研究所，北京　100081；2. 中国农业科学院植物保护研究所，北京　100094）

摘　要：从 1991 年开始进行大豆抗胞囊线虫（*Heterodera glycines* Ichinohe）的育种研究，并利用一些抗源（PI437654、灰皮支黑豆等）进行了大量杂交工作，通过连续单株选拔、加大抗性好的组合群体数量、南繁北育、早代鉴定等措施，筛选出一些高抗、中抗的品种和品系，如中黄 12（中作 5239）、中黄 13（中作 975）及中黄 17（中作 976）等品种已正式审定推广，后两个品种已通过国家审定；有一批品系正在参加国家和省的大豆区域试验。这些品种和品系将对推动大豆生产起一定作用。

关键词：大豆；胞囊线虫；抗病育种

早在 1899 年俄国人在中国东北就发现了大豆根线虫（胞囊线虫）。其后，桑山觉、石川正示等在黑龙江的泰来、龙江等 13 个县发现此病。掘江太郎 1951 年在福岛县白河发现大豆胞囊线虫。一稔户（Ichinohe）1952 年通过比较鉴定，将其定名为 *Heterodera glycines* Iehinohe。美国于 1954 年在北卡罗来纳州发现大豆胞囊线虫。Ross 首先记述了大豆胞囊线虫不同群体之间存在生理上的变异性。Golden 利用一套大豆品种鉴别寄主将大豆胞囊线虫区分为 1 号、2 号、3 号、4 号生理小种。Riggs 等又将其分为 16 个生理小种。我国王家昌发现黑龙江省 28 个县市有大豆胞囊线虫的为害，以后吴和礼、刘汉起、商绍刚、陈品三、刘维志、赵经荣等陆续对大豆胞囊线虫及其生理小种进行了深入研究。由于大豆胞囊线虫病为害日益加重，各国均加强了大豆抗胞囊线虫的育种工作。1967 年美国利用 Peking 为抗源育成了第一个抗胞囊线虫的品种 Pickett 以及 Forrest、Custer、Franklin 等抗病品种，这些品种均抗 1 号、2 号、3 号生理小种，使美国大豆生产得到提高；20 世纪 70 年代末期又利用由我国沈阳引进的 PI88788，育成了抗 4 号生理小种的 Bedford；后来根据美国大豆胞囊线虫生理小种发生变化的情况，利用 Forrest 和 PI437654 杂交育成了抗胞囊线虫多种生理小种的 Hartwig 黄种皮大豆。我国吴和礼等利用哈尔滨小黑豆育成了高代品系哈 84-783、84-793、84-419，抗性达到小黑豆水平；李莹等育成 14 个高抗的黄种皮品系。黑龙江农业科学院盐碱土利用改良研究所于 1981 年以丰收 12×Franklin 杂交，1992 年育成了抗线 1 号；1982 年又以嫩丰 9 号为母本，以（嫩丰 10×Franklin）F_2 为父本进行杂交，1995 年育成抗线 2 号，该品种高抗 3 号生理小种。吉林省农业科学院大豆所育成抗胞囊线虫的吉林 23、32 和 37 等品种。郝欣先等育成并推广抗胞囊线虫的齐黄 25。张磊等利用科系 8 号×徐豆 1 号杂交，育成皖豆 16，高抗 2 号、3 号、4 号、5 号生理小种，已于 1996 年经安徽省审定推广。虽然我国在大豆抗胞囊线虫育种上取得不少成功，但还缺乏抗胞囊线虫的适应不同地区的高产大豆品种。作者曾对北京地区大豆胞囊线虫 4 号生理小种进行验证；根据每株根上着生鉴别寄主上的胞囊数，

基金项目：国家九五科技攻关“农作物辐射育种技术研究”项目（96-B12-02-01）；国家农业综合开发办公室、农业部“黄淮湾地区大豆育种和良种繁育项目”（93）国综字 145 号；IAEA（国际原子能机构）大豆辐射育种及生物技术相结合的研究（IAEA-302-D2-8292/R4CPR）

作者简介：王连铮，男，研究员，博士生导师，多年从事大豆遗传育种研究工作

计算出每个鉴别品种根上的平均胞囊数和胞囊指数，每个鉴别品种均着生较多的胞囊，单株平均胞囊数变幅为87.8~326.8个，胞囊指数均大大超过10%的标准，对所鉴别的生理小种群体表现出强敏感性，反应都表现为（+），根据Golden的分类，采自昌平基地土样的胞囊线虫群体为大豆胞囊线虫4号生理小种。按Riggs的分类，北京地区胞囊线虫属于14号小种。作者的试验验证了北京地区有大豆胞囊线虫4号生理小种分布。而且，所鉴定的线虫群体比张东生等鉴定的群体具有更强的侵染和存活能力。

Anand等根据不同寄主对4号生理小种的反应，证明PI88788和PI90763携带不同的抗病基因。Anand的结果表明，PI437654、PI88788、PI209332、PI90763带有不同于Forrest（抗病基因来自于Peking）的抗3号小种基因。Young以PI437654接种2号生理小种，在PI437654上寄生指数为0。Young等的结果表明Peking PI437654在大多数基因座位含有相同的抗5号小种的基因。

1992年、1995年的研究表明，灰皮支黑豆和元钵黑豆对SCN 4号生理小种的抗性遗传由3对隐性基因和2对显性基因控制。

本研究旨在选育抗胞囊线虫4号生理小种的大豆品种。

1 材料与方法

1.1 试验材料

供试材料大部分来自中国农业科学院作物品种资源研究所。包括PI437654、灰皮支黑豆、元钵黑豆以及本课题育成的大豆品系26个。

1.2 病土来源

在中国农业科学院作物育种栽培研究所昌平基地大豆胞囊线虫发病严重的试验田，多点取样，采取0~20cm土层的病土，经飘浮鉴定每100g风干土中含胞囊169个。

1.3 鉴别寄主和生理小种划分

鉴别寄主采用Golden等（1970）的一套标准鉴别品种：Lee、Picking、Pekett、Peking、PI88788和PI90763，其中Lee为感病对照。

生理小种的划分按Riggs和Schmitt（1988）的标准（表1）。

表1 大豆胞囊线虫生理小种划分标准（Riggs和Schmitt，1988）

小种	鉴别寄主的反应			
	Pickett	Peking	PI88788	PI90763
1	−	−	+	−
2	+	+	+	−
3	−	−	−	−
4	+	+	+	+
5	+	−	+	−
6	+	−	−	−
7	−	−	+	+
8	−	−	−	+
9	+	+	−	−
10	+	−	−	+
11	−	+	+	−
12	−	+	−	+

（续表）

小种	鉴别寄主的反应			
	Pickett	Peking	PI88788	PI90763
13	-	+	-	-
14	+	+	-	+
15	+	-	+	+
16	-	+	+	+

注："-" 表示鉴别寄主根上雌虫和胞囊数小于感病对照 Lee 根上的 10%；"+" 表示鉴别寄主根上雌虫和胞囊数大于或等于感病对照 Lee 根上的 10%

1.4　鉴定方法

采用塑料钵柱法和传统盆栽鉴定，详见 Yan Q S 等（1995）和 Zhang D S 等（1991）的方法。

1.5　杂交及选择

采用抗性好的优良大豆品种，如 PI437654、Peking 等与目前大豆优良推广品种和品系进行杂交，经多代个体选拔，对优良组合群体加大到 1 万株以上，株系加大到每个组合在 200 个以上，以便从中筛选出优良品系。

2　结果与分析

2.1　抗感品种在接种 24h 后侵入大豆根内的二龄幼虫数

每个品种检查 12 株幼苗，取 10 株侵入最小的单根统计幼虫的单株平均数，结果列成表 2。以每次试验作为一段，进行方差分析（表 3）。

表 2　接种后 24h 侵入大豆根内的二龄幼虫数（个）

试验号	元钵黑豆	灰皮支黑豆	鲁豆 1 号	PI437654	Lee
试验 1	23.1	24.4	26.7	25.7	26.5
试验 2	27.6	26.3	25.8	24.5	27.5
试验 3	26.1	28.7	28.2	27.4	27.5
平均	25.6	26.5	26.9	25.9	27.2

表 3　侵入根内 2 龄幼虫数的方差分析

变异来源	自由度	平方和	均方	*F* 值
品种间	4	13.03	6.51	3.59
重复间	2	5.45	1.36	0.75
误差	8	14.49	1.81	
总变异	14	32.97		

注：$F_{0.05}$（4.8）= 3.84；$F_{0.01}$（4.8）= 7.01

从表 2、表 3 的数据不难看出，接种 24h 后，大豆抗感品种根内的二龄幼虫数极为接近，平均数为 25.6~27.2，*F* 值低于 0.05 显著水平的临界值。可看出 PI437654 和元钵黑豆略好于鲁豆 1 号和 Lee。

2.2　抗感品种各发育阶段线虫数

对抗性好的品种灰皮支黑豆、元钵黑豆以及感病品种鲁豆 1 号各发育阶段的线虫所占百分数进行了调查（表 4）。

表 4　抗感品种上各发育阶段线虫所占百分率（%）

品种名称	幼虫			成虫		
	2 龄	3 龄	4 龄	雌虫	雄虫	总数
鲁豆 1 号	4. 4Bc	10. 2B	24. 95A	29. 35A	31. 05	60. 45A
元钵黑豆	22. 3Ab	26. 5A	13. 55B	3. 80B	33. 85	37. 65B
灰皮支黑豆	24. 3Aa	29. 6A	15. 05B	2. 50B	28. 65	31. 15B

从表 4 中可以看出，抗性好的元钵黑豆、灰皮支黑豆 2 龄、3 龄幼虫虽多，但死亡率较高，到 4 龄则为 15. 05B。鲁豆 1 号前期幼虫虽少，但 4 龄时却达到 24. 95A。鲁豆 1 号成虫显著高于抗病品种达到 60. 45A，而灰皮支黑豆及元钵黑豆雌虫显著少。

表 5　抗感品种上线虫的性比及各发育阶段 P 值、相对 P 值

品种名称	性比	P 值			相对 P 值		
		P_1	P_2	P_3	P'_1	P'_2	P'_3
鲁豆 1 号	1. 046B	0. 956Aa	0. 894A	0. 708	1. 000Aa	1. 000A	1. 000
元钵黑豆	8. 973Ab	0. 777Bb	0. 699B	0. 736	0. 812Bb	0. 737B	1. 038
灰皮支黑豆	11. 455A	0. 758Bc	0. 609B	0. 673	0. 793Bc	0. 682B	0. 950

从表 5 中可看出，灰皮支黑豆和元钵黑豆有较低的相对 P 值，它们在 2 龄、3 龄阶段有较高的死亡率，其抗性主要表现在阻碍 2 龄、3 龄幼虫的进一步发育。

2. 3　大豆抗胞囊线虫的育种

2. 3. 1　利用抗源与优良品种和品系杂交

利用 PI437654、灰皮支黑豆和元钵黑豆作为抗源与已推广的大豆品种和优良品系进行杂交。1994 年利用灰皮支黑豆和元钵黑豆与鲁豆 1 号和鲁豆 7 号进行杂交，共做了 4 个组合，筛选出一些黄种皮抗胞囊线虫的后代。1995 年利用中黄 4 号、科丰 6 号、晋豆 6 号为母本，以上述组合 F_1（YSCNR）为父本做了 3 个杂交组合。1996 年利用单 8（中黄 6 号×D90）为母本与 PI437654 为父本杂交（区号为 97-1018）和以 F_5（PI486355×郑 8431）为母本与抗性好的 PI437654 杂交（区号为 97-1078）获得大量后代。1997 年为 F_1，1997 年冬至 1998 年春南繁为 F_2，1998 年为 F_3，1998 年冬南繁为 F_4，1999 年为 F_5。1997 年用上述两个组合后代进行同交和杂交，有 18 个组合；1998 年用1 018组合后代进行杂交有 6 个组合，用 PI437654 与推广品种和品系杂交有 11 个组合；1999 年做了 10 个组合。

2. 3. 2　杂交后代处理及品系决选

对 F_1 根据显性规律淘汰假杂种；F_2 由于 1997 年冬到 1998 年春部分组合拿到海南进行加代，而当地无条件进行抗胞囊线虫的鉴定，因此未进行抗性鉴定，只根据黄淮海地区的熟期、株高选择了后代，F_2 种在北方时对一些组合进行了抗胞囊线虫鉴定；F_3 在继续注意熟期株高的同时着重抗胞囊线虫病和丰产性的选拔；F_4 和 F_5 对优良组合加大群体，按 F_3 目标继续选择，优良组合可加大到 1 万株以上，鉴定胞囊线虫病；F_5 和 F_6 整齐一致的株行可决选为品系。1999 年从单8×PI437654 组合，决选 6 个品系及 3 个早熟品系。

2000 年对上述 9 个品系进行了测产，其中有 4 个品系 WS6（e）-1、WS6（e）-3、WS6（E）-2 及 WS6-5 性状分离，无法测产。其余 5 个品系测了产。

2000 年秋从 F_6（单 8×PI437654）中决选了 16 个品系，2001 年决选了 20 个品系。1994—1999 年做了抗胞囊线虫杂交组合 54 个，共决选品系 41 个。

2.3.3 不同品系的产量鉴定

2001年对决选的15个品系进行了鉴定，结果见表6。对单8×PI437654组合15个品系进行产量鉴定，由于种子量少，未设重复。有9个品系产量超过对照，增产幅度为8.91%~47.90%，6个品系减产，其减产幅度为20.67%~53.95%。对优良品系拟进一步明确对不同小种的抗性和适应地区。

表6 大豆新品系的产量结果

品系名	产量（$kg/667m^2$）	与对照相比增减产（%）
ZhongzuoRN011	181.08	47.90
ZhongzuoRN012	155.15	26.72
ZhongzuoRN013	153.10	25.05
ZhongzuoRN014	147.75	20.68
ZhongzuoRN015	147.75	20.68
ZhongzuoRN016	141.57	15.63
ZhongzuoRN017	138.69	13.28
ZhongzuoRN018	136.22	11.26
ZhongzuoRN019	133.34	8.91
ZhongzuoRN0110	97.13	-20.67
ZhongzuoRN0111	94.66	-22.68
ZhongzuoRN0112	86.42	-29.42
ZhongzuoRN0113	81.90	-33.11
ZhongzuoRN0114	72.43	-40.84
ZhongzuoRN0115	56.38	-53.95
早熟18（CK）	122.43	

2000年对中作RN01和中作RN05抗胞囊线虫品系进行了鉴定。经陈品三鉴定分析，前者胞囊数为23，后者为26，表现高抗，对照早熟18由于胞囊线虫为害全部枯死，而这2个品系生长良好（图1）。从其他杂交组合中筛选的中黄13（中作975）、中黄12（中作5239）和中黄17（中作976）等在区域试验中表现对胞囊线虫病中抗、丰产性较好。中黄13和中黄17已被国家品种审定委员会审定推广，中黄13被安徽省、天津市审定推广，中黄12已被北京市审定推广。

将中黄13、中黄17、中黄12、中作966等大豆种子播种于大豆胞囊线虫病100%发病，病情5级，根腐病也严重发病的5年重茬地的土中，以早熟18为对照感病品种，于2000年5月7日播种，放在适于发病的条件下，6月29日调查病情，从表7结果可以看出，在严重病土接种和适于充分发病条件下，供试中黄13、中黄17、中黄12和中作966四个品系对大豆胞囊线虫和根腐病均表现中度抗性，属中抗性，中黄17、中作966长势表现较好。

图1　抗胞囊线虫病品系鉴定情况

1. 中黄12（左）中抗胞囊线虫病，右为对照早熟18；2. 中黄13（左）中抗胞囊线虫病，右为对照早熟18；3. 中作976（左）中抗胞囊线虫病，右为对照早熟18；4. 中作9612（左）中抗胞囊线虫病，右为对照早熟18；5. 中作965（左）中抗胞囊线虫病，右为对照早熟18；6. 新品系中作RN-1（左）高抗胞囊线虫病，右为对照早熟18

表7　大豆不同品种抗胞囊线虫和根腐病情况

品种（品系）	出苗日期	开花日期	长势	大豆胞囊线虫病		根腐病		备注
				发病率（%）	病情级数	发病率（%）	病情级数	
中黄12	5. 12	6. 26	良	100	2. 5	100	3. 0	
中黄13	5. 10	7. 7	良	100	2. 5	100	3. 7	
中作976	5. 11	6. 26	良	100	2. 5	100	3. 7	
中作966	5. 11	7. 8	良好	100	2. 3	100	3. 5	8月初结荚
早熟18（CK）	5. 12	6. 23	细弱	100	4. 5	100	5. 0	7月中全枯死

3 讨论

（1）首先要明确和验证本地大豆生产中胞囊线虫的生理小种，一个地区可能有几个生理小种，应当明确哪个小种是主要的，哪个是次要的。如华北地区4号生理小种为主，同时还有1号、5号、7号等小种。应当根据生理小种类型来决定所选抗源。

（2）有针对性地选择抗源是选育抗胞囊线虫病大豆品种的关键，如北京地区大豆胞囊线虫以4号生理小种为主，因此选择的抗源必须是抗4号生理小种的材料（最好能同时兼抗其他生理小种），这样在后代中才能选出抗4号生理小种的材料来。

（3）由于抗源的农艺性状与栽培品种有差距，因此在杂交组合中必须选大豆生产中大面积推广的优良品种或新育成的优良品系来作亲本，这样成功率较高。如用单8×PI437654杂交效果就很好，单8是从优良品系中选出的单株作母本，父本为PI437654抗许多生理小种。以PI437654为父本进行杂交，后代分离大，经过加大后代数量可选出不同熟期、不同株高和不同结荚习性的单株（图2）。用半野生大豆和野生大豆作抗源时，不一定一次杂交就能成功，可采取回交的办法，使其后代既保持了抗病性，又有最好的农艺性状。

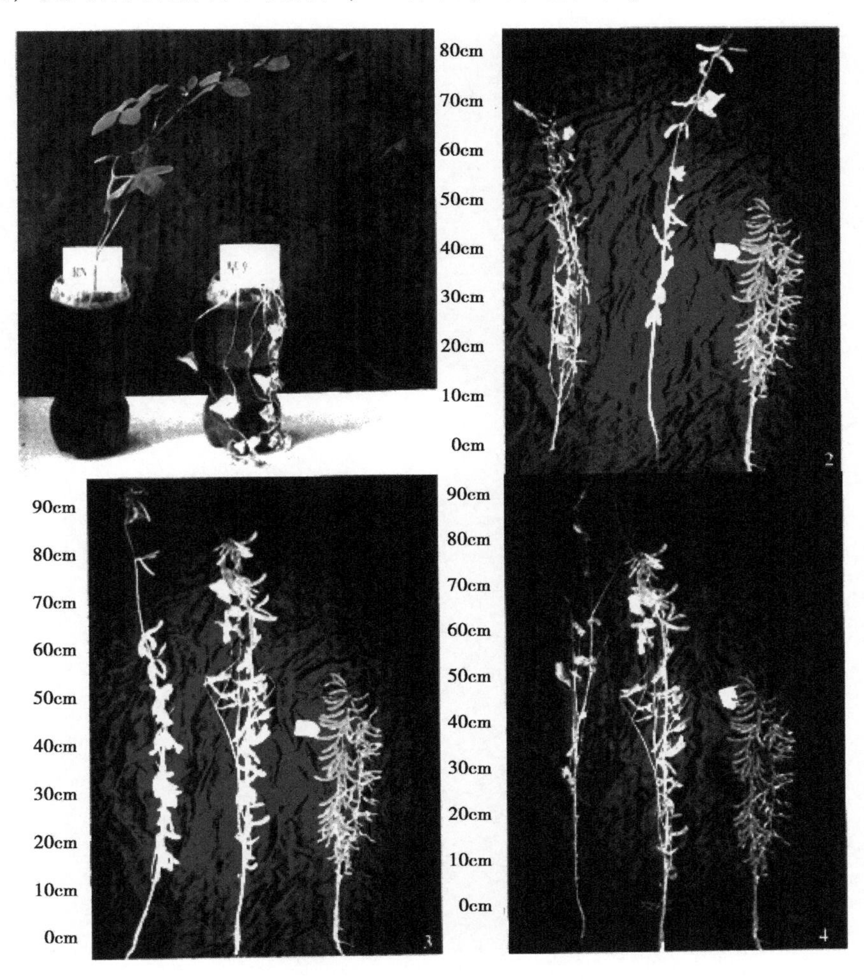

图2 不同熟期、不同株高、不同结荚习性的单株

1. 品系中作RN-5（左）高抗胞囊线虫病，右为对照早熟18；2. F_4（单8×PI437654）分离出不同熟期的后代；3. F_4（单8×PI437654）分离出不同结荚习性的后代，右为有限结荚习性、中为亚有限、左为无限；4. F_4（单8×PI437654）分离出不同株高的后代

(4) 对抗病组合杂交后代从 F_2 或 F_3 开始就应该进行胞囊线虫病的抗性鉴定。最迟对决选的品系也应当进行抗病性鉴定，以明确哪些品系抗性强。

(5) 应将抗胞囊线虫病的大豆品系放在胞囊线虫病发病严重的地区进行区域试验和生产试验，以明确其抗病性和适应性。经试验按规定明显优于对照的在相应地区可以推广。

致谢：中国农业科学院常汝镇研究员多次为本试验提供抗源，农业部、国家农业开发办公室、科学技术部、全国农业技术推广中心和IAEA提供资助，一并致谢。

参考文献（略）

本文原载：中国农业科学，2002，35（5）：476-481

Breeding Soybeans for Resistance to Physiological Race 4 of Cyst Nematode

Wang Lianzheng[1] Wang Lan[1] Yan Qingshang[1]
Zhao Rongjuan[1] Chen Pinsan[2] Li Qiang[1]
(1. *Crop Breeding and Cultivation Institute*, *Chinese Academy of Agricultural Sciences*, *Beijing* 100081, *China*; 2. *Plant Protection Institute*, *Chinese Academy of Agricultural Sciences*, *Beijing* 100094, *China*)

Abstract: Soybean cyst nematode causes serious damage to soybean production. In 1991, we started breeding studies on the resistance of soybeans to the cyst nematode. We found that near the Beijing area the dominant race of the cyst nematode was race 4. We made more than 50 combinations of cross. The best combination was Dan 8×PI437654 which resulted in marked segregation in plant height, pod habit, resistance to cyst nematode and maturity. We obtained many new soybean lines highly resistant to the cyst nematode through the pedigree method of selection, enlarging the number of plants of good combinations, alternative breeding in the North and in the South, and identification at an early generation. We now have released three soybean cultivars, Zhonghuang 12, Zhonghuang 13 and Zhonghuang 17 with moderate resistance to the cyst nematode in Beijing, Anhui, Tianjin and Northern China. In addition, we obtained many lines which were highly resistant to the cyst nematode.

Key words: Soybean; Resistance to the cyst nematode; Breeding

In 1899, a Russian scientist found the soybean cyst nematode in the Northeast of China. Later, Ishikawa et al found this nematode in Tailai, Longjing and 11 other counties of Heilongjiang Province. In 1951, in a village in Baihe, Japan, the soybean cyst nematode was found. In 1952, Japanese Ichinohe named it to be a *Heterodera glycines* Ichinohe. In the USA, the soybean cyst nematode was found in North Carolina. Ross et al mentioned the physiological variance between various groups of soybean cyst nematodes. Golden et al dentified infraspecific forms of the soybean cyst nematode, and grouped them into 1, 2, 3 and 4 physiological races, while Riggs et al classified them into 16 physiological races. In China, Wang reported the soybean cyst nematode in 28 counties of Heilongjiang Province. Later, Wu, Shan et al, Chen et al, Liu et al, and Zhao et al made detailed investigations of physiological races of the soybean cyst nematode. Due to serious damage caused by the soybean cyst nematode, scientists of different countries have been paying much attention to the soybean breeding work on resistance to the cyst nematode. In 1967 in the USA, by using Peking as a resistant source, several cultivars resistant to the cyst nematode, such as Pickett, Forrest, Custer, Franklin and others, were developed. These cultivars, were all resistant to the physiological races 1, 2 and 3, significantly increased soybean production in the USA. By the end of the 1970s, Bedford, resistant to physiological race 4, was developed by using PI88788, introduced from Shenyang. Later, physiological races of the cyst nematode were further changed. The cultivar, Hartwig, with a yellow coat and resistant to many physiological races, was devel-

Wang Lianzheng, Professor, E-mail: wang lz@ mail. caas. net. cn

oped by crossing Forrest with PI437654. In China, Wu et al developed several lines, for example, Ha 84-783, Ha 84-793, Ha 84-419, all highly resistant to the cyst nematode, by using the Harbin small black soybean. Li et al developed 14 lines with a yellow seed coat, highly resistant to the cyst nematode. The Institute for the Improvement of Salt and Alkali Soil of Heilongjiang Academy of Agricultural Sciences (HAAS) developed Kanxian 1 (Resistant to Nematode 1) in 1992 by crossing Fengsou 12 with Franklin (in 1981); in 1982 they crossed Nongfeng 9 as the female parent with (Nongfeng 10× Franklin) F_2 as the male parent, and in 1995 Kanxian 2 was developed. Hao et al developed Qihuang 25 which was resistant to the cyst nematode. Zhang et al (1997) developed Wando 16, highly resistant to races 2, 3, 4 and 5 by crossing Kexi 8 with Xuidou 1. This cultivar was released in Anhui Province in 1996. Although in soybean breeding for resistance to the cyst nematode, we have made significant achievements in China, not enough highyielding soybean cultivars resistant to the cyst nematode and suitable for different regions were obtained.

We reported previously the verification of race 4 Soybean Cyst Nematode (SCN). Because the number of cysts on the roots of each plant was different, we took the number of the cysts in average as the index of cysts. The average number of cysts varied between 87.8 to 326.8 cysts, with an index of cysts over 10%, which means that the identified race group has a serious reaction, all are positive (+). According to classification by Golden, the nematode group from Changping should be physiological race 4. According to classification by Riggs, this nematode group belongs to race 14. Results of this experiment verified race 4 in a suburb of Beijing, and this nematode group has a stronger susceptibility and survival ability.

Anand et al reported that PI88788 and PI90763 had different resistant genes. Young inoculated race 2 on PI437654, but reactivity of the host was zero. The results of Anand also suggested that, PI437654, PI88788, PI209332, PI90763 had different genes, different from Forrest (resistant gene from Peking) resistant gene to race 3. Young et al mentioned that Peking and PI437654 had the same resistant gene to race 5 on many gene locus.

Our investigation reported that the heredity of resistance to SCN race 4 of the varieties Huipizhiheidou and Yuanboheidou was controlled by three pairs of recessive genes and two pairs of dominant genes.

1 Materials and methods

1.1 Materials for experiments

Materials for experiments were mostly provided by professor Chang Ruzhen from the Crop Germplasm Institute, Chinese Academy of Agricultural Sciences. While PI437654 was resistant to many physiological races, at the same time, resistant to many races of SCN cultivar Hartwig was developed. The Huipizhiheidou and Yuanboheidou were highly resistant to race 4. Therefore we used these cultivars as resistant sources and breeding lines, developed by our laboratory.

1.2 Source of soil

We used 0-20cm soil from seriously damaged soil from Changping Experiment Base at the Crop Breeding and Cultivation Institute, Chinese Academy of Agricultural Sciences. Soil samples were taken from different locations. According to the floating method, 100 grams of air-dry soil had 169 cysts.

1.3 Differentials and classification of physiological races of the SCN

Differentials: According to Golden et al (1970), among Lee, Pickett, Peking, PI88788 and PI90763, Lee served as a susceptible control.

Classification of physiological races: By standards of Riggs and Schmitt, 1988 (Table 1).

1.4 Method of identification

The plastic pot column method and the convential pot method were used for identification. See Yan Q S et al (1995), Zhang D S et al (1991).

1.5 Hybridization and selection

We crossed the best resistant sources, for example PI437654, Peking and others, which released the best soybean cultivars. Through many generations of selection for the best combination, the number of plants increased to more than 10 000 plants and the lines of the best combinations increased more than 200 in order to select the best lines.

Table 1 Race classification for *Heterodera glycines* by Riggs and Schmitt, 1988

Physiological Race	Reaction on differentials			
	Pickett	Peking	PI88788	PI90763
1	−	−	+	−
2	+	+	+	−
3	−	−	−	−
4	+	+	+	+
5	+	−	+	−
6	+	−	−	−
7	−	−	+	+
8	−	−	−	+
9	+	+	−	−
10	+	−	−	+
11	−	+	+	−
12	−	+	−	+
13	−	+	−	−
14	+	+	−	+
15	+	−	+	
16	−	+	+	+

Note: "−", Number of females and cysts recovered was less than 10% of the number on Lee Cuitivar; "+", Number of females and cysts recovered was 10% or more of the number on Lee Cultivar

2 Results

2.1 The number of the second stage juveniles in the soybean roots 24 hours after inoculation were counted

Twelve plants were taken from each cultivar, and the number of juveniles per plant was counted, from the smallest roots averaging from 10 plants. The results are shown in Table 2.

Table 2 The numbers of second stage juveniles in the soybean roots 24 hours after inoculation

Experiment	Yuanboheidou	Huipizhiheidou	Ludou 1	PI437654	Lee
Experiment 1	23.1	24.4	26.7	25.7	26.5
Experiment 2	27.6	26.3	25.8	24.5	27.5
Experiment 3	26.1	28.7	28.2	27.4	27.5
Average	25.6	26.5	26.9	25.9	27.2

Analysis of variance is reported in Table 3.

Table 3 Analysis of variance for numbers of second stage juveniles in soybean roots

Sources of variation	Degree of free	Sum of squares	Mean square	F value
Varieties	4	13. 03	6. 51	3. 59
Repeats	2	5. 45	1. 36	0. 75
Error	8	14. 49	1. 81	
Total	14	32. 97		

Note: $F_{0.05}$ (4. 8) = 3. 84; $F_{0.01}$ (4, 8) = 7. 01

As shown in Table 2 and Table 3, 24 hours after inoculation, the numbers of second stage juveniles in the soybean roots of susceptible and resistant cultivars were almost the same, with an average number of 25. 6~27. 2 and a lower value at $F_{0.05}$ level. The cultivar PI437654 and Yuanboheidou were better than Ludou 1 and Lee.

2. 2 The percentage (%) of the SON race 4 at each stage on susceptible and resistant soybean cultivars

We determined the percentage of the SON race 4 at each stage on the resistant cultivars Huipizhiheidou, Yuanboheidou, and the susceptible cultivar Ludou 1 (Table 4).

Table 4 The percentage (%) of the SCN race 4 at each stage developed on susceptible and resistant soybeans

Varieties	Juveniles			Adults		
	J2	J3	J4	Female	Male	Total
Ludou 1	4. 4Bc	10. 2B	24. 95A	29. 35A	31. 05	60. 45A
Yuanboheidou	22. 3Ab	26. 5 A	13. 55B	3. 80B	33. 85	37. 65B
Huipizhiheidou	24. 3Aa	29. 6 A	15. 05B	2. 50B	28. 65	31. 15B

As shown in Table 4, the number of juveniles of Yuanboheidou and Huipizhiheidou at 2 and 3 stages were much more than that of Ludou 1, but the mortality rate was much higher than that of the control. At J4, mortality was 15. 05B. The number of juveniles of Ludou 1 at J2 and J3 was less than that of other cultivars, but J4 was 24. 95A. The number of adults of Ludou 1 was much more than that of the resistant cultivars, reaching 60. 45A, but the number of adults of Huipizhiheidou and Yuanboheidou was less than Ludou 1.

Table 5 The sex ratio of adults and the P, relative P values at each stage developed on susceptible and resistant soybeans

Varieties	Sex tatio	P values			Relative P values		
		P_1	P_2	P_3	P'_1	P'_2	P'_3
Ludou 1	1. 04B	0. 956Aa	0. 894A	0. 708	1. 000Aa	1. 000A	1. 000
Yuanboheidou	8. 973Ab	0. 777Bb	0. 699B	0. 736	0. 812Bb	0. 737B	1. 038
Huipizhiheidou	11. 455A	0. 758Bc	0. 609B	0. 673	0. 793Bc	0. 682B	0. 950

The sex ratio of adults and the P, relative P (P') values at each stage are reported in Table 5.

As shown in Table 5, Huipizhiheidou and Yuanboheidou had lower relative P values. During J2 and

J3, they showed a higher mortality rate and their resistance appeared to stunt further development at J2 and J3.

2.3 Soybean breeding for resistance to the cyst nematode

2.3.1 Utilization of resistant sources for crossing with the best cultivars and lines

We crossed resistant sources such as PI437654, Huipizhiheidou and Yuanboheidou with released soybean cultivars and the best lines. In 1994, we made 4 combinations by crossing Huipizhiheidou and Yuanboheidou with Ludou 1 and Ludou 7. We selected progenies with a yellow seed coat. In 1995, we crossed Zhonghuang 4, Kefeng 6 and Jingdou 6 as the female parent with F_1 of the above-mentioned combinations. In 1996, we crossed Dan 8 (Zhonghuang 6×D90) as the female parent with P1437654 as the male parent. We also crossed F_5 (PI486355×Youdou 10) as female parent with PI437654 as the male parent and obtained many progenies: 1997-F_1, winter of 1997 to spring 1998-F_2 on Hainan Island, 1998-F_3, winter 1998-F_4, and 1999-F_5. In 1997, we did a backcross of these progenies with Dan 8 in 18 combinations. In 1998, we crossed the progenies of combination 1 018 with other parents in 6 combinations and we crossed PI437654 with released cultivars and the best lines, altogether 11 combinations. In 1999, we made 10 combinations.

2.3.2 Treatment of progenies and final selection of lines

According to the law of dominance, we eliminated false hybrids in F_1; F_2 were partly planted on Hainan Island, and were selected progenies according to maturity group and height; F_2 were partly planted in the North, and made identification of resistance to the cyst nematode; in F_3, we paid much attention to maturity, plant height, and especially resistance to the cyst nematode and yielding; for F_4 and F_5, we enlarged the number of plants, for best combination, the number of plants reached 10 000 plants for identification of resistance to the cyst nematode; for F_5 and F_6, we made a final selection of lines. In 1999, we selected 6 lines of combination Dan 8×P1437654, and 3 lines with early maturity.

In the year 2000, we tested five lines and the other four lines gave segregation.

In the autumn of 2000 we made a final selection of 16 lines. In 2001 we selected 20 lines. During 1994-1999, we made 54 combinations for resistance to the cyst nematode, and selected 41 lines.

2.3.3 Yield test of different lines.

In the year 2001 we made a yield test for 15 lines. The results of the yield test are shown in Table 6.

We made yield tests of 15 lines from a combination of Dan 8×PI437654, but there was no replication due to not having enough seeds. The yield of nine lines was over the control, they increased by 8.91%-47.90%. Six lines decreased in yield by 20.67%-53.95%. We would like to continue testing the resistance to different races of the cyst nematode and the adaptability of the best lines. In the year 2000, we tested the resistance of Zhongzuo RN01 and Zhongzuo RN05 to the cyst nematode. According to the results of professor Chen P S, the average number of cysts of Zhongzuo RN01 was 23, of Zhongzuo RN016. These lines were highly resistant to the cyst nematode. The control Zhaosu 18 died due to damage from the cyst nematode. The other cultivars, such as Zhonghuang 13 (Zhongzuo 975), Zhonghuang 12 (Zhongzuo 5239) and Zhonghuang 17 (Zhongzuo 976) from other combinations, were moderately resistant to the cyst nematode. Zhonghuang 13 and Zhonghuang 17 were released by the State Committee of New Crops Cultivars in China. At the same time, Zhonghuang 13 was released in Anhui Province and Tianjin, and Zhonghuang 12 was released in Beijing.

Table 6 Yield test of new soybean lines, 2001

Name of lines	Yield (kg/667m^2)	Increase or decrease of yield in% compared with CK
ZhongzuoRN011	183.08	47.90
ZhongzuoRN012	155.15	26.72
ZhongzuoRN013	153.10	25.05
ZhongzuoRN014	147.75	20.68
ZhongzuoRN015	147.75	20.68
ZhongzuoRN016	141.57	15.63
ZhongzuoRN017	138.69	13.28
ZhongzuoRN018	136.22	11.26
ZhongzuoRN019	133.34	8.91
ZhongzuoRN0110	97.13	−20.67
ZhongzuoRN0111	94.66	−22.68
ZhongzuoRN0112	86.42	−29.42
ZhongzuoRN0113	81.90	−33.11
ZhongzuoRN0114	72.43	−40.84
ZhongzuoRN0115	56.38	−53.95
Zaoshu18 (CK)	122.43	

We planted seeds of Zhonghuang 13, Zhonghuang 17, Zhonghuang 12, Zhongzuo 966 in the soil and cultured without rotation for five years. The result showed that they were 100% damaged by the cyst nematode and seriously damaged by root rot. Zaoshu 18 was a control. Seeds of the cultivars were planted on May 7, 2000 with a condition suitable for the development of the nematode. On June 29, investigation of the development of the nematode was made. As shown in Table 7, Zhonghuang 13, Zhonghuang 17, Zhonghuang 12 and Zhongzuo 966 were moderately resistant to the soybean cyst nematode and root rot, while Zhonghuang 17 and Zhongzuo 966 grew better.

Table 7 Resistance of different soybean cultivars to the cyst nematode and root rot

Cultivars	Date of emergence	Date of flowering	Evaluation	Cyst nematode		Root rot		Note
				Disease rate	Disease grade	Disease rate	Disease grade	
Zhonghuang12	5.12	6.26	Good	100	2.5	100	3.0	
Zhonghuang13	5.10	7.7	Good	100	2.5	100	3.7	
Zhongzuo976	5.11	6.26	Good	100	2.5	100	3.7	
Zhongzuo966	5.11	7.8	Good	100	2.3	100	3.5	Pod development in early August
Zaoshu18 (CK)	5.12	6.23	Weak	100	4.5	100	5.0	In raid July whole plant died

3 Discussion

(1) There is a need to clear and verify the physiological race of the cyst nematode in soybean production of working region. In one region, there may be several physiological races. We must know what race is dominant and what is second. For example, in Northern China, race 4 is dominant; at the same time, there are races 1, 5 and 7. We select resistant resources according to physiological races.

(2) Selection of resistant resources is a key problem for breeding soybean resistant to the cyst nematode. In the Beijing region, there is the dominant race 4, therefore, resistant resources must be resistant to race 4. At the same time it is better to also be resistant to other races. Then we can select progenies and lines resistant to race 4.

(3) There are some differences in agronomical characteristics between resistant resources and cultivated cultivars, therefore, we must select the best cultivars which are extened in broad areas for soybean production and the best breeding lines as parents, rendering higher succevss. For example, we can select the best plant from the best line, Dan 8, as a female parent, and PI437654 as a male parent, both of which are resistant to many physiological races. The results of this combination Dan 8×PI437654 will be desirable. By using PI437654 as a male parent, we obtained many segregations in progenies. After enlarging the number of progenies, we got a lot of progenies and lines with different maturity, different plant height and different pod habit. Usually by crossing a determinate with a subdeterminate, we can get much segregation. When using semi-wild or wild soybean as resistant sources, we may not succeed in one crossing; under this condition, we can use backcrossing to maintain the resistance to the nematode and maintain the best agronomical characteristics.

(4) We must start evaluation of resistance to the cyst nematode from F_2 or F_3 for breeding a combination with resistance to the cyst nematode, in order to know what line is best to resist the cyst nematode.

(5) We put soybean lines resistant to the cyst nematode in regions with serious damage by the cyst nematode for regional uniform tests and production yield tests in order to clear the resistance and adaptability of the lines. According to test rules, the best line over control can be released in a certain region.

Acknowledgements

This work was supported by the Ministry of Agriculture of the P. R. China and the State Office for Comprehensive Development in Agriculture, Ministry of Science and Technology of the P. R. China, Chinese Academy of Agricultural Sciences (CAAS), the National Agricultural Center for Technical Extention Service and the International Atomic Energy Agency (IAEA), the Cotton Institute of CAAS and the Plant Breeding and Cultivation Institute of CAAS. We thank their funds and Dr. Chang Ruzhen for providing the soybean germplasms. We thank Professor Samuel S. Sun from the Chinese University of HongKong and Professor Hui LamHing for their review of this article and English translation.

References (Omitted)

本文原载：Agricultural Sciences in China, 2002, 1 (5): 543-548

Comparative Analysis of Gene Expression Profiling Between Resistant and Susceptible Varieties Infected with Soybean Cyst Nematode Race 4 in *Glycine max*

Li Bin * Sun Junming * Wang Lan, Zhao Rongjuan
Wang Lianzheng

(*The National Key Facility for Crop Gene Resources and Genetic Improvement (NFCRI) /Key Laboratory of Soybean Biology (Beijing), MOA/Institute of Crop Sciences, Chinese Academy of Agricultural Sciences, Beijing* 100081, *China*)

Abstract: Soybean cyst nematode (SCN) is one of the most devastating pathogen for soybean. Therefore, identification of resistant germplasm resources and resistant genes is needed to improve SCN resistance for soybean. Soybean varieties Huipizhiheidou and Wuzhaiheidou were distributed in China and exhibited broad spectrums of resistance to various SCN races. In this study, these two resistant varieties, combined with standard susceptible varieties (Lee and Essex), were utilized to identify the differentially expressed transcripts after infection with SCN race 4 between resistant and susceptible reactions by using the Affymetrix Soybean Genome GeneChip. Comparative analyses indicated that 21 common genes changed significantly in the resistant group, of which 16 increased and 5 decreased. However, 12 common genes changed significantly in the susceptible group, of which 9 increased and 3 decreased. Additionally, 27 genes were found in common between resistant and susceptible reactions. The 21 significantly changed genes in resistant reaction were associated with disease and defense, cell structure, transcription, metabolism, and signal transduction. The fold induction of 4 from the 21 genes was confirmed by quantitative RT-PCR (qRTPCR) analysis. Moreover, the gene ontology (GO) enrichment analyses demonstrated the serine family amino acid metabolic process and arginine metabolic process may play important roles in SCN resistance. This study provided a new insight on the genetic basis of soybean resistance to SCN race 4, and the identified resistant or resistant-related genes are potentially useful for SCN-resistance breeding in soybean.

Key words: Soybean; Soybean cyst nematode; Affymetrix Soybean Genome GeneChip; Gene ontology

Introduction

Soybean cyst nematode (SCN, *Heterodera glycine* Ichinohe) is a devastating pathogen for soybean all over the world. It accounts for billions of dollars loss annually worldwide (Koenning and Wrather, 2010; Li et al, 2011). Amounts of resistant resources have been identified from abundant soybean germplasm resources (Li et al, 1991; Arelli et al, 1997). However, only a few of them have been used in soybean breeding because most of these resources carry undesirable traits that cannot be improved through conventional breeding technique. The fact demonstrates the necessity of identifying resistance

Li Bin, E-mail: libin02@caas.cn; Correspondence Wang Lianzheng

* These authors contributed equally to this work

genes and applying these genes for soybean breeding through genetic engineering.

Genetic analyses showed that the resistance to SCN is controlled by multiple genes. Three recessive genes (*rhg1*, *rhg2* and *rhg3*) and 2 dominate genes (*Rhg4* and *Rhg5*) are mainly responsible for the resistance (Caldwell et al, 1960; Matson and Williams, 1965; Rao Arelli et al, 1992). Recently, the fine mapping of *rhg*1 and *Rhg4* illustrated the genetic basis of these two loci for SCN-resistance and provided us new insights on SCN resistance (Cook et al, 2012; Liu et al, 2012). However, the exact mechanism remains unknown. Moreover, the complexity of resistance to various SCN races madeit difficult to apply these genes in soybean breeding immediately.

Gene expression profiling analysis using microarray is an efficient tool to analyze expression profiling of large-scale genes and identify genes involved in specific biological process. The soybean microarray had been utilized in amounts of soybean-SCN interaction studies (Alkharouf et al, 2006; Ithal et al, 2007a, b; Klink et al, 2007a, b, 2009a, b, 2010; Mazarei et al, 2011). Lots of data obtained from these microarray analyses provided substantial candidate genes involved in SCN-resistance. Moreover, the functions of some candidate genes had been confirmed during resistant reaction recently (Matthews et al, 2013). However, these studies focused mainly on the resistance to SCN race 2 (HG type 1. 2. 5. 7) and race 3 (HG type 0). As a wide distributed SCN race in Huang-Huai-Hai Valley of China, the SCN race 4 (HG type 1. 2. 3. 5. 7) caused extensive damage to soybean production, but the study on gene expression profiling of soybean roots infected with SCN race 4 is rarely reported.

In this study, two landraces from China, Huipizhiheidou and Wuzhaiheidou, were utilized as resistant resources. Huipizhiheidou exhibited resistance to SCN races 1, 2, 3, 4, 5, 7 and 14, while Wuzhaiheidou presents resistance to SCN races 1, 2, 3, 4, 5 and 7 (Duan et al, 2008). Despite of the broad spectrums of SCN-resistance, their genetic basis is unclear (Duan et al, 2008). On the other hand, the standard susceptible varieties Lee and Essex, which were susceptible to all SCN races, were considered as susceptible controls. The comparisons of gene expression profiling between resistant and susceptible reaction were performed to identify resistant or resistant-related genes to SCN race 4. Additionally, the gene ontology (GO) enrichment analysis was performed to investigate the category of genes enriched in resistant and susceptible varieties. The information from this study provides new insights on soybean resistance to SCN race 4. The candidate genes will be studied in detail and applied to SCN-resistant breeding for soybean in future.

Results

Soybean reaction to SCN

The reactions of cv. Huipizhiheidou and Wuzhaiheidou to SCN race 4 have been reported previously (Li et al, 1991). In this study, we examined the reactions of these two resistant varieties to SCN race 4 under our experimental conditions. In the meanwhile, *cv.* Lee and Essex were performed as susceptible controls. Three independent SCN bioassays were performed in growth chamber and the female index (FI) was calculated. Toward this end, the FI of Huipizhiheidou and Wuzhaiheidou were 2. 7% and 5. 1%, respectively, while the FI of Lee and Essex were 100% and 208%, respectively (Figure 1). According to the standard classification and rating system described by previous study (Schmitt and Shannon, 1992), Huipizhiheidou and Wuzhaiheidou showed a high resistance to SCN race 4, while Lee and Essex were susceptible varieties.

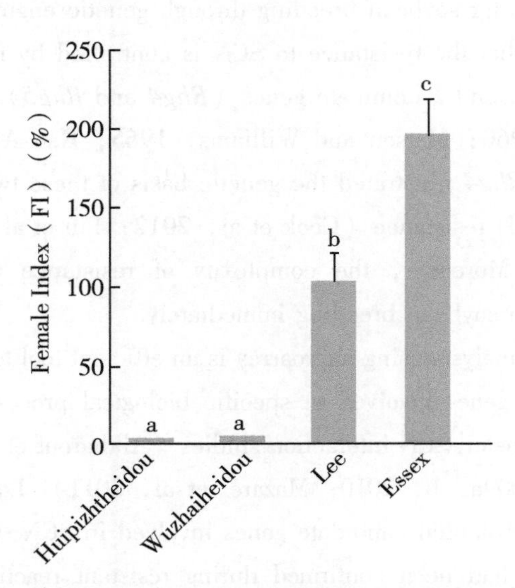

Figure 1 The female index (FI) measurement in resistant (*cv*. Huipizhiheidou and Wuzhaiheidou) and susceptible soybean varieties (*cv*. Lee and Essex)

The letters above the histograms demonstrate the differences are significant ($P < 0.05$). Statistical significance was computed using the SPSS software (SAS Institute Inc., Cary, NC, USA). Values are means±SD

The comparisons of gene expression profiling between resistant and susceptible varieties

Affymetrix Soybean Genome Gene Chips were utilized to examine the differentially expressed transcripts between resistant and susceptible soybean varieties after being inoculated with SCN race 4. RNA samples of whole roots collected before and 3d post inoculations (dpi) were utilized in microarray analysis.

Analysis focused on the unique and common differentially expressed transcripts in resistant and susceptible varieties

Firstly, we examined the unique transcripts exhibiting significant changes before and 3 d post SCN infection for each variety. Pairwise comparisons were performed and the transcripts with greater than a 2-fold change and $P<0.5$ were selected. As shown in Figure 2, in the resistant group, 648 unique transcripts changed significantly in *cv*. Huipizhiheidou, of which 197 were up-regulated 2-to 38.5-fold and 451 were down-regulated 2-to 5.7-fold. For *cv*. Wuzhaiheidou, 415 unique transcripts changed, of which 80 were up-regulated 2-to 12.2-fold and 335 were down-regulated 2-to 362.7-fold. On the other hand, in susceptible group, 218 and 73 unique transcripts changed significantly in *cv*. Lee and Essex, of which 151 were up-regulated 2-to 47.3-fold and 67 were down-regulated 2-to 949.8-fold in Lee, while 26 were up-regulated 2-to 9.2-fold and 47 were down-regulated 2-to 7.5-fold in Essex. According to our results, most differentially expressed transcripts were up-regulated or down-regulated between 2-to 10-fold, although some transcripts had hundreds-fold changes. The significantly changed transcripts could be approximately classified to some categories in both resistant and susceptible group (Appendix A). Of these categories, disease and defense may be directly associated with SCN-resistance, and the cell structure, metabolism, and second metabolism category may involve in SCN-resistance through modification of cell wall structure and regulation of metabolism. Other categories may refer other unknown mechanism. Interestingly, the post transcription and transposon categories occurred only in resistant group. This implied these two categories may play roles in specific resistance reaction to SCN race 4.

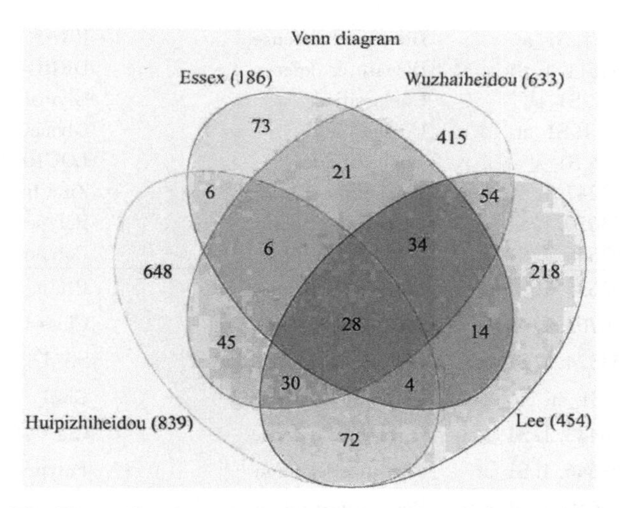

Figure 2　The Venn diagrams depicted the numbers of differentially expressed probe sets in resistant and susceptible varieties

Overlapping areas represent common probes sets between varieties. A cut-off with greater than a 2-fold change and a *P*-value with less than 0.05 were used for analyses

The annotated genes with greater than a 10-fold change after SCN infection were analyzed in detail for each variety. As shown in Table 1, for resistant variety Huipizhiheidou, 4 up-regulated genes included a *leucine-rich repeat gene* (*LRR*), *an aldehyde dehydrogenase gene*, *and* 2 *uncharacterized genes*. For another resistant variety Wuzhaiheidou, 12 genes changed significantly (including 6 up-regulated genes and 6 down-regulated genes). The 6 up-regulated genes contained 2 *pathogenesis-related gene* (*PR-5 and DRRG49-C*), *a salicylic acid methyltransferase gene* (*SABATH2*), a *glucosyltranferase gene*, and 2 *uncharacterized genes*, while the 6 down-regulated genes consisted of a *zinc finger protein gene*, 2 *polyprotein genes and* 3 *uncharacterized genes*. For susceptible group, 7 genes changed significantly (including 5 up-regulated genes and 2 down-regulated genes) in Lee. The 5 up-regulated genes contained a *Pathogen-Related protein* 1*a gene* (*PR*1*a*), 2 *peroxidase gene*, *a S-adenosylmethionine-dependent methyltransferase* 22 *gene* (*SAM*22), *and a cytokinin induced message gene* (*Cim*1), while the 2 down-regulated genes are *polyprotein* genes. In Essex, the transcript with the greatest fold change was annotated as a *SABATH*2, which exhibited 9.2-fold increase.

Table 1　The function categories and annotations of transcripts with greater than a 10-fold change in resistant and susceptible cultivars

Genotype	Probe ID	Function category	Annotation	Fold change
Hupizhiheidou	Gma. 4132. 2. S1_s_at	Intracellular traffic	Glyma18g03630. 1	38. 5
	Gma. 13533. 1. A1_at	Unclassified	Glyma07g03160	17. 2
	GmaAffx. 66290. 1. S1_at	Disease & defense	LRR	14. 2
	GmaAffx. 91514. 1. S1_at	Disease & defense	Aldehyde dehydrogenase	11. 1
Wuzhaiheidou	Gma. 12911. 1. A1_s_at	Secondary metabolism	SABATH2	12. 2
	Gma. 9963. 1. A1_at	No homology to known proteins	Glyma06g12560. 1	12. 1
	GmaAffx. 11559. 1. A1_at	No homology to known proteins	Glyma12g34470. 1	10. 7

(continued)

Genotype	Probe ID	Function category	Annotation	Fold change
	Gma. 3299. 1. S1_at	Metabolism	Glucosyltransferase	10. 6
	Gma. 17993. 1. S1_at	Disease & defense	PR-5	10. 6
	GmaAffx. 93611. 1. S1_s_at	Disease & defense	DRRG49-C	10. 2
	Gma. 7871. 1. S1_at	Unclassified	Glyma07g15070. 1	-10. 8
	Gma. 12121. 1. S1_at	Unclassified	Glyma08g03680. 1	-11. 3
	Gma. 7871. 2. S1_s_at	Unclassified	LOC100306340	-12. 2
	GmaAffx. 92247. 1. S1_s_at	Transcription	Zinc finger	-14. 2
	GmaAffx. 93650. 1. S1_s_at	Post-transcription	Polyprotein	-202. 5
	GmaAffx. 93646. 1. S1_at	Post-transcription	Polyprotein	-362. 7
Lee	GmaAffx. 93635. 1. S1_s_at	Disease & defense	PR1a_precursor	47. 4
	GmaAffx. 90703. 1. A1_at	Disease & defense	Class III peroxidase	12. 3
	GmaAffx. 54524. 1. S1_at	Cell structure	SAM22	11. 8
	Gma. 33. 1. S1_at	Cell structure	Cim1	10. 4
	GmaAffx. 90443. 1. S1_s_at	Disease & defense	Class III peroxidase	10. 4
	GmaAffx. 93646. 1. S1_at	Post-transcription	Polyprotein	-12. 6
	GmaAffx. 93650. 1. S1_s_at	Post-transcription	Polyprotein	-949. 8
Essex	Gma. 12911. 1. A1_s_at	Secondary metabolism	SABATH2	9. 2[1)]

[1)] Since there is no transcript with more than 10-fold change after SCN infection, the transcript with the most fold changes was displayed in *cv*. Essex

Subsequently, 28 differentially expressed transcripts were found in common between resistant and susceptible group. The 28 transcripts were annotated to 27 genes, and all of these genes were up-regulated after infection with SCN race 4 in both resistant and susceptible groups. The 27 genes were associated with pathogenesis related process, salicylic acid metabolism, flavonoid biosynthesis, cytochrome P450 metabolism and oxidoreductase activity (Table 2).

Table 2 The function categories and annotations of 27 common transcripts in both resistant and susceptible groups

Probe ID	Function	Annotation
Gma. 10658. 1. A1_ at	Disease & defense	LOC100500325
Gma. 4829. 1. S1_ at	Disease & defense	Peroxidase
Gma. 6999. 1. S1_ s_ at	Disease & defense	PR10-like protein
GmaAffx. 40860. 1. S1_ at	Disease & defense	Cationic peroxidase 1
GmaAffx. 40860. 2. S1_ at	Disease & defense	Cationic peroxidase 1
GmaAffx. 85202. 1. S1_ at	Disease & defense	Class III peroxidase
GmaAffx. 8712. 1. S1_ s_ at	Disease & defense	Class III peroxidase
GmaAffx. 52146. 1. S1_ at	Disease & defense	Pseudo hevein
GmaAffx. 90703. 1. A1_ at	Disease & defense	Class III peroxidase
GmaAffx. 91442. 1. S1_ at	Disease & defense	SAM22
GmaAffx. 93611. 1. S1_ s_ at	Disease & defense	LOC100500525
GmaAffx. 93635. 1. S1_ s_ at	Disease & defense	PR1a precursor
Gma. 12990. 2. S1_ at	Metabolism	LOC100305841

(continued)

Probe ID	Function	Annotation
Gma. 153. 1. S1_ at	Metabolism	Cytochrome P450
Gma. 4628. 1. S1_ at	Metabolism	Cytochrome P450
Gma. 8401. 1. A1_ at	Metabolism	Cytochrome P450
GmaAffx. 42925. 1. S1_ s_ at	Metabolism	Cytochrome P450
GmaAffx. 92620. 1. S1_ s_ at	Metabolism	Cytochrome P450
Gma. 2292. 2. S1_ at	Metabolism	Epimerase dehydratase
Gma. 12911. 1. A1_ s_ at	Secondary metabolism	SABATH2
Gma. 4438. 1. S1_ at	Secondary metabolism	Flavanone 3-hydroxylase (F3H)
GmaAffx. 84058. 1. A1_ s_ at	Secondary metabolism	2OG-Fe (II) oxygenase
GmaAffx. 89309. 1. S1_ at	Cell structure	-
GmaAffx. 84809. 1. S1_ at	Unclassified	Hypothetical protein
Gma. 9710. 1. A1_ at	Unclassified	Hypothetical protein
Gma. 9963. 1. A1_ at	No homology to known proteins	-
GmaAffx. 70875. 1. S1_ s_ at	No homology to known proteins	-

-, no annotation data

Finally, the common differentially expressed transcripts either in resistant group or susceptible group were detected. According to our results, 45 common differentially expressed transcripts were detected in 2 resistant varieties and 14 common differentially expressed transcripts were detected in 2 susceptible varieties were detected. Of the 45 common transcripts in resistant group, 21 exhibited the same trend of regulation, which means that the transcripts were either up-regulated or down-regulated in both resistant varieties. The 21 annotated genes (including 16 up-regulated and 5 down-regulated genes) were classified to several function categories such as disease and defense, metabolism, signal transduction, cell structure and so on (Table 3). In susceptible group, of the 14 common transcripts, 12 annotated genes (including 9 up-regulated and 3 down-regulated genes) had the same trend of regulation. These genes were annotated to five function categories (disease and defense, cell structure, metabolism, transcription and other unclassified categories) (Table 4). The 21 unique genes in resistant group were concentrated on in our subsequent analyses.

Table 3 The function categories and annotations of 21 common transcripts in resistant group

Probe set	Function	Annotation	Changes
GmaAffx. 89309. 1. A1_ at	Cell structure	Rubisco-associated protein-like	Up-regulated
GmaAffx. 80842. 1. S1_ at	Disease & defense	LOC100820237	Up-regulated
GmaAffx. 50446. 2. S1_ at	Disease & defense	Cationic peroxidase 1-like	Up-regulated
GmaAffx. 76153. 1. S1_ at	Unclassified	Uncharacterized protein	Up-regulated
GmaAffx. 72063. 1. S1_ at	Unclassified	Putative nuclease HARBI1-like	Up-regulated
Gma. 7880. 1. S1_ at	Unclassified	SEOS	Up-regulated
Gma. 772. 1. S1_ at	Unclassified	Putative nuclease HARBI1-like	Up-regulated
Gma. 5689. 3. S1_ s_ at	Protein destination & storage	MMPs	Up-regulated
Gma. 4438. 4. S1_ x_ at	Secondary metabolism	F3H	Up-regulated
Gma. 4281. 1. S1_ at	Transcription	WRKY57	Up-regulated
Gma. 17736. 1. S1_ at	Transcription	C2H2-Zinc finger protein	Up-regulated

(continued)

Probe set	Function	Annotation	Changes
Gma. 3299. 1. S1_ at	Metabolism	Glycosyltransferase	Up-regulated
GmaAffx. 89772. 42. S1_x_ at	No homology to known proteins	Uncharacterized protein	Up-regulated
Gma. 15378. 1. S1_ at	No homology to known proteins	LOC100793310	Up-regulated
Gma. 7470. 1. A1_ at	Signal transduction	LRR-serine/threonine/tyrosine protein kinase	Up-regulated
Gma. 12254. 1. A1_ at	Signal transduction	Serine threonine-specific protein kinase	Up-regulated
GmaAffx. 73525. 1. S1_ at	Unclassified	LOC100803860	Down-regulated
GmaAffx. 55607. 1. S1_ at	Unclassified	LOC100785635	Down-regulated
Gma. 12222. 1. A1_ at	Unclassified	Membrane protein	Down-regulated
Gma. 9720. 1. S1_ at	Metabolism	Transketolase	Down-regulated
Gma. 12099. 1. A1_ at	Metabolism	Glutaredoxin family (GRXs)	Down-regulated

Table 4 The function categories and annotations of 12 common transcripts in susceptible group

Probe set	Function	Annotation	Changes
Gma. 9956. 1. S1_ at	Cell structure	Polygalacturonase inhibiting protein	Up-regulated
GmaAffx. 91749. 1. S1_s_ at	Cell structure	Polygalacturonase inhibiting protein	Up-regulated
Gma. 4332. 1. S1_ at	Disease & defense	Disease resistance responsive family protein	Up-regulated
Gma. 5524. 1. S1_ at	Disease & defense	Peroxidase precursor	Up-regulated
Gma. 6452. 1. A1_ at	Disease & defense	Polyphenol oxidase	Up-regulated
GmaAffx. 23327. 1. S1_ at	Disease & defense	Peroxidase 1A precursor	Up-regulated
Gma. 1. 1. S1_ at	Metabolism	Lipoxygenase-10 (LOX10)	Up-regulated
Gma. 3000. 1. S1_ at	No homology to known proteins	Uncharacterized protein	Up-regulated
GmaAffx. 4508. 1. S1_ at	No homology to known proteins	Uncharacterized protein	Up-regulated
Gma. 4744. 1. S1_a_ at	No homology to known proteins	LOC100500577	Down-regulated
Gma. 12372. 1. S1_ at	Disease & defense	Stress responsive protein homolog	Down-regulated
GmaAffx. 65918. 1. A1_ at	Metabolism	Ascrobate peroxidase 2 (APX2)	Down-regulated

Validation microarray analyses by qRT-PCR

Of the 21 common differentially expressed genes in resistant group, 4 genes [including *C2H2-zinc finger protein gene* (Gma. 17736. 1. S1_ at), *rubisco-associate protein-like gene* (GmaAffx. 89309. 1. A1_ at), *glutaredoxin gene* (GRX, Gma. 12099. 1. A1 _ at) and *cationic peroxidase* 1 - *like gene* (GmaAffx. 50446. 2. S1_ at)] were selected randomly and analyzed using qRT-PCR analyses. The whole soybean roots were collected before and after infection from *cv.* Huipizhiheidou and Lee. This assay was performed independently and the constitutive expression gene *phosphoenolpyruvate carboxylase* 16 (*PEPC*16) was utilized as an internal control. After quantification of these 4 genes, the fold induction after infection was calculated with the average expression level of three replicate plants for each time point and each variety. The fold change was compared with that in microarray analyses. Our result demonstrated the fold induction calculated by qRT-PCR data and microarray data exhibited a high similarity (Figure 3), which suggested that the microarray analysis is a reliable tool to identify genes with significant changes after SCN infection.

Gene ontology (GO) enrichment analysis

The Singular Enrichment Analysis (SEA), which is a part of an online GO analysis tool, agriGO

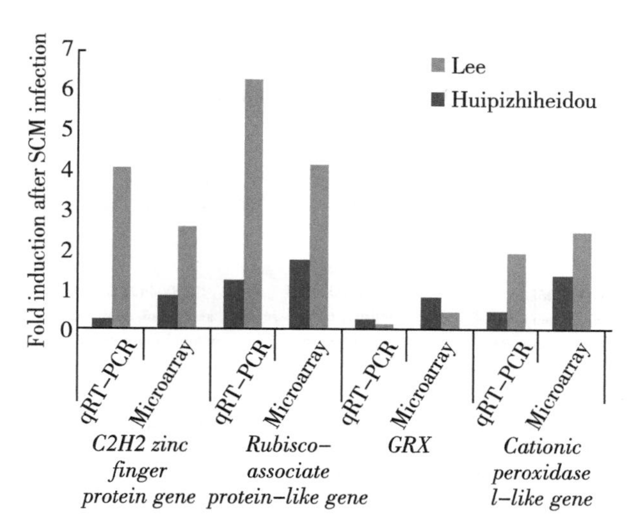

Figure 3 The fold induction of 4 differentially expressed genes calculated by both qRT-PCR and Soybean Genome GeneChip analyses

The soybean whole roots were collected before and 3 d post inoculation (dpi) in two independent experiments. Each datum was calculated with the means of three individual plants at each time point. The qRT-PCR data were obtained by averaging the normalized expression ratios for *PEPC*16 and the GeneChip data were obtained by averaging the normalized hybridization signal intensity. The fold induction was calculated as the ratio of transcripts level of samples collected at 3 dpi to that before infection

tool kits (http://http://bioinfo. cau. edu. cn/agriGO/), was utilized to analyze transcripts with significant changes under SCN-infection condition. The GO hierarchy contains three sub-ontologies: molecular function (MF), cellular component (CC) and biological process (BP), representing gene product properties. The GO enrichment analysis is to identify enriched GO terms among given list of genes using statistical methods and may suggest the possible functional characteristics of the given set.

Firstly, to realize the GO term enrichment of unique differentially expressed transcripts for each soybean variety, the unique transcripts were performed using SEA analysis. For *cv*. Huipizhiheidou, 648 unique transcripts with greater than a 2-fold change had significant GO term enrichments in peptidase inhibitor activity, endopeptidase inhibitor activity, and xyloglucan: xyloglucosyl transferase acitivity for MF membrane-bounded, cytoplasmic, and cytoplasmic membrane-bounded vesicle for CC (Appendix B), and serine family amino acid metabolic process and arginine metabolic process for BP (Figure 4). For another resistant soybean variety Wuzhaiheidou, in addition to the vesicle for CC and the serine amino acid metabolic process for BP as Huipizhiheidou, the 415 unique transcripts had also significant GO term enrichments in photosystem and transcription factor (Figure 5 and Appendix B). The probe sets enriched in serine family amino acid metabolic process of *cv*. Huipizhiheidou and Wuzhaiheidou, and probe sets enriched in arginine metabolic process of *cv*. Huipizhiheidou were listed in Table 5. For susceptible group, neither 218 unique transcripts in Lee nor 73 unique transcripts in Essex had significant GO terms enrichment for BPand MF, despite the 218 unique transcripts in Lee had similar GO terms enrichments with resistant varieties for CC (Appendix B).

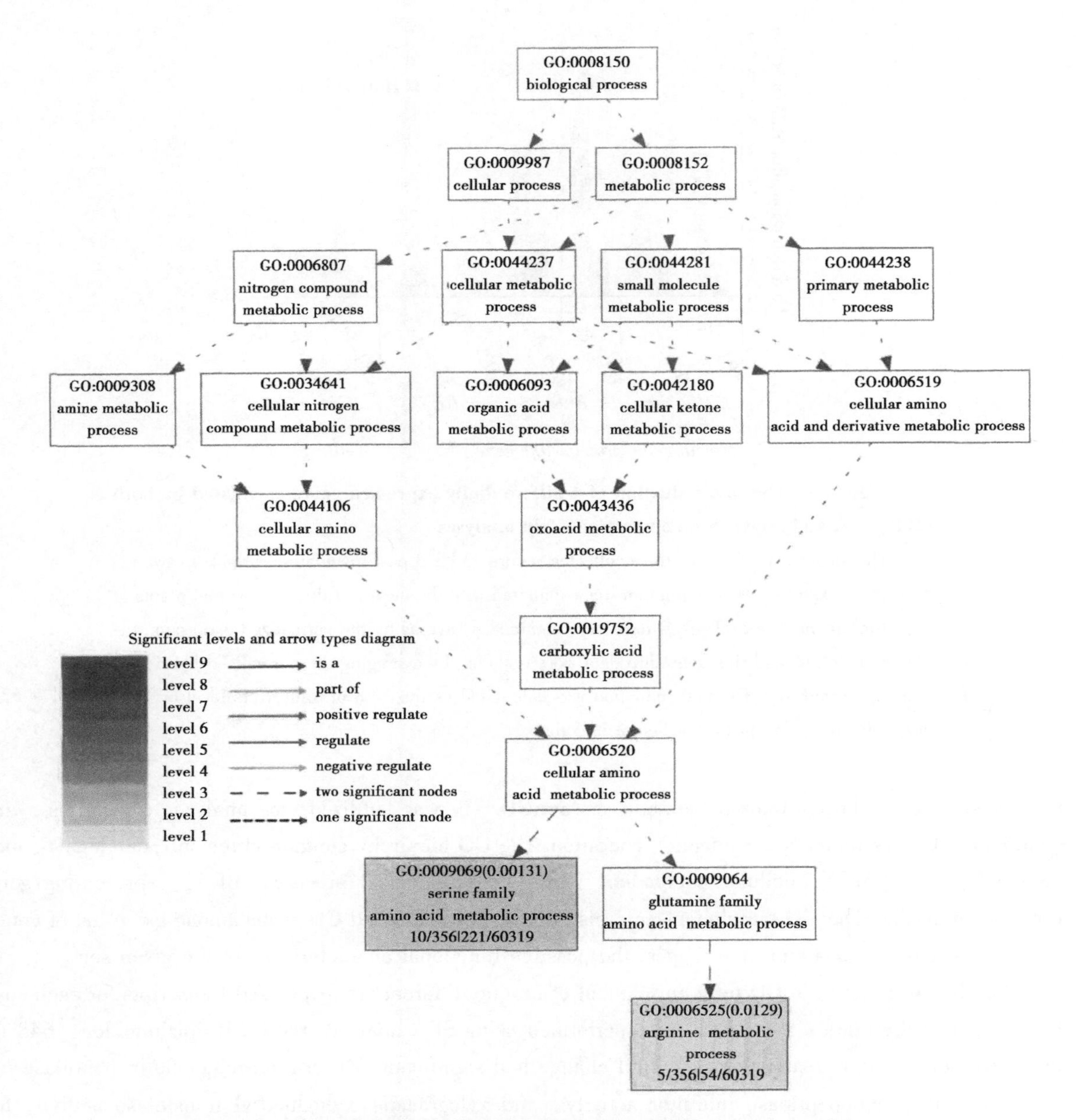

Figure 4 The enrichment of unique probe sets significantly changed in Huipizhiheidou after SCN infection

The graphs were produced using Singular Enrichment Analysis (SEA) in agriGO tool kits (http: bioinfo. cau. edu. cn/agriGO/) and the graphical results is GO hieratical image containing all statistically significant terms. These nodes in the image are classified into ten levels which are associated with corresponding specific colors. The smaller of the term's adjusted P-value, the more significant statistically and the node's color is darker and redder. Inside the box of significant term, the information includes: GO term, adjusted P - value, GO description, item number mapping the GO in the query list and background, and total number of query list and background (Du et al, 2010). The arrows indicate the relationship among the GO terms. The solid lines stand for 'is a', the long dashes indicate 'two significant nodes', and the short dashes stand for 'one significant node'. The same as below

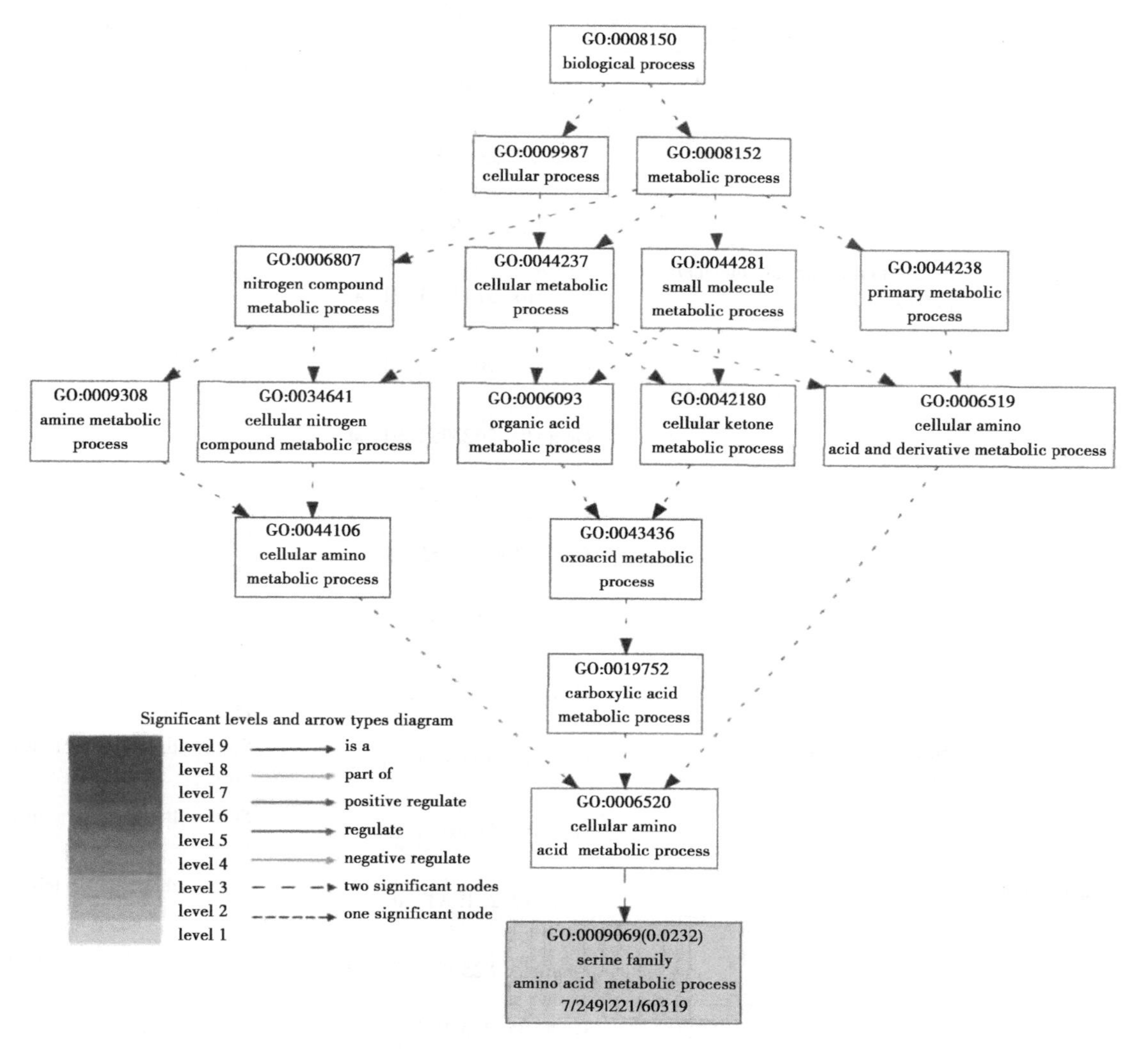

Figure 5 The biological process (BP) enrichment of unique probe sets significantly changed in Wuzhaiheidou after SCN infection

The graphs were produced using singular enrichment analysis (SEA) in agriGO tool kits (http://bioinfo. cau. edu. cn/agriGO/) and the graphical results is GO hieratical image containing all statistically significant terms

Table 5 The probe sets enriched in serine family amino acid metabolic process in Huipizhiheidou and Wuzhaiheidou, and probe sets enriched in arginine metabolic process in Huipizhiheidou

Genotype	GO Category	Probe set ID	Annotation
Wuzhaiheidou	Serine family amino acid metabolic process	GmaAffx. 42824. 1. S1_at	Serine-theonine protein kinase
		GmaAffx. 92652. 1. S1_at	Alanine - glyoxylate aminotransferase AGT2
		GmaAffx. 50632. 1. A1_at	Lactate/malate dehydrogenase

(continued)

Genotype	GO Category	Probe set ID	Annotation
Wuzhaiheidou	Serine family amino acid metabolic process	GmaAffx. 6895. 1. S1_ at	Alanine – glyoxylate aminotransferase AGT2
		Gma. 17783. 1. S1_ at	Serine-theonine protein kinase
		GmaAffx. 93065. 1. S1_ at	Lactate/malate dehydrogenase
		GmaAffx. 81447. 1. S1_ at	Serine-theonine protein kinase
		GmaAffx. 90658. 1. S1_ at	Serine-theonine protein kinase
		GmaAffx. 56237. 1. S1_ at	Serine-theonine protein kinase
		GmaAffx. 83820. 1. S1_ at	Weel
Huipizhiheidou	Serine family amino acid metabolic process	Gma. 14002. 2. S1_ at	Calcium/calmodulin – dependent protein kinase
		GmaAffx. 3717. 1. A1_ at	Serine-theonine protein kinase
		GmaAffx. 83013. 1. S1_ at	Calcium/calmodulin – dependent protein kinase
		GmaAffx. 48370. 1. S1_ at	Serine-theonine protein kinase
		GmaAffx. 90491. 1. A1_ s_ at	Serine-theonine protein kinase
		Gma. 7772. 1. A1_ at	Serine-theonine protein kinase
		GmaAffx. 82595. 1. S1_ at	Serine-theonine protein kinase
	Arginine metabolic process	GmaAffx. 93310. 1. S1_ at	Proline dehydrogenase
		GmaAffx. 55072. 2. S1_ at	Arginine biosynthesis bifunctional protein
		Gma. 1031. 1. S1_ at	Aldehyde dehydrogenase
		Gma. 2086. 1. S1_ at	Arginase family protein
		Gma. 7686. 1. S1_ at	LOC100787723

Secondly, the common annotated genes had also been analyzed. The 27 common annotated genes in both resistant and susceptible groups had significant GO term enrichments in antioxidant, peroxidase, and oxidoreductase activity in MF sub-ontology (Figure 6). On the contrary, there was no significant GO term enrichment in any sub-ontology for the 21 common annotated genes of resistant group and the 12 common genes of susceptible group. These results implied that oxidoreductase family may involve in the soybean-SCN interaction in both resistant and susceptible reaction, which is consistent with previous reports (Alkharouf et al, 2006; Klink et al, 2007a, b, 2009a, b, 2010).

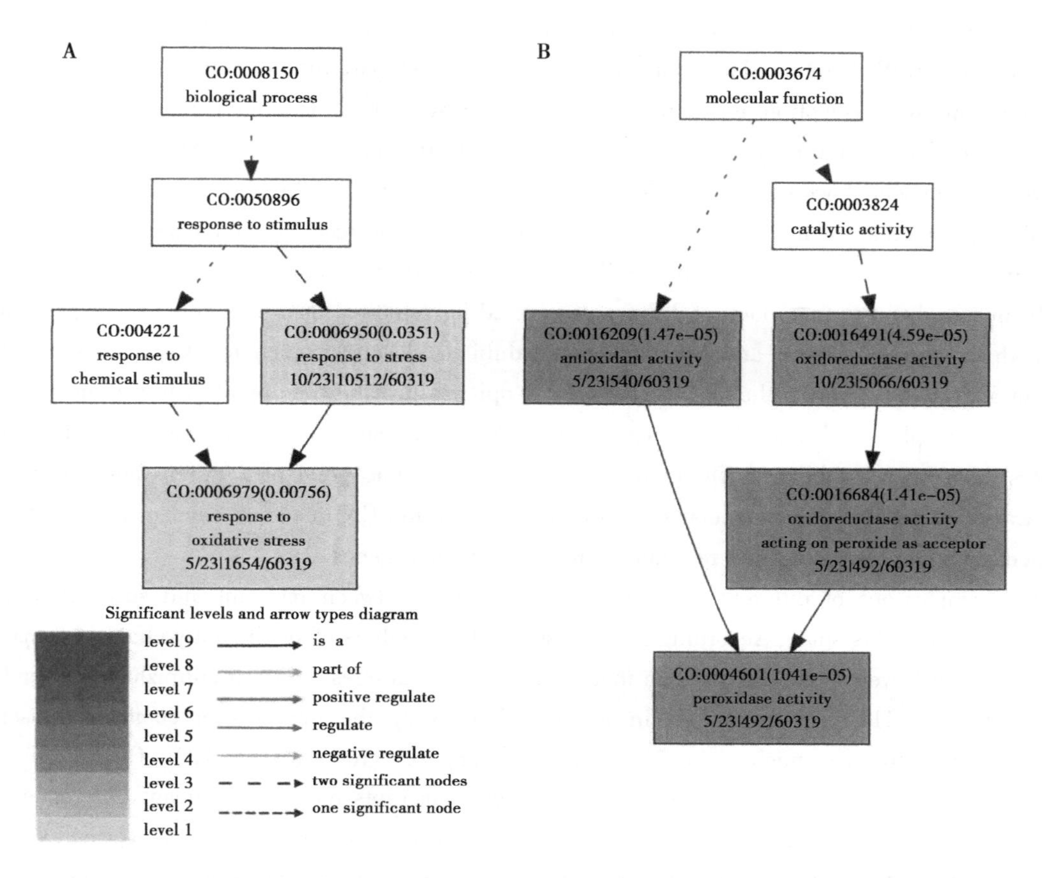

Figure 6 The gene ontology (GO) enrichment of common probe sets significantly changed in both resistant and susceptible varieties after SCN infection

A, biological process (BP) enrichment. B, molecular function (MF) enrichment. The graphs were produced using singular enrichment Analysis (SEA) in agriGO tool kits (http://bioinfo.cau.edu.cn/agriGO/) and the graphical results is GO hieratical image containing all statistically significant terms

Discussion

The amounts of soybean SCN-resistant resources provided possibility of improving SCN-resistance through conventional breeding programs. However, only a few of these resources were used in soybean breeding worldwide. In America, the SCN-resistances of cultivated soybean are mainly derived from Peking (PI548402 and PI88788), and partly from PI90763 and PI437654. The narrow origin of resistance and undesirable agronomic traits hindered the application of SCN-resistant resource. However, as the original country of soybeans, China has the most abundant genetic resources for soybean. Moreover, amounts of resources with SCN-resistance had been identified previously (Li et al, 1991). In this study, two resistant landraces distributed in Shanxi Province of China (*cv.* Huipizhiheidou and Wuzhaiheidou) were selected to identify resistant or resistant-related genes. Due to the broad spectrums of resistance to multiple SCN races, these two varieties are ideal resources for SCN-resistance study. In addition, previous microarray studies concentrated mainly on the resistance to SCN race 3, the gene expression profiling of soybean roots infected with SCN race 4 is still unknown. Therefore, illumination of the gene expression profiling and identification of resistant or resistant-related genes for resistance to SCN race 4 will be useful for understanding the resistant mechanism and applying these genes to soybean breeding in future.

The soybean-SCN interaction is an excellent system to compare the difference of gene expression between resistant and susceptible reaction. The resistant and susceptible reaction can occur in the same soybean genotype by inoculating with different SCN races. On the other side, one SCN race can infect one genotype of soybean, while the development of SCN can be inhibited in another soybean genotype. Through microarray analyses during resistant and susceptible reaction, the candidate resistant or resistant-related genes involved in soybean-SCN interaction can be obtained.

In this study, the time point of 3 dpi was selected for some reasons. According to our previous studies, both cv. Huipizhiheidou and Wuzhaiheidou exhibited slow resistance to SCN race 4 as PI88788 (Yan et al, 1996). During the slow resistance, 3 dpi was just the time point of transition from parasitism to resistant phase (Endo, 1965; Kim et al, 1987). Moreover, it is the time point when the feeding sites have been established. Therefore, selection of the time point of 3 dpi in microarray analyses could avoid identifying genes associated with early response to SCN infection, and make sure that the identified genes represent the real resistant or resistant-related genes.

The comparisons of differentially expressed transcripts between resistant and susceptible varieties were performed in this study. According to our results, the numbers of significantly changed transcripts in resistant varieties were much higher than that in susceptible varieties (648 in Huipizhiheidou and 415 in Wuzhaiheidou *vs.* 218 in Lee and 73 in Essex). Moreover, the numbers of common transcripts in resistant group were also much higher than that in susceptible group (21 *vs.* 12). On the other hand, the category and fold change of differentially expressed transcripts had no significant difference between resistant and susceptible varieties, except that post transcription and transposon categories exist only in resistant varieties. Our results showed that despite of the complexity existing between resistant and susceptible reaction, more biological pathways and genes may participate in the resistant reaction.

The 27 transcripts overlapping between resistant and susceptible groups were annotated and analyzed in detail. According to our results, of the 27 genes, a great part was attributed to the disease and defense category (Table 2). These genes included *PR protein* gene, *peroxidase* gene, *SAM*22 and so on. These genes had also been identified in previous reports and considered as common response genes to abiotic and biotic stress in plant (Alkharouf et al, 2006; Klink et al, 2009a, b). Based on our results and previous studies, these genes are involved in the soybean-SCN interaction but not in specific resistant reaction to some extent.

The 21 common differentially expressed genes in resistant group may represent the SCN-resistant or resistant-related genes. These genes were classified to metabolism, protein kinase, transcription, secondary metabolism, protein destination and storage, signal transduction, disease defense and cell structure categories (Table 1). The functions of these genes have been reported and discussed previously. For example, GRXs are small oxidoreductases that transfer electrons from glutathione (GSH) to oxidized cysteine residues and essential in the protein regulation (Zander et al, 2012). It is reported that GRXs negatively regulate plant defense processes by regulating TGA transcription factors and take a key role in the cross talk between salicylic acid (SA) and jasmonic acid (JA) /ethylene (ET) defense pathways in *Arabidopsis* (Ndamukong et al, 2007; Zander et al, 2012). Leucine-rich repeat receptor like kinase (LRR-RLKs) responds to biotic and abiotic stress and confers resistance to parasitic nematodes (Cai et al, 1997; Hwang et al, 2000). WRKY transcription factors are important regulators of SA-dependent defense response and play an essential role in plant defense (Maleck et al, 2000; Shen et al, 2007). The stress signals were transduced from LRRs to WRKY, resulting in resistance to stress (Shen et al, 2007). Metalloproteinases (MMPs) are protein-digesting enzymes which play an important role in host defense responses against pathogens in mammals. In plant, GmMMP2 responds to pathogen in higher plants (Liu et al, 2001). Flavanone 3-hydroxylase (F3H) involves flavonoids biosynthesis pathway and flavonoids are produced as part of the defense response against nematodes (Jones et al, 2007). Additionally, some of flavonoids exhibit toxicity to nematodes directly (Wuyts et al, 2006). Based on the reports on these genes, we found that lots of these identified genes are involved in SA and JA-dependent defense pathway. That implied that the SCN-resistance of soybean may belong to typical pathogen-induced defense pathway in some sense.

It is difficult to make direct comparisons with previous microarray analyses due to the different genetic backgrounds for both soybean varieties and SCN races. However, our results show several similarities to these studies (Alkharouf et al, 2006; Ithal et al, 2007a, b; Klink et al, 2007a, b, 2009, 2010; Mazarei et al, 2011). In resistant group, of the 21 differentially expressed genes, 12 had been reported by previous study, these transcripts included genes encoding peroxidase, glycosyltransferase, LRR, GRXs, transketolase and various families of transcription factors such as WRKY and C2H2 zinc-finger protein. In susceptible group, 8 of the 12 differentially expressed genes also increased or decreased in susceptible reaction in previous studies. These transcripts contained the genes encoding polygalacturonase inhibiting protein (PGIP), disease resistance responsive family protein, peroxidase, polyphenol oxidase precursor, lipoxygenase-10 (LOX10) and ascorbate peroxidase 2 (APX2). Moreover, of the 27 genes overlapping between resistant and susceptible groups, 15 genes corresponding to peroxidase, PR1a precursor, PR10-like protein, SAM22, cytochrome P450 and SABATH2 had also been reported previously. The similarities implied that the resistances to different SCN races share some common pathways and that the transcripts detected only in this study may represent the specific genes involved in resistance reactionto SCN race 4.

In the GO enrichment analysis, our results demonstrated that although two resistant varieties had common enriched GO terms, the difference occurred obviously. For example, the differentially expressed genes in both resistant varieties were enriched significantly in serine family amino acid metabolic process category. However, a significant enrichment in arginine metabolic process occurred only in cv. Huipizhiheidou but not in Wuzhaiheidou (Figure 4 and Figure 5). This result suggests an essential role of amino acid metabolism in SCN resistant reaction, which is consistent with previous studies (Liu et al, 2012). On the other hand, although hundreds of genes had been identified separately from two resistant varieties, only 21 genes exhibited the similar expression profiling after SCN infection between them. That suggests different mechanisms employed by resistant varieties for SCN-resistance. As far as the two resistant varieties used in this study were concerned, the arginine metabolic process may play a key role for resistance to SCN race 4 in Huipizhiheidou rather than in Wuzhaiheidou.

Conclusion

A microarray analysis is presented that a microarray analysis is presented here, which compared gene expression profiles between resistant and susceptible reaction to SCN race 4. Numerous unique and common differentially expressed genes had been identified and characterized in detail. Our analyses showed that disease and defense, cell structure, metabolism, and second metabolism categories are associated with soybean-SCN interaction in both resistant and susceptible varieties. On the other hand, the annotation and analysis results of 21 common genes in resistant group clearly implicate that the SA-and JA-dependent defense pathways participate in SCN-resistant reaction. Moreover, the GO term enrichment analyses suggested essential roles of serine family amino acid and arginine metabolic process in resistance to SCN race 4. Our study provided a new insight on the genetic basis of soybean resistance to SCN race 4, and the identified resistant or resistant-related genes are useful for SCN-resistance breeding for soybean.

Materials and methods

Plant and nematode procurement

Glycine max landraces Huipizhiheidou and Wuzhaiheidou were selected as resistant resources, *cv.* Lee and Essex were selected as susceptible controls to the soybean cyst nematode (SCN) race 4 (HG type 1. 2. 3. 5. 7). Landraces Huipizhiheidou and Wuzhaiheidou were identified as resistance resources from soybean landraces distributed in Shanxi Province, China. Huipizhiheidou exhibited a resistance to almost all SCN races (races 1, 2, 3, 4, 5, 7, and 14), and Wuzhaiheidou showed a resistance to most of races but 14 race (races 1, 2, 3, 4, 5, and 7).

A SCN race 4 (HG type 1. 2. 3. 5. 7) was originally collected from soybean planting field at Fenyang City in Shanxi Province, China, which is the high incidence area of SCN race 4. It was cultured in the illumination chamber under 25℃ and 60% humidity, and maintained on the roots of soybean *cv.* Lee for multiple generations before used.

Determination of soybean reaction to SCN

The method for the bioassay was as follows: All plants were grown in 7cm of diameter pot filled with hot-air sterilized sands and grown at growth chamber at 26℃ with a 16h/8h photoperiod of approximately light intensity of 150μmol photons/ ($m^2 \cdot s$).

Mature female cyst nematodes were harvested and the eggs were released from mature female as described by Arelli et al (1997). The eggs were hatched at 26℃ for a week. The infective Juvenile 2 (J2) were concentrated by centrifugation at 1 000r min^{-1} in 2min to a final concentration of 1 000 J2 ml^{-1}. Two ml of this inoculum was added to the 2cm in deep holes nearby the roots of seedling. The inoculation was performed in parallel for resistant varieties and susceptible controls respectively. Plant roots were individually washed with distilled water after 30d inoculation. The mature females were counted under a stereomicroscope, and the female index (FI) was calculated on each plant. FI is defined as the number of SCN females occurring on a soybean plants expressed as the percentage of mean number of females on susceptible Lee. Rating of resistant ($FI<10\%$) and susceptible ($FI>10\%$) were used to classify the reaction of soybean plants described by Schmitt and Shannon (1992). In this assay, three independent SCN bioassays were performed, and five plants were used for each repeat and each variety.

Plant inoculation and tissue harvest

For microarray analysis, resistant and susceptible varieties were grown and inoculated as described above. The whole roots were harvested before and 3d post inoculation (dpi), and three plants were used in this assay for each time point and variety. The whole roots of each plant were harvested individually. For qRT-PCR assay, the manipulation including inoculation and harvest were independently performed just as that in microarray analysis. The time point and number of plants in qRT-PCR assay were as the same as that in microarray assay.

Total RNA extraction

Two independent batches of plants were used for microarray and qRT-PCR assays, respectively. For total RNA extraction, excised whole roots of each plant were ground to a fine powder separately and used immediately in total RNA extraction. Total RNA was extracted from excised root tissues using Trizole reagents (Invitrogen, http://www.invitrogen.com/). The extraction followed the manufacture's protocol. The genomic DNA contaminations in the total preparations were removed using RNase-free DNAaseI (Promega, http://www.promega.com/). High quality RNA samples were confirmed by agarose gel electrophoresis and quantified with NanoDrop UV-Vis spectrophotometers DL2000 photometer (Thermo Scientific, http://www.thermo.com/). For each time point and each variety, three plants were used in this assay. The resultant total RNA of each plant was stored separately at -70℃ before being used.

Microarray analysis

The plants harvested before and 3 dpi were used in this assay. High quality total RNA sample of each plant was used in the Soybean Genome GeneChips analysis (Affymetrix, http://www.affymetrix.com/). The GeneChips were processed by commercial company (GenTech Company Limited, http://www.genetech.com.cn/), and contained over 37 500 probes sets representing 35 611 soybean transcripts. The cDNA and cRNA preparation, fragmentation, hybridization, staining and scanning steps were performed according to protocols described by Affymetrix Company. Robust multi-array analysis (RMA) was utilized to scale and normalize the data to provide signal intensity from the GeneChip. The normalization contains 4 steps: Background correction on the PM value; Quantile normalization across all the chips in the experiment; Logarithm base-2 transformation and Median polish summarization. Pairwise comparisons were performed between groups (the 3 dpi samples were compared with samples collected before inoculation for each variety). The genes with greater than a 2-fold change in transcripts level and *P*-value of less than 0.05 were selected for processing with a forward step-wise false discovery rate (FDR) method as described by Mazarei et al (2011). Genes selected after FDR were categorized as differentially expressed transcripts. These transcripts were annotated using the Affymetrix GeneChip Soybean Genome Array Annotation page (http://soybase.org/AffyChip/) and GenBank database (http://www.ncbi.nlm.nih.gov/). Three plants were used as biological repeats in this assay.

Quantitative RT-PCR

The plants harvested before and 3 dpi were used in this assay. Quantitative RT-PCR (qRT-PCR) was performed using Bio-Rad Icycle Real-Time PCR system (Bio-Rad, http://www.bio-rad.com/). Two μg total RNA samples were synthesized to first strand cDNA in 20μl volume using oligod$T_{(18)}$ primer and M-MLV reverse transcriptase (Promega, http://www.promega.com/). The resultant cDNA samples were conducted as templates in qRT-PCR and specific primers were designed to amplify of the identified genes as Appendix C. The reaction volume was 20μl, containing 2μl of diluted cDNA, 0.4μl each of 10mmol/L forward and reverse primers, 10μl SYBR® Premix *Ex Taq*™ (TaKaRa, Otsu, Japan), and 7.2μl H_2O. PCR amplification was performed using threestep cycling conditions as: 95℃ 30s for initial denaturation, followed by 40 cycles of 95℃ for 15s, 55℃ for 20s, and 72℃ for 30s. Melting curve analysis of qRT-PCR samples revealed that only the anticipated PCR product was amplified in all reactions. The *PEPC16*, which is constitutively expressed in soybean root, was selected as an internal control. The quantification of transcripts level was conducted using the relative $\Delta\Delta_{CT}$ method by comparing the data with the internal control (Bustin 2002). Three plants were used in this assay as biological repeats for each time point and variety. The fold change was calculated with the means of three repeats at each time point.

Gene ontology (GO) enrichment analysis

The GO enrichment analysis was conducted using a webbased tool, agriGO (http://bioinfo.cau.edu.cn/agriGO/), which is designed to provide deep support to agricultural community in the realm of ontology analysis (Du et al, 2010). The identified probe sets which had significant changes in each variety were analyzed by singular enrichment analysis (SEA) in this tool. The output graphic result is a GO hieratical image containing all statistically significant terms. These nodes in the image are classified into ten levels which are associated with corresponding specific colors. The smaller of the term's adjusted P-value, the more significant statistically, and the node's color is darker and redder (Du et al, 2010).

Acknowledgements

We wish to thank Prof. Liu Xueyi (Economic Crops Research Institute of Shanxi Academy of Agricultural Sciences, China) for providing the SCN race 4, Prof. Qiu Lijuan (Institute of Crop Sciences, Chinese Academy of Agricultural Sciences, China) for providing the resistant and susceptible cultivars, and Prof. Duan Yuxi (Shenyang Agricultural University, China) for technical support on manipulation of SCN. This work was supported by the National Nature Science Foundation of China (31301345 and 31171576), the CAAS Innovation Project, the Genetically Modified Organisms Breeding Major Projects, China (2009ZX08004-003B and 2011ZX08004-003), and the Key Technologies R&D Program of China during the 12th Five-Year Plan period (2011BAD35B06-3).

Appendix associated with this paper can be available on http://www.ChinaAgriSci.com/V2/En/appendix.htm

References (Omitted)

本文原载：Journal of Integrative Agriculture, 2014, 13 (12): 2 594-2 607

大豆胞囊线虫抗性机制的研究进展

林晓敏[1]　李　斌[2]　谭晓荣[1]　孙君明[2]　王连铮[2]

（1. 河南工业大学生物工程学院，郑州　450001；2. 中国农业科学院作物科学研究所/农业部大豆生物学重点实验室，北京　100081）

摘　要：大豆胞囊线虫病是一种世界范围内的大豆病害，严重影响大豆产量和品质，给大豆生产造成极大的为害。了解大豆胞囊线虫的致病过程，阐明抗病大豆品种的抗性机制，分离抗病基因，并通过现代分子育种技术改良和筛选抗胞囊线虫病大豆新品种，是解决胞囊线虫为害的有效方法。综述了大豆胞囊线虫的生理生化特征、为害症状、生理小种划分以及大豆胞囊线虫抗性机制、遗传基础和抗性相关基因的研究进展。

关键词：大豆胞囊线虫；HG 分类系统；SCN 抗性机制；SCN 抗性基因

Research Progress on Resistance Mechanism to Soybean Cyst Nematode in Soybean

Lin Xiaomin[1]　Li Bin[2]　Tan Xiaorong[1]　Sun Junming[2]　Wang Lianzheng[2]

（1. *College of Bioengineering*, *Henan University of Technology*, *Zhengzhou* 450001, *China*; 2. *Institute of Crop Sciences of CAAS / Key Laboratory of Soybean Biology of Ministry of Agriculture*, *Beijing* 100081, *China*）

Abstract: Soybean cyst nematode (SCN) is the most devastating disease to soybean production, which causes a great economical loss worldwide. Understanding the SCN pathogenesis and SCN-resistant mechanism, isolating the resistance genes to SCN, as well as selecting and improving SCN-resistant soybean varieties through molecular breeding techniques are effective ways to reduce the SCN damage. Herein, the research progress on the physiological and biochemical characteristics, the symptoms, and the physiological race classification of SCN, as well as the SCN-resistant mechanism in soybean, their genetic basis and resistance-related genes were reviewed.

Key Words: Soybean cyst nematode (SCN); HG type classification; SCN-resistant mechanism; SCN-resistant gene

大豆是重要的豆类作物，含有丰富的蛋白质和脂肪，是植物蛋白和油脂的重要来源，在食品加工和工业生产中具有十分重要的作用。大豆胞囊线虫病俗称“火龙秧子”，是一种世界性的大豆病害，对世界各国大豆的产量和品质带来严重影响，每年造成超过 10 亿美元的经济损失。这种病害由大豆胞囊线虫（*Heterodera glycines*, soybean cyst nematode, SCN）造成。大豆胞囊线虫

作者简介：林晓敏，硕士研究生，研究方向为大豆胞囊线虫抗性

李斌为共同第一作者，助理研究员，研究方向为大豆胞囊线虫抗性机制及分子标记辅助育种

通讯作者：孙君明，研究员，研究方向为大豆分子标记辅助育种

基金项目：国家自然科学基金（31301345）、中央级公益性科研院所基本科研业务费、中国农业科学院科技创新工程

通过侵染大豆根部维管束，建立取食位点，为害大豆生长发育。该病分布广、为害重、休眠体（胞囊）存活时间长，是一种极难防治的土传病害。轮作和抗性品种的种植可以减轻损失，但并不能完全控制大豆胞囊线虫。尽管越来越多的国内外学者对大豆胞囊线虫抗性研究高度重视，但目前仍未找到彻底防治大豆胞囊线虫的办法。当前最经济有效的防治方法是选育抗病大豆品种。常规育种由于周期长，优良性状和不良性状紧密连锁，不易选育出具有多种优良性状的大豆抗性品种。近年来，随着分子生物学的快速发展，利用基因工程和分子育种技术发掘和利用大豆胞囊线虫抗性基因，成为常规育种以外极具潜力的培育抗胞囊线虫大豆品种的方法。

1　大豆胞囊线虫概述

大豆胞囊线虫雌雄虫形态不同，异形又异皮。卵为长椭圆形，藏于胞囊或卵囊里，胞囊线虫幼虫分为4龄（1~4龄幼虫），1龄幼虫在卵壳内发育蜕皮成2龄幼虫，2龄幼虫为主要侵染害虫。胞囊线虫发育至4龄幼虫，雄线虫停止取食蜕毛变成蠕虫，雌虫则一直取食，期间完成与雄虫交尾，并变成包裹着卵的硬化囊肿，称为胞囊。研究表明，成熟胞囊在土壤中可以存活9年。

大豆胞囊线虫在大豆整个生育期均可为害，主要为害大豆根部，被害植株发育不良，矮小，茎和叶变淡黄色，荚和种子萎缩瘪小，甚至不结荚。田间常见成片植株变黄萎缩，拔出病株见根系不发达，支根减少，细根增多，根上附有白色的球状物（雌虫胞囊），这也是鉴别胞囊线虫病的重要特征。

大豆胞囊线虫是严格的专性寄生物，存在明显的寄主分化现象，致病性有差异。因此对大豆胞囊线虫生理小种的鉴定是抗性品种引进、培育、推广的前提和依据。1970年美国线虫学家Golden曾提出用Pickett、Peking、PI88788和PI90763 4个大豆品种作为大豆胞囊线虫生理分化的鉴别寄主，感病品种。Lee作为标准对照，鉴定出1~4号生理小种。1988年Riggs等利用Golden提出的抗感组合排列原理鉴别标准又设计出11个生理小种。而美国线虫学家Niblack等采用了新的分类系统——HG类型分类系统，这种分类系统去除了鉴别寄主中的Pickett，增加PI437654、PI209332、PI89772和PI548316 4个抗源品种作为鉴别寄主，这个分类系统可以区分种内基因型，因此可以代替Golden所提出的生理小种分类系统。

2　大豆胞囊线虫抗性机制研究

大豆对胞囊线虫的抗性机制十分复杂，目前对大豆胞囊线虫抗性机制的研究主要集中在胞囊线虫侵染前和侵染后的抗性机制。胞囊线虫侵染前的抗性机制主要包括大豆根系分泌物对大豆胞囊线虫卵孵化的影响，侵染后的抗性机制主要涉及寄主在大豆胞囊线虫侵入后组织细胞的病理学反应和生理生化应答，以及抗病过程中植物激素介导的信号转导途径。此外，抗性位点拷贝数的变异可能也是大豆在基因组结构上控制胞囊线虫抗性的一种机制。

2.1　根系分泌物与抗病的相关性

植物根系分泌物在生化性质方面的差异与抗病性有显著的相关性。大豆根系分泌物对大豆胞囊线虫卵孵化有重要影响。大量研究表明，大豆根系分泌物能够显著促进胞囊线虫卵孵化，抗病品种中根系分泌物对胞囊线虫卵孵化的刺激作用显著低于感病品种。颜清上等利用抗感品种根渗出物对大豆胞囊线虫4号生理小种越冬胞囊、新鲜胞囊和离体卵孵化的研究也表明，抗病品种灰皮支黑豆和元钵黑豆的根系渗出物对大豆胞囊线虫4号生理小种胞囊孵化的诱导活力明显低于感病对照。因此，抗感品种根系分泌物生化组分的差异，以及由此导致的胞囊线虫孵化率的差异，可能是大豆胞囊线虫侵染前的抗性机制之一。

2.2　寄主的组织细胞病理学反应和生理生化反应

大豆胞囊线虫侵入植物根部后在寄主体内形成特化的取食位点即合胞体。合胞体具有很高的代谢活性，对胞囊线虫的发育至关重要。研究发现，抗病品种中合胞体形成受到抑制，进而抑制胞囊线虫的发育。具体说来，Peking 在接种胞囊线虫 2~3d 后还能形成合胞体，但 5d 后合胞体开始退化直至坏死；PI437654 在接种胞囊线虫后形成合胞体，2d 之后合胞体增大的细胞变少、生长变慢，接着出现坏死反应，3d 之后合胞体细胞壁加厚、坏死，细胞核降解，细胞质坍塌，合胞体周围细胞液出现致密小体，5d 之后合胞体和周围细胞完全降解。在抗性材料 PI88788 的衍生后代中，接种胞囊线虫后形成的合胞体细胞壁不发生坏死，而是细胞核退化导致合胞体降解。灰皮质黑豆和元钵黑豆是我国特有的优质资源，在抗病反应过程，研究者发现这两个抗病品种在接种胞囊线虫后形成的合胞体明显变小，细胞核较大，胞质内充满核糖体，内质网多为粗糙型，线粒体结构不可辨，细胞质内有颜色较深的类脂肪小滴沉积，灰皮质黑豆在接种胞囊线虫后第 4d、元钵黑豆在接种胞囊线虫后第 14d，形成的合胞体细胞器降解，个别合胞体的细胞壁局部加厚，且这两个抗病品种对大豆胞囊线虫 4 号生理小种的抗性主要体现在阻止 2 龄和 3 龄幼虫的发育上。综上，抗病品种中合胞体发育受到抑制，进而影响胞囊线虫的发育可能是大豆胞囊线虫抗性的主要原因。最近对主要抗性位点 *Rhg4* 的详细解析也表明，抗病品种可能通过影响合胞体内的叶酸平衡造成合胞体内环境的改变从而抑制胞囊线虫的发育。此外，胞囊线虫侵染寄主后使组织迅速生长，在寄生物周围形成坚实的木栓化层，从而机械性隔离胞囊线虫的进一步侵染。

另一方面，大豆胞囊线虫侵染寄主植物时，会刺激寄主产生一系列生理生化反应。有研究表明，大豆胞囊线虫侵染植株后，苯丙氨酸解氨酶（PAL）、过氧化物酶（POD）、过氧化氢酶（CAT）、多酚氧化酶（PPO）、超氧化物歧化酶（SOD）、几丁质酶（Chitinase）、β-1，3-葡聚糖酶（β-1，3-Glucanase）等大豆根部防御酶系活性增强，激发植物的防御反应和系统性抗性，从而增强植物的抗病性。此外，大豆抗感品种中磷酸葡萄糖异构酶和异黄酮还原酶以及相应的代谢产物也存在明显差异。接种胞囊线虫后，抗病品种根部营养物质积累显著低于感病品种，类黄酮和木质素含量高于感病品种；膜脂过氧化程度和可溶性糖含量显著低于感病品种，可溶性蛋白质含量高于感病品种。因此，营养物质的降低和防御类次生代谢产物增加可能也是大豆胞囊线虫抗性的重要原因之一。

2.3 植物激素介导的抗性信号转导途径在大豆胞囊线虫抗性中的作用

植物激素是植物体内的痕量信号分子，在植物的生长过程中，相应的受体感受其信号并通过信号转导途径激活下游基因，从而调节植物生长发育和对逆境的应答。最近研究表明，植物激素尤其是水杨酸、茉莉酸和乙烯介导的抗病过程在大豆胞囊线虫抗性中也发挥着重要作用。

水杨酸是植物逆境应答的重要信号分子，由其介导的系统获得性抗性对植物抵抗病原物起着关键作用。在大豆胞囊线虫的抗性研究中，通过异源表达或过量表达水杨酸合成、代谢和信号转导的相关重要基因，可以提高大豆对胞囊线虫的抗性，Youssef 等通过在大豆根中异源表达介导水杨酸信号的拟南芥关键基因 *AtPAD4*，可降低 68% 的胞囊线虫雌成虫率。Matthews 等报道将拟南芥水杨酸代谢途径中的重要基因 *AtNPR1*、*At-GA2* 和 *AtPR-5* 在大豆根部异源表达，可显著增强大豆对胞囊线虫的抗性。同时，Lin 等的研究也发现，过量表达大豆水杨酸甲基酶基因 *GmSAMT* 可以获得胞囊线虫抗性。

茉莉酸是植物在受到昆虫和病害袭击后产生的激活植物防御基因的信号分子，可以诱导有毒物质合成及防御蛋白的增加。研究表明，外源添加茉莉酸可以降低番茄根结线虫虫瘿数和种群数，提高植株对根结线虫的抗性。此外，在拟南芥中过量表达参与茉莉酸信号转导途径的转录因子基因 *AtRAP2.6* 可以促进合胞体的胼胝质沉积并提高对甜菜胞囊线虫的抗性。然而，在大豆根中异源表达茉莉酸合成和修饰的关键酶基因 *AtAOS*、*AtAOC*、和 *AtJAR1* 并未显著提高植株对胞囊线虫的抗性。因此，茉莉酸途径在大豆胞囊线虫抗性中的作用仍需进一步研究。

乙烯是另一个在植物抗病反应中具有重要作用的信号分子。有报道称，乙烯的信号转导途径调控拟南芥对根结线虫的吸引力，拟南芥和番茄乙烯不敏感突变体表现出对根结线虫更强的吸引力，对抗感胞囊线虫大豆品种转录组分析也发现，在差异表达的基因中存在大量与乙烯合成、代谢和信号转导相关的基因，表明乙烯介导的抗病途径可能在抵抗大豆胞囊线虫过程中发挥重要作用。

尽管目前在植物激素的信号转导途径和大豆胞囊线虫抗性研究方面取得了一定进展，但这些结果大多是在拟南芥和番茄中研究获得的。大豆在抵抗胞囊线虫过程中涉及的激素信号转导仍不十分明确，但已有诸多证据预示，植物激素的合成、修饰、代谢、转导对胞囊线虫的抗性起着至关重要的作用。

2.4 抗性位点拷贝数对大豆胞囊线虫抗性的影响

大豆对胞囊线虫的抗性还通过基因组结构的变异来获得。在对抗性位点 *Rhg1* 的研究中发现，此位点上一段 31kb 的序列的拷贝数决定其对胞囊线虫的抗性。对多个大豆品种基因组测序结果表明，感病品种中此区段只有一个拷贝，而抗性品种中存在 3 个以上的串联重复。此外，在另一主要抗性位点 *Rhg4* 不存在的条件下，胞囊线虫抗性强弱与此区段拷贝数的多少紧密相关。因此大豆可能通过抗性位点的拷贝数变异，改变抗性基因的表达水平，并最终获得植株对胞囊线虫的抗性。

3 大豆胞囊线虫抗性遗传基础

3.1 大豆胞囊线虫抗性经典遗传学研究

在大豆胞囊线虫抗性的经典遗传学研究中，研究者就不同抗源材料对胞囊线虫不同生理小种的抗性进行遗传学研究，在不同抗源品种中找到了许多抗病基因。研究表明抗病品种 Peking 对胞囊线虫 1 号生理小种的抗性由 3 个相互独立的隐性基因控制，分别命名为 *rhg1*、*rhg2* 和 *rhg3*，随后又发现了 1 个显性抗性基因 *Phg4*。抗源 PI4384898B 对胞囊线虫 1 号和 5 号生理小种的抗性由 2 对显性基因和 1 对隐性基因控制；对胞囊线虫 2 号生理小种的抗性由 1 对显性和 3 对隐性基因控制；对胞囊线虫 14 号生理小种的抗性由 3 对隐性基因控制。总体而言，这些经典遗传学研究结果表明大豆对胞囊线虫的抗性由多基因控制。

3.2 大豆胞囊线虫抗性数量性状位点（QTL）的鉴定

大豆对 SCN 抗性属于数量性状遗传，简单的定性分析会造成研究结果的不一致，因此，许多研究者对大豆抗性数量性状位点进行定位。结果表明，大豆抗性品种 PI84751 对胞囊线虫 1 号生理小种的抗性受 4 个 QTL 位点控制，其中包括 *Rhg1* 和 *Rhg4* 2 个抗性位点。另外，从抗源材料 PI567516C 中也发现了位于不同连锁群上的抗性 QTL，针对胞囊线虫 1 号、5 号以及 14 号生理小种，存在 2 个 QTL 分别位于 O 和 G 连锁群上，而抗胞囊线虫 2 号生理小种的 2 个 QTL 分别位于 G 和 A2 连锁群上。针对胞囊线虫 2 号生理小种，研究者从 PI438489B、PI89772、PI437654、PI90763 和 PI567516C 等大豆品种对抗胞囊线虫 2 号生理小种的 QTL 进行定位，结果表明对胞囊线虫 2 号生理小种的抗性基因均位于 B1、C1、G、J 上。通过对已报道的与 SCG 抗性有关的 151 个 QTL 进行收集整理，发现了抗胞囊线虫 1 号生理小种的 3 个真实 QTL 位点分别位于 B1、B2 和 G 连锁群，抗胞囊线虫 3 号生理小种的 7 个真实 QTL 分别位于 A2、E、G 和 J 连锁群上，抗胞囊线虫 4 号生理小种的 3 个真实 QTL 位于 A2、G 和 H 连锁群上，抗胞囊线虫 2 号和 5 号生理小种的各 1 个真实 QTL 位于 B1 连锁群，抗胞囊线虫 14 号生理小种的 1 个真实 QTL 位于 D2 连锁群上。其中在 G 连锁群的 1 个 QTL 区间同时控制对胞囊线虫 1 号、4 号生理小种的抗性，在 B1 连锁群上的 QTL 区间同时控制对胞囊线虫 2 号、5 号生理小种的抗性，说明这些抗性位点具有一定的兼抗性。此外，研究发现这些抗性，QTL 同时表现上位作用，表明基因上位作用对 SCN 抗性基因选择具有很重要的影响。Jiao 等（2015）在具有广谱胞囊线虫抗性的大豆品种 PI437655 中

定位了除 *rhg1* 以外的另一个位于 20 号染色体的 QTL，这个 QTL 可能是 PI437655 具有广谱和更高抗性的主要原因。由此看来，调控大豆胞囊线虫不同生理小种抗性的 QTL 也不相同，其中可能涉及大豆对胞囊线虫生理小种的识别和应答，这些抗性 QTL 的进一步分析对解析大豆胞囊线虫抗性机制意义重大。

4 大豆胞囊线虫抗性相关基因

目前已定位到的大豆胞囊线虫抗性位点中，位于 G 连锁群的 *Rhg1* 和 A2 连锁群的 *Rhg4* 位点对胞囊线虫多个生理小种的抗性均有显著贡献，是主要的抗性基因。针对这 2 个基因的序列和功能分析对大豆胞囊线虫抗性机制的进一步解析，以及未来利用分子育种手段提高大豆胞囊线虫抗性具有重要意义。此外，利用转录组差异分析、比较基因组等方法，一些其他胞囊线虫抗性基因也相继被发掘和研究。

4.1 SCN 抗性基因 *Rhg1*

Rhg1 位点对胞囊线虫有广谱抗性，存在于许多抗性品种中。研究表明，此位点内编码具有色氨酸/络氨酸透性酶结构域氨基酸转运蛋白（Glyma18g02580）、参与 SNARE 膜转运复合体组装的以 α - SNAP 蛋白（Glyma18g02590）以及具有创伤诱导蛋白结构域的 WI12 蛋白（Glyma18g02610）的 3 个基因对胞囊线虫抗性均有贡献。将这 3 个基因在感病品种中同时过量表达可显著提高大豆对胞囊线虫的抗性，暗示大豆 *Rhg1* 位点的抗性可能是通过合成分泌一些物质或者通过植物激素合成和分布的改变造成胞囊线虫取食位点合胞体不适宜线虫的发育和成熟来实现的。另外，除 α-SNAP 基因外，抗感大豆品种在其他 2 个基因内并没有显著的氨基酸水平的多态性差异，决定抗性的主要是 *Rhg1* 的拷贝数变化。对不同大豆品种 *Rhg1* 的基因结构和序列多态性的分析表明，*Rhg1* 具有平衡选择的特征，其复杂的序列及结构多样性可能对群体水平上胞囊线虫抗性有重要影响。此外，研究者通过对 41 个不同大豆品种的 *Rhg1* 基因拷贝数变异、转录水平差异、核酸的多态性以及甲基化水平的分析，发现 *Rhg1* 的抗性除了与拷贝数有关外，还可能受以 α-SNAP 基因核苷酸多态性，以及 *Rhg1* 位点甲基化水平的影响。总之，对 *Rhg1* 位点的解析，不仅提出了大豆对胞囊线虫抗性的新机制，也为育种家从增加 *Rhg1* 基因拷贝数的角度提高大豆胞囊线虫抗性提供了新的思路。

4.2 SCN 抗性基因 *Rhg4*

研究者通过对抗性品种 Forrest 中位于 8 号染色体的 *Rhg4* 位点进行基因注释，推测决定 *Rhg4* 位点抗性的主效基因可能是编码受体样激酶的 R 基因。但 Liu 等（2012）的研究提出 *Rhg4* 对胞囊线虫的抗性并非由 R 基因决定，通过对 *Rhg4* 进行精细定位，并采用基因突变、基因沉默和转基因互补等试验方法，证明 *Rhg4* 位点的抗性是由其中编码丝氨酸羟甲基转移酶（Shmt）的一个主效基因决定的。丝氨酸羟甲基转移酶的性质和结构相当保守，是一种在生物体内广泛存在的蛋白，负责丝氨酸和甘氨酸转换以及叶酸的代谢。抗性品种中 Shmt 上 2 个氨基酸位点（R130P 和 Y358N）的改变，造成了 Shmt 酶活性的变化，可能导致合胞体叶酸——一碳代谢的紊乱，继而引起取食位点细胞和胞囊线虫的死亡，最终表现为对胞囊线虫的抗性。*Rhg4* 功能的解析为理解胞囊线虫取食位点的生理生化反应及其对胞囊线虫发育的影响提供了理论基础，并与 *Rhg1* 位点一起为分子育种提供了方向。

4.3 其他 SCN 抗性基因

大豆胞囊线虫病抗性机制比较复杂，除了以上 2 个主要的胞囊线虫抗性基因外，研究者还发现了一些有重要价值的大豆胞囊线虫抗性基因。研究表明，水杨酸合成代谢以及信号转导途径中发挥重要作用的 *AtPAD4*、*AtNPR1*、*AtGA2*、*AtPR-5* 和 *GmSAMT* 在大豆根中表达可显著提高其胞囊线虫抗性。Michael 等（2007）采用比较基因组学的方法，在大豆中分离和过量表达甜菜胞囊

线虫抗性基因 *HS1 pro-1* 的同源异型基因，可将大豆胞囊线虫病抗性提高 70%以上。在大豆中表达植物葡聚糖酶和细胞壁修饰酶基因 *AtCel6* 和 *GmCel7*，也可以减少 SCN 对大豆根部的侵染。此外，通过抗感大豆品种转录组差异分析，研究者筛选出一批在抗感品种中差异表达的基因，并通过过量表达试验获得了一些胞囊线虫抗性基因。这些抗性基因的发现为进一步解析大豆胞囊线虫抗性机制，以及最终的大豆胞囊线虫抗性改良提供了遗传基础。

5 小结

综述了大豆胞囊线虫抗性机制的研究进展，大豆对胞囊线虫病的抗性受多基因控制，同时也是多种抗性机制协同作用的结果。抗性品种通过胞囊线虫侵染前和侵染后的一系列生理生化和信号转导反应应对胞囊线虫的侵染。目前对于大豆胞囊线虫抗性机制的研究尚不完善，许多机制的分子水平尚不明确，因此对大豆胞囊线虫病抗性机制的进一步解析仍是目前大豆胞囊线虫病抗性研究的主要任务。尽管如此，对 *Rhg1* 和 *Rhg4* 基因的研究不仅解析了大豆胞囊线虫抗性的部分新机制，也为大豆分子育种提供了理论依据。目前利用这 2 个位点的基因多态性与抗性信息，已经开发出一些有效的分子标记，例如 rhg1-I4、SCN_ResBridge、GSM381、GSM383（针对 *Rhg1*）和 GSM191（针对 *Rhg4*）等。利用这些标记可高效、高通量地对抗性大豆品种进行分子标记辅助选择。然而，线虫与大豆之间的互作易受环境条件影响，且针对胞囊线虫的不同生理小种大豆抗性位点不尽相同，这给相关分子标记的广泛使用带来一定困难。我国拥有丰富的抗胞囊线虫病的大豆种质资源，研究人员应该充分利用这个优势，结合胞囊线虫侵染大豆前后各组织生理生化反应，充分了解次生代谢产物及激素的抗性反应，发掘和利用大豆胞囊线虫抗性相关基因，并通过基因工程和分子标记辅助选择手段同时结合常规育种对广适、高产的大豆品种进行有针对性的改良，以期获得广适、高产、多抗的大豆优良新品种。

参考文献（略）

本文原载：作物杂志，2015（5）：11-17

抗感大豆品种接种胞囊线虫后根部异黄酮含量变化

林晓敏[1]　谭晓荣[1]　王连铮[2]　李　斌[2*]　孙君明[2*]

（1. 河南工业大学生物工程学院，郑州　450001；2. 中国农业科学院作物科学研究所/农业部大豆生物学重点实验室，北京 100081）

摘　要：本文通过对2个抗胞囊线虫大豆品种（灰皮支黑豆和五寨黑豆）和2个感胞囊线虫大豆品种（中黄13和中黄35）接种胞囊线虫4号小种（SCN4）后的异黄酮含量变化分析，初步探索异黄酮在大豆对胞囊线虫抗性中的作用。结果表明，4个抗感大豆品种接种SCN4后根部异黄酮含量均诱导增加，但诱导增加程度不同，除灰皮支黑豆外，其他3个品种的异黄酮含量相比对照均显著升高。两个抗病品种的异黄酮诱导模式也不同，表明大豆对胞囊线虫的抗性可能存在多种机制，异黄酮可能参与其中的部分抗性机制。

关键词：大豆；胞囊线虫；抗性；根部；异黄酮

Root Isoflavone Content after Cyst Nematode Infection in Different Soybean Varieties

Lin Xiaomin[1]　Tan Xiaorong[1]　Wang Lianzheng[2]
Li Bin[2*]　Sun Junming[2*]

(1. *College of Bioengineering*, *Henan University of Technology*, *Zhengzhou* 450001, *China*;
2. *Institute of Crop Sciences of CAAS/Key Laboratory of Soybean Biology of Ministry of Agriculture*, *Beijing* 100081, *China*)

Abstract: To explore the role of isoflavones in resistance of soybean to soybean cyst nematode (*Heterodera glycines*, SCN), 2 resistant cultivars (Huipizhiheidou and Wuzaiheidou) and 2 susceptive cultivars (Zhonghuang 13 and Zhonghuang 35) were inoculated with cyst nematode race 4 (SCN4). Their isoflavones in roots at 38d after inoculation were measured by HPLC. Results showed that isoflavone contents increased after SCN infection in all soybean varieties, but the induction patterns varied, especially in two resistant soybean varieties. It indicated that the mechanism of resistance to soybean cyst nematode might have multiple models, and isoflavone could be involved in some of these resistance mechanisms.

Key words: Soybean; Cyst nematode; Resistance; Root; Isoflavones

大豆胞囊线虫（*Heterodera glycines*, Soybean Cyst Nematode, SCN）是大豆根系的主要病原

基金项目：国家自然科学基金（31301345）、国家科技支撑计划（2014BAD11B01-X02）、北京市科委国家现代农业科技城产业培育与成果惠民项目（Z161100000916005）、中国农业科学院科技创新工程、中央级公益性科研院所基本科研业务费

作者简介：林晓敏（1988—　），女，硕士研究生，研究方向为大豆胞囊线虫抗性研究，E-mail：xiaominlin88@163.com

*通讯作者：李斌，男，助理研究员，研究方向为大豆分子育种，E-mail：libin02@caas.cn

孙君明，男，研究员，研究方向为大豆分子标记辅助育种，E-mail：sunjunming@caas.cn

物之一。大豆胞囊线虫病俗称“火龙秧子”，该病分布广、为害重、休眠体（胞囊）存活时间长，是一种极难防治的土传病害，在世界各国大豆生产区均有为害，在我国大豆主要生产区东北和黄淮海地区普遍发生。胞囊线虫是严格的专性寄生物，存在明显的寄主分化现象，致病性有显著差异。因此对大豆胞囊线虫生理小种的鉴定是抗性品种引进、培育、推广的前提和依据。我国已发现 8 个生理小种，分布最广的是 1 号、3 号、4 号生理小种，且 4 号小种侵染力最强。

异黄酮（Isoflavones）是大豆生长过程形成的一类次生代谢产物，主要在豆科植物中产生，是豆科植物植保素（Phytoalexin）的主要成分。植保素可以抑制或杀死病原物，其产生的速度和积累量可以直接反映植物抗病性强弱，是植物抗病系统中的重要组成部分。已有研究表明异黄酮类植保素——大豆抗毒素（Glyceollins）在大豆抵抗病原物侵染的过程中发挥着重要作用。早期的部分研究结果表明抗性大豆品种在接种胞囊线虫后诱导产生的类黄酮显著多于感病品种，但异黄酮在大豆对胞囊线虫的抗性中的作用尚不明确。因此，本试验选取 2 个胞囊线虫抗病品种和 2 个胞囊线虫感病品种，分别在大豆根部接种胞囊线虫，分析抗感品种接种和未接种胞囊线虫大豆根部异黄酮含量变化规律，探索异黄酮在大豆对胞囊线虫抗性中的作用。

1 材料与方法

1.1 材料

1.1.1 大豆种质资源

5 份胞囊线虫的大豆种质包括 2 个抗病品种灰皮支黑豆（HPZ）和五寨黑豆（WZH），2 个感病品种中黄 35（ZH35）和中黄 13（ZH13）及标准感病对照品种 Lee，由本实验室保存。

1.1.2 胞囊线虫生理小种

携带胞囊线虫 4 号生理小种（SCN4）的病土由山西省农业科学院经济作物研究所刘学义研究员提供。

1.1.3 标准样品大豆异黄酮

12 种组分标准样品黄豆苷（Daidzin，D）、黄豆黄苷（Glycitin，GL）、染料木苷（Genistin，G）、丙二酰基黄豆苷（Malonyldaidzin，MD）、丙二酰基黄豆黄苷（Malonylglycitin，MGL）、丙二酰基染料木苷（Malonylgenistin，MG）、乙酰基黄豆苷（Acetyldaidzin，AD）、乙酰基黄豆黄苷（Acetylgly-citin，AGL）、乙酰基染料木苷（Acetylgenistin，AG）、黄豆苷元（Daidzein，DE）、大豆黄素（Glycitein，GLE）和染料木素（Genistein，GE）由日本东北农业研究中心的菊池彰夫博士惠赠。这些异黄酮标准样品均为色谱纯级试剂。标准溶液的配置采用含 0.1%（V/V）乙酸的 70%（V/V）乙醇水溶液进行溶解配成相应的浓缩液，其中染料木素的浓度为 400μg/ml，其他每个标准样品的浓度分别为 200μg/ml，然后将所有 12 种标准样品进行等量混合制成混合标准样品备用。

1.2 试验方法

1.2.1 胞囊线虫胞囊分离、继代、计数

采用淘洗过筛法从病土中分离胞囊，接种到高感胞囊线虫的大豆品种 Lee 上进行繁殖。35d 后，将分离获得的胞囊采用机械法破碎，将释放出的卵粒在 26℃下孵化 7d，孵化出的二龄幼虫（J2）制成 1 000条/ml 的接种液，用于接种。

1.2.2 胞囊线虫接种

将供试 4 个材料和感病对照品种 Lee 分别种植在营养钵中，做好标记。营养钵置于塑料盆中，放置于温室中，温室生长温度 26℃，按照干湿交替补充水分。待第一片复叶长出后，每个

品种取生长一致的 5 株大豆植株分别接种 SCN4，每株接种 2 000条 J2 幼虫，每个品种设置 3 次重复。

1.2.3 抗性鉴定

大豆植株在 24~26℃下培养 30~38d 后剪破塑料钵柱，流水缓慢冲洗根系泥土后，在体视显微镜下对根系着生的胞囊进行计数。采用雌虫指数（Female index，FI）作为鉴定指标。雌虫指数（FI）= 待测植株单株着生胞囊数/Lee 单株平均着生胞囊数。根据 Schmitt 和 Shannon（1992）提出的 IP 标准，对 4 个大豆品种的 SCN4 抗性程度进行分级。

1.2.4 异黄酮提取

每个大豆品种取 20 粒种子在旋风磨（RetschZM100，φ=1.0mm，Rheinische，Ger-many）中分别磨粉。同时每个品种取接种胞囊线虫 38d 后的 5 棵植株的根系，以及与其同一生长环境，同一生长阶段的 5 棵未接种胞囊线虫植株的根系，在液氮中用研钵研磨成粉。准确称取 0.1g 研磨后的种子和根系组织，放入带有螺帽的有机玻璃试管中，加入 5ml 含 0.1%（V/V）乙酸的 70%（V/V）乙醇水溶液，室温下，振荡过夜，5 000r/min，离心 10min，上清液通过 0.2μm 滤膜过滤，4℃冰箱保存待用。

1.2.5 HPLC 方法检测异黄酮含量

大豆种子和根部黄酮含量的检测采用 Agilent 1100 高效液相色谱仪，手动进样 10μl。色谱柱：YMC-Pack，ODS-AM-303，250mm×4.6mm I.D.，S-5μm，120；柱温：35℃；流动相 A 为含 0.1%（V/V）乙酸的超纯水，B 为含 0.1%（V/V）乙酸的乙腈；梯度洗脱：13%~35%；运行时间：65min；流速：1.0ml/min；检测波长：260nm。

1.2.6 数据统计与分析

根据 12 种异黄酮标准样品的保留时间和最大吸收光谱进行定性分析，以 260nm 波长的紫外吸收值为基础，参照孙君明等方法计算样品中异黄酮各组分、苷元及总含量。使用 Excel 2010 统计每个品种的相对含量，并制作趋势图。

2 结果与分析

2.1 不同抗感大豆品种对 SCN4 的抗性表现

4 个大豆品种对 SCN4 生理小种的抗性鉴定结果表明，灰皮支黑豆和五寨黑豆的 SCN4 FI 分别为 6.6%和 7.2%，而中黄 13 和中黄 35 的 FI 分别为 100.8%和 84.9%（图 1），由此表明 4 个大豆品种对 SCN4 的抗性表现存在显著差异。

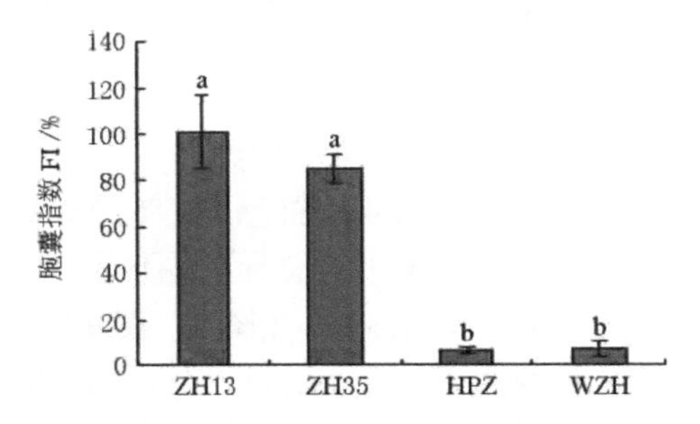

图 1 不同大豆品种的 SCN4 雌虫指数（FI）鉴定

ZH13. 中黄 13；ZH35. 中黄 35；HPZ. 灰皮支黑豆；WZH. 五寨黑豆。下同。不同小写字母表示 0.05 水平差异显著

依据 Schmitt 和 Shannon 提出的胞囊指数标准，五寨黑豆和灰皮支黑豆属高抗 SCN4 的大豆品种，中黄 13 和中黄 35 属于高感 SCN4 的大豆品种。上述 4 个抗感大豆品种为接种 SCN4 后其根

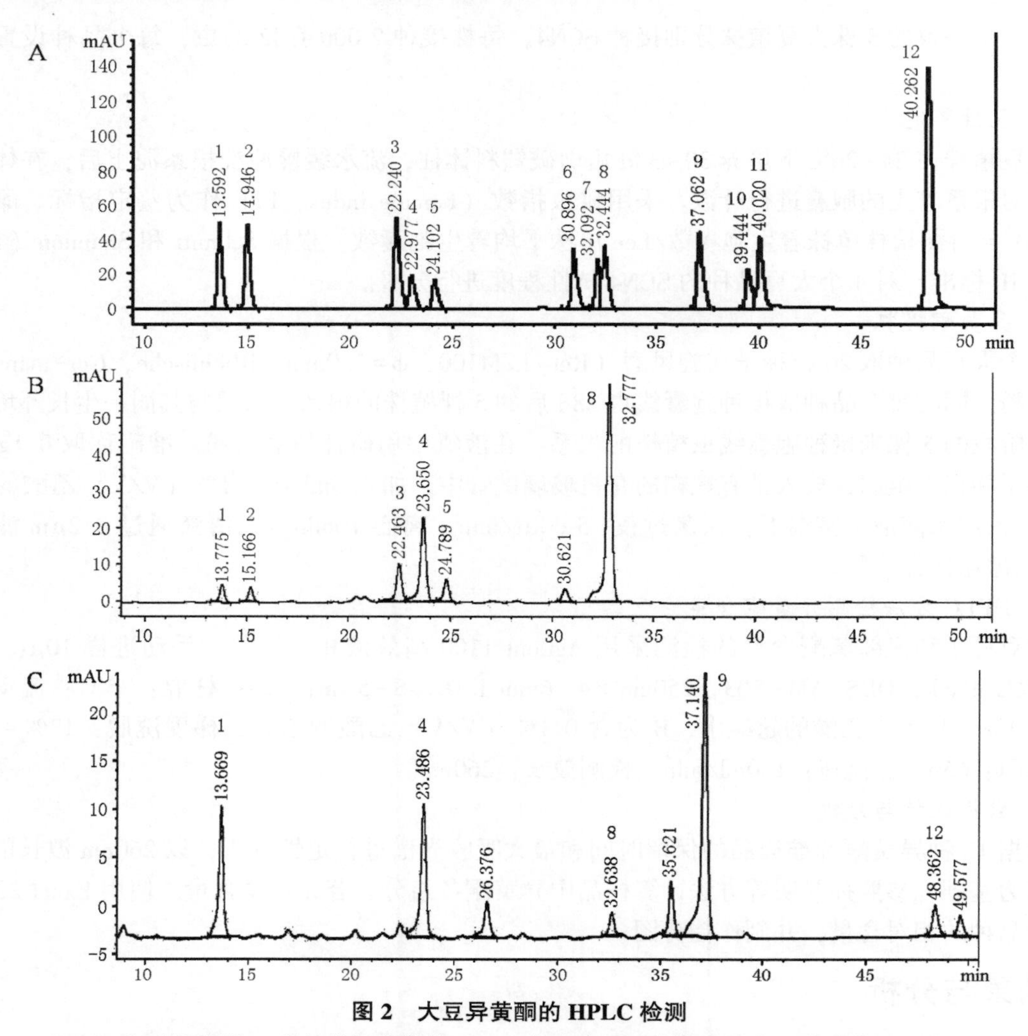

图 2　大豆异黄酮的 HPLC 检测

A. 大豆异黄酮 12 种组分标准样品；B. 以灰皮支黑豆为代表的大豆中异黄酮组分；C. 以灰皮支黑豆为代表的灰皮支黑豆根部异黄酮组分

1. 黄豆苷；2. 黄豆黄苷；3. 染料木苷；4. 丙二酰基黄豆苷；5. 丙二酰基黄豆黄苷；6. 乙酰基黄豆苷；7. 乙酰基黄豆黄苷；8. 丙二酰基染料木苷；9. 大豆黄素；10. 黄豆黄素；11. 乙酰基染料木苷；12. 染料木素

部的异黄酮含量变化规律研究提供了材料保证。

2.2　不同抗感大豆品种的种子和根中异黄酮含量的差异

不同大豆品种的异黄酮含量存在差异。对 4 个抗感 SCN4 的大豆品种种子和根中的异黄酮含量进行 HPLC 检测，结果表明，大豆种子和根中的总异黄酮含量存在显著差异，且种子中的异黄酮含量显著高于根中，异黄酮组分也存在较大差异（图 2、图 3）。大豆种子中异黄酮以大豆苷（Daidzin）、黄豆黄苷（Glycitin）、染料木苷（genistin）以及相应的丙二酰基衍生物丙二酰基大豆苷（m-Daidzin）、丙二酰基黄豆黄苷（m-Glycitin）和丙二酰基染料木苷（m-Genistin）6 种组分为主（图 2）。而大豆根中的异黄酮主要由 Daidzin、m-Daidzin、黄豆苷元（Daidzein）、m-Genistin 和染料木素（Genistein）5 种组分组成，未检测到 Genistin、Glycintin 及 m-Glycintin 组分，特别是种子中未检测到苷元形式的 Daidzein 和 Genistein，在根中大量检测到其存在（图 2）。大豆种子和根中异黄酮组分的差异预示着不同异黄酮组分在大豆生长发育过程的作用是存在分化的。此外，4 个大豆品种的种子中异黄酮含量均显著高于根部，表明大豆种子是异黄酮类物质积

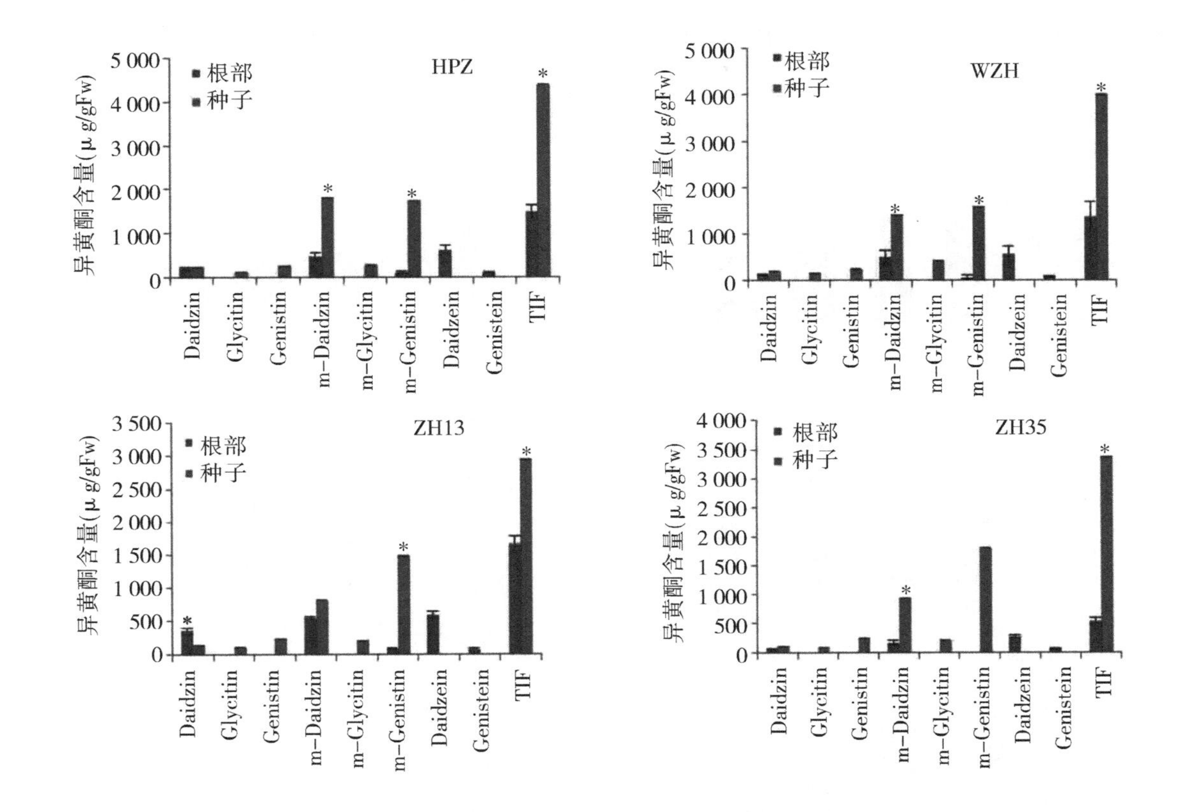

图 3　不同大豆种子和根部异黄酮组分含量差异

TIF. 异黄酮总含量；“＊”表示该组分在根部和种子中含量差异显著（$P<0.05$）

累的主要组织器官。

4 个抗感 SCN4 大豆品种之间种子和根部的异黄酮含量也存在显著差异。在种子中，灰皮支黑豆的总异黄酮含量最高（4 390. 09μg/g），五寨黑豆次之（4 001. 84μg/g），二者的总异黄酮含量显著高于中黄 35（2 945. 03μg/g）和中黄 13（3 308. 2μg/g），且差异主要来自 Daidzin，m-Daidzin，Glycitin 和 m-Glycitin 这 4 种组分，而 Genistin 和 m-Genistin 差异不显著（图 3）。而根中，大豆品种中黄 35 的总异黄酮含量（541. 32μg/g）均显著低于其他 3 个品种，且中黄 35 中没有检测到 m-Genistin（图 3）。

2. 3　异黄酮各组分在接种 SCN4 后的不同品种根部的含量变化

为了研究异黄酮积累在大豆胞囊线虫抗性中是否发挥作用，比较了接种与未接种胞囊线虫的大豆根部异黄酮含量差异。如图 4 所示，4 个大豆品种接种 SCN4 后根部总异黄酮含量均高于未接种的对照植株，但升高的程度有差异。2 个感病品种接种后根部总异黄酮含量均显著高于未接种植株，其中中黄 13 较对照升高了 54. 5%，中黄 35 升高了 286. 6%。两个抗病品种接种 SCN4 后总异黄酮变化幅度明显不同，五寨黑豆较对照升高了 66. 2%，而灰皮支黑豆仅比对照升高 6. 4%，与对照差异不显著。

从异黄酮各组分来看，接种 SCN4 后，m-Daidzin 在 4 个大豆品种中均有不同程度的上升，其中在感病品种中黄 13 和中黄 35 中均较对照升高显著（图 3）。其他 4 种组分在 4 个大豆品种中变化趋势不尽相同（图 3）。值得注意的是，中黄 35 在接种胞囊线虫后，Daidzin、m-Daidzin、Daidzein 这 3 种组分均有显著的升高，分别升高 3. 6 倍、4. 1 倍、2. 0 倍，是中黄 35 总异黄酮含量显著升高的主要原因。由此表明，在大豆根部接种 SCN4 后所诱导的异黄酮主要组分为 Daidzein 及相应衍生的丙二酰基和葡萄糖基结合体类型。

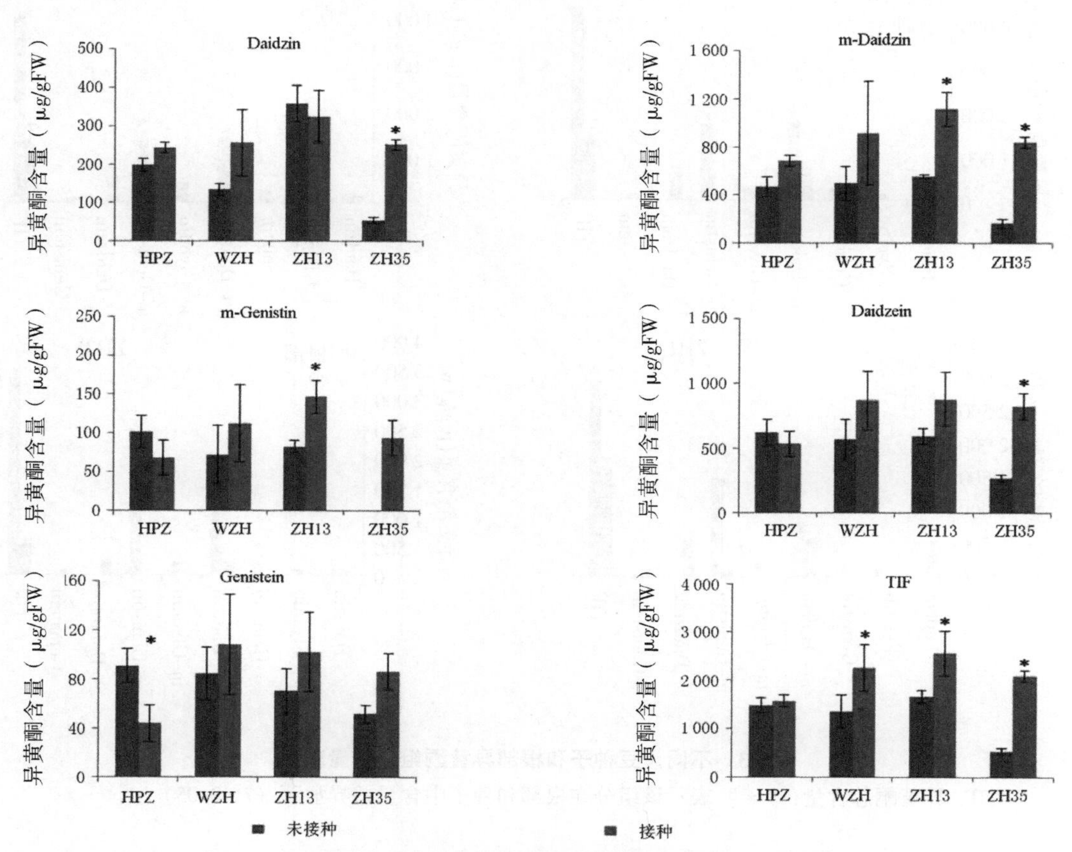

图 4　不同大豆品种接种胞囊线虫后根部异黄酮各组分含量变化

"＊"表示该组分在接种和未接种 SCN4 中含量差异显著（$P<0.05$）

3　讨论

灰皮支黑豆和五寨黑豆是我国山西省农家品种，也是我国优异的大豆胞囊线虫抗源材料，研究表明灰皮支黑豆，对胞囊线虫 1 号、2 号、3 号、4 号、5 号、7 号和 14 号生理小种都表现为抗性，而五寨黑豆对胞囊线虫 1 号、2 号、3 号、4 号、5 号和 7 号等多个生理小种也都表现抗性。本试验结果与前人的研究结果一致，同样证实了这两个品种对 SCN4 生理小种的高抗特性。中黄 13 和中黄 35 是我国主栽品种，其中中黄 13 是我国目前种植面积最大的大豆品种，中黄 35 也已连续多年创造产量超 400kg/667m^2 的全国大豆高产纪录，是我国重要的栽培品种。但根据本试验的结果，这 2 个大豆品种均对 SCN4 表现出高感病性，因此探索大豆胞囊线虫抗性机制，采用分子育种与常规育种相结合的方式，利用优异抗源对主栽大豆品种的胞囊线虫抗性进行改良，具有重要的育种价值。

大豆异黄酮既是豆科植物中主要的次生代谢产物，也是豆科植物中重要的植保素大豆抗毒素（Glyceollins）的主要来源，在豆科植物抵抗逆境胁迫过程中发挥重要作用。研究表明植物遭受病原物侵染时，植保素迅速产生，并在侵染位点周围积累，杀死或抑制病原物，其产生的速度和积累量直接反映植物抗病性的强弱。沉默异黄酮合成酶基因（IFS）造成大豆异黄酮含量显著下降后，大豆对疫霉根腐病的抗性也随之显著下降。Cheng 等研究也表明，大豆对花叶病毒的抗性也随着异黄酮含量的增加显著增加。Gioria 等的研究也表明大豆异黄酮含量与其对大豆夜蛾抗性正相关。椿象取食能诱导抗性品种种子中大豆苷（Daidzin）和染料木苷（Genistin）含量增加。孟凡立等研究也表明，蚜虫的取食能显著诱导抗虫大豆品种叶片中的大豆苷（Daidzin）、染料木苷（Genistin）、以及总异黄酮含量的增加，大豆叶片大豆苷、染料木苷和异黄酮总含量与大豆品种抗性呈正相关。

在对胞囊线虫抗性的研究中，异黄酮类大豆抗毒素 I（Glyceollin I）在接种胞囊线虫初期并未被检测到，随着胞囊线虫的侵染，其在抗性大豆品种中稳定积累，而在感病品种中积累程度很小，进一步的研究表明，在抗性品种中，Glyceollin I 的积累出现在胞囊线虫的头部附近，而在感病品种中未发现此现象。与此相反，Kennedy 等的研究表明，接种胞囊线虫后无论是感病品种还是抗病品种的总异黄酮含量均有 2~4 倍的上升，且总异黄酮的组分主要是 Daidzein 和 Genistein。与此结果相似，发现接种胞囊线虫能够诱导异黄酮含量的上升，但不同品种诱导程度不尽相同，且与品种对胞囊线虫的抗性没有明显相关性。人们推测，异黄酮的诱导可能是大豆对胞囊线虫侵染的普遍性应答机制，并且诱导量随着侵染的持续增大。前人的研究表明，灰皮支黑豆对胞囊线虫的抗性反应属于快速应激反应，在 SCN 接种的第 4d，合胞体细胞质就迅速降解，造成细胞坏死，并抑制胞囊线虫的进一步侵染，最终导致胞囊线虫侵染时间较短，其根部的异黄酮诱导的量也相对较低。而抗性品种五寨黑豆对胞囊线虫的抗性反应机制尚未见报道，但由我们的研究结果推测其抗性反应可能属于慢速应激反应，其合胞体的坏死可能发生在接种的相对晚期，从而导致异黄酮的诱导量显著升高。与之类似，不同感病品种对胞囊线虫侵染的应答机制也不尽相同，相应地造成了两个感病品种的异黄酮诱导程度的差异。特别值得注意的是，感病品种中黄 35 在接种胞囊线虫后，Daidzin、m-Daidzin 和 Daidzein 这 3 种异黄酮组分均有显著提高，并最终造成中黄 35 总异黄酮含量显著增加。异黄酮 Daidzein 是大豆根部异黄酮的主要组分，并且也是 Glyceollin I 的前体，因此，推测胞囊线虫侵染大豆后，植株通过诱导 Daidzein 类异黄酮含量的显著上升，进而合成 Glyceollin I，对胞囊线虫侵染进行基础性抵御，但最终不同大豆品种对胞囊线虫的特异抗性还可能由其他机制来共同完成。当然，由于大豆对胞囊线虫的抗性是一个持续的过程，而本试验中希望考察胞囊线虫侵染后期异黄酮含量的变化水平及在抗感大豆间的差异，只选择接种胞囊线虫后 38d 的植株进行了异黄酮含量的分析，对异黄酮水平随侵染时间变化的模式尚不清楚，而这种变化模式可能在抗感品种中存在差异，并和胞囊线虫抗性有一定关系。因此，对胞囊线虫接种后抗感大豆品种中异黄酮含量的变化模式差异的详尽分析对于阐明大豆异黄酮在胞囊线虫抗性的作用十分必要，是今后研究的重点。

参考文献（略）

本文原载：中国油料作物学报，2016，38（4）：495-501

三、大豆品质育种

高蛋白高产大豆新品种黑农35的选育及大豆矮化育种等问题

王连铮* 胡立成

（黑龙江省农业科学院，哈尔滨 150086）

摘 要：1970年利用当地优良推广品种黑农16（获全国科学大会奖）和日本高产高蛋白品种十胜长叶杂交，经多代选育鉴定育成黑农35，1990年经黑龙江省农作物品种审定委员会审定推广。1992年已累计推广近700万亩，并已大量出口。选育高蛋白高产大豆品种，在选择亲本时要选择高产性状突出、综合性状好的亲本，同时亲本之一蛋白质含量应较高，这样易于成功。为了提高大豆产量，必须选育秆强不倒的品种，可利用有限结荚习性品种和无限结荚习性品种杂交；利用有限结荚习性品种之间进行杂交；用^{60}Co等射线处理有限结荚习性的大豆；利用农家品种中的矮秆材料。对大豆后代材料可用不同肥水条件进行鉴定，同时用北育南繁、温室加代等措施来缩短育种年限。在大豆育种中要利用和保存好中间材料。

关键词：高蛋白；大豆；黑农35

Breeding of New Spring Soybean (*Glycine max* L.) Cultivar Heinong 35 with High Protein Content and High Yield and Problems on Soybean Breeding for Dwarf and Others

Wang Lianzheng　Hu Licheng

(*Heilongjiang Academy of Agricultural Sciences*, *Harbin* 150086, *China*)

Abstract: This article introduces the breeding of the new soybean (*Glycine max* L.) cultivar "Heinong 35" which contains high content of protein and has a high yield. In 1970 by hybridizing between Heinong 16, a good native cultivar, and Tokachinogaha, a Japanese cultivar which is characterized by its high yield and high protein content, then by using many generation selection, Heinong 35 was bred. Heinong 35 was examined and approved as an extension cultivar by the Committee of Heilongjiang Crop Cultivar Examination and Approvement in 1990. Up until 1992, the total planting area of Heinong 35 was 467 000 hectares, which was exported to Japan in large quantities. In order to select soybean cultivar containing large amount of protein with a high yield, one of the parents should have the character of extremely high yield, the other one should contain large amount of protein, in this way there is greater chance of being successful. In order to increase the soybean yield, the

* 1957—1987年在黑龙江省农业科学院工作期间曾主持黑农35的杂交、后代选育等工作。参加此项工作的还有吴和礼、常跃中、王彬如、王培英、翁秀英、徐兴昌、陈怡等同志。得到张瑞忠、朱典明、冉秉利、王恩山、张树元、许忠仁、张增敏、黄承远、王继宗等的支持，一并致谢

cultivar which has a strong stem with strong resistance to lodging and has the characteristic of high yield must be selected. The short-stalked and half-short-stalked soybean cultivars can be bred by hybridizing between the determinate stem and indeterminate stem cultivars, hybridizing among the determinate stem cultivars; radiating the determinate stem cultivars with ^{60}Co; using the native short-stem cultivars. The soybean hybrid generation lines can be examined under different conditions of moisture and fertility of soil. The time needed for breeding a new soybean cultivars can be shortened with the method of selecting soybean lines in the northern part of China and breeding in the southern part, which is carrid out in the green houses, etc.

Key words: High protein; Soybean; Heinong 35

一般认为大豆蛋白质含量和产量呈负相关，大豆脂肪含量与产量呈正相关。Hartwig 和 Hanson（1972）以回交一代、二代材料得到蛋白质含量高的往往产量低（-0.41**），脂肪含量高的产量较高（r=0.35**）的结果。Shannon（1972）在 F_4代的 68 个 F_2代衍生系统中提到脂肪和产量的基因型相关系数为-0.08~0.24，蛋白质含量与产量的基因型相关系数为-0.05~0.61。孙志强（1984）则认为蛋白质含量和产量无明显相关（-0.088）。一般情况下，大豆育种目标有以下几个：选择高产高含油量的大豆新品种，或选择高产高蛋白的大豆新品种，其他如抗病虫害、熟期适中、抗倒伏性和株高等均根据不同地区条件有不同要求。根据联合国粮农组织的统计，世界 1990 年各种蛋白粉总生产量为 5 300万 t，大豆粉为 3 210万 t，占 60.6%，居各种蛋白粉的首位。我国人均蛋白质日摄入量为 70g 左右，而发达国家人均已达 100~130g。为了提高畜牧业的效益，一般优质饲料中蛋白饲料含的比重在 25%~30%。根据上述情况来看，选育蛋白质含量高而产量又高的大豆新品种刻不容缓。这对提高人民生活水平和发展畜牧业、水产业以及食品工业均至关重要。

1 材料与方法

1.1 材料

1970 年对千余份大豆原始材料和高世代材料进行了高肥水鉴定（亩施优质有机肥 3 000kg，各种化肥近 50kg，同时灌水 3 次），从中筛选出秆强的大豆品种有：十胜长叶、北见长叶、黑农 11、黑农 16、小粒豆 9 号、北良 55-1、丰豆 5 号、克东铁荚青等，又从高世代材料中选出秆较强的高秆品系哈 70-5049（以后推广定名为黑农 26）、哈 70-5135、哈 70-5004、哈 70-5072 等品系。

每年配制 50~60 个大豆杂交组合，同时还专门配制 15~20 个选育高产优质的组合。如 1970 年利用黑农 16、黑农 5、黑农 10、黑农 11、黑农 18（大粒、蛋白质含量高）与日本高产秆强有限结荚习性品种十胜长叶杂交。配制组合前广泛征求了各方面专家的意见，一致认为原有大豆组合的亲本亲缘较近，应选择一些亲缘远、综合性状优良的外来大豆品种和本地优良品种杂交，易于出成果。

1.2 种植方法

杂交圃，行距 60~70cm，母本穴播，穴距 50cm，每穴留 3 株，中间种 2 行母本，母本旁各种 1 行父本，条播。F_1 20cm 等距点播，F_1只淘汰伪杂种，一般不选择。F_2~F_6或 F_7为选种圃，一般 10cm 单粒点播，行长 5m。高肥选种圃行长 3~4m，采用单粒或双粒点播。为增加选择机率、高世代组合数逐步减少，但增加了株行数。先选优良组合，从优良组合选优良单株。至 F_5~F_7代植株主要性状已整齐一致时决选品系。

决选的品系第 2 年在所内进行产量鉴定，在所外进行异地鉴定。对突出好的品系和后代材料当年冬季在海南岛崖县进行加代繁殖。

对鉴定中的优良品系进行 3 年品种比较、区域试验和生产示范。区域试验采用随机区组法，重复 4 次，4 行区，行距 60~70cm，行长 8m，同时在所外进行区域试验。高产品系则放在生产水平较高的试验地和农村基点进行试验。生产试验一般采取大区对比方法，面积在 1 亩以上，去掉边行实收测产，试验品系相互有对照。

2　试验结果

2.1　黑农 35 选育经过

1970 年：黑农 16×十胜长叶，获 F_0杂交种子 80 粒，取出 30 粒当年冬去海南岛南繁。1971 年：F_2 代选择 30 株，最后入选 27 株，其中 9 株于当年冬至 1972 年春进行南繁，选出 F_3单株 204 株。种植未南繁材料，去掉伪杂种。另 50 粒未南繁 F_0种子于黑龙江省农业科学院种植，调查 F_1表现。1972 年：F_4入选 96 株。未南繁材料 F_2选 29 株，最后入选 28 株。1973 年：F_5选 125 株。经考种最后入选 73 株，未南繁材料为 F_3选单株。1974 年：F_6代入选 73 株，同时对整齐一致表现优良的株行选为品系，选出哈 74-3453、哈 74-3454、哈 74-3455、哈 74-3456 等品系。未南繁材料为 F_4选单株。1975 年：F_7代种植 73 株。1976 年：F_8代选择哈 76-6296 等品系。1977 年：F_9进行产量鉴定。1978 年：从哈 76-6296 中选 15 个单株。1979 年：选 50 株。1983 年：选哈 76-6296-3。1984—1985 年：鉴定试验。1986—1988 年：区域试验。1989 年：生产试验。1990 年春：经黑龙江省品种审定委员会审定推广。

2.2　各世代和各地试验结果

2.2.1　F_1代

1971 年调查 F_1的表现情况（表 1）。

表 1　7013 组合（黑农 16×十胜长叶）F_1及亲本的表现

品种	株高（cm）	荚高（cm）	分枝数（个）	节数（个）	每株荚数（个）
黑农 16	95.4	16.6	4.8	21.6	79.2
十胜长叶	41.6	21.2	7.4	16.4	62.8
F_1	131.4	33.6	6.0	26.6	125.0

1971 年对 10 余个杂交组合 F_1代及其亲本测定了杂交优势，7013（黑农 16×十胜长叶）和 7046（黑农 10×十胜长叶）及 7047（黑农 11×十胜长叶）等组合 F_1代杂种优势明显。

2.2.2　F_2代

7013 组合表现很好，F_2性状分离很大，株高、成熟期、株型、开花结荚习性均有很大差异，分离出一些多分枝多荚类型的材料，株高 78cm，半矮秆，熟期适中，株型收敛，结荚密。

2.2.3　F_6及以后世代

1974 年决选的 F_6代部分品系的主要性状，见表 2。

表 2　1974 年决选的矮秆品系主要性状

品系名	组合	株高（cm）	成熟期（月.日）	分枝数（个）	单株荚数（个）	百粒重（g）
哈 74-3455	黑农 16×十胜长叶	55.8	9.25	4.4	74.0	21.2
哈 74-3456	黑农 16×十胜长叶	59.4	9.25	4.2	81.4	21.1
对照黑农 11		76.2	9.17	2.4	44.4	17.6

为了研究决选品系是否稳定，对 1974 年决选的哈 74-3456 品系株高的平均数、标准差和变异系数进行了分析，从表 3 中可以看出，哈 74-3456 标准差较小，说明此品系株高已经稳定。

表 3　哈 74-3456 株高的平均数、标准差和变异系数

品种	株高的平均数（$\bar{X}$）(cm)	标准差 (S)	变异系数 (CV)
对照黑农 11	75. 60	3. 112	4. 1%
哈 74-3456	59. 20	3. 116	5. 3%

1975 年在黑龙江省阿城县亚沟乡长胜三队科研室小面积试验哈 74-3456 亩产 260kg。比对照品种黑农 11 增产 8%。1978 年对哈 76-6296 进行高产栽培试验，从中选 15 个单株，后继续选择，1983 年选出哈 76-6296-3。1984—1985 年进行产量鉴定试验，比对照丰收 12 增产 18%。1986—1988 年三年 17 个点进行大豆品种区域试验，平均比对照丰收 19 增产 7. 22%。

2. 2. 4　生产试验结果

1989 年在 5 个点进行生产试验，结果比对照丰收 19 增产 9. 4%。

1986 年在黑龙江省拜泉县三道镇 20 亩，亩产达 234kg，比丰收 10 号增产 18%；在望奎县 105 亩平均亩产 127kg，比合丰 25 增产 10. 4%；绥化市新华乡五一村 266 亩，平均亩产 151kg，比绥农 4 号增产 16%；海伦市 5 万亩示范，比丰收 12 增产 15. 1%；拜泉县华光乡 200 亩，亩产 229kg，比合丰 25 增产 12. 6%。

1990—1991 年国家科委委托黑龙江省科委组织高寒大豆高产技术试验，共 3 个点，每个点 3 万亩，试验两年。在黑龙江省海伦市参加攻关的两个乡镇全部采用黑农 35，两年 6 万亩试验，平均亩产达 214. 5kg。该品种在本地区经过了五年以上的试验示范和大面积种植的检验，一直表现高产、秆强、抗旱、各种病害轻，并且籽粒中蛋白质含量高，是目前国内推广面积最大的“两高”（高产、高蛋白）优良品种。两年来，海伦曾先后引入 19 个大豆品种（品系），在两个乡镇布点试验，结果在产量、抗逆性等方面都没有超过该品种的。该试验表明，3 万亩攻关田两年平均亩产达 214. 51kg，比非攻关田亩增产 79kg。3 万亩增产 492 万 kg 大豆，增加收入 348. 3 万元。

1992 年内蒙古自治区赤峰市种子站引入黑农 35 进行品比试验，黑农 35 表现早熟高产，比对照品种增产 23. 3%，早熟 9d，株高 61cm，每株荚数 36 个，为最多，百粒重为 22g，是供试品种中最大的一个，亩产达 217kg。

2. 2. 5　生产上推广应用情况

黑农 35 于 1984 年引进黑龙江省海伦市种植。1985—1987 年在市内进行区域试验，平均亩产 162kg，较丰收 12 号增产 27. 4%；1986 年在海伦共合联发等乡大面积生产示范，平均亩产 160. 2kg，较丰收 12 号增产 10. 1%，由于增产显著，加之生长期相当于丰收 12 号，故确定在海伦中部乡镇代替丰收 12 号种植，有不推自广的趋势。1987 年在海伦市种植面积 15 万亩，1988 年种植 30 万亩，1989 年种植 42 万亩，1990 年推广面积 55 万亩，1991 年推广面积达 69 万亩，1992 年推广面积达 70 万亩以上。

黑龙江省截至 1991 年望奎县累计推广面积 100 万亩；庆安县累计推广面积 47 万亩；拜泉县累计推广面积 36. 2 万亩；绥化县累计推广面积 7. 5 万亩。黑龙江省国营农场也开始在适应地区试种。省内外有关单位纷纷要求海伦市种子公司提供良种，该公司到 1991 年已为省内外提供良种 298. 4 万 kg。据不完全统计，到 1992 年年底，黑农 35 累计推广面积达 700 万亩。

根据中国农业科学院科技文献信息中心对黑农 35 进行查新检索的结果证实，该品种的蛋白质含量超过 45. 24%，在推广面积 204 万亩以上国内外大豆品种中是领先的（查阅 15 年相关文献

240多篇)。

2.3 黑农35的主要特征特性

该品种株高80cm左右，主茎节数15个，亚有限结荚习性，节间短，结荚密，三粒、四粒荚多，分枝0.5~0.8个，叶披针形，浓绿、叶柄上举，通风透光好，白花、灰毛、籽粒近圆形，种皮黄色有光泽，黄脐，百粒重20~22g，蛋白质含量45.24%，脂肪含量18.36%，熟期属中早熟，生育日数115d，活动积温2 353℃，喜肥水、抗旱、抗涝、秆强不倒，耐病毒病，灰斑病较轻。黑农35蛋白质和脂肪含量测定结果（由黑龙江省农业科学院化验室测定）见表4。

表4 黑农35大豆5年蛋白质和脂肪含量（%）

年份	1985	1986	1987	1988	1989	5年平均
蛋白质	46.23	45.67	44.95	44.01	45.32	45.24
脂肪	17.44	18.85	18.80	18.32	18.39	18.36

2.4 黑农35的栽培要点

根据海伦市高寒大豆高产技术课题组的试验结果和频数分析表明，在海伦市种植黑农35大豆，亩产200kg应采取的综合技术措施是（表5），每亩要求保苗2.18万~2.36万株、施用尿素4.3~4.4kg、三料磷肥12.8~15kg、硫酸钾5~6kg。完全不施尿素或很少施用尿素时，产量达到200kg的频率等于0，这点与国外有关报道是不同的。

为了求解可操作的最佳综合技术措施，常采用频数分析法，这样要比求最大值更符合实际，因为技术措施的体现往往是符合统计规律，具有一定的随机性（表5结果引自海伦市高寒大豆高产技术试验专题报告）。

表5 黑农35大豆亩产大于200kg综合农艺措施

编码	密度（X_1）		尿素（X_2）		三料（X_3）		硫酸钾（X_4）	
	频数	%	频数	%	频数	%	频数	%
-2	0	0	0	0	0	0	1	2.1
-1	0	0	11	22.9	2	4.2	11	22.9
0	28	58.3	25	52.1	16	35.9	18	37.5
1	20	41.7	12	25.0	20	41.7	14	29.2
2	0	0	0	0	10	20.8	4	8.3
$\overline{X}$	0.4167		0.0208		0.7971		0.1875	
S	0.0712		0.0999		0.1177		0.1371	
95%置信区间	0.28~0.55		0.17~0.22		0.56~1.02		-0.08~0.46	
布艺措施	2.18~2.36（10^4/亩）		4.34~4.44（kg/亩）		12.8~15.0（kg/亩）		5.0~6.1（kg/亩）	

磷酸二铵的N：P为1：2.5，而4.34kg尿素与12.8kg三料磷肥的比例也是1：2.5。因此也可施用磷酸二铵来代替尿素和三料磷肥。但完全不施用氮肥或施用很少时，大豆产量达到200kg的频率等于0。

3 讨论

3.1 大豆高产高蛋白品种选育问题

为了选育大豆高产高蛋白品种，必须合理选配亲本，亲本的亲缘要远，综合性状要好，同时在性状上要能互补，亲本中有一个品种蛋白质含量应当高。选择十胜长叶做亲本的组合，其杂交后代蛋白质含量均较高；对高世代品系及时进行蛋白质含量的分析也非常必要。此外，亲本之一应是高产推广品种。试验选择的黑农16、黑农11、黑农10等均为推广良种。同时配制的组合应多选品系，在后代中应先选优良组合，然后从优良组合中多选单株，在高世代决选时应多选品系。

3.2 大豆矮化育种问题

以矮秆亲本和高秆亲本杂交时，后代株高分离明显，如按株高进行分组，可以通过 F_2代的株高分组统计分离比例，而推导出矮秆受一对矮秆基因（Kilen，1975，1977；陈恒鹤，1982）或两对矮秆基因控制（Boerma等，1978）。矮秆基因 F_1代表现为不完全隐性，矮秆除受隐性主基因控制外，还受一些修饰基因作用。F_2代呈连续变异，倾向矮秆（陈恒鹤，1984）。结荚习性相同的亲本间杂交组合的 F_2代，株高的变异系数分别为25.98%（无限×无限）、16.42%（亚有限×亚有限）和24.18%（有限×有限），而结荚习性不同的组合的株高变异系数明显为高，特别是有限×无限组合（59.58%）和有限×亚有限组合（47.83%）（陈怡和翁秀英，1986）。

王连铮等（1980）指出，大豆矮源的产生有4种：①利用有限结荚习性品种和无限结荚习性品种杂交。②有限结荚习性品种之间进行杂交。③用 ^{60}Co 射线处理有限结荚习性和亚有限结荚习性的大豆品种（如丰地黄、东农4号等）。④选择农家品种中的矮秆材料，如尚志嘟噜豆等。为了选择抗倒伏的大豆品种，应适当降低大豆的株高，选育矮秆和半矮秆的大豆品种；另对高秆大豆后代用高肥水条件进行鉴定，可从中选出秆较强的大豆品种，如黑农26就是利用不同生产水平条件鉴定选育出来的。观察了有限及无限结荚习性的品种杂交后代株高的变异情况，在1973年对7013组合（黑农16×十胜长叶）入选的197个单株进行调查，80cm以上有111株，占56.3%；60~79cm有64株，占32.5%；59cm以下有22株，占11.2%。7046组合（黑农10×十胜长叶）入选的91个单株中80cm以上的有54株，占59.3%；60~79cm的有30株，占32.9%；59cm以下的有7株，占7.8%。

3.3 大豆育种后代的培育条件问题

为了选育高产和适应性广的大豆新品种，对大豆育种后代应放在不同肥水条件下进行培育观察和鉴定。这样才容易选拔出适于不同条件下的品种。黑农26是1970年在两种不同肥力灌溉条件下进行决选的，品系号为哈70-5049，在高肥圃及一般选种圃均表现优良，因而决选后表现适应性广、高产，在大面积上得到推广。黑农35杂交后连续5年放在高肥圃条件下进行鉴定，后来在大豆高产田进行试验和选拔，因而此品种表现高产。

3.4 大豆北育南繁问题

用北育南繁或温室进行加代工作。一般在海南岛南繁效果较好，尤以崖县和乐东县较好，特别是在三亚、崖城、荔枝沟等地进行大豆南繁为好。南繁时应注意防治病虫害，出苗初期和结荚期尤应注意，结荚期应5~7d喷一次药以防豆荚螟的为害。另应注意肥水的管理，每5~7d应灌一次水，灌水后要及时松土以防土壤板结。黑农26决选后在海南岛南繁两次，同时 F_1在温室加代，因而推广较快。黑农35早世代也在海南岛进行两次南繁。在南方由于短日照，大豆植株生长矮小，因此选择株数应适当加大。

3.5 大豆地理远缘杂交和育种中间材料的利用问题

由于过去育种材料多系本地材料，因而增产幅度不大，蛋白质含量提高也不够高。从1970年开始利用日本高产高蛋白的品种十胜长叶和本地材料杂交获得了良好的结果。从这批材料中选出好几个品种，如黑农35、黑农34（该品种已于1989年经黑龙江省农作物品种审定委员会审定，并在哈尔滨地区推广）。利用热中子处理黑农16×十胜长叶的后代育成黑农28等。这些品种已在生产上大面积推广。

黑龙江省农业科学院曾利用辐射后代哈 63-2294 与小金黄 1 号杂交，选育出黑农 26 大豆品种。辽宁省锦州农业科学研究所以百粒重 6g 左右的熊岳小粒黄与丰地黄杂交，选育了结荚密集、抗病丰产的 5621 品系；辽宁省铁岭农业科学研究所于 1964 年以 45-15 为母本，以 5621 为父本进行杂交，经多年选育，育成铁丰 18，该品种获 1983 年国家发明一等奖。其他育种单位也利用中间材料选育出不少优良品种。因此，应注意对大豆中间材料的利用和保存。对杂交后代中有突出特点的如抗病、抗倒伏、多荚、分枝多、高蛋白、高油、大粒和小粒等材料可作为原始材料加以保存，以备应用。当然也不是对所有材料均加以保留。目前全国推广面积最大的大豆品种合丰 25 是黑龙江省农业科学院合江农业科学研究所以合丰 23 为母本、以克 4430-20 为父本进行有性杂交育成。黑农 29 系黑龙江省农业科学院作物育种研究所以黑农 11 为母本、黑农 10×十胜长叶的后代为父本杂交育成。这些品种的育成均利用了中间类型或杂交后代。

参考文献（略）

本文原载：中国农业科学，1995，28（5）：38-45

关于大豆高产优质问题

王连铮

（中国农业科学院/中国作物学会　北京　100081）

近年来，由于畜牧业的发展和人民生活改善以及农产品加工业的发展，我国的大豆需求量逐年增加，因而从1996年以来连续几年大豆进口。虽然我国大豆总产量有所增加，1994年曾达到1 599.9万 t。近几年大豆总产量也在1 400万~1 500万 t，1996年大豆单产达1 769kg/hm²。而国产大豆由于价格高，含油量低，还有部分大豆积压。据有关部门统计，到1999年9月底，全国大豆库存达576万 t。如何解决我国大豆产量低、价格高、含油量低的问题，有科研问题，有生产问题，也有政策问题。本文主要从大豆科研与生产方面探讨一下解决的途径，请大家批评指正。

1　大豆的重要性

根据联合国粮农组织统计，1997年世界大豆油产量为1 904万 t，占14种油料作物的25.10%，居世界第一位。1997年世界8种作物蛋白质产量为5 743.2万 t，大豆达3 721万 t，占64.78%，居第一位。美国农业部报道，1998年全球生产谷物为18.7亿 t，大约有37%用作畜禽饲料。美国植物油占食用油90%，植物油中大豆油占80%。1999年6月，贺锡翔报道，美国65%的玉米和80%大豆用作畜禽饲料和出口。由上述数字可见大豆的重要性。

2　中国大豆生产情况

改革开放以来，中国的大豆生产有了很大的发展，1978年我国大豆总产量为756万 t，1985年以后中国大豆总产量达到1 000万 t，1994年又达1 599万 t。1978年全国大豆单产为1 059kg/hm²，1987年为1 440kg/hm²。1994年达1 736kg/hm²。虽然不同年份有所变动，但大豆总产量和单产总的趋势是逐步增加的，面积相对稳定在800万~900万 hm²，是仅次于水稻、小麦、玉米之后的第四大作物（表1）。

表1　1978—1998年中国大豆生产情况（中国农业年鉴）

年份	播种面积（万 hm²）	总产量（万 t）	产量（kg/hm²）	年份	播种面积（万 hm²）	总产量（万 t）	产量（kg/hm²）
1978	714.4	756.5	1 059	1988	812.0	1 160.2	1 425
1979	724.9	746.0	1 035	1989	803.4	1 022.8	1 275
1980	722.7	788.0	1 095	1990	756.0	1 110.0	1 470
1981	802.4	932.5	1 140	1991	704.1	971.3	1 380
1982	841.4	903.3	1 080	1992	719.2	913.0	1 275
1983	756.7	976.0	1 290	1993	945.4	1 530.7	1 619
1984	728.6	969.5	1 335	1994	922.2	1 599.9	1 736
1985	771.8	1 050.0	1 365	1995	812.7	1 350.4	1 661
1986	829.5	1 161.4	1 395	1996	747.1	1 322.2	1 769
1987	844.5	1 218.4	1 440	1997	843.6	1 472.9	1 764

中国主要有三个大豆产区：①北方春大豆区包括黑龙江、吉林、辽宁、内蒙古东部等地，面积约333.3万hm^2，总产占40%以上。②华北大豆产区，面积200多万hm^2，产量占30%多；③南方大豆多作区，1997年超过40万hm^2以上的省区有：黑龙江、内蒙古、河南、山东、安徽。(表2)。

表2 1996—1997年中国主要省、区大豆生产情况（中国农业年鉴）

地区	1996年			1997年		
	播种面积（万hm^2）	总产量（万t）	产量（kg/hm^2）	播种面积（万hm^2）	总产量（万t）	产量（kg/hm^2）
全国总计	747.10	1 322.00	1 769	834.60	1 473.00	1 764
黑龙江	215.26	413.50	1 920	239.30	576.20	2 407
内蒙古	55.48	83.40	1 503	75.82	97.40	1 284
河南	50.02	91.10	1 921	60.98	95.22	1 561
安徽	39.77	55.30	1 390	51.80	86.50	1 669
山东	46.31	114.10	2 463	52.92	82.10	1 551
吉林	29.60	63.40	2 141	30.96	62.60	2 022
河北	47.34	73.70	1 556	46.00	58.20	1 265
江苏	17.95	42.80	2 384	21.74	55.30	2 543
湖南	20.67	34.00	1 644	20.53	44.20	2 152
辽宁	23.92	40.40	1 688	24.92	34.70	1 390

我国大豆生产所以能不断提高，主要有以下几条原因：①因地制宜推广良种。②改进栽培技术措施。③增施肥料，培肥地力。④防治病虫草害。⑤面积相对保持稳定。⑥开展丰收计划，进行新技术示范推广。⑦不断提供新的科研成果，促进大豆生产的发展等。

3 我国大豆育种工作的成就

根据农业部科技司和全国农业技术推广中心提供的材料可以看出，改革开放以来国家共审定大豆推广品种有33个，认定品种18个，共计55个（表3）。其中有24个大豆品种获国家级奖励（表4）。

表3 改革开放以来国家审定和认定的大豆推广品种
（全国农业技术推广中心提供 1998年12月）

年份	审定品种数	认定品种数	品种名称
1984		18	铁丰18、黑农26、黑河3号、丰收10号、丰收12、开育8号、吉林3号、九农9号、徐豆2号、齐黄1号、诱变30、鄂豆2号、矮脚早、跃进5号、合丰23、丹豆5号、吉林8号、跃进4号
1989	9		合丰25、吉林20、长农4号、鲁豆4号、鲁豆2号、豫豆2号、中豆19、冀豆4号、浙春1号
1989		4	吉林18、长农2号、绥农3号、鲁豆1号
1990	4		豫豆8号、黑河5号、开育9号、湘春豆10号
1991	1		铁丰24
1992	1		宁镇1号
1993	1		开育10号

（续表）

年份	审定品种数	认定品种数	品种名称
1994	5		浙春2号、鄂豆4号、豫豆10号、贡豆2号、科丰6号
1995	2		通农10号、黑农35
1997	1		绥农8号
1998	9		贡农6号、豫豆18、合丰35、北丰11、吉林30、徐豆8号、豫豆16、黑河11、晋豆19
合计	33	22	

表4　1979年以来获国家级奖励的大豆品种

品种名称	获奖年份	获奖名称等级	品种来源	育成单位
铁丰18	1983	国家发明一等奖	45-15×5621	辽宁省铁岭地区农业科学研究所
跃进5号	1983	国家发明二等奖	系统选育	山东省菏泽地区农业科学研究所
黑农26	1984	国家发明二等奖	哈63-2294（突变）×小金黄1号	黑龙江省农业科学院大豆研究所
黑河3号	1985	国家发明二等奖	克交4203-1×四粒荚	黑龙江省农业科学院黑河农业科学研究所
长花序大豆风交66-12	1985	国家发明四等奖	（本溪小黑豆×公116）×（早小白眉×集体2号）	辽宁省丹东市农业科学研究所
鄂豆2号	1985	国家科技进步三等奖	猴子毛×蒙城大白壳	中国农业科学院油料作物研究所
开育8号	1985	国家科技进步三等奖	583×开交6212-9-5	辽宁省开原县示范农场等
东农36	1987	国家科技进步三等奖	Logbeaw×东农47-10	东北农学院
丰收黄	1987	国家科技进步三等奖	齐黄1号×小粒青	山东省潍坊市农业科学研究所
诱变30	1988	国家发明三等奖	58-164×徐豆一号	中国科学院遗传研究所
冀豆4号	1988	国家科技进步三等奖	牛毛黄×Willians	河北省邯郸地区农业科学研究所
合丰25	1988	国家科技进步三等奖	合丰23×克4430-20	黑龙江省农业科学院合江农业科学研究所
豫豆2号	1989	国家科技进步三等奖	7104-3-1-31×华县大绿豆（泌阳水白豆×齐黄13）	河南省农业科学院经济作物研究所
吉林20	1989	国家科技进步三等奖	公交7041-3（一窝蜂×吉林5号×公交6612-3（吉林一号×十胜长叶）	吉林省农业科学院大豆研究所
豫豆6号	1991	国家发明三等奖	7608×74608	河南省周口市农业科学研究所
鲁豆4号	1992	国家科技进步二等奖	跃进4号×7110	山东省农业科学院作物研究所
大豆5621	1992	国家发明三等奖	丰地黄×熊岳小粒黄	辽宁省农业科学院原子能利用研究所

（续表）

品种名称	获奖年份	获奖名称等级	品种来源	育成单位
豫豆 8 号	1993	国家科技进步三等奖	郑州 135×泗豆 2 号	河南省农业科学院经济作物研究所
中豆 19 号	1995	国家科技进步三等奖	（暂编 20×1138－2）F5×（南农 493－1×徐州 1 号）F5	中国农业科学院油料作物研究所
吉林小粒豆 1 号	1995	国家发明四等奖	平顶四×半野生 CD50477	吉林省农业科学院大豆研究所
大豆抗病系郑 077249	1996	国家发明三等奖	豫豆 8 号×郑 76066	河南省农业科学院经济作物研究所
冀豆 7 号	1997	国家科技进步二等奖	Willians×承豆 1 号	河北省农业科学院粮油作物研究所
抗胞囊线虫－抗线 1 号	1997	国家发明四等奖	丰收 12×Frenklin	黑龙江省农业科学院盐碱土利用改良研究所
浙春 2 号	1998	国家科技进步二等奖	德清黑豆×充黄 1 号	浙江省农业科学院

我国大豆生产水平包括总产和单产不断提高，是和大豆育种工作的成就分不开的，我国各地区不断更新大豆良种并结合改进栽培技术等措施，使我国大豆生产不断发展。

4 从大豆育种的实践有以下几点体会

4.1 有性杂交是大豆育种的主要手段

从国家审定和认定的 47 个大豆推广品种中，42 个品种是利用杂交育种育成的，占 89.36%；2 个品种是杂交育种与辐射相结合育成的，占 4.36%；3 个品种是用系统选种育成的，占 6.38%。由此可见，有性杂交是目前大豆育种的主要手段，也是非常有成效的手段，因此，今后大豆品种改良仍应以此为主要途径，这一技术路线应当坚持，但对其他育种手段如辐射育种、系统育种和生物技术应用等手段可利用其特色结合应用。

4.2 选择亲本是杂交成功与否的关键问题

从目前生产上应用品种来看，选择生产上大面积推广的品种，改良 1～2 个或 2～3 个性状，选择性状可以互补的两个亲本进行杂交比较容易成功。这已经被大量育成的品种实践所证实。同时还应当有一定的规模，组合太少不容易选出好的材料。结合杂交后代材料处理多采用系谱法或混合系谱法，也有采用单粒传等方法。

利用无限结荚习性品种或亚有限结荚习性品种与有限结荚习性品种杂交以及有限结荚习性品种之间进行杂交，可以产生超亲遗传。如用黑农 16（无限）与十胜长叶（有限杂交），后代在熟期及蛋白质含量等均有超亲现象。从上述组合选出的黑农 35 熟期比母本早 7d，比父本早 14d，蛋白质含量比较高，达 45.24%。

4.3 拓宽大豆品种资源的利用是开展有效大豆育种的一个重要途径

早在 1980 年就曾经指出，黑龙江省大面积推广的大豆品种亲缘太近，当时推广的 17 个黑农号大豆品种中有 14 个品种有满仓金亲缘，8 个有东农 4 号亲缘，8 个有紫花 4 号亲缘，6 个有荆山朴亲缘，所以必须拓宽利用新的大豆品种资源。后来由于利用了日本的高产品种十胜长叶育成了高产高蛋白的品种——黑农 35 和黑农 34，还育成其他一些品种。

4.4 高肥水条件鉴定是选育高产大豆品种的必要方法

为了选育高产大豆品种，需将大豆品种资源包括从国外引进的品种大豆后代材料放在肥水高的条件下进行鉴定，以明确其增产潜力，选择那些丰产性好而又不倒伏的品系和品种进行杂交繁殖扩大试验，突出好的材料也可立即经过区域试验和生产试验进一步决定取舍。不经过一定的鉴定，很难看出某一个品种或品系的表现，也就很难选出高产品种来。如黑农 26 曾在 1970 年决选，那年利用高肥水和一般条件两种水平进行鉴定，表现均好。因此，此品种高产适应性广。

为了选育高产品种，丰产性和抗倒伏性是重要的选择性状。

4.5 采取多种途径加快育种进程

利用如南繁、异地种植和温室加代等途径，缩短育种年限。可以在北方进行杂交，F_1种在温室，F_2拿到海南三亚种植，F_3在北方种植，F_4~F_5在海南种植，F_6即可以决选。这样三年就可以决选品系，对于加速大豆育种进程会起到较好作用。同时可以将不同品系在不同生态区进行多点鉴定，因为大豆的生态类型很复杂，一个品种适应这个地区，不一定适应另一个地区，必须通过区域试验和生产试验来明确不同品系的丰产性、适应性和抗逆性，以决定品种的取舍。

全国大豆育种水平正在不断提高，各育种单位不断为各地区大豆生产提供大豆良种，促进大豆生产的发展。

5 大豆科研和生产存在的主要问题

5.1 我国大豆在国际上的位次下降，大豆单产低

我国虽然是大豆原产地，由原来的第一位降到 20 世纪 50 年代的第二位，后又被巴西赶过。1997 年又被阿根廷超过，当年阿根廷总产量为 1 600万 t，我国为 1 380万 t。1997 年后在大豆总产量上已降到第四位。我国大豆单产面积产量低于美国，美国平均大豆单产为 2. 62t/hm²；欧盟大豆单产为 3. 3t/hm²，而意大利全国平均单产为 3. 7t/hm²，我国仅为 1. 7t/hm²（表 5）。

表 5 世界大豆生产情况

国家	1996—1997 年			1997—1998 年			1998—1999 年		
	面积（百万 hm²）	单产（t/hm²）	总产量（百万 t）	面积（百万 hm²）	单产（t/hm²）	总产量（百万 t）	面积（百万 hm²）	单产（t/hm²）	总产量（百万 t）
美国	25. 66	2. 53	64. 84	27. 97	2. 62	74. 22	28. 66	2. 62	75. 03
巴西	11. 80	2. 27	26. 80	13. 00	2. 33	30. 00	8. 00	1. 73	13. 80
中国	7. 47	1. 77	13. 22	8. 35	1. 67	13. 80	8. 00	1. 73	13. 80
阿根廷	6. 20	1. 81	11. 20	7. 10	2. 35	16. 00	7. 40	2. 53	18. 70
印度	5. 23	0. 99	5. 20	5. 86	1. 15	6. 72	6. 30	0. 90	5. 70
欧盟	0. 34	3. 44	1. 15	0. 46	3. 37	1. 44	0. 54	3. 26	1. 74
巴拉圭	1. 20	2. 25	2. 70	1. 20	2. 23	2. 90	1. 25	2. 64	3. 30
其他	5. 29	1. 22	6. 47	6. 41	1. 12	7. 17	5. 61	1. 51	8. 48
总计	63. 19	2. 08	131. 58	69. 34	2. 19	152. 26	70. 65	2. 23	157. 75

来源：Oilseed - World Markets and Trade，USDA，April，1999 and Agricultural Statistics at a Clance，Dir. Economics and Statistics，Min. Of Agriculture，GOI

5.2 由于我国大豆总产量不足，从 1996 年开始中国大量进口大豆，年超过 100 万 t 以上

1998 年中国进口大豆 319 万 t，豆粕 373 万 t，进口豆油 82. 8 万 t。1978 年总进口量达 774. 8 万 t。相当于当年中国大豆总产量的一半（表 6）。

表 6　近年中国大豆生产及进出口情况

年份	面积（万 hm^2）	单产（kg/hm^2）	生产量（万 t）	进口量（万 t）	出口量（万 t）
1980	0.72	1 099	794		10
1985	0.77	1 360	1 050	0.1	114
1990	0.76	1 455	1 100	0.1	94
1993	0.95	1 619	1 530	9.9	37
1994	0.92	1 735	1 560	5.0	83
1995	0.81	1 661	1 350	29.0	38
1996	0.75	1 770	1 322	111.0	19
1997			1 473	279.0	19
1998			1 515	319.0	17

根据农业部的材料，1998 年中国进口大豆 319 万 t，豆粕 373 万 t，豆油 82.8 万 t。到 1999 年 9 月底，又进口大豆 255 万 t。由于过量进口造成国内大豆积压。到 1999 年 9 月底，全国大豆库存达 576 万 t。

5.3　我国大豆品种平均含油量比美国低 1%~2%，同时我国大豆价格高于美国，因此榨油企业进口不少美国大豆

美国大豆为 198 美元/t，相当于 1.60 元/kg。中国大豆为 1.80~2.00 元/kg，高出 10%~20%。我国虽然有些大豆品种含油量较高，但由于未进行纯品种生产，企业和生产厂家未结合，未形成大规模生产能力。含油量高的大豆品种，见表 7。

表 7　含油量超过 22%以上的大豆品种（不完全统计）

品种	脂肪含量	蛋白质含量	区域试验		生产试验	
			kg/hm^2	增产（%）	kg/hm^2	增产（%）
红丰 3 号	22.5	38.9	1 908.0	14.1	1 711.5	7.4
九丰 2 号	22.5	35.7	1 812.0	7.4	1 932.0	8.2
垦农 4 号	22.0	41.6	2 385.0	13.0	2 469.0	12.6
绥农 6 号	22.7	37.2	2 164.5	14.9	2 416.5	22.4
嫩丰 10 号	23.3	38.4	1 641.0	12.8	1 675.5	13.8
黑农 31	23.1	41.4	2 049.0	5.0	1 848.0	6.5
黑农 32	22.9	40.8	2 154.0	12.6	2 625.0	14.3
黑农 33	22.2	40.3	2 464.5	21.8	2 670.0	19.2
东农 38	22.2	38.3	1 963.5	15.1	2 197.5	显著
铁丰 22	22.6	41.3	2 131.5	11.8	2 854.5	19.6

目前，各育种单位选育出一批含油量高的大豆品系和品种应尽快使这批品种投入生产，以解决生产上的急需。

6 大豆高产问题

6.1 河南高产试验

中国科学院遗传研究所张性坦等利用诱处4号在河南泌阳县杨集和邓县刘集小面积试验获得单产4 537.5kg/hm²和4 878.0kg/hm²的产量（表8）。

表8 诱处4号单产4 500kg/hm²的性状表现（不同密度）

密度（万株/hm²）	生长日期（d）	株高（cm）	底荚高（cm）	有效分枝（个）	株荚数（个）	株粒数（个）	百粒重（g）	株粒重（g）	折单产（kg/hm²）	试验面积（hm²）	地力水平	年份
6.60	97	109.8	21.2	6.2	112.9	312.8	22.1	69.1	4 563.0	9.0	上等	1992
9.00	98	114.2	12.8	4.2	96.1	225.8	23.4	52.8	4 615.5	0.5	上等	
7.80	108	98.9	21.2	6.2	92.5	226.6	28.4	62.6	4 602.0	15.0	上等	1993
8.25	108	124.0	6.7	155.6	205.4	29.4	29.3	820.5	458.9	1.0	上等	
16.35	105	96.8		2.8	68.0	129.2	28.0		4 537.5	15.0	上等	1994
21.60									4 878.0	15.0	上等	

从表8可以看出，诱处4号达300kg以上，其株高变动于96.8~124.0cm；生育日数为97~108d，有效分枝数为2.8~6.7个，株荚数为68.0~155.6个，株粒数为129.2~312.8个，百粒重在22.1~29.3g，株粒重在52.8~69.1g，肥力为上等，密度在6.6万~21.6万株/hm²。

6.2 黑龙江高产试验

国家科委在1991—1992年在黑龙江省进行高寒地区大豆高产试验，在海伦县利用黑农35，小面积单产达4 350kg/hm²。有13个点单产超过3 750kg/hm²，最高单产达5 460kg/hm²（表9）。

由表9可以看出，在黑龙江省海伦单产在4 350kg/hm²的产量构成为平方米株数在27~30株，平方米粒数在2 000~ 3 000粒，百粒重在20~23g，每株荚数32~40个，株高在76~84cm。

表9 1990—1991年黑龙江省海伦部分大豆高产点试验结果

年份	点次	株数/m²（株）	粒数/m²（个）	产量（kg/hm²）	百粒重（g）	荚数/株（个）	株高（cm）
1990	共和-1	27.0	2 160.0	3 790.5	19.5	37.6	76.5
	共和-2	26.0	2 132.0	4 317.8	22.5	38.2	82.0
	共和-3	27.0	1 993.0	3 963.0	22.1	31.4	80.8
	共和-4	26.0	2 244.0	4 240.5	21.0	39.7	83.6
	共和-5	27.0	2 290.0	4 389.0	21.3	36.8	84.0
1991	共和-王学施	28.5	1 995.0	4 401.0			
	共和-赵录	31.0	2 363.8	4 255.5			

6.3 河北高产试验

中国农业大学王树安教授等利用中作972等品系创造了单产4 927.5kg/hm²；中作9612获得单产5 812.5kg/hm²；中作975获得单产4 027.5kg/hm²（表10）。

表 10　中作号大豆新品系 1999 年试验结果
（王树安教授提供　河北吴桥）

品种	项目							
	株高（cm）	分枝数（个）	有效荚数（个）	无效荚数（个）	单株粒数（粒）	百粒重（g）	产量（kg/亩）	备注
中作 975	69.9	2.2	30.3	3.9	75.9	24.4	268.5	春播
中作 972	78.4	1.7	41.2	2.0	95.9	21.3	328.5	春播
中作 9612	65.3	3.6	37.2	0.9	69.4	27.4	287.5	夏播
中作 966	69.3	1.5	41.2	2.1	85.5	19.2	251.2	夏播

从以上 4 个品种看，无论春播或夏播均实现了 250kg 以上，单株粒达到 95.9 粒，株型紧凑、抗倒、抗病、丰产性能好。

6.4　黄淮海平原大豆区域试验

在 1999 年黄淮海大豆区试中的河南省西华农场试验点，中作 9612 获得单产 4 027.5kg/hm^2，增产 13.82%，居第一位；王树安教授在河北试验单产达 4 312.5kg/hm^2；在山东省济宁单产 3 635.1kg/hm^2，增产 13.4%，居第一位，该品种增产潜力较大。中作 975 在 3 个省表现第一位，1999 年在陕西省区域试验比对照增产 39.2%。王树安教授试验单产达 4 027.5kg/hm^2。

6.5　意大利大豆高产经验值得重视

不久前曾到意大利考察，看到意大利大豆确实高产。Osaka 大豆，单产达 6t/hm^2。主要经验是，选用肥沃土地；广泛应用灌溉，地下水位高；合理密植，40 株/m^2 左右；及时防治病虫草害（表 11）。

表 11　大豆品种 1995—1996 年在意大利三地试验结果

品种	公司	产量（t/hm^2）	收获时湿度（%）	株高（cm）	倒伏率（%）
DEKABIG	DEKALB	4.84	14.1	98	17
NANKINO	ASGROW	4.83	14.2	113	20
AGATA	HILLESHOG	0.76	14.0	105	6
QUEEN	DEKALB	4.76	14.0	118	26
OCEAN	RENK	4.73	16.6	111	27
IMARI	ASGROW	4.73	14.3	99	10
FIORIR	PIONEER	4.72	14.4	106	24
MIXER	RENK	4.70	15.0	102	18
SAPPORO	ASGROW	4.67	14.1	98	28
NIKIR	PIONEER	4.61	14.1	103	17
KURE	ASGROW	4.60	14.7	103	24
AMELIA	AGRA	4.58	14.8	98	12
ARDIR	PIONEER	4.56	15.1	102	22
BRJLLANTE	HILLESHOG	4.56	14.2	106	22
COMBIR	PIONEER	4.55	14.1	97	15

（续表）

品种	公司	产量（t/hm²）	收获时湿度（%）	株高（cm）	倒伏率（%）
ADEL	ACRA	4.54	13.9	107	22
DEKANA	DEKALB	4.53	13.9	107	22
PATTY	OSGOLD	4.53	14.1	92	15
CEMMA	HILLESHOG	4.52	14.2	112	11

如能及时推广大豆良种，配套的栽培技术，合理施肥灌溉，防治病虫害，一定可以将大豆产量提高，并能增加农民收入。

7 提高大豆质量问题

除了要提高大豆单产和总产外，还要千方百计提高大豆质量。当前特别要注意提高大豆含油量。因为大豆含油量提高2%，榨油企业效益就可增加10%。同时要加强大豆品质育种科学研究工作。要注意良种繁殖和生产，和企业密切结合。既要有计划地生产适销对路的大豆品种，又要注意生产“绿色食品”大豆、小粒豆、高蛋白大豆以及毛豆等，以满足欧盟和日本等国的需要。

参考文献（略）

本文原载：全国农业优代种植结构发展优质高效农产品学术讨论会文集

加速大豆专用品种的选育和推广，促进大豆产业发展

王连铮
（中国农业科学院/中国作物学会　北京　100081）

近年来，中国大豆生产有一定发展，大豆总产量达 $1\ 400\times10^4 \sim 1\ 600\times10^4$t，1.7t/hm^{2}左右。但与需要相比还有不少差距。我国饲料工业已发展到年生产 $6\ 871\times10^4$t，以蛋白饲料 20%计算，则需 $1\ 360\times10^4$t 豆粕。人民生活水平提高，需要更多的豆制品，食品加工业也需要大量豆粉。由于大豆总生产量的不足，因而 2000 年我国进口大豆豆油及豆粕达 $1\ 122\times10^4$t。今年进口大豆比去年同期增加 54.6%。为了满足我国市场对大豆及其制品的需要，需要加速大豆专用品种的选育和推广，以促进我国大豆产业的发展。

1　加速大豆专用品种的选育

由于大豆主要用于榨油，豆粕用作饲料，因而应当加速对高油大豆或高蛋白大豆的选育，提倡专用品种，不宜提双高，因为双高很难办到。

最近对吉林德大集团油脂厂、辽宁大连华能集团及连王油脂有限公司考察，了解到进口大豆为 1 900元/t，色拉油为 4 850元/t，二级豆油为 4 300元/t，豆粕为 1 650～1 900元/t。如采用高油大豆品种，企业每吨可多收入 200 元。利用美国大豆可出油 19%，利用国产大豆则出油 17%。因此，加速高油大豆品种选育和推广实为当务之急。最近育成中作 983 及中作 984，经农业部农作物品质检验测试中心分析，中作 983 含油量为 23.37%，比美国 DekaFast 大豆高 1.39%。已在北京、辽宁和天津等地进行 2 年区域试验和生产试验，表现较好。

选育高油大豆应多做高油组合，亲本含油量高，同时应早世代 F_3和 F_4就开始分析。分析了 800 余份材料，含油量超过 23%的只有 3 份。

育成的中黄 17（中作 976）已在北京和华北地区北部作为夏播审定推广，在北京 3 年试验，比对照增产 10.8%，蛋白质含量达 44.13%，产量也较高，现正在大面积推广。

由于中国大豆总产严重不足，对于高产品种（3 750kg/hm^{2}以上）要求很迫切。育成的中黄 13（中作 975）已通过安徽省和天津市审定。在安徽省 2 年平均单产 3 040.95/hm^2，平均增产 16%，生产试验平均单产 2 874kg/hm^2，增产 12.71%，3 年共 28 个点试验，全部增产。本品种蛋白质含量为 42.82%，抗病性较好，中国农业大学王树安教授在河北省吴桥县试验，单产达 4 027.5kg/hm^2；王教授利用中作 972 创单产 4 927.5kg/hm^2；利用中作 9612 创单产 4 312.5kg/hm^2，此品系在河南黄泛农场进行区域试验，单产达 4 830kg/hm^2，同时系高蛋白品种，蛋白质含量为 44.45%。

对于抗胞囊线虫病以及特用品种，如小粒品种（适于出口作纳豆）以及黑豆品种等也应加强和加快品种选育工作。

2　良种良法结合，提高单产，增加总产

农民是根据种植某一作物的效益来决定种或不种，只有提高大豆单产，增加效益农民才愿意多种大豆。世界大豆单产最高的国家是意大利，平均 3.7t/hm^2；美国为 2.6t/hm^2；我国为

1.79t/hm^2。去年到意大利考察，了解到意大利大豆高产的主要经验为选用良种（Osaka 品种在 Palazzolo 试验为 6.08t/hm^2，三点平均 5.34t/hm^2，Taira 5.91t/hm^2，Gasa 5.93t/hm^2）；土地肥沃（土壤有机质在 4%~5%）；灌溉及时（降水量在 1 000mm，地下水位为 5m 并有喷灌，根据需要随时可灌溉）；精细管理，及时防治病虫草害；合理密植，40 株/m^{2}左右。单产 4 590kg/hm^{2}以上的 43 个品种，收获时最低株高为 91cm（Hilario），最高为 122cm（Emiliana）。倒伏程度由 17%（Lordy）到 52%（Quick）。

综合调查研究，为提高我国大豆产量建议采取下述措施。

（1）因地制宜采用良种。我国大豆总产严重不足，因此应千方百计选育和推广高产大豆品种。由于不同企业用户需要不同类型品种，因此应推广高油大豆品种、高蛋白大豆品种和特用品种，采用专用和特用大豆品种产量应适当放宽。

（2）增施肥料，培肥地力，提高大豆单产。应当大力提倡秸秆还田。提倡大豆和玉米轮作，要合理施用化肥和有机肥，N、P、K 肥和微量元素要合理搭配施用，要根据土地、作物生长情况施用，特别是开花鼓粒期。总的来看，施肥量太少。

（3）适当增加密度。目前不少地方仅 $18\times10^4\sim20\times10^4$株/hm^2，而意大利高达 $35\times10^4\sim40\times10^4$株/hm^2，缺苗时，易于调节。

（4）增加灌溉面积和灌溉次数，提倡节水灌溉。

（5）加强田间管理，防治病虫草害。

3　科研生产、加工、销售紧密结合，发展订单农业，促进大豆产业发展

过去科研、生产加工和销售等环节结合不够紧密，因而影响整个大豆产业的发展。如科研对高油大豆品种的选育则重视不够，和生产有些脱节。粮库混收，不进行纯品种收购。而大豆生产和企业衔接也不够，加之有一段时间我国大豆价格显著高于国际市场，我国大豆含油量比国外大豆低 2%，同时关税又下降，因而造成国外大豆大量进口。

大豆科研与生产应紧密结合。大豆育种单位应根据生产的迫切需要，加速选育高产大豆和高油大豆品种并加速繁殖，投入生产。

大豆生产单位与企业应密切结合，发展订单农业，规定双方的权利、义务，同时各方应严格遵守所签订的合同，由于同加工企业紧密衔接，不会造成大豆积压，同时生产出的大豆应符合企业的需要。吉林省德大集团油脂厂与吉林德惠附近几个县的农民签了生产几十万吨的大豆合同，效果很好，值得推广。辽宁大连连王油脂有限公司也在与农民研究加速繁殖生产高油中作 983。

国家和地方有关部门应大力扶持大豆科研、生产和加工，以促进大豆产业的发展。

应在全国大豆主产区建立优质大豆原种基地和优质大豆生产基地，建议国家予以重点扶持。

本文原载：农业科技创新与生产现代化学术研讨会论文集

关于发展黄淮海地区大豆生产和育种问题

王连铮　王　岚　赵荣娟　李　强
（中国农业科学院，北京　100081）

据 FAO 统计，大豆粉占世界 8 种主要作物蛋白粉的 65.48%，居各作物的首位。大豆油占世界 14 种作物生产的食用油的 25.10%。最近报道，大豆油已占食用油的 30%，居植物油首位。大豆在大宗农产品国际贸易的地位居前列，近年来，我国大豆总产量达 1 400 万~1 600万 t，每公顷达 1.7t，有一定发展。全国推广了 76 个品种，其中黄淮海地区推广了 35 个，东北地区推广了 32 个，南方 9 个。我国新建了很多大型榨油企业，加上原有的油脂厂，年加工大豆需要 1 700 万~1 800万 t。我国饲料年生产 6 871万 t，以蛋白饲料 20%计算，则需 1 360万 t 豆粕。人民生活水平提高，需更多的豆制品。2001 年我国进口大豆 1 394万 t。为了满足我国市场对大豆及其制品的需要，需要加速大豆专用品种的选育和推广，以促进我国大豆产业的发展。

1　国内外大豆生产情况

1.1　各主要大豆生产国家的生产大豆情况（表 1）

表 1　各国大豆生产情况

国家	总产量（万 t）	单产（t/hm^2）
美国	7 538	2.56
巴西	3 750	2.70
阿根廷	2 600	2.60
中国	1 540	1.70
意大利		3.70

2001 年世界大豆总产量为 1.718 亿 t，单产为 2.3t/hm^2，总播种面积 7 505万 hm^2。1997—1998 年大豆出口情况如表 2 所示。

表 2　1997—1998 年大豆出口情况

	国家	出口（百万 t）	出口所占比例（%）
籽粒	美国	26.7	66.9
	巴西	7.1	17.8
	阿根廷	1.5	3.7
	世界	39.9	
	占世界的%		87.4
大豆粉	巴西	10.9	30.7
	阿根廷	9.2	25.9
	美国	6.8	19.2

（续表）

	国家	出口（百万 t）	出口所占比例（%）
	世界	35.5	
	占世界的%		75.8
豆油	阿根廷	2.0	32
	巴西	1.4	22.4
	美国	1.1	17.6
	世界	6.3	
	占世界的%		71.9

对意大利大豆主产区波河平原曾进行访问，意大利全国600多万 hm^2 大豆，最高产年份每公顷达3.7t。意大利大豆高产原因：①土质较好，有机质达3%~4%。②采用良种，很大一部分是美国的 Dekabig Deka Fast、Cresit 等，也有意大利品种，高大、秆强、丰产性好，含油量高在22%。③降水量1 000mm，分布均匀，干旱时灌溉，大部采用喷灌。④多施用 P、K 肥并进行根瘤菌接种。⑤密度大，一般每40株/m^2。⑥及时防治病、虫、草害，施除草剂。⑦技术指导及时。

1.2 我国大豆生产情况

从表3中可以看出，我国大豆面积基本上稳定在750万~900万 hm^2；总产量在1 350万~1 600万 t，最高年为1994年1 599.9万 t；单产有所增加，由20年前的每公顷1t（上升到1994年的1.7t，以后单产增长较慢，最高年为，1999年1.79t/hm^2。

表3 1978—1998年中国大豆生产情况（中国农业年鉴）

年份	播种面积（万 hm^2）	总产量（万 t）	产量（kg/hm^2）
1978	714.4	756.5	1 059
1985	771.8	1 050.0	1 365
1990	756.0	1 110.0	1 470
1993	945.4	1 530.7	1 619
1994	922.2	1 599.0	1 736
1998	850.0	1 515.2	1 782
1999	796.2	1 425.0	1 789
2000	930.7	1 541.0	1 656
2001	930.0	1 540.0	1 720

中国主要有3个大豆产区：北方春大豆区包括黑龙江、吉林、辽宁、内蒙古东部等地，面积约60万 hm^2，总产占40%以上；华北夏大豆产区面积约27万 hm^2，产量占30%多；南方大豆多作区。1998年超过40万 hm^2 以上的省（区）有：黑龙江、内蒙古、河南、山东、安徽、河北。总产量超过）70万 t 以上的省区有黑龙江、山东、河南、内蒙古、安徽、河北和吉林。

1.3 中国大豆生产存在的问题

产量低，平均1.7t/hm^2，与美国、巴西相比单产每公顷少0.6~1t；与意大利相比每公顷少

表 8　中黄 13（中作 975）2000 年安徽生产试验结果

地点	产量（$kg/667m^2$）	比 CK（%）
阜阳	181.24	+8.93
太和	213.50	+21.60
东风湖	201.00	+5.20
宿县	151.50	+29.80
蒙城	213.00	+19.33
潘村湖	244.50	+11.40
寿西湖	166.00	+7.10
柳湖	165.00	+3.00
平均	191.96	12.71

两年区域试验平均比对照增产 16%，每 $667m^2$ 达 202.73kg。2000 年生产试验 $667m^2$ 达 191.96kg 比对照增产 12.71%，全部参试点均增产。农业部农作物品质中心分析，蛋白质含量为 42.84%，脂肪 18.66%，属蛋白质较高类型。

中黄 13 于 2001 年 3 月被天津市农作物品种审定委员会审定推广。1998—2000 年 3 年 10 点区域试验，平均 $667m^2$ 产 159.20kg，较对照科丰 6 号增产 9.04%；2000 年三点生产试验平均 177.40kg，较对照增产 10.8%。蛋白质含量 42.84%，粗脂肪 18.66%（津农种审豆 2001004 号）。

中黄 13 于 2000—2001 年在北京市参加区域试验，品种间产量差异达极显著水平。$667m^2$ 产 188.60kg，比对照增产 20.10%，居供试验品种第一位；2001 年在北京进行生产试验，产量达 168.89kg，比对照增产 22.69%，居 4 个参试品种的首位。中黄 13 在陕西省南部试验 3 年，平均增产 9.60%，已于 2002 年审定推广。

（2）区域试验中 $667m^2$ 超过 180kg 的大豆品种见表 9。

表 9　区域试验 $667m^2$ 超过 180kg 的大豆品种

品种	产量（$kg/667m^2$）	比 CK±%	国审年度	蛋白含量（%）	脂肪含量（%）
冀豆 12	195.42	7.47	2001	46.48	17.09
豫豆 19	190.57	4.26	2001	46.22	19.79
濮海 10	182.41	13.89	2001	42.44	18.38
晋大 53	180.93	12.97	2001	40.06	20.58
中黄 13	202.73	16.00	2001	42.82	18.66
中黄 17	191.80	5.48	2001	44.13	20.25
徐豆 10	205.30	12.20	2001	43.70	18.68

超过 200kg 的品种有徐豆 10（205.30kg）和中黄 13（202.73kg）；超过 190kg 以上的品种有中黄 17（191.80kg）、豫豆 19（190.57kg）、冀豆 12（195.42kg）。

区域试验增产幅度超过 10%以上的有中黄 13（增产 16.00%）、濮海 10（增产 13.89%）、晋大 53（12.97%）、豫豆 22（增产 12.89%）和徐豆 10（增产 12.20%）。

3.2　加速高油大豆品种的选育

我国黄淮海地区大面积生产上应用的大豆品种含油量比美国大豆低 1%～1.5%。美国和意大利生产上大量应用的8个大豆品种，平均含油量为21.70%，其中Deka Fast含油量最高为21.98%（表10）。

表10　美国及意大利大豆品种含油量

（农业部品质检验测试中心分析）

品种	公司	含油量（%）
Deka Fast	Dekarb	21.98
Dekabig	Dekarb	21.84
Ardir	Pioneer	21.80
Cresir	Pioneer	21.62
Fabio	ERSA	21.79
Villa	SIS	21.94
Fiume	ERSA	21.66
Ocean	Renk	21.02

黄淮海地区目前生产上应用的大豆品种含油量较低，没有超过21%的（表11）。

表11　黄淮海地区大面积应用的大豆品种含油量及蛋白质含量

品种	蛋白质（%）	脂肪（%）
中黄12号	42.71	20.50
中黄4号	40.24	19.40
中黄6号	43.14	20.59
诱变30	42.68	20.51
齐黄1号	43.50	19.17
鲁豆4号	43.15	19.36
早熟18	44.42	18.78
冀豆7号	43.10	20.10
豫豆8号	44.60	20.10
科丰6号	41.20	20.10
平均	42.90	19.86

最近选育出超过美国大豆含油量的中作983。经农业部农作物质量监督检测中心测定，3年平均含油量23.50%，是目前含油量最高的品种之一（表12）。已经天津、北京、辽宁品种审定委员会审定，正在大面积推广。同时经农业部批准，已被列为2002年农业科技跨越计划（编号为2002跨-6），同时由大连连王油脂集团合作进行产业化开发和运作，是一个极有前途的专用品种，适于华北北部及辽宁南部大面积种植。

表12　大豆高油新品系（中国农科院作物所）

品系	脂肪含量（%）	
中作983	23.50	农业部品质测试中心分析
中作984	22.98	农业部品质测试中心分析

（续表）

品系	脂肪含量（%）	
中作 95-1086	22.27	中国农业科学研究院作物科学研究所分析
中作 3553-9	22.13	中国农业科学研究院作物科学研究所分析
中作 96-5159	22.12	中国农业科学研究院作物科学研究所分析
中作 999	22.05	中国农业科学研究院作物科学研究所分析

3.3 加速高蛋白高产大豆的推广

中黄 17 和豫豆 19、22 及冀豆 12 等均为高蛋白、高产品种，建议加速推广。其中，中黄 17（中作 976），全国品种审定委员会已于 2001 年审定［国审 2001009］。本品种经农业部谷物品质监督检验测试中心测试，蛋白含量为 44.13%，含油量 20.25%，区域试验增产 8.52%，系高蛋白、高产、早熟品种。可在华北北部夏播，辽宁、内蒙古等地春播。

3.4 加速抗胞囊线虫病品种的选育和推广

我国不少地区胞囊线虫病为害严重，急需解决。华北地区以 4 号生理小种为主，东北以 3 号生理小种为主。利用美国引进的 P1 437654 与单 8 杂交选出高抗大豆胞囊线虫病的品系。如中作 01（RN-5）、中作 02（RN-1）；中黄 13（中作 975）和中作 983 为中抗胞囊线虫病。这些品种和品系正在加速繁殖和试验。

3.5 千方百计提高大豆单产，增加总产和农民收入

我国单产水平低，每公顷仅 1.7t。应大力提倡良种与良法相结合，采取综合高产栽培技术措施，千万百计提高大豆单产，提高效益，农民才愿意种植。

采用中黄 13、高油大豆中作 983、高蛋白中黄 17 等良种及各省、市、区审定推广品种，适时早播，夏播最好在 6 月 5 日前播种；施用有机无机复合肥效果好，降低成本；干旱时灌溉 2~3 次；单收单打保持品种纯度。

调整种植业结构，适当增加大豆种植面积，以增加总产；实行产销衔接，发展订单农业，促进农业产业化经营。

本文原载：中国种业，2002（10）：4-7

高油大豆新品种中黄 20（中作 983）的选育和提高大豆含油量的育种研究

王连铮　王　岚　赵荣娟　傅玉清　李　强　裴颜龙
（中国农业科学院作物育种栽培研究所，北京　100081）

摘　要：利用高油大豆和高产大豆进行杂交，专门配制高油组合，同时大量分析了亲本、杂交后代、辐射后代和品系的含油量，早代测产并在高肥水条件下进行多点鉴定。与此同时，在海南岛进行繁育，加快了育种进程。分析了 1 168份材料的含油量，表明含油量呈常态分布，离中越远样本越少，含油量在 18.50%~19.00%的材料最多，占 13.20%。育成的新品种中黄 20（中作 983）含油量 3 年平均达 23.50%，2002 年辽宁、北京和天津品种审定委员会已审定推广，2003 年 2 月经全国品种审定委员会审定推广。此外，还育成一大批高油大豆品系，正在参加各地的试验。

关键词：大豆；高油育种；中黄 20（中作 983）

Development of Soybean Variety Zhonghuang 20 with High Oil Content and Study on Breeding for High Oil Content

Wang Lianzheng　Wang Lan　Zhao Rongjuan
Fu Yuqing　Li Qiang　Fei Yanlong
(*Crop Breeding and Cultivation Institute*, *Chinese Academy of Agricultural Science*, *Beijing* 100081, *China*)

Abstract: We made crosses by using parents with high oil content and high yielding, in the same time we analysed oil content of parents, cross progenies, induced mutants and lines and tested the yield at early generations, and evaluated the lines under conditions with high fertility and irrigation. Through propagation at South Hainan Island, it can promote breeding cycle. During past nine years we analysed oil content of 1 168 sample and we found, oil content of soybean have normal distribution, interval with oil content 18.50%-19.00% occupied maximum, it occupied 13.20%, and as far as this interval, less samples with high oil content. We found only one sample, which was Zhonghuang 20 (Zhongzuo 982) with oil content of 23.50%, exceeded 23% oil content and released by national committee for release new cultivars in China at February, 2003. It was released by Liaoning, Beijing and Tianjing committee for release new cultivars. We selected a lot of lines with high oil content, which are been testing in different locations.

Key words: Soybean; Breeding for high oil content; Zhonghuang 20 (Zhongzhuo 983)

2001 年世界油料作物籽粒总产量达 3.24 亿 t，其中大豆占 57%。，油菜籽和棉籽各占 11%，

基金项目：黄淮海地区大豆育种和良种繁育（93）国综字第 145 号、《高油大豆中作 983 的试验示范及配套的生产技术》农业部 2002 跨-6、IAEA（国际原子能机构）302-D2CPR-8292/R4 项目（大豆辐射育种与生物技术相结合的研究）

作者简介：王连铮，男，辽宁海城人，研究员，博士生导师，从事大豆遗传育种研究工作多年，为农业部 2002 年农业科技跨越计划“高油大豆中作 983 试验示范及配套的生产技术”项目（编号为 2002 跨-6）首席科学家，（93）国综字第 145 号及 IAEA 项目负责人

花生占10%，葵花籽占7%，其他占4%。大豆油占全球植物油消费量的比例由1991年的27.5%上升到2002年的32.5%，11年间大豆油的比例增长5%。中国豆油消费量由1997—1998年的295.3万t增加到2002年的429.3万t。中国豆油的进口量1997—1998年为165万t，2002年进口量为80万t，相当于进口400多万t大豆。我国2001年进口大豆达1 394万t，2003年上半年已进口1 000万t。2002年农业部在东北地区组织66.67万hm^2高油大豆示范，产量达2 616kg/hm^2，含油量在20.0%以上，效果显著。目前黄淮海地区大豆主栽品种含油量为19.86%，国外大豆品种含油量高于国产大豆含油量1.0%左右，同时，近3年我国每年进口大豆在1 000万t以上。为了提高国产大豆的市场竞争力，必须加速选育和推广种植国产高油大豆品种，以满足大豆生产和榨油企业的需要。

1 材料和方法

1.1 供试材料

选择含油量在20%以上而且生产上大面积推广的大豆品种如诱变30、冀豆4号、中黄4号、鲁豆4号、豫豆8号和晋遗20等为亲本并与含油量高的国内外大豆品种和材料如Hobbit（含油量22.44%）、晋豆19（含油量22.3%）、早熟18（含油量为22.0%）等进行杂交，1991年配制了20个杂交组合，以后每年配制10~20个大豆高油组合。Hobbit为美国高油大豆品种，经分析含油量为22.4%，美国近几年用此品种育成了5个高油大豆品种。

1.2 试验方法

1.2.1 对杂交后代的处理

采用系谱法，F_1根据显性规律淘汰假杂种，按单株收，F_2按熟期、株高来进行选择，F_3~F_6先选优良组合，后选优良单株，对优良组合群体可加大到1万株以上。F_3和F_4除选择熟期、株高外，特别注意丰产性、含油量、抗病性、抗倒伏性等。F_5以后对性状整齐一致的株行决选为品系，对决选的品系首先分析含油量，以便明确是否为高油品系，然后对品系进行产量鉴定、品种比较，优良品系参加全国和省、市、自治区的区域试验和生产试验。经全国和省、市、自治区审定同意后在相应地区推广。

1.2.2 大量分析亲本、后代和品系的含油量

为了准确的选用高油亲本，1995—2003年先后共分析1 168个品种（品系）的含油量。分析方法采用索氏提取法及近红外分析仪来测定。由农业部谷物品质监督检验测试中心、中国农业科学院作物所及品种资源研究所分析室分析（表1）。

表1 主要亲本的品质和产量情况（2000年农业部农作物品质检验测试中心分析）

品种	含油量（%）	蛋白质含量（%）	区试产量（kg/hm^2）	增产（%）	抗病性
晋遗20	20.20	41.60	2 820	15.00	抗花叶病
诱变30	21.00	43.00	2 250~3 000	31.10	高抗花叶病
豫豆8	20.10	44.60	2 766	19.40	
鲁豆4	20.30	42.60	2 277	14.22	
鲁豆2	20.80	42.80	2 248	21.58	
冀豆4	20.60	42.50	2 418	20.60	
冀豆7	20.10	43.10	2 250~3 000		
中黄4	20.60	40.50	2 298	26.45	
早熟18	22.00	43.00			
中黄6	20.00	44.00			
科丰6	19.33	43.95	2 043	17.70	

1.2.3 抗性鉴定

不同品系对胞囊线虫的抗性进行接种鉴定，对叶部病害、花叶病毒、霜霉病等进行田间观测。

2 试验结果

2.1 中黄 20（中作 983）的选育

母本为从中国科学院遗传研究所引入的遗-2，父本为美国引进的 Hobbit。中国农业科学院作物育种栽培研究所 4-4 大豆课题组于 1991 年进行杂交，当年收杂交种子；1992 年在中国农业科学院作物育种栽培研究所种植 F_1，去掉假杂种，按单株收获。1993 年为 F_2，1994 年为 F_3，1995 年为 F_4，1996 年为 F_5，表现整齐，决选品系。为加速育种进程曾去海南进行南繁，后经过所内鉴定试验、品种比较试验、所外区域试验和生产试验，2002 年在辽宁、天津和北京 3 个省、市审定，2003 年经全国农作物品种审定委员会审定推广（图 1）。

图 1 中黄 20 的植株、荚、种子和种植示范

1. 植株；2. 荚；3. 种子；4. 中抗胞囊线虫；5. 2002 年在辽宁普兰店示范

2.2 中黄20（中作983）的区域试验结果

2.2.1 2000—2001年中作983参加北京区域试验结果

2000年中作983参加北京区域试验，详细结果见表2。2001年中作983参加北京区域试验，见表3。2000年中作983比对照减产2.1%，差异不显著；2001年中作983比对照增产17.05%，增产达极显著水平（表4）。

表2 北京2000年夏播大豆区试小区产量汇总

试点	项目	品系											
		遗75-14	中作95-888	中品95-5807	中作96-952	中作976	9901	早熟18	中作983	京引科选1号	F值	变异系数CV(%)	平均产量(kg/hm^2)
昌平南邵	小区产量(kg/plot)	6.06	4.37	5.15	5.74	5.60	4.77	4.10	5.25	4.98	32.93**	3.81	2 438
	折合产量(kg/hm^2)	2 898	2081	2 453	2 735	2 679	2 270	1 955	2 501	2 372			
	位次	1	8	5	2	3	7	9	4	6			
门头沟	小区产量(kg/plot)	4.69	5.13	4.11	4.64	4.29	5.14	4.31	4.22	4.11	12.47**	4.41	2 151
	折合产量(kg/hm^2)	2 234	2 445	1 958	2 208	2 045	2 450	2 054	2 012	1 959			
	位次	3	2	9	4	6	1	5	7	8			
密云河南事	小区产量(kg/plot)	4.64	5.58	5.80	4.22	4.29	3.79	3.76	4.50	4.36	1.16	25.13	2167
	折合产量(kg/hm^2)	2 211	2 655	2 762	2 012	2 045	1 806	1 790	2 144	2 078			
	位次	3	2	1	7	6	8	9	4	5			
大兴太和	小区产量(kg/plot)	8.51	7.87	10.25	6.29	6.87	8.45	8.40	6.74	6.49	5.39**	12.35	3 697
	折合产量(kg/hm^2)	4 052	3 746	4 880	2 997	3 272	4 023	4 001	3 210	3 092			
	位次	2	5	1	9	6	3	4	7	8			
通州郝家府	小区产量(kg/plot)	7.81	5.87	7.20	4.62	8.67	4.73	7.53	6.78	6.18	4.04**	17.96	3 143
	折合产量(kg/hm^2)	3 717.5	2 796.8	3 428.6	2 201.6	4 128.6	2 250.8	3 587.3	3 228.6	2 942.9			
	位次	2	7	4	9	1	8	3	5	6			
房山农科所	小区产量(kg/plot)	6.04	5.68	3.54	4.88	5.07	5.18	5.28		5.13	3.28*	6.76	2 548
	折合产量(kg/hm^2)	2 874	2 705	2 639	2 324	2 415	2 465	2 516		2 444			
	位次	1	2	3	8	7	5	4		6			
五点总平均	小区产量(kg/plot)	6.35	5.76	6.50	5.10	5.95	5.38	5.62	5.50	5.23			2 719
	折合产量(kg/hm^2)	3 024	1 743	3 095	2 429	2 814	2 562	2 676	2 619	2 491			(不含房山点)
	±CK(%)	12.99	2.49	15.66	-9.25	5.87	-4.27		-2.14	-6.94			
	位次	2	4	1	9	3	7	5	6	8			
六点总平均	小区产量(kg/plot)	6.30	5.75	6.34	5.07	5.80	5.34	5.57		5.21			2 701
	折合产量(kg/hm^2)	3 000	2 738	3 019	2 414	2 762	2 543	2 652		2 481			(不含中作983)
	±CK(%)	13.11	3.23	13.82	-8.98	4.13	-4.13			-6.46			
	位次	2	4	1	8	3	6	5		7			

注：小区产量为3次重复的平均值

表3 北京2001年夏播大豆区试小区产量汇总

试点	项目	品种							
		97-126	中作015	中作983	京引科选1号	早熟18(CK)	F值(品种)	变异系数 CV(%)	产量(kg/hm²)
昌平农科所	小区产量/(kg/plot)	6.20	5.35	5.57	4.92	4.42	14.69**	5.73	2 520
	折合产量(kg/hm²)	2 953	2 546	2 652	2 341	2 105			
	位次	1	3	2	4	5			
大兴魏善庄	小区产量(kg/plot)	5.10	5.42	4.68	4.92	3.38	137.64**	1.98	2 273
	折合产量(kg/hm²)	2 430	2 581	2 230	2 343	1 778			
	位次	2	1	4	3	5			
房山农科所	小区产量(kg/plot)	5.68	6.04	6.49	5.23	5.57	6.18*	5.66	2 763
	折合产量(kg/hm²)	2 703	2 875	3 092	2 489	2 654			
	位次	3	2	1	5	4			
通州种子公司	小区产量(kg/plot)	4.33	4.97	4.31	4.98	4.27	4.60*	6.51	2 177
	折合产量(kg/hm²)	2 060	2 367	2 054	2 372	2 035			
	位次	3	2	4	1	5			
北京农学院	小区产量(kg/plot)	2.77	3.26	3.59	3.53	3.06	5.50*	7.68	1 544
	折合产量(kg/hm²)	1 321	1 554	1 710	1 664	1 457			
	位次	5	3	1	2	4			
总平均	小区产量(kg/plot)	4.82	5.01	4.93	4.71	4.21	20.49**	5.66	2 255
	折合产量(kg/hm²)	2 295	2 387	2 348	2 243	2 006			
	比CK±(%)	14.34	18.88	17.05	11.92				
	位次	3	1	2	4	5			

表4 中作983历年在北京区域试验结果

年度	产量(kg/hm²)	对照品种(CK)		比CK(%)	显著性	品种数量	位次
		名称	kg/hm²				
2000	2 619	早熟18	2 676	-2.10	不显著	9	6
2001	2 348	早熟18	2 006	17.05	显著	5	2
平均	2 484		2 341	6.10			

2001年小区产量方差分析结果表明品种间产量差异达极显著水平。4个参试品种均比对照增产，增产在10%以上，达极显著水平。中作983比对照增产17.05%，达极显著水平。产量方差分析结果见表5。

表 5　2001 年夏播组大豆产量方差分析

变异来源	*DF*	*SS*	*MS*	*F*	概率（小于 0.05 显著）
地点内区组	10	1.156	0.116	1.607	0.140
品种	4	5.891	1.473	20.488	0.000
地点	4	55.524	13.881	193.091	0.000
品种×地点	16	10.216	0.638	8.881	0.000
误差	40	2.876	0.072		
总和	74	75.662			

注：本试验的误差变异系数 *CV*（%）= 5.661

品种的稳定性：小区产量方差分析结果（表 6、表 7），品种与环境互作显著，进一步作稳定性分析。中作 015 Shukla 方差不显著，为稳定性高的品种；中作 983 Shukla 方差显著，但 Shukla 变异系数小，稳定性较高；97-126、京引科选 1 号和早熟 18 Shukla 方差显著，Shukla 变异系数大，稳定性较差。

表 6　北京 2001 年夏播组大豆品种小区产量多重比较结果

品种	小区平均产量（kg/plot）	差异显著性		产量（kg/km²）	比对照增减产±CK（%）	名次
		0.05	0.01			
中作 015	5.01	a	A	2 387	18.88	1
中作 983	4.93	a	AB	2 348	17.05	2
97-126	4.82	ab	AB	2 295	14.34	3
京引科选 1 号	4.71	b	B	2 243	11.92	4
早熟 18（CK）	4.21	e	C	2 006		

注：$LSD_{0.05}$ = 0.198 7，$LSD_{0.01}$ = 0.265 3

表 7　北京夏播组品种 Shukla 方差及其显著性检验

品种	*DF*	Shukla 方差	*F*	概率	互作方差	品种均值	变异系数（%）
97-126	4	0.429	17.895	0.000	0.405	4.82	13.597
京引科选 1 号	4	0.236	9.859	0.000	0.212	4.17	10.311
早熟 18（CK）	4	0.194	8.110	0.000	0.170	4.21	10.466
中作 015	4	0.410	1.712	0.166	0.171	5.01	4.045
中作 983	983	0.164	6.838	0.000	0.140	4.93	8.210
误差	40						

2.2.2　在天津区域试验结果

2000 年中作 983 在天津参加夏大豆区域试验，结果见表 8。从表 8 看出，品种间增减产不显著。中作 983 比对照科丰 6 早熟 9d，含油量高于对照 3.69%。

表 8　2000 年天津市夏大豆品种区试产量汇总

品种	地点													
	北辰 (kg/plot)			蓟县育种所 (kg/plot)			宝坻小区 (kg/plot)			平均 (kg/plot)	公顷产量 (kg/hm^2)	±CK (%)	位次
8904-3	4.86	5.15	4.38	2.70	4.70	4.35	4.62	4.41	4.17	4.36	2 183	2.80	1
科丰 14	4.57	4.50	4.32	2.80	3.50	4.20	4.90	4.68	4.77	4.25	2 126	0.14	2
科丰 6	4.86	5.15	4.83	3.05	2.90	4.45	4.36	4.28	4.16	4.24	2 123		3
中作 976	4.19	4.38	4.28	2.80	3.60	4.10	4.86	4.41	4.39	4.11	2 057	-3.10	4
中作 983	5.24	4.83	4.19	2.45	2.70	4.35	4.20	4.14	4.11	4.04	2 019	-4.90	5

2.2.3　2000—2001 年中作 983 参加辽宁试验结果

中作 983 大豆品种 2000—2001 年在辽宁省参加试验，平均产量为 2 967.7kg/hm^2，比对照增产 21.67%（表 9）。

表 9　中作 983 在辽宁省试验情况

地点	年份	产量 (kg/hm^2)	±CK（%）	CK
普兰店泡子乡	2000	3 123.8	7.09	铁丰 29
大连特种粮所	2001	3 207.8	32.74	辽豆 13
普兰店大谭站	2001	2 568.0	25.19	辽豆 7
3 点平均		2 967.7	21.67	

2.3　2001 年中黄 20（中作 983）生产试验结果

2.3.1　2001 年在北京生产试验结果

夏播生产试验 5 个品种平均产量为 2 403kg/hm^2，中作 983 在 3 个点均增产，平均产量为 2 976kg/hm^2，比对照增产 23.65%，居供试品种首位。其余 3 个品种均两点增产，一点减产，中品 95－5087 平均产量为 2 578 kg/hm^2，比对照增产 7.28%；京引科选 1 号平均产量为 2 486kg/hm^2，比对照增产 3.45%；中作 96-952 平均产量为 2 470kg/hm^2，比对照增产 2.79%。各品种生产试验产量详见表 10。

表 10　夏播生产试验品种产量汇总（kg/hm^2）

品种	昌平	±CK(%)	通州	±CK(%)	房山	±CK(%)	平均	±CK(%)	位次
中作 983	2 988	35.30	2 401	15.02	3 539	21.47	2 976	23.85	1
中品 95-5807	2 679	21.30	2 028	-2.87	3 027	3.90	2 578	7.28	2
京引科选 1 号	2 363	7.00	2 438	16.78	2 657	-8.78	2 486	3.45	2
中作 96-952	2 487	12.60	2 139	2.48	2 784	-4.45	2 470	2.79	4
早熟 18（CK）	2 208		2 088		2 913		2 403		5

2.3.2　2001 年在天津参加生产试验

中作 983 在天津生产试验 3 点平均产量为 2 478.0kg/hm^2，比对照科丰 6 号增产 1.60%（表 11）。

表 11　2001 年天津市夏大豆生产试验产量（kg/hm^2）

品系	宝坻种子站	武清种子站	大港种子站	平均产量	±CK（%）
中作 983	2 977.5	2 812.5	1 644.0	2 478.0	1.60
中作 976	3 213.0	2 497.5	2 161.5	2 623.5	7.56
科丰 6 号	3 015.0	2 305.5	1 998.0	2 439.0	
中作 962	3 430.5	2 251.5	2 064.0	2 581.5	6.15

2.3.3　2001 年在辽宁试验结果

中作 983 在辽宁的试验产量为 2 857.5kg/hm^2，比对照增产 15.63%。2002 年在辽宁省大连普兰店进行大面积生产示范 13.6hm^2，产量为 2 752.5 kg/hm^2，其中 0.75hm^2 的产量为 3 952.5kg/hm^2。

从生产试验结果看，中作 983 均表现增产，在北京增产 23.85%，在辽宁增产 15.63%。在天津增产 1.60%，3 地平均增产 13.69%。

2.4　含油量测定

采用索氏提取法（残余法）和红外线进行分析。一般从 F_3 或 M_3 开始。对亲本、品种资源、杂交后代和品系进行了分析（表 12）。

表 12　1 168 份材料的含油量

材料	含油量变幅（%）									
	<16.00	16.01～17.00	17.01～18.11	18.01～19.00	19.01～20.00	20.01～21.00	21.01～22.00	22.01～23.00	23.01～24.00	>24.00
辐射后代	2	12	25	44	67	66	35	2	1	
品系后代	11	39	58	134	138	108	90	30	8	3
品种资源	4	20	69	85	46	36	31	3		
总计	17	71	152	263	251	210	156	35	9	3
百分比（%）	1.46	6.08	13.02	22.54	21.51	17.99	13.37	3.00	0.70	0.26

2.4.1　中黄 20 的含油量

经农业部谷物监督检验测试中心 3 年分析，中黄 20（中作 983）2000 年的含油量为 23.37%，送样单位为中国农业科学院作物栽培研究所；2001 年的含油量为 22.66%，送样单位为北京市种子管理站；2002 年的含油量为 24.47%，送样单位为天津市种子管理站。3 年平均含油量为 23.50%。中黄 20 的含油量是 2001—2003 年国家农作物品种审定委员会审定的 28 个大豆品种中含油量最高的。

2.4.2　大豆辐射后代的含油量

1995 年对 229 份 M_3（辐射第 3 代）进行了含油量的分析，以 18.51%～21.50%为多。其中含油量在 20.51%～21.00%的达 42 个，占 18.34%；其次是含油量在 19.01%～19.50%的有 39 个，占 17.03%；含油量在 21.51%以上的有 12 个，占 5.24%；22%以上的有 3 个，占 1.31%；23%以上的有 1 个，占 0.44%。

用不同材料进行辐射处理其含油量是不同的，例如用中品 661×91-1 的 10 个辐射后代材料，其含油量均不相同，397-1、397-2、397-3、397-4、397-5、397-6 的含油量分别为 21.16%、

23.44%、21.61%、21.04%、22.70%和22.30%，平均为22.04%。398-1、398-2、398-3、398-4的含油量分别为21.88%、20.70%、21.44%和21.94%，平均为21.50%。

1996年对25份M_3的含油量进行了分析，含油量在17.51%~18.00%的有6份，占24.07%，含油量均较低。

2.4.3 品种资源的含油量

共分析了294份品种资源，含油量在18.51%~19.00%的最多有44份，占14.97%；含油量在18.01%~18.50%及17.51%~18.00%均各有41份，占13.95%；有3份含油量超过22%，有汾豆2号，含油量为22.33%，豆交54含油量为22.05%；有7份超过21.50%。

2.4.4 大豆杂交后代和品系的含油量

1995年分析了23个品系的含油量，其中含油量在20.51%~21.50%有10个，占43.48%。

1996年分析了111个品系，含油量在18.01%~18.50%的最多有22个，占19.82%；没有品系含油量超过21%。

1997年分析了81个大豆品系，含油量在18.51%~19.00%的最多，达22个，占27.16%；有2份材料含油量超过22%，其中95-1086含油量为22.27%，96-5159为22.12%。

1998年分析了52份品系，含油量在21.01%~21.50%和18.51%~20.00%居多，各有10份，占19.23%。超过22%的有2份，其中中作976含油量为22.12%，中作987为22.04%。

1999年分析了16个品系，含油量在19.01%~19.50%有5份，占31.25%；超过21%的只有1份。

2000年分析了86个品系，含油量在21.51%~22.00%有17个，居第一位，占19.77%；其次为含油量在21.01%~21.50%，超过22%的有6个，超过23%的有2个，超过24%的有1份，由于组合较好，该年度的品系含油量高，选择机会大。中作983（中黄20）含油量为23.37%，中作984含油量为23.19%，中作013（97S-7079）含油量为24.23%。

2001年分析的63个品系中，含油量在19.51%~20.00%的有10个，占15.87%，为最多。超过22%的有6份，超过23%的有2份，中作013（97S7079）含油量为23.55%，中作012（97SM5091）含油量为23.04%，中作983含油量为22.66%。

2002年分析100份材料，以含油量在18.51%~19.00%为最多，达12个，占12.0%。天津样品送农业部作物品质检验测试中心分析，中作983（中黄20）含油量为24.47%，3年平均含油量为23.50%。中作976含油量为23.33%；中国农业科学院品种资源研究所分析，中作013含油量为23.55%。

2003年分析72份，含油量以20.01%~20.50%为最多，占15.28%；以PG122-18含油量为最高，达24.09%，997为23.27%，利用的亲本有Hobbit，其含油量为22.44%。

2.4.5 育成的高油大豆品系

经过13年的努力，育成了一批高油大豆品系。中黄20（中作983）含油量23.50%，已通过国家、辽宁、北京、天津审定推广；中作984含油量为23.14%，中作013含油量23.55%，均正参加国家区域试验；中作012含油量23.04%，参加所内品种比较试验；PG122-18含油量24.09%，还需重复分析含油量，以确定是否为高油品系。

3 讨论

3.1 高油大豆的标准

农业部品质检验测试中心对国外大豆进行了分析，8个美国和意大利大豆品种含油量平均为21.70%。由于国内外大豆在大豆加工市场上存在着竞争，为了满足大豆榨油加工业的需要，高油大豆的含油量应定在21.50%以上，含油量太低，则竞争力下降。

3.2 高油大豆育种的亲本选择

杂交育种仍然是目前最有效的育种方法。为了提高大豆杂交育种的成功率，最好选择双亲均为高油大豆，或至少有一个亲本是高油大豆，这已被大豆育种实践所证明。利用高油大豆 Hobbit 作亲本，育成了中黄 20（中作 983）及中作 984；同时用 Hobbit 做亲本和其他亲本杂交，其后代含油量均较高。黑龙江省农业科学院大豆研究所王彬如、翁秀英等利用高油大豆黑农 6 号（含油量为 23.25%）与高油品种吉林 1 号（含油量为 23.19%）杂交育成了 2 个高油品系，其中哈 70-5071含油量为 23.72%，哈 70-5072 含油量为 23.29%，2 个品系含油量均超过双亲。

3.3 大量分析亲本、品种资源、杂交后代及品系的含油量并配制适量组合是高油育种的关键

近 13 年，分析了 1 103份材料，才选出一个高油品种中黄 20，已经通过国家和辽宁、北京、天津作物品种审定委员会审定推广。这说明不分析一定数量的材料，很难选出既高油又综合性状好的后代，同时也要配制专门的高油组合，以便有目的地选择高油后代和品系。至少 1 年要配制 20~30 个高油组合。

3.4 高油育种还要和产量、抗性等性状选择紧密结合才能奏效

大豆原始材料中也有一些含油量高于 23%的，但这些材料并不能直接利用，主要原因是这些材料含油量虽然高，而其他性状满足不了生产的要求。对一个品种来说，要考虑综合性状和重点性状、目的性状。一个高油品种没有一定产量，很难推广，农民种植大豆是为了效益，增加收入。和其他作物相比，大豆的效益不算高，因此，要把产量放在重要位置来加以考虑，千方百计提高大豆产量，农民才会多种大豆。国外有的利用单位面积产油量来作为决定品种的取舍，不失为一种方法。品种的抗病虫性、抗倒伏性、抗旱性等也需要考虑。

王金陵教授等指出，当脂肪含量在 18.1%~20.0%时，脂肪含量与产量呈正相关，相关系数为 0.387 6~0.674 2；当脂肪含量达到 20.1%以上时，脂肪含量与产量呈负相关，相关系数为 -0.059 2~0.198 9。由此可以看出，大豆高油育种有一定难度。

3.5 育种要有一定的超前性，育种圃场要有较高的肥力水平

育种圃场肥力太低，很难选出高产高油大豆品种，因为品种的产量性状难以表现出来，育种家难以选择。育种圃场的水肥条件需要保证，否则，育种成功率要大大降低。同时育种要考虑几年以后这个品种才能应用，因此要有一定的超前性，一般要超前 5~7 年。这些选出的品种能和生产水平对上号，才能大面积推广应用，发挥较大的作用。

3.6 组合后代要有一定的规模，材料太少也难以选出品种

由于育种研究有一定的概率，没有一定的规模，难以选出好的品种。选育高油大豆，从 1 103个材料中才选出一个综合性状较好、含油量较高的品种。但组合太多，规模太大，人力、物力、财力消耗大。一般杂交组合要在 100 个左右，育种圃场要在 2~3hm^2。

3.7 南繁北育，温室加代等是加速育种进程的重要手段

从 1991 年开始黄淮海大豆育种工作以来，已在北京郊区进行了 13 代的繁育工作，与此同时，又在海南省三亚市崖城中国农业科学院棉花研究所海南试验站进行了 12 代繁育工作。这对加速品种的选育和繁殖推广起到了重要的作用，如高油大豆中黄 20（中作 983）在海南繁殖了 3 次，因而能在推广不久，现在已种植几千公顷。高产、高蛋白、广适应性大豆中黄 13（中作 975）在海南繁殖了 3 次，现在这个品种已在华北地区和淮北地区推广了 10 万 hm^2。同时利用温室繁殖优良材料和进行抗胞囊线虫的鉴定等。

3.8 对优良的大豆品系进行多点鉴定和区域试验，以明确品种的适应性

应在主产区设立区域试验点和生产试验点进行 2~3 年的试验，才能决定一个品种的取舍。年限太少，试验不能反映客观情况。试验点要有代表性，布局合理，要有 7~8 个点才能保证试

验的准确性。多点代替不了多年，多年也代替不了多点。在相同纬度进行试验，成功率较高，如中黄20在辽宁、北京、天津等地表现均较好。

参考文献（略）

本文原载：中国油料作物学报，2003，25（4）：35-43

优质、高产大豆育种的研究

王连铮　王　岚　赵荣娟　傅玉清　李　强
颜清上　裴颜龙　叶兴国　肖文言
（中国农业科学院作物科学研究所，北京　100081）

摘　要：1991—2005 年先后作大豆有性杂交 620 个，同时结合辐射育种、分子育种等共育成 13 个大豆品种在黄淮海地区、内蒙古自治区东南部、辽宁省南部、陕西省和四川省推广，其中中黄 13、中黄 17、中黄 19、中黄 20 和中黄 22 等 5 个品种被全国品种审定委员会审定推广，累计推广面积在 30 多万 hm^2。2004 年中黄 13 在山西省襄垣县良种场经专家组实收 $667m^2$ 产量达 312.4kg。

关键词：大豆；育种

Study in Soybean Breeding of High Qu Ality and High Yield

Wang Lianzheng　WangLan　Zhao Rongjuan　Fu Yuqing　Li Qiang
Yan Qingshang　Ye Xingguo　Pei Yanlong　Xiao Wenyan
(*Crop Science Institute*, *Chinese Academy of Agricultural Sciences*, *Beijing* 100081, *China*)

Abstract: Through the past 15 years we developed 13 soybean cultivars, which released in Northern China, in Liaoning, Shangxi and Sichuan Provinces and in Inter Mongolia. 5 cultivars-Zhonghuang 13, Zhonghuang 17, Zhonghuang 19, Zhonghuang 20, Zhonghuang 22 were released by National committee for release of new crop cultivars of China. Our breeding objectives are high yield (3-4.5t/ha) and super high yield (above 4.5t/hm^2), good quality (high oil content>22% or high protein content>44%), resistance to diseases and insects, maturity group from 1-3 and broad adapability.

Breeding for super high yield (above 4.5t/ha): in 2004 year, in Xianyuan Elite farm, Shanxi Province we got 4 686kg/ha by using Zhonghuang 13. This result was accepted by National soybean expert group headed by professor Qiu Jiaxun from National Soybean Improvement Center. In the same time Zhonghuang 19 got 4 413kg/ha. This cultivar got 4 835kg/ha in National Regional test at Huanfan Farm in 1999. Zhonghuang 19 got 5 794 kg/ha at Liangzhuan, Taian city, Shandong in 2004. In Lingxian county, Soil and Fertilizer Institute, CAAS Zhonghuang 21 got 5 610kg/ha in 2002. Main principles for breeding were: choice of highyielding released cultivars and germplasm with much pods per plants and internode for hybridization; progenies of crossing and lines must be evaluated at high fertility and irrigation conditions; crossing between determinated and indeterminated types with 3-5 branches in order to shorten the plant height to 70-80cm by using top dominance of determinated types; different lines must be evaluated at high fertility and irrigation production conditions; the weight of 100 soybean seeds must bigger than 22-26 grains.

基金项目：本研究得到国家发展改革委员会现代农业大豆良种产业化高新技术项目、国家 863 计划、农业部、财政部农业科技跨越计划、国家农业综合开发办公室、农业部 948 项目、国家自然科学基金会、北京和天津科技项目、IAEA（国际原子能机构）和 FAO 等项目的支持

作者简介：王连铮，男，研究员，博士生导师，主要从事大豆育种研究

Breeding for high oil and protein content: by crossing of high oil or high protein parents with high yielding parents, determination oil or protein content of crossing progenies in $F_{3\sim5}$ on a large scale, more than 1 168 samples and test yield of these lines with high oil or high protein in different locations and fertility level. Usually oil content of soybean has normal distribution. We developed Zhonghuang 20 with oil content 23.5%, which released in 2003.

Breeding for resistance to cyst nematode: From 1991, we started breeding study on resistance to cyst nematode. We found, near Beijing area dominant race of cyst nematode was race 4. We made a lot of cross, more than 50 combinations. The best combination is Dan 8×PI437654 with big segregation in plant height, pod habit, resistance to cyst nematode, maturity, and we got a lot of soybean new lines, highly resistant to cyst nematode through pedigree method of selection, enlarge the number of plants of good combination, alternate breeding in North and South, identification at early generation. Now we released Zhonghuang 26 with high resistance to cyst nematode. Applicating the RAPD technique, we analyzed eight soybean cultivars and lines, which included two resistant lines 1 259 y and 1 259 B, and their resistant parent Huipizhiheidou, susceptible parent-Jinyi 9, other two resistant varieties, Yuanboheidou and PI437654, other two susceptible cultivars, Ludou 1 and Ludou 7, to race 4 of *Heterodera glycines* for their amplified products, Among 33 primers, one primer, OPG 04 (Operon Company), amplified a DNA fragment which specifically existed in the products of all five resistant varieties and lines, and not found in these of three susceptible cultivars (including susceptible parent).

Breeding for broad adapability of soybean: we use parents from different latitudes and develope new cultivar Zhonghuang 13 with broad adapability, it can growing in southern part of Sichuan province near 29 northern latitude and in the same time it can grow in southern part of Liaoning province near 42 northern latitude.

Key words: Soybean; Breeding

大豆原产于中国，在历史上我国大豆生产长期居于首位，20 世纪 50 年代开始，我国大豆总产先后被美国（1952）、巴西（1970）、阿根廷（1998）超过。单产也低于上述国家，巴西每公顷 2.7t、阿根廷每公顷 2.6t、美国每公顷 2.56t、意大利每公顷 3.7t。我国大豆单产也有提高，每公顷 1.8t。我国大豆年总产量在 1 700 万~1 800万 t，而大豆年消费量在 3 000多万 t，2003 年和 2004 年年进口大豆在 2 000万 t 以上。我国育成了近 1 000个大豆品种，取得了很大的成就。品种是内因，其他是外因，因此，选育优良大豆品种对增产至关重要。

1 材料和方法

1.1 材料

1991 年春由河南、河北、山东、山西、辽宁、吉林、黑龙江等省农业科学院，中国科学院遗传研究所，东北农业大学，南京农业大学，中国农业科学院品质所、油料所和作物所等单位收集品种资源、推广品种作为亲本进行杂交，每年做杂交组合 50~60 个。

1.2 方法

杂交育种后代处理采用系谱法（Pedigree method）。与此同时，在海南岛三亚崖城中国农业科学院棉花所海南试验站进行 14 次南繁。同时，在院内又进行了温室育种，由于北育南繁相结合，加速了大豆育种的进程。从 1996 年开始，每年有 5~15 个大豆品系参加全国 10~17 个省、市、自治区的区域试验和生产试验。特别是对高产、高蛋白、广适应性大豆中黄 13（中作 975）、高蛋白大豆中黄 17（中作 976）、高油大豆中黄 20（中作 983）等品种着重扩大进行了试验示范推广。

1.3 育种和原种繁殖相结合

2000—2004 年每年在中国农业科学院南口中试基地进行大豆原原种和原种繁殖 10hm^2。在昌平作物所试验基地和院部每年种植大豆试验地 1~2hm^2。

2 结果和分析

2.1 大豆超高产育种取得了重要进展

承担了科技部和农业部 863 计划重大专项“优质超高产作物新品种选育”——大豆新品种选育及繁育技术研究（2003—2005 年），共育成产量超过 300kg/667m^2 的品种 3 个。

2.1.1 中黄 13（中作 975）

超高产高蛋白广适应性大豆品种，已在 2001 年 8 月被全国农作物品种审定委员会审定推广，并先后被安徽、天津、陕西、北京、辽宁和四川 6 个省、市品种审定委员会审定推广，同时又被相邻的河北、河南、山西、山东、宁夏、江苏北部等地引进示范。系高产高蛋白广适应性大豆品种，可跨两个亚区推广，完全达到全国“九五”夏大豆育种攻关的指标要求：“选育适应两个亚区，产量增产 10%以上，产量在 250kg/667m^2 以上，蛋白质在 42%以上的大豆”。2001 年 3 月被安徽省农作物品种审定委员会审定推广，1999—2000 年该品种在安徽进行夏播区域试验两年每公顷平均 3 041kg，平均增产 16%，是 2001 年全国审定的 10 个大豆品种中增产幅度最大的一个，28 个点全部增产。生产试验每公顷平均 2 874kg，增产 12. 71%。该品种适于在安徽省北部夏播种植。中黄 13 在天津试验三年平均增产 8. 9%，已于 2001 年 3 月 16 日经天津市品种审定委员会审定推广。2004 年天津市已推广 1 万 hm^2。中国农业大学王树安教授等 1999 年在河北吴桥进行试验，中黄 13 每公顷产量达 4 028kg。系高产高蛋白品种，本品种北京产的种子蛋白质含量为 42. 82%，含油量 18. 66%。安徽产的种子蛋白质含量为 45. 8%，中抗胞囊线虫病，抗花叶病毒病，抗涝、抗倒伏，由于秆强、植株适中，由于利用河南品种及北京品系杂交，本品种适应性广，2002 年春已通过陕西省和北京市审定。2003 年 12 月辽宁省已审定推广。2004 年扩大推广 15. 5 万 hm^2，居黄淮海地区大豆品种播种面积第二位。2004 年中黄 13 在山西省襄垣县良种场经国家大豆改良中心邱家训教授为首的专家组验收实收产量达 312. 4kg/667m^2。2005 年专家组验收实收产量达 305. 6kg/667m^2。

2.1.2 中黄 19（中作 9612）

超高产高蛋白大豆品种，蛋白质含量 44. 45%，在河南黄泛农场区域试验 3 次重复平均产量达 322. 34kg/667m^2，居供试品种第一位。在山东省菏泽试验，产量达 251. 5kg/667m^2；在山东省济宁试验，产量达 242. 34kg/667m^2，居供试品种第一位。2005 年中黄 19 在山西省襄垣县良种场经国家大豆改良中心邱家训教授为首的专家组验收实收产量达 314. 6kg/667m^2，是一个产量超过 300kg/667m^2 的超高产品种。

2.1.3 中黄 21（中作 966）

2002 年中国农业科学院在山东陵县试验区晚春播试验产量达 374kg/667m^2。2000—2001 年在辽宁省参加区域试验，平均产量达 190kg/667m^2，增产 13. 2%，2002 年春已经辽宁省审定推广，适宜于辽宁省中部和西部种植。

2.2 高油大豆育种取得了进展

2.2.1 中黄 20（中作 983）

系高油大豆，2003 年国家审定。经农业部谷物品质监督检验测试中心对北京、天津和中国农业科学院作物所提供的样品进行分析，3 年平均含油量为 23. 5%。2001 年年底天津市农作物品种审定委员会已审定推广。北京和辽宁于 2002 年春已审定推广，2004 年种植 2. 4 万 hm^2。2002—2004 年已列入农业部农业科技跨越计划（2002 跨-6），并被列入 2004 年农业部重点推广的 50 个农作物品种之一。

2.2.2 高油大豆的标准

分析8个美国和意大利大豆品种含油量平均为21.70%。由于国内外大豆加工市场上存在着竞争，为了满足大豆榨油业的需要，高油大豆的含油量应定在21.5%以上，含油量太低，则竞争力下降。

2.2.3 高油大豆育种的亲本选择

杂交育种仍然是目前最有效的育种手段。为了提高大豆杂交育种的成功率，最好选择双亲均为高油大豆，至少有一个亲本是高油大豆，这已被大豆育种实践所证明。利用高油大豆Hobbit做亲本效果很好，育成了中黄20（中作983）及中作984。

2.2.4 大量分析亲本、品种资源、杂交后代及品系的含油量并配制适量组合是高油育种的关键之一

近14年，分析了1 168份材料，才选出一个高油品种中黄20，已经国家和辽宁、北京、天津作物品种审定委员会审定推广。这说明不分析一定数量很难选出既高油又综合性状好的后代，同时也要配制专门的高油组合，以便有目的地选择高油后代和品系。一年要配制20~30个高油组合。

2.2.5 高油育种要和产量、抗性等紧密结合才能奏效

大豆原始材料中也有一些含油量高于23%的，但这些材料并不能直接利用，主要原因是这些材料含油虽然高，而其他性状满足不了生产的要求。对一个品种来说，要考虑综合性状和重点性状、目的性状。国外有的利用单位面积产油量来作为决定品种的取舍，不失为一种方法。品种的抗病虫性、抗倒伏性、抗旱性等也需要考虑。王金陵教授等指出，当脂肪含量在18.1%~20.0%时，脂肪含量与产量呈正相关，相关系数为0.387 6~0.674 2；当脂肪含量达到20.1%以上时，脂肪含量与产量呈负相关，相关系数为-0.059 2~0.198 9。由此可以看出，大豆高油育种有一定难度。

2.3 大豆高蛋白育种取得了进展

（1）中黄17（中作976）系高蛋白高产品种，2001年8月全国农作物品种审定委员会审定在黄淮海北部地区推广。1998—2000年在北京市进行区域试验和生产试验3年，平均每公顷产量2 486kg，增产10.8%，已于2001年7月被北京市农作物品种审定委员会审定推广。中黄17经农业部农作物品质监督检验测试中心测试，蛋白质含量为44.13%，系高产高蛋白品种。含油量为20.25%。本品种适于黄淮海地区北部，北京、河北北部和天津等地夏播种植。本品种熟期早，冬麦收获后可复种。

（2）中黄22（中作011）高蛋白高产品种，蛋白质含量为47.76%，区试每公顷产量两年平均为3 044kg，增产7.39%；生试产量3 060kg，增产8.92%。2003年国家农作物品种审定委员会已审定推广。

（3）中黄27（中作015）蛋白质含量高达46.56%，产量在3 000kg/hm^2，增产10%，北京市于2003年已审定推广。

（4）利用高蛋白品种作为亲本，最好2个亲本蛋白含量均高，同时产量性状和其他性状较好，利用中品661为母本和中91-1为父本进行杂交育成中黄22（中作011），其蛋白质含量达47.76%。参加国家黄淮海地区北片大豆区域试验每公顷产量达3 044kg，比对照增产6.41%。2002年在黄淮海地区北片5个点进行大豆生产试验每公顷产量达3 060kg，比对照增产8.92%。5个点全部增产，在北京大兴点试验每公顷产量达3 908kg，比对照增产20.51%。

（5）由于野生大豆和半野生大豆蛋白质含量高，可以利用做亲本，以便选出高蛋白的品种来。

（6）利用有限结荚习性品种与无限结荚习性品种杂交在蛋白质含量上可产生超亲遗传。

（7）对后代及品系只有对蛋白质含量进行大量分析，才能选出高蛋白品种来。

2.4 大豆抗胞囊线虫育种

（1）中黄26（中作RN02）系高抗胞囊线虫病的大豆品种。利用单8与PI437654杂交育成，PI437654几乎抗所有生理小种，美国大豆育种家Hartwig利用PI437654育成了抗多个生理小种的大豆品种。2002年北京市品种审定委员会已对中黄26审定推广，本品种抗3号生理小种，对其他生理小种也表现一定抗性。正在胞囊线虫发病严重的地区扩大进行试验。

（2）首先要明确和验证本地大豆生产中胞囊线虫的生理小种，有针对性地选择抗源是选育抗胞囊线虫病大豆品种的关键。一个地区可能有几个生理小种，应当明确哪个小种是主要的，哪个是次要的，如华北地区4号生理小种为主，同时还有1号、5号、7号等生理小种。应当根据生理小种类型来决定所选抗源，如北京地区大豆胞囊线虫以4号生理小种为主，因此选择的抗源必须是抗4号生理小种的材料（最好能同时兼抗其他生理小种），这样在后代中才能选出抗4号生理小种的材料来。

（3）由于抗源的农艺性状与栽培品种有差距，因此在杂交组合中必须选大豆生产中大面积推广的优良品种或新育成的优良品系来做亲本，这样成功率较高。如用单8×PI437654杂交效果就很好，单8是从优良品系中选出的单株做母本，父本为PI437654抗许多生理小种。以PI437654为父本进行杂交，后代分离大，经过加大后代数量可选出不同熟期、不同株高和不同结荚习性的单株。用半野生大豆和野生大豆做抗源时，不一定一次杂交就能成功，可采取回交的办法，使其后代既保持了抗病性，又有最好的农艺性状。

（4）对抗病组合杂交后代从F_2或F_3开始就应该进行胞囊线虫病的抗性鉴定。最迟对决选的品系也应当进行抗病性鉴定，以明确哪些品系抗性强。

（5）应将抗胞囊线虫病的大豆品系放在胞囊线虫病发病严重的地区进行区域试验和生产试验，以明确其抗病性和适应性。经试验按规定明显优于对照，符合审定条件的在相应地区可以推广。

2.5 大豆广适应性育种

2.5.1 中黄13（中作975）

本品种不但超高产（产量达312.4kg/667m^2）、蛋白质含量高（安徽产的大豆蛋白质含量达45.8%），而且有广适应性的特点，可适于辽南、京津附近和四川春播，同时可在黄淮海地区大部地区麦后夏播，可适应北纬29°~42°种植。

2.5.2 中黄12（中作5239）

适应性广，抗旱性强，2000年春北京市农作物品种审定委员会已审定推广。本品种高大繁茂，增产达显著水平，增产20.7%，适于中等肥力和旱作条件下种植。

2.6 大豆早熟育种

2.6.1 中黄23（中作962）

系早熟高油品种，2000年在辽宁铁岭区试居第一位，增产13%，于2003年由天津和内蒙古品种审定委员会审定推广。重点在内蒙古东南部和天津推广，本品种含油量为21.5%，相当于国外进口大豆的含油量。

2.6.2 中作992（中作引1号）

含油量高达21.78%，在内蒙古赤峰和通辽等地表现较好，已于2003年8月由内蒙古品种审定委员会审定推广。

育成的这批大豆品种的优势：①产量高：有3个品种产量达到300kg/667m^{2}以上，其中中黄13在山西襄垣良种场经实测产量达312.4kg/667m^2。②优质：高油或高蛋白，中黄22蛋白质含量达47.76，区域试验每公顷产量达3 030kg。③多抗性：抗胞囊线虫、抗涝、抗旱等。④适应性广：适应黄淮海南部夏播北部两个亚区春播。

2.7 大豆性状遗传研究

（1）大豆产量与单株粒重的相关性为极显著，在0.59~0.72；大豆产量与大豆百粒重、每节荚数和每荚粒数的相关性显著，分别为0.42~0.45、0.43~0.50、0.47~0.51。

（2）无限结荚习性的大豆品种和有限品种杂交可在蛋白含量、成熟期和株高产生超亲遗传。

（3）为了提高产量，大豆植株高度不宜过高；降低大豆株高的途径可采用无限结荚习性的大豆品种和有限品种杂交；有限结荚习性品种之间杂交，辐射处理有限结荚习性品种；从地方品种中筛选。

2.8 大豆生物技术取得了一定进展

筛选了大豆的基因型。国外大豆转化应用的基因型为Thorne和A3237等，利用黑农35、中黄13、合丰35、William 82、PI437654进行大豆再生和转化获得了较好的结果。

3 讨论

3.1 大豆超高产育种

3.1.1 要选择高产亲本进行杂交

利用中作90052-76为父本与豫豆8号为母本杂交育成中黄13（中作975），2004年在山西襄垣产量达312.4kg/667m²；中国农业大学王树安教授利用中作972试验产量328.5kg/667m²。中黄19（中作9612）在河南黄泛农场进行区域试验产量达322.34kg/667m²。这说明大豆增产潜力很大。

3.1.2 超高产株型结构

结荚上下均匀，每节荚数多，顶部荚数多；分枝多长短分枝，结合株型收敛易于高产。如中作966四个长分枝，四个小分枝，同时株型收敛，易高产，已在辽宁推广。中作02-5085-5也是如此，株型更加收敛。高产株型结构为：①株高65~85cm。②3~8个分枝，长短分枝结合。③株型收敛，分枝不劈杈。④节间短。⑤每个节间着生的荚数多，5~10个。⑥单株荚数多。⑦顶部荚数多，可利用顶端优势。⑧百粒重大，单株和平方米粒重高。⑨叶片透光性能好，光合效率高。⑩抗倒伏性好，在密植条件下不倒伏。⑪对丰产性突出的品系决选时要和品质、抗性和成熟期等结合起来考虑。⑫对优良的大豆品系要及时进行产量鉴定，品比和参加区域试验和生产试验，在不同生态区进行多点试验。实践证明，多点代替不了多年，多年也代替不了多点。

3.2 高肥水鉴定是选育超高产大豆品种的必要条件

中黄13、中黄19、中黄21就是经过高肥水鉴定选育成的。抗病鉴定、高肥水鉴定、抗旱鉴定、品质鉴定等，高肥水鉴定是主要鉴定，只有在高肥水条件下才能选出高产品种来。2004年中黄13在山西襄垣良种场试验每公顷产量达312.4kg，经国家大豆改良中心邱家训教授为组长的专家组进行了实收和验收。

3.3 育种途径

有杂交育种、辐射育种、系统育种、分子育种、花培育种、辐射育种等。从1984—2001年国家审定的76个大豆品种中，有67个是利用杂交育种育成的，占88.16%。因此，杂交育种是主要育种途径，各种途径应有机结合。杂交过程产生的有价值的中间材料应当加以利用和保存。

3.4 拓宽大豆品种资源的利用是有效开展育种工作的重要手段

特别要明确核心和骨干亲本。超高产育种中豫豆8号是个很好的亲本，高油育种Hobbit是个很好的亲本；抗胞囊线虫育种PI437654是个很好的亲本。

3.5 南繁北育，温室加代等是加速育种工作的重要手段

从1991年开始黄淮海大豆育种在北京郊区进行了15代，又在海南省三亚市崖城中国农业科学院棉花所海南试验站进行了14代育繁工作。对加速品种的选育和繁殖推广起了重要作用，同

时利用温室繁殖优良材料和进行抗胞囊线虫的鉴定等。

3.6 扩大试验规模、对优良的大豆品系进行多点鉴定和区域试验，以明确品种的适应性

应在主产区设立区域试验点和生产试验点进行 2~3 年的试验，才能决定一个品种的取舍。年限太少，试验不能反映客观情况。点要有代表性，布局合理，要有 7~8 个点才能保证试验的准确性。多点代替不了多年，多年也代替不了多点。在相同纬度进行试验，成功率较高。

3.7 亲本选择和品质分析

对选育高油、高蛋白及高产及抗病大豆品种应选择不同亲本，有目的的来进行杂交，这点已为育种实践所证实。同时品质育种应早代分析，最好从 F_2 就分析。1998 年以前分析了 1 168份大豆品种的含油量，有 3 份材料超过 23.00%，有 5 份材料超过 22.5%。近 4 年由于加强了品质分析工作，育成一批高油品种和品系如中黄 20（中作 983）含油量达 23.5%。

3.8 选育广适应性的大豆品种

选择纬度差别大、亲缘远的品种进行杂交效果较好，可采用南北品种、地理远缘品种杂交。如中黄 13 就是利用中作 90052-76 与河南品种豫豆 8 号杂交而育成。此品种可在安徽、陕西、河南等地作为夏播，又可在天津、北京、河北北部、辽宁南部作为春播和晚春播来应用，跨 13 个纬度（北纬 29-42），13 个经度（107~120），新育成的后备品系中作 06023 也是利用南北品种（豫豆 2 号×早熟 18）杂交取得的。这说明纬度差异较大的品种杂交可产生广适应性的品种。

3.9 育繁推相结合

育成一个有希望的品系后，应尽早繁殖。抓好推广品种的原原种繁殖和示范推广及时为生产提供优质原原种。

致谢：中国科学院遗传所，河南、河北、山东、山西、黑龙江、吉林、辽宁等省农业科学院，中国农业科学院油料所、作物所、原品质所提供了大量的品种资源；与美国 Nebraska Lincoln University、Michigan State University、意大利 UDINE University 及香港中文大学进行合作得到他们的支持和帮助，东北农业大学王金陵教授经常给予指导，国家大豆改良中心协助鉴定并支持申报项目，一并致谢。

参考文献（略）

本文原载：大豆科学，2006（3）：205-211

Construction of a High-density Genetic Map Based on Large-scale Markers Developed by Specific Length Amplified Fragment Sequencing (SLAF-seq) and its Application to QTL Analysis for Isoflavone Content in *Glycine max*

Li Bin[1*] Tian Ling[1*] Zhang Jingying[1*] Huang Long[2*] Han Fenxia[1]
Yan Shurong[1] Wang Lianzheng[1] Zheng Hongkun[2**] Sun Junming[1**]

(1. *The National Key Facility for Crop Gene Resources and Genetic Improvement*, *NFCRI*, *MOA Key Laboratory of Soybean Biology* (*Beijing*), *Institute of Crop Science*, *Chinese Academy of Agricultural Sciences*, 12 *Zhongguancun South Street*, *Beijing* 100081, *China*; 2. *Biomarker Technologies Corporation*, *Beijing* 101300, *China*)

Abstract: Background: Quantitative trait locus (QTL) mapping is an efficient approach to discover the genetic architecture underlying complex quantitative traits. However, the low density of molecular markers in genetic maps has limited the efficiency and accuracy of QTL mapping. In this study, specific length amplified fragment sequencing (SLAF-seq), a new high-throughput strategy for large-scale SNP discovery and genotyping based on next generation sequencing (NGS), was employed to construct a high-density soybean genetic map using recombinant inbred lines (RILs, Luheidou2 × Nanhuizao, $F_{5:8}$). With this map, the consistent QTLs for isoflavone content across variousenvironments were identified.

Results: In total, 23Gb of data containing 87 604 858 pair-end reads were obtained. The average coverage for each SLAF marker was 11.20-fold for the female parent, 12.51-fold for the male parent, and an average of 3.98-fold for individual RILs. Among the 116 216 high-quality SLAFs obtained, 9 948 were polymorphic. The final map consisted of 5 785 SLAFs on 20 linkage groups (LGs) and spanned 2 255.18cM in genome size with an average distance of 0.43cM between adjacent markers. Comparative genomic analysis revealed a relatively high collinearity of 20 LGs with the soybean reference genome. Based on this map, 41 QTLs were identified that contributed to the isoflavone content. The high efficiency and accuracy of this map were evidenced by the discovery of genes encoding isoflavone biosynthetic enzymes within these loci. Moreover, 11 of these 41 QTLs (including six novel loci) were associated with isoflavone content across multiple environments. One of them, qIF20-2, contributed to a majority of isoflavone components across various environments and explained a high amount of phenotypic variance (8.7%-35.3%). This represents a novel major QTL underlying isoflavone content across various environments in soybean.

Conclusions: Herein, we reported a high-density genetic map for soybean. This map exhibited high resolution and accuracy. It will facilitate the identification of genes and QTLs underlying essential agronomic traits in soybean. The novel major QTL for isoflavone content is useful not only for further study on the genetic basis of isoflavone accumulation, but also for marker-assisted selection (MAS) in soybean breeding in the future.

Key words: High-density genetic map; Isoflavone content; QTL, SLAF-seq; Soybean [*Glycine max* (L.) Merr.]

---

* Equal contributors

** Correspondence: zhenghk@biomarker.com.cn, sunjunming@caas.cn

Background

Soybean [*Glycine max* (L.) Merrill] is one of the most important grain legumes. It represented 57% of world oilseed production in 2012 and provides large amounts of vegetable protein. In addition, soybean is the natural source of some anticancer substances such as isoflavones and lunasin. Many essential agronomic and quality traits have been studied through developing genetic linkage map and identifying genes or quantitative trait loci (QTLs) underlying these traits to improve yield, nutritional quality, as well as biotic and abiotic stress tolerance.

Soybean genome mapping based on molecular markers started in the early 1990s and a number of genetic maps have been constructed. With these genetic maps, more than one thousand QTLs associated with essential traits have been identified. However, most of these maps are low-density genetic maps based on lowthroughput molecular markers such as restriction fragment length polymorphism (RFLP), amplified fragment length polymorphism (AFLP), and simple sequence repeat (SSR) markers. The low density of molecular markers has limited the efficiency and accuracy of QTL mapping. Previous studies have demonstrated that increasing marker density can significantly improve the resolution of a genetic map in a given mapping population. Additionally, the development of high-throughput sequencing technology provides the capacity for developing massive single nucleotide polymorphism (SNP) markers. Therefore, it is feasible to construct high-density genetic maps based on SNP markers and thereby improve the efficiency and accuracy of gene or QTL mapping. As a result, a composite genetic map, the soybean Consensus Map 4.0, was constructed with 5 500 markers by using five mapping populations of soybean. Meanwhile, a 1 536 universal soy linkage panel was developed for QTL mapping. Recently, a specific-locus amplified fragment sequencing (SLAF-seq) technology has been developed which exhibits advantages in high-throughput SNP marker discovery and genotyping for genetic map construction. This technology created a balance between higher genotyping accuracy and relatively lower sequencing cost. It is therefore highly suitable for genetic association studies.

Isoflavones belong to a group of secondary metabolites derived from the phenylpropanoid pathway and are mainly produced in legumes. These compounds function in various biological processes in leguminous plants. For instance, they play an important role as precursors of major phytoalexins during plant-microbe interaction. They also serve as signal molecules during the induction of nodulation-related genes.

In addition, due to their structural similarity with estrogen, isoflavones have aroused lots of attention in recent years for their association with human health. Studies have shown that these compounds have positive effects on decreasing risk of breast cancer, menopausal symptoms, osteoporosis, dementia and cardiovascular disease. Due to their important roles for plants and humans, studies on accumulation of isoflavones have been performed worldwide. The ultimate goal of these studies is to illustrate the genetic basis of the isoflavone accumulation and to develop a series of cultivars with varying isoflavone content. Because isoflavone content is a typical quantitative trait influenced by both genetic and environmental factors, the identification of major or minor QTLs underlying isoflavone content over various environments have been conducted, and these loci were mapped to almost all chromosomes of soybean. Despite extensive studies, major consistent QTLs underlying isoflavone content across various environments remain unidentified.

In this study, the SLAF-seq was used in whole-genome genotyping for soybean recombinant inbred lines (RILs) and a high-density genetic map was constructed based on the developed SLAF markers. The characters of this genetic map are analyzed and discussed in detail in this study. To our knowledge, this map is the densest to date among individual soybean genetic maps, and it exhibited high resolution and accuracy. Moreover, the QTLs underlying the isoflavone content were identified and analyzed based on this map.

Results

Genotyping of RIL population based on SLAF-seq

The RIL population was genotyped by using SLAF-seq technology. According to the results of pilot experiment, *EcoRI* and *MseI* were chosen for the SLAF library construction. The library consisted of SLAF fragments that were 500-550bp in size. High-throughput sequencing of this library was performed subsequently. In total, 23Gb of data containing 87 604 858 pair-end reads were generated using the Illumina Genome Analyzer IIx. Of the high-quality data, ~144 Mb were from the female parent with 1 815 592 reads and ~166 Mb were from the male parent with 2 091 373 reads. The number of reads for the 110 RILs ranged from 140 896 to 1 016 448 with an average of 564 973.

The reads were then mapped to the reference soybean genome (*cv.* Williams 82), and the reads which could be mapped to a single locus were considered as effective SLAFs. In this study, 80% of the reads could be exactly mapped to specific chromosome regions. The numbers of SLAFs in the female and male parents were 97 016 and 99 229, respectively. The numbers of reads for SLAFs were 1 085 756 and 1 241 835 in the female and male parents, respectively. Thus, the average coverage for each SLAF marker was 11. 20-fold for the female parent and 12. 51-fold for the male parent. For the RIL population, the number of SLAF markers ranged from 44 626 to 93 583 with an average of 80 567. The number of reads for SLAFs ranged from 78 488 to 629 831 with an average of 328 862. The coverage ranged from 1. 76-fold to 6. 73-fold with an average of 3. 98-fold (Figure 1).

Among the 116 216 SLAFs obtained, 9 948 were polymorphic. The polymorphic rate of these SLAFs was 8. 6 % (Table 1), which is consistent with a previous study. The SLAFs were further screened to filter out markers unsuitable for genetic map construction. Finally, a total of 5 785 SLAFs were used for the high-density linkage map construction. All of these markers were SNP-type markers. Approximately 2. 1% of genotyping data were missing in the RIL population for these 5 785 SLAFs. Therefore, the integrity of SLAF markers for the RIL population was 97. 9%.

Table 1 SLAF marker mining results

	Number of SLAF markers	Ratio
Polymorphisms	9 948	8. 6%
Non-polymorphisms	106 268	91. 4%
Total	116 216	100. 0%

High-density genetic map construction for soybean using SLAF-seq genotyping data

A high-density genetic map was constructed by using the SLAF-seq genotyping data. The 5 785 SLAF markers were grouped into 20 linkage groups (LGs) and the order of these markers was arranged (Figures 2, 3 and 4). The total genetic distance of this map was 2 255. 18cM. The average distance between adjacent markers was 0. 43cM. The largest LG was Gm11 with 62 SLAF markers and a length of 134. 05cM. The smallest LG was Gm18 with 647 SLAF markers and a length of 74. 90cM. The mean chro-

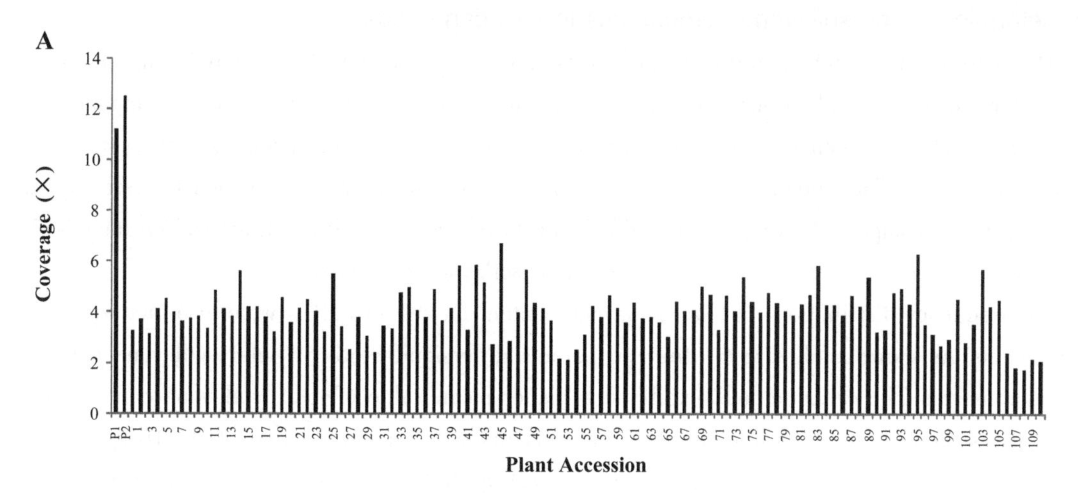

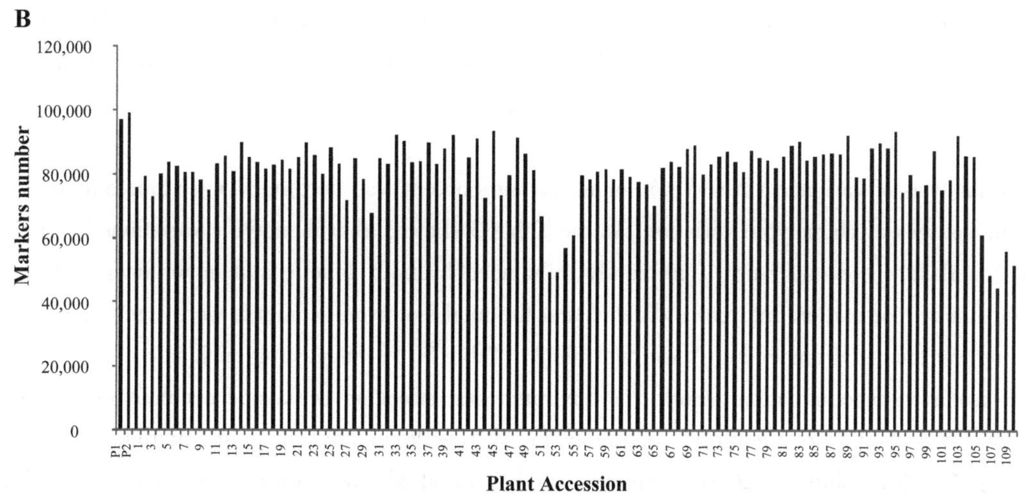

Figure 1　Coverage and number of markers for each RIL and their parents

A Coverage of SLAF markers. B Number of SLAF markers. The x-axes in A and B indicate the plant accession including the female parent (Luheidou2, designated as P1) and the male parent (Nanhuizao, designated as P2) followed by each of the RILs. The y-axis in A indicates the coverage of markers (fold) and the y-axis in B indicates the number of markers

mosome region length was 112.76cM. We also found that approximately 90.8% of the intervals between adjacent markers were less than 1cM. There were a total of 40 gaps that were 5 to 10cM in length and four gaps of > 10cM. The largest gap was mapped to Gm15 with 13.06cM in length. The detail characters of these 20 LGs are shown in Table 2. To assess the quality of this genetic map, two dimensional heat maps of the 20 LGs were generated separately by using pair-wise recombination values for the 5 785 SLAF markers. A heat map for Gm20 is shown as an example in Additional file 1: Figure S1. These heat maps indicated that the construction of this map was accurate, as the recombination frequency was considerably low among adjacent markers. The collinearity of each LG with the soybean reference genome was also analyzed. As shown in Table 2 and Figure 5, a relatively high collinearity was observed between 20 LGs and the reference genome. An example collinearity map for Gm20 is also shown in Additional file 1: Figure S2.

The determination of isoflavone components in soybean seeds

The determination and quantification of 12 isoflavone components for 110 RILs and their parents were performed in this study. Consistent with our previous study, six major isoflavone components including daidzin, glycitin, genistin, malonyldaidzin, malonylglycitin, and malonylgenistin, were detected in soybean seeds. The precise contents of these six isoflavone components were quantified separately. Other components were not quantified due to the very low concentrations. The total isoflavone content was designated as the sum of these six major isoflavone components.

The frequency distributions of total isoflavone content for the 110 RILs were also analyzed over four environments. As shown in Figure 6, the two parents differsignificantly in total isoflavone content over four environments. The *cv.* Luheidou2 exhibited a higher mean value of total isoflavone content over four environments (3 697μg/g), while the *cv.* Nanhuizao displayed a lower value of 1 816μg/g. The total isoflavone content of individual RILs ranged from 1 729 to 6 223μg/g and exhibited in a typical quantitative manner. Moreover, a considerable transgressive segregation was found in the RIL population (Figure 6), which indicates a pyramiding of independent loci for total isoflavone content from both parents. Similar distributions were observed for individual isoflavone components (Additional file 1: Figure S3).

The analysis of variance (ANOVA) for isoflavone content was performed over four environments to detect the sources of phenotypic variation. As the Table 3 shows, the phenotypic variations for individual and total isoflavone contents were significantly influenced by both genetic and environmental factors. On the other hand, correlation analyses indicated that the total isoflavone contents were significantly correlated among the four environments (Additional file 1: Table S1), suggesting an important role of genetic factor in isoflavone accumulation. Due to the environmental effect on isoflavone accumulation, the QTLs for isoflavone content were identified separately in each environment. The four environments (2009 at Changping, 2009 at Shunyi, 2010 at Shunyi, and 2011 at Shunyi) were designated as E1-E4. The common loci detected across multiple environments were considered as consistent QTLs for isoflavone content.

Data analysis and QTL mapping

Based on the high-density genetic map, the QTLs underlying the isoflavone content were identified. The threshold of logarithm of odds (LOD) scores for evaluating the statistical significance of QTL effects was determined using 1 000 permutations. As a result, intervals with a LOD value above 2.5 were detected as effective QTLs using the QTL ICIMapping V3.3 software. According to the threshold, 89 QTLs were detected for individual and total isoflavone contents. The 89 QTLs overlapped and can be classified into 41 loci (shown in Additional file 1: Table S2). Of these loci, 11 QTLs were detected across various environments (shown in Table 4, Figures 2, 3 and 4 and Additional file 1: Figure S4). These QTLs may represent the genetic basis of the isoflavone accumulation and were thus focused in our subsequent analysis. As described in Table 4, the 11 QTLs were mapped to Gm4, Gm7, Gm8, Gm13, Gm14, Gm16 and Gm20. The average phenotypic variance explained by individual QTL of the 11 loci ranged from 8.61% to 28.00% and the average LOD score ranged from 3.50 to 12.40. The additiveeffects of *qIF*8, *qD*4, *qIF*7, *qGL*8-2, *qMGL*14, *qMG*14 and *qIF*20-2 were derived mainly from the female parent (*cv.* Luheidou2), while those of *qMGL*7, *qIF*13, *qIF*16-1 and *qIF*16-2 were derived mainly from the male parent (*cv.* Nanhuizao). Our comparative analysis showed that 18 of the total 41 loci overlapped with previously reported QTLs (Additional file 1: Table S2). For the 11

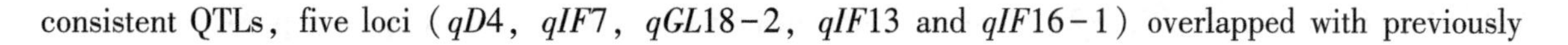

consistent QTLs, five loci (*qD*4, *qIF*7, *qGL*18-2, *qIF*13 and *qIF*16-1) overlapped with previously

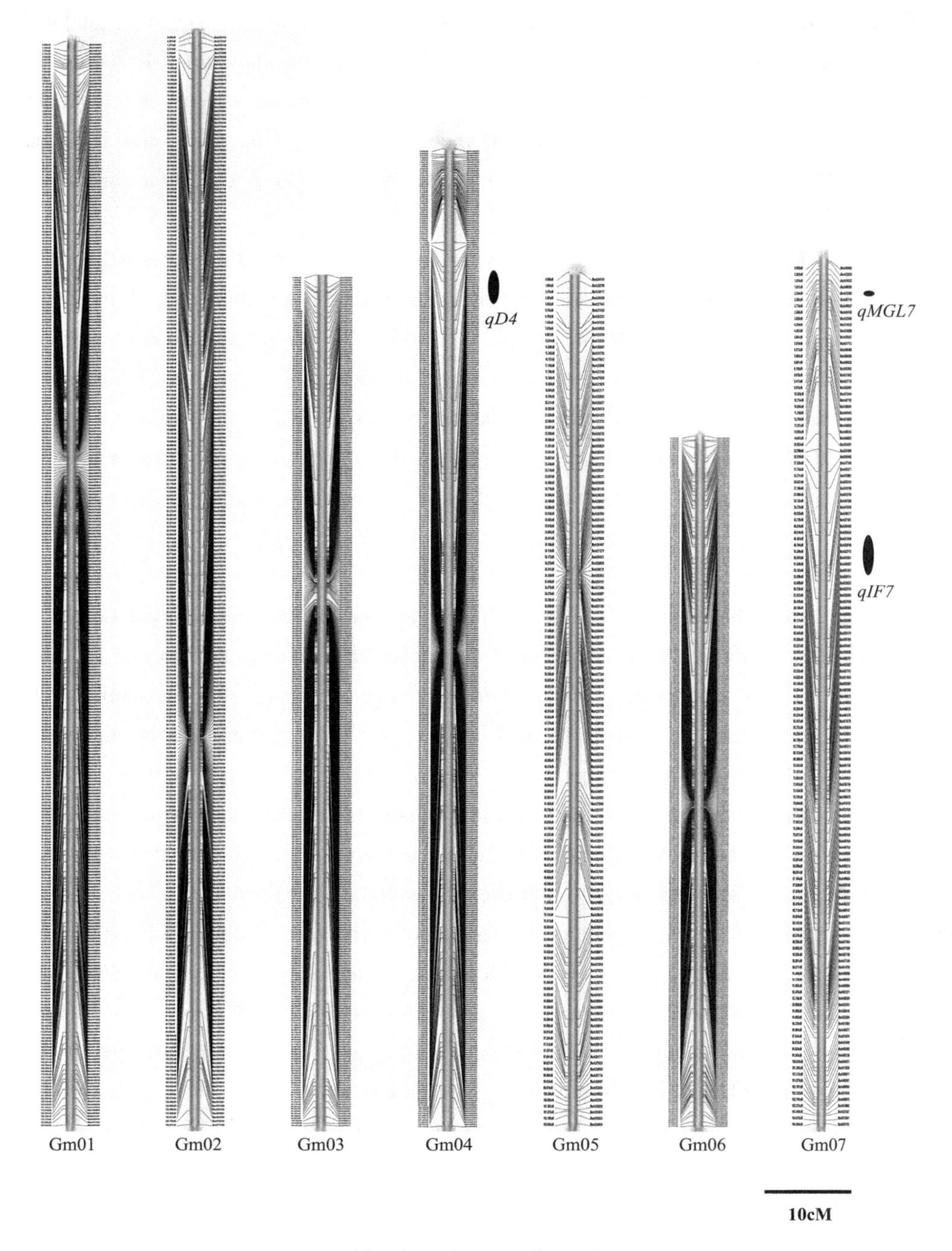

(See legend on next page)

Figure 2 The soybean high-density genetic map: Linkage groups Gm01-Gm07

The SLAF markers and their location are shown on the right and left side, respectively. The 11 QTLs identified across various environments are depicted on the right side of each linkage group as black ovals. The name of each QTL, shown near each oval, is a composite of the influenced trait: genistin (G), daidzin (D), glycitin (GL), malonyldaidzin (MD), malonylgenistin (MG), malonylglycitin (MGL) and total isoflavone content (TOT) followed by the chromosome number. For QTLs underlying the contents of multiple isoflavone components, the name is a composite of isoflavones (IF) followed by the chromosome number

reported QTLs (Additional file 1: Table S2). The remaining six QTLs (*qMGL*7, *qIF*8, *qMGL*14, *qMG*14, *qIF*16-2 *and qIF*20-2) were not found in previous reports, thus they may present novel loci for the isoflavone content. Noticeably, *qIF*20-2 was associated with daidzin, genistin, malonyldaidzin, malonylgenistin, and total isoflavone content across multiple environments. The LOD score of this locus ranged from 2. 86 to 18. 89 for individual isoflavone components among various environments, and it could explain 8. 67% to 35. 29% of phenotypic variance (Table 5) . Therefore, this QTL may be the major locus for isoflavone accumulation. As an example, the LOD curves of *qIF*20 for daidzin were shown in Figure 7.

To validate the QTL mapping results, the genome interval regions within these 41 QTLs were also compared with the soybean reference genome sequences. Potential genes within the QTL intervals were annotated and analyzed. As depicted in Additional file 1: Table S2, 13 genes encoding enzymes involved in the isoflavone biosynthetic pathway were discovered including 4 - *coumarate*: *coenzyme A ligase* (*4CL*), *chalcone isomerase* (*CHI*), *chalcone reductase* (*CHR*), *isoflavone synthase* (*IFS*) and *O* - *methyltransferase* (*OMT*) . Moreover, of these 13 genes, three genes were identified within the 11 consistent QTLs. The inclusion ofthese genes suggests a high efficiency and accuracy of this map in QTL mapping for isoflavone content.

Discussion

QTL mapping has been used as an efficient approach to analyze quantitative traits in plants. However, the quality of genetic maps has a significant effect on the accuracy of QTL mapping. It has been reported that increasing marker density can improve the resolution of genetic maps. Nevertheless, the linkage disequilibrium (LD) of soybean is significantly higher than other plants. This implies a limitation on the effectiveness of increasing marker density to improve the resolution of soybean genetic maps. Therefore, a suitable marker density in genetic maps is necessary for effective QTL mapping and MAS. Because the average LD of cultivated soybean is approximately 150kb, a genetic map could be theoretically saturated with 6 300 evenly distributed markers.

With the completion of the whole genome sequencing of soybean *cv.* Williams 82 and the rapid development in sequencing technology, high polymorphic single nucleotide polymorphism (SNP) markers are beginning to be used in soybean for large - scale genotyping and high - density genetic map construction. The SNP markers are efficient for high - density genetic map construction because of their high - throughput compared to AFLP, RFLP and SSR markers. In this study, a SLAF-seq was used for large-scale marker discovery and genotyping to develop a high-density genetic map. The SLAF-seq has several positive characteristics such as high efficiency for marker development, low cost, and high capacity for large population. By using this approach, a total of 9, 948 polymorphic SLAF markers were developed, and 5 785 SNP markers were ultimately integrated into a genetic linkage map. The average genetic distance between adjacent markers was only 0. 43cM. To our knowledge, this map has the highest marker-density to date among individual experimental soybean genetic maps. Surprisingly, Gm18 has the highest number of SLAF markers, yet its linkage distance is the smallest. This may be caused by the relatively small size of our RIL population for genotyping. In this case, the recombinant events were insufficient and the distance of this LG may be underestimated.

Recently, Hyten et al. developed a high-density integrated genetic linkage map for soybean, the Consensus Map 4. 0, by compositing the SNP loci data obtained from five mapping populations. That map consisted of 5, 500 markers and spanned a genomic map distance of 2 296. 4cM. The mean chromosome length was 114. 8cM, with a mean genetic distance of 0. 6cM between adjacent markers. Compared to the soybean Consensus Map 4.0, our genetic map had similar distance in genome size but more markers, thus the mean genetic distance between adjacent markers was narrowed to 0.43cM. Owing to the high density, the resolution of the genetic map could be improved significantly. As a result, the accuracy of QTL or gene mapping could also be improved. Moreover, our high-density genetic map was constructed based on a single RIL population, thus QTL mapping could be performed efficiently and conveniently for a given phenotypic trait (e. g., isoflavone content). In this study, amounts of reported QTLs for isoflavone content were detected, and the confidence intervals of these QTLs were almost narrowed down significantly (Additional file 1: Table S2). For instance, *qMG5*, a QTL underlying malonylgenistin, was narrowed to a 0.12cM of interval as compared to a previously reported 3.7cM. Another QTL, *qGL5* wasalso mapped to a 0.36cM region that was mapped to a 3.2cM of interval previously. The consistent major QTLs contributing to individual and total isoflavone contents across various environments, *qIF7*, *qIF9*, *qIF*16-1, and *qIF*17-2 were also narrowed to 4.92, 7.35, 0.34 and 6.18cM from previously reported 14.4, 16.2, 16.0 and 13.2cM, respectively. In total, roughly half of the 41 QTLs were mapped to intervals within 1cM, and the narrowest interval spanned only 0.11cM (Additional file 1: Table S2). According to the above results, this high density genetic map exhibited higher efficiency and accuracy for QTL mapping compared to previous genetic maps. In this case, appropriate markers closely associated with isoflavone content could be easily developed for MAS.

In map-based cloning, secondary mapping populations are usually needed after primary mapping. However, development of secondary mapping populations is laborious and time-consuming work. With high-density genetic maps and the high-quality genome sequences of *cv.* Williams 82, one can directly predict candidate genes within a narrow region between two adjacent markers. The prediction, however, should depend on a high genomic collinearity of this region between the genetic map and the soybean reference genome. For this reason, the collinearity of the 20 LGs with the soybean reference genome was also determined. Our results demonstrated a relatively high collinearity between the genetic map and the reference genome (Figure 5 and Table 2). This implies the feasibility of identifying candidate genes through comparative mapping.

The isoflavone content is a typical quantitative trait that is influenced by genetic and environmental factors. The bell-shaped distribution frequency in this study confirmed that this trait inherited in a quantitative manner (Figure 6). Moreover, although the parents of RILs exhibited significant difference in isoflavone content, an obviously transgressive segregation was observed within the RIL population (Figure 6), which suggests that both parents bear positive-effect alleles. This conclusion was also supported by the identification of positive QTLs from both parents (Additional file 1: Table S2). Of the 41 identified QTLs, 26 were inherited from the female parent (*cv.* Luheidou2), while 15 were inherited from the male parent (*cv.* Nanhuizao). This finding is essential for enhancing isoflavone content through genetic engineering. Interestingly, an obvious difference in transgression segregation is observed among individual isoflavone componentsin the RIL population. There were transgressive segregations towards both high and low isoflavone contents for daidzin and malonylglycitin. For other isoflavone components, there were transgressive segregations towards low isoflavone content for genistin and glycitin, whereas transgressive segregations towards high isoflavone content were observed for malonyldaidzin and malonylgenistin (Additional file 1: Figure S3). Due to the high proportion of the latter two isoflavone components, the total isoflavone content showed a transgression towards high isoflavone content in the RIL population (Figure 6, upper left panel). Since both parents of the RIL population bear

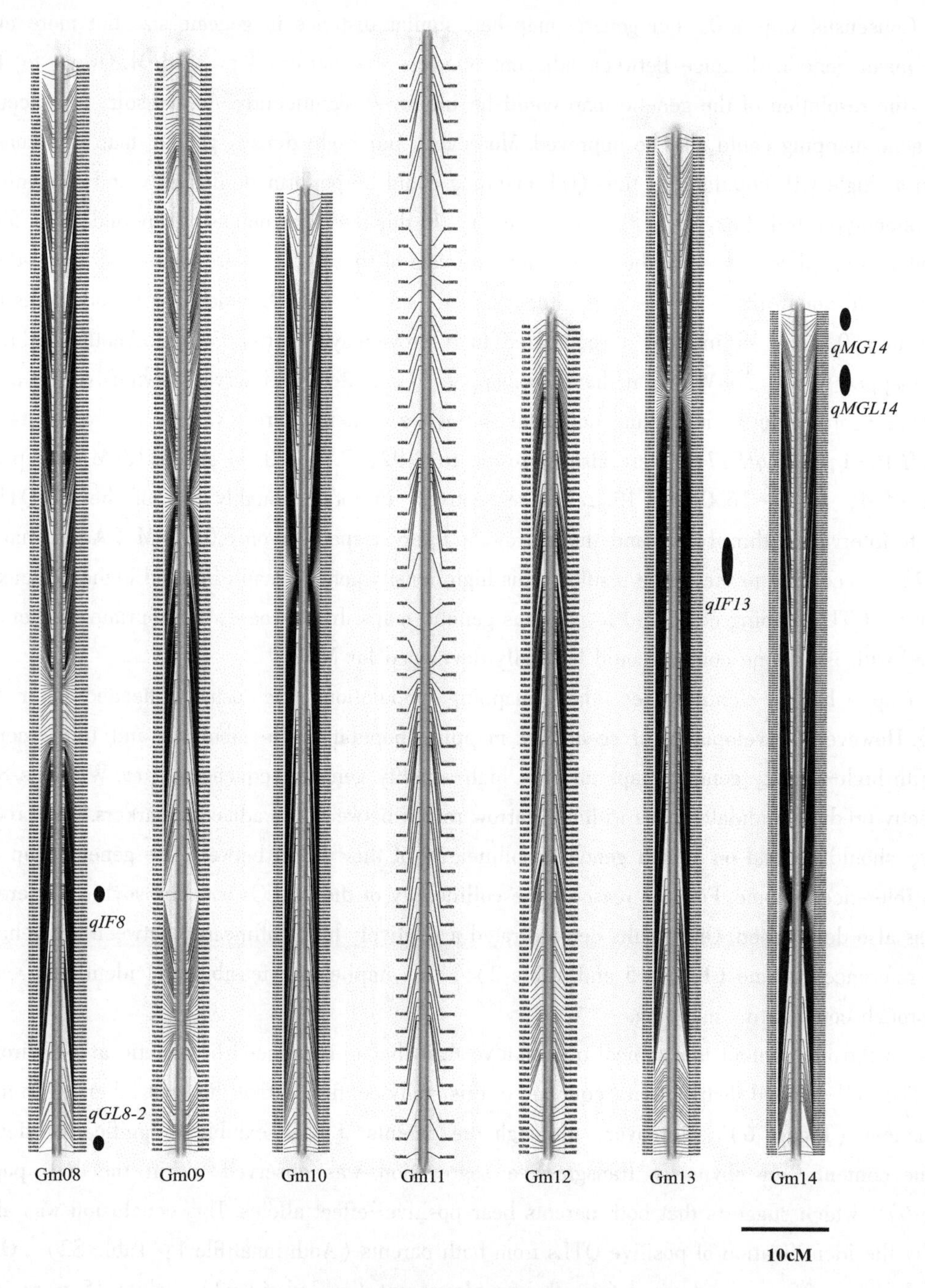

(See figure on previous page)

Figure 3 The soybean high-density genetic map: Linkage groups Gm08-Gm14

The SLAF markers and their location are shown on the right and left side, respectively. The 11 QTLs identified across various environments are depicted on the right side of each linkage group as black ovals. The name of each QTL, shown near each oval, is a composite of the influenced trait: genistin (G), daidzin (D), glycitin (GL), malonyldaidzin (MD), malonylgenistin (MG), malonylglycitin (MGL) and total isoflavone content (TOT) followed by the chromosome number. For QTLs underlying the contents of multiple isoflavone components, the name is a composite of isoflavones (IF) followed by the chromosome number

positiveeffect alleles for isoflavone content, we speculate that the difference in transgressive segregation may be caused byvarious gene-gene interactions inherited from the two parents of the RIL population.

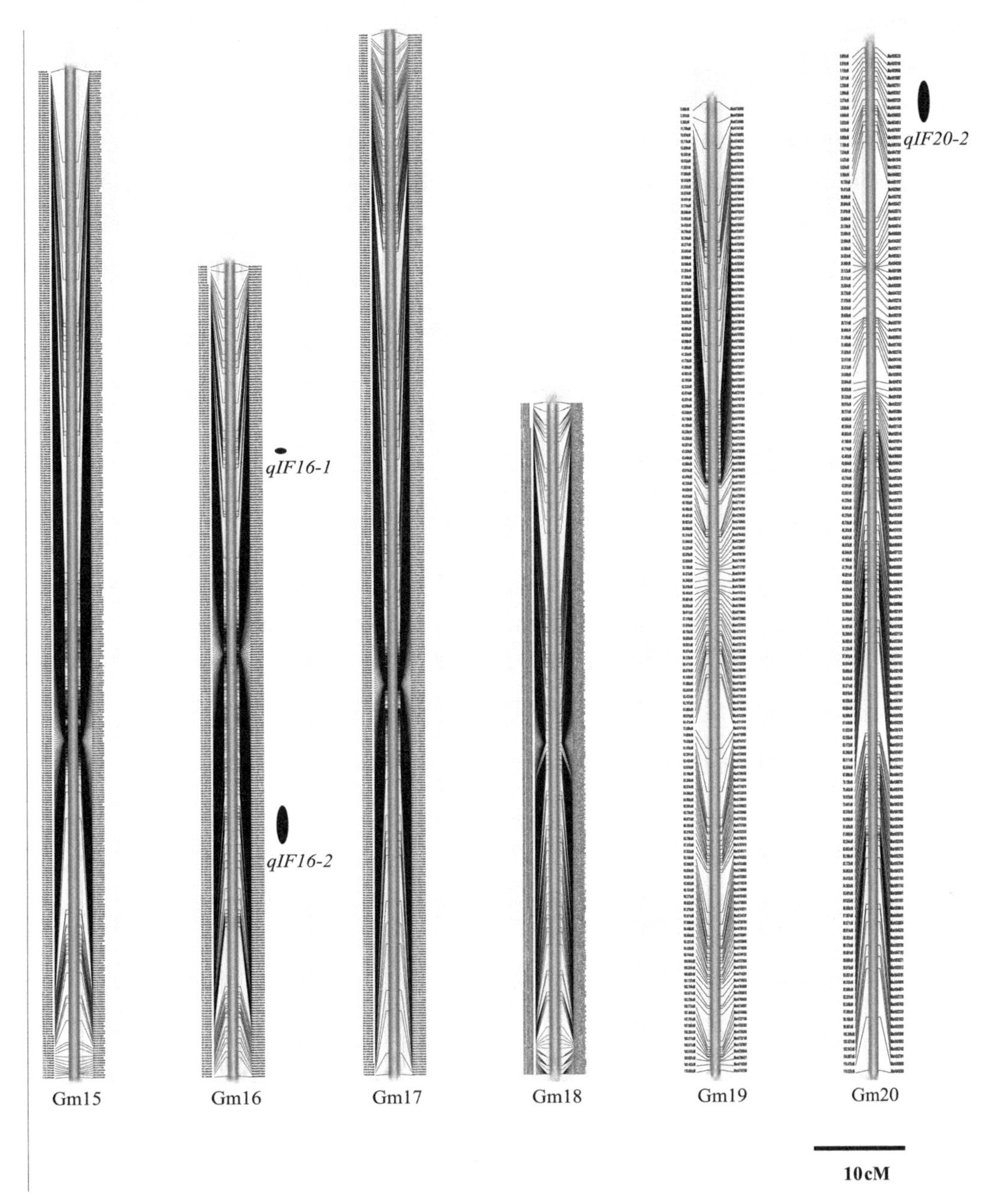

Figure 4 The soybean high-density genetic map: Linkage groups Gm15-Gm20

The SLAF markers and their location are shown on the right and left side, respectively. The 11 QTLs identified across various environments are depicted on the right side of each linkage group as black ovals. The name of each QTL, shown near each oval, is a composite of the influenced trait: genistin (G), daidzin (D), glycitin (GL), malonyldaidzin (MD), malonylgenistin (MG), malonylglycitin (MGL) and total isoflavone content (TOT) followed by the chromosome number. For QTLs underlying the contents of multiple isoflavone components, the name is a composite of isoflavones (IF) followed by the chromosome number

Previous studies have investigated the QTLs underlying isoflavone content in soybean. Approximately 45 QTLs have been identified. In this study, 41 QTLs were identified for individual and total isoflavone contents (Additional file 1: Table S2), and approximately half of these loci have previously been associated with isoflavone content (Additional file 1: Table S2). Moreover, many genes encoding isoflavone biosynthetic enzymes were identified within the genomic region of these loci (Additional file 1: Table S2). For example, both isoflavone synthase (IFS) genes (*IFS*1 and *IFS*2) that are active in soybean were found within the *qGL7* and *qIF*13 regions, respectively. The IFS catalyzes the first committed step in the isoflavone biosynthetic pathway, which is a branch of the phenylpropanoid pathway. In this pathway, IFS redirects the intermediates from the flavonoid pathway to corresponding isoflavones and thus plays a key role in isoflavone biosynthesis. The discovery of previously reported QTLs and genes encoding isoflavone biosynthetic enzymes suggests that this genetic map has a high resolution and accuracy for QTL mapping.

Comparative genomic analysis showed that five of these 11 consistent QTLs had been reported in previous studies, while the other six QTLs were identified for the first time. Interestingly, one of these six novel QTLs, *qIF* 20-2, had a significant effect on almost all isoflavone components (daidzin, genistin, malonylgenistin, and malonyldaidzin) and total isoflavone contents across various environments. The average phenotypic variance explained by this QTL ranged from 8.67% to 35.29% with an average of 19.62%, and the LOD values ranged from 2.86 to 18.89, with an average of 9.11. A previous study reported another major QTLon Gm05, which also had a significant influence on individual and total isoflavone contents and could explain over 30.0% of phenotypic variance of isoflavone content. These results demonstrate that despite the strong effect of environmental factors on the accumulation of isoflavones, there major QTLs or genes for isoflavone accumulation may exist.

Table 2 Description of characteristics of the 20 LGs in the high-density genetic map

LG	Size (Mb)	No. of SLAFs	distance (cM)	Average distance between markers (cM)	Collinearity %	Largest Gap (cM)	Gap<5cM	Kb/cM
Gm01	55.91	359	129.04	0.35	62.0%	7.56	99%	433.28
Gm02	51.65	281	130.36	0.46	64.0%	7.97	99%	396.21
Gm03	47.78	356	101.25	0.28	54.0%	6.42	99%	471.90
Gm04	49.24	448	116.16	0.25	54.0%	7.89	99%	423.90
Gm05	41.93	138	103.10	0.74	68.0%	8.74	98%	406.69
Gm06	50.72	379	82.14	0.21	58.0%	3.29	100%	617.48
Gm07	44.68	137	104.48	0.76	77.0%	6.28	99%	427.64
Gm08	46.99	278	132.34	0.47	69.0%	7.73	99%	355.07
Gm09	46.84	222	132.88	0.59	68.0%	7.00	98%	352.50
Gm10	50.96	277	116.80	0.42	61.0%	8.08	99%	436.30
Gm11	39.17	62	134.05	2.16	85.0%	9.12	90%	292.20
Gm12	40.11	139	124.22	0.89	74.0%	7.33	98%	322.89
Gm13	44.40	295	123.83	0.41	65.0%	7.38	99%	358.56
Gm14	49.71	348	102.40	0.29	59.0%	5.90	99%	485.45

(continued)

LG	Size (Mb)	No. of SLAFs	distance (cM)	Average distance between markers (cM)	Collinearity %	Largest Gap (cM)	Gap<5cM	Kb/cM
Gm15	50. 93	414	112. 84	0. 27	57. 0%	13. 06	99%	451. 35
Gm16	37. 39	310	91. 18	0. 29	60. 0%	6. 71	99%	410. 07
Gm17	41. 90	407	116. 60	0. 28	60. 0%	9. 26	99%	359. 35
Gm18	62. 30	647	74. 90	0. 11	53. 0%	8. 61	99%	831. 78
Gm19	50. 58	150	110. 08	0. 73	66. 0%	8. 04	98%	459. 48
Gm20	46. 77	138	116. 53	0. 84	76. 0%	10. 33	97%	401. 36
Maximum	62. 30	647	134. 05	2. 16	85. 0%	13. 06	100%	464. 75
Minimum	37. 39	62	74. 90	0. 11	53. 0%	3. 29	90%	499. 20
Total	949. 96	5 785	2 255. 18	0. 43	64. 5%	—	—	421. 23

Although the previously reported major QTL on Gm05 was also identified in our study in E2 environment (Shunyi, 2009), the phenotypic variance explained by this QTL was only 7. 1%. Additionally, the *qIF*20-2 has not been detected previously. That might be explained by the difference in genetic background between the parents of the two mapping populations. This explanation suggests that RIL population should be developed as much as possible from distantly related parentswith significantly different genetic backgrounds, and that multiple mapping populations should be used in QTL mapping for a given trait.

Since the isoflavone content was influenced by both genotypic and environmental factors, the 11 consistent QTLs identified across various environments may bear important genes for the accumulation and regulation of isoflavones. In this study, only three genes encoding isoflavone biosynthetic enzymes were discovered within the 11 QTLs. Moreover, none of these genes was found within the novel major loci *qIF*20-2, which explained a large amount of phenotypic variance for isoflavone content. This implies that although the isoflavone biosynthetic enzymes play an important role in the accumulation of isoflavones, other unknown genes may also participate in the regulation of isoflavone accumulation. The discovery of these genes will help elucidate the mechanism of isoflavone accumulation and regulation, and provide new insights for the enhancement of isoflavone content through genetic engineering or MAS.

Conclusions

Herein we report a high-density genetic map for soybean, which is constructed based on large-scale markers developed by specific length amplified fragment sequencing (SLAF-seq). Our results suggest that this high-density genetic map is accurate and efficient for QTL mapping. By using this map, we identified a novel major QTL underlying individual and total isoflavone contents across various environments. The high phenotypic variance explained by this locus demonstrates the importance of this locus in soybean isoflavone accumulation. Additionally, the locus may be an ideal candidate target for MAS in soybean isoflavone breeding. The genes within this locus will be studied in detail to identify the genetic architecture underlying isoflavone accumulation in our subsequent studies.

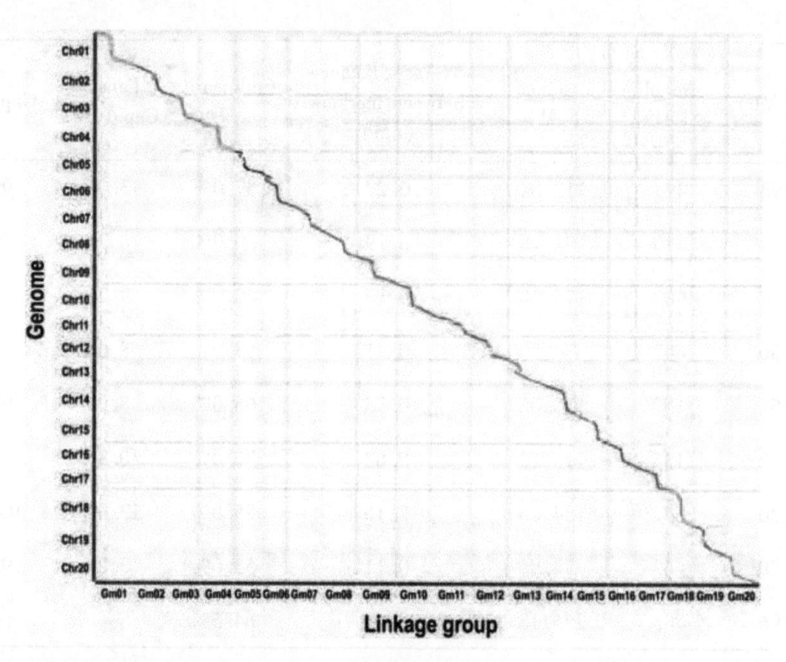

Figure 5 The collinearity plot of 20 LGs with the soybean reference genome

The x-axis indicates linearity order of linkage map and the yaxis demonstrates the linearity order of physical position in the soybean reference genome. All 5 785 SLAF markers are plotted as a scatter diagram. Different colors indicate different chromosomes or LGs

Methods

Plant materials and DNA extraction

We utilized a mapping population that included 200 $F_{5:7-8}$ RILs derived from a cross between soybean *cv.* Luheidou2 (distributed in the Huang-Huai-Hai valley region of China) and *cv.* Nanhuizao (distributed in the south region of China). Both Luheidou2 and Nanhuizao are cultivar soybeans with black seed coats. However, the seed isoflavone content differs significantly. Luheidou2 exhibits high isoflavone content while the isoflavone content of Nanhuizao is relatively low. These 200 RILs and their parents were planted at two locations in Beijing, Changping experimental station (N40°10′ and E116°14′) in 2009, and Shunyi (N40°13′ and E116°34′) experimental station from 2009 to 2011. The RILs were planted in rows 1.5m long at 0.5m intervals. Approximately 15 plants were planted in each row. Three replicates were conducted with a randomized complete block design.

A core panel of 110 RILs was selected randomly from the 200 RILs for genotyping and mapping analyses. The young leaves of each line of the core panel were collected, and total DNA of each of the parents and the 110 RILs were extracted using the CTAB method.

SLAF library construction and high-throughput sequencing

The procedure used for SLAF library construction and high-throughput sequencing was performed as described by Sun et al. with minor modifications. Firstly, a pilot experiment was performed based on the soybean reference genome sequences. In this experiment, the enzymes and sizes of restriction fragments were evaluated using training data from the soybean reference genome sequences. Three criteria were considered: i) The number of SLAFs must be suitable for QTL mapping. ii) The SLAFs must be evenly distributed. iii) Repeated SLAFs must be avoided. To maintain the sequence depth uniformity of different fragments, a tight length range was selected (roughly 30-50bp) and a pilot PCR amplification was performed to check the reduced representation library (RRL) features in this target length range. When nonspecific amplified bands appeared on the gel, the predesign step was repeated to produce a new scheme. The pilot experiment was to ensure that the SLAFs were evenly distributed across the soybean genome but that they did not appear in the repeated regions of the soybean genome. Based on the results of pilot experiment, the SLAF library was constructed as follows: genomic DNA of the 110 RIL was incubated at 37℃ with *MseI* [New England Biolabs, (NEB), Ipswich, MA, USA], T4 DNA ligase (NEB), ATP (NEB), and *MseI* adapter. Restriction-ligation reactions were heat-inactivated at 65℃ and then digested with the additional restriction enzyme *EcoRI* at 37℃. The PCR reaction was performed using diluted restriction-ligation samples, dNTP, Taq DNA polymerase (NEB) and *Mse*I primer containing barcode1. The PCR products were purified using an E. Z. N. A. ® Cycle Pure Kit (Omega) and then pooled. The pooled samples were incubated with *Mse*I, T4-DNAligase, ATP and Solexa adapter at 37℃ and then purified using a Quick Spin column (Qiagen, Hilden, Germany). The purified products were run on a 2% agarose gel. Fragments that were 500-550bp (with indices and adaptors) in size were isolated using a Gel Extraction Kit (Qiagen, Hilden, Germany). The fragment products were subjected to PCR reaction with Phusion Master Mix (NEB) and Solexa amplification primer mix to add barcode2. The products that were500-550bp in size were gel-purified and diluted for pair-end sequencing. The pair-end sequencing was performed using an Illumina high-throughput sequencing platform (Illumina, Inc; San Diego, CA, U. S.).

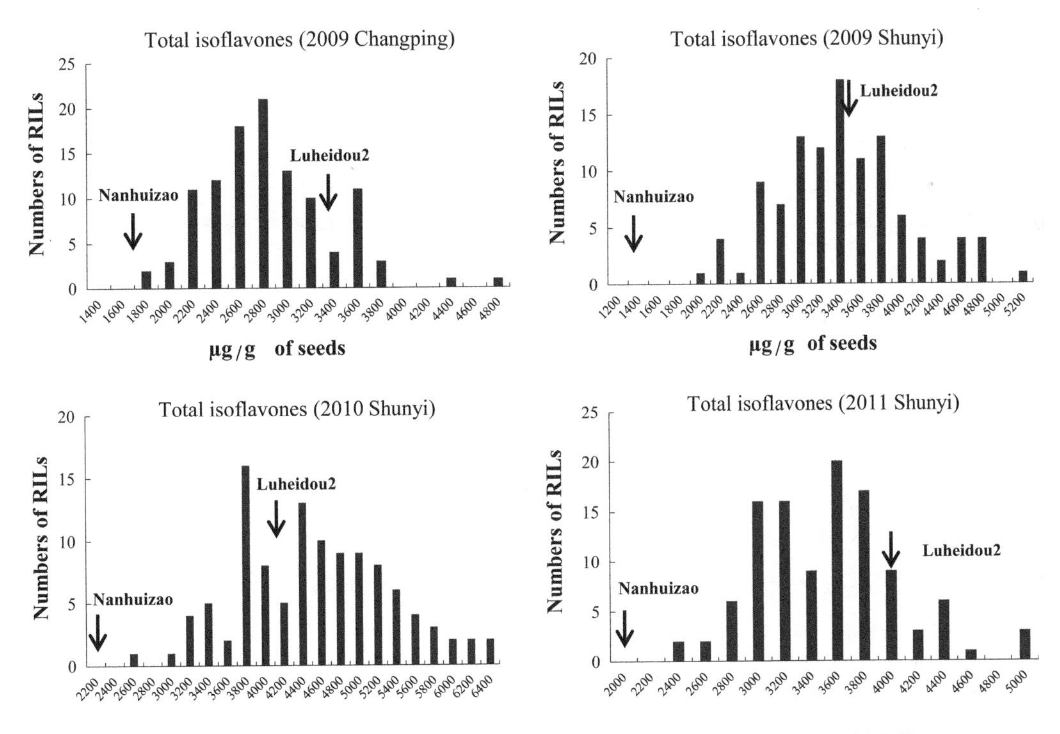

Figure 6 Frequency distribution of total isoflavone contents for the 110 RILs

The arrows indicate total isoflavone contents for two parents of the RILs (*cv.* Luheidou 2 and Nanhuizao)

Table 3 ANOVA of individual and total isoflavone contents for 110 RILs over four environments

Trait	Mean±SD (μg/g)	Sources of variation					
		Genotype			Environment		
		Mean square	F	*P* value	Mean square	F	*P* value
Daidzin	224. 91± 86. 20	10256. 93	8. 23	<0. 0001	578 864. 76	464. 53	<0. 0001
Glycitin	64. 53± 18. 66	706. 77	7. 06	<0. 0001	14 337. 06	143. 22	<0. 0001
Genistin	321. 02± 153. 06	17 441. 38	4. 78	<0. 0001	2 396 631. 36	656. 37	<0. 0001
Malonyldaidzin	1 262. 69± 288. 63	221 868. 23	10. 74	<0. 0001	1 876 993. 38	90. 84	<0. 0001
Malonylglycitin	153. 64± 51. 85	4 060. 10	1. 89	<0. 0001	12 171. 21	5. 68	<0. 0001
Malonylgenistin	1 450. 70± 389. 79	185 623. 87	5. 81	<0. 0001	12 008 730. 73	376. 14	<0. 0001
Total isoflavones	3 500. 32± 869. 90	1 157 236. 90	8. 17	<0. 0001	53 251 596. 80	376. 00	<0. 0001

Table 4 The characters of 11 QTLs associated with individual and total isoflavone contents across various environments

Name1	Effect2	Chr3	Interval4	IC5	LOD6	PVE7	ADD8
*qD*4	D-E3, E4	4	M634469-M625652	14. 67-18. 75	6. 98	16. 00	23. 40
*qIF*7	G-E2, E3; MD-E2, E3; MG-E2, E3; TOT-E2, E3	7	M519691-M491368	33. 21-38. 13	8. 17	14. 30	137. 00
*qMGL*7	MGL-E2, E3	7	M523495-M518225	3. 62-4. 24	4. 59	13. 30	-23. 00
*qGL*8-2	GL-E2, E4	8	M1060220-M1053451	130. 48-132. 34	12. 40	28. 00	8. 98
*qIF*8	MG-E1, E4; TOT-E4	8	M1045556-M1053803	101. 44-101. 76	5. 73	16. 90	144. 00
*qIF*13	D-E2, E3, E4; G-E3; MG-E3; MD-E4	13	M153314-M163112	45. 77-51. 16	4. 91	12. 50	-44. 00
*qMGL*14	MGL-E1, E3	14	M542764-M545951	6. 83-10. 60	4. 00	8. 61	9. 96
*qMG*14	MG-E1, E3	14	M575406-M531913	0. 00-2. 57	3. 50	9. 54	83. 10
*qIF*16-1	D-E2, E3; TOT-E2	16	M889900-M897989	20. 85-21. 19	3. 96	8. 56	-49. 00
*qIF*16-2	MD-E1, E3, E4; D-E4	16	M895322-M899870	59. 53-63. 53	5. 12	15. 10	-79. 00
*qIF*20-2	D - E1, E2, E3, E4; G - E2, E3, E4; MD - E1, E2, E3, E4; MG - E2, E3; TOT - E1, E2, E3	20	M943408-M941848	3. 83-8. 43	9. 11	19. 62	117. 00

[1]The name of QTL, is a composite of the influenced trait: genistin (G), daidzin (D), glycitin (GL), malonyldaidzin (MD), malonylgenistin (MG), malonylglycitin (MGL) and total isoflavones (TOT) followed by the chromosome number. For QTLs underlying the contents of multiple isoflavone components, the name is a composite of isoflavones (IF) followed by the chromosome number

[2]The Effect of QTL is composite of the particular isoflavone component followed by the specific environments. It repre-

sents the particular isoflavone components [i. e. , genistin (G), daidzin (D), glycitin (GL), malonyldaidzin (MD), malonylgenistin (MG), malonylglycitin (MGL)] and total isoflavones (TOT) that are controlled by this QTL in specific environments [i. e. , E1 (2009 at Changping), E2 (2009 at Shunyi), E3 (2010 at Shunyi), and E4 (2011 at Shunyi)]

[3] Chr indicates chromosome

[4] Interval indicates confidence interval between two SLAF markers

[5] IC indicates the interval of confidence in centimorgan

[6] LOD indicates the logarithm of odds score

[7] PVE indicates the phenotypic variance explained by individual QTL

[8] ADD indicates the additive effect value

The LOD scores, PVE values, and additive effect values are shown as mean values for QTLs with multiple effects

SLAF-seq data grouping and genotyping

The SLAF-seq data grouping and genotyping were performed as described in detail by Sun et al. All SLAF pair-end reads with clear index information were clustered based on sequence similarity. To reduce computational intensity, identical reads were merged together, and sequence similarity was detected using one-to-one alignment by BLAT (-tileSize = 10 -stepSize = 5). Sequences with over 90% identity were grouped to one SLAF locus. Alleles were defined in each SLAF using the minor allele frequency (MAF) evaluation. Since soybean is a diploid species and one locus can only contain at most four SLAF tags, groups containing more than four tags were filtered out as repetitive SLAFs. SLAFs with sequence depth less than 213 were defined as low-depth SLAFs and were filtered out in the following analysis. Only groups with suitable depth and fewer than 4 seed tags were identified as high-quality SLAFs. SLAFs with 2-4 tags were identified as polymorphic SLAFs. The average sequence depths of SLAF markers were greater than 10-fold in parents and greater than 3-fold in progeny.

High-density genetic map construction

After genotyping of the 110 RILs, 2-point linkage analysis was performed for efficient SLAFs. A high-density genetic map including 20 LGs was constructed using the Kosambi mapping function of the Joinmap v4. 0 software. The LOD threshold was set as default (3. 0). The collinearity of LGs with the soybean reference genome was analyzed through aligning the sequence of each SLAF marker with genome sequences of Williams 82 using the BLASTN program from the National Center for Biotechnology Information (NCBI).

Isoflavone extraction and determination

The extraction and determination of isoflavones were performed according to the protocol described by Sun et al. First, approximately 20g of mature seeds from each of the 110 RIL plants and their two parents were ground to a fine powder using a cyclone mill (Retsch ZM100, Rheinische, Germany). One hundred milligrams of this powder was added to a 10ml glass tube preloaded with 5ml of extract solution containing 0. 1% (V/V) acetic acid and 70% (V/V) ethanol. The mixture was shaken for 24 h on a twist mixer (TM-300, ASONE, Japan). After centrifugation at 5 000rpm for 10min, the supernatant was filtered using the YMC Duo-filter (YMC Co. , Kyoto Japan) with 0. 2μm pores. The resultant sample was stored at 4℃ before use. The determination of isoflavones was performed with the High Performance Liquid Chromatography (HPLC) system (Agilent 1100, YMC-Pack, ODS-AM-303, 250mm × 4. 6mm I. D. , S-5UM, 120Å) using a 70-min linear gradient of 13%-30% acetonitrile (V/V) in aqueous solution containing 0. 1% acetic acid. The solvent flow rate was 1. 0ml min-1 and the UV absorption was measured at 260nm. Column temperature was set at 35℃ and the injection volume was 10μl. Identification and quantification of each isoflavone component was based on the standards of 12 isoflavone components provided by Dr. Akio Kikuchi (National Agricultural Research Center for Tohoku Region, Japan) . The 12 isoflavone standards consisted of daidzein, glycitin, genistein, malonyldaidzin, malonylglycitin, malonylgenistin, acetyldaidzin, acetylglycitin, acetylgenistin, daidzein, glycitein and genistein. In this study, six major isoflavone components including daidzin, glycitin, genistin, malonyldaidzin, malonylglycitin, and malonylgenistin were detected in soybean seeds. The precise contents of these six isoflavone components were calculated with the formula described in detail by Sun et al. Other components were not quantified due to the very low concentrations. The total isoflavone content was designated as the sum of these six major isoflavone components.

Table 5 Additive effect of qIF20-2 for individual and total isoflavone contents across various environments

Name1	Effect2	Interval3	IC4	LOD5	PVE6	ADD7
qIF20-2	D-E1	M934616-M970087	5. 92-6. 63	4. 33	15. 16	22. 27
	D-E2	M947267-M941848	7. 63-8. 43	6. 14	15. 60	24. 72
	D-E3	M934616-M970087	5. 92-6. 63	9. 47	21. 13	34. 72
	D-E4	M934616-M970087	5. 92-6. 63	6. 51	15. 38	14. 25
	G-E2	M947267-M941848	7. 63-8. 43	9. 63	21. 96	31. 59
	G-E3	M934616-M970087	5. 92-6. 63	11. 08	24. 19	63. 09
	G-E4	M947267-M941848	7. 63-8. 43	5. 00	12. 28	24. 91
	MD-E1	M943408-M968883	3. 83-4. 64	4. 93	17. 89	104. 92
	MD-E2	M934616-M970087	5. 92-6. 63	9. 36	23. 35	152. 44
	MD-E3	M934616-M970087	5. 92-6. 63	9. 08	20. 13	125. 71
	MD-E4	M934616-M970087	5. 92-6. 63	4. 52	12. 55	75. 15
	MG-E2	M934616-M970087	5. 92-6. 63	18. 00	27. 89	129. 48
	MG-E3	M968883-M934616	4. 64-5. 92	9. 64	23. 41	156. 97
	TOT-E1	M934616-M970087	5. 92-6. 63	2. 86	8. 67	151. 54
	TOT-E2	M934616-M970087	5. 92-6. 63	16. 25	19. 04	280. 27
	TOT-E3	M968883-M934616	4. 64-5. 92	18. 89	35. 29	472. 78

[1]The name of QTL, is a composite of the influenced trait: genistin (G), daidzin (D), glycitin (GL), malonyldaidzin (MD), malonylgenistin (MG), malonylgenistin (MGL) and total isoflavones (TOT) followed by the chromosome number. For QTLs underlying the contents of multiple isoflavone components, the name isa composite of isoflavones (IF) followed by the chromosome number

[2]The Effect of QTL is composite of the particular isoflavone component followed by the specific environments. It represents the particular isoflavone components [i. e. , genistin (G), daidzin (D), glycitin (GL), malonyldaidzin (MD), malonylgenistin (MG), malonylglycitin (MGL)] and total isoflavones (TOT) that are controlled by this QTL in specific environments [i. e. , E1 (2009 Changping), E2 (2009 Shunyi), E3 (2010 Shunyi), and E4 (2011 Shunyi)]

[3]Interval indicates confidence intervals between two SLAF markers

[4]IC indicates the interval of confidence in centimorgan

[5]LOD indicates the logarithm of odds score

[6]PVE indicates the phenotypic variance explained by individual QTL

[7]ADD indicates the additive effect value

Isoflavone Content of Soybean Cultivars from Maturity Group 0 to VI Grown in Northern and Southern China

Zhang Jingying Ge Yinan Han Fenxia Li Bin
Yan Shurong Sun Junming* Wang Lianzheng
(*MOA Key Laboratory of Soybean Biology* (*Beijing*), *Institute of Crop Science*, *Chinese Academy of Agricultural Sciences*, *Beijing* 100081, *China*)

Abstract: Soybean isoflavone content has long been considered to be a desirable trait to target in selection programs for their contribution to human health and plant defense systems. The objective of this study was to determine isoflavone concentrations of various soybean cultivars from maturity groups 0 to VI grown in various environments and to analyze their relationship to other important seed characters. Forty soybean cultivars were grown in replicated trials at Wuhan and Beijing of China in 2009/2010 and their individual and total isoflavone concentrations were determined by HPLC. Their yield and quality traits were also concurrently analyzed. The isoflavone components had abundant genetic variation in soybean seed, with a range of coefficient variation from 45.01% to 69.61%. Moreover, individual and total isoflavone concentrations were significantly affected by cultivar, maturity group, site and year. Total isoflavone concentration ranged from 551.15 to 7 584.07μg/g, and averaged 2 972.64μg/g across environments and cultivars. There was a similar trend regarding the isoflavone contents, in which a lower isoflavone concentration was generally presented in early rather than late maturing soybean cultivars. In spite of significant cultivar ×year ×site interactions, cultivars with consistently high or low isoflavone concentrations across environments were identified, indicating that a genetic factor plays the most important role for isoflavone accumulation. The total isoflavone concentration had significant positive correlations with plant height, effective branches, pods per plant, seeds per plant, linoleic acid and linolenic acid, while significant negative correlations with oleic acid and oil content, indicating that isoflavone concentration can be predicted as being associated with other desirable seed characteristics.

Key words: *Glycine max* (L.) Merrill; Isoflavone; Fatty acid; Protein; Yield; Maturity group

Introduction

Soybean isoflavone is an important secondary metabolite accumulated in soybean. A total of 12 types of component can be divided into four groups including free, glucoside, acetyl-glucoside and malonyl-glucoside forms. Isoflavones have attracted much attention because of their important physiological functions in the prevention and treatment of cancer, cardiovascular disease, osteoporosis and senile dementia. Isoflavones also play important roles in anti-fungal, anti-tumor, antioxidant properties and reduction in women's menopausal syndrome.

* Corresponding author. Sun Junming, E-mail: Sunjunming@caas.cn

Isoflavone content is highly variable and regulated by genetic and environmental factors, and the qualitative genetic character is controlled by several major and minor genes. Significant differences in isoflavone content of different soybean varieties indicated the existence of genetic differences. Even the isoflavone content of one genotype variety planted at the same location demonstrated a change up to three-fold in different years. Therefore, for isoflavone content, the yearly difference is more important than location and other environmental factors. In addition to the year factor, other environmental factors are also involved in isoflavone contents and components. The malonyl-glucoside type is easily transformed to the corresponding aglycone form under high temperature conditions, but higher isoflavone concentration is accumulated at the seed maturing stage at low temperature. Light can also affect the isoflavone distribution and accumulation by adjusting the content and activity of key enzymes (such as PAL, CHS, CHI and IFS) in the isoflavone biosynthetic pathway. Isoflavone content decreased with increases in storage time and temperature, at the same time, the malonyl-glucoside components reach a high level.

Although several researches have studied soybean isoflavone content in a range of environments, few have investigated differences between cultivars of various maturity groups (i. e. 0-VI), which are grown in southern and northern China. In addition, few studies have related isoflavone content to other important seed composition characteristics, such as main quality traits and yield-related traits. The main purpose of this study was to determine the variation in isoflavone concentration among cultivars in various regions and years in China, and to analyze the relationship of isoflavone concentration to other seed characteristics and yield-related traits.

Materials and methods

Plant materials

Forty conventional soybean cultivars (Table 1), including three from the North region (NRT VER), twenty from the HuangHuaiHai valley region (HHH VER), fifteen from the South region (SRT VER), one from the USA, and one from Japan, selected from the Chinese soybean mini-core collections were grown at two sites. The sample set of maturity group (MG) 0-VI consisted of two cultivars in MG 0, four in MG Ⅰ, three in MG Ⅱ, nine in MG Ⅲ, fifteen in MG Ⅳ, four in MG V, and three in MG VI. There were two cultivars Amsoy (WDD00528-PI603373, USA) and Tokachi Nagaha (WDD01252-PI424209, Japan) from abroad. Soybean *cv.* Tokachi Nagaha introduced from Japan is one of the widely utilized elite soybean accessions in Chinese soybean breeding. Until 2005, 195 soybean cultivars released in China possess as their common parent *cv.* Tokachi-Nagaha. Eleven cultivars are high protein types, in which protein content of *cv.* ZDD12680 is 51.8%, and two are high oil types, in which oil content of *cv.* ZDD07391 is 22.0%. Other yield and quality traits are also different among these cultivars.

Table 1 Forty soybean cultivars from various ecotype regions and maturity groups

Ecotype region	Number	Cultivar identify code (maturity groups)
North region in China (NRT VER)	3	ZDD00041 (0), ZDD00698 (I), ZDD07580 (I)

(continued)

Ecotype region	Number	Cultivar identify code (maturity groups)
Huanghuaihai Valley region in China (HHH VER)	20	ZDD01761 (Ⅲ), ZDD02134 (Ⅲ), ZDD02149 (Ⅴ), ZDD02400 (Ⅳ), ZDD02764 (Ⅲ), ZDD02891 (Ⅲ), ZDD02892 (Ⅳ), ZDD02921 (Ⅲ), ZDD03153 (Ⅳ), ZDD03570 (Ⅲ), ZDD03741 (Ⅳ), ZDD04275 (Ⅳ), ZDD07391 (0), ZDD08190 (Ⅳ), ZDD09279 (Ⅳ), ZDD09884 (Ⅱ), ZDD10100 (Ⅳ), ZDD18529 (Ⅱ), ZDD18870 (Ⅳ), ZDD19027 (Ⅳ)
South region in China (SRT VER)	15	ZDD04620 (Ⅵ), ZDD05502 (Ⅰ), ZDD06358 (Ⅲ), ZDD06377 (Ⅳ), ZDD06378 (Ⅲ), ZDD12527 (Ⅲ), ZDD12680 (Ⅴ), ZDD14125 (Ⅳ), ZDD14911 (Ⅴ), ZDD15357 (Ⅳ), ZDD15624 (Ⅳ), ZDD16282 (Ⅴ), ZDD20652 (Ⅴ), ZDD21485 (Ⅵ), ZDD22145 (Ⅵ)
Abroad	2	WDD00528 (Amsoy, USA, Ⅱ), WDD01252 (Tokachi Nagaha, Japan, Ⅰ)

Field experiments

Seeds were planted at the Changping experimental station of Beijing (Site A, N 40°10′and E 116°14′) and Wuhan experimental station of Hubei province of China (Site B, N 30°29′and E 114°18′) in 2009 and 2010, located in two ecotopes of HHH VER and SRT VER, respectively. At the onset of experimentation, soil pH, all nitrogen, phosphorus, potassium and organic matter levels were 8.22, 80.5mg/kg, 68.7mg/kg, 14.58 g/kg and 12.31g/kg at site A, respectively, and 7.69, 51.27mg/kg, 13.56mg/kg, 113.95g/kg and 19.83g/kg at site B, respectively. The plots of each experiment were arranged in a randomized complete block design with three replications in a row length of 3m, a row spacing of 0.5m and plant spacing of 0.1m. Plots were fertilized with 15t/ha organic fertileizer, 30kg/ha of nitrogen and sufficient phosphorus and potassium during field preparation. Weeds were controlled by the post-emergence application of 2.55L/ha of Acetochlor, as well as hand weeding later during the season. Plots were harvested by hand when the plants reached physiological maturity. As cultivars of different maturity groups were included, harvest data varied with cultivar. Seed moisture content was determined and yield and quality traits were expressed on a dry matter basis. Weather data for the growing season were retrieved in both years from a nearby weather station (Table 2).

Table 2 Monthly precipitation and average temperature in Beijing and Wuhan of China from April to September

Monthly	Precipitation (mm)				Temperature (℃)			
	Beijing		Wuhan		Beijing		Wuhan	
	2009	2010	2009	2010	2009	2010	2009	2010
April	63.6	32.2	54.3	197.7	15.8	15.9	18.5	18.3
May	64.1	14.7	344.2	132.1	20.3	22.9	24.7	22.2
June	125.3	95.5	129.4	306.7	23.4	26.2	29.3	28.1
July	79.3	196.6	148.1	95.9	27.2	27.0	26.4	30.3
August	132.1	60.9	240.7	38.8	26.0	25.7	29.3	29.1
September	118.9	23.3	40.8	41.8	21.0	21.1	28.4	24.9
Total/Mean	583.3	423.2	957.5	813.0	22.3	23.1	26.1	25.5

Isoflavone extraction

Samples from all plots were stored at room temperature after harvesting and extraction was within one month. Approximately 20g of soybean seeds were ground using a cyclone mill (Retsch ZM100, ϕ = 1. 0mm, Haan, Germany). Then, 0. 1g of powder was extracted using 5ml 70% (V/V) ethanol solution containing 0. 1% (V/V) acetic acid and shaken at room temperature for 12h. After centrifugation (5 000rpm, 5min), the supernatant was filtered using a 0. 22μm nylon syringe filter (LUBITECH, Shanghai, China) and stored at 4℃ for HPLC analysis.

HPLC assay

The isoflavone concentration was analyzed by the HPLC method. First, 10μl of the filtered extraction was subjected to High Performance Liquid Chromatography (HPLC) on an Agilent 1100 series system. Quantitative analyses were performed on the YMC Pack, ODS-AM-303 column (250mm ×4. 6mm i. d. , S-5μm, 120Å, YMC Co. , Kyoto, Japan) at 35℃, using a 70min linear gradient of 13%-35% acetonitrile (V/V) in aqueous solution containing constant 0. 1% acetic acid. The solvent flow rate was 1. 0ml/min and the UV absorption was measured at 260nm. Twelve standards of isoflavone components, including daidzin (D), glycitin (GL), genistein (G), malonyldaidzin (MD), malonylglycitin (MGL), malonylgenistin (MG), acetyldaidzin (AD), acetylglycitin (AGL), acetylgenistin (AG), daidzein (DE), glycitein (GLE), and genistein (GE) were provided by Dr Akio Kikuchi (National Agricultural Research Center for Tohoku Region, Japan). Separate standard stock solutions were made for all of 12 isoflavone forms and stored at 4℃. According to the retention time and the maximum UV absorbance for 12 standards, we accurately detected all forms of isoflavone components based on the value of UV absorption at 260nm. The various components of isoflavones, the aglycone and the total content in soybean seed were calculated from standard curves and expressed as micrograms per gram of dry weight according to the method described by Sun et al.

Soybean agronomic traits measurement

Ten soybean plants of each cultivar per treatment were randomly selected to measure the agronomic traits, including plant height, bottom pod height, number of node, branch number, pods per plant, seeds per plant and 100-seed weight. The mean of ten plants per cultivar represented the replication value of agronomic traits and the average of three replications represented the value of agronomic traits.

Protein and oil content determination

A 50g sample of soybean seeds was analyzed by Fourier transform near-infrared absorption spectroscopy (Bruker Fourier, Germany). The spectrum of each sample was the average of 3 replications, in which the absorption range was from 4 000 to 8 000cm^{-1}. The collected spectra were used to determine the protein and oil content by the Quant 2 method of Bruker's OPUS 4. 2 software. We took an average of 3 replications as the value of protein and oil content data.

Fatty acid determination

The seed fatty acid content was determined using the gas chromatography methyl ester method. First, 0. 5g of powder of soybean seeds were mixed with 1. 5ml hexane overnight, centrifuged at 7 000rpm for 5min, 350μl of sodium methoxide solution was added, and then the mixture was shaken for 1h. After centrifugation (7 000rpm for 5min) the supernatant was filtered into a special sample bottle for GC detectors. The GC analysis was performed on a RTX-Wax Column (30m ×0. 25mm ×0. 25mm, Germany) with nitrogen, hydrog and air as the carrier gas in 20min. The injection volume was 1μl. The area normalization method was used to calculate the percentage of five kinds of fatty acid compositions (palmitic acid, stearic acid, oleic acid, linoleic acid and linolenic acid) on a GC2010 workstation (Shimadzu, Japan).

Statistical analysis

All data were subjected to an analysis of variance (ANOVA) using the general linear model (GLM) procedure of the SAS software (SAS Institute, Cary, NC) to identify significant treatment effects and interactions. Homoscedasticity among the experiments was verified using the chi-square test. Data were then analyzed in a combined analysis that regrouped sites, maturity group, years and cultivars using PROC GLM. When interactions were significant, data were reanalyzed by sites and/or years. Comparisons between means were conducted with the least significant differences (LSD) at a 0.05 probability when ANOVA indicated model and treatment signifyicances. Pearson's r was calculated based on the data from all plots across the environments using the CORR procedure in SAS, to describe the relationship among the variables considered significant at $P<0.05$.

Results and discussion

Isoflavone concentration determination by HPLC

This gradient elution method was rapid and accurate for determining and quantifying the amounts of 12 isoflavone components in soybean seeds by HPLC. The retention times and elution order of standard sample are shown in Figure 1. In this study, six major isoflavone compositions, including daidzin (D), glycitin (GL), genistin (G), malonyldaidzin (MD), malonylglycitin (MGL), and malonylgenistin (MG), were detected in soybean seeds. Other components were not quantified due to their low concentrations in these soybean samples. It indicated that the glucoside and malonyl-glucoside groups were the main isoflavone components, while the free and acetyl-glucoside groups contents were too low to detect in soybean seeds. In this study, the total isoflavone content was described by the sum of these six isoflavone concentrations.

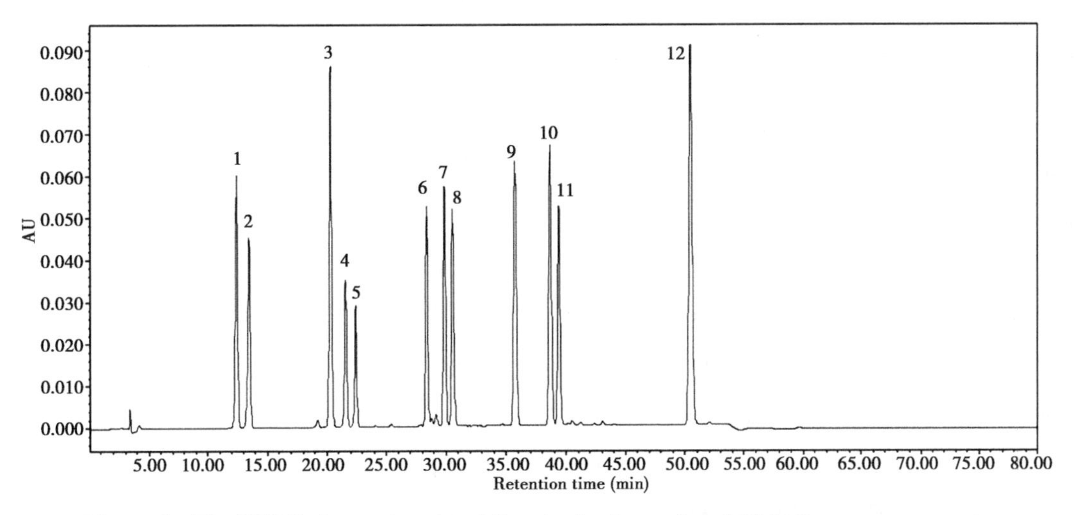

Figure 1 The HPLC chromatogram of the standard samples of 12 isoflavone components

1. daidzin; 2. glycitin; 3. genistin; 4. malonyldaidzin; 5. malonylglycitin; 6. acetyldaidzin; 7. acetylglycitin; 8. malonylgenistin; 9. daidzein; 10. glycitein; 11. acetylgenistin; 12. genistein

Total isoflavone concentration in soybean cultivars

In this study, there was no significant difference among repeats in total isoflavone content, indicating the experimental data relative reliability. Cultivar ($P<0.001$), site ($P<0.001$) and year ($P<0.001$) were the main effects and a (site × year × cultivar) interaction ($P<0.001$) was observed for total isoflavone concentration (Table 3). The three-way interaction indicates that the magnitude of differences between cultivars and their ranking varied between environments (sites and years). However, the ranking of some cultivars with the highest and lowest concentrations was still relatively stable across environments based on the significant positive correlation between total isoflavone concentrations and years, sites (Table 4). Previous researchers reported similar results. In our study, the coefficient of variation of total isoflavone concentrations ranged from 40.89% to 61.92%, corresponding to a total concentration ranging from 551.15 to 7 584.07μg/g and averaged 2 972.64μg/g across environments (Table 5). There was a 45.01% variation in the average total isoflavone concentration across environments and this variation ranged between 19.67% and 68.87% for special cultivars. Total isoflavone content also varied among various years and sites ($P < 0.001$) in this study. Previous studies showed that the accumulation of isoflavone was greatly influenced by temperature, rainfall and other climate factors in soybean seeds. In our studies, in two growing seasons, the average concentration of total isoflavone in 2010 was 87.83% higher than in 2009; Furthermore, in two planting sites, total isoflavone content at Beijing was also 71.96% higher than at Wuhan (Table 6). Indeed, the precipitation and temperature was different in the planting seasons of 2009 and 2010 at both sites. In Beijing, precipitation in 2009 was 160.01mm higher than in 2010; in Wuhan, precipitation in 2009 was also 144.5mm higher than in 2010. Moreover, at both sites, precipitation and average temperature in Wuhan were significant higher than in Beijing (Table 2). We confirmed that high temperature and moisture stress during seed-fill can reduce total isoflavone accumulation in soybean seeds, corresponding to the previous results. This underlines the fact that climatic conditions have an important impact on total isoflavone concentration.

Table 3 Analysis of variance for the isoflavone concentrations of soybean cultivars grown at Beijing and Hubei of China in 2009 and 2010

Variance sources	Isoflavone components							
	df	Daidzin	Glycitin	Genistin	Malonyldaidzin	Malonylglycitin	Malonylgenistin	Total content
Maturity group	6	***	***	**	**	***	*	**
Year	1	***	***	***	*	*	**	***
Site	1	NS	***	**	***	*	***	***
Site × Year	1	***	NS	**	**	NS	NS	**
Repeat	2	**	NS	**	NS	NS	NS	NS
Cultivar	39	***	***	***	***	***	***	***
Cultivar ×Site	39	***	***	***	***	***	***	***
Cultivar × Year	39	NS	**	*	***	**	**	***
Cultivar × Site×Year	39	**	***	*	***	***	*	***

*, ** and *** represent the significance levels at $P \leq 0.05$, 0.01, and 0.001, respectively; *NS* not significant

Table 4 Correlation analysis between years or sites on the isoflavone components in soybean seeds

Environmental factor	Daidzin	Glycitin	Genistin	Malonylglycitin	Malonylgenistin	Malonylglycitin	Total content
Year⁺	0.743**	0.153	0.604**	0.744**	0.549**	0.597**	0.704**
Site§	0.533**	0.242	0.522**	0.499**	0.563**	0.508**	0.460**

** represents the significant level at $P \leqslant 0.01$

⁺Correlation coefficient between two years on mean isoflavone contents were measured based on the two-site data

§ Correlation coefficient between two sites on mean isoflavone contents were measured based on the two-year data

Table 5 Genetic variation analysis of the isoflavone components in soybean seeds*

Isoflavone component	Range	Minimum (μg/g)	Maximum (μg/g)	Mean (μg/g)	Std. Deviation	*CV* (%)
Daidzin	1 218.15	31.09	1 249.24	251.64	175.17	69.61
Glycitin	491.62	0.00	491.62	108.25	66.32	61.27
Genistin	1 452.69	40.37	1 493.05	465.78	272.11	58.42
Malonyldaidzin	2 322.01	32.64	2 354.65	707.00	407.77	57.68
Malonylglycitin	676.08	0.00	676.08	135.17	69.96	51.76
Malonylgenistin	3 473.66	189.48	3 663.14	1 265.78	576.83	45.57
Total content	7 032.92	551.15	7 584.07	2 972.64	1 337.84	45.01

CV coefficient of variation

* The isoflavone values for individual components and total contents were measured based on the two-site and two-year collected data

Significant differences in total isoflavone content were also observed among maturity groups (Table 7). Maturity groups V and VI had significantly higher total isoflavones when compared to maturity groups 0–IV. However, the differences among MG 0–IV and MG V–VI were not significant in total isoflavone contents. There was a similar trend on total isoflavone content, where lower isoflavone concentrations were generally presented in early rather than late maturing soybean cultivars. For example, the average total isoflavone content in MG 0 varieties (2 225.21μg/g) was the lowest, while in MG VI (3 569.41μg/g) it was higher than in the other maturity groups. Especially the total content in MG VI was 60.41% higher than in MG 0.

Few previous studies considered the maturity group as a variable. According to our results, it is evident that the isoflavone composition of samples varies among maturity groups, corresponding to the results of Wang et al. The underlying mechanism for these observations might be attributable to climatic conditions and an isoflavone accumulation pattern, which can explained that in the same planting site, more late maturing cultivars have longer growing stages and accumulate more isoflavone in their seeds. Moreover, lower temperatures occurred at the R7–8 stages of late maturing cultivars, which can also increase seed isoflavone content.

Table 6 Comparison of isoflavone composition in various years and sites in soybean seeds

Isoflavone composition	Year*	Mean (μg/g)	Std. Deviation	Site§	Mean (μg/g)	Std. Deviation
Daidzin	2009	112.42	55.92	Beijing	352.07	169.49
	2010	352.07	169.49	Wuhan	276.52	171.91

(continued)

Isoflavone composition	Year*	Mean (μg/g)	Std. Deviation	Site§	Mean (μg/g)	Std. Deviation
Glycitin	2009	63.54	37.54	Beijing	100.30	49.35
	2010	100.30	49.35	Wuhan	144.89	75.06
Genistin	2009	200.56	90.39	Beijing	638.50	213.68
	2010	638.50	213.68	Wuhan	533.97	253.48
Malonyldaidzin	2009	638.70	258.60	Beijing	1 058.29	379.24
	2010	1 058.29	379.24	Wuhan	417.74	262.04
Malonylglycitin	2009	122.90	73.58	Beijing	158.28	65.50
	2010	158.28	65.50	Wuhan	123.19	65.49
Malonylgenistin	2009	1 108.12	384.39	Beijing	1 767.84	487.24
	2010	1 767.84	487.24	Wuhan	906.93	441.30
Total content	2009	2 228.84	710.98	Beijing	4 186.43	1 123.95
	2010	4 186.43	1 123.95	Wuhan	2 434.47	1 107.97

* Mean isoflavone contents in various years were measured based on the two-site data

§ Mean isoflavone contents in various sites were measured based on the two-year data

Table 7 Comparison of isoflavone composition among maturity groups§ in soybean seeds*

Maturity group	Daidzin	Glycitin	Genistin	Malonyldaidzin	Malonylglycitin	Malonylgenistin	Total content
0	182.13[a]	67.42[a]	351.61[a]	501.19[a]	87.60[a]	1 018.98[a]	2 225.21[a]
I	247.39[a]	89.37[ab]	373.89[a]	613.82[a]	108.79[a]	977.86[a]	2 473.48[a]
II	231.91[a]	107.27[b]	433.28[a]	598.16[a]	114.88[b]	1 112.75[a]	2 620.57[a]
III	246.27[a]	111.87[b]	445.29[a]	697.53[a]	131.12[b]	1 204.71[a]	2 878.25[a]
IV	203.23[a]	110.59[b]	410.31[a]	597.37[a]	137.04[b]	1 125.61[a]	2 616.37[a]
V	338.94[b]	104.17[ab]	557.32[b]	830.01[b]	132.89[b]	1 349.20[b]	3 351.17[b]
VI	337.87[b]	158.14[c]	581.47[b]	818.16[b]	180.78[c]	1 445.87[b]	3 569.41[b]

§ Isoflavone contents are expressed in μg/g

* Mean values within a column, in each maturity group followed by the same letter are not significantly different at the 0.05% level as determined by Fishers LSD test. Mean isoflavone contents for each maturity group were measured based on the two-site and two-year data

Previous studies have reported that isoflavone concentrations in soybean seeds, as a quantitative trait, was controlled by both genetic and environmental factors. Our results showing significant differences for individual and total isoflavone contents among cultivars also confirmed that genetic factors play an important role in soybean isoflavone breeding. However, there were also significant differences among years and plots, indicating that environmental factors could not be ignored with regard to isoflavone production in soybean seeds. Especially, the factor of year should be given more attention. Therefore, selection for isoflavone components in a single environment within a single year is not likely to be effective.

Individual isoflavone concentrations in soybean cultivars

Across environments, daidzin, glycitin, genistin, malonyldaidzin, malonylglycitin and malonylgenistin represented 9.46%, 3.69%, 17.66%, 22.32%, 4.25% and 40.45% of the total isoflavones, respectively. Moreover, the malonyl-glucoside groups, including malonyldaidzin, malonylglycitin and malonylgenistin, accounted for 67.01% of the total isoflavone content (Table 5). It indicated that the malonyl-glucoside groups play an important role with regard to isoflavone components in soybean seeds. Previous studies have demonstrated that there was the abundant genetic variation effect on the isoflavone content. Especially, the malonyl-glucoside group in the isoflavone composition plays an important role in the soybean seed. In our studies, we confirmed that soybean breeding selection for isoflavones should mainly focus on the isoflavone malonyl-glucoside group.

The proportions in the total concentrations of individual isoflavones also varied among cultivars ($P< 0.001$). Responses to site, year, cultivar and their interactions also differed for each of the individual isoflavones (Table 3). For example, the daidzin concentration varied among cultivars ($P< 0.001$), site ($P< 0.01$) and year ($P<0.001$), while not interacting with the year. As for total isoflavones, the daidzin concentration ranged from 31.09 to 1 249.24μg/g, averaging 251.64μg/g across environments (Table 5). A site × year interaction ($P<0.001$) was also observed as daidzin concentrations were greater at Beijing in 2010 than any of the other environments (Table 3). Genistin concentration was also affected by the cultivar ($P< 0.001$), which interacted with site ($P<0.001$) and year ($P< 0.01$). This interaction was attributable to a generally greater genistein concentration in most cultivars, but to different degrees at Beijing compared to Wuhan. Across sites and cultivars, genistin concentration was also higher in 2010 than 2009 (Table 6). Other isoflavones, such as glycitin, malonyldaidzin, malonylglycitin and malonylgenistin also had differences in concentrations among cultivars ($P<0.001$), year ($P< 0.001$) and site ($P<0.001$). However, no significant interactions of site × year for glycitin, malonylglycitin and malonylgenistin were presented in this study. Finally, the three-way interactions were observed for all individual isoflavone compositions in spite of various significant levels, indicating that concentrations for cultivars and their ranking varied greatly among environments.

As for total isoflavone content, significant differences in individual isoflavone concentrations were also observed among maturity groups. In general, there was also a similar trend on individual isoflavone contents, where lower isoflavone concentrations were generally presented in early rather than late maturing soybean cultivars. Especially, glycitin and malonylglycitin concentrations in MG 0 were significantly lower than in MG Ⅱ-Ⅳ (Table 7), indicating that glycitin and malonylglycitin concentrations are more sensitive to the day of maturity. Our results are in agreement with those of Wang et al, who reported a positive correlation between daidzin and days of maturity, however, they also reported negative correlations between days of maturity and genistin, daidzein and genistein concentrations. In contrast, Seguin et al. reported no clear differences between maturity groups and individual isoflavone concentrations.

Relationship between individual and total isoflavones

Individual isoflavone components had highly significant positive correlations with the total isoflavone content (Table 8). The highest ($r=0.925^{**}$) and lowest ($r=0.406^{**}$) correlation coefficients were shown between total content and malonylgenistin, between total content and malonylglycitin, respectively, which indicated that malonylgenistin is the main contributor to total isoflavone concentration. There were statistically significant positive correlations of aglycone with their corresponding components and total aglycone content (data not shown), which indicated that the increases in glucoside components, including daidzin, glycitin and genistin, accumulation caused the malonyl-glucoside group, including malonyldaidzin, malonylglycitin and malonylgenistin, to increase correspondingly. These correlations are not surprising as individual isoflavones are synthesized via a common phenylpropanoid pathway.

Table 8 Correlation analysis among the isoflavone components in soybean seeds+

Isoflavone composition	Daidzin	Glycitin	Genistin	Malonyldaidzin	Malonylglycitin	Malonylgenistin
Glycitin	0.479**					
Genistin	0.912**	0.520**				
Malonyldaidzin	0.726**	0.293**	0.702**			
Malonylglycitin	0.159*	0.461**	0.238**	0.338**		
Malonylgenistin	0.567**	0.268**	0.737**	0.791**	0.376**	
Total content	0.812**	0.447**	0.892**	0.907**	0.406**	0.925**

* and ** represent significance levels at $P \leq 0.05$ and 0.01, respectively

+Correlation coefficient between mean isoflavone contents were measured based on the two-site and two-year data

Correlations between isoflavone concentrations and other seed characteristics

In this study, highly significant correlations were observed between both years and between both sites for individual and total isoflavone contents in this study (Table 4), indicating that the ranking of cultivars with the highest and lowest isoflavone concentrations across years and sites was relatively stable. It also demonstrated that genetic factors still play an important role in isoflavone content although this is significantly affected by the environments.

Significantly positive correlations between total and individual isoflavones and seed yield-related traits were observed, e. g., for total isoflavone correlations, plant height ($r = 0.488^{**}$), effective branches ($r = 0.398^{**}$), pods per plant ($r = 0.364^{**}$), and seeds per plant ($r = 0.302^{**}$) (Table 9), indicated that high-yield and taller plant varieties tend to have higher total isoflavone concentrations.

For seed quality traits, significant positive correlations between total isoflavone and linoleic acid ($r=0.493^{**}$) and linolenic acid ($r = 0.306^{**}$) were observed. However, significant negative correlations were observed between total isoflavones and oleic acid ($r=-0.427^{**}$) and oil content ($r = -0.344^{**}$). It indicated that oil accumulation and fatty acid compositions can affect isoflavone concentration in soybean seeds. Furthermore, significant positive correlations were also observed between palmitic acid and glycitin ($r=0.346^{**}$), malonylglycitin ($r=0.282^{**}$); while negative correlations were observed between stearic acid and glycitin ($r=-0.310^{**}$), malonylglycitin ($r=-0.246^{*}$). However, correlations between palmitic acid, stearic acid and other isoflavones were insignificant (Table 9). It indicated that both of palmitic acid and stearic acid were poor indicators of the isoflavone content of the sample.

Table 9 Correlations between isoflavone contents and seed yield related traits, quality traits+

Trait	Daidzin	Glycitin	Genistin	Malonyldaidzin	Malonylglycitin	Malonylgenistin	Total content
Palmitic acid	-0.027	0.346**	-0.058	0.040	0.282**	-0.014	0.024
Stearic acid	-0.055	-0.310**	0.013	-0.078	-0.246*	0.000	-0.053
Oleic acid	-0.366**	-0.301**	-0.376**	-0.403**	-0.403**	-0.398**	-0.427**
Linoleic acid	0.448**	0.150	0.481**	0.485**	0.278**	0.470**	0.493**
Linolenic acid	0.269**	0.259*	0.261*	0.279**	0.331**	0.281**	0.306**
Oil content	-0.317**	-0.260*	-0.264**	-0.392**	-0.348**	-0.288**	-0.344**
Protein content	0.122	0.187	0.039	0.137	0.243*	0.054	0.100

(continued)

Trait	Daidzin	Glycitin	Genistin	Malonyldaidzin	Malonylglycitin	Malonylgenistin	Total content
Plant height	0.357**	0.351**	0.425**	0.475**	0.384**	0.463**	0.488**
Bottom pod height	0.147	-0.172	0.131	0.177	0.001	0.136	0.145
Node number	0.155	0.044	0.158	0.161	0.044	0.111	0.141
Effective branch	0.318**	0.139	0.322**	0.435**	0.225*	0.372**	0.398**
Pods per plant	0.327**	0.276**	0.362**	0.340**	0.246*	0.335**	0.364**
Seeds per plant	0.246*	0.283**	0.299**	0.265**	0.223*	0.288**	0.302**
100-seed weight	-0.021	-0.042	0.017	-0.017	-0.027	0.038	0.012

* and ** represent the significant levels at $P \leq 0.05$ and 0.01, respectively

+Correlation coefficient between mean isoflavone contents and agronomic or quality traits were measured based on the two-site and two-year data

Previous studies reported that protein content had significant negative correlations with isoflavone content, however, in our study, for protein content, a weak, but significant positive correlation with malonylglycitin ($r = 0.243^*$) was observed, while there were no significant correlations with other isoflavones (Table 9). In contrast, with regard to oil content, significant negative correlations with individual isoflavones were also observed.

Our results are in agreement with those of Seguin et al, Wang et al and Vyn et al, who also reported positive correlations between seed yield related traits and total and several individual isoflavones. However, Wang et al. also reported negative correlations between seed yield and genistein, between plant height and genistin, malonyldaidzin. Furthermore, Primomo et al. reported that isoflavone shared a common locus with plant height on Chromosome 5. Moreover, seed oil content also shared one genomic region with genistein on Chromosome 5 and glycitein on Chromosome 3, whereas seed weight shared regions with these two isoflavones on Chromosome 5, 6 and 13. The previous studies also verified our correlation results on the genomic level. Therefore, we can predict that plant height may be a better indicator of isoflavone content in some environments.

Conclusions

This study suggests that environmental factors have a great impact on seed isoflavone contents of various maturity soybean cultivars, as indicated by significant site, year and site × year × cultivar effects. There was a similar trend on the individual and total isoflavone contents, in which lower isoflavone concentrations are generally presented in early rather than late maturing soybean cultivars. However, cultivars with consistently high or low isoflavone concentrations across environments were identified in spite of significant cultivar × year × site interactions, demonstrating that the genetic factor plays the most important role for isoflavone accumulation. The positive correlations we observed between total isoflavone concentration and plant height, effective branches, pods per plant, seeds per plant, linoleic acid and linolenic acid, plus negative correlations with oleic acid and oil content, indicating that isoflavone concentration can be predicted as being associated with other desirable seed characteristics.

Acknowledgments We would like to thank Dr. Akio Kikuchi, who works on the National Agricultural Research Center for Tohoku Region, Japan, for kindly providing the isoflavone standard samples;

and Dr. Lijuan Qiu, who works on the Institute of Crop Science, CAAS, China, for kindly providing the soybean cultivars for the research. This work was supported by the National Nature Science Foundation (No. 31171576), the Genetically Modified Organisms Breeding Major Projects (No. 2011ZX08004-003), the CAAS Innovation Project and the National Science and Technology Pillar Program during the Twelfth Five-Year Plan Period of China (No. 2011BAD35B06-3).

Conflict of interest The authors declare that there are no conflicting financial interests.

References (omitted)

本文原载：Journal of the American Oil Chemists' Society, 2014 (91): 1 019-1 028

Evaluation of the Chemical Quality Traits of Soybean Seeds, as Related to Sensory Attributes of Soymilk

Ma Lei[1] Li Bin[1] Han Fenxia Yan Shurong Wang Lianzheng Sun Junming*

(*The National Key Facility for Crop Gene Resources and Genetic Improvement, MOA Key Laboratory of Soybean Biology (Beijing), Institute of Crop Science, Chinese Academy of Agricultural Sciences, Beijing* 100081, *China*)

Abstract: The soybean seed chemical quality traits (including protein content, oil content, fatty acid composition, isoflavone content, and protein subunits), soymilk chemical character (soluble solid), and soymilk sensory attributes were evaluated among 70 genotypes to determine the correlation between seed chemical quality traits and soymilk sensory attributes. Six sensory parameters (i. e., soymilk aroma, smoothness in the mouth, thickness in the mouth, sweetness, colour and appearance, and overall acceptability) and a seven-point hedonic scale for each parameter were developed. Significant positive correlations were observed between overall acceptability and the other five evaluation parameters, suggesting that overall acceptability is an ideal parameter for evaluating soymilk flavour. The soymilk sensory attributes were significantly positively correlated with the characteristics of the glycinin (11S) /beta-conglycinin (7S) protein ratio, soluble solid, and oil content but negatively correlated with glycitein and protein content. Our results indicated that soymilk sensory attributes could be improved by selecting the desirable seed chemical quality traits in practical soybean breeding programs.

Key words: Soybean (*Glycine max* L. Merr.); Soymilk; Sensory attributes; Seed chemical quality

Introduction

The soybean has long been a staple of the human diet in Asia, especially the soyfood such as soymilk or tofu (Liu, 1997). Soy protein is the most inexpensive source of high-nutritional quality protein and therefore is the world's predominant commercially available vegetable protein. Additionally, several putative healthbeneficial substances (e. g., isoflavone, saponin, oligosaccharide, phospholipid, polypeptide and dietary fibre) have been identified in soybeans, leading to an increased interest in and demand for soybean and soy-based products. Soymilk is a popular beverage with abundant vegetable protein in Asian countries. As a nutrient-rich beverage, soymilk consumption has sustained a growth rate of 21% per year in the U. S. (Wrick, 2003). However, soymilk is still considered unpleasant to teenagers and Western consumers due to its off-flavour, especially its bitter taste, as well as its beany and rancid flavour (Damondaran & Kinsella, 1981; Wrick, 2003).

Two types of off-flavour in soymilk have been reported. The volatile beany and herbal flavour is composed of the aldehydes, alcohols, ketones, and furans (Kaneko, Kumazawa & Nishimura, 2011; Wang et al, 1998; Wilkens & Lin, 1970), whereas the nonvolatile bitterness and astringency consist

* Corresponding author. E-mail: Sunjunming@ caas. cn

[1] These authors contributed equally to this work

of phenolic acid, isoflavone, saponin, tetrol, and other substances (Heng et al, 2006; Kudou et al, 1991). The off-flavour development in soymilk is primarily due to the lipoxygenase or the oxidative rancidity of unsaturated fatty acids (Gardner, 1985; Lee et al, 2003; Wolf, 1975). It was reported that plant lipids are sequentially degraded into volatile and nonvolatile compounds by a series of enzymes via the lipoxygenase pathway, which catalyses the hydroperoxidation of polyunsaturated fatty acids containing a 1, 4-cis, cis-pentadiene structure to form the medium-chain-length aldehyde and alcohols that are responsible for the grassy-beany flavour (Iassonova et al, 2009; Moreira, et al, 1993; Wolf, 1975). Otherwise, singlet oxygen oxidation could also cause off-flavours due to the oxidation of polyunsaturated fatty acids, as well as the decomposition of vitamin D, riboflavin, and ascorbic acid in foods (Jung et al, 1998; Lee et al, 2003; Min & Boff, 2002). Singlet oxygen oxidation is notably rapid in foods containing compounds with double bonds due to the low activation energy for the chemical reaction (Min & Boff, 2002). In addition, singlet oxygen oxidation with linoleic acid is approximately 1 450 times faster than ordinary triplet autoxidation with linoleic acid (Bradley & Min, 1992). Unfortunately, the off-flavour compounds are highly difficult to remove from soymilk processing due to these compounds' high affinities with the soy protein (Gkionakis et al, 2007; O'Keefe et al, 1991; Zhou et al, 2002).

The flavour property of soymilk is affected by many factors, such as the genotype of soybean cultivars, the processing method, and environmental conditions. Moreover, the soybean seed chemical quality properties-including protein and oil content, fatty acids, isoflavones, saponins, oligosaccharide and peptides-can affect the soymilk flavour attributes significantly (Kudou et al, 1991; Min et al, 2005; Terhaag, Almeida & Benassi, 2013). Owing to soymilk's off-flavour, many efforts have been taken to improve soymilk flavour based on the selection of soybean cultivars and enhancement of the processing technology (Hildebrand & Hymowitz, 1981; Kwok, Liang & Niranjan, 2002; Suppavorasatit, Lee & Cadwallader, 2013). However, the adjustment of processing may lead to a risk of protein denaturation and nutrition destruction in soymilk (Kwok et al, 2002). Therefore, it is necessary to select specific soybean cultivars suitable for soymilk processing in soybean breeding programs.

Taken together, Soymilk is a popular beverage in Asian countries. Additionally, soymilk and its products are regarded as nutritious and cholesterol-free health foods, with considerable potential application. However, information regarding soymilk sensory evaluation and the effect of soybean seed chemical quality traits on soymilk sensory attributes were notably limited (Poysa & Woodrow, 2002; Terhaag et al, 2013). As a result, it is difficult to select suitable cultivars for soymilk processing. Therefore, the objectives of this study were the following: (1) assess the soymilk flavour attributes based on the soymilk sensory evaluation method among 70 soybean genotypes; (2) analyse the correlations between the soymilk flavour attributes and seed chemical quality traits (i. e., protein, oil, storage protein subunits, isoflavones and fatty acids); (3) develop the regression equations for soymilk sensory attributes using soybean seed chemical quality traits; and (4) identify the breeding indexes related to soymilk flavour attributes for soybean quality breeding. This study will improve the standardisation of the soymilk flavour evaluation method and stimulate soybean breeding for improving soymilk flavour.

Materials and methods

Plant materials and field experiments

Seventy soybean genotypes of diverse origins were used in this study, which included 23 Chinese leading cultivars, 14 lines selected from two sets of near-isogenic lines with or without lipoxygenase isozymes (NILs Suzuyutaka from Japan and NILs Century from USA), and 33 advanced lines from representative soybean-producing regions (Table S1). These cultivars were planted at the Changping experimental station (N40°130′ and E116°140′) of the Institute of Crop Science, Chinese Academy of Agricultural Sciences, in 2010 and 2011. Soybean samples were sowed and harvested at the same time. At the experiment's onset, soil pH, all nitrogen, phosphorus, potassium and organic matter levels were 8.22, 80.5mg/kg, 68.7mg/kg, 14.58g/kg and 12.31g/kg, respectively. A randomised complete block design in triplicate was employed and the test plots were managed according to the local cropping practice with a row length of 3m, row spacing of 0.5m and plant spacing of 0.1m. Plots were fertilised with 15t/ha organic fertilizer, 30kg/ha of nitrogen and sufficient phosphorus and potassium during field preparation. Weeds were controlled by the post-emergence application of 2.55L/ha of acetochlor, as well as hand weeding during the growing season. Plots were harvested manually when the plants reached physiological maturity. Samples of each soybean genotype were harvested from three plots and analysed for their soymilk flavour attributes and other seed chemical quality traits. Weather data during both years' growing seasons were retrieved from a nearby weather station (Table S2).

Preparation of soymilk

The soymilk preparation equipment was made of either stainless steel or plastic. The flow diagram of the soymilk preparation process followed the method described by Min et al (2005). As shown in Figure S1, 25g of soybean seeds were rinsed and soaked in 250ml of distilled water for 10h at room temperature. The soaked soybean seeds were drained, rinsed, and ground in a Phillips blender (HR2003, Phillips Hong Kong Limited, China) for 1.0min at high speed with corresponding water to make a total of 500g of soybean slurry. The ratio of dry soybean seeds to water was 1 : 20 (W : W). The soybean slurry was then filtered through a Phillips filter screen and approximately 400ml of soymilk was isolated. The soymilk was boiled for 10min and then served at 70℃ in glass cup for sensory evaluation. This temperature was selected according to the drinking habit for soymilk in China. Generally, Chinese people prefer hot soymilk to cold one, which is similar to the drinking habits for coffee or tea.

Sensory attributes evaluation of soymilk

For the sensory evaluation, the soymilk samples prepared from six soybean genotypes were tested in duplicate at each panel session and the cultivar ZH13 was used as a control; *cv.* ZH13 is a leading soybean cultivar in the Yellow and Huai valley region of China. This cultivar exhibited a high content of protein and a relatively good soymilk quality score in a preliminary sensory test. The procedure for the sensory evaluation is shown in Figure S2. The sensory evaluation was performed by at least eight trained panelists (25-30 years of age) from the Institute of Crop Science, Chinese Academy of Agricultural Sciences. Each panelist received 6h of training sessions and practice in soymilk evaluation. During the training, panelists evaluated and discussed soymilk sensory attributes by comparing to *cv.* ZH13. Specific attributes, attribute definitions, and references were developed by the panelists (data not shown). Panelists compared six parameters-including colour and appearance, aroma, sweetness, thickness in the mouth, smoothness in the mouth, and overall acceptability-and assigned a score to each sample based on a 7-point hedonic scale (1-7) for soymilk flavour sensory evaluation: 1 = 'strongly disliked'; 2 = 'moderately disliked'; 3 = 'slightly disliked'; 4 = 'indifferent'; 5 = 'slightly liked'; 6 = 'moderately liked'; and 7 = 'strongly liked' (Robinson, Chambers & Milliken, 2005). To adapt to a traditional taste style, the soymilk was kept at approximately 70℃ before sensory evaluation. The analysis of variance (ANOVA) indicated that the panel and panelists could consistently use the attributes to differentiate the soymilk samples.

For the soymilk flavour evaluation, the basic panel procedures followed the previous method (Chambers, Jenkins & McGuire, 2006). The panel tasted one sample at a time. The flavour and mouth feel attributes were recorded 60s after swallowing. The panel openly discussed each soymilk sample to reach a consensus concerning the flavour and mouth feel properties.

Determination of protein and oil content

The protein and oil content could be estimated by near-infrared spectroscopy (Hymowitz et al, 1974). In this study, 50g of soybean seeds for each sample were analysed by transform near-infrared absorption spectroscopy (Bruker Fourier, Germany). The spectrum value of each sample represented the average value of triplicate and the absorption ranged from 4000 to 8000cm^{-1}. The collected spectra were transferred to the protein and oil content by the Quant 2 method of Bruker's OPUS 4. 2 software.

Relative content of subunits 11S and 7S

It is reported 11S/7S ratio can be used as a criterion of indirect selection for high quality protein (Sharma, et al, 2014). For determination of the 11S/7S ratio, the storage protein subunits glycinin (11S) and B-conglycinin (7S) were quantified by sodium dodecyl sulphate polyacrylamide gel electrophoresis (SDS-PAGE) (Bradford, 1976). Ten milligrams of soybean flour for each sample were extracted with 500μl extraction solution (0. 05M Tris buffer, pH 8. 0, 0. 01M β-mercaptoethanol, and 2% SDS) for 1h at 4℃. Samples were then centrifuged at room temperature at 12 000rpm for 15min. The supernatant contained the total soybean proteins. Next, 5. 0μl of supernatant was loaded onto a gradient gel containing 5% - 12% polyacrylamide. SDS - PAGE was performed in a vertical electrophoresis unit DYY-8C (Beijing Liuyi Instrument Factory, Beijing, China) at 80V constant voltage for 40min, followed by 120V constant voltages until the tracking dye migrated to the bottom edge of the gel (approximately 5h). Gels were stained with Coomassie Brilliant Blue R-250 (0. 05%, W/V) in a staining solution containing 45% (V/V) methanol and 10% (V/V) acetic acid and then destained in a destaining solution containing 10% (V/V) methanol and 10% (V/V) acetic acid.

For quantification of the 11S and 7S fractions and their respective subunits, the gels were rinsed and scanned by the GelDoc EZ imager (Bio-Rad laboratories, Inc., Hercules, CA, USA) after destaining. The protein bands representing the 11S and 7S fractions were quantified by densitometric analysis using the Gel-Pro Analyzer 4. 0 software (Media Cybernetics, Inc., Rockville, MD, USA). The protein ratio of subunit 11S/7S was subsequently calculated.

Fatty acid determination

The seed fatty acid composition was determined using Gas Chromatography (GC) of the methyl ester method (Sun et al, 2008). Next, 0. 5g of soybean seed powder for each sample was mixed with 1. 5ml hexane overnight and the mixture was centrifuged at 7 000rpm for 5min. The supernatant was collected and added to 350μl of sodium methoxide solution. After vortexing, the mixture was shook for 1h. After centrifugation at 7 000rpm for 5min, the supernatant was filtered into the special sample bottle for GC detectors. The GC analysis was performed on a RTX-Wax Column (30m×0. 25mm×0. 25mm, Germany) with nitrogen, hydrogen and air as the carrier gases for 20min. The injection volume was 1μl. The area normalisation method was used to calculate the percentage of five fatty acid components-palmitic acid, stearic acid, oleic acid, linoleic acid and linolenic acid-on a GC2010 workstation (Shimadzu, Japan).

Isoflavone extraction and HPLC assay

The isoflavone concentration was analysed with the High Performance Liquid Chromatography (HPLC) method (Sun et al, 2011). Approximately 20g of soybean seeds were ground using a cyclone mill (Retsch ZM100, ϕ= 1.0mm, Rheinische, Germany). Next, 0.1g of this powder was added to 5ml of extraction solution containing 0.1% (V/V) acetic acid and 70% (V/V) ethanol. The mixture was shaken at room temperature for 12h. After centrifugation at 5 000rpm for 5min, the supernatant was filtered using 0.2μm nylon syringe filters. Next, 10μl of the filtrates was subjected to High Performance Liquid Chromatography (HPLC) on an Agilent 1100 series system. Quantitative analyses were performed on the YMC Pack, ODS-AM-303 column (250mm×4.6mm i.d., S-5μm, 120 Å, YMC Co., Kyoto, Japan) at 35℃, using a 70min linear gradient of 13%-35% acetonitrile in aqueous solution containing 0.1% acetic acid. The solvent flow rate was 1.0ml/min, and the UV absorption was measured at 260nm.

Twelve standards of isoflavone components, including daidzin, glycitin, genistin, malonyldaidzin, malonylglycitin, malonylgenistin, acetyldaidzin, acetylglycitin, acetylgenistin, daidzein, glycitein, and genistein, were provided by Dr. Akio Kikuchi (National Agricultural Research Center for Tohoku Region, Japan). Separate standard stock solutions were made for all of 12 isoflavone forms and stored at 4℃.

According to the retention time and the maximum UV absorbance for the 12 standards, we accurately detected all forms of isoflavone components based on the UV absorption value at 260nm. The various components of isoflavones, the aglycone form of isoflavone and the total isoflavone content in soybean seeds were calculated as described by Sun et al (2011).

Soluble solids analysis

Soluble solids content is an important parameter for beverage evaluation in food industry. Therefore, the soluble solids of soymilk were determined using a Digital Handheld "Pocket" Refractometer PAL-1 (ATAGO Co., LTD, Tokyo, Japan) at room temperature in three replicates before heating. The results were expressed as degrees Brix at 20℃.

Statistical analysis

The plots of each experiment were arranged in a randomised complete block design with three replicates. All data were subjected to an ANOVA using the general linear model (GLM) procedure of the SAS 9.2 software for Windows (SAS Institute, 2009) to identify significant treatment effects. Comparisons among means were made using the Least Significant Difference (LSD) test at $\alpha = 0.05$ or less when ANOVA indicated that model and treatment were significant. Pearson correlation coefficients for seed quality traits and soymilk sensory attributes were calculated based on genotypic means across the years using the correlation procedure (PROC CORR) of SAS 9.2. Moreover, a Principal Component Analysis (PCA) of the correlation matrix was performed for ranking sum values of sensory attributes using the SAS 9.2 software. Stepwise regression was performed with soymilk sensory parameters and soybean seed chemical traits using SAS 9.2 software. All proceeding treatments were duplicated and field treatments were triplicated.

Results and discussion

Genetic and environmental effects on seed chemical quality traits

ANOVA showed significant differences in protein and oil contents, fatty acid composition, isoflavone content, the ratio of 11S/7S, and soluble solid among 70 soybean genotypes (Table 1). This is consistent with previous studies (Poysa & Woodrow, 2002; Yoshikawa et al, 2014). Moreover, the variance for each seed quality trait spanned a wide range among 70 genotypes in this study. Protein content ranged from 37.04% in HF48 to 47.87% in 09P-21; oil content ranged from 16.97% in LD4 to 22.88% in ZH31; the protein ratio of 11S/7S subunit ranged from 0.99 in SuN to 8.28 in JD12; and isoflavone content ranged from 769.55μg/g in 09J-28 to 2558.56μg/g in 09P-1. The wide variance of seed chemical quality traits suggested an abundant genetic diversity among the 70 soybean genotypes.

It is noteworthy that isoflavone components were also significantly different among field experiment repeats, whereas no significant difference was observed in other chemical quality traits (Table 1). This indicates that in addition to genetic factors, environmental factors also have a great effect on seed isoflavone concentrations, which is consistent with previous reports (Seguin et al, 2004; Zhang et al, 2014).

Table 1 ANOVA for soybean chemical quality traits in 70 soybean varieties

Main quality trait	Variation source					
	Cultivar			Repeat in field		
	df[a]	Sum of square	*Pr>F*	*df*	Sum of square	*Pr>F*
Protein	69	939.41	<0.000 1	2	0.72	0.936 3
11S/7S	69	232.75	<0.000 1	2	4.60	0.179 5
Oil	69	272.36	<0.000 1	2	2.52	0.448 1
Palmitic acid	69	85.44	<0.000 1	2	2.76	0.056 3
Stearic acid	69	54.16	<0.000 1	2	1.84	0.042 3
Oleic acid	69	1 880.20	<0.000 1	2	5.99	0.749 0
Linoleic acid	69	1 046.41	<0.000 1	2	19.27	0.202 1
Linolenic acid	69	357.46	<0.000 1	2	0.78	0.807 9
Daidzein	69	7142 946.18	<0.000 1	2	507 510.55	0.002 1
Glycitein	69	445 044.04	<0.000 1	2	33 146.24	0.002 2
Genistein	69	7 341 430.02	<0.000 1	2	1 912 400.37	<0.000 1
Total isoflavone	69	26 026 203.78	<0.000 1	2	5 172 739.39	<0.000 1

[a] Degrees of freedom

Evaluation of soymilk sensory attributes

The soymilk sensory attributes were analysed by the sensory evaluation method, as described in Figure S2. The coefficient of variance for soymilk sensory attributes ranged from 4.68% to 11.94% (Table 2). Large variances were observed in soymilk colour and appearance, sweetness and overall acceptability. Their coefficients of variance were 11.94%, 7.42% and 8.72%, respectively (Table 2).

Table 2 The sensory evaluation scores for soymilk flavour quality in 70 Chinese soybean varieties

Sensory index	No.	Min	Max	Mean	Std. deviation	Variance	CV (%)[a]
Aroma	70	4.25	5.83	4.85	0.28	0.08	5.86
Smoothness in the mouth	70	4.33	5.67	5.06	0.27	0.07	5.30
Thickness in the mouth	70	4.53	5.50	5.03	0.23	0.05	4.48
Sweetness	70	2.50	4.17	3.50	0.31	0.09	8.72
Colour and appearance	70	3.50	5.83	4.54	0.54	0.29	11.94
Overall acceptability	70	3.92	5.50	4.87	0.36	0.13	7.42

[a] Coefficient of variation

Soybean genotypes and environments had significant effects on soymilk sensory attributes. Highly significant differences were observed among various soybean genotypes for soymilk colour and appearance, smoothness in the mouth, sweetness, and overall acceptability parameters (Table S3), suggesting that the sensory property was mainly determined by genotypic factor. Conversely, the soymilk aroma parameter had significant variances among replicates in the field, replicates in the lab and years (Table S3), indicating that it was mainly affected by environmental conditions. Other parameters of sensory attributes were affected by both genotypic and environmental factors (Table S3), implying that the soymilk sensory was a complex quality trait. Noticeably, the overall acceptability was merely affected by genotypes and independent of two environments in this study, which implied that it could be a stable parameter in soymilk sensory evaluation among soybean genotypes. Owing to the significant genotypic effects for most soymilk sensory attributes, we confirmed that genetic factor plays an important role in soymilk sensory attributes, as was reported by previous studies (Min et al, 2005; Poysa & Woodrow, 2002).

The correlation coefficient (r) from the averaged data of triplicates showed that the overall acceptability was significantly positively associated with other soymilk sensory parameters (Table 3). This suggested once more that as an important sensory attribute, the overall acceptability may be an ideal indicator for soymilk sensory evaluation.

Table 3 Correlation coefficients among soymilk sensory parameters

Sensory attribute	Aroma	Smoothness in the mouth	Thickness in the mouth	Sweetness	Colour and appearance
Smoothness in the mouth	0.043				
Thickness in the mouth	0.307**	-0.185			
Sweetness	0.301*	0.308**	0.295*		
Colour and appearance	-0.017	0.168	0.073	0.209	
Overall acceptability	0.269*	0.384**	0.277*	0.538**	0.291*

* Represent the significance levels at $P<0.05$

** Represent the significance levels at $P<0.01$

Effects of protein content and 11S/7S ratio on soymilk sensory attributes

Soluble proteins are the main components of soymilk, which consist of glycinin (11S) and β-conglycinin (7S) subunits. The two types of protein components represent more than 70% of the totalsoy proteins (Liu, 1997). Glycinin is in hexameric form, and each monomer unit consists of an acidic and a basic polypeptide linked together by a disulphide bond (Nielsen et al, 1986). Generally, glycinin subunits could be divided to three groups: group I (A1aB1b, A1bB2 and A2B1a), group IIa (A5A4B3), and group IIb (A3B4). Another main component of soluble proteins, β-conglycinin, which belongs to the trimeric glycoprotein, includes three subunits-α', α, and β-linked by hydrophobic interactions and hydrogen bridging (Liu, 1997). It has been previously demonstrated that the soymilk flavour attributes are affected not only by processing and environmental conditions but also by protein composition (Nik et al, 2009; Poysa & Woodrow, 2002). The ratio of glycinin to β-conglycinin has an important effect on soymilk quality and could be used as a criterion of indirect selection for high quality protein (Sharma et al, 2014; Tezuka et al, 2000; Tezuka, Yagasaki & Ono, 2004). As an example, soymilk containing group I subunits (A1, A2) of glycinin has more particles than those without group I (Nik et al, 2009). In our study, significant positive correlations were observed between subunit ratio of 11S/7S and soymilk aroma ($r = 0.39^{*}$), thickness in the mouth ($r = 0.242^{*}$), and overall acceptability ($r = 0.272^{*}$) (Table 4), indicating a high ratio of 11S/7S benefits soymilk sensory. This may be due to the higher content of sulphurcontaining amino acids and more particles containing in glycinin compared to B-conglycinin. In contrast, a significant negative correlation was observed between seed protein content and soymilk overall acceptability ($r = -0.305^{*}$) (Table 4), which suggested that high protein content may not benefit soymilk flavour. This could be explained by the unfavorable bitter tastes produced in the hydrolysation of polypeptides, as well as the unfavorable colour and appearance caused by the Maillard Browning reaction (Kwok, MacDougall & Niranjan, 1999). Moreover, it has been reported that the protein content is positively correlated with soymilk's beany odour content, which affects the flavour of soymilk (Min et al, 2005; Yuan & Chang, 2007).

Effects of isoflavone components on soymilk sensory attributes

Soymilk is an unpleasant beverage for teenagers and Western consumers because of its bitter, beany and rancid flavour, which consists of volatile and nonvolatile compounds (MacLeod, Ames & Betz, 1988). Isoflavones - the main nonvolatile off - flavour compounds in soymilk - are believed to be responsible for the bitter and astringent flavours (Aldin, Reitmeier & Murphy, 2006; Matsuura, Obata & Fukushima, 1989). In our study, as a bitter taste factor, the contents of individual isoflavone components were measured for all 12 forms of isoflavones found in the soybean seed. Because isoflavones are absorbed by the human body mainly in the aglycone form, the total concentration of isoflavones in soymilk should be expressed as the arithmetic sum of the adjusted sums of total genistein, total daidzein, and total glycitein (Murphy et al, 1999). As expected, negative correlations between isoflavone components and all soymilk sensory attributes were observed (Table 4). In particular, glycitein was significantly negatively correlated with soymilk smoothness in the mouth ($r = -0.244^{*}$), sweetness ($r = -0.302^{*}$), colour and appearance ($r = -0.420^{*}$), and overall acceptability ($r = -0.375^{*}$) (Table 4), suggesting glycitein is a typical substance adversely affecting soymilk flavour. This may be due to the least taste threshold value of glycitein (Kudou et al, 1991). Moreover, as a type of natural pigment, the high content of glycitein was also unfavorable for the soymilk colour attribute ($r = -0.420^{*}$) (Table 4).

Table 4 Correlation analysis between soymilk sensory attributes and soybean seed chemical quality traits

Seed quality trait	Aroma	Smoothness in the mouth	Thickness in the mouth	Sweetness	Colour and appearance	Overall acceptability
Protein content	0.091	-0.111	0.024	-0.185	-0.215	-0.305*
11S/7S	0.390**	0.112	0.242*	0.204	0.171	0.272*
Oil content	0.030	0.152	0.166	0.015	-0.026	0.298*
Soluble solid	0.330**	0.151	0.410**	0.173	0.062	0.427**
Palmitic acid	-0.350**	-0.060	-0.143	0.098	0.405**	-0.008
Stearic acid	-0.236*	-0.092	-0.293*	0.144	-0.133	-0.060
Oleic acid	0.213	0.253*	0.086	-0.067	-0.122	0.084
Linoleic acid	-0.058	-0.179	0.070	-0.110	-0.101	-0.139
Linolenic acid	-0.120	-0.206	-0.130	0.237*	0.302*	0.072

(continued)

Seed quality trait	Aroma	Smoothness in the mouth	Thickness in the mouth	Sweetness	Colour and appearance	Overall acceptability
Daidzein	−0. 072	−0. 138	−0. 109	−0. 116	−0. 053	−0. 089
Glycitein	−0. 086	−0. 244*	−0. 069	0. 302*	−0. 420**	−0. 375**
Genistein	−0. 021	−0. 043	−0. 018	−0. 212	−0. 226	0. 014
Total of isoflavone	−0. 060	−0. 127	−0. 076	−0. 212	−0. 201	−0. 088

* Represent the significance levels at $P < 0.05$

** Represent the significance levels at $P < 0.01$

Effects of oil content and fatty acid components on soymilk sensory attributes

The volatile off−flavour problems associated with soymilk have been characterised mainly as green, beany and grassy. The off−flavour development in soymilk is primarily due to the lipoxygenase or the oxidative rancidity of unsaturated fatty acids (Wolf, 1975). Therefore, soybean oil content and fatty acid composition play important roles in the flavour attributes, despite their limited amounts in soymilk. In our study, a significant positive correlation between oil content and soymilk overall acceptability was observed ($r = 0.298^{*}$) (Table 4), suggesting the oil content benefits the soymilk flavour property. However, for fatty acid composition, the correlations were considerably complicated (Table 4). For instance, significant negative correlations were observed between soymilk aroma and saturated fatty acids [i. e., palmitic acid ($r = -0.350^{*}$) and stearic acid ($r = -0.236^{*}$)], whereas significant positive correlation of colour and appearance with palmitic acid ($r=-0.405^{**}$) and linolenic acid ($r=0.302^{*}$) were observed (Table 4). Oleic acid and linolenic acid were significantly positively correlated with smoothness in the mouth and sweetness ($r = 0.253^{*}$ and $r = 0.237^{*}$, respectively), whereas stearic acid was significantly negatively correlated with thickness in the mouth ($r=-0.293^{*}$) (Table 4). Moreover, as the most important sensory parameter, the overall acceptability failed to correlate with any fatty acid components (Table 4). It has been reported that soybean lipoxygenases catalyse the oxidation of polyunsaturated fatty acids, forming hydroperoxide derivatives, which undergo a scission and dismutation reaction, resulting in the development of off−flavours (Iassonova et al, 2009; Wolf, 1975; Moreira et al, 1993). Especially, the beany flavour that makes soymilk taste unpleasant to Westerners may be due to 2−pentylfuran, which is mainly formed from linoleic acid by singlet oxygen (Min et al, 2005). Moreover, free linoleic acid and linolenic acid in soymilk present bitterness and beany odour (Stephan & Steinhart, 2000). Our results also suggested an important role of fatty acid composition in soymilk sensory attributes, however, the effect offatty acid composition on soymilk sensory attributes were considerably complicated.

Effects of soluble solids on soymilk sensory attributes

Soluble solids content is an important parameter for beverage evaluation in food industry. High soluble solids content was desirable soymilk characters for consumers (Lim et al, 1990). Moreover, the soluble solids content was significantly affected by soybean cultivars (Aziadekey, 2001). Therefore, the soluble solids content was determined as a soymilk chemical character in this study. According to our results, soluble solids content was positively correlated with all of soymilk sensory attributes (Table 4). Especially, significant positive correlations were observed between soluble solids content and soymilk aroma ($r= 0.330^{**}$), thickness in the mouth ($r=0.410^{**}$), and over acceptability ($r=0.427^{**}$)

(Table 4). This suggested a trend that superior soymilk lines had higher total soluble solids content than the inferior lines, which was consistent with previous reports (Poysa & Woodrow, 2002).

Effects of lipoxygenase on soymilk sensory attributes

Soymilk flavour is formed by a complex combination and interaction of multiple chemical compounds. To improve the soymilk flavour, soybean lines lacking one or more lipoxygenase isozymes had been developed and the aroma constituents of soymilk were analysed (Kobayashi et al, 1995). In these lines, although the yields of volatile compounds were greatly decreased, the chemical compounds responsible for the beany flavours still remained (Kobayashi et al, 1995; Torres-Penaranda & Reitmeier, 2001). In our study, we also detected the soymilk flavour attributes in two series of near isogenic lines with or without lipoxygenase isozymes. Unfortunately, no significant correlation between the lipoxygenase-lacking lines and soymilk flavour parameters was observed (data not shown). This implied that there may exist an oxidative rancidity of unsaturated fatty acids in soymilk (Wolf, 1975), in addition to lipoxygenase mediated oxidation.

Taken together, our study demonstrated that, as a comprehensive evaluation index, overall acceptability is the most important parameter for soymilk sensory evaluation due to the significant correlation with other flavour indexes and seed chemical quality parameters (Tables 3 and 4). Therefore, this parameter could be used to select soybean cultivars with good soymilk flavour attributes.

Principle component analysis for soymilk sensory attributes

SAS 9.2 software was used to analyse the soymilk sensory attributes using Principal Component Analysis (PCA). PCA is a widely used multivariate analytical statistical method, which could reduce the set of dependent variables to a smaller number based on the original variables' correlation pattern (Lawless & Heymann, 1998). In this study, six principle components (PCs) were identified and the first four PCs could explain 85.03% of the total variance. As shown in Figure 1, the first component (PC1) explaining 36.86% of the total variance was designated as the soymilk overall flavour factor, as it was mainly associated with soymilk overall acceptability ($r = 0.557$) and sweetness ($r = 0.540$). The second component (PC2) explaining 21.90% of the total variance was designated as the soymilk taste factor, as it was primarily associated with soymilk thickness in the mouth ($r = 0.600$) and smoothness in the mouth ($r = -0.593$). The third component (PC3) explaining 15.42% of the total variance was designated as the soymilk appearance factor for its strong association with soymilk colour and appearance ($r = 0.776$). The fourth component (PC4) explaining 10.85% of the total variance was designated as the soymilk aroma factor for its primary association with soymilk aroma ($r = 0.737$). The above results were mainly based on the preference of soymilk for Chinese consumers. However, for Western consumers, owing to the different consumption habits, the first component was mainly associated with soymilk colour and thickness (Villegas, Caronell & Costell, 2009). This implied that the most important attribute for Western consumers was soymilk colour and appearance. In contrast, for Chinese consumers, the mouth feeling of soymilk was the most important attribute. Therefore, it would be possible to improve the sensory attributes of soymilk according to the different consumers' habits through practical soybean breeding programs.

Screening the breeding indexes for soymilk sensory attributes

The stepwise regression was also performed and the regression equations for six soymilk sensory parameters were obtained (Table 5). By combining the stepwise regression and Principle Component Analysis results, seven seed chemical quality traits-the subunit ratio of 11S/7S, glycitein, palmitic acid,

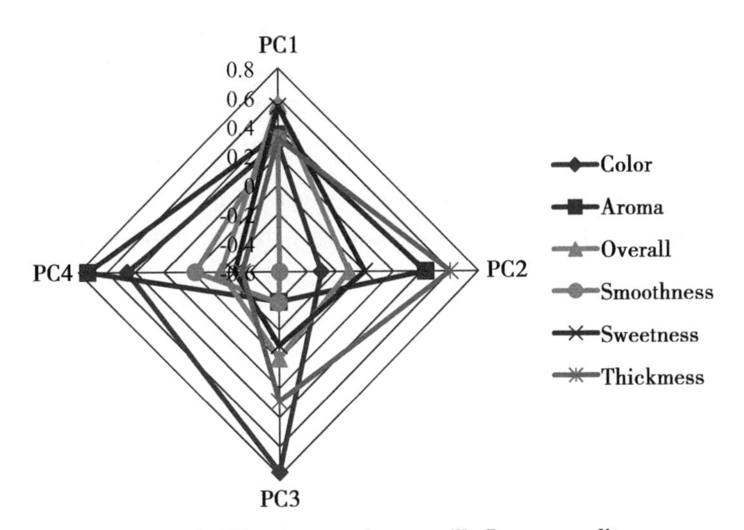

Figure 1 Eigenvectors for soymilk flavour quality

"PC" represents the principle component; "colour" stands for colour and appearance; "overall" stands for overall acceptability; "smoothness" stands for smoothness in the mouth, and "thickness" stands for thickness in the mouth

stearic acid, oleic acid, linoleic acid and linolenic acid–and one soymilk chemical parameter, soluble solids content, were significantly associated with the soymilk sensory attributes. In particular, soluble solids content, glycitein, and palmitic acid play more important roles in soymilk sensory attributes. This result suggested that the soymilk flavour attributes could be predicted and evaluated based on these chemical quality traits in the soybean breeding programs for improving soymilk flavour. As far as this study was concerned, for the overall soymilk flavour, soybean cultivars with a high ratio of 11S/7S, high contents of soluble solids and oil, plus relative low contents of glycitein and protein are desirable for soymilk processing in China.

Table 5 The stepwise regression analysis for soymilk sensory attributes in soybeans.

Regression equation	Correlation coefficient (r)
$y_1=-0.0040x_6+0.2650x_9+2.3287$	0.524**
$y_2=0.1013x_3-0.1454x_9+6.2187$	0.515**
$y_3=0.9493x_4-0.0710x_{12}+0.1082x_{13}+4.1743$	0.640**
$y_4=0.44851x_4-0.0022x_6+0.2941x_{10}+1.0263$	0.497**
$y_5=0.3239x_4+3.826$	0.410**
$y_6=0.0224x_{11}+4.5175$	0.253*

The standardised vectors y_1–y_6 were nominated as corresponding soymilk colour and appearance (y_1), aroma (y_2), overall acceptability (y_3), sweetness (y_4), thickness in the mouth (y_5), and smoothness in the mouth (y_6), respectively. The standardised vectors x_3, x_4, x_6, x_9, x_{10}, x_{11}, x_{12} and x_{13} were defined as the ratio of 11S/7S (x_3), soluble solid (x_4), glycitein (x_6), palmitic acid (x_9), stearic acid (x_{10}), oleic acid (x_{11}), linoleic acid (x_{12}) and linolenic acid (x_{13}), respectively

* Represent the significance levels at $P<0.05$

** Represent the significance levels at $P<0.01$

In this study, we observed a correlation between soymilk sensory attributes and soybean seed chemical quality traits and provided evaluation parameters for soymilk sensory attributes, which will facilitate developing specific soybean cultivars for soymilk. However, a dilemma exists obviously between better soymilk flavour and rich nutritional value. For instance, glycitein, which is one of the soybean isoflavone components and a typical antitumor compound, was unfavorable to soymilk flavour attributes. As another example, linolenic acid, which is beneficial to human health, was negatively correlated with soymilk sensory attributes. As a result, if we decrease the contents of these substances to improve soymilk's flavour attributes, the nutritional and health values of soymilk will decrease simultaneously. Therefore, the concentration thresholds of these substances affecting soymilk flavour properties should be determined and a balance between better flavour properties and rich nutritional value should be achieved in the soybean breeding practice.

Conclusions

In this study, we developed six parameters-soymilk aroma, smoothness in the mouth, thickness in the mouth, sweetness, colour and appearance, and overall acceptability-and a seven-point hedonic scale to rate each parameter during the evaluation of soymilk sensory attributes. Owing to the genotypes' significant effects, plus the insignificant effects of year and replicate on the sensory attributes, we confirmed that genetic factor plays the most important role in soymilk sensory attributes. Based on the significant positive correlations, we suggested that the overall acceptability is an ideal parameter for soymilk flavour attributes evaluation. Correlation analysis and principal components analysis (PCA) demonstrated that seed chemical quality traits and soymilk chemical character were significantly correlated with soymilk sensory attributes among 70 soybean genotypes, suggesting that seed chemical quality traits and soymilk chemical character could be used as an indirect evaluation and selection index for soybean genotypes with better soymilk flavour in soybean breeding programs. Moreover, owing to the different dietary habits, there were different preferences for soymilk flavour attributes between Western and Chinese consumers. Overall, high yield breeding lines with a relatively high ratio of 11S/7S, high content of soluble solids and oil, plus relative low content of glycitein and protein will have the best chance of being accepted by a soymilk processing company in China.

Acknowledgements

This work was supported by the National Nature Science Foundation (No. 31171576), the Genetically Modified Organisms Breeding Major Projects (No. 2011ZX08004-003), the National Science and Technology Pillar Program during the Twelfth Five-Year Plan Period of China (Nos. 2011BAD35B06-3, 2014BAD11B01) and the CAAS Innovation Project.

Appendix A. supplementary data

Supplementary data associated with this article can be found, in the online version, at http://dx. doi. org/10. 1016/j. foodchem. 2014. 10. 096.

References (Omitted)

本文原载：Food Chemistry, 2015, 173: 694-701

Analysis of Additive and Epistatic Quantitative Trait Loci Underlying Fatty Acid Concentrations in Soybean Seeds Across Multiple Environments

Fan Shengxu Li Bin Yu Fukuan Han Fenxia
Yan Shurong Wang Lianzheng Sun Junming*

(The National Key Facility for Crop Gene Resources and Genetic Improvement, NFCRI, MOA Key Laboratory of Soybean Biology (Beijing), Institute of Crop Science, Chinese Academy of Agricultural Sciences, Beijing 100081, *China*)

Abstract: Soybean is one of the most important oilseed crops in the world. The soybean oil contains various fatty acids. Their concentrations determine the quality and nutritional value of soybean oil. On the other hand, quantitative trait loci (QTL) mapping for the concentrations of soybean predominant fatty acids could provide the genetic basis for soybean fatty acid composition. In this study, a soybean genetic linkage map was constructed based on 161 polymorphic SSR markers in recombinant inbred lines (RILs) derived from a cross of *cv.* Luheidou 2 × Nanhuizao. By using this map, 35 additive QTL underlying individual fatty acid concentrations were identified in single environment, while 17 additive QTL were identified underlying specific fatty acids across multiple environments or underlying multiple fatty acids. Fifteen of the 52 loci were found to be novel loci, explaining 5%-24% of phenotypic variation. Moreover, 25 epistatic QTL were identified and explained a high phenotypic variation for the fatty acid concentrations, suggesting an essential role of epistatic effect for fatty acid concentrations. The identification of additive and epistatic QTL suggested a complex network for soybean fatty acid concentrations, and will facilitate the understanding for fatty acid accumulation.

Key words: Soybean; Fatty acid; Quantitative trait locus (QTL); QTL interaction

Introduction

Soybean [*Glycine max* (L.) Merrill] is the major oilseed crop in the world (Yaklich & Vinyard, 2004). Fatty acids are predominant components of soybean oil. Fatty acids consist of saturated fatty acids (palmitic acid and stearic acid) and unsaturated fatty acids (oleic acid, linoleic acid, and linolenic acid). Different soybean fatty acids participate in different physiological functions (Mostofsky et al, 2001). Therefore, different compositions of fatty acids are desired depending on the end uses of the soybean oil (Panthee et al, 2006). For instance, vegetable oil with high concentration of unsaturated fatty acids is preferred in human diet for health reason. For industrial applications, however, soybean oil with high concentration of saturated fatty acids is more suitable due to its stability to oxidation (Henderson, 1991; Hu et al, 1997; Spencer et al, 2003). Unsaturated fatty acids could decrease detrimental cholesterol in blood and lower the risk of cardiovascular disease (Mensink and Katan, 1992; Connor, 2000). Nevertheless, the polyunsaturated fatty acids, particularly linolenic acid, are prone to oxidation

---

* corresponding author. E-mail: sunjunming@ caas. cn

Fan Shengxu, Li Bin and Yu Fukuan have contributed equally to this work

by lipoxygenase isozymes (Hildebrand et al, 1993) and negatively affect the flavor and shelf-life of soybean products (Robinson et al, 1995). Therefore, the improvement of fatty acid composition and the increase of oxidative stability have become to major goals of soybean breeding program for decades (Ha et al, 2010; Oliva et al, 2006).

In recent years, QTL mapping for main fatty acid components and identifying molecular markers closely linked to specific fatty acids had been performed in soybean breeding programs. In these studies, simple sequence repeat marker (SSR) (Bachlava et al, 2009; Panthee et al, 2006), single nucleotide polymorphism marker (SNP) (Wang et al, 2012a, b; Xie et al, 2012), and other types of marker (Diers & Shoemaker, 1992; Li et al, 2011; Reinprecht et al, 2006) were employed in soybean genetic linkage map construction with different types of mapping populations [e. g. recombinant inbred lines (RILs), doubled haploid lines (DHs), and backcross population (BC)]. Based on these genetic maps, preliminary mapping of QTL for the fatty acid concentrations was conducted. To date, 165 QTL for individual fatty acid components were recorded in USDA-ARS Soybean Genetics and Genomics Database (SoyBase, http://soybase.org) according to previous studies (Alrefai et al, 1995; Bachlava et al, 2009; Brummer et al, 1997; Diers and Shoemaker, 1992; Hyten et al, 2004a, b; Kim et al, 2010; Li et al, 2011; Shibata et alM2008; Spencer et al, 2003; Panthee et al, 2006; Reinprecht et al, 2006; Wang et al, 2012a, b; Xie et al, 2012). These QTL are useful for MAS in breeding program to alter soybean fatty acid composition.

Although numerous QTL associated with fatty acid components have been identified, low repeatability and stability, as well as inconvenience of integration among numerous QTL are still problems for their application due to the significant differences among various genetic backgrounds and environments. Therefore, it is necessary to identify and validate stable QTL for individual fatty acid components across multiple environments. In this study, RIL populations derived from a cross of *cv.* Luheidou 2 × Nanhuizao were planted in Beijing over 2009-2011, and were used to identify QTL underlying individual fatty acid concentrations. Amounts of consistent additive QTL were identified across multiple environments. Moreover, the epistatic interactions of QTL underlying fatty acids were also analyzed. Taken together, this study provided some new knowledge on the genetic basis of soybean fatty acid composition.

Materials and methods

Plant materials and field design

The mapping populations were initially developed from a cross between *cv.* Luheidou 2 (distributed in HuangHuaiHai valley region) and Nanhuizao (distributed in South region of China). The RIL population was advanced by using single-seed descent of F_2 lines up to F_5 and then establishing 200 $F_{5:7}$ and $F_{5:8}$ populations. From 2009 to 2011, the 200 RILs together with their parents were planted at Shunyi Experimental Stations (N40°130′ and E116°340′) in Beijing. The three environments of 2009, 2010 and 2011 were designated as E1, E2 and E3, respectively. In this study, the $F_{5:7}$ and $F_{5:8}$ population were planted in rows of 2m long, 0. 5m apart and with a space of 0. 1m between two plants. Three replicates were conducted with a randomized complete block design.

Fatty acid extraction and determination

The procedure was followed as described by Kamal-Eldin and Andersson (1997). About 20g soybean seeds of each RIL were ground to fine powder with a Sample Preparation Mills (Retsch ZM100, Φ=1. 0mm, Rheinische, Germany) and stored at-20℃ before used. Three hundred milligrams of each soybean powder was weighted with analytic balance (SartoriusBS124S) and transferred to a 2ml centrifuge tube preloaded with 1. 5ml n-hexane. After mixing, the mixture was stored at 4℃ for 12h. Then the samples were centrifuged at 5 000×g for 10min. The supernatant was collected into a new 2ml centrifuge tube with 350μl sodium methoxide solution and shaken for 1h on the twist mixer (TM - 300, ASONE, Japan) for full methyl esterification. Then the mixture was centrifuged at 5 000×g for 10min again and supernatant was collected to detect the fatty acid composition (Kamal-Eldin & Andersson, 1997).

Fatty acid composition was determined using gas chromatography (GC - 2010, SHIMADZU, Japan). Operation instrumental conditions were as follows (Ma et al, 2015): chromatographic column RTX-Wax (30m × 0. 25mm × 0. 25mm); auto injection 1μl; split ratio 40 : 1; injection port temperature 250℃; the carrier gas nitrogen 54ml/min; hydrogen 40ml/min; air 400ml/min; take the temperature programmed mode (180℃ keep for 1. 5min, up to 210℃ by 10℃/min and keep 2min, up to 220℃ by 5℃/min and 5min). Detector FID temperature was 300℃. The area normalization method was employed to calculate the percentage of five predominant fatty acids (palmitic acid, stearic acid, oleic acid, linoleic acid and linolenic acid) on GC2010 workstation (Shimadzu, Japan).

Polymorphic SSR marker selection and genotyping for RILs

One hundred $F_{5:7}$ RILs were selected randomly from the 200 $F_{5:7}$ RILs. For each line of the 100 RILs, the young leaves collected from approximately 10 seedlings were ground to powder in liquid nitrogen with mortar and pestle. Total genomic DNA of each line was extracted separately using the CTAB method (Doyle, 1990). The resultant DNA was dissolved in 200μl ddH_2O, and quantified with Nano-Drop ND-100 spectrophotometer. Then, the genomic DNA of each sample was diluted to a concentration of 100ng/μl, and used in the subsequent genotyping analysis.

In this study, a total of 530 pairs of SSR primers selected from the SoyBase (http://soybase. org) were synthesized in Shanghai ShengGong biological engineering technology service co. , LTD. The polymorphism of these SSR markers was tested between two parents of RIL population. Towards the end, 161 polymorphic SSR markers were identified. The polymorphic markers were used in genotyping for 100 RILs. Polymerase chain reaction (PCR) was performed as follow: 94℃ for 3min followed by 35 cycles at 94℃ for denaturation for 30s; 47-55℃ for annealing for 30s; 72℃ for 45s for extension, and the last step at 72℃ for final extension for 10min.

Construction of the genetic map and data analysis

The genotyping of 100 RILs was performed based on the band type of the polymorphic SSR markers. The maternal band type was marked with '2', the paternal band type was marked with '0', the hybrid band type was marked with '1' and the missing ones marked with '-1'.

Construction of the genetic map was performed using the MAP model in the software of QTL IciMapping v3. 3 (Cui et al, 2011). According to concentrations of five main fatty acid components in soybean seeds, the QTL were detected for palmitic acid, stearic acid, oleic acid, linoleic acid and linolenic acid using inclusive composite interval mapping (ICIM) method in BIP model of QTL IciMapping v3. 3. The threshold of LOD scores for evaluating the statistical significance of QTL effects was determined using 1 000 permutations. Based on these permutations, a LOD score of 3. 1 was used as a minimum to declare the presence of a QTL in genomic region. The epistatic effect of QTL was analyzed by ICIM-EPI in BIP model of QTL IciMapping v3. 3 (P value <0. 000 5; LOD>5. 0). This method has been described in detail by Li et al (2008), and applied to epistatic QTL mapping for amounts of essential traits

(Ding et al, 2014; Wang et al, 2012a, b). The genes within QTL were annotated and analyzed via the database of Phytozome v9. 1 (www. phytozome. net) and NCBI (www. ncbi. nlm. nih. gov).

Analysis of variance (ANOVA) was performed to determine the significance of genotypic differences between the RILs and environments. Correlation analysis among five components of fatty acid in soybean seeds was conducted using CORR procedure of SAS version 9. 2 and the frequency distribution was analyzed by Microsoft Excel 2013.

Results

Phenotypic analysis of fatty acid in soybean seeds The determination of fatty acid composition was performed by gas chromatography analysis. As a result, five predominant fatty acid components including stearic acid, palmitic acid, oleic acid, linoleic acid, and linolenic acid were identified and quantified in soybean seeds. The characters of fatty acid compositions of the RIL population were analyzed across multiple environments. As shown in Table 1, the two parents of RILs exhibited significant differences for almost all fatty acids except palmitic acid, implying different genetic backgrounds between them. Moreover, the RILs exhibited a broad range of variation in fatty acid concentrations. Of the five predominant fatty acid components, linoleic acid presented a minimum coefficient of variation ranging from 4. 0% to 6. 1%, while stearic acid showed a maximum coefficient of variation ranging from 10. 2% to 18. 4% (Table 1). According to the Kolmogorov-Smirnov test, the frequency distributions of five fatty acid components across various environments generally exhibited in a continuous and normal manner except the oleic acid distribution in E3 (Figure S1 and Table S1), suggesting the fatty acid concentrations are typical quantitative traits and suitable for QTL mapping. Noticeably, transgression segregations for individual fatty acid concentration were also observed in the RIL population (Figure S1), which suggests that the favorable alleles for fatty acid concentrations were derived from both parents.

Table 1 The statistical analysis of fatty acid components in the RIL population

Fatty acid	E[c]	P1[d]	P2[e]	Max	Min	Mean	V[f]	Range	CV(%)[g]	S[h]	K[i]
Palmitic	2009	10. 3	11. 2	13. 3	9. 1	10. 3	0. 4	4. 2	5. 9	1. 3	4. 4
	2010			13. 8	9. 9	11. 1	0. 3	3. 8	5. 0	1. 5	5. 3
	2011			13. 0	9. 6	10. 8	0. 5	3. 4	6. 4	0. 5	0. 2
Stearic	2009	3. 6[a]	5. 1[b]	5. 0	3. 2	3. 9	0. 2	1. 8	11. 5	0. 6	-0. 4
	2010			4. 9	3. 1	3. 9	0. 2	1. 8	10. 2	0. 3	0
	2011			7. 1	2. 7	3. 7	0. 5	4. 4	18. 4	1. 5	5. 0
Oleic	2009	25. 4[a]	30. 8[b]	29. 9	20. 3	23. 9	5. 4	9. 7	9. 8	0. 4	-0. 4
	2010			35. 8	19. 1	26. 2	14. 8	16. 8	14. 7	0. 4	-0. 4
	2011			30. 9	18. 4	22. 3	6. 2	12. 5	11. 2	1. 1	1. 3
Linoleic	2009	52. 8[a]	47. 4[b]	57. 5	47. 7	53. 3	4. 8	9. 8	4. 1	-0. 2	-0. 7
	2010			57. 5	43. 1	51. 4	9. 8	14. 4	6. 1	-0. 4	-0. 3
	2011			59. 5	46. 3	55. 0	4. 8	13. 1	4. 0	-1. 0	2. 0

(continued)

Fatty acid	E[c]	P1[d]	P2[e]	Max	Min	Mean	V[f]	Range	CV(%)[g]	S[h]	K[i]
Linolenic	2009	8.4[a]	6.0[b]	10.6	7.1	8.6	0.4	3.5	7.6	0.3	0.2
	2010			10.2	6.0	7.5	0.6	4.2	10.4	0.5	0.4
	2011			9.9	5.7	8.2	0.5	4.2	8.9	-0.4	0.3

The fatty acid concentrations are shown as the percentage of total fatty acids. The average values of individual fatty acid concentrations across 3 years were shown for P1 and P2

The letters a and b indicate the values differs significantly between two parents ($P<0.05$)

[c] E indicates environments used in this study

[d] P1 indicates maternal parent, *cv.* Luheidou2

[e] P2 indicates paternal parent, *cv.* Nanhuizao

[f] V indicates the phenotypic variation

[g] CV (%) indicates coefficient of variation within the segregation mapping population over environments

[h] S indicates skewness

[i] K indicates kurtosis

Consistent with previous studies (Dornbos & Mullen, 1992; Hou et al, 2006), the concentrations of almost all fatty acid components were significantly influenced by both genetic and environmental factors (Table S2). Nevertheless, the significant correlations of fatty acid concentrations among various years (Table S3) suggested genetic effect still plays the most important role in soybean fatty acid composition despite of the environmental effect.

Table 2 QTL detected underlying specific fatty acids across various environments or underlying multiple fatty acids

QTL[a]	Effect[b]	Chr[c]	Interval[d]	LOD[e]	PVE[f] (%)	Add[g]
qLNA3-1	LNA-E1, E3	3	Satt387-Satt255	6.6	13.7	0.3
qLNA6-1	LNA-E1, E2, E3	6	Satt079-Satt227	8.4	22.8	-0.4
qSA6-1	SA-E2, E3	6	Satt365-Satt520	3.7	13.5	-0.2
qLNA7-1	LNA-E1, E2	7	Sat_003-Satt323	4.7	11.3	0.2
qFA8-1	LNA-E1, E2	8	Satt133-Satt429	4.7	17.6	-0.3
	SA-E2			16.0	40.0	0.3
qSA13-1	SA-E1, E2	13	Satt030-Satt659	5.8	11.9	-0.2
qPA18-1	PA-E1, E2	18	Satt394-Satt610	3.6	9.9	-0.2
qSA20-1	SA-E1, E2	20	Satt650-sat_170	9.3	23.6	0.2
qFA3-1	LNA-E1	3	Satt009-Satt584	3.5	8.7	-0.2
	SA-E3			11.4	28.3	0.4
qFA3-2	OA-E2	3	Satt530-Satt675	3.3	9.5	1.2
	LA-E2			3.6	11.5	-1.1
qFA7-1	SA-E2	7	Satt201-Satt680	10.9	20.8	-0.2
	LNA-E3			3.1	6.1	-0.2
qFA7-2	SA-E3	7	Satt336-sat_003	9.1	17.1	0.3
	LNA-E3			7.3	18.6	0.3
qFA9-1	LA-E1	9	Satt326-Satt441	3.9	9.4	0.7

(continued)

QTL[a]	Effect[b]	Chr[c]	Interval[d]	LOD[e]	PVE[f] (%)	Add[g]
	SA-E3			9.3	17.7	-0.3
qFA10-1	OA-E2	10	Satt550-Satt331	7.8	26.5	2.0
	LA-E2			8.8	32.3	-1.8
qFA10-2	OA-E2	10	Satt585-Sat_132	4.8	25.3	-1.9
	LA-E2			6.0	33.9	1.8
	SA-E3			15.6	35.5	-0.4
qFA12-1	LA-E1	12	Satt541-Satt142	7.7	18.0	-0.9
	SA-E3			3.2	5.3	-0.2
qFA20-1	PA-E2	20	Satt270-Satt571	3.1	9.1	0.2
	SA-E3			5.0	8.7	-0.2

The LOD scores, PVE and additive effect of QTL underlying across various environments are presented as average values

[a] The name of the QTL, is a composite of the influenced trait: stearic acid (SA), palmitic acid (PA), oleic acid (OA), linoleic acid (LA), linolenic acid (LNA), followed by the chromosome number. For QTL underlying multiple fatty acids, the name is a composite of fatty acid (FA) followed by the chromosome number

[b] The Effect of QTL indicates the concentrations of particular fatty acids (SA, PA, OA, LA, and LNA) in specific environments (E1, 2009; E2, 2010; E3, 2011)

[c] Chr indicates chromosome

[d] Interval indicates confidence intervals between two SSR markers

[e] LOD indicates the logarithm of odds score

[f] PVE indicates the phenotypic variance explained by individual QTL

[g] Add indicates the additive effect value

QTL mapping of fatty acid components in soybean

Based on 161 polymorphic SSR markers, a soybean genetic linkage map was constructed. The genetic map spanned 3 591.2cM in genome sized with an average distance of 22.3cM between adjacent markers. With this map, QTL mapping was conducted for the fatty acid concentrations. Finally, a total of 52 QTL were identified on 19 linkage groups (LGs) except Gm04, which could explain 5%-40% of the phenotypic variation for the individual fatty acid concentrations in soybean seeds, with the LOD scores ranging from 3.1 to 16.0. Of these loci, 35 QTL were detected in single environment, including nine QTL for linolenic acid, eight for linoleic acid, one for oleic acid, six for stearic acid, and thirteen for palmitic acid (Table S4). The other 17 QTL were mapped to 10 LGs accounting for specific fatty acid components across multiple environments or underlying multiple fatty acid components (Figure 1; Table 2). In consideration of the environmental effect on fatty acid composition, these 17 consistent QTL may represent the major genetic basis for fatty acid composition, thereby were focused subsequently.

Of the 17 consistent QTLs, eight QTL accounted for specific fatty acid components across various environments (Table 2). Specifically, four QTLs (*qLNA3-1*, *qLNA6-1*, *qLNA7-1*, *and qFA8-1*) contributed to linolenic acid concentration, accounting for 7-23% of the phenotypic variation. The favorable alleles of *qLNA6-1* and *qFA8-1* were inherited from the paternal parent *cv.* Nanhuizao, whereas, the favorable alleles of *qLNA3-1* and *qLNA7-1* were derived from the maternal parent *cv.* Luheidou2. Noticeably, *qLNA6-1* could stably explain the a relative high phenotypic variation for linolenic acid concentration across three environments (with a mean of 23%), with the average LOD score

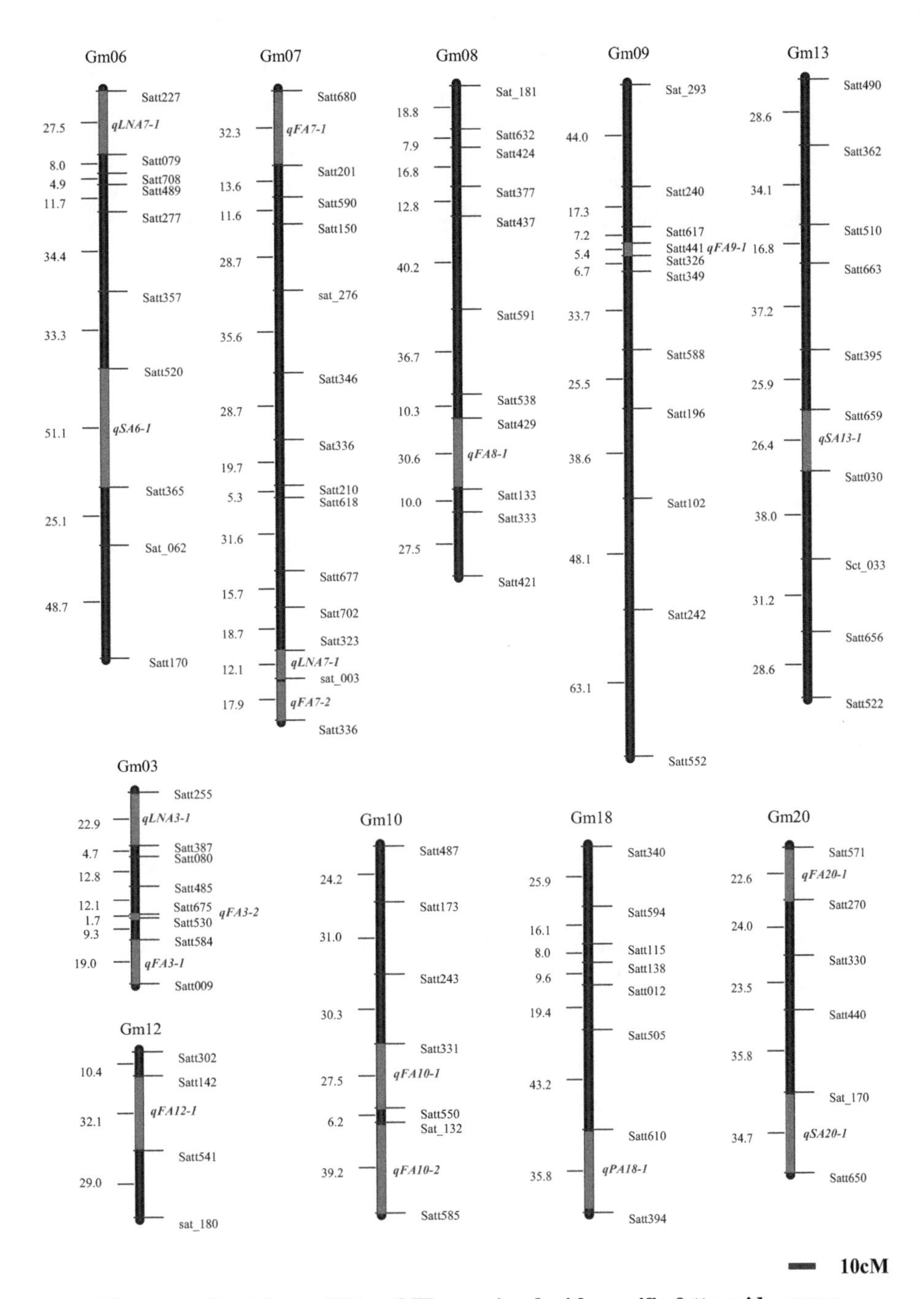

Figure 1 Consistent additive QTL associated with specific fatty acids across multiple environments or associated with multiple fatty acids

The gray regions indicate the location of these QTL on LGs. The name of the QTL, shown near their location in gray color, is a composite of the influenced trait: palmitic acid (PA), stearic acid (SA), oleic acid (OA), linoleic acid (LA) and linolenic acid (LNA) followed by the chromosome number. For QTL underlying multiple fatty acid components, the name is a composition of fatty acid (FA) followed by the chromosome number. The SSR markers are shown on the right of LGs, and their positions on LGs are indicated on the left in centimorgan (cM)

of 8.4, suggesting this QTL may be a major and stable locus for linolenic acid concentration. Three QTLs (*qSA6-1*, *qSA13-1* and *qSA20-1*) were associated with stearic acid concentration, accounting for

12% to 24% of phenotypic variation. The favorable alleles of *qSA6-1*, *qSA13-1* were derived from *cv.* Nanhuizao, while the favorable alleles of *qSA20-1* were derived from *cv.* Luheidou2. In addition, Nanhuizao-derived *qPA18-1* explained 10% of the phenotypic variation for palmitic acid concentration (Table 2).

On the other hand, of the 17 consistent QTLs, 10 were associated with multiple fatty acid components (Table 2). They could explain 5%-40% of phenotypic variation, with the LOD value from 3. 1 to 16. 0. Of these loci, *qFA3-1*, *qFA7-1*, *qFA7-2* and *qFA8-1* accounted for both linolenic and stearic acids. *qFA9-1* and *qFA12-1* were associated with both linoleic and stearic acids. *qFA10-1* and *qFA10-2* were detected for both oleic and linoleic acids. *qFA3-2* contributed to oleic, linoleic, and stearic acids. Additionally, *qFA20-1* was detected for palmitic and stearic acids (Table 2).

Comparison of QTL underlying fatty acid components

Subsequently, these QTL were compared with previous studies. As shown in Table S4, of the all 52 QTLs, 37 were overlapped with the known QTL for fatty acid concentration according to the Soybase Database. The other 15 QTLs, explaining 5%-24% of phenotypic variation for individual fatty acids, were novel loci (Table S4). For the 17 QTL detected across multiple environments or associated with multiple fatty acids, 15 were reported previously, while two novel loci were observed (Table S4). *qSA20-1* contributed to stearic acid across multiple environments, while *qFA12-1* was associated with both stearic and linoleic acid (Table 2).

In addition, with the completion of whole genome sequencing for soybean genome, genomic comparative analysis for QTL intervals could also be conducted. Therefore, the genomic information within the 52 QTL intervals was obtained. Toward the end, five QTL intervals (i. e. *qLNA3-1*, *qFA7-2*, *qLA2-1*, *qLA11-1* and *qLA14-1*) were found containing genes involved in fatty acid biosynthesis or accumulation (Table S4). These genes (*GmFAD2-2*, *GmFAD3-2b*, *GmSAD1*, *GmSAD2*, and *GmSACPD-C*) are responsible for the introduction of double bonds into fatty acyl chains, following the removal of two hydrogen atoms, and thereby are essential for biosynthesis of unsaturated fatty acid (Ohlrogge & Browse, 1995; Fofana et al, 2004). The inclusion of these genes within QTL intervals suggested a relatively high accuracy of QTL mapping in this study.

Epistatic QTL associated with fatty acid components

Finally, the epistatic interactions for fatty acid components were also analyzed. As a result, 25 pairwise QTL with epistatic interactions were identified for five fatty acids among three environments (Figure 2). These epistatic QTL were mapped to almost all LGs except Gm 02 and Gm19, and explained phenotypic variation between 7% and 29% (Table 3). Nearly half of these epistatic QTL were involved in linolenic acid, while that associated with saturated fatty acids were less. The high phenotypic variation explained by epistatic QTL suggested the fatty acids, especially linolenic acid, were significantly influenced by epistatic interactions of QTLs. Unfortunately, the stable QTL × QTL interaction was not detected across multiple environments in this study. This result suggested the fatty acids were also affected by epistatic QTL and the epistatic interactions were considerably complex.

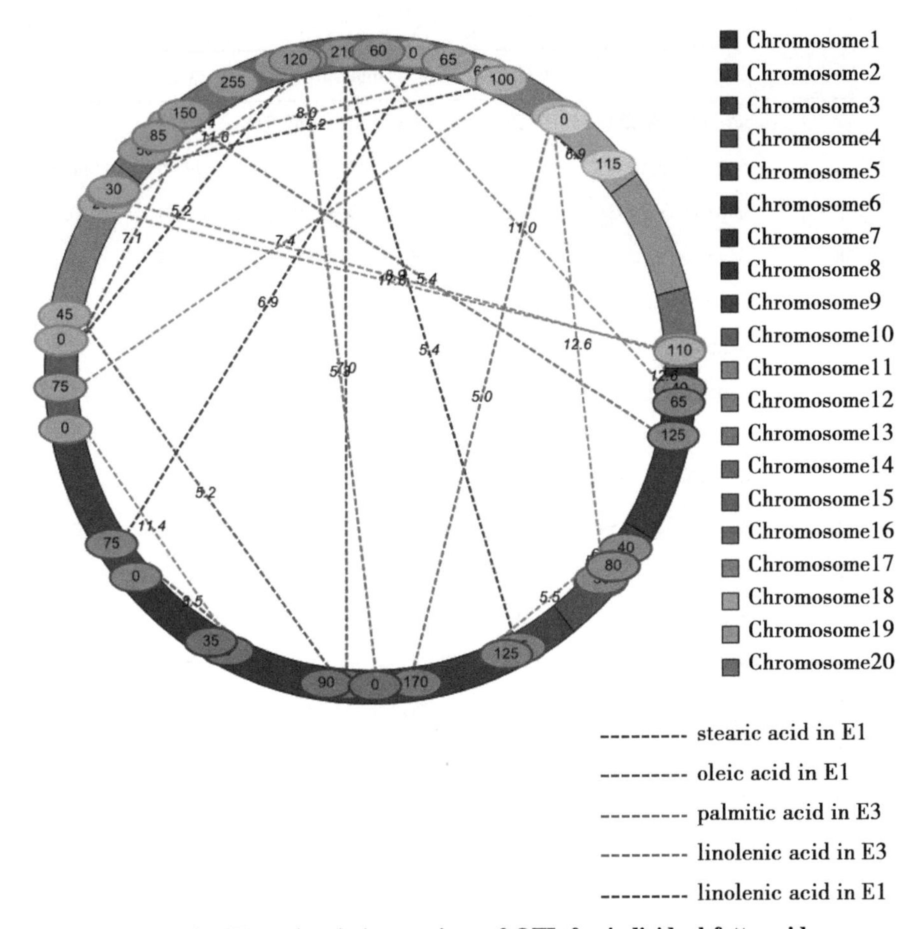

Figure 2 The epistatic interactions of QTL for individual fatty acids in soybean seeds among different environments

The figure was generated by ICIM - EPI in the QTL IciMapping v3.3 software using multi - environmental functionality. The 20 colors in the ring represent the soybean 20 chromosomes. The numbers in the ovals indicate the positions of markers on chromosomes. The different colors of dash lines connecting the loci represent the epistatic interaction between the two loci for different fatty acids in specific environment. The numbers on the dash lines indicate the LOD scores of the additive × additive effects between two QTLs

Table 3 Epistatic QTL for the fatty acid components in soybean seeds among multiple environments

Effect[a]	Chr1[b]	Interval 1[c]	Chr2	Interval2	LOD[d]	PVE[e] (%)	A×A[f]
LNA-E3	1	Satt267-Satt129	15	Satt651-Satt724	11.0	9.9	0.2
LNA-E3	1	Satt267-Satt129	20	Sat_170-Satt650	12.6	12.4	0.3
LNA-E3	3	Satt387-Satt255	5	Satt717-Satt545	5.5	5.0	-0.2
LNA-E3	3	Satt387-Satt255	18	Satt340-Satt594	12.6	10.4	0.2
LNA-E1	3	Satt675-Satt485	4	Satt361-Satt565	6.1	20.8	-0.3
LNA-E3	8	Satt591-Satt538	10	Satt585-Sat_132	11.4	10.9	--0.3
LNA-E1	9	Satt588-Satt240	16	Satt380-Sat_065	6.9	29.1	-0.4
LNA-E3	10	Satt331-Satt243	17	Satt256-Satt372	7.4	7.3	0.2
LNA-E3	11	Satt332-Satt583	20	Satt440-Sat_170	17.8	20.4	-0.3

(continued)

Effect[a]	Chr1[b]	Interval 1[c]	Chr2	Interval2	LOD[d]	PVE[e] (%)	A×A[f]
LNA-E3	12	Sat_180-Satt541	20	Sat_170-Satt650	8.9	10.7	-0.3
LNA-E3	12	Satt541-Satt142	14	Satt070-Satt168	11.6	11.4	0.3
LNA-E3	13	Satt030-Sct_033	16	Sat_339-Satt431	8.0	10.9	-0.3
LNA-E1	18	Satt340-Satt594	18	Satt505-Satt610	6.9	28.2	0.4
OA-E1	7	Satt590-Satt346	14	Satt687-Satt726	7.0	19.8	-1.1
OA-E1	7	Satt590-Satt346	11	Satt251-Sat_247	5.2	12.7	-0.8
OA-E1	8	Satt591-Satt538	9	Satt552-Satt196	8.5	17.6	-1.0
OA-E1	11	Satt197-Satt251	13	Satt656-Satt522	7.1	17.8	-1.0
OA-E1	13	Satt030-Sct_033	13	Satt663-Satt510	5.4	13.4	0.9
PA-E3	1	Satt147-Sat_254	13	Satt522-Satt490	5.4	19.4	-0.3
PA-E3	6	Satt079-Satt708	17	Satt186-Satt615	5.0	19.4	0.3
PA-E3	7	Satt680-Satt201	14	Satt070-Satt168	5.3	25.3	0.3
SA-E3	3	Satt387-Satt255	4	Satt476-Satt361	5.3	23.1	-0.3
SA-E1	5	Satt276-Satt717	14	Satt687-Satt726	5.4	16.7	-0.2
SA-E1	11	Satt197-Satt251	14	Satt122-Satt070	5.2	12.5	0.2
SA-E1	13	Satt659-Satt030	17	Satt458-Satt256	5.2	22.4	0.2

[a] The Effect of QTL indicates the concentrations of particular fatty acids: stearic acid (SA), palmitic acid (PA), oleic acid (OA), LA (linoleic acid), and linolenic acid (LNA) in specific environments (E1, 2009; E2, 2010; E3, 2011)

[b] Chr indicates chromosome

[c] Interval indicates confidence intervals between two SSR markers

[d] LOD indicates the logarithm of odds score

[e] PVE stands for phenotypic variation explained by epistatic QTL interaction

[f] A × A indicates the epistatic effect of QTL interaction

Discussions

Soybean is the leading oilseed crop in the world. The fatty acid composition determines the quality and nutritional value of soybean oil. Different soybean fatty acid compositions are desired depending on the end uses of the soybean oil. However the soybean fatty acid composition was regulated by a complex network including genetic and environmental factors.

Fatty acids were influenced by both genetic and environmental factors

Soybean fatty acid concentrations are indicated as quantitatively inherited characters. They are subjected to an oscillation even in the same population under different environments (Hou et al, 2006). Therefore, multiple environments should be considered in QTL mapping. On the other hand, a high heritability in the broad-sense was observed for fatty acid components despite of the environmental influence (Gesteira et al, 2003), indicating their phenotypic variations are mainly controlled by genetic factor. In this study, QTL mapping was conducted in a RIL population over three environments. As expected, QTL underlying specific fatty acids varied with different environments. However, 17 consistent additive QTL were identified underlying specific fatty acids or underlying multiple fatty acids. These loci may represent the genetic basis of fatty acid biosynthesis.

The comparative analysis suggested stable and novel QTL for fatty acid concentrations

The comparative analysis of QTL suggested a consistency between our results and previous studies. A great part of QTL identified in this study have been reported previously, suggesting a reliability and accuracy of our study to some extent. As to the 17 consistent QTL underlying specific fatty acids across multiple environments or underlying multiple fatty acids, 15 of them have been reported. These loci are stable for fatty acid concentrations among multiple mapping populations, thereby may represent the common genetic basis for fatty acid composition. On the other hand, the 15 novel QTLs, especially the two novel consistent QTLs (*qSA20-1* and *qFA12-1*), provided new QTL information for fatty acid composition, therefore, should be emphasized in subsequent study.

By comparing the genomic regions of QTL with soybean reference genomic sequences, five essential genes accounting for biosynthesis of unsaturated fatty acids were discovered within five QTL intervals. This result implied that these genes may represent the genetic basis of related QTLs, although lots of work should be done in further study. In addition, a bZIPtranscription-factor-like gene (*Glyma20g01030. 1*) was discovered within the genome interval of *qSA20-1*, which explained a great part of phenotypic variation for stearic acid concentration. It is reported the bZIP transcription factor (bZIP67) could regulate the Omega-3 fatty acid concentration by activating *FAD3* (Mendes et al, 2013). Therefore, this gene should be paid more attention in our further study.

The fatty acid concentrations were influenced significantly by epistatic interaction of QTL

Genetic variation may be attributed by epistatic interaction of QTLs. Significant epistatic effect have been reported in soybean for yield (Lark et al, 1995), plant height (Orf et al, 1999), isoflavone contents (Gutierrez-Gonzalez et al, 2011) and fatty acid components (Li et al, 2011). In this study, the epistatic QTL were also detected on almost all LGs, and explained a high phenotypic variation. Interestingly, half of these epistatic QTL contributed to linolenic acid. This result, combined with previous studies, demonstrated fatty acids, especially linolenic acid, were significantly influenced by QTL × QTL interaction. However, most of these epistatic interactions of QTL were detected in single environment. Stable epistatic interaction across multiple environments was not detected in this study. That may be due to the limited population size and marker number in this study. Moreover, epistatic QTL × environment interaction for fatty acids should also been considered in the subsequent study.

Taken together, the epistatic interaction for fatty acid components, combined with additive QTLs, suggested a complex network controlling fatty acid composition. That made it difficult to apply MAS for improving fatty acid composition in soybean breeding immediately. However, our result provided the solid evidence for the involvement of epistatic QTL in fatty acid accumulation.

The limitation of efficiency and accuracy for QTL detection

The efficiency of QTL identification is determined by numerous factors such as the population size, the density of polymorphic markers, the mapping algorithm, etc (Darvasi et al, 1993; Li et al, 2010; Stange et al, 2013; Yu et al, 2011). In this study, although 100 RILs are sufficient to detect QTL explaining a relatively high phenotypic variation (PVE>10%) with the existing marker density (Li et al, 2010), the QTL with minor effect could be missed. For instance, only 17 consistent QTL were identified for five predominant fatty acids in this study. Moreover, the fine mapping of these QTL or MAS for fatty acid composition is also infeasible due to the large distance within QTL interval. Therefore, a large population size and high density of polymorphic markers were required for further study to detect more consistent QTL and narrow down the QTL confident intervals.

Acknowledgments This work was supported by the National Science and Technology Pillar Program of China (2014BAD11B01 - X02), the Genetically Modified Organisms Breeding Major Projects (No. 2014ZX08004-003), the National Nature Science Foundation of China (No. 31171576 and No. 31301345), and the CAAS Innovation Project.

References (omitted)

本文原载：Euphytica，2015，206：689-700

High-resolution Mapping of QTL for Fatty Acid Composition in Soybean Using Specific-locus Amplified Fragment Sequencing

Li Bin　Fan Shengxü　Yu Fukuan　Chen Ying　Zhang Shengrui
Han Fenxia　Yan Shurong　Wang Lianzheng　Sun Junming*
(*The National Key Facility for Crop Gene Resources and Genetic Improvement, NFCRI, MOA Key Laboratory of Soybean Biology (Beijing), Institute of Crop Science, Chinese Academy of Agricultural Sciences, Beijing* 100081, *China*)

Abstract: Soybean oil quality and stability are mainly determined by the fatty acid composition of the seed. In the present study, we constructed a high-density genetic linkage map using 200 recombinant inbred lines derived from a cross between cultivated soybean varieties Luheidou2 and Nanhuizao, and SNP markers developed by specific-locus amplified fragment sequencing (SLAF-seq). This map comprises 3 541 markers on 20 linkage groups and spans a genetic distance of 2 534.42cM, with an average distance of 0.72cM between adjacent markers. Inclusive composite interval mapping revealed 26 stable QTL for five fatty acids, explaining 0.4%-37.0% of the phenotypic variance for individual fatty acids across environments. Of these QTL, nine are novel loci (*qLA1*, *qLNA2_1*, *qPA4_1*, *qLA4_1*, *qPA6_1*, *qSA12_1*, *qPA16_1*, *qOA18_1*, and *qFA19_1*). These stable QTL harbor three fatty acid biosynthesis genes (*GmFabG*, *GmACP*, *and GmFAD8*), and 66 genes encoding lipid-related transcription factors. These stable QTL and tightly linked SNP markers can be used for marker-assisted selection in soybean breeding programs.

Introduction

Soybean [*Glycine max* (L.) Merr.] is one of the most important oilseed crops worldwide. Providing most of the world's supply of vegetable protein and oil, soybean accounted for approximately 61% of the world's oilseed production in 2015 (http://soystats.com). The quality and stability of soybean oil are mainly determined by five predominant fatty acids, viz. palmitic, stearic, oleic, linoleic, and linolenic acids (Lee et al, 2007). Palmitic (16 : 0) and stearic (18 : 0) acids are saturated fatty acids, while oleic (18 : 1), linoleic (18 : 2), and linolenic (18 : 3) acids are unsaturated fatty acids. A high proportion of unsaturated fatty acids in the human diet benefits cardiovascular health (Connor, 2000; Mensink & Katan, 1992). However, polyunsaturated fatty acids, particularly linolenic acid, increase the oxidation of food oils, causing an off-flavor and reducing the shelf life of the oil (Hu et al, 1997; Mounts et al, 1988). Therefore, one important focus of soybean breeding is to improve the fatty acid composition in seed oil.

Fatty acid content is a quantitative trait that depends on the combined effects of several major and minor genes (Bilyeu et al, 2005; Fan et al, 2015; Wang et al, 2014). Therefore, quantitative trait loci (QTL) mapping is an effective method to uncover the genetic basis of fatty acid formation. To date, numerous QTL for fatty acid contents have been detected (Alrefai et al, 1995; Bachlava et al, 2009;

* corresponding author. E-mail: sunjunming@caas.cn

Brummer et al, 1997; Diers & Shoemaker, 1992; Fan et al, 2015; Hyten et al, 2004; Panthee et al, 2006; Reinprecht et al, 2006; Wang et al, 2012, 2014; Xie et al, 2012). However, these QTL span fairly large genomic regions due to the relatively low density of genetic maps. The relatively low accuracy of QTL mapping using these maps limits not only the identification of fatty acid biosynthesis and regulatory networks, but also the application of these QTL in marker-assisted selection (MAS) breeding efforts in soybean. Recently, putative nucleotide polymorphisms responsible for fatty acid contents, which are usually denoted as quantitative trait nucleotides (QTN), were also identified in genome-wide association study (GWAS) based on population-wide linkage disequilibrium (LD) using soybean natural populations and genome-wide single nucleotide polymorphisms (SNP) (Li et al, 2015). The annotated candidate genes bearing these QTN demonstrated that fatty acid formation is governed by a complex genetic basis in soybean (Li et al, 2015).

With the great development in next-generation sequencing (NGS), several procedures were developed for SNP discovery and genotyping in large population, including restriction-site associated DNA tag sequencing (RADseq), genotyping-by-sequencing (GBS), and specific-locus amplified fragment sequencing (SLAF-seq), etc (Baird et al, 2008; Elshire et al, 2011; Sun et al, 2013). These procedures reduced the genome complexity by digesting genomic DNA with restriction enzymes, and the resultant reduced representation library (RRL) was sequenced to achieve SNP discovery and genotyping in large population. Specifically, a pre-design experiment was performed in SLAF-seq to evaluate restriction enzymes and sizes of restriction fragments using the soybean reference genome sequence, which improved the efficiency of SLAF-seq (Sun et al, 2013). Additionally, the fragments in GBS library were usually selected through PCR amplification (Elshire et al, 2011). In contrast, the fragments in SLAF library were gel-purified, and the fragments with specific size were selected in subsequent sequencing. That will improve the uniformity of fragments in RRL library (Sun et al, 2013). Previously, we developed 200 recombinant inbred lines (RILs) from a cross between two cultivated soybean with different fatty acid compositions. Using 100 of these 200 RILs, We constructed a linkage map consisting of 161 SSR markers, and the QTL for fatty acid composition were identified across 3 years (2009 through 2011) (Fan et al, 2015). In addition, we sequenced 110 of the 200 RILs and the two parents, and developed a high-density genetic map comprising 5 785 markers based on the SLAF-seq method (Li et al, 2014).

In the current study, we developed a great number of SNP-based markers using SLAF-seq with an increased mapping population size of 200 RILs to improve the efficiency and accuracy of QTL mapping. The results will benefit the improvement of the fatty acid composition of soybean in breeding project.

Materials and methods

Plant materials and field trials

Two hundred $F_{5:7}$ RILs developed from the Luheidou2 (LHD2) /Nanhuizao (NHZ) cross together with the parental lines were planted with three replicates in randomized complete blocks at Shunyi Experimental Stations (N40°13′ and E116°34′) in Beijing from 2009 to 2011. Each plot comprised a 2m row, with 0. 5m apart between rows and a space of 0. 1m between adjacent plants (Fan et al, 2015). Both of the parents are wild type cultivated soybean varieties with black seed coats, but their fatty acid composition differs significantly (Fan et al, 2015).

Fatty acid extraction and determination

The composition of five predominant fatty acids (palmitic, stearic, oleic, linoleic, and linolenic acids) was determined using gas chromatography (Fan et al, 2015). Briefly, 20g of soybean seeds of each line were ground to a fine powder with a Sample Preparation Mill (Retsch ZM100, Φ = 1.0mm, Rheinische, Germany). Three hundred milligrams of each powdered sample was transferred to a 2ml centrifuge tube preloaded with 1.5ml n-hexane. After vigorous mixing, the mixture was stored at 4℃ for 12h. Then the samples were centrifuged at 5 000×g (room temperature) for 10min. The supernatant was collected and sodium methoxide solution was added. The mixture was shaken for 1h on a twist mixer (TM-300, ASONE, Japan) for full methyl esterification of the fatty acids, and centrifuged again at 5 000×g for 10min. The supernatant was collected to determine the composition of the five fatty acids (Fan et al, 2015).

Fatty acid composition was determined using an RTX-Wax Column (30mm × 0.25mm × 0.25mm) of gas chromatography (GC-2010, SHIMADZU, Japan). The injection volume was 1μl. Nitrogen, hydrogen and air were used as carrier gases. The temperature was initially set at 180℃ for 1.5min, increased to 210℃ at a rate of 10℃/min, and maintained at 210℃ for 2min, increased to 220℃ at a rate of 5℃/min and maintained at 220℃ for 5min. The area normalization method was used to calculate the composition (percentage of total fatty acids by mass) of the five fatty acids using a GC2010 workstation (Fan et al, 2015).

Specific-locus amplified fragments (SLAF) library construction and sequencing

We previously constructed and sequenced a SLAF library for 110 of the 200 RILs (Li et al, 2014). In our current study, the SLAF library of the remaining 90 RILs and parents was constructed and sequenced, following the same method, with minor modifications: first, the genomic DNA of each sample was digested with a single restriction enzyme, *MseI*, rather than both *Eco*RI and *Mse*I according to the pre-design experiment results based on the latest version of the soybean reference genome sequence (Wm82. a2. v1, https://phytozome.jgi.doe.gov) (Schmutz et al, 2010); second, amplified fragments that were 374-474bp in length instead of 500-550bp were gel-purified and diluted for pair-end sequencing using an Illumina highthroughput sequencing platform (Illumina, Inc; San Diego, CA, USA).

SLAF-seq data grouping and genotyping

The SLAF-seq data grouping and genotyping of the 90 RILs were performed following the previously reported method (Li et al, 2014; Sun et al, 2013). Briefly, low-quality reads (quality score <20e) were filtered out and then raw reads were sorted to each progeny according to duplex barcode sequences using SLAF_Poly. pl software (Biomarker, Beijing, China). After the barcodes and the terminal 5bp positions were trimmed from each high-quality reads, clean reads from the same sample were mapped onto the soybean reference genome sequence (Wm82. a2. v1) using SOAP software (Li et al, 2008b; Schmutz et al, 2010). Sequences mapping to the same position with over 95% identity were defined as one SLAF locus. Since soybean is a diploid species and one locus can only contain at most four SLAF tags, groups containing more than four tags were filtered out as repetitive SLAFs, and the SLAFs with 2-4 tags were identified as polymorphic SLAFs (Sun et al, 2013).

Genotype scoring was then performed using a Bayesian approach to further ensure the genotyping quality (Sun et al, 2013). First, a posteriori conditional probability was calculated using the coverage of each allele and the number of single nucleotide polymorphisms. Then, genotyping quality score translated from the probability was used to select qualified markers for subsequent analysis. Low-quality markers for each marker and each individual were counted and the worse markers or individuals were deleted during the dynamic process. When the average genotype quality scores of all SLAF markers reached the cutoff value, the process stopped. The resultant polymorphic SLAFs were integrated with those of other 110 RILs described in our previous study (Li et al, 2014), and the polymorphic SLAF markers for 200 RILs were obtained. Finally, high-quality SLAF markers for the genetic mapping were filtered by the following criteria: First, average sequence depths should >2-fold in each progeny and >10-fold in the parents. Second, markers with more than 25% missing data were filtered. Third, the Chi-square test was performed to examine the segregation distortion. Markers with significant segregation distortion ($P < 0.05$) were excluded. The final SNP-based polymorphic SLAF markers were used to construct a high-density linkage map.

Construction of a high-density genetic map

Based on the genotyping data of 200 RILs, a high-density genetic map comprising 20 linkage groups (LGs) was constructed using the Kosambi mapping function of the Joinmap v4.0 software with a LOD threshold of 5.0. The collinearity of 20 LGs with the soybean reference genome was analyzed by plotting the genetic positions of SLAF markers against their physical positions in the soybean reference genome (Wm82.a2.v1).

QTL mapping for fatty acid composition

The additive QTL for palmitic, stearic, oleic, linoleic, and linolenic acids were detected using inclusive composite interval mapping (ICIM) in the BIP (bi-parental populations) model of QTL IciMapping software v4.0 (Li et al, 2008a), with the P values for entering variables (PIN) = 0.05. The threshold of the logarithm of the odds (LOD) scores for evaluating the statistical significance of QTL effects was determined using 1 000 permutations at the significance level of 0.05. As a result, a LOD score of 3.3 was used as the threshold to declare the presence of a QTL. As the fatty acid composition is affected by the environments, we focused mainly on the QTL for individual fatty acids identified across multiple environments. The epistatic effects of QTL were identified by the ICIM-EPI method based on the BIP model implemented in QTL IciMapping software v4.0, with PIN = 0.05. The LOD threshold of 5.0 was obtained through 1 000 permutation to declare the epistatic QTL at the significance level of 0.05.

Annotation of genes within additive QTL intervals

The sequences within QTL intervals were identified according to the soybean reference genome sequence (Wm82.a2.v1, https://phytozome.jgi.doe.gov), and annotated against Nr (non-redundant), Swiss-Prot, and KOG/COG (clusters of orthologous groups) databases using Blastx program (https://blast.ncbi.nlm.nih.gov).

Results

Phenotypic analysis of fatty acid compositions in soybean RIL population

The fatty acid compositions of 200 RILs were determined from 2009 to 2011. As shown in Table 1, the five predominant fatty acids exhibit broad ranges in 200 RILs. Of them, linoleic acid shows the minimum of coefficient of variance (CV) ranging from 4.3% to 6.9%, while stearic acid presents the maximum of CV ranging from 11.3% to 17.8%. The broad sense heritability of five predominant fatty acids ranged from 0.74% to 0.88% over 3 years, suggesting the fatty acids are mainly controlled by genetic factor (Table 1).

The frequency distributions of the five fatty acids were also analyzed. Almost all fatty acids exhibit continuous and normal distributions from 2009 to 2011, except oleic and linoleic acids in 2011 (Figure 1; Table 1), suggesting fatty acids are inherited in a quantitative manner. Moreover, significant transgression segregations were also observed in progenies (Figure 1), suggesting both parents contributed to fatty acid composition.

SLAF-seq and genotyping of soybean RIL population

A total of 281.5 million pair-end reads from SLAF-seq were generated using the Illumina Genome Analyzer IIx in this study. Specifically, 28.4 and 28.9 million reads were generated for female parent LHD2 and male parent NHZ, respectively, while 224.3 million reads were obtained for 90 of the 200 RILs. After filtering, paired-end reads with clear information were mapped to the soybean reference genome (Version of Wm82.a2.v1, https://phytozome.jgi.doe.gov), and 453, 524 effective SLAFs were developed. Polymorphisms of the integrated SLAFs were analyzed, and 16, 199 polymorphic SLAFs were identified. These polymorphic SLAFs were integrated with the 9948 polymorphic SLAFs identified in other 110 RILs of the population in our previous study (Li et al, 2014), and integrated SLAFs were further screened to filter out markers that were unsuitable for genetic map construction. Finally, 3 541 polymorphic SLAFs were obtained to construct a high-density linkage map. All of these markers are of the SNP-type.

Construction of a high-density genetic map in soybean

The genotyping data of the 3 541 SLAF markers for 200 RILs were analyzed to determine the order of these SLAF markers in 20 LGs, and a new high-density genetic map was constructed, with a genetic distance of 2 534.42cM (Figure 2; Supplementary Table S1). The average distance between adjacent markers was 0.72cM. The largest LG was Gm18, with 339 SLAF markers and a length of 187.47cM. The smallest LG was Gm04, with 260 SLAF markers and a length of 94.18cM. The mean chromosome length was 126.72cM (Table 2). A relatively high collinearity was observed between the 20 LGs and the reference genome (Supplementary Figure S1), making the annotation of genes within QTL intervals feasible.

Table 1 The characteristics of five fatty acids in 200 soybean RILs from 2009 to 2011

Trait	Environment	Mean ± *SD* (%)	Minimum (%)	Maximum (%)	CV^{a}	Variance	$P^{b}_{(K-S)}$	H^{2c}_{B}	H^{2d}_{BC}
Pamitic	2009	10.24±0.57	8.78	13.25	0.056	0.33	0.563	0.81	0.75
	2010	10.89±0.54	9.29	13.75	0.049	0.29	0.568	0.76	
	2011	10.75±0.68	9.23	12.96	0.064	0.47	0.500	0.57	
Stearic	2009	3.84±0.48	2.57	5.11	0.124	0.23	0.099	0.87	0.74
	2010	3.75±0.43	2.62	4.95	0.113	0.18	0.968	0.77	
	2011	3.68±0.66	2.22	7.06	0.178	0.43	0.515	0.63	
Oleic	2009	24.06±2.67	19.61	35.07	0.111	7.11	0.216	0.88	0.81
	2010	26.47±4.39	17.71	39.13	0.166	19.24	0.369	0.87	
	2011	22.26±3.05	17.67	36.28	0.137	9.29	0.001	0.86	

(continued)

Trait	Environment	Mean ± SD (%)	Minimum (%)	Maximum (%)	CV^a	Variance	$P^b_{(K-S)}$	H^{2c}_B	H^{2d}_{BC}
Linoleic	2009	53.27±2.31	45.95	57.50	0.043	5.32	0.744	0.88	0.80
	2010	51.40±3.53	41.64	59.00	0.069	12.44	0.190	0.87	
	2011	55.05±2.51	43.64	59.46	0.046	6.28	0.003	0.69	
Linolenic	2009	8.58±0.69	6.72	10.56	0.081	0.48	0.830	0.78	0.88
	2010	7.48±0.88	5.47	10.57	0.117	0.77	0.910	0.84	
	2011	8.26±0.80	5.74	10.05	0.097	0.65	0.825	0.89	

[a] Coefficient of variance

[b] P value in Kolmogorov-Smirnov test

[c] Broad-sense heritability in each environment

[d] Broad-sense heritability in combined environments (2009, 2010 and 2011)

QTL for fatty acid composition

We mapped 316 QTL to 20 soybean chromosomes for the five fatty acids. Of these QTL, 26 were identified for fatty acids across multiple environments, 64 for multiple fatty acids in single environments, and 226 for fatty acids in single environments (Supplementary Table S2). We focused mainly on the 26 stable QTL across multiple environments; these QTL were mapped to all chromosomes except Gm10 and Gm11 (Figure 2), and the average phenotypic variance explained by individual QTL varied from 0.4 to 37.0% (Table 3). Eight of the 26 QTL explained the high phenotypic variance (>10%) for specific fatty acids. We detected three genes involved in fatty acid biosynthesis, and 66 genes encoding lipid-related transcription factors within the 26 stable QTL intervals (Table 3 and Supplementary Table S3).

Particularly, four stable QTL for palmitic acid (*qPA4_1*, *qPA6_1*, *qPA8_1*, and *qPA16_1*) explained 1.7%-37.0% of the phenotypic variance. *qPA8_1* explained an averaged 32.5% of the phenotypic variance for palmitic acid. For stearic acid, four stable QTL (*qSA8_1*, *qSA12_1*, *qSA14_1* and *qSA18_1*) accounted for 3.0%-28.7% of the phenotypic variance. *qSA8_1* and *qSA12_1* explained averaged 25.6% and 10.9% of phenotypic variance, respectively, and a *3-oxoacyl-ACP reductase* gene (*GmFabG*, *Glyma. 12G092900*) was found within the genomic region of *qSA12_1*. For oleic acid, eight stable QTL were detected including *qOA7_1*, *qOA8_1*, *qOA9_1*, *qOA13_1*, *qOA17_1*, *qOA18_1*, *qFA19_1*, and *qFA19_2*, explaining 1.3%-33.6% of the phenotypic variance. *qOA18_1* explained 18.0% of the phenotypic variance on average. An *acyl carrier protein* gene (*GmACP*, *Glyma. 09G060900*) was found within the genomic region of *qOA9_1*. For linoleic acid, six stable QTL were identified, including *qFA19_1*, *FA19_2*, *qLA1_1*, *qLA4_1*, *qLA5_1*, and *qLA8_1*, explaining 0.4%-19.3% of the phenotypic variance. *qFA19-2* explained an averaged 16.4% of the phenotypic variance. For linolenic acid, six QTL (*qLNA2_1*, *qLNA3_1*, *qLNA15_1*, *qLNA16_1*, *qLNA19_1*, and *qLNA20_1*) explained 2.5%-32.3% of the phenotypic variance. *qLNA3_1*, *qLNA15_1* and *qLNA19_1* explained on average 12.7, 11.2, and 30.3% of the phenotypic variance, respectively. A *ω-fatty acid desaturase* gene (*GmFAD8*, *Glyma. 03G056700*) was found within the genomic region of *qLNA3_1* (Table 3). Moreover, *qFA19_1* and *qFA19_2* contributed to both oleic and linoleic acid composition across multiple environments, suggesting a pleiotropic effect for multiple fatty acids (Table 3).

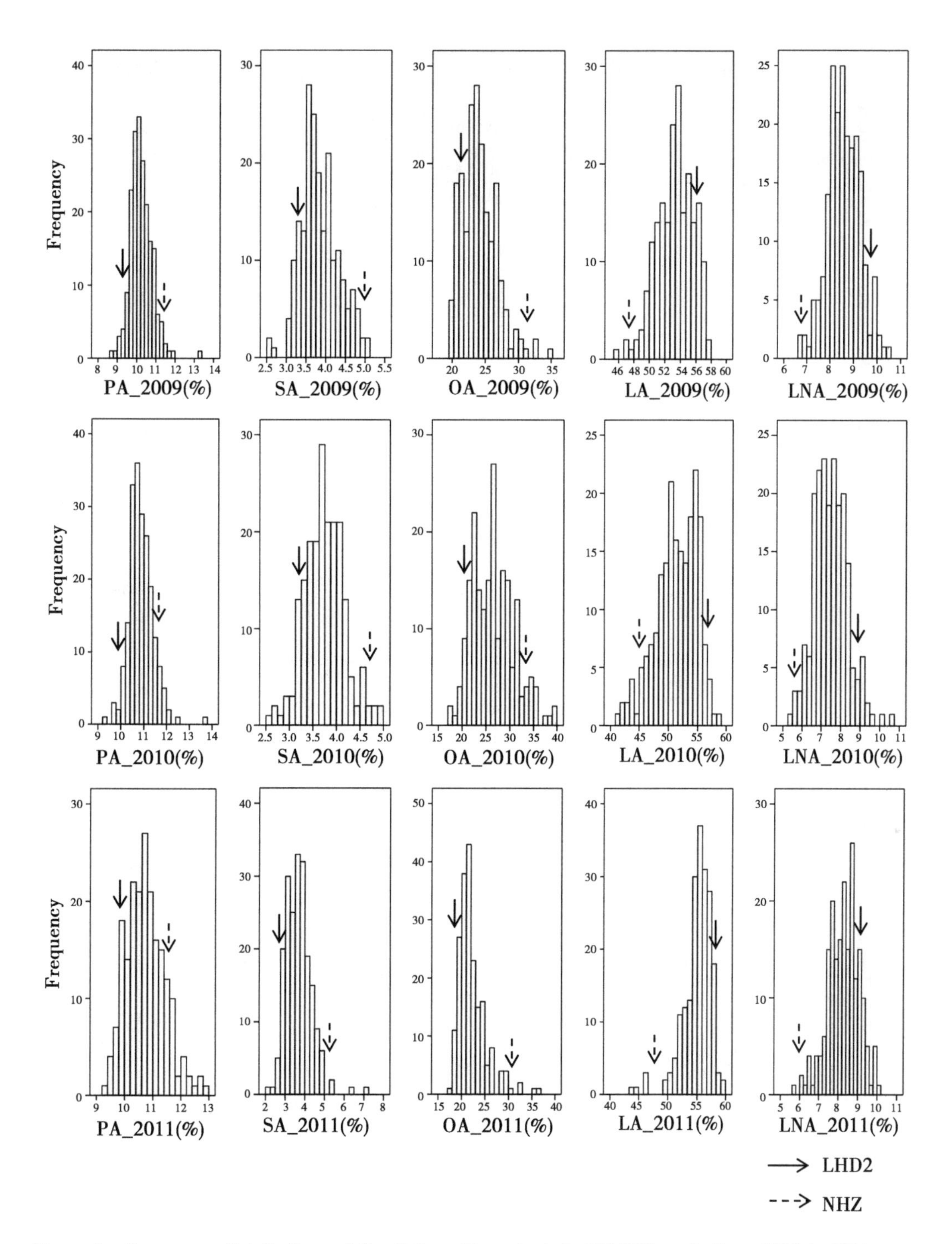

Figure 1 Frequency distributions of five fatty acid contents in 200 RIL seeds from 2009 to 2011

The *arrows* indicate the fatty acid compositions in two parental lines (*cv.* LHD2 and NHZ)

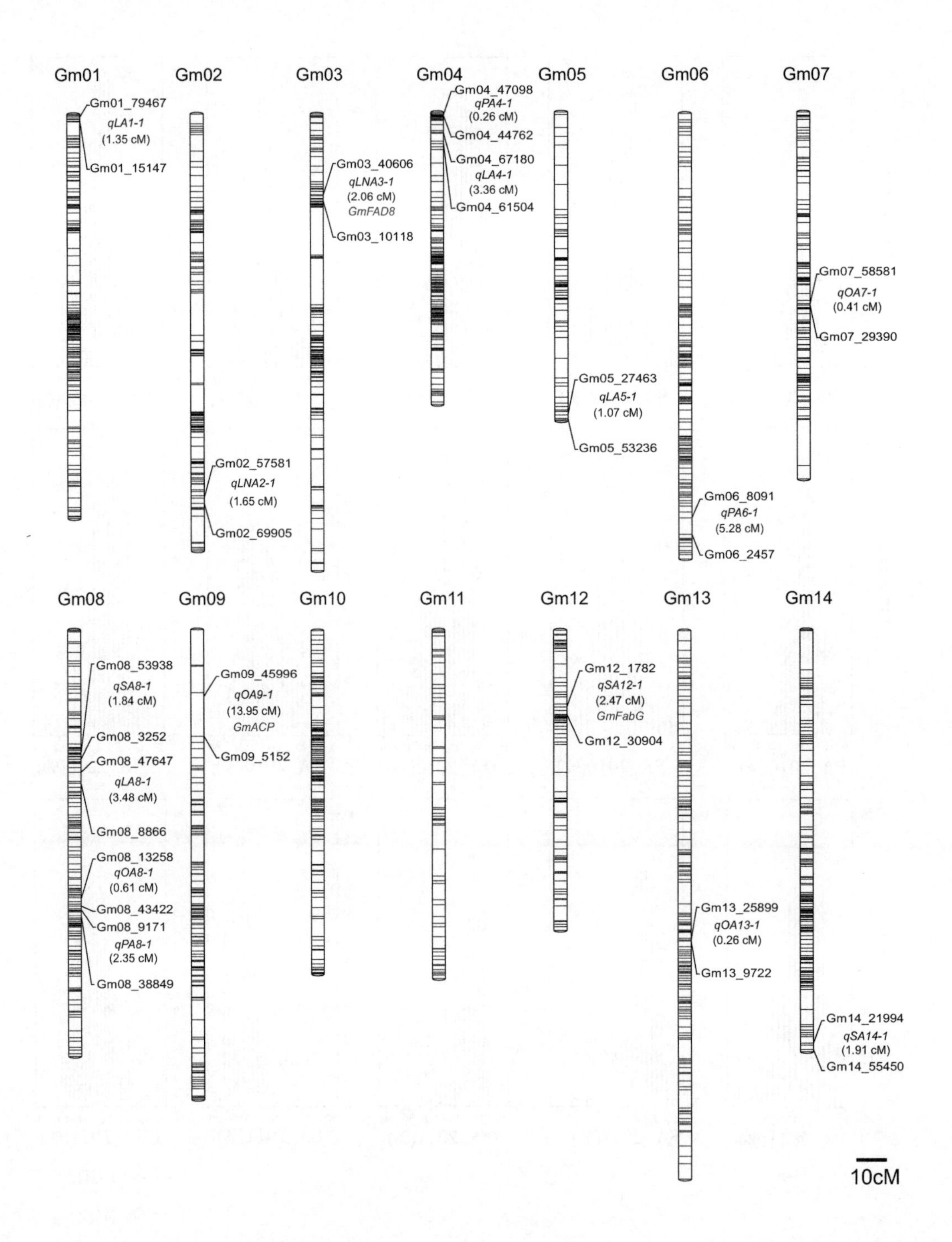

Gm01
Gm01_79467
qLA1-1
(1.35 cM)
Gm01_15147
Gm02
Gm02_57581
qLNA2-1
(1.65 cM)
Gm02_69905
Gm03
Gm03_40606
qLNA3-1
(2.06 cM)
GmFAD8
Gm03_10118
Gm04
Gm04_47098
qPA4-1
(0.26 cM)
Gm04_44762
Gm04_67180
qLA4-1
(3.36 cM)
Gm04_61504
Gm05
Gm05_27463
qLA5-1
(1.07 cM)
Gm05_53236
Gm06
Gm06_8091
qPA6-1
(5.28 cM)
Gm06_2457
Gm07
Gm07_58581
qOA7-1
(0.41 cM)
Gm07_29390
Gm08
Gm08_53938
qSA8-1
(1.84 cM)
Gm08_3252
Gm08_47647
qLA8-1
(3.48 cM)
Gm08_8866
Gm08_13258
qOA8-1
(0.61 cM)
Gm08_43422
Gm08_9171
qPA8-1
(2.35 cM)
Gm08_38849
Gm09
Gm09_45996
qOA9-1
(13.95 cM)
GmACP
Gm09_5152
Gm10
Gm11
Gm12
Gm12_1782
qSA12-1
(2.47 cM)
GmFabG
Gm12_30904
Gm13
Gm13_25899
qOA13-1
(0.26 cM)
Gm13_9722
Gm14
Gm14_21994
qSA14-1
(1.91 cM)
Gm14_55450
10cM

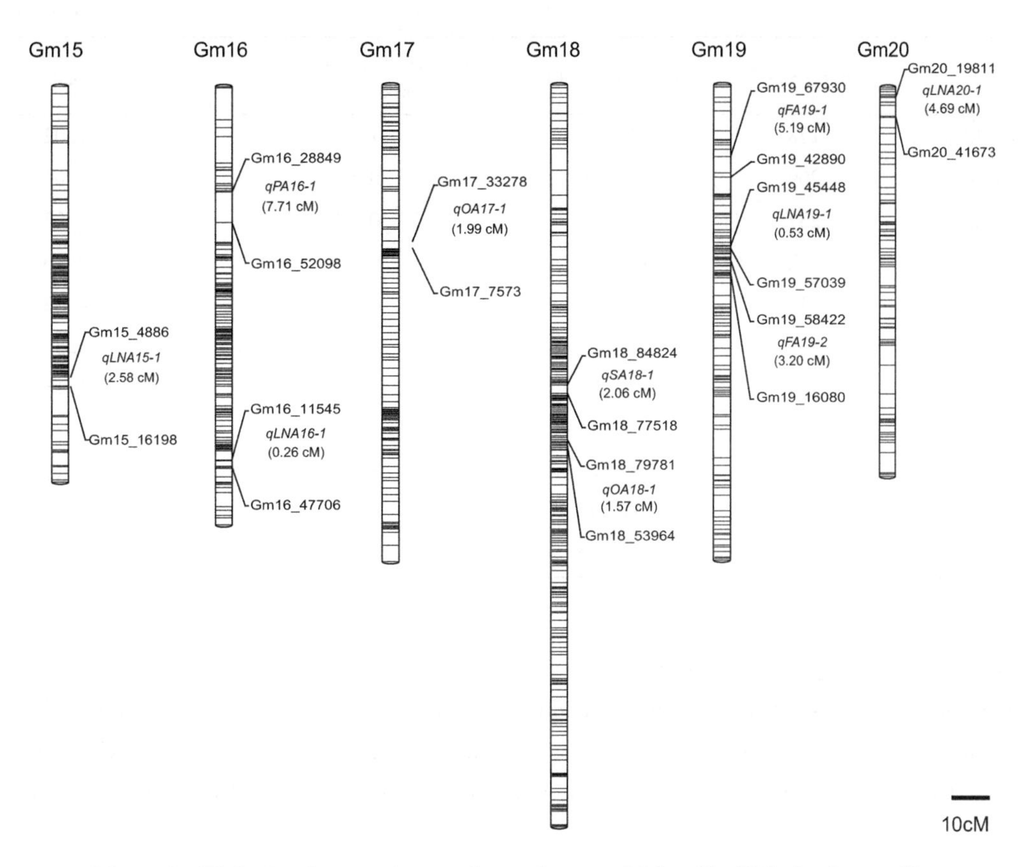

Figure 2 High-density genetic map for soybean and 26 stable QTL for fatty acids

The SLAF marker distributions were depicted on the 20 linkage groups (Gm01-Gm20) based on their genetic positions in centiMorgans (cM). The 26 stable QTL for fatty acids, along with their interval distances (cM) are shown between the tightly linked SLAF markers on the right side of each linkage group. The three fatty acid biosynthesis genes are indicated within the QTL intervals in gray color by comparing their physical positions with that of SLAF markers in the soybean reference genome

Table 2 Description of characteristics of the 20 linkage groups (LGs) in the soybean genetic map

LG[a]	No. of SLAFs	Distance (cM)	Average distance between markers (cM)	Largest gap (cM)
Gm01	228	130. 35	0. 57	5. 27
Gm02	154	140. 93	0. 92	13. 74
Gm03	231	147. 28	0. 64	15. 40
Gm04	260	94. 18	0. 36	5. 95
Gm05	86	99. 60	1. 17	8. 20
Gm06	196	143. 70	0. 74	7. 10
Gm07	142	118. 42	0. 84	14. 89
Gm08	152	137. 60	0. 91	4. 37
Gm09	147	151. 62	1. 04	13. 95
Gm10	167	110. 81	0. 67	5. 75
Gm11	69	112. 48	1. 65	8. 71
Gm12	100	96. 85	0. 98	8. 86

(continued)

LG[a]	No. of SLAFs	Distance (cM)	Average distance between markers (cM)	Largest gap (cM)
Gm13	178	176.98	1.00	7.02
Gm14	209	136.25	0.66	12.63
Gm15	237	99.96	0.42	6.97
Gm16	172	110.83	0.65	8.10
Gm17	217	120.51	0.56	4.82
Gm18	339	187.47	0.55	6.32
Gm19	161	120.24	0.75	7.18
Gm20	96	98.36	1.04	7.38
Maximum	339	187.47	1.65	15.40
Minimum	69	94.18	0.36	4.37
Total	3541	2534.42	0.72	-

[a] Linkage group

Epistatic effect on fatty acid composition

Five epistatic QTL were detected for individual fatty acids, explaining 3.4%-10.4% of the phenotypic variance (Table 4). Interestingly, a locus at 0cM on Gm06 had epistatic effects with both loci on Gm07 and Gm10 for stearic acid across two environments (2009 and 2011), indicating a relatively stable epistatic effect (Table 4).

Discussion

SLAF-seq is an effective sequencing-based method for large-scale marker discovery and genotyping. Furthermore, SLAF-seq is a highly efficient approach for marker development that is relatively inexpensive and can be based on large populations (Li et al, 2014; Sun et al, 2013). This method has been widely used to construct high-density genetic maps and identify QTL for agronomic traits and disease resistance in various crops (Han et al, 2015; Qin et al, 2015; Su et al, 2016). However, the application of this method in QTL mapping for soybean fatty acid composition has not been reported. Therefore, we used SLAF-seq to construct a high-density genetic map and identify QTL for fatty acid composition.

The effects of population size and marker density on QTL mapping

Efficiency and accuracy are important for QTL mapping (Li et al, 2010; Stange et al, 2013). We previously performed QTL mapping for fatty acid composition using a genetic linkage map based on 161 SSR marker sets and 100 RILs derived from the LHD2/NHZ cross (Fan et al, 2015). In the current study, all the 200 RILs from the same population were used to construct a new high-density genetic linkage map with 3541 SLAF markers. To analyze the efficiency and accuracy of QTL mapping with different population sizes and marker densities, we made a permutation for QTL detection of fatty acid composition using 100-200 RILs randomly selected from the population and compared the results each other and with our previous study. The number of detected QTL increased significantly with an increase in marker density and population size (Table 5). Therefore, the efficiency of QTL mapping improved significantly with an increase in population size and marker density. Many novel QTL could be identified with the improvement of QTL mapping.

Table 3 The stable QTL for specific fatty acids in soybean seed across multiple environments

QTL[a]	Trait[b]	Environment[c]	Chr[d]	Marker interval	LOD	PVE[e] (%)	Novelty	Reported QTL or QTN	Gene annotationf
qPA4_1	PA	2009/2011	4	Gm04_47098-Gm04_44762	5. 1-16. 3	1. 7-7. 7	Novel		
qPA6_1		2009/2010	6	Gm06_8091-Gm06_2457	8. 0-14. 4	4. 1-6. 1	Novel		
qPA8_1		2010/2011	8	Gm08_9171-Gm08_38849	43. 8-48. 5	28. 0-37. 0		Bachlava et al (2009)	
qPA16_1		2009/2010	16	Gm16_28849-Gm16_52098	5. 9-13. 5	2. 2-7. 5	Novel		
qSA8_1	SA	2009/2011	8	Gm08_53938-Gm08_3252	34. 2-39. 8	22. 4-28. 7		Li et al (2015)	
qSA12_1		2009/2011	12	Gm12_1782-Gm12_30904	18. 0-32. 6	9. 9-11. 9	Novel		*GmFabG*
qSA14_1		2009/2010	14	Gm14_21994-Gm14_55450	3. 8-28. 8	3. 0-7. 0		Xie et al (2012), Bachlava et al (2009)	
qSA18_1		2009/2011	18	Gm18_84824-Gm18_77518	6. 0-32. 0	2. 8-11. 6		Fan et al (2015)	
qOA7_1	OA	2010/2011	7	Gm07_58581-Gm07_29390	13. 0-54. 0	1. 3-33. 6		Fan et al (2015)	
qOA8_1		2009/2010	8	Gm08_13258-Gm08_43422	6. 0-6. 1	1. 1-6. 5		Bachlava et al (2009)	
qOA9_1		2009/2010	9	Gm09_45996-Gm09_5152	6. 9-23. 1	1. 3-14. 9		Fan et al (2015), Li et al (2015), Xie et al (2012), Reinprecht et al (2006), Wang et al (2012)	*GmACP*
qOA13_1		2009/2011	13	Gm13_25899-Gm13_9722	11. 9-28. 9	2. 3-3. 5		Fan et al (2015), Wang et al (2012)	
qOA17_1		2009/2010	17	Gm17_33278-Gm17_7573	8. 9-15. 0	1. 5-1. 7		Xie et al (2012)	
qOA18_1		2009/2011	18	Gm18_79781-Gm18_53964	52. 1-68. 1	8. 6-27. 4	Novel		
qFA19_1		2009/2011	19	Gm19_67930-Gm19_42890	10. 4-20. 5	1. 0-4. 4	Novel		
qFA19_2		2009/2010	19	Gm19_58422-Gm19_16080	3. 6-20. 9	1. 8-4. 4		Fan et al (2015)	
qFA19_1	LA	2009/2010	19	Gm19_67930-Gm19_42890	7. 9-26. 0	0. 7-12. 0	Novel		
qFA19_2		2009/2010	19	Gm19_58422-Gm19_16080	28. 3-40. 3	13. 6-19. 3		Fan et al (2015)	

(continued)

QTL[a]	Trait[b]	Environment[c]	Chr[d]	Marker interval	LOD	PVE[e] (%)	Novelty	Reported QTL or QTN	Gene annotationf
qLA1_1		2009/2011	1	Gm01_79467-Gm01_15147	6. 7-25. 9	3. 0-4. 4	Novel		
qLA4_1		2009/2010	4	Gm04_67180-Gm04_61504	7. 6-27. 4	2. 7-4. 8	Novel		
qLA5_1		2010/2011	5	Gm05_27463-Gm05_53236	3. 9-4. 1	0. 4-1. 3		Bachlava et al (2009)	
qLA8_1		2009/2010/2011	8	Gm08_47647-Gm08_8866	7. 9-33. 6	1. 3-16. 9		Fan et al (2015)	
qLNA2_1	LNA	2009/2011	2	Gm02_57581-Gm02_69905	6. 2-9. 1	2. 5-3. 6	Novel		
qLNA3_1		2010/2011	3	Gm03_40606-Gm03_10118	13. 1-42. 1	3. 7-21. 7		Fan et al (2015)	*GmFAD8*
qLNA15_1		2009/2010	15	Gm15_4886-Gm15_16198	7. 9-35. 2	3. 0-17. 6		Li et al (2015)	
qLNA16_1		2010/2011	16	Gm16_11545-Gm16_47706	8. 6-9. 9	2. 8-3. 0		Diers & Shoemaker (1992)	
qLNA19_1		2010/2011	19	Gm19_45448-Gm19_57039	48. 3-50. 1	28. 2-32. 3		Fan et al (2015)	
qLNA20_1		2009/2010/2011	20	Gm20_19811-Gm20_41673	14. 9-44. 4	3. 6-26. 0		Fan et al (2015)	

[a] The name of QTL, is a composite of the influenced trait: PA (palmitic acid), SA (stearic acid), OA (oleic acid), LA (linoleic acid), and LNA (linolenic acid), followed by the chromosome number. For QTL underlying multiple fatty acids across various environments, the name is designated as a composite of FA (fatty acid) followed by the chromosome number

[b] The five predominant fatty acids are designated as follows: palmitic acid (PA), stearic acid (SA), oleic acid (OA), linoleic acid (LA), and linolenic acid (LNA)

[c] The three environments are designated as follows: 2009, 2010 and 2011

[d] Chromosome

[e] PVE indicates the phenotypic variance explained by individual QTL

[f] Gene annotation shows the essential genes involved in fatty acid biosynthesis discovered within the additive QTL intervals

On the other hand, almost all of QTL intervals (45 of the 47 overlapping QTL intervals) were reduced significantly with the increase of marker densities. In fact, 91% of QTL intervals were smaller than 5.0cM, and 38% of QTL intervals were smaller than 1.0cM. For instance, *qFA8_1* was mapped in an interval of 30.6cM in our previous study (Fan et al, 2015), whereas the QTL interval was reduced to 1.1cM in the current study (Supplementary Table S2). The smaller genomic region, in combination with the high collinearity of the genetic map with the reference genome sequence (Supplementary Figure S1), will facilitate fine mapping of these QTL. That will help uncover the complex networks that govern fatty acid formation and regulation in soybean seeds. Another example, *qLNA19_1*, explaining an averaged 30.3% of the phenotypic variance for linolenic acid across two environments (2010 and 2011), was identified within a 0.5cM interval, corresponding to a 55kb genomic region in the soybean reference genome (Wm82.a2.v1). Therefore, the candidate genes within this region could be identified. Additionally, due to the low density of our previous genetic map, several closely linked QTL were assumed to be a single QTL. When the marker density and population size increased, these QTL could be detected accurately as several individual QTL. For instance, *qOA7_2* was mapped in a 17.9cM interval in our previous study (Fan et al, 2015), whereas two adjacent additive QTL (*qFA7_7* and *qFA7_8*) were detected in the current study (Supplementary Table S2). Therefore, the accuracy of QTL mapping was improved significantly due to the increased population size and marker density.

Comparison analysis revealed the novel stable QTL for fatty acids

According to the SoyBase database (http://soybase.org), hundreds of QTL have been detected for individual fatty acids (Alrefai et al, 1995; Bachlava et al, 2009; Brummer et al, 1997; Diers & Shoemaker, 1992; Fan et al, 2015; Hyten et al, 2004; Panthee et al, 2006; Reinprecht et al, 2006; Wang et al, 2012, 2014; Xie et al, 2012). GWAS has also revealed 33 QTN associated with individual fatty acids (Li et al, 2015). We compared the QTL detected in our current study with the QTL and QTN reported previously according to their physical position in the soybean reference genome, and found that 108 of the total 316 QTL are novel (Supplementary Table S2). For the 26 stable QTL detected across multiple environments, nine are novel loci for individual fatty acids. Specifically, for saturated fatty acid, three novel QTL (*qPA4_1*, *qPA6_1*, and *qPA16_1*) were stably identified for palmitic acid, while one novel QTL, *qSA12_1*, was detected for stearic acid. For unsaturated fatty acid, two novel QTL (*qOA18_1* and *qFA19_1*) were detected for oleic acid; three novel QTL (*qFA19_1*, *qLA1_1* and *qLA4_1*) were identified for linoleic acid, while one novel QTL, *qLNA2_1*, contributed to linolenic acid (Table 3). These novel stable QTL could help elucidate the genetic basis of fatty acid accumulation and regulation.

Major stable QTL and tightly linked markers could be applied for marker-assisted selection in soybean breeding programs

We also identified eight major stable QTL explaining the high phenotypic variance (>10%) for fatty acids. Particularly, *qPA8_1*, *qSA8_1*, *qLNA19_1* explained approximately one-third of the phenotypic variance for palmitic, stearic, and linolenic acids, respectively, across multiple environments. By contrast, our results suggested that the epistatic QTL had less effect on fatty acid contents compared with the additive effects of major QTL (Table 4). Therefore, these major QTL and tightly linked SLAF markers could be applied in MAS in soybean breeding programs.

Gene annotation revealed fatty acid biosynthesis and lipid-related transcription factor genes

By annotating the genes within the 26 QTL intervals aginst Nr, Swiss-Prot, and KOG/COG data-

Table 4 Epistatic QTL for fatty acid contents in soybean seeds

Trait[a]	Chr[b]1	P[c]1 (cM)	Marker interval 1	Chr2	P2 (cM)	Marker interval 2	LOD (E)[d]	PVE[e] (%)	A1[f] (%)	A2[g] (%)	A1byA2[h] (%)
PA_2011	10	100	Gm10_49818-Gm10_38521	19	65	Gm19_62762-Gm19_39258	5.3	10.4	0.000 1	-0.088 2	-0.208 8
SA_2009	6	0	Gm06_27520-Gm06_53504	7	115	Gm07_85356-Gm07_21186	5.2	5.6	-0.035 3	0.000 5	-0.114 9
SA_2009	8	75	Gm08_54434-Gm08_14077	12	15	Gm12_67387-Gm12_12747	5.1	4.7	-0.000 1	0.003 3	-0.103 6
SA_2011	6	0	Gm06_27520-Gm06_53504	10	90	Gm10_74377-Gm10_25475	5.1	7.2	-0.014 1	0.000 1	-0.176 8
LNA_2011	2	30	Gm02_14960-Gm02_48191	13	140	Gm13_52660-Gm13_55424	5.1	3.4	-0.001 1	0.037 3	0.147 3

[a] The five predominant fatty acids are designated as follows: PA (palmitic acid), SA (stearic acid), OA (oleic acid), LA (linoleic acid), and LNA (linolenic acid); the three environments are three continuous years from 2009 to 2011

[b] Chromosome

[c] Position in linkage groups in centiMorgans

[d] LOD score of epistatic QTL

[e] Phenotypic variance explained by epistatic QTL

[f] Additive effect of the first QTL

[g] Additive effect of the second QTL

[h] Epistatic effect between two QTL

bases, three essential genes involved in fatty acid biosynthesis (*GmACP*, *GmFabG*, and *GmFAD8*) were identified for oleic, stearic, and linolenic acids within the genomic region of *qOA9_1*, *qSA12_1*, and *qLNA3_1*, respectively. GmACP is an essential substrate that functions in upstream of *de novo* fatty acid biosynthesis. GmFabG is one of the core enzymes of fatty acid synthase (FAS). It catalyzes the reduction of acetoacetyl-ACP to β-hydroxybutyryl-ACP. In combination with other enzymes of FAS, palmitoyl-ACP (16 : 0-ACP) is produced (Somerville & Browse, 1996). GmFAD8 is a ω-fatty acid desaturase that catalyzes the conversion of linoleic acid (18 : 2) to linolenic acid (18 : 3), and thereby is important for linolenic acid accumulation (Somerville & Browse, 1996). Consistent with their functions, the QTL harboring these three genes contributed to oleic, stearic, and linolenic acids, respectively. The presence of these genes within the QTL suggests that they may contribute to the major effects of these loci.

In addition to the structural genes involved in fatty acid biosynthesis, 66 genes encoding lipid-related transcription factors, such as *MYB*, *WRKY*, *bZIP*, and *bHLH*, were also detected within the 26 QTL intervals (Supplementary Table S3). Several transcription factors play essential regulatory roles in fatty acid formation (Baud et al, 2007, 2009; Mendes et al, 2013; Mu et al, 2008; Raffaele et al, 2008; To et al, 2012; Wang et al, 2007). Therefore, the functional validation of these 66 genes in fatty acid regulation will help uncover the complex network underlying fatty acid composition in soybean seed.

In summary, we developed a high-density genetic map comprising 3541 SLAF markers using 200 RILs. With this high-resolution genetic map, we identified 26 stable QTL for fatty acid composition. Nine of these QTL are novel loci for individual fatty acids. Three genes involved in fatty acid biosynthesis (*GmACP*, *GmFabG*, and *GmFAD8*) were found within the genomic region of *qOA9*_1, *qSA12*_1, and *qLNA3*_1, respectively, suggesting they may contribute to the major effect for oleic, stearic, and linolenic acids, respectively. The stable and novel QTL detected in the present study will not only facilitate studies of the genetic basis of fatty acid formation and regulation, but they may also be useful in MAS for the improvement of soybean quality.

Table 5 Number of QTL in soybean detected using different population sizes and marker densities

Population size	Marker density	Total QTL number
100	161	54
100	3 541	149
150	3 541	193
200	3 541	316

Author contribution statement BL conducted the data analysis, QTL mapping, genomic comparative analysis, and wrote the manuscript. SXF, FKY, and YC extracted the DNA from the RIL populations, performed SNP calling, and developed the genetic linkage map for soybean. SRZ designed and edited the figures. FXH, SRY, and LZW provided advice on experimental design and edited the manuscript. JMS designed, supervised, and financed the work and edited the manuscript. All authors read and approved of the final manuscript.

Acknowledgements We would like to thank Professor Xianchun Xia (Institute of Crop Science,

Chinese Academy of Agricultural Sciences) for his helpful suggestions regarding the manuscript. This work was supported by the Genetically Modified Organisms Breeding Major Projects (No. 2016ZX08004-003), the National Science and Technology Pillar Program during the Twelfth Five-Year Plan Period of China (2014BAD11B01 - x02), Ministry of Science and Technology (2016YFD0100504), the National Nature Science Foundation (No. 31671716, No. 31171576 and No. 31301345), and the Chinese Academy of Agricultural Sciences (CAAS) Innovation Project.

Compliance with ethical standards

Conflict of interest The authors declare no conflicts of interest in regard to this manuscript.

Ethical standards We declare that these experiments comply with the ethical standards in China.

References (omitted)

本文原载：Theoretical and Applied Genetics, 2017, 130: 1467-1479

Identification of Novel QTL Associated with Soybean Isoflavone Content

Pei Ruili　Zhang Jingying　Tian Ling　Zhang Shengrui
Han Fenxia　Yan Shurong　Wang Lianzheng　Li Bin*　Sun Junming*
(*The National Engineering Laboratory for Crop Molecular Breeding, MOA Key Laboratory of Soybean Biology (Beijing), Institute of Crop Sciences, Chinese Academy of Agricultural Sciences, Beijing* 100081, *China*)

Abstract: Soybean isoflavones are essential secondary metabolites synthesized in the phenylpropanoid pathway and benefit human health. In the present study, highresolution QTL mapping for isoflavone components was performed using specific-locus amplified fragment sequencing (SLAF-seq) with a recombinant inbred line (RIL) population ($F_{5:7}$) derived from a cross between two cultivated soybean varieties, Luheidou 2 (LHD2) and Nanhuizao (NHZ). Using a high-density genetic map comprising 3 541 SLAF markers and the isoflavone contents of soybean seeds in the 200 lines in four environments, 24 stable QTL were identified for isoflavone components, explaining 4.2%-21.2% of phenotypic variation. Of these QTL, four novel stable QTL (*qG8*, *qMD19*, *qMG18* and *qTIF19*) were identified for genistin, malonyldaidzin, malonylgenistin, and total isoflavones, respectively. Gene annotation revealed three genes involved in isoflavone biosynthesis (*Gm4CL*, *GmIFR* and *GmCHR*) and 13 *MYB-like* genes within genomic regions corresponding to stable QTL intervals, suggesting candidate genes underlying these loci. Nine epistatic QTL were identified for isoflavone components, explaining 4.7%-15.6% of phenotypic variation. These results will facilitate understanding the genetic basis of isoflavone accumulation in soybean seeds. The stable QTL and tightly linked SLAF markers may be used for markerassisted selection in soybean breeding programs.

Key words: *Glycine max* (L.) Merrill; QTL mapping; Isoflavones; Specific-locus amplified fragment sequencing (SLAF-seq)

Introduction

Soybean [*Glycine max* (L.) Merrill] is one of the most important oilseed crops in the world. It provides the world's supply of vegetable protein and oil. Soybean also produces biologically active substances with potential benefit for human health, including isoflavones, soyasaponin, and lunasin.

Isoflavones belong to a group of secondary metabolites derived from the phenylpropanoid pathway, and are mainly produced in legumes. As precursors of major phytoalexin glyceollins, isoflavones play important roles in plant - microbe interaction. Isoflavones also function as signal molecules in soybean nodulation. Isoflavones have attracted increasing attention in recent years owing to their potential benefits for human health. As biologically active substances, isoflavones reduce the risk of menopausal symptoms, breast cancer, osteoporosis, dementia, and cardiovascular diseases. In view of their important roles, studies of the biosynthesis and accumulation of isoflavones in soybean seeds have been performed. The ultimate goal of

* Corresponding authors
E-mail addresses: libin02@caas.cn (B. Li), sunjunming@caas.cn (J. Sun)

these studies is to clarify the genetic basis of isoflavone accumulation and to develop soybean cultivars with desired isoflavone contents. Given that soybean isoflavone contents are typical quantitative traits influenced by both genetic and environmental factors, identification of stable QTL for isoflavone components across environments will facilitate understanding the genetic basis of isoflavone accumulation in soybean seeds. To date, 273 QTL for isoflavones have been detected in soybean, including 61 for daidzein, 68 for genistin, 71 for glycitein, and 73 for total isoflavones, according to the Soybase database (https://www.soybase.org/). However, the genetic network regulating isoflavone accumulation in soybean seed is still unclear.

We previously developed a recombinant inbred line (RIL) population including 200 lines from a cross between the soybean cultivars Luheidou 2 (LHD2) and Nanhuizao (NHZ), and performed QTL mapping for isoflavones using 110 of these 200 lines. Recently, we genotyped the remaining 90 RILs using specific-locus amplified fragment sequencing (SLAF-seq), and combined the genotyping data with those of the original 110 lines to generate an integrated high-density genetic map comprising 3541 SLAF markers. In present study, this genetic map was used to identify novel, stable QTL for isoflavone components in the increased population, and the QTL were compared with those previously identified.

Materials and methods

Plant materials and field trials

A total of 200 lines of a RIL population ($F_{5:7-8}$) derived from a cross between the cultivars LHD2 and NHZ were planted at Changping Experimental Station in 2009, and Shunyi Experimental Stations from 2009 to 2011. Field trials were performed using a randomized complete block design with three replicates. The rows of each plot were 2.0m in length, with 0.5m between adjacent rows and 0.1m between adjacent plants.

Isoflavone extraction and determination in soybean seeds

Extraction and determination of isoflavones were performed following Li et al. Twelve isoflavone standards were provided by Akio Kikuchi (National Agricultural Research Center for Tohoku Region, Japan): daidzin, glycitin, genistin, malonyldaidzin, malonylglycitin, malonylgenistin, acetyldaidzin, acetylglycitin, acetylgenistin, daidzein, glycitein, and genistein. Identification and quantification of isoflavone components in soybean seeds were based on the retention times and peak areas of 12 standard isoflavone solutions using high-performance liquid chromatography (HPLC), and the precise isoflavone component contents in soybean seeds were calculated following Sun et al.. In soybean seeds, isoflavones consist of six major components: daidzin, glycitin, genistin, malonyldaidzin, malonylglycitin, and malonylgenistin. Accordingly, the total isoflavone contents were calculated as the sum the contents of these six major components.

SLAF-seq data genotyping and soybean genetic map construction

SLAF library construction and sequencing, SLAF-seq data grouping and genotyping, and the construction of a soybean genetic map using the 200 lines are described in detail in our previous report. The soybean high-density genetic map, comprising 3541 SLAF markers, was used to identify additive and epistatic QTL for isoflavones in the present study.

QTL mapping for isoflavone contents in soybean seeds

Additive QTL for six isoflavone components were detected using the inclusive composite interval mapping (ICIM) method in QTL IciMapping 4.0 software, and the P-value for entering variables

(PIN) was set to 0.01. The threshold of the logarithm of odds (LOD) scores was determined using 1 000permutations at the significance level of 0.05. Since QTL for isoflavone contents were affected by environments, only QTL identified in multiple environments were designated as stable QTL and analyzed in the present study. Epistatic QTL were detected using the ICIM-EPI method with LOD threshold = 5.0, PIN = 0.05, and Step = 5cM.

Gene annotation in QTL intervals

The genomic sequences corresponding to additive QTL intervals were analyzed based on the genome sequences of cultivar Williams 82 (Wm82.a2.v1, https://phytozome.jgi.doe.gov/), and these sequences were further annotated against the NR (NCBI non-redundant protein sequences) (https://blast.ncbi.nlm.nih.gov/), KOG/COG (Clusters of Orthologous Groups of proteins) (http://www.ncbi.nlm.nih.gov/COG/), and Swiss-Prot (Manually annotated and reviewed protein sequences) (http://www.ebi.ac.uk/uniprot/) databases using BlastX program in NCBI (https://blast.ncbi.nlm.nih.gov/).

Results

Phenotypic analysis of isoflavone contents in soybean seeds

The six predominant isoflavone components (daidzin, genistin, glycitin, malonyldaidzin, malonylgenistin, and malonylglycitin) of soybean seeds in 200 lines of the RIL population were determined. As shown in Table 1, the contents of the six isoflavone components and total isoflavones exhibited broad ranges among the 200 lines across four environments, with coefficients of variation (CVs) varying from 0.16 to 0.50. Analysis of variance suggested that isoflavones are affected by both genetic and environmental factors. However, broad-sense heritability across all environments (H^2_{BC}) ranged from 0.56 to 0.87 for the six isoflavone components and total isoflavones, suggesting that isoflavones are under mainly genetic control (Table 2).

As shown in Figure 1, the distributions of total isoflavone content were continuous and quantitative. Most isoflavone components exhibited normal distributions across the four environments, though those of some components were not normal in specific environments according to the Kolmogorov-Smirnov test (Table 1). Transgressive segregation was observed among the 200 lines (Figure 1), suggesting that both parents contribute to isoflavone content in soybean seeds.

Table 1 Characteristics of predominant isoflavones in the 200 soybean recombinant inbred lines

Trait[a]	Env[b]	Mean±SE (μg/g)	Min (μg/g)	Max (μg/g)	Range (μg/g)	CV^c	Skewness	Kurtosis	$P^d_{(K-S)}$	$H^{2\,e}_B$
D	2009CP	220.8 ± 6.3	100.5	681.4	580.8	0.40	1.95	5.97	0.01	0.66
GL		59.3 ± 1.0	31.3	101.9	70.5	0.24	0.43	0.04	0.72	0.62
G		220.2 ± 5.6	98.9	682.1	583.1	0.36	2.06	8.50	0.04	0.56
MD		1 134.3 ± 20.1	571.1	2 351.6	1 780.5	0.25	0.97	1.70	0.14	0.78
MGL		138.9 ± 2.0	74.9	236.7	161.8	0.21	0.49	0.59	0.26	0.68
MG		1 089.4 ± 16.3	612.6	1 835.7	1 223.1	0.21	0.42	0.39	0.22	0.67
TIF		2 862.9 ± 41.1	1 729.3	4 788.9	3 059.6	0.20	0.63	0.36	0.22	0.75
D	2009SY	242.9 ± 4.8	99.7	491.2	391.5	0.28	1.05	1.67	0.07	0.66
GL		66.5 ± 2.4	31.5	350.6	319.1	0.50	5.87	43.44	0.00	0.43
G		259.0 ± 5.1	117.8	602.2	484.4	0.28	1.42	3.69	0.08	0.75
MD		1 325.9 ± 22.7	475.5	2 331.7	1 856.1	0.24	0.29	0.45	0.60	0.88

(continued)

Trait[a]	Env[b]	Mean±SE (μg/g)	Min (μg/g)	Max (μg/g)	Range (μg/g)	CV^{c}	Skewness	Kurtosis	$P^{d}_{(K-S)}$	$H^{2\,e}_{B}$
MGL		150.9 ± 2.6	63.2	457.4	394.2	0.24	3.19	25.51	0.03	0.43
MG		1 290.1 ± 17.6	651.2	1 944.0	1 292.7	0.19	0.29	−0.05	0.27	0.87
TIF		3 336.8 ± 46.6	1 669.9	5 330.0	3 660.1	0.19	0.36	0.24	0.49	0.87
D	2010SY	261.9 ± 6.5	103.5	509.4	405.9	0.35	0.46	−0.33	0.26	0.88
GL		70.7 ± 1.3	30.4	143.6	113.2	0.25	0.72	1.07	0.19	0.82
G		514.9 ± 8.8	229.5	873.2	643.7	0.24	0.48	−0.02	0.52	0.76
MD		1 194.5 ± 24.1	461.1	2 225.9	1 764.8	0.29	0.35	−0.39	0.62	0.88
MGL		138.1 ± 4.0	68.0	525.9	457.8	0.41	3.24	17.27	0.00	0.25
MG		1 666.7 ± 24.1	912.0	2 641.3	1 729.3	0.20	0.37	−0.17	0.35	0.84
TIF		3 916.6 ± 64.1	2 172.8	6 223.6	4 050.8	0.23	0.39	−0.46	0.19	0.87
D	2011SY	191.3 ± 4.8	84.0	513.8	429.8	0.36	1.06	1.73	0.06	0.95
GL		66.5 ± 1.4	30.2	229.4	199.2	0.30	2.87	21.15	0.05	0.83
G		384.6 ± 8.7	150.9	704.2	553.4	0.32	0.46	−0.54	0.13	0.91
MD		1 076.9 ± 17.4	536.4	1 867.8	1 331.3	0.23	0.41	0.28	0.73	0.87
MGL		135.9 ± 4.6	57.2	595.3	538.1	0.48	4.64	27.75	0.00	0.23
MG		1 452.8 ± 19.7	865.3	2 482.1	1 616.8	0.19	0.66	0.86	0.63	0.89
TIF		3 321.3 ± 37.8	2 068.0	4 989.3	2 921.3	0.16	0.42	0.16	0.61	0.87

[a] Isoflavone components. D, daidzin; GL, glycitin; G, genistin; MD, malonyldaidzin; MGL, malonylglycitin; MG, malonylgenistin; TIF, total isoflavone

[b] Four environments. 2009CP indicates Changping Experimental Station in 2009; 2009SY, 2010SY, 2011SY indicate Shunyi Experimental Station in 2009, 2010, and 2011, respectively

[c] Coefficient of variation

[d] P-value in Kolmogorov-Smirnov test

[e] Broad-sense heritability

Table 2 Analysis of variance of predominant isoflavones in 200 soybean recombinant inbred lines

Trait[a]	Mean ± *SE* (μg/g)	Genotype			Environment			$H^{2\,b}_{BC}$
		Mean square	*F*-value	*P*-value	Mean square	*F*-value	*P*-value	
D	228.2 ± 2.1	36 895.8	4.7	<0.0001	529 793.3	54.9	<0.0001	0.75
GL	65.4 ± 0.6	2 540.5	3.4	<0.0001	10 690.2	12.1	<0.0001	0.67
G	343.7 ± 3.5	63 647.4	2.5	<0.0001	10 276 485.0	655.6	<0.0001	0.75
MD	1 182.0 ± 7.3	748 766.7	11.0	<0.0001	6 809 817.1	58.2	<0.0001	0.87
MGL	141.0 ± 1.6	12 127.2	2.4	<0.0001	28 761.1	5.0	0.002	0.56
MG	1 374.1 ± 8.0	574 801.7	5.3	<0.0001	33 154 408.5	312.7	<0.0001	0.82
TIF	3 355.6 ± 17.8	3 633 086.6	7.6	<0.0001	101 942 602.8	165.2	<0.0001	0.84

[a] Isoflavone components. D, daidzin; GL, glycitin; G, genistin; MD, malonyldaidzin; MGL, malonylglycitin; MG, malonylgenistin; TIF, total isoflavones

[b] Broad-sense heritability over all four environments (Changping Experimental Station in 2009 and Shunyi Experimental Station from 2009 to 2011)

QTL mapping for isoflavones in soybean seeds using high-density genetic map

A high-density genetic map comprising 3 541 SLAF markers was used for QTL mapping. Based on 1 000 permutations for six isoflavones and total isoflavone contents, a LOD score of 3.3 was selected as the threshold for declaring the presence of an additive QTL. Using this genetic map and the seed isoflavone contents in the 200 lines, 24 stable QTL across environments were identified for isoflavone

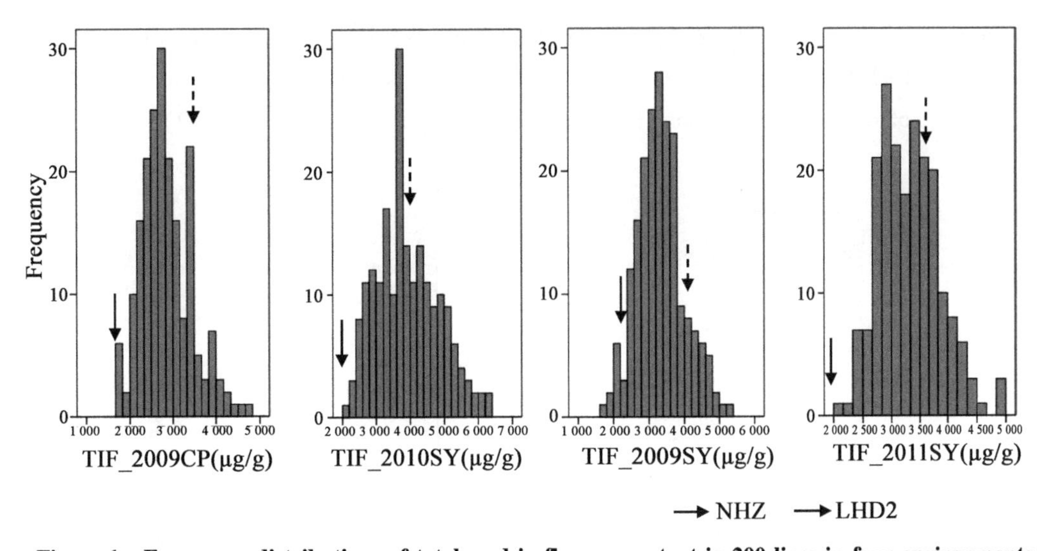

Figure 1 Frequency distributions of total seed isoflavone content in 200 lines in four environments

TIF_2009CP represents total seed isoflavone content in 200 lines at Changping Experimental Station in 2009. TIF_2009SY, TIF_2010SY, and TIF_2011SY represent total isoflavone contents of soybean seeds in 200 lines at Shunyi Experimental Station from 2009 to 2011. Arrows indicate total seed isoflavone contents in the two parent lines (cultivars LHD2 and NHZ)

components. These QTL were mapped to 13 linkage groups (LG) (Figure 2). The phenotypic variation explained by individual QTL varied from 4.2% to 21.2%, with LOD scores ranging from 4.9 to 17.9 (Table 3). The favorable alleles of 16 QTL were derived from LHD2, the parent with higher isoflavone content, whereas the favorable alleles of the remaining eight QTL were derived from NHZ (Table 3). Three genes involved in isoflavone biosynthesis (Table 3), and 13 genes encoding MYBlike transcription factors within the genomic regions corresponding to the 24 stable QTL were identified (data not shown).

Specifically, for daidzin, two stable QTL, *qD16* and *qD20* explained 7.4% and 8.0% of mean phenotypic variation across environments. The favorable allele of *qD20* was derived from cultivar LHD2, while the favorable allele of *qD16* was derived from cultivar NHZ. For genistin, three stable QTL (*qG8*, *qG9*, and *qG20*) explained 4.2%-9.4% of mean phenotypic variation. The favorable alleles of all three QTL were derived from LHD2. A 4-coumarate: CoA ligase gene Gm4CL (*Glyma. 09G211100. 1*), and an isoflavone reductase gene GmIFR (*Glyma. 09G211500. 1*) were found within the genomic region corresponding to *qG9*. For glycitin, the favorable allele of *qGL5* was derived from LHD2, and it explained 9.6% of mean phenotypic variation. For malonyldaidzin, eight stable QTL (*qMD2*, *qMD3*, *qMD7*, *qMD13*, *qMD15-1*, *qMD15-2*, *qMD19*and *qMD20*) were identified, explaining 6.3%-11.8% of mean phenotypic variation. The favorable alleles of *qMD3*, *qMD7*, *qMD15-1*and *qMD20* were derived from LHD2, and the favorable alleles of *qMD2*, *qMD13*, *qMD15-2*, *qMD19* were derived from NHZ. For malonylgenistin, four QTL (*qMG14*, *qMG16*, *qMG18* and *qMG20*) were detected, explaining 4.7%-21.2% of mean phenotypic variation. The favorable alleles of *qMG14*, *qMG18*, *and qMG20* were derived from LHD2, and the favorable allele of *qMG16* was derived from NHZ. A chalcone reductase gene GmCHR (*Glyma. 14G005700*) was identified within the genomic region corresponding to *qMG14*. For total isoflavone content, six stable QTL (*qTIF2*, *qTIF7*, *qTIF16*, *qTIF18*, *qTIF19* and *qTIF20*) were detected. The mean phenotypic variation explained by individual QTL varied from 6.0% to

14.3%. The favorable alleles of *qTIF2*, *qTIF7*, *qTIF18* and *qTIF20* were derived from LHD2, while the favorable alleles of *qTIF16* and *qTIF19* were derived from NHZ. Additionally, the loci on Gm16, Gm19 and Gm20 contributed to multiple isoflavone components in soybean seeds (Figure 2).

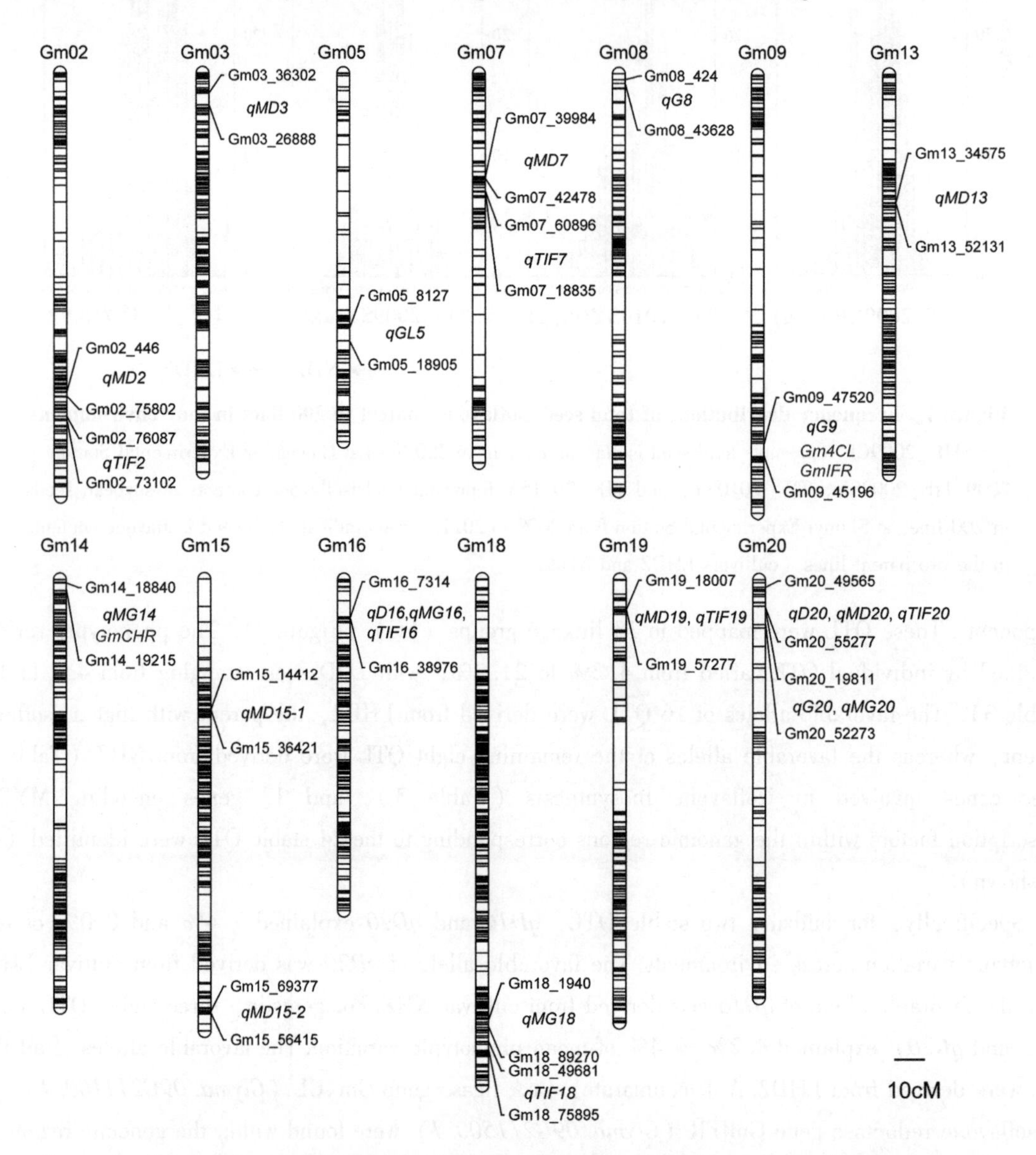

Figure 2 Twenty-four stable QTL for isoflavone content in soybean seeds on 13 linkage groups

SLAF marker distributions are depicted on the groups based on their genetic positions in centiMorgans (cM). The 24 stable QTL for isoflavone content are shown between tightly linked SLAF markers on the right side of each linkage group. Three isoflavone biosynthesis genes are indicated within QTL intervals in red text

Epistatic effect on isoflavones in soybean seeds

Epistatic effects on isoflavone content were also analyzed. Nine epistatic QTL were identified for isoflavones in soybean seeds, explaining 4.7%-15.6% of phenotypic variation with LOD scores ranging from 5.2 to 7.3 (Table 4). Notably, the epistatic effect between the 10cM and 85cM on Gm09 explained phenotypic variation for both malonyldaidzin and malonylgenistin in 2011SY (Table 4), suggesting a pleiotropic effect of the epistatic QTL.

Table 3 Descriptions of 24 stable QTL for the predominant isoflavones in soybean seeds

Trait[a]	QTL[b]	Environment[c]	Chr.[d]	Pos.[e]	Marker interval	LOD	PVE[f]	ADD[g]	Previously reported QTL	Annotated gene[h]
D	*qD16*	2009SY/2010SY	16	20	Gm16_7314-Gm16_38976	7.7	7.4	-22.6	Li et al (2014), Gutierrez-Gonzalez et al (2010)	
	qD20	2009SY/2010SY	20	1	Gm20_49565-Gm20_55277	7.4	8.0	21.0	Li et al	
G	*qG8*	2009SY/2011SY	8	0	Gm08_424-Gm08_43628	8.7	7.7	25.3		
	qG9	2009SY/2011SY	9	134	Gm09_47520-Gm09_45196	4.9	4.2	19.5	Kassem et al (2004), Primomo et al (2005), Smallwood et al (2014)	*Gm4CL*, *GmIFR*
	qG20	2009SY/2010SY	20	3	Gm20_19811-Gm20_52273	13.3	9.4	31.2	Li et al (2014)	
GL	*qGL5*	2009CP/2010SY	5	57	Gm05_8127-Gm05_18905	10.6	9.6	4.95	Primomo et al (2005), Yoshikawa et al (2010)	
MD	*qMD2*	2010SY/2011SY	2	102	Gm02_446-Gm02_75802	11.7	8.9	-89.7	Han et al (2015)	
	qMD3	2009CP/2009SY	3	12	Gm03_36302-Gm03_26888	6.2	6.6	77.6	Liang et al (2010)	
	qMD7	2009CP/2011SY	7	52	Gm07_39984-Gm07_42478	8.1	9.2	78.7	Wang et al (2015)	
	qMD13	2010SY/2011SY	13	65	Gm13_34575-Gm13_52131	10.1	7.4	-81.3	Wang et al (2015)	
	qMD15-1	2010SY/2011SY	15	35	Gm15_36421-Gm15_14412	8.5	6.3	74.7	Wang et al (2015)	
	qMD15-2	2010SY/2011SY	15	92	Gm15_69377-Gm15_56415	9.5	8.9	-81.6	Han et al (2015)	
	qMD19	2009SY/2010SY/2011SY	19	14	Gm19_18007-Gm19_57277	9.2	7.3	-81.4		
	qMD20	2009CP/2009SY/2010SY/2011SY	20	1	Gm20_49565-Gm20_55277	11.9	11.8	100.4	Li et al (2014)	
MG	*qMG14*	2009CP/2011SY	14	23	Gm14_18840-Gm14_19215	12.2	21.2	105.6	Li et al (2014)	*GmCHR*
	qMG16	2010SY/2011SY	16	20	Gm16_7314-Gm16_38976	12.2	8.5	-86.4	Li et al (2014), Gutierrez-Gonzalez et al (2010)	
	qMG18	2009SY/2010SY	18	158	Gm18_1940-Gm18_89270	5.8	4.7	64.8		
	qMG20	2009CP/2009SY/2010SY/2011SY	20	3	Gm20_19811-Gm20_52273	10.7	9.9	85.2	Li et al (2014)	

(continued)

Trait[a]	QTL[b]	Environment[c]	Chr.[d]	Pos.[e]	Marker interval	LOD	PVE[f]	ADD[g]	Previously reported QTL	Annotated gene[h]
TIF	*qTIF2*	2009SY/2010SY	2	115	Gm02_76087-Gm02_73102	17.9	14.3	254.3	Yoshikawa et al (2010), Han et al (2015)	
	qTIF7	2010SY/2011SY	7	55	Gm07_18835-Gm07_60896	8.2	6.6	181.6	Wang et al (2015)	
	qTIF16	2010SY/2011SY	16	20	Gm16_7314-Gm16_38976	8.0	6.1	-189.2	Li et al (2014)	
	qTIF18	2009SY/2011SY	18	170	Gm18_49681-Gm18_75895	8.9	6.0	147.0	Gutierrez-Gonzalez et al (2009)	
	qTIF19	2010SY/2011SY	19	14	Gm19_18007-Gm19_57277	9.2	7.2	-195.2		
	qTIF20	2009CP/2009SY/2010SY/2011SY	20	1	Gm20_49565-Gm20_55277	17.6	14.9	249.3	Li et al (2014)	

[a] Isoflavone components. D, daidzin, GL, glycitin, G, genistin, MD, malonyldaidzin, MG, malonylgenistin, TIF, total isoflavone contents

[b] QTL names are composed of the corresponding trait name followed by the chromosome number

[c] Four environments: 2009CP indicates Changping Experimental Station in 2009, and 2009SY, 2010SY, 2011SY indicate Shuiyi Experimental Station in 2009, 2010 and 2011, respectively

[d] Chromosome

[e] Position in linkage groups in centiMorgans

[f] Phenotypic variation explained by individual QTL

[g] Additive effect of individual QTL

[h] Annotated gene shows the essential genes involved in isoflavone biosynthesis discovered within the genomic regions corresponding to these QTL

Table 4 Epistatic QTL for predominant isoflavones in soybean seeds

Trait[a]	Env.[b]	Chr.[c] 1	Pos.[d] 1	Marker interval 1	Chr. 2	Pos. 2	Marker interval 2	LOD	PVE[e] (%)	Add[f] 1	Add2	Add by add[g]
D	2009CP	8	45	Gm08_23863-Gm08_47647	13	120	Gm13_48356-Gm13_20424	5.5	15.6	20.0	11.6	28.9
	2010SY	11	45	Gm11_27521-Gm11_33099	11	110	Gm11_40499-Gm11_52489	6.4	6.3	-2.2	-2.7	-26.1
MD	2009SY	8	100	Gm08_59393-Gm08_58	13	125	Gm13_62655-Gm13_38093	5.2	5.7	20.7	1.5	77.1
	2011SY	9	10	Gm09_19375-Gm09_4752	9	85	Gm09_663-Gm09_12721	5.6	7.5	7.7	-20.3	-72.6
MG	2010SY	11	70	Gm11_15081-Gm11_20320	13	100	Gm13_25899-Gm13_9722	5.2	4.7	-3.7	17.9	79.5
	2010SY	9	110	Gm09_17996-Gm09_6594	19	105	Gm19_25969-Gm19_25179	5.5	4.8	4.7	-6.0	-74.3
	2010SY	1	65	Gm01_69050-Gm01_71912	13	170	Gm13_55896-Gm13_12793	5.4	4.8	6.2	7.9	-72.9
	2011SY	3	45	Gm03_33676-Gm03_19471	15	10	Gm15_68644-Gm15_19058	6.3	7.0	4.4	14.5	74.3
	2011SY	9	10	Gm09_19375-Gm09_4752	9	85	Gm09_663-Gm09_12721	7.3	8.7	19.5	-14.6	-92.3

[a] D, daidzin; MD, malonyldaidzin; MG, malonylgenistin

[b] Environment. 2009CP indicates Changping Experimental Station in 2009; 2009SY, 2010SY, and 2011SY indicate Shunyi Experimental Station in 2009, 2010, and 2011, respectively

[c] Chromosome

[d] Position in linkage groups in centiMorgans

[e] Phenotypic variation explained by epistatic QTL

[f] Additive effect of individual QTL

[g] Additive effect between two QTL

Discussion

Previous studies suggested that both population size and marker density affect the accuracy and efficiency of QTL mapping. In our previous study, we suggested that increasing marker density could increase the efficiency and accuracy of QTL mapping for isoflavone content. In the present study, we found that more stable QTL (24 in contrast to 11) were identified for isoflavone components in soybean seeds with an increase of population size from 110 to 200, suggesting that increasing population size could improve detection efficiency for QTL mapping. Moreover, most of these (20 of the 24) corresponded to QTL found in previous studies (Table 3), suggesting the reliability of the QTL mapping in the present study. Most of favorable alleles (for 16 of the 24 QTL) were derived from cultivar LHD2, which contains a higher isoflavone content (3 697 μg/g) than cultivar NHZ (1 816 μg/g). However, the eight favorable alleles derived from the parent with lower isoflavone content suggest that cultivar NHZ also harbors favorable alleles for isoflavones.

Of the 24 stable QTL, four major stable QTL (*qMD20*, *qMG14*, *qTIF2* and *qTIF20*) explained much phenotypic variation (>10%) for isoflavones. Specifically, *qMD20* and *qTIF20* were mapped to the same locus on Gm20 across four environments, and these two loci explained 11.8% and 14.9% of phenotypic variation for malonyldaidzin and total isoflavone contents, respectively. The high stability and phenotypic variation explained by this locus suggest the presence of a major gene controlling isoflavone accumulation in soybean seeds.

Four novel stable QTL were identified by comparison of stable QTL with previous QTL for isoflavones. *qG8* explained 7.69% of mean phenotypic variation for genistin in 2009SY and 2010SY. *qMD19* explained 7.29% of mean phenotypic variation for malonyldaidzin in 2009SY, 2010SY, and 2011SY. *qMG18* explained 4.68% of mean phenotypic variation for malonylgenistin in 2009SY and 2010SY. *qTIF19* explained 7.21% of phenotypic variation for total isoflavones in 2010SY and 2011SY. The favorable alleles of the first two loci were derived from cultivar LHD2 and those of the second two from cultivar NHZ. The identification of novel QTL will contribute to the understanding of the genetic basis of isoflavone accumulation and regulation in soybean seeds.

Gene annotation revealed three genes (*Gm4CL*, *GmCHR* and *GmIFR*) encoding key enzymes involved in isoflavone biosynthesis. *Gm4CL* encodes a 4-coumarate: CoA ligase, which catalyzes the reaction of 4-coumarate and CoA to form 4-coumaroyl-CoA. *GmCHR* encodes a chalcone reductase. This enzyme catalyzes the transformation from 4-coumaroyl-CoA to isoliquiritigenin, which is the chalcone precursor of daidzin. In the present study, however, *GmCHR* was found within the genomic region corresponding to *qMG14*, which contributed mainly to malonylgenistin content. This finding may be explained by the close correlations between different isoflavones in soybean seeds. *GmCHR* might affect malonylgenistin content by regulating daidzin accumulation in soybean seeds. We also cannot exclude the possibility that gene or genes other than *GmCHR* within the genomic region corresponding to *qMG14* conferred the major additive effect of this locus. IFR encodes an isoflavone reductase, which is a key enzyme involved in the synthesis of the phytoalexin glyceollin from daidzein. It catalyzes a NADPHdependent reduction of 2′-hydroxyisoflavones to form 2′-hydroxyisoflavanones. Owing to their essential roles in isoflavone biosynthesis, these structural genes may contribute the major effects of the corresponding QTL for isoflavone content.

Thirteen MYB-like genes were found within the genomic regions corresponding to the 24 stable

QTL. Some MYB transcription factors may affect isoflavone content by regulating the expression level of structural genes involved in isoflavone biosynthesis. Therefore, these MYB-like genes may suggest candidate genes for isoflavone accumulation in soybean seeds.

In summary, 24 stable QTL were identified for isoflavone content using a high-density genetic map. Of these 24 QTL, 20 have been reported previously, whereas four (*qG8*, *qMD19*, *qMG18* and *qTIF19*) represent novel QTL for isoflavone components in soybean seeds. Three structural genes involved in isoflavone biosynthesis (*Gm4CL*, *GmCHR* and *GmIFR*) and 13 MYB-like transcription factor genes were found associated with the 24 stable QTL and represent candidate genes regulating isoflavone contents in soybean seeds. The stable and novel QTL will facilitate understanding the genetic bases of isoflavone accumulation and regulation in soybean seeds, and the SLAF markers tightly linked to major QTL will be useful in marker-assisted selection for the improvement of soybean quality.

Acknowledgments

This work was supported by the National Key Technology R&D Program of China during the Twelfth Five-Year Plan Period of China (2014BAD11B01-x02), Beijing Science and Technology Project (Z161100000916005), National Science and Technology Major Project (2016ZX08004-003), National Key R&D Program of China (2016YFD0100504 and 2016YFD0100201), National Natural Science Foundation of China (31671716, 31171576), and Agricultural Science and Technology Innovation Project of CAAS.

References (omitted)

本文原载：The Crop Journal, 2018, 6 (3): 244-252

四、大豆广适应性育种

"黑农26"大豆品种选育推广的研究

王彬如　王连铮　翁秀英　陈　怡　吴和礼　徐兴昌　王培英
（黑龙江省农业科学院大豆研究所，哈尔滨　150086）

摘　要：本文报道了大豆新品种"黑农26"的选育过程，推广后的应用情况和经济效益。分析该品种推广快的原因，除品种本身的优良特性受农民欢迎外，及时抓紧种子繁殖也是重要的一环。

根据"黑农26"在生产上所起的作用及其形态特征，讨论了黑龙江省中南部地区大豆育种的近期目标。杂交与辐射相结合是当前比较有效的一种育种途径。对在海南岛繁殖后代，缩短育种年限的方法，提出改进意见。

Breeding and Spreading of Heniong 26, a Soybean Cultivar

Wang Binru　Wang Lianzheng　Weng Xiuying　Chen Yi
Wu Heli　Xu Xingchang　Wang Peiying
(*Heilongjiang Academy of Agriculiural Sciences*, *Harbin* 150086, *China*)

Abstract: This paper reports the breeding procedure of the new soybean cultivar, Heinong26, its utilization in production after releasing, and its economical benifits. The reasons of its rapid expansion is, in addition to that it wins the welcome of the farmer with its good properties, a timely miltiplication is also important.

Basing upon the role played by Heinong26 in production and its morphological characteristics, the objectives of soybean breeding in the southcentral area of Heilongjiang province are dscussed.

Results show that the method of hybridization combined with radiation is comparatively more effective in soybean breeding at present.

In order to shorten the time needed for developing a soybean cultiva still further, a modified method of improving the handling of hybrid generations in Hainan island is suggested.

1　前言

从1957年开始大豆杂交育种工作，1958年开始辐射育种工作，目前已选出十几个优良品种在生产上推广应用。"黑农26"是以黑龙江省中南部地区的气候特点和栽培条件为基础，选育目标是：生育期125d以内，植株较高大，秆强不倒，主茎发达，节数多，每节荚多，稍耐旱，中粒类型，含油量较高，虫食粒率较低，对霜霉病及细菌性斑点病有一定抗性，丰产稳产，比已有推广品种增产10%，适于合理密植及机械化栽培的大豆新品种。

现"黑农26"已迅速推广到黑龙江省中南部的广大地区，省内种植已达300多万亩，成为

张成嘉、王秀珍、范秀琴等参加部分工作

松花江平原地区的主栽品种，并在其他地区搭配种植。

2 选育经过和方法

为适应农业生产进一步发展的要求，于1965年用辐射处理的早熟后代哈63-2294为母本，吉林晚熟品种小金黄一号为父本进行杂交，收到杂交种子27粒。当年冬季种植在温室，种植一盆用3粒种子；F_1每株结30~40个荚，最后将3个单株分别收获脱粒。1966年杂种第二代用个体选择法，第一代收获的种子全部种植，每株种1~3行，共种6行，行长6m，株距10cm，单粒点播，共种植360株，并种植亲本。生育期间观察选择植株高大，成熟期和标准品种相仿，从结荚多的2个系统中选出7个单株，经室内考种留3个单株。第二代入选单株各一行，共种3行180株，组合前种植亲本各一行，成熟时选择1个系统3个单株。第四代种植3个系统180个单株。本年干旱，选择成熟期适中，植株高大，结荚多而秕荚少的单株5株，经室内考种后留3株。第五代入选单株每株种植一行，共种3个系统，180个单株。因生育期间气温偏低，生长不如F_4，稍晚熟收结荚多的6株，经室内考种留3株。1970年第六代每个单株分两份，分别种植于高肥及中等肥力土地上培育，经田间鉴定在高肥地块选5049这一行，编号为哈70-5049，其他品系继续选单株，当年冬季将哈7-5049种子拿到海南岛进行繁殖。1971年第七代参加鉴定试验和异地鉴定试验。

1972—1974年在松花江等地区参加区域试验和生产试验，并繁殖原种。1975年春经黑龙江省农作物品种区域试验工作会议审定，确定推广并命名为“黑农26”。

3 “黑农26”推广应用情况和经济效益

“黑农26”是20世纪70年代育成的较高水平的大豆新品种，自1975年春开始推广后，经过两次低温早霜和三个生育后期干旱的考验，均能获得较高的产量，表现稳产和适应性强的特点，其产量水平也较高。黑龙江省东部八五〇国营农场二十七队用“黑农26”作创高产的品种，自1978—1981年连续四年用4.5亩高产攻关田。1978年获得亩产292kg，1979年亩产254kg，1980年亩产269kg，1981年在涝灾较重的自然条件下也获得高产203kg。该品种还具有早熟、秆强、较耐旱的特点，所以推广后很快成为黑龙江省中南部地区的主栽品种，1980年省内种植面积达250万亩左右，1981年达300万亩左右，对提高黑龙江省大豆生产起到积极的增产作用。自1975—1981年累计推广面积达1 000万亩，按每亩增产15kg计算为国家增产大豆1.5亿kg，按每千克0.48元计算，增收人民币7 200万元。省外还有一定的种植面积。

4 “黑农26”大豆品种推广速度快的原因

通过调查分析，认为该品种推广快的原因有主观及客观条件，其主观条件如下。

4.1 “黑农26”大豆品种具有较高的丰产性

4.1.1 历年所内试验结果

“黑农26”于1971年参加高肥鉴定试验，供试品种22份，以“黑农5号”为标准，“黑农10”为参考品种，试验结果亩产171kg，比标准品种“黑农5号”增产18.15%，属第三位。1972—1974年，参加所内品种区域试验，四年试验平均亩产164.5kg，比标准“黑农10”等增产6.66%（表1）。

表1 “黑农26”在黑龙江省农业科学院四年试验结果产量（哈尔滨）

试验名称＼项目	年度	亩产量（kg）	对标准品种（%）	标准品种
鉴定试验	1971	171.5	118.1	黑农5
区域试验	1972	150.0	102.3	黑农10
区域试验	1973	139.0	101.6	黑农10
区域试验	1974	197.5	104.7	黑农11
平均		164.5	106.6	

4.1.2 历年区域试验结果

“黑农26”于1972—1974年在松花江地区11个县49个点次区域试验，平均亩产160.05kg，最高亩产241.65kg，比标准“黑农10”等品种平均增产8.7%。其中，增产点39个，平均增产11.0%；平产点2个，减产点8个，平均减产4.7%（表2）。

表2 “黑农26”在松花江地区各县区域试验结果产量

试验县份＼项目	试验点	1972年			试验点	1973年			试验点	1974年			3年平均	
		产量（kg/亩）	对标（%）	标准品种		产量（kg/亩）	对标（%）	标准品种		产量（kg/亩）	对标（%）	标准品种	产量（kg/亩）	对标（%）
宾县					4	169.40	110.20	黑农11	4	147.85	113.40	黑农11	158.10	111.80
阿城县					2	180.70	101.30	黑农16	2	177.45	104.10	黑农16	179.10	102.90
双城县					2	151.75	117.50	黑农10	2	134.65	99.70	黑农10	143.20	108.60
巴彦县					4	156.25	105.60	黑农16	7	172.25	110.00	黑农16	168.25	108.20
呼兰县	1	134.00	106.50	东农4号	5	172.35	107.10	黑农11	4	177.35	111.70	黑农11	171.00	110.10
五常县					2	152.45	115.50	黑农10						
木兰县									2	174.50	118.70	黑农11	174.50	118.70
通河县					1	177.10	111.80	黑农10	1	192.80	99.80	黑农10	184.50	105.50
延寿县	1	150.00	100.00	合交6号	1	169.50	120.00	合交16	1	152.00	110.00	黑农24	157.15	110.00
尚志县					1	197.30	120.40	黑农10	1	151.50	110.90	黑农10	149.40	115.70
方正县									1	168.00	100.00	黑农10	168.00	100.00

4.1.3 生产试验结果

“黑农26”于1973—1974年经松花江地区生产试验结果，均表现比现有品种增产，增产幅度为8.8%~21.1%，平均增产14.1%。1973年在阿城料甸公社海沟二队大面积品种对比，亩产201.35kg，比“绥农3号”增产12.4%。1974年在阿城亚沟公社大面积种植，亩产170kg，同年在宾县农科所（丘陵岗地）生产试验亩产135.65kg，比标准“黑农11”增产21.1%，比“绥农3号”增产12%。在巴彦二场生产试验亩产80kg，比标准“东农4号”增产8.8%（表3）。

表3 “黑农26”生产试验产量

项目 / 试验地点	年度	试验面积	亩产（kg）	标准产量（kg）	对标（%）	标准品种
阿城科甸	1973	1 280	201.35	179.15	112.40	绥农3号
宾县农科所	1974	420	135.65	103.35	121.10	黑农11
巴彦二场	1974	80	80.00	73.50	108.80	东农4号

4.1.4 推广后在生产上的表现

“黑农26”推广4年来，面积迅速扩大，1978年“黑农26”，种植面积由1977年的120.1万亩扩大为230万亩。省外也有种植。

1975年黑龙江省中南部地区严重干旱，“黑农26”与其他品种比较，仍然表现突出，植株高大，结荚密，蚜虫轻，病害和虫口少，产量也高。在宾县宾安公社繁殖67.5亩，平均亩产157.2kg。阿城县料甸公社在2.018亩的面积上种植该品种，鼓粒期灌水一次，亩产242.4kg。1976年黑龙江省农业科学院原子能研究室种植亩产248kg。1977年在宾县良种场种植270亩，平均亩产175kg，1978年在五常县第二良种场132.5亩平均亩产50kg。在牡丹江农场局的八五〇农场，1978年种植2.5万亩“黑农26”品种获得丰产，其中有900亩平均亩产200kg，600亩平均亩产250kg。凡是种植“黑农26”的队平均亩产150kg以上。第八队种植1 200亩。平均亩产192.5kg，二十七队4.5亩攻关田亩产292kg。在松花江、绥化、牡丹江等地区大面积种植结果均表现丰产、稳产。

4.1.5 “黑农26”与同熟期的美国高产品种产量的比较

“黑农26”于1975年与美国品种“沃奇”“特拉维斯”等对比试验结果，“黑农26”比同熟期的“沃奇”增产14.9%，比“特拉维斯”增产9.2%。

4.2 “黑农26”大豆品种的生育期与主要经济性状

4.2.1 生育期

1971—1978年在哈尔滨试验从出苗到成熟124d左右，比“黑农10号”晚熟1~3d，比“黑农11”晚熟4d。1972—1994年在松花江地区各县区域试验结果，生育日数（从出苗到成熟）为120d。“黑农26”为中熟的品种，适于黑龙江省中南部无霜期130~135d的地区种植。

4.2.2 籽粒品质优良，虫食粒率及病粒率轻

“黑农26”通过1972—1974年在松花江地区各县25个点次试验结果平均虫食率为6.4%，比标准“黑农11”等品种的虫食粒率平均为8.9%低2.5%，25个点次平均病粒率为2.5%比标准品种低1.6%。

“黑农26”为中粒品种，百粒重18g左右，品质优良，籽粒近圆形，种皮浓黄色有光泽，含油量21.8%，蛋白质含量40.83%。

4.2.3 植株高大适于机械化收割

“黑农26”植株高大，一般株高90~110cm；无限结荚习性，分枝较少，在一般情况下有一个分枝；主茎节数较多，秆强结荚部位高，主茎结荚多，四粒荚比率较高；花白色；叶披针形，叶形较窄小，叶柄上举，后期通风透光好，适于密植和机械化收割。

4.2.4 “黑农26”的适应性强

在一般平川肥沃土壤上秆强不倒，在高肥水条件下，上部稍有倾斜。结荚多，丰产性突出，在一般肥力无论在高肥及中等肥力条件下都比较适应。据宾县农科所生产试验，试验地为丘陵岗地，肥力一般，生育期间又遇到干旱，亩产仍达到135.65kg，比标准品种和参考品种增产12%~

21.13%。1978年在牡丹江农场局八五〇农场草甸白浆土种植“黑农26”25 000亩，获得全面增产，充分显示了“黑农29”的增产潜力。该场经过几年的种植，认为“黑农26”，在灾年产量不低，好年大丰收，增产潜力很大，一般的比“合交6号”增产10%左右。具有结荚部位高，株型收敛，适于密植和机械化收割，秆强不倒，光合利用率高的特点。

“黑农26”大豆品种推广快的客观条件是抓紧繁殖工作，1972年“黑农26”开始参加区域试验时，所内就稀播繁殖种子，1973年就将所内繁殖的种子委托繁殖基点宾县良种场、宾县新甸种子库大面积稀播繁殖，获得较大量的种子。同时松花江地区各县试验点于1973年就将试验剩余的种子进行小区繁殖，因之扩大繁殖倍数较快。基点繁殖的“黑农26”大豆种子由黑龙江省农业科学院大豆研究所安排调出大量种子给外县、外省。该品种具有高产、稳产的特性，又有较大量的种子，所以推广很快。

育种单位年年不断地供应提纯的原原种给重点良种场繁殖原种，是提高商品种纯度并扩大推广的重要一环，因为生产上利用的种子由于混杂退化而招致减产。黑龙江省农业科学院大豆研究所为了保持“黑农26”的优良种性，每年均用株行方法，产生的原原种供给主要良种场繁殖，各场也自己提纯复壮些种子，保持该品种的优良性状。

5 讨论

5.1 黑龙江省中南部地区适应农业现代化的大豆育种目标问题

根据黑龙江省中南部地区的自然条件和生态类型，看法如下。

5.1.1 生育期

为了解决低温冷害，应选育早熟高产的大豆品种。所谓早熟即在平均霜期前能得到正常成熟，在灾年不因早霜而减产。新育成的品种从播种第二天到成熟的日期应比无霜期早5~7d，按出苗到成熟的日数计算，新品种的生育期要比无霜期少15~20d。如用生长季的积温为指标从出苗到成熟的积温要比当地生育期积温少250℃左右较为妥当。因此所谓早熟性是指正常年在下霜前5~7d成熟，并非越早越好。

5.1.2 株高与荚高

为了适应农业机械比的需要，大豆品种以株高1m左右，而具有秆强不倒的特点为适宜。目前荚高10cm以内的品种，康拜因收割时仍有部分豆枝、豆荚残留在茬上，损失量仍较大。所以要求大豆新品种以主茎结荚为主，底荚高超过10cm以上。大豆是每节结荚的植物，要丰产必须节多荚多，一般植株矮小的节数均较小，因而植株需达到一定的高度。

株高与荚高亦有一定的相关，根据王金陵、吴和礼的研究，荚高与植株高度的相关系数 $r=0.5787$，表现高度正相关。育种的实践也观察到凡是植株高大的，结荚部位也较高。

5.1.3 叶形

大豆品种的叶形与各地的栽培条件有关，披针叶形品种前期生长慢，中期生长较快；适于栽培管理较集中的地区种植，披针叶形品种繁茂性较差，适于肥力较高的地区种植，因其叶型小透光性好。在高肥条件下圆叶品种郁蔽面大而导致落花落荚多。而披针叶形的品种四粒荚数较多，提高单株粒重的可能性大于圆叶品种，所以肥水较充足的地区适于种植披针叶形的品种。但在风沙干旱及较瘠薄的地区则适于种植圆叶品种，因圆叶品种生长繁茂，较披针叶形品种耐旱。

综上所述，黑龙江省中南部地区的具体育种目标应以植株高大，主茎结荚类型为主。株高100cm左右，荚高10cm以上，主茎发达，节数多，节间短，每节坐荚多，分枝少，靠主茎结荚。即要求株型类似“黑农26”，结荚比“黑农26”多，叶披针形，叶型小而窄，叶厚，色浓绿，叶柄上举，透光性好，无限结荚习性或亚有限结荚习性，中粒种，百粒重18~20g，籽粒性状良好。生育期比当地平均霜期早5~7d。

5.2 大豆杂交与辐射相结合能扩大变异范围，提高选育的效果

杂交育种是把不同品种间的优良性状综合在一个新品种中，将杂交育种与辐射育种结合起来，能累加基因分离和突变两者所产生的变异，提高杂交育种的效果。配制杂交组合时选用具有育种目标所要求的优良性状的辐射后代做亲本之一，与另一优良品种杂交；对提高变异辐度有较大的效果。“黑农26”就是用辐射后代的早熟突变体“哈63-2294”为母体与吉林品种“小金黄一号”为父本进行杂交，其后代株高和丰产性均超过双亲，F_2、F_3 的成熟期、株高、荚熟色等性状分离极为广泛，从中选出“黑农26”既具有耐肥性又能适应中等土壤肥力，并具有抗旱性。

5.3 对利用南繁加代缩短育种年限的意见

大豆杂交育种的年限较长，从配制杂交组合到大面积推广需要12年左右的时间。所以采用温室培育杂种一代或到南方繁殖杂种后代，以加快育种的进度。“黑农26”从1965年配杂交组合起到1974年年底推广止共计10年，比正常的育种程序缩短了两年。因其 F_1 是于杂交的当年冬在温室内培育的，缩短了一年。决选品系后又在海南岛繁殖种子于鉴定产量的同时参加异地鉴定试验，共计缩短两年。为了适应农业现代化的需要，12年的育种程序必须突破。在杂种后代分离阶段利用南繁加代甚为必要。但在海南岛的温度、光照与北方不同，大豆又是短光照作物，对光照反应极为敏感，所以在北方晚熟的品种（短光照敏感的品种）在海南岛种植生育期反而比北方早熟品种成熟早。如1972年在海南岛，种植晚熟的十胜长叶，但成熟期比早熟的黑河3号品种还提早成熟2d。所以在海南岛选择杂交后代的成熟期则有一定的困难。丰产性和抗病性在海南岛可以进行选择，但选择效果不如在北方（当地）选择的效果好。所以要解决在海南岛加代与选择的矛盾，采用下列南繁北育的方法可缩短育种年限3年。

（1）第一年在北方配杂交组合，当年冬到海南岛繁殖杂种一代。

（2）第二年在北方种植 F_2。因 F_2 种植的群体大，且 F_2 是分离最旺盛的世代，在北方种植可根据育种目标要求选择生育期、株高、主茎节数、结荚习性、百粒重、抗病性等主要性状进行选择。

当年冬天在海南岛繁殖两季，即种植 F_3、F_4 两个世代。一方面，F_3 材料因经过 F_2 世代的选择已比 F_2 的数量大大的减少，可节省南繁用地。另一方面，F_3 虽然继续分离，但分离的范围比 F_2 小，便于进行定向选择。在 F_3 选择时与采用单株选可每株摘一荚的方法相结合，即在每一个组合中，选择符合育种目标的优良单株10株，在剩余的单株中每株收一荚混合种植，以防止优良材料漏选。第二季接着在海南岛繁殖 F_4，亦采用上述 F_3 的选择方法。

（3）第三年在北方种植 F_5 世代。在 F_5 单株后代中表现优良而性状稳定的可以决选品系。未稳定的继续选择单株，在 F_5 混合荚的材料中根据育种目标选择优良的单株。

（4）第四年决选品系可以进行产量鉴定试验。单株继续种在选种圃，性状表现优良而又整齐一致时可以决选品系。

采用这种种植方法能较为合理地根据本地区的气候特点选择材料，而在前期世代可缩短育种年限3年。

参考文献（略）

本文原载：大豆科学，1982，1（2）：149-156

黄淮海地区大豆育种的研究

王连铮　傅玉清　赵荣娟　王　岚　裴颜龙　李　强
（中国农业科学院，北京　100081）

黄淮海地区是我国重要的大豆产区，又是我国夏大豆的主产区，如何提高本区的大豆生产水平和大豆品质，增加大豆及大豆制品在国内外市场的竞争力至关重要。据农业部信息中心统计，2000 年中国进口大豆籽粒 1 040.7万 t，豆油 30.8 万 t，豆粕 50.5 万 t，相当于我国大豆产量的 75%。从农产品贸易金额来看，大豆居第一、第二位。可见大豆在世界农产品贸易中的重要地位。大豆粉占世界 8 种作物蛋白质产量的 64.78%，大豆油占 14 种主要油料作物食用油 25.1%，均居蛋白粉和食用油的首位。

1　大豆育种目标

1.1　高产

我国大豆单产低。1999 年全国大豆单产仅为 1 790kg/hm^2，黄淮海地区只有河南、山东、北京 3 个省、市平均单产超过全国大豆平均单产水平。而美国大豆平均达 2.7t/hm^2，意大利全国达 3.7t/hm^2，差距较大。因此提高大豆单产水平应是主要育种目标之一。

1.2　改进品质

我国 2000 年进口大豆 1 122万 t，一个是用于榨油，一个是用于作为蛋白饲料。因此选育优质高油大豆和高蛋白大豆很迫切。

1.2.1　含油量

根据对黄淮海大豆含油量和蛋白质分析，黄淮海地区大豆含油量平均为 19.86%，蛋白质含量为 42.90%。我们对美国和意大利大豆含油量分析，平均为 21.70%，其中 Deka Fast 含油量最高为 21.98%，美国和意大利大豆含油量比中国黄淮海大豆品种含油量高 1.84%。

1.2.2　蛋白含量

中国大豆品种蛋白质含量并不比美国品种低。美国品种 Provar 和 Protana 蛋白含量较高，在 42.5%左右，但由于产量低未能在生产上大面积推广。

1.3　抗性

根据吴和礼等调查我国已有 10 余个省、市、自治区发生大豆胞囊线虫病，发生面积在 100 多万公顷，还有进一步发展的趋势。黄淮海地区 4 号生理小种发病较重，还有其他一些病虫害。因此，抗病育种应是一个重要目标。除抗病虫之外，对不良环境条件如干旱和盐碱等的抗性也应在育种中加以关注。

1.4　适应性问题

大豆生态适应性较窄，因而有不同的生态类型。有抗旱类型，喜肥水类型，也有早熟类型，

作者简介：王连铮，男，研究员，多年从事大豆遗传育种研究

致谢：中国农业科学院品资所常汝镇研究员、作物所大豆室，中国科学院遗传所，意大利乌迪内大学，河南、山东、河北、山西、黑龙江、吉林和辽宁等省农业科学院为本研究提供了部分品种资源，谨致深切谢意。农业部、财政部、农业综合开发办、科技部、全国农业技术推广中心和 IAEA 为本研究提供支持，中国农业科学院棉花所支持南繁工作，中国农业科学院及作物所为本课题提供原种繁殖基地及必要仪器设备等，一并致谢

晚熟类型等。

2 材料和方法

2.1 杂交育种

从1991—2000年共配制杂交组合398个。以春播材料作杂交为主，有时亦利用夏播材料进行杂交。F_1淘汰假杂交种，F_2~F_6行连续个体选择。在F_5~F_6整齐一致时决选品系。

2.2 辐射育种

利用钴60-100、120和150Gy三种剂量处理30个不同大豆品种及晚熟杂交后代，M_1当代不选择，M_2~M_5按育种目标进行选择，M_5和M_6决选品系。

3 试验结果

经过10年20代的选育工作，已选出大豆品系200余份。有10余个品系参加全国和几个省、市、自治区的区域试验和生产试验。近两年已审定推广两个大豆品种。待审定两个，其余正在参加区域试验和生产试验。

3.1 审定的大豆品种

3.1.1 中黄12

1997年参加北京市大豆区域试验，产量172.21kg/667m^2，比对照增产25.9%，居试验首位，增产显著；1998年区试产量142.6kg/667m^2，比对照增产8.7%；1999年区试量产152.5kg/667m^2，比对照增产27.6%。3年平均产量155.77kg/667m^2，比对照平均增产20.7%，增产达显著水平。

本品种品质优良，粗脂肪含量为20.50%，蛋白质含量为42.71%。植株繁茂，抗旱性强，适于一般肥力条件下种植。2000年北京市农作物品种审定委员会审定推广。

3.1.2 中黄13

1999—2000年两年区试中，25个点次全部增产。平均产量202.73kg/667m^2，比对照中豆19增产16.0%，在2000年的安徽省大豆生产试验中，平均产量191.6kg/667m^2，比对照增产12.71%。该品种稳产，适应性强，抗花叶病毒病，抗倒伏，不裂荚，品质优良，百粒重24g左右，籽粒圆形，脐色浅、有光泽，综合商品性好。安徽省品种审定委员会于2001年3月16日通过审定。

中黄13（中作975）在天津市大豆区域试验和生产试验，两年生产试验，平均增产18.15%，三年共13个点次试验，平均产量163.3kg/667m^2，较对照科丰6号增产9.2%。于2001年3月14日通过审定。

于1999—2000年在陕西省试验，显著增产，1999年比对照增产32.9%，2000年在陕西南部试验点增产，2001年参加生产试验。2000年参加北京市春播区域试验，产量190.30kg/667m^2，比对照增产14.29%。

中黄13完全符合农业部、中国科学院、国家教委、轻工总会提出的“九五”国家科技攻关96-002-03《主要农作物新品种（杂交种）选育研究》项目指南中所制定的对大豆新品种选育研究所定的指标：“北方夏豆区：要求选育适应两个亚区自然条件下，较对照增产8%~10%，抗花叶病毒病或胞囊线虫病同时兼抗1~2种其他病害，蛋白质含量在42%以上，不裂荚、籽粒品质好，亩产潜力250kg的高产稳产新品种和较对照增产15%以上的超高产新品种。”本品种在安徽夏播和天津春播及晚春播均显著增产适应两个区的自然条件，说明适应性广；高产：在安徽两年区试增产16%，生产试验增产12.71%。天津区域试验和生产试验，平均增产9.2%。同时本品种中抗胞囊线虫病，并兼抗根腐病，在安徽省观察抗花叶病毒病。经农业部谷物品质监督检验测试中心测定，蛋白质含量42.84%，超过42%的标准。粒大，黄色，籽粒商品品质好，适于出口，不裂荚。

1999年本品种在河北吴桥试验，产量达268.5kg/667m²。1999年在安徽涡阳点区域试验产量达247kg/667m²。2000年在安徽省进行生产试验，潘村湖点中黄13产量达244.5kg/667m²，比对照增产11.4%，均居供试品种首位并接近产量250kg/667m²。

本品种是一个高产、质优、抗旱性强和适应性广的品种，很有发展前途。

3.2 两个待审定的品种

3.2.1 中黄17（中作976）

中国农业科学院作物育种栽培研究所1991年以遗-2为母本，Hobbit为父本进行有性杂交，连续个体选拔育成。1998—2000年参加北京市夏大豆区域试验，3年平均产量171.1kg/667m²，3年平均比对照增产11.4%；两年生产试验平均增产6.3%。

1999—2000年参加黄淮海地区北组区域试验和生产试验，两年区域试验15个点参加试验，其中11个点增产，增产点两年平均增产8.52%。

中黄17（中作976）为高产高蛋白品种，经农业部谷物品质监督检验测试中心分析，蛋白质含量44.13%，脂肪含量20.25%。

3.2.2 中黄19（中作9612）

中国农业科学院作物育种栽培研究所1991年以中品661为母本，以豫豆10（此品种蛋白质含量达47.8%）为父本进行杂交，经连续个体选拔育成。

区域试验：5个增产点平均增产8.67%，平均产量201.94kg/667m²；在济宁、西华、菏泽点平均增产超过8%，临沂点1999年超过10%。

生产试验：2000年在黄淮海南一组生产试验，产量165.13kg/667m²，比对照减产3.32%，但临沂点生产试验增产10.49%。

1999年中国农业大学在河北吴桥用中作9612做试验，产量达287.5kg/667m²。1999年在河南西华点试验产量达322.5kg/667m²，在山东菏泽点产量达251.5kg/667m²，在济宁点产量达242.34kg/667m²。均超过和接近产量250kg/667m²。

中黄19在安徽省区域试验结果如表1所示。

本品种系高产潜力大，蛋白质含量高的品种，经农业部品质检测中心分析，中黄19（中作9612）蛋白质含量为44.45%，系高蛋白大豆品种。

表1　中黄19（中作9612）在安徽省区域试验结果

年度/地点	西华点		济宁点		菏泽点		临沂点		徐州点		郑州点	
	kg/667m²	±%	kg/667m²	±%	kg/667m²	±%	kg/667m²	±%	kg/667m²	±%	kg/667m²	±%
1998	148.33	8.10	180.42	17.48	185.83	7.74	157.78	-0.35	120.08	0.55	144.17	-5.90
1999	322.50	13.82	242.34	13.40	251.25	10.61	188.06	10.09	215.83	5.28	153.47	-19.34
平均	235.42	10.96	211.38	15.44	218.54	9.18	172.92	4.87	171.45	2.91	148.82	-12.67

另外，还育成中作983系高油品系，经农业部品质检测中心分析，含油量为23.37%和中作011高蛋白品系。蛋白质含量为49.18%。中作RN-02高抗胞囊线虫病，新品系正在参加区域试验。

4 讨论

4.1 高产或超高产育种问题

笔者认为，产量250kg/667m²以上应该算超高产。目前，产量连年达到250kg/667m²以上的品种并不多。经过10年的育种选出一些超高产的品系。1999年在河北吴桥进行了试验，结果见

表2。

从以上4个品种看，无论春播或夏播均实现了250kg/667m^{2}以上，中作972产量最高产量突破了328.5kg/667m^2，单株粒数达到95.9粒，有效荚数41.2个，百粒重在21.3g，株型紧凑、抗倒伏、抗病，丰产性好。为了选育超高产大豆品种，在配制组合时就要考虑适宜亲本，同时对大豆后代连续进行高肥水鉴定才能选出。

表2 产量结果与产量性状（河北吴桥 王树安教授等）

品种	株高（cm）	分枝数（个）	荚数（个）	单株粒数（粒）	百粒重（g）	产量（kg）	备注
中作975	69.9	2.2	30.3	75.9	24.4	268.5	春播
中作972	78.4	1.7	41.2	95.9	21.3	328.5	春播
中作9612	65.3	3.6	37.2	69.4	27.4	287.5	夏播
中作966	69.3	1.5	41.2	85.5	19.2	251.2	夏播

4.2 优质问题

建议把高蛋白和高油分开为好，因为榨油厂希望用含油量高的大豆。如果含油量提高2%，在同样条件下，企业可以提高效益10%。而生产豆腐的工厂，则需要高蛋白的大豆。但又要和产量结合起来考虑，应当比对照增产或略有增产以及平产，否则产量太低不易被生产接收。

4.3 多种育种目标

以产量或品质为主，选择抗病组合则应着眼于抗病的选择，如抗胞囊线虫病，同时对品种的适应性和生态类型也应加以研究和考虑。

4.4 育种方法

应多种育种途径相结合，以杂交育种为主。杂交育种仍然是最有效的方法，同时又要和生物技术、辐射育种等相结合，使育种工作有效地开展。

4.5 亲本选择

通过杂交明确不同亲本的配合力，筛选出核心亲本或骨干亲本并应拓宽亲本的利用。应广泛利用地理不同远缘，不同纬度，不同产区具有不同特性的亲本。同时要注意育种过程中出现的中间材料和偏才。以推广品种作亲本，同时又和具有某1~2个优良性状的亲本杂交效果好。

4.6 后代鉴定

由于育种要有超前性，因此育种圃场肥力应高于生产条件，将杂交后代，不同品系放在高肥水条件下鉴定，才能选出高产品种，如果育种圃场肥力水平太低，高产后代不易表现出来。

4.7 南繁北育

大豆育种工作主要放在北方进行，为了加快品种选育进程，从1993年开始在海南进行了加代和南繁效果很好。

参考文献（略）

本文原载：大豆科学，2001，20（4）：266-269

广适应大豆品种中黄13的光周期反应

姜　妍[1,2]　冷建田[1]　费志宏[1]　冯　涛[1,2]
祖　伟[2]　王连铮[1]　韩天富[1]　吴存祥[1]
（1. 中国农业科学院作物科学研究所/国家农作物基因资源与基因改良重大科学工程，北京　100081；2. 东北农业大学农学院，哈尔滨　150030）

摘要：中黄13是我国目前种植面积最大的大豆品种，适宜推广范围覆盖黄淮海流域夏大豆区、北方春大豆区、南部和南方多作大豆区部分区域，表现出较强的适应能力。为分析中黄13广适应的机制，在不同光周期条件下研究中黄13开花期、成熟期等生育期性状，株高、节数、分枝数等农艺性状和蛋白质含量、脂肪含量等品质性状对光周期的反应，比较中黄13不同性状间以及中黄13与成熟期相近的品种中黄24和凤交66-12间光周期反应敏感性的差异，并分析中黄13在各级区域试验中的产量稳定性，以期为中黄13的进一步推广和广适应大豆新品种选育提供理论依据。结果表明，中黄13在短日照（12h）、长日照（16h）和北京自然光照条件下均能正常开花结实，生育期性状的光周期反应敏感性弱于中黄24和凤交66-12。随光照长度的增加，中黄13的株型和农艺性状变化较为明显，但与中黄24和凤交66-12相比，其株高、主茎节数、分枝数、顶端花序荚数、单株有效荚数、单株粒数和单株粒重等性状的光周期反应敏感性均较弱，表现出较好的稳定性，但其蛋白质含量受光周期影响较大。综合分析光照处理和区域试验的结果，认为光周期反应相对钝感是中黄13广适应的重要原因。

关键词：大豆；中黄13；广适应性；光周期反应

Photoperiod Responses of a Widely-adapted Soybean Cultivar of Zhonghuang13

Jiang Yan[1,2]　Leng Jiantian[1]　Fei Zhihong[1]　Feng Tao[1,2]
Zu Wei[2]　Wang Lianzheng[1]　Han Tianfu[1]　Wu Cunxiang[1]
(1. *Institute of Crop Sciences*, *Chinese Academy of Agricultural Sciences/National Key Facility for Crop Gene Resourcesand Genetic Improvement*, *Beijing* 100081, *China*; 2. *College of Agriculture*, *Northeast Agricultural University*, *Harbin* 150030, *China*)

Abstract: Zhonghuang13 is the most widely-grown soybean varieties in China in recent years. It adapted to grow in the broad area of Yellow and Huaihe River Valleys, the southern part of North Spring Soybean Planting Area, and some part of South Multi-Planting Soybean Area in this country. In order to analyze the mechanism of its adapt ability to changing environments, the plants were treated with 12h short-days (SD), 16h

---

基金项目：国家自然科学基金资助项目（30471054，30490250）、国家高技术研究发展计划（863计划）资助项目（2006AA100104）、国家重点基础研究发展计划（973计划）资助项目（2009CB118400）、国家科技支撑计划资助项目（2006BAD01A04）、公益性行业（农业）科研专项资助项目（3-4）、现代农业产业技术体系建设专项资助项目（nycytx-004）

作者简介：姜妍（1979—　），女，博士研究生，研究方向为大豆发育生物学。E-mail：yanjiang416@163.com

通讯作者：吴存祥，副研究员。E-mail：wucx@mail.caas.net.cn

long-days (LD) and natural photoperiod treatments respectively, the experiments were conducted to study the photoperiodic responses of Zhonghuang13 in growth period traits, agronomic traits and quality traits under different photoperiod conditions. Comparisons of photoperiod sensitivity were also made between the different traits of Zhonghuang13 and between Zhonghuang13 and other two varieties, Zhonghuang24 and Fengjiao66-12, with similar maturity; the performances of Zhonghuang13 in different provincial uniform tests were analyzed as well. Zhonghuang13 could bloom and mature normally under short-day (12h), long-day (16h), and natural photoperiod treatments. Photoperiod sensitivity of its growth period traits was weaker than that of Zhonghuang24 and Fengjiao 66-12. With increase of day length, the plant type and agronomic traits of Zhonghuang13 changed significantly. However, the photo period responses of the traits like plant height, node number on main stem, branch number, pod number on terminal raceme, seed number and seed weight per plant in Zhonghuang13 were weaker than those of Zhonghuang24 and Fengjiao66-12, but its protein content was more sensitive to photoperiod than that in the other two varieties. From the above results, it was drawn that the less photoperiod sensitivity was the major reason for Zhonghuang13 to adapt to wide areas.

Key words: Soybean; Zhonghuang13; Adaptability; Photoperiod response

大豆品种的推广范围受其丰产性、稳产性和商品性等内在特性及推广力度、推广手段等外部条件的共同影响。大豆品种的适应性除取决于该品种的抗病性、对肥水条件的要求外，更取决于该品种对光周期反应的敏感性。大豆是典型的短日照作物，多数品种的适宜种植范围狭窄，即所谓“百里不引豆”。然而，大豆品种在地域适应能力方面确实存在较大差异，部分品种的适应区域明显好于其他品种，成为生产上的主栽品种。因此，探明品种间适应能力差异的内在原因，对新品种的选育、推广都具有重要的意义。

中黄 13 由中国农业科学院作物科学研究所以豫豆 8 号作母本、中作 90052-76 作父本进行有性杂交，采用系谱法选育而成。自 2001 年起，先后通过安徽省、天津市、北京市、陕西省、辽宁省、四川省 6 个省（市）审定，同时通过国家农作物品种审定委员会审定，该品种适宜在安徽、山东、陕西南部、河北南部、河南、江苏等地夏播，又可在天津、辽宁南部、北京、河北北部和四川等地春播种植。该品种 2002 年的推广面积约为 1 万 hm^2，2006 年的推广面积约为 33.07 万 hm^2，2007 年推广面积已经达到 53.80 万 hm^2，成为我国推广面积最大的大豆品种。该品种于 2005—2009 年连续 5 年被农业部推荐为主推品种，被国家发改委定为《大豆良种产业化项目》重点推广的大豆品种，被科技部列为超高产作物育种课题重点大豆示范推广品种。目前累计创造经济效益在 20 亿元以上，为发展我国大豆生产作出了突出贡献。以中黄 13 为主要试材，研究其光周期反应特性，以期为中黄 13 的进一步推广和广适应大豆新品种选育提供理论依据。

1 材料与方法

1.1 供试材料

中黄 13、中黄 24 和凤交 66-12，3 个品种生育期相近。

1.2 材料处理

盆栽试验于 2007 年在中国农业科学院北京国家大豆改良分中心网室进行。分别设置自然光照、短日照和长日照 3 种光照处理。其中，短日照处理（SD）光照长度为 12h（7：00—19：00 置于自然光下，其余时间置于暗室）；长日照处理（LD）光照长度为 16h [6：00—22：00，置自然光照下，日出前和日落后用白炽灯补足，植株顶端光量子通量密度为 28~50μmol/($m^2 \cdot s$)]。自然光照处理于 5 月 8 日播种于田间，5 月 17 日前后出苗；短日照处理和长日照处理材料于 5 月 10 日播于盆内，5 月 17 日前后出苗，每个处理 15 盆，每盆留苗 15 株，其中5盆在真叶期后进行定苗处理，每盆留3株进行生育期调查和考种。播种前每盆装混有5g $(NH_4)_2HPO_4$的耕层土壤7.25kg。其他同大田管理。

1.3 测定项目与方法

生育时期记载按Fehr等的大豆发育时期划分标准记载各发育时期出现的日数，收获后测定株高、主茎节数、分枝数、花序小花数、顶端花序荚数、单株有效荚数、单株粒数、单株粒重等农艺性状和蛋白质、脂肪等品质性状。采用德国BRUKER公司生产的MATRIS-I型近红外品质分析仪测定蛋白质含量和脂肪含量。

1.4 数据处理

应用Microsoft Excel软件对北京（2000和2001）、天津（1999）、安徽（1999）、四川（2002）和陕西（1999）5个省（市）大豆品种区域试验数据进行整理和分析。各性状的光周期反应敏感性用短日促进率（short-day hastening rate）表示，计算公式如下。

$$SDHR\ (\%) = \frac{V_{LD}-V_{SD}}{V_{LD}}\times 100$$

式中，V_{LD}为长日照（LD）条件下的表型值；V_{SD}为短日照（SD）条件下的表型值。

2 结果与分析

2.1 光周期对不同大豆品种发育性状的影响

不同光照处理下的中黄13、中黄24和凤交66-12均能在试验条件下正常开花结实。在短日照处理下，3个品种的出苗至初花日数和出苗至始熟期日数相近。长日照处理使3个品种的生育进程明显延迟，出苗至初花日数和出苗至始熟期日数均受到光周期处理的影响，但中黄13的出苗至初花日数和出苗至始熟期日数较中黄24和凤交66-12短。从开花期和始熟期的短日照促进率的分析可看出，中黄13的光周期反应比中黄24和凤交66-12钝感（表1）。

2.2 光周期对不同大豆品种农艺性状和品质性状的影响

在不同光照条件下，3个品种的农艺性状和品质性状均发生变化（表2），但不同品种及同一品种不同性状的光周期反应敏感性不同。以*SDHR*作为衡量指标，可看出中黄13在株高、主茎节数、分枝数、顶端花序荚数、单株有效荚数、单株粒数和单株粒重7个农艺性状上的光周期反应敏感性均较其他两个品种弱，中黄24的顶端花序小花数和凤交66-12的节数光周期反应敏感性较另外两个品种弱，其他性状对光周期反应较为敏感。总的来说，中黄13相对于中黄24和凤交66-12在多数农艺性状上表现出一定的稳定性，对光周期反应相对钝感。

表1 3个供试大豆品种在不同光照处理下的开花期和成熟期

品种	光照处理	出苗至始花日数 (d)	出苗至始熟日数 (d)
中黄13	NP	48.1±0.8	112.9±0.9
	LD	61.0±1.0	146.0±2.0
	SD	24.7±0.6	64.3±0.6
	SDHR（%）	59.51	55.96
中黄24	NP	39.1±1.0	98.8±0.9
	LD	72.0±1.0	165.7±1.5
	SD	22.7±0.6	59.3±1.2
	SDHR（%）	68.47	64.21

（续表）

品种	光照处理	出苗至始花日数（d）	出苗至始熟日数（d）
凤交 66-12	NP	39.8±0.5	101.4±0.7
	LD	76.3±1.5	161±1.7
	SD	24.0±1.0	61.3±1.5
	SDHR（%）	68.55	61.93

注：NP. 自然光照（natural photoperiod）；LD. 长日照（long day）；SD. 短日照（short day）；VE. 出苗期（em ergence）；R1. 开花期（beginning bloom）；R7. 始熟期（physiologicalmaturity）；SDHR. 短日促进率（Shortday hasteningrate）

大豆蛋白质和脂肪含量也受光周期变化的影响（表3）。中黄13蛋白质含量在自然光照条件下最高，而脂肪含量在短日下含量较高，从品质性状对光周期反应的敏感程度来看，中黄13的蛋白质含量对光周期反应较敏感，脂肪含量反应相对钝感。中黄24和凤交66-12分别在蛋白质含量和脂肪含量方面对光周期的反应敏感性较弱。

表2　光周期处理对3个供试大豆品种农艺性状的影响

品种	光照处理	株高（cm）	节数	分枝数	顶端花序小花数
中黄13	LD	150.9 ±7.7	20.8 ±0.7	1.4 ±0.3	5.7 ±0.9
	SD	35.4 ±0.4	7.8 ±0.4	1.3 ±0.3	1.6 ±0
	SDHR（%）	76.54	62.50	7.14	71.93
中黄24	LD	274.7 ±23.7	27.3 ±3.6	4.1 ±0.6	0.7 ±0.7
	SD	42.0 ±2.7	7.9 ±0.6	0.6 ±0.5	0.9 ±0.1
	SDHR（%）	84.71	71.06	85.37	-28.57
凤交66-12	LD	257.9 ±9.8	20.4 ±0.2	2.1 ±0.7	17.9 ±0.5
	SD	49.0 ±1.1	7.8 ±0.2	1.5 ±0.5	2.5 ±0.5
	SDHR（%）	81.00	61.76	28.57	86.03
		顶端花序荚数	有效荚数	单株粒数	单株粒重
中黄13	LD	0.8 ±0.5	28.3 ±1.8	51.0 ±4.0	10.2 ±1.4
	SD	1.1 ±0.4	12.5 ±1.1	20.9 ±3.2	4.5 ±0.2
	SDHR（%）	-37.50	55.83	59.02	55.88
中黄24	LD	0.3 ±0.3	37.1 ±10.5	75.4 ±22.9	11.5 ±2.8
	SD	0.9 ±0.1	11.7 ±2.0	19.4 ±6.1	3.0 ±1.0
	SDHR（%）	-200.00	68.46	74.27	73.91
凤交66-12	LD	0.9 ±0.3	28.0 ±8.9	54.3 ±18.8	8.8 ±2.5
	SD	1.7 ±0.2	8.5 ±0.9	11.3 ±3.0	2.3 ±0.7
	SDHR（%）	-88.89	69.64	79.19	73.86

表 3　光照处理对不同大豆品种蛋白质和脂肪含量的影响

品种	处理	蛋白质含量（%）	脂肪含量（%）
中黄 13	NP	43.73 ±0.11	18.11 ±0.31
	LP	39.02 ±0.61	18.75 ±0.52
	SP	41.46 ±0.58	19.45 ±0.24
中黄 24	NP	42.33 ±0.50	21.39 ±0.32
	LP	36.70 ±0.60	21.22 ±0.60
	SP	36.45 ±1.22	23.28 ±0.32
凤交 66-12	NP	39.28 ±0.42	21.36 ±0.07
	LP	39.98 ±0.56	20.42 ±0.17
	SP	42.41 ±2.23	21.04 ±0.94

2.3　中黄 13 在各级大豆品种区域试验中的表现

从部分省（市）大豆品种区域试验的结果（表 4）可看出，中黄 13 在北京、天津、安徽、四川等省（市）均可正常开花、结实和成熟，其开花期和全生育期在不同的区域试验中有明显的变化，但与当地主栽品种平均的开花期和全生育期相近，对不同生态类型地区表现出良好的适应性。由于受不同参试地区光照长度的影响，中黄 13 的株型和茎顶生长类型均发生变化，表现为有限结荚习性或亚有限结荚习性。中黄 13 在北京、陕西、安徽、四川 4 个省（市）平均产量均高于对照。除四川外，该品种在其他省（市）区域试验中的单产均位居第一位。其中，在 1999 年安徽省夏播组区域试验中，单产达到 3 486.30kg/hm^2（表 5）。多年多点的区域试验结果证明，中黄 13 的适应区域范围较广，适应性较强，是适合大面积推广的优良品种。

表 4　中黄 13 在不同区试点的生育状况

地区	年份	出苗至开花日数（d）	同组平均开花期	生育期（d）	同组平均生育期（d）	结荚习性
北京市（春播组）	2001	48.0	46.3	132	135.3	亚有限
北京市（春播组）	2000	51.2	50.2	135.8	137.5	亚有限
天津市（夏播组）	1999	35.3	30.7	106	97.5	亚有限
安徽省（夏播组）	1999	–	–	99.9	91.6	有限
四川省（春播组）	2002	50.5	54.2	122.3	122.9	有限

表 5　中黄 13 在不同省、市区试点的产量

地区	年份	纬度	平均产量（kg/hm^2）	产量平均位次
北京市（春播组）	2001	39.72°~40.22°N	2 829.00	1
北京市（春播组）	2000	39.72°~40.22°N	2 851.95	1
陕西省	1999	33.04°~36.35°N	3 365.55	1
安徽省（夏播组）	1999	32.54°~33.57°N	3 486.30	1
四川省（春播组）	2002	29.59°~30.40°N	2 629.50	3

3 讨论

以往的研究表明不同大豆品种对光周期反应的敏感程度不同，光周期反应敏感性较弱的品种可以跨越多个生态区种植，成为广适应的主推品种。例如，东北地区大豆品种满仓金、东农4号、铁丰18、黑农26、合丰25、合丰35、绥农14、合丰45，黄淮海地区品种跃进5号、诱变30、鲁豆4号、中黄13等品种种植范围较大，推广速度迅速，经济效益显著。它们的共同特点是亲本之一或双亲本具有秆强、节间短、结荚密、早熟的特性，品种高产、稳产、优质，抗倒伏，抗病性和抗逆性强，适应能力强，光周期反应不敏感，其中，光周期反应相对钝感是品种广适应的重要原因。

关于光周期对大豆的发育状况和农艺性状的影响，许多学者对此已做了大量工作。结果证明，中黄13的生育期性状、农艺性状和品质性状在不同光周期条件下均发生明显变化，说明该品种对光周期反应较为敏感，但与其他两个品种相比，中黄13在开花期和成熟期性状上的光周期敏感性比其他两个品种弱，成熟时该品种的株高、节数、分枝数、花序荚数、有效荚数、单株粒数和单株粒重7个农艺性状及脂肪含量对光周期的反应较另两个品种钝感，而蛋白质含量对光周期反应敏感。在区域试验中，中黄13的蛋白质含量变化较大，对光周期的反应敏感。韩天富等曾指出，光照长度对蛋白质含量的影响大于对油分的影响，与本结果相吻合。中黄13育成后，在各级品种区域试验中，其产量均高于对照且稳定性较强，且在不同的区域表现出与当地品种相似的生育期，抗病性和抗倒伏性也较强，结荚习性因环境变化略有不同，说明该品种应对环境变化的能力较强，是一个高产、稳产、抗病性好的广适应品种。

结果显示，光周期反应敏感性是鉴定品种广适应能力的有效指标，在衡量大豆品种的光周期反应敏感性时应综合考虑生育期性状和农艺性状。中黄13的选育经验说明，选育广适应品种时应选择血缘关系较远，生育日数差值小，成熟期适当，具有高产、稳产及适应性强的优良基因的品种（系）作为亲本，后代选择过程中对于优良的大豆品系应进行多点鉴定，以明确品种的适应性。品种审定后，要抓好原种繁殖，重视展示示范，加大推广力度。

4 结论

通过人工光周期处理，以短日促进率为指标，研究了广适应大豆品种中黄13及其他两个生育期相近大豆品种不同性状光周期反应敏感性的差异，并分析了中黄13在区域试验中的表现。结果表明，光周期处理对中黄13的发育性状、农艺性状和品质性状均有较大影响，但与其他参试品种相比，该品种在开花期、成熟期、株高、主茎节数、分枝数、顶端花序荚数、单株有效荚数、单株粒数、单株粒重等农艺性状及脂肪含量方面的光周期反应相对钝感。多年多点的区域试验结果也证明，光温反应钝感是中黄13广适应的重要原因，这些结果为中黄13的进一步推广提供了理论依据，也为广适应性新品种的选育提供了很好的范例。

致谢：中国农业科学院作物科学研究所赵荣娟技师提供区域试验资料，武甲林、曹东等同学协助进行光周期处理。

参考文献（略）

本文原载：大豆科学，2009，28（3）：377-381

大豆南繁的效果与体会

王　岚　王连铮
（中国农业科学院作物科学研究所，北京　100081）

育成一个大豆品种一般需要10年左右的时间，特别是大豆育种过程中有性杂交以后往往需要4~5年分离之后才稳定，为了缩短大豆杂交育种周期，进行大豆南繁是必要的。此外在北方决选的品系当年种子量少，为了尽早参加品种鉴定试验，需要加速繁殖大豆优良品系，这也是进行南繁的重要原因之一。

在大豆的杂交育种过程中，为了加快大豆育种进程，缩短育种年限，对大豆杂交分离世代进行繁殖加代是完全必要的，特别是对大豆杂交后的F_2~F_4；且对株高熟期等完全可以进行选择。在北方决选的品系当年种子量少，为了尽量参加品种鉴定试验，需要加速繁殖大豆优良品系。

1　大豆南繁的结果分析

从1993—2015年先后共南繁27次，有个别年份2次，大部分年份1次，主要繁殖的材料如下。

1.1　1997年育成的品系中作975（现为中黄13）

当年由于在鉴定圃比对照增产特别突出，达40.8%，因此决定当年就去海南繁殖。后来又繁殖2次该品系，使得在多省得以很快参加区域试验，1999—2000年参加安徽省区试，2年区试每667m^{2}平均产量为202.73kg，较对照增产16.0%。1998年和2000年参加天津市区试，1998年每667m^{2}平均产量为163.8kg，与对照持平；2000年平均产量为157.6kg，较对照增产5.1%。2000年参加安徽省生产试验，每667m^{2}平均产量为191.96kg，较对照增产12.71%。1999—2000年参加天津市生产试验，每667m^{2}平均产量为166.85kg，较对照增产18.15%。现已在9个省（市）和国家审定推广，并在相邻5个省（市）示范推广种植，已累计推广8 000余万亩，是一个广适应性、高产、高蛋白的大豆品种。于2012年获国家科技进步一等奖，是近20年来唯一年种植面积超过1 000万亩的大豆品种，连续7年居全国大豆推广面积首位。

1.2　2012年育成的品系中作122（现为中黄35）

比中黄13早熟7d左右，适于黄淮海地区北部，西北地区以及吉林公主岭以南地区种植。由于此品系决选时表现突出，决定当年马上进行南繁，经所内鉴定试验表现突出，2004年参加黄淮海北片夏大豆品种区域试验，每667m^{2}平均产206.0kg，比对照早熟18增产19.3%（极显著）；2005年续试，平均产204.3kg，比对照冀豆12增产5.6%（极显著）；2年区域试验平均产205.1kg。2005年生产试验，每667m^{2}平均产219.1kg，比对照冀豆12增产5.8%。2005年参加北方春大豆晚熟组品种区域试验，每667m^{2}平均产187.5kg，比对照辽豆11增产10.0%（极显著）；2006年续试，平均产191.8kg，比对照增产7.0%（极显著）；2年区试平均产189.7kg，比对照增产8.5%。2006年生产试验，每667m^{2}平均产173.8kg，比对照增产3.5%。其后又相继通过内蒙古自治区和吉林省品种审定委员会审定。

该品种有以下特点：①超高产。连续4年在新疆小面积（667m^{2}以上）产量为400kg/667m^2，

基金项目：中国农业科学院科技创新工程

2012年最高产量达到421.37kg，为全国纪录，大面积（86.84亩）产量创364.68kg的纪录；采用的关键措施为滴灌，结合施肥、化控及调节pH值。②适应性广。通过山东、河北、天津、北京、内蒙古、辽宁、宁夏、陕西、甘肃等省（市、自治区）审定，是一个适应性广的大豆品种。③高油。本品种含油量高，是一个高油大豆品种。

1.3 中作983（中黄20）

系高油高产品系，列入农业部农业科技跨越计划，在辽宁、河北、天津等地重点推广，由于在辽宁大连首先试验，表现优良，与大连合作在2000年后去海南繁殖了20亩，南繁后很快在辽宁大连普兰店试种推广。

除上述3个品系外，还有中作976（中黄17）、中作9612（中黄19）等也曾进行过南繁，效果也较好。对育种后代进行加代繁殖，每年从不同杂交世代优良组合选单株进行加代，每年约种植300~500株，根据材料好坏来决定。

2 南繁的一些体会

2.1 选材问题

根据多年的试验，南繁的材料最好选择1~2个极优良的品系进行繁殖，选择中作975（中黄13）在1997年和1998年进行南繁效果很好，加快了品系的试验进程和推广速度。2002年又选择中作122（中黄35）进行南繁，效果均很好。后者在黄淮海北组以及北方春大豆晚熟组均审定推广，内蒙古自治区和吉林省也分别审定推广，适宜推广地区达10个，也是一个广适应性大豆品种。

2.2 选择优良组合对 F_1 和 F_4 进行加代

这样可以加速育种进程，在育种选择性状上，株高、熟期等性状宜于选择，产量性状不易选择，但 F_3、F_4 组合间产量上可看出一些差异，但主要还是以北方田间试验作为根据。

2.3 时间和地点

最好在10月下旬和第2年的2月之间，这个时间温度较底，适于大豆生长。南繁地点最好在三亚附近如崖城、宝港等地，这里不会受低温影响。每年种植2亩左右，个别年份繁殖优良品系时可达10~20亩。

2.4 大豆栽培应注意的问题

一般在北京种植的夏播材料在南繁时生育期要短10~15d，北京的春播大豆材料南繁时生育期要短20~25d。南繁大豆的株高一般在35~45cm，如何能使南繁大豆生长接近北方生长的大豆至关重要，关键在于前30d的栽培管理。关键栽培技术在于：①最好整地前施用腐熟的有机肥，播前整地灌水，播种深度在10cm左右。②出苗后6~7d松土，以后每隔5~6d进行1次施肥灌水、松土，花期以后间隔时间可稍长些，根据长势及土壤墒情来决定。③要及时防治病虫鼠害，在播种前要将试验区用塑料板围起来，以防鼠害，塑料板高度在1m，特别在大豆出苗前，很容易遭受鼠害，病虫害要根据发生情况及时防治。④一般一年1代，个别年份一年2代，一年2代时，第1代最好在上年10月20日播种，第2年1月20日前后可收获，第2代在1月底前播种，4月底前收获，这样不影响南繁材料在北方的播种时间。

本文原载：中国种业，2015（3）：30-31

五、大豆生物技术育种

大豆致瘤及基因转移研究

王连铮[1]　尹光初[1]　罗教芬[1]　雷勃钧[1]　王　剑[1]　姚振纯[1]　李秀兰[1]
邵启全[2]　蒋兴邨[2]　周泽其[2]
（1. 黑龙江省农业科学院，哈尔滨　150086；2. 中国科学院遗传研究所，北京　100101）

摘　要：本文报道了致瘤农杆菌（*Agrobacterium tumefaciens*）的15个菌系对大豆的致瘤作用，筛选出致瘤效果较好的7个菌系。从野生大豆、半野生大豆和栽培大豆的1 553个品种和品系中筛选出94个结瘤品种和品系，占筛选总数的6%，并获得了无菌愈伤组织。经生化鉴定证明，上述愈伤组织中有一部分含有胭脂碱（Nopaline）。证明Ti质粒可以作为载体，把胭脂碱基因转移到野生大豆、半野生大豆和栽培大豆的基因组中去整合和表达，并稳定地保存在大豆基因组中。

近年来，植物基因工程的研究相当活跃，这和作为遗传载体的Ti质粒的发现和利用密切相关。致瘤农杆菌［*Agrobacterium tumefaciens*（Smith & Townsend）Conn.］的Ti质粒进到植物组织以后，对大多数双子叶植物可以致瘤。在瘤组织中形成特定的胍基氨基酸衍生物（*Opine*），如章鱼碱（Octopine）或胭脂碱（Nopaline）。致瘤组织的生长可以不需要外源激素，这是因为Ti质粒上的T-DNA整合到植物细胞核DNA中以后，改变了植物细胞的代谢，在植物组织中产生大量的内源激素。这种发现为筛选转化了的植物材料提供了方便的试验技术。利用Ti质粒作为遗传载体转移基因在检测方面也有方便的地方，例如，Ti质粒的T-DNA上的Nopaline基因活动产物——胭脂碱，可以通过纸上电泳法准确地测出。正因为有了这些有效的技术，有人把提取出的纯化的Ti质粒转化烟草的原生质体，得到再生的植株，并在植株中测出胭脂碱，完成了基因转移。这个小组正在把目的基因重组在Ti质粒上，然后再以Ti质粒为载体试图转移目的基因。

我们的目标是把植物基因工程的基本技术用在大豆的品种改良上。这就首先要做好致瘤农杆菌对大豆品种和品系致瘤作用的筛选，其次追踪异源基因进到大豆基因组以后的命运。由于缺乏现成的资料，这种基础性质的研究是非常必要的。

我国是大豆的原产地，有着极其丰富的品种资源和野生大豆资源。对这些资源进行普遍而广泛的结瘤鉴定，其直接的结果是可以大大地提高品种资源的使用价值。有人报道致瘤农杆菌可以对大豆属致瘤，然而未鉴定是大豆属的那一个物种。有人用致瘤农杆菌对栽培大豆进行了致瘤试验，未获成功。就致瘤农杆菌对栽培大豆、半野生大豆和野生大豆的致瘤作用结果曾有过一个初报。这里将报道对1 500多个大豆品种和品系致瘤筛选的结果和胭脂碱基因转移的情况。

1　试验材料和方法

试验所用的载体材料为致瘤农杆菌的15个菌系，其中pTi214、M_3/73、C_{58}、G_1/73、B_3/73、542、A_{208}、A_4、223、K_9/73、K_{27}和B_1/73 12个菌系为美国华盛顿大学E. W. Nester教授提供，其余T_{37}，B_6，ACH_5 3个菌系为中国科学院遗传所303组提供。

试验受体材料为栽培大豆（*Glycine max*）984个品种，半野生大豆（*G. gracilis*）129个和野生大豆（*G. soja*）440个品系。供试材料种植在两种栽培条件下。一种是按哈尔滨地区正常生长季节播种在大田试验区；另一种是播种在口径为20cm的泥盆里，每个材料种4~8盆，每盆保苗

5 株。两种栽培条件下种植的试材，植株生长发育正常。

致瘤农杆菌的培养，采用 YEB 培养基。每升中含有牛肉膏 5g，蛋白胨 5g，酵母提取物 1g，蔗糖 5g，0.5M $MgSO_4 \cdot 7H_2O$ 4ml，pH 值 7.2。经高压灭菌后，接种致瘤农杆菌，放在每分钟振荡 80 次的往复振荡器上培养，温度保持 28℃左右。试验应用培养 48h 的菌液，在大豆植株的第一片复叶出现时，用注射器直接注射到大豆茎的上胚轴部位。

大豆瘤组织经 0.1%升汞表面消毒 10min 后，接种在无任何激素的 MS 培养基上诱导愈伤组织。对瘤组织产生的愈伤组织的生化检测采用了纸上电泳法。用紫外荧光的方法观察并照相。

2 试验结果

2.1 致瘤农杆菌对大豆的致瘤作用

15 种致瘤农杆菌对栽培大豆和野生大豆的致瘤筛选试验结果列入表 1。

表 1 不同致瘤农杆菌对栽培大豆、野生大豆的致瘤作用

大豆种	项目 \ 菌种	$B_3/73$	C_{58}	T_{37}	$M_3/73$	pTi214	ACH_5	B_6	$G_1/73$	542	A_{208}	223	$K_9/73$	$B_1/73$	A_4	K_{27}	总计
栽培大豆（*G. max*）	处理株数	254	540	646	224	205	296	165	221	33	251	41	190	18	33	17	3 137
	结瘤株数	4	0	0	0	0	0	0	0	0	0	0	0	0	0	0	4
	%	1.6	0	0	0	0	0	0	0	0	0	0	0	0	0	0	0.13
野生大豆（*G. soja*）	处理株数	140	59	213	215	200	172	165	187	171	164	102	56	-	-	-	1 844
	结瘤株数	1	7	1	2	0	5	0	0	0	11	0	4	-	-	-	31
	%	0.7	11.9	0.5	0.9	0	2.9	0	0	0	6.7	0	7.1	-	-	-	1.7

表 1 中所列的试验结果表明，15 个致瘤农杆菌对栽培大豆京黄 3 号、黑农 11 号、黑农 26 号和新黑豆 4 个品种进行接种处理共 3 137株，其中只有 $B_3/73$ 一个菌种处理 254 株栽培大豆获得了 4 个瘤组织，这 4 个瘤组织都属于京黄 3 号，其结瘤率为 1.6%（图版Ⅰ-3）。其他菌系对这 4 个品种均无反应。另外用致瘤农杆菌的 12 个菌系对 7 个野生大豆的品系（79-0619、79-3301、79-3104、79-4001、79-0302、79-2101、79-3827）进行了处理，其中有 7 个农杆菌菌系能使野生大豆致瘤（图版Ⅰ-1），其致瘤率在 0.5%~11.9%，这说明了不同菌种对野生大豆的致瘤效果是不同的。

为进一步证实不同菌种对大豆属的不同致瘤作用，又采用了 T_{37} 和 C_{58} 两个菌种，对 1 553个栽培大豆、半野生大豆和野生大豆的品种和品系进行了比较试验。结果表明，C_{58} 对大豆属 3 个种的致瘤能力强于 T_{37}。它们的共同特点是对半野生大豆致瘤（图版Ⅰ-2）能力最强，其次是栽培大豆，野生大豆的致瘤能力较差，只有 0.38%和 1.04%（表 2）。试验进一步表明，不同菌种对大豆属 3 个种的植株致瘤能力是有差异的。

表 2 T_{37} 和 C_{58} 两个菌种对大豆属 3 个种的致瘤反应

试验材料	T_{37} 菌种			C_{58} 菌种		
	接种株数	结瘤株数	%	接种株数	结瘤株数	%
栽培大豆（*G. max*）	1 035	7	0.68	1 035	33	3.19

（续表）

试验材料	T_{37}菌种			C_{58}菌种		
	接种株数	结瘤株数	%	接种株数	结瘤株数	%
半野生大豆（*G.gracilis*）	820	16	1.95	820	70	8.54
野生大豆（*G. soja*）	1 820	7	0.38	1 820	19	1.04

2.2 大豆属不同品种和品系对致瘤农杆菌的反应

现将对栽培大豆的984个品种、半野生大豆129个品系及野生大豆440个品系进行致瘤筛选的结果列入表3。从984份栽培大豆中筛选出25个品种能感染致瘤农杆菌而致瘤的占2.54%；129份半野生大豆品系中筛选出35个致瘤品系，结瘤的占27.13%；从440份野生大豆材料中筛选出34个致瘤品系，占7.72%。供试材料共计1 553份，从中筛选出94个结瘤品种或品系，占6%。按结瘤情况好坏排列，最佳者为半野生大豆，野生大豆次之，最后是栽培大豆。

表3 大豆的不同品种和品系对致瘤农杆菌的致瘤反应

大豆种类	栽培条件	接种品种或品系数目	致瘤品种或品系数目	%	接种株数	致瘤株数	%
栽培大豆（*G. max*）	田间	870	4	0.45	11 760	4	0.03
	盆栽	114	21	18.42	2 070	84	4.05
	小计	984	25	2.54	13 830	88	0.63
半野生大豆（*G. gracilis*）	田间	47	0	0.00	282	0	0.00
	盆栽	82	35	42.68	1 640	150	9.14
	小计	129	35	27.13	1 922	150	7.80
野生大豆（*G. soja*）	田间	258	3	1.16	1 548	3	0.19
	盆栽	182	31	17.03	3 640	86	2.36
	小计	440	34	7.72	5 188	89	1.71
总计		1 553	94	6.05	20 940	327	1.56

2.3 对大豆瘤组织的培养及异源基因转移情况的鉴定

在大豆结瘤以后，对瘤组织进行了离体培养，以期诱导出脱菌的愈伤组织。为此，将不同瘤龄的组织块（分为20d和40d两种）接种在无激素的MS培养基上。将瘤组织切成直径为1~2mm大小的组织块进行培养。观察到20d的瘤组织块农杆菌污染严重，没有得到脱菌材料；而40d的瘤组织块农杆菌污染较轻，经多次及时转移，终于得到了脱菌的组织块。用这种方法，获得了栽培大豆、半野生大豆和野生大豆的来源于瘤组织的愈伤组织（图版Ⅰ-4至图版Ⅰ-8）。由于培养期间多次转移，培养基中又没有任何激素，愈伤组织生长较慢，结构比较紧密，3个月时间能长到直径1~2cm的愈伤组织块。在无激素的培养基上，正常的大豆组织的外植体很难产生愈伤组织。而瘤组织却能在无激素的培养基上产生愈伤组织，这就间接地证明在这些瘤来源的愈伤组织中可能含有T-DNA，并整合在基因组中。

基因转移的确切证据需要对坐落在T-DNA上面的基因活动的产物作出直接的测定。胭脂碱和章鱼碱可以作为T-NDA转移的标记基因，这是近年来国际上公认的一项成就和作为测定T-DNA转移的依据。在本试验里也采用了类似的方法，即将在无激素培养基上形成的瘤来源的愈伤组织用纸上电泳法检测了章鱼碱和胭脂碱。检测结果表明，3个种的大豆瘤来源的愈伤组织中，都有部分愈伤组织存在胭脂碱（图版Ⅰ-9），而对照组均没有胭脂碱。这就直接证实了坐落在致瘤农杆菌 Ti 质粒中的 T-DNA 上的胭脂碱基因整合在大豆基因组中，并能够全表达，翻译成氨基酸的衍生物——胭脂碱。从而成功地实现了基因的转移。

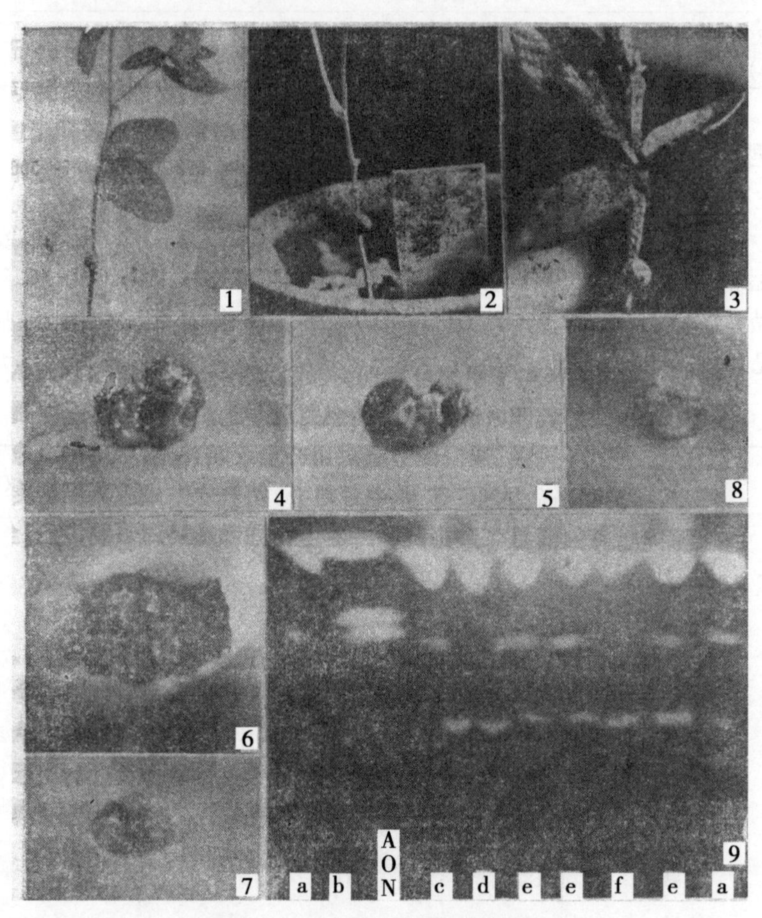

图版Ⅰ　大豆致瘤及基因转移研究

1. 野生大豆植株所产生的瘤
2. 半野生大豆植株所产生的瘤
3. 栽培大豆植株所产生的瘤
4~5. 野生大豆瘤组织在无激素培养基上所产生的愈伤组织
6. 半野生大豆瘤组织在无激素培养基上所产生的愈伤组织
7~8. 栽培大豆瘤组织在无激素培养基上所产生的愈伤组织
9. 大豆属 3 个种的瘤组织所产生的愈伤组织的胭脂碱电泳图
[a. 栽培大豆瘤来源的愈伤组织；b. 栽培大豆下胚轴（CK）；c. 半野生大豆瘤来源的愈伤组织；d. 半野生大豆下胚轴（CK）；e. 野生大豆瘤来源的愈伤组织；f. 野生大豆下胚轴（CK）。AON，A=Arginine，O=Octopine，N=Nopaline]

3　讨论

近年来，植物基因工程研究取得了可喜的结果。以烟草为典型材料的研究进展表明 Ti 质粒是一个较好的载体。目前人们正在把注意力从烟草转向大豆等主要经济作物上来，然而尚未见重大的突破。

大豆基因工程的困难首先是大豆的再生能力不强，其次是缺乏理想的载体。本研究的目的在于解决这两个问题。从茄科植物方面的成功经验来看，再生能力和畸胎瘤之间有一定的相关性。在栽培大豆、半野生大豆和野生大豆的 1 553份品种和品系中已经筛选出 94 份材料，能被致瘤农杆菌感染而结瘤，其中有些是属于光滑型的瘤组织，它们是潜在的畸胎瘤。从而提高了我国丰富的大豆种源的价值。在试验中还找到了一种高结瘤率的野生大豆的品系，在接种 A_{208} 菌种时，其单株结瘤率高达 50%。除菌种和致瘤品种品系外，也提供了结瘤适宜条件方面的经验。这些结果为解决大豆再生能力问题打下了良好的基础。

本文所列事实，初次证明 Ti 质粒在栽培大豆、半野生大豆及野生大豆中都可以成为一个现实可用的基因载体。胭脂碱基因在整合到大豆基因组以后，在多次继代培养过程中是稳定的，从而在大豆属中成功地完成了胭脂碱基因转移。

本研究得到了王金陵教授、张国栋副所长，吴和礼、胡启德等同志的指导帮助；林红、卢翠华、李安生、李金国同志参加了部分试验工作，一并致谢。

Peter S. Carlson & E. W. Nester 教授为本研究提供菌种和建议，特此致谢。

参考文献（略）

本文原载：中国科学（B 辑），1984（2）：137-142

A Study on Tumor Formation of Soybean and Gene Transfer

Wang Lianzheng[1] Yin Guangchu[1] Luo Jiaofen[1] Lei Bojun[1]
Wang Jian[1] Yao Zhenchun[1] Li Xiulan[1]
Shao Qiquan[2] Jiang Xingcun[2] Zhou Zeqi[2]
(1. *Heilongjiang Provincial Academy of Agricultural Sciences*, *Harbin* 150086, *China*;
2. *Institute of Genetics*, *Academia Scinica*, *Beijng* 100101, *China*)

Abstract: From 15 strains of *Agrobacterium tumefaciens* 7 were selected as the best inductors of tumors on soybean and 94 tumor formation genotypes were sereened from 1 553 varieties and lines of *Glycine soja*, *G. gracilis* and *G. max*. The frequency of tumor formation was 6%. The bacteria-free calluses were obtained. The data of biochemical analysis verify that some of the above-mentioned calluses contained nopaline. This means that Ti-plasmid of *Agrobacterium tumefaciens* can be used as a vector for the transfer of nopaline, a marker gene into gonome of several species of soybean. In the soybean genome the transferred nopaline gene was integrated and expressed. The transformed gene can be stably integrated in the soybean genome through vegetative propagation.

Introduction

Intensive studies on problems of plant genetic engiueering have been made recently. Discovery and utilization of Ti-plasmid as a vector helped a lot in this kind of work. The Ti-plasmid entered into plant genome after the infection of most dicotyls by *Agrobacterium tumefaciens* and introduced tumor. In such kind of tumor tissues, the opine group can be formed (octopine and mopalined). In auxin-free medium, these tumor tissues can grow and form calluses. After integration of T-DNA of Ti-plasmid into plant nuclei DNA, the metabolism of plant cell has been changed and produced a lot of inner auxin.

This finding acts as a very convenient technique for screening transformed plants. The Ti-plasmid can be used as a vector of gene transfer even from the view point of technological determination. For example, the nopaline as a product of nopaline gene activity, located in T-DNA of Ti-plasmid, can be directly determined by paper electrophoresis. F. A. Kerns et al succeeded in gene transfer using isolated Ti-plasmid for transformation of tobacco protoplasts and obtained regenerated transformed plants. This research group are now working on insertion of proposed gone into Ti-plasmid and on transformation of tobacco plants.

The aim of our project is to apply plant gene engineering teehnique to soybean improvement. The first step is to screen tumor formation varieties and forms with infection of *Agrobacterium tumefaciens*; then, to study the fate of foreign gene after its being integrated into soybean genome.

Soybean originated in China and China is very rich in genetic resources of wild soybean.

The information of tumor formation of such materials will be valuable for the utilization of such genctic resources. De Cleene reported on tumor formation for one of the wild species of *Glycine*. M. I. Lopatin used *Agrobacterium tumefaciens* for tumor induction with cultivated soybean but failed. We published a short communication about tumor formation of wild, semi-wild and cultivated soybean. Here published are screening results on tumor formation for more than 1 500 varieties and lines of soybean and data of nopaline gene transfer.

Materials and methods

Fifteen strains of *Agrobacterium tumefaciens* were used in the experiments. Among them pTi214, M_3/73, C_{58}, G_1/73, B_3/73, 542, A_{208}, A_4, 223, K_9/73, K_{27} and B_1/73 were supplied by Prof. E. W. Nester form Washington University (USA). The other three strains: T_{37}, B_6 and ACH_5 were presented by Research Group 303, Institute of Geneties, Academia Sinica.

Recipients in the experiments were 984 varieties of cultivated soybean (*G. max*), 129 lines of semi-wild soybean (*G. gracilis*) and 440 lines of wild soybean. The plants for experiments were grown up in the field and in pots 20cm in diameter with 5 plants per pot, 4~8 pots for each number of varieties or forms. All the plants grew normally.

YEB medium was used for culture of *Agrobacterium tumefaciens.* After sterilization, the bacteria were inoculated in this YEB medium and cultivated on shaker with 80rpm at 28℃. After 2~3 days of culture, the liquid with bacteria was injected into young parts of stem by syringe.

The calluses were induced on the auxin-free MS medium from tumor tissue of soybean. The paper electrophoresis was used for determination of nopaline in the calluses and the UV lamp for observation and phtography.

Results

Tumor-induction on soybean by *Agrobaetcrium tumefaciens*

Data of tumor-inducing effect of 15 strains of *Agrobactcrium tumcfacions* on cultivated and wild soybean are presented in Table 1.

Table 1 shows that four crawn galls were obtained from 3 137 treated plants. All of these tumors were obtained from the variety Jinghuan No. 3 (Plate I, 3) by infection of B_3/73 strain among 254 treated plants so that the percentage of tumor formation is 1.6%. Other three varieties: Heinong 11, Heinong 26 and new-Heinong 4, treated by *Agrobactrium tumcfaciens* failed in tumor formation. Twelve strains of *Agrobactcrium tumcfaciens* were used for infection of seven lines of wild soybean (79-0619, 79-3301, 79-3104, 79-4001, 79-0302, 79-2101, 79-3827). The seven strains from twelve strains induced tumors on wild soybean (Plate I, 1). The frequencies of tumor formation ranged from 0.5% to 11.9%. All of these verify that the effects of tumor induction are not the same in different strains of *Agrobacterium tumefaciens.*

A comparison experiment was done for discovering tumor-inducing effect on 1 553 varieties and lines of 3 soybean species (i. e. cultivated, semi-wild and wild) by infection of strains T_{37} and C_{58} of *Agrobacterium tumefaciens.*

Table 1 Tumor-inducing effcet on cultivated and wild soybean by different strains of *Agrobacterium tumefaciens*

Recipiant	Strain of bacteria / Observation	$B_3/73$	C_{58}	T_{37}	$M_3/73$	pTi214	ACH_5	B_6	$G_1/73$	542	A_{208}	223	$K_9/73$	$B_1/73$	A_4	K_{27}	Total
Glycine max	Plants treated (No.)	254	540	646	224	205	296	165	221	33	251	41	190	18	33	17	3 137
	Plants with tumor (No.)	4	0	0	0	0	0	0	0	0	0	0	0	0	0	0	4
	%	1.6	0	0	0	0	0	0	0	0	0	0	0	0	0	0	0.13
Glycine soja	Plants treated (No.)	140	59	213	215	200	172	165	187	171	164	102	56	-	-	-	1 844
	Plants with tumor (No.)	1	7	1	2	0	5	0	0	0	11	0	4	-	-	-	31
	%	0.7	11.9	0.5	0.9	0	2.9	0	0	0	6.7	0	7.1	-	-	-	7.1

Table 2 Tumor-inducing effect of strains T_{37}, C_{58} of *Agrobacterium tumefaciens* on soybean

Material	T_{37} Strain			C_{58} Strain		
	Plant treated (No.)	Plant with tumor (No.)	%	Plant treated (No.)	Plant with tumor (No.)	%
G. max	1 035	7	0.68	1 035	33	3.19
G. gracilis	820	16	1.95	820	70	8.54
G. soja	1 820	7	0.38	1 820	19	1.04

From the data presented in Table 2, we can see that the C_{58} strain in comparison with strain T_{37} has better tumor-inducing effect on *G. max*, *G. gracilis* (Plate I, 2) and *G. soja.*

Reaction of different varieties and forms of soybean on *Agrobacterium tumefaciens*

The data of tumor formation on 984 varieties of cultivated soybean, 129 forms of semi-wild soybean and 440 forms of wild soypean are presented in Table 3.

Table 3 shows that among 984 varieties of cultivated soybean, 25 varieties with tumors were screened with the tumor formation frequency 2.54%; among 129 lines of semi-wild soybean 35 lines with tumors and the frequency of tumor formation is 27.13%, From treated 440 lines of wild soybean, 34 lines with tumors were separated, and the frequency of tumor formation is 7.72%. A total number of 1 553 varieties or lines were altogether treated and 94 varieties or lines with tumors were obtained and the tumor formation frequency is 6%. From the view point of tumor formation, the semi-wild soybean is the best, the wild soybean the better, and the cultivated soybean the worst.

Table 3 Reaction of different varieties and lines of soybean on tumor induction by *Agrobacterium tumefaciens*

Material	Experiment condition	Varity or line treated (No.)	Variety or line with tumor (No.)	%	Plant treated (No.)	Plant with tumor (No.)	%
	Field	870	4	0.45	11 760	4	0.03
G. max	Greenhouse	114	21	18.42	2 070	84	4.05
	Total	984	25	2.54	13 830	88	0.63
	Field	47	0	0	282	0	0
G. gracilis	Greenhouse	82	35	42.68	1 640	150	9.14
	Total	129	35	27.13	1 922	150	7.80
	Field	258	3	1.16	1 548	3	0.19
G. soja	Greenhouse	182	31	17.03	3 640	86	2.36
	Total	440	34	7.72	5 188	89	1.71
Total		1 553	94	6.05	20 940	327	1.56

Tumor tissue culture and determination of gene transfer

The tumor tissues of soybean were inoculated in MS medium for inducing bacteriafree calluses. The 20 and 40-day-old pieces of tumor tissues were inoculated on auxin-free MS medium. The tumor tissues were cut into pieces of 1 ~ 2mm size for inoculation. The bacteria-free tumor tissues were obtained through many times of transfer from tumor tissue of 40-day-old but not from tumor tissue of 20-day-old for very heavy contamination of bacteria. By this way, calluses were obtained from tumor tissues of cultivated, semi-wild and wild soybean (Plate I, 4~8). Usually the normal soybean tissue cannot grow or form callus in auxin-free MS medium, but tumor tissue can. The calluses from tumor tissue of cultivated, semi-wild and wild soybeans were obtained from auxin-free MS medium, but as control, the normal soybean tissue cannot form callus on auxin-free MS medium so that this fact indirectly shows the presence of T-DNA in such kind of calluses. But it needs direct determination of nopaline here, as a product of nopaline gene on T-DNA.

The presence of nopaline or octopine in plant tissues can serve as a marker gene for T-DNA transfer. In our experiments, the above-mentioned technique was also used. Determination of nopaline and octopine was done for calluses from tumor tissues. The data of determination by paper electrophoresis verify the presence of nopaline in these calluses (Plate I, 9) but not in the control. The nopaline was found in calluses of *G. max*, *G. gracilis* and *G. soja*. This verifies integration and expression of nopaline gene in soybean genome so that the suitable recipient and vector were found for soybean engineering and the nopalint gene transfer in soybean succeeded.

Discussion

Recently the plant genetic engineering has been progressively employed. The Ti-plasmid is a good vector for the study of tobacco as a classical material. Many scientists are now trying to use some economically important crops including soybean as experimental materials for the study of plant genetic engineer-

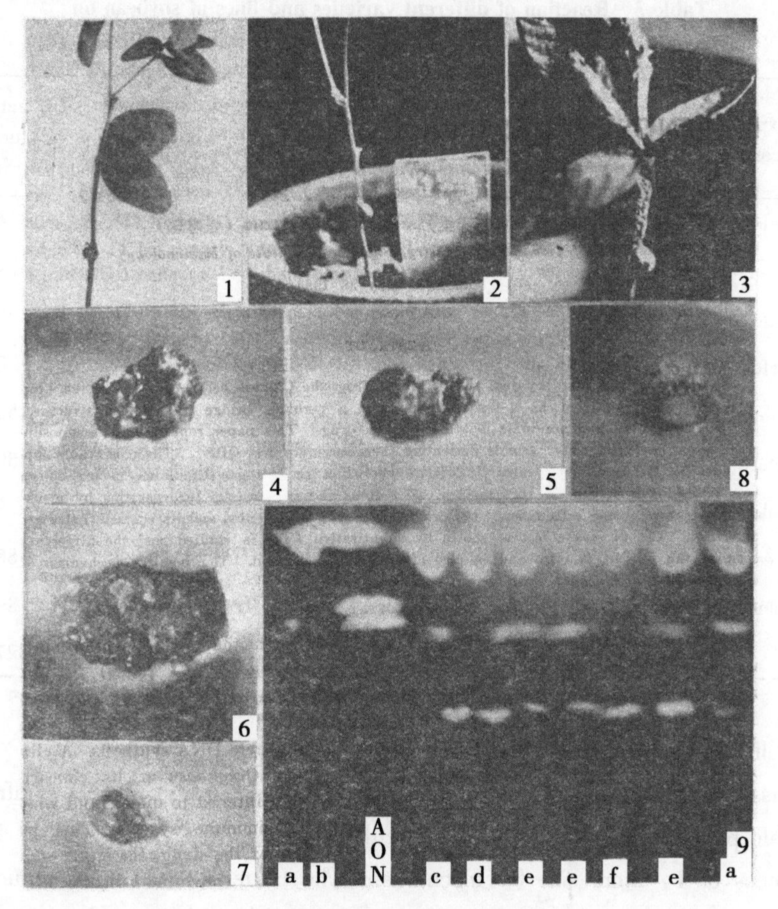

Plate I Soybean gene transfer

1. Tumor formation on plant of wild soybean (*G. soja*)
2. Tumor formation on plant of semi-wild soybean (*G. gracilis*)
3. Tumor formation on plant of cultivated soybean (*G. max*)

4~5. Callus formation from tumor tissue of wild soybean on auxin-free MS medium

6. Callus formation from tumor tissue of semi-wild soybean on auxin-free MS medium

7~8. Callus formation from tumor tissue of cultivated soybean on auxin-free MS medium

9. Paper electrophoreisi graphic of nopaline in calluses from tumor tissue of *G. max G. gracilis* and *G. soja*

a. Callus from tumor tissue of cultivated soybean

b. Hypocotyle of cultivated soybean (CK)

c. Callus from tumor tissue of semi-wild soybean

d. Hypocotyle of semi-wild soybean (CK)

e. Callus from tumor tissue of wild soybean

f. Hypocotyle of wild soybean (CK)

ing.

The main difficulties for soybean gene engineering are the low regeneration ability and the lack of suitable vector. Our experiments were designed for solving these problems. From the experimental data with plants of *Solanaceae*, correlation between regeneration ability and teratome formation is observed. In our experiments, 94 varieties or lines of wild, semi-wild and cultivated soybean formed tumors, some with flat surfaces so that they could be accepted as potential teratomas.

Determination of tumor formation effectivity among the different varieties and forms of soybean supplied a valuable information on very rich genetic resources of soybean in China. For example here was separated a form of wild soybean with a very high frequency of tumor formation (50%) by injection of A_{208} strain.

Data presented here verify that Ti-plasmid can be used as a vector for cultivated, semi-wild and wild soybean. The T-DNA was stably integrated in soybean genome through vegetative propagation, and nopaline gene transfer in soybean genome succeeded.

This work was partially supported by Prof. Wang Jinling, Deputy Director Zhang Guodong, Wu Heli, Hu Qide, Lin Hong, Lu Cuihua, Li Ansheng and Li Jinguo. We thank Profs. P. S. Carlson and E. W. Nester for supplying strains of *Agrobacterium tumcfaciens.*

References (omitted)

本文原载：Scientia Sinica (Series B), 1984, 27 (4): 391-397

含 T-DNA 大豆细胞系的建立

蒋兴邨[1] 邵启全[1] 周泽其[1] 王连铮[2] 尹光初[2] 雷勃钧[2]
(1. 中国科学院遗传研究所，北京 100101；2. 黑龙江省农业科学院
大豆研究所，哈尔滨 150086)

摘 要：本文报道了由致瘤农杆菌（*Agrobacterium tumefaciens*）C_{58}菌株诱发的栽培大豆“四月黄”品种的瘤组织，经过无激素的 MS 培养基初步筛选和标记基因产物胭脂碱纸上电泳鉴定，筛选出含 T-DNA 的大豆愈伤组织。经过 65 代悬浮继代培养以及 3 次单细胞筛选，成功地获得了含 T-DNA 的稳定的大豆细胞系。同时还建立了一个含有 T-DNA 的多倍体细胞系。异源的 T-DNA 中的胭脂碱合成酶基因在大豆细胞基因组中稳定的整合和表达，为大豆的基因工程研究创造了良好的条件。

大豆是一种重要的油料和高蛋白的经济作物。研究大豆细胞系的建立是研究单细胞育种和细胞融合的基础，同时也是研究大豆遗传工程的一种重要的方法。早就引起国内外科学工作者的重视。近年来，大豆基因工程中载体和受体的研究也受到国内外关注。用致瘤农杆菌感染栽培大豆获得冠瘿瘤和 T-DNA 在大豆基因组中整合、转移和表达的研究，从 1982 年在《黑龙江农业科技》首次报道，以后逐年增多，本试验将含 T-DNA 的大豆愈伤组织通过 65 代悬浮继代培养，选择出含有 T-DNA 中胭脂碱合成酶基因的稳定的细胞系，证实了 T-DNA 能够整合到栽培大豆细胞中表达和传递。为大豆基因工程的研究提供了必要的试验材料。

1 材料和方法

供试验应用的含 T-DNA 的愈伤组织于 1982 年春天用 C_{58}致瘤农杆菌感染“四月黄”大豆品种获得的瘤组织（图版Ⅰ-1）。同年 8 月将瘤组织接种于无激素的 MS 培养基上培养，获得了无菌的愈伤组织（编号 17-2）。在无激素培养基上继代培养了 6 代，培养时间长达 8 个月，经微量纸电泳测定，部分愈伤组织含有胭脂碱。将这种含有胭脂碱合成酶基因的愈伤组织进行悬浮培养。培养基为无激素的 MS 基本培养基和含有激素的 R_3 液体培养基（MS+1mg/L IAA+0.5mg/L 2,4-D+0.5mg/L KT）。接种无菌的含 T-DNA 的愈伤组织后，在 80rpm 往复振荡器上培养，温度为 26~28℃，每天光照 10h，光强为 1 500lx。

含 T-DNA 的细胞系的筛选，将悬浮培养的细胞用 1 000rpm 离心 10min，除去含激素的 R_3 培养基溶液，再用无激素的 MS 液体培养基冲洗 2 次，再用 100mesh/cm^2 的无菌镍网过滤，抽滤下来的单细胞或小细胞团放置在无激素的 MS 固体培养基上选择含 T-DNA 的细胞克隆。

采用改进的微量纸电泳方法来测定细胞系愈伤组织的胭脂碱以鉴定胭脂碱合成酶基因的存在，具体做法介绍如下。

1.1 组织液的提取

将需要测定的样品 50mg，加上等体积的 0.2M Na_2HPO_4-NaH_2PO_4，pH 值 6.8 的缓冲液放置在微量玻璃匀浆器中充分研磨，然后将研磨液在 4 000rpm，离心 10min，取其上清液供测定用。

1.2 点样和电泳

用直径 1mm 的毛细吸管吸取样品液在 15cm×20cm 的 Whatman 3 号滤纸的一端（距边线 4cm

处）点样。每点用量2～3μl，样品点的直径以4mm左右为宜。用时在同一水平线上点上含有0.4mg/L精氨酸、章鱼碱和胭脂碱混合液为标准点。电泳液为5%冰醋酸，电压为500V，电泳时间为45min。

1.3 染色和观察

将电泳后的滤纸晾干，浸于菲醌染色液中10s，取出后再晾干，在4W的254nm波长的紫外灯下观察和照相。

菲醌染色液的配方是：甲液为0.02%菲醌纯酒精液；乙液为10% NaOH酒精（60%）溶液。染色时按1：1的比例混合使用。

采用醋酸洋红染色方法对悬浮细胞和细胞系愈伤组织进行细胞学观察。

2 试验结果

2.1 含T-DNA的大豆细胞系的建立

含有T-DNA的细胞能够产生内源激素，可以在无激素的固体培养基上产生愈伤组织并能继续生长，然而在开始悬浮培养时将含有T-DNA的愈伤组织块（图版Ⅰ-2）接种在无激素的液体培养基中细胞生长极其缓慢。培养15d后悬浮液中的细胞还是很少。以后采用了含有激素的R_3培养基培养，在这种培养基中，正常细胞和含有T-DNA的细胞都能生长。10d以后，培养液中充满细胞和小细胞团，并且许多细胞附着在培养器皿的玻璃壁上（图版Ⅰ-3）。

培养83d第16次无性世代培养时，为了鉴定这些悬浮细胞中是否还存在含T-DNA的细胞，并试图从中选出含T-DNA的细胞系。将250ml的悬浮培养物，用无激素的MS培养基冲洗去有激素的培养基后，用无菌镍网过滤获得了含有单细胞或者是2～4个细胞的小细胞团培养液约200ml，经沉淀后倒去部分上清液，留下60ml含有细胞的液体。摇匀后分别接种于60个无激素的MS培养基的培养皿中，每皿接种1ml，有500～600个单细胞或小细胞团。经一个月的培养，只有一个培养皿中开始产生几个细胞团，不久大多数夭亡，只成活了一块愈伤组织（图版Ⅰ-4；表1）。经低电泳分析，其细胞内含有胭脂碱。证明了T-DNA整合在该大豆细胞的愈伤组织的细胞基因组中。

在固体培养基上继续培养20多天，再将这块含有T-DNA的愈伤组织进行悬浮培养。此后对继代培养的悬浮细胞，每培养5～6代进行一次胭脂碱合成酶基因的测定。每次测定均含有胭脂碱，但浓度明显地下降。当继代培养到34代时，又一次将筛选的悬浮细胞或小细胞团接种到无激素的MS固体培养基中，每皿培养基上平均有14.6个细胞或小细胞团产生了愈伤组织（图版Ⅰ-5）。将新生的细胞愈伤组织进行胭脂碱测定，经测定的15块愈伤组织都含有胭脂碱。选择一块生长较快的细胞系愈伤组织进行继代悬浮培养。到40代时再一次将悬浮细胞用镍网过筛，将其滤过的细胞或小细胞团置于10个无激素的固体培养皿中培养，平均每皿有96.3个细胞或小细胞团能形成愈伤组织（图版Ⅰ-6）。随机选择27块细胞愈伤组织进行生化测定，全部含有胭脂碱（图版Ⅰ-7）。

表1 在无激素培养基上重复筛选对纯化含T-DNA的大豆细胞系的作用

筛选编号	培养代数	接种培养皿数	每皿接种细胞数	获得愈伤组织总数	平均每皿愈伤数
1	16	60	$5\sim6\times10^2$	1	0.02
2	34	30	$5\sim6\times10^2$	437	14.6
3	40	10	$5\sim6\times10^2$	963	96.3

采用了不含激素的固体培养基作为筛选含T-DNA的悬浮细胞的条件，因为只有含T-DNA

图版Ⅰ　含 T-DNA 大豆细胞系的建立

1. 栽培大豆的冠瘿瘤；2. C_{58}菌种诱导的大豆冠瘿瘤产生的愈伤组织；3. 在无激素的 MS 培养基（右）和有激素的 R_3 培养基（左）悬浮培养愈伤组织，在 R_3 培养基上细胞生长良好，许多细胞附着在瓶壁上；4. 在继代悬浮培养 16 代的单细胞或小细胞团在无激素的培养基上获得一块含胭脂碱的愈伤组织；5. 继代悬浮培养 34 代后再次经单细胞筛选获得较多的含 T-DNA 的愈伤组织；6. 继代悬浮培养 40 代的细胞系细胞在无激素的培养基上获得大量含 T-DNA 的愈伤组织；7. 悬浮培养 51 代细胞系愈伤组织胭脂碱测定结果，a~i. 为不同细胞的愈伤组织，A = Arginine，O = Octopine，N = Nopaline；8. 含 T-DNA 多倍体大豆细胞系的染色体数；9. 含 T-DNA 的正常大豆细胞系染色体

的细胞才能生长，而正常的细胞不能生长而被淘汰。经过 3 次严格的单细胞筛选后获得的含 T-DNA 的细胞系是否已经纯合，为了验证这一点，在继代培养到 60 代时，将悬浮细胞放置在有激素的 R3 固体培养基中培养，这样正常细胞和含 T-DNA 的细胞都能生长，经一个月培养后，产生了大量的愈伤组织。又随机取了 24 块愈伤组织进行胭脂碱的生化分析，所测定的愈伤组织全部含有胭脂碱，说明了在悬浮培养的细胞中只有含 T-DNA 的细胞而无正常的细胞了。这样，一个含 T-DNA 的栽培大豆的细胞系就建立起来。

2.2　含 T-DNA 的大豆细胞系的细胞学观察

在悬浮培养 55 代的 11 瓶细胞系材料中有两瓶染色体数目产生了变异，总共观察 261 个细胞，每个细胞的染色体数均在 100~120 条（图版Ⅰ-8）。这些细胞大多是五倍体或六倍体。

另外 9 瓶细胞系的材料，观察了 433 个细胞都是正常的染色体数 $2n=40$（图版Ⅰ-9）。根据这个初步的结果，含 T-DNA 的细胞系染色体数基本上是稳定的。从中各选出一个多倍体和正常染色体数的含 T-DNA 的大豆细胞系。

3 讨论

（1）由 C_{58}致瘤农杆菌诱导的大豆瘤组织在无激素的 MS 培养基上形成的无菌愈伤组织在切割扩大继代培养时，有些愈伤组织含有胭脂碱，但是含胭脂碱的浓度不一；有些愈伤组织在继代培养一段时间后就测不出胭脂碱了，因此由瘤组织产生的愈伤组织可能是由正常细胞和含有 T-DNA 的细胞的嵌合体组织。在无激素的固体培养基上培养时，正常细胞依赖于含 T-DNA 的细胞分泌的内源激素而迅速生长。当转入无激素的悬浮培养液时，嵌合的瘤愈伤组织的细胞分离开来，占细胞总数大部分的正常细胞由于没有生长素而不能生长。而含有 T-DNA 的细胞可能数目较少，因此生长非常缓慢，所以无激素的培养液不适合培养嵌合体的愈伤组织。后来改用含有激素的 R_3 培养液进行悬浮培养，这样两种不同的细胞同时均能生长。为筛选含 T-DNA 的细胞创造了条件。

（2）经过 60 多代的悬浮培养及在无激素的固体培养基上多次筛选，大大提高了含 T-DNA 的细胞系纯度。甚至在含 T-DNA 细胞和正常细胞都能生长的 R3 固体培养基培养，第 60 代的细胞愈伤组织都含有胭脂碱，说明了在 60 代悬浮培养的细胞系已经是纯合的含 T-DNA 的细胞组成，不再有不含 T-DNA 的正常细胞存在。

（3）T-DNA 在大豆的瘤组织、瘤愈伤组织以及细胞系中整合和表达，但这不是试验的最终目的，希望异源基因能够在大豆植株的个体水平上整合和表达，这样才有可能使基因工程研究为大豆育种服务。因此研究含 T-DNA 大豆细胞系的植株再生是今后的一个极其重要的工作，为外源的目的基因在大豆植株上表达创造条件。

美国密执安大学 Peter S. Carlson 教授对本试验给予指导并提供部分药品，特此致谢。

参考文献（略）

本文原载：中国科学（B 辑），1985（11）：1 004-1 008

Establishment of T-DNA-Containing Soybean Cell Lines

Jiang Xingcun[1] Shao Qiquan[1] Zhou Zeqi[1]
Wang Lianzheng[2] Yin Guangchu[2] Lei Bojun[2]
(1. *Institute of Genetics*, *Academia Sinica*, *Beijing* 100101;
2. *Soybean Research Institute*, *Heilongjiang Academy of Agricultural Sciences*, *Harbin* 150086)

Abstract: This paper reports establishment of stable diploid cell lines containing nopaline synthase genes from callus containing T-DNA after 65 generations of successive suspension cultures. The strain C_{58} *Agrobacterium tumefaciens* was used for tumor inducing on variety "Siyuchuang". The T-DNA-containing tissue was separated in auxin-free MS medium by strictly screening three times from single cells. The presence of nopaline was identified by paper electrophoresis. The T-DNA-containing polyploid soybean cell lines were obtained at the same time. The nopaline synthase genes from T-DNA were stably integrated and expressed in soybean genome, which can be used in gene engineering with soybean.

Soybean is one of the most important oil and high protein content economic crops. The study on establishment of cell lines is the basis for single cell breeding and cell fusion and is an important method for genetic engineering in soybean, which has attracted many scientists' attention in the world. In recent years, progress has been made in studying the vectors and recipients in soybean genetic engineering. The results of tumor formation on cultivated soybean (*Clycine max*) induced by *Agrobacterium tumefaciens* and the transfer of T-DNA into soybean genome have been obtained. This paper reports the establishment of stable cell lines which contain nopaline synthase genes from the T-DNA-containing calli after 65 generations of successive suspension cultures. This confirms that T-DNA can be integrated and expressed in the cells of cell lines of cultivated soybean and provides neccessary materials for genetic engineering in soybean.

1 Materials and methods

The tumors were induced by *Agrobacterium tumefaciens* C_{58} on the cultivated soybean variety "Siyuehuang" in the spring of 1982 (Plate I-1) and then the tumors were cultured on auxin-free MS medium in August and bacteria free calli (No. 17-2) were obtained. Among the calli cultivated for 6 subcultures on auxin-free MS solid medium which lasted for a period of 8 mouths, one piece of calli was chemically detected by paper eletrophoresis showing the presence of nopaline. And thus that piece of callus was suspended in auxin-free MS medium, and R_3 medium (MS+1mg/L IAA+0.5mg/L 2,4-D+0.5mg/L KT) in 80rpm shaker at 26-28℃ with illmnination of 10h a day and light intensity of 1 500lx.

For separation of T-DNA-containing cells, the suspension cells were treated on 1 000 rpm for 10min. After liquidation of R_3 medium, the sediment was washed twice by auxin-free MS medium. And then the single cells and small cell masses filtered by 100mesh/cm^2 were eultured on auxin-free MS solid medium for screening the cell lines which contained T-DNA. The stability of nopaline synthase in callus was examined by the simplified method of electrophoresis. The detailed method was as follows:

1.1 Preparation of extracts

50mg callus of cell lines plus equal volume of buffer (0.2M Na_2HPO_4, pH 6.8) were grained and then centrifuged at 4 000rpm for 5min. The supernatant was collected for detection.

1.2 Spotting and clectrophoresis

The supernatant in 1mm capillary was spotted on a 15×20 Whatman 3 paper. Each spot was about 2-3μl with the diameter of about 3mm. The 2-3μl standard sample containing 0.4mg/L arginine, octopine and nopaline was also used. The modified electrophoresis was done in the modified buffer of 5% acetic acid, 500V for 45min.

1.3 Staing and observation

After drying, the paper was immersed in phenarthrenequinone staining solution for 10s and dried again. Observation and photographing were done under 4W 254nm UV lamp.

Preparation of phenanthrcnequinone staining solution: solution A. 0.02% phenanthrenequinone-pure alcohol, and solution B: 10% NaOH + 60% alcohol. Equal amount of these two solutions were mixed before use.

The cell lines were stained by acetic-carmine for cytological observation.

2 Results

2.1 Establishment of the Cell Lines Containing T-DNA

The cells containing T-DNA can produce inner auxin to form callus on auxin-free medium and continue to grow. At the beginning of suspension culture, the callus containing T-DNA was cultured on auxin-free MS medium and the growth rate was very slow (Plate Ⅰ-2). After 15 days suspension culture, the cells were still less, indicating that the medium without auxin was not suitable for the development of callus. So later was used R_3 medium with auxin and in this case both normal cells and transformed cells grew well. After 10 days, the medium was full with cells (Plate Ⅰ-3). And the cells still grew rapidly.

On the 83rd day, at the 16th generation, in order to determine whether the T-DNA containing cells existed in the medium or not. the 250ml suspension was filtered with 100mesh/cm^2 nickle net to get 200ml suspension containing single cells and 2~4 cell masses. After sedimenting, the supernatant was removed and the 60ml suspension left was evenly distributed into 60 petri dishes of auxin-free MS medium. Each petri dish contained 1ml suspension with about 500~600 single cells or cell masses. After one month, only in one petri dish appeared one piece of callus which contained nopaline. The paper electrophoresis shows that such a kind of callus contained nopaline (Plate Ⅰ-4, Table 1). After 20 days of culture on solid medium, that piece of callus was suspended again and for every 5-6 generations, the cells were determined once, Each determination showed that although nopaline existed, the concentration was going down as the culture time was going on. At the 34th generation, the cells and small pieces of calli were transferred to auxin-free MS medium and more calli formed. In general, 14.6 cells or cell clusters were introduced into calli per petri dish (Plate Ⅰ-5). Fifteen pieces of newly developed calli examined showed the presence of nopaline. A larger piece of calli was then selected to be suspension-cultured again. At the 40th generation of culture, the suspension was filtered again with 100mesh/cm^2 nickle net and cells and small cell masses filtered were cultured on auxin-free MS medium in 10 petri dishes. In each petri dish more calli were formed. In general, 96.3 cells or cell clusters formed calli (Plate Ⅰ-6). All of 27 pieces of calli analysed at random showed that nopaline was present (Plate I-7).

The auxin-free medium was used for screening of T-DNA-containing cell lines. The strict screening was done three times. For the determination of the purity of T-DNA-containing cell lines, the cell lines were kept in R_3 medium for growth of normal cells and transformed cells, if they were there. After one month of culture a large quantity of calli was obtained. 24 pieces of calli were randomly selected for test on the existence of nopaline and the results of test showed the presence of nopaline in all of these 24 pieces of calli. Thus the pure T-DNA-containing soybean cell lines were obtained.

2.2 Cytological Observation on Cell Lines Containing T-DNA

Materials: Among the cell lines in 11 bottles, the cell lines in 2 bottles showed changed chromosome number, ranging from 100 to 120 in each cell of total 261 cells observed. That chromosome number greatly exceeded the diploid soybean chromosome number (Plate I-8). These polyploid cells seemed to be pentaploid or hexaploid. The chromosome number in each of 433 cells of the cell lines in the other 9 bottles were normal, $2n=40$ (Plate I-9). Based on these preliminary results, the chromosome number in the T-DNA-containing cell lines after successive culture was mainly stable.

Table 1 Effect of screening in auxin-free MS medium in several times on establishment of T-DNA-containing pure soybean cell lines

No. treatments	Subculture times	No. inoculated petri dish	No. inoculated cells per petri dish	Total No. calli	Average per petri dish
1	16	60	$5\times6\ 10^2$	1	0.02
2	34	30	$5\times6\ 10^2$	437	14.6
3	40	10	$5\times6\ 10^2$	963	96.3

3 Discussions

1. When suspension-cultured on auxin-free medium, some of the calli from tumor tissues which were induced by *Agrobacterium tnmcfaciens* C_{58} contain nopaline at different concentrations whereas some do not contain nopaline, indicating that the calli from tumor tissues are a chimera of normal cells and T-DNA-containing cells. On auxin-free medium, the growth of normal cells relies on inner auxin secreted by T-DNA-containing cells. When transferred to auxin-free liquid medium for suspension culture, the cells of chimera are separated. The normal cells, which constitute the majority of the calli, cannot grow because of dificiency of auxin and the T-DNA-containing cells grow very slowly because of less cells. Thus, the auxin-free liquid medium is not suitable for culturing chimera. In R_3 medium, which contains auxin, both kinds of cells can grow. And then, they were transferred to auxin-free solid medium. The growth of normal cell ceases while the T-DNA-containing cells are still growing, allowing of distinction of T-DNA-containing cell lines.

2. The T-DNA-containing cells can be screened on auxin-free solid medium. To obtain T-DNA-containing cells filtration was used three times for more than 60 subcultures. The purity of T-DNA-containing cell lines increased. This purity verified that the interchange between R_3 medium and auxin-free MS medium is a suitable technique.

3. The establishment of T-DNA-containing and cytologically stable cell lines provide a way for spe-

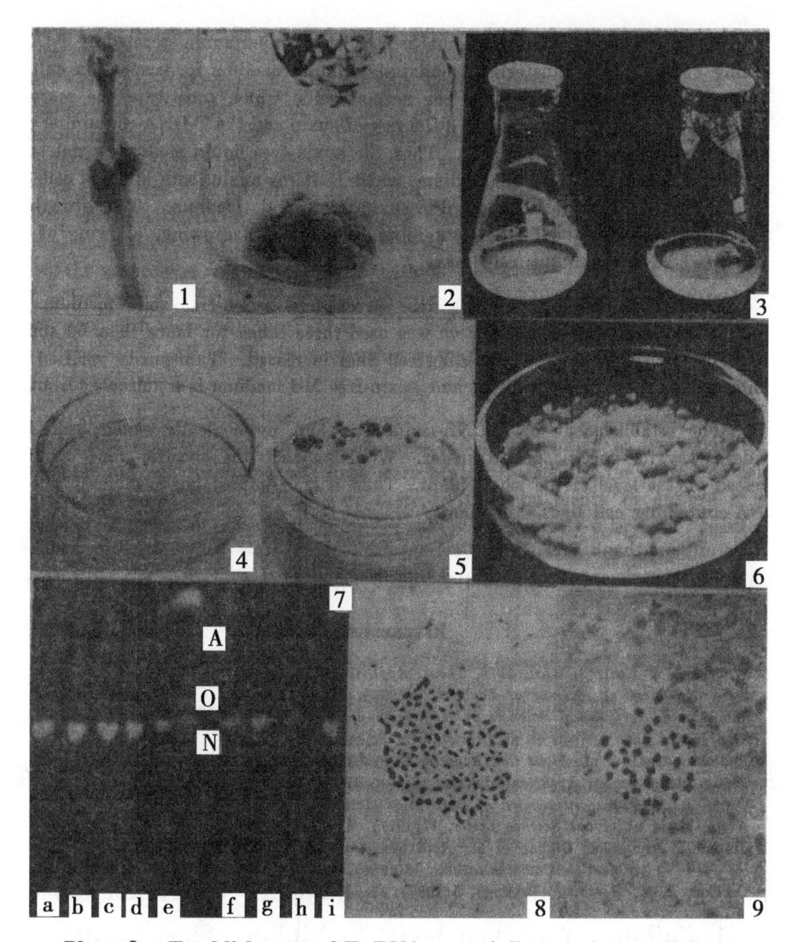

Plate Ⅰ Establishment of T-DNA-containikng soybean cell lines

1. Tumor on cultivated soybean; 2. Callus of tumor infected with the strain G58; 3. Cells of calli in auxin-containing (left) and non-auxin-containing (right) MS medium. Many cells sticked on the wall (left); 4. One piece of callus containing nopaline synthase gene on auxin-free MS medium at 16th generation of suspension culture from a single cell; 5. The calli containing nopaline synthase gene at 40th generation; 6. Large quantity of calli containing nopaline synthase gene on auxin-free medium at 51st generation; 7. Results of detection of nopaline in cell lines at 51st generation. a ~ i represent different pieces of calli. A = Arginine, O = Octopine, N = Nopaline; 8. Chromosome of polyploid cell lines containing T-DNA; 9. Chromosome of diploid cell lines containing T-DNA

cific gene transfer. We hope that the specific gene could be expressed on the level of the whole plant. Thus, it is of importance to differentiate the T-DNA-containing cell lines into plants.

The authors thank Prof. P. S. Carlson of Michigan State University very much for guiding the experiment and providing some chemicals.

References (omitted)

本文原载：Scientia Sinica (Series B), 1986, XXIX (4): 374-378

大豆基因转移高蛋白受体系统的建立

王连铮[1]　尹光初[1]　罗教芬[1]　雷勃钧[1]
王　剑[1]　卢翠华[1]　姚振纯[1]　李秀兰[1]
邵启全[2]　蒋兴邨[2]　周泽其[2]
（1. 黑龙江省农业科学院，哈尔滨　150086；2. 中国科学院遗传研究所，北京　100101）

摘　要：通过农杆菌（*Agrobacterium tumefaciens*）致瘤，从大豆属3个种的蛋白质含量不同的627份种质资源中，筛选出致瘤材料223份。其中蛋白质含量在43.00%～45.52%的栽培大豆（*Glycine max*）品种4份；蛋白质含量在44.00%～49.55%的半野生大豆（*Glycine gracilis*）类型23份；蛋白质含量在48.00%～51.79%的野生大豆（*Glycine soja*）类型19份。通过组织培养，从瘤组织中得到了脱菌的愈伤组织。生化检测表明，3个种的大豆瘤来源的部分愈伤组织含有T-DNA，并通过液体培养，建立了含T-DNA的细胞系。现已培养50多代，胭脂碱合成酶基因仍然稳定地整合在大豆基因组中，其染色体数为$2n=40$，表明是含T-DNA的稳定的细胞系，为基因转移打下了良好的基础。

Establishment of High Protein Recipient System of Gene Transmission in Soybean

Wang Lianzheng　Yin Guangchu　Luo Jiaofen　Lei Bojun　Wang Jian
Lu Cuihua　Yao Zhenchun　Li Xiulan　Shao Qiquan
Jiang Xingcun　Zhou Zeqi
（1. *Heilongjiang Academy of Agriculiural Sciences*, Harbin 150086, China; 2. *Institute of Genetics*, *Academia Scinica*, *Beijing* 100101, *China*）

Abstract: 223 genotypes which can form tumors with T-DNA have been screened from 627 genotypes, of three species of *Glycine* with different protein content, by infection with strains of *Agrobacterium tumefaciens.* Among 223 genotypes, 4 of cultivated soybean (*G. max*), 23 of semiwild soybean (*G. gracilis*) and 19 of wild soybean (*G. soja*) contain protein at 43.00%-45.52%, 44.00%-49.55% and 48.00%-51.79% respectively. The bacteria free calli were obtained from tumor tissues by means of tissue culture. Biochemical detection showed that partial calli derived from tumor tissues of three species mentioned above contain T-DNA of Ti plasmid. Cell lines of the calli with T-DNA have been established by using liquid culture. Up to present, 50 generations of the cell lines have been propagated and the nopaline synthetase gene is integrated stably in the genomes of soybeans. Chromosome number of the cell lines is normal, $2n=40$, basically. This demonstrated that these cell lines are stable ones containing T-DNA. This is a good beginning for transferring high protein gene by using Ti plasmid.

Ti质粒作为植物基因工程的载体受到了广泛的重视，它的载体功能是通过擦伤感染致瘤的过程进入植物细胞来实现的，因此，通过致瘤反应筛选出理想的受体显得非常重要。对大豆属的

张开旺同志参加部分工作，李东来、徐兴昌同志协助拍照，一并致谢

致瘤反应曾作过一些报道，为了充分利用我国大豆的丰富资源，选育出高蛋白品种，进行了基因转移的高蛋白受体系统的研究，本文报道这些研究的初步结果。

1 材料和方法

供试载体材料为致瘤农杆菌C_{58}、T_{37}、B_3/73。其中C_{58}、B_3/73菌系为美国华盛顿大学E. W. Nester教授所提供，T_{37}为中国科学院遗传所303组提供。

受体材料为不同蛋白质含量的栽培大豆374份，半野生大豆82份，野生大豆171份。

致瘤农杆菌的培养、接种，瘤组织的生化检测的方法与前文相同。

含T-DNA细胞系的建立。将来源于瘤组织的脱菌愈伤组织先培养在MS+GA 1mg/L+NAA 1mg/L+KT 2mg/L培养基上，软化后移至R_3（MS+IAA 5mg/L+2,4-D 0.5mg/L+KT 2mg/L）培养基中，置于80次/min振荡器上悬浮培养，培养温度26~82℃，光照3 000~5 000lx。采用醋酸洋红染色法。观察了细胞染色体数目。

2 结果

2.1 不同蛋白质含量的大豆对致瘤杆菌的反应

对蛋白质不同的野生、半野生、栽培大豆的627份材料进行了致瘤试验，结果列入表1。从试验结果看，大豆属不同种对农杆菌的致瘤反应不同。半野生大豆的平均致瘤率最高，达89.02%；其次是栽培大豆为50.53%；野生大豆最低为36.26%。

从大豆蛋白质含量和农杆菌致瘤的关系来看，随着蛋白质含量的增高，致瘤率有逐渐降低的趋势，这在野生大豆的类型中表现得比较明显。通过致瘤筛选，从374份栽培大豆品种中选出蛋白质含量在43.00%~45.52%的致瘤品种4份；从82份半野生大豆材料中选出蛋白质含量在44.00%~49.55%的致瘤材料23份，从171份野生大豆材料中筛选出48.00%~51.79%的致瘤材料19份。

表1 不同蛋白质含量的大豆对致瘤农杆菌的反应

接种大豆类型	蛋白质含量区段（%）	平均蛋白质含量（%）	接种基因型	致瘤基因型	致瘤率（%）
栽培大豆	34.62~37.99	36.78	106	53	50.00
（*G. max*）	38.00~38.99	38.51	74	38	51.35
	39.00~39.99	39.50	88	43	48.31
	40.00~42.99	40.85	94	51	54.26
	43.00~45.52	43.86	12	4	33.33
小计	34.69~45.52	39.01	374	189	50.53
半野生大豆	37.03~41.99	40.78	23	22	95.65
（*G. gracilis*）	42.00~43.99	43.14	33	28	84.85
	44.00~49.55	45.35	26	23	88.46
小计	37.03~49.55	43.18	82	73	89.02
野生大豆	41.56~45.99	44.63	48	22	45.83
（*G. soja*）	46.00~47.99	46.97	59	21	35.59
	48.00~51.79	49.18	64	19	29.69
小计	41.56~51.79	47.14	171	62	36.26

2.2 不同致瘤农杆菌对蛋白质含量不同大豆的致瘤作用

采用农杆菌 C_{58}、T_{37}、$B_3/73$ 三个菌系对蛋白质含量不同的致瘤试验结果列入表 2。从表 2 看出，C_{58}对栽培和半野生大豆的致瘤作用比 T_{37}和 $B_3/73$ 强，其次是 $B_3/73$，T_{37}致瘤作用较差。但在野生大豆中，$B_3/73$ 表现的比 C_{58}和 T_{37}致瘤能力强。就不同菌种对蛋白质含量不同的大豆致瘤作用而言，相互之间差异较大，表现不十分规律。其中，$B_3/73$ 的致瘤作用在同一个种的材料中随着蛋白质含量的增高而逐渐减弱。

2.3 瘤组织的培养和异源基因转移的鉴定

将较老的瘤组织进行严格的消毒，在无菌条件下切成 1～2mm 直径大小的组织块，在无任何激素的培养基上进行培养，在培养期间及时淘汰污染的组织块。采用这种方法，获得了大豆属 3 个种的脱菌愈伤组织。将这些瘤来源的愈伤组织用纸上电泳法进行了检测。结果表明，3 个种的瘤来源的部分愈伤组织中分别都存在着胭脂碱，而对照组没有胭脂碱。这表明农杆菌的 Ti 质粒上的 T-DNA 中与产生胭脂碱有关的基因，整合到大豆基因组中并能够表达，产生了胭脂碱。

2.4 含 T-DNA 细胞系的建立

在无激素培养基上生长的脱菌愈伤组织，生长比较缓慢，结构比较紧密。不能直接将愈伤组织进行液体培养，需选择能使愈伤组织松散、软化的培养基。经过试验，采用 MS+GA_3 1mg/L+NAA 1mg/L+KT 2mg/L 的培养基，有利于愈伤组织的松散。用这种培养基培养的愈伤组织，放在 R_3 液体培养基上进行振荡培养 24h 后，愈伤组织基本上都已破碎成小愈伤组织块或单细胞。5d 后进行分瓶培养，细胞生长迅速，未观察到分化现象。

表 2 不同致瘤农杆菌对蛋白质含量不同的致瘤作用

接种大豆类型	蛋白质含量区段（%）	致瘤株数占接种株数（%）		
		C_{58}	T_{37}	$B_3/73$
栽培大豆	34.68～37.99	6.85	4.59	9.61
(*G. max*)	38.00～38.99	11.21	5.81	9.47
	39.00～39.99	11.97	4.01	7.47
	40.00～42.99	15.22	3.19	6.39
	43.00～45.52	7.80	1.67	4.45
小计	34.69～45.52	10.60	4.85	7.48
半野生大豆	37.03～41.99	41.64	31.67	31.20
(*G. gracilis*)	42.00～43.99	44.09	34.84	26.18
	44.00～49.55	45.24	24.57	31.38
小计	37.03～49.55	43.66	30.86	29.59
野生大豆	41.56～45.99	10.15	5.85	12.50
(*G. soja*)	46.00～47.99	6.74	5.15	9.89
	48.00～51.79	8.23	5.94	8.82
小计	41.56～51.79	8.37	5.65	10.34

采用上述方法和培养基已将栽培大豆的含 T-DNA 的细胞株悬浮培养了 56 个无性世代，都还保持良好的分生能力，胭脂碱合成酶基因仍然稳定地整合在大豆基因组中，其染色体数为 $2n=40$，表明是含 T-DNA 的稳定的细胞系。

参考文献（略）

本文原载：大豆科学，1985，3（4）：297-301

大豆体细胞组织培养再生植株的研究
Ⅰ 培养基、基因型、植物激素对诱导大豆再生植株的影响

隋德志　王连铮　尹光初　雷勃君
(黑龙江省农业科学院大豆研究所，哈尔滨　150086)

摘要：本研究以野生大豆（*Glycine soja Sieb* et Zucc.）10 品系、半野生大豆（*Glycine gracilis* Skv.）11 品系、栽培大豆［*Glycine max*（L.）Merrill］46 品种（系）和 5 个杂种后代为材料，通过组织培养方法，研究了大豆体细胞组织再生植株的主要影响因素。并以器官分化和体细胞胚两种不同方式再生完整大豆植株。

关键词：体细胞组织培养；再生植株；愈伤组织；器官分化；体细胞无性系变异

A Study of Soybean Plant Regeneration Via Somatic Tissure Cultures

Sui Dezhi　Wang Lianzheng　Yin Guangchu　Lei Bojun
(*Soybean Research Institute*, *Heilongjiang Academy of Agricultural Science*, *Harbin* 150086, *China*)

Abstract: The studies of soybean regeneration plant via callus cultures from a wild variety (*Glycine gracilis* Skv.) is reported here. The main factors which influence organogenesis are also discussed in this paper. They are the basal media, genotypes and phytohormone. The regeneration plants could be produced from this wild sub - variety through organogenesis by culturing on a series of appropriate media. MS + 2, 4 - D 5. 0mg/L+Kinetin 1. 0mg/L was an effective medium in inducing qualified calluses.

A series of appropriate media in plant regeneration were founded and the regeneration plants were obtained. According to the information available now, the study of soybean regeneration plants from *G. gracilis* Skv. has not yet been reported before this.

Key words: Somatic tissue culture; Regeneration plants; Callus; Organ differentation; Somatic clonal variation

再生植株一直是大豆组织培养研究中一个非常重要而又未能很好解决的课题。早期研究中，Ivers、Palmer 和 Fehr（1974）在大豆花药培养研究中获得不完整的“类胚结构”（Embryolike structure）；尹光初等（1980）在花药培养研究中获得具有根、茎、叶的完整大豆花粉植株($2n=20$)。杨振棠等（1984）在栽培大豆离体叶片培养研究中获两株可通过有性世代的再生植株。再生植株由器官分化方式获得，但没有报告再生植株的频率。Ranch（1985）和 Barwale、Widholm 等（1986）通过大豆幼胚培养（野生种和栽培种），以器官分化和体细胞胚两种方式再生植株，后者的再生频率为 37%。但目前在半野生大豆方面还缺乏系统的研究。如何建立一个稳定的再生试验系统，将是大豆细胞悬浮培养，实现细胞水平大豆遗传操作的关键性问题。本文报道大豆体细胞组织培养经器官分化方式再生植株研究的部分结果。

本文为硕士研究生学位论文的部分结果，黑龙江省农业科学院大豆研究所资源室、黑龙江省农业科学院原子能所大豆组提供部分材料；王立新同志参加部分工作，一并致谢

1 基本培养基试验

1.1 材料和方法

野生种大豆龙 79-0601，半野生大豆龙 79-3409，栽培种大豆晋豆 1 号。分别取无菌苗下胚轴切段（3~4mm）接种于下列 9 种培养基中：G（Gautheret，1942），HT（Hildbrandt，1946），HE（Heller，1953），N（Nitseh，1956），MS（Murashige & Skoog，1962），W（White，1963），BL（Blaydes，1966），B_5（Gamborg，1968），N_6（N_6，1974）。

激素添加成分均为："KT 1.0mg/L+NAA 0.2mg/L，蔗糖 2%，琼脂 1%，pH 值调至 5.8。培养基按常规消毒。接种后材料置于昼夜变温 18~25℃，白天补充光照 10h，室内平均光强为 2 500lx 条件下培养。

1.2 结果

（1）对于龙 79-0601，9 种培养基中以 MS、BL、B_5 为佳。表现均有愈伤组织产生，且未发生褐化，尤其 MS，成愈率最高且盛愈期来得快。详见表 1。

表 1 不同基本培养基的诱导反应（龙 79-0601）

培养基	总块数	始愈期[a]	盛愈期[b]	成愈率（%）	褐化程度[c]
W	66	0	0	0	++
HT	70	0	0	0	+
G	66	0	0	0	++
HE	71	0	0	0	++
N	68	0	0	0	0
B_5	61	14	7	4.9	0
N_5	73	0	0	0	++
BL	57	14	7	5.3	0
MS	66	14	6	7.6	0
$\bar{X}$		14	6.7	2.0	

注：a. "始愈期"为接种开始至出现愈伤组织的日数

b. "盛愈期"为始愈期至旺盛产生愈伤组织的日数。愈伤组织达 4~5mm 大小

c. "褐化程度"为接种 10d 调查的结果。"0"为正常无褐化，"+"为轻度褐化，"++"为褐化严重

（2）龙 79-3409，从成愈率和成愈速度看，BL、MS 和 B_5 较好（表 2），其余较差甚至无愈伤形成。结合愈伤组织质量，可以认为 MS 是较优培养基。

（3）晋豆 1 号，在所有培养基上均可成愈，但不同培养基间差异很大（表 3）。BL 培养基虽成愈率高，但由于过早出现根分化而使整块愈伤变得粗糙而失去光泽，失去继续分化的潜力。而 MS 相对较好。

表 2 不同基本培养基的诱导反应（龙 79-3409）

培养基	总块数	始愈期	盛愈期	成愈率（%）	褐化程度
W	88	0	0	0	+
HT	81	16	△	1.2	+

（续表）

培养基	总块数	始愈期	盛愈期	成愈率（%）	褐化程度
G	82	16	△	4.9	++
HE	80	0	0	0	++
N	95	16	3	4.2	0
B_5	81	10	2	33.3	0
N_6	84	10	3	8.3	+
BL	88	10	2	72.7	0
MS	88	6	2	35.2*	0
$\bar{X}$		12.6	2.4	17.7	

注：“△”为没有调查数据

“*”为愈伤组织质地致密，有光泽

表 3 不同基本培养基的诱导反应（晋豆 1 号）

培养基	总块数	始愈期	成愈率（%）	根分化*
W	71	10	19.7	1
HT	63	8	50.8	3
G	69	22	13.0	0
HE	68	10	27.9	0
N	65	20	13.8	2
B_5	61	8	36.1	2
N_6	59	8	59.3	2
BL	65	9	96.9	32
MS	61	7	44.9**	2
$\bar{X}$		11.3		

注：“*”分化出根的愈伤块数

“**”愈伤致密，有光泽

2 基因型试验

2.1 材料和方法

采用野生、半野生大豆各 10 品系、栽培种 45 品种（系）共 65 个基因型，详见表 4。取沙培苗下胚轴切段。诱导愈伤组织的培养基为 MS+2,4-D 1.5mg/L+KT 1.0mg/L+NAA 0.5mg/L，蔗糖 3%，琼脂 1%，pH 值 5.8。两周后转入再分化培养基 BL+BA 2.0mg/L+KT 1.0mg/L+NAA 0.5mg/L，蔗糖 3%，琼脂 1%，pH 值 5.8。

表 4　不同基因型大豆再生能力差异

材料		总块数	始愈期	成愈率（%）	分化愈伤数[a]		
					芽	根	苗
野生种（*G. soja*）	龙 79-0602-1	84	8	54.8			
	龙 79-0601	84	8	67.9			
	龙 79-0616	82	5	64.6			
	龙 79-3311	157	9	56.7		4	
	龙 79-0606-1	45	9	100.0			
	龙 79-5404	149	8	91.9		7	
	龙 79-5403	111	8	68.5			
	龙 79-4502	130	5	100.0		14	
	龙 81-5401	94	9	77.7			
	逊克野生豆	153	5 （7.4）[b]	100.0 （78.2）	1		
野生变种（*G. gracilss*）	龙 79-1802	88	4	80.7			
	龙 79-1701	114	4	95.6			
	龙 79-3409	73	8	87.7			
	龙 79-4204	125	7	86.4		1	
	龙 79-3433-4	178	5	79.2			
	龙 79-1401	85	10	83.5		1	
	龙 79-3433	77	9	100.0	3		
	龙 79-3407-1	70	5	90.0			
	龙 80-4703	63	3	68.3			
	龙 80-2706	220	9 （6.4）	91.8 （86.3）			
栽培种（*G. max*）	黑农 10	94	6	84.0			
	黑农 16	73	6	84.0			
	黑农 17	100	7	87.0			
	黑农 19	74	6	97.3			
	黑农 21	92	7	87.0			
	黑农 26	94	5	100.0			
	龙辐 80-8431	85	5	98.8			
	79-9440	68	5	98.5			
	6296-3	49	5	91.8			
	6502	72	5	75.0			
	东农 4 号	69	6	95.7			
	东农 36	149	8	94.6			
	赫尔松	53	6	94.3			

（续表）

	材料	总块数	始愈期	成愈率(%)	分化愈伤数[a]		
					芽	根	苗
	北满 217	69	6	92.8			
	四粒黄	35	7	37.1			
	国育	58	5	96.6			
	吉林 3 号	70	5	84.3			
	吉林 15 号	60	7	70.0			
	九农 7 号	42	6	81.0			
	九农 9 号	69	5	94.2			
	九农 11 号	76	4	86.8			
	晋豆 1 号	87	5	65.5			
	绥农 3 号	110	5	83.7			
	嫩丰 7 号	91	7	92.3			
栽培种	合丰 15	63	7	98.4			
(*G. max*)	合丰 22	62	7	85.5			
	合丰 23	80	6	96.3			
	合丰 77-1235	69	5	98.6			
	哈尔滨小黑豆	116	7	84.5			
	应县小黑豆	87	4	98.9			
	丰收 13	62	7	98.4			
	黑农 18	-	-	-[c]			
	水里站	69	5	89.9			
	小粒黄	69	4	100.0			
	小金黄	70	5	85.7			
	青豆	63	7	100.0			
	绥农 4 号	63	7 (5.9)	77.8 (89.9)			

注：a. “芽、根”指愈伤组织通过再分化过程而发育成的芽和根；“苗”则指兼具芽和根的完整植株。上述结构出现任何一种，就称之分化。以分化所在愈伤为单位计数

b. 指括号内数据为种（变种）的平均数

c. 为黑农 18 号因污染严重而无数据

2.2 结果

所有材料均产生了愈伤组织，但不同种（变种）间形成愈伤的能力显然不同，呈现由野生种（78.2%）→半野生种（86.3%）→栽培种（89.9%）的上升趋势。平均始愈速度也在加快，野生种（7.4d）→半野生种（6.4d）→栽培种（5.9d）。种（变种）内不同基因型间也表现出一定差异（表4）。

以再分化培养基 BL+BA 2.0mg/L+KT 1.0mg/L+NAA 0.5mg/L 继代后，部分基因型出现了器

官分化，产生了少量的芽和根（图版 I-1、图版 I-2）。从不同基因型的分化能力来看，以野生变种大豆的龙 79-3433 最强（主要从分化芽着眼）。

3 植物激素试验

3.1 材料和方法

采用 8 种植物激素各 5 水平，在 MS 基本培养基上，培养野生变种大豆龙 79-3433 下胚轴切段。

3.2 结果

从激素的单一效果来看，生长素类的 2,4-D 0.5～10.0mg/L 对愈伤组织的诱导效果较好。IAA 2.0～10.0mg/L 和 IBA 0.2～2.0mg/L 对诱导根分化效果较好。分裂素类的 KT 1.0mg/L 和 BA 1.0mg/L 对芽分化有利。其他种类和浓度均一般。

凡出现芽分化者，均转入 MS+IAA 2.0mg/L+$VD_1$5.0mg/L+$VP_5$5.0mg/L+$VE_6$5.0mg/L+丝氨酸 5.0mg/L 培养基中生根。结果只有来自 BA 1.0mg/L 和 KT 1.0mg/L 两个处理的芽能够进一步生根成苗（表 5）。

表 5 不同植物激素的诱导效果

种类和浓度*			总块数	成愈率(%)	分化愈伤数			种类和浓度			总块数	成愈率(%)	分化愈伤数		
					芽	根	苗						芽	根	苗
分裂素类	KT	0.1	70	54.3	1			生长素类	2,4-D	0.01	77	100		14	
		0.5	63	70.6	1	1				0.1	77	90.9		11	
		1.0	69	60.9	4	6	4			0.5	56	100			
		5.0	77	54.5						1.0	63	100			
		10.0	69	26.1						10.0	70	100			
	BA	0.1	76	68.4					IAA	0.02	77	54.5		2	
		0.5	77	68.8	1					0.1	63	50.8			
		1.0	97	94.8	1	2	1			0.2	84	75.0	2	3	
		5.0	77	72.7	1					2.0	77	62.3		15	
		10.0	77	81.8						10.0	77	87.0		31	
	ZT	0.1	70	95.7					IBA	0.02	70	81.4		2	
		0.5	63	100						0.1	77	84.4		20	
		1.0	77	100		1				0.2	77	93.5		19	
		5.0	63	100						2.0	56	91.1		30	
		10.0	49	100						10.0	63	100		14	
	Ad	0.1	70	90.0					NAA	0.02	77	40.3			
		1.0	70	92.9						0.1	77	57.1		1	
		10	70	91.4						0.2	105	53.3	1		
		100	70	74.3						2.0	92	50.0	1		
		1 000	70	0						10.0	85	80.0		2	
空白			71	0				配比	2,4-D 5.0+KT 1.0		170	100	8	21	6

注：“*”表中激素单位均为 mg/L

最后，选用 MS+2，4-D 5.0mg/L+KT 1.0mg/L 的激素配比，作为诱导愈伤组织的培养基，得到了较满意的结果。表现为愈伤组织致密，有光泽（图版 I-3）。然后去掉 2,4-D，转移到 MS+KT 1.0mg/L+NAA 0.2mg/L 培养基上再分化，两周以后愈伤组织通过再分化，产生芽的凸起（图版 I-4）。并进一步发育出叶，抽茎（图版 I-5）。最后转至 BL+IBA 0.6mg/L 培养基上，两周后生根，再生出完整再生植株（图版I-6）。自接种培养不到两个月时间，再生植株即在试管内孕蕾并开花（图版I-7）。

在MS+2,4-D 5.0mg/L+KT 1.0mg/L及以后的培养程序中，根分化达30%，芽分化达11.4%，有75%的芽进一步生根而形成完整植株。

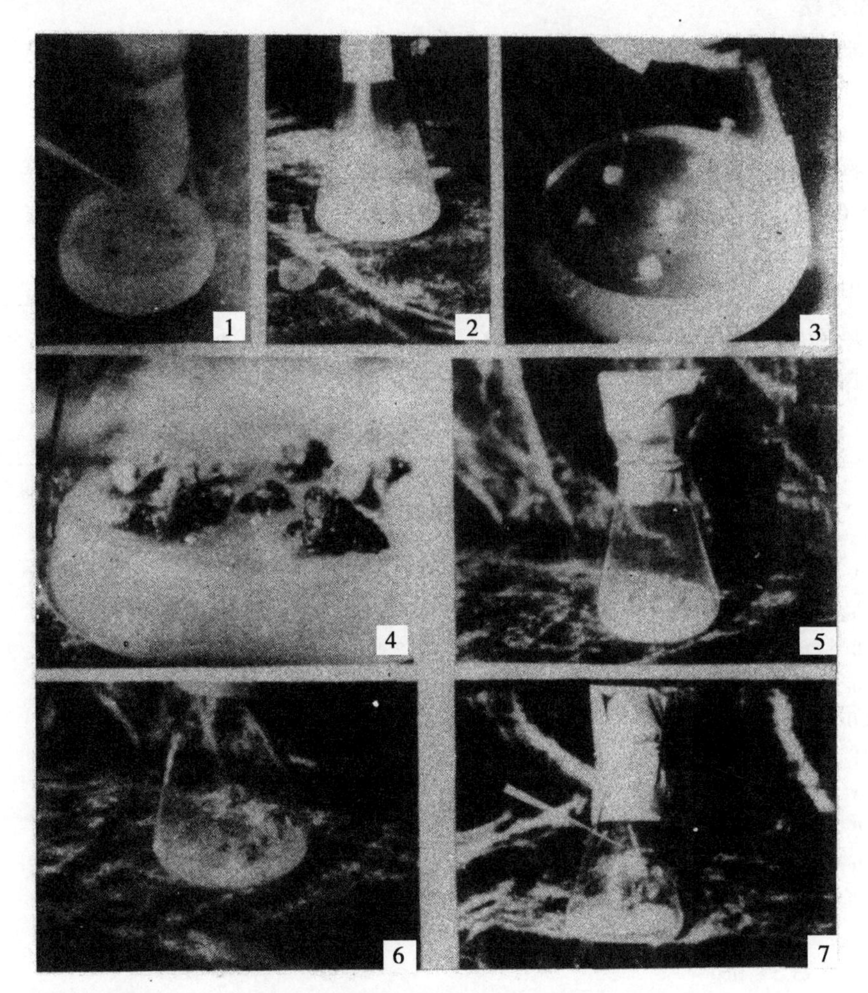

图版I　器官分化方式再生大豆植株

1. 野生变种大豆龙79-3133，下胚轴愈伤组织上分化芽的凸起；
2. 先分化根的愈伤，没有再分化出芽；
3. 龙79-3133，下胚轴愈伤组织始愈期；
4. 愈伤通过再分化，产生芽的凸起；
5. 幼芽进一步发育，出叶，抽茎；
6. 小植株生根，长高；
7. 再生植株在试管中孕蕾

4　讨论

（1）从诱导愈伤组织的快慢、质量和成愈率来看，MS在所有9种基本培养基中居首，说明基本培养基的选择是个值得注意的问题。

（2）Barwale等（1986）在培养大豆子叶节切段研究中认为，具有相似遗传背景的大豆基因型，具有相似的再生能力，形成丛生苗（Multiple shoot formation）的再生反应受遗传控制。从基因型试验可以得到另一结论，就是不同遗传背景的大豆基因型产生愈伤组织的能力不同。遗传进化程度高的种（变种）容易诱导产生愈伤组织。

（3）不同种类植物激素配比明显优于单一使用，从愈伤质量和分化潜力看更是如此。以前曾有一次培养直接成苗的报道，但从试验看，一次培养不做继代，很难经愈伤组织分化出完整再生植株，因此及时改变培养基配方，多次继代是必要的。

5 结语

本文研究了不同基本培养基和不同基因型对大豆亚属愈伤组织的诱导和再分化的影响，并研究了不同植物激素在大豆经器官分化方式再生植株过程中的单独作用和配合作用。

建立了较适于大豆再生植株的培养基，并获得野生变种大豆的再生植株。野生变种大豆再生植株，国内外尚未见报道。这对充分利用大豆野生资源，开展大豆体细胞无性系变异等研究，是很有意义的。

参考文献（略）

本文原载：大豆科学，1989，8（2）：145-153

大豆幼胚培养经体细胞胚再生植株

隋德志　王连铮　尹光初
（黑龙江省农业科学院大豆研究所，哈尔滨　150086）

通过组织培养诱导大豆再生植株引起了国内外学者的关注，近年来曾有一些报道，均系经愈伤组织—器官分化—再生植株途径成苗。而烟草、小麦、水稻、三叶橡胶、石刁柏、胡萝卜等许多作物，已有报道经愈伤组织—体细胞胚—再生植株的途径成株。

本文报道大豆栽培种［*Glycine max*（L.）Merrill］、野生变种［*Var. gxacilis*（Skv.）L. Z. Wang，Comb. nov.］幼胚培养，经愈伤组织—体细胞胚—再生完整大豆植株的研究结果。

我们采用野生种（*G. soja* Sieb et Zucc）10个品系，野生变种10个品系，栽培种44个品种，利用大豆无菌苗下胚轴进行培养，通过愈伤组织—器官分化—完整植株的方式再生植株。但再生频率较低，再生苗不太正常。

继而采用根、下胚轴、子叶、单叶、幼胚等不同外植体做对比试验（野生变种大豆龙79-3433），结果表明幼胚外植体再生能力最强，而且是从愈伤组织—体细胞胚—完整植株的方式再生。所得到的体细胞胚可以在未成熟大豆合子胚的发芽条件（Tilton et al.，1984）下发芽，产生具有根、茎、叶的完整植株。

接着作者采用栽培种、野生变种大豆6个基因型幼胚，做了进一步试验。结果表明，培养基成分，尤其是植物激素的种类、浓度、配比等对再生过程影响很大。采用了MS、B_5等基本培养基，添加适量的生长素和细胞分裂素，可以产生体细胞胚。不同基因型的幼胚均能产生体细胞胚，进而形成完整植株，但不同基因型的诱导频率差别较大。黑暗处理对体细胞胚的数量及再生植株的形态有良好影响。

大豆再生植株的诱导和频率提高，对大豆体细胞无性系变异、细胞突变体筛选以及大豆遗传操作等研究有着重要的理论意义和实践意义。

本文原载：科学通报，1987（21）：1679

大豆原生质体培养经胚胎发生高频率再生植株

肖文言　王连铮
（中国农业科学院，北京　100081）

大豆原生质体培养诱导再生植株一直为国内外学者所关注，如 Kao（1970）和 Miller 等（1971）从悬浮培养的大豆细胞分离出原生质体，经培养获得了愈伤组织。但在以后的多年中进展不够大。据报道，已从幼荚子叶、幼苗根、叶肉组织和悬浮培养细胞等外植体游离出原生质体，经培养获得愈伤组织，并进行了大量的分化研究，但最终都未能得到再生植株。卫志明和许智宏于 1988 年首次由大豆幼荚子叶分离出原生质体，经培养形成再生植株。罗希明等（1990）由大豆幼荚子叶原生质体培养也得到了再生植株。张贤泽（1990）由大豆原生质体培养获得了胚状体和再生植株。Sarwan K. Dhir（1991）以品种 Clark63 为材料分离幼荚子叶原生质体，经培养得到再生植株，1992 年又由其他 5 个基因型的原生质体培养获得再生植株。以上成功地得到再生植株的报道大都是经器官发生途经产生的。本文将报道用大豆（*Glycine max* L.）栽培品种泗豆 11 号幼荚子叶分离出原生质体，经培养由胚胎发生途径高频率再生植株。

1　植物材料

在北京将大豆品种泗豆 11 号和铁丰 8 号等夏播于田间，植株在自然条件下开花结荚。

2　原生质体的分离

从田间生长的大豆植株上摘下幼荚子叶大小为 2mm×3mm 的豆荚带回室内，在 4℃的冰箱内处理 48h。用 75%的酒精进行表面消毒，然后从幼荚中分离出子叶，将其纵切成 0.5～1mm 厚的薄片，放入含 Cellulase Onozuka RS 1.0%、Pectolyase Y-23 0.1%、0.6M 甘露醉和 0.3M 山梨醇的改良 CPW 酶液中，在摇床（50r/min，26℃）上黑暗条件下酶解 4～6h，用 Miracloth（Calbiochem、Corporation）过滤，除去组织碎片，将过滤后的原生质体酶液静止 30min，通过离心（100×g，10min）洗涤 3 次以纯化原生质体，每克子叶可得原生质体（2～3）$\times10^7$ 个/ml。

3　原生质体的培养

纯化后的原生质体用 Gellan Gum 进行珠状包埋，培养密度调整为（2～5）$\times10^5$ 个/ml，悬浮于 60mm×15mm 的培养皿中，每培养皿加入 3ml 培养基，培养基的基本成分为 MS 培养基，只是在氮源的种类和含量、维生素 B_1 的含量等做了调整，另外附加天冬酸胺 40mg/L、谷氨酸胺 40mg/L、2,4-D 0.1～0.2mg/L 和 BA 0.5～1.0mg/L。在 25℃黑暗条件下静止培养，10d 统计植板率可达 57%～65%。10d 后移至弱光（500lx）下培养，每隔半个月换一次培养基，并逐渐降低渗透压。50～60d 后形成 1～2mm 大小的黄色愈伤组织。

4　再生植株的诱导

当愈伤组织长到 1～2mm 时，移入含 2,4-D 0.3mg/L、BA 0.5mg/L 和 1%蔗糖的 MSB 固体培

在筹建试验室和工作中得到东北农学院张贤泽先生的指导，叶兴国、傅玉清等参加部分工作，一并致谢

养基（含有 MS 无机成分和 B_5 有机成分）进一步生长，培养 2~3 周后形成结构紧密、松脆光滑的愈伤组织。再转入 MSB 培养基，并附加 NAA 5.0mg/L、KT 0.5mg/L、BA 0.5mg/L 和 3%蔗糖，在 25℃、弱光下培养，在脆硬的愈伤组织上形成浅褐色胚状体。把上述愈伤组织再转入含 NAA 1.0mg/L、KT 0.5mg/L 和 1%蔗糖的 MSB 培养基上，促使胚状体进一步成熟长大。待胚状体长出肉眼可见的根和芽时，再转入含 0.1~0.5mg/L GA_3 和 1%蔗糖的 1/2MSB 培养基上促使小再生植株长大。泗豆 11 号和铁丰 8 号的再生植株的频率分别为 16%和 2%。

参考文献（略）

本文原载：大豆科学，1993，12（3）：249-251

大豆花药培养几个问题的研究

叶兴国　付玉清　王连铮
（中国农业科学院，北京　100081）

提　要：本文研究了大豆花药培养中的培养基、基因型、激素配比、糖分种类及浓度、取材时期、预处理温度、接种方式、有机添加物等因素对愈伤组织诱导频率的影响。认为大豆花药在培养基上的脱分化启动具有群体效应，合适的取材时期是单核中晚期。高浓度蔗糖能抑制体细胞愈伤组织的产生，而愈伤组织的分化则需要较低的蔗糖浓度。愈伤组织在 B_5+ 0. 5mg/L NAA + 1. 0mg/L KT+1%蔗糖和改良 MS+0. 1mg/L IBA+0. 1mg/L GA_3+0. 4mg/L NAA +0. 5mg/L BA +0. 5mg/L KT+0. 5mg/L ZT+0. 5mg/L 生物素+2%蔗糖等培养基上分化出了芽，在改良 MS+0. 5mg/L IBA +0. 5mg/L BA+0. 5mg/L KT+0. 5mg/L ZT+5%蔗糖+1% 麦芽糖等培养基上产生了胚状体。

关键词：大豆；花药培养；脱分化；胚状体

Study on Several Problems of Soybean Anther Culture

Ye Xingguo　Fu Yuqing　Wang Lianzheng
(*Chinese Academy of Agricllural Scuences*, *Beijing* 100081, *China*)

Abstract: Various factors such as medium, geonytpe, hormone, sugar, inoculating way and organic supplement, were studied in this study, these factors influence the formation on the callus in anther culture of soybean. Pouplation effect occured in the course of the anther's degeneration. The anthers during the uninucleate middle-late stage produce the calli easilier than duirng the uninucleate early-middle stage. The higher concentration of sucrose suppressed somatic calli and was favourable to the haploid calli in the process of the anther's culture. Modified MS mediums and B_5 medium were suitable for the anther culture. Buds and bud-like tissue were obtained after the calli were transferred to B_5 medium with 0. 5mg/L NAA, 1. 0mg/L KT, 1% sucrose or with 0. 1mg/L IBA, 0. 1mg/L GA_3, 0. 4mg/L NAA, 0. 5mg/L KT, 0. 5mg/L BA, 0. 5mg/L ZT, 2% sucrose. Culturing the calli on the modified MS medium containing 0. 5mg/L BA, 1. 0mg/L KT, 0. 5mg/L ZT, 0. 5mg/L IBA, 5% surcrose, 1% maltose or conating 0. 5mg/L BA, 0. 5mg/L KT, 0. 5mg/L ZT, 0. 4mg/L NAA, 0. 1mg/L LBA, 0. 1mg/L GA_3 and 2% surcrose, embryoids were formed. The lower concentration of sucrose was advantageous to the emergence of the bud and embryoid. However, it the buds or embryoids was very difficult to develop furtherly on mediums.

Key Words: Cultivated soybean; Anther culture; Regeneration; Embryoids

花药培养作为一种育种手段已在许多作物上取得了成功。大豆花药培养的研究，如能突破出苗和诱导频率这一关，将会加速大豆新品种的选育，缩短育种年限。1974 年 Ivers 首先开展了大豆花药培养研究，仅获得了体细胞愈伤组织及其类苗器官。1978 年母秋华等也获得了愈伤组织，

此项研究得到了张贤泽先生的具体指导和尹光初先生的通讯指导，致以谢意

没有证明这些愈伤组织是否来源于花粉。1979—1982 年简玉瑜、尹光初等先后对 B_5 培养基进行了研究改良，相继获得了花粉愈伤组织，并分化出了少量芽状物和花粉幼苗。1986 年刘德璞等获得了离体花粉的愈伤组织。1991 年 Kadlec、Zhuang 等分别获得了花药培养愈伤组织、胚状体类似物，没有得到再生植株。

尽管大豆花药培养有上述几例报道，但其方法、技术还不够成熟。出愈率、分化率很低，芽分化和植株再生缺少重复性。尤其近 10 多年来，关于大豆花药培养方面的研究很少，有必要进行大量工作，使大豆花药培养形成一种成熟的方法，应用于大豆育种实践。作者在 1992—1993 年两年间共接种了 50 多个基因型的 2 万多个花药，并对愈伤组织进行了分化研究，现简报如下。

1 材料和方法

1.1 试验材料

除来自美国的 PI486355、东北地区的黑农 21、铁丰 8 号、江南地区的泗豆 11 号外，其余大豆品种来自于华北地区和本课题组 F_1、F_2代材料。

1.2 取材和接种

开花前分别取不同部位、不同大小的小花，进行 0~1℃、4~5℃、7~8℃ 3 种方法的低温预处理 3~5d。灭菌前先剥去萼片，包在纱布中用 75%酒精灭菌 30s，0.1% 升汞灭菌 7~10min，无菌水冲洗 4~5 次。将材料放在灭过菌的培养皿中，加少许无菌水，轻轻拨动材料或挪动位置，花药便可以分离出来。分单个花药和 3~4 个花药两种方式接种，研究其他因素时采用后一接种方式，每瓶中接种 30 个花药或 30 个点。

1.3 培养基

选用了 MS、B_5、MSB、N_6 和两种改良的 MS 培养基（MS_1、MS_2）共 6 种培养基。MS_1的变动成分为（单位：mg/L）：NH_4NO_3 410、KNO_3 950、$CaCl_2 \cdot 2H_2O$ 220、NaH_2PO_4 50、KH_2PO_4 125、$MgSO_4 \cdot 7H_2O$ 250、$MnSO_4 \cdot H_2O$ 10、H_3BO_3 6、$ZnSO_4 \cdot 7H_2O$ 2.0 和 KI 0.75；MS_2 的变动成分为：NH_4NO_3 800、KNO_3 2 500、$CaCl_2 \cdot 2H_2O$ 220、$MgSO_4 \cdot 7H_2O$ 200、$KH_2PO_4$150、NaH_2PO_4 50、$(NH_4)_2SO_4$ 134、$MnSO_4 \cdot H_2O$ 10、H_3BO_3 5、$ZnSO_4 \cdot 7H_2O$ 2 和 KI 0.75。添加水解酪蛋白（CH）500mg/L、谷氨酰胺（Glu）800mg/L、天冬酸胺（Asp）100mg/L、VB_1 80mg/L、蔗糖 90g/L 和 gelrite 2.3g/L，pH 值 5.8~6.0。葡萄糖用细菌过滤器过滤灭菌，其他成分高压灭菌。除注明外，一般选择 MS_1 培养基和 9%的蔗糖浓度，附加 2,4-D 2.0mg/L 和 KT 0.5mg/L。

1.4 细胞学观察

卡诺固定液（3 份 95%酒精：1 份冰醋酸）固定花蕾 24h，换入 70%酒精中保存，1%醋酸洋红直接染色观察花粉粒发育状况。0℃低温冰水处理 24h，改良卡诺液（3 份 95%酒精：1 份冰醋酸：0.5~1 份二甲苯）中固定 4~7d，1%醋酸洋红染色 4h 以上，45%醋酸压片观察愈伤组织和根尖细胞染色体。

2 研究结果

2.1 培养基

花药在 MS、MS_1、MS_2、B_5 和 N_6 5 种培养基上的出愈率分别为 37.1%、42.9%、34.2%、35.2%和 23.7%（表 1），接种用基因型为丰收黄和 PI486355，N_6 培养基上出愈率最低，其他 4 种培养基上的出愈率相近。表明 MS、MS_1、MS_2 和 B_5 培养基比较适合于大豆花药培养中愈伤组织的诱导。

表 1　培养基对愈伤组织诱导频率的影响

培养基	接种花药数（个）	产生愈伤组织数（个）	诱导频率（%）
MS	240	89	37.1
MS_1	340	146	42.9
MS_2	228	78	34.2
B_6	210	74	35.2
N_6	300	71	23.7

2.2　激素种类和浓度

2,4-D 用量（单位：mg/L）1.0、2.0、3.0 和 4.0 时的出愈率分别为 23.9%、36.9%、25.5%和 18.6%，NAA 用量（单位：mg/L）1.0、2.0、3.0、4.0 和 5.0 时的出愈率分别为 12.6%、16.7%、23.3%、27.2%和 25.0%，品种是鲁豆 4 号和郑 492，表明 2,4-D 2.0mg/L、NAA 4.0mg/L 比较适合愈伤组织的产生，同时也表明，2,4-D 的诱导效果好于 NAA（表 2）。

表 2　激素种类和浓度对愈伤组织诱导频率的影响

激素用量（mg/L）	接种花药数（个）	产生愈伤组织数（个）	诱导频率（%）
2,4-D　1	180	43	23.9
2,4-D　2	450	166	36.9
2,4-D　3	200	51	25.5
2,4-D　4	210	39	18.6
NAA　1	180	23	12.6
NAA　2	180	30	16.7
NAA　3	180	42	23.3
NAA　4	360	98	27.2
NAA　5	180	45	25.0

2.3　接种方式和预处理温度

单个花药接种时的出愈率仅为 6.4%，3 个以上花药集中一起接种时的出愈率为 28.5%（表 3），表明大豆花药在培养基上的分裂启动具有群体效应。花药经过 3~5d 低温预处理后接种，0~1℃低温预处理的出愈率 10.6%，4~5℃的为 18.2%，7~8℃的为 24.4%（表 4），说明大豆花药合适的预处理温度为 4~8℃，0~1℃低温对产生愈伤组织不利。花药取自中黄 4 号、PI486355 和 F_2 代材料。

表 3　接种方式对愈伤组织诱导频率的影响

接种方式	接种花药数（个）	产生愈伤组织数（个）	诱导频率（%）
1 个花药	204	13	6.4
3 个以上花药	270	77	28.5

表 4　低温预处理温度对愈伤组织诱导频率的影响

预处理温度	接种花药数（个）	产生愈伤组织数（个）	诱导频率（%）
0~1℃	180	19	10.6
4~5℃	330	60	18.2
7~8℃	180	44	24.4

2.4　糖分种类和浓度

花药在添加 4.5%葡萄糖和其他有机成分、激素的 MS_1 培养基上，出愈率为 20.0%，添加 9%蔗糖和 3%麦芽糖的出愈率为 28.9%，添加 6%蔗糖和 6%麦芽糖的出愈率为 24.4%，蔗糖浓度 15%、12%、9%、6%和 3%时的出愈率分别为 39.5%、46.4%、39.8%、36.3%和 33.3%。表明 3%~15%的蔗糖浓度都能产生高频率的愈伤组织，12%可能更为合适，葡萄糖、麦芽糖的诱导效果不及蔗糖。花药取自中黄 4 号、丰收黄、泗豆 11 号、中品 661 等几个品种（表 5）。

表 5　糖分种类和浓度对愈伤组织诱导频率的影响

糖分种类和浓度	接种花药数（个）	产生愈伤组织数（个）	诱导频率（%）
4.5%葡萄糖	180	36	20.0
9% 蔗糖+ 3%麦芽糖	180	52	28.9
6%蔗糖+ 6%麦芽糖	180	44	24.4
12%蔗糖	360	167	46.4
9% 蔗糖	180	68	37.8
6%蔗糖	240	87	36.3
3%蔗糖	120	40	33.3
15%蔗糖	210	83	39.5

2.5　基因型

在 MS_2+2.0mg/L 2,4-D+0.5mg/L KT+500mg/L CH+800mg/L Glu+100mg/L ASP+9%蔗糖培养基上，3~4 个花药接种方式下，几乎所有基因型都能产生愈伤组织，出愈率 14.3%~36.6%（表 6），其中鲁豆 4 号、铁丰 8 号、丰收黄、中黄 4 号、PI486355、郑 492、郑州 135 和文丰 5 号等基因型的诱导率较高。

表 6　基因型对愈伤组织诱导频率的影响

基因型	接种花药数（个）	产生愈伤组织数（个）	诱导频率（%）
文丰 5 号	48	12	25.0
PI486355	228	78	34.2
早丰 1 号	226	38	16.8
豫豆 2 号	100	16	16.0
豫豆 6 号	138	32	23.2
郑 492	148	56	36.6
郑州 135	50	16	32.0
中油 84-14	98	15	15.3

（续表）

基因型	接种花药数（个）	产生愈伤组织数（个）	诱导频率（%）
铁丰 8 号	132	34	25.8
丰收黄	180	48	36.7
鲁豆 4 号	270	71	26.3
中黄 4 号	90	27	30.0

注：此表只列出了部分基因型愈伤组织的诱导结果

2.6　愈伤组织的鉴别

花药接种后 25d 左右开始产生愈伤组织，100d 以后仍有愈伤组织产生。经过染色体观察，开始产生的愈伤组织大多为体细胞愈伤组织，染色体数 40 条，淡黄色、结构松散、形状不规则、增殖较快；30d 后产生的愈伤组织大多为单倍体愈伤组织，染色体数 14~26 条，乳白色、结构致密、形状似球、增殖较慢。根据上述标准，蔗糖浓度 15%、12%、9%、6%和 3%时，单倍体愈伤组织分别占 84.3%、64.7%、66.2%、60.9%和 30.0%（表 7），表明高浓度蔗糖抑制体细胞愈伤组织的产生，而有利于单倍体愈伤组织的产生。

表 7　蔗糖浓度对单倍体愈伤组织和二倍体愈伤组织诱导频率的影响

蔗糖浓度（%）	愈伤组织数（个）	单倍体愈伤组织		体细胞愈伤组织	
		数量（个）	频数（%）	数量（个）	频率（%）
3	40	12	30.0	28	70.0
6	87	53	60.9	34	39.1
9	68	45	66.2	23	33.8
12	167	108	64.7	59	35.3
15	83	70	84.3	13	15.7

2.7　愈伤组织的分化

大豆花药培养产生的单倍体愈伤组织在各种分化培养基上，分化根比较容易，分化芽却十分困难。在 B_5+0.05mg/L NAA+1.0mg/L KT+1%蔗糖（GM14）、MS_1+0.1L BA+0.1 GA_3+0.4 NAA+0.5 KT+0.5 BA+0.5 ZT+0.5 生物素+2%蔗糖（GM_9，单位 mg/L，以下同）和 1/2 MSB+0.2 IBA+0.4 NAA+0.5 KT+0.5 BA+0.5 ZT+200 CH+200 YE+200 LH+200 Glu+100 Asp+80 Lys+3%蔗糖（GMll）等培养基上分化出了少量芽和芽状体，芽分化频率为 0.46%，芽状体为 0.34%。在 MS_1+0.5 IBA+0.5 BA+1.0 KT+0.5 ZT+250 CH+250 YE+250 Glu+100 Asp+5%蔗糖+1%麦芽糖（GMI_{18}）和 GM_9 等培养基上，产生了 7 个胚状体，频率为 0.40%。

3　结论

在前人研究的基础上，对培养基进行了改良，同时改变了接种方式，认为基本培养基的变动和培养基中添加 800mg/L Glu、100mg/L Asp、80mg/L VB_1 和 500mg/L CH 等有机成分，对诱导愈伤组织是有效的。多个花药接种情况下容易产生愈伤组织，表明大豆花药的脱分化具有群体效应。愈伤组织分化的蔗糖浓度为 1%~3%，高浓度蔗糖不利于芽分化和产生胚状体，但高浓度蔗糖用于诱导培养基上，能抑制体细胞愈伤组织的产生，有利于单倍体愈伤组织的产生。

合适的取材时期是单核中晚期的小花，标准是下一花露白前的上面 3~4 朵小花，长度 0.4~0.5cm，这与前人的观点不尽一致。灭菌前剥去萼片，然后用 75%酒精、0.1%升汞灭菌，在加少许无菌水的培养皿中分离花药的方法能提高接种效率和避免污染。多个花药集中接种表现出群体效应，比单个花药接种容易产生愈伤组织，可能是花药间相互分泌物质和有利于保持湿度等。进行愈伤组织及其根尖细胞的染色体检查时，在固定液中加入20%左右的二甲苯，能溶解细胞中的油脂。

愈伤组织出现后的适当大小及时分化（5~7d为宜），继代后的愈伤组织将失去分化能力，很难再调回适合分化的状态。愈伤组织的质量、状态和培养基中的激素搭配是大豆花药愈伤组织分化的关键性因素。尽管大豆花药培养能产生频率很低的芽和胚状体，但芽、胚状体的进一步生长、成熟、萌发又是一个有待解决的问题。大豆花药培养的难度同其意义一样的重大。

参考文献（略）

本文原载：大豆科学，1994，13（3）：193-199

大豆幼荚子叶原生质体培养及植株再生

肖文言　王连铮
（中国农业科学院，北京　100081）

摘　要：本文研究了 13 个栽培大豆（*Glycine max* L.）品种原生质体培养的再生能力。从大豆幼荚子叶酶解游离原生质体，用 Gellan Gum 进行珠状包埋，悬浮在含 2,4-D 0.1~0.2mg/L，BA 0.5~1.0mg/L 的改良 MS 液体培养基中，原生质体培养 3d 后开始第一次分裂，以后持续分裂。供试基因型间的 10d 植板率差异显著，变幅为 33%~67%。30d 内形成大量的细胞团，各供试基因型 50~60d 内都能形成 1~2mm 大小的愈伤组织。把这种小愈伤组织转到含 2,4-D 0.3mg/L、BA 0.5mg/L 的 MSB 固体培养基上，促使其进一步生长。再转入附加 NAA 5.0mg/L、BA 0.5mg/L、KT 0.5mg/L 和 3% 蔗糖的 MSB 分化培养基上，在黄色脆硬的瘤状愈伤组织表面可分化出胚状体，胚状体在今 NAA 1.0mg/L 和 KT 0.5mg/L的 MSB 培养基上可发育成再生植株，供试品种泗豆 11 号和铁丰 8 号都已得到再生植株。

关键词：大豆；培养基；原生质体培养；植株再生

Protoplast Culture and Plant Regeneration of Immature Cotyledons of Soybean (*Glycine max* L.)

Xiao Wenyan　Wang Lianzheng
(*Chinese Academy of Agricultural Sciences*, *Beijing* 100081, *China*)

Abstract: Thirteen soybean (*Glycine max* L.) genotypes were evaluated for their regenerability from protoplasts. Protoplasts were isolated from immature cotyledons, buried in beads solidified with Gellan Gum, and cultured in modified MS liquid medium containing asparaging, glutamine, allantoin, and allantoic acid, supplemented with 0.1-0.2mg/L 2,4-D and 0.5-1.0mg/L BA. The protoplasts started to divide after 3 days of culture. Significant difierences were observed in plating efficiency, which were varied from 33% ~ 67%. Sustained divisions resulted in mass production of cell colonies after 30 days of culture. 1-2mm dfameter colonics were formcd in 50~60 days with all the genotypes tested. The colonies were then transferred onto MSB (MS salts+B_5 organics) medium with 0.3mg/L 2,4-D and 0.5mg/L BA for further growth. Once the callus had become compact and nodular, they were transferred to MSB regeneration medium with NAA 5.0mg/L, 0.5mg/L each of BA and KT, and 3% sucrose, then embryo could be differentiated from the callus upon regular subculturing, Embryo developed into plantlet on MSB medium with 1.0mg/L NAA and 0.5mg/L KT. Plantlets have been regenerated from cultivars of Sidou No. 11 and Tiefeng No 8.

Key Words: Soybean (*Glycine max* L.); Medium; Protoplast culture; Plant regeneration

---

本研究是国家自然科学基金项目的部分内容。得到了东北农业大学张贤泽先生的指导，叶兴国和付玉清同志参加部分工作，在此一并致谢

植物原生质体培养为植物遗传操作和作物改良提供了一个有用的工具。对于大豆，利用原生质体培养直接导入外源基因是可靠且可重复的遗传转化方法。据报道，可通过根癌农杆菌（*Agrobacterium tumefaciens*）或基因枪等转化大豆细胞，但转化频率仍然非常低。尽管在大豆遗传操作中已取得较大进展，但由于缺乏一个稳定的大豆原生质体培养再生植株系统，所以阻碍了大豆体细胞杂交和外源基因在大豆植株水平上表达的研究。

自从 Kao（1970）和 Miller（1971）从悬浮培养的大豆细胞分离出原生质体并试验培养以来，大豆原生质体培养诱导再生植株一直为国内外学者所关注，但在很长一段时间内进展不大。近几年，有几位学者相继由大豆幼荚子叶原生质体培养成功地得到了再生植株。以上植株再生的报道大都经器官发生途径产生，这些研究表明，基因型、培养基的组成、激素的种类和浓度及培养条件等对再生细胞的分裂和植株再生都起很重要的作用，其中基因型是获得再生植株的最关键因素。

本文对大豆基因型、原生质体的游离培养、培养基的组成、激素的配比和愈伤组织的分化等植株再生过程中的一些环节进行了研究，探索出了一个经胚胎发生途径高频率再生植株的系统，目的在于为大豆遗传转化等研究提供一个稳定和简单的理想受体系统。

1 材料与方法

1.1 试验材料

从全国各地征集栽培大豆品种 50 个，分别用大豆植株的不同器官或组织，如下胚轴、子叶等进行组织培养，筛选到对组织培养反应敏感的品种 13 个（都未报道获得过再生植株）。随后将大豆品种夏播于田间，植株在自然条件下开花结荚。

1.2 原生质体的游离

从田间生长的大豆植株上摘下幼荚子叶大小为（2~7）mm×（2~4）mm 的豆荚带回室内，在 4℃的冰箱内处理 48h，用 75%的酒精进行表面消毒。然后从幼荚中分离出子叶，将其纵切成 0.5~1.0mm 厚的薄片，放入 0.6M 甘露醇和 0.3M 山梨醇的改良 CPW 酶液中，在摇床(50r/min，26℃）上，黑暗条件下酶解 4~6h，用 Miracloth（Calbiochem Corporation）过滤，除去组织碎片，将过滤后的原生质体酶液静止约 30min，通过离心（100×g，10min）洗涤 3 次纯合原生质体。

1.3 原生质体的培养

纯化后的原生质体用 Gellan Gum 进行珠状包埋，培养密度调整为 $3\sim5\times10^5$ 个/ml，悬浮于 60mm×15mm 的培养皿中，每培养皿加入 3ml 培养基，培养基的基本成分为 MS 培养基，只是氮源的种类和含量等作了调整，增加了 K_8P 培养基中的少数维生素和有机酸，另外还附加天冬酰胺、谷氨酰胺、尿囊酸和尿囊素等。在 25℃ 黑暗条件下静止培养，培养 10d 后统计植板率，并移至弱光（500lx）下培养，每隔半个月换一次培养基，并逐渐降低渗透压。

1.4 再生植株的诱导

当愈伤组织长到 1~2mm 大小时，移入含 2,4-D 0.3mg/L、BA 0.5mg/L 和 1% 蔗糖的 MSB 固体培养基（含 MS 无机成分和 B_5 有机成分）促使其进一步生长，培养 2~3 周形成结构紧密、松脆光滑的愈伤组织。再转入 MSB 分化培养基，并附加 NAA 5.0mg/L、KT 0.5mg/L、BA 0.5mg/L 和 3%蔗糖，在 25℃光照下培养，在黄色脆硬的瘤状愈伤组织表面发生褐色斑点，逐渐形成胚性愈伤组织。把上述胚性愈伤组织再转入含 NAA 1.0mg/L、KT 0.5mg/L 和 1% 蔗糖的 MSB 培养基，促使不定胚进一步生长成熟。待不定胚长出肉眼可见的根和芽时，再转入含 GA_3 0.1~0.5mg/L 和 1%蔗糖的 1/2 MSB 固体培养基上促使小再生植株长大，根系发育不好的小植株，可移入 IBA 0.5mg/L 的 1/2 MSB 培养基上诱导生根。

2 结果与讨论

以大豆品种鲁 7919、中豆 19 和吉林 27 为试验材料，研究了不同酶的种类和浓度对原生质体游离效果的影响。结果表明（表 1、图 1），Cellulase Onozuka R10 1.0% 和 PectolyaseY-23 0.1%最适合大豆幼荚子叶原生质体的游离，能获得最高的植板率（64%）和适量的原生质体产量（5.1×10^6 个/g 鲜重），Pectolyase Y-23 对于获得高产量有活力的原生质体似乎必不可少。在酶解开始的前 3 个小时内，几乎没有游离出原生质体，最适酶解时间为 4~7h。当幼荚子叶大小为 3mm×2mm 时，能获得高产量和高活力的原生质体（图版Ⅰ-1）；当幼荚子叶大于（6~7）mm×4mm 时，游离出的原生质体量非常少，原生质体的活力也较低。

供试 13 个大豆品种的原生质体培养和植株再生结果列于表 2。原生质体培养开始后的第 3d 左右，其再生细胞出现第一次分裂（图版Ⅰ-2）；培养开始后的第 10d 统计植板率（分裂细胞占所培养原生质体的百分率）为 33%~67%，30d 后形成胚性细胞团（图版Ⅰ-3）的频率为 12.1%~48.3%，所有基因型在 50~60d 内都能形成 1~2mm 大小的黄色愈伤组织（图版Ⅰ-4）同一基因型 10d 植板率的高低与 30d 内形成细胞团的频率和肉眼可见愈伤组织（φ1~2mm）的多少基本一致。泗豆 11 号和铁丰 8 号两个品种能分化成再生植株（图版Ⅰ-8）。可见，不同大豆基因型的幼荚子叶原生质体在同一培养条件下，其再生细胞的分裂能力，形成愈伤组织和再生植株的能力等存在很大的差异。选择合适的大豆基因型是能否获得再生植株的最首要因素。

表 1 酶的种类和浓度对大豆幼荚子叶原生质体产量和植板率的影响

酶处理	浓度（%）	原生质体产量（每克鲜重）	10d 植板率（%）
Cellulase Onozuka R10 Pectolyase Y23	1.5 0.4	6.5×10^6	37
Cellulase Onozuka R10 Pectolyase Y23	1.5 0.2	2.0×10^7	43
Cellulase Onozuka R10 Pectolyase Y23	1.0 0.2	7.2×10^6	49
Cellulase Onozuka R10 Pectolyase Y23	1.5 0.1	5.1×10^6	64
Cellulase Onozuka R10 Macerozyme R10	1.5 0.5	3.5×10^4	31
Cellulase Onozuka R10 Pectolyase Y23 Macerozyme R10	1.5 0.1 0.5	5.6×10^6	34

注：资料来自对 3 个品种分别进行 3 次独立试验的平均值，图 1 资料来源相同

表 2　不同大豆品种的原生质体培养和植株再生

品种	10d 植板率（%）	30d 形成细胞团的频率（%）	愈伤组织（直径 1~2mm）	植株再生
中品 661	34	12. 1	+	0
鲁 7919	64	41. 7	+++	0
中豆 19	48	33. 9	+++	0
豫豆 6 号	57	40. 8	+++	0
诱变 30	51	36. 5	+++	0
东辛 8146	61	41. 3	+++	0
邯 84-171	33	13. 8	+	0
正 8106	60	26. 1	+++	0
合丰 25	59	34. 9	+++	0
莒选 23	43	24. 6	++	0
吉林 27	45	27. 1	++	0
泗豆 11	59	48. 3	+++	++
铁丰 8 号	67	41. 7	+++	+

注：0 没形成，+少，++比较多，+++多

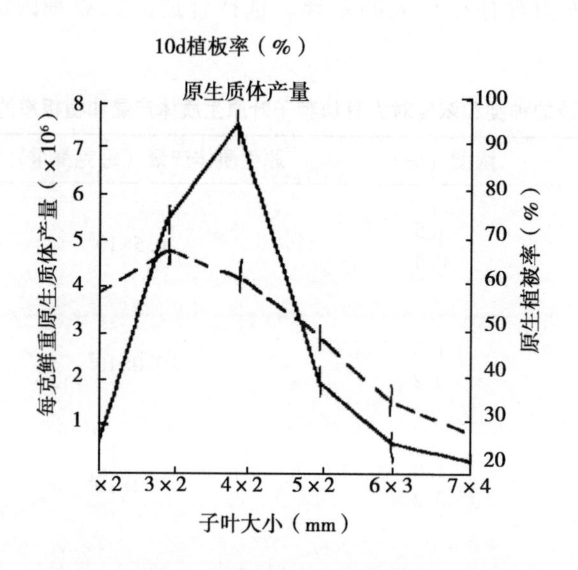

图 1　子叶大小对原生质体产量和植板率的影响

原生质体培养 50d 以后，在 Gellan Gum 珠中能够形成 1~2mm 大小的黄色愈伤组织（图版Ⅰ-4），此时，应把这种小愈伤组织转入附加 2,4-D 0. 3mg/L、BA 0. 5mg/L 和 1%蔗糖的 MSB 固体培养基上（图版Ⅰ-5），可明显促进其生长；否则，生长缓慢，最终褐化死亡。当小愈伤组织在 MSB 生长培养基上培养 2~3 周后，把形成的结构紧密、松脆光滑的愈伤组织再转入含 NAA、KT 和 BA 的 MSB 的分化培养基上，每 15d 继代一次，经 1~3 次继代后，在黄色脆硬的瘤状愈伤组织（图版Ⅰ-6）表面会产生褐色斑点，其内部胚性细胞开始分化，逐渐形成胚状组织，进一步发育成胚状体。把胚状体再转入附加 NAA 和 KT 的 MSB 培养基，促使其进一步生长成熟（图版Ⅰ-7），从而进一步分化诱导出再生植株。

大豆幼荚子叶原生质体培养再生植株已有几例报道，其培养基大都是用 K_8P 和 K_8，而本研究的培养基在成分上则大大地简化了，是在 MS 基本培养基的基础上，在氮源的种类和含量上做

了些变动，并附加了天冬酰胺、谷氨酰胺、尿囊酸、尿囊酸及 K_8P 培养基中个别维生素和有机酸。结果表明，这些附加物对大豆原生质体培养非常有利，可获得高频率的细胞分裂和诱导形成胚性愈伤组织。其次，本研究的原生质体用 Gellan Gum 进行珠状包埋后，改善了生长环境，有利于再生细胞和高频率愈伤组织的获得。

总之，关于大豆原生质体培养再生植株的研究，目前能再生的基因型仍很少，外植体局限于幼荚子叶，再生系统还不太稳定，限制植株再生的许多因子仍未弄清楚。为了能真正利用大豆原生质体培养进行遗传操作，为基因工程导入外源基因改良大豆提供一个成熟的受体系统，还有许多问题需要深入探索研究。

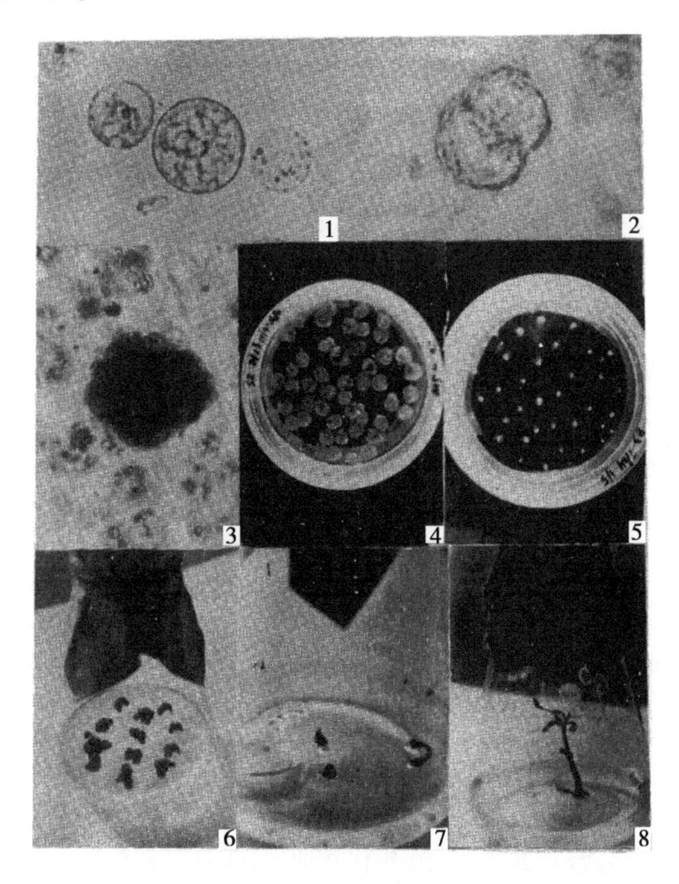

图版 I　大豆幼荚子叶原生质体培养和植株再生

1. 从大豆幼荚子叶分离的新鲜原生质体（×400）；
2. 原生质体培养 3d 后第一次分裂（×400）；
3. 原生质体培养 30d 形成的胚性细胞团（×100）；
4. 原生质体培养 30~60d 形成的小愈伤组织；
5. MSB 生长培养基上的小愈伤组织；
6. 结构紧密的瘤状愈伤组织；
7. 原生质体培养产生的胚状体；
8. 质生质体培养获得的小再生植株

参考文献（略）

本文原载：作物学报，1994，20（6）：665-669

大豆花药培养研究进展

叶兴国　王连铮
（中国农业科学院作物育种栽培研究所，北京　100081）

提　要：如何提高接种效率和愈伤组织质量，通过外源激素来调节内源激素，使愈伤组织处于适合分化的状态。研制专用培养基，筛选敏感性基因型等，是大豆花药培养取得突破性进展的关键。本文从取材、细胞学研究、培养基改进、基因型筛选和植株分化等几个方面，回顾了20多年来大豆花药培养取得的成绩和存在的问题，目的在于促进大豆花药培养的深入研究。

关键词：大豆；花药培养；胚状体；再生植株

Advances of Anther Culture in Soybean

Ye Xingguo　Wang Lianzheng
(*Institute of Crop Breeding and Cultiration CAAS*, *Beijing* 100081, *China*)

Abstract: More researches should be conducted to make much proress for soybean anther culture, such as increasing efficiency of inoculation, leveling harmones of calli by adjusting plant harmone ratio in medium, inventing special medium for soybean and selecting susceptible genetypes for regeneration. Related results in the anther culture of soybean, for examples, choosing of anthers, observation of pollens during culture, improvement of medium, screeping of genetypes and regeneration of plantlet were retrospected. Moreover, experiences and questions were also outlined in this review article.

Key words: Soybean; Anther culture; Regeneration plantlet; Embryoid

植物花药培养的研究起始于20世纪50年代初期，Tulecke培养裸子植物的成熟花粉最终形成了愈伤组织，并观察了花粉粒在培养基上的发育过程。1963年Yamada等从被子植物的花药培养中获得了单倍体愈伤组织。Ghua等从曼陀罗的成熟花药培养中获得了胚状体及其再生植株。随后的几年内，相继获得了烟草、水稻、小麦、玉米等重要农作物的单倍体植株。经过近30年的努力，利用花药培养技术已经培育了一些小麦、水稻等大田作物新品种和玉米自交系。与其他农作物相比，大豆花药培养的研究远远落后，还没有取得突破性进展。为促进大豆花药培养的深入研究，现就这一领域做一回顾和展望。

1　大豆花药培养概况

组织培养大豆各种类型的体细胞外植体，诱导产生愈伤组织比较容易，再生植株却十分困难，花药培养更是如此。大豆花药培养最早由Ivers等人（1974）开展起来，只获得了体细胞愈伤组织。母秋华等（1977）在几种不同培养基上诱导出了花药愈伤组织，平均出愈率15%左右，根分化率10%上下，但没有分化出芽，也没有证明这些愈伤组织的倍性。最好的进展是20世纪70年代末期至80年代初期，简玉瑜等（1977，1980）和尹光初等（1980，1981，1982）分别对

B_5培养基进行了研究改良，在此基础上愈伤组织诱导率有了较多提高，并分化出了少量绿芽和几棵再生植株，绿芽分化率0.5%以下，愈伤组织及其根尖细胞的染色体观察结果表明，愈伤组织大多来源于花粉细胞。大豆花药体细胞容易形成愈伤组织，花粉培养则能避免产生体细胞愈伤组织，诱导的愈伤组织基本上是单倍性培养物。刘德璞等（1986，1987）首次尝试了这一工作，用改良B_5、KM_8P、MB和MKM_8P培养基获得了游离花粉的愈伤组织，在分化培养基上仅看到芽点和根的形成，没有再生出绿芽。20世纪80年代中期以来，大豆花药培养进入低谷状态，有关的研究很少，仅有的报道也仅限于基本培养基的改良。Kadlec等（1991）通过变动培养基的无机盐成分，获得了愈伤组织，没有进行细胞学检查。Zhuang等（1991）在B_5培养基中附加了多种有机成分，最终也只产生了少量胚状体类似物，但多数表现为畸形，没有进一步发育成胚状体。笔者从1992年开展大豆花药培养研究，通过对多种影响因素的深入探索和培养基改进，愈伤组织诱导率有了明显提高，结合细胞学检查确定了单倍体愈伤组织和二倍体愈伤组织的鉴别标准，提出了诱导愈伤组织的集体效应观点，并于近期产生了胚状体和根、芽齐全的小再生植株（叶兴国等，1994）。

2 培养材料的选取、处理和接种

花粉细胞的发育时期对其分裂启动和产生愈伤组织有至关重要的影响，太早或太晚都不利于愈伤组织的诱导。在大量接种的情况下，仅仅选择花粉粒处于某一发育时期的花药来培养的做法是不现实的。细胞学观察与小花植物学结合确定合适的取材标准则是切实可行的方法。Ivers等（1974）首次建立了小孢子发育与小花特征相对应的取材标准，认为长度2.5mm的小花是分离花药的合适材料，此时30%的花药处于四分体后期，70%的花药处于单核期。生态地区、生长条件和植株健壮程度的不同，取材的标准也应不同。尹光初等（1982）根据花萼与苞叶的长度比例来确定取材时期，二者比例1：1时，花药处于四分体期，苞叶长度等于花萼长度的2/3~3/4时，花药处于单核花粉粒期，花萼是苞叶的2倍长度时，花粉粒处于双核期，认为东北地区花药培养的合适材料来源于2.5~3.5mm长度的小花，花药发育一般处于单核早中期。花药培养效果还与植株的生长环境、生理状态等因素有关，生长于大田中的植株比生长于温室中的植株容易诱导花药愈伤组织。刘德璞等（1986）的观察发现，单核期、双核期的花粉粒都可发生分裂和形成愈伤组织，简王瑜等（1977，1980）和母秋华等（1977）则用单核中期或后期甚至双核期的花药接种。在大豆花药培养工作中，根据细胞学观察、花冠和花药位置以及花药色泽等确定取材时期，认为在北京的田间生长条件下，小花长度3.0~4.5mm，温室生长条件下，小花长度2.5~3.5mm，是剥取花药的合适材料，花药鲜黄色，处于花柱的基部至中部，花冠处于花萼的1/2~3/4位置，花粉粒发育处于单核中期至双核期。对一个花序来说，下位小花露白前的上位4~5朵小花都可作为接种的材料（叶兴国等，1994）。大豆属于高温短日型作物，材料的预处理与其他作物有一些差异。据研究，7~8℃低温处理小花5~8d，能促进花粉细胞的分裂，2.0mg/L 2,4-D浸泡小花配合7~8℃低温预处理，显著促进花粉细胞的分裂（刘德璞等，1986）。笔者的研究发现，0~1℃、4~5℃、7~8℃处理小花3~5d，随着温度的升高，愈伤组织诱导率提高，合适的温度处理是4~8℃，过低温度不利于产生愈伤组织（叶兴国等，1994）。大豆小花比较小，在冰箱中容易失水变干，用叶片包被置于培养皿中再放入冰箱，是较好的做法，但存放和低温处理时间也不应太长，以3~5d为宜。也有人认为，低温处理的作用不明显（Kadlec等，1991）。

大豆花药很小，直径仅0.3mm左右，连同柱头被花冠和花萼紧紧包被，且萼片上有一层密实的茸毛，给灭菌和接种带来了巨大困难。70%酒精30~60s和10%~20%次氯酸钠或饱和漂白粉10min，不能达到灭菌的目的，污染率90%以上，70%酒精30~60s和0.1%升汞7~10min顺序灭菌，能显著降低污染，污染率30%以下（尹光初等，1982）。在0.1%升汞中加入几滴吐温，基本上能克服污染。

尽管小花经过了严格的灭菌，接种时还需要十分小心，用无菌的镊子轻轻剥去花萼和花冠，接种针挑出花药，或一只手戴上灭过菌的 PVC 乳胶手套持住小花，另一只手拿无菌工具分离花药。研究结果表明，单个花药接种时不容易产生愈伤组织，出愈率仅为 6.4%，多个花药接种时容易诱导愈伤组织，出愈率高达 20.5%，认为花药在培养基上的启动分裂具有群体效应（叶兴国等，1994）。

3　培养过程中的细胞学研究

大豆花药在培养基上形成愈伤组织是一个缓慢的过程，在适宜的培养条件下，花粉细胞 5d 后开始均等分裂，10d 左右见多细胞球。在不适宜的培养基上，花粉细胞则长期保持单核靠边状态（简玉瑜，1980）。体细胞愈伤组织出现较早，接种后 10~20d 陆续产生，而且增殖快，转移到第二培养基上无器官分化，30d 后产生的愈伤组织大多数来源于花粉细胞，35d 后产生的愈伤组织有 89%以上是单倍性的，染色体数目 16~24 条，愈伤组织的产生可以持续到接种后的 72d（尹光初等，1982）。游离花粉细胞的直接培养能克服花丝、药隔、药壁等体细胞形成愈伤组织，由于缺少了药壁的保护作用，花粉粒的分裂启动比较慢。培养 15d 后，少量花粉粒开始膨大，换入新鲜培养基后 3~5d，花粉细胞开始分裂，紧接着大量分裂，发生分裂的花粉细胞占 70%以上，似乎一定量的花粉分裂对未分裂的花粉具有刺激启动的作用。花粉细胞的最初两次分裂有四种类型，即均等细胞型、均等游离核型、不均等细胞型和不均等游离核型，有的直接形成多细胞团，有的先形成多核细胞，再各自独立发展为多细胞团，最后形成肉眼可见的乳白色愈伤组织（刘德璞等，1986，1987）。作者于接种后的一个月时间内，每隔 3d 从培养基上挑取花药，醋酸洋红染色法直接观察花粉细胞发育状况，发现接种后的 6~12d 花粉细胞开始分裂，能看到二核或三核花粉粒，9~15d 出现四核或四细胞以上花粉粒，同时多数花粉细胞的药壁衰退、内含物分解、细胞质变稀、细胞核消失、形状不规则。15d 以上出现多核或多细胞花粉粒，24d 左右观察到多细胞团，30d 后逐渐出现小愈伤组织，甚至 110d 左右仍有愈伤组织产生。分别用席夫试剂染色法、醋酸洋红染色法观察愈伤组织及其根尖细胞的染色体数目（卡诺固定液中加入 10%的二甲苯，以溶解细胞中的油脂），发现单倍体愈伤组织除了发生较晚以外，其形状似球、乳白色、质地较硬、增殖较慢，染色体数目 $2n=14\sim26$，而体细胞愈伤组织则相反，形状不规则、淡黄色、质地较松散、增殖较快，且于接种后很快发生，染色体数目 $2n=40$。另外，还发现高浓度蔗糖抑制花丝、药壁、药隔等体细胞产生愈伤组织，有利于花粉粒分裂和产生单倍体愈伤组织（叶兴国等，1994）。

4　培养基改进

Ivers 等（1974）选用了 Nitsch 和 Miller 基本培养基，附加 20mg/L NAA、1mg/L KT，获得了体细胞愈伤组织及其类苗器官。母秋华等（1997）用对其他植物比较有效的 MS、B_5、Miller 和 N_6 四种培养基，都诱导出了愈伤组织，但愈伤组织的来源不明确，这些愈伤组织在 MS 和 B_5 附加 0.5~1.0mg/L BA 或 KT，0.2~0.5mg/L NAA 或 IAA 培养基上仅分化出根系。上述工作表明，现有培养基不很适合于大豆花药培养。简玉瑜等（1977，1980）在比较了 MS、B_5、Blaydes 效果的基础上，对 B_5 培养基进行了改良研究，将 5 种大量元素以及 pH 值、2,4-D、6-BA、蔗糖分 4 个水平进行正交试验，筛选出了 6 号培养基，其组成是（mg/L）：NH_4NO_3 800、KNO_3 2 500、$CaCl_2 \cdot 2H_2O$ 250、$MgSO_4 \cdot 7H_2O$ 85、KH_2PO_4 170、$NaH_2PO_4 \cdot 2H_2O$ 50、甘氨酸 2，其他组成同 B_5 培养基，诱导愈伤组织时附加 2,4-D 2、6-BA 0.5、KT 0.5、蔗糖 120 000、pH 值 5.8。分化培养基中去掉 2,4-D。蔗糖浓度降至 3%。出愈率有了显著提高，并分化出了 20 多个芽、1 株正常苗和1株畸形苗，根尖染色体数目少于20条，绿芽分化率仅为0.5%左右，根分化率却高达3%~4%。与此同时，尹光初等（1981）也对B_5培养基进行了改进，变动成分为（mg/L）：NH_4NO_3 800，KNO_3 2 500，$CaCl_2 \cdot 2H_2O$ 250，$MgSO_4 \cdot 7H_2O$ 185，KH_2PO_4 125，NaH_2PO_4 50~60，H_3BO_3 6.0，$NaMoO_4$ $2H_2O$ 0.375，诱导愈伤组织时附加2,4-D 2.0、蔗糖120 000，愈伤组织分化时附加KT 0.5~4.0、6-BA 0.5~6.0、IAA 0.5~2.0、蔗糖60 000~90 000，最终分化出了少量芽和个别再生植株，染色体数目$2n=20$。刘德璞等（1987）针对花粉培养需要高渗透压的特点，通过对改良B_5、SL和KM_8P的相互对比，设计了MB_5-1培养基，其特点是将肌醇用量提高到5 000mg/L；通过对KM_8P简化，设计了MKM_8P，附加葡萄糖68 400mg/L，蔗糖、山梨醇糖、甘露醇糖、核糖各125mg/L。无机盐的变动主要是在改良B_5的基础上，提高了Ca^{2+}和Mg^{2+}的浓度，诱导了较多愈伤组织，表明葡萄糖、Ca^{2+}、Mg^{2+}在花粉培养中具有良好作用。Kadlec等（1991）对培养基成分也进行了正交试验，虽然在几种改良培养基上诱导出了不明确的愈伤组织，却没有得到具体的结果。Zhuang等（1991）在培养基里添加了16种有机成分以及2,4-D 2mg/L、BA 0.5mg/L和9%的蔗糖，1个月后产生了一些胚状体类似物，但多数表现畸形，没有进一步发育成胚状体。笔者充分参考了前人大豆花药培养和原生质体培养的经验，以MS、B_5和改良B_5和ZSP等培养基为基础，通过变动氨态氮与硝态氮的比例和增加有机态氮等，筛选出了适合大豆花药培养的MB_1培养基，其大量元素的组成为（mg/L）；NH_4NO_3 410，KNO_3 950，$MgSO_4 \cdot 7H_2O$ 250，KH_2PO_4 300，$NaH_2PO_4 \cdot 2H_2O$ 50，$CaCl_2 \cdot 2H_2O$ 220，微量元素中的H_3PO_3增加到6mg/L，有机成分中的VB_1提高到80mg/L，其他成分同B_5或改良B_5，pH值5.8~6.0，另外添加谷氨酰胺800mg/L、天冬酰胺100mg/L、水解酪蛋白500mg/L、Gelrite 2 250mg/L。诱导愈伤组织时附加2,4-D 2mg/L、KT 0.5mg/L和蔗糖12 000mg/L，出愈率显著提高。第二培养基可以采用SAC_3、B_5、MS或改良B_5中的任何一种，附加IBA 0.1mg/L、BA 0.25~0.5mg/L、KT 0.25~0.5mg/L、NAA 0.25mg/L、GA 0.1mg/L、活性炭300~500mg/L和1%~3%的蔗糖，3年来共分化出了14株绿芽、8个胚状体和1株幼苗，分化率0.4%~0.5%。活性炭似乎有利愈伤组织的分化，用于诱导培养基中，虽然降低了出愈率，但能提高愈伤组织的质量，$AgNO_3$具有相似作用。

综上所述，培养基的改进是有效的，诱导培养基中加入2mg/L 2,4-D、12%的蔗糖，其积极作用可以肯定。

5 基因型筛选和植株再生

农作物花药培养中的基因型差异十分明显，一些基因型比较容易诱导愈伤组织和分化成苗，另一些基因型却很难诱导愈伤组织或很难再生植株，另有少数基因型只出白苗而不出绿苗。大豆花药培养也有相似情况。Ivers等（1997）选择Hark品种开展花药培养，仅获得了体细胞愈伤组织及其类苗器官。简玉瑜等（1980）以吉林13号、7508、7511和7512等8个基因型和15个F_1代、4个F_2代、一个F_3代、3个F_4代和3个F_5代为材料，诱导出了单倍体愈伤组织，出愈率0~36.4%，转移8 565块愈伤组织到分化培养基上，共获得了23个芽体、1株正常苗和1株畸形苗，吉林13号的培养效果最好。尹光初等（1982）用吉林13号、黑农21号等品种和2个F_2代、2个F_3代等杂种后代作为花药的供体植株，愈伤组织诱导率25.03%~42.38%，几乎所有材料都能产生愈伤组织，但不同材料之间形成愈伤组织的能力差异很大，杂种花药比品种花药更容易诱导愈伤组织，黑农21号品种产生了幼小花粉植株。刘德璞等（1986）从吉林13号品种的花药中压出花粉细胞进行单花粉粒培养，大部分花粉细胞都能分裂和产生愈伤组织，也证明吉林13号是大豆单倍体培养的良好材料。Kadlec等（1991）用L-20、L-21、L-23、L-25、L-45、L-61和L-16K 7个品系的花药进行培养，认为不同的基因型适合不同的培养基。Zhuang等

(1991) 用 Williams、A1929 两个基因型诱导出了胚状体类似物。选用来自黄淮海地区的丰收黄、早丰 1 号、郑州 135、郑 482、豫豆 2 号、豫豆 8 号、鲁豆 2 号、鲁豆 4 号、鲁豆 7 号、鲁豆 10 号、中黄 4 号、中黄 6 号、冀豆 4 号、冀豆 7 号、晋豆 4 号、晋豆 9 号、中品 661 和来自东北地区的吉林 21、吉林 23、黑农 21、黑农 26、铁丰 8 号、小粒黄、赛凯以及 PI486355 加上 7 个 F_1 代共 30 多个基因型，愈伤组织诱导率 2.8%~38.6%，郑 482 最容易诱导愈伤组织，冀豆 7 号最不容易诱导愈伤组织。在 SAC_3、MS、B_5 附加 KT 0.25~1.0mg/L、BA 0.25~1.0mg/L、NAA 0.25~0.5mg/L、IBA 0.1~0.5mg/L、GA 0.1~0.5mg/L 的分化培养基上，丰收黄产生了 3 个胚状体和 1 株花粉幼苗，PI486355 产生 2 个胚状体，中黄 4 号产生了 3 个胚状体，鲁豆 10 号产生了 3 个芽，中品 661 产生了 5 个芽，黑农 21 产生了 2 个芽。前人的工作和我们的工作可以表明，吉林 13、黑农 21、丰收黄、中品 661、中黄 4 号、鲁豆 10 号、PI486355 等基因型是大豆花药培养的较好材料。

6 问题讨论

虽然经过 20 多年来两代人的努力，大豆花药培养已能再生幼苗和产生胚状体，但分化频率很低，仅有 0.5%左右，且重复性很差，能够再生的基因型十分有限，还不能形成一种成熟的方法和理论体系。

从上述回顾中可以看出，花药愈伤组织诱导数量的问题已基本解决，一些基因型具有很好的出愈率。但所诱导的愈伤组织的质量较差，不适合植株再生所要求的状态，这可能有两方面的原因：一是基本培养基成分不合适，二是激素搭配不协调。从大豆其他外植体的组织培养来看，BA 和 KT 等细胞分裂素对再生具有积极作用，2,4-D 的作用相反。在诱导花药愈伤组织时，可以考虑去掉 2,4-D 或降低其浓度，改用其他植物激素。根据大豆蛋白质含量和脂肪含量高的特点，研制出适合大豆花药培养的专用培养基。在愈伤组织分化时，根据分化对内源激素的要求，通过在培养基中添加外源激素来调节内源激素。从再生的角度考虑，应继续扩大基因型的筛选范围，寻找对再生敏感的基因型。

另外，大豆花药小，容易污染，剥取十分不方便，给大量接种带来了许多困难，这或许是限制大豆花药培养开展的又一个客观因素。如何方便快速接种大量花药，也是一个值得思考的问题。非常遗憾的是，从事过大豆花药培养工作的几位前人，由于其难度，都相继舍弃了此项研究，以后的有关报道又很少，这可能是 20 多年来大豆花药培养没有取得重大进展的主观因素。相信，经过越来越多人不懈的努力，与其他作物一样，也能利用花药培养途径培育出大豆新品种，缩短大豆育种年限。

参考文献（略）

本文原载：大豆科学，1995，14（4）：349-354

大豆花药愈伤组织的分化及其内源激素分析

叶兴国　王连铮
(中国农业科学院作物育种栽培研究所，北京　100081)

提　要：选用31个栽培大豆基因型进行花药培养。愈伤组织诱导率2.2%～36.6%，8个基因型的出愈率在25%以上，6个基因型产生了芽或胚状体，只有丰收黄、鲁豆10号两个基因型既产生了芽，又产生了胚状体，具有相对高的培养力。3年内共产生了14个再生芽、9个胚状体、6个芽状物和1株根、芽齐全的小再生植株。虽然获得花粉植株属于15年来的第一例，但愈伤组织分化率仍然很低，这与愈伤组织的状态和质量较差有很大关系。愈伤组织和再生芽、胚状体中没有ABA、ZT等分化所需激素，IAA或GA_3等生长素的含量也比较低，这是愈伤组织分化率低、再生芽容易枯死、胚状体不发育的根本原因。在培养基中添加ABA等激素后，愈伤组织中仍无ABA存在，认为激素平衡和协调问题应从诱导愈伤组织时入手解决，以此来提高愈伤组织的质量。

关键词：大豆；花药培养；愈伤组织分化；胚状体；内源激素

Differentiation of Callus and Analysis of Endogenous Hormone in Anther Culture of Soybean (*Glycine max*)

Ye Xingguo　Wang Lianzheng
(*Institute of Crop Breeding and Cultivation*, *CAAS*, *Beijing* 100081, *China*)

Abstract: Soybean (*Glycine max*) is a recalcitrant crop for in vitro regeneration and the nature makes the progress in haploid plant induction sluggish. Thrity one soybean genotypes were used in this study of anther culture and screened for high inducing ability. Relation between callus regeneration and endogenous hormone was analysed. Calli were induced from the anthers with a range of 2.2 to 36.6 percent. Eight genotypes were screened for their high percentage of callus formation, over 25 percent. Shoots or embryoids regenerated from the calli of six genotypes, among which the calli derived from Fengshouhuang and Ludou 10 differentiated not only shoots, but also embryoids, with relatively sensitive anther culture response. Fourten shoots, nine embryoids, and six bud-like structures were obtained in three years from six genotypes. For the first time, a plantlet with roots was achieved in the world within the later fifteen years. In spite of the above, the callus regeneration still was very difficult and no reproducible, which is probably related to the low quality of the callus.

No ABA and ZT that were essential to differentiation of callus were tested in the calli or shoots, embryoids, which may be the main reason of difficult differentiation of the callus or easy withering of the shoot. After adding ABA in differentiation medium, no ABA still was examined in the calli. So, the leveling and harmonizing of endogeneous hormone should be paid attention to from the begining of calus induction for improving the callus quality.

Key words: *Glycine max*; Anther culture; Callus differentiation; Embryoid; Endogenous hormone

大豆花药培养是大豆研究中的难题和薄弱环节，与其他作物相比，其研究远远落后，至今未能取得突破性进展。大豆花药培养最早由 Ivers 等开展起来，只获得了体细胞愈伤组织。母秋华等的研究结果与 Ivers 大体类似，只是没有证明愈伤组织的来源。最好的进展是 20 世纪 70 年代末期至 80 年代初期，简玉瑜等和尹光初等分别对 B_5 培养基进行了改良，第一次获得了单倍体愈伤组织以及少量再生芽和几棵再生植株。虽然后来也有个别研究，并从花粉培养中获得了愈伤组织，但近 15 年来再无植株再生或绿芽分化的报道。经过 3 年多的研究，笔者已能从大豆花药培养中获得较多愈伤组织，并分化出了一些绿芽和胚状体，但愈伤组织分化率十分低，再生芽非常容易枯死，胚状体往往停止发育，也还没有得到花粉植株，这势必与培养物中的内源激素有关。本文将对近期的研究结果做一全面、系统报道。

1 材料与方法

1.1 供试基因型

除 PI486355 来自美国、泗豆 11 号和中油 84-14 来自长江流域外，其余供试材料均来源于黄淮海地区和东北地区 20 世纪 50—90 年代生产用栽培大豆品种，它们是文丰 5 号、早丰 1 号、豫豆 2 号、豫豆 6 号、郑 492、郑州 135、铁丰 8 号、丰收黄、鲁豆 4 号、中黄 4 号、吉林 21、黑农 26、黑农 21、鲁豆 10 号、吉林 23、中品 661、诱变 30、塞凯、青豆、鲁豆 7 号、鲁豆 2 号、小粒黄、豫豆 8 号、科丰 6 号、冀豆 4 号、冀豆 7 号、中黄 6 号和晋豆 5 号，共计 31 个基因型。取上述材料 2.5~3.5mm 长度的小花，经 70%酒精 30s、0.1%升汞（含 0.2%吐温）7min 顺序灭菌后，无菌水冲洗 3~5 次，超净工作台上剥取花药接种，每瓶接种 30 个花药。

1.2 培养基和培养条件

选用自己设计的 SAC_3 培养基，其具体组成是（单位：mg/L）：NH_4NO_3 400，KNO_3 950，$CaCl_2 \cdot 2H_2O$ 220，$MgSO_4 \cdot 7H_2O$ 250，KH_2PO_4 125，$NaH_2PO_4 \cdot 2H_2O$ 50，H_3BO_3 6.0，$NaMoO_4 \cdot 2H_2O$ 0.35，Glu800，其他成分基本同 B_5 培养基，附加盐酸硫胺素（VB_1）80mg/L、谷氨酰胺（Glu）500~800mg/L、天冬酰胺（Asn）100mg/L、水解酪蛋白（CH）250~500mg/L、蔗糖 30~120g/L、Gelrite 2.3 g/L，pH 值 5.8~6.0。诱导愈伤组织时，附加 2,4-D 1.0~4.0mg/L、NAA 1.0~5.0mg/L、KT 0.2~0.5mg/L，培养温度 28~30℃，黑暗条件下进行。愈伤组织分化时，去掉 2,4-D 和有机添加物，降低糖分浓度和 NAA 用量，添加适量 BA、IBA、ABA、ZT、GA_3、KT 等植物激素，在温度 21~26℃、光照 1 500~2 000lx 的培养室中进行。

1.3 染色体制片方法

愈伤组织形成后，0℃低温冰水处理愈伤组织 24h，改良卡诺固定液（3 份 95%酒精：1 份冰醋酸：0.5~1 份二甲苯）中固定 24h，70%酒精中保存，然后用 1N 盐酸 60℃恒温箱中水解 10min，席夫试剂染色，卡宝品红压片观察愈伤组织染色体。切取愈伤组织分化出的根系，预处理、固定和保存方法同愈伤组织，1%醋酸洋红染色 4h 以上，45%醋酸压片或与愈伤组织相同方法染色和制片，观察根尖细胞染色体。

1.4 内源激素测定方法

愈伤组织及其再生芽、胚状体的内源激素含量测定在中国林业科学院分析中心完成。测定采用高效液相色谱法。培养物研碎，用石油醚萃取，滤去石油醚后加入冷甲醇，6~7h 后过滤，残渣中加入冷甲醇再重复提取 1 次，合并 2 次滤液，浓缩至 25ml 定容，用孔径 0.5μm 的微孔滤膜过滤后即为样品。吸取 15μl 上述样品在 HPLC 仪器上进行色谱分析。与此同时，分别称取 2mg 不同种类的植物激素，用甲醇溶解并定容，进行色谱分析以绘制该激素的标准曲线。用于测定内源激素的愈伤组织及其再生芽和胚状体均来源于同一基因型。

2 结果与分析

2.1 愈伤组织诱导和分化

花药接种后20d左右开始产生愈伤组织，可以持续到接种后的2~3个月。愈伤组织经过卡诺液固定、盐酸水解、席夫试剂染色后制片。根尖细胞经固定和醋酸洋红染色后制片。染色体观察结果表明，开始产生的愈伤组织大多为体细胞愈伤组织，染色体数目为40条，占检查愈伤组织数目的95.8%（表1），染色体数目为20条或接近20条的愈伤组织仅占4.2%，早期愈伤组织淡黄色、结构松散、形状不规则、增殖较快。35d后产生的愈伤组织大多为单倍体愈伤组织，染色体数目为18~23条，占检查愈伤组织数目的83.3%，后期出现的愈伤组织黄白色、结构致密、形状似球、增殖较慢，体细胞愈伤组织约占16.7%。

表1 愈伤组织及其根尖细胞染色体检查情况

接种后天数（d）	染色体数目	愈伤组织数	频率（%）
25~30	40	23	95.8
	18~23	1	4.2
35以后	40	6	16.7
	18~23	30	83.3

注：愈伤组织来源于丰收黄接种25d后

31个基因型的培养结果列于表2。从表2中看出，愈伤组织诱导率为2.2%~36.6%，几乎所有基因型都产生了愈伤组织，但出愈率高低不同，中黄6号、豫豆8号、冀豆4号、塞凯、冀豆7号、鲁豆7号、泗豆11、科丰6号、晋豆5号、鲁豆2号、青豆和小粒黄等基因型较难诱导愈伤组织，而郑492、PI486355、郑州135、中黄4号、丰收黄、鲁豆4号、铁丰8号、文丰5号和中品661等基因型比较容易诱导愈伤组织。从再生的角度来看，多数基因型仅分化出了根系，分化芽和产生胚状体十分困难，只有PI486355、丰收黄、中黄4号、黑农21、鲁豆10号和中品661等6个基因型的愈伤组织在分化培养基上出现了频率很低的芽或胚状体，以丰收黄、鲁豆10号两个基因型为最好，有芽和胚状体分化。从1992年开展这项研究以来，上述6个基因型共分化产生了14个再生芽、9个胚状体、6个芽状物和1株根、芽齐全的再生小植株（表3）。其中，4个基因型在北京分化成功，2个基因型在海南分化成功，从海南获得的丰收黄愈伤组织，带回北京后产生了胚状体及再生小植株。可见，基因型不同，形成愈伤组织和分化芽或胚状体的能力显著不同。结果还表明，愈伤组织诱导率高，分化潜力不一定高。在两种不同的生态环境条件下，分化愈伤组织都取得了成功，尤其是丰收黄基因型，表明培养方法具有一定的可重复性。

表2 愈伤组织诱导和分化的基因型差异情况

基因型	接种花药数（个）	产生愈伤组织数（个）	诱导率（%）	分化结果
文丰5号	48	12	25.0	根
PI486355	228	78	34.2	胚状体、根
早丰1号	226	38	16.8	根
豫豆2号	100	16	16.0	-
豫豆6号	138	32	23.2	-

（续表）

基因型	接种花药数（个）	产生愈伤组织数（个）	诱导率（%）	分化结果
郑 492	148	56	36.6	根
郑州 135	50	16	32.0	根
中油 84-14	98	15	15.3	-
铁丰 8 号	132	34	25.8	根
丰收黄	180	48	26.7	胚状体、芽、根
鲁豆 4 号	270	71	26.3	根
中黄 4 号	90	27	30.0	芽、根
吉林 21	240	31	12.9	-
黑农 26	210	26	12.4	-
黑农 21	250	45	18.0	芽、根
鲁豆 10 号	160	28	17.5	芽、胚状体、根
吉林 23	240	34	14.2	-
中品 661	300	72	24.0	芽、根
诱变 30	270	35	13.0	根
塞凯	150	6	4.0	-
青豆	240	23	9.6	根
泗豆 11	100	8	8.0	-
鲁豆 7 号	140	11	7.9	-
鲁豆 2 号	140	17	12.1	根
小粒黄	100	5	5.0	-
豫豆 8 号	120	3	2.5	-
科丰 6 号	160	14	8.8	-
冀豆 4 号	150	6	4.0	-
冀豆 7 号	210	15	7.1	-
中黄 6 号	180	4	2.2	-
晋豆 5 号	180	12	6.7	根

表 3　6 个基因型接种和分化情况统计

基因型	接种花药总数（个）	芽（个）	胚状体（个）	芽状物（个）	植株（株）	地点
中品 661	1 080	5				北京
PI486355	870		3	2		北京
中黄 4 号	1 530	2		4		北京
丰收黄	2 170	2	4		1	北京、海南
鲁豆 10 号	960	3	2			海南
黑农 21	1 290	2				海南

2.2 培养物内源激素分析

2.2.1 培养物中内源激素含量的差异

测定了胚状体、再生芽和愈伤组织中的内源 ABA、GA_3、IAA、ZT 和 ZRs 含量，结果列于表 4。从表 4 中看出，再生芽中只含 15.2μg（100g 鲜样）的 GA_3 和 30.2μg 的 ZRs，不含 ABA、IAA 和 ZT 3 种植物激素，GA_3 与 ZRs 的比值仅为 0.502。胚状体中含有较高的 GA_3（124.1μg/100g）和较低的 IAA（17.9μg/100g），ZRs 含量中等水平，IAA 与 GA_3、ZRs 的比值分别为 0.144 和 0.324，GA_3 与 ZRs 的比值却高达 2.248，不含 ABA 和 ZT。块状愈伤组织（Ⅰ）与瘤状愈伤组织（Ⅱ）相比，含有较高的 GA_3、ZRs 和 IAA，两种愈伤组织同样不含 ABA 和 ZT。结果表明，培养物内源激素的含量不够平衡，不含 ABA、ZT 和 IAA 等分化、成熟所需激素，缺乏再生芽生长所必需的 GA_3 等激素。结果也表明，具有分化潜力的瘤状愈伤组织其内源 IAA 与 GA_3、ZRs 的比值均为 0.5 左右，GA_3 与 ZRs 的比值为 1.0 左右，块状愈伤组织含有较高的 GA_3，可能是其不具备分化潜力的原因之一。再生芽中无 IAA，GA_3 的含量也比较低，可能是再生芽不能正常生长以至于最后枯死的原因。相反，胚状体中含有较多的 GA_3 和较少的 IAA，不含 ABA 等催熟激素，使得胚状体不能正常成熟和萌发，激素含量及比例与块状愈伤组织相似。

表 4 培养物内源激素含量及比例

培养物	含量（μg/100g 鲜样）					比例		
	GA_3	IAA	ABA	ZT	ZRs	IAA/GA_3	IAA/ZRs	GA_3/ZRs
愈伤组织Ⅰ（块状）	131.8	22.8	0	0	69.2	0.173	0.330	1.905
再生芽	15.2	0	0	0	30.3	0	0	0.502
胚状体	124.1	17.9	0	0	55.2	0.144	0.324	2.248
愈伤组织Ⅱ（瘤状）	56.3	27.6	0	0	56.4	0.490	0.489	0.998

2.2.2 外源激素对内源激素的影响

选用来源于同一基因型的愈伤组织，在分化培养基中分别添加不同种类和比例的生长调节物质，10d 后测定愈伤组织内源 GA_3、IAA、ABA、ZT 和 ZRs 含量，结果列于表 5。结果表明，所测定的愈伤组织中都没有检测到 ABA 和 ZT，尽管在处理 5 中添加了 1.0mg/L 的 ABA，愈伤组织中仍无 ABA 存在。当培养基中添加 GA_3 和 ABA 或 IBA 后（处理 1），愈伤组织中内源 GA_3 和 ABA 或 IAA 的含量并不能增加，相反，GA_3 和 IAA 却都有降低的趋势，愈伤组织无分化动态。增加 BA 或 KT 后（处理 2 和处理 3），内源 GA_3、IAA 含量明显增加，而细胞分裂素的含量并没有增加，愈伤组织仍无分化倾向。处理 4 和处理 5 的愈伤组织具有分化潜力，其外部特征表现为瘤状或颗粒状、淡黄色或黄色、质地较疏松，内源激素的含量及比例比较近似，GA_3 与 ZRs 的含量 56.3~72.2μg，二者之比接近 1∶1，IAA 的含量 22.8~27.6μg，IAA 与 GA_3、ZRs 的比值接近于 1∶2，培养基中生长调节物质的配比为（mg/L）：0.25 NAA+0.25 BA+0.25 KT 或 0.25 NAA+0.25 BA+0.25 KT+ 1.0 ABA。

表 5 培养基中添加外源激素后培养物内源激素的变化

处理（mg/L）	含量（μg/100g 鲜样）					比例		
	GA_3	IAA	ABA	ZT	ZRs	IAA/GA_3	IAA/ZRs	GA_3/ZRs
0.25 NAA+0.1 IBA+0.1 GA_3+0.25 KT+0.25 BA	24.8	10.7	0	0	41.3	0.431	0.259	0.601

（续表）

处理（mg/L）	含量（μg/100g 鲜样）					比例		
	GA_3	IAA	ABA	ZT	ZRs	IAA/GA_3	IAA/ZRs	GA_3/ZRs
2.0 KT+2.0 BA	112.5	65.0	0	0	50.0	0.578	1.300	2.250
0.25 NAA+0.25 KT+1.0 BA	125.0	21.6	0	0	56.7	0.173	0.324	1.874
0.25 NAA+0.25 KT+0.25 BA	68.2	22.8	0	0	72.2	0.334	0.316	0.945
0.25 NAA+0.25 KT+0.5 BA+1.0 ABA	56.3	27.6	0	0	56.4	0.490	0.489	0.998

3 讨论

植物激素是愈伤组织产生和分化的关键性因素。由于培养物中内源激素的含量非常低，加上测试手段的限制等，长期以来，愈伤组织或其再生植株中内源激素的含量不甚清楚，只是凭借经验添加外源生长物质，很难满足培养物分化或生长所需的激素水平和配比。因此，研究培养物中内源激素的含量及比例，分析其规律性，通过在培养基中添加外源激素来调节内源激素，以此来满足愈伤组织分化对内源激素的需求，从而提高组织培养中再生植株的效率。有关培养物中内源激素方面的研究很少，最早的报道见于胡萝卜和烟草两种容易再生的模式植物，后来报道了象草叶片外植体胚性愈伤组织发生能力与内源激素的关系。梅传生等研究了水稻种子及幼穗愈伤组织绿苗分化率与内源激素的关系，认为分化率高的愈伤组织含有较多的 ABA、IAA 和 ZRs，尤其内源 ABA 含量与植株分化有直接关系。然而，在大豆组织培养中，有关这方面的研究报道还没有，开展这方面的研究，将有助于解决大豆花药培养甚至组织培养中芽分化难和再生植株难问题。

尽管愈伤组织诱导率有了明显提高，在分化培养基上也获得了芽、胚状体和不完整的再生小苗，但分化率十分低，仅有 0.5%左右，且再生芽非常容易枯死，胚状体常常停止生长或长期不萌动，再生小苗又愈伤组织化。为此，对培养物进行了内源激素的分析测定，发现大豆愈伤组织中缺乏其他作物胚性愈伤组织中所富含的 ABA 等植物激素，如水稻分化率高的愈伤组织含有较高的 ABA、IAA 和较低的 ZRs 水平，ABA/IAA、ABA/ZRs 的比值相对较大，而大豆花药愈伤组织及其再生芽中无 ABA 和 ZT，GA_3 含量也比较低，胚状体中则含有较多的 GA_3 和较少的 IAA，同样不含 ABA 和 ZT，这或许是大豆花药培养中分化难、成苗难的重要原因。在分化培养基中添加 ABA 和 ZT 后，培养物中仍然检测不到 ABA 和 ZT，增加 BA 或 KT 浓度后，内源 GA_3 和 IAA 含量明显提高。由此看来，大豆花药愈伤组织中某些激素缺乏问题，不能单单依靠在培养基中添加此类激素来达到目的，而是一个激素平衡的综合问题，靠培养基中多种生长物质的协调作用来产生和平衡内源激素。可能需要从诱导培养基开始入手考虑平衡内源激素，在添加 2,4-D 的同时，也添加 ABA 和 ZT 等外源激素。内源激素是否平衡决定着愈伤组织的状态和质量，从而直接影响到愈伤组织的分化。

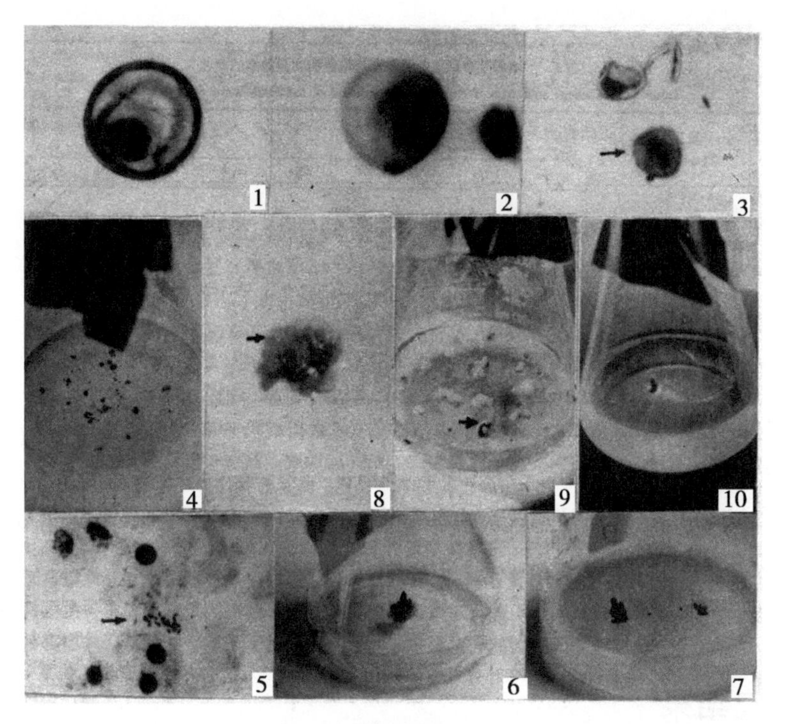

照片说明

1. 单核中晚期的花粉细胞；2. 花粉细胞在培养基上的第一次分裂；3. 第二次分裂产生的三核花粉粒；4. 35d 后产生的单倍体愈伤组织；5. ；愈伤组织的染色体；6. 愈伤组织的芽分化；7. 愈伤组织的芽状物分化；8. 正在发育的胚状体；9. 发育成熟的胚状体；10. 胚状体萌发的小植株。

参考文献（略）

本文原载：作物学报，1997，23（5）555-561

大豆原生质体培养研究进展

肖文言　王连铮
（中国农业科学院，北京　100081）

大豆原生质体培养诱导再生植株，一直为国内外学者所关注。栽培大豆（*Glycine max* L.）原生质体培养，自 Schenk 和 Hildebrandt（1969）由大豆子叶愈伤组织细胞游离原生质体培养以来，国内外学者虽进行过较长时间大豆原生质体分离和培养研究，但仅得到愈伤组织。1988 年，中国科学院上海植物生理研究所卫志明和许智宏才首次用栽培大豆未成熟子叶游离原生质体，获得了再生植株。随后，其他学者也相继获得了再生植株。现将国内外主要研究进展和应用前景等综述如下。

1　早期的研究结果

Schenk 和 Hildebrandt 用大豆子叶愈伤组织细胞分离原生质体，发现培养后 24h 内即可形成新的细胞壁，3~4d 开始第一次分裂，1 周内出现小细胞团。Zieg 和 Outka（1980）利用温室栽培的大豆品系 T219 的未成熟荚果组织，经表面灭菌，切成 3mm 厚的小片，在 MS 和 MS 附加 10mg/L 精氨酸的培养基中过夜预培养，经酶解后原生质体的产量，分别为 4.2×10^5 个/g 鲜重，2×10^6 个/g 鲜重。他们还比较了一步酶解法、二步酶解法和混合酶解法分离原生质体的效果，结果二步酶解法分离效果最好。纯化的原生质体培养 5~7d 后，许多再生细胞进行分裂，培养第 3 周出现小愈伤组织，将其转移到 MS 固体培养基上，则生长迅速并形成松散的愈伤组织，这些愈伤组织转到 HRM 固体培养基上，仅分化出形态各异的根。许智宏等（1982，1984）利用黑暗条件下萌发的大豆根尖，切成 1mm 厚薄片进行酶解，纯化后原生质体产量为 1.2×10^6 个/g 鲜重，培养 48h 后再生细胞出现第一次分裂，7d 后平均植板率可达 15%（若在 B_5P 培养基上培养有时可达 30%以上），培养 2 周后形成细胞团，并发现有规律地稀释培养基可促进细胞团的生长。在形成细胞团的数量上，KM_8P 和 KM_8 都不如 B_5P 培养基，但对细胞的持续分裂来说，KM_8P 和 KM_8 又优于 B_5P 培养基。将多细胞团和小愈伤组织转至 MSD_3（MS 附加 2.0mg/L IAA 和 1.0mg/L BAP）和 MSD_4（MS 附加 0.05mg/L NAA+0.5mg/L BAP）培养基，置于散射光下培养则发育为绿色的愈伤组织，由愈伤组织分化形成了根。Schwenk 等（1981）和 Oelck 等（1983）利用大豆子叶和幼嫩叶片进行原生质体分离，短时间酶解表明，绝大部分叶肉细胞极易分离出原生质体，经培养再生细胞持续分裂形成愈伤组织。还有一些研究表明，把大豆种子萌发的无菌苗成熟子叶和未成熟子叶横切成薄片进行酶解，也均可游离出大量原生质体，经培养可保持分裂，并获得肉眼可见的愈伤组织（Kao & Michayluk，1981；简玉瑜，1983；吕德扬等，1983，1985）。吕德扬（1985）对大豆子叶原生质体游离和培养因子的研究表明，酶液 EM-5（4.0%Meicelase+2.0% Rhozyme+0.03% Macerozyme R10）和 EM-4（0.1% Pectolyase Y23+0.2% Onozuka RS+1.0% Rhozyme）均可从 3 个品种的未成熟子叶游离出大量原生质体，但 EM-4 游离的原生质体

本研究由国家自然科学基金资助项目

不能分裂，EM-5 不能解离所有品种子叶细胞的细胞壁。EM-5 和 EM-4 游离两类子叶原生质体数量和质量上的差异，可能与两类子叶细胞壁成分的不同和果胶离析酶（Pectolyase Y23）某些尚不清楚的作用有关。Chowhury 和 Widholm（1985）利用大豆子叶愈伤组织建立的 PA 细胞系，酶解 2~3h 后，75%~90%的细胞游离出原生质体，培养 3d 后再生细胞开始分裂，并能持续分裂形成细胞团，植板频率达 18%，在固体培养基上长成绿色的多细胞团和愈伤组织。对再生的愈伤组织进行染色体计数观察，发现 99%左右都是正常的二倍体。

另外，许多研究还表明，K_8P 培养基适合大豆子叶原生质体的培养，再生细胞分裂频率较高。在培养的第 1 周，光对未成熟子叶原生质体的分裂起部分抑制作用，而对实生苗子叶则有促进作用。精氨酸和天冬氨酸在体细胞胚诱导中起促进作用。诱导体细胞胚，Picloram 比 2,4-D 更有效。

2 近年来的突破性进展

1988 年，中国科学院上海植物生理研究所卫志明和许智宏首次在栽培大豆原生质体培养上获得再生植株（参见《植物生理学通讯》及《植物学报》）。用大豆幼荚子叶游离原生质体，培养 3~5d 后开始第一次分裂，以后便持续分裂。此后每 10~15d 添加一次新鲜的 K_8 液体培养基，逐渐降低渗透压。6 周后将形成的细胞团移入 K_8 固体培养基。当愈伤组织长到 2~3mm 时移入 MSB 培养基（MS 无机成分和 B_5 有机成分）获得紧密瘤状愈伤组织。将瘤状愈伤组织转到含 0.15mg/L NAA、BA、KT 和 ZT 各为 0.5mg/L 及 50mg/L CH 的 MSB 分化培养基上，15d 后 30%的愈伤组织分化出芽。将无根苗切下诱导生根，最后有 6 个基因型获得再生植株。再生植株能正常开花结实，且获得了第二代种子。罗希明等（1990）采用类似的系统，用东北地区 14 个栽培大豆品种的幼荚子叶、无菌苗下胚轴、子叶和悬浮培养细胞游离原生质体，经培养所有细胞都能发生分裂，多数能形成细胞团或愈伤组织，其中吉林 13 号和吉林 16 号两个品种的幼荚子叶游离的原生质体，经培养获得了再生植株。

Dhir 等（1991）用栽培大豆品种 Clark 63 的幼荚子叶游离原生质体，培养在 K_8P 液体培养基或用琼脂糖包埋的 K_8P 培养基中，植板率分别为 45%~50%和 55%~60%。用 K_8 培养基定期稀释，5~6 周后形成 1~2mm 大小的愈伤组织，再转入 MSB 培养基附加 2,4-D、BA 和 KT 各 0.5mg/L，500mg/L CH，4~6 周后形成紧密瘤状愈伤组织，经在 MSB 培养基附加 BA、KT 和 ZT 各 5mg/L，0.1mg/L NAA 和 500mg/L CH 中继代 3~4 次，21%的瘤状愈伤组织能形成丛生芽。切下 0.5~1.0mm 长的芽，使其长根，26 个再生植株移入温室并开花结实。Dhir 等（1992）还用同样的方法研究了另外 14 个栽培大豆品种的原生质体再生能力。结果表明，不同的基因型植板率存在显著差异，变幅为 38%~63%，但所有基因型在 5~6 周内都能形成 1~2mm 愈伤组织。经继代分化，6 个基因型能分化出芽，芽的分化频率最高可达 27%。共获得 63 个再生植株，35 个再生植株移入温室，大都开花结荚。

张贤泽和小松田隆夫［中国科学（B 辑），1993］从栽培大豆的幼荚子叶游离原生质体，以 Celrite bead 法包埋，培养在以大豆根瘤产物（天冬酰胺、谷氨酰胺、尿囊酸和尿囊素）为主要氮源的 ZSP 培养基［无机盐减半的 MS 培养基（40mg/L NH_4NO_3），添加大豆根瘤产物为主要氮源］中，能形成胚性愈伤组织。该愈伤组织在体细胞胚分化培养基上直接分化出体细胞胚，并进一步诱导出再生植株。培养基比较试验表明，大豆根瘤形成的酰尿等有机态氮化合物，对大豆幼荚子叶原生质体培养及再生细胞保持胚性起重要作用。肖文言和王连铮（1993）用大豆幼荚子叶分离原生质体：培养在改良 MS 培养基附加 0.1~0.2mg/L 2,4-D、0.5~1.0mg/L BA 中，3d 后开始第一次分裂，以后持续分裂。供试 13 个基因型间培养 10d 时植板率差异显著，变幅为 33%~67%。30d 内形成大量细胞团。50~60d 形成 1~2mm 愈伤组织。转入 MSB 培养基附加

0.5mg/L 2,4-D 和 0.5mg/L BA 进一步生长。再转入 MSB 培养基附加 5.0mg/L NAA、KT 和 BA 各为 0.5mg/L，3% Sucrose 中能形成胚状体。胚状体在 MSB 培养基附加 NAA 和 KT 中进一步发育成小植株。其中，泗豆 11 和铁丰 8 号获得了再生植株。

3 野生大豆的原生质体培养

野生大豆原生质体培养获得再生植株的种有 *G. canescens*、*G. clandestina*、*G. argyrea* Tind 和 *G. soja* Sieb. et Zucc。Newell 等（1985）将 *G. canescens* 种子萌发的无菌苗下胚轴原生质体用琼脂糖固化的培养基培养 3~14d，再生细胞发生分裂，分裂频率为 16%，培养 2~3 周后形成细胞团和小愈伤组织，共得到 6 600 块愈伤组织。在 MS 附加 2mg/L BA、0.1mg/L NAA 或 IAA，MS 附加 0.5mg/L BA、0.1mg/L NAA 和 MS 附加 1mg/L BA、0.5mg/L NAA 这 3 种分化培养基土都有芽或苗分化，共得到 6 株再生植株，其中 3 株移栽后生长正常。Hammatt 等（1987）对 *G. canescens* 和 *G. clandestina* 的子叶原生质体用 Kao（1977）原生质体培养基加琼脂糖做成固体小滴，放到 Kao 培养基和 B_5 混合的液体培养基中培养，并用 SC_2 液体培养基（B_5 基本培养基附加 4.4μM BA 和 0.025μM IBA）继代培养，再转到 SC_6 固体培养基（B_5 基本培养基附加 0.9μM BA）上诱导分化，最后获得再生植株。Myers 等（1989）将 *G. argyrea* Tind 种子萌发 10~12d 的无菌苗子叶横切成薄片，经 EM-2 酶液酶解，纯化后的原生质体密度控制在 6.3×10^8 个/ml，用琼脂糖固化的 K_8P 培养基进行悬滴培养，培养 4d 后开始分裂，7d 统计植板率为 60%~70%。用液体 SC_2 培养基降低渗透压，有 43%再生细胞产生多细胞团和小愈伤组织。愈伤组织转至半固体状的 SC_2 培养基上，长成绿色瘤状愈伤组织。为了使愈伤组织持续生长形成苗，必须转到新鲜的 SC_2 培养基上继代培养 3 次，然后将愈伤组织转到 HB50 培养基上，结果有 6.4%的愈伤组织分化成苗。卫志明和许智宏（1990）将栽培大豆幼荚子叶原生质体培养植株再生技术应用于 *G. soja* Sied. et Zucc 的幼荚子叶原生质体培养，并稍作调整，结果也得到了再生植株。

4 大豆原生质体培养技术存在的问题及其应用前景

虽然大豆原生质体培养再生植株经过 20 多年的研究，已取得了很大的进展，目前世界上有几个实验室在 10 几个栽培大豆品种中获得了再生植株，但大豆原生质体培养技术仍然存在许多问题。首先，能再生的基因型仍非常有限；其次，再生愈伤组织分化成株很困难，再生频率依然很低；第三，目前成功的再生系统尚不太稳定，可重复性不高。以上这些问题大大阻碍了大豆原生质体技术在大豆细胞工程和基因工程中的应用。

早在获得再生植株之前，人们在大豆遗传操作中就已开始应用原生质体培养技术。在这方面研究得最多并开始得最早的是细胞融合。这与当初人们试图把豆科植物的一些特性转移到其他植物中去的兴趣不无关系。20 世纪 70 年代中后期，Constabel 等（1976，1977）就得到过大豆悬浮培养细胞与豌豆、烟草和番红花叶肉细胞原生质体的融合体，并诱导出了分裂。由大豆悬浮培养细胞游离的原生质体与油菜叶肉原生质体（Kartha 等，1974）以及和大麦原生质体（Kao 等，1974）也得到了融合体，并形成了细胞团。Kao 等（1977）和钱迎倩等（1982）分别用 *Nicotiana glanca* 和 *N. tabacum* 的叶肉原生质体与大豆培养细胞的原生质体融合，均得到了杂种细胞，并形成了愈伤组织。系统观察了杂种细胞系中染色体组型的变化和染色体形成，发现烟草染色体有明显的丢失现象，但两种烟草染色体丢失的情况有所差异。

此外，原生质体技术也用于大豆细胞的转化。Lin 等（1987）利用 PEG—电击技术，将 DNA 直接导入原生质体，含 *CAT* 基因的质粒 DNA 导入原生质体培养 6h 后即可检测到 *CAT* 基因活性，在生长 40d 左右的愈伤组织里也可检测到 *CAT* 基因活性，在生长 40d 左右的愈伤组织里也可检测到 *CAT* 基因和 *NPT* Ⅱ 基因。Dhir 等（1991）利用电击法转化大豆原生质体，转化后的原生质体培养 6 周后，约 93%的细胞或细胞团表达 *Gus* 基因活性，最后得到了表达 *Gus* 和 *NPT* Ⅱ基因活性的转化愈伤组织和芽。黄健秋等（1992）利用改良 PEG 转化法，对大豆幼荚子叶原生质体进行转化，利用 *Gus* 基因产物和底物 MUG 反应的荧光分析与底物 X-Gluc 反应的组织化学定位实验，分别检测到 *Gus* 基因在大豆原生质体中的瞬间表达和稳定表达。

从应用上讲，单纯的原生质体培养无性系变异和植株再生并不是最终目的，它只是遗传转化、融合和诱变等研究的先决系统条件，而已建立的系统在这些应用中很难说不需要任何改进。现代分子生物学的各种机理研究等很需要建立各种明确的“基本分子变化（如基因突变）—可确切地区分和检测单一的表型变化”的“原因—结果”系统。无疑，植物原生质体系统是这样一个理想的受体系统。因此，在某种意义上，大豆原生质体系统的不稳定性需要深入地研究。与此同时，这些理论和应用问题的深入研究，也将促进大豆原生质体培养技术的进一步深化。

参考文献（略）

本文原载：作物杂志，1994（3）：23-25

Regeneration Study of Soybean Cultivars and their Susceptibility to *Agrobacterium tumifaciens* EHA 101

Wang lan[1,2] T Clemente[1] Wang Lianzheng[2] Xin Shiwen[3] Huang Qiman[4]

(1. *Center for Biotechnology at University of Nebraska-Lincoln*, *Nebraska*, *USA*, 68588-0665;
2. *Crop Breeding and Cultivation Institute*, *CAAS*, *Beijing* 100081, *China*; 3. *BChinese University of Hong Kong*; 4. *Biotechnology Institute*, *Chinese Academy of Agricultural Sciences*, *Beijing* 100081, *China*)

Abstract: The soybean transformation procedure included the *Agrobacterium-cotyledonary* node system and the bar gene as the selectable marker coupled with glufosinate as a selective agent. Cotyledonary nodes from 5 to 6 days germinated soybean seeds were used as explants. The explants, were wound by slicing 5 to 6 times, inoculated with *Agrobacterium tumefaciens* EHA 101 with expression vector pPTN140, then followed 3 days co-cultivation, washed the explants by wash medium which contain antibiotics, put explants onto shoot initiation medium with 5mg/L glufosinate for selection. Regeneration rate of different soybean cultivars was counted 2 weeks later, and their susceptibility to *Agrobacterium tumefaciens* was investigated 4 weeks later by GUS assay. According to our experiments, soybean varieties Heinong 35, Zhongzuo 975 (Zhonghuang 13), Hefeng 35, and Zhongzuo 962 are better than Thorne for regeneration, William 82, PI361066, Heinong 35 and Zhongzuo 975 were better than Thorne for transformation.

Key words: Soybean; Regeneration; Susceptibility to *Agrobacterium*

大豆品种的再生性能及对 EHA 101 农杆菌的敏感性

王 岚[1,2] T Clemente[1] 王连铮[2] 辛世文[3] 黄其满[4]

(1. 美国内布拉斯加林肯大学生物技术中心，68588-0665；
2. 中国农业科学院作物育种栽培研究所，北京 100081；3. 香港中文大学；
4. 中国农业科学院生物技术研究所，北京 100081)

摘 要：大豆转化可利用农杆菌和子叶节转化系统，*bar* 基因作为选择标记，草丁膦作为选择试剂。用 5~6d 发芽的种子的子叶节作外植体，在子叶节处划 5~6 下，用含 pPTN 140 载体的农杆菌 EHA 101 感染后，共培养 3d，用含抗生素的洗液洗去外植体上的农杆菌，将外植体放入 5mg/L 草丁膦的长芽培养基，两周后统计不同大豆品种的再生率，4 周后做 GUS 染色对含 pPTN140 的农杆菌的敏感性进行统计。结果得知，黑农 35、中作 975、合丰 35 和 Zhongzuo 962 是在再生方面比 Thorne 更好的大豆品种。William82、黑农 35、中作 975 和 PI361066 转化频率较高。

关键词：大豆；再生；对农杆菌的敏感性

Foundation item: This research was supported by Nobel Foundation in USA from 1999 —2000 and 948 project from MOA, PRC

Soybean is a very important crop in China and in the world. During the past 11 years the soybean production increased 58. 7%. Combination of traditional breeding method with genetic engineering techniques for development of new cultivars with herbicide resistance, insect resistance or good seed quality is very important. *Agrobacterium* mediated transformation of soybean using the cotyledonary node as the explant for gene transfer was first achieved by Hinchee et al (1988). Zhang et al described the soybean *Agrobacterium*-mediated transformation system with bar gene as the selectable marker coupled with glufosinate as a selective agent. Zhou et al introduced *Bacillus thuringiensis cryIA* gene into soybean successfully with *Agrobacterium*-cotyledonary node transformation system. Genes were also transferred to soybean protoplast by some researchers. Soybean shoot organogenesis could occur from tissues such as cotyledonary nodes and primary leaves of seedlings while somatic embriogenesis occurred from immature embryos and cotyledons of developing seeds.

Agrobacterium-mediated transformation was the best method available for DNA transfer to tissue explants. In order to produce soybean tumors with significant size, soybean cultivars and *Agrobacterium strains* had been screened to find the optimal compatible response. Successful transformation of *in vitro* soybeans leaves, cotyledons, and protoplasts were demonstrated.

Agrobacterium was used as the biological vector to introduce a portion of its DNA into the plant genome, resulting in production of transformed plants. Cotyledonary nodes were wounded and inoculated with *Agrobacterium.* The wounded plant tissues gave off specific phenolic compounds which induce *Agrobacterium* to express a set of *vir* genes. *vir* genes is responsible for the excision and transfer of the T strand from the bacterium into the recipient plant cell.

bar gene encodes for phosphinothricin acetyltransferase (PAT) which detoxifies glufosinate. Glufosinate is the active ingredient in the herbicide Liberty. Kanamycin was used as selective agent in previous researches. In this paper glufosinate was used as selective agent.

However, there is still some degree of cultivar specificity of transformation efficiency (Hinchee et al, 1988). And to study this cultivar specificity is the main task of this research.

1 Material and methods

1.1 Material and seed sterilization

3 to 4 varieties were evaluated each experiment, Thorne were used as control. To total 15 cultivars such as Zhongzuo 975, Zhongzuo 962, Zhongzuo 966, Zhongzuo 965, Zhongzuo M17, Zhonghuang 4, Heinong 35, Heinong 37, Hefeng 35, NE3297, William 82, U96-2208, PI361066, A3237 and Thorne were screened for good regeneration and susceptibility to EHA 101 with pPTN140. The seeds were surface sterilized by two days exposure to chlorine gas by mixing 100ml of a 5. 2% sodium hypochlorite (Chlorox bleach) with 3. 3ml of 12mol/L HCl. The procedure should be conducted within a fume hood. The seeds are ready for the germination step.

1.2 Soybean germination

Sterilized seeds were germinated in 100mm ×20mm Petri dishes on B_5 medium supplemented with 2% sucrose, pH 5. 8. The plates stacked 5 high and placed in plastic bags, 5 small holes were made by scissors. Seed were for five days in a growth room at 24℃, 18/6 light regime, or for 6 days (at 5th day put the seeds to 4℃ refrigerator).

1.3 Plant transformation vectors

EHA101 containing binary vector pPTN140 were used, and the resistances to 25mg/L chloramphenicol (EHA 101 chromosomal drug marker), 50mg/L kanamycin (Ti plasmid pEHA 101 drug marker), 100mg/L spectinomycin (binary vector drug marker) and 100mg/L streptomycin (binary vector drug marker) were included in the *Agrobacterium* and vector (Figure 1).

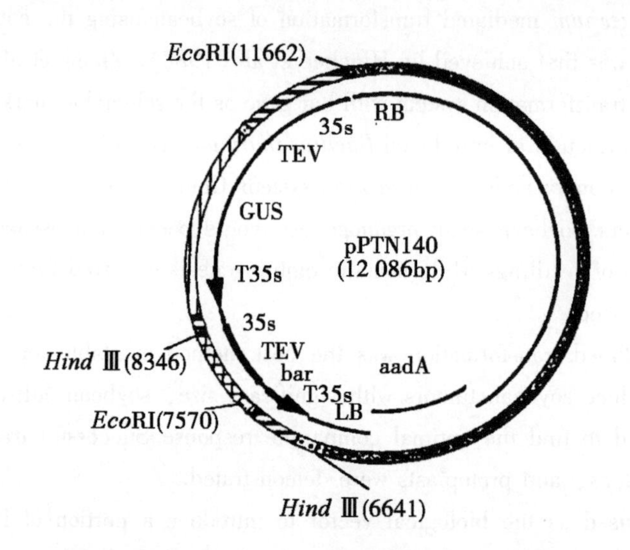

Figure 1 Binary vector utilized in the experiments

RB: right border; LB: left border; T35s and pAg7 are polyadeny lation signals; Pnos: nopaline synthase promoter; aadA: bacterial drug resistance marker for spectinomycin and streptomycin

1.4 Preparation of *Agrobacterium*

Agrobacterium was streaked from frozen glycerol stocks onto solid YEP medium with appropriate antibiotics, and grew for 3 days. One day before co-cultivation 2ml *Agrobacterium* were cultured in 10-15ml tube for about 10 to 12h, then subcultured 0.5ml *Agrobacterium* to 150ml to 250ml with appropriate antibiotics for about 12 to 16h until the OD_{650} = 1.1 to 1.2 at 27℃. The bacterial cultures were centrifuged then at 3 500r/min for 10min, and the pellet was resuspended to a final OD_{650} = 0.6-0.8 in 1/10 Gamborg's B_5 medium amended with 1.67mg/L BAP, 0.25mg/L GA_3 200μmol/L acetosyringone (AS) and 3% sucrose. The medium was buffered with 20mmol/L MES, pH 5.4. All growth regulators, vitamin components and AS were filter sterilized by using syringe after autoclaving.

1.5 Plant transformation

1.5.1 Explant slicing

Green seeds were only chosen from the 5day or 6day old soybean seedlings and cotyledonary explants were prepared for making a horizontal slice on the hypocotyl region. The embryonic axis was removed, about 5-6 vertical slice was made on the adaxial surface of the explant at the cotyledon and hypocotyl junction by blade. The slicing was 0.5mm deep and 3-4mm long.

1.5.2 Inoculation and Co-cultivation

Co-cultivation medium contained 1/10 the salts and vitamins of Gamborg's medium amended with 1.76mg/L BAP, 0.25mg/L GA_3, 200μmol/L AS, 3% sucrose and 20mmol/L MES buffer, pH 5.4 (Note: filter sterilize all growth regulators and AS), and it should be prepared fresh the day before the inoculation of soybean explants.

Explants were put in *Agrobacterium* solution for 30min to 1h, and then on 100mm ×15mm Petri plates containing the co-cultivation medium solidified with 0. 5% purified agar. The co-cultivation plates were overlaid with a piece of Whatman #1 filter paper. The explants (5 per plate) were placed adaxial side down on the co-cultivation plates for 3 days at 24℃, under an 18/6h light regume.

1. 5. 3 Washing and shoot initiation

After the co-cultivation period the explants were briefly washed with B_5 medium containing 1. 67mg/L BAP, 3% sucrose, 50mg/L ticarcillin 50mg/L cefotaxime and 50mg/L vancomycin. The medium was buffered with 3mmol/L MES, pH 5. 6. Growth regulator, vitamins and antibiotics were filter sterilized by using syringe after autoclaving. After the washing step, explants were cultured in 100mm ×20mm Petri plates, adaxial side up with the hypocotyl imbedded in the medium, containing the washing medium solidified with 0. 8%purified agar amended with 4 or 5mg/L glufosinate. This medium was referred as shoot initiation medium (SI). The explants were cultured under the same conditions as the seed germination.

1. 5. 4 Regeneration rate

After 2 weeks of culture, regeneration rate was counted by the ratio of regular shoot and total explants set up. Regular shoots referred to a lot of shoots regenerated from cotyledonary node. If on the middle of cotyledonary node a big shoot was growing, this kind of shoots referred to axillary shoot. Axillary shoot occurrence was because the explant didn't wound enough. No regeneration referred to nothing growing on the cotyledonary node, this was because the explant wounded too much.

The bottom of the hypocotyl region was excised from each of the explant. The regular explants, cotyledon with differentiation nodes were subsequently subcultured on fresh SI medium.

1. 5. 5 GUS assay

After 4 weeks of culture, histochemical GUS assay was carried out to see how many GUS sectors and how many GUS differentiating shoots were developed. Soybean tissues were vertically sacrificed on differentiating region for 5 to 6 times and incubated in the X-Gluc substrate plus GUS assay solution for 8h at 37℃, then taking the solution away, storing the tissues in 70% ethanol prior to observation under microscope.

1. 5. 6 Shoot elongation

The cotyledonaries were cut away from the differentiating shoots. The multiple shoots were subcultured on shoot elongation medium (SE) composed of Murashige and Skoog (MS) (1962) basal salts, B_5 vitamins, 1mg/L ZR, 0. 5mg/L GA_3 and 0. 1mg/L IAA, 3% sucrose and 3mmol/L MES, pH 5. 6. The SE medium was amended with 3mg/L glufosinate.

1. 5. 7 Rooting

When reached 3cm, the shoots were cut at the bottom and rooted on MS salts with B_5 vitamins, 1% sucrose, and 0. 5mg/L NAA without further selection in Sundae cups (Industrial Soap Company. St Louis MO).

1. 5. 8 Transfer to soil

When the roots reached 0. 5-1. 0cm, the plantlet were transferred onto soil after carefully washing with water.

2 Results

After putting the explants into SI medium for 2 weeks regeneration rate was checked. Experiment 1 showed that 62 explants of Zhongzuo 975 were set up, 51 explants with good regeneration. Another 2 weeks later, the number of GUS sectors, buds and shoots calculated. GUS sector referred to GUS expression bigger than 1mm in size. Several GUS sectors could be obtained from one explant since one sector-might be sacrificed several times. Buds or shoots were observed from 62 explants in Zhongzuo 975. GUS differentiation shoots referred to GUS expression, either chimeric or clonal, within differentiating structures with leaf development. Susceptibility to *Agrobacterium tumefaciens* EHA 101 depended on GUS assay results. The more GUS differentiating shoots showed, the better susceptibility to EHA 101 was. Good experiments should show at least 4% GUS+bud/shoots and 40% GUS+ sector among differentiation and nondifferentiation tissues, respectively.

So as a result of experiment 1, Heinong 35 and Zhongzuo 975 gave better regeneration rate and better susceptibility than Thorne. The regeneration rate of Heinong 35 exceeded 17.29% over Thorne.

In experiment 2 of Zhongzuo 975, Zhongzuo 962 and Thorne used, among 124 explants of Zhongzuo 975, 109 explants produced regular shoots, 30 explants gave GUS sector, 6 explants showed GUS differentiating shoots. Of 91 explants from Thorne, 60 became regular shoot, 1 explant showed GUS differentiation shoot. So as a result of experiment 1 and 2, regeneration rate of Zhongzuo 975 exceeded Thorne by 14.02%. Regeneration rate of Zhongzuo 962 exceeded Thorne by 8.36%. It was suggested Zhongzuo 975 be better susceptibility than Thorne.

In experiment 3, regeneration rate of Hefeng 35 exceeded Thorne by 9.67%, Hefeng 35 was more susceptibility than Thorne or Heinong 37.

Table 1 Regeneration rate and GUS assays under 5mg/L glufosinate selection

Experiment	Variety	Number of explants set up	Regeneration rate after putting explants onto SI medium for 2weeks	GUS assays after putting explants onto SI medium for 4 weeks	
				GUS sector	GUS differentiating shoot
Exp. 1	Zhongzuo 975	62	51/62 (82.26%)	99	10 (16.13%)
	Heinong 35	92	86/92 (93.48%)	61	11 (11.96%)
	Zhongzuo 962	147	116/147 (78.91%)	2	0
	Thorne (CK)	44	32/44 (76.19%)	17	5 (11.36%)
Exp. 2	Zhongzuo 975	124	109/124 (87.90%)	30	6 (4.84%)
	Zhongzuo 962	175	130/175 (74.29%)	12	2 (1.14%)
	Thorne (CK)	91	60/91 (65.93%)	26	1 (1.10%)
Exp. 3	Hefeng 35	68	58/68 (85.29%)	30	5 (7.35%)
	Heinong 37	74	40/74 (54.05%)	17	1 (1.35%)
	Thorne (CK)	18	13/18 (72.22%)	0	1 (5.56%)
Exp. 4	Hefeng 35	73	65/73 (89.04%)	150	3 (4.11%)
	Heinong 37	59	46/59 (77.97%)	92	5 (5.43%)
	Thorne	9	8/9 (88.89%)	15	0
Exp. 5	Heinong 37	73	55/73 (75.34%)	139	9 (12.33%)
	Hefeng 35	74	62/74 (83.78%)	87	4 (5.40%)
	Thorne	50	34/50 (68.00%)	44	2 (4.00%)

(continued)

Experiment	Variety	Number of explants set up	Regeneration rate after putting explants onto SI medium for 2weeks	GUS assays after putting explants onto SI medium for 4 weeks	
				GUS sector	GUS differentiating shoot
Exp. 6	William 82	30	18/30 (60.00%)	7	6 (20.00%)
	U96-2208	183	136/183 (74.32%)	56	8 (4.37%)
	Thorne (CK)	87	65/87 (74.71%)	14	3 (3.45%)
Exp. 7	Zhonghuang 4	125	92/125 (73.60%)	46	1 (0.80%)
	Zhongzuo 966	33	23/33 (69.70%)	11	0
	Thorne	80	59/80 (73.75%)	14	3 (3.75%)
Exp. 8	Zhongzuo M17	18	14/18 (77.78%)	5	2 (11.11%)
	Zhongzuo M965	20	12/20 (60.00%)	13	2 (10.00%)
	Thorne	33	28/33 (84.85%)	21	0
Exp. 9	NE 3297	61	49/61 (80.33%)	16	1 (1.64%)
	Thorne	70	64/70 (91.43%)	9	0
Exp. 10	PI361066	129	119/129 (92.25%)	138	16 (12.40%)
	Thorne	104	92/104 (88.47%)	29	4 (3.85%)

In experiment 4, Hefeng 35 had higher regeneration rate and more susceptibility than control.

In experiment 5, Heinong 37, Hefeng 35 had higher regeneration rate and more susceptibility than Thorne.

In experiment 6, William 82 was more susceptibility than U96-2208 or Thorne.

In experiment 7, Thorne was more susceptibility than Zhonghuang 4 and Zhongzuo 966.

In experiment 8, Zhongzuo M17 and Zhongzuo M965 was more susceptibility than Thorne.

In experiment 9, NE 3297 was more susceptibility than Thorne.

In experiment 10, regeneration rate of PI361066 exceeded Thorne by 3.78%, and PI361066 was more susceptibility than Thorne.

As the result of GUS differentiating shoot assay William 82 was the best cultivar for transformation, with 20% of GUS differentiating shoots, PI361066 with 12.40%, Heinong 35 with 11.96%, Zhongzuo 975 with 10.48%. All of them were better than control Thorne.

3 Discussion

It is still a difficult event for most institutions in China to transform soybean routinely using *Agrobacterium* mediated transformation system.

3.1 Choices of *Agrobacterium tumefaciens* strains and vectors, were proven to be critical. *Agrobacterium tumefaciens* EHA101 was an ideal strain for soybean transformation.

3.2 13 soybean cultivars had been tested, and regeneration rates of 5 cultivars were better than control. Cultivars whose regeneration rate exceeded control by 10% were Heinong 35, Zhongzuo 975, Hefeng 35, Zhongzuo 962, PI361066. The regeneration rate of other 8 cultivars didn't exceed control. Compared with Thorne, Heinong 35, Zhongzuo 975 (Zhonghuang 13), Hefeng 35, Zhongzuo 962 and PI361066 were best genotypes for regeneration. However, more soybean cultivars need to be screened for higher transformation efficiency.

3.3 *Agrobacterium* mediated soybean cotyledonary node transformation can result directly shoot organogenesis, in which bar gene can be used as selectable marker.

3.4 The best combination of co-cultivation was 24℃ temperature, 1/10 strength of B_5 salt and addition of 200μmol/L acetosyringone

3.5 Satisfactory wounding during explant preparation played an essential role. Wounding influenced not only shoot differentiation but also *Agrobacterium* infection. We hope to get more regular shoots of regeneration instead of axillary shoots or non-regenerated shoots. If the explant was not wound enough, axillary shoots (one big shoot grows) would grow. If the explant was wound too much, no shoot might grow, and this should be regarded as non-regenerated shoot.

3.6 Herbicide selection schemes needed to be optimal. Glufosinate can be used as the selective agent for bar gene. Typical problems associated with low selection pressure were the increased escapes, chimerism events. While the problems from high selection pressure were subsequent failure of transgenic recovery. Under standard culture conditions 5mg/L glufosinate during shoot initiation period and 2.5mg/L during shoot elongation were optimal.

3.7 Antibiotics such as ticarcillin, cefotaxime and vancomycin were helpful for satisfactory results. If some of them were not available, Carbenicillin 300-500mg/L plus some of above available antibiotics can be used as replacement.

3.8 Use of L-cysteine as a strong antioxidant might enhance *Agrobacterium* infection on soybean substantially according to some research. The recommended concentration was 400mg/L in co-cultivation medium.

Acknowledgements

This work was mostly conducted at the Plant Transformation Core Research Facility, Center for Biotechnology of the University of Nebraska-Lincoln. We would like to express sincere thanks to my advisor Dr. T. Clemente for his help and financial Support from Nobel Foundation. Some works conducted at Soybean laboratory of Institute of Crop Breeding and Cultivation Institute, Chinese Academy of Agricultural Sciences. Thanks to Prof. Xin Zhiyong and all the colleagues at the soybean department. Thanks to Prof. Samuel S. Sun from Chinese University of Hong Kong, Dr Zhang Zhangyuan from Missouri University and Shao Qiquan from Institute of Genetics, Chinese Academy of Sciences for their help and support.

References (omitted)

本文原载：Acta Agronomica Sinica, 2003, 29 (5): 664-669

六、大豆诱变育种

大豆辐射育种的研究

翁秀英　王彬如　吴和礼　王连铮　陈　怡　徐兴昌
（黑龙江省农业科学院作物育种研究所，哈尔滨　150086）

摘　要：采用Χ、^{60}Co γ射线照射大豆干种子能引起后代生育期、含油量、丰产性、抗倒伏性等的变异。生育期的变异一般以M_2生育期的变异起主导作用，在M_2发生成熟期变异后，有传递给后代的性能。从^{60}Co γ射线5 000伦琴照射东农4号中选出比对照早熟25d的极早熟类型。用Χ、γ射线照射大豆干种子能诱发后代子实内粗脂肪含量的变异，通过选择能选出含油量高的品种，如从Χ射线照射满仓金的后代中选出黑农6号，4年平均粗脂肪含量为23.25%，比对照满仓金的粗脂肪含量4年平均为22.25%提高1%。Χ射线、γ射线照射大豆种子对后代的产量及抗倒伏性均有影响，通过选择能选出抗倒伏及丰产的大豆品种，并能分离出新的变异类型，如不同生育期、不同结荚习性、高含油量及高蛋白质和籽粒大小、青皮豆等类型。新的变异类型有一部分已用为有性杂交的亲本。

黑龙江省农业科学院作物育种研究所从1958年开始用辐射方法育成的大豆优良品种有黑农4号、黑农5号、黑农6号、黑农7号、黑农8号、黑农16号六个品种。据1972年不完全统计，播种面积已达100多万亩。

用辐射方法育种能有效的缩短育种年限，Χ射线、γ射线照射大豆种子所产生的变异性状稳定时间较品种间杂交育种快，一般在M_4世代变异性状已趋稳定可以决选品系。如黑农4号、黑农6号、黑农7号、黑农8号均是在M_4决选品系，较之品种间杂交育种能缩短年限2~3年。

大豆采用射线创造新类型的研究，德意志民主共和国、瑞典、美国研究的较多。Zachairas（1956）用Χ射线照射大豆种子获得了具有不同特征特性的突变材料，他的试验证明突变可以获得世界上所有的大豆品种类型，试验从Χ光处理的后代中选出成熟期比对照品种早熟23d的类型，并从X_2世代中选出一批比对照丰产性能高的单株及生育习性和种皮色等突变的类型，并通过低温培育选出在4.5℃条件下能够发芽的大豆品种。Wililams等（1961）研究大豆种子经射线处理后所导致的脂肪和蛋白质含量的遗传变异试验结果指出，大豆经过射线处理后，由于油分及蛋白质含量方面发生遗传上的变异，因而在育种上可用来选育高油分与高蛋白质含量的品种。

黑龙江省农业科学院作物育种研究所为了选育早熟、丰产、质佳、含油量高及适于机械化栽培的大豆新品种，于1958年开始应用Χ射线、γ射线照射大豆种子诱发变异的研究，现已育成并推广了6个大豆新品种。于1966年推广了从Χ射线照射满仓金的后代中选出比对照早熟7~10d，含油量23%以上，品质优良，产量高，并具有不同适应性的品种黑农4号（适于一般土壤肥力）、黑农6号（适于较肥沃地区）、黑农8号（适于东部冷凉低湿地区，具有一定抗逆性，受雹灾后再生能力强）；同时选出一个具有比对照早熟3d，抗倒伏及虫食粒率显著低于对照，品质优良，粗脂肪含量22.31%，比对照增产15.4%的中熟品种黑农7号；1967年从^{60}Co γ射线照

本试验承陈洪文、王皓、洪亮同志的指导，黑龙江省农业科学院综合化验室参加本试验的含油量分析工作，中国科学院原子能研究所等单位协助处理种子，谨致谢意

射东农4号的后代中选出比东农4号虫食粒率稍低，含油量较高，比对照增产11%的中熟品种黑农5号；1970年从^{60}Co γ射线照射五顶珠×荆山朴的有性杂种第二代中选出丰产、适应性较广的中熟品种黑农16号。据1972年不完全统计，上述6个品种播种面积已达100多万亩。

通过试验结果表明，利用χ射线、γ射线照射大豆种子能引起生育期、含油量、丰产性、抗倒伏性等的变异，其变异能传递给后代，通过选择能育成适于黑龙江省不同地区种植的新品种，并能创造出许多新的变异类型。这方面的研究结果先前已有报道。本文报道这方面的试验结果。

1 材料和方法

1958年用χ射线8 000伦琴、10 000伦琴照射满仓金；4 000伦琴、6 000伦琴照射紫花4号；1960年用^{60}Co γ射线1 000伦琴、3 000伦琴、5 000伦琴、8 000伦琴、10 000伦琴照射东农4号；1962年用^{60}Co γ射线8 000伦琴、10 000伦琴、12 000伦琴、14 000伦琴，照射丰地黄5 000伦琴、8 000伦琴、10 000伦琴、12 000伦琴，照射哈5909（东农55-5666×满仓金）和哈5913组合（五顶珠×荆山朴）的第二代。

χ射线照射满仓金和紫花4号系1958年春德意志民主共和国植物栽培研究所查哈里亚斯协助处理的；钴^{60}γ射线照射东农4号系1960年中国科学院原子能研究所协助处理的；1962年用^{60}Co γ射线照射丰地黄等大豆种子是黑龙江省技术物理研究所协助处理的。

照射种子当代（χ射线照射满仓金的M_1），田间设计，按剂量顺序排列，行长6m，行距60cm，株距6cm，一粒点播。每处理之前种一行未处理的种子作为对照。照射第二代（M_2），按单株编号顺序排列，每单株种一行，每第10行为对照，行长6m，行距50cm。株距10cm，一粒点播。生育期间观察后代的变异情况。照射第三代（M_3）和第四代（M_4），选种圃田间排列同上，行距为60cm，成熟时根据成熟期、丰产性等主要性状决选品系和选拔单株。

从M_3中选出4个产量较高的M_4品系参加1961年产量鉴定试验，田间设计按多次重复法，行长6m，行距60cm，3行区，小区面积10.8m^2，重复4次，标准品种为未处理的满仓金，每平方米留苗株数为24株，计算产量的小区面积为9m^2。

照射第五代（M_5）决选的品系，参加产量鉴定。田间设计同上述鉴定试验。

^{60}Co γ射线照射东农4号的M_1田间设计，按剂量顺序排列，行长6m，行距50cm，株距10cm，一粒点播，每第10行种植未处理的种子为对照，收获时将各处理中生育表现不同的类型进行编号，各类型均选收一部分单株，分别脱粒考种。M_2按类型种植，每第10行为对照，每单株种一行，小区面积为3.6m^2，成熟时选拔一部分表现整齐的品系为考察产量的材料。M_2及其以后世代根据选种目标，选拔优良品系中的优良单株为育种材料。

现将本试验历年田间种植的株数及每年决选的品系数和单株数列于表1。

表1 大豆辐射选种圃田间种植和选拔的株数

处理材料	项目		年份										
			1958	1959	1960	1961	1962	1963	1964	1965	1966	1967	1968
χ射线照射满仓金和紫花4号的后代	田间种植数	品系数	-	338	290	303	101	80	70				
		株数	22 200	20 280	17 400	18 180	6 060	4 800	4 200				
	决选	品系数	-	-	4	25	23	3	0				
		株数	338	290	303	101	80	70	0				

（续表）

处理材料	项目		年份										
			1958	1959	1960	1961	1962	1963	1964	1965	1966	1967	1968
^{60}Co γ 射线照射东农4号的后代	田间种植数	品系数	-	-	-	224	267	243	404				
		株数	-	-	5 525	13 440	16 020	14 580	24 240				
	决选	品系数	-	-	-	22	11	11	1				
		株数	-	-	224	267	243	404	13				
^{60}Coγ 射线照射丰地黄的后代	田间种植数	品系数	-	-	-	-	-	41	5	6	45	52	28
		株数	-	-	-	-	1 500	2 400	300	360	2 700	3 120	1 680
	决选	品系数	-	-	-	-	-	-	-	0	11	-	5
		株数	-	-	-	-	41	5	6	45	52	28	15
^{60}Co γ 射线照射 $F_2$5909、5913 组合后代	田间种植数	品系数	-	-	-	-	-	12	163	92	18	4	-
		株数	-	-	-	-	420	720	9 780	5 520	1 080	240	-
	决选	品系数	-	-	-	-	-	-	-	1	6	4	-
		株数	-	-	-	-	12	163	92	18	4	0	-

注：本试验除 1961 年在黑龙江省巴彦县兴隆镇进行外，余均在黑龙江省哈尔滨市进行

从 X 射线、γ 射线照射大豆的不同世代决选出的品系，除了黑龙江省农业科学院作物育种研究所进行鉴定试验外，并根据突变品系的特性和黑龙江省不同地区的气候条件，安排到代表不同条件的试验点进行异地鉴定试验。从鉴定试验中选出具有一定优良性状而丰产的品系参加品种比较试验和区域试验。区域试验表现好的品种，进行大面积生产试验和生产示范，并经全省和各地区农作物品种区域试验会议审定推广。

2 结果和讨论

2.1 X 射线、γ 射线照射大豆种子对后代生育期的影响

大豆种子经 X 射线和 γ 射线照射后，一般 M_1 生育期与后代的变异无关，生育期的变异主要是从 M_2 开始。无论 X 射线或 γ 射线照射大豆种子的第一代植株均倾向晚熟。X 射线照射满仓金和紫花 4 号的 M_2 世代，生育期变异显著，X 射线 10 000 伦琴照射满仓金的 615 变异个体较对照早熟 6~12d，X 射线 8 000 伦琴照射满仓金的 508 变异个体较对照晚熟 5~10d。从 X 射线照射满仓金的后代中，最早成熟和最晚成熟的相差 11~22d。X 射线照射紫花 4 号品种第二代的成熟期变异亦较大，最早成熟和最晚成熟的相差 9d。

从 X 射线和^{60}Co γ 射线照射大豆种子第二代发生成熟期变异后，有传递给后代的性能，从 X 射线照射满仓金产生成熟期变异的 615 个体，其后代的生育期虽有分离，但其变异范围不大。大多数品系的成熟期倾向 M_2 的成熟期。1960 年用^{60}Co γ 射线照射大豆东农 4 号种子的后代，M_1 成熟期比对照晚熟 1~3d；在 M_2 世代分离出极早熟类型（哈钴22-1），8 月下旬成熟。该早熟变异个体后代在 M_3 世代成熟期继续分离出极早熟的材料（8 月成熟），占 50%；9 月 10 日以前成熟的占 45%；与原品种东农 4 号熟期相仿的只占 5%，可见 M_2 发生成熟期变异后能传递给后代。成熟期变异个体有的在第二代变异后就稳定下来，有的则继续分离，如上述的哈钴 22-1，M_3 的成熟期比对照早熟10~29d，M_4 的成熟期继续分离，大部分仍倾向早熟（表 2 和图版 Ⅰ-1）。

表2　^{60}Co γ射线照射东农4号大豆种子后代中分离出极早熟突变个体（哈钴22-1）M_4生育期的分离情况（1962—1963）

系统号	1962年M_3成熟期	1963年M_4成熟期							
		8月17日	8月19日	8月21日	8月23日	8月26日	8月31日	9月2日	9月6日
22-1-25-1	8月25日		8		8	8	7	4	22
22-1-25-2	8月22日		8		6	2	7	13	17
22-1-22-1	8月25日		9		3	6	6	5	9
22-1-22-2	9月3日				4	15		9	39
22-1-37-1	8月25日	7	7	3		3	8	6	14

该变异个体于M_5世代有一部分成熟期已稳定，但有个别品系成熟期还继续分离。从中选出的早熟品系哈钴70-1691，比原品种东农4号早熟25d。该品种正在黑龙江省高寒地区呼伦贝尔盟北部试种，在南部可作为晚田播种用。

X射线、γ射线照射大豆种子能引起早熟性的突变，而其他优良性状有的也超过原品种，如黑农4号、黑农6号、黑农8号的成熟期比原品种满仓金提前7~10d，而丰产性和含油量也超过原品种。所以辐射育种方法在大豆育种上有很大的实践意义。

2.2　X射线、γ射线照射大豆种子对后代粗脂肪含量的影响

X射线、γ射线照射大豆种子的后代，通过选择粗脂肪含量有提高的趋势。辐射的大豆后代，于早期进行含油量分析，发现变异个体间粗脂肪含量的变异范围较大。不同品种的后代其变异情况亦不同。1960年分析X射线照射满仓金的后代中4个决选品系的粗脂肪含量，发现3个品系的粗脂肪含量较对照高0.17%~2.39%，一个品系稍低于对照。

1961—1964年以及1970年继续分析了决选品系和试验材料，并从粗脂肪含量高的哈光1702、哈光1647、哈光1657三个变异个体中选择优良单株种植的株行分别分析其粗脂肪含量。6年共计分析259份材料。从历年分析的结果来看，X射线照射满仓金的后代，粗脂肪含量提高的材料较多，尤其是成熟期较为早熟的变异材料，粗脂肪含量提高更为显著（表3）。从表3中可以看出，6份早熟材料粗脂肪含量比满仓金提高0.67%~1.42%，平均比未处理的满仓金提高1.11%；3份中熟材料有两份粗脂肪含量稍高于满仓金，一份略低一些，平均粗脂肪含量比满仓金高0.21%。X射线照射东农4号的后代，粗脂肪含量亦有提高的倾向。1961年分析16个品系，其中粗脂肪含量高于对照的有12个品系，粗脂肪含量提高的幅度为0.03%~1.05%。1962年分析16个品系，其中5个品系粗脂肪含量提高0.29%~1.11%。1963—1964年继续分析一批选种材料，凡是成熟期较早的材料粗脂肪含量提高的较多。从表3中看出有5份γ射线照射东农4号的早熟材料，粗脂肪含量比东农4号提高0.69%~1.44%，5个品系平均粗脂肪含量比未处理的东农4号提高1.18%。1964年分析了γ射线照射东农4号的极早熟变异个体的49份材料，粗脂肪含量均高于未处理的东农4号，平均粗脂肪含量为2.81%，其中最高的为24.14%，最低的为22%，比对照东农4号的当年粗脂肪含量21.87%高0.13%~2.27%。同时分析了15份γ射线照射东农4号的中熟后代粗脂肪含量，有9份材料高于对照0.06%~0.95%，6份低于对照。可见成熟期偏早的材料粗脂肪含量提高的较多，成熟期与对照相仿的材料粗脂肪含量亦能引起变异，而变异的范围小些，需要早期进行定向选择。

表 3　χ 射线和 γ 射线照射满仓金、东农 4 号种子后代的粗脂肪含量

品种名	射线种类	照射剂量	品系名	粗脂肪含量[a]（%）						备注
				1961 年	1962 年	1963 年	1964 年	1970 年	平均	
满仓金	χ	8 000	哈光 1559	-	-	23.13	23.06	22.93	23.04	早熟（黑农 4 号）
		8 000	哈光 1526	22.16	22.20	-	-	-	22.18	中熟
		8 000	哈光 1515	21.74	21.57	-	23.62	-	22.31	中熟（黑农 7 号）
		10 000	哈光 1654	-	-	-	-	23.40	23.40	早熟（黑农 8 号）
		10 000	哈光 1657	22.61	23.89	22.69	23.52	24.07	23.39	早熟（黑农 8 号）
		10 000	哈光 1647	-	23.52	23.24	23.52	23.33	23.41	早熟（黑农 8 号）
		10 000	哈光 1702	23.30	23.48	23.02	22.53	-	23.67	早熟（黑农 8 号）
		10 000	哈光 615-14	23.42	23.17	23.49	22.90	-	23.25	早熟（黑农 6 号）
		10 000	哈光 598-2	22.21	22.55	-	23.95	-	22.90	中熟
		未处理	满仓金	22.52	22.04	22.19	22.52	22.00	22.25	中熟
东农 4 号	γ	1 000	哈钴 1114	22.47	22.35	-	22.09	22.70	22.40	早熟（黑农 5 号）
		1 000	哈钴 1118	22.26	22.40	-	22.13	-	22.26	早熟（黑农 5 号）
		10 000	哈钴 1243	22.10	22.05	-	-	-	22.07	早熟（黑农 5 号）
		5 000	哈钴 63-1627	-	-	22.58	23.16	-	22.87	早熟
		5 000	哈钴 63-1669	-	-	23.05	23.65	-	23.35	早熟
		5 000	哈钴 1179	22.64	21.64		22.83	-	22.37	中熟
		5 000	哈钴 63-1628	-	-	23.22	23.44	-	23.33	早熟
		5 000	哈钴 63-1629	-	-	23.00	23.63	-	23.32	早熟
		5 000	哈钴 63-1636	-	-	21.91	23.30	-	22.60	早熟
		未处理	东农 4 号	21.93	21.09	21.54	21.87	22.93	21.87	中熟

注：[a] 粗脂肪分析方法均采用残渣法及 80 孔筛

1964 年从 χ 射线照射满仓金的高油变异个体哈光 1657（23.39%）、哈光 1647（23.41%）、哈光 1702（23.67%）进行单株选择，粗脂肪含量有一定的变异。从上述 3 个粗脂肪含量较高的变异个体的株行中重新进行选择分析，其中选自哈光 1702 变异个体的有 8 份材料，粗脂肪含量比对照（原变异个体）高，另有 6 份材料稍低于对照，其提高幅度为 0.1%~0.28%，减低幅度为 0.03%~0.71%。选自哈光 1647 变异个体的 9 份材料，有 4 份材料稍高于对照，其提高幅度为 0.01%~0.29%，减少幅度为 0.01%~0.83%。选自哈光 1657 变异个体的 19 份材料，粗脂肪含量比对照高的有 16 份，提高幅度0.06%~0.44%，3 份材料粗脂肪含量稍低于对照。从高油变异个体中继续分析其后代，选出含油量更高的材料是可能的。

由本试验结果来看，辐射育种能引起大豆粗脂肪含量的变化，而辐射后代粗脂肪变异情况不依辐射所用的剂量为转移，而是根据突变个体间的差异通过定向选择而得，在同一剂量内不同突变个体间的子实内粗脂肪含量有显著的差异。因此要利用辐射育成含油量高的大豆品种，需要大量分析突变个体后代的粗脂肪含量来进行定向选择，可以育成含油量高的大豆新品种。

2.3　χ 射线照射大豆种子对后代倒伏性的影响

满仓金品种在 1958 年以前是黑龙江省栽培面积最广的品种。该品种对土壤肥力要求不严格，在一般栽培条件下稳产，且较耐轻盐碱，品质优良，常年含油量达 22%左右。其缺点是耐肥力差，在中等肥力及雨水较多年份倒伏严重，一般倒伏程度为四级，而通过 χ 射线照射的后代一般倒伏程度均比对照轻（表 4）。

表 4　χ 射线照射大豆种子后代倒伏情况

处理剂量（伦琴）	系统号	品系数目	1961 年倒伏程度（品系数）			
			1 级	2 级	3 级	4 级
8 000	535-2	7	-	4	3	-
	535-8	9		1	8	-
	535-9	4		4	-	-
	535-16	4		1	3	-
	535-23	5		5	-	-
	508-2	5		-	1	4
10 000	615-11	16		11	5	-
	615-22	12		10	2	-
	615-33	11		10	1	-
	659-2	12		4	8	-
	659-3	16		9	5	2
	639-5	15		6	5	4
对照	满仓金	35		-	18	17

注：分级标准为，1 级，不倒伏；2 级，稍倒，其倒伏未超过 15 度，或有倒伏倾向，上部呈波状摆动；3 级，倒伏重，倒伏未超过 45 度，有强度缠绕倾向；4 级，严重倒伏超过 45 度，甚至呈缠绕状态，匍匐地面

从表 4 的材料看出，χ 射线照射的后代倒伏程度在 2 级的占 56%，在 3 级的占 35.3%，在 4 级的占 8.7%，而对照的满仓金倒伏程度 3 级的占 51.4%，4 级的占 48.6%，可见利用 χ 射线照射大豆种子，对提高该品种的抗倒伏性是有效果的。

从 χ 射线 8 000 伦琴照射满仓金品种中选出 535 变异个体的后代，历年倒伏程度均较满仓金轻 1~2 级，在 1961 年多雨的年份对照满仓金的倒伏程度超过 45 度，而该变异个体的后代倒伏轻微，只植株上部稍有摇摆状。1963 年大豆生育期间哈尔滨雨量较少，一般大豆倒伏轻微，对照稍倒伏，而该变异个体的后代不倒伏。可见辐射育种对改变原品种的倒伏特性是有效的。

2.4　χ 射线、γ 射线照射大豆种子对后代产量的影响与选择效果

χ 射线、γ 射线照射大豆种子的 M_2 世代产量的变异范围很大，从 χ 射线 8 000~10 000 伦琴照射满仓金品种的两个处理中，收获 20 个家系进行产量鉴定结果，增产最多的为 16.7%，减产最多的达 32%，从增产至减产的幅度为 48.7%。从 γ 射线照射大豆种子的第二代中，选择整齐一致的家系 22 个进行产量测定，增产幅度为 0.3%~16.6%，减产幅度为 0.7%~46.9%，从增产至减产的幅度为 63.5%，可见 χ 射线、γ 射线照射大豆种子后，对后代产量有很大的影响。结合黑龙江省育种目标，定向选择、鉴定各品系的丰产性能，从中选出丰产品系进行产量比较试验结果见表 5。这 5 个品系经 4~5 年产量试验结果均超过对照，从中选出黑农 7 号（哈光 1515）大豆品种，4 年产量平均比原品种满仓金增产 15.4%。可见辐射后代产量的变异性状通过选择是能稳定下来的。通过试验表明，大豆辐射育种和品种间有性杂交育种一样能有效地选出高产品种，由于大豆辐射后代的丰产性变异范围很大，所以选择效果亦较大。而有些后代的丰产性是由生育良好植株中的微量变异引起的，因而需要在田间对照射后代加强观察比较，发现微小变异即加以选择，如黑农 5 号品种是从早期世代中发现该品系生长势强，叶色、株型虽与相邻品系无突出区别，但茎秆粗壮，节数多，结荚多，按选种目标选择鉴定，其丰产性比未处理的东农 4 号高，经 29 个点次与东农 4 号对比的区域试验和生产试验结果，平均增产 8.7%，其中有 24 个点次增产，平均比东农 4 号增产 11%。

表 5　χ 射线照射满仓金后代丰产品系的产量比较

照射剂量（伦琴）	品系名	产量（斤/亩）					对标准（%）				
		1961 年	1962 年	1963 年	1964 年	平均	1961 年	1962 年	1963 年	1964 年	平均
10 000	哈光 598-2	295	305	259. 8	252. 1	278. 0	104. 3	112	100. 4	102. 9	104. 9
8 000	哈光 1513	288	341	279. 3	-	286. 7	111. 4	125. 2	112. 1	-	116. 2
8 000	哈光 1515	295	336	285. 5	271	296. 9	114. 2	123. 2	113. 7	110. 6	115. 4
8 000	哈光 1526	289	301	294	-	295. 7	112. 0	110. 7	121. 4	-	114. 7
8 000	哈光 1531	300	316	292. 8	-	302. 9	115. 8	116. 0	117. 5	-	116. 4
对照	满仓金	258. 6	272. 6	250. 7	245	256. 7	100	100	100	100	100

注：1961 年为决选品系试验，1962 年鉴定试验，1963 年品种比较试验，其中哈光 1515 和哈光 598-2 于 1963—1964 年参加区域试验。1963 年黑龙江省农业科学院内品种比较与区域试验同一圃，田间设计为对比法排列，重复 4 次，行长 10m，5 行区，行距 60cm，实收小区面积为 $27m^2$

大豆辐射育种与品种间杂交相结合可扩大变异范围，提高选育效果。大豆杂交后代，通过射线照射，能提高突变率。在大豆辐射育种实践中，应用^{60}Co γ 射线 10 000 伦琴照射“五顶珠”为母本与“荆山朴”为父本的杂种第二代，通过单株选择育成黑农 16，其丰产性能和适应性优于现有推广品种。现将 1970 年黑农 16 大豆品种在松花江地区区域试验结果产量列于表 6。15 个试验点平均亩产 339. 9 斤，平均比标准品种东农 4 号、黑农 5 号等品种增产 11. 1%。1972 年黑农 16 号品种扩大区域试验结果 15 点平均亩产 291. 1 斤，比标准合交 6 号、嫩丰 7 号等增产 12. 3%（表 7）。

表 6　1970 年黑农 16 大豆品种在松花江地区区域试验结果产量

项目 / 试验地点	标准		黑农 16	
	名称	亩产（斤）	亩产（斤）	对标准（%）
黑龙江省农业科学院	黑农 5 号	329. 9	356. 1	107. 9
香场实验农场	东农 4 号	258. 9	319	123. 7
宾县新甸试验站			314. 8	114. 8
宾县满井试验站	东农 16	289	346. 0	115. 0
宾县新立试验站	黑农 11	338. 5	345. 9	102. 6
宾县良种场	黑农 11	200	214	102. 2
巴彦第一良种场	东农 4 号	316	316	100
巴彦松花江公社幸福大队	黑农 5 号	394. 4	403	102
巴彦红光建中	黑农 5 号	374	417	111
巴彦富源公社富源大队	黑农 5 号	375. 4	413. 3	110. 1
巴彦第二良种场	东农 4 号	204. 1	232. 1	113. 7
巴彦东胜公社东胜大队	四粒顶	313	400	127. 7
呼兰西沈郭卜	大豆王	265. 1	317. 6	119. 8
五常第一良种场	黑农 5 号	306	343	111. 2
五常常卜公社前进大队	东农 4 号	328	362	107

表7 1972年黑农16大豆品种扩大区域试验结果产量

项目 试验地点	标准		黑农16	
	名称	亩产（斤）	亩产（斤）	对标准（%）
望奎第一良种场	嫩丰7号	251.3	305	121.3
合江良种场	合交6号	304	321	104.0
汤源良种场	合交6号	231.5	244	105.4
宝清良种场	合交6号	-	362.9	116.1
富锦农科所	合交6号	-	290.1	104.9
勃利良种场	合交6号	270	272.9	101.7
依兰良种场	合交6号	245	286.0	112.3
依兰久兴大队	久兴紫花	-	491.7	108.4
合江地区农研所	合交6号	-	-	124.1
二师十六团科研所	合交8号	-	239.9	105.4
三师十八团科研所	合交6号	-	265.6	104.3
三师三十二团科研所	合交6号	-	245.0	134
三师三十三团科研所	合交6号	-	239.5	107.9
独立三团103	东农4号	178.7	205.1	114.1
牧丹江地区所	合交6号		306.9	122.0

2.5 用辐射方法选育大豆新品种，并创造新类型

为了选育黑龙江省不同地区丰产质佳、适于机械化栽培的大豆新品种，于M_4、M_5世代把突出的优良品系放到不同气候条件的地区进行异地鉴定试验。根据异地鉴定试验结果，提出优良品种参加区域试验。辐射育成的6个大豆品种是通过多点品种区域试验、生产试验和大面积生产示范，并经推广地区的品种区域试验会议讨论确定推广的，这些品种是黑农4号、黑农5号、黑农6号、黑农7号、黑农8号、黑农16号（图版Ⅰ-2至图版Ⅰ-6；图版Ⅱ-7）。

2.5.1 黑农4号

用χ射线照射满仓金的后代。粗脂肪含量为23.04%，比满仓金提高0.79%，成熟期比满仓金提早10d，具有耐旱、丰产、稳产的特点，比标准品种丰收2号等增产9.6%。1966年在黑龙江省绥化北部地区及嫩江地区推广，1972年种植面积40万亩以上。

2.5.2 黑农5号

^{60}Co γ射线照射东农4号的后代。4年区域试验结果平均亩产301.7斤，比标准东农4号、荆山朴等增产14.6%，粗脂肪含量为22.4%，比原品种高0.49%，虫食粒率稍低，适应性较广。1972年种植面积已达35万亩以上。

2.5.3 黑农6号

χ射线照射满仓金的后代。1964—1966年3年试验结果平均亩产276.7斤，比标准丰收2号等增产11.8%。粗脂肪含量为23.25%，比原品种满仓金提高1%，比满仓金早熟7~10d。1972年种植面积已达10万亩以上。

2.5.4 黑农 7 号

Χ 射线照射满仓金的后代。1963—1966 年区域试验结果比标准满仓金等增产 12%，比满仓金早熟 3d，较满仓金抗倒伏、较耐旱、虫食粒率较低、病粒少、品质优良。1972 年种植面积达 15 万亩以上。

2.5.5 黑农 8 号

Χ 射线照射满仓金的后代。于 M_4 世代参加东北农垦总局农科所异地鉴定试验，表现早熟、丰产，1996 年已成为垦区各场搭配推广的主要品种。比满仓金早熟 10d 左右，耐湿性较强，有一定抗逆力，如受雹灾后再生能力强。粗脂肪含量为 23.4%，比满仓金高 1.4%，是黑龙江省目前推广品种中含油量最高的一个品种，种植面积达 20 万亩以上。

2.5.6 黑农 16 号

^{60}Co γ 射线照射五顶珠和荆山朴的有性杂种第二代，经单株选拔育成。1966—1970 年在黑龙江省农业科学院试验结果，5 年平均比标准东农 4 号等增产 18.2%，具有丰产、适应性广、品质优良、秆强不倒、抗旱性较强等特点。1972 年种植面积已达 10 万亩。

此外，通过品种区域试验和异地鉴定试验结果，在适应地区生产上利用的大豆辐射品种有哈钴 1118、哈光 62-6213、哈光 62-6208、哈光 1647、黑农 9 号（哈钴 63-1669）等品种（图版-1）。

辐射后代能分离出新的变异类型，变异的主要范围是结荚习性、成熟期、倒伏程度、籽粒大小、丰产性能、种皮色、茸毛多少、籽实内粗脂肪及蛋白质含量等性状发生变异。Χ 射线照射满仓金的后代分离出抗倒伏的 535 变异个体，早熟含油量高的 615 变异个体，荚扁平肥大、亚有限结荚习性的 659 变异个体（图版Ⅱ-8）。Χ 射线照射紫花 4 号的后代，分离出有限结荚习性的青皮豆类型（图版Ⅱ-9）。^{60}Co γ 射线照射丰地黄，分离出比丰地黄早熟 20d、百粒重达 24g 的大粒类型黑农 2（图版Ⅱ-10）；并从中选出蛋白质含量 44.95%的哈 70-5004（图版Ⅱ-11）。从 535 变异个体中选出黑农 7 号，从 615 变异个体中选出黑农 6 号品种；从哈钴 22-1 变异个体中选出早熟品种黑农 9 号（图版Ⅱ-12），选出极早熟品种哈 70-1691（图版Ⅱ-13）。这些变异个体类型作为育种的原始材料和杂交亲本及高寒地区的种植品种等用。

辐射育种，后代某些方面分离情况和品种间有性杂交育种有相似之处，如 ^{60}Co γ 射线照射有限性的丰地黄品种，于 M_4 世代分离出早熟矮株，以后的世代亦继续分离出矮株。这现象在满仓金与丰地黄杂交时亦常出现，即有限性品种与无限性品种杂交分离的一般规律。从 Χ 射线照射紫花 4 号的后代中分离出兰脐，这在品种间杂交后代中当有一亲本为紫花时，其第二代或第三代常分离出兰脐。这些分离现象可以说明辐射产生的变异与杂交后代的变异是有同等作用的。

2.6 辐射育种能有效的缩短育种年限

用 Χ 射线、γ 射线照射大豆种子，其后代所产生的变异类型，于 M_2 分离出变异之后，在 M_3 世代有的品系内的植株性状表现稳定，如株高、株型、分枝及荚熟色、成熟期等，表现整齐。仅个别品系内选拔的单株，在其相应的 M_2 世代所表现的倒伏性和产量因子稍有差异外，其他性状与 M_2 世代变异个体相似，如 535 和 615 变异个体其 M_4 世代已基本稳定，就可以决选品系。黑农 4 号、黑农 6 号、黑农 7 号和黑农 8 号，都是在第四代决选的。

大豆品种间杂交育种一般需经 6~7 年的时间才能获得稳定的第五代或第六代，而用射线照射大豆种子在播种前进行处理，当年获得第一代，到第四年就可以决选品系。因之较品种间杂交育种可缩短 2~3 年。

2.7 关于辐射剂量问题

根据几年的实践结果来看，大豆育种的引变剂量不要太高，保持 70%以上的结实率，就能产生有益的变异。用 Χ 射线照射大豆干种子，以 8 000 伦琴和 10 000 伦琴较好。Χ 射线的剂量率

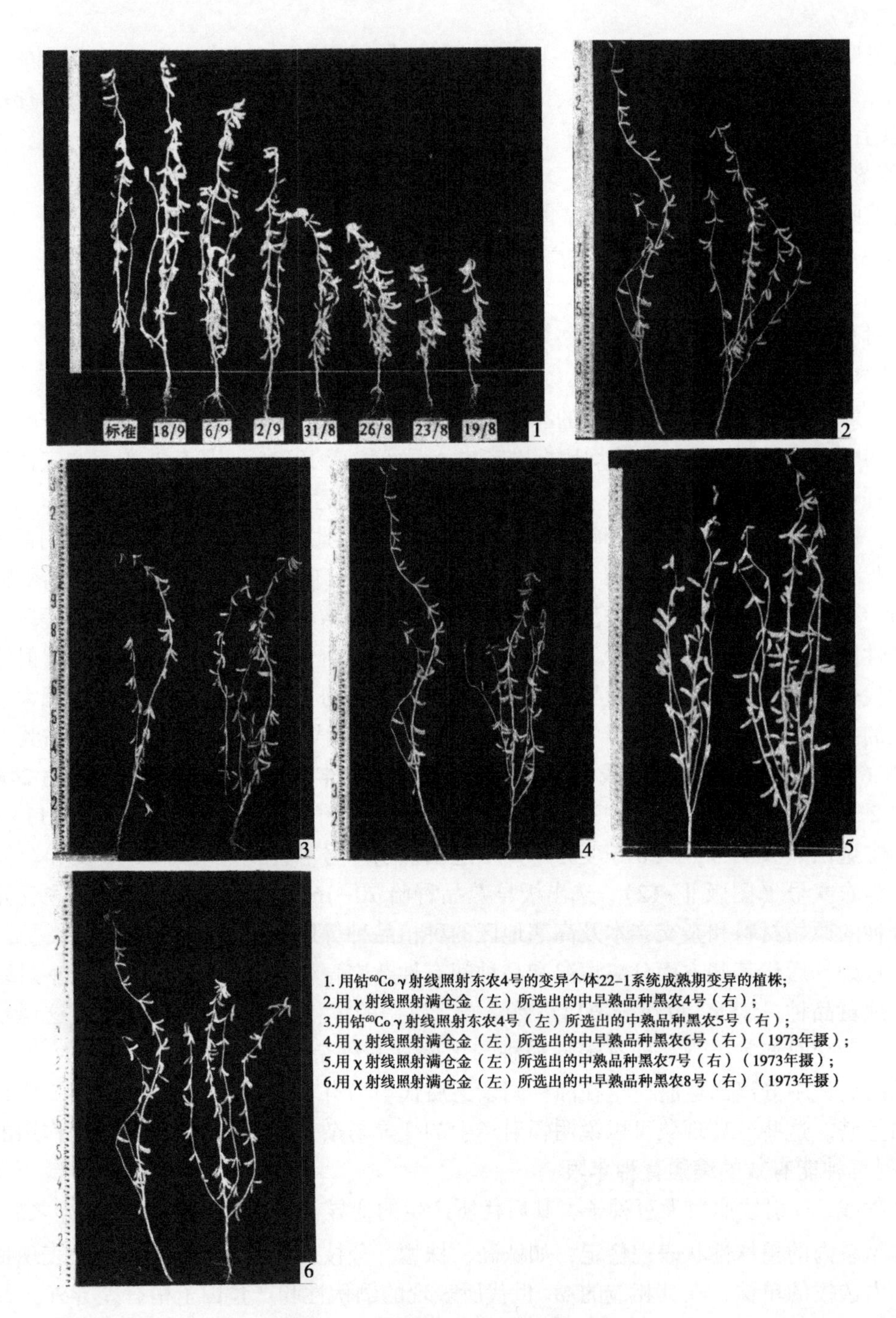

1. 用钴^{60}Co γ射线照射东农4号的变异个体22–1系统成熟期变异的植株;
2.用χ射线照射满仓金（左）所选出的中早熟品种黑农4号（右）;
3.用钴^{60}Co γ射线照射东农4号（左）所选出的中熟品种黑农5号（右）;
4.用χ射线照射满仓金（左）所选出的中早熟品种黑农6号（右）（1973年摄）;
5.用χ射线照射满仓金（左）所选出的中熟品种黑农7号（右）（1973年摄）;
6.用χ射线照射满仓金（左）所选出的中早熟品种黑农8号（右）（1973年摄）

图版Ⅰ　用辐射法选育大豆新品种

一般采用1.7伦琴/s。^{60}Co γ射线*，用8 000~12 000伦琴照射效果较好。剂量再低一些也能产生变异，但变异的幅度较小，亦能分离出有益的变异个体。不同品种对辐射敏感性不同，一般农家品种敏感性低，成活率高，剂量可稍大些；有性杂交后代和杂交育成的品种敏感性高，成活率低，剂量应适当小些。每个处理的种子数量以500~1 000粒较为适宜。

---

* 本文所说剂量是黑龙江省钴源标定以前的剂量。1973年春黑龙江省技术物理所钴源标定结果，过去的10 000伦琴，现标定为17 000伦琴

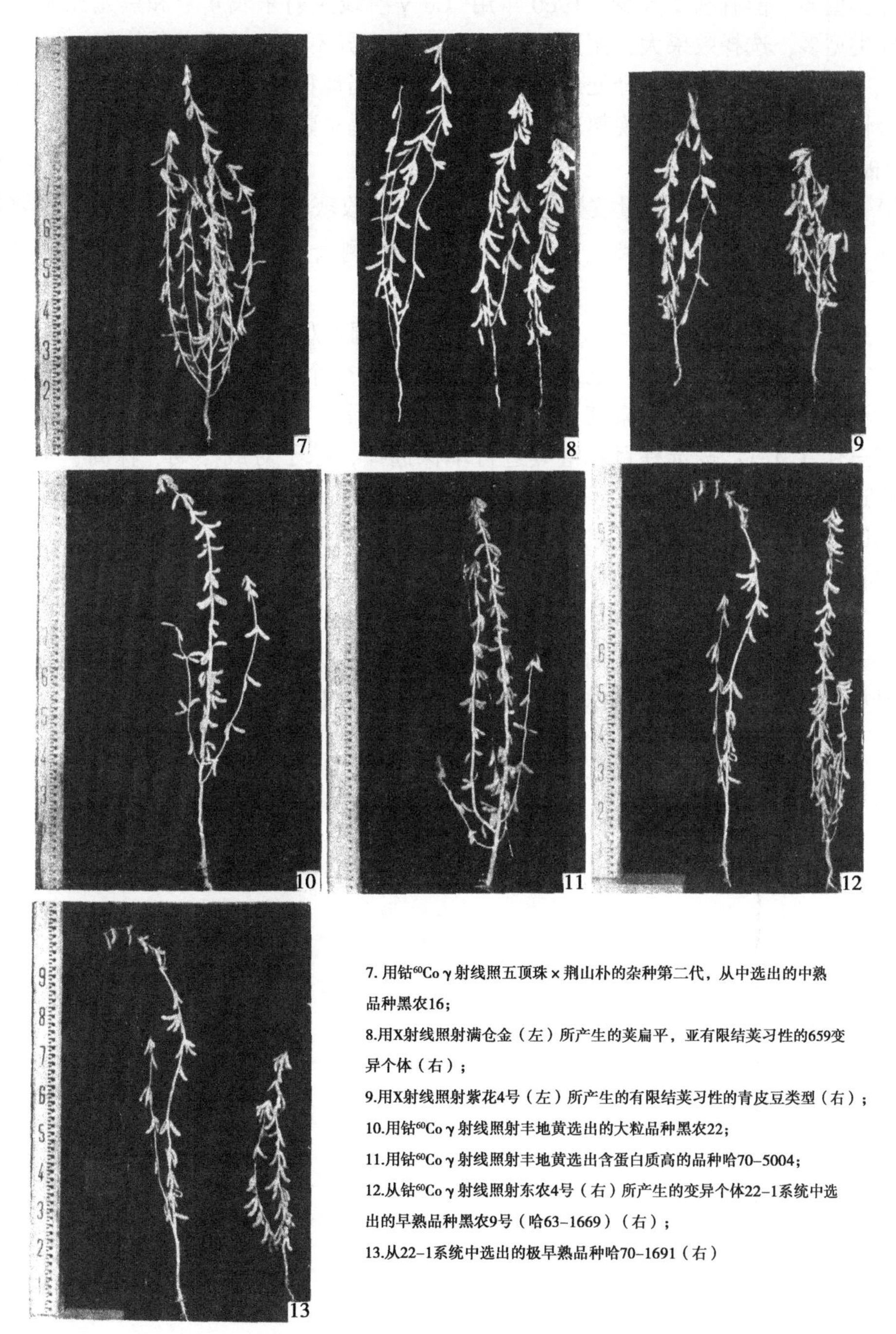

7. 用钴^{60}Co γ射线照五顶珠×荆山朴的杂种第二代，从中选出的中熟品种黑农16；

8.用X射线照射满仓金（左）所产生的荚扁平，亚有限结荚习性的659变异个体（右）；

9.用X射线照射紫花4号（左）所产生的有限结荚习性的青皮豆类型（右）；

10.用钴^{60}Co γ射线照射丰地黄选出的大粒品种黑农22；

11.用钴^{60}Co γ射线照射丰地黄选出含蛋白质高的品种哈70-5004；

12.从钴^{60}Co γ射线照射东农4号（右）所产生的变异个体22-1系统中选出的早熟品种黑农9号（哈63-1669）（右）；

13.从22-1系统中选出的极早熟品种哈70-1691（右）

图版Ⅱ　辐射后代分离出的新变异类型

2.8　辐射材料的选择问题

根据育种目标来选择辐射处理材料，是辐射育种成败的先决条件。一般有性杂交育种在选配亲本方面多下功夫选择双亲的优点，杂交后定向选择，效果最好。辐射育种同样要注意选择处理的材料，利用射线进行引变，对于改变品种的个别特性或改良其某一缺点有一定的效果。辐射材料的选择是否适当，对于后代的变异及选择效果有很大的影响。结合育种目标选择具备综合性状好的品种，可收到较好的效果。如1958年处理满仓金和紫花4号，由于满仓金的综合性状比紫花4号好，结果满仓金品种的变异个体较紫花4号的变异个体有价值，选择效果也较好。紫花4

号品种变异类型多，但有利变异少。1960 年用^{60}Co γ 射线照射东农 4 号和黑龙江 41，东农 4 号的后代变异类型多，选择效果大，而黑龙江 41 的后代变异不少，但无育种价值。

从实践中体会到辐射育种选择处理品种时，用适于当地种植的优良品种改进或克服其某些缺点，见效最快。此外，选用一些晚熟丰产品种经过照射提早熟期效果较好。

2.9 关于辐射后代的处理问题

辐射第一代（M_1）：每种剂量按类型选收单株，M_1 收获单株的数量约占种植株数的 5%。剩余的植株混合收后用四分法划分种植于保护区。亦有在剩余的植株上采收中部的 1~2 个荚混合脱粒种植。

辐射第二代（M_2）：每株种一行，生育期间要仔细调查观察其分离情况。成熟后按选种目标选择单株，对有价值的变异材料，也进行选择。M_2 是突变个体分离最大的时期，对没有分离的材料要大量淘汰。留少量单株观察其 M_3 世代有无分离情况。

辐射第三代（M_3）：按选种目标继续进行单株选择，除了对成熟期、株高、丰产性的选择外，要注意选择抗倒伏性、抗病性及进行改进品质的选择。

辐射第四代（M_4）：一般出现稳定品系并符合育种目标时可以决选品系，同时分析含油量，以便次年进行产量鉴定和异地鉴定试验。对尚在分离的家系，应继续进行单株选择。

辐射第五代（M_5）：根据决选品系的特性进行产量鉴定和异地特性鉴定试验。表现好的材料下一年可提升区域试验。对新稳定的品系，进行决选品系并淘汰无选种价值的材料。对个别继续分离并有希望的材料要继续进行单株选择。新的类型材料可放入原始材料圃。

参考文献（略）

本文原载：遗传学报，1974，1（2）：157-169

选育龙辐 73-8955 大豆突变系的几点体会

王培英　王连铮　徐兴昌　孙文英　刘新春
（黑龙江省农业科学院，哈尔滨　150086）

为了高效选育优良作物新品种，半个多世纪以来，世界各国采用辐射诱变的方法，效果较好。诱发大豆早熟、抗倒、抗病、耐热、高油、高蛋白的突变类型，国内外均有报道。

几年来，先后采用 γ 射线、Χ 射线，热中子、$P^{32}\beta$ 射线、DES、EMS、激光等理化因素处理了品种、品系、有性杂交早世代（F_1）等材料，入选了龙辐 74-2370，74-2119、76-4522 等籽粒品质好，荚密，高产突变系。本文着重以龙辐 73-8955 为例，谈谈在选育优良突变系类型中，对几个问题的看法。

1　试验材料与方法

试验采用稳定品种“丰山一号”为试材。该品种株矮，株高 40~50cm；分枝短而多，一般一株分枝 5~6 个；结荚密，亚有限结荚习性；中大粒；熟期较晚，通常 9 月末，10 月初成熟；喜水肥。为了提早熟期，使其霜前正常成熟，达早熟、高产之目的，1970 年春采用^{60}Co γ 射线 1.0 万伦琴照射“丰山一号”风干种子。

当代（M_1）将成活的植株按结荚状况分为正常、半不孕、不孕几种类型，单株脱粒。第二代（M_2）按植株类型和株系种植。行距 70cm，行长 5m，株距 10cm，一粒点播。处理前种植未处理的为对照区，不足 50 粒的株系。按处理植株类型混合播种，超过 50 粒，10 粒左右者，则 10cm 二粒点播，将 M_1 种子全部种植于 M_2 圃。第三代（M_3），与标准品种种植在一起的比较单株产量，按目标选择优良单株。1973 年第四代入选熟期、株高、株型稳定的株系龙辐 73-8955，1974 年进行异地鉴定。

2　试验结果及讨论

2.1　结果

2.1.1　各代种植群体及入选比例

“丰山一号”风干种子，当代处理 100 粒。收获前在存活的植株中，入选 22 株（弃去不孕株），占种植数的 22%。其中包括当代结荚正常株、半不孕株、双主茎但结荚正常的 3 种类型。

M_2 是用 M_1 收获的植株，种植 12 小区，777 个单株。M_2 中，当代正常株后代 554 株，半不孕株后代 109 个，双主茎结荚正常株后代 114 个。秋季选择株型收敛，百粒重中等，霜前成熟的单株 47 个。决选植株占种植总数的 6.05%，其中当代正常株后代 43 株，占收获数的 91.47%，半孕及双主茎后代各占 4.25%左右。

M_3 种植 2 350个个体。根据育种目标，选择 9 月 17 日成熟的优良单株 48 个，占总群体数的 2.04%。48 株全部为结荚正常株后代。

M_4 种植 1 350个个体。选择熟期稳定的家系中的 12 个单株，入选率为 0.88%，见表 1。

胡杰同志参加了调查和鉴定工作

表 1　每代种植数与入选数

世代	各代种植群体数	入选株数（株）	入选百分率（%）
M_1	^{60}Co γ 射线 1.0 万伦琴照射“丰山一号”品种风干种子 100 粒	22	22
M_2	777	47	6.05
M_3	2 350	48	2.04
M_4	1 350	12	0.88

2.1.2　各代主要性状表现

在选育中着重选择^{60}Co γ 射线照射后，较原品种早熟的突变个体。同时注意选择株型收敛，分枝较大的单株。从第二代开始，决选的单株，在熟期、株高、百粒重的性状稳定后，适当考虑产量因子，如单株荚数、单株粒重等性状结果见表 2。尽管各年年成不同，但入选的个体平均值仍超过标准品种。同时随着世代的增高，当代正常株的比例也增加。可以说，当代正常株的后代产生有益变异的概率较大。

表 2　龙辐 73-8955 各世代主要性状

世代	株数	成熟期（月·日）	株高（cm）	分枝数	单株粒重（g）	单株荚数	百粒重（g）	正常株（%）	半孕株（%）	双主茎株（%）
M_2	47	10.5	25~60	4~5	51.7	141.9	21.6	91.47	4.25	4.25
M_3	43	9.17	53	4.5	21.2	78.7	15.7	100.00	-	
M_4	12	9.14	57.6	4.3	41.4	114.3	19.6	100.00	-	

2.1.3　种植情况

1974 年龙辐 73-8955 在肇东县涝州公社新兴三队进行异地鉴定，以后又在全县 20 个公社试种观察。在行距 60~70cm，20cm 双株的稀植情况下，一般可获 250 斤/亩的产量。1978 年肇东镇公社良种场，种植 15 亩，实收 4 240斤，平均亩产 282.6 斤比对照增产 10%左右。东发公社 1977 年 4 亩实收 1 700斤，平均亩产 425 斤。由于该突变系在轻盐碱土壤上可获得较高产量。肇东县 1978 年确定为后备品种，1979 年种植面积 11 700亩，1979 年在全省 12 个点参加区域试验。

2.2　讨论

2.2.1　关于处理剂量及贮藏效应问题

据报道，不论在理论上或实践上，有些学者认为把当代半致死剂量作为诱变育种的适宜剂量。但根据试验，龙辐 73-8955 突变系是来自当代存活率 30%左右的照射群体中。龙辐 75-3166 早熟突变系则来自当代存活率 63%的照射后代，两者竟差一倍。所以应该弄清引起不同生物的剂量与后代有益变异的关系。以便找出后代有益变异率较高的剂量作为某作物诱发突变的适宜剂量。

风干种子照射后，发生的原发及继发作用，与照射时的温度、湿度、种子水分、照射后的贮藏条件及时间有着密切的关系。据 1972 年^{60}Co γ 射线 1.0 万伦琴照射哈 68-1023 的试验，播前 3 周照射组存活率为 13.6%，播前 1 周照射组为 41.2%，两者相差两倍之多。种子照射后，置于氧气中保存 18h，当代存活率为 22%，照射后立即种植时，存活率 69%。这是氧参与了照射后机体自由基的化学过程，加强了辐射损伤所致，通常氧效应对于含水量低于 10%的种子更为明显。鉴于上述结果，经照射的风干种子应在一周内播种，或保存于氮气中。对于辐射贮藏的生物效应和遗传效果，需待深入研究。

2.2.2 关于试验材料的确定

为了改造一个品种或新选品系的熟期或籽粒等一、两个性状，采用辐射诱变方法，处理其纯系种子，会较快获得成功。纯品种“丰地黄”于哈尔滨种植不能正常成熟，经^{60}Co γ射线1.0万伦琴照射，选出了霜前正常成熟的龙辐74-2008突变系，较原品种提早15d左右成熟。产量较标准品种黑农10号高12%~17%。

对于目前大豆现有亲本不十分丰富的情况，应有目的的配制一些丰产、早熟、抗逆性强、地理远缘的组合，或栽培品种与野生种有性杂交组合。使其在基因重组不稳定，可塑性较大的低世代，加之诱变因素处理，创造新的基础材料来丰富大豆基因库，是完全有可能的。

2.2.3 关于有益性状的供选群体

据报道，超产突变概率在500~5 000次基因型变异中出现一次。在历年试验中，如龙辐73-8955所示可做一例。“绥农三号”纯品种经γ射线2.0万伦琴（P=74伦琴/min）照射的第二代为9个家系450个单株，入选两个家系而得第三代25个家系1 250个单株，决选了龙辐75-3166早熟突变系。上两例可看出，每处理的第二、第三代供选突变系的大豆群体最少要50~1 000个单株，这样可以保证较大的选择概率。

2.2.4 当代植株类型及其与后代有益变异的关系

对于同一试材的风干种子，经^{60}Co γ射线或X射线、中子照射后，出苗期较未处理对照稍晚，出苗率有随剂量增加而降低的趋势。受照种子出苗后，幼苗生长迟缓，真叶出现时间随剂量增加延迟3~4日。据1976年3个试材的试验统计，真叶长与宽的比例随照射剂量的增加而增加（真叶长：叶的最大长度；叶宽：真叶的最大宽度。随机10株的算术平均值），出苗后40d内陆续死亡。此后，成活植株逐渐展开复叶，开始新的生长发育阶段。因此大豆照射当代植株熟期很晚，以致霜前不能成熟。当代植株的表现是诱变因素与生物体作用的效果，对遗传及育种有意义的有生理损伤、因子突变与染色体畸变3种。不论哪一种效应，都使植株由遗传性不同的组织构成，当代植株呈嵌合状态。在叶绿体、花色方面是显而易见的。在结荚状态上出现结荚不孕、结荚半孕、结荚正常及其他一些结荚状况。经多年结果综合表明，在所用剂量处理后，当代各种植株的比例大致为：不孕株率3%，半孕株率42%，正常株率24%，其他1%左右。不同试材，比率不同。剂量增加，正常株数减少，不孕株、半孕株也伴之增加。另外，照射后的种子贮藏条件可以改变当代植株类型。如将^{60}Coγ射线1.0万伦琴照射后的哈68-1023的种子保存于氧气中18h再种植，结果是正常株提高了10.77%，半孕株提高6.00%，而不孕株却降低了17.12%。

那么当代存活率及植株类型究竟与后代有益变异是怎样的关系呢？通过对几年试验结果的分析，得出初步结论是：一些有益突变像早熟、秆强、株型收敛、大粒、高产等性状，多出自于当代结荚正常株，其次是半孕株。而当代其他类型嵌合体的比率则很少。

在M_2代入选的有益突变个体中，当代正常与半孕株比率相差不大，世代越高，当代正常株的后代所占比率越大（表3和表4）。

表3　当代类型与后代有益突变的关系

年代	世代	试材数	处理数	总株数	正常株		半孕株		双主茎		其他株	
					数	%	数	%	数	%	数	%
1972	M_2	15	2	264	152	57.58	70	25.52	15	5.68	27	10.22
1973	M_2	10	8	98	48	48.98	39	39.80	11	11.22		
	M_3~M_4	5	7	133	117	87.90	16	12.10				

（续表）

年代	世代	试材数	处理数	总株数	正常株		半孕株		双主茎		其他株	
					数	%	数	%	数	%	数	%
1974	M_3	2	5	166	64	38.55	72	43.37	30	18.07		
1975	M_2	10	6	137	105	76.64	32	24.36				
	M_3	2	11	123	111	90.24	12	9.76				
	M_4	2	7	65	16	24.62	49	75.38				
	M_5	3	2	33	25	75.76	8	24.24				
总数（平均）	M_2~M_5	49	48	1 019	638	(62.61)	298	(29.24)	56	(5.50)	27	10.22

表 4　参加鉴定试验的突变系当代类型

突变系名称	原材料名	处理及剂量	当代植株类型	主要性状
龙辐				
73-8955	丰山一号	^{60}Co γ 1.0 万伦	正常	中熟荚密、秆强、耐轻盐碱
74-2119	巴彦千层塔	^{60}Co γ 1.0 万伦	正常	中熟荚密、籽粒变黄（较原品种）
74-2370	绥农 3 号	^{60}Co γ 2.0 万伦	正常	中早熟、籽粒均匀、黄亮、较大
74-2374	绥农 3 号	^{60}Co γ 2.0 万伦	正常	中早熟、籽粒均匀、黄亮、较大
75-3166	绥农 3 号	^{60}Co γ 2.0 万伦	正常	较原品种早熟 10d 左右、粒匀、产量高
76-4522	哈 68-1023	^{60}Co γ 1.0 万+氧 18h	双主茎（结荚正常）	分枝较大、株型收敛、籽粒变大、均匀
76-4412	507-3	^{60}Co γ 2.5 万伦	半孕	变晚、高、粒大

从表 3、表 4 可见，实践中选择正常 M_1 株要好于其他类型。这样有可能排除掉染色体畸变，而不降低因子突变的频率，尤其在以产量为指标的选育中。

3　小结

（1）在进行诱变育种中，根据对早熟、秆强、丰产性状的选择要求，对试材进行适当理化处理，再经定向选择是能够获得大豆优良突变类型的。

（2）为了有效利用诱变方法选育良种，大豆后代的群体不得少于 500 个。

（3）对于当代的植株类型，应深入进行研究，弄清当代植株类型与后代有益变异的有机联系。对当代植株有取有舍，既保证后代群体数，又提高诱变效率及选择概率。这对于定向选择，掌握诱变育种主动权颇为有益。

参考文献（略）

本文原载：黑龙江农业科学，1979（6）：23-27

大豆诱变育种及“龙辐73-8955”突变系的选育

王培英　王连铮

（黑龙江省农业科学院，哈尔滨　150086）

摘　要：几年来在诱变育种的研究中，先后选育出一些早熟、荚密、丰产、籽粒品质优良、抗逆性较强的大豆新类型。其中^{60}Co γ 1.0万伦辐照“丰山一号”后，决选出龙辐73-8955突变系，较原品种早熟3~5d，秆强、荚密、耐轻盐碱，在垧保苗15万株的情况下，一般可获200~250斤/亩的产量，肇东县确定为后备品种。

突变系的选育过程中，观察到辐射处理当代，种子的出苗率、植株存活率有随剂量升高而降低的趋势，幼苗生长、植株发育均受不同程度的抑制。辐照种子后，对改变成熟期，改进籽粒性状有明显的诱变效果；对增加秆的强度，提高产量也有良好的综合引变效果。出现茸毛，结荚习性，叶片大小、形状等变异，扩大了大豆种质来源。为提高诱变效率及选择概率，应深入研究诱变的处理方法；不同理化因素的诱变特异性，以及当代植株类型与后代有益变异的关系等问题。

The Breeding of Soybean by Induced Variation and the Selection of the Mutational Strain of Longfu 73-8955

Wang Peiying　Wang Lianzheng

(*Academy of Agricultural Sciences of Heilongjiang prorince*, *Harbin* 150086, *China*)

Abstract: Our research in recent years in breeding by induced variation has resulted in the success of the selection of a few types of soybeans characterized by early maturity, dense pods, high yields, good grain quality and resistanse to stress environment. One of them is the mutational strain of Longfu 73-8955 obtained by the final selection from the air-dry seeds of Fengshan No. 1, which were irradiated with 10 kroentgen of ^{60}Co γ rays. It matures 3-5 days ealier than original variety, tolerates light salit and alkali, and its stalks are strong and pods dense. On condition that there are 150 000 survived plants in a hectar, it can generally yield 3 000-3 750kg/ha, The County of Zhaodong has fixed this variety as reserve seeds, and submitted it to regional trials in 1980.

In the course of the selection of this mutational strain, it was found in the very generation treated with radiation that the rate of emergence of the seeds and the rate of survival of the plants tended to decrease when the dosage of radiation increased, that the growth of the seedlings and the development of the plants were inhibited in varied degrees. The irradiation of the seeds had obvious effests of induced variation upon the change of the maturing stage and the improvement of the properties and morphology of the seeds. It also produced good, synthetic effects of induced variation on increasing the tension of the stalks and the yields of the crop. There also appeared variations in pubescence growth, pod-bearing and foliar size and shape, etc, which expanded the sources of soybean germplasm. In order to improve the efficiency of induced variation and the probability of selection, further research should be conducted in the method of treatment of induced variation, the specificity of indused variation caused by different physical and chemical factors as well as in the rolation between the plant type of the very generation in experiment and the useful variation of its progeny.

大豆辐射育种的研究，国内外已有大量报道。几年来，在诱变育种研究中，先后选育出龙辐73-8955、龙辐75-3166、龙辐74-2008等早熟高产突变系；龙辐74-2370、龙辐74-2371、龙辐74-2374、龙辐76-4522等籽粒品质优良丰产的突变系；龙辐74-2119、龙辐76-4412等荚密或结荚部位较高的类型。现就试验结果汇总如下。

用于诱发突变的物理因素有X射线、γ射线、热中子、快中子、^{32}P β射线等，近几年来激光作为一个新的因素开始用于大豆诱变育种。以休眠种子为处理材料。

1 辐射敏感性及当代表现

很多学者主张采用当代半致死剂量作为诱变育种的适宜剂量。根据试验结果，决选的突变系都不是来自当代半致死剂量处理后代群体，如龙辐73-8955突变系来自当代存活率30%左右的照射群体；龙辐75-3166早熟突变系则来自当代存活率63%的照射群体，从1971—1976年近六年热中子处理看出，照射效果与不同年份、供试材料甚至于组合亲本敏感性有很大关系。如以出苗率与存活率为敏感性指标，据1971年试验，5×10^{11}热中子/cm^2处理组中“群选一号”存活率为25.6%，“黑农23”为41.2%。1976年试验，8×10^{11}处理组中74-3456收获前调查存活率为0，而F_1（70-8-1×齐佩华），为19.0%，这一结果表明，稳定品系（74-3446）的辐射敏感性不一定比杂交早世代［F_1（7-8-1×齐佩华）］小。杂交组合中亲本的辐射敏感性直接影响着处理试材的当代效应，如1974年热中子8×10^{11}热中子/cm^2试验，阿姆索×十胜长叶，阿姆索×群选一号及哈罗索63×十胜长叶，哈罗索63×群选一号承受的照射量，贮存条件及播种时条件一致，而出苗率差1倍左右，存活率竟差10倍、20倍。

种子受到辐射能的作用产生生理损伤、因子突变及染色体突变3种效应。当代发生变异的植株就可能是由遗传性不同的组织组成，呈嵌合体。嵌合体的类型很多，仅结荚性状而言，会出现下列情况：① 结荚不孕：植株开花不成荚，或成荚胚珠不发育成种子。②结荚半孕株，全株只有几个荚，但一荚只一粒。③ 结荚正常株。④主茎结荚，分枝不孕；分枝结荚，主茎不孕；双主茎，一个结荚一个不孕等。据多年观察看出，在较适宜剂量处理后，当代各种类型的植株比例大致是，不孕株33%，半孕株42%，正常株24%，其他占1%左右。这是多年多品种的平均数值，品种不同，产生的各种类型比例也不尽相同。一般说来，随剂量增加，正常株数减少，不孕株数和半孕株数随之增加，增减幅度因品种而异（表1）。处理后种子贮存条件对当代植株类型出现比例也有影响。1972年“黑农23”经^{60}Co γ射线1.0万伦照射后，贮存于氧气中18h，结果使正常株率提高10.77%，半孕率提高6.0%，而不孕株率降低了7.12%。

表1 ^{60}Co γ射线对当代植株结荚性状的影响

试材 \ 结荚性状	剂量（千伦）	总存活		正常结荚		半孕		不孕		年份
		株数	%	株数	%	株数	%	株数	%	
巴彦千层塔	10千伦	133	24.0	50	37.59	35	26.32	48	36.09	1979
	15	7	1.4	1	14.28	3	42.86	3.	42.86	1979
东农4号	10	119	23.8	51	42.86	52	43.70	16	13.46	–
	15	63	12.6	22	34.92	24	38.10	17	26.98	–
黑农26	10	158	31.6	64	40.51	41	25.95	53	33.54	–
	15	3	0.6	2	66.67	0		1	33.33	–

（续表）

试材 \ 剂量（千伦） \ 结荚性状		总存活		正常结荚		半孕		不孕		年份
		株数	%	株数	%	株数	%	株数	%	
70-8-1										-
chippeawa	14	84	42.0	21	25.00	31	36.90	32	38.10	1976
	16	65	32.5	30	46.15	15	23.08	20	30.77	-
	18	43	21.5	7	16.28	16	37.21	20	46.51	-

2 照射的种子后代产生的遗传变异

2.1 对熟期的作用

2.1.1 提早熟期

辐射处理能使作物产生早熟性变异已成定论。1973 年用^{60}Co γ 射线 2.0 万伦(P=74 伦/min)照射含水量为 9.17%的“绥农 3 号”的风干种子，在当代结荚正常株的 M_3 后代中，选出较原品种早熟 10d 左右的突变系龙辐 75-3166，8 月 30 日成熟，从出芽到成熟的日数 102d。基本上保持了原品种的丰产性，但其茎秆变矮，籽粒增大而且均匀，种皮黄有光泽。

γ 射线 1.0 万伦照射“丰地黄”的决选品系龙辐 74-2008，较未处理的“丰地黄”品种早熟半个月左右，使其在哈尔滨能正常成热。1975—1976 年在基点连续两年试验结果，较对照品种“黑农 10 号”增产 12%~17%。

2.1.2 早熟材料辐射处理后，可诱发更早熟类型

1974 年用^{60}Co γ 射线 2.5 万伦处理早熟大豆品种“丰收 11”的风干种子，于海南岛种植 M_1，1975 年第二代群体中分离出更早的突变类型，从试验结果发现，当代半孕株的后代群体中出现更早熟突变的比率大于当代正常株的后代群体（表 2），这为我们提供了选择适于高寒地区栽培大豆类型的一个途径和方法。

表 2 “丰收 11” M_2 代早熟突变（成熟株率）

当代荚型	调查植株数	8 月 9 日	8 月 12 日	8 月 14 日	8 月 18 日	8 月 20 日	20 日以后
CK	15		10.71	10.71			78.57
正常	145	10.34	26.89	21.38	7.58	18.97	19.33
半孕	149	34.90	24.16	10.74	3.36	4.03	22.82

2.1.3 热中子对诱发大豆早熟突变的效果

以“群选一号”为指示品种说明这个问题。“群选一号”为吉林省种植品种，熟期较晚，1971 年采用 χ 射线 8 千伦，γ 射线 10 千伦、12 千伦，^{32}P10，20，30 微居里/粒种子热中子 5×10^{11}，1×10^{12}热中子/cm^2。第二代在射线处理后代（10 千伦、12 千伦各 1 000左右个体），χ 射线（8 千伦射线 2 000个左右个体）和^{32}P（共 3 000个左右个体处理后代均未发现预期熟期的植株。唯从 5×10^{11}热中子/cm^2 和 1×10^{12}热中子/cm^2 的 M_2 中选出较对照早熟 10~15d 的 16 个早熟突变个体。其中，5×10^{11} 照射组 M_2 种植 1 240株，入选 14 个早熟株，占种植比率 1.13%，1×10^{11}照射组 335 个 M_2 植株中入选 2 个早熟株，占种植数的 0.60%。虽然在反应堆进行热中子照射处理不是单一射线的效果，如果说这一效果是复因子作用，至少可以说明热中子起了主导作用。

2.1.4 辐射对提早熟期有明显的引变效果，也有辐射诱发晚熟突变的例子

如“507-3”经^{60}Co γ射线2.0万伦照射，于海南岛种植第一代，第二代在当代半孕株的后代中，选出了偏晚的突变株。第三代仍表现较对照晚热，其中龙辐76-4412植株较未处理对照高一倍左右，熟期晚7~8d（从出苗到成熟117d），保持原品种大粒、粒色黄、结荚均匀的特点。

2.2 人工诱变对大豆籽粒性状的影响

籽粒大小是产量因素之一。试验中用γ射线、X射线、热中子或理化复因子处理其后代籽粒变化很大，大的百粒重比对照提高10g，小的降低3~4g。如1972年在“黑农23”γ射线1.0粒万伦+DES（4mg分子）处理的第二代中选出一个大粒突变体，第三代决选综合性状较好的11株大粒单株，其百粒重平均为27.3g，最高为29.9g，未处理品种百粒重为19.9g。

“绥农3号”丰产性较好，但其籽粒不均匀。1975年用^{60}Co γ射线2.0万伦（P=74伦/min）照射其纯品种风干种子（种子水分9.17%）。在当代结荚正常株的第二代中入选家系74-2370，74-2374。在株型、熟期等方面与原品种基本相同，只是籽粒变得均匀饱满，种皮黄而有光泽，这些性状都优于原品种。

2.3 辐照后对增加秆强度改变分枝型等综合性状的诱变作用

经照射的种子后代，能够增强植株的秆强度，使倒伏严重的“满仓金”变得不倒伏或倒伏轻。原来株高30cm左右结荚密集的“巴彦千层塔”经1.0万伦照射的后代选育出植株高度60~70cm，独秆无分枝或有1~2个大分枝，茎秆粗壮类型。

另外，“黑农23”经1.0万伦照射后贮存于氧气中18h，在其后代中选育出龙辐76-4522，比原品种分枝变长，株型整齐收敛，籽粒也较原品种增大，结荚均匀，已参加鉴定试验。

2.4 改变其他性状增加种质来源

以上述及辐射对改变成熟期和籽粒性状有明显的诱变效果；对增加茎秆强度，提高产量也有良好的综合引变效果。试验中还发现，原来有茸毛类型的“福内”经X射线8千伦照射的后代出现裸型。“黑农11”^{60}Co γ射线1.0万伦照射后代中出现茸毛稀少类型，这是有利于抗食心虫的突变。经照射的种子后代结荚习性由无限变成有限、亚有限及有限变成亚有限或无限；还出现叶形的变化，较大的叶片变得较小些，细长些，对通风透光，提高光合作用效率是有利的性状。此外花色、脐色等性状的遗传变异也有发生。

3 诱变育种中值得深入研究的问题

3.1 同一品种对不同诱变因素的反应

究竟哪种因素诱发什么样性状的变异，即诱发的特异性是怎样的？弄清这一问题对探索定向变异方法具有一定指导意义。1972年将“黑农23”品种风干种子进行^{60}Co γ射线1.0万伦琴（P =74伦/min，黑龙江省技术物理所协助处理），γ射线1.0万伦+DES（4mM），γ射线1.0万伦+氧（18h）5个处理的试验，经对第三代入选单株考察比较结果表明，无论哪种处理，入选突变个体中的株高、单株荚数、完全粒数、单株粒重均有一定程度的提高，对病虫害的抗性稍有降低，但热中子处理后这方面的不利变异较少（表3）。

表3 “黑农23”不同处理M_3的表现

处理剂量	当代类型	株数	株高(cm)	分枝数(个)	单株荚数(个)	完全粒数(个)	单株粒重(g)	虫食粒重(%)	病粒率(%)	完全粒率(%)	百粒重(g)
热中子5×10^{11}	半	49	72.8	3.4	84.0	153.6	38.9	3.01	12.55	84.43	21.7
热中子5×10^{11}	正常	38	74.8	2.6	79.9	150.3	37.1	3.15	11.88	84.95	21.3

（续表）

处理剂量	当代类型	株数	株高（cm）	分枝数（个）	单株荚数（个）	完全粒数（个）	单株粒重（g）	虫食粒重（%）	病粒率（%）	完全粒率（%）	百粒重（g）
8×10¹¹	半	16	76.7	2.9	78.5	138.5	34.9	3.34	7.39	89.24	22.9
^{60}Co γ10 千伦	正常	11	70.4	2.6	77.4	100.1	32.8	2.72	33.05	64.26	21.3
10 千伦+氧（18h）	双主茎	21	63.6	4.8	68.3	100.3	33.7	2.88	25.76	71.55	24.3
10 千伦+DES（4mM）	晚熟	15	78.0	4.1	74.9	103.5	32.2	3.37	18.84	77.84	25.2
对照		5	60.6	2.6	46.8	89.8	21.3	1.57	15.31	83.10	19.2

试验结果表明，热中子处理出现秆强、早熟、单株产量高的综合性状好的突变概率大些。γ+氧，γ+DES 复因子处理后代，籽粒增大的突变率较单一 γ 射线处理的高。γ+氧处理组入选材料的平均百粒重较对照增加 4.4g，从中决选突变系龙辐 76-4522。籽粒大，色泽黄亮，分枝也较对照增加而且收敛，主茎、分枝结荚均匀。γ+DES 处理组后代，百粒重平均较对照增加 5.28g，最大百粒重 29.9g，较原品种增加 10g。

3.2 各代种植群体及各植株类型入选比例

据报道，超产突变概率是 500~5 000次基因型变异中出现一次，历年试验也有类似结果，如辐 73-8955 突变系选育过程中可以看出各代群体及各种植株类型入选时的情况。该系为“丰山一号”风干种子经 γ^{60}Co 射线 1.0 万伦照射处理后选育出的较原品种早熟 3~5d，较耐盐碱的突变系。当代处理 100 粒种子，收获前在存活的植株中，入选 22 株（弃去不孕株），占种植数的 22%。其中包括当代结荚正常株、半孕株、双主茎但结荚正常的 3 种类型。

第二代（M_2）是用 M_1 收获的植株，种植 12 小区共 777 个单株。M_2 中当代结荚正常株后代 554 株，半孕株后代 109 个，双主茎结荚正常株后代 114 个。秋季选择株型收敛，百粒重中等，霜前成熟的单株 47 个。决选植株占种植总数的 6.05%。其中当代正常株后代 43 株，占收获总数的 91.47%，半孕及双主茎后代各占 4.25% 左右。

第三代（M_3）种植 2 350个个体，根据选育目标，选择 9 月 17 日成熟的优良单株 48 个，占总群体数的 2.04%。48 株全部为当代正常株后代。

第四代（M_4）种植 1 350个个体。选择熟期稳定家系中的 12 个单株，入选率 0.88%。见表 4。

表 4 每代种植数及入选数

世代	各代种植群体数	入选粒数	入选百分数（%）
M_1	^{60}Co γ 射线 1.0 万伦琴照射“丰山一号”风干种子 100 粒	22	22
M_2	777	47	6.05
M_3	2 350	48	2.04
M_4	1 350	12	0.88

“缓农 3 号”纯种子经 γ 射线 2.0 万伦（P=74 伦/min）照射第三代为 9 个家系 450 个单株，入选 2 个家系而得第三代 25 个家系 1 250个单株，决选了龙辐 75-3166 早熟突变系。上两试验结果可看出，每处理的第二、第三代供选突变系的大豆群体最小要 500~1 000个单株，这样可以保

证有较大的选择概率。

3.3 当代植株类型及其与后代有益变异的关系

通过几年试验结果的分析，得出初步结论是：一些有益突变像早熟、秆强、株型收敛、大粒、高产等性状多出自于当代结荚正常株的后代，其次是半孕株，而当代其他类型的比率很少。同时发现，第二代入选的有益变异个体中，当代正常与半孕株的比率相差不大，世代增高当代正常株的后代所占比率也随之增加（表5、表6）。

表5　当代类型与后代有益突变的关系

年份	世代	试材数	处理数	入选数	当代正常		半孕株		双主茎		其他型	
					株数	%	株数	%	株数	%	株数	%
1972	M_2	15	2	264	152	57.58	70	26.52	15	5.68	27	10.22
1978	M_2	10	8	98	48	48.98	29	39.80	11	11.22		
	M_3~M_4	5	7	133	117	87.90	16	12.10				
1974	M_3	2	5	166	64	38.55	72	43.37	30	18.07		
1975	M_2	10	6	137	105	76.64	32	23.36				
	M_3	2	11	123	111	90.24	12	9.76				
	M_4	2	7	65	16	24.62	49	75.38				
	M_5	3	2	33	25	75.76	8	24.24				
总数（平均）	M_2~M_5	49	48	1 019	638	(62.61)	298	(29.24)	56	(5.50)	27	2.65

表6　参加鉴定试验的突变系当代植类株型

突变系名称 龙辐	原材料名	处理及剂量	当代类型	主要性状
73-8955	丰山一号	^{60}Co γ　10千伦	正常	中熟、荚密、秆强、耐轻盐碱
74-2370	绥农3号	^{60}Co γ　20千伦	正常	中早熟、籽粒均匀、黄亮、较大
74-2374	绥农3号	^{60}Co γ　20千伦	正常	中早熟、籽粒均匀、黄亮、较大
75-3166	绥农3号	^{60}Co γ　20千伦	正常	较原品种早熟10d左右、粒匀产量高
76-4522	哈68-1023	^{60}Co γ　10千伦+氧（18h）	双主茎（结荚正常）	分枝较大，株型收敛，籽粒较大、均匀
76-4412	507-3	^{60}Co γ　25千伦	半孕	变晚熟、高，粒大
74-2119	巴彦千层塔	^{60}Co γ　10千伦	正常	中熟、荚密、籽粒变黄

表5、表6可见，选择M_1结荚正常株要好于其他类型，这样可能排除染色体畸变而不降低因子突变的频率。尤其在以产量为指标的选择中，M_2以后各代选择M_1正常株后代的效果，比选择部分不孕、半不孕的M_1后代效果要好。

4 龙辐 73-8955 耐盐碱突变系的选育

4.1 材料与处理

1970 年用“丰山一号”稳定品种为试材，该品种较矮，株高 40~50cm，分枝短而多，结荚密集，亚有限结荚习性，中大粒，熟期较晚，9 月末至 10 月初成熟，喜水肥。为了提早熟期，将“丰山一号”的风干种子^{60}Co γ 射线 1.0 万伦照射。当代将成活的植株按结荚状况分为正常、半孕、不孕等几种类型单株脱粒。第二代按处理、植株类型和株系顺序排列，单行区无重复。行距 70cm，行长 5m，株距 10cm，1 粒点播。处理组前种植未处理对照区。处理组如株粒数足不 50 株者，按处理、植株类型棍合播种。超过 50 粒、100 粒左右的单株则 10cm^2 粒点播，将 M_1 种子全部种植于 M_2 圃。第三代与标准品种种植在一起，比较单株产量，按育种目标选择优良单株。1973 年第四代入选熟期、株高、株型稳定的株系龙辐 73-8955，1974 年进行异地鉴定。

4.2 各代主要性状

在选育过程中，着重选择^{60}Co γ 射线照射后较原品种早熟的突变个体。同时注意选择株型收敛分枝较大的单株。从第二代开始，决选的单株在熟期、株高、百粒重的性状稳定后，适当考虑产量因子，如单株荚数、单株粒重等性状。尽管各年条件不同，但入选的个体各性状平均值仍优于标准品种（黑农 10 号）。同时随世代增高，当代正常株的比例也增加。这个突变系的选育说明了当代正常株的后代产生有益变异的机率较大些，见表 7。

表 7 龙辐 73-8955 各世代主要性状

世代	入选株数	成熟期（月．日）	株高（cm）	分枝数	单株粒重（g）	单株荚数	百粒重（g）	正常株（%）	半孕株（%）	双主茎株（%）
M_2	47	10.5	25~60	4~5	51.7	141.9	21.6	91.47	4.25	4.25
M_3	48	9.17	53	4.5	21.2	78.7	15.7	100.00	-	-
M_4 标准	100	9.17	89.9	2.7	15.5	43.6	15.0			
M_4	12	9.14	57.6	4.3	41.4	114.3	19.6	100.00	-	-
M_4 标准	100	9.14	104.5	0.6	22.5	52.7	17.3			

4.3 种植情况

1974 年龙辐 73-8955 在肇东县涝州公社新兴三队进行异地鉴定，以后又在全县 20 个公社试种观察。在行距 60~70cm，20cm 双株的稀植情况下，一般可获 200~250 斤/亩的产量。1978 年肇东县肇东镇公社良种场，种植 15 亩，实收 4 240斤，平均亩产 282.6 斤。由于该突变系在盐碱土壤上可获得较好的产量，肇东县 1978 年确定为后备品种，1979 年种植 11 700亩，保存种子 225 740斤。1980 年在黑龙江南部参加区域试验。

总之，大豆人工诱变育种工作中已经确认，如试材和处理方法选用恰当，再经定向培育，是能按期选育出早熟、丰产、抗逆性强的大豆新类型的。但还有许多问题需要深入研究，其中包括用于诱变的处理和方法问题，不同理化因素的诱发特异性问题，当代植株类型与后代有益变异的关系问题等。这些问题与提高诱变效率及选择概率，对定向选择，掌握诱变育种的主动权都很重要。

参考文献（略）

本文原载：大豆科学，1982，1（1）：77-84

诱发大豆蛋白和脂肪含量双高突变的初步研究

王培英　王连铮　许德春　隋德志　王　玫　于佰双　尹桂花

（黑龙江省农科院原子能所，哈尔滨　150086）

黑龙江省的大豆总面积、总产量以及出口总额都居全国第一。作为国家大豆出口基地，黑龙江省应该将大豆籽粒产量与品质的研究，同时给予重视。由于黑龙江省处于高纬度地带，气候较寒冷，无霜期较短，目前推广的大豆品种蛋白质含量一般较我国低纬度南部省市偏低。通常在38%~41%。个别品种尽管蛋白质含量较高，但脂肪含量极低，往往一个品种满足了人民群众对蛋白的需要，却满足不了北方人民食用大豆油的要求（对大豆专用种问题，在此不予阐述）。尤其近年来，随着人民生活水平的提高，对蛋白质营养的需求量逐年增加，对其质量也越来越考究。从世界范围看，预计未来20年，蛋白质产量至少增加1倍方能满足人口增长和保证健康的要求。蛋白质资源的70%来自植物，被称为蛋白之王的大豆优质种的创新研究，受到广泛的关注。

许多学者研究的结论基本一致，蛋白质和脂肪含量呈较强的负相关，两者总和通常为60%~65%。在常规育种程序中，往往是在提高了蛋白质含量的同时，脂肪含量相对下降。美国细胞遗传学教授Hadloy设计的大豆籽粒蛋白质及脂肪含量关系的试验指出，当大豆蛋白质含量增加1.31%（较大幅度）时，脂肪含量下降0.81%。在脂肪含量基本保持不变时，蛋白质含量提高幅度在0.31%~0.45%。因此，大豆籽粒的商品经济价值无大变动。只有当脂肪含量下降甚微或基本不变，蛋白质含量提高时，才能使大豆的经济价值提高。为了探求一种方法，既能较大幅度提高大豆籽粒中蛋白质含量，又不使其脂肪含量降低太多或基本保持原来水平，为生产和人民生活提供新的大豆资源，开展了物理和化学诱变因素的诱发突变试验。结果表明，采用人工诱变的方法，可以提供机会，去选育基本保持原品种脂肪含量，而又较大幅度提高蛋白质含量（2.22%~2.64%）的突变。

1　试验材料与方法

为了创造新的大豆资源，提高大豆的经济价值，获得更大的社会效益。1974年将F_1（Harosoy$_{63}$×群选一号）的风干种子297粒，经热中子积分通量8×10^{11}，热中子/cm^{2}的处理。其通量密度为1.6×10^{10}热中子/（cm^2·s）。辐射当代的植株存活率为27%。将当代存活株分结荚正常、半孕、分枝可孕主茎不孕等类型，分别脱粒保存。于1975年按当代植株类型种植。第二代分离出早熟、大粒、无色脐、秆强等优良单株。由于Harosoy$_{63}$（哈罗索63）和群选一号在哈尔滨通常霜前不能正常成熟。从第二代起就注意早熟的分离单株，并同时进行早熟、秆强、大粒的定向选择。自决选品系的年份开始，由黑龙江省农业科学院综合化验室采用半微量凯氏定氮法测定籽粒蛋白质含量，用残余法测定粗脂肪含量。

中国科学院原子能所协助热中子处理，院化验室协助进行蛋白及脂肪分析，栽培所气象室提供气象资料，谨致谢意

2 结果与讨论

种子处理后，经6年定向选育，于1981年决选出稳定突变系龙辐81-9825。该系在哈尔滨9月10日前后成熟，生育日数115~118d。植株高大，秆强，直立。叶柄较短，植株收敛，通风透光性好。叶部病害较轻。

1981年、1983年、1984年、1985年（1982年漏测）4年品质分析化验结果，龙辐81-9825平均蛋白质含量43.54%，$Harosoy_{63}$为40.4%，群选一号为41.50%。粗脂肪含量20.79%，双亲分别为20.5%和19.5%。两项总和64.33%（表1）。

表1 龙辐81-9825各年品质分析结果

项目 / 年份	蛋白质含量（%）	粗脂肪含量（%）	总和（%）
1981	43.62	20.49	64.11
1983	43.77	21.12	64.89
1984	43.69	20.79	64.48
1985	43.06	20.76	63.82
平均	43.54	20.79	64.33

表2给出了4年的气温、降水、日照资料。据Glifflord A. Adams等人的电镜观察结果，大豆开花后17d子叶细胞内便出现了蛋白质体和类酯体，开花后34~46d大豆子叶中蛋白质积累迅速，脂类的积累早于蛋白质体。到了生理成熟期，积累停止。龙辐81-9825通常6月23—26日便可开始开花。那么从开花以后17d算起，7月和8月是其脂肪、蛋白质形成和积累的时期，尽管这时4年主要气象因子差异很大，然而测定结果误差范围很小。可以认为，该系籽粒的蛋白质、脂肪含量是稳定的。

表2 4年主要气象因素统计

年月		降水量（mm）				气温（℃）				日照时数（h）			
		上旬	中旬	下旬	合计	上旬	中旬	下旬	合计	上旬	中旬	下旬	合计
5月	1981	31.1	5.4	1.6	38.1	113.9	131.7	191.2	406.8	58.5	70.9	86.8	224.3
	1983	37.6	46.4	20.7	104.7	114.4	117.6	207.2	439.2	82.0	71.8	74.0	227.8
	1984	8.1	17.5	30.9	56.5	129.6	165.0	211.6	506.2	97.8	96.5	99.6	293.9
	1985	12.9	6.2	0.0	19.1	149.4	172.8	187.7	509.9	86.6	98.6	137.5	322.7
6月	1981	2.4	9.0	62.4	73.8	199.8	213.8	185.2	598.8	101.9	92.5	73.8	268.2
	1983	37.6	46.4	20.7	104.7	156.3	157.3	187.4	501.2	53.8	33.7	80.2	167.7
	1984	29.8	12.4	61.6	103.8	197.4	203.2	204.8	605.4	86.3	87.6	69.7	243.6
	1985	64.2	24.7	42.6	131.5	197.5	199.8	207.3	604.6	98.8	78.0	93.5	270.3

（续表）

年月	项目	降水量（mm）				气温（℃）				日照时数（h）			
		上旬	中旬	下旬	合计	上旬	中旬	下旬	合计	上旬	中旬	下旬	合计
7月	1981	77.9	6.4	77.2	161.5	196.2	245.3	285.8	727.3	70.9	97.4	91.8	260.1
	1983	4.0	87.2	84.0	175.2	204.0	210.0	240.5	645.5	71.0	58.2	78.0	207.2
	1984	19.9	75.7	37.8	133.4	218.0	212.2	270.0	700.7	93.6	78.4	84.5	256.5
	1985	94.2	48.4	99.5	242.1	218.7	205.4	251.2	675.3	71.7	64.8	64.6	201.1
8月	1981	150.7	43.5	24.4	218.6	190.1	204.5	202.7	597.3	59.4	62.0	87.8	209.2
	1983	2.1	15.7	30.5	48.3	223.5	227.4	230.4	681.3	81.8	104.0	73.0	258.9
	1984	24.0	148.5	62.5	223.5	247.7	194.9	216.7	659.3	89.2	73.0	61.4	223.6
	1985	26.0	136.9	79.0	291.9	222.4	219.6	223.4	665.4	67.2	49.9	89.1	206.2
9月	1981	0.1				114.7				95.6			
	1983	45.0				197.6				79.6			
	1984	21.2				170.4				68.8			
	1985	14.3				190.8				71.0			

注：龙辐 81-9825 一般 9 月 10 日左右成熟，只统计到 9 月上旬

从 1982—1983 年产量鉴定结果看，与同熟期对照品种丰收 10 号相近，差异不显著。病粒率低。目前黑龙江省推广品种中，蛋白质、粗脂肪含量总和尚没有稳定超过 64%的材料。同时，龙辐 81-9825 的籽粒外形美观，圆形，百粒重 22~23g，黄色，种脐无色。

试验结果表明，用热中子处理有性杂交早世代的风干种子，只要选择方法得当，可以从其后代中培育出品质超亲的优质大豆类型。在其他试验中，分别采用^{60}Co γ 射线、热中子、快中子照射风干种子，甲烷磺酸乙酯处理预浸过的种子，^{32}P β 射线处理花蕾，在其后代中都筛选出过高蛋白的突变体。它们的蛋白质含量较原材料提高幅度为 2.22%~5.33%。其中一些突变体也可能是“双高”系。这一结果同印度诱发水稻高蛋白突变系等研究和国内的一些研究结果一致。试验为我们开辟了一条创造大豆蛋白质和脂肪含量都比较高的材料，提高其经济价值的新途径。经过不断试验探索，可以获得脂肪含量与原材料相近，蛋白质含量较大幅度提高的大豆新种质，来丰富大豆种质资源。这样的突变系或直接用于生产或用做有性杂交亲本，都是有益的。

在诸多的诱变因素中，究竟哪种诱变因素更能有效地诱发高蛋白、高油分，或两者总和高的突变，将是今后继续研究的内容。

参考文献（略）

本文原载：黑龙江农业科学，1987（5）：5-8

^{60}Co γ射线辐照大豆种子的贮存效果

王培英　王连铮　隋德志　许德春
（黑龙江省农业科学院原子能所，哈尔滨　150086）

摘　要：本试验采用^{60}Co γ射线1.2万伦照射龙辐73-8955大豆［*Glycine Max*（L.）Merrill］稳定系的风干种子，于干燥器中贮存不同时间，以探明辐射的贮存效果。研究表明，贮存对M_1~M_3的某些性状的变化存在差异，M_1代的出苗率、出苗速度，处理间没出现差异。出苗后一周的苗高，存活率随贮存时间延长显著下降（$P<0.01$）；不孕株率则随时间延长而上升（$P<0.01$）。M_2代，叶绿素总突变率起伏变化，于播前16d处理组形成最高值。贮存使籽粒变小，植株变高。M_3代，株高、籽粒大小仍因贮存表现出差异。早熟株出现率总趋势随贮存时间延长而下降，M_1代的辐射损伤和M_2~M_3遗传性状变化的差异，说明辐射贮存于M_1（生物学效应），也存在于M_2、M_3代（遗传效应）。不过M_3代的遗传性状差异不甚明显。

Effect of Storage for Soybean Seeds Treated With γ Rays

Wang Peiying　Wang Lianzheng　Sui Dezhi　Xu Dechun
(*Heilongjiang Academy of Agricultural Sciences*, *Harbin* 150086, *China*)

Abstract: Soybean [*Glycine Max* (L.) Merrill] seeds of stable line Longfu 73-8955 treated with γrays of 12kr were placed in desiccator at room temprature (11~13℃) to store for 2, 9, 16, 23, 30 days diferently. The purpose of this study was to learn the effect after radiation. The study indicated that there were significantly differences on some characteristics except on seedling stage and emergence in M_1-M_3. The seedling height of week old plants and survival plants percentage reduced significantly with increase of storage days ($P<0.01$). The longer the seeds stored the higher numbef of abortive plants was ($P<0.01$). Chlorophyll aberrations on M_2 population manifested effective action of radiation. In 16 days stored treatment group, the frequency of chlorophyll aberraion was 2.8 fold as compared with untreated control ($P<0.05$). The plant height at maturity tented to be higher and seed size seemed to be small as the days of seed storage increased. In M_3, There was differences in seed size, plant height due to storage although they were not remarkable. And numer of early-maturity plants tented to decrease as days of storage increased.

The data collected from M_1-M_3 populations indicated that there was storage effect of radiated seeds on progenies of soybeans treated by γrays. It showed that some perfect mutants can be obtained if opportune radiation is used. There was stronger effect in M_1 of 3 and 4 trcatment groups, but their seed size, plant height and number of carly maturing plant were similar to untreated progenies in M_2, M_3. In soybean mutation brceding progran we prefer 2-16 days than 30 days before planting to treat seeds with γrays.

20世纪60年代，Василевв（1962）报道过，受照射的种子贮存于干燥条件下数月至1~2

参加该项工作的还有胡志娴、王欣、赵晓南、王玫、尹桂花等同志。黑龙江省技术物理所协作处理，数据分析时承蒙张举同志指导，谨致谢意

年，辐射效应不减。黑龙江省农业科学院合江农科所用^{60}Co γ 射线照射大豆风干种子的研究表明，"当代生物效应随贮存日数的增加而增加，这种现象出现的起点在71d"，"种子辐照后在黑龙江省12月至翌年4月贮存在室温和仓库自然温度下，对照射当代生物学效应的影响无明显差异"。张自立、陈桂兰将^{60}Co γ 射线35千伦处理的大麦种子贮存于干燥的实验柜中，贮存过程中，根尖染色体畸变频率有起伏变动，总趋势有所增加。在贮存290d的根尖中，畸变率仍较贮存26d的高一倍。染色体畸变可作为辐射遗传学效应的细胞学解释。对这方面的研究也有其他结论。如中国科学院遗传所海南试验站研究认为，春麦辐射处理后，贮存半月至一月内，辐射作用逐渐加强。一个月以后，作用渐渐减弱，半年时已接近对照。诸试验研究指出，辐射当代表现出了受照种子的贮存效应。M_2、M_3 表现如何，报道不多。本试验对 M_1～M_3 代的生物学效应和遗传学效应进行了初步研究。目的在于：①探明受照种子在 M_1 的贮存效应，M_2 和 M_3 代是否仍存在？②用前者的结论为诱变育种提供适宜的处理时期，以免造成不利效果。

1　材料与方法

以大豆稳定突变系龙辐73-8955种子为试验材料。1980年用^{60}Co γ 射线1.2万伦琴照射水分8.68%的风干种子。设播前2d（0组），9d（1组），16d（2组），23d（3组）。30d（4组）5个照射处理组。每组处理100粒。照射量率为52.2伦琴/min，照射室温度15℃，湿度75%。照射后将种子置于干燥器内，在室温11～13℃条件不保存。未经照射的种子同存于一个干燥器内。5月5日播种。按处理时间顺序排列，行长5m，单行区，无重复。

M_1 代，出苗一周时，调查株高，出苗率。收获时调查存活率和不孕率。成活的每个单株随机采收3个荚，按处理混合脱粒，以确保每处理400粒以上的种子。

M_2 代，每处理400粒种子种成4行，行长5m，单行区，顺序排列无重复。出苗后一周调查叶绿素突变，成熟时调查株高。将全部植株的主茎收获，分别脱粒，测定完全（无虫、病害）籽粒大小，以百粒重表示。

M_3 代，从 M_2 收获的种子，按处理随机取出200粒，行长1.5m，双行区，随机排列，3次重复，10cm两粒点播，每重复60粒种子。成熟时调查株高，早熟株。收获全部植株，分别脱粒，测定籽粒大小。以播前2d照射组为对照。

2　结果与讨论

2.1　M_1 代

稳定突变系73-8955风干种子经^{60}Co γ 射线照射后，由于贮存时间不同，其出苗期、出苗率与未经照射的对照没表现差异，处理间也没有差异；植株存活率，不孕株率，幼苗期及收获时植株高度，表现出明显差异，见表1。

表1　γ 射线12kr照射大豆种子的 M_1 贮存效果*

项目＼处理	未处理对照	播前2d照射	播前9d照射	播前16d照射	播前23d照射	播前30d照射
出苗率（%）	87	80	87	89	85	87
存活率（%）	67	67	58	58	48**	44**
不孕率（%）	0	2.99	3.45	5.54	8.33	27.27**
出苗一周苗高 $X±S$	8.10±0.62 7.63	6.85±0.91 13.20	7.13±0.58 8.13	4.40**±1.13 25.60	5.20**±1.27 24.46	4.00**±1.73 43.16

（续表）

项目＼处理	未处理对照	播前 2d 照射	播前 9d 照射	播前 16d 照射	播前 23d 照射	播前 30d 照射
收获时株高**（cm）$X\pm S$	63.5±5.32 8.37	51.4±6.77 13.17	49.6±5.62 11.33	44.9*±6.67 14.86	51.5±8.63 16.75	46.5±13.56 29.16

注：* 处理间以播前 2d 组对照，$t_{0.05}=2.101$，$t_{0.01}=2.878$

** 收获时株高各处理组与未处理组差异均极显著，所测 t 值（3.69~5.79）$>t_{0.01}$

2.1.1 植株存活率与不孕株率

本试验按惯例采用存活率作为一个指标来说明辐射的贮存效应。试验表明，存活率随贮存时间的延长而降低。3、4 两组的植株存活率与对照的差异达到极显著标准（χ^2 值分别为 7.39、1.70，均大于$\chi^2_{0.01}=6.63$）。贮存时间与存活率的回归方程为 $y=67.8-0.80x$（$F>F_3'0.01$）。

试验将存活植株中不孕株的比率作为当代辐射效应的另一指标。0 组的不孕率为 2.99%。随着贮存时间的延长，不孕率缓慢上升。贮存 30d 后的不孕率增加到 27.27%，贮存时间与不孕率紧密相关（$r=0.833$）。存活率与不孕率呈负相关（$r=-0.8004$）。见图 1、图 2。

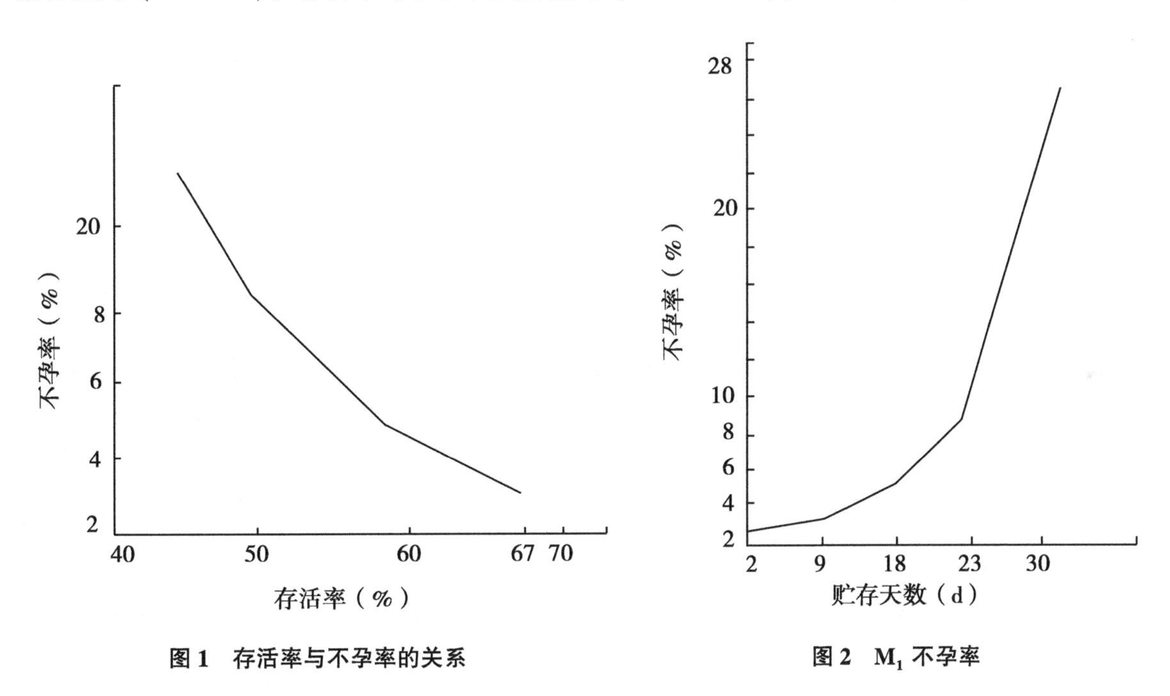

图 1 存活率与不孕率的关系

图 2 M_1 不孕率

2.1.2 植株高度

受照射的种子，不论存放时间长短，在所采用的照射量内，出苗的速度和数量与未处理组均无明显差异。然而，出苗后 9d，生长速度却表现出差别。贮存时间延长，苗高起伏变化，总趋势是下降，而且变异系数增大。2、3、4 三个处理组，幼苗高度与 0 组均达到极显著水平（t 值分别为 5.33、3.37、4.60 均大于 $t_{0.01}=2.88$）。全部处理组与未处理组差异也极为显著。所以把幼苗高度作为当代辐射效应的第三个指标。随着植株的生长发育，幼苗高度的差异极显著现象渐渐消失。到收获时的植株高度处理各组间比较相近。处理组与未处理组间差异仍为极显著水平。

关于射线与被处理的种子间的作用，研究者们认为，在 M_1 代多属生理损伤——不能遗传的生物学效应。辐射能作用于生物体后，产生原发与继发作用。那么，是否可以认为，贮存过程中，继发作用得以充分显示，原发与继发并发作用于种子，表现为加剧了 M_1 代的辐射效应。反映在存活率下降，不孕率上升，幼苗生长发育受到抑制。随着植物体的生长发育，各处理组的损伤逐渐得到某些缓解，使收获时的植株高度差异减小。

2.2 M_2 代

表 2 列出 M_2 代贮存对性状变异的影响。

表 2 受照种子 M_2 代性状变异与贮存的关系

项目 / 贮存日数	叶绿素突变率（%）	植株高度		粒籽大小		调查株数
		成熟时株高 $X±S$(cm)	57cm 以上分布%	百粒重(g/100) $X±S$(g)	21g 以上分布(%)	
CK	0	55.5±9.8**	45.86	20.8±2.6**	48.88	134
30	1.16	54.1±13.6	47.35*	21.3±2.4	58.26**	265
23	0.65*	60.6±13.8	61.60	19.7±2.6	30.73	244
16	5.43*	63.6±11.9	76.32**	19.6±2.8	23.31*	266
9	3.06	62.0±10.0	74.44**	20.0±1.9	29.93*	318
2	1.95	59.1±9.3	59.41	19.9±3.1	38.38	272
	$X^2_{0.05}=3.84$	$t_{0.05}=2.101$ $t_{0.01}=2.878$	$t=\frac{\overline{X_1}-\overline{X_2}}{S_4}$	$S_b=\sqrt{\frac{S_1^2}{n_1}+\frac{S_2^2}{n_2}}$		

2.2.1 叶绿素突变

当幼苗真叶展平时，开始调查出现的叶绿素变异，发现叶绿素变异有如下几种情况：①真叶、子叶黄白色，为致死突变，真叶展开后一周左右幼苗即行死亡。②子叶绿色，真叶黄白色，也属致死突变，待子叶的营养供应完毕，幼苗的生命便终止。③子叶绿色。真叶浅绿（或黄绿）色，该类型中的部分植株，复叶也呈浅绿，因叶部光合能力低，营养供应不足，生长细弱，如遇不良环境，很易夭折；一部分植株虽然其真叶、三簇复叶生育期间始终保持缺绿状态，但是能提供生命所需的营养而存活。④还有一类，真叶叶面上有黄绿色连续或间断斑纹，复叶出现后便与正常叶片相同，斑纹不见了。本试验是将各种叶绿素的变异综合在一起测定总突变率。由于贮存，叶绿素总突变起伏变动。0~2 组，随贮存时间增长，突变率提高，在 2 组达最大值（$P<0.05$）。随后下降，3 组为最小值（$P<0.05$）。贮存 30d 的突变率又有小的回升，但不显著。见图 3。

2.2.2 籽粒大小的变化

经照射处理的种子后代，百粒重平均值低于未处理组（$P<0.05$）。唯有处理 4 组的百粒重 21.3g，极显著的超过 0、1、2、3 组（$P<0.01$），但与未处理组相近。值得指出的是，贮存处理的各组中，籽粒大小次数分布的变化存在很大差异。若以 21g 为大粒限值计算，大于 21g 的分配次数占总次数百分数统计表明，随贮存延长，超过 21g 的分配百分数越来越小，2 组最小。就是说，播前两周处理的各组，后代籽粒向小粒方向变化，3 组又开始回升，贮存 30d 时，大粒分布比例大于未处理组。处理间籽粒大小随贮存时间呈曲线变化。

2.2.3 成熟时植株高度

处理组植株高度的平均值与未处理组差异极显著。0~2 处理组，株高缓慢上升，明显超过未处理组，随后又慢慢下降，至 4 组与未处理相近。从株高大于 57cm 的分布比例看，各处理组均向高大方向移动。0~2 组为上升的趋势，于 2 组形成高峰，然后出现较大陡度的下降。贮存

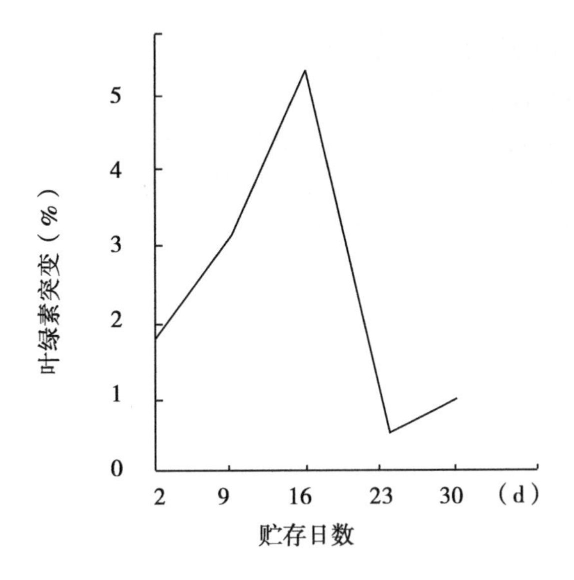

图 3　M_2 叶绿素突变

30d 的高大植株分布比例仍大于未处理组。

2.2.4　叶绿素突变与百粒重、株高变异的关系

试验有趣地发现，M_2 代调查的这 3 个性状与种子受照后贮存时间有密切关系。而且，叶绿素变异与株高分布比例间呈正相关（$r=0.789$），与百粒重分布呈负相关（$r=-0.498$），百粒重与株高两者分布比例间也呈负相关（$r=-0.839$）。见图 4。

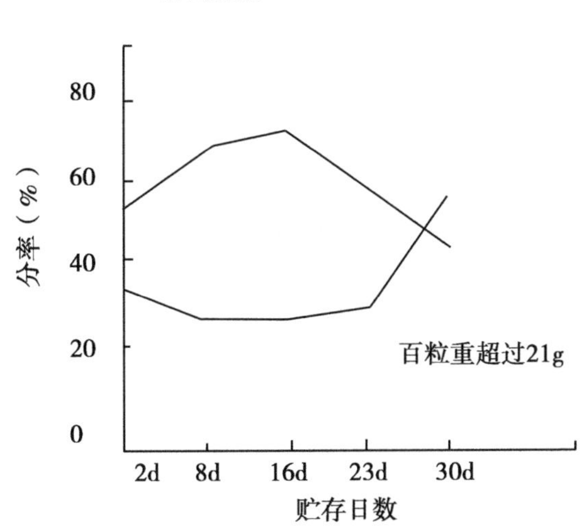

图 4　M_2 株高，百粒重分布

M_2 代依然可见辐射贮存效应，而且在播前 16d 照射组形成了遗传性状变异的明显转折。该处理组，或表现了性状变异的峰值（株高），或为低值（籽粒大小）。播前 30d 处理组，性状的变异接近未处理组。据此，诱变育种人员可针对自己选定的育种目标，决定适宜的照射时间，以期达到良好的诱变效果。

2.3 M_3代

2.3.1 植株高度平均值的变化趋势与M_2代相似

贮存2~16d处理组的株高渐渐升高，贮存16d处理达最大值。以后株高下降，至贮存30d组降为最低值。从平均值看，株高的曲线变化差异不显著。从株高的变异系数可见，播前16d、23d、30d处理组明显大于播前2d照射组。贮存对M_3代株高的诱变差异仍然明显存在。M_2与M_3代株高的变异保持着一定关系（相关系数$r=0.502$）。

从这一结果得到启示，若以株高为主要选育目标的试验研究，参考采用播前16~30d处理，也许会获得较大的选择概率。

2.3.2 处理间百粒重平均值差异不明显

0、1、2组的变化趋势与M_2相似。2组百粒重最小，3组最大。与M_2代不同的是，4处理组的百粒重降低了。百粒重的变异系数与株高的变异系数相似，只是程度不同。M_2~M_3代籽粒大小的关系不密切（相关系数$r=-0.168$）。

综合所得资料，笔者认为，M_1代播前30d照射组辐射效应较强，存活率低，不孕株率高，生长受抑制比较严重。据Halina skorupska报道。当代辐射损伤可延续到M_2代。当代损伤较大的处理，M_2代的出苗率、存活率、孕性均受到不同程度的影响，尤其是孕性欠佳的处理，会出现一定比例的每株结荚，每荚粒数较少的植株，因此，这些植株籽粒偏大。而到了M_3代，辐射损伤发生了不同程度地缓解，孕性渐渐恢复正常，便产生百粒重及其变异系数接近未处理组的结果。

2.3.3 早熟株率的差异

将熟期较未处理组提早4d以上的单株定为早熟株。表3列出早熟出现的百分数，贮存2~16d的3个处理组，早熟株率在较高水平上起伏变化。贮存23d、30d处理组早熟株率大幅度下降。早熟株率随贮存时间的延长而下降的结果表明，假如要从^{60}Co γ射线照射后代中得到理想的早熟突变，选择12千伦，播前2~16d照射，选择成功率较大。

$$\text{（决定系数 } r^2=\frac{b\left[\sum xy=\dfrac{\sum x\cdot\sum y]}{n}\right.}{\sum y^2-\dfrac{[\sum y]^2}{n}}=0.70\text{）}$$

表3 M_3代成熟时各处理组性状变化

性状 贮存日数	早熟株（%）	植株高度（cm）		百粒重（g）	
		平均数	*CV*	平均数	*CV*
30	5.29	59.2	11.01*	17.17	9.29
23	8.91	60.7	12.49**	17.52	10.83
16	19.51	61.1	10.61	16.99	10.22
9	12.58	59.0	6.44	17.23	8.61
2	20.71	58.5	6.43	17.28	9.89
			$LSD_{0.05}=3.89$ $LSD_{0.01}=5.66$		

3 小结

本试验结果指出，经^{60}Co γ射线1.2万伦琴照射稳定突变系风干种子后，贮存不同时间，M_1

代的辐射生物效应十分明显，这一点与一些研究结果相似。M_2、M_3 代性状出现的程度不同的差异，说明还存在着辐射遗传效应。据 $M_1 \sim M_3$ 数据分析，尽管播前 23d、30d 照射组当代辐射效应较强，但其 M_2、M_3 出现的变异并不很理想，尤其播前 30d 组，百粒重、株高均与未处理组相近。从诱变育种的观点考虑，如用^{60}Co γ 射线做诱变源，最好在照射后 2～16d 播种。关于形成差异的原因，尚需深入研究。

参考文献（略）

本文原载：大豆科学，1987，6（1）：35-42

大豆诱变育种技术方法及其应用研究概况

王培英　王连铮　王　玫　于佰双　许德春　翁秀英
王彬如　陈　怡　徐兴昌　杜维广　隋德志
（黑龙江省农业科学院，哈尔滨　150086）

大豆（*G. max*）诱发突变的研究始于20世纪50年代。美国、前民主德国、日本、前苏联、波兰、印度等国先后开展了X射线、γ射线、快中子、热中子以及EMS等化学诱变剂的试验。发现理化因素处理后，大豆籽粒产量、植株高度、熟期、籽粒大小、蛋白质和脂肪含量的遗传变量显著增加，并选育出适于各自需要的早熟高产、抗病新品种及突变系。近些年来，随着人们对大豆蛋白质与脂肪质量的需求，学者们开始探索改善大豆脂肪酸组成及含硫氨基酸的比例，以提高大豆的经济价值和营养价值。Hammonde G，Fehr及Wilcox等的研究表明，X射线与EMS处理对降低亚麻酸含量具有较好效果，并选出亚麻酸含量34%的稳定突变系。

中国1958年以后，开展了大豆诱发突变的研究。先后育成高油品种黑农4号、7号、8号，抗病品种诱变30；优质高产品种黑农16、黑农26、铁丰18等17个品种，累计种植面积400多万公颂。黑龙江省选育出10个品种，种植面积308万多公顷，并得出一些有指导意义的结论。

本文阐述大豆诱变育种技术方法及其应用研究概况。

1　大豆诱变育种技术方法研究及结果

1.1　采用的诱变因素及其处理方法

以往理论上推测，采用半致死剂量作为诱变育种的适宜剂量。笔者的试验认为，大豆诱发突变的适宜剂量既以当代生物学效应，更应以其后代的遗传学效应即有益变异的出现及遗传状况综合考虑而确定。根据2~6年对4~30个处理的反复试验，系统提出诱发大豆有益突变的适宜处理。若以风干种子为对象：X射线7.5~9.5千拉德；^{60}Coγ射线8.0~12.0千拉德（60~80伦琴/min），热中子积分通量$3\times10^{11}\sim8\times10^{11}$热中子/cm^2［通量密度$10^{10}$热中子/（cm^2·s）左右］。以活体为对象：^{32}Pβ射线用于解除休眠种子内照射，40~50微居里/粒种子，于室温16℃下处理24h；植株上的花蕾（花粉处在四分体至成熟前的发育时期）用40~50微居里/花簇田间包埋24h；EMS，可根据情况于16℃左右预浸12h，解除休眠，然后采用0.2%~0.4%的EMS溶液（pH值=7）浸种12~24h，26℃下药浸2h，或不经预浸直接EMS浸种24h。冲洗12h；NaN_3，1~5mg分子浓度（pH值=3），16℃条件下，预浸12~24h后26℃下浸种2h，或直接浸种24h。经多年使用，均获得了满意的效果。

1.2　辐射敏感性问题

辐射敏感性关系到当代效应及后代突变率和突变谱。影响大豆对物理和化学诱变剂反应的因素有生物学的也有环境的。在适宜剂量范围内，同一处理，因试材基因型不同，存活率则可能是22%~73%不等。总的说来，稳定品种或品系敏感性小些，杂交早世代大些。值得注意的是，杂交早世代对同一处理的辐射敏感性差异取决于双亲的基因型。

种子照射后，保存在氧气中18h，当代存活率可以从69%降到22%。同时，当代正常和半孕株率分别提高10.77%和6.00%，不孕株率降低17.1%。后代的百粒重增加幅度也大于γ射线单一处理组。通过试验，提出采用存活率、存活植株中不孕株率以及一周苗龄的幼苗高度作为大豆当代辐射效应的3个指示性状。

1.3 当代植株类型与后代有益变异的关系

试验表明，有益突变如早熟、秆强、株型收敛、大粒、高产等性状多出自当代结荚正常株的后代（比例在60%左右），其次是半孕株（30%左右），当代其他类型的比例很少（10%以下）。尽管有时 M_2 代决选单株中，当代正常株与半孕株的比例相近，但随世代的增高，正常株后代的比例逐渐增加。研究认为，在以产量为目标的选育中，M_2 以后各代选择当代正常株的后代比选择部分不孕、半孕后代的效果好。

1.4 辐射贮存效果

观察了 M_1 代受照射种子因贮存造成的当代效应的差异，并追溯到 M_1~M_3 代研究贮存的后代效应。M_1 代存活率、不孕株率及幼苗高度反映出贮存的辐射损伤差异，在 M_1~M_3 代，叶绿素突变、株高、百粒重等遗传性状变化的差异，确认辐射贮存效应存在于 M_1 代，也延续存在于 M_2 和 M_3 代。试验发现，受照种子贮存16d组是后代遗传变异的转折点，该处理组或表现为性状变异的峰值，或为低值。诱变育种人员可针对自己的育种目标，决定适宜照射时间，以期达到良好的诱变效果。

1.5 关于大豆辐射育种程序及方法研究

人工诱变育种是在自然赋予的基础上，进一步创新种质的过程。在此过程中所采用的方法要有利于保留突变及其选择，又要考虑到人、财、物力的条件。

1.5.1 群体

诱变处理及其后代的群体，应适当大些。尽量避免突变丢失，保证有足够的选择概率。受处理的种子不低于300粒。当代一般不做选淘，将结实的植株按同一类型摘荚混合留种，每株摘荚数以最终组成 M_2 具有500~1 000个群体为度。对于理论研究，M_1 代进行单株收获，M_2、M_3 按株系种植，并按株系测定产量或籽粒品质等。

1.5.2 后代选择

M_2 代是分离较大的世代，为了使微突变得到充分表现的机会，原则上仍按处理混合摘荚法收获，次年种成 M_3 代群体，由于大豆的植株高度、熟期、籽粒大小、蛋白质及脂肪含量，第二代与后代的相关密切。经辐射处理而发生变异了的产量性状，M_2 与 M_3、M_4 代有一定程度的正相关。所以 M_2 代也可以对上述性状进行单株选择。

M_3 代株系间差异较株系内差异大，因此 M_3 代应以选择优良株系为基础，在优良株系内多选优良单株。

M_4 代一般可选择性状稳定的突变系，下一年进行产量鉴定。以后各代执行常规育种程序。通常因诱变而得的优良性状稳定比较快，因此 M_3 代以后对优良突变体进行定向选育，可能比品种间有性杂交育种缩短2~3年。

2 大豆诱变育种技术的应用与分析

诱变育种的初期试验阶段，多采用稳定的品种作为试材，并发现物理和化学诱变因素处理纯系大豆种子，对增加熟期、株高、分枝、籽粒大小、单株产量、籽粒蛋白质与脂肪含量的变量，对改良植株类型、籽粒外观品质，均有明显的诱变效果。多年试验的结论认为，辐射与有性杂交相结合是大豆新品种选育的有效方法。有性杂交与辐射相结合可能丰富基因重组，打破性状连锁，提高突变率，扩大变异谱，综合辐射与杂交两种方法的优点，获得单一方法难以得到的优良类型，如黑农16。我们说的辐射与有性杂交相结合的方法，包括利用突变系做杂交亲本之一，两个突变系互相杂交以及对杂交种子进行处理。

合理使用诱变育种技术，创造出一些大豆新品种、新类型，在黑龙江省大豆生产中作出较大贡献。

2.1 高油品种及其应用

用X射线照射稳定品种“满仓金”，提高了籽粒含油量的变异系数，定向选育成较原品种含油量提高1%的“黑农6号”“黑农8号”。突变系哈光1657含油量24.07%，较原品种提高了2.02%。^{60}Co γ射线照射（五顶珠×荆山朴）杂交第二代种子，选育成“黑农16”，其含油量22.64%，分别较双亲提高了2.71%和1.72%。同时，产量稳定，适应性强，累计推广面积105万多公顷。

2.2 高产品种及其应用

用^{60}Co γ射线处理后决选的早熟突变系“哈63-2294”为母本与“小金黄一号”杂交，经培育，选出高产，适应性强，中熟大豆品种“黑农26”。累计种植面积202万多公顷。用快中子$1×10^{12}$快中子/cm^2处理（黑农26×九交7313）的杂交第二代风干种子选出的龙辐85-1384、龙辐85-1394等突变系，产量、抗病性均优于双亲，品质优良，正在进行中间试验。

2.3 耐盐碱突变的应用

用^{60}Co γ射线照射稳定品种“丰山一号”的风干种子，育成耐盐碱丰产突变系龙辐73-8955。在pH值=7.2~8.2，总碱度0.4~0.6mg当量/100g土，产量不受明显影响，一般亩产125kg左右，最高212.5kg。在非盐碱土地区，最高亩产250kg，覆膜条件下，亩产达322kg。

为了确定突变系与原品种的差异，最终评价该系，采用盐碱土地区不同总碱度的碳酸盐土壤，进行严格盆栽鉴定试验。结果表明，龙辐73-8955在高碱度（0.897mg当量/100g土）组单株重较原品种高13.84%（$P<0.01$）。同时，随土壤总碱度提高，该突变系粒茎比提高。高碱度组粒茎比较低碱度组提高5.02%（$r=0.4722$），而原品种却下降17.00%（$P<0.05$）。盆栽鉴定与生产利用表现一致。可以确定，龙辐73-8955为耐轻盐碱突变系。同时认为，采用盐碱土地区土壤进行严格的盆栽试验，是鉴定耐盐碱突变系的可靠方法。

2.4 高蛋白及蛋白、脂肪总和高的突变及利用

在常规育种程序中，通常大豆籽粒蛋白质含量提高，其脂肪含量必然下降。如令大豆籽粒脂肪含量不变，其蛋白质含量不会出现较大幅度的提高。在研究中，可以获得超亲高蛋白材料，蛋白质含量提高2.22%~5.33%。如龙辐81-9837，用辐射选育的极早熟的丰收11为母本，Feskeby为父本杂交选成，蛋白质含量3年平均46.66%，脂肪含量18.54%，两项总和65.20%。籽粒品质优良，生育日数105d左右，在高寒地区是难得的种质。已被一些育种单位用于新品种选育中。在北部适宜地区也有种植。在EMS处理该突变系的后代中，又发现蛋白质含量47%以上，肪脂含量18%~19%的优良突变体。亲本丰收11和Feskeby蛋白质含量为39.1%和39.55%。

另外，辐射诱变方法还可以打破大豆籽粒蛋白与脂肪含量的负相关关系。使籽粒脂肪含量变化不大，蛋白质含量提高很多，获得蛋白质与脂肪含量总和高的突变系。如热中子8×10″热中子/cm^2处理（Harosoy63×群选一号）第二代种子，决选的龙辐81-9825突变系，蛋白质含量4年平均43.54%，较双亲分别提高2.04%和3.14%，脂肪含量20.79%，比双亲高0.29和1.29%，两项总和64.33%。正在进行产量和复种的适应性试验，表现良好。

2.5 创造具有特殊价值的大豆资源

射线处理后除创造上述大豆突变系外，还可以获得熟期较原品种提早25~32d的极早熟类型，如哈75-6222等，可用于救灾。

用^{60}Co γ射线处理稳定品种“丰山一号”，选出龙辐82-00464突变系，熟期较原品种提早4周左右，结荚期叶绿素含量降低30%，光合速率提高了16%。植株生产力较高，在黑龙江省北部适应地区，亩产可达147kg。集早熟、低叶绿素、高光合强度为一体的稳定突变系是在遗传收集圃中未曾见过的种质。

3 小结

本文对有关物理和化学诱变剂及其适宜处理，大豆的辐射敏感性，当代植株类型与后代有益变异的关系，^{60}Co γ 射线处理后的辐射贮存效应等诱变技术方法，以及利用这些技术选育出的新品种的推广应用研究的概述，指出辐射等人工诱变育种的技术方法是创造高产、优质、抗病等大豆新种品和新类型的有效途径。对诱变技术应进行深入细致的研究，为创造新种质，丰富资源，提高大豆经济价值发挥其特有的优势。

参考文献（略）

本文原载：黑龙江农业科学，1989（4）：1-4

EMS诱发大豆脂肪酸组成优良突变的研究

王培英　王连铮　朴德万
（黑龙江省农业科学院，哈尔滨　150086）

摘　要：本文采用0.2%甲烷磺酸乙酯（EMS）溶液（pH值7）处理大豆稳定系LF81-9903和F_1（合交77-153×哈80-3249）种子，研究大豆油主要脂肪酸的变异，以探求改善大豆油品质的有效技术方法。试验表明，经EMS处理后，大豆油中脂肪酸含量发生遗传改变，其方差明显提高，较未处理对照提高1.2~6倍。广义遗传力、遗传进度发生一定程度的变化。出现一些亚麻酸含量明显下降、亚油酸含量降低较少甚至增加的优良突变体，如518-1、643-3等。现正进行抗病性、丰产性的培育。0.2%EMS对诱发大豆脂肪酸有益突变是有效的。

关键词：大豆；脂肪酸；EMS；突变

Induction of Genetic Variation of oil Composition in Soybean by EMS

Wang Peiying　Wang Lianzheng　Piao Dewan
(*Heilongjiang Academy of Agricultural Sciences*, *Harbin* 150086, *China*)

Abstract: Soybean seeds of LF 81-9903 line and F_1 (Hejiao 77-153×Ha 80-3249) were immersed in 0.2% solution of EMS (pH 7) to induce genetic variation for improving the quality of soybean oil. The results indicated that the variances of fatty acid content variation in the M_2 and M_3 generations were significant greater than that in control (1.2 to 6 times of the corresponging check). The heritability and genetic advances of fatty acids content and composition had variations to some extent in the progenies. There were significant variations in correlation between oleic acid and linoleic, linoleic acid content in M_2 and M_3 generations. Some mutants which were 10%-20% lower than that of the control in linolenic acid content are being tested for yield potential. The studies showed that EMS was an effective mutagen for increasing variations of fatty acid content and composition in soybean oil.

Key words: Fatty acid; Induce variation; Soybean; EMS

1　前言

大豆油中不饱和脂肪酸是人体必需的，自身不能合成，必须从绿色植物油中获取，所以具有重要的营养价值。如亚油酸在人体内可转化为花生四烯酸，对合成磷脂，维持正常生理活动是不可缺少的；它能分解胆固醇，对防治心血管疾病有重要作用。亚麻酸也有类似作用，但它易氧化，含量较高，常因氧化而降低油的品味和贮藏性能。

黑龙江省大豆豆油中油酸含量平均为21.45%，亚油酸为53.99%，亚麻酸为9.94%。营养学家认为，脂肪酸中亚麻酸为5%~6%较适宜，但为防止氧化变质，亚麻酸含量为3%以下较适宜。据此，黑龙江省大豆油品质改良的主要目标是提高油酸（18：1）和亚油酸（18：2）含量，适当降低亚麻酸（18：3）含量。低亚麻酸含量的自然资源不多，采用常规方法达到目的困难较大。Wilcox 等利用 X 射线、EMS 等诱变方法筛选出亚麻酸含量为 2.9%~3.4%的突变系。本研究利用 EMS 诱发遗传变异，探索增加大豆油中脂肪酸、油酸和亚油酸含量，降低亚麻酸含量的有效途径。

2 材料与方法

本试验采用稳定品系 LF81-9903 和杂交后代 F_1（合交 77-153×哈 80-3249）为材料。1985 年将种子于 16.5℃水中预浸 12h 后，分别于 0 和 0.2%EMS 溶液（pH 值 7）中浸泡 2h（26℃）。然后用 8.5℃流水冲洗 20h。风干种子表面水分后田间播种。M_1 代材料按处理顺序排列，无重复，收获全部单株、脱粒。每株种子的一半保留至 1987 年，另一半于 1986 年播于田间成 M_2 代株系，按株系收获、脱粒，每株系随机取 60 粒为 M_3 代用种。1987 年于田间同时播种 M_2、M_3 代及对照种子。3 次重复。各处理每株系随机取 3 株，用日立 163 型气相色谱仪测定硬脂酸、棕榈酸、油酸、亚油酸和亚麻酸含量，求出平均值、方差、变异系数、广义遗传力等参数。

3 结果与讨论

3.1 脂肪酸含最平均值及方差

经 0.2%EMS 处理的稳定系和杂交早世代群体，在 M_2、M_3 代 5 种脂肪酸含量都表现出的差异，有的达到显著和极显著水平。如 LF81-9903 M_2 代的硬脂酸、亚麻酸含量比未处理对照分别增加 0.1%和 0.46%，棕榈酸、油酸和亚油酸分别减少 0.21%、0.09%和 0.29%。M_3 代的硬脂酸、油酸、亚麻酸含量高于对照，油酸和亚油酸较 M_2 代分别提高 0.11%和 0.20%。而亚麻酸较 M_2 代下降 0.25%。F_1（合交 77-153×哈 80-3249）的 M_2 代与对照（F_3）比较，虽有差异但不显著。M_3 代较对照（F_4）油酸含量增加 0.82%，亚油酸和亚麻酸含量分别减少 0.89%和 0.43%，差异均显著。试材间差异表明遗传背景不同，诱变剂的反应也不同。

M_2 和 M_3 代两个试材的脂肪酸含量方差均较未处理对照高。LF81-9903 的各脂肪酸含量方差增加 1.43~6.33 倍，F_1（合交 77-153×哈 80-3249）增加 1.21~4.86 倍，大部分达到显著或极显著水平（表 1、表 2）。

表 1 LF81-9903 脂肪酸含量方差

	CK	M_2	F	M_3	F
棕榈酸	0.0990	0.3612	3.67**	0.3655	3.69**
硬脂酸	0.0600	0.2173	3.64**	0.1193	2.00*
油酸	0.7952	2.5686	3.23**	4.1681	5.24**
亚油酸	0.4502	2.8433	6.33**	2.7390	6.09**
亚麻酸	0.1847	0.3925	2.09*	0.2683	1.43

注：*、** 分别表示 0.05 和 0.01 显著水平

分析脂肪酸组分的分布频率可见，M_2 和 M_3 代脂肪酸的变异范围较对照明显增大，超亲率较高，稳定系处理后代各脂肪酸含量超亲率为 5.33%~22.67%；杂交后代的超亲率为 1.69%~11.16%。同时，正负向超亲率在 M_2、M_3 世代间表现出不同程度的变化。超亲个体大频率出现，为选择提供了机会（表 3、表 4）。

表2　F_1（合交77-153×哈80-3249）脂肪酸含量方差

	CK（F_3）	M_2	F	CK（F_4）	M_3	F
棕榈酸	0.3169	0.3833	1.21	0.2606	0.4629	1.78*
硬脂酸	0.3240	0.4876	1.51	0.2161	0.4056	1.88**
油酸	2.4492	4.0844	1.67	1.7211	4.8694	2.83**
亚油酸	1.8986	2.7341	1.44	1.8624	3.1567	1.69*
亚麻酸	0.3590	1.7437	4.86**	0.3477	0.4873	1.40

表3　LF81-9903脂肪酸含量变化

		平均	变幅	变异系数（%）	超亲频率（%）	
					正向	负向
棕榈酸	CK	12.14	11.50~12.59	2.55		
	M_2	11.93	11.10~13.81	5.03	10.67	9.33
	M_3	12.06	11.19~14.24	5.00	12.00	2.67
硬脂酸	CK	2.66	2.13~3.05	9.02		
	M_2	2.75	1.54~3.79	16.73	18.67	4.00
	M_3	2.67	1.70~3.53	13.10	8.00	2.67
油酸	CK	18.65	16.39~20.69	4.78		
	M_2	18.56	16.25~21.65	8.64	5.33	0
	M_3	18.67	14.17~21.50	10.93	8.00	10.00
亚油酸	CK	58.25	56.47~59.47	1.15		
	M_2	57.91	54.35~61.60	2.96	5.33	0.67
	M_3	58.11	57.40~60.62	2.86	4.00	4.00
亚麻酸	CK	8.37	7.47~9.32	5.14		
	M_2	8.83	7.67~9.91	7.13	16.00	0
	M_3	8.48	7.31~9.47	6.13	6.67	1.33

表4　F_1（合交77-153×哈80-3249）脂肪酸含量变化

		平均	变幅	变异系数（%）	超亲频率（%）	
					正向	负向
棕榈酸	CK（F_3）	10.63	9.58~11.91	5.27		
	M_2	10.82	9.60~12.08	5.82	1.92	3.85
	CK（F_4）	10.64	9.63~12.16	4.66		
	M_3	10.94	9.01~12.92	6.22	3.39	1.69

（续表）

		平均	变幅	变异系数（%）	超亲频率（%）	
					正向	负向
硬脂酸	CK	2.66	2.00~3.82	21.43		
	M_2	2.50	1.73~4.25	27.93	5.77	3.85
	CK	2.78	1.96~3.62	16.72		
	M_3	2.89	1.67~4.06	22.14	3.69	1.69
油酸	CK	21.60	18.96~25.86	7.25		
	M_2	22.34	19.27~26.47	9.05	5.77	0
	CK	21.99	19.59~25.50	5.96		
	M_3	22.81	18.87~25.98	9.67	6.77	3.39
亚油酸	CK	56.72	55.00~59.87	2.43		
	M_2	56.23	54.29~59.98	2.94	0	7.69
	CK	56.08	52.20~58.35	2.43		
	M_3	55.19	51.29~60.20	3.22	1.69	0
亚麻酸	CK	8.33	6.37~8.99	7.19		
	M_2	7.95	6.42~9.56	16.61	3.85	0
	CK	8.00	7.09~9.54	7.02		
	M_3	7.97	6.19~9.26	8.76	0	5.08

3.2 广义遗传力与相关系数

研究表明，亚油酸和棕榈酸的遗传力较高，世代间差异小。如 LF81-9903 M_2 和 M_3 代的亚油酸广义遗传力分别为 84.20%和 83.58%。硬脂酸、油酸和亚麻酸的遗传力世代间变化较大，油酸的遗传力从 M_2 代的 69.05%增至 M_3 代的 80.89%，硬脂酸和亚麻酸的遗传力分别由 M_2 代的 71.96%和 52.25%下降至 M_3 代的 50.15%和 30.28%。

在 5%选择率时，LF81-9903 M_2 和 M_3 代的硬脂酸和油酸的相对遗传进度为 12.29%~24.80%，有较高的预期选择效果。亚麻酸相对遗传进度为 3.81%~7.64%，亚油酸为 4.91%~5.05%。对诱变群体进行后两种脂肪酸的选择时，除直接对性状选择外，可利用相关较密切的性状间接选择，以达预期目的。

5 种脂肪酸中相关系数较密切的是油酸、亚油酸和亚麻酸。M_3 代与对照群体趋势相同，油酸与亚油酸、亚麻酸呈极显著负相关，亚油酸与亚麻酸呈极显著正相关，与其他作者的研究结果一致。但在 M_2 代，F_1（合交 77-153×哈 80-3249）处理群体的亚麻酸与油酸、亚油酸之间的相关系数分别为 0.223 0 和 0.214 4，LF81-9903 处理群体亚油酸和亚麻酸含量的相关系数为 0.196，均未达显著水平。可见 EMS 处理不同试材的第 2 代群体，不仅能诱发脂肪酸含量的变异，也能诱发脂肪酸组成间相关关系的改变。

3.3 选择优良突变体的可能性分析

0.2%EMS 溶液处理稳定系或杂交早世代大豆种子后，M_2、M_3 代脂肪酸含量的变化为选择优良突变体提供了可能。LF81-9903M_3 代出现 8 个突变体，亚油酸含量为 60.2%~60.62%，较对照提高 3.34%~4.07%，亚麻酸含量降低较小或有所提高。亚麻酸含量降低 10%以上的个体，亚油酸含量也相应降低。在处理群体中发现了亚麻酸含量降低，亚油酸和油酸含量都上升的个体，这是理想的突变体（表5）。

表5 M_3 突变体脂肪酸组成比例的变化

株号	棕榈酸	硬脂酸	油酸	亚油酸	亚麻酸	株号	棕榈酸	硬脂酸	油酸	亚油酸	亚麻酸
F_1（Hejiao 77-153×Ha 80-3249）						LF81-9903					
518-1	10.80 7.60	1.67 -33.93	21.65 0.76	58.45 4.23	7.82 -6.92	849-4	12.93 6.51	2.63 -1.13	19.08 2.31	58.06 -0.33	7.31 -12.66
518-4	10.20 1.59	1.97 -29.14	23.14 5.18	56.31 0.41	7.39 -12.02	849-1	12.02 0.99	3.2 20.30	19.32 3.59	58.26 -0.36	7.44 -11.11
721-2	10.70 0.66	2.82 1.44	26.72 21.51	53.57 -4.48	6.19 -25.31	700-4	12.11 -0.25	3.25 22.64	17.43 -6.54	59.71 2.51	7.49 -10.51
720-4	10.80 1.50	3.01 8.27	24.49 11.37	55.26 -1.46	6.44 -19.55	572-4	12.34 1.6	2.46 -7.52	18.54 -0.59	58.89 1.10	7.77 -7.17
643-4	11.16 4.99	1.89 -22.95	22.28 3.15	58.26 2.72	6.42 -22.93	517-4	10.82 -10.79	1.93 -27.44	18.87 1.18	60.20 3.35	8.17 -2.75

注：上行数字为脂肪酸含量；下行数字为较对照增减百分数

由表5可见，721-2的亚麻酸含量为6.19%，较未处理对照降低25.31%，亚油酸则只降低4.48%。643-4、518-1、518-4和517-4的亚麻酸含量下降2.75%~22.93%，而它们的油酸和亚油酸含量都有不同程度的增加。700-4和572-4亚麻酸含量下降7.17%~10.51%，亚油酸含量却增加1.10%~2.51%。这些突变体 M_4 代后按株系收获，种植至 M_6 代。在 F_1 试材处理后代4个株系的52个单株中，有14个单株亚麻酸含量低于7%，3个低于6%。5164-5的亚麻酸含量最低，为5.215%。目前，正在进行抗病性、产量性状的测定和培育。试验表明，0.2%EMS处理对诱发大豆脂肪酸有益突变是有效的。

4 讨论

根据脂代谢研究提出的假说，高等植物组织中油酸（18：1）、亚油酸（18：2）、亚麻酸（18：3），是在酶的参与下由硬脂酸（18：0）连续脱饱和而形成的。其组成和含量受基因控制，同时温度、光、水和盐都会影响脱饱和酶的活性而导致不饱和脂肪酸的变化，特别是18：3的合成变化。

本研究指出，EMS可诱发大豆脂肪酸含量的遗传变异，各脂肪酸变异程度不同，引起了脂肪酸间相关性的改变。如稳定系LF81-9903对照的亚麻酸与硬脂酸含量呈显著负相关（相关系数 $r=-0.3371^*$），而 M_2、M_3。群体呈微弱负相关，相关系数分别为-0.031 4和-0.045 3。杂交后代的 M_2 与对照（F_3）相关系数为-0.033 1和-0.174 5，均不显著，而 M_3 代亚麻酸与硬脂酸仍呈微弱负相关（$r=-0.0109$），相应对照（F_4）的相关系数-0.279 1却达到0.05显著水平。处理后脂代谢出现的复杂结果，究竟EMS作用于脱饱和的哪一环节，其作用机理尚需深入研究。处理群体脂肪酸相关性的改变，表明了突变个体的出现。如亚麻酸含量大幅度下降，亚油酸含量降低很少，油酸和硬脂酸含量增加；亚麻酸、硬脂酸含量降低，油酸、亚油酸含量增加；以及亚麻酸、油酸和硬脂酸含量降低，亚油酸含量增加等类型的突变个体。根据预定目标，可能选育出油酸、亚油酸较高或亚麻酸含量较低的遗传性稳定的材料。

试验中，M_2 代油酸与亚麻酸之间表现出与对照不同的相关关系；LF81-9903的 M_2、M_3 代亚麻酸有不同的遗传力，这种差异与诱变剂处理 M_2 代表现出的生理损伤有关，非遗传性和环境所致。笔者在其他试验中也发现蛋白质含量、株高和结荚习性等性状有类似变化。王义琼等用γ

射线诱发大豆籽粒大小、产量、生育期变化的研究中，也发现了 M_2 代辐射损伤的存在。鉴于这个因素，在对诱变群体进行脂肪酸尤其对易受环境条件影响的亚麻酸的选择时，从 M_3 代开始为宜。

研究表明，5 种脂肪酸的相关关系，从 M_3 代开始与对照的趋势相同，在选择高亚油酸、低亚麻酸时，可以在化验分析的基础上，利用超亲育种法原理，直接进行选择。也可以利用油酸与亚油酸、亚麻酸的负相关关系，间接选择高（或低）油酸含量，低亚麻酸或高亚油酸含量的材料。这样，尽管 M_3 代亚麻酸含量的遗传力较低也会获得成功。

参考文献（略）

本文原载：核农学报，1993，7（2）：81-87

利用突变系育成高蛋白大豆新品种黑农41

郭玉虹　王培英　王连铮　钟立梓　许德春
孟丽芬　宋凤娟　闫晓东　许桂芳
（黑龙江省农业科学院大豆研究所，哈尔滨　150086）

摘　要： 黑农41是黑龙江省农业科学院大豆研究所以突变系龙辐81-9825为母本，突变系龙辐73-8955为父本有性杂交，采用混合选种法选育而成的大豆品种。该品种具有高蛋白、高产、大粒、生育期适中、抗灰斑病、耐轻盐碱及抗不良环境能力强等特点，是一个综合性状较好的高蛋白大豆新品种。

关键词： 突变系；高蛋白大豆；黑农41

大豆是人类植物性蛋白的重要来源，随着人类食品结构的改善，植物性营养的比重逐年增加，各主要大豆生产国的学者广泛重视并致力于高蛋白大豆的选育。从20世纪70年代开始，黑龙江省农业科学院大豆研究所以优质、高产、抗病为目标，进行了大豆有性杂交和理化诱变的选育工作。黑农41是采用诱变和有性杂交相结合选育出的第1个高蛋白大豆品种。

1　选育经过

黑农41的两个直接亲本龙辐81-9825是5×10^{11}热中子/cm^2照射（harosoy63×群选1号）F_1风干种子选育的突变系，蛋白质含量43.54%，龙辐73-8955是$100Gy^{60}Co$ γ射线辐照“丰山1号”风干种子后选育的耐盐碱高产突变系，蛋白质含量41.71%。1982年以龙辐81-9825为母本，龙辐73-8955为父本配制有性杂交组合，1982—1986年种植F_1~F_5代，其中F_1南繁加代，1986年决选，品系代号为哈86-623，1992年及1993年两年所内鉴定和异地鉴定试验，1994—1995年区域试验，1996年生产试验，1997年1月审定推广。

2　主要特征特性

2.1　植物学特征

黑农41为亚有限结荚习性，株高80~90cm，生长繁茂，分枝较多，秆强，叶圆形，紫花，灰色茸毛，节间短，2粒、3粒荚多，荚熟呈褐色，籽粒椭圆形，种皮黄色，大粒，百粒重25g左右，最高可达28g。

2.2　主要特性

2.2.1　熟期

黑农41为中熟品种，生育期120d左右，需活动积温2 300~2 400℃，在黑龙江省二、三积温带霜前正常成熟。

2.2.2　丰产性

历年产量试验结果（表1）表明，黑农41对不同年份、不同地点及不同环境均有很强的适应性，并表现出高产稳产。1992—1993年两年所内鉴定平均2 205.87kg/hm^2，比对照品种合丰25增产15.50%，两年异地鉴定试验平均2 563.83kg/hm^2，比对照品种合丰25增产12.80%。1994—1995年两年15点区域试验平均2 280.45kg/hm^2，比对照品种合丰25增产4.80%。1996

年6点生产试验平均产量2 417.00kg/hm²，比对照品种合丰25增产11.80%。

表1　黑农41历年产量试验结果（对照品种为合丰25）

	年份	产量（kg/hm²）	点次	增产（%）
鉴定试验	1992	1 915.28	3	15.38
	1993	2 496.45	3	15.61
	平均	2 205.87	3	15.50
异地鉴定试验	1992	2 454.65	2	12.40
	1993	2 673.00	2	13.20
	平均	2 563.83	2	12.80
区域试验	1994	2 193.70	7	5.00
	1995	2 367.20	6	4.60
	平均	2 280.45	6.5	4.80
生产试验	1996	2 417.00	6	11.80

2.2.3　品质

黑农41品质好，经黑龙江省农业科学院谷物分析中心、吉林省农业科学院品质分析室7年9点测试分析（表2），平均蛋白质含量45.23%，脂肪含量18.80%，蛋白质、脂肪双项总和64.03%，也是双高大豆品种。

表2　黑农41历年品质分析结果

测试单位	年份	蛋白含量（%）	脂肪含量（%）
黑龙江省农业科学院谷物分析中心	1987	47.60	18.84
黑龙江省农业科学院谷物分析中心	1988	45.34	-
黑龙江省农业科学院谷物分析中心	1990	45.23	18.06
黑龙江省农业科学院谷物分析中心		43.96	18.81
黑龙江省农业科学院谷物分析中心	1993	43.85	18.70
黑龙江省农业科学院谷物分析中心		45.12	19.13
吉林省农业科学院品质分析室	1994	45.72	18.58
黑龙江省农业科学院谷物分析中心	1995	45.12	19.13
黑龙江省农业科学院谷物分析中心	1996	45.15	19.13
平均		45.23	18.80

2.2.4　抗性

1996年合江农科所植保室在接种大豆灰斑病混合菌种条件下进行鉴定，调查结果黑农41为抗灰斑病品种，且对涝、轻盐碱等不良环境耐受能力强。

3　栽培技术要点

根据区域、生产试验和所外大面积示范表现，该品种适于无霜期120d左右的平原和丘陵地区，可在黑龙江省的二、三积温带种植。也适于辽宁等地的麦后夏播，是复种的理想品种。

属分枝类型品种，种植密度不宜过大，一般保苗 15~17 株/m^2，不宜超过 20 株，播期以 5 月上中旬为宜。辽宁等地麦后夏播可在 7 月 10 日前播种，保苗 27~29 株/m^2 为宜。

4 讨论

（1）有性杂交与辐射诱变相结合是培养大豆优良种质的有效途径。以丰产、抗病、高蛋白材料为亲本构成杂交组合，地理远缘杂交更好，在 F_1 代附加辐射诱变处理，可增加基因组合类型，通过对后代进行严格选淘，能获得新种质，如黑农 41 亲本龙辐 81-9825。

（2）大豆蛋白质遗传基础改良途径是多方面的，有性杂交、理化诱变处理以及有性杂交与理化诱变处理相结合等都可增加大豆籽粒蛋白含量的遗传变异范围。以优良突变系为亲本进行有性杂交，逐代精心筛选，育成了高蛋白大豆品种黑农 41。

参考文献（略）

本文原载：核农学报，1999，13（1）：47-49

Irradiation Mutation Techniques Combined with Biotechnology for Soybean Breeding

Wang Lianzheng Wang Lan Zhao Rongjuan
Pei Yanlong Fu Yuqing Yan Qingshang Li Qiang
(*Crop Breeding and Cultivation Institute*, *Chinese Academy of Agricultural Sciences*, *Beijing* 100081, *China*)

Abstract: By using ^{60}Co γ irradiation to 30 adapted Chinese cultivars of soybean and selection of high yield, good quality, early maturity resistance to diseases and insects, several lines have been evaluated as good lines over the control, Zhonghuang 4, an important soybean variety in Beijing area. After 10 generations of individual selection, 5 high yield mutants are obtained and 1-2 mutants from these mutants will be released in 2001. 3 mutants selected have the crude oil content of over 22.00%. The crude oil contentof 397-2 is 23.52%and the crude protein content of 348-4 is 47.67%. 30 lines were evaluated for their genetic transformation ability and Heinong 35 has been identified asvery suitable material for genetic transformation.

Key words: Soybean breeding; ^{Co}60 γ irradiation; Biotechnology

Soybean is the fourth largest crop after rice, wheat and corn in China. Soybean meal occupies 60% ofthe world protein consumption and its oil occupies 20%-30% of the total plant oil production in the world. In China soybean production reached about 16 million tons in 1994 and 15 million tons in 1998. The main problems with soybean production in China are drought in spring, low yield, diseases and insects. The pod borer, cyst nematode and weeds also cause serious damage in some area. The objectives of this project are: ①to develop high yield mutants of soybean with high oil or protein content and or resistance to cyst nematode, pod borer and soybean mosaic virus; ②to screen soybean germaplasm including mutants for molecular markers and transformation ability.

1 Materials and methods

Mutation treatments of soybean were carried out in 1994 using 3 doses (100, 120 and 150Gy) of ^{60}Co irradiation. The M_1 generation of 10 cultivars including Linzhen No. 1, F_5 (Sidou 11 ×Jilin22), F_5 (Sidou11 ×Kefeng No. 6), F_4 (Youdon 8 ×D90), Juifeng, Youchou No. 4 and Hanyin No. 1, CG661×91-1, Zakang F_6×Ludou 4, Thailand soybean and H. P. F_6×Z. Z85-095 were grown at Aicheng experimental farm of Cotton Research Institute, CAAS.

2 mutant populations were planted on the experimental farm near CAAS in May 1995 (M_2) and 1996 (M_3) to select for suitability to spring sown. All other mutant populations were planted at the

基金项目：国际原子能机构资助课题（IAEA8292/R4）、国家九五攻关项目农作物辐射育种技术研究专题（96-B12-02-01）资助

作者简介：王连铮，男，辽宁人，中国农业科学研究院作物研究所研究员，博士生导师，主要从事大豆育种研究

Changping experimental farm of CAAS in the suburb of Beijing in June 1995 (M_2), 1996 (M_5) in order to select the lines suitable for summer sown. M_3 and M_4 populations were grown in Oct. 1995-May 1996 at Hainan Island Selection for semi-dwarf types. For early maturity it was started in M_2 and continued in subsequent generations. Plants with high protein and oil content were tested and selected from M_3, M_6, M_7 and M_8 generations were grown in different locations. Individual selection for mutation breeding was used in this experiment.

2 Results

2.1 High yield

Through 11 generations of mutation breeding and selection from 1994 to 1999, 34 soybean mutantswere selected. According to the regional yield tests in 1997 (Table 1), the yields increases from 12% to 25% incomparison with Zhonghuang 4 (CK with yield of 2 100kg/ha), which is an important variety in Beijing area.

These soybean mutants are now under the regional test and production test at 10 provinces. Some ofthem will be released this year or next year. According to the rules of Seed Management, regional testneeds 2-3 years, and production test needs 1-2 years.

Table 1 Good soybean lines in northern China (1997 Beijing)

soybean lines	yield (kg/ha)	increase compared with CK (%)	maturity time	lodging
Zhongzuo973 (M5003)	2 621.5	24.83	Oct. 10	0
Zhongzuo96-M5028 (Nangyin)	2 432.5	21.81	Oct. 10	1
Zhongzuo965 (M55-56 Youdou 8×D90)	2 429.2	21.75	Oct. 12	0
Zhongzuo962	2 310.1	19.75	Oct. 28	0
Zhongzuo M17	2 234.2	12.00	Oct. 8	0
Zhonghuang4 (CK)	2 100.0	0	Oct. 5	0

According to the yield tests, following lines are considered as good lines of soybean.

Zhongzuo 965: Yield of this cultivar increases by 15.67% compared with CK and has a plant height of 80cm. It was suitable to grow in northern part of Henan province after winter wheat. In 1999, the yield of Zhongzuo 965 was 11.2% higher than Longchung No. 1 in Gansu province.

Zhongzuo 962: The yield of Zhongzuo 962 was 3 217.5 kg/ha in Teiling Soybean Institute, Liaoning province and increased by 12.9% in comparison with Teifeng 27 (CK) in 1999. This line has character of early maturity and is suitable to grow as two crops per year near Beijing, Tianjin and northern part of Hebei Province. It has plant height of 65-70cm, so it is semi-dwarf line and needs high density.

Zhongzuo 973 (96-M-5003): Its yield (2 621.5kg/ha) increases by 24.83% compared with CK. It is suitable to grow in northern parts of Henan and Shandong provinces with two crops per year. It is resistant to some diseases.

Zhongzuo 96-M-5028: It is mutant from Hanyin No. 1 and its yield (2 432.5kg/ha) increases by 15.83% over CK. It is suitable to grow in the southern part of Shanxi province and northen part of Shandon province. It is resistant to lodging.

Zhongzuo M17: It is a good line with high protein content of 45. 11%, oil content of 19. 15% and-large seed. The weight of 100 seeds is 26–28g and it is resistant to lodging.

2. 2 Quality analysis

Table 2 The crude oil and protein of mutants

lines	crude oil (%)	crude protein (%)
Zhongzuo 965 (M55–56)	18. 20	43. 55
M53	16. 30	43. 98
M19	18. 55	46. 07
M17	19. 15	45. 11
Zhaoshu 18 (CK)	18. 78	43. 98

Some soybean lines selected by mutation breeding on their crude oil and protein content are shown in Table 2. Oil content of CG661 ×91 – 1 is 21. 16%, H. P. F_6 × 22 85 – 059 is only 18. 89%; protein content of Zakang F_6×Ludou4 is 42. 18% and Hanyin No. 1 is only 34. 96%.

The results of treatment with H. P F_6×Z. Z85–095 are shown in Table 3. From the table it is seen that crude protein content of 348 – 4 is 47. 67% (average of two years) and crude protein content of 349–4 is 47. 09%.

Table 3 Variance of crude oil and protein content in M_3 and M_4 of H. P F_6×Z. Z85–095

plants	M_3 (1995)		M_4 (1996)	
	crude oil content (%)	crude protein content (%)	crude oil content (%)	crude protein content (%)
348–1 (CK)	18. 89	41. 19		
348–3	17. 58	45. 31	17. 84	43. 48
348–4	18. 22	45. 81	16. 18	49. 54
349–2	17. 30	45. 68	16. 18	48. 84
349–3	17. 15	47. 08	16. 52	44. 23
349–4	16. 30	47. 00	17. 04	47. 18

The results of treatment with CG661×99–1 are shown in Table 4. Crude oil content of CK (CG661×99–1) is 21. 16%. The crude oil content of 397–2 is 23. 52%, showing that it is a plant with high oil content.

The results of treatment with Sidou ×Jilin22 M_3 and M_4 are shown in Table 5. The crude protein content of plant 388–2 is 46. 02% (average of two year). The crude oil content of 375–3 is 21. 00% (Table 4).

Table 4 Variance of oil and protein in M_3 of CG661 ×99–1 (1995, Beijing)

plants	crude oil content (%)	crude protein content (%)
391–1 (CK) CG6661×99–1	21. 16	37. 88

(continued)

plants	crude oil content (%)	crude protein content (%)
397-2M_3	23.52	36.15
397-3M_3	21.61	36.95
397-4M_3	21.04	38.72
397-5M_3	22.64	37.82
397-6M_3	22.27	38.01
398-1M_3	21.88	39.03
398-2M_3	20.72	40.87
398-3M_3	21.44	36.29
398-4M_3	21.94	36.39

Table 5 Variance of crude protein content in M_3 and M_4 of Sidou ×Jilin22

plants	M_3 (1995)		M_4 (1996)	
	crude oil content (%)	crude protein content (%)	crude oil content (%)	crude protein content (%)
CK	-	38.68		
375-3	21.00	37.56	16.77	44.28
387-3	19.18	44.14	17.95	45.76
387-9	19.11	44.80	18.48	45.02
388-2	19.06	46.16	17.97	45.88
388-3	18.72	44.40	17.34	45.57
388-4	18.59	44.83	16.20	46.03
389-4	17.24	46.87	18.44	43.90
392-4	20.19	45.23	19.01	43.16

Crude oil and crude protein content of 145 plants of Sidou ×Jilin 22 M_3 were analyzed. The crude oil-content of CK (Sidou ×Jilin 22) is 20.06% and the 6 plants have the crude oil content of over 21.5%, and plant 386-2 has crude oil content of 21.93%.

From 145 plants, it is found that 19 plants have crude protein content of over 43%, 9 plants are over 44% and 3 plants are over 45%. The crude protein content of plant 389-4 (M_3) is the highest one (46.87%) in the treatment.

The crude oil content for 220 plants of M_3 and crude protein content for 220 plants were analyzed. It is found that 3 plants have crude oil content of over 22.00% (high oil sample) and 7 plants have protein content of over 46.00% (high protein sample). M_3 of CG661 ×99-1 is very good material for increasing oil content as oil content of CK was 21.16%. 3 plants with crude oil of over 22.00% by this treatment were obtained.

M_3 and M_4 of H. P F_6×2285-095 are good materials for increasing protein content. 2 samples with protein content of over 47% were found in M_3 and 4 samples with protein content of over 47% were found in M_4. Analyzing quality at early generation of mutation is very important for improving quality.

2.3 Mutation in growth period.

After treatment by ^{60}Co lots of early maturing mutants from Lingzhen (No. 1) were obtained. Some mutants had growth period of 15-20 days shorter than that of control (CK) (Plate I).

Plate I Early maturing type (left) and Lingzhen No. 1 (CK, right)

2.4 Resistance to nematode

Soybean cyst nematode (SCN) is very serious soybean disease in China. Using the randomly amplified polymorphic DNA (RAPD) technique, we analyzed 8 soybean cultivars and lines including two resistant lines, 1259Y with yellow seed coat and 1259B with bicolor seed coat, and their resistant parent Huipizhiheidou, susceptible parent - Jinyi 9, other two resistant varieties, Yuanboheidou and PI437654, other two resistant varieties. Yuanboheidou and PI437654, other two susceptible cultivars, Ludou 1 and Ludou7, to race 4 of *Heterodera glycines* for their amplified products. Among 33 primers, one primer, OPG 04 (Operon Company), amplified a DNA frangment which specifically existed in the products of all 5 resistant varieties and lines, and not found in those of 3 susceptible cultivars (including susceptible parents) (Plate Ⅱ).

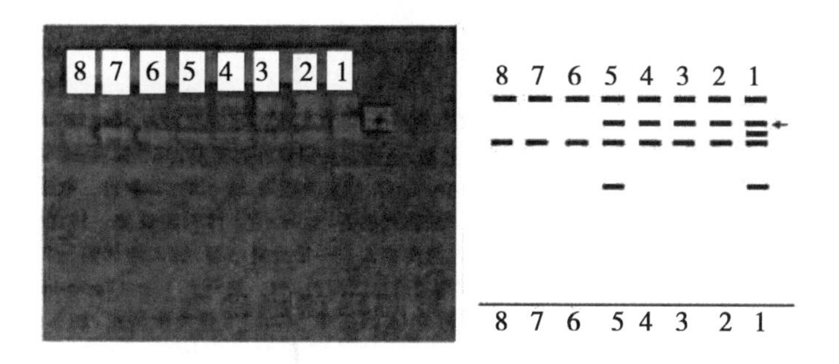

Plate Ⅱ RAPD products amplified by primer OPG04

1-8 are the RAPD products of PI437654, Yuanboheidou, Huipizhiheidou, 1259Y (yellow color seed coat), 1259B (Bicolor seed coat), Jinyi No. 9, Ludou No. 7 and Ludou No. 1, respectively, indicating the fragments specifically amplificated in resistant cultivars or lines

2.5 Transformation of foreign genes to mutants

The transformation of foreign genes to soybean mutants, Zhongzuo 962, Zhongzuo 965, Zhongzuo M17, Heinong 35 (Hybrid with mutant), Zhongzuo 975, Iudou 10 and others was tested under the guidance of Dr. Thomas H. Clemente from Biotechnology Centre at University of Nelraska Lincoln.

During the past 15 to 20 years, genetic engineering has played an important role in improving crops such as rice, cotton, wheat, corn, tomato and soybean. However, regeneration of soybean is difficult. Our laboratory tried to select good genotypes for regeneration, and started soyean gene transformation by using cotyledon node mediated *Agrobacterium tumifaciens*.

It is found that some of soybean cultivars, such as Heinong 35, Zhongzuo 975, Hefeng 35, Heinong 37, are good genotypes for regeneration. We selected different media for germination and B_5 is provedto be very goodmedium, PA (potato juice and agar) also gets good result for germination. Different methods of sterilization of seeds were compared and chlorine is shown very well for sterilization. After germinationwe put them in shoot initiation medium. By protoplast culture and tissue culture more than 100 germaplasms were tested for regeneration and more than 2838 germplasms of soybean were tested to response tothe different strains of *Agrobacterium tumifaciens*. It is found that some cultivars were easy to noduration by injection of several strains of *Agrobacterium* (Table 6).

Table 6 Regeneration rate and susceptibility to EHA101 with PPTN140

experiment	2nd: wk (regenerat ion rate)				4wk (susceptibiity to EHA101 with PPTN 140)	
2nd: 7-8	number of exp	regular	axillary	no regener plants	gus sect	gus diff
Heinong 35	92	75	4	13	61	11
962	147	116	13	18	2	0
Thorne	44	32	3	9	17	5
experiment		2nd: wk			4wk	
2nd: wk 6-23	number of exp	regular	axillary	no regener plants	gus sect	gus diff
Zhongzuo M17	18	14	7	17	5	2
Zhongzuo M965	20	12	0	8	13	2
Thorne	35	29	3	3	17	0
experiment		2nd: wk			4wk	
2nd: wk 3-27	Number of exp	regular	axillary	no regener plants	gus sect	gus diff
Heinong 37	73	55	1	17	139	9
Thorne	35	34	1	15	44	2

(By Wang Lan, 1999 at Lincoln Nebraska University)

3 Discussions and conclusions

It is found that M_2 and M_3 have different variation in growth period, plant height, seed size, resistanceto disease. Different variations in crude oil content and crude protein content are observed. The crude oil content of plant 397-2 (M_3) is 23.52% and the crude protein content of plant 348-4 is 47.67% (average of two years). Selected soybean lines have good yield, large seed and resistance to lodging.

Stable lines at $M_5 \sim M_6$ generations, sometimes at M_4 can be selected through mutation breeding.

Combination of mutation breeding and cross breeding can achieve good results. In cross breeding we have a lot of progenies with late maturity, which can be treated and easily selected for best lines with best comprehensive characteristics and early maturity.

By using biotechnology in mutation breeding foreign genes can transfer into soybean muants and mutantsresistant to diseases and nematodes might be selected.

According to our works a superyielding type of soybean has following charactristics: (1) 3-17 branches with convergence; (2) determinate or subdeterminate types, which have much more pods, especiallyin top; (3) plant height of 65-85cm with strong stem and short internode without lodging; (4) much more dry matter with higher harvest index of over 5.5; (5) much more pods on each internode withlarge seeds; (6) many small leaves with small shade density but more seeds and higher photosynthesis; (7) high resistance to diseases and insects.

Identification of RAPD maker associated with resistance to race 4 of *Heterodera glycines* is very useful.

References (omitted)

本文原载：核农学报，2001，15（5）：274-281

大豆辐射育种的某些研究

王连铮　裴颜龙　赵荣娟　王　岚　李　强
（中国农业科学院作物育种栽培研究所，北京　100081）

摘　要：自1993年以来，对大豆品种杂交后代进行辐射处理，并进行了选择。研究结果证明，大豆种子经辐射处理可改变其熟期、品质、抗性和丰产性。已选出41个大豆突变系，其中中作965在河南、甘肃等地试验，增产突出，且中抗胞囊线虫病。还有些突变系具有高蛋白和高脂肪特性。

关键词：大豆；辐射育种；新品种（系）

Some Research on Soybean Mutation Breeding

Wang Lianzheng　Pei Yanlong　Zhao Rongjuan　Wang Lan　Li Qiang
(*Crop Breeding and Cultivat ion Insti tute*, *CAAS*, *Beijing* 100081, *China*)

Abstract: This article reported the progress in soybean mutation breeding, according to our experiments. Soybean mutation breeding can change the growth period, improve quality, increase resistance todiseases and increase yield. Zhongzuo 965 is a good mutant with high yield which significantly higher than CK in Henan and Gansu provinces, and moderate resistance to cyst nematode. Some mutants have good quality.

Key words: Soybean; Radiation; Breeding; New variety

Hamphrey以Dortch soy 2品种为材料，以原子堆1.000r及1 500r（Rontgen）中子射线处理，于X_2得到228个变异株。Zacharias对大豆诱变进行了较为深入的研究，获得了在4.5℃条件下发芽的大豆突变体和早熟突变体，比原品种早23d。翁秀英、王彬如等在国内首先开展了大豆辐射育种的研究，利用X射线和^{60}Co处理满仓金和东农4号等大豆品种，育成了早熟高油分含量的黑农4号、6号、7号、8号以及高产的黑农5号等。其中，黑农6号系我国推广品种中含油量最高的一个，为23.4%，同时比满仓金早熟7~10d。以后国内陆续开展了大豆辐射育种的研究，成果显著，共选出几十个大豆辐射突变品种在生产上应用。为了选育适于黄淮海地区的不同熟期高产、优质、抗性好的大豆突变系，从1993年起开展了这方面的工作，现将结果总结如下。

1　试验材料与方法

1993—1995年对大豆品种和杂交后代进行处理。处理的大豆品种有：诱处4号、中黄6号、丰收22、巨丰1号、灵珍1号、泰国大豆、韩引1号、泗豆11、晋豆6号、辽豆10号，处理的大豆杂交后代有：豫豆8号×D90、HPF_6×中作85-095、泗豆11×吉林22、中品661×91-1、杂抗F_6×鲁豆4号、泗豆11×科丰6号、PI486355×永清大粒、PI486355×豫豆2号、D90×遗-4、PI486355×中作85-071、冀豆4号×铁丰18等。处理的剂量为$1.0×10^4$、$1.2×10^4$ Grey，由中国

基金项目：国家“九五”科技攻关项目（96-B12-02-01-61）、IAEA资助项目（302—D2CPR—8292/R4）
作者简介：本文由王连铮研究员执笔。王连铮，研究员，博士生导师，中国科学技术协会副主席、中国作物学会理事长、中国农业科学院学术委员会名誉主任

农业科学院原子能利用研究所协助处理。

对各辐射世代采取以下处理方法：M_1（处理当代）不进行选择全部收获；M_2：对熟期、株高及抗病性等根据育种目标要求进行选择，由于熟期、株高均不同，此时过分强调丰产性往往选择不准确；M_3：除对熟期、株高及抗病性继续进行选择外，对品质（含油量及蛋白质含量）及产量等性状重点进行选择，M_2、M_3是选择的重要时期应特别加以重视。先比较各个处理，选择优良处理。后从优良处理中多筛选突变单株，成功率较高。M_4 与 M_3 相同，个别优良株行整齐一致时可以决选株系。M_5 可决选品系，好的处理多选，逢 10 设 1 对照株行并进行初步测产。M_6、M_7 在研究所内进行产量鉴定和品种比较试验，增产显著、品质优良、抗性较好的品系参加区域试验和生产试验，经审定后确定在一定地区推广。

对抗病性如病毒病等进行田间观察，对不同品系抗胞囊线虫病进行接种鉴定，以明确其抗病性。从 M_3开始测定种子的含油量和蛋白质含量，并结合丰产性、抗病性等进行选择。

2 试验结果

2.1 辐射对大豆生育期的影响

利用^{60}Co 处理不同材料对 M_1 均有延迟生育期的作用，一般可延长 7~20d。这因不同剂量和不同材料而表现不同。主要由于大豆受高剂量的辐照后受到伤害，需要一段恢复期以后，才开始生长和发育，一般处理当代生育期都延迟，但 M_2可出现早熟突变体。如，处理灵珍一号，M_2发现早熟突变体，比对照早 10~15d（图 1）。中作 962 系从杂抗 F_6×鲁豆 4 号辐射后代中选出，比对照早熟 4~5d。

图 1 辐射对大豆的影响

1. 早熟高产突变系中作 965 比对照（右）早熟 10d；
2. 中作 965（左）中抗胞囊线虫病，右为不抗病对照；
3. 大豆新突变系中作 M17；
4. 中作早熟突变系中作 962

2.2 辐射对产量的影响

1996—1999 年共利用大豆辐射方法选出 41 个优良品系。其中 1996 年选出 14 份，1997 年选出 13 份，1998 年决选 10 份，1999 年决选出 4 份。这些品系各有特色，表现较好的有以下几个。

（1）中作 965。以豫豆 8 号×D90 的杂交后代进行^{60}Co 处理，经连续个体选择育成。本品系丰产性好，适应性广，籽粒大，中抗胞囊线虫病。

1997 年中作 965 在国家黄淮海南一组夏大豆区域试验结果见表 1。从表 1 可以看出，增产点增产幅度为 6.91%～12.9%，3 点平均增产 10.06%，均位居第三位。减产点不明显，平均减产仅 2.2%。

表 1　1997 年中作 965 参加国家黄淮海区试南一组产量结果

试验点	中作 965		豫豆 8 号（CK）（kg/hm^2）	比对照±CK（%）	位次
	（kg/plot）	（kg/hm^2）			
郑州	1.400	2 334	2 067	+12.9	3
菏泽	1.838	3 063	2 775	+10.4	3
西华	2.09	3 483	3 258	+6.9	3
临沂	1.57	2 617	2 635	−0.7	7
济宁	1.59	2 650	2 733	−1.8	10
徐州	1.79	2 974	3 105	−4.2	11

1998 年在河南省安阳市继续试验，对照为豫豆 8 号，3 个点平均增产 17.1%，增产幅度为 10.2%～24.9%。中作 965 产量幅度为 1 980～2 877 kg/hm^2，平均 2 452.5 kg/hm^2，生育期 99～104d，表现早熟适中，百粒重平均为 19.7g，比对照重 2.3g，株高平均为 74.8cm，比对照矮 8.3cm（表 2）。

表 2　1998 年中作 965 在河南安阳市的对比试验结果

地点	品种	生育期（days）	株高（cm）	单株粒数（粒）	百粒重（g）	产量（kg/hm^2）	比 CK 增产（±%）
安阳市农科所	中作 965	99.0	73.4	66.8	20.9	1 980.0	15.9
	豫豆 8 号（CK）	101.0	69.3	65.3	17.1	1 708.5	
滑县种子公司	中作 965	99.0	68.0	89.6	19.6	2 877.0	24.9
	豫豆 8 号（CK）	103.0	90.0	81.6	17.6	2 302.5	
安阳市白壁镇	中作 965	104.0	83.0	84.2	18.7	2 500.5	10.2
	豫豆 8 号（CK）	106.0	90.0	81.2	17.6	2 269.5	
平均	中作 965	100.7	74.8	80.2	19.7	2 452.5	
	豫豆 8 号（CK）	103.0	83.1	76.0	17.4	2 094.0	
比 CK（%）		−2.3	−8.3	4.2	2.3	23.9	17.1

ARI：Agricultural Research Institute

中作965在1999年甘肃省中部沿中黄灌区试验，产量为4 878kg/hm^2，比当地对照品种陇豆1号增产7.33%，在甘肃陇东旱作区试验，产量为1 466.7kg/hm^2，比对照陇豆1号增产13.41%，增产显著。另外，中作965及中作M17在重庆市试验结果见表3，由于品系是在2000年4月播种，只有部分试验有结果，其他试验点还未统计上来，现将初步结果汇总如下。

表3　中作965和中作M17品比试验田间调查记载

品种	试验点	株高（cm）	分枝（个）	单株荚数（个/株）	粒数（粒/荚）	产量（kg/hm^2）
中作965	合川	69.5	2.5	19.1	2.61	2 745
	巴南	54.8	1.2	15.9		
	渝北	60.3	1.9			
	平均	61.5	1.9	17.5	2.61	
中作M17	合川	60.7	1.5	16.0	2.7	2 271
	巴南	64.5	1.7	18.7		
	渝北	61.2	2.1	23.8		
	平均	62.1	1.8	19.5	2.7	

从目前考察的情况看：这两个品种春播生育期大致105d，属中熟，中作965优于中作M17。

（2）中作962。本品系是以^{60}Co 10 ×10^{3}gray处理杂抗F_6×鲁豆4号获得的。株高65cm，系半矮秆品系，适于复种密植。1996年中国农业科学院作物所内试验，比对照中黄4号增产19.75%，同时本品系具有早熟秆强产量高的特点，比对照早熟3~4d，可以满足一年两季的种植需要。1999年在辽宁铁岭市农科所试验，产量达3 223.5kg/hm^2，居供试品种首位，比对照增产12.93%。

2.3　辐射对大豆品质的影响

高蛋白F_6×中作85-059蛋白质含量达43.70%，中品661 ×91-1后代蛋白质含量为39.56%。中作965含油量为18.20%，而诱变30含油量则达20.56%（表4）。

表4　不同品种处理后的蛋白质含量和含油量

不同处理材料	蛋白质含量（%）	含油量（%）
中黄6号	42.25	20.18
科丰6号	42.71	19.42
鲁豆4号	41.55	18.54
中作965	43.55	18.20
中黄4号	40.71	19.76
诱变30	42.89	20.56
高蛋白F_6×中作85-059	43.70	18.45
中品661 ×91-1	39.56	20.46

不同后代不同剂量处理后品质变化情况见表5。一般含油量高的材料处理后易选出高油突变体，如中品661×91-1。高蛋白的材料处理后易选出高蛋白突变体。蛋白含量高的突变体往往含

油量低，含油量高的突变体往往蛋白质含量低。

表5　不同处理后代品质的变化情况

处理材料	处理剂量（gray）	蛋白质含量（%）	脂肪含量（%）
中品661×91-1	0（CK）	39.56	20.47
	1.0×10^4	37.59	22.04
	1.0×10^4	38.15	21.49
高蛋白F_6×中作85-059	0（CK）	43.70	18.45
	1.2×10^4	45.29	17.43
	1.2×10^4	44.22	18.08
泗豆11×吉林22	0（CK）	35.29	19.97
	1.0×10^4	36.09	19.46
	1.2×10^4	44.00	17.87

2.4　辐射对大豆抗病性的影响

通过辐射选出的突变体对胞囊线虫的抗性表现不同，以多年感染胞囊线虫的病土来接种，发现中作965对胞囊线虫4号生理小种表现中抗（图1），而对照早熟18则感病严重。

3　讨论

3.1　辐射育种的效果

辐射处理对缩短熟期，提早成熟是有效的，一般可提早5~15d。如中作962比对照早熟4~5d。通过多次选择，选出比对照高产的突变体也是可能的，如中作965比对照增产10%~15%，适应性也较广。同时辐射还可以改善大豆品质，经过辐射后按育种目标多年连续进行个体选择，从M_3开始连续分析后代的品质，可选出含油量高或蛋白质含量高的突变系。辐射可以提高抗病性，经过接种鉴定选出一些中抗胞囊线虫病的品系。

3.2　大豆辐射育种的方法

（1）对各代选择标准进行了摸索。M_1不选为好，全收。M_2重点选择成熟期和株高与杂交第二代（F_2）有些相似。M_3重点选择丰产性和抗病性并进行品质分析，并继续按育种目标选择成熟期和株高。M_4与M_3基本相同。M_5对稳定一致的突变系进行决选。M_6、M_7进行产量鉴定与品比试验，M_8、M_{10}进行区域试验和生产试验。

（2）缩短育种年限问题。为了加快育种进程，南北繁育相结合是一种有效的方法，一般在海南岛五指山以南进行南繁为好。由于中国农业科学院棉花所海南试验站、万钟公司的支持，1993—1999年在海南岛进行了9代南繁。

（3）不同肥水条件下鉴定辐射后代，M_3、M_4以后选择的不同突变体在不同肥水条件下进行鉴定，可较容易选出抗倒伏及丰产类型的后代。

（4）对优良处理可加大选择群体数量，可增到100~200个株行。M_3以后，可以明显看出不同组合之间的差异。对于少数极优良处理，应该给予特别注意，并加大处理的群体数。

3.3　大豆辐射育种的目标和生态类型问题

大豆辐射育种目标，以改变熟期、改良品质、改进抗性和改善丰产性为主要目标，同时又要和当地条件和气候特点相结合。如熟期组、两季作还是一季作，需同耕作制度、轮作制度一起考虑。从全国范围来说，有一季作、两季作、三季作地区，有的地区为干旱区，有的为平原高产区，有的为丘陵区，育种工作应根据各地的需要选出具有不同特性的品种。目前我国大豆每公顷产量仅为1.7 t，同时含油量比美国低1%~2%，因此选育大豆高产和高油品种实为当务之急。从生态类型来看有抗旱类型，植株高大繁茂，耗水少的类型。有喜肥水类型，抗倒伏矮秆、半矮秆，适于密植，经济指数高；有早熟类型，熟期在最北部黑龙江的漠河也可成熟，同时各地为了增加复种指数也要缩短生育期；还有特殊用途的类型，如大粒、小粒（纳豆）、药用大豆等。

3.4 大豆高产株型问题

根据研究结果，大豆高产株型具有下列特点：①有限类型和亚有限类型，可以充分利用顶端优势，顶部有10~20个荚，荚多、分枝也有顶荚。②有3~10个分枝，植株收敛，分枝角度小，上举。③植株高度60~85cm，秆强，节间短，不倒伏。④干物质多，收获指数超过5.5。⑤节间短，荚多，籽粒大，百粒重超过20g。⑥叶片光合作用强。⑦高抗病、虫害。高产和优质应结合起来考虑，应当以单位面积产油量或蛋白质产量来衡量品种的综合指标。

国际原子能机构、科技部、核工业总公司、农业部、中国农业科学院、中国农业科学院原子能所辐照中心、中国农业科学院棉花研究所等给予很大支持，特此说明并向支持单位致以谢意。

参考文献（略）

本文原载：中国油料作物学报，2001，23（2）：1-5

“中黄”系列大豆品种航天育种研究进展

王　岚　孙君明　赵荣娟　李　斌　王连铮
（中国农业科学院作物科学研究所，北京　100081）

摘　要：利用“实践8号”卫星搭载大豆中黄13、中黄38等6个品种，卫星在太空运转16d，大豆种子受空间辐射、空间微重力和空间综合环境作用下在熟期、品质、抗性和产量等方面产生一些变异，通过选择已经育成中作103大豆品系，在辽宁省进行区域试验和生产试验，产量表现优异，已通过辽宁省品种审定，定名为中黄73，这是我国利用航天育种育成的第一个大豆品种。

关键词：中黄系列；大豆；航天育种

Study on “Zhonghuang” Series Soybean Varieties Breeding by Aero-Space Mutation

Wang Lan　Sun Junming　Zhao Rongjuan　Li Bin　Wang Lianzheng
(*Institute of Crop Sciences*, *Chinese Academy of Agricultural Sciences*, *Beijing* 100081, *China*)

Abstract: Shijian-8 satellite carried the soyb ean seeds of Zhonghuan 13, Zhonghuan 38 and other 4 cultivars in space for 16d. Under space irradiation, space microgravity and space comprehensive influence, some variations in maturity, quality, resistance and yield are induced. Through selection we can develope new soybean cultivars, we already developed new line-Zhongzuo 103, which attended regional and production tests for two years and got good results, it released in 2014 year named Zhonghuan 73. This is the first soybean cultivar breeding by aero-space mutation.

Key words: Zhonghuang series; Soybean; Space breeding

作物航天育种是指将作物种子通过卫星搭载，使种子受到宇宙各种射线的辐照产生变异，之后种植辐照种子从中筛选优良变异，以选育优良品种的育种方法。大豆航天育种是一种较新的育种方法，中国农业科学院作物科学研究所从2006年开始进行大豆航天育种的研究，并取得了一些进展。

根据中国农业科学院航天育种中心的统计，截至“实践8号”卫星成功发射前，中国先后进行了13次70多种农作物的空间搭载试验，特别是“十五”期间，航天育种关键技术研究取得显著进展，在水稻、小麦、棉花、番茄、青椒和芝麻等作物上诱变培育出一系列高产、优质、多抗的农作物新品种、新品系和新种质，其中已通过国家或省级审定的新品种或新组合有20多个，并从中获得了一些有可能对农作物产量和品质产生重要影响的罕见突变材料。据中国农业科学院有关部门统计，近4年来，由航天育种培育出的农作物新品种已经累计推广56.67万hm^2，

基金项目：国家航天育种工程（发改高技〔2003〕138号）、国家“十一五”科技支撑计划项目（2008BAD97B01、2009BAA24B05）。

第一作者简介：王岚，女，硕士，副研究员，主要从事大豆遗传育种研究
通讯作者：王连铮，男，研究员，主要从事大豆遗传育种研究

增产粮食 3.4 亿 kg，创直接经济效益 5 亿元。现对“实践 8 号”卫星搭载的中黄系列大豆品种的航天育种研究进行报道，旨在为大豆航天育种的发展提供些参考。

1 材料与方法

1.1 材料

2006 年利用“实践 8 号”卫星搭载的大豆品种有：中黄 13、中黄 17、中黄 19、中黄 35、中黄 36 和中黄 38，材料由中国农业科学院作物科学研究所提供，每品种 1kg 种子。

1.2 诱变方法

“实践 8 号”卫星是中国首颗专门用于航天育种研究的返回式科学技术试验卫星，2006 年 9 月 9 日在酒泉卫星发射中心发射升空，完成空间诱变育种试验后，装载种子的卫星返回舱于 2006 年 9 月 24 日在四川遂宁成功回收，卫星仪器舱还进行了为期 3d 的空间科学留轨试验。

1.3 后代处理方法

1.3.1 改良系谱法

航天育种一代记为 A_1，二代为 A_2，以下世代以此类推。A_1 不选，按处理品种混合收获；A_2 按熟期、株高等性状进行选择；A_3 和 A_4 除继续选择熟期、株高外，重点对抗性品质进行选择；A_5 重点选择产量，品系是否整齐一致。

1.3.2 育种和繁殖相结合，北育和南繁相结合

对突出好的品系决选后当年就南繁；在所内进行品系鉴定或品比，突出优良品系参加适宜地区省的区域试验。

1.3.3 品质分析

委托农业部农作物品质检验检测中心分析。

2 结果与分析

2.1 2007 年 A_1 代选择结果

出苗期调查结果表明，中黄 19 和中黄 38 处理和对照出苗期相同；中黄 13、中黄 17 和中黄 36 处理比对照晚 1d，中黄 35 处理比对照出苗晚 2d。

收获时按处理品种选单株，其余混合脱粒。

2.2 2008 年 A_2 代选择结果

A_2 代中黄 13 共种植 16 株，中黄 17 共种植 21 株，中黄 19 共种植 14 株，中黄 35 共种植 25 株，中黄 36 共种植 15 株，中黄 38 共种植 25 株。

2.2.1 熟期

A_2 代选择结果表明，航天后代在熟期上有所分离，熟期与对照差异在 1~7d，不同处理品种表现相同（图 1）。

2.2.2 株高

航天处理 A_2 代株高范围为 65.5~92.0cm，具有较大的选择空间。

2.3 2009 年 A_3 代单株选择结果

中黄 13、中黄 17、中黄 35、中黄 36 和中黄 38 五个大豆品种 A_3 代每个品种均种植 10 个株行，中黄 19 种植 9 个株行。

2.3.1 蛋白质及油分含量

如表 1 所示，与对照相比，A_3 代蛋白质和油分含量产生了较大的变异，为优质品种的进一步选育提供了可能。

图1　中黄 19 及中黄 38 航天处理后代群体熟期变化情况

表1　航天处理 A_3 代蛋白质及油分含量变化

品种	蛋白质含量		油分含量	
	CK	A_3	CK	A_3
中黄 13	45.07	43.57~46.11	19.27	18.51~20.61
中黄 17	42.38	35.69~45.25	19.93	20.61~24.65
中黄 19	47.09	43.31~45.76	20.59	18.34~19.84
中黄 35	40.78	34.81~40.45	22.72	22.29~24.59
中黄 36	41.43	37.51~42.18	22.15	21.91~23.66
中黄 38	38.09	37.73~41.05	21.10	19.57~20.88

2.3.2　抗大豆胞囊线虫病

A_3 代有些单株对大豆胞囊线虫病抗性较好，但需要结合其他性状进一步观察。如图 2 所示，中黄 35 和中黄 13 的航天处理后代在对胞囊线虫抗性上有分离，可以进行选择，对优良单株进行南繁。

2.4　2010—2011 年根据产量选择品系情况

中黄 13、中黄 17、中黄 19、中黄 35、中黄 36 和中黄 38 的 A_4 代分别种植 22 个、26 个、19 个、28 个、28 个和 28 个株行。

根据目测和实际品系测产，中黄 38 的航天后代表现较好，特别是 A38-1 表现突出，南繁时也显著优于对照，定名为中作 103。

2.5　中作 103 在辽宁省的产量表现

如表 2 所示，2011 年中作 103 在辽宁省大豆区域试验中的平均产量 2 580kg/hm^2，较对照增产 10.3%，增产极显著；2012 年，继续参加区域试验和生产试验。区域试验产量 3 014kg/hm^2，增产 8.1%（表3）；生产试验中共 6 个试验点平均 2 879kg/hm^2，比对照丹豆 11 增产 7.0%，6 个点均增产，增产幅度为 3.1%~12.6%（表4）。

图 2　中黄 35 及中黄 13 航天处理接种大豆胞囊线虫病的表现

根据上述结果，经辽宁省农作物品种审定委员会于 2014 年审定其在辽宁省推广，定名为中黄 73。

表 2　2011 年中作 103 在辽宁省大豆区域试验产量表现

试验地点	产量（kg/hm²）	增产幅度（%）
海城	3 342	39.5
锦州	26 01	-0.3
瓦房店	2 198	8.3
庄河	2 877	9.4
岫岩	2 619	12.2
丹东	1 887	-17.3
大连	2 540	20.8
平均	2 580	10.3

表 3　2012 年辽宁省大豆区域试验产量汇总表——晚熟组

试验地点	小区产量（kg）			实收面积（m²）	总和（kg）	平均（kg）	产量（kg/hm²）	增产幅度（%）
	重复 1	重复 2	重复 3					
锦州	3.78	3.97	3.43	11.56	11.18	3.73	3 226	15.5
瓦房店	6.04	6.00	6.83	18.0	18.87	6.29	3 495	-0.1
庄河	4.78	4.68	4.52	16.8	13.98	4.66	2 774	15.6
岫岩	4.20	3.70	3.70	12.6	11.60	3.87	3 069	-2.5
辽宁	5.07	5.37	4.51	18.9	14.94	4.98	2 634	6.8
大连	2.15	2.36	2.75	8.4	7.26	2.42	2 882	18.8
平均							3 014	8.1

表4　中作103 2012年辽宁省大豆生产试验结果

试验地点	小区产量（kg）			实收面积（m^2）	产量（kg/hm^2）	增产幅度（%）	位次
	重复Ⅰ	重复Ⅱ	平均				
锦州	28.5	25.9	27.2	88.0	3 092	11.0	
瓦房店	33.0	34.4	33.7	102.0	3 305	4.7	
庄河	29.3	29.0	29.1	102.0	2 855	8.3	
岫岩	33.5	32.3	32.9	100.0	3 290	3.1	
丹东	27.0	21.0	24.0	100.8	2 381	4.3	
大连	24.1	26.8	25.4	108.0	2 354	12.6	
平均					2 879	7.0	7

3　结论与讨论

根据对“实践8号”卫星搭载的6个大豆品种的观察研究表明，大豆种子由于受宇宙辐射、失重及综合条件的影响，辐照后代在熟期、株高、品质、产量和抗性等方面产生了变异，经过定向选择结合良种良法，可以选出优良品种。

航天处理后，对生育期有显著的影响，变异幅度在5~20d，选育早熟品系有可能实现；对株高有显著的影响，株高的变异幅度比原对照矮10~40cm，有可能选育矮秆或半矮秆的品系；对后代品系的产量有一定的影响，可通过对比筛选出高产的品系。现已选出40个品系，正在参加所内外的试验，以明确其适应性，其中中作103已参加辽宁省区域试验和生产试验，已通过审定。航天后代的品质——蛋白质含量和脂肪含量是有变异的，可供选择。航天后代中对胞囊线虫的抗性有所不同。由于宇宙辐射和失重较为复杂，到底是何种射线引起变异尚需进一步研究。

参考文献（略）

本文原载：大豆科学，2015，34（3）：374-377

大豆遗传研究

黑龙江省大豆品种遗传改进的初步探讨

隋德志　王连铮　王培英
（黑龙江省农业科学院，哈尔滨　150086）

摘　要：通过对黑龙江省4个地区，3个时期，17个有代表性大豆品种的比较研究，认为黑龙江省大豆品种的产量提高最显著一点是由于秆强度的提高。在此基础上，松哈地区经历了主茎节数，每荚粒数增多，分枝数减少——"主茎型"途径；合江、绥化地区经历了百粒重、每荚粒数的提高；嫩江地区则是主茎节数，单株荚数的提高，也近于主茎型途径。

主要农艺性状相关分析表明，百粒重、主茎节数、每节荚数与产量相关较为密切，因此，可考虑作为高产育种的选择依据。

Preliminary Studies on the Genetic Improvement of Soybean in Heilongjiang Province

Sui Dezhi　Wang Lianzheng　Wang Peiying
(*Heilongjiang Academy of Agricultural Sciences*, *Harbin* 150086, *China*)

Abstract: In Heilongjiang province, soybean [*Glycine max* (L.) Merr.] seed yield has been increased due to improved cultivars, cultural practice, and general management. Expectantly, genetic improvement in yield componentes should not be ignored. To determine the contribution of yield increase of improved genetypes, 17 cultivars from Songhuajiang, Hejiang, Suihua, and Nenjiang areas in Heilongjiang province released from the fifties to seventies of this century were evaluated. The experiment indicated that lodging resistance is of great importance for soybean yield increase. The seed yield increase was associated significantly with genetic improvement of number of nodes on main stem and the number of pods per node in Songhuajiang areas. However, in Hejiang and Suihua areas, genetic improvement of seed size (weight for 100 seeds) as well as the number of seeds per pod are the main cause for yield increase.

Generally, seed size, also nodes of main stem provided the greatest contribution in soybean seed yield. Number of pods per node and the number of seeds per pod are the secondary factors for yield increase. All of these characteristics should be recommended as indicators of selection in soybean breeding for high yield.

1　材料与方法

1.1　材料

选取有代表性的17个大豆品种，于1982年种植于黑龙江省农业科学院原子能所大豆试验地。根据主推地区、推广年代做以下分组，见表1。

参加本工作的还有赵晓南、胡志娴、王欣等同志

表1 供试品种及分组

推广年代	松花江	合江	绥化	嫩江	黑河
Ⅰ组 1950	满仓金 东农4号	荆山朴	满仓金		黑河3号
Ⅱ组 1960	黑农5号 黑农10号 黑农11号 黑农16号	合交6号	绥农3号	丰收10号 丰收12号	
Ⅲ组 1970	黑农23号 黑农26号	合丰22号 合丰23号		嫩丰10号	

1.2 方法

完全随机区组设计，4次重复，3行区，5m行长，行距70cm，每10cm点播2粒，平均密度26~28株/m^2。小区面积10.5m^2。

生育期间对各农艺性状观察记载，并按熟期、按小区分别收获，干后实测产量。收获时从每小区随机抽取10株，室内考种分析9个农艺性状。

统计部分，方差分析中期望均方（EMS）采用随机模型；相关分析中相关系数为 $r_{12} = \frac{Cov_{12}}{\sqrt{\sigma_1^2 \cdot \sigma_2^2}}$，相关系数标准误 $S_r = \sqrt{\frac{1-r^2}{n-2}}$；差异显著性检验采用SSR法。

2 结果与分析

2.1 不同地区大豆品种农艺性状的遗传改进

2.1.1 松哈地区

表2 松哈地区

品种及性状		生育日数	株高(cm)	倒伏度	分枝数	主茎节数	单株荚数	三四粒荚(%)	百粒重(g)	产量(斤/亩)
Ⅰ组	满仓金	122.5	90.3	4	2.5	16.2	36.2	44.4	18.1	361.6
	东农4号	125.3	90.3	3	1.0	16.1	39.9	45.4	21.0	433.6
Ⅱ组	黑农5号	123.0	90.2	3	1.8	17.0	32.4	44.6	19.6	408.5
	黑农10	123.0	99.9	2	0.7	15.7	20.5	56.7	19.0	431.2*
	黑农11	124.8	82.1	2	1.8	15.2	23.5	62.6	19.1	415.8
	黑农16	125.3	92.0	2	1.5	17.4	26.5	63.6	18.8	446.1*
Ⅲ组	黑农23	125.6	96.3	2	1.3	18.1	25.8	50.0	21.5	466.3*
	黑农26	124.0	100.3	1*	0.1	18.4	33.1	53.2	17.7	476.4*

注：*、** 为差异显著和极显著。以下各表同

从表2可见，松花江地区品种，在农艺性状演进过程中，株高、主茎节数增加，分枝数减少，这与杨庆凯（1982）的结果是一致的。另外，秆强度，三粒、四粒荚比例也有所提高。可以认为，秆强度提高，分枝数减少和主茎节数，三粒、四粒荚比例提高，有利于密植增产和主茎增产。因而Ⅱ组的黑农10号（431.2斤/亩*）较Ⅰ组的满仓金增产显著；Ⅲ组的黑农26（476.4斤/亩*）又较Ⅱ组的黑农10号增产显著。

2.1.2 合江地区

由表3可见，合江地区品种，在农艺性状演进过程中，Ⅱ组品种较Ⅰ组品种百粒重有较大提高，Ⅲ组品种较Ⅱ组品种三粒、四粒荚比率明显提高。而且，秆强在Ⅰ、Ⅱ、Ⅲ组间不断增强，从而使Ⅱ组品种较Ⅰ组品种显著增产，Ⅲ组品种又较Ⅱ组品种显著增产。同时，Ⅰ组品种倒伏较重，Ⅱ、Ⅲ组品种秆强度不断提高在一定程度上影响着百粒重等性状。

表3 合江地区

品种及性状		生育日数	株高（cm）	倒伏度	分枝数	主茎节数	单株荚数	三四粒荚（%）	百粒重（g）	产量（斤/亩）
Ⅰ组	荆山朴	127.3	109.2	4	1.6	18.1	41.0	62.5	17.6	371.9
Ⅱ组	合交6号	124.5	97.4	3	1.4	16.0	28.3	30.6	23.4	414.5*
Ⅲ组	合丰22号	124.5	85.2	2	1.7	15.9	34.2	47.1	18.2	438.9
	合丰23号	122.8	78.6	0	0.2	15.9	27.6	57.9	23.1	470.1*

2.1.3 绥化地区

由表4看出，绥化地区品种农艺性状的演进与合江地区品种相似，百粒重有较大提高，这与早期品种倒伏较重是有一定关系的。同时，每荚粒数也提高了0.5，从而使绥农3号（418.5斤/亩）较满仓金增产显著。

表4 绥化地区

品种及性状		生育日数	株高（cm）	倒伏度	分枝数	主茎节数	单株荚数	三四粒荚（%）	百粒重（g）	产量（斤/亩）
Ⅰ组	满仓金	122.5	90.3	4	2.5	16.2	36.2	2.3	18.1	361.6
Ⅱ组	绥农3号	119.0	66.1	0	1.2	14.6	23.9	2.8	23.3	418.5*

2.1.4 嫩江地区

由表5看出，嫩江地区大豆品种，秆较强，几无分枝，在农艺性状演进过程中，株高、主茎节数不断增加，生育期也适当延长。

表5 嫩江地区

品种及性状		生育日数	株高（cm）	倒伏度	分枝数	主茎节数	单株荚数	三四粒荚（%）	百粒重（g）	产量（斤/亩）
Ⅰ组	丰收10号	108.0	53.4	0	0	13.2	20.1	3.0	22.3	438.6
	丰收12号	119.0	77.0	0	0.1	15.8	31.1	2.2	24.0	498.6*
Ⅱ组	嫩丰12号	118.5	78.4	0	0.1	16.1	27.1	2.6	21.9	-

综合以上4个地区的结果，这些品种遗传改进的共同特点是秆强度增加，分枝数减少，逐步趋向密植化。

就农艺性状获得遗传改进的途径而言，松哈地区经历了株高、秆强度、主茎节数不断提高、分枝数减少——“主茎型”途径；合江、绥化地区品种经历了百粒重、秆强度、每荚粒数提高；嫩江地区品种几无分枝，经历了株高、秆强度、主茎节数增加，也近于主茎型途径。

2.2 各农艺性状与产量间的相关

从上述比较分析可以看出，各农艺性状对产量均有一定贡献。至于每一性状对产量的贡献程度如何？哪几个主要农艺性状可作为高产选择的参考？下面将通过相关分析来讨论这些问题。

表6表明，与产量呈显著正相关的是百粒重（$r=0.451^*$）。这与东北农学院 1974（$r=0.20$）、Weber 1952（$r=0.22$）、Johnson 1955（$r=0.34$）、川岛 1962（$r=0.51$）的结果是一致的，分枝与产量呈显著负相关，说明在早期品种分枝较多的基础上，适当减少分枝数，是有利于密植增产的。

表6　各农艺性状与产量间的相关

性状	株高	生育日数	分枝数	主茎节数	每节荚数	每荚粒数	三四粒荚（%）	百粒重（g）	产量（斤/亩）
产量	0.200	0.208	−0.541*	0.316	0.269	0.035	0.168	0.451*	0.045

其次，如主茎节数（$r=0.316$）、每节荚数（$r=0.269$），虽未达显著标准，但也与产量呈较密切相关。以上这些农艺性状，可以考虑作为高产单株和株系的选择参考。

另外，还存在一些与产量相关较密切而在这些品种中未得到改进和加强的农艺性状，如粒荚比、株高等，这也意味着这些性状对高产育种也存在可能的潜力。

3 讨论

本文是将不同地区大豆品种集中于哈尔滨生态条件下的一点试验。对于各性状间的相关还有待进一步探讨。

参考文献（略）

本文原载：大豆科学，1986，5（1）：11-16

黄淮海地区大豆品种亲缘关系概势分析

叶兴国　王连铮
（中国农业科学院，北京　100081）

摘　要：黄淮海地区育成大豆品种的亲缘关系分析结果表明，70.6%的品种分别归属于齐黄1号、莒选23、新黄豆、徐豆1号、58-161、晋豆1号、晋豆4号、科系8号、滑县大绿豆、商丘7608等20个骨干系谱与小系谱。其中，有61.9%的品种分布在前5个骨干系谱中。105个品种的细胞质来自于作为母本的莒选23、齐黄1号、山东四角齐、58-161、徐豆1号和科系8号，占育成品种的47.5%。96个品种的细胞核来自于作为直接杂交父本的5902、5905、徐豆1号、晋豆4号、野起1号、58-161、滑县大绿豆、集体5号、铁4117、泗豆2号、Williams、Clark 63、Beeson等17个品种，占育成品种的43.0%。分析结果也表明，莒选23、齐黄1号、徐豆1号、58-161、晋豆4号、Williams、Clark 63、Beeson等品种具有较高的一般配合力，5902、5905、莒选23、野起1号、集体5号、科系8号、齐黄1号、郑州135、泗豆2号、铁4117、58-161、徐豆1号等品种具有较高的特殊配合力。黄淮海地区育成品种的亲缘关系较近，遗传基础狭窄，不利于高产稳产和防治病虫害。

关键词：黄淮海地区；大豆品种；亲缘关系；系谱

Analysis of Phylogenetic Relationships among Soybean Cultivars Developed in Huang-huai-hai Plain

Ye Xingguo　Wang Lianzheng
(*Chinese Academy of Agricultural Sciences*, *Beijing* 100081, *China*)

Abstract: Phylogenetic relationships among varieties developed in Huang-Huai-Hai Valley were analysised. The results showed: (1) 70.6% of the developed traits was derived from twenty chief and small genealogies such as Qihuang 1, Juxuan 23, Xinhuangdou, Xudou 1, 58-161, Jindou 1, Jindou 4, Kexi 8, Huaxiandaludon, Shangqiu 65 et al, of which, the chief genealogies contained 61.9 percent of the developed varieties. (2) Cytoplasms of 105 varieties accounting for 47.5% in all developed traits came from Juxuan 23, Qihuang 1, Shandongsijueqi, 58-161, Xudou 1 and Kexi 8, which were used as female parents in cross. (3) Karyons of 96 traits amounting to 43.0 percent in all developed varieties came from 17 important parents as direct cross male, respectively, such as 5905, 5902, Xudou 1, Jindou 4, Yeqi 1, 58-161, Jiti 5, Tie 4117, Williams, Clark 63, Beeson et al, (4) Juxuan 23, Qihuang 1, Xudou 1, 58-161, Jindou 4, Williams, Clark 63 and Beeson had a high general combining ability, and 19 traits had a high special combining ability, which were Juxuan 23, Qihuang 1, Xudou 1, 58-161, 5902, 5905, Yeqi 1, Jiti 5, Kexi 8, and Tie 4117 et al. The genetic basis of developed soybean varieties was narrow in this region, which is not adventageous to improve yield and disease and resistance.

Key words: Soybean varieties; Relationships; Genealogy; Huang-Huai-Hai Plain

有人曾对黑龙江省、山东省以及东北地区育成的大豆品种进行了系谱分析和细胞质来源分析（张国栋，1983，1987；李星华，1987；孟庆喜等，1992），促进了这些省、区大豆新品种的选育。黄淮海地区是中国大豆生产的第二大主产区，其面积和产量均占全国的30%左右（王连铮等，1992）。20世纪50年代初以来，共培育了200多个大豆新品种和新品系，占全国育成大豆品种的40%左右（吉林农业科学院，1985，1993）。但有关这些品种的亲缘关系分析，还没有报道。对它们进行亲缘关系分析，将为该地区大豆育种工作中合理利用亲本和拓宽遗传资源提供理论依据，服务于高产、抗病、优质、多样性品种的育成。本文依据《中国大豆品种志》，追踪黄淮海地区育成品种的来源，对系谱进行分析，评价育成品种的亲缘关系，主要细胞质和细胞核（50%）来源。

1 系谱分析

黄淮海地区221个育成大豆品种（系）中，有185个品种分别归属于齐黄1号、莒选23、新黄豆、徐豆1号、58-161等5个较大系谱和科系8号、晋豆1号、晋豆4号、丰地黄、铁荚四粒黄，Williams Clark 63、滑县大绿豆、商丘7608等9个较小系谱，以及Beeson、SRF、Magnolid、Monetta、集体1号等5个更小系谱，形成系谱的品种占育成品种总数的83.7%（表1）。

表1 系谱品种及其地区分布

系谱名称	衍生品种数	占系谱品种的比重（%）	占育成品种的比重（%）	地区分布
齐黄1号	62	33.5	29.4	山东：52 陕西：5 安徽、江苏：4 河南：1
莒选23	49	26.5	22.2	山东：26 河南：18 陕西：4 山西：1
新黄豆	53	28.7	24.0	山东：30 河南：18 陕西：4 山西：1
徐豆1号	22	12.4	10.4	安徽、江苏：14 北京：7 河北：1 河南：1
58-161	19	10.3	8.6	安徽、江苏：12 北京：7
科系8号	6	3.2	2.7	北京：6
晋豆1号	7	3.8	3.2	山西：7
晋豆4号	8	4.3	3.6	山西：7 北京：1
滑县大绿豆	12	6.5	5.4	河南：12
商丘7608	7	3.8	3.2	河南：7
Williams	6	3.2	2.7	河北：4 山东：1 江苏：1
Clark 63	6	3.2	2.7	河北：2 北京：2 山东：1 江苏：1
Beeson	5	2.7	3.3	山西：4 河南：3
Magnolid	6	3.2	2.7	山东：3 河南：3
SRF	4	2.2	1.8	山东：3 内蒙古：1
铁荚四粒黄	5	2.7	3.3	河北：2 北京：2 山东：1
丰地黄	5	2.7	3.3	河北：2 山西：2 山东：1
其他	13	7.0	5.9	河北：6 山西：4 山东：3

1.1 齐黄1号系谱

由齐黄1号作为直接或间接亲本共选育了丰收黄、文丰5号、鲁豆2号、齐黄22号、秦豆3号、徐豆2号、皖豆6号、阜豆75-71等62个品种，占育成品种的29.4%，形成了山东省和陕西省大豆品种的主体系谱。在齐黄1号的衍生品种中，鲁豆2号属于高蛋白、高脂肪品种，累计含量63%~65%，齐黄21号的脂肪含量达到23.0%以上。

1.2 莒选23系谱

莒选23一级系谱包含早丰1号、跃进4号、鲁豆6号、文丰7号、齐黄20号、鲁豆4号、鲁豆7号、豫豆8号、豫豆15号等49个品种，占育成品种的22.2%，是山东、河南两省育成品种的主体系谱，5个品种与齐黄1号系谱重复含有。其中，跃进4号二级系谱衍生了鲁豆8号、汾豆31等6个品种；早丰1号二级系谱衍生了建国1号、豫豆1号、豫豆5号、豫豆11号等16个品种，郑州135三级系谱衍生了豫豆3号等11个品种，豫豆3号四级系谱又衍生了豫豆10号等8个品种，郑77249五级系谱又衍生了豫豆13号等6个品种。在莒选23的衍生品种中，鲁豆4号的年推广面积达到了500万亩以上。建国1号、豫豆10号的蛋白质含量超过了45.0%，豫豆8号的脂肪含量和蛋白质含量累计达到65%左右。

1.3 新黄豆系谱

以新黄豆作为亲本共培育了齐黄5号、5902、5905、临豆3号、齐黄15号等53个品种，是山东省和河南省育成品种的主要来源，绝大多数品种与齐黄1号系谱和莒选23系谱重复享有。其中的5905二级系谱包括了跃进3号、兖黄2号、文丰8号、豫豆1号、鲁豆6号等39个品种，5902二级系谱包括了临豆2号、文丰6号、齐黄19号等10个品种。

1.4 徐豆1号系谱

该系谱含有皖豆1号、皖豆7号、徐豆4号、徐豆7号等23个品种，占育成品种的10.4%，是安徽和江苏北部以及北京地区育成品种的重要系谱。诱变30、科丰6号等品种的年推广面积曾达500万亩左右，中黄4号等品种正在大面积推广。中黄3号属于高蛋白质含量和高脂肪含量的双高品种。诱变30二级系谱衍生了中黄2号等4个品种。

1.5 58-161系谱

安徽、江苏北部地区和北京地区育成大豆品种的主要族系，包含阜豆1号、皖豆9号、淮豆1号、中黄2号、诱变31、早熟17号等19个品种，占育成品种的8.6%，部分品种与徐豆1号系谱相同。

1.6 科系8号系谱

包括中黄1号、中黄6号和早熟号系列的5个品种，共计7个品种，占育成品种的3.2%，是北京地区育成品种的主要系谱。

1.7 晋豆1号和晋豆4号系谱

这两个系谱包括了晋豆5号、晋豆9号、晋遗9号、晋豆17号等15个品种，占育成品种的8.1%。其植株较高、茎秆较粗、分枝数较少，抗倒伏能力较强，生育期偏长。晋豆1号和晋豆4号品种是山西省大豆育种的中心亲本。

1.8 滑县大绿豆和商丘7608系谱

滑县大绿豆系谱含有滑75-1、豫豆7号、豫豆14号、郑133等9个品种，商丘7608系谱含有豫豆6号、豫豆9号、郑交8739等8个品种，是河南省育成品种的另外两个主要来源，占育成品种的7.9%。其中，豫豆2号的年推广面积曾达到500多万亩，豫豆12号的蛋白质含量超过了51%。

1.9 外地来源系谱

东北地区的铁荚四粒黄和丰地黄一级系谱，集体1号、集体5号和荆山朴二级系谱中，包括了黄淮海地区的冀豆1号、冀承豆3号、备战3号、早熟9号、晋豆2号、晋大38号等17个育成品种，占育成品种的7.9%，是河北省和山西省育成品种的主要来源之一。其中，冀豆7号、冀承豆5号的蛋白质和脂肪含量累计超过63%。

1.10 国外来源系谱

35 个品种具有国外品种的亲缘关系，占育成品种的 15.8%。其中，以 Williams、Clark 63、Beeson、Magnolid、SRF、Monetta 等品种作为直接亲本或间接亲本，共选育了冀豆 4 号、冀豆 7 号、冀承豆 1 号、冀承豆 4 号、晋豆 8 号、汾豆 11 号、科丰 6 号、荷 84-5、鲁豆 4 号、鲁豆 7 号等 29 个品种，占育成品种的 13.7%，是河北省育成品种的重要途径。以国外资源作为直接亲本，河北省培育了 8 个品种，山东省培育了 7 个品种，山西省培育了 4 个品种。以国外资源作为间接亲本，河南省、山东省分别育成了 3 个品种，北京地区育成了 2 个品种，其他地区育成了 2 个品种。

2 细胞质来源

对黄淮海地区育成大豆品种的细胞质来源进行了追溯分析（表 2）。

表 2 育成品种细胞质主要来源

细胞质来源	品种数	系谱中的比重（%）	育成品种的比重（%）	系谱品种的比重（%）
莒选 23	26	53.1	11.8	20.0
齐黄 1 号	44	71.0	19.9	23.8
山东四角齐	11	68.8（二级系谱） 22.5（一级系谱）	5.0	5.9
徐豆 1 号	7	31.8	3.2	3.8
58-161	8	42.1	3.6	4.3
科系 8 号	7	100.0	3.2	3.8
晋豆 1 号	5	71.4	2.3	2.7

结果表明，105 个品种的细胞质来源于作为直接或间接杂交母本的莒选 23、齐黄 1 号、山东四角齐、58-161、徐豆 1 号、科系 8 号、晋豆 1 号，占育成品种的 47.5%。其中，临豆 1 号、文丰 1 号、鲁豆 2 号、齐黄 7 号、秦豆 3 号等 44 个品种的细胞质来自齐黄 1 号，占育成品种的 19.9%；文丰 7 号、鲁豆 4 号、齐黄 6 号、早丰 1 号、豫豆 1 号等 26 个品种的细胞质来自于莒选 23，占育成品种的 11.8%；郑州 135、郑州 126、豫豆 3 号、豫豆 8 号、豫豆 10 号等 11 个品种的细胞质来自山东四角齐，占育成品种的 5.0%；诱变 30、中黄 2 号、阜豆 5 号、徐豆 3 号等 8 个品种的细胞质来自 58-161，占育成品种的 3.6%；皖豆 1 号、皖豆 5 号、徐豆 7 号、蒙84-5、冀豆 3 号等 7 个品种的细胞质来自于徐豆 1 号，占育成品种的 3.2%；早熟号及中黄 1 号、6 号等 7 个品种的细胞质来自于科系 8 号，占育成品种的 3.2%；晋豆 5 号、晋豆 16 号等 5 个品种的细胞质来自于晋豆 1 号，占育成品种的 2.3%。在 105 个品种中，来自上述 7 个细胞质的品种分别占 41.9%、24.8%、10.1%、7.6%、6.7%、5.7%和 4.8%。分析结果表明，齐黄 1 号、莒选 23 两个品种的细胞质是黄淮海地区育成品种细胞质的主要来源，占 105 个品种的 66.7%，占育成品种的 31.7%。

分析结果同时也表明，山东省育成品种的细胞质主要来自齐黄 1 号和莒选 23，占山东省育成品种的 73.5%。河南省育成品种的细胞质主要来自山东四角齐和莒选 23，占河南省育成品种的 40.7%。山西省育成品种的细胞质主要来自晋豆 1 号，占育成品种的 17.2%。北京地区育成品种的细胞质主要来自科系 8 号和 58-161，占育成品种的 66.7%。安徽、江苏北部地区育成品种的细胞质主要来自徐豆 1 号和 58-161，占育成品种的 30.0%。陕西省育成品种的细胞质主要来自齐黄1号，占育成品种的57.1%。河北省育成品种的细胞质来源广泛，主要来自东北地区的6个品种，占育成品种的40.0%。细胞质来源分析结果还表明，莒选23、齐黄1号具有高的一般配合力，徐豆1号、58-161、科系8号、晋豆1号具有较高的一般配合力。

3 细胞核来源

黄淮海地区221个品种的细胞核来源分析表明，黄淮海地区育成品种的细胞核（50%）主要来自直接作为杂交父本的5905、5902、徐豆1号、晋豆4号、野起1号、齐黄1号、集体5号、滑县大绿豆、泗豆2号、58-161、Williams、Clark 63、Beeson、铁4117、小粒青、Monetta、7110等16个品种（表3），共选育出品种95个，占育成品种总数的43.0%，占系谱品种的51.4%。其中5905为14个品种提供了50%的细胞核，占育成品种的6.3%。5902和徐豆1号分别为9个品种提供了50%的细胞核，分别占育成品种的4.1%。晋豆4号、齐黄1号、野起1号分别为6个品种提供了50%的细胞核，分别占育成品种的2.7%。滑县大绿豆、集体5号分别为5个品种提供了50%的细胞核，分别占育成品种的2.3%。Williams、Clark 63、Beeson、58－161、铁4117、泗豆2号分别为4个品种提供了50%的细胞核，分别占育成品种的1.8%。7110、小粒青分别为3个品种提供了50%的细胞核，Monetta为2个品种提供了50%的细胞核，占共育成品种的3.7%。

表3 育成品种细胞核主要来源

细胞核来源	品种数	占育成品种百分率（%）	优良组合及选育品种数
5905	14	6.3	莒选23×5905→13
5902	9	4.1	齐黄1号×5902→8
徐豆1号	9	4.1	58-16×徐豆1号→4 徐州302×徐豆1号→2
晋豆4号	6	2.7	
野起1号	6	2.7	齐黄1号×野起1号→6
齐黄1号	6	2.7	莒选23×齐黄1号→3
集体5号	5	2.3	齐黄1号×集体5号→5
滑县大绿豆	5	2.3	郑7104×滑县大绿豆→3
泗豆2号	4	1.8	徐州421×滑县大绿豆→2 郑州135×泗豆2号→4
58-161	4	1.8	
Williams	4	1.8	
Clark 63	4	1.8	
Beeson	4	1.8	晋豆1号×Beeson→2
铁4117	4	1.8	科系8号×铁4117→4
7110	3	1.4	跃进4号×7110→3
小粒青	3	1.4	齐黄1号×小粒青→3
Monetta	2	0.9	

从表3中看出，莒选23×5905、齐黄1号×5902、齐黄1号×野起1号、齐黄1号×集体5号4个组合选育的品种数分别是13个、8个、6个和5个，郑州135×泗豆2号、科系8号×铁4117、

58-161×徐豆 1 号 3 个组合分别育成了 4 个品种，跃进 4 号×7110、齐黄 1 号×小粒青、豫豆 3 号×郑 76066、莒选 23×齐黄 1 号、郑 7104×滑县大绿豆 5 个组合分别育成了 3 个品种。表明 5902、5905、莒选 23、齐黄 1 号、野起 1 号、集体 5 号等品种的特殊配合力最好，郑州 135、科系 8 号、铁 4117、小粒青、泗豆 2 号、58-161、徐豆 1 号、跃进 4 号、7110、豫豆 3 号、郑 76066、郑 7104、滑县大绿豆等品种的特殊配合力较好。齐黄 1 号、莒选 23 具有高的一般配合力，晋豆 4 号、58-161、Williams、Clark 63、Beeson 具有较高的一般配合力。

分析结果还表明，山东省育成品种其 50%的细胞核主要来自 5902、5905、野起 1 号、齐黄 1 号、集体 5 号、7110、小粒青、Monetta 8 个品种，占育成品种的 54.2%。河南省育成品种其 50%的细胞核主要来自滑县大绿豆、泗豆 2 号两个品种，占育成品种的 21.4%。山西省育成品种其 50%的细胞核主要来自晋豆 4 号、Beeson 两个品种，占育成品种的 27.6%。徐豆 1 号、58-161 两个品种为安徽和江苏北部地区的 16 个品种提供了 50%的细胞核，占育成品种的 33.3%。铁 4117、7614、徐豆 1 号 3 个品种为北京地区 8 个品种提供了 50%的细胞核，占育成品种的 53.3%。河北省育成品种其 50%的细胞核主要来自美国品种，如 Williams、Clark 63 等，占育成品种的 33.3%。

4 小结

黄淮海地区 221 个育成品种中的 137 个品种来自齐黄 1 号、莒选 23、徐豆 1 号和 58-161 系谱，占育成品种的 61.9%，另有 48 个品种来自滑县大绿豆、晋豆 1 号、科系 8 号、商丘 7608 等几个小系谱，占育成品种的 21.7%，上述 9 个系谱占育成品种的 83.6%。12 个品种来自于东北地区系谱，占育成品种的 5.5%。30 个品种具有国外品种的亲缘关系，占育成品种的 13.6%，其中包括鲁豆 4 号、中黄 4 号、冀豆 4 号、冀豆 7 号、科丰 6 号、鲁豆 8 号等著名品种。细胞质主要来自于莒选 23、齐黄 1 号、山东四角齐、58-161、徐豆 1 号、科系 8 号、晋豆 1 号等几个品种，占育成品种的 50%左右。细胞核主要来自 5905、5902、徐豆 1 号、晋豆 4 号、野起 1 号、齐黄 1 号、集体 5 号、滑县大绿豆、泗豆 2 号、58-161、Williams、Clark 63、Beeson、铁 4117、小粒青等 16 个品种，占育成品种的 43.0%以上。

以上几方面的分析结果表明，黄淮海地区育成品种的亲缘关系较近，引入利用外地及异类型种质较少，细胞质、细胞核来源较为单一，遗传基础比较狭窄，种质资源没有充分利用，反映在不同地区也不尽相同，不利于高产稳产和防止病虫害，这与张国栋、李星华的研究结果一致。育种工作中应注意遗传资源的多样性，充分利用各种各样的类型，拓宽遗传基础，选配亲本应亲缘关系远，充分利用国内外的种质资源。突破性育种成就的取得，往往在于关键性资源的发现和利用。冀豆号、晋豆号、鲁豆号品种相对较多地利用了国外品种作为直接或间接亲本，丰产性好，综合性状表现优良。

参考文献（略）

本文原载：大豆科学，1995，14（3）：217-223

黄淮海地区大豆品种遗传改进

叶兴国　王连铮　刘国强
（中国农业科学院，北京　100081）

摘　要：黄淮海地区大豆品种遗传改进的明显趋势是每荚粒数增多、每节荚数增多、荚比提高、分枝数减少、茎秆增粗、抗倒伏能力增强、粒型增大、单株粒重提高，脂肪含量增加、株高、节数、节间长度，生育期呈现先增后减的趋势，蛋白质含量没有明显改进，产量的遗传改进幅度为1.2%~2.5%。相关分析表明，单株粒重、脂肪含量、荚比、每荚粒数、主茎荚数、每节荚数、三四粒荚数、百粒重、茎粗、节数、生育期与产量呈正相关或显著正相关。聚类分析将23个代表品种分为四类，结果表明，品种分类与品种来源、亲缘关系和推广应用年代有关。遗传改进研究是育种目标确定、亲本选配和后代性状选择的依据。

关键词：大豆；遗传改进；相关系数

Genetic Improvement of Main Characters of Soybean Cultivars in the Huang-huai-hai Valley

Ye Xingguo　Wang Lianzheng　Liu Guoqiang
(*Chinese Academy of Agricultural Sciences*, *Beijing* 100081, *China*)

Abstract: Evolution tendency of soybean was studied by using 23 representative varieties in Huang-huai-hai plain planted from 1950 to 1990. The analysis of correlation, and cluster for main characters were carried out. Results revealed that seed yield, 100-seed weight, seed number per pod, pod number per node, pod ratio, pod number on main stem, oil content and seed weight per plant tended to increase obviously, and stem thick was and height with pods tended to increase slightly, but lodging and branches number tended to decrease distinctly. Change of plant height, nod number on main stem and growth period seemed to be like a parabola. However, protein content was not improved remarkably, Significant correlation or highly significant correlation existed between seed yield and other main charaters. Finally, 23 cultivars were divided into four groups by cluster analysis, related to characters, releasing years, geographical divergence and relationships of these cultivars.

Key words: Soybean cultivars; Genetic improvement; Correlation; Huang-huai-hai Valley

王金陵早在1947年就研究了大豆性状演化，认为大豆进化的明显趋势是逐渐由野生小粒型向大粒型进化，同时伴随着茎秆加粗、叶变大、生育前期缩短、生育后期延长、株高降低、植株趋于直立、粒型倾向于圆球或椭圆。后人的研究又证实，从野生大豆向栽培大豆的进化过程中，百粒重、荚大小、叶面积等性状增加趋势大，每株荚数、每荚粒数、株高、节数、分枝数呈现减少趋势，每荚粒数、生育期等性状进化趋势较小。20世纪70年代末期，Ludders、Wilcox、

刘国强同志在河南安阳中国农业科学院棉花研究所工作

Boerma 等分别对美国北部、中西部和南部地区不同时期育成品种的产量性状进行了遗传改进研究。国内有几位学者曾先后对东北地区和南方不同时期育成品种的遗传改进开展了研究。大豆性状间相关分析的报道有很多，由于研究材料和环境的不同，结果也很不一致。将聚类分析用于大豆品种分类、亲本选配等方面的研究报道则不多。

黄淮海地区是我国大豆生产的第二大主产区，其大豆面积，产量均占全国的30%左右，育成品种占全国育成品种的40%左右，但大豆品种遗传改进、相关分析、聚类分析方面的研究很少或几乎没有。开展这方面的研究，将有助于该区大豆新品种的选育。

1 材料与方法

1.1 供试材料及分组

分别从黄淮海大豆主产区的山东、河北、河南、山西、北京收集20世纪50—90年代有代表性的品种23个，按时期顺序分为A、B、C、D四个大组，品种分组情况见表1。

表1 23个品种分组情况

组别	品种名称
A 20世纪50—60年代 1950—1960年	牛毛黄、铁角黄、平顶黄、太谷早、广平牛毛黄
B 20世纪60—70年代 1960—1970年	闪金豆、通县元豆、莒选23、早丰1号、文丰5号
C 20世纪70—80年代 1970—1980年	郑州135、跃进5号、诱变30、晋豆4号、鲁豆4号、冀豆4号
D 20世纪80—90年代 1980—1990年	豫豆8号、中黄2号、科丰6号、冀豆7号、晋豆9号、中黄3号、晋豆17号

1.2 种植方法和调查性状

1992年将搜集到的23个品种在北京进行1行区、3次重复、随机排列春播繁殖和预备试验，生育期间分别调查出苗期、开花期、花色、SMV抗性、成熟期、倒伏度等性状。取10株考察株高、茎粗、节数、分枝数、主茎荚数、结荚高度、空荚数、一粒荚数、二粒荚数、三粒荚数、四粒荚数，统计单株粒重、总荚数、总粒数、荚比、每节荚数、每荚粒数、百粒重、节间长度等性状。1993年进行3行区、3次重复、随机区组排列的试验设计，小区长5m、宽1.5m、行距50cm、株距7~8cm，亩保苗1.7万~1.8万株，生育期间调查及室内考种性状同上所述。成熟时在中间一行取10株考种，且只收此行进行测产。为确保试验结果的可靠性，试验分别在北京昌平和河南安阳两个生态条件下夏播进行。

1.3 蛋白质含量和脂肪含量测定

蛋白质含量、脂肪含量在中国农业科学院作物品种资源研究所品质分析室进行测定。每小区取样品20g。蛋白质测定采用凯氏定氮法，蛋白质含量（%）= N（%）×6.25。脂肪含量采用干重法测定，脂肪含量（%）=（样品干重-消化后残余重）/样品干重×100。

1.4 统计分析方法

统计分析数据按品种进行3小区平均。相关分析采用裴鑫德介绍的程序和方法，聚类分析采用引进美国的NCSS-Ⅲ型生物统计软件系统进行。

2 结果与分析

2.1 主要农艺性状遗传进展

4组23个代表品种在北京昌平、河南安阳两个地点的表现（表2），表明了如下几方面的结果。

表2 不同时期品种主要农艺性状遗传改进情况

地点	分组	产量（kg）	单株粒重（g）	株高（cm）	茎粗（mm）	节数	分枝数	主茎荚数	一二粒荚数	三四粒荚数	单株荚数
昌平	A	70.95	10.9	69.0	4.8	16.8	3.7	28.4	40.8	7.3	50.2
	B	120.6	13.1	80.2	5.2	17.7	3.7	33.3	29.5	14.6	52.5
	C	133.3	15.6	76.9	5.3	15.8	2.9	30.8	25.4	17.4	42.1
	D	160.1	15.8	71.2	5.5	15.2	2.0	28.7	18.7	17.5	36.2
安阳	A	121.4	18.4	90.2	5.4	15.9	4.7	26.8	64.7	12.3	76.9
	B	147.8	20.7	97.8	5.4	15.3	5.4	25.7	57.7	17.9	75.8
	C	165.5	21.6	90.7	5.7	16.5	4.3	32.0	42.0	20.8	65.1
	D	181.9	24.9	88.8.	5.9	15.6	3.6	36.5	40.1	24.1	62.7

地点	分组	单株粒数	荚比（%）	每荚粒数	每节荚数	百粒重（g）	生育期（d）	倒伏度	蛋白含量（%）	脂肪含量（%）
昌平	A	99.8	57.3	2.0	1.7	12.7	95.4	1.6	42.0	15.9
	B	104.7	65.1	2.1	1.8	14.1	100.3	1.8	43.0	15.6
	C	93.5	75.0	2.3	2.0	15.4	99.4	1.2	42.3	15.8
	D	86.0	79.6	2.4	1.8	17.9	95.4	1.0	42.4	17.5
安阳	A	149.0	33.4	1.9	1.7	15.1	92.2	4.2	41.5	17.0
	B	153.7	35.4	2.0	1.7	16.8	95.2	4.2	41.6	16.9
	C	144.7	50.9	2.2	2.0	19.1	95.6	2.4	41.0	18.0
	D	145.8	56.6	2.2	2.3	20.9	93.7	1.8	41.4	18.5

（1）产量遗传改进明显，4个时期平稳上升。在北京地区生态条件下，B组品种比A组品种增产52.7%，C组比B组增产10.6%，D组比C组增产20.1%，平均每年递增2.5%左右。在河南地区生态条件下也表现出同样趋势，产量的遗传进度为9.9%~21.7%。20世纪80—90年代育成品种平均比50年代农家品种增产49.8%，最明显的改进是60—80年代，之后改进幅度下降。

（2）一粒、二粒荚减少，三粒、四粒荚增多，每荚粒数提高。4个时期品种的每荚粒数在昌平试点为1.99粒、2.05粒、2.32粒和2.38粒，90年代育成品种比50年代生产用品种平均每荚多了0.39粒。4个时期一粒、二粒荚分别为40.83粒、37.45粒、25.47粒和17.44粒，三粒、四粒荚分别是7.24粒、14.54粒、17.39粒和17.48粒，尤其是三粒荚增加幅度大，二粒荚减少幅度大。

（3）主茎荚数增多，总荚数减少，荚比提高。4个时期品种主茎荚数在安阳试点为25.67个、26.83个、32.01个和36.51个，总荚数为76.91个、86.79个、65.08个和62.71个，荚比为33.4%、35.4%、50.9%和58.8%，尤其20世纪70年代后育成品种主茎荚数明显增加，总荚数明显减少，荚比较大幅度提高。20 世纪 80—90 年代育成品种与地方农家品种相比，主茎荚数增多了 10. 84 个，总荚数少了 14. 2 个，荚比提高了 24. 1%。

（4）分枝数减少，茎秆增粗，抗倒伏能力增强。以昌平试点为例，4 个时期品种的分枝数分别为 3. 68 个、3. 70 个、2. 92 个和 2. 04 个，茎粗分别为 4. 81mm、5. 20mm、5. 30mm 和 5. 45mm，倒伏度分别为 1. 60 级、1. 83 级、1. 20 级和 1. 0 级，20 世纪 80—90 年代品种与 50 年代品种相比，分枝数减少了 1. 64 个，茎秆增粗了 0. 64mm，所以，品种的抗倒伏能力明显增强、4 个时期品种倒伏度在安阳试点分别为 4. 20 级、4. 17 级、2. 40 级和 1. 83 级，结果表明，分枝数、茎粗、倒伏度 3 个性状有较大遗传改进。

（5）籽粒增大，总粒数略减，单株粒重提高。就百粒重来说，4 个时期品种平均分别为 15. 11g、16. 81g、19. 12g 和 21. 47g（安阳试点），新近育成品种比地方品种百粒重多 6. 36g，百粒重提高是黄淮海区育种进展最显著的性状。在单株总粒数减少不多的情况下，单株粒重有所提高，4 个时期品种单株粒重分别为 18. 38g、20. 74g、21. 60g 和 24. 85g，80—90 年代品种与 50 年代品种相比，单株粒重增加了 4. 65~6. 47g。单株粒重的提高是大豆产量提高的主要原因。

（6）株高、节数、节间长度、生育期等性状表现为抛物线形的先增后减趋势。60—80 年代品种与 50 年代品种相比，株高增加，节数增多，节间增长，成熟期推迟，与 90 年代新育成品种相比，新品种株高又降低，节数减少，节长缩短，成熟期提前，基本又恢复到地方农家品种的株高、生育期、节数、节长水平。表明 20 世纪 80 年代以来生产力水平提高，肥力水平有较大发展，高产品种则只有在降低高度条件下增强抗倒能力，从而保证产量的提高。

（7）空瘪荚减少，每节荚数增多。从安阳点的试验结果看出，4 个时期品种的空瘪荚数分别为 4. 55 个、4. 23 个、2. 29 个和 1. 92 个，每节荚数分别为 1. 69 个、1. 67 个、2. 02 个和 2. 34 个，近期品种与地方品种相比，空瘪荚少了 2. 63 个，每节荚数多 0. 65 个。上述两个性状在昌平点也表现为同样的变化趋势，但结荚高度在安阳点表现为升高趋势，在昌平点表现不明显。

（8）脂肪含量增加，蛋白质含量变化不大。4 个时期品种的脂肪含量在安阳点为 16. 98%、16. 93%、18. 22%、18. 35%，在昌平点为 15. 92%、15. 55%、15. 77%、17. 49%，尤其 20 世纪 90 年代育成品种脂肪含量的遗传改进明显，比 20 世纪 50 年代品种提高了 1. 37%~1. 57%。相比之下，蛋白质含量没有多少改进，4 个时期品种在安阳点为 41. 49%、41. 61%、41. 00% 和 41. 35%，在昌平点为 42. 01%、42. 98%、42. 30% 和 42. 40%。同时也表明，大豆品种在不同地点的脂肪含量和蛋白质含量不同，安阳点的脂肪含量高于昌平点，而昌平点的蛋白质含量高于安阳点。虽然总的来说蛋白质含量的遗传改进不够明显，但也培育出了一些高产高蛋白品种，如科丰 6 号（45. 48%）、冀豆 4 号（45. 64%）、诱变 30（44. 00%）等。

2. 2　主要农艺性状相关聚类分析

2. 2. 1　相关分析

产量与其他性状间相关分析表明，单株粒重、脂肪含量、荚比、每荚粒数、主茎荚数、每节荚数、三四粒荚数、百粒重等性状与产量呈显著或极显著正相关，相关系数分别为 0. 591、0. 540、0. 528、0. 514、0. 504、0. 502、0. 435、0. 420（安阳），生育期、茎粗、主茎节数等性状与产量明显正相关，相关系数分别为 0. 251、0. 388、0. 301，株高、单株粒数两性状与产量的相关性不大，分枝数、单株荚数、蛋白质含量、一二粒荚数与产量呈负相关，相关系数分别为 -0. 166、-0. 185、-0. 267、-0. 353，倒伏度与产量呈极显著负相关，相关系数为 -0. 610。认为株高适中、分枝数少、单株粒重高、荚比大、百粒重高、茎粗、节多、生育期较长，抗倒能力强的品种一般都会有较高的产量，因此，在大豆育种工作中，应注意对上述性状的选择。但产量与脂肪含量呈极显著正相关、与蛋白质含量呈负相关，高产高蛋白相矛盾。所以，在试图提高单株粒重、荚比、每荚粒数、百粒重，增强抗倒能力，减少分枝数，提高产量的同时，还应注意提高蛋白质含量。育种实践表明，高产高蛋白品种的选育是可能的（表3）。

表3 主要性状与产量性状的相关

地点	单株粒重（g）	株高（cm）	茎粗（mm）	节数	分枝数	主茎荚数	一二粒荚数	三四粒荚数	单株荚数
昌平	0.72**	0.28	0.29	0.23	-0.26	0.06	-0.43*	0.50*	-0.24
安阳	0.59**	-0.10	0.39	0.30	-0.17	0.50*	-0.35	0.44*	-0.19
地点	单株粒数	荚比（%）	每荚粒数	每节荚数	百粒重	生育期	倒伏度	蛋白含量（%）	脂肪含量（%）
昌平	-0.06	0.51*	0.47*	0.43*	0.45*	0.41	-0.55**	-0.29	0.66**
安阳	0.07	0.53**	0.51*	0.50*	0.42*	0.25	-0.61**	-0.27	0.54**

注：$n=23$，$r_{0.05}=0.413$，$r_{0.01}=0.526$；* 表示相关显著，** 表示相关极显著

2.2.2 参试品种24个性状聚类分析

对昌平、安阳两个试点23个品种的24个调查性状进行了聚类分析（24个性状同表2中）。由表4看出，23个参试品种分为四类最合适。品种分类情况见表5，各类品种24个性状平均值列于表6。结果表明、第一类品种的主要特点在于单株粒重高、茎秆较粗、节数较多、分枝较少、空荚及一二粒荚少、三四粒荚多、每荚粒数多、百粒重高、结荚位置较上、产量高，属于主茎为主、产量性状优良的高产类型品种。第二类品种的主要特点在于分枝数少、节数少、单株粒重低、抗倒能力强、荚比高、每荚粒数和每节荚数较多、生育期较短、蛋白质含量低、脂肪含量高，属于主茎类型的高油分品种。第三类品种的主要特点在于株高较低、生育期较短、百粒重低、蛋白质含量高、脂肪含量低、荚比低、每节荚数和每荚粒数少、抗倒能力强，属于主茎和分枝并重类型的低产高蛋白品种。第四类品种的主要特点在于植株较高、分枝数多、生育期长、空荚及一二粒荚多、百粒重低、总荚数和总粒数多、抗倒能力差、节间长、每荚粒数少、荚比小、蛋白质含量高、脂肪含量低，属于分枝类型的小粒、晚熟、高蛋白品种。第一类和第二类品种基本上是20世纪70—90年代生产上应用的代表品种，产量高、脂肪含量高、分枝数少、茎秆粗、抗倒能力强、每荚粒数多、百粒重高、荚比高。第三类和第四类品种基本上为50—70年代生产上应用的代表品种，植株高、生育期长、分枝数多、抗倒能力差、百粒重低、蛋白质含量高、每荚粒数和每节荚数少、荚比低、总荚数和总粒数多。再次证明黄淮海地区大豆品种经历了分枝型到主茎型、小粒型到大粒型、低脂肪含量到高脂肪含量、抗倒能力差到抗倒能力强以及产量提高、株高降低、每荚粒数增多、生育期缩短的遗传改进途径和趋势。同时也表明，品种分类与品种的推广应用年代、地理分歧和亲缘关系等因素有关。两个试点聚类分析结果不尽相同的原因可能在于生态环境和管理条件不一致，影响到一些性状的不同表现。

表4 品种分类与变异百分率的关系

分类	变异百分率（%）		与50%理想值比较
	昌平	安阳	
1	100.00	100.00	大
2	73.02	70.19	大
3	60.30	58.48	大
4	51.33	49.28	相近
5	43.35	45.43	小

表5　23个品种24个性状聚类情况

聚类号	昌平	安阳
第一类 Ⅰ	诱变30、科丰6号、中黄2号、中黄3号、豫豆8号、跃进5号、冀豆4号、晋豆4号、晋豆17号、文丰5号	诱变30、豫豆8号、冀豆4号、中黄2号、晋豆4号、晋豆9号、科丰6号
第二类 Ⅱ	鲁豆4号、广平牛毛黄、冀豆7号、晋豆9号、闪金豆、太谷早	鲁豆4号、广平牛毛黄、中黄3号、冀豆7号、闪金豆、太谷早、晋豆17号
第三类 Ⅲ	铁角黄、平顶黄	牛毛黄、铁角黄、平顶黄
第四类 Ⅳ	莒选23、早丰1号、郑州135、牛毛黄、通县元豆	莒选23、早丰1号、郑州135、跃进5号、通县元豆、文丰5号

表6　各类品种24个性状值

性状	昌平				安阳			
	第一类 Ⅰ	第二类 Ⅱ	第三类 Ⅲ	第四类 Ⅳ	第一类 Ⅰ	第二类 Ⅱ	第三类 Ⅲ	第四类 Ⅳ
产量（kg）	146.1	117.4	81.1	118.2	194.9	156.6	167.3	125.8
单株粒重（g）	15.9	10.9	11.5	13.5	27.3	19.5	24.6	18.0
株高（cm）	77.9	71.6	66.7	85.3	95.8	85.4	100.9	93.2
茎粗（mm）	5.3	5.2	4.3	5.2	6.1	5.7	5.7	5.1
节数	16.5	14.9	16.6	18.2	17.1	15.7	16.0	14.9
分枝数	2.5	2.2	3.5	5.0	3.8	4.4	5.7	5.6
主茎荚数	29.6	29.5	18.1	36.6	35.7	38.1	28.4	18.3
一粒荚数	4.4	6.1	6.8	12.8	8.8	17.2	15.3	16.6
二粒荚数	14.4	20.7	22.3	40.6	23.6	34.1	58.8	36.9
三粒荚数	16.3	10.3	5.2	14.3	23.3	15.1	19.2	15.2
四粒荚数	1.9	0.3	0.0	0.1	5.0	1.5	0.5	0.0
总荚数	38.2	36.5	39.3	68.4	61.0	67.8	94.5	68.4
总粒数	92.8	76.8	76.9	131.1	145.5	135.8	193.7	136.4
荚比（%）	75.8	81.9	45.2	53.9	59.5	56.6	30.1	27.2
每荚粒数	2.4	2.1	1.9	1.9	2.4	2.0	2.1	2.0
每节荚数	1.8	2.0	1.1	2.1	2.2	2.4	1.8	1.2
百粒重（g）	17.3	14.5	13.0	12.1	21.8	18.5	14.9	17.0
生育期（d）	100.0	94.0	92.5	102.0	97.2	90.5	96.3	95.6
倒伏度	1.1	1.0	1.0	2.6	2.2	2.4	4.3	4.2
蛋白质含量（%）	42.7	40.3	44.9	43.1	41.0	40.9	41.4	42.2
脂肪含量（%）	16.4	17.7	15.0	14.6	18.7	18.1	17.5	16.7

（续表）

性状	昌平				安阳			
	第一类 Ⅰ	第二类 Ⅱ	第三类 Ⅲ	第四类 Ⅳ	第一类 Ⅰ	第二类 Ⅱ	第三类 Ⅲ	第四类 Ⅳ
结荚高度（cm）	15.4	9.7	14.6	10.7	6.3	4.7	3.1	3.2
空瘪荚数	1.2	1.5	1.7	3.7	1.2	3.5	4.1	4.0
节间长度（mm）	5.0	5.0	4.3	5.1	5.8	5.7	6.7	6.8

3 小结与讨论

3.1 主要农艺性状遗传改进与育种目标

23个代表品种的主要农艺性状研究表明，黄淮海地区从地方农家品种到近期的育成品种，在产量不断改进的同时，伴随着每荚粒数增多、荚比提高、分枝数减少、茎秆增粗、抗倒伏能力增强、籽粒变大、单株粒重提高、脂肪含量增加、每节荚数增多，生育期、株高、节间长度3个性状呈现先增后减趋势，蛋白质含量、节数两个性状的改进不明显。其中，每荚粒数增多的最显著变化是一二粒荚减少和三四粒荚增多，主茎荚数的明显增多导致了荚比提高和每节荚数增加，百粒重的不断提高在于籽粒的逐步增大。20世纪60—70年代育成品种与50年代农家品种和80—90年代育成品种相比，生育期延长、株高增加、节间增长，看来，这3个性状不是制约产量改进的主要因素，只要在允许的范围内，生育期和株高适当，不应过分追求早熟和矮秆，没有较高的生物产量，也不会有较高的经济产量，因为经济系数的增加极为有限。晋豆号品种，生育期较长（96~103d）、植株较高（86~100cm），但茎秆较粗、抗倒能力强，在两个试验点的产量都比较高。近40年的品种改进过程中，很多品种蛋白质含量没有明显提高，但也培育出了一些高产高蛋白品种，如科丰6号、中黄2号、豫豆2号、豫豆12号等，说明高产与高蛋白的矛盾可以通过育种加以克服。所以，黄淮海地区的大豆育种目标中应列入高蛋白育种，降低对早熟、矮秆的要求，继续改进每荚粒数、每节荚数、百粒重、茎粗、抗倒伏性、荚比和单株粒重等性状。体现在三四粒荚数多、一二粒荚数少、主茎荚数多、分枝数少、籽粒大等方面，育种工作中宜选用具有上述优良性状的亲本，后代中加强对这些性状的选择，以培育主茎型品种或主茎分枝并重型品种。

3.2 性状相关与后代选择

相关分析表明，单株粒重、脂肪含量、荚比、主茎荚数、每荚粒数、每节荚数等性状与产量呈显著正相关，三四粒荚数、百粒重、生育期、茎粗等性状与产量明显正相关，而单株粒重与三四粒荚数、每荚粒数、每节荚数均与主茎荚数、荚比、茎粗正相关，前者还与三四粒荚数高度正相关，倒伏度与茎粗、产量负相关。所以，在进行以产量为主的育种程序中，应加强对三四粒荚数、主茎荚数、荚比、百粒重、茎粗、生育期等性状的选择，以此来提高单株粒重、每荚粒数、每节荚数等性状。脂肪含量与产量及产量性状正相关，在提高产量的同时也提高了脂肪含量。蛋白质含量与生育期、分枝数等性状正相关，与产量等多数性状呈负相关，通过加大杂种后代群体打破高产低蛋白的连锁来提高蛋白质含量。

3.3 品种分类与品种来源、品种系谱间的关系

NCSS聚类分析软件将23个代表品种分为四类，第一、第二类基本上为80—90年代育成的推广品种，第三、第四类基本上为农家品种和60—80年代生产用育成品种。第一类中包括了北

京地区的育成品种，第一、第二类中包括了山西省的育成品种和地方品种，河南、山东50—80年代生产用品种则分布在第三、第四类中。表明品种分类与品种来源和品种的推广应用年代有关。此外，品种分类还与品种的亲缘有密切关系，如中黄2号、中黄3号、诱变30、科丰6号属于徐豆1号系谱，聚在第一类内，第四类中的莒选23、早丰1号、郑州135来自于莒选23系谱，它们彼此都有较近的亲缘关系。

参考文献（略）

本文原载：大豆科学，1996，15（1）：1-10

黑龙江省及黄淮海地区大豆品种的遗传改进

王连铮[1] 叶兴国[1] 刘国强[1] 隋德志[2] 王培英[2]
(1. 中国农业科学院，北京 100081；2. 黑龙江省农业科学院，哈尔滨 150086)

摘 要：对黑龙江省和黄淮海地区不同时期有代表性的大豆品种进行比较研究，结果表明单株粒重、荚比、三四粒荚数、每节荚数、每荚粒数、百粒重、脂肪含量等性状与产量呈显著或极显著正相关，而倒伏性与产量呈极显著负相关。各地大豆品种遗传改进的明显趋势在于抗倒伏性显著增强，单株粒重提高，每节荚数、每荚粒数增多，粒重增大，茎秆增粗，株高降低

关键词：大豆品种；遗传；改进

Genetic Improvement of Soybean Cultivars in Heilongjiang Province and Huang-huai-hai Valley

Wang Lianzheng[1] Ye Xingguo[1] Liu Guoqiang[1] Sui Dezhi[2] Wang Peiying[2]
(1. *Chinese Academy of Agricultural Sciences*, *Beijing* 100081, *China*;
2. *Heilongjiang Academy of Agricultural Sciences*, *Harbin* 150086, *China*)

Abstract: Through comparative research to representative soybean cultivars in different periods in Heilongjiang province and Huang-huai-hai valley, we found that yield per plant, pod ratio, pods with 3, 4 seeds, pods per node, seeds per pod, 100-seed weight and oil content had significant correlation or highly significant correlation with yield, but lodging had highly significant negative correlation. Genetic improvement of soybean cultivars had evident tendency as follows: resistance to lodging was strengthened, yield per plant was increased, pods per node and seeds per pod were increased, seed weight was increased, pods per node and seeds per pod were increased, seed weight was increased, plant height was decreased.

To understand genetic improvement of soybean cultivars in different regions is very important to identify objectives of soybean breeding, to identify parents of hybridization, selection of new lines. Main agronomic characteristics of new soybean lines needs to conform the needs of production. This kind of cultivars is easy to release production.

Key words: Soybean varieties; Genetic; Improvement

早在1934年，Weatherspoon和Wentz就指出：大豆产量与株高、节数、每株荚数及每节荚数呈极显著正相关，相关系数分别为0.43**、0.44**、0.50**和0.29**。王金陵教授在1947年研究了大豆性状演化，认为大豆进化的明显趋势是由野生小粒型逐渐向大粒型进化，同时伴随着茎秆加粗、叶变大、生育前期缩短、生育后期延长、株高降低、植株趋于直立。Johnson等对大豆一些主要农艺性状与产量的相关系数进行了研究，王金陵、杨庆凯、马育华、盖钧镒、陈怡、

课题来源：国务院农业综合开发办公室和农业部下达的“黄淮海地区大豆育种和良种繁育”及黑龙江省科委下达的项目部分内容

作者简介：王连铮执笔，男，研究员，博士生导师，中国科学技术协会副主席、中国作物学会理事长、中国农业科学院学术委员会名誉主任

翁秀英、陈恒鹤等均在这方面做了较为深入的研究。Ludders 和 Wilcox 等对美国中西部和其他地区大豆的遗传改进进行了比较深入的研究。1982—1984 年在黑龙江省农业科学院曾对黑龙江大豆品种的遗传改进进行了研究，1991—1994 年又对黄淮海地区大豆品种的遗传改进进行了研究，本文拟根据这两部分工作及作者大豆育种工作的实践来探讨大豆主要农艺性状与产量的关系，并对如何指导大豆育种谈些看法。

1 材料和方法

1.1 黑龙江省大豆品种遗传改进研究试验

选取黑龙江省各地区不同时期（50 年代、60 年代、70 年代，分别为 1、2、3 组）有代表性的品种 17 个，1982 年种植于黑龙江省农业科学院大豆试验地。随机区组，4 次重复，3 行区，行长 5m，行距 70cm，穴距 10cm，每穴两粒点播，平均密度 26～28 株/m^2，小区面积 10.5m^2。生育期间对各农艺性状观察记载，并按熟期、小区分别收获，干后测产。收获时从每小区随机取 10 株，室内考种，分析 9 个农艺性状。差异显著性测定采用 SSR 法。

1.2 黄淮海大豆品种遗传改进研究试验

从黄淮海大豆产区搜集 50—90 年代有代表性的品种共 23 个，分 4 大组。

A 组（1950—1960 年）品种为牛毛黄、铁角黄、平顶黄、太谷早、广平牛毛黄；B 组（1960—1970 年）品种为闪金豆、通县元豆、莒选 23、早丰 1 号、文丰 5 号；C 组（1970—1980 年）品种为鲁豆 4 号、诱变 30、跃进 5 号、冀豆 4 号、晋豆 4 号、郑州 135 号；D 组（1980—1990 年）品种为科丰 6 号、豫豆 8 号、冀豆 7 号、中黄 2 号、中黄 3 号、晋豆 9 号、晋豆 17 号。

1992 年将上述品种种在北京郊区昌平县中国农业科学院作物所试验农场内，1 行区、3 次重复、随机排列、生育期间对出苗期、抗病性、开花期、成熟期、倒伏度进行了调查，成熟后取 10 株对主要农艺性状进行考种。1993 年种植 3 行区，3 次重复，随机排列，小区长 5m，宽 1.5m，行距 50cm，株距 7～8cm，成熟时在中间一行取 10 株考种，并测中间行产量。分别在北京昌平和河南安阳两个生态条件下种植。

统计分析数据按品种进行 3 小区平均。相关分析采用裴鑫德介绍的程序和方法，聚类分析采用美国的 NCSS-Ⅲ型生物统计软件系统进行。

2 结果与分析

2.1 黑龙江省不同地区不同大豆品种农艺性状的遗传改进

2.1.1 松花江地区

从表 1 中可以看出，经过 30 多年，松花江地区大豆品种的抗倒伏性有明显增强，三四粒荚和主茎节数有所增加，该地区土壤肥力水平较高，由于茎秆强度提高，综合农艺性状得到改良，因而产量有显著增加。

表 1 松花江地区

	品种	生育日数	株高 (cm)	倒伏度	分枝数	主茎节数	单株荚数	三四粒荚率 (%)	百粒重 (g)	产量 (kg/hm^2)
1 组	满仓金	122.5	90.3	4	2.5	16.2	36.2	44.4	18.1	2 712.0
	东农 4 号	125.3	90.3	3	1.0	16.1	39.9	45.4	21.0	3 252.0

（续表）

	品种	生育日数	株高(cm)	倒伏度	分枝数	主茎节数	单株荚数	三四粒荚率(%)	百粒重(g)	产量(kg/hm^2)
2组	黑农5号	123.0	90.2	3	1.8	17.0	32.4	44.6	19.6	3 063.8
	黑农10号	123.0	99.9	2	0.7	15.7	20.5	56.7	19.0	3 234.0
	黑农11号	124.0	82.1	2	1.8	15.2	23.5	62.6	19.1	3 118.5
3组	黑农16号	125.3	92.0	2	1.5	17.4	26.5	63.6	18.8	3 345.8
	黑农23号	125.6	96.3	2	1.3	18.1	25.8	50.0	21.5	3 497.3
	黑农26号	124.0	100.3	1	0.1	18.4	33.1	53.2	17.7	3 573.0

注：*，** 为差异显著和极显著。差异显著性是以与各组的平均数相比，下同

2.1.2 合江地区

合江地区为低洼易涝地区，由于大豆品种的抗倒伏性有明显提高，株高有所降低，三四粒荚的比例有所提高，分枝数有所减少，因而，大豆产量有显著提高（表2）。

表2 合江地区

	品种	生育日数	株高(cm)	倒伏度	分枝数	主茎节数	单株荚数	三四粒荚率(%)	百粒重(g)	产量(kg/hm^2)
1组	荆山朴	127.3	109.2	4	1.6	18.1	41.0	62.5	17.6	2 789.3
2组	合交6号	124.5	97.4	3	1.4	16.0	28.3	30.6	23.4	3 108.8*
3组	合丰22号	124.5	85.2	2	1.7	15.9	34.2	47.1	18.2	3 291.8
	合丰23号	122.8	78.6	0	0.2	15.9	27.6	57.9	23.1	3 525.8*

2.1.3 嫩江地区

嫩江地区系干旱地区，沙土较多，土壤相对瘠薄，和松花江地区、合江地区有所不同。但也可以看出，株高、主茎节数、分枝数增加，产量有所提高（表3）。

表3 嫩江地区

	品种	生育日数	株高(cm)	倒伏度	分枝数	主茎节数	单株荚数	三四粒荚率(%)	百粒重(g)	产量(kg/hm^2)
1组	丰收10号	108.0	53.4	0	0	13.2	20.1	3.0	22.3	3 289.5
	丰收12号	119.0	77.0	0	0.1	15.8	31.1	2.2	24.0	3 739.5
2组	嫩丰12号	118.5	78.4	0	0.1	16.1	27.1	2.6	21.9	-

2.2 黄淮海地区不同大豆品种农艺性状的遗传改进

黄淮海地区不同时期大豆品种的主要农艺性状遗传改进情况见表4。从表4中可以看出，不同时期的大豆产量呈逐渐增加的趋势。单株粒重、茎粗、三四粒荚数、荚比、每荚粒数、每节荚数和百粒重不断增加，倒伏程度有所减轻。

表4 不同时期品种主要农艺性状遗传改进情况

性状	昌平				安阳			
	A	B	C	D	A	B	C	D
产量（kg/hm²）	1 064.3	1 809.0	1 999.5	2 401.5	1 821.0	2 217.0	2 482.5	2 728.5
单株粒重（g）	10.9	13.1	15.6	15.8	18.4	20.7	21.6	24.9
株高（cm）	69.0	80.2	76.9	71.2	90.2	97.8	90.7	88.8
茎粗（mm）	4.8	5.2	5.3	5.5	5.4	5.4	5.7	5.9
节数	16.8	17.7	15.8	15.2	15.9	15.3	16.5	15.6
分枝数	3.7	3.7	2.9	2.0	4.7	5.4	4.3	3.6
主茎荚数	28.4	33.3	30.8	28.7	26.8	25.7	32.0	36.5
一二粒荚数	40.8	29.5	25.4	18.7	64.7	57.7	42.0	40.1
三四粒荚数	7.3	14.6	17.4	17.5	12.3	17.9	20.8	24.1
单株荚数	50.2	52.5	42.1	36.2	76.9	75.8	65.1	62.7
单株粒数	99.8	104.7	93.5	86.0	149.0	153.7	144.7	145.8
荚比（%）	57.3	65.1	75.0	79.6	33.4	35.4	50.9	56.6
每荚粒数	2.0	2.1	2.3	2.4	1.9	2.0	2.2	2.2
每节荚数	1.7	1.8	2.0	1.8	1.7	1.7	2.0	2.3
百粒重（g）	12.7	14.1	15.4	17.9	15.1	16.8	19.1	20.9
生育期（d）	95.4	100.3	99.4	95.4	92.2	95.2	95.6	93.7
倒伏度	1.6	1.8	1.2	1.0	4.2	4.2	2.4	1.8
蛋白含量（%）	42.0	43.0	42.3	42.4	41.5	41.6	41.0	41.4
脂肪含量（%）	15.9	15.6	15.8	17.5	17.0	16.9	18.0	18.5

2.3 黑龙江和黄淮海地区大豆品种主要性状与产量相关分析结果

从表5中可以看出，产量与单株粒重、脂肪含量呈极显著正相关；产量与荚比、百粒重、每节荚数、每荚粒数、三四粒荚比例，主茎荚数呈显著正相关；产量与倒伏度呈极显著相关；与一二粒荚数呈显著负相关。产量与蛋白质含量呈负相关，但未达显著水平；产量与茎粗、生育日数、主茎节数呈正相关，虽未达到显著标准，但相关还是比较明显的；产量与其他一些性状，如株高等，由于栽培条件，生态类型和不同大豆品种结荚习性之不同，因而不同作者得出的相关系数不尽相同，有的甚至差别很大。本试验表明，在松花江、昌平两地表现为正相关，在安阳则表现为负相关，但均未达到显著水平。

表5 大豆产量与主要性状的相关性分析

性状	松花江	昌平	安阳
株高	0.20	0.28	−0.10
生育日数	0.21	0.41	0.25
分枝数	−0.54*	−0.26	−0.17
主茎节数	0.32	0.23	0.30

（续表）

性状	松花江	昌平	安阳
每节荚数	0.27	0.43*	0.50*
每荚粒数	0.03	0.47*	0.51*
三四粒荚率（%）	0.17	0.50*	0.44*
百粒重	0.45*	0.45*	0.42*
单株粒量		0.72**	0.59*
茎粗（mm）		0.29	0.39
主茎夹数		0.06	0.50*
一二粒荚数		-0.43*	-0.35
单株荚数		-0.24	-0.19
单株粒数		-0.06	0.07
荚比（%）		0.51*	0.53**
倒伏度		0.55**	-0.61**
蛋白含量（%）		-0.29**	-0.27**
脂肪含量（%）		0.66**	0.54**

3 讨论

产量与抗倒伏性有显著的相关性，而品种的抗倒伏性至关重要，是选育高产品种的先决条件。因此，早在1980年就提出要将大豆品种资源、杂交后代和品系放在高肥水条件及一般条件下进行鉴定，才能明确品种的产量潜力以及适应性。同时要和选择产量性状相结合，才能选出高产品种来，黑龙江和黄淮海地区选育的大豆品种正是从不抗倒伏逐渐向抗倒伏的方向发展。

单株粒重与产量相关极显著，荚比、每荚粒数、三四粒荚数、每节荚数、百粒重、主茎荚数均与产量显著相关，这些性状是决定产量的关键性状，因此对亲本、后代以及决选品系要进行认真的选择，以期选出优良的大豆品种来。脂肪含量与产量相关达极显著，蛋白质含量与产量呈负相关。这和前人一些研究是一致的。这说明选择高产高脂肪含量的品种容易，而选择高产高蛋白质含量的大豆品种则难些。生育日数和株高与产量均有一定的相关性，虽然未达到显著标准，但也是需要考虑的性状，如东北地区春播大豆存在能否在霜前正常成熟，黄淮海地区夏播大豆则存在能否满足二季作的要求，收获太晚不利于小麦及时播种。

1996年曾经指出理想的大豆株型：①有3~10个分枝，同时分枝应当收敛，不劈杈。②有限和亚有限结荚类型，在良好栽培条件下可以利用顶端优势获得高产。如有几个分枝，分枝顶端也是亚有限类型便于发挥增产潜力。③植株高度在70~90cm，秆强不倒伏，节间短。④单位面积干物质形成多，收获指数大于5.5。⑤每节荚数多，同时籽粒大。⑥叶片不要太大交叉上举，利于通风透光，光合效率高。⑦高抗病虫害，另外，单株粒重高应是高产的一个重要条件，因单株粒重和产量达极显著正相关，因此在选种时必须认真考虑这个性状。

高产品种没有一定的培育条件，很难表现其特征。因此，必须在肥力高的条件下，才能选出高产品种。一般育种圃场的肥力水平应高于生产上的肥力水平，这样选出的品种有一定超前性，经过3~4年品种区域试验和生产试验，在生产上推广才能符合要求。

从进化角度来看，从野生大豆—半野生—栽培大豆是经历由蔓生缠绕型大豆到半缠绕型到直立型大豆。粒型由小粒→中粒→大粒，茎粗由细小到粗壮，节间由长变短，植株高度由高大逐步变矮。野生大豆蛋白质含量高，脂肪及油酸含量低，亚麻酸含量高，而栽培大豆的蛋白质含量低，脂肪含量高，油酸高，亚麻酸低。这些可以作为研究大豆进化的一些指标。

上述几点，是大豆自然选择和人工选择相结合作用的结果。

致谢：河北、山东、河南、山西、辽宁、吉林及黑龙江省农业科学院，中国科学院遗传所，东北农业大学，中国农业科学院品资所、油料所等曾支持品种资源并给予指导，中国农业科学院棉花所、作物所在田间试验给予大力支持，一并致谢。

参考文献（略）

本文原载：中国油料作物学报，1998，20（4）：20-25

野生大豆收集、保存与利用

黑龙江省野生半野生大豆的观察研究

王连铮　吴和礼　姚振纯　周毅夫　李秀兰　朱之垠
（黑龙江省农业科学院，哈尔滨　150086）

育种实践说明，选育多方面综合优良性状的品种，需要具备广泛的遗传基础，特别是一些特殊性状和抗性，往往要从近缘野生植物获得。

在我国，野生大豆资源分布广、类型多，随着野生大豆资源的搜集和对大豆起源、进化、分类等研究工作的进展，将对大豆育种带来新的突破。本文重点报道近年来收集到的野生种、半野生种大豆初步研究结果。

1　试验材料和方法

选用来自省内外、国内外野生大豆 10 份，半野生大豆 12 份，并以栽培种大豆黑农 26 号为对照（表 1）。试验在本院试验圃场进行。采用 2m 行长双行区，行距 70cm，50cm 穴播，蔓生型 7 月 4 日搭架。生育期间观察了物候期、生物学特性及自然条件下的病害、虫害发生情况。在召东县四方军马场设置大豆胞囊线虫病鉴定，用日立牌 835-30 型氨基酸自动分析仪进行氨基酸测定，用凯氏法测定蛋白质，用 YG-2 型抽提器测定脂肪含量，细胞学观察用种子发芽 3～5d 的根尖，以卡诺固定液固定，苏木精染色后观察染色体数。

2　试验结果

2.1　形态特征

野生种大豆（*G. soja*）的根多分布在土壤表层，属浅根系，不论其生长在黑钙土上还是河滩沙地上，均着生根瘤，根瘤大且多集中于主根基部附近。茎细弱蔓生，强缠绕，分枝多而不易与主茎区别。据黑龙江省的考察，野生大豆平均分枝为 3 个，在试验区内，水、肥、光等条件优于野外生态环境，平均分枝 15.9 个，最多达 31 个。供试的 10 个野生种大豆平均茎长 128.7cm，最长达 230cm。叶小，均为三出复叶，以长卵圆、长椭圆、卵圆、椭圆、披针形叶为主，线形叶少。一般表现为基部着生小椭圆叶（小卵圆），中部是长椭圆叶（长卵圆），上部则为披针叶（线形叶）。在不同生态条件下，叶片大小变化很大，花紫色，无限结荚习性，荚小而多，每株结荚 162 个，最多达 239 个。种子为黑色、长椭圆形、椭圆或肾形小粒种，百粒重在 2g 以下，有泥膜无光泽，种皮厚，不易透水。

半野生种大豆（*G. gracilis*）性状多介于野生种和栽培种之间，过渡类型多，变异大。将各种大豆几个性状特征列于表 2。

表1 试验材料

种别	编号	来源
野生种	76-25	黑龙江省绥化县五一大队
	78-1	黑龙江省宾县新甸公社
	78-2	黑龙江省嫩江县山河农场
	W79-3	黑龙江省铁力县双丰公社
	W79-4	黑龙江省宾县新甸公社
	73-1411	吉林省公主岭
	75-3171	吉林省公主岭
	75-3172	吉林省公主岭
	W79-2	江苏省
	引 76-1	美国
半野生种	W79-1	黑龙江省勃利县
	76-2	黑龙江省德都县三合大队
	76-26	黑龙江省绥化县五一大队
	76-24	黑龙江省绥化县五一大队
	76-27-1	黑龙江省绥化县五一大队
	73-1407	黑龙江省哈尔滨市
	W79-5	黑龙江省绥棱林业局
	73-1408	黑龙江省双城县
	73-1367	黑龙江省勃利县
	73-1412	吉林省
	黑龙江半野生	美国寄回
	引 76-2	苏联
栽培种	黑农 26	黑龙江省农业科学院

表2 野生种、半野生种、栽培种大豆性状比较

种别＼项目	茎	茎长(cm)	分枝(个)	结荚习性	荚数	荚大小	叶大小	毛茸色	粒色	泥膜	百粒重(g)	炸荚性
野生种	细弱蔓生	128.7	15.9	无限	142	小	小	棕	黑	有	1.59	极易炸裂
半野生种	半蔓生、直立	90.3	7.2	无限	220	中	中、大	棕、灰	黑、褐、双色	有、无	6.3	炸裂
栽培种(黑农 26)	粗硬直立	96.4	0.6	无限有限	49	大	大	棕、灰	黄黑、青褐、双色	无	18.0	一般不炸

2.2 生物学特性的几点分析

野生大豆是短日性很强的植物，在同纬度，78-1、76-25 等野生大豆，开花期都晚于栽培种，但成熟期相近或提前（表3），说明野生种大豆从播种—开花需要的时间长，发育慢，而开花—成熟日数少，这也是野生种大豆特点之一。

表 3　同纬度不同种大豆生长发育时期比较

种别	编号	出苗期（月. 日）	开花期（月. 日）	成熟期（月. 日）	出苗—开花（d）	开花—成熟（d）
野生种	78-1	5.30	7.25	9.15	56	52
野生种	76-25	5.30	7.24	9.18	55	56
栽培种	黑农 26	5.26	7.5	9.20	40	77

从表 4 看出，原产吉林省公主岭的野生种大豆，在哈尔滨种植，由于光照时数增加，比原产黑龙江的野生种晚开花 20d 左右，而原产低纬度的江苏省野生大豆在哈尔滨自然光照下仅繁茂生长而无花荚形成，可见原产低纬度的野生大豆短日性强，对光照时数反应异常敏感。

表 4　不同纬度野生大豆开花成熟期

编号	原产地	纬度（N）	开花期（月. 日）	成熟期（月. 日）
78-2	黑龙江嫩江县山河农场	49	6.29	8.15
76-25	黑龙江绥化县	47	7.24	9.18
75-3171	吉林省公主岭	43	8.10	9.24
W79-2	江苏	32	-	-

2.3　抗病虫性的初步鉴定

结合大豆线虫病的抗源筛选，重点对野生种和半野生种抗大豆胞囊线虫病的抗性进行鉴定。

从鉴定结果看，8 种野生种和半野生种根系着生胞囊数目（16~50 个）和地上部受害症状级别（2~4 个）有差异，但无高抗类型，这与 1977 年对 5 份半野生种大豆鉴定表现严重感病（根系着生胞囊数 50 个，地上受害 3 级）的结果是一致的（表 5）。

此外，在试验田内和全省野生大豆资源考察中，野生大豆在自然情况下，个别植株也有病毒病、细菌性斑点病的发生和食心虫的钻蛀。

从上述鉴定和调查中看出，野生种、半野生种和栽培种大豆之间抗病性、抗虫性有差异，但对野生种、半野生种的抗性不能一概而论，应在归并整理基础上，进行接种鉴定，从中筛选出高抗病、高抗虫类型。

表 5　野生种、半野生种大豆胞囊线虫病抗性鉴定

种别	编号	*根系胞囊数（个/株）	地点植株受害等级
野生种	76-25	20.4	2~3
	75-3171	12.0	2
半野生种	73-1407	50 以上	4
	73-1412	15.6	4
	76-24	20.7	3
	76-26	28.9	4
	76-27-1	25.7	4
	黑龙江半野生	30 以上	3

（续表）

种别	编号	*根系胞囊数（个/株）	地点植株受害等级
栽培种	黑农 10（感病对照）	30 以上	3~4
	哈尔滨黑小豆（抗病对照）	0.2	0

注：＊两次重复平均数

2.4 大豆属不同种的种子蛋白质和脂肪含量

对大豆属不同种的种子蛋白质和脂肪含量进行了分析。栽培品种分析了黑龙江省南部推广的黑农 26、北部种植的黑河 3 号以及 20 世纪 50 年代黑龙江省生产上的主要品种满仓金、西比瓦，以提高分析结果的准确性和代表性（表 6）。

表 6 大豆属不同种的种子的蛋白质含量

种别	品种或品系	蛋白质含量（%）	脂肪（%）
栽培大豆	黑农 26	37.91	19.73
	黑河 3 号	36.84	20.96
	满仓金	39.39	19.78
	西比瓦	40.41	19.85
	平均	38.64	20.08
半野生大豆	76-27-1	38.35	13.24
	76-2	40.81	10.05
	引 76-2	39.91	12.80
	平均	39.69	12.03
野生大豆	78-2	41.36	8.07
	75-3172	42.51	8.11
	引 76-1	40.77	6.44
	78-1	41.46	8.38
	76-25	46.13	9.23
	平均	42.44	8.05

从分析结果可以看出，野生种大豆蛋白质含量高（40.76%~46.12%），半野生种大豆蛋白质含量次之（38.35%~40.81%），栽培种大豆含量较低（36.84%~40.41%）。脂肪含量则有相反的趋势，即栽培大豆脂肪含量最高（19.73%~20.96%），半野生大豆居中（10.05%~13.24%），野生种含量最低（6.44%~9.23%）。对几个材料进行分析得出的粗蛋白与脂肪之比如下，野生大豆为 5.33∶1，半野生大豆为 3.36∶1，栽培大豆仅 1.96∶1。据美国哈特威报道，利用原产我国长江下游蛋白质与油分比 3.50∶1 的野生大豆作为非轮回亲本，经过 3~4 代后，有的品系籽粒产量即可和回归亲本相等，而由于含油量相应下降的同时，蛋白质含量可增加 10%~15%，这对大豆高蛋白育种是极为重要的。

2.5 大豆不同种的种子氨基酸成分比较

对不同种的大豆籽实蛋白质的氨基酸成分进行初步分析，从分析结果可以看出（表 7），大豆属不同种籽粒的氨基酸含量，谷氨酸最多，大多数品种占蛋白质含量的 16%~20%，其次是天门冬氨酸，占 9%~12%，再次是亮氨酸，精氨酸和赖氨酸，占 5%~8%，其余氨基酸含量均少于上述几种。这和过去用纸上色层分析法测定的结果相同。

表 7　不同种大豆籽实蛋白质的氨基酸成分

种别	野生种				半野生种				栽培种			
氨基酸 \ 品系	78-2	75-3172	引 76-1	78-1	76-25	76-27-1	76-2	引 76-2	黑农 26	黑河 3 号	满仓金	西比瓦
天门冬氨基酸	7.40	9.84	9.62	8.54	10.66	13.46	12.40	10.12	13.50	11.30	10.52	13.52
苏氨酸	1.94	2.22	2.20	2.33	2.48	3.70	3.00	2.46	3.78	2.88	2.58	3.42
丝氨酸	3.04	3.52	3.20	3.42	3.34	4.54	3.88	3.26	5.96	5.10	4.82	5.94
谷氨酸	13.02	14.58	16.64	13.56	17.64	21.12	19.50	15.64	19.40	17.86	15.54	22.92
甘氨酸	3.00	3.82	3.28	3.48	3.64	5.06	4.26	3.56	4.80	4.18	3.92	4.86
丙氨酸	2.28	3.44	2.89	2.90	3.00	4.70	3.68	3.30	4.96	3.70	3.24	4.40
胱氨酸	0.38	0.94	0.94	0.38	0.34	0.78	0.34	0.50	0.90	1.14	0.86	1.08
缬氨酸	3.58	3.96	3.20	4.10	4.72	4.14	5.84	4.26	5.96	4.46	3.86	5.44
蛋氨酸	0.68	1.22	痕量	0.62	0.82	0.84	0.64	0.90	1.00	0.92	1.12	0.10
异亮氨酸	3.58	4.04	3.04	3.38	4.34	4.74	5.20	3.96	5.38	3.96	3.76	5.34
亮氨酸	4.12	8.00	7.50	6.04	7.68	8.70	8.96	6.72	2.54	7.22	7.00	10.04
酪氨酸	1.70	2.36	2.20	1.68	2.38	2.72	3.38	2.10	2.26	2.78	2.70	2.52
苯丙氨酸	3.86	2.16	3.68	3.58	4.94	4.80	5.58	3.66	5.38	5.22	4.42	6.14
赖氨酸	5.12	5.22	4.96	4.64	6.08	6.84	7.30	5.46	7.38	7.66	5.02	7.18
组氨酸	3.20	3.82	3.18	3.96	3.56	3.96	3.58	3.26	2.54	3.32	3.80	3.66
精氨酸	5.62	8.52	6.14	6.60	10.44	7.62	9.64	6.06	8.38	6.30	6.24	8.22
脯氨酸	1.64	2.36	2.12	1.68	2.00	2.08	2.26	2.26	2.32	2.40	1.88	2.92

从 8 种必需氨基酸（赖氨酸、蛋氨酸、异亮氨酸、亮氨酸、苯丙氨酸、组氨酸、精氨酸）来看，大豆的氨基酸含量比较全，而且赖氨酸含量也较高。色氨酸在水解条件下受破坏未测出来，据过去试验，一般为 1.5%~2.0%。

2.6　细胞学观察

根据对野生大豆、半野生大豆根尖进行的细胞学观察，表明野生大豆、半野生大豆根尖细胞染色体均是 40 个。对广东崖县抢坡岭黑龙江省农业科学院南繁基点附近发现的羽叶野生大豆进行的细胞学观察是 22 个染色体。

3　结语

（1）对近几年收集的野生大豆形态特征进行初步研究，认为野生大豆茎细弱蔓生，强烈缠绕，分枝多，平均每株分枝 15.9 个，最多 31 个。平均茎长 128.7cm，最长 230cm。叶为三出复叶。以长卵圆、长椭圆、披针形为主。花多数为紫色，总状花序，荚小而多，每株结荚 142 个，多者达 239 个。百粒重在 2g 以下，种子为黑色，有泥膜。

半野生大豆的性状介于野生种和栽培种之间。

（2）野生大豆的某些生物学特性：野生大豆比同纬度的栽培大豆开花晚，但成熟相近或提前，说明野生大豆从播种到开花需要时间长。不同纬度的野生大豆开花时间不同，对光照反应也不同。

（3）对野生大豆的抗病、虫性不能一概而论，必须进行接种、接虫鉴定，从中筛选出高抗类型，才能充分发挥野生种的潜在利用价值和基因库的作用。

（4）野生种和半野生种的籽粒蛋白质含量高，特别是蛋白质与油分比率分别高达5.33：1和3.36：1（栽培种为1.96：1），这对于培育出高蛋白质的栽培大豆品种是极为重要和可能的。

（5）不同种大豆籽粒氨基酸含量，以谷氨酸为最多，占16%~20%，其次是天门冬氨酸，占9%~12%，再次是亮氨酸、精氨酸和赖氨酸。

（6）野生大豆、半野生大豆染色体均为40个。

参考文献（略）

本文原载：植物研究，1983，3（3）48-53

黑龙江省野生大豆的考察和研究

王连铮　吴和礼　姚振纯　林　红
（黑龙江省农科院，哈尔滨　150086）

黑龙江省是我国大豆主产区之一，又是我国大豆生产的北界，但对全省野生大豆资源缺乏全面考察，因此，考察黑龙江省野生大豆资源，对丰富大豆种质基因库，适应科研和育种工作的需要均具有重要意义。

1　黑龙江省野生大豆资源概况

1.1　考察收集地区及结果

黑龙江省野生大豆资源的考察，考虑到：①黑龙江省地处祖国北疆，幅员广大。②黑龙江省属于温带、寒温带大陆性季风区气候，冬季漫长酷寒，夏季温高日长，北部地区夏至日长16h以上，年平均气温-3～5℃，是我国气温最低的省份，年降水量由东部700mm向西部渐减至300mm，形成西部干旱，北部酷寒的特点。③西部、北部大、小兴安岭蜿蜒起伏，东部有完达山、张广才岭等山脉延伸，境内多平原、丘陵，江河纵横，生态环境变化大，有肥沃的黑钙土，也有有机质少的白浆土及盐碱土等不同土类，各地区农业开发年限和耕作制度也有很大差异。鉴于上述自然特点，为了能较全面地反映和搜集全省不同生态区的野生大豆资源，同时又带有地区特点，黑龙江省1979年野生大豆资源考察注意了重点生态区和北部高寒地区的考察工作。1980年对全省进行了较全面的考察，但重点突出了考察野生大豆分布北界、东界及搜集半野生大豆类型和其生态条件，北部曾考察了黑龙江沿岸的边界各县；考察了西部风沙干旱的各县（自治县）；考察了东部乌苏里江沿岸和有低洼沼泽的各县，考察了黑龙江大豆的生产区，以及海拔1 000m以上的张广才岭。黑龙江省野生大豆资源分布见表1。

1.2　黑龙江省野生大豆资源分布

黑龙江省野生大豆资源共考察数10个县（市），代表和反映了全省不同生态区，特别是注意了边远和边界县份，在考察中，除西部风沙干旱区个别县没有发现野生大豆外，各地均有数量不等、类型不同的野生大豆生长。其分布和生长情况概括为：在我省东部低洼地区数量多，生产繁茂，西部风沙干旱盐碱土地区矮小稀少，北部高寒地区生育期短、南部平原丘陵地区类型多，大部分地区有较大片群落繁衍，具体情况如表1。

本工作曾得到王金陵教授和朱有昌副研究员的指导，本文蒙周以良教授的审阅并提出宝贵意见，黑龙江省农业科学院综合化验室郑云兰、孟广勤、李霞辉等同志协助分析氨基酸、蛋白质、脂肪酸等，特此致谢。参加考察工作的还有武天龙、金凯忠、何力田、夏宝周、丰兆满、张国栋、张友权、纪文元、张先平、贾振喜、陈瑞煊、董振举、王玉丰等同志

表1　黑龙江省不同生态地区野生大豆资源情况

生态区	分布情况	叶形	其他性状
东部低洼区	分布广、类型多，资源丰富且有少量大片群落	以椭圆、卵圆为主，也有披针和线形	植株繁茂、茎长1.2~2.85m最多分枝30~40个，百粒重1g，有半野生大豆
西部风沙干旱盐碱土区	矮小稀少	以小椭圆叶为主	茎长40~50cm，分枝2~4个，叶小粒少，百粒重0.7~0.8g
北部高寒区	零星分布，野生大豆分布北界在N52°55′	披针叶为主	茎长60cm，百粒重1.2g，叶片肥厚，生育期短
中部黑土丘陵区	资源丰富，有大片群落	卵圆、披针为主	植株较繁茂平均茎长1.1m，百粒重0.8~1.5g
南部平原丘陵区	点片分布	以长卵形叶为主，各种叶形均有分布	类型多，较繁茂，百粒重1.2~2.0g，茎长1m以上。有半野生大豆

根据全省考察情况看，野生大豆的生态环境为路旁、田旁的潮湿洼地、山间湿地、江河岸边、公路两旁排水沟及岗坡上的坑洼里与其他杂草伴生，中部地区连绵几里到十几里柳条通（柳丛）内有较大片群落。

1.3　我国野生大豆分布北界和东界

考察野生大豆分布北界是全国野生大豆资源考察确定的重要任务。三年来，我们先后考察了北部和东部边界县，并分别沿黑龙江南岸和大兴安岭东麓，一直考察到我国最北部的漠河镇及大兴安岭的古莲镇。漠河坐落在黑龙江边，地处北纬53°24′，该地≥10℃的年积温仅1 550℃，平均无霜期95d，最短的年份仅73d，两个考察组在漠河、古莲附近先后考察7天，均没能发现野生大豆，看来有效积温不足，生育期间日照太长，无霜期短，是限制其生长的主要原因。经过考察初步结论为，凡≥10℃年积温在1 700℃年降水量300mm以上地区，均发现有野豆生长。我们初步确定北纬52°55′的塔河县为我国野生大豆分布北界。乌苏里江、黑龙江汇合处——扶远县为我国野生大豆分布的东界。在这些地区分别采集到了野生大豆种子和标本。

1.4　黑龙江省野生大豆形态特征

野生大豆（*Glycine soja*）根系多分布在土壤表层、浅层根系均有根瘤着生，根瘤大，多着生于主根基部，8月下旬考察时，有部分根瘤呈粉红色，似仍有活性。茎细弱蔓生匍匐地面或缠绕其伴生植物上，分枝多而不易与主茎区别，据全省各生态区考察，平均分枝4个，最多分枝可达30个，也有生长矮小无分枝的。节间长，尤其是长在草丛中的野生大豆，下部节间立，主长度达20cm以上，茎细长是其特征之一。也有少数野生大豆茎基部稍直茎和分枝模糊可辨。茎上茸毛多为棕色，也发现有的植株毛色浅似灰白毛。黑龙江省野生大豆全部为三出复叶、椭圆、卵圆、披针为主，在野生状态下少数地区有线形叶，有相当多的植株是同株异型叶，一般表现基部着生小椭圆（小卵圆）叶，中部是长椭圆（长卵圆）叶，上部则为披针（线形）叶。野生大豆叶片小，但在不同生态环境下生长的，特别是不同叶型之间，叶片大小变化也很大，叶长2.0~9.4cm，叶宽0.7~3.8cm，在栽培条件下，叶片变化更大。花紫色短总状花序，为无限结荚习性，荚小而多，野生状态下每节结荚1~7个，每株结荚30~50个，最多每株结荚数239个。在栽培条件下平均单株结荚678个，最多一株结荚高达1 000个以上，荚皮黑色居多，少数深褐，个别呈黄色，每荚育种子1~4粒，以2、3粒荚为多，成熟时有强烈炸荚习性，荚皮卷曲，种子为黑色小粒，百重0.7~20g，全部有泥膜（有的泥膜较少），无光泽、子叶黄色、粒椭圆形、圆

形或肾形，脐黑色或褐色（表2）

表2 不同生长条件下野生大豆性状的变化

生长条件	茎长（cm）	分枝（个）	叶长（cm）	叶宽（cm）	荚/株	最多荚/节	百粒重（g）
野生状态	63	3	2.0~9.7	0.7~3.8	50	7	1.2
栽培条件	237	20以上	7.0~17.0	1.7~5.3	678	17	1.7

1.5 关于半野生大豆

1927年Б. В. Скворцов首先在黑龙江省发现并定名的半野生大豆（*G. gracilis* Skv.），是研究大豆进化和利用近缘野生资源的重要材料。在野生大豆考察中，对于考察半野生大豆生态条件和收集种子给予了特殊的注意。在黑龙江省东部地区、东南部地区及西南地区等地发现了半野生大豆植株，这些半野生大豆多数是在种植小豆地里作为杂草而存在，仅在少数几处荒地发现为数不多的半野生大豆。半野生大豆在自然状态下分布数量不大，性状介于栽培和野生大豆之间，过渡类型极为丰富，与典型的野生大豆比较，半野生大豆根系发达，茎较粗，主茎与分枝明显，有蔓生（缠绕）、半蔓生或直立等多种生长习性，株高（茎长）比野生大豆矮，多数为无限结荚习性，也有亚有限类型，叶、荚、粒均大于野生大豆，种粒大小变幅大，一般百粒重在2.5g以上。从3种大豆性状比较可以看出，野生大豆向栽培大豆进化过程中性状变化，而半野生大豆则是中间过渡类型（表3）。

表3 野生、半野生、栽培大豆性状比较

类别	生长习性	株高(cm)	分枝数(个)	结荚习性	荚大小	叶大小	粒色	泥膜	百粒重(g)	炸荚性	花色	脂肪	蛋白
野生	细弱蔓生缠绕	30~285	最多30~40	无限	小	小~中	黑褐	有	2.5以下	极强	紫	低	高
半野生	半蔓直立	50~150	多10~20	无限亚有限	中	中~大	黑褐双色	有~无	2.5~6.0	强~弱	白紫	中	中
栽培	粗半直立直立	50~120	少1~5	无限有限亚有限	大	大	黑褐绿双黄	无	10以上	弱	白紫	高	中

2 黑龙江省野生大豆的观察研究

在野生大豆资源考察的同时，对搜集到的野生大豆材料进行了观察研究。

2.1 野生大豆生态环境及其适应性

考察结果表明，无论是西部风沙旱区还是低洼沼泽地，无论是大豆主产区，或是北纬50°以北的高寒地带，都有适应各地生态环境的各种不同类型的野生大豆生长。

2.1.1 耐寒早熟性

黑龙江省地处祖国北疆，野生大豆生育期78~125d，由南至北逐渐缩短，黑龙江沿岸呼玛县最早熟的野生大豆生育期仅78d，比极早熟的栽培大豆生育期还短7d。在考察中也发现一些因气温低、无霜期短等原因，目前仍无栽培大豆种植的地区也有野生大豆零星分布，可见野生大豆比栽培大豆有更强耐寒早熟性。

2.1.2 喜湿耐旱性

野生大豆遍布全省各类地区，尤以雨水多，地下水充沛的三江平原，东部地区野生大豆资源较丰富，如乌苏里江边的饶河县，绥芬河沿岸的东宁县，野生大豆茎长一般都在1m以上，有的高达2.85m，分枝30个而西部风沙干旱区的杜尔伯特等县，年降水量300mm，土质沙性强，在特定的小环境中才有少量野生大豆，但植株矮小，一般茎长40~50cm，多为椭圆小叶。就同一地区而言，野生大豆又多分布在江河岸边、沟旁路旁低洼湿地等生境里，与中生或湿生性杂草等伴生。此外，在河滩沙地、岗顶燥地上也有少量野生大豆生长，由此可见野生大豆既是喜湿性植物，又具有一定的耐旱性。

2.1.3 短日性

许多学者的研究表明，野生大豆具有短日性，黑龙江省地处高纬度地区，夏季日照长达15h以上，野生大豆短日性弱是早成熟的生理基础，但是将黑龙江省北部栽培大豆“黑河三号”与同域分布的野生大豆在哈尔滨同期播种，野生大豆开花比“黑河三号”晚4~5d，而成熟期提前5~6d，表明野生大豆短日性比同地区的栽培大豆强。从表4看出，吉林、辽宁、山东等省野生大豆在哈尔滨种植，开花期比哈尔滨当地野生大豆晚12~47d，而江苏、河南等省野生大豆材料在哈尔滨自然光照下不能满足低纬度野生大豆对短光照要求，仅繁茂生长，无花荚形成。可见，原产低纬度的野生大豆，对光照时数反应是敏感的。

表4 不同纬度地区的野生大豆在哈尔滨自然日照下的反应

原产地	开花期	相差天数（d）	成熟期	相差天数（d）
黑龙江省哈尔滨	7.15		9.18	
吉林公主岭	7.27	12	9.27	9
辽宁李家台	8.9	27	没成熟	
山东平阳	9.1	47	没成熟	
河南封丘	没形成花荚			
江苏	没形成花荚			

2.2 抗病、抗虫性的初步鉴定

在野外考察和对采集标本的观察鉴定结果，在自然情况下，有的野生大豆植株感染细菌性斑点病、病毒病、灰斑病，也有食心虫钻蛀，一概而论野生大豆具有抗病性、抗虫性是没有根据的，因此对野生大豆抗病虫性需要做深入细致的观察研究和接种鉴定。1977—1980年曾结合大豆胞囊线虫病抗源筛选，进行了一些野生、半野生大豆的抗性鉴定。

鉴定材料和方法如下。

病圃和盆栽病土的胞囊数为100g土有胞囊102个，设哈尔滨小黑豆为抗病对照，“黑农10”为感病对照。以出苗后40d检查根系着生线虫胞囊数为主要标准，平均每株根系胞囊数超过4个为感病。地上部植株受害症状分5级作为参考（表5）。

表5 野生种、半野生种大豆囊线病虫抗性鉴定（1979年7月）

不同种类大豆	编号	根系胞囊（数/株）			地上植株受害症状等级
		重复Ⅰ	重复Ⅱ	平均	
野生	76~25	29.2	11.6	20.4	2~3
	75~3 171	7.4	16.6	12.0	2

（续表）

不同种类大豆	编号	根系胞囊（数/株）			地上植株受害症状等级
		重复Ⅰ	重复Ⅱ	平均	
半野生	73~1 407	50以上	50以上	50以上	4
	73~1 412	19.6	11.6	15.6	4
	76~24	23.4	13.0	20.7	3
	76~26	27.6	30.2	28.9	4
	76~27~1	17.2	34.2	25.7	4
	黑龙江半野生	50以上	10	30以上	3
感病对照	黑农10	30以上	30以上	30以上	3~4
抗病对照	哈尔滨小黑豆	0	0.4	0.2	0

从1979年鉴定结果看，8种野生和半野生大豆根系着生胞囊数目12~50个，地上部受害症状级别为2~4级，无高抗类型。

1980年在院内盆栽场进行病土盆栽，对24种半野生大豆对大豆胞囊线虫病的抗性继续筛选鉴定，全部严重感病（表6）这种结果与1977年和1979年鉴定结果是一致的。

表6 半野生大豆胞囊线虫病抗性鉴定（1980年7月）

不同大豆	供试品种	盒	株	根系不同胞囊数品种次数分布			
				100以上	30~100	5~29	4~0
半野生	24	234	636	471	160	5	
抗病CK	2	10	20				20
感病CK	1	10	35	20	15		

1980年试验田自然发病调查，野生大豆普遍发生细菌性斑点病，但霜霉病多数材料发病很轻，虫食率明显低于栽培大豆。

从上述鉴定和调查中看出，野生种、半野生种和栽培大豆之间抗病性、抗虫性是存在差异的，从表7可以看出，野生种大豆食心虫虫食率明显低于栽培大豆，在广泛搜集和归并整理基础上进行接种鉴定，从中筛选出高抗病、高抗虫类型，才能有目的地加以利用，否则一概而论野生种的抗性，将会给育种工作造成损失。

表7 野生、半野生、栽培大豆虫食率（1980年）

不同种类大豆	平均虫食率%	供试品种个	不同虫食率次数分布				
			10%以上	5%~10%	1%~4%	1%以下	0%
野生	0.4	175			13	81	81
半野生	9.6	10	3	7			
栽培	17.0	6	6				

2.3 蛋白质和脂肪含量

对野生、半野生、栽培大豆的蛋白质和脂肪含量进行了分析，结果见表8、表9。

表 8　野生、野半生、栽培大豆的籽粒的蛋白质、脂肪含量

不同类大豆	材料份数	蛋白质含量（%）		脂肪含量（%）	
		平均	幅度	平均	幅度
培栽	7	41.09	38.02~41.85	21.10	20.06~22.07
半野生	38	43.44	38.27~46.74	15.05	10.74~21.60
野生	106	47.81	39.19~54.06	8.20	5.25~13.79

表 9　野生、半野生、栽培大豆的籽粒白质含量次数分布

蛋白质含量%	培栽		半野生		野生	
	材料数	%	材料数	%	材料数	%
36.01~40.00	2	23.5	1	2.6	1	0.9
40.01~44.00	5	71.5	19	50.0	5	4.7
44.01~48.00			18	47.4	51	48.1
48.01~52.00					45	42.5
52.01 以上					4	3.8

从分析中可以看出，野生、半野生大豆蛋白质含量明显高于栽培大豆，其蛋白质含量分别为47.81%、43.44%、41.09%，尤其是在106份野生大豆材料中，蛋白质含量高于48%以上的有49份，占分析材料的46.3%，最高含量达50%以上，而脂肪含量呈相反趋势，即栽培大豆含量最高，介于20.06%~22.07%，半野生大豆脂肪居中，介于10.74%~21.60%，而野生大豆含量最低，介于5.25%~13.79%，这与1979年分析结果是一致的。特别值得指出的是，野生大豆粗蛋与脂肪之比为5.83：1，半野生大豆为2.89：1，而栽培大豆仅为1.95：1。

2.4　大豆的脂肪酸组成

利用SP-2305气相色谱仪测定了野生、半野生和栽培大豆的脂肪酸组成，结果列表10。

表 10　野生、半野生大豆的籽粒脂肪酸含量（1981 年）

种或变种	棕榈酸（%）	硬脂酸（%）	油酸（%）	亚油酸（%）	亚麻酸（%）	样本数
野生	11.42	微量	15.58	53.98	18.69	18
半野生	12.46	微量	18.80	55.00	13.69	4
栽培	11.50	微量	28.86	52.07	7.35	2

从分析结果可看出，各种大豆的饱和脂肪酸及不饱和脂肪酸中的亚油酸含量变化不大，但油酸及亚麻酸的含量有明显的不同，野生大豆的油酸平均为15.58%，半野生为18.80%，而栽培大豆为28.86%，这反映栽培大豆的油酸较稳定，半野生次之，而野生大豆则不够稳定。这从不同种或变种大豆亚麻酸的含量也可看出此种趋势，野生大豆亚麻酸含量为18.69%，而半野生及栽培种大豆分别为13.6%和7.35%，由于亚麻酸含有三个双键易氧化，因此可看出野生大豆的油性稳定性较差。

从表8至表10结果可看出、野生大豆蛋白质含量高、脂肪含量低；不饱和脂肪酸中的油酸低，亚麻酸含量高，而栽培大豆与此相反，半野生大豆种子成分介于两者之间，初步认为，蛋白

质含量高，脂肪含量低、油酸低、亚麻酸高是进化程度低的表现，大豆籽粒生化组成的分析可以作为研究大豆进化程度的依据之一。但这一工作还仅是开始，尚要进一步分析研究并结合其他方面的工作来加以验证。

2.5 大豆不同种的氨基酸成分的比较

对不同的大豆的籽粒蛋白质的氨基酸分进行了初步分析，结果列于表 11。

表 11 野生、半野生、栽培大豆的籽粒的氨基酸的组成

种别	野生		半野生		栽培	
氨基酸 \ 品系名	龙 78-2	龙 75-3172	龙 79-27-1	龙 76-2	黑农 26	黑河 3 号
天冬氨酸	7.40	9.84	13.46	12.40	13.50	11.30
苏氨酸	1.94	2.22	3.70	3.00	3.78	2.88
丝氨酸	3.04	3.52	4.54	3.83	5.96	5.10
谷氨酸	13.02	14.58	21.12	19.50	19.40	17.86
甘氨酸	3.00	3.82	5.06	4.26	4.80	4.18
丙氨酸	2.28	3.44	4.70	3.68	4.96	3.70
胱氨酸	0.38	0.94	0.78	0.34	0.90	1.14
缬氨酸	3.58	3.96	4.14	5.84	5.96	4.46
蛋氨酸	0.68	1.22	0.84	0.64	1.00	0.92
异亮氨酸	3.58	4.04	4.74	5.20	5.38	3.96
亮氨酸	4.12	8.00	8.70	8.95	2.54	7.22
酪氨酸	1.70	2.36	2.72	3.38	2.26	2.78
苯丙氨酸	3.86	2.16	4.80	5.58	5.38	5.22
赖氨酸	5.12	5.22	6.84	7.30	7.38	7.66
组氨酸	5.20	3.82	3.96	3.58	2.54	3.32
精氨酸	5.62	8.52	7.62	9.64	8.38	6.30
脯氨酸	1.64	2.36	2.08	2.26	2.32	2.40

从分析结果可以看出，大豆属不同种籽粒的氨基酸含量，以谷氨酸为最多，大多数品种占蛋白质含量的 16%~20%，其次是天门冬氨酸，占 9%~12%，再次是亮氨酸、精氨酸和赖氨酸，占 5%~8%，其余氨基酸含量均少于上述几种。

从 8 种必需基酸来看（赖氨酸、缬氨酸、蛋氨酸、异亮氨酸、亮氨酸、苯丙氨酸、组氨酸、精氨酸）大豆的含量比较齐全，而且赖氨酸含量也较高。色氨酸在水解条件下受破坏未测出来。根据过去试验一般在 1.5%~2%。

2.6 细胞学观察*

对野生大豆、半野生大豆根尖进行的细胞学观察，表明野生大豆、半野生大豆根尖细胞染色体与栽培大豆相同，为 $2n=40$。

* 此项工作为朱之根同志所做

3 关于野生大豆的利用问题

(1) 近些年来的大豆育种趋势，高蛋白已列为育种目标，根据对野生大豆的分析，有的野生大豆蛋白质含量高达50%以上，比蛋白质含量较高的栽培大豆高10%左右，这将为大豆的高蛋白育种提供优良种质资源。

(2) 野生大豆虫食率低，一般均在1%以下，这一特性通过杂交，有可能为大豆育种所利用。

(3) 从考察和田间调查中可以看出，野生大豆尚有其他一些优良农艺性状：有的单株结荚高达千个以上，每节结荚数最多有17个之多，抗寒早熟、适应性、抗病等方面，在深入研究基础上，也有利用前景。

4 关于野生大豆的分类

对野生大豆，较系统地研究，主要学者为 Б. В. Скворцов (1927)，他根据叶形，认为东北北部的野生大豆有两个变种：

一个变种是 var. *lanceolata* Skv.，在开花前为椭圆形叶，而在开花时（8月）这些植物侧枝上的叶延长，并形成披针形叶。每一花序5个花，个别7个花。

另一变种为 var. *ovata* Skv.，叶形为宽椭圆形。这种叶常常基部宽并且是长椭圆形。花序发育较好，每一花序由3~15朵组成。

其次为 В. Б. Енкен，参考 В. Л. Комаров 等人的研究，将野生大豆分为4个变种。

(1) 典型野生大豆 var. *typica* Kom. 茎强烈缠绕；小叶卵圆形，卵圆—披针形或椭圆形，长5~6cm，宽2cm，不仅荚上有茸毛，而且在叶上、叶柄上和茎上也有棕色毛。

(2) 窄叶野生大豆 var. *angusta* Kom. 茎缠绕，叶片距离较远；小叶窄，由长披针形到近披针形；茎和叶柄茸毛不太明显，色淡。生长在沼泽性草原上。

(3) 短叶变种 var. *brevifolia* Kom. et Alis. 茎缠绕轻，从基部开始分枝，下部叶片密集，上部叶不太多，小叶长1~3cm、宽1.5cm，披针形，长2~3cm，宽0.5~2cm。茎茸毛白色，生在沙地或河流湖泊岸边上。

按叶大小与形状看：var. *angusta* Kom. 和 var. *lanccolata* 极相似，卵圆形或近卵圆形。

(4) 马氏变种 *G. soja* S. et Z. var. *maximowiczi* Enk. (1959) 叶大小，茎长，短荚及种子大小有显著差异。这种类型是上述三种野生大豆变种以外和大豆 *G. hispida* (Moench.) Maxim. 栽培性较差的变种之间的过渡类型。茎缠绕，较粗，茎粗1.3~2mm，小叶大，长7~11cm，宽3~4cm，楔形或长卵圆形。花序长2~2.5cm，有4~8个小花；豆荚长2.7~3cm，宽0.5~0.6cm；种子较大，4~5mm，宽2.5~3mm，长卵圆形，黑色。茎上和荚上的茸毛棕色，很稀。分布于中国、日本、朝鲜。

野大豆

Glycine soja Sieb. et Zucc. (1843)

对黑龙江省的野生大豆的分类意见是：根据叶的变化，可分为下列变种和变型：

1. 野大豆（原变型）图1-3、图1-6（下左）

f. soja

一年生草本、叶为羽状复叶，三枚小叶，小叶卵圆形，卵状椭圆形或卵状披针形，长3.5~5(6) cm，宽1.5~2.5cm。

2. 狭叶野大豆（变型）图1-6（上右1）

f. lanceola'a（Skv.）P. Y. Fu et Y. A. Chen，F1. P1. Herb. Chin. Bor. -Or. 5：161. 1976—S. *soja* Sieb. et Zucc. var. *lanceolata* Skv. in Manch. Res. Soc. ser. A. Fasc. 22：7. fig. 2，5，9. 1927—S. *ussuriensis* Regel et Maack var. *angusta* Kom. in Kom. et Alis. Key Pl. Far. East，Reg. USSR 2：684. 1932.

付沛云、陈佑安等认为本变型与正种之间有中间形状，作为变种不够稳定，作为变型则较为适宜。小叶狭窄、披针形、线状披针形至近线形，长 2. 5~6cm，宽 0. 4~1. 4cm。

3. 短叶野大豆（新组合变型）图 1-2、图 1-6（上右 1）

f. brevifolia（Kom. et Alis.）L. Z. Wang，comb. nov. —G. *soja* Sieb. et Zucc. var. *brevifolia* Kom. et AliS. Key P1. Far East. Reg. USSR 2：684. 1932.

Planta volubilis circ. 1m alta；foliolis 2. 5cm vix ultra longis，0. 7~2. 5cm latis；Corollis purpureis.

小叶长 2. 5cm 以下，宽 0. 7~2. 5cm。紫花、茎缠绕、株高在 1m 左右。

分布：此类型多分布在黑龙江省西部干旱地区。

黑龙江：安达，1979 年 8 月，王玉丰 2603 号。（模式标本存黑龙江省农业科学院）。

4. 线叶野大豆（新变型）图 1-4、图 1-6（上中）

f. linearifolia L. Z. Wang，f. nov.

A typo recedit foliolis 0. 5~0. 7cm latis，Circ. 6cm longis，5 plo et ultra longioribus quam latioribus.

小叶宽 0. 5~0. 7cm，长在 6cm 左右，叶的长宽比大于 5 倍以上。

分布：此变型多分布在土壤气候条件不好的地方，在栽培条件下这种类型野大豆，往往变为披针叶形。

黑龙江，龙江县，广厚，1979 年 8 月，贾振喜 1305 号（模式标本存黑龙江省农业科学院）。

5. 宽叶野大豆（新组合变型）图 1-5、图 1-6（下右）

f. ovata（Skv.）L. Z. Wang，comb. nov. —G. *soia* Sieb. et Zucc. var. *ovata* Skv. in Manch. Res. Soc. ser. A，Fasc. 22：6. fig. 1. 1927.

叶宽在 2. 5cm 以上，长在 2. 5cm 以上。

分布：此种类型多分布在黑龙江省东部和南部低洼肥沃土地上。

6. 半野生大豆（新组合变种）图 1-1

var. gracilis（Skv.）L. Z. Wang，comb. nov. —G. *gracilis* Skv. in Manch. Res. Soc. ser. A，Fasc. 22：8. fig. 6，10-12. 1927.

6a. 半野生大豆（原变型）

f. gracilis

一年生草本，茎直立，上部呈缠绕，叶多卵圆形或长披针形，叶为羽状三出复叶，全株有茸毛、荚长 20~30mm，内含 1~3 粒种子，百粒重 4g 左右。

分布：黑龙江省南部东部地区的路旁，田边及小豆地中。

关于此种大豆的性状在前面已述的，1927 年 Б. В. Скворцов 首先在黑龙江省发现并定名为 *G. gracilis* Skv.，以后孙醒东、刘慎谔、北川政夫等均赞成此分类，但考虑到种间性状界线不明显，同时没有大的群落分布多杂生在小豆地中，同时性状与栽培大豆又有明显的区别，因此作为野生大豆的变种为好。

6b. 马氏半野生大豆（新组合变型）

f. maximowiczi（Enk.）L. Z. Wang，comb. nov. —G. *soja* Sieb. et Zucc. var. *maximowiczi* Enk. Соя 76，1959.

图1　不同类型的野生大豆

1. 多分枝型（半野生大豆 *G. soja* var. gracilis）；2. 早期蔓化型（短叶野大豆 *G. soja* f. brevifolia）；3. 苗期直立超早熟型（野大豆 *G. soja* f. soja）；4. 高蛋白型（线叶野大豆 *G. soja*. f. linearifolia）；5. 多花多荚型（宽叶野大豆 *G. soja* f. ovata）；6. 叶型可分短叶野大豆（*G. soja* f. breviflola）（上左二）；线叶野大豆（*G. soja* f. linoarifolia）（上中）；狭叶野大豆（*G. soja* f. lanceolata）（上右一）；野大豆（*G. soja* f. soja）（下左）；宽叶野大豆（*G. soja* f. ovata）（下右）

参考文献（略）

本文原载：植物研究，1983，3（3）16-130

大豆的起源演化和传播

王连铮

（黑龙江省农业科学院，哈尔滨　150086）

栽培大豆学名为 *Glycine max*（L.）Merrill，起源于中国，这是世界各国学者所公认的，Herbert W. Johnson 在美国大百科全书中指出："中国古文献认为，在有文献记载以前，大豆便因营养价值高而被广泛地栽培。同时在公元前 2000 年大豆便被看作是最重要的豆科植物，大豆是中国文明基础的五谷之一。"库津（В. ФКузин，1976）在苏联大百科全书大豆条目中写道："栽培大豆起源于中国，中国在 5000 年前就已开始栽培这个作物，并由中国向南部及东南亚各国传播，以后于 18 世纪传到欧洲。"瓦维洛夫主张栽培植物的起源中心论，他认为："大豆原产于中国，是中国起源中心的栽培植物。"Morse（1950），在考察大豆的古代历史时说："有关这种植物的最早文字记载是在《本草纲目》里，书里记载了神农氏在公元前 2838 年描述中国耕种这种作物的情况。在以后的记载里也反复提到了大豆，而且被当作最重要的豆科栽培作物，也是'五谷'（水稻、大豆、小麦、大麦、粟——中国文明社会赖以生存所必需的食物）之一。"Hymowitz（1970）认为，大豆于公元前 11 世纪左右首先出现于华北的东部。中国东北很可能是第二个大豆的基因中心（多样性中心），而且在这个地区，野生大豆（*G. soja*）与栽培大豆（*G. max*）有最大的机会进行混杂和杂交，从而产生了半野生大豆（*G. gracilis*）。福田（Fukuda，1933）认为中国东北是大豆起源中心，根据是①半野生大豆在中国东北分布极广，而在中国其他地方则不多见。②中国东北地区的大豆品种很多。③这些品种中有很多明显地具有原始性状。④长田（1956，1959）提出，大豆起源于中国，大概在中国北部和中部地区，他部分地根据野生大豆的分布，确立了他的结论，认为野生大豆是栽培大豆的祖先。

我国学者对栽培大豆的起源有不同的看法。吕世霖（1977）认为，远自商代（公元前 1800 至公元前 1027 年）中国即开始栽培大豆。马育华和张戬（1983）认为，大豆起源并驯化于中国。中国栽培大豆已有 5 000年以上的历史，大豆是中国最古老的作物之一。关于起源地点，王金陵、孟庆喜、祝其昌（1974）在分析了中国南至湖南衡阳，北至黑龙江北部的野生大豆的光周期性后，发现长江流域及其以南地区的野生大豆，在原始性状短光照性方面最强。因而认为，我国长江流域及江南地区应是大豆起源的中心。这个地区的大豆，用短光照性较弱的早熟性变异，向北方迁移适应，直到东北地区北部。但是，由于黄河流域一带，不但有野生大豆及半野生大豆，大豆的品种类型和变异多，而且农业历史又极为悠久，因此，北方地区的大豆，也可能是从当地野生大豆经定向选择而来的。这样，大豆在我国的起源地便是多中心了。吕世霖（1977）认为大豆在我国的起源是多中心的，根据有二：一是我国南北各地，均有文化发达较早并有关于种植大豆文字记载的地区；二是野生大豆普遍存在，而各地的野生大豆的短日性程度不同，栽培大豆的短日照性差异又很大，这恰好说明起源是多中心的。

大豆起源于中国，从中国大量的古代文献可以证明。汉司马迁（公元前 145 年至公元前 93 年）编的《史记》中头一篇《五帝本纪》中写道："黄帝者，少典之子，姓公孙，名曰轩辕。轩辕之时，神农氏世衰。诸侯相侵伐，暴虐百姓，而神农氏弗能征。于是轩辕乃习用干戈，以征

本文的主要内容曾在 1984 年 8 月 11—16 日于美国衣阿华大学召开的第三届世界大豆研究会议上宣读过

不享，诸侯咸尊宾从。而蚩尤最为暴，莫能伐。炎帝欲侵陵诸侯，诸侯咸归轩辕。轩辕乃修德振兵，治五气，蓺五种，抚万民，庆四方，教熊罴貔貅貙虎，以与炎帝战于坂泉之野。三战，然后得其志。”郑玄曰：“五种，黍稷菽麦稻也”。司马迁在史记卷二十七写道：“铺至下铺，为菽”，由此可见黄帝时已种菽。根据翦伯赞主编的中外历史年表看，黄帝于公元前2550年，因此距今约4 500余年。钦定古今图书集成博物汇编草木典第三十七卷豆部第五三四册二十七页豆部纪事中指出：“路史黄帝有熊氏命奢比辨乎东以为土师而平春种角蓺（注角蓺菜豆），又大封辨乎西以为司马收菽荐祖。”

朱绍侯主编的《中国古代史，上册》中在谈到商代（公元前16世纪到公元前11世纪）社会经济和文化的发展时指出：“主要的农作物，如黍、稷、粟、麦（大麦）来（小麦）秕、稻、菽（大豆）等部见于卜辞。”郑州商城遗址发现有水稻，可见当时的中原地区也种有水稻。卜慕华指出：“以我国而言，公元前1000年以前殷商时代有了甲骨文，当然记载得非常有限，在农作物方面，辨别出有黍、稷、豆、麦、稻、桑等，是当时人民主要依以为生的作物。”清严可均校辑的《全上古三代秦汉三国六朝文》卷一中炎帝《神农书》中指出：“大豆生于槐。出于沮石之峪中。九十日华。六十日熟。凡一百五十日成，忌于卯。”

我国最早的一部诗歌集《诗经》收有两周时代的诗歌三百余首，其中多次提到菽。《诗经·豳风·七月》中指出：“七月烹葵及菽……黍稷重穋，禾麻菽麦。”《诗经·小雅·小宛》中指出：“中原有菽，庶民采之”“采菽采菽，筐之筥之”。《小雅白驹》写道：“皎皎白驹食我场藿”。《大雅·生民》指出：“蓺之荏菽，荏菽旆旆”。豳风产生的时代为西周初期，公元前一千年左右，地点在陕西邠县附近。由《诗经》来看，我国栽培大豆已有三千年左右的历史。《夏小正》中指出：“五月参则见初昏大火中大火者心也心中种黍菽糜时也”。《夏小正》乃描叙夏商时代之作。

从上述文献可见，我国栽培大豆的历史已有数千年之久。从《诗经》来看已有三千年左右的历史，从《史记·五帝本纪》来看已有四千五百余年的历史。

从出土文物可以证明，栽培大豆起源于中国。我国考古工作者1959年于山西省侯马县发现大豆粒多颗，现存于北京自然博物馆植物陈列室中。根据C_{14}测定，距今已有二千三百年，系战国时代遗物，黄色豆粒，百粒重18~20g，这是迄今为止，世界上发现最早的大豆出土文物，这点直接证明当时已有大豆种植（图1）。

1953年于洛阳烧沟汉墓中出土的两千年前的陶制粮仓上，有用朱砂写的“大豆万石”字样。

杨直民等（1980）指出：“近年长沙出土的西汉初年马王堆墓葬中，发现有水稻、小麦、大麦、粟、黍、大豆、赤豆、大麻子。”

北京图书馆于秀清等认为最近出土的甲骨文物中有的就是菽的初文。如《殷虚书契续编》卷六，二十七页第4片，左下；《战后京津新获甲骨集》1292号左下；《殷契摭佚续编》155号左（图2）。这些甲骨文的存在可以说明我国在三千多年前就已栽培大豆。

中国现有出土的粟稻文物也证明，早在六七千年前中国就有农业。距今五六千年七八千年之间，在黄河中下游和长江中下游一带的氏族公社，比其他地区发展得较早和较快一些。在北方主要种植耐旱而自生力较强的粟类作物，古代称为稷。在磁山遗址（河北武安磁山文化）的窖穴里发现有成堆的腐朽粮食，属于粟类作物。在半坡和其他仰韶文化遗址的窖穴、房屋和墓葬中，经常发现有粟和粟的皮壳。作为斐李岗文化和磁山文化典型器物的石磨盘和磨棒，就是用以碾去粟的皮壳作为粮食加工的工具。粟在六七千年以前就成为我国北方的主要粮食。在秦岭以南的长江中下游地区，河流湖泊较多，气候温湿，土壤肥沃松软，宜于种植水稻。浙江余姚县钱塘江口以南的河姆渡遗址下层，发现有大量金黄色的稻谷，还有带叶的稻茎，经鉴定是人工栽培的籼稻，这说明我国栽培稻谷已有七千年的历史。由此可见，我国粟稻栽培已有六七千年的历史，根

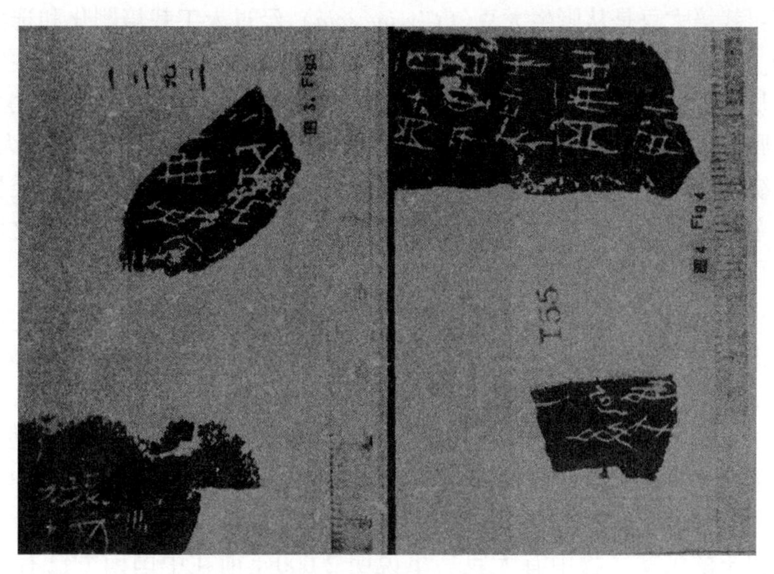

图 1　1959 年于山西侯马县出土的大豆

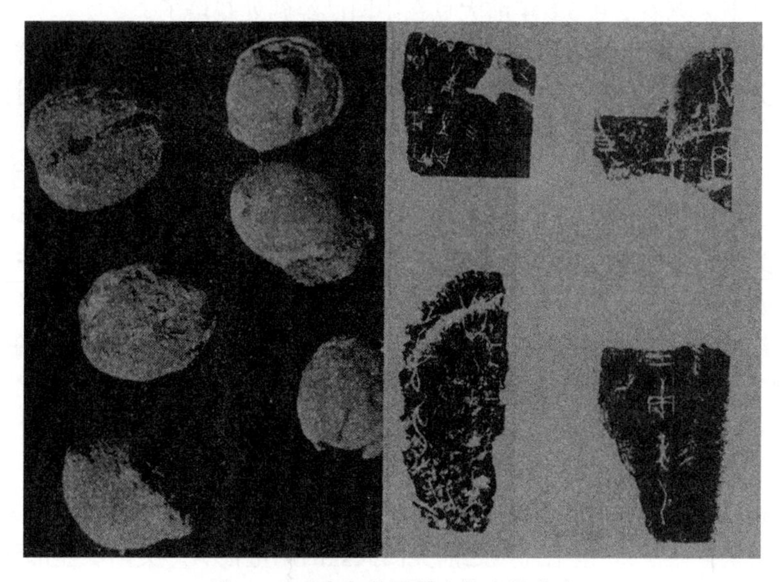

图 2　三千多年前甲骨文物中的菽字

据这些出土文物说明在黄帝时种大豆也是完全有可能的。

我国大豆品种类型极为丰富，各种大豆品种资源在七八千份以上，这点远非其他国家所能比。大豆类型在生育期、种皮色、籽粒大小、抗病性、抗虫性以及其他抗性、品质、适应性等方面差异极大，极大地丰富了世界大豆品种基因库。

从野生大豆分布也可以证明大豆原产于中国。近年来，我国科学工作者在中国各地对野生大豆进行了考察和研究表明，野生大豆在中国分布很广泛，北到黑龙江省的塔河县依西肯乡，东到黑龙江省抚远县，南到广东省的韶关，西到甘肃宁夏一带均有野生大豆分布，而且类型丰富。在中原地区河南、山西、陕西等地分布也很广泛。而野生大豆类型如此丰富是其他国家所没有的。

根据古代文献、考古文物、栽培大豆品种资源和野生大豆的分布，栽培大豆起源于中国数千年前，根据《诗经・豳风》至少三千年，根据《史记》记载，于 4 500 余年前中国就开始种植大豆，最早栽培大豆的地区在黄河的中游，河南、山西、陕西等地或长江中下游。

大豆的演变：栽培大豆是从野生大豆（*Glycine soia*）经过人工栽培驯化和选择逐渐积累有益变异演变而成的。这可以从目前中国发观有大量的大豆中间类型来证明。从野生大豆到栽培大豆有不同的类型。从大豆粒形、大小、炸荚性、植株缠绕性或直立性等方面可以明显地看出大豆的进化趋势，一般野生大豆的百粒重仅为2g左右，易炸荚，缠绕性极强，半野生大豆百粒重为4~5g，炸荚轻，缠绕性也较差，从半野生大豆到栽培大豆还存在不同进化程度的类型。用栽培大豆与野生大豆进行杂交，后代出现不同进化程度的类型介于野生大豆和栽培大豆之间。这也可以间接地证明栽培大豆是从野生大豆演变而来的。

大豆的传播：从商周到秦汉时期，大豆主要在黄河流域一带种植，是人们的重要粮食之一。当时的许多重要古书如《诗经》《荀子》《管子》《墨子》《庄子》里，都是菽粟并提。《战国策》上说："民之所食，大抵豆饭霍羹。"就是说，用豆粒做豆饭，用豆叶做菜羹是清贫人家的主要膳食了。到了汉武帝时候，中原地区连年灾荒，大量农民移至东北，大豆随之引入东北，东北土地肥沃，加上劳动人民世世代代的精心选择和种植，大豆就在东北安家落户。公元前1世纪《氾胜之书》记载，当时我国大豆的种植面积已占全部农作物的4/10。

根据在长沙出土的汉墓文物中有大豆一事说明2 000年前在中国南方已有大豆种植。《宋史·食货志》记载，宋时江南一带曾遇饥荒，从淮北等地调运北方盛产的大豆种子到江南各地种植。从《氾胜之书》来看2 000多年前大豆在中国已经到处栽培了。

在公元前，中国、朝鲜人民在经济文化上就有了频繁交往。战国时邻近朝鲜的燕齐两地人民和朝鲜有交往，交流了农业生产技术，很可能那时大豆传入朝鲜。我国在西汉时已与日本有友好往来，汉武帝时，日本就派遣使者和汉朝往来。汉建武中元二年（公元57年），倭奴国派使臣与汉通好，刘秀逐以"汉倭奴国王"金印相赠，此金印已在日本九州志贺岛崎村出土。

永田忠男（1959，1960）认为，中国大豆大约于公元前200年前的秦朝时代，自华北引至朝鲜，而后自朝鲜又引自日本。日本南部的大豆，可能在六世纪直接由商船自华东一带引去。

德国植物学家Kaempfer在日本度过了两年（1691—1692年），他在1712年详细论述了日本人用大豆制成的各种食品。到1761年，欧洲药理学家已熟悉日本的大豆及其在医学上的用途。1740年法国传教士曾将中国大豆引至巴黎试种。1790年英国丘皇家植物园首次试种大豆。1873年以后维也纳人Friedrich Haberlandt在维也纳博览会上得到19个中国与日本大豆品种，并精心安排试种，其中4个品种结粒。

1804年，JamesMease第一个在美国文献中提到大豆。在随后的一百年内，美国文献中论及大豆的次数日益频繁，但在20世纪开始之前美国大豆的产量很少。美国农业部到1909年取得了175个品种和类型，1913年得到427个，1919年得到629个，1925年得到1 133个。在美国大豆开始主要是作为一种饲料作物种植的。直到1940年以后，才有一半以上的大豆用于收获豆粒。战后美国大豆迅速发展，1882年大豆被引种到巴西，1980年世界大豆总产量为8 177万t，其中美国为第一位，为4 945万t，占世界总产量的60.5%；巴西为第二位1 540万t，占世界18.8%；中国为第三位为754万t，占9.2%；阿根廷为第四位为390万t，占4.8%。

参考文献（略）

本文原载：大豆科学，1985，4（1）：1-5

野生大豆遗传多样性研究 I
4个天然居群等位酶水平的分析

裴颜龙　王　岚　葛　颂**　王连铮
（中国农业科学院作物育种栽培研究所，北京　100081）

摘　要：本文采用水平淀粉凝胶电泳技术对分布于北京、山东和大连4个野生大豆天然居群共计120个个体进行了等位酶水平遗传多样性分析。7个酶系统13个等位酶位点的检测表明，该地区野生大豆天然居群遗传变异水平较高，多态位点比率P=69.20，等位基因平均数A=1.77，平均期望杂合度He=0.133，居群间有较明显的遗传分化，基因分化系数G_{st}=0.391，即有39.1%的遗传变异存在于居群间。本文结果表明该地区遗传固定指数F偏小，居群异交率较高。4个居群遗传多样性明显高于日本野生大豆研究结果，而与韩国野生大豆遗传变异水平相近，进一步证明我国为野生大豆遗传变异中心。

关键词：野生大豆；等位酶；居群；遗传多样性

Studies on Genetic Diversity of *Glycine Soja*-Isozyme Variation in Four Populations

Pei Yanlong　Wang Lan　Ge Song[1]　Wang Lianzheng
(*Institute of Crop Breeding and Cultivation*, *CAAS*, *Beijin* 100081, *China*)

Abstract: Genetic variation was estimated by starch gelelectrphoretic resolution of 14 putative isozyme loci in four populations of the wild soybean from Beijing, Shandong and Liaoning provinces, China. The results indicated the prescence of obvious high variation. 9 loci were polymorphic loci. The average umber of alleles per locus, percent of polymorphic loci and expected heterozygosity in the total population were 1.77, 69.20% and 0.133, respectively. This amount of variation was higher than the average for 123 self-fertilized plant species and 473 plant species of all mating systemes, the leval of genetic variation was compatible to that of South Korea.

Key words: *Glycine soja*; Isozyme; Population; Genetic diversity

野生大豆（*Glycine soja* Sieb. &. Zucc.）是栽培大豆近缘祖先种，主要分布在中国、朝鲜半岛、日本和俄罗斯远东地区，其中我国分布最为广泛，南起北纬24°左右的广东、广西北部地区、北至53°左右黑龙江流域均有野生大豆天然居群分布。在广大的分布区内不仅居群数量大、个体数目多，而且随着环境因子的变化，其居群特征也在形态、细胞、等位酶和DNA水平上发生相应的变异。由于该类群具有重要的经济意义，国内外研究人员从不同学科做了大量工作。我国学者对野生大豆进行了广泛的调查，并收集野生大豆材料5 200余份，分别开展了种子蛋白变异、品质化学分析、光周期反应和一些农艺性状评估和利用方面研究。在国际上，美国的研究人

基金项目：国家自然科学基金资助项目
** 中国科学院植物研究所系统与进化植物学开放实验室

员在积极开展野生资源收集和整理的同时，以产于日本和韩国的野生大豆天然居群为材料，进行了形态性状和等位酶变异相结合的综合研究，发现居群的遗传变异很丰富，特别是韩国6个野生大豆天然居群等位酶分析结果显示该地区高水平的遗传变异，进而推测韩国为野生大豆主要遗传变异中心之一。但关于我国野生大豆天然居群遗传多样性的研究，国内仅见个别地点报道。

本文以野生大豆天然居群为研究对象，采用水平切片淀粉凝胶电泳技术，开展了居群间和居群内等位酶水平的遗传多样性研究，为全面揭示野生大豆天然居群形态、细胞、等位酶和 DNA 水平上的遗传多样性研究提供资料，为更有效地保存和利用野生大豆资源提供科学依据。

1 材料和方法

1.1 居群采样

野外工作于 1995 年 9—10 月进行。4 个居群分别取自北京大学校园（13 株，简称北大居群）；北京昌平中国农业科学院作物育种栽培研究所昌平基地（30 株，简称昌平居群）；山东省禹城市中国农业科学院禹城试验基地（30 株，简称禹城居群）。辽宁省大连市（47 株，简称大连居群）。取样时严格按单株收集豆荚，保证个体间距大于 5m，及时脱粒并保存在 4℃ 冰箱中备用。

1.2 酶电泳试验

每株取 2 粒健康饱满的种子，砂纸擦破种皮，后放入装有蛭石的培养皿中萌发，取 5~7d 幼苗子叶约 30mg，加入 0.1ml 的研磨缓冲液，在冰浴中研磨提取，提取液配方参考 Soltis 等，稍加调整而成，即 0.1M Tris-HCl（pH 值 7.5），0.001M 乙二胺四乙酸四钠盐（ED-TA）、0.02%巯基乙醇、8%聚乙烯比咯烷酮（PVP）、10%二甲亚砜（DMSO）。以 2mm×6mm 的纸条（Wicks）（新华 1 号滤纸）蘸吸研磨后的提取液，后放入培养皿存-75℃ 冰箱备用。采用水平式淀粉胶电泳技术，所用水解淀粉为 Sigma 公司产品（S-4501）；淀粉胶浓度为 12%。采用 2 种凝胶缓冲系统对 12 种酶系统进行了检测，所用凝胶缓冲液系统均根据 Soltis 等稍加调整而成：

Ⅰ. 电极缓冲液：0.4MTris-HCl pH 值 7.0；胶缓冲液：0.02M 组氨酸 pH 值 7.0。

Ⅱ. 电极缓冲液：0.4MTris-HCl pH 值 7.0；胶缓冲液：0.005 组氨酸 pH 值 7.0。酶的组织化学染色法详见文献（Soltis et al，1983；Wendel et al，1989）。其中 AAT 为液染，其他均为胶染。

1.3 等位酶分析及数据处理

酶谱的遗传分析参考前人的工作，结合谱带在居群中的分离式样和酶分子结构推断。酶谱记录和解释参照王中仁（1994c，1994d）。通过电泳分析获得二倍体基因型频率进而计算以下遗传参数。

（1）多态位点百分率（P）。P（%）=（多态位点数/检测位点总数）×100

（2）每个位点等位基因平均数 A。A=各位点等位基因数的总和/检测位点总数

（3）杂合度观测值（Ho）。Ho=杂合体个体数/样本大小

（4）杂合度期望值（He）。$He=\sum he/n$，$he=1-\sum P_i^2$

i 为单个位点上第 i 个等位基因的频率，n 为检测位点的总数。

（5）基因分化系数（Gst）。$Gst=Dst/Ht=(Ht-Hs)/Ht$

其中，Ht 和 Hs 分别为总群体和亚群体的基因多样度（平均期望杂合度 He），计算同前 He 的计算。Dst 为亚群体间基因多样度 $Dst=Ht-Hs$。

（6）遗传一致度（I）和遗传距离（D）

$$I=\sum X_i Y_i/\sum X_i^2 \sum Y_i^2$$

其中，$X_i=X$ 群体第 i 个等位基因频率；$Y_i=Y$ 群体第 i 个等位基因频率。

$$D=-lnI$$

（7）固定指数（F）。$F=1-Ho/He$

其中，Ho 和 He 计算同前

以上各遗传参数的详细计算方法和意义均参考葛颂（1988，1989）。

2 结果

本研究共测定 12 种酶系统，其中 10 种酶系统获得清晰和稳定的谱带，其中遗传判别可靠的酶系统有 7 种，共受 14 个基因位点编码，这些酶系统的种类，编码位点的数目，检测所用的凝胶缓冲系统详见表 1。本文以上述 7 种酶系统 13 个位点为遗传标记进行居群遗传学分析。

表 1　电泳检测所用酶系统、凝胶缓冲系统和位点数目

酶系统	缩写	酶分类编码	缓冲系统	位点数目
天冬氨酸转氨酸	AAT	EC 2. 6. 1. 1	II	2
心肌黄酶	DIA	HC 1. 6. 2. 2	I	2
异柠檬酸脱氢酶	IDH	EC 1. 1. 1. 42	I	1
磷酸葡萄糖脱氢酶	PGD	EC 1. 1. 1. 44	I	1
磷酸葡萄糖异构酶	PGI	EC 5. 3. 1. 9	I	3
磷酸葡萄糖变位酶	PGM	EC 1. 1. 1. 25	II	2
磷酸丙糖异构酶	TPI	EC 5. 3. 1. 1	II	2

对 4 个居群的分析表明，在所确立的 13 个位点上有了 4 个位点（Dia-1、Pgi-3、TPi-1、TPi-2）为单态（只有 1 个等位基因），其余 9 个位点均为多态位点（有 2 个以上的等位基因），多态位点的比率为 69. 20。表 2 为上述 9 个多态位点等位基因种类及其在 4 个居群和总居群的频率。由表 2 可见，9 个多态位点中 Idh-1 位点有 3 个等位基因，其余多态位点有 2 个等位基因。根据表 2 数据计算出居群变异水平的几个指标列于表 3。由表 3 可见，不同居群多态位点数目变化比较明显，昌平和大连居群较高（$P=53.8$），禹城居群和北大居群均较低（$P=7.7$），总居群的 P 值和平均值分别为 69. 2 和 38. 57。各居群观测杂合度（Ho）以大连居群最高（0. 48），北大居群最低（0. 00）。各居群期望杂合度（He）以昌平居群最大（0. 148），禹城居群最小（0. 007）。

表 2　4 个野生大豆居群在 9 个多态位点上的基因频率

位点		居群				
		禹城	昌平	大连	北大	总居群
Aat-1	a	1. 000	0. 500	0. 000	0. 000	0. 375
	b	0. 000	0. 500	1. 000	1. 000	0. 625
Aat-2	a	0. 050	0. 083	0. 000	0. 000	0. 033
	b	0. 950	0. 917	1. 000	1. 000	0. 967
Dia-3	a	0. 000	0. 650	0. 543	0. 000	0. 375
	b	1. 000	0. 350	0. 457	1. 000	0. 625

（续表）

位点		居群				
		禹城	昌平	大连	北大	总居群
Idh-1	a	0.000	0.000	0.042	0.000	0.017
	b	1.000	1.000	0.926	1.000	0.970
	c	0.000	0.000	0.032	0.000	0.013
Pgd-I	a	0.000	0.300	0.255	0.615	0.242
	b	1.000	0.700	0.745	0.385	0.758
Pgi-1	a	1.000	0.967	0.979	1.000	0.984
	b	0.000	0.033	0.021	0.000	0.016
Pgi-2	a	1.000	0.967	0.979	1.000	0.984
	b	0.000	0.033	0.021	0.000	0.016
Pgm-1	a	0.000	0.133	0.032	0.000	0.046
	b	1.000	0.867	0.968	1.000	0.954
Pgm-2	a	0.000	0.000	0.207	0.000	0.081
	b	1.000	1.000	0.793	1.000	0.919

表 3　野生大豆 4 个居群的遗传变异性指标*

居群	*A*	*P*	*Ho*	*He*	*F*	*t*
禹城	1.1	7.7	0.008	0.007	-0.143	1.334
昌平	1.5	53.8	0.036	0.148	0.757	0.138
大连	1.6	53.8	0.048	0.116	0.586	0.261
北大	3.1	7.7	0.000	0.038	1.000	0.000
平均值	1.4	38.6	0.031	0.091	0.659	0.206
总居群	1.7	69.2	0.028	0.133	0.789	0.118

*根据全部 13 个位点的计算值

基因多样度值见表 4，居群间的基因分化系数 $Gst=0.391$，即在总的遗传变异中有 39.1%的变异存在于居群间。居群间遗传一致度（I）或称相似性系数和遗传距离（D）列于表 5。禹城居群和大连居群间遗传一致度最低（$I=0.886$），昌平居群和大连居群遗传一致度最高（$I=0.973$）。

表 4　野生大豆 4 个居群基因多样度统计量*

位点	*Ht*	*Hs*	*Dst*	*Gst*
Aat-1	0.469	0.125	0.344	0.733
Aat-2	0.064	0.062	0.002	0.039
Dia-3	0.469	0.266	0.203	0.432
Idh-1	0.059	0.056	0.003	0.043

（续表）

位点	Ht	Hs	Dst	Gst
Pgd-1	0.367	0.282	0.085	0.231
Pgi-1	0.031	0.031	0.000	0.015
Pgi-2	0.031	0.031	0.000	0.015
Pgm-1	0.088	0.081	0.007	0.076
Pgm-2	0.149	0.125	0.024	0.163
平均值	0.133	0.081	0.052	0.391

注：*Ht*、*Hs* 和 *Dst* 的平均值为全部 13 个位点的平均值。*Gst* 平均值由 *Ht*、*Hs* 和 *Dst* 的平均值计算得到[$Gst=(Ht-Hs)/Ht$]

表 5　居群间遗传一致度（*I*）和遗传距离（*D*），右上角为遗传一致度（*I*）左下角为遗传距离

居群	禹城	昌平	大连	北大
禹城	****	0.939	0.886	0.892
昌平	0.063	****	0.973	0.936
大连	0.121	0.027	****	0.963
北大	0.114	0.066	0.038	****

3　讨论

Hamrick 和 Godt 根据 165 个属，449 个物种共 633 篇等位酶研究比较了不同植物的遗传多样性水平。从分类群上看，裸子植物变异水平最高，一年生，短寿多年生和长寿多年生植物水平相近；从繁育系统看，以异交为主的物种变异水平最高，自交和异交混合的次之，自交植物最低。野生大豆作为一年生自交物种与相关类群比较；明显高于自交类群的平均值（$A=1.31$，$P=20.0$，$He=0.074$），也高于一年生类群的平均值（$A=1.48$，$P=30.0$，$He=0.105$），而表现出高水平的遗传多样性。

Yu 等、Bult 等分别以产于韩国和日本的野生大豆天然居群开展了等位酶水平遗传多样性分析。发现产于日本 Mishima 市郊的居群遗传多样性较低（$A=1.14$，$P=0.14$，$He=0.046$），而韩国材料表现出高水平的遗传多样性（$A=1.4$，$P=0.37$，$He=0.134$）。相比之下，本研究结果（表 2）明显高于日本材料，在 *P* 和 *He* 值上分别为日本居群的 2.76 和 1.98 倍，而与韩国居群相近，其中 *P* 值略高于韩国材料。在居群分化指标上，已表明 4 个居群间出现明显的分化，但并没发现与地理分布有明显的相关。例如，相距最近的北大居群与昌平居群遗传一致度较低，而相距最远的北大居群和大连居群遗传一致度较高。此结果可能与北大居群取样数目偏少有关。Yu、Bult、李军等、胡志昂等研究结果也表明居群间分化与地理分布无明显相关，这很可能与各自工作的取样地区偏小有关。同时也可能野生大豆种子散播受人类活动和动物取食影响，使得相距较远的居群具有相同的种源，综合前人工作发现本文 4 个居群与韩国的 6 个居群均表现出高水平遗传多样性而与日本材料不同，表明本地区和朝鲜半岛可能是野生大豆多样性中心之一，相信随着研究居群数目和酶系统数量的增加，会得出更科学具体的结论。

关于野生大豆等位酶水平表现出高水平遗传多样性，目前尚无合理的解释，主要的原因可能是缺少关于野生大豆物种特性方面的研究工作，如分布范围问题、繁育系统问题、种子散布机制等问题还不十分清楚，而这些特性都将直接影响遗传多样性水平。另外，对分布在中国的野生大豆居群缺少相关研究，无法全面系统探讨遗传多样性时空变化。值得注意的是野生大豆繁育系统的变异，人们通常认为它是严格自交的物种，异交率<1%，但是，King 认为异交率数值在 1%～2%水平。况且交配系统尚受光照、湿度、温度等多因子影响。居群间交配系统的样式及分化程度以及不断天然杂交和不断自然选择等因子，很可能是野生大豆表现高水平遗传多样性主要原因。本文采用 Wright 提出的用固定指数（F）来近似估算异交率（I）：$t=(1-F)/(1+F)$ 的方法，计算出值见表 3，表明野生大豆天然居群异交率居群间有较大的分化，总居群水平上异交率比以往的报道要高。初步分析认为有两种可能：一种情况是本地区野生大豆居群的繁育系统与其他地区出现分化；另一种情况是所选酶系统偏少而造成的统计上的一种偏差，不管怎样，繁育系统式样及居群间分化程度是一个有重要理论意义和应用前景研究课题，值得深入研究。

野生大豆是重要的作物品种资源，未来的育种能否取得持续的进展，很大程度上取决于资源的掌握和利用。目前的野生大豆资源的保存和利用情况不容乐观，一方面是缺少系统深入的居群水平的遗传多样性研究，对野生大豆遗传多样性时空变化不明确，更缺少特异种质资源分子水平遗传多样性研究，对不同遗传资源如何保存和如何利用等问题尚不十分清楚，对野生资源的利用重视不够，形成目前栽培大豆遗传基础狭窄，育种进展缓慢状况。另一方面，目前对野生大豆天然居群没有采取系统的保护措施，通常认为野生大豆居群数目多，个体数量大，不存在遗传多样性丧失的问题。事实恰好相反，野生大豆天然居群对环境因子变化十分敏感，尤其对水分变化。而目前水域的破坏又比较严重，因此遗传多样性丧失正在加剧。建议有关单位应支持系统开展遗传多样性的研究，为有效地就地保存、迁地保存和育种提供科学依据。

参考文献（略）

本文原载：大豆科学，1996，15（4）：302-309

Variability among Chinese *Glycine soja* and Chinese and North American Soybean Genotypes

Devin M. Nichols * Wang Lianzheng Pei Yanlong
Karl D. Glover Brian W. Diers

Abstract: The narrow genetic base of elite soybean, *Glycine max* (L.) Merr., germplasm may impede further attempts to improve grain yield and other important agronomic characters. Germplasm collections of wild soybean, *Glycine* soja Siebold & Zucc., are a source of genetic variability for soybean breeding programs. The objectives of this research were to use genetic markers to characterize diversity among 60 *G. soja* accessions collected in China and to compare this diversity with 18 U. S. ancestral soybean genotypes, 12 Chinese *G. max* plant introductions (Pls), and 47 elite soybean lines from the northern USA. These accessions were genotyped with a set of 72 simple sequence repeat markers. The *G. soja* accessions were found to contain more alleles per locus (17) than the U. S. ancestral genotypes (5.8), the Chinese Pls (5.5), or the elite lines (4.5). Multivariate analyses were able to separate the *G. max* lines from the *G. soja* accessions and identify the most diverse subset of *G. soja* accessions. Multidimensional scaling separated *G. soja* accessions from high and low latitudes, while Ward's clustering method separated the *G. soja* accessions into distinct clusters that tended to include accessions from similar geographical regions. These data will be useful to breeders selecting *G. soja* accessions as parents in a breeding program and for establishing a core collection of *G. soja* to be used in future research.

The narrow genetic base of modern soybean [*Glycine max* (L.) Merr.] cultivars in North America has been caused by a limited initial base and several decades of intensive breeding and selection. Gizlice et al (1994) showed that >85% of the genes present in modern North American soybean cultivars could be traced to a collection of 18 ancestors and their initial progeny. Gizlice et al (1994) studied only public cultivars released before 1988, but it has since been shown that private cultivars do not differ significantly from public cultivars (Sneller, 1994). Since genetic variability is necessary for genetic progress, this limitation of genetic diversity may impede further advances in soybean breeding unless new sources of genetic variability are introduced into breeding programs.

Several alternative gene pools are potential sources of genetic variability for North American soybean breeding programs. Released cultivars and advanced breeding lines from other soybean-producing regions of the world, including Japan, South Korea, and three distinct regions of China, have been shown to constitute distinct gene pools that differ from the North American pool (Li et al, 2001; Li & Nelson, 2001; Ude et al, 2003). Northeastern, northern, and southern China are geographically separated soybean-producing areas with different cultural practices and separate breeding programs, which is reflected in the diversity among these pools (Cui et al, 2000a, 2000b). Cui et al (2000a) also showed that the genetic base of Chinese soybean breeding is much larger than that of theUSA. The 18 most important ancestors of modern Chinese soybean cultivars constitute only 40% of the genetic base (Cui et al,

* Corresponding author (dmnichol@ uiuc. edu)

2000a), compared with 85% for the 18 most important U. S. ancestors (Gizlice et al, 1994).

Li and Nelson (2001) compared genetic diversity among 120 *G. max* accessions from China, South Korea, and Japan by using randomly amplified polymorphic DNA (RAPD) markers. Their study showed that Chinese germplasm contained a greater amount of genetic diversity than did South Korean or Japanese germplasm and that the Chinese gene pool was distinct from that of South Korea and Japan. Ude et al (2003) used amplified fragment length polymorphism (AFLP) markers to study diversity patterns among North American soybean cultivars, North American soybean ancestors, Chinese cultivars, and Japanese cultivars. Their cluster analysis grouped the cultivars according to region of origin, suggesting that each of the regions represented a separate gene pool. Patterns of genetic differentiation demonstrated by all these studies suggest that introducing elite lines from China, Japan, and Korea into North American breeding programs would expand genetic diversity and may result in increased genetic gain.

Wild soybean accessions also have been studied to assess their usefulness for increasing genetic diversity of soybean. *Glycine soja* Siebold & Zucc., which grows wild throughout East Asia, is the progenitor of domestic soybean (Hymowitz & Bernard, 1991), and *G. max* and *G. soja* are generally interfertile. Several studies have shown that there is a much greater amount of genetic diversity within *G. soja* than within *G. max*. Maughan et al (1995) tested 94 *G. max* and *G. soja* accessions with five simple sequence repeat (SSR) markers, which could be used for the efficient detection of species-specific polymorphisms. They observed 79 alleles total, with 43 more alleles in *G. soja* accessions than in *G. max* accessions. Maughan et al (1996) later used AFLP markers to determine genetic relationships among 23 *G. max* and *G. soja* genotypes. The 15 AFLP markers tested produced 759 fragments among the 23 accessions. Of the 759 fragments identified, 274 were found to be polymorphic, with 37 fragments polymorphic only in the *G. max* accessions and 147 fragments polymorphic only in the *G. soja* accessions. Cluster and principal component analyses were able to separate the *G. max* and *G. soja* accessions. The *G. max* accessions clustered more closely than did the *G. soja* accessions, showing the relatively low genetic diversity present in *G. max*.

Li and Nelson (2002) studied genetic variation in *G. max* and *G. soja* and its geographical patterns by using RAPD markers. Eighty *G. max* and *G. soja* accessions from four Chinese provinces were included in the study. Twenty-three more polymorphic fragments were detected in *G. soja* than in *G. max* among the 172 polymorphic fragments scored. They reported that genetic distances between *G. max* and *G. soja* accessions were nearly double within-species distances. They also found, however, that the maximum genetic distance between an individual *G. max* and *G. soja* accession was approximately equal to the maximum genetic distance between two individual *G. soja* accessions. Cluster and principal component analyses were able to separate the *G. max* and *G. soja* accessions; however, no genetic association between *G. max* and *G. soja* accessions from the same Chinese province was found.

There are currently 20 765 *Glycine* accessions available to soybean breeders in the USDA National Plant Germplasm System and tens of thousands of additional accessions in other national collections. Due to this enormous amount ofgermplasm available, it is useful to characterize the diversity within each of the above-mentioned classes. Such characterization allows breeders to more efficiently use the germplasm. It would be especially helpful to identify individual accessions or groups of accessions that are genetically the most divergent. Tanksley and McCouch (1997) hypothesized that the use of genetic profiles rather than physical appearance to select exotic germplasm to include in a breeding program increases the likelihood of finding novel and agronomically useful alleles.

Powell et al (1996) compared the usefulness of restriction fragment length polymorphism, RAPD, AFLP, and SSR marker systems for germplasm analysis. Of these systems, SSRs were shown to have the highest expected heterozygosity, a measure of information content. Simple sequence repeat markers are also relatively easy to use since they are polymerase chain reaction (PCR) -based markers. The combination of high information content and ease of use makes SSR markers a good choice for germplasm analysis studies. The objectives of this research were to use SSR markers to characterize the diversity among 60 *G. soja* accessions collected in China and to compare that diversity with the diversity among 18 U. S. ancestral soybean genotypes, 12 Chinese *G. max* plant introductions (PIs), and 47 elite soybean lines from the northern USA to identify patterns of diversity and to identify divergent *G. soja* accessions that could be ofuse in breeding programs.

Materials and methods

Plant material

We chose 96 accessions for SSR-marker testing and multivariate analysis. This included 60 *G. soja* accessions that were collected in China from an area ranging from 24°31′ N to 48°35′ N and 105°48′ E to 134° E and at elevations ranging from 2. 9 to 1 400m above sea level (Table 1). The 60 accessions included in the study were selected to represent the geographical distribution of accessions available in the collection of the Chinese Academy of Agricultural Sciences. In addition, two Chinese *G. soja* accessions from the USDA National Plant Germplasm System, PI468398C and PI522183A, representing the most distantly related pair of *G. soja* accessions of those studied by Li and Nelson (2002), were also included in the study.

Table 1 *Glycine max* (L.) Merr. and *Glycine soja* Siebold & Zucc. genotypes included in the multivariate diversity analyses with information on country of origin (*G. max*) and place of collection (*G. soja*)

Name	Label	Seed coat color	Location	Elevation	City	Chinese province or country	Maturity group
				m			
			Glycine soja				
B1	S1	black	40°N, 115°15′E	30. 5	Beijing	Beijing	-
F1	S2	black	27°48′N, 118°3′E	230	Chongan	Fujian	-
F2	S3	black	26°45′N, 117°26′E	222	Jiangle	Fujian	-
G3	S4	black	34°45′N, 105°48′E	1400	Qinan	Gansu	-
GD4	S5	black	24°9′N, 113°26′E	29. 3	Yingde	Guangdong	-
GU1	S6	black	25°54′N, 108°29′E	325	Rongjiang	Guizhou	-
GU3	S7	black	28°N, 108°24′E	455	Yinjiang	Guizhou	-
GU5	S8	black	27°6′N, 106°57′E	1100	Kaiyang	Guizhou	-
GX3	S9	black	24°31′N, 110°24′E	200	Lipu	Guangxi	-
GX5	S10	black	25°56′N, 111°4′E	500	Quanzhou	Guangxi	-
H4	S11	black	48°30′N, 126°11′E	271. 8	Dudu	Heilongjiang	-

(Continued)

Name	Label	Seed coat color	Location	Elevation	City	Chinese province or country	Maturity group
H8	S12	black	47°18′N, 123°54′E	147.4	Qiqihar	Heilongjiang	–
H9	S13	black	46°50′N, 134°E	54.4	Raohe	Heilongjiang	–
HA1	S14	black	29°21′N, 113°8′E	27	Yueyang	Hunan	–
HA3	S15	black	27°20′N, 110°9′E	270	Jinyang	Hunan	–
HA4	S16	black	26°35′N, 110°11′E	450	Shuining	Hunan	–
HA5	S17	black	26°8′N, 111°38′E	120	Linglingxia	Hunan	–
HB3	S18	black	37°26′N, 114°26′E	124.7	Lincheng	Hebei	–
HN1	S19	black	34°42′N, 111°13′E	117.5	Shanxian	Henan	–
HN2	S20	black	34°43′N, 112°26′E	353.1	Mengjun	Henan	–
HN5	S21	black	32°1′N, 114°55′E	49.6	Guangshan	Henan	–
HN6	S22	black	33°4′N, 112°14′E	190.5	Zhenping	Henan	–
HN7	S23	brown mottled	34°42′N, 114°24′E	72.5	Kaifeng	Henan	–
HN8	S24	black	34°43′N, 112°26′E	–	Mengjun	Henan	–
J4	S25	black	44°7′N, 123°16′E	144.9	Zhuozhon	Jilin	–
J7	S26	brown	42°58′N, 129°50′E	140.6	Tumen	Jilin	–
J10	S27	black	42°50′N, 130°22′E	36.5	Huichun	Jilin	–
J14	S28	black	41°57′N, 126°27′E	520.6	Hunjiang	Jilin	–
JS1	S29	black	34°8′N, 118°41′E	8	Shuyang	Jiangsu	–
JS4	S30	black	33°12′N, 120°32′E	2.9	Dafeng	Jiangsu	–
JS5	S31	black	32°20′N, 121°10′E	3.9	Rudong	Jiangsu	–
JS6	S32	black	32°2′N, 120°17′E	3.6	Jingjiang	Jiangsu	–
JS7	S33	black	31°10′N, 120°36′E	6.2	Wujiang	Jiangsu	–
JX1	S34	black	29°40′N, 116°12′E	34.4	Hukou	Jiangxi	–
JX2	S35	greenish brown	29°43′N, 115°59′E	32.2	Jiujiang	Jiangxi	–
JX4	S36	black	28°58′N, 117°8′E	34.5	Leping	Jiangxi	–
JX5	S37	greenish brown	29°4′N, 115°49′E	129.3	Yongxin	Jiangxi	–
L3	S38	black	38°48′N, 121°12′E	34.7	Lushun	Liaoning	–
L4	S39	black	39°16′N, 121°37′E	34.9	Changhai	Liaoning	–
L5	S40	black	39°16′N, 121°37′E	34.9	Changhai	Liaoning	–
L8	S41	black	41°33′N, 121°47′E	68	Beizhen	Liaoning	–
L12	S42	brown	39°56′N, 124°10′E	73.1	Dongguo	Liaoning	–
N2	S43	black	48°35′N, 118°25′E	218	Humeng	Nei Mongol Zizhiqu	–
NX1	S44	black	38°27′N, 106°5′E	1400	Helanshan	Ningxia	–

(Continued)

Name	Label	Seed coat color	Location	Elevation	City	Chinese province or country	Maturity group
S2	S45	black	35°30′N, 112°23′E	–	Yangcheng	Shanxi	–
S4	S46	black	37°30′N, 122°6′E	14.2	Weihai	Shandong	–
S11	S47	black	36°20′N, 116°12′E	35.6	Donger	Shandong	–
S12	S48	black	36°58′N, 120°42′E	30.5	Laiyang	Shandong	–
SC2	S49	black	32°3′N, 108°4′E	850	Wanyuan	Sichuan	–
SC7	S50	greenish brown	29°18′N, 107°44′E	664	Wulong	Sichuan	–
SX2	S51	black	37°58′N, 109°19′E	–	Hengshan	Shaanxi	–
SX3	S52	black	39°3′N, 111°6′E	–	Fugu	Shaanxi	–
SX4	S53	black	37°29′N, 110°13′E	–	Shuide	Shaanxi	–
SX6	S54	black	36°4′N, 110°8′E	–	Yichuan	Shaanxi	
SX11	S55	black	34°56′N, 108°59′E	640	Yanoxian	Shaanxi	–
SX18	S56	black	34°7′N, 110°8′E	–	Luonan	Shaanxi	–
SX20	S57	black	33°11′N, 106°40′E	–	Mianxian	Shaanxi	–
Z8	S58	black	30°14′N, 122°13′E	50	Daishan	Zhejiang	–
Z9	S59	black	29°28′N, 121°51′E	50	Xiangshan	Zhejiang	–
Z10	S60	black	27°52′N, 120°36′E	50	Ruian	Zhejiang	–
PI468398C	G1	black	–	–	–	Shanxi	Ⅳ
PI522183A	G2	black	–	–	–	Heilongjiang	0
			Glycine max				
‘AK (Harrow)’	U1	yellow	–	–	–	China	Ⅲ
‘Arksoy’	U2	yellow	–	–	–	North Korea	Ⅵ
‘Capital’	U3	yellow	–	–	–	China	0
‘Dunfield’	U4	yellow	–	–	–	China	Ⅲ
‘Haberlandt’	U5	yellow	–	–	–	North Korea	Ⅵ
‘Illini’	U6	yellow	–	–	–	China	Ⅲ
‘Jackson’	U7	yellow	–	–	–	USA	Ⅶ
‘Korean’	U8	yellow	–	–	–	North Korea	Ⅱ
‘Lincoln’	U9	yellow	–	–	–	USA	Ⅲ
‘Mandarin (Ot)’	U10	yellow	–	–	–	China	0
‘Mukden’	U11	yellow	–	–	–	China	Ⅱ
‘Ogden’	U12	light green	–	–	–	USA	Ⅵ
‘Perry’	U13	yellow	–	–	–	USA	Ⅳ
‘Ralsoy’	U14	yellow	–	–	–	North Korea	Ⅵ
‘Richland’	U15	yellow	–	–	–	China	Ⅱ
‘S-100’	U16	yellow	–	–	–	China	Ⅴ

(Continued)

Name	Label	Seed coat color	Location	Elevation	City	Chinese province or country	Maturity group
CNS	U17	yellow	-	-	-	China	Ⅶ
'Roanoke'	U18	yellow	-	-	-	China	Ⅶ
PI430595	C1	yellow	-	-	-	Jiangsu	Ⅳ
PI468408A	C2	yellow	-	-	-	Shandong	Ⅲ
PI602922	C3	yellow	-	-	-	Henan	Ⅴ
PI578488B	C4	yellow	-	-	-	Shanghai	Ⅵ
PI578497A	C5	yellow	-	-	-	Liaoning	Ⅲ
PI578493	C6	yellow	-	-	-	Jilin	Ⅱ
PI561354	C7	yellow	-	-	-	Heilongjiang	Ⅰ
PI567323A	C8	yellow	-	-	-	Gansu	Ⅱ
PI588046	C9	black	-	-	-	Guangdong	Ⅹ
PI594597	C10	yellow	-	-	-	Hunan	Ⅸ
PI567411	C11	brown striped	-	-	-	Shaanxi	Ⅴ
PI588017A	C12	yellow	-	-	-	Sichuan	Ⅵ
C1979	X1	yellow	-	-	-	USA	-
HS93-4118	X2	yellow	-	-	-	USA	-
IA3010	X3	yellow	-	-	-	USA	-
K1454	X4	yellow	-	-	-	USA	-

-signifies missing data

The remaining accessions were all *G. max* and were selected to represent North American and Chinese soybean germplasm. The North American soybean germplasm was represented by 18 ancestors and their initial progeny that were determined to makeup >85% of the genetic base of cultivated soybean in the USA by Gizlice et al (1994) (labeled U1-U18 in Table 1). The cultivars HS93-4118 and IA3010 and the breeding lines C1979 and K1454, which have been used as parents during the last 5 yr in the University of Illinois soybean breeding program, were also tested. The Chinese soybean germplasm was represented by 12 *G. max* PIs from China selected from the USDA germplasm collection (labeled C1-C12 in Table 1). These 12 lines were selected on the basis of geographic origin, covering approximately the same geographical area as the *G. soja* accessions. Several of these lines were selected because they were determined to be the most important breeding material in their respective regions by Li et al (2001). These lines included PI430595, PI468408A, P1602992, PI578497A, PI578493, PI561354, and PI578488B. The remaining lines were randomly selected from a list of all available PIs from the desired provinces.

Table 2 Number of alleles per simple sequence repeat marker locus in each *Glycine max* (L.) Merr. or *Glycine soja* Siebold & Zucc. germplasm group and total as calculated by the FSTAT program. Data from University of Illinois crossing block material (UIUC CXB) were from a previously collected data set

Marker	Linkage group+	*G. soja* collection	U. S. *G. max*	Chinese *G. max*	Total	UIUC CXB

(Continued)

Marker	Linkage group+	*G. soja* collection	U. S. *G. max*	Chinese *G. max*	Total	UIUC CXB
Satt196	K	18	5	5	18	5
Satt002	D2	18	6	4	19	2
Satt141	D1b+W	10	5	6	15	7
Satt236	A1	12	4	5	12	4
Satt143	L	17	5	4	18	6
Satt253	H	16	4	5	17	1
Satt175	A1	14	9	7	18	6
Satt180	C1	13	5	4	16	4
Satt294	C1	15	6	4	17	6
Satt038	E	12	6	7	13	5
Satt114	D2	11	5	6	13	5
Satt009	G	22	8	7	26	7
Satt173	F	23	9	7	27	6
Satt184	N	19	6	8	20	3
Satt243	O	18	5	5	21	4
Satt281	D1a+Q	28	10	6	29	4
Satt276	O	29	14	11	41	7
Satt358	C2	22	5	6	22	4
Satt353	A1	13	6	5	14	4
Satt324	O	13	5	3	13	4
Satt373	H	17	10	4	21	5
Satt172	G	8	4	3	9	5
Satt168	L	17	4	4	17	5
Satt146	D1b+W	16	6	6	17	6
Satt308	B2	20	7	6	20	6
Satt197	F	20	6	7	20	5
Satt249	M	11	4	4	14	3
Satt441	B1	23	10	8	24	7
Satt409	J	23	7	6	26	5
Satt307	K	14	5	4	15	4
Satt577	A2	15	6	4	15	5
Satt434	C2	25	4	6	25	4
Satt431	B2	17	5	6	18	5

(Continued)

Marker	Linkage group+	*G. soja* collection	U. S. *G. max*	Chinese *G. max*	Total	UIUC CXB
Satt191	H	15	6	6	16	4
Satt357	J	18	3	3	19	2
Satt147	G	15	7	6	17	4
Satt259	C2	14	8	5	14	4
Satt453	D1a+Q	19	8	8	20	7
Satt354	C1	25	7	7	25	–
Satt414	I	19	6	6	21	5
Satt588	K	18	5	8	20	4
Satt534	O	23	8	9	28	8
Satt300	B1	16	6	3	16	5
Satt411	I	9	3	5	12	4
Satt179	J	20	5	4	21	5
Satt415	K	14	6	5	14	3
Satt022	B2	17	6	6	17	4
Satt186	A1	13	5	4	14	4
Satt419	E	19	5	6	19	3
Satt156	D1a+Q	18	5	3	18	2
Satt268	B1	18	5	6	21	4
Satt157	N	33	10	8	35	7
Satt329	D2	17	7	6	18	4
Satt554	I	28	4	6	30	2
Satt424	L	11	6	4	15	5
Satt271	N	7	3	4	7	2
Satt292	E	14	7	6	16	4
Satt665	D1b+W	18	6	5	18	4
Satt199	A2	14	4	4	14	3
Satt565	F	15	3	4	15	4
Satt590	A2	32	10	10	33	7
Satt592	D1b+W	12	3	8	14	3
Satt440	I	16	4	3	16	5
Satt242	B1	16	6	6	20	5
Satt177	G	15	4	5	15	3
Satt339	M	19	5	6	19	5

(Continued)

Marker	Linkage group[+]	*G. soja* collection	U. S. *G. max*	Chinese *G. max*	Total	UIUC CXB
Satt192	C1	23	4	4	23	3
Satt510	O	14	5	3	15	6
Satt385	H	18	5	6	19	5
Satt226	F	5	2	2	5	-
Satt194	A1	6	7	8	14	3
Average		17. 1	5. 8	5. 5	18. 6	4. 5

[+]Linkage group names and the assignment of markers to linkage groups are according to the integrated soybean genetic linkage map of Cregan et al (1999)

-signifies missing data

The SSR-marker data collected previously on 47 elite lines and cultivars developed in the public or private sector in North America and used as parents in theUniversity of Illinois soybean breeding program (Diers, unpublished data, 2002) were included in the number of alleles per locus analysis but not in the multivariate analyses. These lines were previously genotyped with the same set of molecular markers used in the study and described below. These data were not included in the multivariate analysis, however, because of the difficulty in aligning the marker fragment sizes with the data we collected from the diverse *G. soja* and *G. max* germplasm.

Molecular marker analysis

Each of the 96 accessions (Table 1) was genotyped with 72 SSR markers selected to be distributed across the entire soybean genome (Table 2). All of the SSR markers used were ATT trinucleotide repeat markers developed by P. B. Cregan (USDA-ARS, Beltsville, MD). Each of the markers was tested on 10 soybean genotypes and shown to produce only a single product in each, demonstrating that each marker corresponds to a single locus (Cregan et al, 1999). There were at least two marker loci mapping to each ofthe 20 soybean genetic linkage groups. The markers were labeled with three different fluorescent dyes to allow multiplexing.

Leaftissue was collected in bulk from 10 greenhouse-grownplants of each line. The tissue was frozen at-4℃ and lyophilized for 48h. The DNA extraction was performed by using a version of the hexadecyltrimethylammonium bromide (CTAB) protocol as modified by Kabelka et al (2006). Polymerase chain reactions were performed according to the conditions described by Cregan and Quigley (1997). The fluorescently labeled PCR products were analyzed with an ABI 377 DNA sequencer (Applied Biosystems, Foster City, CA). Four microliters of each sample were loaded on 4. 8% acrylamide/bisacrylamide (20 : 1), 8M urea, and 1×TBE gels (25cm×42cm). The samples were then electrophoresed at a constant 200W for 150min.

Seed weight

Seed weight of the *G. soja* accessions was estimated by weighing 20 seeds of each accession. Only 20 seeds were weighed because of insufficient seed availability. Seeds of all the accessions were not available from a single environment.

Data analysis

Genescan Analysis Software (Applied Biosystems, 2000) and ABI PRISM Genotyper Software

(Applied Biosystems, 2001) were used to determine the size of each PCR amplification fragment in base pairs. Each unique fragment identified for a given SSR marker was assigned a letter and then scored as present (1) or absent (0) in each accession. The program FSTAT (Goudet, 2001) was used to calculate the number of alleles per locus within each germplasm group and across all germplasm tested. Mean numbers of alleles per locus for each germplasm group were tested for significant differences by using t tests in SAS PROC TTEST (SAS Institute, 1989). The program NTSYSpc (Rohlf, 1992) was used to calculate the 96 × 96 pairwise similarity matrix with Jaccard's coefficient (Jaccard, 1908). This similarity measure was chosen because it does not count 0, 0 matches between pairs of genotypes. The 0, 0 matches occur when a fragment is absent in both accessions. Since SSR markers have multiple alleles at each locus, counting 0, 0 matches would inflate the genetic similarity between individuals. The genetic distance (GD) between each pair of accessions was calculated as one minus Jaccard's similarity measure. The similarity matrix was inputted into PROC CLUSTER in SAS (SAS Institute, 1989) to perform cluster analysis with both Ward's minimum variance method (Ward, 1963) and UPGMA (unweighted paired group method using arithmetic averages) (Sneath & Sokal, 1973; Panchen, 1992) by specifying the WARDS and AVERAGE options. The SAS PROC TREE was used to generate dendrograms for both methods. Two clustering methods were used because there is no consensus as to which method best represents the true genetic relationships among accessions. Ward's and UPGMA are the most commonly used clustering algorithms for germplasm analysis. Ward's method uses the analysis of variance sum of squares summed across cluster members as the distance between clusters (Ward, 1963), while UPGMA uses the average distance between pairs of observations as the distance between clusters. Multidimensional scaling (MDS) was performed with SAS PROC MDS (SAS Institute, 1992) by using the Jaccard's similarity matrix from NTSYSpc as the input. Sigma Plot (Systat Software, 2004) was used to generate two-dimensional scatter plots of the MDS results.

Differences in the mean seed weight of the *G. soja* accessions, which were grouped with *G. max* lines in the multivariate analyses, and the mean of all of the G. *sola* lines studied were tested by using a t test in SAS PROC TTEST (SAS Institute, 1989).

Results

The average number of alleles per locus across all of the germplasm tested was 18. 6. This assumes that each SSR marker corresponds to a single locus, as demonstrated by Cregan et al (1999). Within groups, the average number of alleles per locus was 17 in the *G. soja* collection, 5. 8 in the U. S. ancestral genotypes, 5. 5 in the Chinese *G. max* PIs, and 4. 5 in the elite parents from the University of Illinois soybean breeding program (Table 2). The *t* tests showed that the number of alleles per locus found in the *G. soja* collection was significantly greater than the number in the three *G. max* groups ($P<0.0001$). A *t* test also showed that the mean of 5. 8 alleles per locus found in the 18 U. S. ancestral lines was significantly greater than the 4. 5 alleles per locus found in the 47 elite lines used in the University of Illinois soybean breeding program ($P<0.0001$). Generally, a continuum of alleles was observed, with each allele three base pairs longer than the previous allele, consistent with the "continuous ladder" trend observed by Maughan et al (1995). They observed that the alleles of four SSR markers tested formed a continuous ladder, meaning that each allele was only one or two base pairs different in size from the next allele, depending on the length of the core repeat of each marker.

The average GD among the *G. soja* accessions in this study was 0. 92, which is significantly

($P<0.0001$) larger than the average GD of 0.84 observed among the *G. max* lines according to a *t* test. The largest GD observed between two *G. soja* accessions was 0.99 between HN7 and H8. This is larger than the GD of 0.95 between PI522183A and PI468398C, the most distantly related pair of *G, soja* accessions among those studied by Li and Nelson (2002). It is also larger than the greatest GD between two *G. max* lines in this study, which was 0.97 between 'Ogden' and 'Arksoy'. The largest GD observed between a pair of *G. max* and *G. soja* accessions was the maximum value of 1. This value was observed in six cases, between Z8 and IA3010, GU1 and K1454, GU1 and PI567323A, GU3 and PI567323A, GU3 and 'Lincoln', and S4 and Lincoln. The smallest GD between two *G. soja* accessions was 0.32 between GU1 and GU3, while the smallest GD between two *G. max* lines was 0.17 between 'AK (Harrow)' and 'Illini'.

Both Ward's (Figure 1) and UPGMA (Figure 2) clustering methods mostly separated the *G. max* and *G. soja* accessions in the study. Ward's method showed a more distinct separation of *G. max* and *G. soja* accessions and greater distance between the main *G. soja* and *G. max* clusters than did UPGMA. There were also fewer accessions of *G. soja* in the *G. max* clusters with Ward's method than with UPGMA. The difference in distances is due to the fact that the UPGMA method uses the average distance between pairs of observations in two clusters to calculate the distance between clusters and create plots, while in Ward's method the distance between two clusters is the ANOVA sum of squares between the clusters and semipartial correlations are used to create plots. Notably, both methods placed the *G. soja* accessions F2, L12, S11, HN7, J7, NX1, and S2 in the *G. max* cluster, and the four elite U. S. genotypes from the University of Illinois crossing block clustered together tightly with the U. S. ancestral lines Lincoln and 'S100', which together contributed 25.4% of the genes found in the North American gene pool (Gizlice et al, 1994).

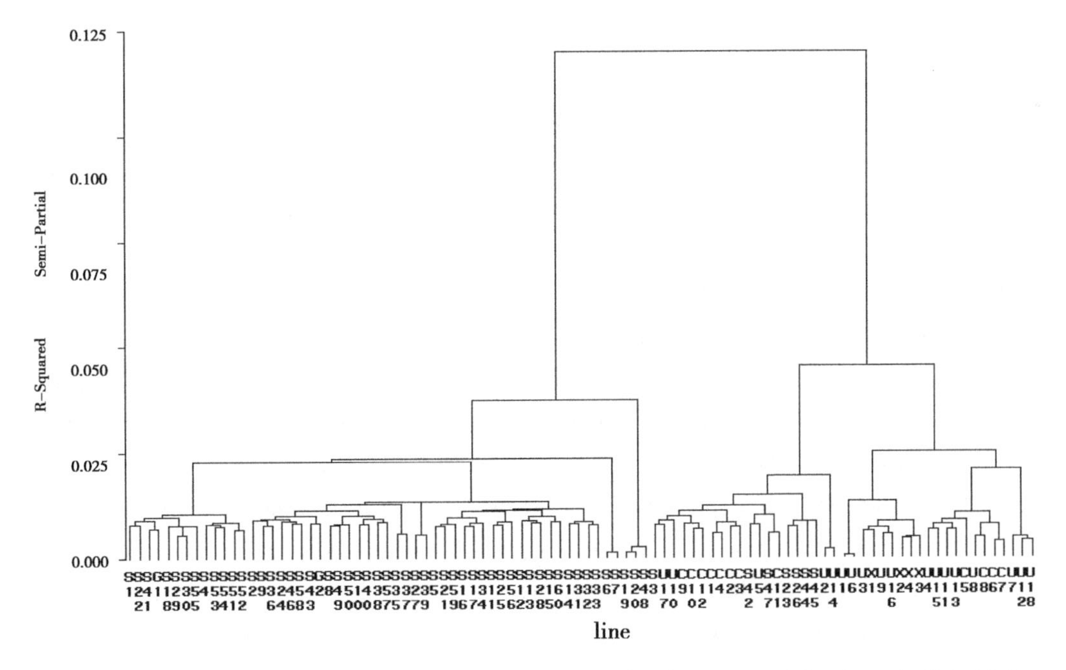

Figure 1 Results of cluster analysis of 96 *Glycine max* (L.) Merr. and *Glycine soja* Siebold & Zucc. accessions based on 72 simple sequence repeat marker loci using Jaccard's coefficient and Ward's minimum variance clustering method. Accessions are designated according to their label from Table 1

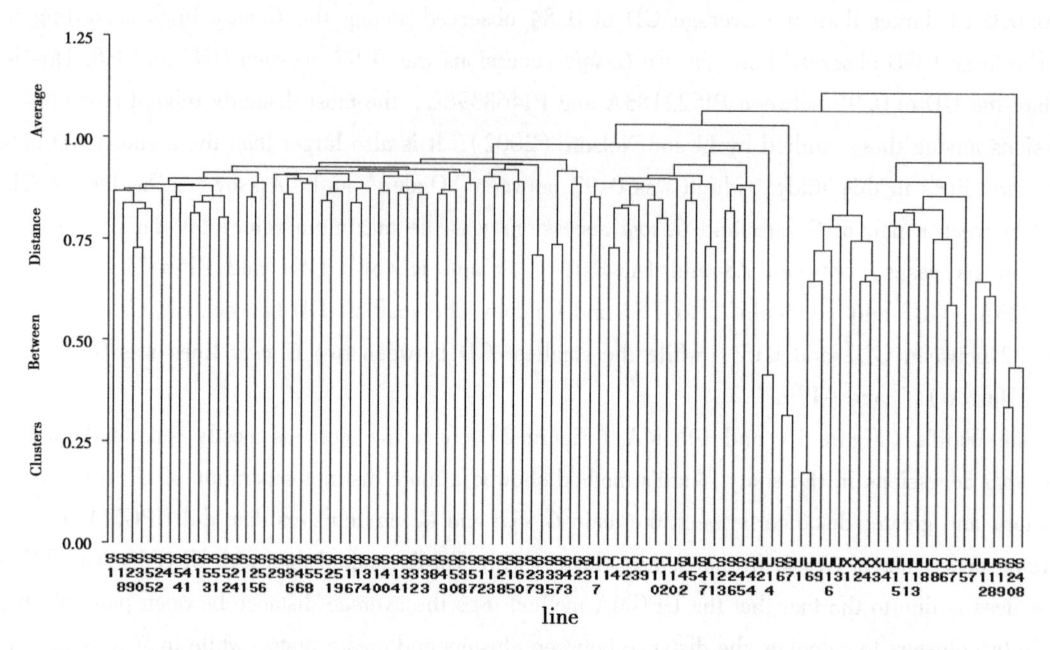

Figure 2 Results of cluster analysis of 96 *Glycine max* (L.) Merr. and *Glycine soja* Siebold & Zucc. accessions based on 72 simple sequence repeat marker loci using Jaccard's coefficient and unweighted paired group method using arithmetic averages clustering method. Accessions are designated according to their label from Table 1

At a finer resolution, Ward's clustering (Figure 1) separated the ancestors of northern U. S. cultivars from those of southern U. S. cultivars. The clustering of the ancestors in this study corresponds well with the results of Thompson et al (1998) and Brown-Guedira et al (2000), although some rearrangement has occurred. Several clusters of ancestors were consistent across the three studies, including the clustering of 'Jackson', Ogden, and 'Roanoke'; that of Lincoln, Illini, S-100, and AK (Harrow); and that of Arksoy and 'Ralsoy'. The Chinese *G. max* lines included in this study were mixed with the U. S. ancestral lines in the cluster analyses. This was expected, as many U. S. ancestral genotypes are from China (Gizlice et al, 1994; Thompson et al, 1998).

Ward's clustering (Figure 1) also separated the *G. soja* accessions into four distinct clusters. One small cluster consisted of two accessions from Guizhuo Province in the southern soybean-growing region of China (Cui et al, 2000a), while another small cluster consisted of two accessions from Henan Province and one accession from a nearby region in Shandong Province, both in the northern soybean-growing region of China (Cui et al, 2000a). A third cluster, consisting of 13 accessions, contained five out of seven of the *G. soja* accessions from Shaanxi Province, which is located in the northern soybean-growing region of China (Cui et al, 2000a). The fourth *G. soja* cluster contained 37 accessions. This cluster contained accessions from many provinces covering a large geographical area. Although this cluster was diverse, the most similar individuals within the cluster were often from the same province or adjacent provinces.

Multidimensional scaling detected a clear distinction between the *G. max* and *G. soja* accessions across Dimension 1 (Figure 3). In addition, MDS showed a trend toward separating the early-maturity group of *G. max* accessions from the late-maturity *G. max* group and the low-latitude *G. soja* accessions from the high-latitude *G. soja* along Dimension 2. Consistent with the other analyses, MDS placed several

G. soja accessions, including F2, L12, S11, HN7, NX1, and JX5, near the *G. max* group.

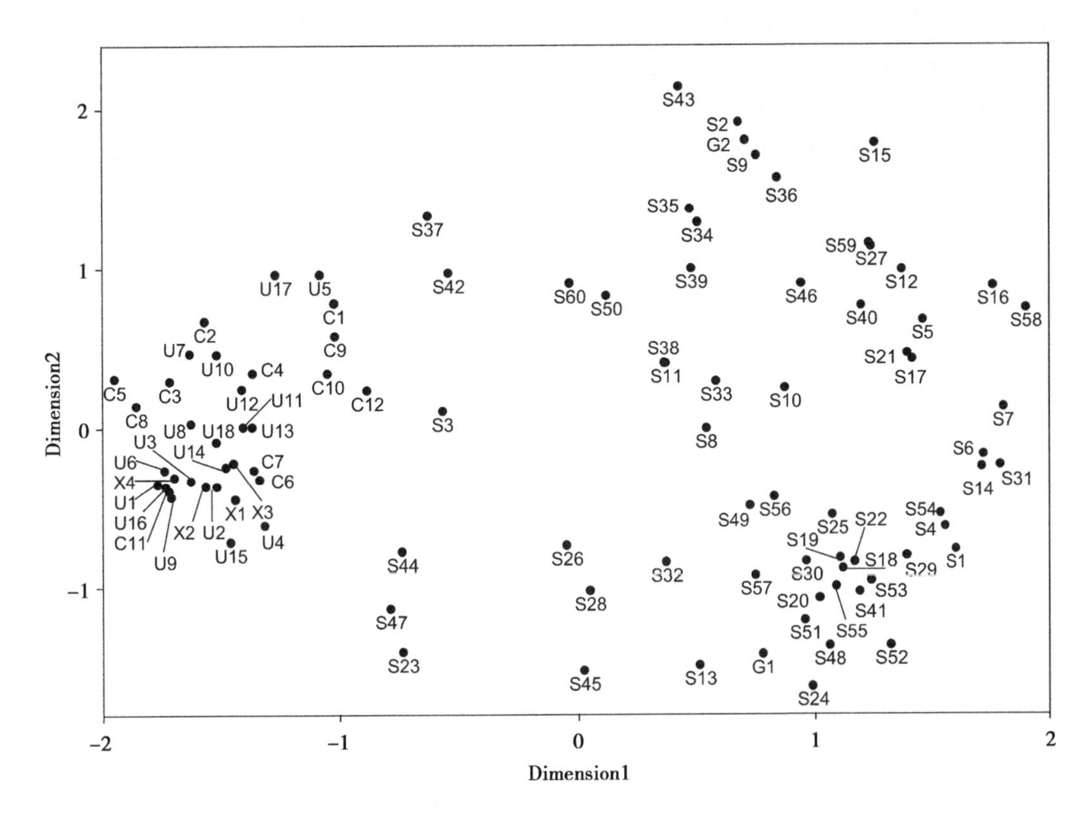

Figure 3 Two-dimension multidimensional scaling scatter plot showing patterns of diversity among the 96 *Glycine soja* Siebold & Zucc. and *Glycine max* (L.) Merr. accessions studied based on 72 simple sequence repeat marker loci. Accessions are designated according to their label from Table 1

A *t* test of the seed weight data showed that *G. soja* accessions that grouped with the *G. max* lines in the above analyses, including F2, HN7, J7, JX5, L12, NX1, S2, andS11, had significantly ($P<0.001$) heavier seeds than did the average of the *G. soja* collection. The average seed weight of accessions in the *G. soja* collection was 15mg $seed^{-1}$ but the average seed weight of the above accessions was 49mg/seed. The average seed weight of *G. max* genotypes included in this study was approximately 150 to 200mg/seed.

Discussion

There is much more genetic diversity contained in the *G. soja* collection than there is in either the U. S. or Chinese soybean germplasm based on the average number of SSR alleles per locus in each of these groups. The 60 *G. soja* lines were selected based on their origin throughout China, while the 18 ancestral *G. max* lines have been shown to make up 85% of the genetic base of cultivated soybean in the USA (Gizlice et al, 1994). The Chinese *G. max* accessions included in the study were selected on the basis of less information than was known about the North American ancestral lines, and it is difficult to determine what percentage of alleles present in cultivated Chinese soybean is contained in this sample. The greater number of alleles present in the *G. soja* accessions than *G. max* suggests that *G. soja* is a potential source for new alleles for use in soybean breeding programs. The effective utilization of *G. soja* collections, including the use of molecular marker data to select divergent accessions with unique and potentially useful alleles, could broaden the genetic base of cultivated soybean in the USA and increase the production potential of the crop.

There also were fewer alleles observed in the elite U. S. lines tested than in the U. S. ancestral lines. There are several possible explanations for this difference. One explanation is that additional generations of breeding and selection have continued to decrease the variability in soybean. A second explanation is that the elite lines tested in this study were all used in the University of Illinois breeding program and were adapted to that growing region, while the 18 ancestral genotypes tested originated from more diverse regions and therefore should represent a more diverse gene pool.

The larger average GD among paired *G. soja* accessions than found in their *G. max* counterparts also suggests that there is more diversity in *G. soja* than in *G. max*. The largest GD between two *G. soja* accessions from the group of 60 collected in China was greater than the GD between PI522183A and PI468398C, the two most diverse lines reported by Li and Nelson (2002). The average GD observed in our study was larger than that observed in previous studies (Maughan et al, 1996; Thompson et al, 1998; Brown - Guedira et al, 2000; Li & Nelson, 2002). This reflects the high degree of polymorphism at SSR loci, even among *G. max* lines where the largest pairwise GD observed was 0. 97. The high GDs were expected due to the high expected heterozygosity of SSR markers caused by the unique polymerase slippage mechanism that generates allelic diversity (Powell et al, 1996). The new allele formation rate of soybean SSR markers has been estimated by Diwan and Cregan (1997) to be approximately one new allele per 5 000 meioses.

The cluster and multivariate analyses performed on the data were able to clearly separate *G. max* accessions from *G. soja* accessions. In all ofthe analyses, the *G. max* accessions clustered more tightly than did *G. soja* accessions. This reinforces the conclusion that there is much more genetic variability within the *G. soja* collection than within the *G. max* breeding pools of either theUSA or China.

Ward's minimum variance clustering method separated the *G. soja* accessions into several distinct clusters. These clusters tended to define groups of accessions with similar geographic origins. This trend may prove useful when choosing subsets of accessions from germplasm collections.

The only additional recognizable pattern in the data was that MDS separated early-maturing *G. max* accessions from late - maturity groups and high - latitude *G. soja* accessions from low - latitude accessions. Within the high-latitude and low-latitude clusters, there was no evident regional clustering. For example, accessions collected in the same Chinese province did not tend to cluster together. These data suggest that soybean breeders interested in using a diverse subset of *G. soja* PIs in their programs could use latitude of origin as a criterion for selection.

There were several *G. soja* accessions that grouped with or near the *G. max* lines in multiple analyses. These accessions included F2, HN7, J7, JX5, L12, NX1, S2, and S11. Detailed phenotypic data for these accessions are not available, but an evaluation of seed weight shows that most have much heavier seeds than do the other *G. soja* accessions. Although seeds for all of the accessions were not available from a single environment, the difference in seed size was so great that it is unlikely that growing all of the accessions in a single environment would change the result. It is possible that both heavier seeds and clustering of these accessions with *G. max* accessions resulted from hybridization between *G. soja* and *G. max*. Other researchers have suggested that accessions with phenotypes intermediate between *G. soja* and *G. max* may be due to hybridization between the two (Hymowitz, 1970; Broich &

Palmer, 1981). Since these accessions more closely resemble *G. max* than do other *G. soja* accessions, they may be more agronomically adapted and therefore require less effort to introgress genes from them into soybean cultivars; however, they may also not contain as many unique alleles as would the more diverse accessions.

There also were several *G. soja* accessions that were clearly separated from all other accessions in at least one analysis. These accessions include GX3, H9, HN1, HN2, J10, JX4, L4, S4, and S12. These most distantly related accessions are the most likely sources of rare alleles or rare combinations of alleles, which could be useful for soybean breeders (Tanksley & McCouch, 1997).

The two *G. soja* accessions from the USDA collection, PI468398C and PI522183A, clustered with the other *G. soja* accessions in all analyses. The two accessions were placed in separate clusters in both the Ward'sand UPGMA cluster analyses and were placed on opposite sides of the *G. soja* cluster in the MDS analysis. These results are consistent with those of Li and Nelson (2002), which showed the two accessions to be quite divergent; however, PI468398C and PI522183A were not the most distantly related *G. soja* pair in this study.

The use of SSR markers in conjunction with multivariate statistical analyses is effective in characterizing relative amounts of genetic variability contained in various germplasm collections and its patterning. These analyses also are valuable tools for identifying the most diverse accessions in germplasm collections. We were successful in achieving our objectives of characterizing the diversity among *G. soja* accessions and identifying the most divergent accessions from among the collection. This means that while the choice ofwhich *G. soja* accessions to use in a breeding program will remain difficult for breeders searching for unique alleles to improve agronomic traits in soybean, the use of SSR markers and multivariate analyses will provide some direction.

Acknowledgments

This research was partially funded by the Illinois Soybean Association. We would like to thank the staff of the Illinois Genetic Marker Center for assistance in the generation of the molecular marker data.

References (omitted)

本文原载：Crop Science, 2007, 47: 1 289-1 298

The Collection, Conservation and Utilization of Wild Soybean (*Glycine soja*) and its Relatives in China

Wang Lan Sun Junming Li Bin Zhao Rongjuan Wang Lianzheng

(*Institute of Crop Science*, *Chinese Academy of Agricultural Sciences*, *Beijing* 100081, *China*)

Abstract: The global conservation priorities for wild crop relatives are one of the most important topics in worldwide. The wild crop relatives possess more genetic diversity which is useful for developing productivity, multi-resistance to diseases, and nutritious crop varieties. Here, we introduced the collection, conservation and utilization of the wild soybeans and its relatives in China. During the past 40 years, 8 518 wild soybean accessions on a large scale were collected in China for three times the first time in 1978-1982, the second time in 1996-2000, and the third time in 2001-2010. These accessions were stored in the two tracks including the National Gene Bank in Beijing and the dry region of western China. Meantime, we investigated and utilized these wild soybean accessions in many ways on a large scale in China.

Key words: Wild soybean (*Glycine soja*); Collection; Conservation; Utilization

The world's food supply depends on a small number of crop species. Because the high-yielding cultivars dominate the production but are relatively few in numbers and are genetically similar, the genetic diversity in these crops is presumed to have declined to alarmingly low levels. However, the wild relatives of domesticated crops possess abundant genetic diversity which is useful for developing more productivity, nutritious and resilient crop varieties. Current evidence indicates that the cultivated soybean was domesticated from its wild relative *Glycine soja* Sieb. & Zucc in China, and the wild soybean has much more genetic biodiversity than that of the cultivated. Although soybean genetic diversity has been eroded by human selection after domestication, it is notable that the diversity lost through the genetic bottlenecks of introduction and plant breeding was mostly due to the small number of Asian introductions and not the artificial selection subsequently imposed by selective breeding. Therefore, it needs to broaden utilization of wild soybean and its relatives in soybean research.

1 Collection of wild soybean and relatives

During the past four decades, we collected 8 518 accessions of wild soybean (*Glycine soja* Sieb. et Zucc.) and its relatives on large scale for three times in China. The first time (1978-1982): The Insti-

Foundation: The National Natural Science Foundation of China (39500091); International Atomic Energy Agency-IAEA 8292/RI-R5); Ministry of Agriculture of PRC (MOA) (948-06G5) and Ministry of Science and Technology of PRC (2008GB23260383); Science and Technology Innovation Plan at Chinese Academy of Agricultural Sciences

Biography: Wang Lan, female, Master degree, associate professor. Major in soybean breeding. E-mail: wanglan@caas.cn

Corresponding author: Wang Lianzheng, male, PhD, professor. Major in soybean breeding and genetics. E-mail: wanglianzheng@caas.cn

tute of Crop Germplasm Resources of Chinese Academy of Agricultural Sciences organized collection of wild soybean and relatives in whole China and 5 939 wild soybean accessions were collected in wholeChina. The wild soybean and relatives in the 823 counties from the 1 245 investigated counties, which accounted for 66. 1%were found, and the catalogue of wild soybean accessions in China were published.

The protein content of collected wild soybean accessions was much higher than that of the cultivated soybean. High protein content is remarkable characteristic of wild soybean, it can be used in soybean breeding for increasing protein content of soybean cultivars. Especially, the protein content (>50%) of collected wild soybean accessions accounted for 6. 7%. In the meantime, amounts of accessions with a lot of pods and long flower head were also collected. As one of the research teams in Heilongjiang Academy of Agricultural Sciences, we organized 24 scientists from different institutions to collect and investigate the wild soybean and relatives. In Heilongjiang province, we collected 547 accessions of wild soybean and relatives, and analyzed the protein content (Table 1).

Table 1 The protein content of wild, semi-wild and cultivated soybean in China

Protein content (%)	Number of Cultivated soybean	Percentage (%)	Number of semi-wild soybean	Percentage (%)	Number of wild soybean	Percentage (%)
36. 01-40. 00	2	28. 5	1	2. 6	1	0. 9
40. 01-44. 00	5	71. 5	19	50. 0	5	4. 7
44. 01-48. 00			18	47. 4	51	48. 1
48. 01-52. 00					45	42. 5
>52. 01					4	3. 8

The second time (1996-2000): 600 accessions of wild soybean and relatives were collected mainly from Inner Mongolia, Shandong, Jiangsu, Hubei, Henan, and Hebei provinces. The academies of agricultural sciences of mentioned provinces attended the collection. The third time (2001-2010): 1979 accessions of wild soybean and relatives were collected from 17 provinces of China, the academies of agricultural sciences of 17 provinces attended the collection. These accessions distributed in 318 counties and 930 towns in China. Until 2005, 6 172 accessions were collected in the National Gene Bank, which were collected from different provinces and regions. According to Table 2, accessions of wild soybean and relatives were mainly concentrated in Northeastern provinces, Liaoning, Jilin, and Heilongjiang and Northern China-Shanxi, Shannxi, and Henan provinces. In southern China, the number of accessions was over 300 in Fujian province. In eastern China, the number of accessions was over 100 in Zhejiang, Jiansu, Anhui and Shandong provinces.

Table 2 Number of wild soybean accessions documented and conserved in the National Gene Bank in each province

Province	Number of accessions	Province	Number of accessions
Liaoning	1 248	Guizhou	86
Jillin	1 220	Sichuan	83
Heilongjiang	789	Hubei	70

(Continued)

Province	Number of accessions	Province	Number of accessions
Shanxi	544	Jiangxi	64
Shaanxi	402	Inner Mongolia	58
Fujian	379	Hunan	56
Henan	305	Hebei	44
Zhejiang	166	Ningxia	24
Jiangsu	160	Guangdong	17
Anhui	129	Beijing	15
Shandong	120	Tibet	11
Gansu	90	Yunnan	2
Guangxi	90		
Total	6 172		

2 Conservation of wild soybean and relatives

There are many ways for conservation accessions of wild soybean and relatives in China. Firstly, All accessions of wild soybean are conserved in the National Gene Bank, where located in Campus of Chinese Academy of Agricultural Sciences (CAAS, Beijing). Secondly, the other portion of these accessions of wild soybean and relatives are conserved in the western drought region of China. Thirdly, parts of accessions are also conserved in the mostly provincial academies of agricultural sciences and agricultural colleges and universities. In order to conserve vitality and sprout of wild soybean and relatives, our research staff in the Institute of Crop Science, CAAS and provincial academies and agricultural colleges will renew regularly these accessions of wild soybean and relatives. According to the statistics of research team of wild soybean of Crop Science Institute, Chinese Academy of Agricultural Sciences, in China 46 protection zones of wild soybean in 14 provinces during 2001-2011, including Heilongjiang-7 protection zones, Jilin-4, Liaoning-3, Hebei-9, Shandong-1, Shanxi-1, Henan-4, Anhui-3, Hubei-3, Hunan-2, Jiangsu-1, Zhejian-1, Chongqing-3, Shangxi-1, and Gangsu-2. Central Government invested 41.8 million yuan RMB for to establish these protection zones.

3 Utilization of wild soybean and relatives

There are a lot of useful characters in the wild soybean and relatives, such as high protein content, more pods per plant, resistance to diseases and insects, resistance to drought and salt, and rich in linolenic acid, isoflavone and polysaccharide etc.

3.1 Utilization of wild and relatives for high protein content breeding

Three soybean cultivars with high protein were developed using wild soybean and relatives, such as Longdou 1, Longdou 3, and soybean line Ha-8807. Yao et al developed a soybean line Ha-8807 with protein content 48% by crossing wild with cultivated.

Wang et al developed six soybean lines with protein content over 50% by crossing wild soybean with cultivated soybean and developed 7 lines with protein content over 45% by crossing semi-wild soybean with cultivated soybean. Wu et al also developed a soybean line with protein content 48.34% by crossing wild soybean with cultivated, it is higher than Shennong 25 104 for 3.69% of protein content.

Semi-wild soybean germplasm-Peking with highly resistant to cyst nematode was found in the evaluation research, which possessed the complementary action of three recessive genes (*rhg1*, *rhg2*, *and rhg3*). In 1970, US soybean field was damaged by soybean cyst nematode over 2.3 million acres in Ullinois, Missisipi, North Carolina, Arkansoy, and Louisanna states, the soybean yield decreased by 70%-90%. Soybean breeders used Peking, as one of the soybean parents to develop soybean cultivars Custer and Dyer with high resistance to cyst nematode. Therefore, it is very important to utilize the wild and semi-wild soybean in soybean breeding.

3.2 Utilization of wild soybean and relatives for high yielding breeding

The trait with more pods is one of the typical characters in wild soybean and relatives. For instance, a wild soybean line with over 3 000 pods per plant was collected in Yaoyang of Hunan province. Moreover, a wild soybean line with over 4 000 pods per plant was also collected in the Dali of Shanxi province. Wu et al also collected a semi-wild soybean with 2 900 pods per plant in the Kaiyuan County of Liaoning province.

Scientists of Jinzhou Agricultural Research Institute of Liaoning Province developed a new soybean line-5621 with high yielding and resistance to disease (semi-wild soybean, weight of 100 seeds, 6.0g). A new soybean cultivar Tiefeng 18 was developed by crossing of cultivated line 45 ~ 15 with semi-wild line 5621 in Tieling Agricultural Research Institute of Liaoning Province in 1964. This cultivar was released in several provinces and won a First Prize of China National Invention in 1983. Scientists of Liaoning province developed 33 soybean cultivars using line 5621, including seven cultivars during first cycle of crossing, such as Tiefeng 18, Tiefeng 19, Tiefeng 10, Kaiyu 9, Kaiyu 10, Liaodou 10 and Shennong 25 104. These cultivars were planted in 4.34 million hectares in China during 1973-1990. From second cycle of crossing, they developed 26 cultivars. We also developed several high yielding lines by using the crossing of Zhonghuang 13 with Tiefeng 18 or Zhonghuang 35 with Tiefeng 18, which named Zhongzuo 132, Zhongzuo133 and Zhongzuo 136, now these lines are in regional tests in different locations in China.

3.3 Utilization of wild and relatives for high resistance to insect

In 1979-1980, we analyzed the percentage of damage caused by soybean pod borer (*Leguminivora glycinivorella*-Mats.) in different types of soybean (Table 3) and concluded that it is possible to use the wild soybean and relatives with high resistance to insect for soybean breeding.

Table 3　Percentage of damage caused by soybean pod borer (*Leguminivora glycinivorella* Mats.) in different types of soybean

Type	Number of sample	Average damage ratio	Distribution of damage caused by pod borer types				
			>10%	5%-10%	1%-4%	<1%	0%
Wild	175	0.4			13	81	81
Semi-wild	10	9.6	3	7			
Cultivated	6	17.0	6				

3.4 Utilization of wild soybean and relatives for high resistance to disease

It is reported that soybean lines with high resistance to soybean cyst nematode was selected from the wild soybean accessions. For instance, U.S. scientists used Peking as one soybean parent and developed soybean *cv.* Custer and Dyer with high resistance to cyst nematode, which overcome the damage caused by cyst nematode in several states of USA.

During past 20 years we paid a lot of attention to the research on soybean cyst nematode. We found that there existed the dominant physiological race 4 of soybean cyst nematode in Beijing suburb. We also developed several cultivars with high resistance to SCN using soybean semi-wild lines PI437654, Huipizhiheidou, and Wuzaiheidou as parents to cross with cultivated soybean, such as Zhonghuang 26 (released in Beijing in 2003) and Zhonghuang 54 (released in Northern China and Northwestern China in 2012) with moderate resistance to SCN. The yield of *cv.* Zhonghuang 54 was 3 307kg/ha in two years average.

3.5 Utilization of wild soybean and relatives with small seeds (about 8-12g per 100 seeds)

This kind of cultivars can be used for fermentation of Natto, which is useful for human health. Natto is very popular soybean inJapan. Researchers from the Heilongjiang Academy of Agricultural Sciences developed several soybean cultivars with small seeds, such as Longxiaolidou 1 and Longxiaolidou 2. Soybean breeders from Jilin Academy of Agricultural Science and Northeastern Agricultural University also developed two cultivars with small seed named Jixiaolidou 1 and Dongnongxiaoli 1.

3.6 Fatty acid composition in wild soybean and relatives

Wang et al analyzed the composition of fatty acids in the wild, semi-wild and cultivated soybean (Table 4). Characteristic of composition of fatty acids of wild soybean indicated: The content of linoleic acid of wild soybean much higher than cultivated soybean, the content of linoleic acid of wild soybean contain 18.69%, but the content of linoleic acid of cultivated soybean only 7.35%. The percentages of palmitic acid and linoleic acid are similar among three types of soybean. Due to importance of flax seed oil in health care, the linolenic acid of oil of wild soybean and semi-wild soybean has useful prospect in health care.

Table 4 Fatty acid composition in the wild, semi-wild and cultivated soybean

Type	Number of sample	Palmitic acid	Stearic acid	Oleic acid	Linoleic acid	Linolenic acid
Wild	18	11.42	little	15.38	53.98	18.69
Semi-wild	4	12.46	little	18.80	55.00	13.69
Cultivated	2	11.50	little	28.86	52.07	7.35

The Criteria of healthy vegetable oils is as followed: In 1994, WHO and FAO suggested that the ratio of linoleic acid/linolenic acid was 5 : 1-10 : 1, and the dosage of vegetable oil per day is 25g, in which the ADI of linolenic acid is not less than 1.0g per day.

The content of linolenic acid (ω-3) of flaxseed oil is the highest than other crop oils, and the ratio of ω-6/ω-3 is ideal (Table 5), but the planting area of flax is limited. Moreover, the content of linolenic acid (ω-3) of soybean oil is 8%, and the ratio of ω-6/ω-3 is also ideal. The content of linolenic acid (ω-3) of wild soybean seed oil is about 18.69%. The content of linolenic acid (ω-3) of semi-wild soybean seed oil is about 13.69%. Therefore, it is possible to use wild soybean oil and semi-wild soybean seed oil for production of linolenic acid (ω-3) in the future.

Table 5　The main fatty acid composition and ω-6/ω-3 ratio in various vegetable oils

Oil type	Percentage of ω-9 (%)	Percentage of ω-6 (%)	Percentage of ω-3 (%)	ω-6/ω-3 ratio
Corn oil	29	57	0.5	114 : 1
Peanut oil	48	33	1	33 : 1
Soybean oil	23	54	8	7 : 1
Olive oil	80	9	1	9 : 1
Rice bran oil	45	30	1	30 : 1
Camellia seed oil	74	11	1	11 : 1
Blended oil	30-35	30-50	1-3	15 : 1
Flaxseed oil	25	20	50	1 : 2.5

3.7　The use of wild soybean and relatives for feeding

Li et al developed five feeding soybean lines by using the crosses between cultivated and wild soybean. Wang developed some new soybean lines with luxuriant vegetation growth for green forage. In addition, using the intercropping model of wild soybean with feed sorghum, the yield and protein content of feed can be increased significantly. Therefore, it is a good method by crossing between cultivated and wild soybean and relatives for breeding soybean as leguminous green-manuring crop. For instance, a novel soybean cultivar (Kengmo 1) was developed using a semi-wild soybean Shuanghe Moshidou) as a parent in the Crop Science Institute of Heilongjiang Agricultural Reclamation Academy.

3.8　Sustainable utilization of genetic diversity in wild soybean and relatives

We characterized the genetic diversity using 72 SSR makers among 60 *Glycine soja* accessions collected in China and compared this diversity with 18 U. S. Ancestral soybean genotypes, 12 Chinese *Glycine max* plant introductions (Pls), and 47 elite soybean lines from the northern USA. The *Glycine soja* accessions were found to contain more alleles per locus (17.1) than the U. S. ancestral genotypes (5.8), the Chinese ancestral genotypes (5.5), and American soybean elite genotypes (4.5) (Table 6). Multivariate analyses were able to separate the *Glycine max* lines from the *Glycine soja* accessions and identify the most diverse subset of *Glycine soja* accessions. Multidimensional scaling separated the *Glycine soja* accessions from high and low latitudes, while Ward's clustering method separated the *Glycine soja* accessions into distinct clusters that tended to include accessions from similar geographical regions. These data will be useful to breeders selecting *G. soja* accessions as parents in a breeding program and for establishing a core collection of *G. soja* to be used in future research. Therefore it needs to broaden the utilization of wild soybean and relatives in soy bean research.

Table 6　Number of alleles per simple sequence repeat maker locus in each *Glycine max* (L.) Merr. or *Glycine soja* Sieb. & Zucc. germplasm group and total as calculated by the FSTAT program. Data from University of Illinois crossing block material (UIUC CXB) were from a previously collected data set

Marker	Linkage group	*G. soja* collection	U. S. *G. max*	Chinese *G. max*	Total	UIUC CXB	Marker	Linkage group	*G. soja* collection	U. S. *G. max*	Chinese *G. max*	Total	UIUC CXB
Satt196	K	18	5	5	18	5	Satt259	C2	14	8	5	14	4

(Continued)

Marker	Linkage group	*G. soja* collection	U. S. *G. max*	Chinese *G. max*	Total	UIUC CXB	Marker	Linkage group	*G. soja* collection	U. S. *G. max*	Chinese *G. max*	Total	UIUC CXB
Satt002	D2	18	6	4	19	2	Satt453	D1a+Q	19	8	8	20	7
Satt141	D1b+W	10	5	6	15	7	Satt354	C1	25	7	7	25	-
Satt236	A1	12	4	5	12	4	Satt414	I	19	6	6	21	5
Satt143	L	17	5	4	18	6	Satt588	K	18	5	8	20	4
Satt253	H	16	4	5	17	1	Satt534	O	23	8	9	28	8
Satt175	A1	14	9	7	18	6	Satt300	B1	16	6	3	16	5
Satt180	C1	13	5	4	16	4	Satt411	I	9	3	5	12	4
Satt294	C1	15	6	4	17	6	Satt179	J	20	5	4	21	5
Satt038	E	12	6	7	13	5	Satt415	K	14	6	5	14	5
Satt114	D2	11	5	6	13	5	Satt022	B2	17	6	6	17	4
Satt009	G	22	8	7	26	7	Satt186	A1	13	5	4	14	4
Satt173	F	23	9	7	27	6	SAtt419	E	19	5	6	19	3
Satt184	N	19	6	8	20	3	Satt156	D1a+Q	18	5	3	18	2
Satt243	O	18	5	5	21	4	Sarr268	B1	18	5	6	21	4
Satt281	D1a+W	28	10	6	29	4	Ssatt157	N	33	110	8	35	7
Satt276	O	29	14	11	41	7	Satt329	D2	17	7	6	18	4
Satt358	C2	22	5	6	22	4	Satt554	I	28	4	6	30	2
Satt353	A1	13	6	5	14	4	Satt424	1	11	6	4	15	5
Satt324	O	13	5	3	13	4	Satt271	N	7	3	4	7	2
Satt373	H	17	10	4	21	5	Satt292	E	14	7	6	16	4
Satt172	G	8	4	3	9	5	Satt665	D1b+W	18	6	5	18	4
Satt168	L	17	4	4	17	5	Satt199	A2	14	4	4	14	3
Satt146	D1b+W	16	6	6	17	6	Satt565	F	15	3	4	15	4
Satt308	B2	20	7	6	20	6	Satt590	A2	32	10	10	33	7
Satt197	F	20	6	7	20	5	Satt592	D1b+W	12	3	8	14	3
Satt249	M	11	4	4	14	3	Satt440	I	16	4	3	16	5
Satt441	B1	23	10	8	24	7	Satt242	B1	16	6	6	20	5
Satt409	J	23	7	6	26	5	Satt177	G	15	4	5	15	3
Satt307	K	14	5	4	15	4	Satt339	M	19	5	6	19	5
Satt577	A2	15	6	4	15	5	Satt192	C1	23	4	4	23	3
Satt434	C2	25	4	6	25	4	SAtt510	O	14	5	3	15	6
Satt431	B2	17	5	6	18	5	Satt385	H	18	5	6	19	5
Satt191	H	15	6	6	16	4	Satt226	F	5	2	2	5	-

(Continued)

Marker	Linkage group	*G. soja* collection	U. S. *G. max*	Chinese *G. max*	Total	UIUC CXB	Marker	Linkage group	*G. soja* collection	U. S. *G. max*	Chinese *G. max*	Total	UIUC CXB
Satt357	J	18	3	3	19	2	Satt194	A1	6	7	8	14	3
Satt147	G	15	7	6	17	4	Average		17. 1	5. 8	5. 5	18. 6	4. 5

Linkage group names and the assignment of markers to linkage groups are according to the integrated soybean genetic linkage map of Cregan et al (1999)

3. 9 Isozyme variation in four populations of *Glycine soja*

We analyzed isozyme variation in four populations of wild soybean (*Glycine soja*). Genetic variation was estimated by starch gel electrophoretic resolution of 14 putative isozyme loci in four populations of *Glycine soja* from the various regions in China. The results indicated the presence of obvious high variance. The results also showed that there were nine polymorphic loci. The average number of alleles per locus, percent of polymorphic loci and expected heterozygosity in the total population were 1. 77, 0. 692, and 0. 133, respectively. This amount of variation was close to the average of genetic variation in South Korea (A=1. 4, P=0. 37, He=0. 134). These results indicated that the level of genetic diversity and variation in China and South Korea was higher than the level of population from suburbs of Mishima in Japan (A=1. 14, P=0. 14, He=0. 046)

3. 10 The use of male sterility of wild soybean in soybean breeding

Sun et al developed a male-sterile line using the wild soybean and released a hybrid soybean cultivar. Zhao et al also developed a cytoplasmic male sterile line (NJCMS3A) in Nanjing of China.

4 Conclusion

It needs to broaden the collection of wild soybean and relatives in new area, where had never been investigated and collected for wild soybean and relatives. Owing to the investigation and distribution area of wild soybean is decreasing, we suggest to enhance and expand the protection zone of wild soybean and relatives in different ecotype zones in order to conserve the novel wild soybean and relatives accessions in China.

As we known that it can often produce the intermediate types of soybean using the cross between cultivated and wild soybean. These intermediate types possess the valuable characters, such as high yielding, more pods per plant, resistance to disease and insect, high protein, high isoflavone, high content of linolenic acid, resistance to drought, resistance to salt. Therefore, we can utilize these ideal traits to develop a series of soybean cultivars needed in soybean production.

References (omitted)

本文原载：大豆科学，2017，36（2）：179-186

大豆高产栽培与营养生理

北疆春大豆中黄35公顷产量超6t的栽培技术创建

王连铮[1]　罗赓彤[1,2]　王　岚[1]　孙君明[1]　战　勇[2]

(1. 中国农业科学院作物科学研究所/农业部北京大豆生物学重点实验室，北京　100081；2. 新疆农垦科学院作物研究所，石河子　832000)

摘　要：2008—2010年连续3年在新疆石河子地区以高产高油早熟大豆新品种中黄35为载体，采用大豆覆膜滴灌结合水肥同步的高产栽培技术，创造了小面积产量超6 000kg/hm^2，大面积产量超4 500kg/hm^{2}的全国大豆高产纪录；通过将肥料精确地随水滴入大豆根系区域，减少了肥料的挥发和渗漏损失，将水产比提高至（1∶1.32）～（1∶1.25）；氮肥利用率提高至20%～25%，磷肥利用率提高至5%～10%，实现了大豆田水肥耦合关键技术的突破；另外，通过化学调控技术的运用，实现了光、热、水、土资源的有效利用，达到高产高效和优质的目的。该项技术对提高我国的大豆单产和增加总产，起到了有力的科技支撑和示范作用。

关键词：大豆；中黄35；高产栽培

Development of Soybean Cultivation Technology with the Yield over 6 Tonnes per Hectare for Soybean Cultivar Zhonghuang 35 in Northern Xinjiang Province

Wang Lianzheng[1]　Luo Gengtong[1,2]　Wang Lan[1]
Sun Junming[1]　Zhan Yong[2]

(1. *Institute of Crop Science*, *CAAS/MOA Key Laboratory of Soybean Biology*, *Beijing* 100081, *China*; 2. *Crop Research Institute*, *Xinjiang Reclamation Academy of Agricultural Sciences*, *Shihezi* 832000, *China*)

Abstract: Based on the soybean *cv.* Zhonghuang 35 as the material, the soybean yield records with 4.5 tonnes per hectare in the great area and 6.0 tonnes per hectare in the small area were developed by the cultivation technology with plastic-mulched culture, drip irrigation and synchronous supply of water and fertilizer in 2008-2010 at Shihezi of Xinjiang province in China. In this method, the fertilizer was accurately released to the soybean roots with the water, so the loss of fertilizer was decreased, the ratio of water to product reached at 1∶(1.25-1.32), the utilization ratio of nitrogen and phosphate fertilizer were increased to 20%-25% and 5%-10%, respectively. It concluded that a novel breakthrough for the water-fertilizer coupling technique was achieved. Otherwise, in this study the resources including light, temperature, water and soil were utilized effectively using the chemical control and the purposes of high yield, high efficiency and good quality was also

---

基金项目：中国农业科学院作物科学研究所中央级公益性科研院所基本科研业务费专项；国家科技计划（2011BAD35B06-3）；农业科技成果转化资金项目（2008GB23260383）

第一作者简介：王连铮，男，博士，研究员，从事大豆遗传育种与栽培研究

通讯作者：孙君明，男，博士，研究员，从事大豆遗传育种与栽培研究。E-mail：sunjm@mail.caas.net.cn

reached in soybean production. This soybean cultivation method can provide a powerful technical support for the yield and total production of soybean in China.

Key words: Soybean; Zhonghuang 35; High yield cultivation

当前，中国面临粮食安全、生态安全与农民增收等多重挑战，特别是粮食安全形势严峻。大豆作为四大粮食兼油料作物之一，是我国开放贸易最早的农产品之一，也是受国际贸易冲击最严重的农作物。自入世以来，随着我国人们生活水平提高，畜牧业和渔业的迅速发展，大豆需求急剧增加，而大豆生产发展缓慢，全国大豆平均单产仅为1.5~1.65t/hm²，远远满足不了生产的需要，因此在我国大豆种植面积难以扩大的条件下，提高单产是增强我国大豆生产的主要途径。

大豆是需水量较大的作物之一，每生产1kg干物质需水分600~1 000kg，按40%转化率计算，生产1kg大豆籽粒耗水量达1 300~2 200kg。大豆需水量随气候、土壤、肥力以及农业耕作措施的变化而变化。通常在相同条件下，土壤肥力高，合理密植，生长旺盛，光合作用效率高，干物质积累多时，生产1kg干物质需水量可能降低，因此提高单位干物质水分利用率成为旱作大豆栽培的关键问题。

该文在干旱的新疆石河子棉区通过借鉴棉花的“密、矮、早、膜、节水滴灌、测土配方施肥、化学调控”等高产栽培先进技术，以高产高油大豆中黄35为载体，通过地膜覆盖技术的运用，以期验证“增温、保墒、增光、抑盐、灭草”五大生态效应和“早熟、增荚、粒大、优质”四大生物学效应；通过滴灌技术的运用，以期实现大豆田水肥耦合关键技术的突破，达到精确地将肥料随水滴入大豆根系区域，减少肥料的挥发和渗漏损失；将化学调控技术融入大豆高产栽培技术体系中，以期实现“密、矮、早、膜”栽培技术集成，使大豆生育期间可充分、经济、有效地利用光、热、水、土资源，实现大豆高产、高效和优质的目标。

1 材料与方法

1.1 新疆石河子地区的生态条件

以新疆石河子地区148团和143团为代表的北疆棉区，位于东经80°23′~89°34′，北纬43°48′~46°17′，西至博乐、霍城，东到奇台，北至和布克塞尔的184团，南到乌伊公路南沿，海拔750m以下农区，属于典型的大陆性气候。1989—2010年大豆生育期的4月下旬至10月上旬，≥10℃的活动积温为3 500~3 797.1℃，无霜期170d左右，日照时数1 650h，年蒸发量1 645.5mm，4—10月农作物生育期间降水量90.2mm，由天山雨雪水灌溉农田，属于灌溉绿洲农业（表1）。该地区土壤属黏土、沙土、灌耕灰漠土，由于蒸发量大，pH值在7.5~9.0，偏碱性，有机质含量在1.0%左右，缺氮少磷。由表1和表2可以看出，中黄35大豆所需的生育期和积温，该地区完全可以满足。2010年由于化雪较晚，推迟播种20~23d，成熟期推迟至初霜后，对大豆产量有一定影响。

表1 2008—2010年与历年新疆石河子地区气象要素统计

月份	平均气温（℃）				降水量（mm）				日照时数（h）			
	2010	2009	2008	1989—2010	2010	2009	2008	1989—2010	2010	2009	2008	1989—2010
4	10.0	14.6	13.1	11.7	10.3	8.9	32.5	13.0	276.8	275.9	268.2	235.8
5	10.0	19.1	22.7	19.0	12.9	14.7	41.3	15.5	340.5	313.4	352.1	277.4
6	24.5	23.3	25.6	24.0	23.5	25.1	20.0	14.1	309.2	307.3	318.0	283.9
7	25.2	25.2	26.5	25.5	4.4	16.0	13.5	17.8	297.6	334.7	341.5	288.1

（续表）

月份	平均气温（℃）				降水量（mm）				日照时数（h）			
	2010	2009	2008	1989—2010	2010	2009	2008	1989—2010	2010	2009	2008	1989—2010
8	23.0	22.8	23.7	23.4	5.2	5.3	42.9	11.2	254.7	320.0	320.6	290.2
9	17.8	17.1	17.8	17.0	2.7	10.2	8.9	9.0	263.1	248.9	276.7	254.3
10	9.2	10.1	10.3	7.5	17.1	10.6	13.0	10.2	198.6	225.8	233.5	200.0
合计	3 937.4	4 043.2	44 274.2	3 918.4	76.1	98.8	172.1	90.8	1 970.5	2 025.9	2 110.6	1 829.7

注：气象资料由石河子气象站，148 团气象站提供

表 2　2008—2010 年中黄 35 大豆高产田生育期指标

年度	播种期	出苗期	开花期	结荚期	鼓粒期	成熟期	生育期（d）	≥10℃活动积温（℃）
2008	4/25	5/5	6/9	7/3	7/24	9/16	133.0	3 268.4
2009	4/22	4/29	6/2	7/2	7/25	9/20	144.0	3 208.7
2010	5/15	5/27	7/4	7/13	8/15	10/15	141.0	3 017.3

1.2　中黄 35 的生物学特性

2008—2010 年在新疆石河子地区种植中黄 35。每年 4 月中下旬播种，5 月上旬出苗，6 月上旬开花，7 月上旬结荚，8 月上旬鼓粒，9 月下旬成熟，生育期 142d，≥10℃的活动积温为 3 208.9℃。该品种株高 93.2cm，主茎节数 15~21 个，分枝数 0.4 个，单株结荚 40.7 个，单株粒数 107 粒，百粒重 21.6g，叶圆形，种皮黄白色，黄脐，蛋白质含量 36.4%，脂肪含量 23.25%。成熟后荚皮黄褐色，亚有限结荚习性，抗灰斑病和花叶病毒病，耐肥水，抗倒伏，不裂荚，落叶性好，是适宜北疆棉区种植的高产高油的春大豆晚熟品种。

1.3　大豆高产示范田设计

为实现中黄 35 大豆的超高产，其高产示范田设计采用 3 种种植技术模式，其具体措施如下。

2008 年 143 团 15 连 11 号条田采用覆膜沟灌技术，其具体参数为：一机 4 个双行，一机两膜，每条膜宽 125cm，膜上播 2 个双行，播幅 305.2cm，平均行距 38.15cm，行长 1 747.5m，株距 10cm，单行面积 666.67m^2，每公顷保苗 26.2 万株（图 1A）。

2009 年玛纳斯县旱卡子乡东岸村高产田采用覆膜沟灌技术，其具体参数为：一机 2 个双行，一机一膜，膜宽 125cm，膜上播 2 个双行，播幅 130cm，平均行距 32.5cm，株距 9cm，每公顷保苗 33.0 万株（图 1B）。

2009 年 148 团 8 连 19 号条田采用覆膜滴灌技术，其具体参数为：一机两膜，每条膜宽 210cm，膜上播 4 个双行；一机 4 管，一管 4 行，滴灌带布置在 30cm 行距中间，车道 60cm，窄行距 15cm，播幅 460cm，平均行距 28.8cm，行长 2 314.9m，株距 9.5cm，单行面积 666.67m^2，每公顷保苗 36.5 万株（图 1C）。

2010 年 148 团试验站 64 号条田采用不覆膜滴灌技术，其具体参数为：一机 4 管，一管 4 行，滴灌带布置在 30cm 行距中间，车道 60cm，窄行距 15cm，播幅 460cm，平均行距 28.8cm，行长 2 314.9m，株距 9.5cm，单行面积 666.67m^2，每公顷保苗 36.5 万株（图 1）。

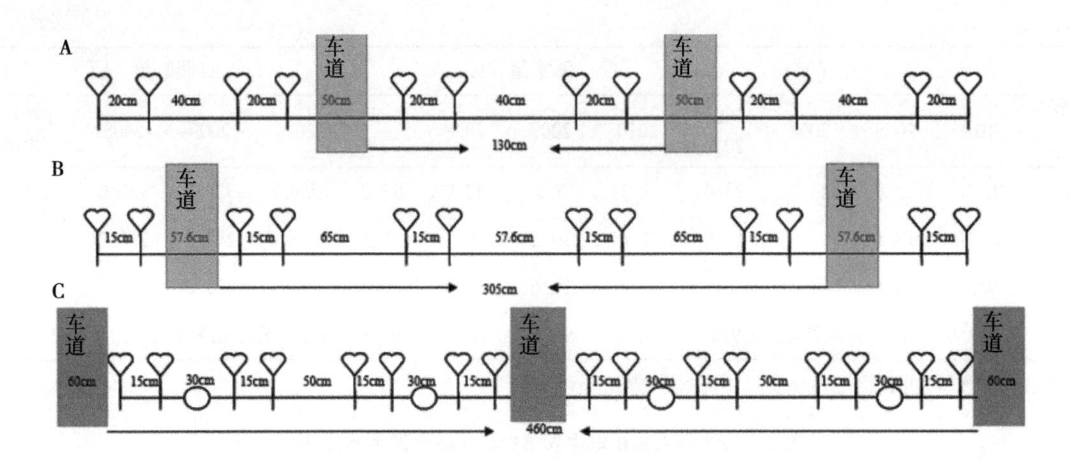

图1　2008—2010年大豆田间种植示意图

A. 2008年143团覆膜沟灌种植；B. 2009年玛纳斯县覆膜沟灌种植；C. 2009—2010年148团覆膜滴灌种植

2　结果与分析

2.1　中黄35大豆高产田专家产量验收情况

2008—2010年分别于中黄35的大豆成熟期，聘请大豆验收专家到大豆高产地块实地测产验收（表3）。其具体测产结果如下。

2008年在新疆生产建设兵团143团15连11号条田采用覆膜沟灌技术，经聘请兵团大豆专家测产验收，人工实收0.10hm^2，单独脱粒，去掉杂质后净重622.66kg，经水分速测仪测定籽粒含水量为12.3%，按照《全国油料作物高产创建测产验收办法》（试行）“大豆测产办法”，折合13.5%的标准含水量，产量为5 920.5kg/hm^2。该地块0.75hm^2，总产4 327.34kg，平均产量5 781.0kg/hm^2。

2009年在新疆生产建设兵团148团8连19号条田采用覆膜滴灌技术，聘请大豆高产栽培专家测产验收，实收0.079hm^2，平均产量6 037.5kg/hm^2，达到小面积超高产指标。在农2连9条田，实收5.79hm^2，平均产量5 470.2kg/hm^2，达到大面积超高产指标。

表3　2008—2010年中黄35高产验收产量结构

种植地点	年度	株高（cm）	底荚高度（cm）	主茎节数	荚数	粒数	百粒重（g）	经济系数（%）	收获株数	产量（kg/hm^2）
1	2008	78.8	11.6	15.4	46.3	118.2	21.6	0.54	15 080	5 920.5
2	2009	99.7	11.8	17.1	40.6	105.6	22.5	0.60	17 081	5 338.5
3	2009	90.1	12.7	16.8	36.4	94.3	22.0	0.52	19 557	6 037.5
4	2010	114.5	14.3	19.8	40.5	108.1	22.0	0.53	19 950	6 088.5

注：1. 143团15连；2. 玛纳斯县东岸村；3. 148团8连；4. 148团试验站

通过对全团所有种植中黄35大豆品种的农户进行统计，全团共种植中黄35大豆357.53hm^2，平均产量达4 278.75kg/hm^2；全团33户共种153.46hm^2，平均产量4 810.5kg/hm^2。农十连109条田共10.73hm^2，平均产量5 355.3kg/hm^2；2009年148团种植中黄35大豆品种创全国大豆大面积高产纪录。同年运用制定栽培模式，在玛纳斯县旱卡子乡东岸村，邀请新疆科技厅组成专家组，对农户周亮地块实收0.089hm^2，产量达5 338.5kg/hm^2，全村7家农户地膜沟灌种植中黄35大豆8.47hm^2，平均产量4 843.5kg/hm^2。

2010年在新疆生产建设兵团148团试验站64号条田采用滴灌技术，经聘请国家大豆改良中心的专家测产验收，对该地块进行测产验收，实收0.07hm^2，平均产量6 088.4kg/hm^2，全田3.02hm^2，平均产量5 438.25kg/hm^2，再创全国大豆高产典型。

2.2 中黄35高产田肥水运筹情况

通过借鉴美国密苏里州农民Kip Cullers的大豆产量10 414kg/hm^{2}和我国大豆栽培专家董钻教授的高产栽培经验，要实现大豆超高产，首要条件是种植地块的土壤要肥沃，以充分发挥高产品种的增产潜力。2008—2010年分别在143团11号田、148团19号田和148团64号田进行高产试验，3个地块前茬种植棉花或小麦，无重迎茬。播种前将棉花秆粉碎还田，每公顷施牛粪10 500kg，或施复合肥375kg（N 40%，P_2O_5 15%，K_2O 5%），或施有机肥45 000kg，然后秋翻或伏翻，作为基肥。大豆出苗前，取耕层土送国家测土施肥中心化验，结果见表4。143团11号田属高肥力土壤，148团19号田，属中等肥力，土壤缺磷、铁、锰、锌；64号田pH值8.73，偏碱，土壤缺氮、磷、铁、锰、锌。根据生产100kg大豆籽粒需N 8.29kg，P_2O_5 1.64kg，K_2O 3.72kg，推算每公顷生产6 000kg大豆，需要从土壤中吸取N 497.4kg，P_2O_5 98.4kg，K_2O 223.2kg。按土壤基础肥力具有氮、磷、钾等肥料占50%计算，另外需每公顷施入N肥248.7kg/hm^2，P_2O_5 49.2kg/hm^2，K_2O 111.6kg/hm^2。

根据土壤的养分状况和大豆各生育时期需肥、需水规律和个体群体特征，同时结合当时气象状况、土壤基础肥力情况，对大豆品种中黄35的水肥运筹进行记录（表5至表7）。通过2008—2010年3年对中黄35大豆高产栽培的水肥运筹试验，在北疆地区采用覆膜沟灌情况下，每个大豆生长季平均沟灌水8次，总用水量为7 500m^3/hm^{2}左右，其水产比为1∶0.75，而在覆膜滴灌情况下，平均滴灌11次，总用水量为4 500m^3/hm^{2}左右，相比沟灌可节水3 000m^3/hm^{2}左右，滴灌2年水产比分别为1∶1.32和1∶1.25，达到干旱地区节水灌溉的目的。另外，通过随水施肥达到水肥同步，提高了肥料的利用率，降低了化肥的施用量和农用成本，提高了农民的经济效益。

表4 2008—2010年中黄35高产田块的基础肥力

地块	pH值	有机质（%）	全氮（g/kg）	全磷（g/kg）	全钾（g/kg）	速氮（mg/kg）	速磷（mg/kg）	速钾（mg/kg）	铁（mg/kg）	锰（mg/kg）	锌（mg/kg）	硼（mg/kg）
11	7.90	2.84	1.86	1.26	19.40	174.00	92.60	669.00	–	–	–	–
19	7.99	0.69	–	–	–	102.30	22.10	229.80	22.00	4.60	1.10	4.62
64	8.73	1.63	0.94	–	–	67.00	19.50	296.00	5.50	2.12	0.96	1.82

表5 2008年143团11条田覆膜沟灌大豆生育期水肥运筹

水肥	开花期		结荚期		鼓粒期				合计
灌水日期（M/D）	6/12	6/24	6/11	7/22	8/2	8/14	8/23	8/29	8
灌水量（m^3/hm^2）	1 245.0	1 200.0	975.0	975.0	975.0	910.5	825.0	765.0	7 945.5
复合肥（kg/hm^2）			600.0（N、P_2O_5、K_2O各15%）						600.0
尿素（kg/hm^2）	–	–	75.0		60.0	–	–	–	135.0

注：2009年玛纳斯县覆膜沟灌施肥基本同143团

表 6　2009 年 148 团 19 条田覆膜滴灌大豆生育期水肥运筹

水肥	出苗期		开花期			结荚期				鼓粒期			合计
灌水日期(月/日)	4/2	6/2	6/17	6/27	7/7	7/15	7/23	8/1	8/7	8/1	8/2	8/29	11
灌水量（m^3/hm^2）	750.0	600.0	375.0	375.0	375.0	375.0	375.0	375.0	375.0	450.0	450.0	450.0	4575.0
尿素（kg/hm^2）	-	30.00	45.00	45.00	45.00	15.00	30.00	30.00	45.00	45.00	45.00	30.00	435.00
磷酸二氢钾（kg/hm^2）	-	15.00	30.00	30.00	45.00	30.00	52.50	45.00	-	30.00	15.00	-	292.50

表 7　2010 年 148 团 64 条田不覆膜滴灌大豆生育期水肥运筹

水肥	出苗期	分枝期		开花期			结荚期			鼓粒期			合计
施水肥期（M/D）	5/15	6/12	6/2	7/11	7/19	7/26	8/4	8/15	8/26	9/2	9/12	9/22	11
灌水量（m^3/hm^2）	1 225.5	450.0	660.0	480.0	516	471	471	375.0	469.5	435.0	375.0	282.0	4 846.5
尿素（kg/hm^2）	-	61.8	60.0	60.0	40.7	33.8	36.0	-	75.0	15.0	30.0	-	442.2
磷酸二氢钾（kg/hm^2）	-	31.5	30.0	14.4	16.4	16.5	16.2	15.0	-	-	-	-	126.9
磷酸一铵（kg/hm^2）	-	48.9	49.5	60.0	32.55	-	16.2	16.5		15.0	16.5	-	254.6
硫酸亚铁（kg/hm^2）	-	24.5	49.5	15.0	-	-	-	-	-	-	-	-	88.4
多元微肥（kg/hm^2）	-	21.8	19.5	11.4	3.3	3.3	-	-	-	-	-	-	59.7

2.3　中黄 35 高产田化学调控与水肥调节

通过叶面喷施多效唑、缩节胺、爱密挺等化学调控剂可明显控制大豆植株旺长，并塑造理想大豆株型。2008 年由于采用覆膜沟灌栽培技术，田间控水比较困难，因此在大豆的开花期和结荚期叶面喷施较大剂量的多效唑，将植株高度控制在 80cm 左右，全田大豆秆强荚多未出现倒伏现象。

2009 年由于干旱缺水，采用覆膜滴灌技术，全生育期滴水 11 次，平均每次滴水量为 415.5m^3/hm^2（41mm），每公顷总滴水量为 4 575m^3，起到了控长作用，但在每公顷达 34.5 万株的高密度条件下，存在旺长倒伏的可能，因此在大豆苗期、开花期和结荚期叶面适当喷施少量的缩节胺，控制株高在 90cm 左右，可有效防止植株倒伏。

2010 年由于春季低温积雪融化晚，播种期比历年推迟了 30d，出苗期推迟了 20d。大豆 6 月出苗，7 月开花，8 月大豆结荚期正处于光、温、水、肥供给充足的夏季。这一方面避开了土壤盐碱过重造成的烂种和烂苗，另一方面通过早灌水，压低了下表土的盐分，保证了苗齐苗壮；在大豆苗期、开花期和结荚期，由于全田大豆植株密度较大，容易引起旺长倒伏，导致落花和落荚，最终造成大豆减产，因此在此期间采用适当的化控剂，即在大豆植株 13 片复叶伸展期，适时适量地进行叶面喷施化控剂，控制节间伸长，使植株矮健，以达到较高的叶面积指数的目的。经测定，2010 年和 2009 年最高叶面指数分别为 7.06 和 6.93，均处在第 14 片复叶的大豆鼓粒初期，保证了鼓粒期大豆植株受光态势好，从而达到大豆高产的目的。2010 年自大豆第 3 片复叶的分枝期（6 月 12 日）到第 14 片复叶的结荚期（7 月 26 日），每次滴水、肥的前 1~2d，进行叶面喷施化控剂 5 次（表 8），将大豆植株中、下部节间长度控制在 3~4cm，提高了植株中下部节位的结荚数，保证了每个大豆单株的籽粒产量，从而实现了大豆高产。

2010 年 8 月 10 日晚由于 6 级大风加暴雨，造成处于鼓粒初期的全田不同程度的倒伏，进入 8 月中旬到 9 月份的鼓粒期，气温降低，加上土壤肥力较充足，此时植株上部又生长出 3~4 片复叶继续开花结荚。为控制大豆植株在鼓粒期旺长，自 8 月 15 日到 9 月 22 日的鼓粒后期，在保证土壤湿润，植株不表现旱情的情况下，每次滴水量减到 $285 \sim 375m^3/hm^2$，达到控水控肥的效果，使倒伏植株直立，形成株间良好的通风透光态势。直到成熟全田的植株倒伏面积仅为 10%左右，达到了植株上、中、下荚多、粒多、粒大的高产态势。总之，化控与水、肥调节相结合，是实现大豆超高产密不可分的关键技术措施。

表 8　化学调控措施统计

地块	出苗后天数(d)	日期(月/日)	多效唑(g/hm^2)	缩节胺(g/hm^2)	爱密挺(ml/hm^2)
11 号田	30	6/5	525.0	-	-
	40	6/24	624.0	-	-
19 号田	5	5/4	-	30.0	-
	42	6/10	-	45.0	-
	52	6/20	-	60.0	-
	68	7/4	-	120.0	-
64 号田	16	6/12	120.0	45.0	-
	24	6/20	244.5	75.0	-
	45	7/11	334.5	75.0	-
	53	7/19	183.0	120.0	4.95
	60	7/26	183.0	150.0	4.95

2.4　中黄 35 高产田大豆病虫害防治

在干旱的新疆北部棉区大豆种植较少，病害也比较轻，一般不作防治，3 年来棉区对大豆为害最严重的是棉红蜘蛛和棉铃虫。红蜘蛛为害的高峰期正处在大豆结荚和鼓粒期的 7—8 月，此时由于大豆窄行密度高，植株交错封行，人力和机械进行防治均很困难，只有在大豆苗期和开花期病虫害尚未大面积发生时喷施农药进行及早防治，使大豆植株体内积累一定药量，才能达到根治的效果。试验采用阿威菌素、三氯杀螨醇、灭螨净等药剂防治红蜘蛛，采用赛丹等药剂防治棉铃虫，效果较好。

3　讨论

3.1　肥水运筹对大豆产量的影响

大豆植株主要通过根系吸收土壤中水溶性肥料、矿物质和微量元素。该文的随水施肥就是将肥料溶入水并随同灌溉（滴灌、沟灌等）水施入田间或根系的过程。供水的多少会影响土壤溶液浓度，从而影响大豆根系对肥料的吸收能力和吸收量，根据大豆生育阶段所需的不同肥料量，科学的将肥料加入到水溶液中，给以适时适量的滴灌水，将肥料渗入根层，保持土壤湿润，才能提高肥料的利用率。

氮素是大豆生长发育和产量形成的主要元素，大豆产量水平取决于氮的供应状况，适当氮水配置，可以有效防止苗期与花荚期旺长，避免因倒伏所造成的落花落荚和减产。磷的供应是影响大豆生物学产量，经济产量和营养质量的关键因子，前期施磷可起到增花增荚作用。大豆植株从分枝期到开花期进入吸收钾肥的高峰期，钾能在大豆植株内再分配利用，促进幼苗生长，使茎秆坚韧不倒伏。重视氮、磷、钾肥在大豆苗期、开花期和结荚期的有效施用可明显促进大豆根、茎、叶、花、荚器官建成，增加干物质积累，使植株健壮，从而达到大豆超高产的目的。

该试验采用的大豆品种中黄 35 所需外源氮肥总量的 57.7%，磷、钾肥总量的 80.9%，是从 3 片复叶期到花荚期，分 6~7 次溶于灌溉水中，随水滴施到大豆植株根部，剩下 42.3%的氮肥和 19.1%的磷、钾肥分 3~4 次溶于滴灌水中，在鼓粒期滴入土壤中，以起到延长植株绿叶寿命，提高光合效率，达到增加粒重的目的。另外，在苗期到开花期间叶面喷施微量元素，如硫酸亚铁、锌、锰肥等，以补充土壤中微量元素的不足，并可减轻盐碱的危害。

保持土壤湿润是大豆实现高产的必要条件，因此该试验通过适时适度的滴灌来保证土壤湿润，而灌水量要密切结合气候变化和大豆生育阶段的群体长势来协调运筹。与内地气候相比，属干旱气候的北疆农区，历年来光、热、水资源都比较稳定，尤其在 6—8 月的夏季气温基本稳定，而气温变化较大的是春季（3—5 月）和秋季（9—11 月）。3 年来在大豆高产创建中，紧抓春季适温早播，经滴水出苗后，5 月应采取控水、提温、促根和蹲苗措施；6—7 月应充分利用开花期和结荚期的高温和充足的光照，促进营养生长与生殖生长，可分 4~6 次进行灌水和施肥，保证生育期总灌水量达 60%左右，以创建大豆高产群体；8—9 月高温有利于大豆鼓粒，为了有效延长大豆生育期和增加粒重，可采用在大豆鼓粒期进行灌水和施肥 3~5 次，占生育期总灌水量的 40%左右，最终实现大豆超高产的目的。

3.2 创建大豆公顷产量 6t 的经验总结

2008 年采用棉花播种机播种大豆，因豆粒比棉籽光滑，下种量过大，增加了大豆种子成本。另外，在大豆开花期 6 月 12 日灌头水前破膜开沟，因表层土壤失水干硬，翻出的土块较大，造成了伤根死苗，原计划每公顷留苗 30 万株，实际收获仅为 22.5 万株，是产量不能实现 6 000kg/hm^{2}的主要原因。根据此情况建议应改为第一次破膜松土 8~10cm，第二次开沟就可避开伤根死苗。

2009 年在 148 团首次采用覆膜滴灌技术种植大豆，为全国大豆大面积创造高产取得了宝贵的经验和教训。首先，采用覆膜滴灌棉花播种机播种大豆，播深只有 1.5~2.0cm，因播种过浅导致大豆主侧根均浮在表层土壤，且表层土壤盐碱积累较多，容易造成失墒死苗，建议改为将大豆籽粒入土 3.0~3.5cm，促进根系深扎，提高大豆出苗率，避免死苗。其次，改进大豆收获机械，避免籽粒破碎，可有效减少浪费，提高大豆种子的商品率。

2010 年由于播种期推迟了 30d，苗期处于高温，蹲苗时间太短，在大豆第 6 片复叶的开花初期第一次滴水，造成了植株旺长。为了控制旺长增加了化控剂喷施量，但收效欠佳，故应将滴灌头水推迟至第 9 片复叶的盛花期为好。建议在大豆开花期依苗控长，只有控制好水和肥，才能起到壮秆作用，防止倒伏。

参考文献（略）

本文原载：大豆科学，2012，31（2）：217-223

大豆叶片及籽粒中氨基酸的初步研究

王连铮

（黑龙江省农业科学院，哈尔滨 150086）

早在1907年Osborne等即已开始研究了大豆的氨基酸，以后又有很多人相继进行了研究，但那时主要采用化学分析方法和微生物法。从1944年Consden等提出纸上分配色层分析法之后，此法已被广泛地应用在植物生理和生物化学研究中去，获得了很多有益的材料，在研究大豆的氨基酸方面也有不少成果。但由于此法近来才开始应用到大豆氨基酸的研究工作上。而不同作者所得到的材料不一致，特别是在定量方面，如在大豆蛋白质氨基酸的分析上不同作者在同一氨基酸含量上相差达1倍。

国内，汤佩松等研究了大豆黄化幼苗中天门冬氨酸的合成，高煜珠等研究了大豆开花盛期不同器官的氨基酸转变，其他公开发表的有关大豆氨基酸的材料尚不多见。本文拟报道大豆叶片的游离氨基酸以及籽粒中蛋白质经水解后氨基酸的组成与数量问题。

1 试验材料及方法

试验材料为黑龙江省所推广的大豆品种满仓金和西比瓦。

叶片中游离氨基酸的提取：将不同层次的大豆叶片各取4g同时放在已煮沸的95%酒精中固定5min，然后加定量80%酒精进行过滤，再加定量80%酒精于样本中放在水浴上提取30min，然后过滤，如此重复3次，将这些酒精提取液通过Dowex-50阳离子交换树脂柱（用2N HCl再生过）以便将氨基酸与醣类及有机酸分离，用1N NH_4OH溶液洗脱树脂柱以收集氨基酸。将从树脂柱流下的溶液放在60~70℃水浴上浓缩蒸干，再用重蒸馏水溶解，定容到2ml。

点样：取Госзнак 180，Ленинградская No2及国产新华1号层析滤纸截成2张（56.5cm×23cm），从纸的一头留6cm划一道线，每张纸点两个标准，四个样本，标准氨基酸是用1%的浓度以后混合的，混合氨基酸用0.1ml微量滴管点0.015~0.02ml。样本点的数量要摸索决定，与此近似。

离析：将已点好样品的层析纸放在层析缸内，以正丁醇—冰醋酸—水（V/V，4：1：5）作为推进剂，在20℃恒温条件下进行单向下行层析。等到推进剂前沿达到滤纸下部边缘时，将滤纸取出，放在通风橱内吹干，再依此法进行层析，如此重复3次，最后吹干以便显色。

定性：用吲哚醌显色。将1g吲哚醌溶于100ml96%酒精中然后往其中加1ml冰醋酸。将已经吹干的滤纸用上述显色剂进行显色，以后在通风橱中干燥一个小时，后放入110℃温箱中10~15min进行显色，用40g硅酸钠加15ml的20% Na_2CO_3在电炉上加热，以后用这个溶液脱去滤纸上的底色，用普通滤纸吸去多余的溶液，然后吹干，进行定性，脯氨酸颜色易褪，应及时用铅笔圈上。如果所得材料较好，为长久保存可以上蜡。

定量：用0.6%茚三酮丙酮溶液作为显色剂，在65℃条件下显色，显色后将已显出颜色的斑点剪下，用5ml0.5%氯化镉溶液（溶于40%甲醇中）浸提，于室温下静置1h，然后将浸提液倒入另一试管，再用同法浸提一次，浸提时放在振荡机上振荡。以后用ФЭК-М光电比色计进行比色。同时剪下不含斑点的同样大小的纸块进行浸提，作为空白对照。

大豆籽粒蛋白质的氨基酸的测定：先将大豆籽粒磨成粉，以后用乙醚脱脂，将脱脂的大豆粉风干，取200mg以6N HCl水解36h，后过滤浓缩，定容后测定氨基酸含量。

2 试验结果和讨论

2.1 大豆叶片的游离氨基酸

对两个大豆品种（满仓金和西比瓦）花期上下部叶片的游离氨基酸利用纸上色层分析方法进行了初步的研究，根据与标准氨基酸比较，发现花期大豆叶片中游离氨基酸的组成至少在14种以上，有赖氨酸、天门冬酰胺、精氨酸、天门冬氨酸、丝氨酸、甘氨酸、谷氨酸、苏氨酸、丙氨酸、脯氨酸、γ-氨基丁酸、缬氨酸、苯丙氨酸和亮氨酸。由于在正丁醇—冰醋酸—水溶剂系统中赖氨酸和天门冬酰胺 R_1 值相近较难分开，因此该处实际上是赖氨酸和天门冬酰胺两者之和。从分析的两个大豆品种来看，在其叶片中游离氨基酸的组成差别不大，而从一个品种的不同部位的叶片来看相差也不太显著。

大豆叶片中游离氨基酸的含量以γ-氨基丁酸、丙氨酸为最多，天门冬氨酸、谷氨酸、赖氨酸、脯氨酸、亮氨酸和苯丙氨酸次之，其余氨基酸含量较少。

从上述初步结果来看，笔者觉得高煜珠等的文章中关于大豆开花盛期不同器官的氨基酸组成上只举出5~6种，似嫌不足。此外，大豆叶片及籽粒中蛋白质的生物合成和游离氨基酸的关系极为密切，而蛋白质的组成中氨基酸的数量绝不限于5~6种，因此，笔者认为，由于在分析方法上还存在一些问题，可能得到的材料仍然不够完善，尚待今后做进一步研究与补充。

2.2 大豆籽粒中蛋白质的氨基酸

对满仓金和西比瓦两个大豆品种的籽粒中蛋白质的氨基酸进行了分析，根据初步分析看出，大豆籽粒蛋白质的氨基酸组成有：脱氨酸、赖氨酸、组氨酸、酪氨酸、精氨酸、天门冬氨酸、丝氨酸、蛋氨酸、甘氨酸、谷氨酸、苏氨酸、丙氨酸、脯氨酸、色氨酸、缬氨酸、苯丙氨酸、亮氮酸+异亮氨酸（两者分不大清）等17种以上，其中以谷氨酸、天门冬氨酸、精氨酸、亮氨酸、赖氨酸和苯丙氨酸含量较多。值得指出的是，大豆蛋白质中的氨基酸组成是很完全的，它包含人体和动物8种必需氨基酸，即苯丙氨酸、色氨酸、亮氨酸、异亮氨酸、苏氨酸、蛋氨酸、缬氨酸和赖氨酸，同时有的数量还很多。因而由大豆制成的食品营养价值是很高的。作为牲畜饲料也是极好的。从不同品种来看，籽粒蛋白质的氨基酸组成和数量差别不大。

关于大豆籽粒中蛋白质的氨基酸方面材料很多。但从表1所列举的材料来看，可以发现，不同作者所得到的材料相差很大，如Беликов和Osborue等的材料在赖氨酸的含量上相差达1倍。笔者所做的初步分析证明，笔者的材料比较接近Беликов的材料（表1），但由于重复次数不多，尚需在今后工作中进一步加以验证。我们都知道，大豆籽粒的蛋白质价值较高，一方面我们说大豆籽粒中蛋白质含量高，另一方面也指大豆籽粒的蛋白质氨基酸组成比较完全，特别是赖氨酸的含量较高，对人和动物体起着重要的生理作用，因此进一步研究大豆籽粒中蛋白质的氨基酸组成是很必要的。

表1 大豆籽粒蛋白质中氨基酸的组成（%）

氨基酸＼作者	Osborne 等	Block 等	Kuiken 等	Беликов 等
赖氨酸	2.71	5.4	7.07~6.00	5.47
组氨酸	1.39	2.3	2.52~2.16	1.86
精氨酸	5.12	5.8	8.30~7.22	10.34
天门冬氨酸	3.89	–	–	4.66
甘氨酸	0.97	–	–	3.77

（续表）

氨基酸＼作者	Osborne 等	Block 等	Kuiken 等	Беликов 等
谷氨酸	19.46	–	19.2～17.9	18.10
苏氨酸	–	4.0	4.06～3.72	3.76
酪氨酸	1.86	4.1	–	3.98
缬氨酸	0.63	4.0～5.0	5.48～5.17	8.03
苯丙氨酸	3.86	5.3	5.23～4.80	5.34
亮氨酸	8.45	8.0	8.45～7.75	14.36
异亮氨酸	–	4.0	5.53～5.85	亮氨酸、异亮氨酸之和
色氨酸	少量	1.5	1.64～1.42	1.84
胱氨酸	–	0.5～1.4	–	1.17
脯氨酸	3.78	–	–	3.99
蛋氨酸	–	1.8	1.53～1.28	1.69
丙氨酸	–	–	–	4.60
丝氨酸	–	–	–	3.81

参考文献（略）

本文原载：植物生理学通讯，1965（2），37-38

大豆氮磷营养的初步研究

王连铮　饶湖生　商绍刚　蒋青人　解玉梅

（黑龙江省农业科学院，哈尔滨　150086）

1　前言

黑龙江省的大豆播种面积历年都很大，系全国大豆主要产区之一。据了解在生产上存在的主要问题是肥力水平不高，耕作粗放，品种混杂等。大豆营养生理方面由于过去很少研究，因此材料不多，对生产上存在一些问题不能很好地给予解答，如氮磷营养如何配合才能获得大豆高产还不能肯定，许多单位曾对大豆施肥做过不少研究，但从营养生理角度研究大豆似嫌太少。

全国大豆劳动模范吉林省集安县，台上人民公社刘家大队党支部书记，全国人大代表王玉贤，很重视大豆施肥，他能根据地势，土壤肥力和茬口，增施优质底粪，他在山地薄地多施猪粪和过圈粪，在洼地多施草木灰、炕洞土、黄粪并采取分层施肥，还追施草木灰，这实际上是氮磷钾肥的很好配合。黑龙江省农民种大豆有施马粪和灰土粪、猪粪的习惯。根据观察，大豆高产的秘密在于高营养水平，特别是磷钾肥，在一般肥力条件下施用氮肥效果较好，但土壤肥力高时，继续增施氮肥效果减低，需配合施磷钾肥效果才能发挥。李庆逵在 1964 年北京世界科学讨论会上作过报告，指出氮磷配合施用的增产效果及原因。

石塚喜明（1964）研究水稻的营养生理指出为获得高产氮磷比例有一极限，再增加任何一种肥料，不但不增产，反而造成减产。

近年来，全国各地为了争取大豆的高产、稳产开展过大量的研究，有些工作已经深入到营养生理学的领域，但是有关氮磷营养对大豆生理学和产量的影响这样很重要的问题，至今尚未开展过系统研究。Cartter（1962）曾综合报道过大豆氮磷营养方面的研究概况，但他所介绍的资料，如氮磷的吸收转运，再分配，氮磷浓度等问题都与生产实际联系很少。鉴于黑龙江省在大豆生产上如何合理的配合施用无机氮磷肥的问题还不够十分明确，1964—1965 年初步探讨了大豆氮磷营养的问题。

2　材料和方法

供试材料：东农四号大豆品种。

试验处理*：氮肥用量分别为 0g、0.3g、0.6g、1.2g、2.4g 和 4.8g 纯氮，分别以 N_0、N_1、N_2、N_3、N_4、N_5 代表。

磷肥用量和氮肥相同，也分为 6 种：0g、0.3g、0.6g、1g、2g、2.4g、4.8g 五氧化二磷，分别以 P_0、P_1、P_2、P_3、P_4、P_5 代表之。

本试验采用盆栽法进行，密氏盆（规格 26cm×37cm），土培，盆间距离 1m，土壤为淋溶黑钙土，化冻后取自黑龙江省农业科学院附属农场。取土深度距地表 15cm，前茬谷子。经分析土壤全氮含量为 0.156%；P_2O_5 为 0.105%，水解氮为 4.655mg/100g 土。于 5 月 13 日播种，每盆播 3 穴，每穴 3 粒种子，5 月 19 日出苗，6 月 4 日定苗，每盆等距留 3 株。6 月 4 日为苗期，6 月 22 日为分

* N 为硝酸铵，P 为过磷酸钙

枝期，7月6日为初花期，7月18日为盛花期，8月13日为结荚期，8月27日为鼓粒期，9月26日为成熟期，收获后进行考种分析，并分析了植株糖（用改良索姆杰法）和全氮（用凯氏法）。

3 试验结果

3.1 营养体的生长

3.1.1 形态观察

苗期 N_3P_3 长势较快，叶片面积较大，表面光滑，颜色也较浅，N_3P_0 的叶形叶色与对照无差异。分枝期各处理叶色一致，呈绿色。此后到秋落之前，三处理的叶色都有一次黄黑变化，显然苗期叶色的差异是磷的效应。花期的叶色变化是氮的效应，这和土壤养分含量和根瘤的形成及活动规律有关。

3.1.2 生育期株高的变化

由表1可以看出，①同一处理不同时期的株高，均是前期低后期高，特别是在盛花期（7月20日）以后，植株生长更为迅速，而在结荚期以后，株高基本上不再继续增加。②同一氮水平不同磷水平各处理其株高随磷水平提高而增加。这在前期表现不太显著，开花期以后表现较显著。③同一磷水平不同氮水平，各处理株高变化不太规律，但也可以看出氮水平高时株高有增加的趋势。

表1 不同生育期株高的变化（cm）

处理 \ 时期	6月4日 苗期	6月19日 分枝期	7月6日 初花期	7月20日 盛花期	8月4日 结荚期	8月27日 鼓粒期
对照	4.8	10.4	29.2	46.1	74.5	75.0
N_0P_1	4.9	10.4	29.4	47.1	76.5	76.9
N_0P_2	5.1	10.6	29.9	46.1	75.9	77.0
N_0P_3	5.2	10.9	30.7	47.5	77.6	80.6
N_0P_4	5.6	11.1	32.0	49.7	80.0	81.8
N_0P_5	4.7	10.7	32.6	48.5	79.5	80.7
N_2P_0	5.2	10.0	29.4	46.4	78.5	79.4
N_2P_1	5.3	10.3	30.8	48.1	83.5	81.8
N_2P_2	5.3	11.0	32.4	50.9	83.2	81.8
N_2P_3	5.0	10.8	32.5	51.8	85.6	86.3
N_2P_4	5.4	11.6	32.3	51.6	84.1	86.1
N_2P_5	4.9	11.4	34.7	55.0	89.4	88.7
N_4P_0	4.6	8.3	29.6	48.2	78.4	82.5
N_4P_1	4.7	9.1	30.7	51.8	79.6	82.9
N_4P_2	5.0	9.6	31.1	48.9	80.3	85.1
N_4P_3	4.8	10.2	31.4	49.4	83.1	86.9
N_4P_4	4.6	9.9	32.1	51.0	83.6	88.3
N_4P_5	5.2	10.5	34.7	53.3	87.1	92.9
N_5P_0	4.4	7.9	30.2	47.3	80.4	82.2
N_5P_1	4.6	8.6	31.4	48.8	82.0	85.5
N_5P_2	4.7	8.6	30.6	49.2	80.3	80.4
N_5P_3	4.6	9.5	31.5	49.1	82.0	85.2
N_5P_4	4.5	9.2	30.8	49.1	83.4	86.1
N_5P_5	4.6	10.0	34.1	56.6	85.1	89.9

由图 1 看出，株高主要生长时期是从分枝开始到结荚期，这个期间增长数值均占整个株高的80%左右，在此时期 3 个处理的生长曲线都具有最大的斜率，处理间株高的差异也较明显。

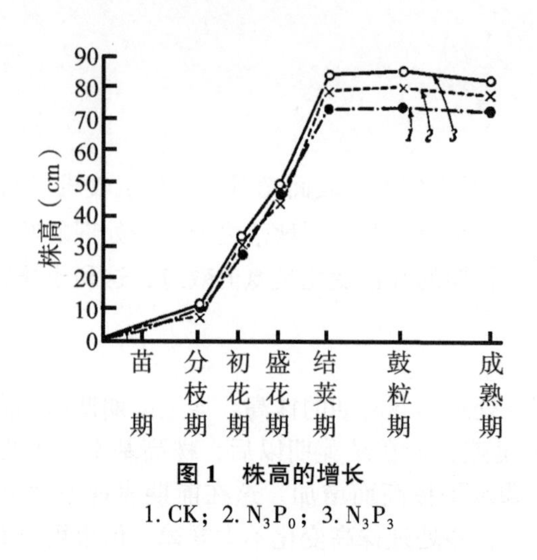

图 1　株高的增长

1. CK；2. N_3P_0；3. N_3P_3

3.1.3　生育期茎粗的变化

由表 2 看出，①不同处理不同时期的茎粗由前期一直逐渐加粗，至开花盛期后（8 月 20 日），则茎粗增加迟缓，至 8 月 27 日后增加很少。②随着氮水平的提高，茎粗有增加的趋势，特别是 N_5 处理茎更粗，这说明施氮肥多后营养生长比较旺盛所致。③在相同氮水平时，随着磷的增加，茎粗有增加的趋势，但常常磷素到每盆 2.4g（P_4）时即达到最粗。

图 2 表示茎粗的主要生长时期是从分枝期到盛花期，而以初花期生长速度最快，盛花期以后处理间的茎粗差异也逐渐显著。N_3P_3 最大，N_3P_0 为其次，CK 最少，过了盛花期，对照的茎粗很少增加，但其他两处理仍有相当的增长。

3.1.4　根系体积变化

大豆根系体积的主要生长时期在分枝末期到盛花期（图 3）。对照植株的根系体积的增长，生长速率最快在初花期，每天每株根量增加 2.09ml。花期之后到鼓粒期根系缓慢增加，并达到最大体积（59.17ml），鼓粒期之后根系未有显著增加，收获期由于根系洗的不干净，部分丢失有下降趋势，N_3P_3 根系增长曲线形状与对照相似，其不同之点在于苗期增长较快，盛花期生长速率达最快（每日每株根量增加 3.52ml），盛花之后根系体积增加不显著，最大根系体积为每株 92.50ml，比对照大 58.29%，N_3P_0 的根系增长曲线位于对照和 N_3P_3 之间，较接近于对照，但从 3 个处理根生长动态来看均以分枝期到盛花期为最大，这也和地上部生长相一致，因此在大田栽培条件下如何促进这个时期根系的发育是十分重要的。

表 2　茎粗的变化（cm）

处理 \ 时期	6 月 4 日	6 月 19 日	7 月 6 日	7 月 20 日	8 月 4 日	8 月 27 日
对照	0.33	0.52	0.83	1.00	1.09	1.14
N_0P_1	0.33	0.57	0.87	0.99	1.15	1.15
N_0P_2	0.36	0.57	0.87	1.01	1.15	1.20
N_0P_3	0.36	0.60	0.85	1.03	1.11	1.22
N_0P_4	0.37	0.60	0.86	1.07	1.22	1.28

（续表）

处理＼时期	6月4日	6月19日	7月6日	7月20日	8月4日	8月27日
N_0P_5	0.37	0.58	0.87	1.04	1.18	1.22
N_2P_0	0.35	0.53	0.89	1.06	1.18	1.18
N_2P_1	0.35	0.54	0.91	1.08	1.17	1.25
N_2P_2	0.35	0.56	0.90	1.09	1.13	1.20
N_2P_3	0.36	0.59	0.89	1.13	1.23	1.26
N_2P_4	0.36	0.58	0.93	1.12	1.31	1.33
N_2P_5	0.35	0.60	0.97	1.13	1.30	1.29
N_4P_0	0.32	0.52	0.95	1.26	1.34	1.40
N_4P_1	0.33	0.56	1.04	1.24	1.41	1.51
N_4P_2	0.35	0.57	0.98	1.25	1.31	1.39
N_4P_3	0.35	0.60	1.00	1.29	1.41	1.45
N_4P_4	0.36	0.61	1.02	1.30	1.42	1.47
N_4P_5	0.36	0.56	0.93	1.31	1.40	1.50
N_5P_0	0.31	0.47	0.90	1.12	1.31	1.35
N_5P_1	0.34	0.53	0.97	1.26	1.37	1.46
N_5P_2	0.32	0.52	0.95	1.21	1.41	1.42
N_5P_3	0.33	0.56	0.97	1.30	1.44	1.49
N_5P_4	0.32	0.58	0.99	1.32	1.41	1.54
N_5P_5	0.35	0.58	0.93	1.34	1.43	1.48

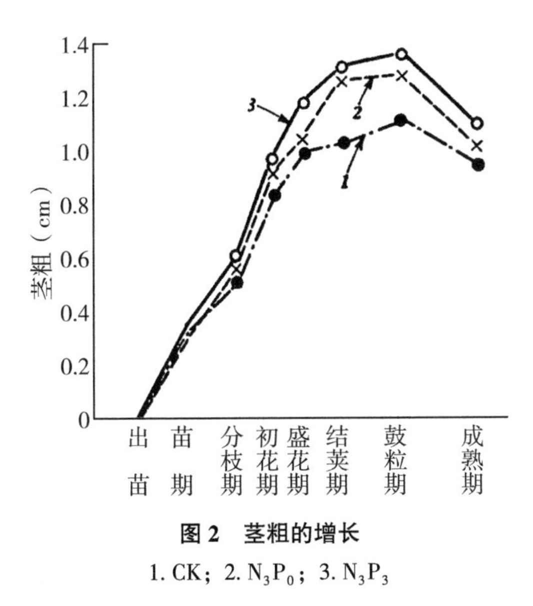

图2　茎粗的增长

1. CK；2. N_3P_0；3. N_3P_3

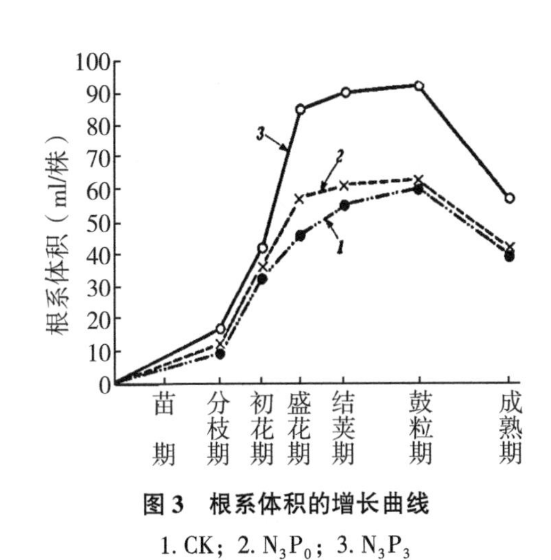

图3　根系体积的增长曲线

1. CK；2. N_3P_0；3. N_3P_3

3.1.5　干重的增长及各器官干物质的消长

大豆积累干物质的主要时期是从分枝到鼓粒期，比较3个处理的生物总产量表现出各个时期都是N_3P_3（92.19g/株）>N_3P_0（81.73g/株）>CK（77.5g/株）。3个处理干重的最大增长速率都在结荚期，其中以对照最大（2 198.8mg/d），N_3P_3（2 095.0mg/d）次之，N_3P_0（1 647.5mg/d）最少，在其他各个时期，N_3P_3的干重最大增长速率都显著大于对照。N_3P_0除了结荚期以外干重增长速率都大于对照而小于N_3P_3。而在各器官干物质的消长，在图4中可以得

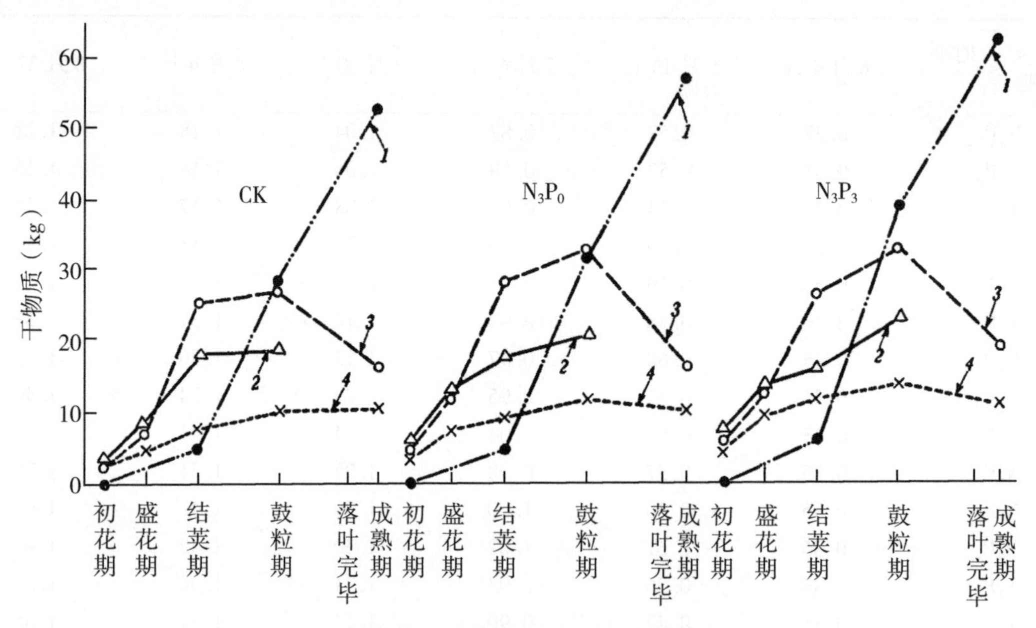

图4　在开花以后大豆植株各器官干物质的消长

1. 荚；2. 叶；3. 茎；4. 根

出以下几点，①各个器官干重的主要增长时期是根系在分枝期和结荚期，叶和茎在花期和结荚期，荚从结荚期到成熟期都保持很大的增长速度。②荚中干物质的积累可以分为两个阶段，一是从结荚期到鼓粒期，此时荚中积累的干物质主要是来自同化器官中的光合产物；二是从鼓粒到成熟，此时果荚中积累的干物质很大一部分是植物内部物质再分配而来的。虽然后阶段积累的干物质在果荚的总干重中占很大比重，但是由于3个处理在此阶段干物质的绝对增长量基本相同（CK 23.77g，N_3P_0 24.43g，N_3P_3 24.30g），所以处理间产量的差异并不是在这个时期形成的，而是在鼓粒期以前就基本形成的。③从结荚期到鼓粒期，对照植株的茎增长极少，但是 N_3P_0 略有增长，N_3P_3 增长较大。3个处理的最大叶干重以 N_3P_3 最大，N_3P_0 次之，对照最小。

根系和地上部比值（以干重计算）的变化动态曲线如图5所示。花期以前根系和地上部比值均较高，这说明这个时期，根系生长速度较快，也说明扎根较为迅速，到盛花期后此比值开始下降，特别是结荚期后下降较多，因为大豆结荚后，荚数迅速增加，粒重也迅速增长，致使根部占地上部比值下降。

3.2　总氮含量及其消长

3.2.1　氮的相对含量

各器官各个时期氮素相对含量列于表3。无论整株或各器官，氮素相对含量都以苗期最高，然后迅速下降到盛花期时最低，此后又缓慢回升在鼓粒期和结荚期出现较高的数值，以后又缓慢下降。这种变化趋势，在文献中已有过记载（Cartter，1962）。3个处理无论整株或者各器官相对含氮量的总变化趋势基本一致。处理间的差异仅仅表现在变化幅度的不同。

整株相对含氮量，在苗期 $N_3P_3>N_3P_0>CK$，在盛花期数值降低，且 $N_3P_3<N_3P_0<CK$，在荚形成的数值升高，以CK表现的较早，又重复表现出 $N_3P_3>N_3P_0>CK$。

荚的相对含氮量不断上升，这主要是由于豆粒的相对含氮量迅速增多的结果，而荚皮的含氮量从鼓粒后则不断下降。荚中相对含氮量始终是 $N_3P_3>N_3P_0>CK$。值得注意的是成熟豆粒相对含氮量是 $N_3P_3>N_3P_0>CK$，这一点反映出处理不仅造成产量差异，而且也造成豆粒成分的改变，施

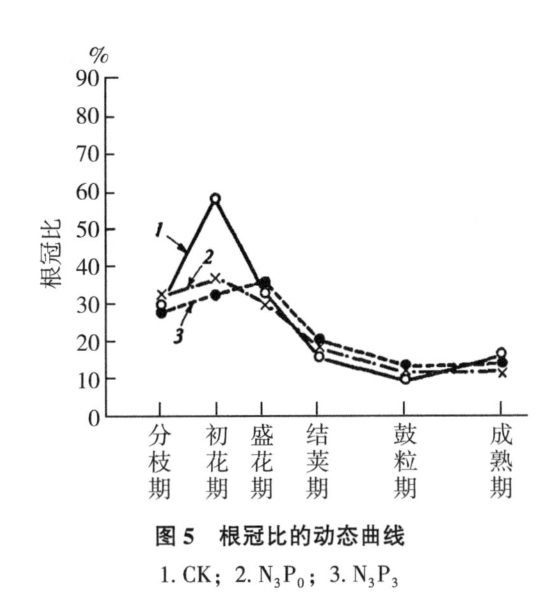

图 5　根冠比的动态曲线

1. CK；2. N_3P_0；3. N_3P_3

氮肥可以提高蛋白质含量。

苗期时，根系和叶子中的相对含氮量都是 $N_3P_3>N_3P_0>CK$，茎秆是 $CK>N_3P_0>N_3P_3$。盛花期时数值降低，根、茎、叶都是 $N_3P_3>N_3P_0>CK$，结荚期时数值升高，都表现是 $N_3P_3<N_3P_0<CK$。

在同一处理的营养器官之间，无论在任何时期，相对含氮量都表现为叶子>根系>茎。

3.2.2　氮素在植株中的分布和消长

从表 3 中可以看到，①对照植株的总氮量的最大增长速率在结荚期，达到 41mg/(株 · d)；处理 N_3P_3 和 N_3P_0 总氮量的最大增长速率在结荚期和鼓粒期，分别达到 44.2mg/(株 · d) 和 60.6mg/(株 · d)。②各营养器官的氮素绝对含量在整个生育期内都以叶最多，根次之，茎最小。只有在结荚期间，茎的氮素绝对含量才比根高，这是由于此时有大量的含氮物质从根系源源不断流入荚中所造成的。实际上这个时期茎中氮素的增加不是由于茎的生长而引起的。③根系虽是氮素吸收和固定的场所，但是根系中氮素绝对含量却比茎和叶更为稳定，可见根系没有多少含氮物质的积累，根系必须把所摄取的氮素源源不断供应地上部分，才能维持这种状况。④在鼓粒期和成熟期，只有荚才是氮素绝对含量不断增长的器官，3 个处理绝对增长量分别是 CK：2 083mg；N_3P_0：2 300mg；N_3P_3：2 795mg。在同一时期内 3 个处理的全株氮素的绝对增长量分别是 CK：1 086mg；N_3P_0：1 351mg；N_3P_3：1 705mg；荚中氮素的增加，比全株增加还大。显然在鼓粒期以后，在 3 个处理的豆株中都存在着氮素再分配的现象。由于这种再分配而从营养器官流入果荚中的氮量，3 个处理分别是 CK：997mg；N_3P_0：949mg；N_3P_3：1 020mg。虽然，氮素的再分配在荚的形成过程中很重要。但由于 3 个处理的再分配绝对量很近似，说明处理间荚总氮量的差异主要是由于这个时期根系所能供应的氮素多寡而决定的。

3.3　含糖量

3.3.1　可溶性糖

表 4 列举了 3 个处理不同器官在不同时期内的可溶性糖含量。从中可以看出茎叶可溶性糖含量高峰在盛花期，根系高峰在鼓粒期，在高峰处，处理间根和茎可溶性糖含量与产量差异呈正相关，$N_3P_3>N_3P_0>CK$。

表3 大豆各器官N素相对含量的变化（干重百分数）和大豆植株内部N素在各器官的分配和消长 （单位：mg/株）

		6月4日		6月22日		7月6日		7月18日		8月3日		8月27日		9月26日	
		大豆各器官N素相对含量的变化	大豆植株内部N素在各器官的分配和消长	大豆各器官N素相对含量的变化	大豆植株内部N素在各器官的分配和消长	大豆各器官N素相对含量的变化	大豆植株内部N素在各器官的分配和消长	大豆各器官N素相对含量的变化	大豆植株内部N素在各器官的分配和消长	大豆各器官N素相对含量的变化	大豆植株内部N素在各器官的分配和消长	大豆各器官N素相对含量的变化	大豆植株内部N素在各器官的分配和消长	大豆各器官N素相对含量的变化	大豆植株内部N素在各器官的分配和消长
子叶	CK	4.742	2.61												–
	N_3P_0	5.150	2.83												
	N_3P_3	4.815	3.03												
根系	CK			3.051	22.03	2.238	71.62	2.372	111.00	2.354	183.10	2.011	201.10	1.565	162.30
	N_3P_0			3.638	30.67	2.582	100.98	2.009	153.10	2.218	197.20	2.015	235.10	1.231	118.50
	N_3P_3			3.747	46.84	2.079	95.96	1.935	182.50	2.218	258.80	2.149	293.80	1.576	173.40
茎秆	CK	4.727	2.03	2.946	15.32	1.149	25.40	1.102	72.25	1.406	351.50	0.982	261.90	0.680	102.70
	N_3P_0	4.721	2.12	3.353	20.08	1.891	85.93	0.876	101.80	1.289	358.10	0.852	276.90	0.437	69.92
	N_3P_3	4.395	2.68.	3.363	32.66	1.572	94.67	0.867	112.50	0.988	307.40	0.861	279.80	0.438	83.66
叶	CK	5.483	12.12	4.670	53.89	3.550	112.80	3.365	287.90	3.684	667.20	2.829	526.20		
	N_3P_0	5.539	11.91	5.101	69.37	4.316	262.30	2.433	310.50	3.374	582.40	2.752	560.90		
	N_3P_3	5.831	16.27	5.055	116.30	4.268	333.40	2.415	323.60	3.154	648.50	2.964	667.50		
荚	CK									3.075	125.40	3.148	891.80	4.238	2 208.08
	N_3P_0									3.061	132.60	3.983	1 262.00	4.342	2 436.00
	N_3P_3									2.762	165.70	4.885	1 581.00	4.715	2 961.00
豆粒	CK											4.560	678.00	6.121	2 087.00
	N_3P_0											5.835	1 050.00	6.158	2 303.00
	N_3P_3											6.243	1327.00	6.531	2 828.00
荚皮	CK											1.587	213.80	0.674	121.30
	N_3P_0											1.545	211.20	0.712	133.10
	N_3P_3											1.472	253.90	0.684	133.30
全株	CK		22.76		91.24		209.90		471.10				1881.00		2 413.00
	N_3P_0		25.07		121.10		449.20		565.40		1273.00		2334.00		2 624.00
	N_3P_3		37.28		195.80		523.90		618.70		1380.00		3041.00		3 085.00

表 4　不同时期、不同器官含糖量比较

（单位：干重百分数）

处理	日期	6月4日			6月22日			7月6日			7月18日			8月3日			8月27日			9月26日		
		可溶性糖	蔗糖	还原糖	可溶性糖	蔗糖	还原糖	可溶性糖	蔗糖	还原糖	可溶性糖	蔗糖	还原糖	可溶性糖	蔗糖	还原糖	可溶性糖	蔗糖	还原糖	可溶性糖	蔗糖	还原糖
子叶	CK	7.62	1.95	5.57																		
	N_3P_0	6.90	2.19	4.59																		
	N_3P_3	5.96	1.60	4.28																		
根	CK				1.85	0.46	1.37	3.91	2.83	0.93	3.01	1.43	1.51	1.21	0.73	0.44	4.21	2.36	1.73	1.66	0.24	1.41
	N_3P_0				2.04	1.02	0.97	2.02	0.96	1.01	3.22	1.49	1.65	1.02	0.43	0.57	4.67	2.71	1.82	1.40	0.38	1.00
	N_3P_3				1.75	0.68	1.03	2.60	0.99	1.56	2.24	1.24	0.93	1.13	0.49	0.61	4.78	2.49	2.16	1.44	0.62	0.79
茎	CK	3.78	1.43	2.28	3.16	0.40	2.74	4.06	1.15	2.85	8.05	2.54	5.38	7.54	1.15	6.33	8.42	1.90	6.41	1.40	0.48	0.90
	N_3P_0	4.75	1.82	2.83	2.49	0.64	1.82	6.33	1.75	4.49	9.10	2.60	6.36	8.30	2.29	5.89	8.90	1.31	7.52	1.11	0.69	0.38
	N_3P_3	4.62	1.73	2.80	3.47	1.16	2.25	6.80	2.21	4.47	9.46	2.90	6.41	8.32	1.08	7.18	7.03	1.08	5.89	1.03	0.48	0.52
叶	CK	5.57	2.76	2.66	5.70	1.70	3.91	4.56	2.23	2.21	6.78	2.67	3.97	5.71	1.89	3.72	4.13	1.00	3.08			
	N_3P_0	6.12	3.50	2.44	5.36	2.17	3.08	4.41	1.68	2.64	7.04	2.08	4.85	5.51	2.29	3.10	4.26	1.28	2.91			
	N_3P_3	6.01	3.09	2.76	5.65	2.97	2.52	4.85	2.08	2.66	6.97	2.20	4.65	3.16	1.71	1.36	3.47	1.03	2.39			
荚	CK													3.31	0.98	2.28						
	N_3P_0													2.30	0.56	1.71						
	N_3P_3													3.28	0.52	2.73						
豆	CK																6.94	4.24	2.48	10.60	9.81	0.27
	N_3P_0																6.47	4.15	2.10	9.46	8.70	0.30
	N_3P_3																6.78	4.05	2.52	8.79	7.87	0.51
荚皮	CK																4.70	1.16	3.48	1.11	0.54	0.54
	N_3P_0																4.57	1.52	2.97	0.79	0.31	0.46
	N_3P_3																5.21	1.18	3.97	0.92	0.38	0.52

3.3.2　蔗糖含量的变化

3个处理不同器官不同时期的蔗糖含量也列于表4。从中可见根、茎、叶蔗糖含量的高峰分别在鼓粒期，盛花期和苗期。在高峰上处理间茎的蔗糖含量的差异与产量呈正相关，N_3P_3>N_3P_0>CK。

3.3.3　还原糖

从表4中可以看出还原糖含量的变化，根的高峰在鼓粒期，茎在果荚形成期，叶在盛花期。处理间根在鼓粒期，茎在盛花期也表现出还原糖含量的差异与产量的差异有正相关性，N_3P_3>N_3P_0>CK。

3.4　产量及考种结果

3.4.1　产量结果

由表5可以看出在不施磷肥条件下，施用氮肥有效，但达到每盆1.2g时再增加氮肥施用量是无效的。

表5　氮磷营养对大豆产量的影响

P_2O_5（g/盆） \ N（g/盆） 产量（g/盆）	0	0.3	0.6	1.2	2.4	4.8
0	102.2	106.5	108.1	112.3	107.7	106.2
0.3	104.5	111.1	113.7	116.7	110.3	122.3
0.6	115.6	115.7	121.3	121.2	119.7	120.5
1.2	133.7	127.5	134.5	129.9	124.5	130.9
2.4	145.6	144.6	142.4	138.0	145.7	135.3
4.8	143.4	145.8	146.2	142.1	144.0	129.0

注：每盆产量为4盆平均数，每盆3株

当过磷酸钙增高，每盆施用0.3g时，继续施氮肥有效，但过磷酸钙增至每盆0.6g时，施少量氮有某些作用，多施则没有表现出增产作用。总之从表5看出磷肥的增产作用高于氮肥。

3.4.2　考种结果（表6）

（1）单株荚数与产量的关系。单株荚数超过100个的有8个处理，除少数处理每盆未达到140g之外，其余各处理均达到每盆140g。

（2）单株粒数，粒重与产量的关系。单株粒数变动在175.3~257.6。超过250粒以上者有4个处理：N_0P_4；N_2P_5；N_4P_4；N_4P_5；每盆产量均在140g以上。每株粒数在240粒以上者可获高产。

表6　考种结果

处理 \ 项目	株高（cm）	茎粗（cm）	秕荚数	单株荚数	秕荚率（%）	单株粒数	秕粒数	秕粒率（%）	单株粒重（g）	百粒重（g）	经济系数
对照	74.4	0.94	4.8	79.3	6.2	175.3	28.6	16.3	34.1	19.4	0.507
N_0P_1	76.4	0.95	4.4	85.3	5.2	187.1	26.8	14.4	34.8	18.6	0.509
N_0P_2	73.5	0.98	4.4	91.4	4.8	197.1	38.5	19.5	38.5	19.5	0.522
N_0P_3	76.9	0.98	5.1	99.4	5.1	217.7	31.1	14.3	44.6	20.5	0.558

（续表）

项目/处理	株高（cm）	茎粗（cm）	秕荚数	单株荚数	秕荚率（%）	单株粒数	秕粒数	秕粒率（%）	单株粒重（g）	百粒重（g）	经济系数
N_0P_4	77.9	1.00	8.1	117.8	6.9	257.6	37.2	14.4	48.6	18.8	0.539
N_0P_5	79.3	1.02	7.6	107.3	7.1	235.3	31.3	13.3	47.8	20.3	0.534
N_2P_0	75.4	1.02	3.5	87.5	4.0	191.6	37.8	19.8	36.0	18.8	0.522
N_2P_1	80.0	1.03	3.5	89.2	3.9	198.3	35.8	18.1	37.9	19.1	0.514
N_2P_2	80.0	1.02	3.8	91.7	4.1	208.8	34.3	16.4	40.4	19.4	0.527
N_2P_3	82.6	1.09	2.6	97.8	2.7	226.1	36.5	16.1	44.8	19.8	0.536
N_2P_4	84.0	1.11	3.8	106.7	3.6	244.7	37.6	15.4	47.5	19.4	0.540
N_2P_5	86.1	1.05	4.9	109.9	4.5	256.1	31.3	12.2	48.7	19.0	0.536
N_4P_0	79.0	1.12	3.4	91.4	3.7	200.4	27.8	13.9	35.9	17.9	0.490
N_4P_1	81.0	1.13	2.8	86.5	3.2	192.8	26.5	13.7	36.8	19.1	0.486
N_4P_2	84.1	1.12	2.2	93.8	2.3	217.1	30.8	14.2	39.9	18.4	0.488
N_4P_3	84.0	1.19	2.6	94.6	3.8	209.2	35.4	16.9	41.5	19.8	0.506
N_4P_4	87.6	1.18	4.0	104.5	3.8	252.6	24.8	9.8	48.6	19.2	0.512
N_4P_5	85.9	1.19	4.4	107.0	4.1	252.3	24.6	9.7	48.0	19.0	0.503
N_5P_0	80.1	1.08	4.1	83.6	4.9	192.7	28.0	14.5	35.4	18.4	0.488
N_5P_1	82.5	1.15	2.8	95.6	2.9	215.3	32.8	15.2	40.8	18.9	0.486
N_5P_2	80.1	1.16	4.3	97.3	4.4	208.9	43.8	20.9	40.2	19.2	0.461
N_5P_3	84.1	1.15	2.8	98.1	2.9	217.2	29.5	13.6	43.6	20.1	0.478
N_5P_4	86.3	1.18	4.3	104.9	4.1	239.3	31.8	13.3	45.1	18.8	0.453
N_5P_5	90.0	1.26	4.4	101.1	4.4	230.8	26.5	11.5	43.0	18.6	0.433

单株粒重超过45g以上处理：N_0P_4、N_0P_5、N_2P_4、N_2P_5、N_4P_4、N_4P_5、N_5P_4；其中除N_5P_4之外，其余各处理每盆产量均超过140g以上，N_5P_4也在130g以上。

（3）百粒重和产量的关系。在盆栽的条件下，百粒重对产量的影响较小，这和1963年的盆栽试验结果相同。只施用氮不施用磷的各处理与对照相比，百粒重有降低的趋势，当氮水平相同时，一般增施磷肥可提高百粒重，但并不太规律。当磷水平相同氮水平不同时，其百粒重比较接近。

（4）株高的变化。不同处理株高变动在73.5~90.0cm。氮水平增加时，有增加株高的趋势，特别是当盆施氮达4.8g时，株高增加更为突出，但荚数并未增多，产量因而下降，这说明氮肥过多营养生长旺盛而生殖生长相对较差，因此氮素营养过多，对大豆的增产是不利的。在盆栽条件下，大豆株高在85cm左右时获得高产的次数最多，达6次，一般在75~85cm时均有可能获得高产。

（5）茎粗的变化。茎粗变动在0.94~1.26cm。以对照为最细，在0.94cm，N_5P_5为最粗，达1.26cm。随氮肥用量的增加，茎粗也在增加。N_4和P_5水平各处理茎最粗，但这和产量的关系不大。同一氮水平不同磷水平随磷的增加，茎粗一般也随之增加。

（6）经济系数。一般均在0.5左右。各处理变动在0.433~0.558。每盆产量超过145g以上者，其经济系数均在0.530~0.540范围之内（除N_4P_4外）。而氮肥过高者如N_5未超过0.50，N_4水平只有3个处理超过0.5以上。

经济系数在相同氮水平不同磷水平，各处理表现有一定差异。一般随磷量的增加经济系数也增加，增加到P_4和P_5时两者差异不显著。而N_5水平各处理反而随磷量的增加，经济系数在减少，这说明氮肥水平过高时营养生长过于旺盛，而生殖生长受到抑制，因而表现产量并不高。

4 讨论

（1）为了获得高产，究竟给大豆施用多少肥料最合适？根据试验来看，大豆产量和氮、磷均有关系。图6表明在不同磷肥（P_2O_5）水平每盆低于0.6g时，随着氮的增加而产量也增加，在一定氮水平时，达到最高产量，然后随着氮的进一步增加，而产量下降（N_5P_1 稍有例外），但是当磷水平在每盆施1.2g以上时最适宜的施氮量反而减少，减到每盆0.6g以下。甚至不施氮肥亦可获得高产。由此可见，在我们采用的土壤上，氮肥不是限制高产的因子。

根据图6可见，每盆施磷达2.4g即可达最高产量，而在磷水平低时，每盆施用1.2g纯氮可达较高产量。因此，初步认为，在哈尔滨地区比较肥沃的土壤上，增施磷肥可以显著增产。当肥力较低条件下，磷肥和氮肥配合效果更好，但在黑龙江省赵光地区瘠薄土壤上，氮、磷肥配合可增产24.4%，而氮肥在当地增产效果比较突出，由此可见，不同地区不同肥力水平所需要的肥料种类和数量是不同的。

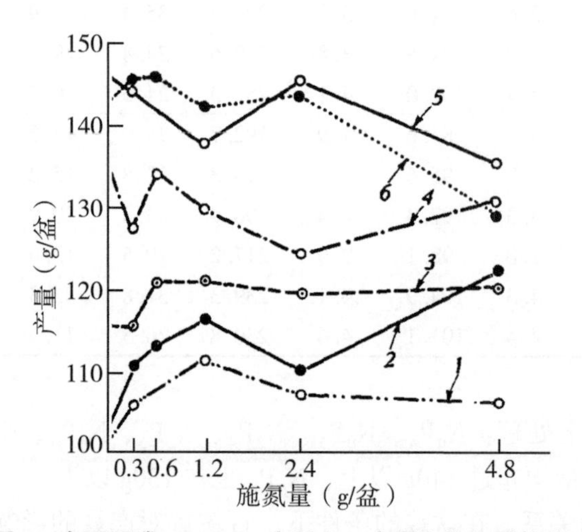

图6 在不同磷（P_2O_5）水平上，产量和施氮量的关系

1. 未施肥；2. 0.3g/盆；3. 0.6g/盆；4. 1.2g/盆；5. 2.4g/盆；6. 4.8g/盆

（2）株高与产量的关系。在盆栽的条件下，株高变动在73.5~90.0cm，一般在75~85cm时均可获得高产。但不是说株高越高，产量就会越高。营养生长和生殖生长要协调才能获得大豆高产。

（3）干物重与经济系数的变化。一般在盆栽条件下干重在85g以上者可以获得高产，但 N_5 水平由于营养生长过于旺盛，则是例外。经济系数低于0.5者常常难得到高产，大于0.5以上者可能获得高产。

（4）本试验观察到大豆植株各个时期的根系体积，苗期和结荚期的根系和地上部分，苗期各器官的含氮量，盛花期茎叶的可溶性糖含量与产量呈正相关性；盛花期各营养器官和整株含氮量与产量呈负相关性。

5 小结

（1）大豆对氮磷营养的要求不是越高越好，而是有一定的水平。单施氮肥（硝酸铵）可以提高大豆产量达9.7%，每盆高于1.2gN时，增产不明显。

单施磷肥（过磷酸钙）提高大豆产量达42.4%，每盆施2.4g P_2O_5 以上时，产量不再增加，每盆施4.8g（P_2O_5）时产量出现下降趋势。磷对于大豆的增产作用高于氮肥。氮、磷配合施用在肥力较低条件下效果较为明显。

（2）株高在75~85cm者可获得高产，但营养生长进行过于旺盛（N_5水平），各处理产量反而不高。

（3）经济系数超过0.5以上者，常常可以获得高产，而低于此值者常常低产。

（4）生育后期，由营养器官再分配到荚中的干物质和含氮物质的绝对值与处理关系较少。

（5）根系的体积，苗期各器官的含氮量，盛花期茎和叶片中可溶性醣含量与产量有正相关性；盛花期无论正株或各营养器官的相对含氮量，均与产量有负相关性。

参考文献（略）

本文原载：植物生理学通讯，1966（5），33-41

氮磷营养对大豆生长发育以及氮素累积的影响

王连铮　商绍刚

（黑龙江省农业科学院，哈尔滨　150086）

赵光农垦局自1949—1964年的资料统计，大豆亩产量平均为114.5斤，而不同年份产量的变化幅度较大。

大豆产量所以不高、不稳的原因较多，主要是黑龙江省北部地区生育期短，前期地温低，土壤养分转化缓慢影响大豆生长。另一个重要原因是连年种植作物而施肥较少，地力减退。为此，黑龙江省农业科学院生物物理研究室与赵光农垦局农科所共同研究了氮磷营养对该地区大豆生长发育以及植株体内氮代谢的影响。

1　材料及方法

供试品种为"克北1号"，试验设在赵光农垦局农科所的101号黑土地，地势较平坦，排水良好。土壤有机质7.14%，全N 0.36%~0.45%，P_2O_5 0.24%~0.25%，pH值为6.0~6.5。

设7个处理：N_0P_0（对照），$N_{40}P_{40}$，$N_{80}P_{40}$，$N_{120}P_{40}$，$N_{40}P_{80}$，$N_{80}P_{80}$，$N_{120}P_{80}$（表示每公顷施N及P_2O_5的千克数）。随机排列，重复5次，小区面积90m^2，氮磷肥混合，播种时一次施入。5月8日播种，5月28日出苗，7月10日开花，9月29日成熟，10月9日收获。

2　试验结果

2.1　氮磷肥对产量的影响

根据每小区收获54m^{2}实测产量结果（表1）可以看出，以氮磷配合的各处理均比对照增产，幅度为8.2%~24.4%，其中每公顷供给纯氮120kg，P_2O_5 40kg的处理产量最高，亩产达258.7斤。

表1　产量结果

处理	N_0P_0	$N_{40}P_{40}$	$N_{80}P_{40}$	$N_{120}P_{40}$	$N_{40}P_{80}$	$N_{80}P_{80}$	$N_{120}P_{80}$
亩产（斤）	207.8	225.2	241.7	258.7	224.9	239.3	248.2
增产（%）	100	108.3	119.4	124.4	108.2	115.1	119.4

在相同磷素供应水平下，大豆产量随氮素供应量的增加而提高，这说明在本地区的土壤气候条件下，为提高大豆产量，施用氮肥还是需要的。

在同一氮素供应水平中均以每公顷施用P_2O_5 40kg较好。每公顷施P_2O_5达80kg时表现出不同程度的减产，可以推想该地区每公顷施P_2O_5 80kg以下即可满足大豆亩产250斤左右产量的要求。

本试验以赵光地区的大豆生产为对象，赵光农垦局农科所洪瑶楹同志参加部分工作，表示谢意

2.2 氮磷肥对大豆生长发育的影响

2.2.1 株高

从生育期株高变化情况（表2）看出，各处理均比对照高。试验统计说明，在正常情况下，株高与产量呈正相关，所以要获得高额产量应保持一个相应的植株高度。

表2 各处理不同生育期株高的变化（cm）

日期	N_0P_0	$N_{40}P_{40}$	$N_{80}P_{80}$	$N_{120}P_{40}$	$N_{40}P_{80}$	$N_{80}P_{80}$	$N_{120}P_{80}$
6月28日	10.2	11.6	10.5	11.3	11.4	11.6	11.4
7月12日	20.7	25.3	23.3	20.5	23.0	25.2	21.4
7月21日	26.8	32.5	30.3	27.6	32.9	33.9	33.6
8月4日	43.3	57.4	48.5	52.9	55.2	59.5	54.8
8月17日	47.7	58.6	54.7	56.0	63.3	59.9	59.8
9月9日	50.8	62.4	59.9	60.2	63.2	60.3	60.8
10月9日	48.0	56.5	58.5	56.2	59.2	60.1	56.2

2.2.2 干鲜重

在各生育期测定各处理（$1m^2$）地上部干重情况归纳于表3。

表3 每平方米地上部干物重（g/m^2）

处理 / 日期	N_0P_0	$N_{40}P_{40}$	$N_{80}P_{40}$	$N_{120}P_{40}$	$N_{40}P_{80}$	$N_{80}P_{80}$	$N_{120}P_{80}$
6月28日	18.6	23.2	21.2	24.6	21.2	24.6	22.2
7月12日	25.2	50.6	36.4	35.6	34.2	44.2	40.4
7月21日	95.8	157.0	159.6	106.4	94.4	183.4	174.2
8月4日	181.0	279.8	245.6	237.2	264.0	314.8	287.4
8月17日	266.0	402.8	353.6	289.4	438.6	461.2	462.8
9月10日	422.6	512.6	448.4	441.6	432.4	429.4	600.6
10月9日	324.2	382.5	399.0	417.5	363.4	407.0	424.5

从表3可看出，施用氮磷肥，植株地上部干重较对照均有不同程度的增加。随植株的生长发育、干物重逐步增加，在鼓粒后期（9月10日）出现高峰，以后逐渐减少，只有对照表现直线上升。鲜重的变化趋势与干重一致，只是高峰出现在鼓粒期（8月17日）。

2.2.3 产量构成因素

从表4中看出，供给氮磷营养，在株高、分枝数、茎粗、荚数、粒数等方面均比对照有不同程度的增加，但对百粒重的影响不明显。

表4 不同处理的大豆产量构成

处理	株高（cm）	分枝（个）	茎粗（cm）	荚数（个/m^2）	秕荚数（个/m^2）	秕荚率（%）	粒数（m^2）	粒重（g/m^2）	百粒重（g）
对照	47.98	0.8	0.437	430.3	9.6	2.23	1 016.9	176.5	18.56

（续表）

处理	株高（cm）	分枝（个）	茎粗（cm）	荚数（个/m²）	秕荚数（个/m²）	秕荚率（%）	粒数（m²）	粒重（g/m²）	百粒重（g）
$N_{40}P_{40}$	56.50	1.1	0.463	519.2	11.9	2.29	1 153.4	201.3	18.35
$N_{80}P_{40}$	58.45	1.1	0.467	514.0	13.8	2.68	1 122.9	201.0	19.00
$N_{120}P_{40}$	56.19	1.0	0.461	519.0	14.7	2.83	1 196.2	261.6	18.02
$N_{40}P_{80}$	59.15	1.2	0.464	503.5	18.7	3.71	1 046.5	180.5	18.39
$N_{80}P_{80}$	60.08	0.9	0.477	537.3	14.3	2.66	1 140.5	204.5	18.72
$N_{120}P_{80}$	56.16	1.2	0.457	535.1	15.4	2.88	1 191.2	218.3	19.49

与产量构成关系较大的是二三粒荚的多少，据调查一般占总荚数的80%左右，占籽实产量的50%~60%。

2.3 生物学产量与籽实产量的关系

收获期地上部生物学产量与籽实产量（表5）之比约为1：0.5，各处理表现一致。可以推想，这样的营养供给量没有引起植株徒长、倒伏和晚熟等不正常现象。

表5 各处理产量变化情况

项目	ck	$N_{40}P_{40}$	$N_{80}P_{40}$	$N_{120}P_{40}$	$N_{40}P_{40}$	$N_{80}P_{80}$	$N_{120}P_{80}$
籽实产量（g/m²）	176.5	201.3	201.0	216.6	180.5	204.5	218.4
生物产量（g/m²）	324.2	382.5	399.0	417.5	316.5	407.5	424.4
生物产量/籽实产量	1：0.544	1：0.526	1：0.504	1：0.519	1：0.497	1：0.502	1：0.515

在同一磷素供应水平上，随着氮素供应量的增加，地上部生物学产量和籽实产量也随之增加。但在同一氮素水平下，随磷素用量的增加，生物学产量并没有增加多少。经济系数相对稳定在0.5左右。因此，必须增加生物学产量，才能获得一定的籽实产量。由此可以看出，获得庞大的营养体是取得籽实高产的物质基础和必要条件。

2.4 氮磷肥对植株体氮素累积的影响

氮素的分析采用克氏法，在大豆生育期间分7次取样。

2.4.1 茎部氮素积累的变化

从表6中看出，7次测定结果，各处理茎部含氮量都比对照高。

表6 茎部氮素积累量的变化（mg/m²）

日期＼处理	N_0P_0	$N_{40}P_{40}$	$N_{80}P_{40}$	$N_{120}P_{40}$	$N_{40}P_{80}$	$N_{80}P_{80}$	$N_{120}P_{80}$
6月28日	14.6	19.3	19.4	22.5	16.3	21.1	15.7
7月12日	25.2	76.3	36.3	34.3	44.5	50.8	41.7
7月21日	64.7	126.9	121.2	110.8	137.5	141.3	164.7
8月4日	120.7	159.0	182.6	202.5	151.7	268.0	240.3
8月17日	131.9	148.3	144.3	228.8	221.6	235.9	214.2

（续表）

处理 日期	N_0P_0	$N_{40}P_{40}$	$N_{80}P_{40}$	$N_{120}P_{40}$	$N_{40}P_{80}$	$N_{80}P_{80}$	$N_{120}P_{80}$
9月10日	34.6	79.4	62.4	67.6	108.9	68.6	99.5
10月9日	39.1	46.4	54.5	65.4	46.1	55.7	70.4

在同一氮素水平条件，随磷肥用量的增加植株茎部氮素的积累，自开花后（7月12日）至成熟前（9月10日）都有增加的趋势。但对收获期并无明显的促进作用。在40kg P_2O_5 的水平下，结荚期随氮肥用量增加，茎部氮的吸收和积累相应增加。

茎部氮素的累积量，是随植株生长发育而逐渐增加，在结荚鼓粒期（7月21日至8月17日）分别达到高峰。

2.4.2 叶部氮素累积量的变化

叶部氮素的累积也是随植株的生长发育逐渐增加，到结荚鼓粒期达到高峰，各处理的变化趋势基本一致，如表7。各处理叶片含氮量都高于对照。在结荚鼓粒期叶片氮的积累随磷肥水平的提高有所增加，只有在高磷条件下，才随氮肥的增加而增多。

表7 叶部氮素累积量的变化（mg/m^2）

处理 日期	N_0P_0	$N_{40}P_{40}$	$N_{80}P_{40}$	$N_{120}P_{40}$	$N_{40}P_{80}$	$N_{80}P_{80}$	$N_{120}P_{80}$
6月28日	51.2	64.7	68.5	77.4	71.0	67.1	68.1
7月12日	82.2	177.4	127.4	104.8	114.6	172.3	122.1
7月21日	147.0	283.1	327.4	208.5	119.7	345.0	286.1
8月4日	375.4	536.3	584.3	629.7	522.0	657.1	686.8
8月17日	300.9	547.0	483.0	629.0	529.1	623.3	646.6
9月10日	141.3	93.3	90.4	90.0	44.6	50.6	175.7

2.4.3 花中氮素的积累

花中的氮累积量随植株开花数的消长而变化。$N_{120}P_{40}$、$N_{80}P_{40}$、$N_{120}P_{80}$ 等处理在盛花期（7月21日）有一高峰出现，其他处理呈直线减少（表8）。

2.4.4 荚、荚皮、粒中氮的累积量

随荚的增多和粒的成熟，氮的累积量不断增加（表9）。

表8 花中氮素的积累（mg/m^2）

处理 日期	N_0P_0	$N_{40}P_{40}$	$N_{80}P_{40}$	$N_{120}P_{40}$	$N_{40}P_{80}$	$N_{80}P_{80}$	$N_{120}P_{80}$
7月12日	34.6	38.6	37.9	29.6	33.4	37.7	26.7
7月21日	30.1	30.6	45.9	40.8	25.1	34.4	38.9
8月4日	18.3	18.6	20.3	25.1	22.0	24.1	20.3

表 9　荚果各部分的氮素累积（mg/m²）

部位	日期	N_0P_0	$N_{40}P_{40}$	$N_{80}P_{40}$	$N_{120}P_{40}$	$N_{40}P_{80}$	$N_{80}P_{80}$	$N_{120}P_{80}$
荚	8月4日	35.6	75.1	50.8	54.8	70.0	93.2	55.9
	8月17日	215.3	221.6	211.2	301.0	410.9	417.3	325.1
荚皮	9月10日	68.4	67.8	80.7	49.1	76.7	77.8	117.9
	10月9日	70.6	97.0	100.5	129.0	73.9	116.4	129.5
粒	9月10日	1 023.6	1 172.6	1 071.3	1 074.2	936.2	1 179.2	1 400.9
	10月9日	2 089.7	2 455.6	2 095.6	2 737.7	1 999.2	2 070.3	2 485.6

综合上述结果可看出，各处理地上部的氮素累积量随植株的生长发育而逐渐增加。各处理均比对照积累量多些。在同一磷素供应水平下，随氮素用量的增加，植株体内氮的积累也就越多，而在同一氮素水平下，随磷素供应量增加，植株体内氮素累积并不明显，还稍有下降趋势（表10）。可见在氮素磷素比例配合较好条件下，磷素供给稍稍有促进植株氮素吸收和积累作用，在过多的磷肥供应下，反而对植株体内氮素的吸收有抑制作用。

表 10　地上部植株体内氮的积累（mg/m²）

日期＼处理	N_0P_0	$N_{40}P_{40}$	$N_{80}P_{40}$	$N_{120}P_{40}$	$N_{40}P_{80}$	$N_{80}P_{80}$	$N_{120}P_{80}$
6月28日	65.7	83.9	87.9	99.9	87.2	88.7	83.7
7月12日	141.9	293.6	201.8	168.7	192.5	261.3	190.5
7月21日	241.3	440.7	494.5	360.0	282.3	520.7	489.6
8月4日	549.9	838.9	837.9	412.0	765.8	1 042.3	1 003.4
8月17日	648.0	916.9	897.9	1 158.8	1 161.5	1 276.6	1 185.9
9月10日	1 206.4	1 412.9	1 304.9	1 280.8	1 216.4	1 376.2	1 794.9
10月9日	2 199.4	2 598.4	2 250.5	2 932.1	2 119.2	2 242.5	2 685.5

3　小结

（1）从试验结果初步看出，氮素供应量增加，产量有逐步增高表现。以氮素供应每垧 120kg 的产量最高，比对照增产 19.4%~24.4%，而磷素供应量增加，无提高产量的作用，反而稍有减产。这和当地通北农场良种队、红星农场的磷肥试验调查结果不同，应进一步研究。但是应供给足够的磷氮营养，才能促进大豆生长发育、提高产量。

（2）从生物学产量与籽实产量的比值来看，均为 1∶0.5，通过赵光农垦局农科所 98 号地大豆调查也近似这个比例（1∶0.495）。说明在赵光地区 1964 年的气候条件下，供给高量的氮磷养分，没有引起大豆的异常生长和造成晚熟减产。在该地区每垧施纯氮 120kg、P_2O_5 40kg，可获得亩产 250 斤产量。

（3）从植株地上部氮素累积量看，是在结荚鼓粒期达到高峰，因此保证前期足够的养分，促进前期生长发育，获得较高的生物学产量，是大豆高产的基础。

参考文献（略）

本文原载：中国油料作物学报，1979，2（1）：48-54

大豆的氮磷营养试验报告

王连铮　商绍刚　饶湖生　蒋青人　解玉梅
（黑龙江省农业科学院，哈尔滨　150086）

黑龙江省为我国大豆主要产区之一。为了提高大豆产量，除了需要解决高产品种，合理的耕作栽培措施，防治病虫害。化学除草等外，很重要的一条是解决好大豆施肥和营养问题。在这方面，国内外已经做了不少工作，笔者仅就大豆的氮磷问题进行了一些试验研究。

1　材料和方法

试验Ⅰ：1963 年研究了不同氮肥对大豆植株的干物质、糖类、根系发育和产量的影响。共设 6 个处理，①对照。②钼酸铵 1.5mg/盆。③钼酸铵 1.5mg/盆+根瘤菌（B_{15}+紫花 4 号混合菌种，来源于中国科学院林业土壤研究所，由黑龙江省农业科学院土肥所微生物组提供）5 400亿/(10ml·盆)。④硝酸钠（1g 纯氮）。⑤硫酸铵（1g 纯氮）。⑥硝酸铵（1g 纯氮）。盆栽用 1/20 万密氏盆，盆间距离 1m，每一处理 25 盆，土培法。土壤取自院试验农场，土取回后用 0.5cm 筛子过筛，放在防雨布上。用的小石块直径为 1~2cm，沙子直径 3~4mm，沙和石在用前均用冷水洗 2 次，然后用沸水洗 2 次并晒干。盆内第一层装 5 斤石子；第二层装 3 斤沙子；第三层装 20 斤土（每 5 斤土用砖镇压一次，将土面弄平）；第四层装 4 斤混有肥料的土壤，最上面再盖 4 斤土。每盆加 2 000ml 水，2d 后播种，每盆播 9 粒种子，分 3 堆。5 月 25 日播种，31 日出苗，6 月 11 日间苗，21 日定苗，每盆留 3 株。不同生育期间测定了大豆干鲜重、糖类、根系发育和花荚脱落率，最后测了产。糖的测定用索姆杰法。品种“东农 4 号”。

试验Ⅱ：1964—1966 年研究了不同量氮磷肥对大豆生长、发育和氮糖的影响，方法盆栽，同上。试验处理：氮肥（硝铵）用量分别为 0、0.3g、0.6g、1.2g、2.4g、4.8g 纯氮，分别以、N_0、N_1、N_2、N_3、N_4、N_5 代表；磷肥（用过磷酸钙）也分 0、0.3g、0.6g、1.2g、2.4g、4.8g 五氧化二磷；分别以 P_0、P_1、P_2、P_3、P_4、P_5 代表。土培，土壤全氮含量为 0.156%；P_2O_5 为 0.105%；水解氮为 4.655mg/100g 土。1964 年于 5 月 13 日播种，5 月 19 日出苗，6 月 4 日定苗，每盆留 3 株。6 月 4 日为苗期，6 月 22 日为分枝期，7 月 6 日为初花期，7 月 18 日为盛花期，9 月 26 日为成熟期。全氮用凯氏法测定。品种用“东农 4 号”。

试验Ⅲ：1964 年在赵光农科所进行了大豆氮磷营养的田间试验，设在农科所的 101 号地上，地势较平，排水良好。土壤有机质 7.14%，全氮 0.36%~0.45%，五氧化二磷 0.20~0.25%，pH 值 6.0~6.5，共设 7 个处理：①对照未施肥。②每公顷施纯氮 40kg、P_2O_5 40kg。③每公顷施纯氮 80kg，P_2O_5 40kg。④每公顷施纯氮 120kg P_2O_5 40kg。⑤每公顷施纯氮 40kg、P_2O_5 80kg。⑥每公顷施纯氮 80kg、P_2O_5 80kg。⑦每公顷施纯氮 120kg、P_2O_5 80kg（氮用硝酸铵、P_2O_5 用过磷酸钙）。采用 90m^2 小区，随机排列，重复 5 次，肥料按垄用量分别包好，氮磷混合，播种时一次施入。于 5 月 8 日播种，5 月 28 日出苗，7 月 12—15 日开花，9 月 30 日成熟。品种用“北良 55-1”。

2 试验结果

2.1 不同处理对产量的影响

2.1.1 不同氮肥形态对大豆籽实产量的影响

由表1看出，硫酸铵增产高度显著，比对照增产29.8%，硝酸铵增产也显著，增产14.5%。

表1 各处理的籽实产量（哈尔滨，1963年）

处理号	处理	每盆产量（g）	t 值
1	对照	35.68±1.16	
2	钼酸铵	32.64±0.48	2.41
3	钼酸铵+根瘤菌	34.13±0.98	3.02
4	硝酸钠	32.91±0.65	2.08
5	硫酸铵	46.33±1.74	5.11
6	硝酸铵	40.84±1.05	3.31

注：每盆产量为9盆平均数

2.1.2 不同氮磷营养水平对大豆产量的影响

不同氮磷营养水平对大豆产量的影响是不同的。在盆栽不施磷肥条件下，施用氮肥有效，但达到每盆1.2g时再增施氮肥用量则不继续增产（表2）。

表2 不同氮磷营养水平对大豆产量的影响（哈尔滨，1964年）

N（g/盆） 产量（g/盆） P_2O_5（g/盆）	0	0.3	0.6	1.2	2.4	4.8
0	102.2	106.5	108.1	112.3	107.7	106.2
0.3	104.5	111.1	113.7	116.7	110.3	122.3
0.6	115.6	115.7	121.3	121.2	119.7	120.5
1.2	133.7	127.5	134.5	129.9	124.5	130.9
2.4	145.6	144.6	142.4	138.0	145.7	135.3
4.8	143.3	145.8	146.2	142.1	144.0	129.0

当 P_2O_5 每盆施量增加0.3g时，继续施氮肥有效，但 $P_2O_5$8每盆增至0.6g时，施氮的作用较少，P_2O_5 每盆施用量2.4g时，继续有效；但再高时则无效。同时由表2可以看出，施磷肥的作用大于施氮肥。

2.1.3 赵光田间大豆氮磷试验的结果

由表3看出，以氮磷配合的各处理均比对照增产，最少增产3.2%，最多者 N_{120} P_{40} 增产24.4%。

表3 不同氮磷水平对大豆产量的影响（赵光农科所，1964年）

施肥（kg/hm^2）	产量（斤/亩）	增产（%）
CK	207.8	100.0

（续表）

施肥（kg/hm^2）	产量（斤/亩）	增产（%）
N_{40} P_{40}	225.2	108.3
N_{80} P_{40}	241.7	110.4
N_{120} P_{40}	258.7	124.4
N_{40} P_{80}	224.9	108.2
N_{80} P_{80}	239.3	115.1
N_{120} P_{80}	218.2	119.4

在赵光肥力不太高的条件下，氮肥比磷肥增产作用大。同时可以看出，同一磷素供应条件下，随氮素用量的增加，有提高产量的趋势。但在同一氮素供应条件下，磷肥供应量的增加，对产量提高影响不大。

2.1.4　不同肥力水平对大豆产量的影响

在巴彦县富源公社中兴大队进行了研究分析，结果如表4。一般肥力高，产量则高。

表4　不同肥力水平对大豆产量的影响（1965年）

地块	全氮（%）	全磷（%）	水解氮（mg/100g土）	速效磷（mg/100g土）	有机质（%）	pH值	产量（斤/亩）
中兴五队	0.222	0.122	3.36	5.09	3.29	6.90	214
中兴一队	0.224	0.130	3.84	5.08	3.63	6.85	257
中兴二队	0.230	0.154	3.99	4.50	3.91	6.80	275
中兴三队	0.234	0.136	5.98	5.04	3.86	7.20	317

2.2　不同化肥形态和不同氮磷供应水平对大豆营养体生长的影响

2.2.1　不同氮肥形态对大豆茎叶干鲜重的影响

从表5、表6看出，施用氮肥对植株营养体显著增加，施用铵态氮对大豆营养体的生长促进比硝态氮要好些，庞大的营养体为增产创造了物质基础。

表5　不同氮肥形态对大豆茎干鲜重的影响（g）

日期 / 干鲜重 / 处理	6月11日		6月21日		7月11日		7月24日		8月8日		8月29日	
	鲜重	干重	鲜重	干重	鲜重	干重	鲜重	干重	鲜重	干重	鲜重	干重
对照	5.24	0.04	0.63	0.15	1.66	0.43	5.93	0.93	14.77	2.77	20.13	5.23
硫酸铵	0.23	0.03	0.66	0.14	2.82	0.54	9.88	1.62	29.33	6.53	33.37	9.08
硝酸铵	0.24	0.04	0.63	0.13	1.86	0.40	9.00	1.30	26.98	5.47	27.55	7.13

表6　不同氮肥形态对大豆叶片干鲜重的影响（g）

日期 / 干鲜重 / 处理	6月11日		6月21日		7月11日		7月24日		8月8日		8月29日	
	鲜重	干重	鲜重	干重	鲜重	干重	鲜重	干重	鲜重	干重	鲜重	干重
对照	0.38	0.09	0.92	0.41	2.04	0.62	10.62	1.45	17.00	3.93	19.50	4.95

（续表）

处理 \ 日期	6月11日		6月21日		7月11日		7月24日		8月8日		8月29日	
	鲜重	干重	鲜重	干重	鲜重	干重	鲜重	干重	鲜重	干重	鲜重	干重
硫酸铵	0.38	0.09	1.09	0.52	3.58	0.98	10.50	2.05	25.40	4.97	27.92	7.68
硝酸铵	0.41	0.10	0.93	0.38	2.62	0.74	10.05	2.00	22.17	4.23	23.73	6.35

2.2.2　不同氮磷营养水平对干重的增长及各器官干物质的增长关系（图1）

大豆积累干物质的主要时期是从分枝到鼓粒期，比较3个处理的生物总产量，表现出各个时期都是N_3P_3高（92.19g/株），N_3P_0（81.73g/株），CK（77.5g/株）。3个处理干重的最大增长速率都在结荚期。N_3P_3的干重最大增长速率都显著大于对照，N_3P_0除了结荚期以外干重增长速率都大于对照，而小于N_3P_3。各器官干重的消长有以下几点。

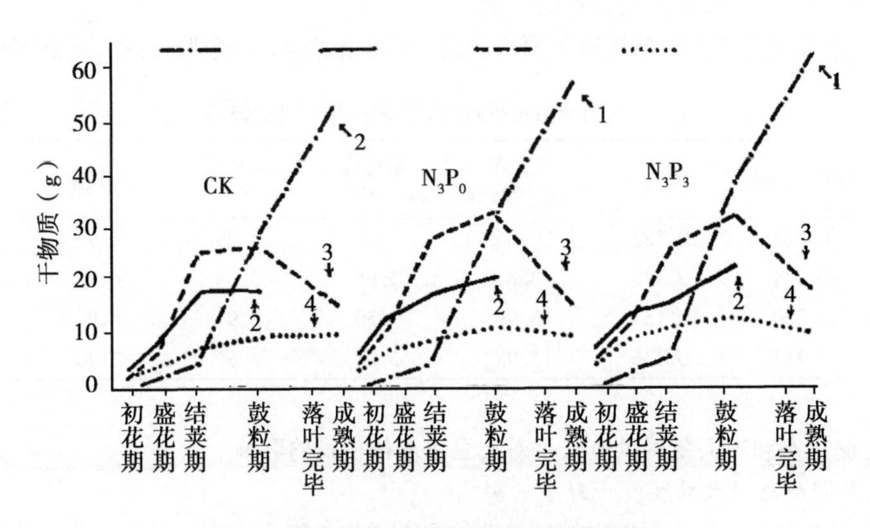

图1　开花以后大豆植株各器官干物质的消长

1. 荚；2. 叶；3. 茎；4. 根

（1）各个器官干重的主要增长时期是，根系干重的增长时期在分枝期和结荚期，叶和茎干重的增长时期在花期和结荚期，而荚干重的增长时期从结荚期到成熟期都保持很大的增长速度。（2）荚中干物质的积累可以分为两个阶段，一是从结荚期到鼓粒期，此时荚中积累的干物质主要是来自同化器官中的光合产物；二是从鼓粒到成熟，此时果荚中积累的干物质很大一部分是植物内部物质再分配来的。3个处理在此阶段干物质的绝对增长量N_3P_0为24.43g，N_3P_3为24.30g，CK为23.77g，基本相同。这说明处理间产量的差异在鼓粒期以前就基本形成了，从结荚期到鼓粒期，对照植株的茎增长极少，但是N_3P_0略有增长，N_3P_3增长较大。3个处理的最大叶干重以N_3P_3最大，N_3P_0次之，对照最小。

根部和地上部比值（以干重计算）的变化动态曲线如图2所示。花期以前根系和地上部比值均较高，说明这个时期根系生长速度较快，也说明扎根较为迅速。到盛花期后比值开始下降，特别是结荚期后下降较多，因为大豆结荚后，荚数迅速增加，粒重也迅速增长，致使根部和地上部比值下降。

2.2.3　赵光农科所不同氮磷营养水平对大豆营养体生长的影响

在大豆各生育期测定了不同处理地上部干鲜重的变化，现将结果列入表7。

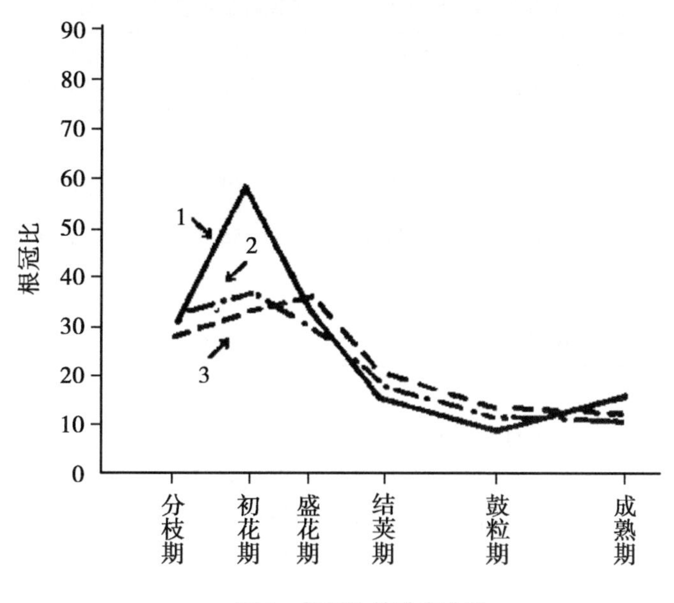

图 2　根冠比的动态曲线

1. CK；2. N_3P_0；3. N_3P_3

表 7　地上部干鲜重（g/m^2）

施肥（kg/hm^2）	下鲜重	日期						
		6 月 27 日	7 月 12 日	7 月 21 日	8 月 4 日	8 月 17 日	9 月 10 日	10 月 9 日
CK	干	13.6	25.2	95.8	181.0	266.0	422.6	324.2
	鲜	90.4	163.8	577.2	955.4	1 023.4	1 322.8	
$N_{10}P_{40}$	干	23.2	50.6	157.0	279.8	402.8	512.6	382.5
	鲜	129.0	300.6	719.2	1 499.0	1 630.0	1 494.6	
$N_{80}P_{40}$	干	21.2	36.4	159.6	245.6	353.6	440.4	336.0
	鲜	110.8	222.1	733.0	1 309.4	1 540.4	1 337.2	
$N_{120}P_{10}$	干	21.6	35.6	106.4	237.2	289.4	441.6	417.5
	鲜	123.2	192.8	711.6	1 278.0	1 66.8	1 329.6	
$N_{40}P_{80}$	干	21.2	31.2	94.4	264.0	408.6	432.4	360.4
	鲜	110.8	194.6	263.4	1 406.4	1 755.0	1 284.0	
$N_{80}P_{80}$	干	24.6	44.2	183.4	314.8	461.2	429.4	407.0
	鲜	125.4	289.8	827.0	1 589.6	1 799.2	1 257.6	
$N_{120}P_{80}$	干	22.2	40.4	174.2	287.4	462.8	600.4	424.5
	鲜	116.2	204.4	856.0	1 557.7	1 894.4	1 835.0	

从表 7 中可以看出，供给氮磷元素各处理的植株鲜重随大豆的生长发育进展而逐渐增多。在鼓粒期（8 月 17 日）达到高峰，而后因植株衰老、落叶、失水而渐渐减少。干重的变化趋势与鲜重变化相一致，只是高峰出现的时期在鼓粒期，比鲜重推后一个时期，而后减少。

从表 3 与表 7 中可以看出，要想获得高额的大豆产量，首先必须供给较足够的氮磷营养，使植株营养生长达到一定的繁茂状态，才能为后期获得高额的籽实产量创造良好的基础。

2.3　不同氮磷水平对大豆生长发育的影响

2.3.1　对株高的影响

分析了几个产量较高的大豆盆栽氮磷对比试验对株高的影响列于表 8。

表 8　在不同氮磷水平下大豆各生育期株高的变化（cm）

时期 处理	6月4日 苗期	6月10日 分枝期	7月6日 初花期	7月20日 盛花期	8月4日 结荚期	8月27日 鼓粒期
CK	4.8	10.4	29.2	46.1	74.5	75.0
N_0P_4	5.6	11.1	32.0	49.7	80.0	81.8
N_2P_5	4.9	11.4	34.7	55.0	69.4	88.7
N_4P_4	4.6	9.9	32.1	51.0	83.6	98.3
N_5P_5	4.6	10.0	34.1	56.6	85.1	89.9

从表 8 看出，①同一处理不同时期株高的增长，均是前期慢后期快，特别是在盛花期（7 月 20 日）以后，植株生长更为迅速，而在结荚期以后，株高基本上不再继续增加。②随着施氮的增加，株高有增加的趋势。③施氮磷各处理株高均高于对照。④不是株高越高，产量越高，如整个处理中以 N_2P_5 产量为最高，每盆为 146.2g，株高为 88.7cm，而 N_5P_5 株高为 89.9cm，每盆仅 129g。

赵光农科所的田间试验也表明，施用氮磷肥处理的株高均高于对照，如对照为 47.9cm，而处理的均在 55cm 以上，其中产量最高的 $N_{120}P_{40}$ 处理的株高为 56.2cm。

2.3.2　对茎粗的影响

不同氮磷供应水平（盆栽）不同时期的茎粗由前期一直逐渐加粗，至开花盛期后（8 月 20 日），则茎粗增加迟缓，至 8 月 27 日后增加很少。随着氮水平的提高，茎粗有增加的趋势，特别是 N_5 处理的茎更粗，这说明施氮肥多而营养生长比较旺盛所致。在相同氨水平时，随着磷的增加，茎粗有增加的趋势，但当磷素增加到每盆 2.4g 时茎粗不再增加（表 9）。

表 9　氮磷不同处理大豆茎粗的变化（cm）

时期 处理	6月4日	6月19日	7月6日	7月20日	8月4日	8月27日
CK	0.33	0.52	0.83	1.00	1.09	1.14
N_0P_4	0.37	0.60	0.86	1.07	1.22	1.28
N_2P_5	0.35	0.60	0.97	1.13	1.30	1.29
N_4P_4	0.36	0.61	1.02	1.30	1.42	1.47
N_5P_5	0.35	0.58	0.93	1.34	1.43	1.48

茎粗的主要生长时期是从分枝期到盛花期，而以初花期生长速度最快。盛花期以后，处理间的茎粗差异也逐渐显著。到了盛花期，对照的茎粗很少增加，而氮磷各处理仍有相当的增长。

2.3.3　根系体积变化（图 3）

大豆盆栽氮磷试验表明，大豆根系体积的主要生长时期在分枝末期到盛花期。对照植株根系体积的增长，生长速率最快在初花期，每天每株根量增加 2.09ml。花期之后到鼓粒期根系缓慢增加，并达到最大体积（59.17ml），鼓粒期之后根系未有显著增加。N_3P_3 根系增长曲线形状与对照相似，其不同点在于苗期增长较快，盛花期生长速率达最快（每日每株根量增加 3.52ml），盛花期之后根系体积增加不显著，最大根系体积为每株 92.50ml，比对照大 58.29%。N_3P_0 的根系增长曲线位于对照和 N_3P_3 之间，较接近于对照。但从 3 个处理根生长动态来看，均以分枝期到盛花期为最大，这也和地上部生长相一致。因此在大田栽培条件下，如何促进这个时期根系的发育，是十分重要的。

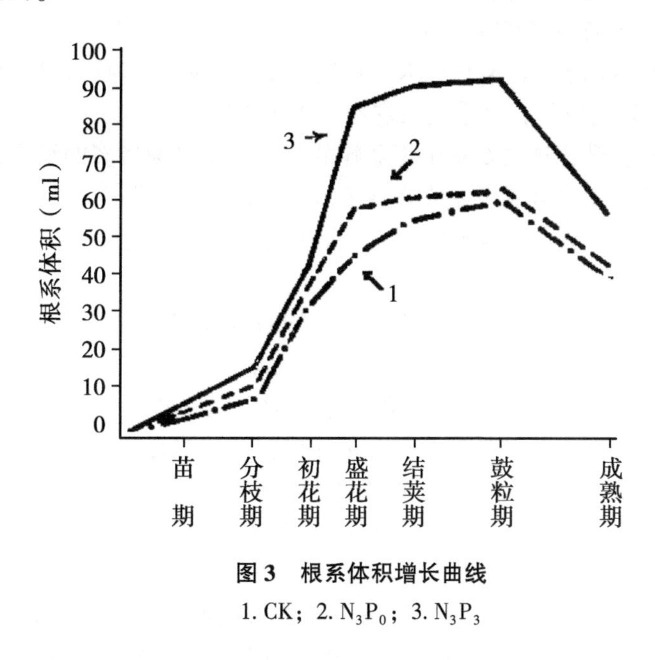

图 3　根系体积增长曲线

1. CK；2. N_3P_0；3. N_3P_3

2.3.4　叶色

在相同磷水平条件下（即 P_0 或 P_5 水平下）随着氮的增加，叶色变深，施磷多的处理叶色要比施氮多的叶色浅。

2.3.5　不同氮肥形态对花荚脱落率的影响

对不同氮肥形态对大豆花荚脱落率每隔 3d 调查一次花荚脱落数，开花结荚后期每隔 5d 调查一次，现将调查结果列入表 10。

表 10　不同氮肥处理对花荚脱落率的影响

处理 \ 项目	开花总数	结荚数	总脱落数	脱落率（%）
CK	551	349	202	36.4
硝酸钠	531	362	169	31.9
硫酸铵	627	441	186	29.5
硝酸铵	601	417	184	30.7

从表 10 中可以看出，对大豆植株生长来说，供给硫酸铵的开花总数、结荚数、总脱落数都高于硝酸铵，更高于硝酸钠，而其花荚脱落率施硫酸铵的在 3 个处理中最低，硝酸铵次之，硝酸钠最高，但又都比对照低。从产量上看，也是以供给硫酸铵的最高，硝酸钠为最低，硝酸铵处于中间。可以认为，大豆对硫酸铵吸收利用要比纯硝态的硝酸钠好，而铵态硝态混合的居中。

结合前面表 5、表 6 大豆茎叶干鲜重的调查结果看出，大豆的营养体生长和生殖生长都以铵态氮肥好于硝酸态氮肥的作用，为今后大豆选用氮肥品种提供了参考。

2.4　不同处理对大豆氮醣含量的影响

2.4.1　总氮含量及其消长

（1）大豆盆栽氮磷试验对氮的相对含量的影响。无论整株或各器官，氮的相对含量都以苗期最高，然后迅速下降，到盛花期时最低。此后又缓慢上升，在鼓粒期和结荚期出现较高的数值。以后又缓慢下降。这种变化趋势，在文献中已有过记载。笔者所做的3个处理，无论整株或者各器官相对含量的总变化趋势也基本一致。

整株相对含氮量，在苗期 $N_3P_3>N_3P_0>CK$。在盛花期数值降低，且 $N_3P_3<N_3P_0<CK$。在荚形成时数值升高，以CK表现的较早，又重复表现出 $N_3P_3>N_3P_0>CK$。

荚的相对含氮量不断上升，这主要是由于豆粒的相对含量迅速增多的结果，而荚皮的含氮量从鼓粒后则不断下降。荚中相对含氮量始终是 $N_3P_3>N_3P_0>CK$。值得注意的是成熟豆粒相对含量是 $N_3P_3>N_3P_0>CK$，这一点反映出处理不仅造成产量差异，而且也造成豆粒成分的改变，施氮肥可以提高蛋白质含量。

（2）氮素在植株中的分布和消长。①对照植株的总氮量的最大增长速率在结荚期，达到41mg（株·d）；处理 N_3P_3 和 N_3P_0 总氮量的最大增长速率在结荚期和鼓粒期，分别达到44.2mg（株·d）和60.6mg（株·d）。②各营养器官的氮素绝对含量在整个生育期内都以叶最多，根次之，茎最小。只有在结荚期间，茎的氮素绝对含量才比根高，这是由于此时有大量的含氮物质从根系源源不断流入荚中所造成的。实际上这个时期茎中氮素的增加不是由于茎的生长而引起的。③根系虽是氮素吸收和固定的场所，但是根系中氮素绝对含量却比茎和叶更为稳定，可见根系没有多少含氮物质的积累，根系必须把所摄取的氮素源源不断供给地上部分，才能维持这种状况。④在鼓粒期和成熟期，只有荚才是氮素绝对含量不断增长的器官，3个处理绝对增长量分别是：CK 2 083mg、N_3P_0 2 300mg、N_3P_3 2 795mg，显然磷的作用大于氮的作用。在同一时期内3个处理的全株氮素的绝对增长量分别是：CK 1 086mg、N_3P_0 1 351mg、N_3P_0 1 705mg。荚中氮素的增加，比全株增加还大。显然在鼓粒期以后，在3个处理的豆株中都存在着氮素再分配的现象。由于这种再分配而从营养器官流入果荚中的氮量，3个处理分别是：CK 997mg、N_3P_0 949mg、N_3P_3 1 020mg。也说明磷的作用大于氮的作用。

（3）赵光农科所氮磷试验。不同氮磷水平地上部氮素的累积均随植株的生长发育而逐步提高，各处理均比对照积累多。在同一磷素供应水平，随氮素用量增加，植株体内氮积累也就越多，所形成的蛋白质也相对地多些。例如，每公顷施肥量分别为 $N_{40}P_{80}$、$N_{80}P_{80}$、$N_{120}P_{80}$的处理，收获期蛋白质含量分别为13 245mg/m^2、14 015.6mg/m^2、1 678.4mg/m^2，这个变化趋势与各处理产量变化趋势相一致。在同一氮素水平上，表现了随磷素供应量的增加，植株体内氮素吸收和积累相应地稍有减少，在氮磷比例配合较好的条件下，供给一定量的磷素稍稍有促进植株氮素的吸收及积累作用。在过量的磷素供应之下，反而使植株体内氮素的吸收受到抑制。在氮磷不同比例的6个处理茎叶含氮量均比对照高。

2.4.2　含糖量

（1）可溶性糖。茎叶可溶性糖含量高峰在盛花期，根系高峰在鼓粒期。在高峰处，处理间根和茎可溶性糖含量与产量差异呈正相关。$N_3P_3>N_3P_0>CK$。对可溶性糖的形成，磷比氮作用大。

（2）蔗糖含量的变化。根、茎、叶蔗糖含量的高峰分别在鼓粒期、盛花期和苗期。在高峰上处理间茎的蔗糖含量差异与产量呈正相关，$N_3P_3>N3_{P_0}>CK$。对蔗糖的形成，磷的作用大于氮。

（3）还原糖：根还原糖含量的高峰在鼓粒期，茎在果荚形成期，叶在盛花期。处理间根在鼓粒期、茎在盛花期也表现出还原糖含量的差异与产量的差异有正相关性。

参考文献（略）

本文原载：中国农业科学，1980（1）：61-69

我国大豆生产的现状及如何提高产量问题

王连铮
（中国农业科学院，北京 100081）

大豆作为食用油和蛋白粉原材料的重要性越来越被人们所认识。据联合国粮农组织（FAO）统计，1990年世界上各种油脂总产量为7 970万t，包括黄油（牛油），其中大豆油为1 640万t，占各种油脂总生产量的20.6%，位居第一。1990年世界各种蛋白粉总生产量为5 300万t，大豆粉为3 210万t，占60.6%，居第一位，而鱼粉仅为410万t。由此可见，大豆对人的营养和畜牧业的发展有着极其重要的作用。不仅如此，大豆对农业的持续发展还有重要作用，因为大豆可固定空气中的氮素，可以肥田。

1 我国大豆生产的现状

在党和政府的关怀以及广大农民群众、农场职工的努力下，中国大豆生产有了较大的发展。

近十几年，大豆总播种面积以1987年为最高，达1.26亿亩，1987年大豆总产量是近十几年最高的一年，为1 218.4万t（243.7亿斤）。大豆单产以1990年为最高，每亩达98kg。我国大豆生产以1985—1990年发展较好（表1）。这6年大豆播种面积年平均为1.24亿亩，全国年均大豆总产量为1 120.5万t（224亿斤）。这些年大豆总产量之所以相对稳定有以下几个原因。

表1 1979—1992年中国大豆生产情况

年度	播种面积（万亩）	总产时（万t）	亩产（kg）
1979	10 870.3	746.0	69
1980	10 871.0	788.0	73
1981	12 035.3	932.5	76
1982	12 621.5	903.0	72
1983	11 350.7	976.0	86
1984	10 929.2	969.5	89
1985	11 576.6	1 050.0	91
1986	12 441.8	1 161.4	93
1987	12 667.4	1 218.4	96
1988	12 179.7	1 160.2	95
1989	12 051.3	1 022.8	85
1990	11 339.4	1110.0	98
1991	10 561.5	971.3	92
1992	10 787.6	913.0	85

1.1 面积相对稳定

1985—1990 年大豆的播种面积平均在 1.24 亿亩。各地采取多种形式的复种、间套作及其他种植方式，努力扩大大豆面积；有些地方种植田埂豆，见缝插针；有些地方开荒扩种大豆，均对增产大豆起到作用。

1.2 以“丰收计划”为龙头，积极举办丰产方、高产示范，以点带面，提高大豆生产水平

1987 年农业部和财政部联合实施“丰收计划”以来，把大豆列入了丰收计划。1988 年实施面积 1 347万亩，1989 年实施面积 1 215.4万亩，平均单产均比上年有所提高。在“丰收计划”的带动下，不少大豆主产区广泛开展了大豆创高产活动。黑龙江省与美国的伊利诺斯大学合作，在巴彦县松花江乡永常村举办千亩大豆平均亩产 400 斤示范田，当年获得成功，并受到广大农民的欢迎，使“永常模式”得以迅速推广，1990 年发展到 60 万亩；黑龙江垦区推广“三垄栽培法”，增产幅度在 10%以上；辽宁省抚顺县 1989 集中连片的 1 087亩大豆，平均亩产达到 200kg 以上，吉林省开展百万亩大豆技术承包，大豆亩产比未承包地增产 16.8%；江苏省推广夏大豆模式化栽培技术，收到较好效果，黑龙江省灌云县 1988 年模式化栽培面积达 13.9 万亩，平均亩产达到 158kg，比未实行模式化栽培的平均亩产 108kg 增长 46%。黑龙江省八五〇农场三连，1989 年 3 000亩大豆实收亩产 206kg。河南省驻马店地区，1990 年 180 亩连片大豆创造了亩产 200kg 的高产纪录。山东省博兴县，1986 年 200 亩大豆亩产超过 200kg。

1.3 积极推广良种，对提高大豆单产起到了重要作用

1983—1992 年，我国选育了一大批新品种，其中不少品种在生产推广应用，如东北地区主要推广的合丰 25、黑农 35、绥农 8 号、东农 42、吉林 20、长农 5 号、铁丰 24、开育 10、丹豆 4 号、中黄 2、4 号、诱变 30、豫豆 2 号、中豆 19 号、泗豆 11 号等；南方也有一批良种投入大田生产，如江苏省的“洪引一号”产量也较高。

1.4 新技术成果示范应用对大豆生产起了积极推动作用

20 世纪 80 年代初开始，全国农业技术推广总站在东北推广亩产 150kg 综合高产栽培模式 1 000多万亩，在黄淮海推广 125kg 高产技术规范 800 多万亩，带动了大田生产水平较大幅度上升。同时，改平作为垄作，改撒播为条播，手间苗、精量半精播种、防治病虫害，合理灌溉、因土施肥、化学除草和生物化学调控技术，以多种高产模式综合应用于生产，对提高大豆生产水平起了积极作用。

虽然近些年，全国大豆生产有了一定发展，但也存在一些不容忽视的问题。

首先，我国大豆生产起伏不定，主要表现在面积波动大，单产提高缓慢，总产不稳。从播种面积来看，最高的 1957 年曾达到 1.9 亿亩，最低的 1976 年 1 亿亩，相差 0.9 亿亩。新中国成立以来的 43 年中，有 23 年面积是减少的。分时期看，20 世纪 50 年代全国大豆年平均种植面积为 1.69 亿亩，是新中国成立以来面积较大的时期。60 年代下降到 1.36 亿亩，比 50 年代减少 19.6%。70 年代面积进一步缩减，年平均种植面积仅为 1.09 亿亩，又比 60 年代减少 19.9%。80 年代有所回升，平均 1.2 亿亩左右，比 70 年代扩大 10%，但仍比 50 年代减少 30%。近两年大豆播种面下降到 1.06 亿亩，是历史上最低的。

从单产水平看，1950—1989 的 39 年中，全国大豆平均亩产由 51.5kg 提高到 96kg，年均增加 0.85kg，年递增率仅 1.3%，比同期水稻、小麦、玉米单产的年递增率分别低 1.3、2.9 和 1.6 个百分点。全国大豆亩产从没有突破 100kg 的水平，最高的 1990 年也只达到 98kg。

由于面积下降，单产提高缓慢，大豆总产量徘徊，没有大的增加。虽然 1987 年大豆总产量达到 121.8 亿 kg，比 1950 年增长了 47.3 亿 kg，但平均增产仅 1.1 亿 kg，年递增率仅 1.1%，比同期水稻、小麦、玉米的总产年递增率分别低 2.3、3.6 和 4.1 个百分点。

1992 年与 1987 年相比，全国大豆面积减少 1 879万亩，其中东北三省减少 555 万亩，黄淮

海大豆主产区出现较大幅度的滑坡。1992 年与 1987 年相比，河南省播种面积减少 663 万亩，总产减少 65.4 万 t；安徽省播种面积减少 402 万亩，总产减少 57.7 万 t；山东省播种面积减少 252 万亩，总产减少 38.9 万 t（表 2）。

与我国情况相反，这一时期世界大豆发展却比较迅速。进入 20 世纪 50 年代以来，世界大豆生产呈现了大发展的形势，到 1987 年世界大豆种植面积达到 7.9 亿亩，比 50 年代扩大了 2.5 倍，总产达到 1 亿 t，增长了 4 倍，单产达到 126kg。特别是美国、巴西、阿根廷大豆生产发展迅速。美国 1924 年大豆面积只有 303 万亩，到 1988 年发展到了 3.48 亿亩，平均亩产达到 151kg，总产量占全世界的 50.7%，出口量占 78%，豆油出口量占 17%，豆粕出口量占 25%，成为当今世界最大的大豆生产国和贸易国。巴西大豆发展也很迅速，总产跃居世界第二位。80 年代，意大利大豆生产迅速崛起，10 年间大豆面积扩大了 1 倍，达到 720 多万亩，单产水平达到 223.8kg，成为世界上大豆单产最高的国家。印度的大豆种植面积由 1970 年的 5 万 hm^2 增加到 1990 年的 225 万 hm^2，增加了 45 倍。

其次，从供求关系看，我国虽然是大豆主产国。80 年代中期大豆生产也有较快发展，1985—1987 年，全国大豆人均社会占有量回升到了 10kg 以上，但由于人口增加，加上大豆及豆饼的出口，实际消费水平提高不多。1992 年由于大豆减产和人口增加，大豆人均占有量下降到 7.8kg，国内大豆供不应求的局面没有得到根本扭转。特别是作为养殖业的蛋白饲料难以满足需要。我国饲料中蛋白质严重不足，因而饲料报酬率低，影响畜牧业的效益更好发挥。

表 2　近三年中国大豆生产情况　（单位：万亩、万 t、kg）

	1990 年			1991 年			1992 年		
	播种面积	总产量	亩产	播种面积	总产量	亩产	播种面积	总产量	亩产
全国总计	11 339.4	1 110.0	98	10 561.5	971.3	92	10 787.6	913.0	85
北京	17.5	2.8	160	14.8	2.2	148	14.8	2.0	135
天津	67.7	6.6	97	73.3	8.4	115	78.7	7.0	89
河北	605.2	53.4	88	646.0	56.6	88	629.5	56.0	89
山西	377.9	30.2	80	357.1	15.9	45	350.1	29.0	83
内蒙古	451.2	47.7	106	451.5	45.1	100	533.6	43.9	82
辽宁	523.5	42.7	82	489.3	36.3	74	447.5	30.0	67
吉林	695.7	93.3	134	646.8	71.7	111	669.8	65.0	97
黑龙江	3 118.0	344.3	110	3 141.3	309.8	97	3 249.0	305.0	94
上海	8.0	1.2	150	7.0	1.1	160	7.2	1.2	167
江苏	367.0	45.6	124	266.7	26.9	101	278.0	31.0	112
浙江	99.7	12.4	124	96.2	11.5	119	98.9	11.9	120
安徽	784.4	55.4	71	470.5	27.7	61	608.4	30.5	50
福建	134.6	11.2	83	138.2	10.2	74	140.0	10.5	75
江西	200.5	16.0	77	208.4	16.5	79	228.0	18.9	83
山东	672.5	77.2	115	604.4	98.3	163	621.8	64.1	103
河南	959.4	86.7	90	772.4	66.1	86	701.0	45.0	64
湖北	247.0	26.4	107	225.9	20.6	91	21.3	20.0	95

（续表）

	1990年			1991年			1992年		
	播种面积	总产量	亩产	播种面积	总产量	亩产	播种面积	总产量	亩产
湖南	272.6	24.0	88	277.6	24.3	88	270.0	22.1	82
广东	172.4	13.9	81	163.3	12.6	77	160.1	12.7	79
广西	320.1	13.6	42	308.4	13.5	43	308.0	14.0	46
海南	10.3	0.6	58	11.0	0.7	64	11.0	0.7	64
四川	287.8	32.8	114	283.7	34.0	120	278.0	30.1	108
贵州	189.6	12.8	68	191.4	13.5	71	200.0	12.7	64
云南	111.4	10.1	91	116.0	9.7	83	113.0	9.0	80
西藏	37.3	6.0	161	0.3	0.1	333	0.3	0.1	333
陕西	432.7	29.3	68	430.5	6.2	61	416.0	25.0	60
甘肃	91.5	7.7	84	90.8	-	69	90.0	8.0	89
青海	-	-	-	-	2.7	-	-	-	-
宁夏	57.7	2.4	42	57.4	2.9	47	57.4	2.7	47
新疆	20.2	3.7	183	21.3		142	17.2	4.0	233

大豆生产出现徘徊，原因是多方面的，就其主导原因如下。

一是社会上对大豆生产认识不足，没有摆在应有的位置。由于大豆籽实中含40%~42%的蛋白质和20%的脂肪，与其他粮食作物相比，单产水平相对较低，而统计时又放在粮食序列里。为了获得较高的粮食总产量，有些地方将主要精力、物力、财力投放在高产粮食作物上，对大豆生产的资金、物质投入都较少，因此大豆单产水平提高缓慢。

二是种大豆效益比较偏低，群众种植大豆的积极性不高，大豆种植面积连年下降。根据中国农业年鉴1991年统计，大豆每亩利润为36.55元，玉米为61.93元，棉花120.03元。辽宁省1989年主要作物经济效益调查，种大豆亩收益为34.22元，比玉米72.19元低1.1倍，比绿豆低83.98元，影响了群众的积极性。

三是种植大豆的生产条件差，栽培管理粗放，品种混杂退化严重。大豆大多种植在地力较差的土地上，既无灌溉条件，土壤肥力又很差，不少地区还存在大豆不施肥、少管理、粗放栽培的习惯；加上长期以来大豆品种的自留自用，农户间相互串换，造成品种混杂退化。这些都影响了大豆单产水平的提高。1989年全国大豆平均单产85kg，只有粮食平均亩产246kg的34.5%。如安徽省1987年大豆平均亩产87kg，比1971年只增加1kg，而同期水稻亩产提高128.5kg，小麦提高138kg，玉米提高103.5kg，高粱提高72.5kg，红薯提高100kg。

四是部分主产区重茬、迎茬面积日益扩大，病害有加重趋势。据黑龙江、吉林、内蒙古、安徽、山东等省反映，近两年，部分主产区大豆由于不能合理轮作倒茬，重茬面积扩大，病虫害日趋严重，特别是线虫、根潜蝇、灰斑病、食心虫等为害较重，使产量降低。

2 如何提高大豆产量问题

无论从提高人民的生活水平以及发展畜牧业和出口创汇等方面看均需要加速发展大豆生产。根据中国医科院预测，到20世纪末，我国人民豆类消费量每人每年需18kg，其中大豆为

13.5kg。按此标准，大豆总产需达到170亿kg，再加上其他需求，大豆总需要量为200亿kg。初步设想，到“八五”末，大豆面积恢复到1.2亿亩以上，平均亩产达到110kg，总产达到132亿kg；建议到20世纪末大豆面积恢复到1.4亿亩，单产提高到130kg左右，总产达到182亿kg。要实现上述目标，建议采取以下几项措施。

2.1 进一步提高对大豆生产重要性的认识，加强领导

（1）大豆在我国食物结构中占有重要地位。20世纪90年代是我国人民生活由温饱型向小康型转化时期，针对目前我国人民膳食构成中蛋白质不足的问题，国家正在着手制定一个既有充足营养又符合国情的膳食结构，以引导人民正确消费。为此不少科学家和经济学家提出，要解决目前蛋白质不足的问题，必须两条腿走路。一条是发展动物蛋白，另一条就是发展豆类生产，开发利用植物蛋白。而植物蛋白中，又以大豆蛋白为主。笔者认为，这个方针是比较符合我国国情的。因为我国人多地少，耕地面积不足，不可能单靠动物蛋白来解决蛋白质供应问题，而生产大豆蛋白质耗能低；同时，大豆蛋白还具有营养价值高的特点，是人民极为喜爱的食品。目前一些发达国家掀起豆制品消费热，如日本，豆制品早已风靡全国；在西欧，大豆作为营养保健食品备受推崇；在美国，每公斤豆腐的价格要比鸡蛋高出1倍多。

（2）大豆是重要的养地作物。大豆是豆科作物，其根部由根瘤菌固定的氮素可以提供大豆生产所需氮素的1/3~1/2，与其他作物相比，大豆确实是耗地力少的作物。大豆轮作可以实现种地养地，减轻病虫害，促进粮豆双丰收。应把养地作物作为种植业结构中一个不可缺少的重要组成部分来对待。

（3）大豆为养殖业提供优质蛋白饲料。在我国饲料营养构成中，碳源营养比重过大，氮源营养比重过小，蛋白质饲料不足。猪长膘多，瘦肉少，出栏率为82%左右，而一些先进国家出栏率可达150%；鸡长肉多，下蛋少。饲料报酬率低，畜产品质量差，既浪费粮食，还影响养殖业的经济效益。大豆秸秆含蛋白质5.7%，营养价值高于麦秆、稻草、谷糠，是牛羊的好饲料，粉碎后喂猪效果也不错。世界大豆生产之所以发展这样迅速，与畜牧生产发展的拉动是分不开的。

（4）大豆是我国的重要换汇农产品。大豆是我国传统出口农产品之一，在国际上早已享有很高声誉。

总之，大豆在我国人民生活和国民经济发展中占有十分重要的位置。为了满足各方面的需求，必须把大豆生产放在应有的位置，加强对大豆生产的领导，从组织上、物资及资金投入上给予适当安排，迅速扭转大豆生产滑坡的局面，加快大豆生产的发展。建议各级政府和农业部门对大豆生产都能给予足够的重视。

2.2 制定和采取优惠政策，鼓励大豆生产的发展

制定相应的优惠政策，提高大豆生产的经济效益，调动农民发展大豆生产的积极性。如交售大豆奖励化肥，出口大豆给农民奖励等。

2.3 加强良种繁育，大力推广高产、优质、抗病良种，建立健全大豆的良种繁育体系

建议各主产省（区）重点抓好县、乡的良种提纯复壮，力争做到种子三五年一更新。农业部已确定重点抓好黑农35、合丰33、东农42、黑河9号、吉林23、辽豆10号、中黄4号、济8047、冀豆7号、浙春2号10个品种的推广工作。育种单位要按照农业生产的需要抓紧培育高产优质抗病良种。要加强科研协作攻关，力争在近期内拿出增产显著的优质品种。

2.4 依靠科学技术，提高大豆单产

大豆单产低是造成大豆生产经济效益低的一个重要因素，为保证大豆生产稳定发展，必须大力推广行之有效的高产栽培技术，努力提高单产。要推行合理密植，改粗放栽培为精耕细作，要增加灌溉面积，要积极推广各种行之有效、增产显著的先进栽培技术，对一些新的栽培技术，如

机械穴播、合理灌溉、麦秸覆盖、喷施微肥、氮磷钾肥合理配比等，应积极组织试验、示范，在适宜地区逐步扩大应用。建议各地要因地制宜地树立本地的好典型，并加以推广。总之，要通过常规技术的组装配套，新技术的推广和增加物资投入，力争在近年内使大豆单产水平登上一个新台阶。

2.5 适当扩大大豆播种面积，保证总产稳定增长

保持一定的播种面积是实现大豆总产稳定增长的必要前提。由于我国人多地少，大幅度增加大豆面积是不现实的。要积极推广通过改革耕作制度，提高复种指数来扩大大豆种植面积的经验。东北大豆主产区要保持一定的净作面积，在有条件的地方，也要努力发展间作套种，扩大田埂豆。如辽宁省在辽南稻区种植田埂豆30万亩是值得肯定和推广的；黄淮海地区是我国大豆的第二大主产区，也是我国最大的粮、棉、油集中产区，近几年大豆面积调减过多，应适当恢复，并保持相对稳定。但一定要注意处理好与其他作物发展的关系，要统筹兼顾，全面发展。南方和西北地区要继续利用多种形式发展大豆，特别是要充分利用闲田隙地，如茶园，果园、桑园、薯地发展间套种，积极发展田埂豆。西北地区特别是新疆人少地多，发展大豆生产条件适宜，潜力较大，而且随着对俄贸易的发展，对大豆需求将有较大增加，因此要大力开发新疆的大豆生产。

2.6 建立大豆生产基地，保证大豆稳定发展

世界各国，凡大豆生产具有竞争能力的国家，无不具有自己的稳固基地。“七五”期间国家在东北大豆主产区已投资建设了一批大豆出口商品基地，对稳定提供出口大豆货源起到了一定的作用。建议“八五”“九五”期间国家在黑龙江三江平原、松嫩平原、黄河三角州、新疆等地再建一批面积大、产量高、商品率高的大豆生产基地，实行资金、物资相对集中投放，以便为国家提供出口用及国内调剂用的大豆。

2.7 建立高产示范区，组织高产竞赛

要在全国范围内开展大豆创高产活动。建议各地积极开展大豆创高产活动，建立自己的高产示范区，并以高产示范区为突破口，带动大面积生产的发展。定期评比，总结出关键增产技术，以便推广。

参考文献（略）

本文原载：大豆通报，1993（1）：4-8

黑农35大豆的高产潜力和栽培要点

王连铮
（中国农业科学院，北京 100081）

黑农35是由黑龙江省农业科学院选育的高产高蛋白大豆新品种，是以当地推广良种黑农16与日本高产高蛋白良种十胜长叶杂交育成。经多年试验于1990年经黑龙江省农作物品种审定委员会审定，确定在黑龙江省第三积温带推广。1995年经内蒙古自治区农作物品种审定委员会认定，同意在内蒙古阿荣旗等地推广，据不完全统计已累计推广1 043万亩。

1990—1991年黑龙江省科学技术委员会受国家科委的委托组织了高寒地区大豆高产技术试验。一共4个试验点（包括海伦、德都、嫩江和克山），以海伦点的大豆产量为最高。海伦栽培应用的品种全都是黑农35。两年在60 121亩土地上亩产达214.5kg，其中1991年有5 582亩亩产超过220kg，有147亩亩产超过231kg，有13个点亩产超过250kg，其中有的点亩产达293.4kg。

1991年海伦部分点测产结果

村	测产户	株数/m^2	粒数/m^2	产量（kg/亩）
伏中	李景阳	31.5	2 148.3	257.8
曙光	赵录	31.0	2 363.8	283.7
众平	荆忠山	30.0	2 085	250.2
民胜	王学施	28.5	1 995	293.4
胜利	邹惠祥	32.0	2 310.4	277.2
胜利	王景山	28.0	2 156.5	258.8
前胜	岳学林	30.0	2 307.0	276.8
前胜	杨志双	29.0	2 137.3	256.4

1990年部分大豆高产点试验结果

（海伦共和镇共青团村）

株数/m^2	粒数/m^2	产量（kg/亩）	百粒重（g）	荚数/株	株高（cm）
27	2 160	252.7	19.5	37.6	76
26	2 132	287.8	22.5	38.2	82
27	1 993	264.2	22.1	31.4	80.8
26	2 244	282.7	21.0	39.7	83.6
27	2 290	292.6	21.3	36.8	84.0

经过试验，海伦市高寒大豆高产技术课题组认为，黑农35具有亩产250kg的生产潜力。

另外黑农35是一个高蛋白品种，5年平均蛋白质含量为45.24%。

栽培要点：①密度每平方米32~35株。②每亩施用磷肥12kg，二铵10kg或尿素4kg，硫酸钾5kg。③优质有机肥亩施1 500~2 000kg。④生育期初花期或鼓粒期灌1~2次水。⑤及时防治病虫害，种子包衣防治线虫，生育期注意防治蚜虫等。⑥加强田间管理，及时铲耥松土，除草。⑦适时收获。⑧本品种适于黑龙江省、内蒙古自治区呼伦贝尔盟积温在 2 400℃地区种植。该品种需要积温 2 353℃。

本文原载：中国农村科技，1996（4）：9-10

大豆生产的现状及增产的途径

王连铮　王岚　刘志芳　赵荣娟
（中国农业科学院，北京　100081）

油料作物在世界工艺作物中占有重要位置，它与糖料作物的产值相当，达367亿美元。而糖料作物产值为369亿美元（表1）。

表1　世界工艺作物的生产情况（10亿美元）

作物产品	非洲	北美	南美	亚洲	欧洲	大洋洲	总计
油料籽粒	2.53	4.92	2.62	20.62	5.37	0.66	36.70
纤维	1.12	3.27	0.93	8.32	0.52	0.47	14.63
兴奋剂	5.99	4.52	8.16	12.86	0.54	0.24	32.31
糖类	2.66	6.88	6.24	11.98	7.24	1.96	36.96
橡胶制品	0.39	0.03	0.05	7.34	–	–	7.81
其他	0.72	1.29	1.22	4.11	1.08	0.21	8.63
总计	13.41	20.91	19.22	65.23	14.75	3.54	137.06

第三位是咖啡等兴奋剂，第四位是纤维作物。亚洲的油料作物籽粒占第一位，占整个油料作物籽粒产值的56.19%，达206.2亿美元。

1　大豆的重要性

无论从籽粒生产数量以及产出的油分和蛋白质，大豆均位居各作物的第一位。世界大豆籽粒产量1994/1995年度为13 863.3万t，占所有油料作物籽粒生产的50.78%，1995/1996年度为12 414.9万t，占世界所有油料籽粒生产的46.53%。

1995/1996年度全世界14种油料作物总计生产油7 586.8万t，其中，大豆油为1 904.4万t，居世界第一位，占所有油的25.10%；棕榈油居第二位，占22.08%；菜籽油居第三位，占15.81%；葵花油居第四位，占12.64%；花生油居第五位，占6.38%；棉籽油居第六位，占4.79%；椰子油居第七位，占4.03%。

从表2看出，8种作物蛋白质产量为5 743.2万t，而大豆居第一位，占64.78%；油菜居第二位，占11.33%；棉籽居第三位，占8.75%；葵花居第四位，占7.14%；花生居第五位，占5.54%。以上情况可以表明，大豆蛋白在世界蛋白质生产中的重要性。

表2　全球主要油料作物产量及其油和蛋白质产量（1997年FAO资料）

作物	位次（以油排序）	籽粒产量（万t）		产油量（万t）	蛋白质产量（万t）
		1994/1995	1995/1996	1995/1996	1995/1996
大豆	01	138 633	124 149	19 044	37 205

（续表）

作物	位次（以油排序）	籽粒产量（万 t）		产油量（万 t）	蛋白质产量（万 t）
		1994/1995	1995/1996	1995/1996	1995/1996
棕榈	02	–	–	16 747	–
油菜籽	03	30 515	34 734	11 995	6 508
葵花籽	04	23 616	26 315	9 589	4 103
花生	05	29 013	28 431	4 843	3 180
棉籽	06	33 972	35 879	3 636	5 023
椰子仁干	07	5 231	4 875	3 057	341
椰仁	08	4 786	4 990	2 181	543
橄榄	09	–	–	1 713	–
芝麻	10	2 580	2 620	1 231	–
亚麻	11	2 440	2 590	910	529
蓖麻籽	12	1 270	1 330	598	–
红花	13	892	892	312	–
大麻籽	14	35	35	12	–

2 近年来中国大豆生产及进出口情况

近年来中国大豆生产及进出口情况如表 3 所示。

表 3 近年中国大豆生产及进出口情况

年份	面积（万 hm²）	单产（kg/hm²）	生产量（万 t）	进口量（万 t）	出口量（万 t）
1980	722.7	1 099	794		10
1985	771.8	1 360	1 050	0.1	114
1990	756.0	1 455	1 100	0.1	94
1993	945.4	1 619	1 530	9.9	37
1994	922.2	1 735	1 560	5.0	83
1995	812.7	1 661	1 350	29.0	38
1996	747.1	1 770	1 322	111.0	19

1996 年中国净进口大豆 91.6 万 t，净进口食用植物油 216.7 万 t，据德国《油世界》杂志报道，1997/1998 年度中国进口豆粕量为 420 万 t。该杂志预计，1998/1999 年度中国进口豆粕将增加到 520 万～560 万 t。它们认为，进口增加的原因在于中国国内消费增加而国内豆粕生产停滞不前，以及从 1997/1998 年度继承的库存太低等。1997/1998 年度中国国内粕类的总需求在 2 610 万 t，其中有 489 万 t 来自 1996/1997 年度的进口。

3 增产大豆的途径

3.1 拓宽现有品种和资源的利用

我国各科研机关、院校和农民群众均选育了不少优良品种和品系，建议按规定进行试验，明确其利用价值。要注意品种的熟期、生态类型、日照长短及适应性、病虫害等特性，防止引种造成不必要的损失。

同时，要拓宽大豆品种资源的利用。据统计，1923—1992 年全国共育成 564 个品种。其中 208 个有金元的血统，占 36.9%（盖钧益，1994）。黑龙江省 1983 年以前育成 86 个品种，其中有满仓金血缘占 59.3%（常汝镇，1994），可见所利用的品种资源面窄，应不断拓宽。

3.2 选育高产、优质和抗逆性强的品种

（1）由于选育一个品种需要十几年的时间，而在这期间大豆生产水平会有相应的提高，因而对选育的大豆品种，育种家要有超前性和预见性。

（2）选育的品种要与不同生态地区的土壤肥力水平、生产水平相适应。有的地区干旱，则应选择高大繁茂的、抗旱类型；有的地区肥水条件好，则应选择秆强喜肥水类型。

（3）高产品种的选育方法，1990 年黑龙江省农作物品种审定委员会审定推广的大豆品种黑农 35，在 60 121亩土地上亩产达 214.5kg，小面积亩产达 293.4kg，亩产接近 300kg。该品种蛋白含量 45.24%，品质优良、秆强喜肥水、抗旱涝、抗灰斑病，是高产优质抗逆性强的优良品种，其选育方法可供育种家借鉴：①应适当降低株高有 4 个途径：a. 采用无限与有限结荚习性品种进行杂交；b. 采用有限结荚习性品种间进行杂交；c. 用^{60}Co照射；d. 从现有的地方品种筛选。②专门配制高产组合，选择优质丰产性好的秆强品种或品系进行杂交。③后代材料或品系通过高水肥鉴定，选出高产秆强的品种。

3.3 良种良法结合，提高大豆产量

据报道，日本山形县利用奥白目品种亩产达 440kg，意大利全国 720 多万亩亩产达 223.8kg，我国山东省农业科学院利用齐丰 850 和 7819-88 亩分别产达 335.6kg 和 329.4kg，新疆农八师 9 亩亩产达 305kg。国内外这些高产典型大致采用了以下措施。

（1）培肥地力。有机肥和无机肥以及微量元素混合施用效果更好。要种植绿肥和秸秆还田，提高土壤肥力水平。美国中西部由于连年秸秆还田，土壤有机质达 4%~5%，可以蓄水保肥。

（2）摸索适于不同地区的栽培方式。根据当地自然生态条件及不同品种的要求来改进栽培方式。

（3）抓住不同地区关键的增产措施。如意大利大豆之所以高产，除良种、施肥外，很重要一条是全部进行灌溉。

（4）美国 R. L. Coper 选用半矮秆品种窄行密植大面积获得高产，我国正引进试验示范。中国农业科学院作物所采用半矮秆品种进行高肥水密植已获得高产，中作 975 亩有亩产 250kg~300kg 的潜力。

参考文献（略）

本文原载：大豆通报，1999（2）：1-3

国内外大豆科研和生产情况报告

关于南斯拉夫大豆的科研和生产
（访问简报）

王连铮[1]　凌以禄[2]

（1. 黑龙江省农业科学院，哈尔滨　150086；2. 江苏省农业科学院，南京　210014）

根据中南两国科学技术合作协定的安排，应南斯拉夫诺维萨特大田和蔬菜作物研究所长伏雷巴洛夫教授的邀请，1979 年 8 月 1—22 日到南斯拉夫进行了三周的参观访问，主要参观诺维萨特大学生物系人工气候室，印吉亚、桑博尔和潘切沃三个农工联合企业。在此期间，就大豆育种和栽培问题进行了学术交流和座谈。

南斯拉夫境内 2/3 是山地和高原，森林复被率占总面积的 35. 5%。东北部是多脑河中游黑土平原，沿海地区属地中海气候，生长亚热带植物，内地是温和的大陆性气候，有利于发展农业。土壤为黑土，黑土层 70~80cm，土壤有机质 3%~4%，个别的达到 4. 7%。

1　南斯拉夫大豆生产情况

1. 1　面积和产量

近年来，南斯拉夫大力发展大豆生产，面积由 1972 年的 4 000hm^2 增加到 1977 年的 3. 6 万 hm^2，计划最近两年增加到 5 万 hm^2。总产量由 1972 年的 6 000 t 增加到 1977 年的 6. 6 万 t。单产由 1972 年的 1. 5t 提高到 1977 年的 1. 84t，增加 23%。主产区为多脑河平原的伏依伏丁那自治省、奥谢克、班亚庐卡等地，以伏依伏丁那自治省为最多，占 70%左右。

1. 2　主要栽培措施

（1）采用美国品种，前几年以“奇比瓦 64”（Chippewa 64）为最多，近年来以“哈克”（Hark）、“柯索”（Corsoy）、“兰培吉”（Rampage）较多。

（2）每公顷播种量 100kg 左右，大部分行距为 50cm，密度 40 万~60 万株/hm^2。

（3）施用氮、磷、钾肥的比例一般为 1：3：2（N 为 26. 4kg，P_2O_5 为 79. 2kg、K_2O 为 52. 8kg），多秋施，每公顷 330kg 复合肥料。

（4）在播种前施用除草剂 Trifluralin 2kg，播后苗前施用 Afalon 2kg，以这个处理为主，其他除草剂较少使用。

（5）大豆一般种在冬小麦之后，采用五圃轮作制，即冬小麦—甜菜—玉米—冬小麦—大豆。种在向日葵之后或大豆连作，菌核病较重。

2　南斯拉夫的大豆科研情况

2. 1　育种工作

以诺维萨特大田和蔬菜作物研究所贝利齐教授为首的油料作物研究室，在很早就开始此项工作，中间停了几年，1976 年又开始大豆育种。试验地面积 60 亩，8 个人（4 个人搞育种，一个人搞原始材料，一个人搞种子生产，一个人搞病害，一个人搞栽培）。

每年做 50 个组合左右。F_1 株行距较大（50cm×20cm），F_2、F_3 代种在温室，每株收一个荚，按组合混收，第六代开始选单株。该所已选出一些有苗头的品系，如 L_4 和 L_{10}，产量分别为

3.6t/hm^2 和 3.4t/hm^2。一般产量鉴定试验两年，区域试验三年。

原始材料圃面积较大，50cm 行距、5m 行长。从美国、日本、罗马尼亚、保加利亚、匈牙利、朝鲜、中国等地共收集 1 091 份材料，所有品种均记载生物学性状，全部品种每年分析油分和蛋白质含量。

试验地有半固定式喷灌设备。

贝利奇教授赴美国曾从依阿华州得到四个野生大豆进行杂交，其中有的已到第四代，正在选择。他们很重视育种的基础理论工作，有一个研究人员正在研究大豆蛋白质含量这个性状的各代遗传力，一个人进行双列杂交，研究几个性状的遗传问题。此外，欧谢克和班亚庐卡各有一个研究所在开展大豆研究工作。

2.2 大豆良种推广和良种繁殖

（1）品种需经品种审定委员会同意，才在全国推广。1978 年以前推广的品种有 19 个：Iregi，Srurkbarat，Manchy Wisconsin，Hawkeye，Lincoln，Manchy Hudson，Dieckmanns，Grangelbe，Blackbawk，Goldsoy，Montroe，Praemata Four，Merit，Slavica，Rampage，Wirth，Coloria Wilkin，Traverse 和 Chippewa。1978 年又推广农工联合企业选的 4 个品种：Nada、Novka、Mina、Marina。

（2）良种繁殖品种经批准后要求搞原种繁殖。第一年繁殖超级原种，由研究所进行，一般选典型单株数百行，淘汰不好行，成熟时将好行种子收在一起作为超级原种。第二年为原种，由自治省种子公司召集原种生产会议，确定某一作物品种、数量及地块。同时，生产单位要和繁殖单位签定合同，双方各自承担一定义务。每年生产的原种不完全相同。第三年给农工联合企业指定地点进行繁殖，叫良种。第四年叫一次繁殖良种，也在农工联合企业繁殖。第五年将这些种子交生产单位种植。

农工联合企业有专门的种子加工厂，对种子进行精选、分级、烘干、消毒、包装。

2.3 引种情况

（1）美国品种。近年来从美国引进不少品种做试验，生产上也大面积种植。除上面提到的外，还有“威尔斯”（Wells）、“舍费尔”（Srhaffer）、“阿尔托那”（Altena）、“克雷打”（Clay）、“埃万斯”（Evans）、“xksos”、“阿姆索伊”（Amsoy）等。这些品种在南斯拉夫的表现不尽一致，目前主要种植的有高产的“柯索”，高产、抗病、抗倒伏的“哈克”，秆强、早熟的“威尔斯”，还有“阿姆索伊”“兰培吉”等。“奇比瓦 64”前两年面积最大，因产量低于“柯索”“哈克”，并有病害，面积有些减少。

（2）中国品种。1979 年从中国引进 4 个品种：辽宁省的“铁丰 18”，吉林省的“吉林 3 号”，黑龙江省的“丰收 10 号”“黑河 3 号”，共 400kg。据参观多点试验得到的印象，“丰收 10 号”“黑河 3 号”熟期太早（8 月 17 日开始落叶），而“铁丰 18 号”熟期太晚，很难成熟。熟期比较适中的“吉林 3 号”，生长很旺盛，结荚也较多，但菌核病和病毒病较重。

除上述品种外，还引进“吉林 4 号、5 号、6 号、8 号、9 号、10 号及 11 号”“九农 2 号、5 号、6 号”“公 6612-4”等品种进行对比试验。中国品种在此处的最大问题是病害重，特别是病毒和菌核病。倒伏也较重。

2.4 大豆除草剂应用和研究情况

研究结果认为，播前施氟乐灵（Trifluralin），播后出苗前施阿富隆（Afalon）最好，每公顷各施 2kg。

2.5 大豆栽培试验

（1）播期试验。在诺维萨特研究所，利用“克雷”（Ⅰ组）和“阿姆索伊”（Ⅱ组）做试验，由 4 月 1 日至 7 月 10 日每 10d 一期。由于气候条件的关系，同一品种在不同年份成熟期可以相差很悬殊，如“迈利特”1976年10月2日成熟，1977年9月7日成熟，Ⅱ组的品种一般在10月到11月初收获。

（2）生长刺激素试验。在人工气候室研究不同生长激素、不同剂量对大豆生长发育的影响。

（3）大豆施肥。印地亚联合企业介绍，一般每公顷施纯 N 30～35kg，P_2O_5 50～60kg，K_2O 40kg。有机肥施在玉米和甜菜上。

2.6 不同前作对大豆产量的影响

桑博尔试验站调查了不同前作对大豆产量的影响，以小麦茬的产量最高，每公顷2.43t，玉米茬的产量最低，只有2.02t。诺维萨特研究所以“哈克”品种进行连作10年试验，未见严重减产，但菌核病较重。

大豆与向日葵轮作，易发生菌核病。

2.7 大豆病害

大豆霜霉病，每年均发生，但对产量的影响还不十分清楚，正在研究。其次是菌核病，不是年年发生，对不同品种的抗性进行了鉴定。大豆花叶病毒病亦有发生。

3 体会和建议

（1）南斯拉夫很重视发展大豆生产，1972—1977年6年间面积提高了9倍，总产提高11倍，发展较快。我们对大豆生产和科研抓得不够，因此，建议召开专门会议来研究大豆生产和科研问题。

（2）南斯拉夫科研单位对大豆品种资源工作相当重视，从1975年开始仅5年时间，从世界各国搜集了1 091份原始材料，并进行抗病性鉴定和品质分析。建议加强引种工作，开展品种资源研究并注意检疫。

（3）南斯拉夫科研单位及生产部门仪器设备比较先进，工作效率较高。如从丹麦引进的谷物蛋白质分析仪，2min可分析一个样品，数据准确。其他如种子加工设备、人工气候室等也较先进，值得我们参考。

（4）南斯拉夫大豆生产机械化水平较高，广泛应用除草剂以及复合肥料，值得我们借鉴。

（5）在南斯拉夫，我国品种抗病性不如美国品种，茎秆强度也不够，应加强抗病育种工作和选育抗倒伏高产品种。

本文原载：中国油料作物学报，1980（1）：66-68

赴斯里兰卡参加大豆种子质量和保苗会议的报告

王金陵[1]　王连铮[2]
（1. 东北农学院，哈尔滨　150030；2. 黑龙江省农业科学院，哈尔滨　150086）

受农业部的委派，赴斯里兰卡科伦坡参加了大豆种子质量和保苗会议。这次会议是由斯里兰卡农业发展和研究部、美国伊利诺斯大学国际大豆研究组织、美国密西西比大学种子工艺实验室发起，会同联合国粮农组织和美国国际发展署联合召开的。会期6天，由1981年1月26—31日。斯里兰卡农业发展和研究部部长森那那雅克主持开幕并讲了话。1月26日下午到1月29日上午进行了3天的学术交流。1月29日下午到1月31日参观访问了康提，包括参观中央农业研究所、大豆食品研究中心、马哈衣鲁帕拉玛研究试验站、提拉盘小型大豆农场、培勒维哈拉政府种子农场种子检验实验室，以及培拉得尼亚植物园等。参加这次会议的共有23个国家，74位代表。有奥地利、孟加拉国、中国、埃及、印度、马来西亚、尼泊尔、尼日利亚、巴基斯坦、巴拿马、菲律宾、波多黎各、塞内加尔、厄瓜多尔、乌拉圭、斯里兰卡、坦桑尼亚、泰国、乌干达、美国、危内瑞拉、赞比亚、意大利（联合国粮农组织的代表）以及亚洲蔬菜发展研究中心等。由于农业部和使馆领导重视，使这次任务得以顺利的完成。下面把参加这次会议的情况报告如下。

1　学术讨论会的情况

这次大豆种子质量和保苗会议的目的有四：一是明确有关影响大豆种子质量和保苗知识的现状；二是采取适当的办法向大豆农场主和种子生产单位传播这一消息；三是为了增加高质量大豆种子的产量所需要补充开展的研究工作；四是确定大豆种子收获、包装、贮藏、播种等方面优先研究的项目，以便提高大豆种子的生命力和田间发芽率。

此次学术讨论会的议题，是大豆种子质量与保苗问题。这是针对热带与亚热带地区的大豆，在鼓粒成熟期，由于高温多雨多病，而造成种子质量低劣，以及不易保存，从而造成出苗不良，而提出讨论的。会上宣读并进行讨论的论文30余篇，学术报告的内容与要点大体如下。

1.1　大豆成熟及贮存阶段，影响大豆种子质量的因素

这方面报告的内容比较丰富，从种子生理角度进行研究的人员认为，大豆种子在物质积累达到最高峰的“生理成熟”阶段（大约在完熟期前10d左右，此时含水55%左右）收获的种子，质量较好，在田间的出苗情况优良，但是有人提出在实际收获采种时有困难。有的研究报告指出，大豆种子如果形成不易透水的硬种皮，则病菌不易侵入，此类种子经过刺破或软化种皮后，发芽较好。但有人也提出在实际应用上有困难，并易引起因吸水慢而发芽出现不良现象。

有的报告指出，大豆种子在贮存期间，如果温度太高（55℃），则生活力迅速下降，当水分为12%时，在55℃下经24h，萌芽率即由93%降至75%。

用增加肥料等方法，提高大豆种子中的蛋白质含量，可以提高种子质量，促进苗强苗壮。

1.2　大豆的病虫害与种子质量

在热带与亚热带地区，影响大豆种子质量，造成大豆种子丧失发芽力的主要病害是由真菌类造成的种粒霉坏病，在高温多雨情况下尤为严重。其次是炭疽病霉菌以及紫斑病。在大豆生育期间如果对病害进行防治，非常有利于种子质量的提高。

椿象在为害大豆发育中的豆荚时，被吮食为害的豆粒大都皱缩而失去正常的萌芽力，降低了种子的质量。

会议讨论时，对紫斑病为害的影响，有不同看法，有人认为紫斑病菌主要为害种皮，影响发芽力不大，不宜过分强调。对于部分原因由花叶病毒引起的“褐斑粒”，更有人认为不宜列为大豆种子质量的病害，因为褐斑不影响萌芽力，而且无褐斑的豆粒，也可能带病毒。

用不同杀虫剂、杀菌剂及除草剂处理种子时，对于接种的根瘤菌有不同的影响。铜制杀菌剂等对根瘤菌有害，而 Thiram、Spergon 等对根瘤菌影响严重。如果在临播种前，对大豆种子大量接种根瘤菌，并且土壤有足够的湿度，则可减轻药物对根瘤菌的为害。

1.3 大豆品种间抵抗成熟期间的坏种及贮存期间的变质的能力不同

据研究大豆品种 Mack 显然较易因延期收获而招致种子质量的降低。而在 38℃的高温贮藏条件下，30120-49-3 品系显然有较高的萌芽力。因此，不少与会者在发言中强调，应当把育成有耐贮藏力作为热带与亚热带大豆育种目标之一。有几位科学工作者介绍，小粒及黑色或褐色种皮的大豆，有较好的贮存力。泰国、印度尼西亚等国，大豆多种于水稻之后，一般不耕翻土地即将大豆点播或窄行条播于稻楂土地上。如果播种量较大，种子质量良好，或者预先浸种，并且土壤湿度充足，播后盖以稻草，则有较好的保苗效果。点播或条播较撒播有较好的保苗效果。在摩洛哥降水量较多的地区，于垄上进行 5cm×50cm 的等距点播产量最高。

在低纬度的热带与亚热带地区，由于光照时数短，因而大豆生长较矮小，在这种情况下，加大密度往往有较好的效果。

在斯里兰卡，大豆发芽的土壤水分含量范围是 11.23%~25.25%，而以 17.5%为宜。

大豆在成熟前后，如果因雨露而出现反复的干湿，非常不利于种子的质量。

2 应邀进行报告的国家

2.1 泰国

泰国一年四季均可种植大豆，但是主要轮作制为：雨季种植水稻—旱季种植大豆，以及岗地进行雨季种植大豆—旱季套种棉花、大豆，有单作，也有与玉米或木薯间作。大豆的种植方法有 3 种：①将豆种直接点播于未耕翻的稻楂旁（禾根豆）。②对土壤耕耙后条播或点播。③将土地细加耕耙，然后等距点播。

泰国大豆生产上存在的问题是：缺少适应品种与品质优良的种子，保苗不好，由于石油涨价，整地费用增加，大豆价格偏低，但是由于比其他豆类病虫害较少，较耐旱涝，易于出售，因此农民仍乐于种植。泰国没有发现野生大豆。

2.2 巴基斯坦

1979—1980 年度种植有 4 000hm^2 大豆，总产 2 052t，平均每公顷 511kg，但个别高产地块高达 4 321kg。在巴基斯坦，在灌区或北部降水量充足地区，大豆既是春作物又是夏季作物。大豆后的小麦表现高产。一般均以人力进行田间操作。成本连同地租约为每公顷 287 美元，一般比种玉米、向日葵有利，大豆品种主要为 Williams、Lee 68、Bragg 等美国品种，没有地方品种，所用种子系自美国运入。生产上的问题是缺少质量合格的种子，大豆价格不足以吸引农民种植。

2.3 孟加拉国

位置于北纬 22.5°~26.6°，属亚热带气候。大豆系新引入的作物，目前仅种植 810hm^2，平均每公顷产 1 474kg，有单作也有间作，一年可种三季，即于 12 月、翌年 4 月及 8 月播种。美国品种 Davis 及 Bragg 有一定种植面积。种大豆必须接种根瘤菌。12 月至翌年 3 月的冬大豆需灌水，有花叶病毒病，在收益上类似种小麦与芥菜。

2.4 尼泊尔

尼泊尔栽培大豆已有长久的历史，主要分布在半山区地带，与玉米间作、混作，以及种植在水稻田埂上。所栽培的品种均为当地品种，品种类型很多，而且可能早期自中国南部引入。

2.5 中国

将全国的大豆栽培生产区域划分为春作大豆区、黄淮夏大豆区、长江流域夏大豆区、秋大豆区和多季节大豆栽培区5个栽培区域向大会介绍了各区的大豆耕作栽培特点，种子质量与保苗方面的经验，以及生产上存在的问题。与会的不少国家代表，表示很感兴趣，对中国大豆栽培与品种情况有了进一步认识，尤其是：①在各区耕作轮作制度的基础上，论述大豆的栽培与品种利用。②介绍了中国南方地区农民用“倒春种”方法，采留春大豆种子。③中国农民为了充分利用生长季节而实行的一年两熟尤其三熟制。④对广大的中国大豆产区按大豆在耕作栽培制度中的地位划分为栽培区域。⑤中国农民选留及保存种子的技术等方面最感兴趣。在这种启发下，会议提出：①在发展中国家中，应当在适合当地的轮作制的基础上，去安排发展大豆。②应当把商品大豆生产与大豆种子生产分别进行，把大豆种子生产安排在最适宜的季节与地区去进行，这样便较容易地能大量生产质量较优的种子。到会人员认为，不但中国有极为丰富的品种资源，而且栽培技术也是丰富多采，很值得学习借鉴的。

会议的后期，分为生产技术、植物保护、种子繁育3个组，对进一步开展研究及促进大豆生产进行建议性讨论。讨论的主要结论是：①发展大豆种子耐贮存性育种的研究。②开展热带与亚热带地区种子质量标准的研究与审定。③开展主要种子病害及椿象等方面的研究。④开展有关大豆轮作制的研究。⑤开展在高山地区或少雨低温季节繁育大豆种子的试验。⑥调整国际大豆组织所进行的各种大豆试验。

3 参观的单位情况

于1月29—31日参观了几个农业科研、种子繁殖等单位，现介绍如下。

3.1 大豆食品研究中心

位于康提附近的甘诺鲁瓦，此研究机构是斯里兰卡农业部投资建立的。这个中心的主要任务是研究如何为斯里兰卡发展大豆食品。这些食品及其加工品将送给政府和对大豆食品生产感兴趣的私人和非营利的组织。

这里加工水平有3种：商业水平、村镇水平和家庭水平。设备有湿磨、干磨、大锅、种子精选机、洗涤机和干燥机等。

这个中心生产的产品共有30多种，主要有豆粉、豆油、豆浆、豆制冰激凌、豆腐、大酱、豆腐干及豆制点心等。

村镇加工水平的设备生产可供100人用的豆制品。

家庭水平的设备极为简单，是加工最低的水平，可供对豆制品有兴趣的家庭用。

3.2 参观马哈衣鲁帕拉玛研究试验站

此试验站是斯里兰卡低洼干旱区研究试验站。位于北纬8°，在阿努拉得哈普拉区，从事大豆的主要研究工作。

3.2.1 育种计划

大部分现在的大豆育种计划在这个试验站进行。从美国、印度、亚洲蔬菜发展研究中心，波多黎各、澳大利亚引入斯里兰卡大量的品种。

在过去的4年中，也进行了某些杂交工作。几个有希望的品系正在斯里兰卡不同地区试验站进行试验。

3.2.2 选育品种的主要标准

（1）在农场高温多湿的贮藏条件下种子的生活力。

（2）在不利的田间条件下如过高的土壤温度、过量的降雨、土壤干燥和板结等条件下有良好的发芽力和保苗。

（3）产量。其他标准，如对病虫害的抗性没有被认为特别重要，但也要加以考虑。

3.2.3 主要试验项目

①选育不同熟期组的品种，有3个月，3个半月和4个月到4个半月的品种，这些不同熟期组的品种适应不同地区的气候条件。②品种选育主要根据产量。③品种资源的保持和繁殖。④育种家种子的生产，如Pb-1等。⑤农学研究——行距、密度试验等。

大豆农学及育种研究项目具体如下：

（1）国际品种试验共有16个品种，4次重复。美国品种有10个，哥伦比亚的有3个，泰国有1个，亚洲蔬菜中心有2个。主要观察项目有开花期、株高、结荚高度、倒伏率、落花荚率、根瘤着生程度及数量、产量、百粒重、种子质量和播种期。

（2）品种协作试验1等，共12个品种，4次重复。

（3）品种协作试验2。

大豆育种试验包括以下几个项目：

（1）熟期在3个月到3个半月的大豆品种品系比较试验。共12个品种，有3个品种作为对照，除以上观察项目外还有每株荚数、籽粒产量、成熟期、种子发芽率等。3次重复播期是1980年10月24日。

（2）品种预备试验。3次重复，12个品种，观察项目同上。

（3）3个半月至4个月的大豆品种比较试验。16个品种，3次重复。

3.3 中央农业研究所

位于甘诺鲁瓦，该所有一实验大楼，研究不同作物；园艺系从事大豆的研究。参观了该所的大豆品种试验，此试验系示范用。行距40cm，1980年12月10日播种。共有33个品种，36个小区。品种如下：Tunia、Caribe、Ju pitor、Williams、A. C. C 2120、Cobb、P. B、Hark、Bragg、S. J. 2、V. 1、U. F. V. －1、Picktt、Forrest、Local、Alams、I. C. A. L. 109、C. H. 3、I. A. C. 2、F76・8827、Hotton、I. G. H. 24、Ronsom、Rillito、Hill、Hardee、Tracy、C. Hampton、Bonus、Clark-63、Improved Poican、Bossior、Davis。

目前斯里兰卡建议推广的品种有P. B. I、S. J2、Hardee Improved pelican、Bossier、Davis。试验小区面积为4.8m×4.8m，每个小区12行。

此外这个研究所还试验了四棱豆（翼豆Winged Bean），搭架种植，行距60cm，穴距40cm，有将近100个品种，进行品种比较试验。

3.4 政府种子农场

位于培勒维哈拉，该场正在水泥晒场脱大豆。分级用的脱粒机是西德产的，能将种子分为4等，大粒、中粒、小粒及碎屑。该农场有100多公顷土地，繁殖大豆、水稻、高粱等作物的原种。有2个较大的晒场及种子仓库。

3.5 提拉盘小型大豆农场

该小型农场繁殖大豆种子。行距50cm，亩产约100kg，密度每平方米30~35株。株高在50~60cm。用人工收割，然后堆垛用拖拉机脱粒。

3.6 种子检验实验室

设备条件较好，可做各种作物的发芽试验。发芽室可控制恒温，一般在24~28℃来进行大豆的发芽试验。发芽用培养皿和纸来进行。每个培养皿和纸放50粒大豆种子。

3.7 培拉德尼亚植物圃

这是一个大型的热带植物圃。种植各种热带植物，其中兰科和仙人掌科有 2 个专门温室来培育，每一科均有数百种，供大学生实习和研究用。此外，各国元首和总理来访问时均在此植物园种植些纪念树。周总理、邓颖超副委员长和徐向前副委员长访问斯里兰卡均在此植树留念。

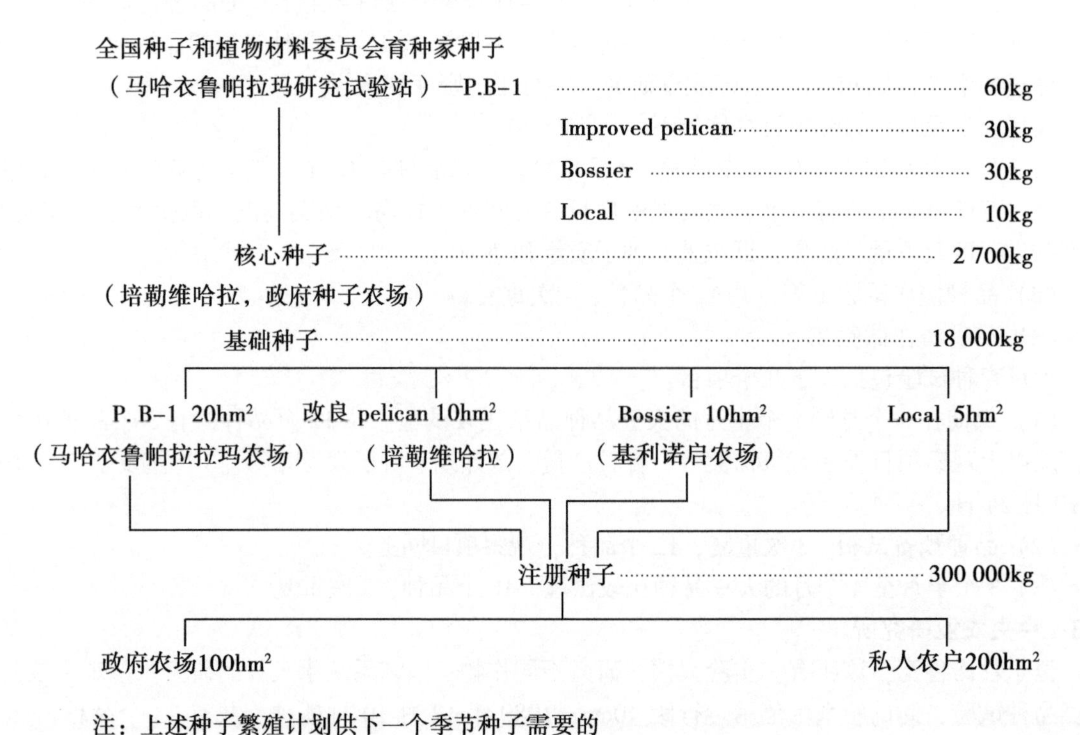

4 几个问题

（1）会议开得较好。我们在会议中所做的报告外国较为重视，并有不少国家的代表要报告的全文。斯里兰卡对我们很友好，由于我驻斯使馆事先和斯方已说明我方人员情况，在开幕式那天斯里兰卡农业发展和研究部部长秘书亲自在门口迎接并指定在前排位置上就座，并开幕式后邀请我们参观了我国援建的班达拉奈克国际会议纪念大厦。此外，在森那那亚克部长举行宴会时也进行了交谈，我们表示了谢意。

（2）美方主持这次会议的代表伊利诺斯大学国际大豆研究组织的贾柯布和辛柯乐等也很友好。美方代表辛柯乐几次提出希望 1982 年秋在中国召开国际大豆会议，内容包括大豆育种栽培、植保、品种资源的利用等。

5 几点体会

（1）我国大豆种子质量也存在一定问题需要加以提高，特别是有的地方由于多湿、高温，影响大豆种子质量和保苗，也应当引起注意。

（2）针对某一地区存在的共性问题召开学术讨论会，对发展科学和推动生产都是有益的。

我国在大豆生产和科研上应深入开展些工作。

（3）开展国际间学术交流很有益处，能了解国际上有关专业的学术动态和发展趋势，得到一些资料，同时可以结识些同行，对今后的研究工作很有利。除了在交流内容方面应做充分准备外，与会人员应能充分掌握会议应用的语言。

本文原载：黑龙江农业科学，1981（4）：52-56

关于赴泰国参加第五届世界大豆研究会议和赴孟加拉国了解大豆研究和生产情况的报告

王连铮

（中国农业科学院，北京　100081）

1　赴泰国参加第五届世界大豆研究会议情况

1.1　一般情况

1994年2月20—26日应第五届世界大豆研究会议组织委员会主席达鲁都（Ananta Dalodom）的邀请，参加了于泰国清迈召开的第五届世界大豆研究会议。世界大豆研究会议（World Soybean Research Conference，WSRC）每五年召开一次，前三届均在美国召开。1989年在阿根廷召开第四届世界大豆研究会议。这次是第五届，是第一次在亚洲召开的。由于理事会成员大部分是美国和拉丁美洲以及欧洲一些国家的代表，在四年前投票时决定在泰国召开。参加这次会议的代表共745人。其中，泰国参加了530人，其次是美国参加43人；中国参加22人（大陆代表15人，台湾代表7人），日本代表20人，印度12人，巴西和孟加拉国各11人，印度尼西亚、伊朗和法国各参加9人，尼日利亚和澳大利亚、肯尼亚各参加6人，阿根廷和菲律宾各参加5人。泰国诗琳通公主和泰国副总理Panitch Pakdi出席了开幕式并讲了话。大会发言有4位，中国的王连铮研究员、日本的Kyoko Saio博士、泰国的Nantakorn Boonkerd博士，以及泰国一位教授介绍泰国大豆科研生产情况。

大会分7个专题进行学术交流，它们是：①遗传改进。②生物技术。③作物保护。④加工利用。⑤技术的采用。⑥作物科学Ⅰ（生理、水分、营养等）。⑦作物科学Ⅱ（栽培、间作、轮作等）。会议发言共有188人。此外，还举办了墙报，交流了经验，有200余份墙报。在会议召开的同时还举办了一个展览会，介绍各国大豆生产和加工利用的情况，内容比较丰富。

1.2　目前世界大豆生产情况

根据联合国粮农组织统计，1990年全世界生产的油脂包括奶油共计7 970万t，而大豆油为1 640万t，占20.6%，全世界生产的蛋白粉共5 300万t，而大豆蛋白粉为3 210万t，占60.6%。大豆蛋白粉占世界蛋白粉贸易的3/4。可见大豆的重要性。

世界主要国家的大豆产量见表1。近十几年，世界大豆总产量增加3 310万t约增40%，美国总产量第一位，单产最高国家为意大利，每公顷平均为3 585kg。出口最多的国家为美国，1991年出口1 761万t，阿根廷出口量居第二位为441万t，巴西为第三位，出口219万t。中国1991年出口110万t，居第四位。进口大豆最多的国家为日本，1991年日本进口433万t，德国进口288万t，西班牙进口241万t，墨西哥进口149万t，韩国进口105万t。

表 1　世界主要国家的大豆产量

	总产量（万 t）				1992 年单位面积产量（kg/hm^2）
	1980 年	1985 年	1991 年	1992 年	
世界总计	8 091	10 114	10 349	11 401	2 088
美国	4 877	5 711	5 407	5 978	2 530
巴西	1 516	1 828	1 494	1 916	2 034
阿根廷	350	350	1 153	1 132	2 322
中国	794	1 050	971	1 030	1 427
印度	45	102	228	295	1 180
印度尼西亚	65	87	156	188	1 128
加拿大	71	101	146	139	2 184
意大利		29	127	143	3 585

1.3　本届世界大豆研究会议交流的一些主要经验

1.3.1　品种改良方面

（1）美国农业部俄亥俄州农业研究发展中心，R. L. Cooper 认为，某些高产品系每公顷可达 5~8t，株高大于 125cm 的品种易倒伏，每公顷产量仅 1~3t，倒伏是提高产量的一大障碍。为了克服这个问题，选育Ⅱ、Ⅲ和Ⅳ熟期组的半矮秆品系产量较高，株高小于 75cm 的半矮秆品系，每公顷产量可达 6t。

Cooper 用 Beason 品种做试验，不同行距产量不同，17cm 为 3. 8t，35cm 为 3. 55t，76cm 为 3. 28t。Sprite B. C. 品种采用 17cm 种植时，每公顷产量可达 6. 7t。

（2）J. R. Wilcox 教授认为轮回选择可在大豆育种中加以利用，在大豆雄性不孕育种中可进行利用。在提高大豆种子产量上取得的成功有限。但是培育早熟大豆和高蛋白大豆上效果很好。

（3）印度 P. S. Bhatnagar 等利用诱变选育出 NRC2，NRC1，适于在印度中部和东北部种植，在提早熟期，改进品质和提高产量方面有一定作用。同时印度还在筛选抗旱的大豆品系。

（4）澳大利亚 I. A. Rose 曾进行适于不同环境条件下的大豆，在南威尔士省种植，效果较好。

（5）尼日利亚 F. A. Myaka 等筛选抗旱的大豆新品系。

（6）巴西 C. J. Rossetto 研究了不同大豆品种对椿象的抗性以及抗性的机制。

（7）中国王金陵教授等介绍了半栽培大豆品种资源的遗传潜力，盖钧镒教授等介绍了大豆数量性状的遗传等。孙寰研究员等介绍了杂交大豆的进展情况等。

（8）美国 Edgar E. Hartwig 介绍了大豆高产和高蛋白质育种问题，利用适应性广、高产的 Forrest 和高蛋白品系 D76-8070 杂交。F_2 时收获 438 株，单株脱粒进行蛋白质测定。利用近红外设备（NIR）进行单株测定，每株 10g。F_5 选出 33 个品系。有的品系产量相当于 Forrest，蛋白质含量相当于 D76-8070。

1.3.2　生物技术方面

（1）美国衣阿华州立大学 E. Brummer 对大豆生物技术进行了研究。对大豆基因图谱进行了研究。包括 500 个 Markers，20 个 linkage groups 和将近 3 000cM。

（2）R. Singh 等人研究了多年生野生大豆不同种的染色体组相关。

（3）Glenn Collins 等研究了大豆育种中的生物技术问题，进行了体细胞的遗传操作。由于大豆组织培养再生植株极为困难，因此进展不大。

1.3.3　到大豆病虫害方面

（1）鉴定不同品种对大豆病虫害的抗性并筛选抗源。

（2）研究大豆细菌性病害、真菌性病害、线虫、病毒等。如灰斑病和炭疽病、病毒、锈病、椿象、线虫、豆潜蝇等病虫的为害情况以及防治问题。

1.3.4　大豆加工问题

有些国家和地区刚开始种植大豆，因此如何利用大豆便是一个重要的问题。加工豆奶、制作豆腐、酸奶等均很重要。

1.3.5　大豆的技术认定和推广

（1）第四届世界大豆会议期间一些科学家提出建议，FAO组织一个拉丁美洲（1990）、非洲（1991）和亚洲（1992）大豆协作网。现在全球热带大豆协作网秘书处已经建立起来，正在开展工作。

（2）由于近年来印度和印度尼西亚大量发展大豆生产并开发一些新的大豆生产区域，因此如何提高新区的大豆产量是个亟待解决的问题。阿根廷西北部地区，巴基斯坦一些地区均是新区，应通过试验确定在这些地区推广的品种和栽培措施。

1.3.6　作物生理学的研究

如大豆水分生理和灌溉问题，大豆的碳氮代谢的研究、大豆的营养生理等，大豆根瘤菌种的筛选、分离和试验、大豆的光合生理、光周期反应等。

1.3.7　作物合理的轮作耕作制度

大豆在轮作中的地位、间套种问题，大豆的土壤耕作制度、合理的大豆生产体系，不同条件下的栽培方式等。

1.4　关于泰国大豆生产科研的情况

1994年2月19—26日在泰国清迈参加第五届世界大豆研究会议（WSRC-V）期间，由于此次会议在泰国召开，泰国参加会议的科学家超过500人，大会、小组会对泰国大豆生产和科研情况介绍较多。同时又和不少泰国科学家进行了交谈，现将情况介绍如下。

1.4.1　泰国近年大豆生产情况

根据联合国粮农组织统计，泰国1980年大豆总产量为10万t，1985年为31万t，1991年为53万t，1992年为48万t，1992年每公顷产量为1 263kg。根据泰国农业部有关人员介绍，近年来泰国大豆总产量为50万t，需要量为90万t，需要进口40万t，1992—1993年，大豆单位面积产量为每公顷1 250kg。

据泰国农业合作部、农业推广司C. Chainuvati先生介绍，泰国大豆生产近年有所提高，其主要措施如下：①采用高产品种，如SJ. 5和CM. 600。②株行距为50cm×20cm，每穴2~3株，每公顷20万~30万株。③施用化肥。每公顷施用$N-P_2O_5-K_2O$的数量为18.75-56.25-37.5kg。④在播种后15d和30d进行1~2次锄草。⑤在开花结荚期进行1~2次防治虫害。⑥90~110d时进行收获。

根据1990—1991年农民大豆生产技术推广培训班上统计，有90%~98%的农民接受高产种子，45%的农民在播种前用根瘤菌拌种，50%的农民进行施肥，80%~90%的农民施用杀虫剂，92%的农民使用大豆脱粒机。

1.4.2　泰国大豆科研情况

泰国Kasetsart大学、清迈大学以及一些研究单位和一些企业，如正大集团等对大豆科学研究工作均很重视，投放了大量的力量来进行工作。近年来主要在下述一些科研工作上取得了很大成绩。

1.4.2.1　改良品种

（1）Kasetsart 大学的 Narong Singbaraudom 等人从事抗病高产大豆品种的选育工作，特别是抗锈病品种的选育。通过多年工作选育出 3501-3-2-1，每公顷产量为 2.625t。另一品系为 3501-10-1-4，产量为 2.413t/hm^2。对照 SJ2 则为 1.569t/hm^2。该校选育的 KUSL 20004 较稳产：多点试验表现增产。

（2）S. Srisombun 等选育多抗性大豆品种取得一定成绩，用 7016（抗霜霉病）和中抗紫斑病的苏库台 1 号（ST1）杂交育成品系 SSR 8305-3，比对照增产 4%，但抗霜霉病、细菌性斑疹病和大豆花叶病，但不太抗紫斑病。

（3）菜用大豆 CM1 号是 1993 年 3 月 5 日泰国第一个推广的蔬菜用大豆品种。该品种系 1981 年从亚洲蔬菜研究发展中心（AVRDC）引进清迈大田作物研究中心（Chiang Mai Field Crops Research Center），对粒重、成熟一致性和种子生产进行了研究，经过 58 个点试验，CMl 比 NS1 增产 15%，荚大粒大品味好，但熟期比 NSl 晚 7d，同时感染霜霉病。

（4）Kasetsart 大学还育成了多抗性的 8421-10（SJ_5×Clark 63）无分枝，叶小，90d 可成熟，每公顷产量为 2 312kg。

1.4.2.2　大豆加工利用的研究

（1）Mahidol 大学医学院 V. Tanpinaichitr 等对大豆油的质量进行了研究，大豆油的不饱和脂肪酸多：食用大豆油每天摄入的胆固醇少于 300mg，因此大豆油作为菜用油比较好。

（2）曼谷 Thonburi，King Mongkut's 工艺学校的 S. Lee-WiT 等对大豆酸奶进行了研究，发现大豆酸奶营养价值很高。

1.4.2.3　大豆病虫害的研究

（1）大豆炭疽病是由 *Colletotrichum truncatum* 真菌病原菌所引起，可造成严重损失。泰国 Kasetsart 大学和丹麦一大学对此病进行了合作研究。发现病原菌从种子可转移到幼苗上，进行种子处理有一定效果。

（2）泰国国家生物防治研究中心（NBCRC）的 Banpot Napornpeth 对大豆虫害生物防治进行了研究。对豆蝇（bean fly）的天敌，如 *Ophiomyia phaseoIi*（Tryon），*Hedylepta indicata*（F），*Spodoptera litura*（F.），*Heliothis armigera*（Hubher）及 *Nezara Viridura*（L..）等进行了研究。正在研究利用这些天敌进行综合防治（IPM）的可能性。

1.4.2.4　大豆栽培机械化问题

R. Nochai 等对苏库台府 114 户大豆种植农户进行了调查，发现平均每户拥有土地 6.8hm^2，每户种大豆平均为 3.26hm^2。65.79% 农户进行化学除草，在出苗后 21d 进行。8 1.58% 的农户收获时缺劳力，要求用机械收获。可用 AR-120 型水稻收获机收大豆。每小时可收 0.083hm^2。割幅为 1.2m，收获损失可由 17.20% 减到 6.27%。

1.4.3　**建议**

由于畜牧业饲料中需要 20%~25% 的蛋白质饲料，水产业的饲料中需要 60% 的蛋白质。因此如何解决蛋白质饲料，是当前发展畜牧业和水产业的重要问题之一。

除进口一部分大豆和鱼粉满足急需之外，从长远来看应解决蛋白饲料就地供应问题，以降低成本，可能这对泰国和中国均为重要的问题。当然，不同国家、不同地区解决的途径不一定相同。

如果能将大豆单产提高，农民所得的收益提高，农民种植大豆的积极性也会提高。现在看，不少农户缺少种植大豆的经验，应加强农业科研成果的推广工作，使广大农民知道如何提高大豆产量，提供技术服务和生产资料的及时供应，以及以合适的价格及时收购均是大豆生产中需要注意的问题。

2 关于孟加拉国大豆科研和生产情况的考察

根据联合国粮农组织亚太地区办事处和孟加拉国农业研究委员会执行副主席乔德里博士的邀请，2月27日到3月3日访问了孟加拉国。孟加拉国农业部和农业所究委员会对此次访问均比较重视。孟加拉国农业部国务秘书阿克塔·阿里（M. AkhtarAli）进行了接见，阿里先生表示了加强孟中两国农业和农业科技交流的愿望，特别希望中国能在水稻、大豆种植和种子交换等方面提供些支持。孟加拉国农业研究委员会执行副主席乔德里先生几次进行会见，安排了活动议程并介绍了孟加拉国农业科研和大豆生产情况。先后访问了孟加拉国农业部（MOA），孟加拉国农业技术推广局（DAE），孟加拉国农业研究委员会（BARc）、孟加拉国农业研究所（BARI）以及一些从事农业发展的民间组织，如 MCC（Mennonite Central Committee）是一从事资助农业研究的民间机构，从事各种农作物试验，种子推广和农产品的加工，还有农业发展银行（ADAB）等。

2.1 孟加拉国大豆生产情况

孟加拉国是一个新兴种植大豆的国家，因此种植面积很小。全国1992年种植面积才7 000多英亩（折合4万多亩）。主要分布在 Noakhali，Tangail，Maizdi 县，Tangai1 专区的 Madhupur 和 Shakhipur 县，Mymensingh 专区的 Valuka、Muktagacha、Haluaghat 县等。以 Raipur 县种植为最多，年种植1 000~1 500英亩。

孟加拉国大豆生产中主要用的品种是从印度引进的 BP-1（主要油用）。栽培大豆有两个季节：一是12月到翌年1月中旬种植，3—4月收获，第二个季节是8—9月种植，11—12月收获。孟加拉国于4月初下雨，9月雨季结束。

现在孟加拉国食用油主要是进口的大豆油，这和赞助者有关。

由于大豆不足，年进口大豆约25万t。据孟加拉国计委的工作人员说，孟加拉国拟使作物多样化。拟增加大豆和玉米的种植面积，不仅提供油料，也可提供蛋白质，满足人们食品和畜牧业发展的需要。

夏种大豆每公顷为800kg，冬种产量高些，每公顷可达1.2~1.5t。主要的病虫害有豆荚螟、病毒、锈病、灰斑病等。种子成熟后贮藏很困难，因为赶上了雨季。

孟加拉国的土壤有机质较低，低于1%。因此种植大豆需要施肥。一般每公顷施用N肥15~20kg，P_2O_5 40~50kg，K_2O 为40~60kg。

孟加拉国大豆播种大部分是撒播或条播，每公顷密度为30万~35万株。

2.2 孟加拉国的大豆科研工作

孟加拉国农业研究所（BARi），孟加拉国农业大学（BAU），MCC等均从事大豆的研究工作。

（1）孟加拉国农业研究所对品种进行比较，得到的结果列入表2。

表2 不同大豆品种的表现

品种	生育日数（d）	产量（kg/hm^2）	试验年份
Bragg	100~110d	1 240~1 450	1981
Davis	110~115d	1 400~1 550	1981
Pb-1	110~113d	1 600~1 900	1990
G2	115~120d	1 800~2 000	1990

试验结果表明，G2 比推广品种增产 25%。

（2）MCC（Mennonite Central Committee）进行了栽培试验。在 1991—1992 年种植了 210 英亩大豆。每千克大豆收获后 7~9 达卡，价格较好。有 913 农户利用大豆进行加工。

（3）孟加拉国农业大学进行了大豆根瘤菌的分离、筛选和种子处理试验等工作，试验在各地的表现情况。

（4）大豆的种植方式，耕作制度较复杂，在高地（25~30m），栽培方式有香蕉和大豆间作，夏季蔬菜和大豆间作，低地（15~20m）是黄麻—小麦、大豆间作，也有大豆—小麦、玉米间作；丘陵地也有橡胶和大豆间作的。

（5）孟加拉国的农业研究所用不同根瘤菌菌种对不同大豆品种进行接种，看其效果。

孟加拉国的农业科研人员很愿意加强和中国在农业科技方面的合作，并希望联合国粮农组织亚太地区办事处和其他国际组织能给予支持。

关于印度尼西亚和越南大豆科研工作和生产情况的考察报告

王连铮

（中国农业科学院，北京　100081）

应联合国粮农组织亚洲和太平洋地区办事处的邀请，1993 年 11 月 23 日到 12 月 6 日赴印度尼西亚大豆主要产区东爪哇以及位于沙拉巴雅的马兰大田作物研究所、茂物大田作物研究所、越南社会主义共和国南方农业研究所、河内越南国家农业研究所以及河西省等地考察了两个国家的大豆科研工作和大豆生产情况。由于联合国粮农组织亚太地区办事处事先通知了上述两国，因此接待比较好。越南农业和食品工业部部长阮公藏及副部长吴世民、印度尼西亚农业部作物生产办公室主任萨罗诺（SARONO）农业研究发展总局秘书长依斯巴基欧（PARansih. Isbagioo）以及各研究所领导和从事大豆育种、栽培、病虫害等方面的主要专家均出面交流经验。在印度尼西亚马兰大田作物所、越南南方农科所及越南农业及食品工业部有关专家座谈会上介绍了中国的大豆科研与生产情况，现将考察情况报告如下。

1　印度尼西亚的大豆科研和生产情况

1.1　印尼的大豆生产

根据印度尼西亚农业部有关方面的介绍，近年来，印度尼西亚的大豆生产有了很大发展。如 1984 年印尼种植大豆面积为 85.8 万 hm^2，每公顷 896kg，总产量达 76.9 万 t，而 1992 年大豆播种面积达 166 万 hm^2，单产达每公顷 1 122kg，全国大豆总产达 186.9 万 t，超过 1984 年的总产量 1 倍还多。

由表 1 可以看出，近 10 年印度尼西亚大豆面积增加了 74.13%，大豆单产增加了 28.57%，大豆总产增加了 123.87%。大豆生产的成绩是显著的。

表 1　印度尼西亚近年大豆生产情况

年度	面积（hm^2）	单产（kg/hm^2）	大豆总产量（t）
1984	858 654	896	769 384
1985	896 220	970	869 718
1986	1 253 767	979	1 226 737
1987	1 000 565	1 055	1 160 963
1988	1 177 360	1 079	1 270 418
1989	1 198 096	1 098	1 315 113
1990	1 334 100	1 115	1 487 433
1991	1 368 199	1 137	1 555 453
1992	1 665 709	1 122	1 869 713
1993	1 495 187	1 152	1 722 455

由于印度尼西亚人口增加，畜牧业发展均需大豆，因而还满足不了国内对大豆的需要，每年还需要进口一部分大豆，一般每年进口在 50 万~60 万 t（表 2）。

表 2 印度尼西亚大豆需要量及进口量

年度	需要量（t）	生产量（t）	进口量（t）
1986	1 585 979	1 226 737	7 24 061
1987	1 549 525	1 160 963	694 932
1988	1 779 342	1 270 418	561 402
1989	1 764 990	1 315 113	563 335
1990	1 922 992	1 487 433	533 259
1991	2 212 706	1 555 453	631 838
1992	2 413 470	1 869 713	561 950

印度尼西亚大豆生产集中在爪哇岛，其中东爪哇大豆生产占全国 60%，中爪哇占 20%，其余分布在西爪哇、苏门答腊以及一些新发展地区、如苏拉威西的南部低地。

印度尼西亚大豆的播种季节为 7—10 月，此时为旱季。轮作制度一般为水稻—水稻—大豆，11 月至翌年 2 月第一季水稻，4—6 月为二季水稻。

主要栽培的品种为 Wilis，约占全国的 70%。种子每千克为 1 500卢比，一般大豆为 800 卢比。不同地区有不同类型。印尼以小粒豆（百粒重 10~12g）、褐脐短生育期、有限性为主，品种应抗食心虫和锈病。

每公顷施用 50kg 尿素，75kg P_2O_5，75kg 的 K_2O。一般采用根瘤菌拌种，每公顷用根瘤菌粉（Rhizogeen）150g。

一般通过推广交流来推广新技术。如西爪哇省，全省共有 2 000名农业技术推广人员。

在印度尼西亚大豆主要用作豆制品，如豆腐、豆浆、豆芽等，榨油后的豆饼用作饲料。

印度尼西亚大豆主要病虫害有锈病、花叶病毒和食心虫等。大豆花叶病毒（SMV）较普遍，严重发生时可减产 25%~30%。如同时感染豆荚斑驳病毒（BPMV）时，则可使植株严重矮化，减产高达 66%。还有菸草环斑病毒（TRSV）可引起大豆芽枯病。芸豆黄花叶病毒（BYMV）可引起大豆黄色花叶病。豇豆失绿斑驳病毒也可感染大豆，此株系称之为 CCMV-S。产量损失可达 20%~30%，病毒一般由蚜虫传播。此外锈病和食心虫等也有发生，一般采用化学防治。根本要通过大豆育种来解决。

由于在热带大豆种子易于发芽，因此种子供应是个大问题，有的地方采用田间到田间的种子供应办法。如在东爪哇收完大豆后，将种子送往其他地方种植。

1.2 印尼的大豆科研工作

印度尼西亚有中央大田作物研究所（Central Research Institute for Food Crops，简称为 CRIFC），还有 6 个地区性的大田作物研究所，但均属 AARD 领导。这 6 个所是：茂物大田作物研究所（Bogor Researeh Institute for Food Crops，简称 BORIF）；苏卡蔓底大田作物研究所（Sukamandi Research Institute for Food Crops，简称 SURIF）；马兰大田作物研究所（Malang Research Institute for Food Crops，简称 MARIF）；苏卡拉米大田作物研究所（Sukarami Research Institute for Food Crops，简称 SARIF）；马罗斯大田作物研究所（Maros Research Institute for Food Crops，简称 MORIF）；班扎巴鲁大田作物研究所（Banjarlaru Research Institute for Food Crops，简称为 BARIF）。

由于印尼的大豆生产主要集中在东爪哇，因此大豆科研主要集中在位于东爪哇省的马兰专区Pakissari区的Kendacpryak乡的马兰大田作物研究所，归全国农业研究发展局（AARD）领导。该所所长苏玛诺（Sumarno）博士、大豆育种家苏耶吉托（Soegito）、昆虫学家马尔渥托（Marwoto）以及农学家阿迪沙万托博士（Dr. Tr J. Adisarwan to）接待了笔者，详细介绍了该所的大豆科研工作。该所有科学家70余位。该所选育出不少大豆品种：①MLG2675，产量为1.9t/hm^2，生育期88d。②MSC8303-1-18，产量为1.8t/hm^2，生育期85d。③SC8303-3-3，产量为1.65t/hm^2，生育期86d。同时还研究不同肥料对不同大豆品种的反应。

除参观马兰大田作物研究所之外，又参观了茂物大田作物研究所。这个所是研究西爪哇省附近的大田作物的．包括大豆。他们从事大豆育种，每年约做15个组合。据大豆育种家Dr Dannan M. Arsya d介绍，他们育种到F_5、F_6代时，每个组合种植1 000个株系供选择。株系量比较大。F_6代时，大豆育种圃一般有1 000个株行。采用株行选种法来决选。

参观了茂物大田作物研究所的大豆品种比较试验区和品系繁殖区。以当地大面积推广的品种Wilis为对照，引进大豆品种及自选品系共10个参加试验，重复3次，行距50cm，株穴距20cm，每穴4~5株。试验以Wilis（生育期85d）作为对照，参加试验的有Malabar（生育期70d），台农4号（85d），3035/ AGS 112-43（90d），3034/ IIAC-11-4-3（巴西引进，90d），Kerinci（90d）。

1987年以来政府推广了大豆改良品种，产量有一定提高，抗性有增加，生育期在74~88d，这些品种适于在各地栽培。大约有60%大豆面积采用了这些改良大豆品种。Wilis、Orba、Lokon和Kerinci是推广面积最大的品种（表3）。

表3　印度尼西亚在1987—1991年推广的大豆品种

品种[a]		生育期（d）	产量[b]（t/hm^2）	对锈病的抗性
Tidar	（87）	75	1.4~2.0	抗
Rinjani	（89）	88	1.5~2.5	抗
Petek	（89）	80	1.0~1.5	-
Tambora	（89）	85	1.5~2.0	抗
Lompobatang	（89）	86	1.5~2.5	抗
Lumajang Bewok[c]	（89）	80	1.2~1.7	-
Lawu	（91）	74	1.2~1.7	-
Dieng	（91）	78	1.2~2.0	抗
Jayawijaya	（91）	87	1.5~2.5	抗
Tengger	（91）	79	1.2~2.0	抗

注：a. 括弧内的为推广年度；b. 为干重；c. 为改良地方品种

由于大豆对气候变化很敏感，因此在特定地区确定合适的大豆播种期是非常重要的。播种期对大豆生长和产量影响很大。晚播种5d，大豆可减产一半。减产原因是多方面的，包括病虫害、病毒、杂草危害、干旱等。在湿季前期由于降雨积水，晚播种可能造成发芽不好。不同品种对晚播种反应不同，Wilis和LokaI晚播10d则显著减产，而Trdar和MLG品种晚播种减产不太明显。

在湿地水稻之后种大豆常常要整地。正确的排水可提高大豆产量。通过建立1m宽播种床可以提高大豆产量，同时建立排水沟，将多余水分排出可显著提高大豆产量，可由每公顷1.1t提高到2.25t。

对虫害提倡进行综合防治。要在出苗后及时对病虫害进行预测预报。同时应提倡轮作。目前农民防治虫害主要用杀虫剂，不同防治方法对大豆的产量影响也不同（表4）。

表4　1989—1990年不同防虫方法对大豆产量的影响（东爪哇、马兰）

防治方法	产量（t/hm^2）	回收率（%）
每周防治一次（共防9次）	2.70	669
两周防治一次（防5次）	2.24	780
根据虫情防治（防3次）	2.18	1.222
不防治	1.20	-

夜盗虫、黏虫（*Spodoptera Litura*）是大豆最常见的虫害。它食豆叶以及幼荚。夜盗虫也吃玉米、马铃薯、绿豆和菸草。防治此害虫最有效的农药是monocrotophos、diazinon、pennethrine和decametrine。

核多角体病毒（NPV）（Nuclear-polyhidrosis virus）能防治夜蛾科Noctuidae family害虫。NPV在爪哇岛分布很广。除夜盗虫之外，它的寄主昆虫还包括green semilooper（Chrysodeixis Chalcites）和玉米螟（maize earborer，Helicoverpa armigera）。另一核多角体病害Spodoptera Litura-核多角体病毒（S/NPV）。1985年被发现。接种在夜盗虫上可成功增殖。S / NPV乳剂（剂量为1.2×10^{13} PIBS/hm^2）及其粉剂（1.2×10^{13} PIBS/hm^2）在防治夜盗虫上有良好的效果。

在大豆育种方面：分几种土壤类型来进行，一是低湿地，一是酸性土壤的大豆育种，一是旱地育种。对低湿地大豆育种，1984—1988年配制了150个杂交组合，选用地方品种，改良品种和引进品种进行杂交，选种目标为高产、早熟、抗锈病，对低湿地有适应性，良好的种子质量等。在F_2到F_5代进行选系，分三个熟期组，Ⅰ组为早熟，生育期75~80d，Ⅱ为中熟（81~88d），Ⅲ组为晚熟（89~95d），第五代根据农艺性状目测决选品系。以后在试验站进行产量预备试验，有100~200个品系。选出15~30个品系继续进行适应性试验。也鉴定一些品系对肥料和耕作的反应以及对灌溉倒伏的反应等。

根据不同的地点，不同季节以及对不同处理（肥料、灌溉、耕作等）的反应决定品系的取舍。

对旱地或酸性土壤的大豆育种，选用适于这些土壤的品种进行杂交，将稳定的品系拿到这些土壤条件下进行2~3年鉴定，然后选出优良品系进行推广。

2　越南的大豆科研和生产情况

2.1　越南的大豆生产

越南大豆种植面积1989—1990年为10万~11万hm^2，每公顷产量为800kg。大豆是第二个重要的食用豆类，种植面积近两年每年约为12万hm^2。越南南方和北方均有分布。越南北方主要集中在Cao Bang、Ha Bac和河内等地，海防等地单产为高。越南南方种植5万多hm^2，集中在东奈（Dong Nai），东丹省（Dong Thap）等地。单产以Quang N Gai和Dong Thap等地为高。

种植制度：大豆有3种类型。①春作。系正茬，种植时间为2—6月初，系主要季节占大豆总面积的60%~70%。②夏作。在旱作玉米、花生收后种大豆或两季水稻之间种大豆，种植时间在6月底到8月中，9月初收获。大豆生育期只有75d，产量为1~1.5t/hm^2。即两季水稻之间种大豆。6月初种最好，时机要抓紧，可改良土壤。③秋冬作。二季水稻后种大豆。越南北方种2.2万hm^2。成本低，经济效益高，可扩大到3万~5万hm^2。参观了河内附近的河西省富川县南丰乡大豆生产。此乡有1 200户，大豆生长较好，为秋冬种。立春前后3d水稻插秧。6月1日插第二季水稻，9月中旬收水稻后种大豆，用锄头开一个小沟，将磷肥和土拌在一起，N、K追肥用，每公顷可收1.5t。旱时大豆可灌水。一般是水稻—水稻—大豆，两作水稻，一作大豆。在越南南方湄公河三角州，在河堤以外的沙滩上除了种大豆之外也种玉米。也有在两季水稻中种大豆或套大豆。如果水稻出口不了太多，则玉米、大豆会增加。过去最多时大豆播种面积曾达到30万 hm^2。大豆价格：1斤大豆相当于2斤水稻。大豆种植时间在10月到翌年3月。大部为条播。

品种：从国外引入一些大豆品种做试验，效果较好。1974年从中国引入DH4，已在生产上大面积种植。从亚蔬中心引入16份材料中选出了3份：GC 86004-422，GC 86004-756，GC 86004-488，表现较好。

参观了湄公河三角州东丹省（Dong Thap）大豆试验点。在路旁及大田中有大豆种植。此处绝大部分种植水稻，即将收获。大豆大部已收获。大豆为条播，行距为40~45cm，穴距20~25cm，每穴7~8粒。株高45~55cm不等。皱缩花叶病为害较重，同时植株上有秕荚。每公顷产量约1t。

越南南方大豆种植区域主要在东部红壤区（Dong Nai省）及Daslak省、Lam-Dong省的高山地区，以及湄公河三角州地区冲积土。

越南大豆集中种植在两季（4—11月）或旱季（11月至翌年5月）。大豆产区降水量在2 000mm，7—9月降水量集中（每月可达400~500mm）。

红壤区大豆有两个播种季节：4月播种7月收获，第二季是8月播种11月收获。二季是越南南方东部地区主要大豆种植季节。

越南南方西部地区在旱季种大豆进行灌溉。

越南南方地方品种为Nam Vang。推广品种为 DH_4（中国）、Nhatiga（日本）、G87-1（AVRDC）及G87-5（AVRDC）。

整地：在红壤不进行耕作，只进行锄草；对冲积土，要做宽的播种床（1m左右宽）。

穴播：每穴播6~8粒种子。每公顷50万~60万株（40cm×20cm×5株）。人工锄草，不施除草剂。

施肥 $N:P_2O_5:K_20$，每公顷为40：200：80kg。不同地区也不相同。施有机肥不多。

2.2 越南的大豆科研工作

越南农业和食品工业部下属有30多个研究所，大部在北方，有10个在南方。参观了越南南方农业研究所（胡志明市）、越南农业研究所（河内）和越南农业遗传研究所。这几个研究所均从事大豆科研工作。

（1）越南南方农业科学研究所（IAS）。据所长潘文斌介绍系1925年建立的较老的研究所。该所有11个系：水稻系、豆类作物系、植物保护系、土壤肥料系、果树系、农作制度系、养猪系、山羊系、养牛系、旱地作物系、玉米系。在距胡志明市20km处有一个畜牧研究中心，研究用摩拉牛改良本地水牛，以及研究奶山羊的改良问题。该所豆类作物系从事大豆科学研究工作。该所大豆育种家欧蒂洪连（Ngo Thi Hong Lien）和莊金娘（Truong Kim Nga）介绍了他们的大豆科研工作。①引种鉴定。他们从亚蔬中心引进10几个品系进行鉴定，结果证明以G87-5为最好，现已在生产中大面积种植。②研究不同品种的抗病虫特性及防治方法。越南南方主要病害为锈病、豆荚螟、细菌性斑点病等。③研究耕作栽培制度和方式等。越南南方耕作制度复杂，一般为三作，还有间作或套作。大豆有15%为间作，和玉米、棉花、菸草等间作。有旱地农业也有灌溉农业，季节均不相同。4—8月为雨季，主要栽培品种为Nam Vang，占播种面积的90%。本品种蛋白质含量为38%，油分含量为20%。种植行距为40~50cm，穴距20cm，每穴5~6株。11月到翌年5月为旱季，为获得高产，此时种植大豆最好能灌溉。还研究不同肥料对大豆产量的影响等。

（2）越南全国农业科学研究所（INSA）。总部位于河内。有9个研究系，9个试验站或中心。6个科研、后勤、人事、财务、培训等管理部门。总人数564人。在河内郊区有试验场，该所所长陶汝俊去澳大利亚访问不在，由阮登惠、阮友义副所长接待。农业食品工业部副部长吴世民一直陪同参观。该所从事水稻育种包括杂交稻育种，杂交稻已在越南推广5万hm^2，预计1994年可推广50万hm^2，高产可达14.5 t/hm^2。主要品种为籼优63，与湖南、广西有合作关系。该所陈文来教授从事大豆科研工作。该所从事适于不同耕作制度的大豆品种选育工作。选育出AK04和AK05两个大豆品种。主要选育适于春作、夏作或秋冬作的大豆品种。每年做几十个杂交组合。适于春作的品种要选育高产、抗性强早熟的品种，同时又要考虑适于越南北部及南部种植；夏作大豆品种要选育生育期中等的品种，一般生育期在75d。早稻收获后科大豆，产量为1~1.5t/hm^2。秋冬作大豆成本低，经济效益高，在越南北方有扩大趋势。从中国引进的DH_4种植面积较大，正在用此品种和当地品种杂交以便进一步提高产量。该所已搜集到1 000多个大豆品种资源。早熟品种有65~70d的，还有晚熟品种120~150d的品种。

该所用中国威74和MI03杂交，选出MV-l号，一年四季均可种植；同时注意选育固氮能力强的新的大豆品系；此外还注意品质育种，选育蛋白质含是在35%~40%，脂肪含量在18%~22%的大豆品种。一般选择油分高的大豆品种，榨油后出口豆粕。同时也注意选择百粒重在25g以上的大粒高产品种。由于日本要求进口30g的黄种皮大豆，因此，这方面也进行了育种工作。

越南和苏联有合作关系。从苏联引进大量大豆品种并进行合作研究。越南近年来搜采到的大豆品种资源很多，属不同熟期组，见表5。

表5 越南引进大豆品种的生育期（天数）分组

生育期组	生育日数	1986年	1987年	1988年	1989年	1990年
Ⅰ	70	5	4	3	8	4
Ⅱ	71~75	2	8	–	34	11
Ⅲ	76~80	11	172	2	12	43
Ⅳ	81~90	229	492	79	132	121
Ⅴ	91~95	195	117	190	205	52
Ⅵ	96~100	95	16	143	70	47
Ⅶ	101~105	45	1	38	12	3
Ⅷ	106~120	5	28	38	65	5
Ⅸ	>120	3	2	1	3	5

不同品种的特性不同，见表6。

表6 1988—1990年M103×DT74的后代表现

品系	株高（cm）	每株荚数（个）	千粒重（g）	产量（t/hm^2）
MV1	51.0~57.8	31.0~49.0	123~149	21.1±1.48
MV2	57.3~65.8	28.0~37.9	155~190	26.7±2.15
MV3	53.4~61.1	41.9~49.0	120~145	23.6±1.38
DT74	61.1~67.5	38.9~42.4	127~134	17.6±1.15
M103	25.8~35.0	28.0~33.5	160~208	16.4±1.21

不同大豆品种的产量不同，经鉴定结果见表7至表9。

表7　不同大豆品种的产量

品种名	产量（kg/hm²）	品种名	产量（kg/hm²）
DT74	1 157	Sen ca	1 033
TH 184	1 327	Vang Cao Bang	1 011
Kultivar	1 237	Bragg	984
D138	1 374	PI 8973	1 241
VIR12	1 274	So 722	915
N5（a）	998	K6871（VX9-2）	1 349
Provar	1 014	Trung binh	1 146

以D138，K6871和TH 184产量较多。

表8　1988年不同品种的主要性状及产量

品种名	生育日数（d）	株高（cm）	荚数（个）	百粒重（g）	产量（kg/hm²）
CRNWFED	94	44.6	35	14.9	1 977.8
AGS-124	102	64.7	44	12.2	1 981.4
AGS-167	102	44.5	35	17.5	1 898.4
EGSY-73	100	66.0	39	13.3	1 876.2
Epps	98	30.0	35	13.0	2 241.6
AGS-129	96	50.2	43	13.8	2 263.0
Cuc Ha Bac	84	42.1	39	8.4	2 016.7

本试验以AGS-129和Epps产量为最高。

表9　冬春播种的大豆品种试验结果

品种名	每株荚数（个）	每株粒数（粒）	百粒重（g）	产量（kg/hm²）
DT74（中国产）	33.2	65.6	12.03	2 011
DT 80	38.8	93.7	12.08	2 807
VX9-2	30.6	68.9	14.53	2 474
VX9-3	26.1	42.7	15.20	1 911
VX9-1	31.3	69.4	15.26	2 794
MV4	32.4	57.3	14.46	2 094

以DT80和VX9-1产量为高。

表 10　由俄国（全俄植物栽培所）引进的大豆品种表现

品种名	每株荚数（个）	百粒重（g）	产量（kg/hm^2）	与 DH4 相比（%）	与 Nam Vang 相比（%）
VX87-C_2	24.2	9.2	1 500	152.8	105.2
HL-2	24.2	9.7	1 500	153.8	105.2
VX87-C_1	50.2	8.1	1 443	148.0	101.2
Nam Vang（CK_2）	30.9	7.6	1 425	146.1	100.0
DH_4（CK_1）	17.4	13.8	975	100.0	68.4
K7450	18.2	12.5	489	90.4	61.6
VX87-C_3	16.1	10.6	699	71.6	49.0

从本试验来看，以 VX87-C_2 及 HL-2 产量表现较好。

（3）越南农业遗传研究所。本所从事大豆育种工作。选育产量高大粒大豆品种。从日本引进大白眉类型品种，各为 DauNhat，产量可达 2.5t/hm^2，生育日数 80d，百粒重达 30~32g。自选 DT83、84 等大豆品种表现较好。本所除从事水稻、玉米、大豆育种工作之外，还开展组织培养研究，从事香蕉脱毒研究和广东省新会开展合作。此外研究遗传技术，基因转移技术，与比利时和澳大利亚合作。还从事微生物遗传，分离 BT 基因，把毒性强的基因研究出来，繁殖，在植保上加以利用。

（4）越南食品工业研究所。对大豆加工很感兴趣。他们利用大豆做食品，如豆腐、酱油、豆芽、豆浆等，另外在榨油后，将豆粕作为饲料。正在利用大豆研究豆乳粉等食品。

2.3　越南农业生产的其他问题

越南农业部部长阮公藏和副部长吴世民均谈到愿意加强和中国的合作，对中国农业的迅速发展给予充分肯定，并准备于 1994 年访问中国。他们介绍了越南发展农业的一些经验。①他们进一步放宽农业政策，修改土地法，越南国会已通过。土地归国有，但农民有使用权和继承权及转让使用权，时间放长 25 年或更长。②越南农村市场开放得较早，对推动农业的发展起了很大的作用。③对农业科学技术很重视，如引进中国的杂交水稻和美国及泰国的玉米等，正在和广东商谈合作生产脱毒香蕉苗。

由于依靠政策和科学技术，越南的农业生产有了很快的发展。1987 年越南仍是粮食进口国，1989 年已出口大米 100 万 t，1992 年出口 190 万 t，仅次于泰国和美国，一跃成为世界第三大米出口国。1989 年越南粮食总产量为 1 700万 t，1992 年为 2 400万 t，1993 年为 2 450 万 t。

越南拟从中国进口奶牛，进口玉米大豆良种以及奶山羊，梅山猪等，准备和中国进行商谈。他们还准备和中国的农业科研单位加强交流。

3　几点建议

（1）由于印尼和越南耕作制度复杂，因此应选育适于不同耕作制度条件下的大豆品种，不能千篇一律，用 1~2 个品种来覆盖这么复杂的耕作制度下的大豆生产。

（2）处于热带条件下的印尼和越南所要求的大豆生态类型是小粒型（百粒重 10~12g），株高 40~50cm，分枝 3~5 个，叶不太繁茂，株型较紧凑的大豆。这类大豆适应性较广，产量也比较稳定。

（3）热带地区的大豆单产不够高，一般每公顷产量仅为 900~1 200kg，好的达到 1 500~2 000kg。因此提高大豆单产是提高效益的关键。提高热带地区大豆产量的关键在于选择好高产、适应性强、抗性强、品质好的大豆良种。各地区要因地制宜。同时良种和良法要结合。要根据品种繁茂度来确定株行距，一般行距为40~45cm，穴距20cm，每穴5~6株。由于一般均为三作，因此收获后及时整地播种便是个关键性问题之一。要及时防治病虫害，选用抗病虫品种等。

（4）热带条件下大豆常常发芽率不高，特别是由于空气湿度大，大豆不易保存。因此，如何能保证使用当年大豆良种是个重要问题。要充分考虑不同地区大豆成熟期和播种期的时间差。

（5）由于热带土壤中有机质分解快，土壤养分、水分均不易保存，因此施用肥料时要考虑有机肥和无机肥混合施用，同时又要考虑施用微量元素和培肥地力、增加土壤有机质的问题。新种大豆的土壤上，进行根瘤菌接种效果也是很好的。

（6）由于有些地区大豆种在旱季，要想提高产量定期进行灌溉是高产必不可少的条件，灌溉又要和施肥结合，特别是在生育前期和鼓粒期灌水更是不可缺少，因为前期株高长不起来，严重影响产量。后期干旱，则粒重显著下降，也会造成减产。

亚洲地区大豆加工与利用概况

肖文言　王　岚　裴颜龙　付玉清　王连铮

（中国农业科学院作物所，北京　100081）

由亚洲大豆协作网（The Asian Soybean Network）组织的亚洲地区大豆加工与利用专家顾问组会议，于1996年1月8—12日在泰国国家会议中心（The Queen Sirikit）举行。中国、澳大利亚、孟加拉国、印度、印度尼西亚、日本、朝鲜、马来西亚、缅甸、尼泊尔、菲律宾、斯里兰卡、泰国和越南各1名；国际机构4名；联合国粮农组织3名；一些国家观察员等共30名代表。另外，泰国农业推广部部长Petchafat Wannapee博士和粮农组织总干事助理、粮农组织亚太地区办事处主任A. Z. M. Obaidullah Khan先生也出席了大会开幕式。本文第1作者出席了会议，现将各国家和国际机构代表的发言和讨论要点整理如下，供国内同行参考。

1　秘书处报告

1.1　亚洲大豆协作网的过去、现在和未来

出席第4届世界大豆会议的一个特别讨论小组提出要求建立一个全球性大豆协作网，以促进大豆研究、生产、利用技术及其在发展中国家的传播。为了响应这一建议，粮农组织组织了3次地区性筹备会议（拉丁美洲和加纳比海，1990；非洲，1991；亚洲，1992），为全球大豆协作网地区成员的建立准备项目建议。不幸的是缺乏经济支持，不过，粮农组织通过组织第5届世界大豆研讨会的一个卫星会议，继续开展亚洲大豆协作网活动。已资助中国农业科学院作物所举办一次大豆加工与利用亚洲地区培训班（北京，1994），编辑出版一些会议论文集以及组织这次专家顾问组会议。

1.2　传统豆制品

Narong Chomchalow做了关于传统豆制品在大多数亚洲国家不断地被接受、演变和发展的重要性报告。传统豆制品可分为发酵和非发酵两大类。非发酵的豆制品有豆奶、豆腐、豆腐皮和豆芽。发酵的豆制品包括酱油、大酱、Tempe（起源于印度尼西亚）、Onchom（起源于印度尼西亚）、臭豆腐和豆腐乳。随着对豆制品需求的增加和加工技术的改进，传统加工系统中的豆制品工业在许多亚洲国家已经兴起。

1.3　新兴的豆制品

粮农组织官员P. A. Hicks对新兴豆制品及其在发展中国家的用途、新兴豆制品的潜力做了全面概述。新兴豆制品包括豆油提取部分、大豆组织蛋白、脱脂豆粉、全脂豆粉、豆荚纤维和酶。

工业上的用途包括填充剂、润滑油、防腐剂、保护膜、增塑剂、防水水泥、绝缘材料、杀虫剂、油布、油墨和墙面板。如果大豆这些潜在和实际用途得以实现，那么大豆可以做发展工业的原料。

2　各国代表报告

2.1　澳大利亚

大豆每年用作饲料40万t，用作人类食品7.5万t。80%以上的大豆靠进口。大豆加工业包

括榨油、用于饲料的全脂和脱脂豆粉、用于食品的豆粉加工和豆制品生产增加的研究。

2.2 孟加拉国

大豆在孟加拉国是一个重要的油脂和蛋白质来源。传统的豆制品至今在孟加拉国还没有生产，但是已开始尝试用大豆生产一些食品比如豆奶、豆粉面包、大豆冰淇淋和大豆咖啡。除了依赖于进口大豆的小规模加工外，还没有大豆加工业。

2.3 中国

中国农业科学院作物所肖文言博士提交了关于中国大豆加工与利用的报告。大豆起源于中国，已有 5 000多年的栽培历史。许多豆制品起源于中国古代并逐渐传播到其他亚洲国家。传统豆制品包括酱油、大酱、豆腐乳、臭豆腐、豆腐、豆浆和豆芽等。近几年又研制出许多新型豆制品并且大规模地生产，比如豆奶、全脂豆粉、脱脂豆粉、大豆色拉油、大豆冰淇淋、大豆浓缩蛋白、大豆分离蛋白、大豆组织蛋白、大豆奶油等。另外，以豆饼和以大豆为重要原料的饲料也批量生产。对许多传统和新兴豆制品的加工技术进行了综述，并讨论了中国大豆加工和利用存在的问题和前景。

2.4 印度

1993—1994 年度印度大豆总产量为 390 万 t，1995—1996 年可达 400 万 t。大约 5%的大豆直接用作食品，10%用作种子，85%用于加工油脂和蛋白。印度不是一个传统的大豆生产国。豆粉、豆浆、豆奶等食品已进入市场。

2.5 印度尼西亚

大豆和豆制品在人们饮食结构中，对于蛋白质和必需氨基酸的供给起着重要作用。大豆总产量从 1984 年 90 万 t，上升到 1993 年的 170 万 t，但是大豆生产仍供不应求。普通的豆制品种类包括发酵的和非发酵的。虽然大中型企业生产豆腐，但是 Tempe 和豆腐主要是由农户和小型企业生产。在大中型的饲料工业中，豆饼有着一个巨大的潜在市场。

2.6 日本

日本每年消耗 460 万~500 万 t 大豆，其中 80%用于榨油和饲料，20%用于食物。用整个豆粒制作传统食品每年消耗 80 万 t 大豆，其中 60%用于制作豆腐和其副产品。由于工业化和现代化，豆制品工业发展很快，除了发酵和非发酵豆制品外，还有新兴的大豆分离蛋白、浓缩蛋白和组织蛋白等制品，用于西餐食品如面包、糕点、奶产品和汤。自从 20 世纪 70 年代中期，利用传统和现代技术加工大豆已形成了一个综合性工业。

2.7 朝鲜

1994 年用于生产豆制品的大豆为 45 万 t，人均每人每天消费大豆 30g，其中 80%靠进口。传统豆制品包括非发酵的和发酵的。近年来，在食品加工中利用豆粉和分离蛋白作为附加成分迅速增加。大豆组织蛋白主要用于汉堡和方便面的汤料。大豆分离蛋白和浓缩蛋白主要用于火腿、冰淇淋和面包，且市场需求以每年 10%~15%的速度增长。

2.8 马来西亚

大豆工业在马来西亚是一个数百万元的工业，但是原料主要依赖于进口。加工成的豆制品可分为发酵和非发酵两大类。传统豆制品的加工技术是由中国大陆的移民引进的。随着时间的推移，这些技术被不断地改进和提高。

2.9 缅甸

缅甸生产的大豆全部用于国内消费。大部分豆制品是由小规模的农户型工业用简单设备生产，豆奶和豆油还未商业化地生产。

2.10 尼泊尔

大豆是尼泊尔人民重要的蛋白质来源。爆裂大豆和烤大豆是两种主要小吃。kinema 是一种尼泊尔本地经发酵的豆制品，改进 kinema 发酵加工技术须用 *Bacillus subtilis* 进行纯系培养。

2.11 菲律宾

大部分大豆靠进口，并主要用作饲料。绝大多数豆制品是农户型生产，而豆奶是工业化生产。

2.12 斯里兰卡

从 1976—1983 年，大豆生产呈上升趋势。现在饲料工业每年利用 56 万 t 脱脂豆饼，且需求量仍在增加。对大豆的消费，一是利用整个豆粒生产一种叫 Thriposha 的豆制品，二是用脱脂豆粉生产各种各样的豆制品。新兴的豆制品有脱脂豆粉、部分脱脂豆粉、豆油及含有大豆粉的饼干、面条和快餐等。

2.13 泰国

大豆总产量达 50 万 t，每年仍大量进口。其中，7.4%用作种子，81.7%用于榨油和其他，10.9%用于吃毛豆和工业产品。新兴豆制品包括豆油、豆饼、组织蛋白和婴儿食品。大多数豆制品厂属于中小型，只有豆油、豆奶和豆饼由大型工厂生产。

2.14 越南

每年生产 10 万 t 大豆用于加工豆制品。大多数豆制品由小规模的企业生产，豆油由大型企业生产。

3 国际机构报告

3.1 美国大豆协会

美国大豆协会是一个非营利的，由大豆种植者、公司和其他个人组成的一个商业机构。它与美国农业部、外国农业服务人员、美国大豆委员会及有关个人一起工作，涉及大豆生产、豆制品利用、消费和市场。其目标是通过生产者、企业和政府之间的相互合作促进美国大豆和豆制品的利用，但不直接经营大豆和豆制品。实施项目是为家禽、家畜、水产和豆制品工业提供技术帮助。

3.2 亚洲蔬菜研究发展中心

自从 1972 年建立以来，大豆一直是主要研究作物，并已取得了很多进展。人们对作为蔬菜类型的大豆的兴趣在全世界范围内正在日益增长。将来的研究重点是企图导入无脂氧酶基因和高含硫氨基酸基因。有兴趣的合作者可向该中心索取育种材料。

3.3 谷物生产研究培训中心

为联合国亚太地区经济和社会委员会的一个附属机构，已经参与或协调过 10 多个有关亚洲地区大豆发展的项目。1993 年中心与粮农组织和马来西亚农业发展研究所联合组织了一个关于豆科和粗粮小规模加工研讨会，曾帮助印度尼西亚进行大豆分级和品质方面的研究，该中心还正在进行有关亚洲地区大豆加工发展的研究。

3.4 粮农组织

粮农组织大豆研究和发展计划的主要目标是食物安全和营养需求。其执行的项目：斯里兰卡的大豆生产和利用；促进豆制品在越南的生产；加速菲律宾大豆生产和利用；在中国举办一次大豆加工与利用亚洲地区培训班（1994 年 12 月）及召开首届国际大豆加工与利用研讨会（1990 年 6 月）；对菲律宾大豆加工业进行实地考察（1995 年 2 月）。

本文原载：作物杂志，1996（3）：36-37

国内外大豆生产及育种的进展

王连铮

（中国农业科学院，北京　100081）

根据粮农组织统计，1997 年世界大豆油产量为 1 904万 t，占 14 种油料作物的 25.10%，居世界第一位。1997 年世界 8 种作物蛋白质产量为 5 743.2万 t，大豆达 3 721万 t，占 64.78%，居第一位。美国农业部报道，1998 年全球生产谷物为 18.7 亿 t，大约有 37%用作畜禽饲料。美国植物油占食用油 90%，植物油中大豆油占 80%。1999 年 6 月，贺锡翔报道，美国 65%的玉米和 80%大豆用作畜禽饲料和出口。由上述数字可见大豆的重要性。

1　世界大豆生产情况

世界大豆主要生产国情况见表 1。

表 1　世界大豆生产情况

国家	1996—1997 年			1997—1998 年			1998—1999 年		
	面积（百万 hm^2）	产量（t/hm^2）	总产量（百万 t）	面积（百万 hm^2）	产量（t/hm^2）	总产量（百万 t）	面积（百万 hm^2）	产量（t/hm^2）	总产量（百万 t）
美国	25.66	2.53	64.84	27.97	2.62	74.22	28.66	2.62	75.03
巴西	11.80	2.27	26.80	13.00	2.33	30.00	12.90	2.40	31.00
中国	7.47	1.77	13.22	8.35	1.67	13.80	8.00	1.73	13.80
阿根廷	6.20	1.81	11.20	7.10	2.35	16.00	7.40	2.53	18.70
印度	5.23	0.99	5.20	5.86	1.15	6.72	6.30	0.90	5.70
欧盟	0.34	3.44	1.15	0.46	3.37	1.44	0.54	3.26	1.74
巴拉圭	1.20	2.25	2.70	1.20	2.23	2.90	1.25	2.64	3.30
其他	5.29	1.22	6.47	6.41	1.12	7.17	5.61	1.51	8.48
总计	63.19	2.08	131.58	69.34	2.19	152.26	70.65	2.23	157.75

资料来源：Oilseeds - World Markets and Trade，USDA，April，1999 and Agricultural Statistics at a Clance，Dir. Economics and Statistics，Min. of Agriculture，GOL

1.1　美国的大豆科研和生产

1.1.1　生产

美国大豆协会（American Soybean Association）统计，1997 年美国生产 7 423万 t，居世界第一位，占当年世界大豆生产的 47%。播种面积为 2 800万 hm^2，播种面积仅次于玉米居第二位。1930 年播种面积仅为 50 万 hm^2，1950 年为 217 万 hm^2，1970 年为 273 万 hm^2（美国农业部材料），1997 年生产 3 370万 t 大豆粉，生产大豆油 800 万 t，1997 年出口大豆2 400万 t。

大豆生产正从单一结构转向多元结构体系发展，农业市场传统的非商品协调现在要求转向经济学家所讲的管理协调，如火鸡生产则要求农场和加工紧密结合（一体化），生产和加工过程的财政所有权是这种结合的一个方面，另一个方面是通过生产合同和确定产出来实现。这种方法在美国玉米种子生产、蔬菜生产中也可以看到。今后主要挑战之一是适应市场体系，它既是多元结构的又是动态的。

1.1.2 科研

过去美国的大豆科学研究起了重要作用，它包括公共的和私人公司的科学研究，多次更新良种，改进栽培技术，发展高新技术，应用抗除草剂的大豆于生产等，今后他们将继续加强大豆科学研究。仅美国农业部每年用于大豆的科研经费为 2 400万美元。美国大豆协会（ASA）每年从农民销售大豆提取 0.5%作为大豆科学研究经费达 8 000万美元。同时他们也认识到大豆的研究结果有一定的地理局限性，在这一地区适应，而在另一地区则不行，研究人员要将其科研成果提供给生产者及市场体系，并促进其结合。

1.2 巴西的大豆生产和科研

1998—1999 年度，巴西种植大豆1 291万 hm^2，总产量为 3 122万 t，每公顷为 2 418kg（表2）。总产值达 65 亿雷亚尔，占全国农牧业总产值的 7.5%，相当于国民生产总值的 0.8%。巴西生产的大豆有 70%出口，年均创汇 50 亿美元（吴志华，1999）。

过去 20 多年，巴西农业研究协会，不仅注意传统大豆栽培技术的改进，在培育大豆新品种上也作出了重要贡献，他们培育了 100 多个大豆新品种，使巴西 60%的大豆生产都用上了本国培育的良种，有 30%的出口大豆为本国品种，这类良种适应于热带地区种植。同时还培育了巴西第一个抗胞囊线虫的大豆品种，已推广 170 万 hm^2。此外，在整地、施肥、轮作、种子质量、病虫害防治及收获等方面开发了不少好技术。

1.3 阿根廷的大豆生产和科研

阿根廷 1862 年开始种植大豆，1957 年、1976 年平均为 77 万 hm^2、745 万 hm^2。巴西为 156 万 hm^2，同期美国为 1 491万 hm^2。1976—1977 年阿根廷生产大豆 140 万 t，位于南纬 23°~39°，种植的品种熟期组（GM）为 GMⅢ到 GMⅨ。油用作物生产大幅度提高，由 8%提高到 20 世纪 70 年代初期的 40%。过去 10 年（1989—1998 年）平均每公顷为 2 217kg。1997—1998 年平均每公顷 2 694kg，总产为 1 870万 t。

表 2 巴西大豆播种面积，总产量和平均单产，1964/1965 到 1998/1999

年份	面积（1 000hm^2）	总产量（1 000t）	平均产量（kg/hm^2）
1964—1965	432	523	1 211
1969—1970	1 319	1 509	1 144
1974—1975	5 824	9 893	1 699
1979—1980	8 774	15 156	1 727
1984—1985	10 153	18 278	1 800
1989—1990	11 465	19 850	1 731
1994—1995	11 679	25 934	2 221
1995—1996	10 663	23 190	2 175
1996—1997	11 381	26 160	2 299
1997—1998	13 176	31 356	2 380
1998—1999	12 911	31 217	2 418

1997 年阿根廷大豆籽粒、豆油和豆粉出口占阿根廷出口的 12.7%，为 32.5 亿美元。

1.4 印度的大豆生产和科研

近年来，印度的大豆生产有了很快的发展，1991—1992 年仅生产 249 万 t，而 1995—1996 年则生产 500 万 t，4 年翻了一番，1997—1998 年达 672 万 t，并成为大豆出口国，1996—1998 年出口大豆 255 万 t。印度大豆 85%用于加工豆油，5%用于食品和饲料，10%用作种子，印度建立了大量大豆加工厂，年加工大豆能力达 1 560万 t。印度主要种植在拉贾斯坦、Mahara，Madhya Pradesh 邦的两季栽培。

主要的耕作制为大豆—小麦/鹰嘴豆。大约 50%的农户用机械进行播种、耕作和收获。40%农户施用化肥。大豆根瘤菌接种在一些地方是有效的。

2 我国大豆生产和科研情况

改革开放以来，中国的大豆生产有了很大的发展。1985 年以后中国大豆总产量达到 1 000 万 t，1993 年又超过了 1 500万 t。1993 年全国大豆产量首次超过 1 500kg/hm²，达 1 618kg/hm²。虽然不同年份有所变动，但大豆总产量和单产总的趋势是逐步增加的，面积相对稳定在 733~933 万 hm²，是仅次于水稻、小麦、玉米之后的第四大作物。

过去 20 年共推广 55 个大豆品种，其中有 23 个品种获国家级奖励。在大豆遗传、大豆品种资源、大豆高产栽培、施肥、防治病虫害、节水灌溉、生理等方面均取得了很多科研成果。

由于畜牧业发展，人口增加，蛋白质和食用油不足，近年来进口大豆、豆饼和食用油每年达到数百万吨。

中国主要有三个大豆产区，北方春大豆区包括黑龙江、吉林、辽宁、内蒙古东部等地，面积约 333 万 hm²，总产占 40%以上；华北大豆产区面积约 200 万 hm²；南方大豆多作区。1996 年超过 30 万 hm² 以上的省（区）有黑龙江、内蒙古、河南、河北、山东、安徽。总产量超过 50 万 t 以上的省（区）有黑龙江、山东、河南、内蒙古、河北、吉林和安徽。

我国大豆生产之所以能不断提高，主要有以下几条原因：①因地制宜推广良种。②改进栽培技术措施。③增施肥料，培肥地力。④防治病虫草害。⑤面积相对保持稳定。⑥开展丰收计划，进行新技术示范推广。⑦不断提供新的科研成果，促进大豆生产的发展等。

3 各国大豆科研情况

1999 年于芝加哥召开的国际大豆研究会议共收到论文 568 篇，其中大会交流 7 篇，专题会议口头交流 186 篇，张贴墙报交流 375 篇。专题会议交流较多的专业有大豆育种、作物管理（栽培）、食品和健康、病害管理、大豆生理、品种资源、加工工艺等，均在 10 篇以上，生物技术也是热门专题之一，参加学术交流的人员也较多。

3.1 生物技术方面发表不少文章，在专题会上进行了交流

3.1.1 标记辅助育种（Marker Assisted Breeding）做了相当多的工作，并收到不少成果

（1）不少科学家指出（Gizlice et al，1996；Sneller，1994）美国现在大豆遗传基础太窄，因此要从现有美国品种及其祖先以外的品种选择亲本。他们拟从中国、日本、北美等遗传显著不同的群体在美国环境下的产量表现以及大量的 DNA 标记资料来筛选亲本进行杂交。

（2）发现轮回亲本——导入抗草甘膦基因（Revovery of Recurrent Parent-Introgression of Glyphosate Tolerance）。美国乔治亚大学，H. R. Boermea 等 1996 年 5 月从孟山都公司收到此基因正通过回交转育抗草甘膦的大豆品种，如 Benning（MGVⅡ）。

（3）进行早世代性状选择——抗虫性（Early-Generation Trait Selection-Insect Resistance）。美国发现三个品种资源部分抗墨西哥豆甲虫（Mexican Bean Beetle）：PI171451（Kosamame），PI227687（Miyako White）和 PI229358（Soden daizu）（Van Duyn et al，1971，1972）。

（4）多性状选择——抗旱性（Multiple Trait Selection-Drought Tolerance）。大豆生产常常不稳定，多半与大豆鼓粒期缺少降水有关。美国东南部大豆鼓粒期每 3~4 年发生干旱，影响产量，最近研究了大豆品种对抗旱性的反应。美国品种对抗旱性反应差别不大。对中国和日本品种资源进行大量筛选，发现 PI416937 具有较好的抗旱性，缺水时凋萎慢，减产少（Sloane et al,

1990)。同时发现 Young 品种水利用系数要比 P1416937 高 16%(Mian et al, 1996b)。

3.1.2 大豆转化

J. Widholm 对大豆转化状况做了全面论述，他认为目前最有效的转化方法是利用农杆菌介导法通过子叶节进行转基因和利用基因枪进行转化(Finer & Nagasawa, 1988)也有利用花粉管导入等方法，但以前两者为好。美国做得较好的有 Monsato 的 Hinchee 等。内布拉斯加大学生物技术中心和衣阿华大学、伊利诺大学开展也较好。中国农业科学院作物所和内布拉斯加大学生物技术中心已开展合作一年多，正在将抗除草剂基因转入中国的大豆品种中去，已有进展。

3.2 大豆育种专题报告

(1) 有 11 篇谈抗病育种，其中 5 篇谈抗胞囊线虫育种。美国胞囊线虫小种有 8 个为 1、2、3、4、5、6、9 和 14。目前发现 PI437654 抗所有小种(此品种已引入)。美国过去利用的主要抗源为 Peking 和 PI88788。谈到抗疫腐病、灰斑病、病毒、菌核病等也有不少。杨庆凯教授对抗大豆灰斑病的品种资源鉴定，遗传机制和分子标记做了专题发言。

(2) 介绍产量育种的有四篇。盖钧镒教授对中国产量育种的战略和进展情况做了全面论述。澳大利亚的 Andrew James 对获得未来高产所采取的战略，可利用分子生物学的新成就改良农艺性状、抗病性和品质。同时可利用计算机与世界气候系统模型来进行作物模拟和水分及营养、病虫害微管理，以达到高产。R. L. Rossi 指出环境—品种—管理协调好是获取阿根廷大豆高产的原因。过去 25 年成功的大豆育种计划是在高产环境下进行的。新品系在全国不同地区进行试验，以鉴定其在不同地区的适应性。他认为，无限结荚习性品种在晚熟组产量表现稳定。

(3) 美国著名大豆遗传育种学家，普渡大学教授 J. Wilcos 博士就大豆品质育种问题做了专题报告，受到与会人员的欢迎，他报道了利用辐射育种和回交使大豆油中亚麻酸降到了 25g/kg 以下。利用分子技术抑制这一基因，使亚麻酸含量降到 15g/kg 以下。同时用轮回选择将大豆蛋白质提高到 47%以上，成效显著。美国 H. L. Bhardwaj 和王连铮就大豆高蛋白和高产育种问题在专题会上做了介绍。另外，介绍抗干旱育种及耐雨育种有一篇。

3.3 大豆品种资源

R. Nelson 指出，根据国际植物遗传资源研究报所告，全世界 125 个单位共保存 14.7 万份大豆品种资源。80%保存在 50 个单位。有 8 个单位保存世界大豆一半的品种资源。保存和鉴定这些资源极为重要。分子标记的出现，可极大地推进遗传多样性的鉴定。对中国原始品种进行 DNA 标记发现，起源地和遗传相似有极强的相关性。

常汝镇等对中国大豆品种的收集保存和利用做了全面的介绍，董英山、孙寰等对一年生野生大豆做了介绍。加强大豆品种资源的研究并拓宽品种资源在大豆育种中的利用是与会科学家的共识。

3.4 大豆栽培管理方面

(1) 水分管理。L. Heatherly 提出通过调节播种期和采用不同熟期的品种来躲避干旱的措施。

(2) 气候与产量的关系。根据 20 年的 15 个点的气候资料与产量的关系进行分析得出，北方温度增加 2℃，则稍有增产，南方产量则减 16%。美国南方需要选择耐高温的大豆品种(Joues, 1999)。

(3) 产量与营养。Rehm 指出(论文集 P245)微量元素 Zn、Mn、Cu、Fe、B、Mo 等在不同地区对大豆产量有较好的影响。深施磷和钾肥(15cm)可显著增产(Mallarino, P251)。每千克土壤中磷少于 16mg 施磷肥有效。每千克土壤中 90mg 钾以下时施钾肥有效。Whitney 对大豆施氮肥进行了研究。每公顷施 22~44kg 可增产 11%。

(4) 美国内布拉斯加大学 Jim Specht 教授对水分与大豆基因型的关系做了较为深入的研究，认为不同基因型对水分反应不一样。耐旱类型在干旱条件下产量明显高于喜肥类型，而在灌溉条件下，喜肥水类型产量明显高于干旱类型，大豆在鼓粒期对水分最敏感。

（5）俄亥俄州立大学库珀教授认为矮秆或半矮秆品种在窄行高密度情况下可明显增产。他采用半矮秆品种，行距 17cm，密度可增大 50%。

3.5 在大会发言和专题发言中也出现些争论问题

（1）转基因食品安全问题，在这方面有不同意见。欧盟对转基因食品进入市场需要核准，同时禁止种植转基因作物（GMO）。欧洲人要求零风险，也就是说不使用转基因作物。1999 年年初，在阿根廷召开的转基因食品国际研讨会上，与会的 130 多个国家中有近一半国家对转基因食品投入商业使用持反对意见。美国由于开发转基因食品较早，并在初期就将安全性评价作为一项基本工作，建立了较完善的管理法规和评价体系，从而促使美国的转基因食品较早地进入商品化生产。

（2）植物品种保护公约允许对品种给以专利保护，同时又允许在保护的品种间进行杂交，品种资源交换和保护知识产权（IPR）变得复杂化。R. G. Sears 认为这样有一定矛盾。有些人主张应自由交换，有些人主张对品种应给予专利保护，扩大品种资源交换的建议较多。

4 中国大豆育种的主要成就

由于科技部（原国家科委）、农业部、财政部、国家自然科学基金会以及各省、自治区、直辖市等的重视，近 20 年来我国大豆育种工作取得了显著成就，可以说是新中国成立以来发展最快的时期。根据崔章林、盖钧镒等统计（1998），1923—1995 年我国共育成 651 个大豆品种。1979 年以后育成的达 409 个。全国“六五”攻关育成 42 个大豆品种；“七五”攻关育成 58 个品种；“八五”攻关育成 67 个品种，取得了明显的成就。1979 年后育成的大豆品种占总育成大豆品种数的 62.83%，也就是说近 2/3 的品种是这个时期育成的。

据全国农业技术推广中心不完全统计，改革开放以来经国家农作物品种审定委员会审定和认定推广的大豆品种共计 55 个，其中审定的品种 33 个，认定的品种 22 个，详见表 3。

表 3 改革开放以来国家审定和认定的大豆推广品种
（全国农业技术推广中心提供，1998 年 12 月）

年度	审定品种数	认定品种数	品种名称
1984		18	铁丰比、黑农 26、黑河 3 号、丰收 10 号、丰收 12、开育 8 号、吉林 3 号、九农 9 号、徐豆 2 号、齐黄 1 号、诱变 30、鄂豆 2 号、矮脚早、跃进 5 号、合丰 23、丹豆 5 号、吉林 8 号、跃进 4 号
1989	9		合丰 25、吉林 20、长农 4 号、鲁豆 4 号、鲁豆 2 号、豫豆 2 号、中豆 19、冀豆 4 号、浙春 1 号
1989		4	吉林 18、长农 2 号、绥农 3 号、鲁豆 1 号
1990 1991	4 1		豫豆 8 号、黑河 5 号、开育 9 号、湘春豆 10 号、铁丰 24
1992	1		宁镇 1 号
1993	1		开育 10 号
1994	5		浙春 2 号、鄂豆 4 号、豫豆 10 号、贡豆 2 号、科丰 6 号
1995	2		通农 10 号、黑农 35
1997	1		绥农 8 号

（续表）

年度	审定品种数	认定品种数	品种名称
1998	9		贡农6号、豫豆18、合丰35、北丰11、吉林30、徐豆8号、豫豆16、黑河11、晋豆19
合计	33	22	

4.1 获奖的大豆品种

据农业部科技司报道，1979年以来获得国家级奖励的大豆品种有23个。其中获国家发明一等奖的有铁丰18（1983年）；获国家发明二等奖的有跃进5号（1983年）、黑农26（1984年）、黑河3号（1985年）；获国家科技进步二等奖的有鲁豆4号（1992年），冀豆7号（1997年），详见表4。

表4　1979年以来获国家级奖励的大豆品种

品种名称	获奖年度	获奖名称等级	育成单位
铁丰18	1983	国家发明一等奖	辽宁省铁岭地区农科所
跃进5号	1983	国家发明二等奖	山东省菏泽地区农科所
黑农26	1984	国家发明二等奖	黑龙江省农科院大豆所
黑河3号	1985	国家发明二等奖	黑龙江省农科院黑河所
长花序大豆风交66-12	1985	国家发明四等奖	辽宁省丹东市农科所
鄂豆2号	1985	国家科技进步三等奖	中国农科院油料所
开育8号	1985	国家科技进步三等奖	辽宁省开元县示范农场等
东农36	1987	国家科技进步三等奖	东北农学院
丰收黄	1987	国家科技进步三等奖	山东省潍坊市农科所
诱变30	1988	国家发明三等奖	中国科学院遗传
冀豆4号	1988	国家科技进步三等奖	河北省邯郸地区所
合丰25	1988	国家科技进步三等奖	黑龙江省农科院合江所
豫豆2号	1989	国家科技进步三等奖	河南省农科院经作所
吉林20	1989	国家科技进步三等奖	吉林省农科院大豆所
豫豆6号	1991	国家发明三等奖	河南省周口农科所
鲁豆4号	1992	国家科技进步二等奖	山东省农科院作物所
大豆5621	1992	国家发明三等奖	辽宁省农科院原子能所
豫豆8号	1993	国家科技进步三等奖	河南省农科院经作所
中豆19号	1995	国家科技进步三等奖	中国农科院油料所
吉林小粒豆1号	1995	国家发明四等奖	吉林省农科院大豆所
大豆抗病系郑077249	1996	国家发明三等奖	河南省农科院经作所
冀豆7号	1997	国家科技进步二等奖	河北省农科院粮油作物所
抗孢囊线虫—抗线1号	1997	国家发明四等奖	黑龙江省农科院盐碱土利用改良所

4.2 使用优质高产品种

目前，在大面积推广的大豆品种中，应尽快选择一批优质高产大豆良种和优良品系加速繁殖，以便尽快应用到生产中去。

4.2.1 大面积推广的良种有以下10个（表5）

表5 1988—1997年种植面积较大的大豆品种

品种	脂肪含量	蛋白质含量	区域试验结果		生产试验结果		10年平均种植面积（$667m^2 \times 10^4$）
			kg/$667m^2$	增产（%）	kg/$667m^2$	增产（%）	
合丰25	19.3	40.6	138	11.8	151.4	13.4	1 064.7
合丰35							540.6（3年平均）
鲁豆4号	20.3	42.6		20.1			317.4
绥农8号	20.3	41.8	153.4	13.4	167.7	10.3	219.9
跃进5号	20.6	41.6	150.4	21.3	149.8	9.6	185.4
诱变30	20.9	43.2	150.0	31.1~36.5			178.5
吉林20	20.6	39.2	160.3	12.7			166.5
科丰6号	19.33	43.95	136.3	17.7		159.6	
豫豆2号	17.7	46.5	91.3~207.5	15.6		24.2	134.5
冀豆7号	20.1	43.1					131.7（6年平均）

*引自全国种子总站及全国农业技术推广服务中心统计资料

上述品种有的推广年限已经超过十多年，有些混杂，急需进行提纯。同时也应尽快通过试验，选出一批新的良种来。

4.2.2 高蛋白大豆品种

对于北部推广的品种，以蛋白质含量超过45%以上列入表6；南方以蛋白质含量超过50%列入表6中，这类品种多系地方良种，种植面积较小。高产高蛋白大豆良种中以浙春2号、黑农35和东农42较好，后两者已出口到日本。

表6 高蛋白大豆品种情况（引自中国大豆品种志，不完全统计）

品种	脂肪含量	蛋白质含量	区域结果		生产示范		备注
			kg/$667m^2$	增产（%）	kg/$667m^2$	增产（%）	
浙春2号	17.4	45.45	140.4	12.8	110	20.6	
黑农35	18.6	45.2	154.2	7.2	124.7	9.4	
东农42	19.4	45.3	155.9	7.5	162.6	18	
吉林28	17.2	46.6	150	5	160	14.6	
通农10	18.4	46.2	143	−1.1	147.7	2.5	
黑农34	18.9	45.2	145.2	13.9	163.7	21.2	向北延伸100km
东农36	19.3	46.0	110		103.7		
烟黄3号	18.0	46.0	138.1	22.02		20	
淮豆2号	17.5	46.5	150	10.0			

（续表）

品种	脂肪含量	蛋白质含量	区域结果		生产示范		备注
			kg/667m²	增产（%）	kg/667m²	增产（%）	
南农 87C-38	16.6	48.4					
中豆 14		46	124	13.1			
郑豆 4	16.5	47	118	16.6			
毛蓬青 1 号	19.8	51.0	192.7	56.1	150	26.2	
上饶八月白	16.7	50.5					
严田青皮豆	16.8	52.9					
横丰八月黄	18.0	50.2					
上饶青枝豆	17.6	50.2					
德阳六月黄	17.5	50.4					
通江白绵豆	14.3	51.0					
垫江八月黄	14.5	50.8					
揵为泉水豆	17.6	51.8					
郫县小黑豆	13.8	50.5					
水德羊眼豆	14.3	50.1					

4.2.3　含油量高的大豆品种（表 7）

表 7　含油量超过 22%以上的大豆品种（不完全统计）

品种	脂肪含量	蛋白质含量	区域试验		生产试验	
			kg/667m²	增产（%）	kg/667m²	增产（%）
红丰 3 号	22.5	38.9	127.2	14.1	114.1	7.4
九丰 2 号	22.5	35.7	120.8	7.4	128.8	8.2
垦农 4 号	22.0	41.6	159	13.0	164.6	12.6
绥农 6 号	22.7	37.2	144.3	14.9	161.1	22.4
嫩丰 10 号	23.3	38.4	109.4	12.8	111.7	13.8
黑农 31	23.1	41.4	136.6	5.0	123.2	6.5
黑农 32	22.9	40.8	143.6	12.6	175	14.3
黑农 33	22.2	40.3	164.3	21.8	178	19.2
东农 38	22.2	38.3	130.9	15.1	146.5	显著
铁丰 22	22.6	41.3	142.1	11.8	190.3	19.6

4.2.4　小粒豆

百粒重在 12g 以下的可以出口到日本做纳豆，目前已有下述品种出口到日本。

（1）红丰小粒豆 1 号，1988 年出口 770t。

（2）黑农小粒豆 1 号，1990 年出口 600t。

(3) 东北小粒豆。

(4) 吉林小粒豆1号，1989年出口4 000t。

4.3 大豆育种体会

4.3.1 有性杂交是大豆育种的主要手段

从国家审定和认定的47个大豆推广品种中，42个品种是利用杂交育种育成的，占89.36%；2个品种是杂交育种与辐射相结合育成的，占4.36%；3个品种是用系统选种育成的，占6.38%。由此可见，有性杂交是目前大豆育种的主要手段。但对其他育种手段如辐射育种、系统育种和生物技术应用等手段可结合应用。

4.3.2 选择亲本是杂交成功与否的关键问题

从目前生产上应用品种来看，选择生产上大面积推广的品种，改良1~2个或2~3个性状，两个亲本的性状还可以互补的组合比较容易成功。这已经被大量育成的品种实践所证实。同时还应当有一定的规模，组合太少不容易选出好的材料。对杂交后代材料处理多采用系谱法或混合系谱法，也有采用单粒传等方法。

利用无限结荚习性品种或亚有限结荚习性品种与有限结荚习性品种杂交可以产生超亲遗传。如选出的黑农35熟期比母本早7d，比父本早14d。蛋白质含量比高蛋白亲本蛋白含量高2.12%（1996年农业部谷物品质监督检验测试中心分析）。

4.3.3 拓宽大豆品种资源的利用是开展有效大豆育种的一个重要问题

早在1980年曾提出，当时黑龙江省大面积推广的大豆品种亲缘太近，当时推广的17个黑农号大豆品种中有14个品种有满仓金亲缘，8个有东农4号亲缘，8个有紫花4号亲缘、6个有荆山朴亲缘。所以必须拓宽利用新的大豆品种资源。后来由于利用了日本的高产品种育成了高产高蛋白的品种黑农35和黑农34。

4.3.4 高肥水条件鉴定是选育高产大豆品种的必要方法

为了选育高产大豆品种，需将大豆后代材料放在肥水高的条件下进行鉴定，以明确其增产潜力。选择那些丰产性好而又不倒伏的品系进行繁殖推广试验，经过区域试验和生产试验进一步决定取舍。为了选育高产品种，丰产性和抗倒伏性是重要的选择性状。大豆丰产性是由每株荚数、每节荚数、每荚粒数和百粒重决定的。不同品种单位面积的株数、栽培条件以及肥力水平又有不同，最终还需要通过实际试验来鉴定。为了提高抗倒伏性，选育适于高产条件的品种，株高应适当降低，太高容易发生倒伏。降低株高的途径：可利用无限结荚习性大豆与有限结荚习性的大豆品种进行杂交；有限结荚习性品种之间杂交；用辐射手段处理有限结荚习性大豆品种以及从农家品种中筛选。利用现有半矮秆品种进行密植，在高肥水条件下可获得高产。

4.3.5 采取多种途径（如南繁、异地种植和温室加代等途径）缩短育种年限

同时可以在不同生态地区进行多点鉴定，因为大豆的生态类型很复杂，一个品种适应这个地区，不一定适应另一地区。

王金陵先生在大豆遗传育种方面，马育华先生在大豆数量性状遗传和生物统计方面，张子金先生在大豆育种特别是抗虫育种亲本选配方面，卜慕华先生在大豆栽培区划和育种方面，王彬如、翁秀英、王回勋等在大豆育种方面等均作出了突出贡献。

5 讨论和展望

(1) 为了提高大豆产量必须加强大豆高产品种和超高产品种的选育工作。为了提高大面积大豆的产量，必须加速选育大面积产量225~250kg/667m^{2}的大豆良种。目前大面积亩产225~250kg/667m^{2}的大豆品种还比较少。现有超高产的大豆品种（亩产超过300kg/667m^2）更少。300kg/667m^{2}诱处4号的性状表现，其株高变动于96.8~124cm；生育日数为97~108d，有效分

枝为 2. 8~6. 7 个，株荚数为 68~155. 6 个，株粒数为 129. 2~312. 8 个，百粒重在 22. 1~29. 3g，株粒重在 52. 8~69. 1g，肥力为上等，密度在 0. 44 万~1. 44 万株/667m^2。

（2）加速高油高产品种的选育。我国大豆品种含油量比美国大豆品种低 1%~2%，利用国产大豆品种效益不高，如能将大豆品种含油量提高，产量也较高，农民可增收，企业可增加效益。

（3）选育高产高蛋白品种很迫切。由于我国缺乏蛋白质，畜牧业出栏率低，近年大量进口豆粕。选育高产高蛋白大豆品种很需要，而高蛋白往往又和高产呈负相关。黑龙江省农业科学院选育了高产蛋白的大豆品种，黑龙江省科委委托组织了高寒地区大豆高产技术试验。在海伦采用黑农 35 在 4 000hm^2 土地上产量达 214. 5kg/667m^2，居 4 个试验点之首，其中有 13 个点产超过 250kg/667m^2。

（4）加速优质有机大豆出口，效益高，企业农民均收益。河北文案绿色有机大豆食品有限公司出口有机大豆效果很好，每吨可售 520~600 美元，效益很好，值得提倡。

（5）良种良法要紧密结合，才能看出一个品种的潜力。如从李永孝等的试验中可以看出，不施肥密度在 0. 6 万株情况下，齐丰 84 产量 140. 9kg/667m^2，而品种 7517-88 在同样条件下，亩产量 181. 2kg/667m^2，齐丰 850 产量为 156. 4kg/667m^2。而施 60kg/667m^2 复合肥、猪圈肥施 2 000kg 条件下，3 个品种均达到了 300kg/667m^2 以上的产量，可见肥力条件的重要性，同时每 10~12d 浇水一次。由上可见，良种、结合施水灌溉等条件就可获得高产。

（6）多种育种目标（高产、优质、抗性强等）以产量或优质为主；多种育种途径相结合，以杂交育种为主；广泛利用多种品种资源以核心亲本为主；用多种条件多点鉴定，以高肥水条件鉴定为主；本地育种及南繁和温室加代，应以本地育种为主。要加强抗孢囊线虫育种的研究，这方面李莹、张磊、戴瓯和等取得了成就。邵桂花、王秀文、丁安林等在抗盐育种和品质育种上取得了成就。

（7）区域试验和生产试验点应稳定并应给予必要的支持。这是做好试验选准推广品种的基础，是连接育种单位和生产单位的重要桥梁，没有这个环节，生产水平难以提高，建议加大投入，改善试验条件。

本文原载：种子世界，2000（10）：3-5

意大利的大豆生产、科研和技术推广

李　强　王连铮

（中国农业科学院，北京　100081）

意大利位于欧洲南部亚平宁半岛上，包括西西里和撒丁等岛。全国划分为24个地区，面积301 225km²，约有人口5 532万人。山地和山前丘陵占全国总面积的80%，南北长约1 500km。全境可分为4个地形区：一是阿尔卑斯山地（南坡）西起利古里亚海沿岸，东到亚得里亚海北端，呈弧形绵延于北部边境，平均海拔在1 000m以上，山脉中许多山口，是中欧通往地中海的要道。二是波河平原（波河是意大利最大的河流，全长652km），介于阿尔卑斯山地和亚平宁山地之间，东西最长约400km，南北宽80~200km，面积约占全国总面积的15%，大部分地区海拔100m左右，是全国最大的平原，土地肥沃，也是主要农业生产区。三是亚平宁山地和丘陵，沿海有狭长平原。四是西西里岛和撒丁岛，西南部有较大平原。

意大利土地均为黏性土壤，农业生产主要分为3部分：一是北部地区，山区属温带大陆性气候，最冷月气温为2~4℃，最热月平均气温23~26℃。年平均降水量，平原地区为500~1 000mm，山地区为1 000~2 000mm。气候潮湿，平原地区土壤厚度为1~2m，保水能力强，主要种植大豆、玉米、小麦、甜菜和葡萄等。二是中部地区，雨水少，温度高一些。主要种植高粱和向日葵等。三是南部地区，降水量很少超过500mm，比较干旱，秋冬时节为雨季（下雨容易造成水土流失）。主要种植硬粒小麦。

意大利农业人口约占全国总人口的7.5%。农场规模一般比较小，机械化程度高，农场主大多兼业。意大利1955年开始种植大豆，效果不理想。当时，美国、阿根廷和巴西种植的大豆占世界大豆贸易量的80%。1980年，欧共体对种植大豆给予补贴，从1981年开始直到20世纪90年代，欧洲国家大豆种植发展很快。到20世纪80年代末期，大豆平均产量达4t/hm²。1991年，意大利大豆种植面积达到50万hm²。

1　意大利大豆生产

意大利大豆主产区主要在北部，特别在波河河谷沿岸，平均产量最高。该地气候条件对大豆生产有利，无霜期时间长，海洋性气候，常年湿润，很少干旱，地下水位高，平均3~4m就有丰富的地下水；河流水量充沛，灌溉便利，大豆田平均灌溉3~5次。在平原地区降水量达1 000~1 500mm，在沿海地区降水量800mm，降水量分布均匀。土壤有机质含量达2.5%~3%，个别地方有机质高达4%~5%。意大利春大豆产量在4t/hm²左右，高产的可达5t/hm²；夏大豆产量3t/hm²左右；全国大豆平均产量为3.7t/hm²，是世界大豆单产最高的国家。意大利大豆生产主要有以下特点和经验。

1.1　平播密植

意大利土地平整，大豆种植绝大部分是平播，单行或双行，种植行距45~50cm，垄作极少，整地深耕但不翻土，全部机械化播种和收割，密度为40株/m²左右。

1.2 注意轮作种植

每4年或5年轮作1次，可有效防治病虫草害。

1.3 施肥量高

5年轮作施有机肥6~8t/hm^2，施磷、钾肥各100t/hm^2。

1.4 化学除草

种子进行包衣处理，播种前施用杀虫剂、农达（草甘膦）或使用氟乐灵除草剂，农田干净，不进行中耕。

1.5 品种优良

意大利的大豆品种40%本国育种，60%从美国和其他国家引进。现场参观Palazzolo，此地土壤特别肥沃，土壤有机质在4%~5%，土壤疏松，同时又有灌溉条件。在这里，有41个大豆品种产量超过5.25t/hm^2。

2 意大利的大豆科研和技术推广

从20世纪80年代开始，意大利农业科研单位在大豆研究工作方面取得很大进展，特别是注意研究引进品种的配套栽培技术，找出大豆生产中的制约因素。考察访问了乌迪内大学农学系、朱利亚地区农业服务中心和气象雷达观测站、马里聂拉农场、贝纳蒂农场、头维斯农场、马里安尼斯农场等单位，了解了意大利的大豆科研和推广情况。

2.1 乌迪内大学农学系

该系生物技术实验室设备齐全，人员稳定，技术力量雄厚，经费充足。经费来源有国家科研立项、合作研究、欧盟项目经费和公司投入资金等，公司投入资金目前主要开展植物转基因工作。在大豆转基因工作方面，已培育出转基因植株，但存在大豆植株再生难的问题。农学系教授达努索（Prof. Francesco Danuso）于1992年开始进行作物和土壤的模型特别是大豆高产模型的研究工作；1994年，他根据土壤养分、作物参数、降雨情况、灌溉、温度、蒸发系数和土壤湿度的水分情况，将气象、作物和土壤情况输入计算机，编制成软件，进行农业推广服务。例如灌溉计划服务，地区气象服务中心的服务地区有9个土壤类型，一周两次告诉农民何时灌水、下次灌水日期、具体地点、土壤水分等情况，并有农业技术人员进行指导。因其收取服务费用较高，故主要在20多个农场和电视上做这方面工作。

2.2 朱利亚地区农业气象服务中心

系该地区环境管理局的下属单位，人员编制28人，其中9人为农业技术专家，管理林业气象雷达。职能：负责乌迪内和的里雅斯特辖区内的农业气象服务和当地天气预报工作。服务的主要内容：①用水的平衡。②霜期预报。③农业信息。通过当地农业信息周报（1~2d出版一次，由地方政府付费，无偿提供给农民）和电视用文字传真（每天80页的信息，并不断更新信息，收取服务费用较高）进行服务。

2.3 朱利亚地区农业推广中心（ERSA）

该中心以农业与环境和品质关系为主要研究对象，设置作物、果树、蔬菜等8个部门，工作人员120人。该中心设有土壤理化室（研究土壤与植物的关系）和病毒检测分析研究室等研究机构。朱利亚地区有人口110万人，土地220万hm^2，种植大豆4万hm^2。ERSA出版杂志（双月刊），免费向农户提供信息；通过电视每15d进行1次信息传播；每个星期派出技术专家到农场咨询（农民有兴趣都可以参加），组织专题讨论会；专家有特定日期会见农民，以解决技术问题。

意大利的农业科研工作，有以下几个特点：①意大利的科研、生产和推广服务机构紧密结合，分工明确并有很强的协作性。②科研单位始终以服务市场为方向，紧密结合生产实际，开展应用技术研究和基础性研究，做好科技储备工作，以科技作为强大发展动力，推动生产快速发展。③科研机构的研究人员生活待遇和工作环境条件较好，经费来源广且充足，人员稳定，为多出科技成果创造了良好的条件。

通过考察，中国农业科学院已从意大利引进了 15 个大豆品种，2001 年进行隔离种植，通过检疫后，准备在一些地方扩大试验。

本文原载：中国农技推广，2002（1）：21-22

中国及世界大豆生产科研现状和展望

王连铮

（中国农业科学院，北京　100081）

1　世界大豆生产情况

1.1　大豆在世界油料和蛋白粉供应中的重要性

根据联合国粮农组织统计，1997 年世界大豆油产量为 1 904 万 t，占 14 种油料作物的 25.10%，位居第一。2002 年大豆油产量占世界食用植物油的 32.5%，居首位。1997 年世界 8 种作物蛋白质产量为 5 743.2万 t，大豆达 3 721万 t，占 64.78%，居第一位。美国农业部报道，1998 年全球生产谷物为 18.7 亿 t，大约有 37%用作畜禽饲料。美国植物油占食用油 90%，植物油中大豆油占 80%。1999 年 6 月，贺锡翔报道，美国 65%的玉米和 80%大豆用作畜禽饲料和出口。由上述数字可见大豆的重要性。

美国大豆协会报道，2001 年世界大豆总产为 1.84 亿 t；世界蛋白粕总消费量为 1.83 亿 t，大豆占 68%，全球豆粕消费 12 年内上升 86%。中国大豆豆粕消费量达 1 690万 t。大豆油占植物油的比例由 10 年前的 27.5%增加到 32.5%。过去 12 年大豆需求的增长为玉米的 2 倍多，预计 2011 年全球大豆用量需增加 7 000万 t。中国的家禽产量 10 年增加 158%，猪肉的产量增加 89%。2002 年豆油的消费量增加到 429.3 万 t（表 1）。

表 1　全球主要油料作物生产量及其产油量和蛋白质产量　　（单位：万 t）

作物	位次（以油排序）	籽粒产量		产油量	蛋白质产量
		1994—1995 年	1995—1996 年	1995—1996 年	1995—1996 年
大豆	01	13 863.3	12 414.9	1 904.4	3 720.5
棕榈油	02	–	–	1674.7	–
菜籽油	03	3 051.5	3 473.4	1 199.5	650.8
葵花籽油	04	2 361.6	2 631.5	958.9	410.3
花生油	05	2 901.3	2 843.1	484.3	318.0
棉籽油	06	3 397.2	3 587.9	363.6	502.3
椰籽仁干油	07	523.1	487.5	305.7	34.1
椰仁油	08	478.6	499.0	218.1	54.3
橄榄油	09	–	–	171.3	–
芝麻油	10	258.0	262.0	123.1	–
亚麻油	11	244.0	259.0	91.0	52.9
蓖麻籽油	12	127.0	133.0	59.8	–
红花油	13	89.2	89.2	31.2	–
大麻籽	14	3.5	3.5	1.2	–

资料来源：FAO，1997 年

1.2　大豆在大宗农产品国际贸易中的地位

大豆及其制品的国际贸易量每年几千万吨，其贸易量位居国际农产品贸易的前列。

2001 年，世界大豆种植面积 7 505万 hm^2，较 1990 年增长 31.4%，大豆总产 1.72 亿 t，比 1990 年增长 58.7%。其中美国占 42%，巴西占 24%，阿根廷占 16%，中国占 8%，印度占 3%，其他占 5%。世界大豆平均单产在 11 年内提高了 20.65%，年均提高 1.8%。意大利单产最高，全国平均每公顷达 3.6~3.7t，巴西 2.71t，阿根廷 2.6t，美国 2.56t（表 2）。

表 2　世界大豆主产国种植面积、单产和总产

	面积（万 hm^2）			总产（万 t）			单产（kg/hm^2）		
	1990 年	1995 年	2001 年	1990 年	1995 年	2001 年	1990 年	1995 年	2001 年
美国	2 287	2 494	2 943	5 242	5 924	7 538	2 292	2 376	2 560
巴西	1 148	1 166	1 385	1 989	2 565	3 750	1 732	2 200	2 710
阿根廷	492	593	1 000	1 070	1 213	2 600	2 175	2 045	2 600
中国	756	813	930	1 110	1 350	1 540	1 470	1 660	1 720
4 国合计	4 683	4 866	6 258	9 411	11 052	15 428	2 009	2 271	2 465
比例（%）	85.1	80.0	83.4	86.8	87.1	89.6	105.8	111.7	107.6
世界总计	5 712	6 241	7 505	10 843	12 681	17 211	1 898	2 032	2 290

1.3　主要大豆生产国情况

1.3.1　美国的大豆科研和生产

1.3.1.1　生产

2001 年美国生产 7 538万 t，居世界第一位，占当年世界大豆生产的 43.8%。播种面积为 2 943万 hm^2，播种面积仅次于玉米，居第二位。其 1930 年播种面积仅为 300 万英亩，1950 年为 1 300万英亩，1970 年为 4 110万英亩，单产每公顷 2.5~2.6t。

大豆生产正从单一结构转向多元结构体系发展，农业市场传统的非商品协调现在要求转向经济学家所讲的管理协调（administrative coordination），如火鸡生产则要求农场和加工紧密结合（integration，一体化），或者是通过生产合同确定产出来实现。这种方法在美国玉米种子生产、蔬菜生产和烤雏鸡生产中也可以看到。今后主要挑战之一是适应市场体系，它既是多元结构的，又是动态的。

1.3.1.2　科研

美国的大豆科学研究起了重要作用，它包括公共的和私人公司的科学研究，多次更新良种，改进栽培技术，发展高新技术，应用抗除草剂的大豆生产等。美国在 20 世纪 40 年代以引种材料进行杂交，选出第一批品种进行推广。60 年代州农业试验站扩大了育种研究。1970 年植物品种保护公约公布后，私人公司加强了大豆育种工作。农业部、州农业试验站和私人公司三方面的育种专家每年召开一次会议，讨论共同感兴趣的问题。农业部协调对育成品系进行区域性鉴定即区域试验（The Uniform Tests）。农业部负责引种并保存 10 000 多份栽培大豆和野生大豆品种资源。

（1）产量。Luedders（1977）利用熟期组Ⅰ到Ⅳ的品种与原始引进品种相比较，第一轮杂交及选择增产 26%，第二轮选择增产 16%，Wilcox 等（1979）对 1940 年推广的熟期组Ⅱ和Ⅲ的品种与 1970 年推广的品种相比较，产量相差 25%，每年提高 0.8%。Boerma（1970）报道，从 1942—1973 年推广的Ⅵ代Ⅷ熟期组的品种，每年增产 0.7%。Specht 和 Williams（1984）报道，从 1902—1977 年熟期组，每年每公顷增加 18.8kg。

（2）抗病虫性。研究不同品种对霜霉病（*Peronospora manshurica*）、疫病（*Phytophthora megasperma*）和胞囊线虫（*Heterodera glicines*）等的抗性。他们发现 PI437654 对胞囊线虫几个生理小种均高抗，已选出抗性好的“Hartwig”品种。

（3）熟期。Hartwig（1973）将美国大豆品种熟期分为高纬度到低纬度。大豆是短日照作物，品种对光要求不同而表现出差异。95%的荚已达到成熟色泽为成熟期，熟期是数量性状，此性状的主效基因已被鉴定出来（Bernard & Weiss，1973）。

（4）抗倒伏性。抗倒伏性分1~5级，直立的为1级，倒伏45°角为3级，倒在地上的为5级。抗倒伏是品种的一个重要性状。Luedders（1977）指出，熟期组Ⅰ到Ⅳ在第一轮杂交后抗倒伏性增加17%，第二轮杂交增加20%。Specht和Williams（1984）认为过去75年熟期组00到Ⅳ，倒伏每年减轻1%。倒伏一般要减产，倒伏2.6即可减产13%（Weber & Fehr，1966），亚有限结荚习性品种要比无限品种倒伏轻。

（5）植株高度。一般大豆品种株高在1m。高产条件下采用矮秆有限结荚习性对熟期组Ⅱ和Ⅲ很好（Cooper，1981），矮秆可提高抗倒伏性。

（6）蛋白质和含油量。一般大豆含蛋白质40%，含油量20%，可通过育种来改变蛋白质含量和含油量。在豆腐生产中提倡用黄种皮黄脐大豆。蛋白质含量高，出豆腐也高。美国"Vinton"品种蛋白质含量达44.9%，广泛用于食品工业（Bahrenfas & Fehr，1980c）。油脂加工厂希望用高油大豆，美国大豆含油量在21.5%~22.0%。正在进行降低亚麻酸（Linolenic acid）和无胰蛋白酶抑制剂的品种选育工作（Hammond & Fehr，1995；Wilson et al，1981；Hildebrand & Hymowith，1982）。

（7）杂交方式。多采用两个亲本进行杂交、多亲本杂交、回交。

（8）后代处理方法。系谱法、混合选择法（集团选择法）、单粒传。

美国农业部每年用于大豆的科研经费为2 400万美元，美国大豆协会（ASA）每年从农民销售大豆提取0.5%作为大豆科学研究经费达几千万美元。同时他们也认识到大豆的研究结果有一定的地理局限性，在这一地区适应，而在另一地区则不行，研究人员要将其科研成果提供给生产者及市场体系，并促进其结合。

美国从1987—1997年在"Crop Science"注册登记的大豆品种共有175个。其中0组为10个，Ⅰ组为19个，Ⅱ组为29个，Ⅲ组为41个，Ⅳ组为29个，Ⅴ组为12个，Ⅵ组为16个，Ⅶ组为10个，Ⅷ组为5个，Ⅸ组1个。

最高产的品种为Probst（Ⅲ组）3 578kg/hm^2，General（Ⅲ组）产量达3 560kg/hm^2。对抗胞囊线虫、病毒病和疫霉根腐病，抗食叶性害虫等也进行了研究。

优质育种方面选出Proto（0组）蛋白质含量在45.6%，TOYOPRO（0组）蛋白质含量45.5%，Lancaster（Ⅲ组）含油量22%，LS301（Ⅲ组）含油量为22.2%。

（9）亲本。北方地区利用的亲本为Williams（Ⅲ）育成12个品种；用Williams82（Ⅲ）A3127各育成8个；用Vinton81（Ⅲ）和Fayette（Ⅲ）各育成7个品种；用Hobbit和L24（Ⅲ）育成5个品种。南方用Centennial（Ⅵ）育成9个品种，用Forrest（Ⅴ）育成8个，用Essex Young（Ⅵ）Bedford各育成6个品种。

杂交后代的育种方法。主要采用系谱法育成23个品种；用混合法（采用选择法）育成27个品种，早世代测产法育成8个；单粒传法和摘荚法各育成37个；回交法育成28个。

1.3.2 巴西的大豆生产和科研

1998—1999年度，巴西种植大豆1 291万hm^2，总产量为3 122万t，2001年为3 750万t，每公顷为2 710kg。总产值达65亿雷亚尔，占全国农牧业总产值的7.5%，相当于国民生产总值的0.8%。巴西生产的大豆有70%出口，年均创汇50亿美元（表3）。

表 3　巴西大豆播种面积、总产量和平均单产（1964—1965，1998—1999）

年度	面积（万 hm^2）	总产量（万 t）	平均产量（kg/hm^2）
1964—1965	43.2	52.3	1 211
1969—1970	131.9	150.9	1 144
1974—1975	582.4	989.3	1 699
1979—1980	877.4	1 515.6	1 727
1984—1985	1 015.3	1 827.8	1 800
1989—1990	1 146.5	1 985.0	1 731
1994—1995	1 167.9	2 593.4	2 221
1998—1999	1 291.1	3 121.7	2 418
2001	1 385.0	3 750.0	2 710

过去 20 多年，巴西农业研究院（Embrapa）不仅注意传统大豆栽培技术的改进，在培育大豆新品种上也作出了重要贡献，他们培育了 100 多个大豆新品种，使巴西 60%的大豆地都用上了本国培育的良种，有 30%的出口大豆为本国品种，这类良种适应于热带地区种植。同时还培育了巴西第一个抗胞囊线虫的大豆品种，已推广 170 万 hm^2。此外，在土壤整地、施肥、轮作、种子质量、病虫害防治及收获等开发了不少好技术。他们将大豆产量由 1989—1990 年每公顷 1.73t 提高到 2001 年的 2.71t，增加了 64.38%。

巴西发展大豆生产的原因是：

国际市场上，过去数年世界大豆贸易有显著增长；

巴西生产的大豆正好和美国大豆生产季节错开，时机好，价格高；

国内市场上，对大豆油和大豆粉的需要增加，特别是禽生产需要大量蛋白饲料；

20 世纪 70—80 年代巴西政府为了鼓励大豆生产，提供贷款；

采取综合措施千方百计提高单产，增加效益。

大豆粉增加出口是由于东亚各国的需要增加，也由于大豆粉质量高，这一需要主要是这个地区禽和其他肉类生产对蛋白饲料消费的增加。此外，由于大豆油被称为健康油，饱和脂肪酸含量低，因此在市场上有竞争力。

1.3.3　阿根廷的大豆生产和科研

阿根廷 1862 年开始种植大豆，1957—1976 年平均为 77 745hm^2。巴西为 156 万 hm^2，同期美国为 1 491万 hm^2。1976—1977 年阿根廷生产大豆 140 万 t。阿根廷位于南纬 23°~39°，种植的品种熟期组为Ⅲ到Ⅸ。油用作物生产大幅度提高，由 8%提高到 20 世纪 70 年代初期的 40%。过去 10 年（1989—1990 年到 1998—1999 年）平均每公顷为 2 217kg。1997—1998 年平均每公顷 2 694kg，总产为 1 870万 t。2001 年达到 2 600万 t。

阿根廷大豆生产加速发展的原因是：

20 世纪 70 年代中期油料种子出口禁令的解除，促进了大豆生产的发展；

20 世纪 90 年代初免除大豆出口税使生产者生产的大豆接近国际市场价格；

国际市场对油料种子的贸易障碍和保护水平降低，大豆价格提高，出现新的市场；

由于 INTA 和私人企业推行了新的大豆栽培技术，使大豆产量得以提高；

由于推行小麦、大豆双季作和少耕及免耕体系提高了土地潜力，有利于生产者，同时采用了遗传上改进的大豆品种很有效。

1997年大豆籽粒、豆油和豆粉出口占阿根廷出口的12.7%，为32.5亿美元（表4）。

表4　世界主要大豆生产国家出口情况

项目	国家	1997—1998年		2008—2012年(预计)
		出口（百万t）	出口所占比例（%）	出口所占比例（%）
籽粒	美国	26.7	66.9	59.2
	巴西	7.1	17.8	18.9
	阿根廷	1.5	3.7	11.7
	世界	39.9		
占世界的%			88.5	
大豆粉	巴西	10.9	30.7	31.3
	阿根廷	9.2	25.9	26.5
	美国	6.8	19.2	16.9
	世界	35.5		
占世界的%			75.8	
大豆油	阿根廷	2.0	32	37.1
	巴西	1.4	22.4	24.8
	美国	1.1	17.6	6.4
	世界	6.26		
占世界的%			71.9	

资料来源：Bolsa de Cereales，1997/1998 和 Fundation Mediterranea，1998. Proceedings WSRC V1. Ed. H. E. Kauffman，P11~12

1.3.4　印度的大豆生产和科研

近年来，印度的大豆生产有了很快的发展，1991—1992年度仅生产249万t，而1998—1999年度则生产570万t，8年翻了一番（表5）。并成为大豆出口国，1996—1997年出口大豆255万t（表6）。印度大豆85%用于加工豆油，5%用于食品和饲料，10%用作种子，印度建立了大量的大豆加工厂，年加工大豆能力达156万t。印度大豆主要种植在拉贾斯坦、Mahara，Madhya Pradesh邦的两季栽培。

主要的耕作制为大豆—小麦/鹰嘴豆。大约50%的农户用机械进行播种、耕作和收获。40%农户施用化肥。大豆根瘤菌接种在一些地方是有效的。

表5　印度大豆面积、总产量和单产情况

年度	面积（10 000hm^2）	总产量（百万t）	产量（kg/hm^2）
1970—1971	0.03	0.01	426
1980—1981	0.61	0.44	726
1990—1991	2.56	2.60	1 015
1991—1992	3.19	2.49	782
1995—1996	4.89	1.99	1 020

（续表）

年度	面积（10 000hm^2）	总产量（百万 t）	产量（kg/hm^2）
1996—1997	5.23	2.20	995
1997—1998	5.86	3.72	1 347
1998—1999	6.30	5.70	905

资料来源：Agricultural Statistics at a Glance，Directorate of Economics and Statistics，Mirustry of Agriculture，Govemment of India

表 6　1988—1989 年到 1997—1998 年大豆粉出口情况

年度	出口量（百万 t）	出口所赚卢比（百万）
1988—1989	0.76	2 990
1990—1991	1.24	4 380
1992—1993	1.83	11 144
1994—1995	1.64	10 278
1996—1997	2.55	24 250
1997—1998	1.27	12 806

资料来源：The Soybean Processors Association of India（SOPA）

1.3.5　意大利大豆生产的经验

意大利春大豆每公顷产量在 4t 左右，高产的可达 5t；夏大豆 3t 左右。全国每公顷平均大豆产量为 3.6~3.7t，是世界各国大豆单产最高的国家，其经验值得借鉴。

（1）气候与土壤条件。意大利大豆主产区主要在北部，特别在波河沿岸，气候条件对大豆生长有利，无霜期长，同时该地还具有海洋性气候，常年湿润。地下水位高，平均 3~4m 以下就有丰富的地下水，灌溉便利。在平原地区降水量达 1 000~1 500 mm，在沿海地区降水量 1 800mm。降水量分布均匀。土地肥沃，土壤有机质含量达 2.5%~3%，个别地方有机质高达 4%~5%。大豆田平均灌溉 2~4 次。

（2）平播密植。绝大部分是平播，土地平整，垄作极少，单行或双行，整地深耕但不翻土，全部机械化播种和收割，每平方米 40 株左右。

（3）注意轮作种植。4~5 年一轮作，可有效防治病虫草害。

（4）施肥量高。五年轮作施有机肥 6~8t/hm^2，种植大豆时施磷、钾肥各 100kg/hm^2。

（5）化学除草。种子进行包衣处理，播种前施用杀虫剂和除草剂，主要施用草甘膦。农田干净，不进行中耕，地板较硬。

（6）优良的品种。意大利的大豆品种每公顷产量在 4~5t。40%的大豆品种为意大利本国的，60%是从美国和其他国家引进的（表 7）。从表 7 可以看出，意大利大豆最高产的 OSAKA 可达到每公顷 5.34t。在 Palazzolo，1997 年产量达到 6.08t，亩产达到 405kg；Dekaast 和 Taira 产量也很高，三品种平均每公顷产量在 5t 以上。

表 7　不同品种在意大利不同地点产量结果

品种	熟期组	公司	平均	折成 14%含水量的产量（不同地点，t/hm²）			三品种平均		
							成熟时种子		
			(t/hm²)	Fiume Veneto	Palazzolo dello	Stella Basiliano	含水量(%)	株高(cm)	倒伏(%)
OSAKA	1+	ASGROW	5.34	5.10	6.08	4.83	16.8	100	23
DEKAFAST	1+	DEKALB	5.13	5.32	5.74	4.32	15.0	109	24
TAIRA	1+	ASGROW	5.06	5.03	5.91	4.25	15.4	98	22
ATLANTIC	1	RENK	4.98	5.09	5.57	4.27	15.3	94	11
FAX	1	KWS	4.95	5.25	5.56	4.04	14.5	103	17
CASA	2	SIS	4.94	4.96	5.93	3.93	16.7	107	19
SAPPO	1	ASGROW	4.91	5.27	5.73	3.73	15.8	102	32
ASPERIA	1	SIVAM	4.89	5.22	5.49	3.95	15.7	106	11
ARDIR	1+	PIONEER	4.88	5.11	5.85	3.68	16.1	101	28
DEKABIG	1+	DEKALB	4.87	4.98	5.74	3.89	15.6	94	11
TIR	1	KWS	4.84	4.70	5.79	4.02	15.4	103	16
ALBIR	1+	PIONEER	4.84	5.04	5.49	3.98	15.4	104	22
平均			4.69		5.54	3.67	15.8	105	23
CV%			5.22		4.14	6.47	6.9	6	
DMS0.05			0.23		0.37	0.38	1.0	39	

资料来源：引自 NOTIZIARIO ERSA，1999 年第 6 期 24 页（部分品种材料省略）

2　国外大豆科研现状

1999 年于美国芝加哥召开的第六届世界大豆研究会议共收到论文 568 篇，反映了当前国外大豆科研的现状和最新成果。

2.1　大豆育种研究

（1）11 篇谈抗病育种，其中 5 篇谈抗胞囊线虫育种。美国胞囊线虫生理小种有 8 个，为 1、2、3、4、5、6、9 和 14。目前发现 PI437654 抗所有小种（此品种已引入）。美国过去利用的主要抗源为 Peking 和 PI88788。谈到抗疫腐病、灰斑病、病毒、菌核病等的也有不少。杨庆凯教授对抗大豆灰斑病的品种资源鉴定、遗传机制和分子标记做了专题发言。

（2）介绍产量育种的有 4 篇。盖钧镒教授对中国产量育种的战略和进展情况做了全面论述。澳大利亚的 A. James 对获得未来高产所采取的战略进行研究，提出可利用分子生物学的新成就改良农艺性状、抗病性和品质。同时利用计算机与世界气候系统模型来进行作物模拟和水分及营养、病虫害微管理，以达到高产。R. L. Rossi 指出环境—品种—管理协调好是阿根廷获取大豆高产的原因。过去 25 年成功的大豆育种计划是在高产环境下进行的。新品系在全国不同地区进行试验，以鉴定在不同地区的适应性。他认为，无限结荚习性品种在晚熟组产量表现稳定。

（3）美国著名大豆遗传育种学家、普渡大学教授 J. Wilcox 博士就大豆质量育种问题做了专题报告，受到与会人员的欢迎。他报道了利用辐射育种和回交使大豆油中亚麻酸降到了 25g/kg 以下。利用分子技术抑制这一基因，使亚麻酸含量降到 15g/kg 以下。同时用轮回选择将大豆蛋白质提高到 47%以上，成效显著。美国 H. L. Bhardwaj 和中国王连铮就大豆高蛋白和高产育种问题在专题会上做了介绍。

（4）介绍抗干旱育种及耐铝育种有 1 篇。

2.2 大豆栽培管理方面

（1）产量与营养的关系。G. Rehm 指出（Proceeding of WSRC VI. P245）微量元素 Zn、Mn、Cu、Fe、B、Mo 等在不同地区对大豆产量有较好的影响。深施 P 和 K 肥（15cm）可显著增产（A. Mallarino）。每千克土壤中 P 肥含量少于 16mg 施 P 肥有效，每千克土壤中 K 含量为 90mg 以下时施 K 肥有效。D. Whitney 对大豆施 N 肥进行了研究，每英亩施 20~40 磅可增产 11%。

（2）美国内布拉斯加大学 Jim Specht 教授对水分与大豆基因型的关系做了较为深入的研究，认为不同基因型对水分反应不一样。耐旱类型在干旱条件下产量明显高于喜肥类型，而在灌溉条件下，喜肥水类型产量明显高于干旱类型，大豆在鼓粒期对水分最敏感。

（3）水分管理。L. Heatherly 提出通过调节播种期和采用不同熟期的品种来躲避干旱的措施，以提高产量（Proceeding of WSRC VI. P195）。

（4）气候与产量的关系。根据美国 20 年的 15 个点的气候资料与产量的关系进行分析得出，北方温度增加 2℃，则稍有增产，南方产量则减 16%。美国南方需要选择耐高温的大豆品种（J. W. Jones，1999，见 Proceedings. P209）。

（5）俄亥俄州立大学库珀教授认为，矮秆或半矮秆品种在窄行高密度情况下可明显增产。他采用半矮秆品种，行距 17cm，密度可增大 50%。

2.3 生物技术方面发表不少文章，在专题会上进行了交流

（1）大豆转化。J. Widholm 对大豆转化状况做了全面论述，他认为目前最有效的转化方法是利用农杆菌介导法通过子叶节进行转基因和利用基因枪进行转化（Finer & Nagasawa，1988）。也有利用花粉管导入等方法，但以前两者为好。美国做得较好的有 Monsanto 的 Hinchee 等。内布拉斯加大学生物技术中心和依阿华大学、伊利诺大学开展也较好。美国转抗除草剂基因的大豆面积已达全部大豆播种面积的 68%。欧盟、日本和韩国对转基因大豆持慎重态度。

（2）标记辅助育种（Marker Assisted Breeding）做了相当多的工作，并收到不少成果。

①不少科学家指出（Gizlice et al，1996；Sneller，1994），美国现在大豆遗传基础太窄，因此要从现有美国品种及其祖先以外的品种选择亲本。他们拟从中国、日本、北美等遗传显著不同的群体在美国环境下的产量表现以及大量的 DNA 标记资料来筛选亲本进行杂交。

②发现轮回亲本——导入抗草甘膦基因（Recovery of Recurrent Parent-Introgression of Glyphosate Tolerance）。美国乔治亚大学的 H. R. Boerma 等 1996 年 5 月从孟山都公司收到此基因正通过回交转育抗草甘膦的大豆品种，如 Benning（MGVVII）。

③进行早世代性状选择——抗虫性（Early-Generation Trait Selection-Insect Resistance）。美国发现 3 个品种资源部分抗墨西哥豆甲虫（Mexican Bean Beetle）：PI171451（Kosamame），PI227687（Miyako White）和 PI229358（Soden daizu）（Van Duyn et al，1971，1972）。

④多性状选择——抗旱性（Multiple Trait Selection-Drought Tolerance）。大豆生产常常不稳定，多半由于大豆鼓粒期缺少降雨有关。美国东南部大豆鼓粒期每 3~4 年发生干旱，影响产量。通过研究大豆品种对抗旱性的反应，发现美国品种对抗旱性反应差别不大。对中国和日本品种资源进行大量筛选，发现 PI416937 具有较好的抗旱性，缺水时凋萎慢，减产小（Sloane et al，1990）。同时发现 Young 品种水利用系数要比 PI416937 高 16%（Mian et al，1996 b）。

2.4 大豆品种资源

R. Nelson 指出，根据国际植物遗传资源研究所报告，全世界 125 个单位共保存 14.7 万份大豆品种资源，80%保存在 50 个单位，有 8 个单位保存世界大豆一半的品种资源。保存和鉴定这些资源极为重要。分子标记的出现，可极大地推进遗传多样性的鉴定。对中国原始品种进行 DNA 标记发现，起源地和遗传相似性有极强的相关性。

常汝镇等对中国大豆品种的收集保存和利用做了全面的介绍；董英山、孙寰等对一年生野生

大豆做了介绍。

加强大豆品种资源的研究并拓宽品种资源在大豆育种中的利用是与会科学家的共识。

2.5 在大会发言和专题发言中也出现些争论问题

(1) 转基因食品安全问题。在这方面有不同意见。欧盟对转基因食品进入市场需要核准，同时禁止种植转基因作物（GMO）。欧洲有的专家提出零风险（Zero Risk）概念，也就是说不使用转基因作物。1999 年年初，在哥伦比亚召开的转基因食品国际研讨会上，与会的 130 多个国家中有近一半国家对转基因食品投入商业使用持反对意见。美国由于开发转基因食品较早，并在初期就将安全性评价作为一项基本工作，建立了较完善的管理法规和评价体系，从而促使美国的转基因食品较早地进入商品化生产。

(2) 植物品种保护公约允许对品种给予专利保护，同时又允许在保护的品种间进行杂交，品种资源交换和保护知识产权（IPR）变得复杂化。R. G. Sears 认为这样有一定矛盾，有些人主张应自由交换，有些人主张对品种应给予专利保护，扩大品种资源交换的建议较多。

3 中国大豆生产情况

改革开放以来，中国的大豆生产有了很大的发展（表 8）。1978 年我国大豆总产量为 756 万 t，1985 年以后中国大豆总产量达到 1 000万 t，1994 年又达 1 599万 t。1993 年全国大豆亩产首次超过 100kg，达 107. 9kg，1997 年达 118kg。虽然不同年份有所变动，但大豆总产量和单产总的趋势是逐步增加的，面积相对稳定在 1. 1 亿~1. 4 亿亩，是仅次于水稻、小麦、玉米之后的第四大作物。1993 年面积最大，达 9 454万 hm^2，总产量最高年份为 1994 年达 1 600万 t。单产最高的年份为 1999 年，每公顷为 1 789kg（亩产 119kg），见表 8。2002 年农业部组织的东北地区 1 000万亩高油高产大豆试验取得成功，亩产量达 174. 7kg。有关部门统计，2002 年中国大豆产量可达 1 650万 t，为历史最高水平。

表 8 1978—2001 年中国大豆生产情况

年份	播种面积（万 hm^2）	总产量（万 t）	kg/hm^2
1978	714. 4	756. 5	1 059
1979	724. 9	746. 0	1 035
1980	722. 7	788. 0	1 095
1985	771. 8	1 050. 0	1 365
1990	756. 0	1 110. 0	1 470
1993	945. 4	1 530. 0	1 619
1994	922. 2	1 599. 9	1 736
1995	812. 7	1 350. 4	1 661
1996	747. 1	1 322. 2	1 769
1997	843. 6	1 472. 9	1 764
1998	850. 0	1 515. 0	1 783
1999	796. 2	1 425. 1	1 789
2000	930. 7	1 541. 0	1 656
2001	900. 0	1 530. 0	1 700

资料来源：中国农业历年年鉴

中国主要有三个大豆产区：北方春大豆区，包括黑龙江、吉林、辽宁、内蒙古东四盟等地，面积约 6 000 多万亩，总产量占 45.7%；黄淮海夏大豆产区，面积约 4 000 多万亩，产量占 30% 多；南方大豆多作区。2000 年超过 40 万 hm^2 以上的省区有：黑龙江、内蒙古、安徽、河北、河南、吉林、山东 7 个省。2000 年大豆总产量超过 60 万 t 以上的省区有黑龙江（450 万 t）、吉林（120 万 t）、河南（115 万 t）、山东、安徽、内蒙古、江苏和河北（表 9）。

表 9　1999 年和 2000 年中国主要省、区大豆生产情况

地区	1999 年			2000 年		
	播种面积（万 hm^2）	总产量年（万 t）	单产（kg/hm^2）	播种面积（万 hm^2）	总产量年（万 t）	单产（kg/hm^2）
全国	796.2	1 425.1	1 790	931	1 541	1 656
黑龙江	215.3	446.60	2 074	286.8	450.1	1 569
吉林	27.8	63.60	2 284	53.9	120.3	2 232
河南	56.9	115.24	2 025	56.5	115.8	2 051
山东	49.2	96.90	1 969	45.8	104.6	2 283
安徽	47.9	100.50	2 099	68.2	91.5	1 341
内蒙古	73.7	82.60	1 121	79.4	85.8	1 081
江苏	21.0	56.80	2 700	24.9	67.0	2 689
河北	43.8	56.70	1 294	42.4	62.9	1 485
辽宁	23.5	39.30	1 672	30.2	48.1	1 593
湖北	20.6	43.70	2 117	22.5	45.8	2 037
湖南	20.7	41.90	2 029	20.6	42.8	2 080
广西	27.6	35.10	1 272	28.1	36.4	1 294
山西	24.6	26.90	1 094	27.3	36.0	1 321
陕西	27.3	29.30	1 072	24.7	22.2	899

资料来源：中国农业年鉴

我国大豆产量所以能不断提高，主要有以下几条原因：①因地制宜推广良种。②改进栽培技术措施。③增施肥料，培肥地力。④防治病虫草害。⑤面积相对保持稳定。⑥开展丰收计划，进行新技术示范推广。⑦不断提供新的科研成果，促进大豆生产的发展等。

我国大豆生产虽然取得了一定成绩，但也应当看到存在的问题。由于我国畜牧业的发展，需要大量蛋白饲料，仅此一项就需要 1 000 多万 t 豆粕；由于兴建了很多大中型榨油企业，急需高油大豆作为原料，据有关部门测算需要 1 000万 t 以上。此外，由于人民生活水平提高，需要大量豆制品和植物油。1996 年以来，我国进口大豆逐年增加（表 10）。

表 10　1993 年以来我国进口的大豆和食用植物油

年份	大豆（万 t）	食用植物油（万 t）
1993	9.9	24.0
1994	5.2	163.0
1995	29.4	213.0
1996	111.4	263.1
1997	280.1	274.6
1998	319.7	205.5

（续表）

年份	大豆（万 t）	食用植物油（万 t）
1999	431.7	208.0
2000	1 041.6	171.9
2001	1 394	

资料来源：国家统计局

4 我国大豆科研情况

4.1 大豆品种改良情况

（1）国家审定认定的大豆品种。1984 年以来国家共审定大豆推广品种有 54 个，认定品种 22 个，共计 76 个（表 11、表 12）。共有 24 个大豆品种获国家级奖励。

表 11 1984 年以来国家认定的大豆推广品种

年份	品种
1984	铁丰 18、黑农 26、黑河 3 号、丰收 10 号、丰收 12、开育 8 号、吉林 3 号、九农 9 号、徐豆 2 号、齐黄 1 号、诱变 30、鄂豆 2 号、矮脚早、跃进 5 号、合丰 23、丹豆 5 号、吉林 8 号、跃进 4 号
1989	吉林 18、长农 2 号、绥农 3 号、鲁豆 1 号

资料来源：全国农业技术推广中心提供

我国大豆生产水平包括总产和单产不断提高，是和大豆育种工作的成就分不开的，我国各地区不断更新大豆良种并结合改进栽培技术等措施，使我国大豆生产不断发展。

1984 年和 1989 年全国农作物品种审定委员会共认定大豆品种 22 个（表 11）。1989 年以来全国农作物品种审定委员会共审定大豆品种 53 个（表 12）。

表 12 1989 年以来国家审定的大豆品种

年份	品种
1989	合丰 25、吉林 20、长农 4 号、鲁豆 4 号、鲁豆 2 号、豫豆 2 号、中豆 19、冀豆 4 号、浙春 1 号
1990	豫豆 8 号、黑河 5 号、开育 9 号、湘春豆 10 号
1991	铁丰 24
1992	宁镇 1 号
1993	开育 10 号、嫩丰 14
1994	浙春 2 号、鄂豆 4 号、豫豆 10 号、贡豆 2 号、科丰 6 号
1995	通农 10 号、黑农 35
1997	绥农 8 号
1998	黑河 13、贡豆 6 号、豫豆 18、合丰 35、北丰 11、吉林 30、徐豆 8 号、豫豆 16、黑河 11、晋豆 19
1999	晋豆 11、豫豆 23
2000	黑河 12、齐黄 27、合豆 1 号、沧豆 4 号、豫豆 22
2001	冀豆 12、豫豆 19、淮豆 6、濮海 10、黑河 26、晋大 53、中豆 31、中黄 13、中黄 17、科新 3 号、晋豆 23、徐豆 10

在国家认定的22个大豆品种中（表13），根据区域试验结果来看，亩产量超过170kg以上的品种为丹豆5号（176.8kg），诱变30（175kg），黑农26（175kg），绥农3号（175kg）。含油量超过21.5%的有绥农3号（22.1%）、吉林8号（22.0%）、黑农26（21.6%）、铁丰18（21.53%）和吉林3号（21.5%）。蛋白质含量超过43%的有诱变30（43.2%）。

表13　国家认定的大豆品种产量及品质情况

品种	品种来源	kg/亩或±	脂肪含量	蛋白质含量	育成单位
铁丰18	（锦州45-15×铁5621）钴60处理	150	21.53	37.8	辽宁省铁岭农科所
黑河3号	克交4203-1×四粒荚	150	21.16	37.72	黑龙江院黑河所
黑农26	哈63-2294×小金黄1号	175	21.6	40.83	黑龙江院大豆所
丰收10	丰收6号×克山四粒荚	150	20.3	38.9	黑龙江院克山所
丰收12	克丰6号×克交5610	150	20.0	42.5	黑龙江院克山所
开育8号	583×开交6212-9-5	+7.8%	21.4	39.8	辽宁开原所
吉林3号	金元1号×铁荚四粒黄	150	21.5	40.8	吉林院大豆所
九农9号	黄宝珠×金山璞	175	21.2	40.5	吉林省吉林市所
徐豆2号	徐州302×齐黄1号	154.5；+10.6%	19.5	39.7	江苏省院农经所
齐黄1号	从寿张农家种系选	150			山东省院作物所
诱变30	（江苏58-161×徐州5904424）X射线	175	20.9	43.2	中科院遗传所
鄂豆2号	狮子毛×蒙城大白壳	+20%	19.0		中国农科院油料所
矮脚早	以武汉菜大豆集团选择育成	高产稳产			中国农科院油料所
跃进5号	定陶农家种大平顶黄系选	141.5	20.25	-	山东省菏泽所
合丰23	小粒豆9号×丰收10	150	21.6	26.9	黑龙江院合江所
丹豆5号	凤交66-12×开交6302-12-1-1	176.8	20.2	42.1	辽宁丹东所
吉林8号	小金黄1号×铁荚四粒黄		22.0	40.2	吉林院大豆所
跃进4号	莒选23×5905				山东菏泽所
吉林18	公交7014(一窝蜂×吉林5号)F_1×公交7015(吉林3号×十胜长叶)F_1	+14.9%	19.7	42.6	吉林院大豆所
长农2号	九农9号×吉林3号	150	21.0	40.2	吉林省长春所
绥农3号	克交5501-3×克交56-4258	175	22.1	36.09	黑龙江院绥化所
鲁豆1号	6303×69-2	149.5；+11.9%	21	40.2	山东院作物所

从1989年以来国家审定的大豆品种中区域试验产量超过200kg以上的只有中黄13和徐豆10号。中黄13在安徽省区域试验，平均亩产量达202.73kg，系2001年国家审定的11个大豆品种中增产幅度最高的一个品种，增产16%。区域试验亩产在190kg以上的品种有，冀豆12（195.42kg）、豫豆23（192.6kg）、中黄17（191.8kg）、黑河26（190.6kg）、豫豆19（190.57kg）。含油量超过21.5%以上的品种有，晋豆19（24.38%）、贡豆2号（21.8%）、贡豆6号（21.8%）、开育9号（21.7%）。蛋白质含量超过46%以上的大豆品种有，科新3号（49.89%）、豫豆16（47.46%）、鄂豆4号（47.0%）、豫豆22（46.5%）、豫豆2（46.5%）、冀豆12（46.48%）、豫豆19（46.22%）和通农10（46.22%）（表14、表15）。

表 14 国家审定的大豆品种产量及品质情况（一）

品种	品种来源	kg/亩或±% 区域试验结果	脂肪 含量	蛋白质 含量	育成单位
合丰 25	合丰 23×克 4430-20	138 +11.8	19.3	40.6	黑龙江院合江所
吉林 20	公交 7014-3×公交 6612-3	160.3 +12.7	20.6	39.2	吉林院大豆所
长农 4 号	立新 9 号×长交 7122	150	19.8	40.1	吉林省作物所
鲁豆 4 号	跃进 4 号×7 号	+20.1	20.3	42.6	山东院作物所
鲁豆 2 号	文丰 2 号×美-3（Monette F_{54}）	149.8 +21.9	20.8	42.8	山东济宁所
豫豆 2 号	郑 7104-3-1-31×滑县大绿豆	150 +15.6	17.7	46.5	河南院经作所
中豆 19	暂编 20×1138-2)× （南农 492-1×徐州 424）	135.4 +20.4	18.0	41.0	中国农科院油料所
冀豆 4 号	牛毛黄×Williams	161.2 +20.6	20.6	42.5	河北邯郸所
浙春 1 号	五月拔×兖黄 1 号	139.9 +21.25			浙江院作物所
豫豆 8 号	从 74046-10-0 育成（含 SRF400）	165 +18.6	20.1	44.6	河南院经作所
黑河 5 号	黑河 54×Amsoy	159.8 +18.9	20.4	38.3	黑龙江院黑河所
开育 9 号	开交 6302-12-1-1×铁丰 18	179.5+7.7	21.7	38.09	辽宁开原所
湘春豆 10 号	6 月白×4 月黄	125~150	19.97	41.09	湖南院作物所
铁丰 24	铁丰 18×开育 8 号	158.1+11.6	20.6	40.88	辽宁铁岭所
宁镇 1 号	1138-2×Beeson	177.6 +2.2		42.30	江苏院经作所 江苏镇江所
开育 10 号	铁丰 18×群英豆	150 +10	20.7	42.6	辽宁开原所
嫩丰 14	从安 70-4176 系选	137 +22.65	19.7	43.37	黑龙江院嫩江所
浙春 2 号	德清黑丘×兖黄一号	140	20.72	45.65	浙江院作物所
鄂豆 4 号	短脚早×泰兴黑豆	125.4+11.8	16.5	47	湖北仙桃九 合垸原种场
豫豆 10 号	郑 77249×海交 17	164 +24.3	18.82	44.2	河南院经作所
贡豆 2 号	诱变 30×82-6	131.6+19.3	21.8	41.4	四川自贡所
科丰 6 号	7611×75-30	136.3+17.7	19.33	43.95	中科院遗传所
通农 10 号	通农 5 号×凤交通 76-638	133.15+4.2	18.41	46.22	吉林省通化所
黑农 35	黑农 16×十胜长叶	150	18.36	45.24	黑龙江院大豆所
绥农 8 号	绥农 4×（绥 77-5047×Amsoy）F_1	153 +13.4	20.32	41.74	黑龙江院绥化所
黑河 13	黑交 83-1345×黑交 83-889	140	20.15	39.18	黑龙江院黑河所
贡豆 6 号	诱变 30×82-6	130	21.8	38.61	四川自贡所
豫豆 18	郑 80024-10×中豆 19	165	18.76	44.5	河南院经作所

表 15 国家审定的大豆品种产量及品质情况（二）

品种	品种来源	kg/亩或±% 区域试验结果	脂肪 含量	蛋白质 含量	育成单位
合丰 35	合交 8009-1612×绥 81-272	180	19.16	42.22	黑龙江院合江所
北丰 11	合丰 25×北 69-1813		20.11	40.8	黑龙江北安农科所
吉林 30	公交 7424-8×辽豆 3 号	丰产稳产	19.3	42.3	吉林院大豆所
徐豆 8 号	徐豆 7 号×徐 7512	180	20.5	44.6	江苏徐州所
豫豆 16	豫豆 10×豫豆 8	160	16.85	47.46	河南院经作所
黑河 11	黑交 79-2017×黑交 79-1870	迟播救灾品种	20.65	38.36	黑龙江院黑河所

（续表）

品种	品种来源	kg/亩或±% 区域试验结果	脂肪含量	蛋白质含量	育成单位
晋豆 19	168×铁 7517	150	24.38	40.62	山西院作物所
晋豆 11	从龙 79-9232 系选	120.41 +10.3	19.63	40.58	山西院作物所
豫豆 23	鹿 851×豫豆 13	192.6 +7.48	18.94	43.26	河南院经作所
黑河 12	辐射(黑辐 81-133×黑交 79-2017)F_2	124.1+18，2(黑龙江) 154.7+6.26（内蒙）	18.97	40.0	黑龙江院黑河所
齐黄 27	鲁豆 4 号×40A	175.9 +9.1	19.16	45.01	山东院作物所
合豆 1 号	蒙 84-20×油 88-86	156.5 +8.04	20.38	37.51	安徽院作物所
沧豆 4 号	中作 83-D50×7510	178.1 +10.4	21.21	42.82	河北沧州院
豫豆 22	郑 84174×郑 84240	173.33 +12.89	18.07	46.5	河南院经作所
冀豆 12	油 83-14/晋大 7826	195.42 +7.47	17.07	46.48	河南粮油所
豫豆 19	郑 8218/油 84-30	190.57 +4.26	19.79	46.22	河南院棉花油料所
淮豆 6	淮 87-21/周 8313-1-12	158.21 +9.22	20.79	41.08	江苏淮阴所
濮海 10	豫豆 10/豫豆 8	182.41 +13.89	18.38	42.44	河南濮阳所
黑河 26	黑交 83-1205/美丁	190.6 +7.3	20.96	40.11	黑龙江院黑河所
晋大 53	321/海 94	180.93 +12.97	20.58	40.06	山西省农业大学
中豆 31	油 88-5109/驻 8305	152.9 +7.19	17.48	45.54	中国农科院油料所
中黄 13	豫豆 8/中 90052-76 安徽夏播 天津春播	202.73 +16.0 163.8 +2.55	18.6	42.84	中国农科院作物所
中黄 17	遗 2/Hobbit	191.8 +5.48	20.25	44.13	中国农科院作物所
科新 3	豫豆 2 诱变	160.65 +9.3 北京	18.13	49.89	中科院遗传所
		138.81 +9.23 山东			
晋豆 23	晋大 28/诱变 30	168.6 +11.5	18.48	40.11	山西省院经作所
徐豆 10	徐 7512×徐 8226	205.3 +12.2	18.68	43.7	江苏省徐州所

（2）高产品种。区域试验中亩产超过 170kg 的大豆品种见表 16。

表 16　区域试验亩产超过 170kg 的大豆品种

品种	区试年限	kg/亩产	比 CK±%	国审年度	蛋白含量	脂肪含量
宁镇 1 号	1981—1982	177.6	2.2	1992	42.30	-
徐豆 8 号	1994—1995	180.0		1998	44.6	20.5
豫豆 23	1995—1996	176.73	9.83	1999	43.26	18.94
豫豆 22	1993—1994	173.33	12.89	2000	46.5	18.07
齐黄 27	1998—1999（黄淮中片）	175.9	9.1	2000	45.01	19.16
冀豆 12	（黄淮北组）	195.42	7.47	2001	46.48	17.09
豫豆 19	黄淮南一组	190.57	4.26	2001	46.22	19.79
濮海 10	黄淮中组	182.41	13.89	2001	43.44	18.38
黑河 26		190.6	7.3	2001	40.11	20.96
晋大 53		180.93	12.97	2001	40.06	20.58
中黄 13	1999—2000 安徽省区试	202.73	16.0	2001	42.82	18.66
中黄	1999—2000 黄淮北组	191.8	5.48	2001	44.13	20.25
徐豆	1998—1999 黄淮南一组	205.3	12.2	2001	43.7	18.68

区域试验亩产超过200kg的有徐豆10（205.3kg）和中黄13（202.73kg）；亩产超过190kg以上的有中黄17（191.8kg）、黑河26（190.6kg）、冀豆12（195.42kg）、豫豆19（182.41kg）。区域试验增产幅度超过10%以上的有中黄13（增产16%）、蒲海10（增产13.89%）、晋大53（12.97%）和豫豆22（增产12.89%）。

（3）优质品种（高蛋白或高油大豆品种）。高蛋白大豆品种见表17，全国审定的高油大豆品种见表18。

表17　高蛋白大豆品种

品种	蛋白质含量（%）
科新3号	49.89
豫豆16	47.46
鄂豆4	47.0
豫豆22	46.5
豫豆2	46.5
冀豆12	46.48
豫豆19	46.22
通农10	46.22
浙春2号	45.65
黑农35	45.24
齐黄27	45.01

表18　高油大豆品种

品种	含油量（%）	蛋白质含量（%）
晋豆19（晋遗19）	24.39	40.62
贡豆6	21.8	38.61
贡豆2	21.8	41.4
开育9	21.7	38.09

2002年农业部在中国农网推广一批大豆高油品种，有垦农18、垦农4、农大5270、哈-92-4478、黑农37、合丰41、宝丰7、东农44、绥农11、黑河19、合丰37、黑河21、合丰40、吉育43、58、57、35、长农13、九农22、铁丰22、辽豆11、辽豆13，含油量高于21%。

1988—1997年10年间种植面积较大的大豆品种见表19。

表19　1988—1997年种植面积较大的大豆品种

品种	脂肪含量	蛋白质含量	区域试验结果		生产试验结果		10年平均种植面积
			kg/亩	增产（%）	kg/亩	增产（%）	（万亩）
合丰25	19.3	40.6	138	11.8	151.4	13.4	1 064.7
合丰35							540.6（3年平均）
鲁豆4号	20.3	42.6		20.1			317.4
绥农8号	20.3	41.8	153.4	13.4	167.7	10.3	219.9
跃进5号	20.6	41.6	150.4	21.3	149.8	9.6	185.4
诱变30	20.9	43.2	150.0	31.3~36.5			178.5
吉林20	20.6	39.2	160.3	12.7			166.5

（续表）

品种	脂肪含量	蛋白质含量	区域试验结果		生产试验结果		10年平均种植面积
			kg/亩	增产（%）	kg/亩	增产（%）	（万亩）
科丰6号	19.33	43.95	136.3	17.7			159.6
豫豆2号	17.7	46.5	91.3	207.5	15.6	24.2	134.5
冀豆7号	20.1	43.1					131.67（6年平均）

资料来源：全国种子总站及全国农业技术推广服务中心统计资料

（4）获国家级奖励的大豆品种。1979年以来获国家级奖励的大豆品种见表20。

表20　1979年以来获国家级奖励的大豆品种

品种	获奖年度	获奖名称及等级	品种来源	育成单位
铁丰18	1983	国家发明一等奖	45-15×5621	辽宁铁岭农科所
跃进5号	1983	国家发明二等奖	系统选育	山东菏泽农科所
黑农26	1984	国家发明二等奖	哈63-2294（突变）×小金黄1号	黑龙江农科院大豆所
黑河3号	1985	国家发明二等奖	克交4203-1×四粒荚	黑龙江农科院黑河所
长花序大豆风交66-12	1985	国家发明四等奖	（本溪小黑豆×公116）×（早小白眉×集体2号）	辽宁省丹东市农科所
鄂豆2号	1985	国家科技进步三等奖	猴子毛×蒙城大白壳	中国农科院油料所
开育8号	1985	国家科技进步三等奖	583×开交6212-9-5	辽宁省开原县示范农场等
东农36	1987	国家科技进步三等奖	Logbeaw×东农47-1D	东北农学院
丰收黄	1987	国家科技进步三等奖	齐黄1号×小粒青	山东省潍坊农科所
诱变30	1988	国家发明三等奖	58-161×徐豆一号	中国科学院遗传所
冀豆4号	1988	国家科技进步三等奖	牛毛黄×Williams	河北省邯郸地区所
合丰25	1988	国家科技进步三等奖	合丰23×克4430-20	黑龙江农科院合江所
豫豆2号	1989	国家科技进步三等奖	7104-3-1-31×华县大绿豆	河南农科院经作所
吉林20	1989	国家科技进步三等奖	公交7014-3×公交6612-3	吉林农科院大豆所
豫豆6号	1991	国家发明三等奖	7608×74608	河南省周口农科所
鲁豆4号	1992	国家科技进步二等奖	跃进4号×7110	山东农科院作物所
大豆5621	1992	国家发明三等奖	丰地黄×熊岳小粒黄	辽宁农科院原子能所
豫豆8号	1993	国家科技进步三等奖	郑州135×泗豆2号	河南农科院经作所
中豆19号	1995	国家科技进步三等奖	(暂编20×1138-2)F5×(南农493-1×徐州1号)F5	中国农科院油料所
吉林小粒豆1号	1995	国家发明四等奖	平顶四×半野生GD50477	吉林农科院大豆所
郑077249	1996	国家发明三等奖	豫豆8号×郑76066	河南农科院经作所
冀豆7号	1997	国家科技进步二等奖	Williams×承豆1号	河北省农科院粮油作物所
抗线1号	1997	国家发明四等奖	丰收12×Franklin	黑龙江农科院盐碱土所
系春2号	1998	国家科技进步二等奖	德清黑豆×兖黄1号	浙江省农科院

（5）我国大豆育种的主要经验。从大豆育种的实践中有以下几点体会。

一是有性杂交是大豆育种的主要手段。从1984—2001年国家审定和认定的76个大豆推广品种中，67个品种是利用杂交育种育成的，占88.16%；4个品种是杂交育种与辐射相结合育成的，占5.26%；4个品种是用系统选种育成的，占5.26%。1个品种是利用集团选择育成的，占1.32%。由此可见，有性杂交是目前大豆育种的主要手段，也是非常有效的手段。因此，今后大豆品种改良仍应以此为主要途径，这一技术路线应当坚持。但对其他育种手段如辐射育种、系统育种和生物技术等手段也应综合应用。

二是选择亲本是杂交成功与否的关键问题。从目前生产上应用品种来看，选择生产上大面积推广的品种，改良1~2个或2~3个性状，选择性状可以互补的两个亲本进行杂交比较容易成功。这已经被大量育成的品种实践所证实。同时还应当有一定的规模，组合太少不容易选出好的材料。对杂交后代材料处理多采用系谱法或混合系谱法，也有采用单粒传等方法。要根据选种目标高产优质多抗性等来选亲本。

利用无限结荚习性品种或亚有限结荚习性品种与有限结荚习性品种杂交以及有限结荚习性品种之间进行杂交，可以产生超亲遗传。如用黑农16（无限结荚习性）与十胜长叶（有限结荚习性）进行杂交，后代在熟期株高及蛋白质含量等均有超亲现象。可产生大量矮秆后代，从上述组合选出的黑农35熟期比母本早7d，比父本早14d，蛋白质含量达45.24%。

三是拓宽大豆品种资源的利用是开展有效大豆育种的一个重要途径。早在1980年曾经指出，黑龙江省大面积推广的大豆品种亲缘太近，当时推广的17个黑农号大豆品种中有14个品种有满仓金亲缘，8个有东农4号亲缘，8个有紫花4号亲缘，6个有荆山朴亲缘。所以必须拓宽利用新的大豆品种资源。后来由于利用了日本的高产品种十胜长叶育成了高产高蛋白的品种黑农35和黑农34，还育成其他一些品种。

四是高肥水条件鉴定是选育高产大豆品种的必要方法。为了选育高产大豆品种，需将大豆品种资源包括从国外引进的大豆品种，后代材料放在肥水高的条件下进行鉴定，以明确其增产潜力，选择那些丰产性好而又不倒伏的品系和品种进行杂交繁殖生产试验进一步决定取舍。不经过一定的鉴定，很难看出某一个品种或品系的表现，也就很难选出高产品种来。如黑农26曾在1970年决选，那年利用高肥水和一般条件两种水平进行鉴定，表现均好。扩大试验，突出好的材料也可立即经过区域试验和生产试验。因此，此品种高产适应性广。中黄13（中作975）也是在肥水条件好的条件下鉴定选拔出来的。为了选育高产品种，丰产性和抗倒伏性是重要的选择性状。

五是采取多种途径（如南繁、异地种植和温室加代等途径）可缩短育种年限。可以在北方进行杂交，F_1种在温室，F_2拿到海南三亚种植，F_3在北方种植，F_4~F_5在海南种植，F_6即可以决选。这样三年就可以决选品系，对于加速大豆育种进程会起到较好作用。同时可以将不同品系在不同生态区进行多点鉴定，因为大豆的生态类型很复杂，一个品种适应这个地区，不一定适应另一地区，必须通过区域试验和生产试验来明确不同品系的丰产性、适应性和抗逆性，以决定品种的取舍。

六是大量分析大豆品系，杂交后代和亲本并结合产量和其他方面来选高油和高蛋白品种。

4.2 大豆栽培研究的成就

改革开放以来，我国大豆生产获得明显发展。1994年全国大豆总产达1 599万t，1999年大豆亩产达到119kg。总产和单产均创历史最高水平。这和大豆栽培研究所取得的成果分不开的。

4.2.1 获奖成果

（1）1987年黑龙江农垦科学院主持的“大豆高产栽培开发研究”获得1987年国家科技进步三等奖，其主要内容：对九个大豆高产区、低产区大豆高产栽培技术进行比较研究。进行病虫害综合防治及研究了不同土壤环境、农艺措施对大豆根瘤固氮的影响，选出优良根瘤菌剂，结合小区模拟试验，电子计算机优化后得出优良系统模式。6个高产点产量提高75.1%，3个低产点产量提高1.27倍。

（2）1989年高产优质夏大豆高产品种豫豆2号的选育和示范推广获得了国家科技进步三等奖。1988年获农业部科技进步一等奖。由于良种良法一起抓，加快了推广速度，平均比对照增产18.45%。

（3）“黑龙江大豆丰产综合技术”获得1989年全国农牧业丰收奖一等奖。主要措施有：统一规划、选用良种（达97.5%）、改进播法、精量点播、合理轮作、增施肥料、防治病虫害等，增产13.5%。

（4）吉林省农业科学院、黑龙江省农业科学院等单位李维岳、谭国强等1991年联合开展的松嫩平原玉米大豆主产区高产稳产耕作栽培技术体系效果显著，大豆示范推广410万亩，增产16%~26%。主要措施：品种合理搭配、改进栽培措施、提高保苗率、多种栽培模式因地制宜等。

（5）由于大豆栽培研究地域性很强，各省、自治区、直辖市奖励了一大批科研成果，对生产发展起了重要作用。

4.2.2 小面积高产典型

（1）新疆生产建设兵团农八师农户杨东种9亩地大豆，亩产305kg；石河子乡四官村刘春军种16.8亩，核实亩产达299.77kg。他们采用的主要措施如下：品种黑农33。采用秋翻、冬灌、开春耙耱保墒。4月15日结合耙地，亩喷施氟乐灵100g；4月20—21日播种，亩播量8.5kg，苗期中耕两次。亩施种肥三料P肥10kg，花期追施尿素12kg，磷酸二铵5kg；7月10日防虫，初花期开始每10d灌一次水，每次灌70~80m^3。上述试验是由新疆农垦科学院进行的。

（2）山东省农业科学院作物所李永孝等提出了三个不同类型大豆品种超高产（亩产300kg）的栽培措施。达到300kg以上的处理为F60：每亩底施复合肥60kg、猪圈肥2 000kg；F45为底施复合肥30kg、猪圈肥1 500kg。始花期、结荚末期分别追施尿素5kg。密度设5个水平：0.6万株/亩、0.9万株/亩、1.2万株/亩、1.5万株/亩、1.8万株/亩，分别以P0.6、P0.9、P1.2、P1.5、P1.8表示。每10~12d浇水一次。齐丰84：行距33.3cm；齐丰850和7517-88：行距60cm。

（3）中国科学院遗传研究所张性坦等利用诱处4号在河南省泌阳县杨集和邓县刘集各一亩创造了亩产302.5kg和325.2kg的产量。

（4）卢增辉、常从云等于1993年利用夏大豆中油-89D进行4亩高产田试验，亩产达262.1kg。播前用根瘤菌株61A76拌种，宽窄行种植亩留1.3万，浅耕灭茬前亩施土杂肥2 000kg，化肥-氮2kg。开花前亩开沟深施2.8kg氮和8.4kgP_2O_5，随后亩覆盖150kg铡碎麦秆、麦糠；始花期喷灌一次，生育中期防治病虫害，叶面喷施植物生长素、叶面宝、尿素、磷酸二氢钾。叶面积系数，开花期、结荚期、鼓粒期分别为3.98、5.80、4.91；总光合势18.2万$m^2\cdot d$，平均净光合生产率为4.81g/（$m^2\cdot d$）；氮磷总积累量分别为22.28kg和3.13kg，每生产100kg籽粒需吸收氮8.50kg，磷1.19kg，总干物质积累876.47kg，粒茎比0.51，经济系数0.30。

4.2.3 大面积高产典型

（1）辽宁省抚顺市章党乡邱家卜村1 081亩面积大豆亩产250kg，其中115.8亩，平均亩产270.3kg。位于辽宁省东部山区，土质肥沃，系河淤土，有机质含量在3%以上，年降水量750~900mm，全年有效积温2 900~3 300℃，无霜期115~159d。主要措施：选择肥地、因土施肥、精选良种、适时早播、合理留苗、前控中促、精细管理、及时灌溉和防虫灭草等。

（2）黑龙江省海伦市60 121亩“高寒大豆高产技术”试验，亩产达214.5kg。1990—1991年国家科委委托黑龙江省科委组织高寒大豆高产技术试验。共4个点，每个点3万亩，试验2年。结果海伦点产量最高，两年均为60 121亩，亩产达214.5kg。采用的全是高产高蛋白大豆良种黑农35。亩保苗2.18万~2.36万株，尿素施4.3~4.4kg，三料磷肥为12.8~15kg，硫酸钾5~6kg。黑农35蛋白质含量5年平均为45.24%。

八一农垦大学在大豆三垄栽培，许忠仁、张荣贵在大豆早矮密栽培方面，董钻等在大豆高产株型，苗亦农在大豆生理，周教廉先生在大豆高产栽培等方面均取得了很大成就。

（3）“八五”期间国家组织五大作物攻关，黑龙江省负责大豆攻关，取得了很大成绩。2001年黑龙江农垦1 051万亩大豆平均亩产164kg。吉林省有的县也达到了亩产150kg。

（4）农业部与财政部共同组织大豆丰收计划，对提高大豆单产和总产量起到重大作用。

5 发展前景和建议

5.1 世界大豆生产发展趋势

（1）世界大豆面积由1990年5 712万 hm^2 增加到2001年7 505万 hm^2。11年间增加1 789万 hm^2，年均增加162.7万 hm^2。由于世界畜牧业的发展，人民生活的改善，预计今后大豆生产会持续增长。

（2）世界大豆总产量由1990年的10 843万t增加到2001年的17 211万t，11年间增加6 368万t，年均增加579万t。未来要进一步增加，2011年大豆需要增加量为7 000万t。

（3）世界大豆单产由1990年的每公顷1 898kg增加到2001年的2 290kg，11年间每公顷增加392kg，平均年产量增加35.6kg/hm^2，年递增1.8%。

（4）扩大面积的作用在增加总产中占64.33%，而提高单产占增加总产的35.67%。

5.2 有关专家对世界大豆生产的展望

印度原农业科学院院长R. S. Paroda认为，进一步提高大豆产量主要在于常规育种、栽培管理、生物技术。

主要的限制因子：干旱、杂草、线虫、虫害、病害。

主要适应地区是温带（美国、阿根廷、中国）；其次是亚热带；巴西例外，热带种植大豆（表21）。

表21 世界主要大豆生产国家大豆生产情况及展望

	中国	美国	巴西	阿根廷	印度
2001年（万t）	1540	7538	3750	2600	
2001年（万 hm^2）	930	2943	1385	1000	
2001年（t/hm^2）	1.72	2.56	2.71	2.6	
生产地区（%）					
温带	66	80	25	80	10
亚热带	21	20	25	20	50
热带	13	0	50	0	40
机械化程度					
耕作	50	100	100	100	50
播种	50	100	100	100	50
收获	<30	100	100	100	50
化学产品投入					
化肥	50	100	100	100	40
除草剂	<30	100	>70	80	10
杀虫剂	<30	>25	70	95	70
主要限制因子					
干旱	50	40	<30	75	95

（续表）

	中国	美国	巴西	阿根廷	印度
高温		0		75	
冷害	<30	20			
杂草	<30	50	>70		50
病害	<30	30	>70	65	20
虫害	50	20	>70		50
线虫	<30	40	>70	5	2
与大豆竞争的油和蛋白粉					
油		菜籽	菜籽玉米向日葵	向日葵油棕棉花向日葵	花生油菜
蛋白粉		油菜棉花		棉花向日葵	油菜
最高产量（t/hm^2）					
温带	5	6		6	4
亚热带		4	4.5	3.5	
热带			4.5		3.5
进一步提高产量来自					
常规育种	主要	主要	主要	次要	主要
生物技术	主要	主要	主要	主要	主要
栽培管理	主要	主要	主要	主要	主要
研究所	15		17	22	23
科学家	300		85	75	100
公用事业	主要	主要<	主要<	主要<	主要>
私人企业	次要	主要和>	适当	适当	次要>

资料来源：引自 Dr. R. S Paroda

5.3 中国大豆生产发展前景

（1）对种植业结构进行调整，适当增加大豆种植面积。由于我国大豆年总产量为 1 500 万~1 600万 t，而 2001 年进口 1 394万 t，缺口较大，而有的作物还有积压。因此建议逐步将大豆面积调到 2 亿亩，这样可以增加大豆总产 140 亿斤。同时可以减少一些粮食作物的面积，可以减少粮食储存的补贴。建议将这部分节省下来的钱用于发展大豆生产。我国黄淮海地区中北部完全可以种植高油大豆，黄淮海地区中南部可以种植高蛋白大豆，发展潜力很大。提高大豆单产，增加农民收入，在南方也有潜力，巴西在热带种植 50%的大豆，全国单产比美国还高。

（2）千方百计提高大豆单产，增加农民收入。目前国际国内市场大豆价格有所上扬，在一些主产区农民种植大豆的积极性在上升。因此应通过选育优质高产大豆良种、改进栽培技术措施，加强田间管理，特别是增施肥料（主要是有机肥及磷钾肥加微量元素），发展节水灌溉，及时防治病虫草害等，千方百计提高大豆单产，增加农民收入。分不同大豆区予以指导。杜青林部长指示："实现大豆的振兴，一定要在主攻高产高油、降低成本的同时，大力发展高蛋白优质大豆；在加大科研，培育优质品种的同时，抓好育种、先进栽培技术的推广，绝不放松黄淮海流域及其他地区的大豆生产。"

（3）发展订单农业，加速大豆产业化经营。由于农业部、国家计委、财政部和各省、自治区、直辖市的重视，大豆产业化经营发展很快。九三油脂集团、吉林德大集团、辽宁华农集团等产业化经营抓得很好很有生气，对产销衔接起到很大作用。2002 年农业部和黑龙江省人民政府联合召开“全国大豆产销衔接会”是一个创举，是空前的，必将对我国大豆产业的发展起巨大的推动作用。

（4）加强大豆科研，加速选育高油或高蛋白、高产大豆品种，加强先进高产栽培技术的组装配套和推广，提高大豆生产的效益，以应对加入 WTO 所带来的挑战。

（5）加强大豆良种及大豆加工产品的标准化制定工作。

（6）建议国家增加对大豆科研、大豆原原种基地、大豆新技术推广的投入。

参考文献（略）

本文原载：21 世纪中国大豆产业发展研讨会论文集，2003，1-25

国内外大豆生产的现状和大豆品种创新问题

王连铮

（中国农业科学院，北京　100081）

摘　要：介绍了世界和中国的大豆收获面积、单产和总产情况。论述了中国大豆超高产育种、高产育种、高产高油育种、高蛋白育种、抗性育种等取得的成效。最后谈及我国大豆产业发展需要解决的几个问题。

关键词：世界大豆生产；中国大豆生产；大豆品种创新

根据FAO官员P. G. Griffee的统计，大豆蛋白质产量占世界8种作物蛋白质产量的64.78%。美国大豆协会Phillip Laney报道，2002年大豆油产量占世界食用植物油的32.5%。生命是蛋白质存在的形式。而大豆蛋白质被世界卫生组织定为一类蛋白，是中国人乃至世界各国日渐重视的一种蛋白，同时大豆有很多生理活性物质，如异黄酮、纤维素、皂苷、植物固醇等，很多专家认为，这些物质具有重要的生理功能，对防老年人骨质疏松、防癌等方面有一定作用。大豆粕是养殖业不可缺少的主要蛋白饲料来源。因为蛋白饲料一般占饲料的20%~25%，我国饲料产量已达8 000多万t，仅此一项，以蛋白饲料占20%算，则需要1 600万t，这还不算广大农民自己配制的饲料在内。此外大豆的根瘤菌可以固氮，对作物轮作至关重要，是用地养地不可缺少的作物。

1　世界和中国大豆生产情况

1.1　世界及主要大豆生产国大豆种植情况

1996—2004年9年平均世界大豆生产收获面积为7 542万 hm^2（11.3亿亩），2004年达8 781万 hm^2，比1996年的6 268万 hm^2，增长40.1%。

同期美国大豆收获面积近9年平均2 908万 hm^2，由1996年的2 600万 hm^2 增加到2004年的2 927万 hm^2，增长了12.58%。

巴西大豆收获面积近9年平均为1 549万 hm^2，由1996年的1 148万 hm^2 增加到2004年的2 130万 hm^2，增长了85.54%。

阿根廷大豆收获面积近9年平均为1 007万 hm^2，由1996年的620万 hm^2 增加到2004年的1 400万 hm^2，增长了125.81%。

中国大豆收获面积近9年平均为873万 hm^2，由1996年的747万 hm^2 增加到2004年的930万 hm^2，增长了24.49%。

1.2　世界主要大豆生产国大豆单产情况

美国1995—2004年，10年大豆平均每公顷单产为2.512t（每亩167.5kg）。

巴西1995—2004年，10年大豆平均每公顷为2.507t（每亩167.1kg），近4年巴西大豆的单产超过美国。

阿根廷1995—2004年，10年大豆平均每公顷为2.39t（每亩159.3kg）。

中国1995—2004年，10年大豆平均每公顷为1.740t（每亩116kg）。

作者简介：王连铮，男，辽宁海城市人，研究员，长期从事大豆研究

中国1995—2004年，10年大豆平均每公顷单产比美国低0.77t、比巴西低0.769t、比阿根廷低0.65t。这说明我国大豆单产低，近10年大豆单产水平提高不大，不快。

1.3 世界主要大豆生产国家的大豆总产量

2005—2006年度世界的大豆总产量预期将达到2.2亿t，2004年美国第一次突破8 000万t，达8 001万t，巴西达6 600万t，阿根廷达3 900万t，中国达1 750万t，均系历史最高水平。美国13年间大豆总产量增加了34%，而巴西由1992年的2 251万t增加到2004年的6 600万t，增长2.93倍；阿根廷由1992年的1 135万t增加到2004年的3 900万t，增长3.44倍。中国则由1992年的1 030万t增加到2004年的1 750万t，增加69.9%，年均增长5.3%，增长的速度不如阿根廷、巴西快，但是呈缓慢增长的趋势，这是由于我国的耕地面积有限，主要用于水稻、小麦、玉米等作物上，主要着眼于解决粮食问题，而大豆生产效益不如上述作物，因此，我国大豆产量难以快速增加。

从上述资料中可以看出：

（1）世界大豆面积由1996年的6 268万 hm^2 增加到2004年8 781万 hm^2，9年增加了2 513万 hm^2，年均增加279万 hm^2。今后世界大豆生产会继续发展。

（2）世界大豆总产量由1996年的13 021万t增加到2004年的23 014万t，9年增加9 993万t，年均增加1 110万t。未来将进一步增加。据Laney报道，2011年需要增加量为7 000万t。

（3）世界大豆单产逐步增加，由1996年每公顷2 293kg，增加到2004年的2 627kg。

（4）扩大面积的作用在提高大豆总产中约占60%，而提高单产约占增加总产的40%。因此，扩大面积和提高单产均很重要。

1.4 中国大豆生产情况

改革开放以来，中国的大豆生产有了很大的发展。1978年我国大豆总产量为756万t，1985年以后中国大豆总产量达到1 000万t，1994年又达1 599万t。1993年全国大豆亩产首次超过100kg，达107.9kg，1997年达118kg。虽然不同年份有所变动，但大豆总产量和单产总的趋势是逐步增加的，面积相对稳定在1.1亿~1.4亿亩，是仅次于水稻、小麦、玉米之后的第四大作物。2004年播种面积最大，达980多万 hm^2（1.470亿亩），总产量最高年份为2004年达1 740万t。单产最高的年份为2002年，每公顷为1 893kg（亩产126kg）。2002年农业部制定并启动了“大豆振兴发展计划”，其中辽宁100万亩，吉林280万亩，黑龙江300万亩，黑龙江农垦总局270万亩，内蒙古自治区50万亩。东北地区1 000万亩高油高产大豆示范取得成功，亩产量达174.7kg，抽样检测含油率平均为20%，比4省区近6 000万亩非示范区平均亩产144kg，增产30.7kg。

2004年我国播种面积达9 589万 hm^2（1.438亿亩），总产量为1 740.4万t，每公顷产量达1 815kg（亩产121kg）。

从上述材料可以看出：

（1）我国大豆面积近20年有所增加。由1978年的714.4万 hm^2，增加到2004年的9 589万 hm^2。26年增加了244.5万 hm^2，年均增加94万 hm^2。

（2）我国大豆总产量有了增加。由1978年的756.5万t增加到2004年的1 740.4万kg，26年增加了983.9万t，年均增加37.8万t。

（3）我国大豆单产有所增加。由1978年的每公顷1 059kg，增加到2004年的1 815kg，26年每公顷增加了756kg，年均每公顷增加29kg，年均增加1.9%，与世界大豆单产年递增率1.8%相近。

近20年来，我国大豆播种面积有所增加，由1978年的714.4万 hm^2 增加到2004年的958.9

万 hm^2，总产量由 1978 年的 756.5 万 t 增加到 2004 年的 1740.4 万 t，单产由 1978 年的每公顷 1 059kg 增加到 2004 年的 1 815kg。

我国大豆生产之所以能不断提高，主要有以下几条原因：①因地制宜推广良种，1984 年以来国家农作物品种审定委员会审定认定的大豆品种达 141 个，各省、自治区、直辖市审定的大豆品种超过几百个，对提高大豆产量起到相当大的作用。②改进栽培技术措施，推广了一大批先进栽培技术，如垄三栽培法，引进了美国窄行密植法及大豆覆膜技术等。③增施肥料，培肥地力，施肥水平普遍有了提高，特别是磷钾肥，有机肥等。④防治病虫草害。⑤增加种植面积。⑥开展丰收计划，进行新技术示范推广。⑦不断提供新的科研成果，促进大豆生产的发展等。⑧开展了大豆振兴计划，对高油高产大豆品种、高蛋白高产大豆品种提供良种补贴等。

我国大豆生产虽然取得了一定成绩，但也应当看到存在的问题。主要是：我国大豆总产严重不足；单产较低，每公顷仅 1.8t；大豆科技投入不足，科技队伍需加强；种植大豆效益有待提高，大豆良种良法需要进一步结合；大豆深加工有待加强，特别是大豆蛋白制品应加强，有不少国外企业已进入中国市场；由于我国畜牧业的发展，需要大量蛋白饲料，由于兴建了很多大中型榨油企业，急需高油大豆作为原料。此外，由于人民生活水平提高，需要大量豆制品和植物油。1996 年以来，我国进口大豆逐年增加，2005 年进口大豆2 659万 t，进口量超过国内大豆总产。

2 大豆品种的改良与创新

根崔章林、盖钧镒、Tlaomas E. Carter Jr 等统计，1923—1995 年全国共育成 651 个大豆品种，其中黑龙江省育成 162 个，吉林 103 个，辽宁 55 个，山东 49 个、江苏 45 个，河南 32 个，山西 31 个，河北、北京各 23 个，安徽 22 个，四川 17 个。

根据全国农业技术推广服务中心统计，1996—2003 年全国各省、市共育成 435 个大豆品种，相当于 1923—1995 年育成大豆品种的 66.8%。这说明近 10 年大豆育种工作得到了快速的发展。这个期间吉林育成 94 个，黑龙江 80 个，内蒙古 33 个，辽宁 31 个，四川 24 个，北京 23 个，安徽 20 个，四川 17 个，河南 17 个，浙江 15 个，河北 13 个等。1996—2003 年全国共育成 435 个大豆品种，加上 1923—1995 年育成的 651 个，总计为 1 086个大豆品种。

新中国成立前共育成 20 个大豆品种，1950—1995 年共育成 631 个，1996—2003 年共育成 435 个，总计育成 1 086个大豆品种。

2.1 大豆超高产育种取得突破

不同地区超高产大豆育种的产量指标不同：东北地区大豆亩产达到 325kg；黄淮海地区大豆亩产达到 310kg；长江地区大豆亩产达到 250kg；新疆维吾尔自治区大豆亩产达到 350kg 以上的大豆品种即可称为超高产品种。中国农业科学院作物科学研究所 4-4 大豆课题组在山西襄垣县良种场试验，连续两年用中黄 13 试验，亩产均超过 300kg。其中 2004 年实收亩产达 312.4kg，2005 年实收亩产达 305.6kg。用中黄 19 品种 2005 年实收亩产达 314.6kg，已获国家大豆品种改良中心邱家驯教授为组长的大豆专家组验收。据邱家驯教授介绍，全国共有 8 个大豆品种达到攻关指标。

2.2 大豆高产育种取得的进展

区域试验中出现大批亩产超过 190kg 的高产品种，其中亩产达到 200~210kg 的有 6 个品种，亩产超过 210kg 的有 7 个品种。

2.3 高产高油大豆品种选育取得的进展

近年来由于重视了大豆高油育种，因而育成了不少高油大豆品种，同时产量也有较大提高。近年来推广的高油大豆品种有晋豆 19（24.39）、冀 NF58（23.63）、邯豆 4 号（23.36）、中黄 20（23.03）、中黄 24（22.48）、邯豆 5 号（22.59）、潍豆 6 号（22.38）、齐黄 30（22.36）、淮豆8号（22.29）、齐黄31（22.12）、晋豆29（22.11）、晋大70（22.06）、辽豆14（22.04）等很多高油品种。

2.4 大豆高蛋白育种取得进展

我国高蛋白育种取得很大成绩，特别是河南省农业科学院育成了一大批高蛋白豫豆号品种。其中豫豆22蛋白质含量达46.5%，2003年已推广355万亩。豫豆19推广了40万亩。黑龙江省农业科学院育成的高蛋白高产大豆黑农35，2003年在黑龙江、内蒙古自治区推广100万亩，已累积推广1 000多万亩。东农42、通农10、科新3号、豫豆16、冀豆12、浙春12等也得到了推广。

2.5 大豆抗性育种取得很大的进展

我国在大豆抗性育种取得了很大成绩。吉林省农业科学院张子金等育成了抗食心虫的大豆品种吉林3号等。黑龙江省农业科学院盐碱地研究所育成了抗线1号、抗线3号等抗胞囊线虫大豆品种。黑龙江省农业科学院合江农科所刘忠堂等育成了抗灰斑病的大豆品种，中国科学院遗传所林建兴等育成了抗病毒的大豆品种等。

3 大豆产业发展需要解决的问题

3.1 适当扩大大豆面积

我国大豆总产量严重不足。20世纪50年代我国大豆面积达到1.9亿亩。如在现有基础上增加4 000万亩，以亩产125kg计算则可生产大豆500万t。据新华每日电讯2006年5月2日报道，我国有关部门完成耕地后备资源调查。全国耕地后备资源总量为1.13亿亩，可垦地为1.071亿亩，可复垦0.06亿亩。“十五”期间我国耕地净减少9 240万亩。根据这种情况，我国应对可垦的地方进行开垦，以补偿耕地减少所带来的问题，该垦得垦，该退得退。耕地总量不宜再减少，而应当逐步增加，同时要强化农村耕地管理，严格控制占用耕地。可将一些建设项目放在盐碱等低产上壤和坡耕地上，以减少占用好地。

3.2 千方百计提高大豆单产

我国每公顷大豆单产1 815kg，比美国、巴西每公顷低0.7t。潜力很大。目前我国还有8个省份亩产不到100kg，如能每公顷增加750kg，则可增产569.2万t，这方面的潜力很大：①加速超高产和高产大豆品种的推广。②适当加大密度，缩短行距，每平方米可增到25~30株。③提高土壤肥力，秸秆还田和增施有机肥，增施磷肥和微量元素，追施氮肥。④节水灌溉，干旱时及时灌水。⑤防治病虫草害。⑥施用生长调节剂。⑦拔杂去劣，保持品种纯度。⑧适时收获，防止炸荚造成损失。

3.3 强化大豆科学研究

制定大豆超高产育种创新规划和大豆超高产及高产综合栽培措施集成创新规划；在北京建立全国大豆科研机构，统一协调组织全国的大豆科研工作；由于大豆科研主要是应用科研，因此必须与大豆产区紧密结合。北京附近正是我国夏大豆和春大豆交界地区，此地育成的大豆品种适应性广，如中黄13已在10余个省、市推广应用。我国大豆面积近1 000万 hm^2，还没有一个全国性的大豆研究机构。在20世纪50年代末60年代初曾在吉林省九站建立过中国农业科学院大豆研究所，但吉林九站太北，不便于组织全国的协作。

3.4 加强大豆深加工，特别是大豆蛋白等产品的研究和开发

目前国外一些企业已将国内一些大豆蛋白加工企业兼并。建议国家有关部门对国内大豆有关企业给予重点扶持，以便实现大豆加工的产业化。

3.5 在政策方面扩大大豆良种补贴

不仅对农民给予补贴，建议对科研单位和院校繁殖大豆原种和良种也应给予补助，这样才能

使大豆良种得以迅速推广，有利于提高大豆生产的效益，增加农民的收益。

3.6 发展订单农业，加强产销衔接，加强期货市场建设

只有这样才能减少盲目进口，保持市场价格和市场供销相对稳定。

参考文献（略）

本文原载：中国食物与营养，2006（7）：6-9

国内外大豆生产形势和大豆产业化问题

王连铮
（中国农业科学院，北京　100081）

大豆是重要的粮食作物、油料作物、饲料作物、蔬菜作物及经济作物。据 FAO 统计，大豆油占世界食用油 32.5%，居世界食用油第一位；大豆蛋白占世界 8 种主要农作物蛋白质总量 64.78%，居饲料蛋白首位。

1　国内外大豆生产形势

1.1　国外大豆生产形势

世界主要大豆生产国家单产情况：美国 1995—2004 年 10 年大豆平均每公顷单产为 2.512t；巴西 1995—2004 年 10 年大豆平均每公顷为 2.507t；阿根廷 1995—2004 年 10 年大豆平均每公顷为 2.39t；中国 1995—2004 年 10 年大豆平均每公顷为 1.740t，这说明我国大豆单产相对低。

世界大豆总消费量由 2000/2001 年度的 17 369万 t 上升到 2007/2008 年度的 23 526万 t，年增加 5.06%。2007 年，美国消费 5 430万 t，巴西 3 268万 t，阿根廷 4 004万 t，较上年增加 1 060万 t。

由于世界大豆总消费量增加，用大豆生产生物柴油的数量也在增加，大豆生产的总量满足不了需要，2007 年年底全球大豆库存下降了 1 534万 t，为 4 732万 t，下降 24.9%，大豆及其制品的价格近来不断上涨。

1.2　国内大豆生产形势

改革开放以来，中国的大豆生产有了很大的发展。1978 年我国大豆总产量为 756 万 t，1985 年以后中国大豆总产量达到 1 000万 t，1994 年达到 1 599万 t。1993 年全国大豆亩产首次超过 100kg，达 107.9kg，1997 年达 118kg，2002 年达 126kg。2004 年播种面积最大，达 958.9 万 hm^2（1.438 亿亩）。

我国大豆生产虽然取得了一定成绩，但也存在些问题：我国大豆总产量严重不足；单产量较低，每公顷仅 1.8t；大豆科技投入不足，科技队伍需加强；种植大豆效益有待提高，大豆良种良法需要进一步结合；大豆加工产品如分离蛋白、浓缩蛋白等有待创新和加强；大豆品种未实现专用化。

2　大豆产业化问题

2.1　首先要了解市场需要

市场需要决定生产方向。生产大豆主要是为了满足畜牧业、渔业对蛋白饲料的需求，同时为了满足居民对食品的需求。我国每年生产的配合饲料在 1 亿 t 以上，以蛋白饲料占 20%来计算，则需要 2 000万 t 以上蛋白饲料，还不包括农民自用的部分；我国利用大豆制成豆制品，如豆腐、豆皮、豆浆等也需要几百万吨，这些均需要高蛋白大豆。世界大豆油占食用油 32.5%，为第一大食用植物油，我国大豆油的比重也越来越大，用作榨油的大豆应当含油量高；用作鲜食的大豆粒要大且口感要好；而出口日本用作纳豆的大豆，其百粒重应在 8~12g。高蛋白大豆和高油大豆是主要需求品种，应当分开作为专用品种来利用。

2.2 选育和创新高产高蛋白大豆和高产高油大豆品种是大豆产业化的基础

高产高蛋白大豆和高产高油大豆品种选育和创新对提高大豆单产和增加农民收入至关重要。因为品种是内因，其他条件是外因，只有高产高蛋白大豆和高产高油大豆品种结合良法，才能提高大豆单产和增加农民收入。大豆品种的自主创新极为重要。国家和各省、自治区、直辖市农业科研单位、农业院校、企业、农民育种家育成了一大批高产优质多抗性的大豆品种。

2.3 建立完善的大豆原良种繁育体系

科研单位提供育种、种子，种子加工企业要生产符合标准的大豆良种，广大生产者要生产出符合企业加工要求的大豆。大豆生产中原种和良种应紧密结合，质量要达到要求。

2.4 发展订单农业，加强产销衔接，加强期货市场、进行纯品种生产

只有这样才能减少盲目进口，保持市场价格和市场供销相对稳定。企业对产品质量有一定要求，因此，企业必须和生产单位签订合同，规定双方的权利和义务，要实行专用品种生产，要根据双方签订的合同规定来履行承担的权利和义务。

2.5 良种良法相结合，千方百计提高大豆单产，增加农民收入

良种良法相结合，千方百计提高大豆单产、商定合理价格和增加农民收入是保证农民愿意种植大豆并提供充足大豆满足社会需要的前提。我国每公顷大豆单产 1 815kg，比美国、巴西每公顷低 0.7t，潜力很大。目前我国还有 8 个省份亩产不到 100kg，如能使 900 万 hm^2，每公顷增加 750kg，则可增产 675 万 t，这方面的潜力很大，具体措施有：①加速超高产高蛋白大豆和高产高油大豆品种的推广。②提高土壤肥力：增施有机肥、大力推广秸秆还田、种植绿肥、推广根瘤菌拌种，增施磷钾肥和微量元素，追施氮肥。③适当加大密度，缩短行距，因地制宜。④节水灌溉，干旱时及时灌水。⑤防治病虫草害。⑥施用天然生长调节剂爱密挺（Emistin）。⑦拔杂去劣，保持品种纯度。⑧适时收获，防止炸荚造成损失。⑨发展保护地耕作，减少水土流失。采用这些措施亩产可达到 200kg，亩增收 20kg，增收 100 元。

2.6 适当扩大大豆面积，增加我国大豆总产

我国大豆总产量严重不足。20 世纪 50 年代我国大豆面积达到 1.9 亿亩。如在现有基础上增加 4 000万亩，以亩产 125kg 计算则可增产大豆 500 万 t。据新华每日电讯 2006 年 5 月 2 日报道，我国有关部门完成耕地后备资源调查。全国耕地后备资源总量为 1.13 亿亩，可垦地为 1.071 亿亩，可复垦 0.06 亿亩。“十五”期间我国耕地净减少 9 240万亩。根据这种情况，为了应对人口增加和满足粮食的需求，建议国家加大对扩大耕地和改造低产田的投入。我国应对可垦的地方进行开垦，以补偿耕地减少所带来的问题，该垦得垦，该退得退。耕地总量不宜再减少，而应当逐步增加，同时要强化农村耕地管理，严格控制占用耕地，可将一些建设项目放在盐碱等低产土壤和坡耕地上，以减少占用好地。

2.7 要形成完整的大豆生产链，处理和协调好科研生产加工销售等环节的利害关系

要形成一个完整的生产链，必须处理好生产中各个环节的利益关系，也就是说，各个环节要有平均利率。

2.8 加强大豆深加工，自主创新，在国内外市场创出自己的名牌

大豆品种要创新，大豆各种产品也要创新，要有自己的名牌。对市场紧缺的产品，如大豆分离蛋白、大豆功能性浓缩蛋白等产品的研究和开发应有自己的品牌，以便在国内外市场上占有一席之地。目前国外一些企业已将国内一些大豆蛋白加工企业兼并。建议国家有关部门对国内大豆有关企业给予重点扶持，以便实现大豆加工的产业化。

2.9 实行产加销密切配合，开拓国内外市场

大豆品种要有竞争力，大豆新产品要有竞争力，大豆成本和供货周期、信誉均要有竞争力。

2004年中国农业科学院作科所与京晋公司合作利用中黄13创造亩产312.4kg，由国家大豆改良中心邱家驯教授为组长的专家组进行现场验收。中黄13推广面积居全国第一位

2007年中国农业科学院作科所与新疆农垦科学院作科所合作利用中黄35创造亩产371.8kg，由国家大豆改良中心邱家驯教授为组长的专家组进行现场验收，被547位院士评为2007年国内十大科技进展新闻之一

2.10 强化大豆科学研究

制定大豆超高产育种创新规划和大豆超高产和高产良种良法集成创新规划；加大对大豆科研的投入，建立全国大豆科研机构，充实和加强大豆科研队伍，统一协调组织全国的大豆科研工作。大豆科研主要是应用科研，因此必须与大豆产区紧密结合。北京附近正是我国夏大豆和春大豆交界地区，此地育成的大豆品种适应性广，如中黄13已在10余个省、市推广应用。此外，美国大豆研究中心也设在北纬40度的伊利诺大学。另外，巴西农业研究院（Embrapa）育成了100多个适于热带种植的大豆品种，使巴西60%的大豆地都用上了本国培育的良种，育成了第一个抗胞囊线虫的大豆品种，已推广170万 hm^2。在土壤耕作、轮作、施肥、病虫害防治及收获等方面开发了不少好技术。他们的大豆产量由1989—1990年每公顷1.73t提高到2001年的2.71t，增加了64.38%。印度也建立了大豆研究所，1999年其种植面积为630万 hm^2，总产量达570万t。俄罗斯大豆种植面积仅100万 hm^2，在远东地区的布拉格维辛斯克（海兰泡）建立一个全俄大豆科学研究所。而我国大豆面积近1 000万 hm^2，还没有一个全国性的大豆研究机构。

2.11 在政策方面建议扩大对大豆的补贴

大豆已是我国进口最多的农产品，应加强对大豆生产和科研的投入。不仅对农民给予补贴，建议对科研单位和院校繁殖大豆原原种和原种也应给予补助，这样才能使大豆原良种得以迅速推广，有利于提高大豆生产的效益，增加农民的收益。同时对大豆加工企业在贷款、出口和税收政策上应予以扶持。

2.12 对进口的转基因大豆应严格检查

同时对转基因食品应予以标识，以便消费者有知情权和选择权。欧盟等对转基因成分含有0.9%以上的食品则需要标识。

3　大豆育种工作的进展

中国农业科学院作物科学研究所大豆超高产育种课题组过去18年自主创新育成了17个品种，有7个品种获国家审定，10个品种获各省、自治区、直辖市审定。

研制的高产高蛋白多抗性和广适应性中黄13大豆品种2007年已在全国推广1 078万亩，居全国大豆品种推广面积的第一位，其中安徽推广641万亩，河南推广226万亩，其他各省、市推广211万亩，中黄13累计推广2 295万亩，蛋白质含量45.8%。

3.1　中黄13的高产地块

2004年在山西襄垣经国家大豆改良中心邱家驯教授为组长的专家组验收，实收1亩，亩产312.4kg；2005年又实收1亩，亩产305.6kg。有关部门推介：2005—2008年连续四年农业部推荐为国家主推品种。国家发展改革委员会定为《大豆良种产业化项目》重点推广的大豆品种。科技部列为超高产作物育种课题重点大豆示范推广品种。

3.2　高产高油大豆中黄35

中黄35（中作122）系中国农业科学院作物科学研究所以（PI486355×郑8431）F_5为母本，以郑6062为父本进行有性杂交，采用系谱法选育而成。2006年国家品种审定委员会确定在黄淮海地区夏大豆推广（国审豆2006002号）；2007年又确定在春大豆晚熟组试验地区推广（国审豆2007017）；内蒙古自治区品种审定委员会2007年确定在内蒙古东南部赤峰、通辽等地推广（内审豆200700）。

3.3　产量表现

（1）国家黄淮海北片夏大豆区域试验。中黄35（中作122），2004—2005年参加国家黄淮海北片夏大豆区域试验，2004年平均亩产205.96kg，2005年平均亩产204.27kg。2006年通过国家农作物品种审定委员会审定，定名为中黄35，编号为国审豆2006002。

（2）国家北方春大豆晚熟组区域试验。中黄35（中作122），2005—2006年参加国家北方春大豆晚熟组区域试验。2005年7个承试点平均亩产187.5kg，2006年参加区域试验，8个承试点平均亩产191.8kg。

（3）在内蒙古区域试验和生产试验结果。2004年参加内蒙古春大豆区域试验，3个点平均亩产176.0kg。

（4）2007年中国农业科学院作物科学研究所大豆超高产育种课题组与新疆农垦科学院作科所合作，在1.2亩土地利用中黄35创亩产371.8kg的高产，是目前我国大豆单产最高纪录，被547位院士评为2007年我国十大科技进展新闻之一。

由上述结果来看，这种品种增产效果极其显著，而且各地各年试验结果相同，结果可靠。各省市自治区、各农业科研单位、农业院校、企业、农民育种家育成了一大批高产优质多抗性的大豆品种。

本文原载：高科技与产业化，2008，4（7）：67-69

俄罗斯大豆生产及科研

王　岚　王连铮

（中国农业科学院作物科学研究所，北京　100081）

摘　要：俄罗斯80%~90%的大豆种植区和大豆工业都分布在远东地区，2000—2010年俄罗斯大豆总产量由34.3万t增至121.0万t，基本呈递增趋势。俄罗斯大豆种植面积由2000年的42.1万hm^2增至2010年的120.0万hm^2，基本呈递增趋势。俄罗斯大豆产量由2000年的810.0kg/hm^2增至2010年的1 150.5kg/hm^2，基本呈递增趋势。2013年俄罗斯大豆产量为150.0万t，2013年俄罗斯大豆种植面积为154.0万hm^2。近年俄罗斯大豆平均产量为1 200kg/hm^2。

关键词：大豆；产量；总产

Soybean Production in Russian

Wang Lan　Wang Lianzheng

（*Crop Science Institute*, *Chinese Academy of Agricultural Sciences*, *Beijing* 100081, *China*）

Abstract: 80%-90% soybean production and industry of Russian is in Far Eastregeion. 2000—2010 the soybean production in Russian had gradually increased from 343 thousand t to 1 210 thousand t. In 2013 soybean production in Russian is 1 500 thousand t. In 2013 soybean planting area in Russian is 1 540 thousand ha. In resent years the average soybean production in Russian is 1 200kg/ha.

Key words: Soybean; Yield; Total production

俄罗斯目前全境内的农业用地总面积为1.68亿hm^2，其中有近1/4耕地处于闲置状态。远东地区面积约620万km^2，占俄罗斯联邦总面积的36.4%，人口约1 000万人。远东地区自然和气候条件恶劣，大量土地不适于农业生产，只在南部地区的自然和气候条件比较适宜发展农业。远东地区农用土地约为660万hm^2，可耕地280万hm^2。农用土地的特点是耕地少，只占48%，草场和牧场占50%以上，果园等占2%。很多中国人来到俄罗斯地区，只开垦了不到10万hm^2耕地。俄罗斯80%的大豆种植区和大豆工业都分布在远东地区，其中97%种植面积的大豆为商品大豆，受大陆和太平洋气候的影响，气温、降水不稳定，春季回暖晚，4—5月气候冷凉，大豆平均产量为1 200kg/hm^2，个别农场产量为1 800~2 000kg/hm^2。俄罗斯的主要大豆生产地为远东地区（阿穆尔地区、滨疆地区、哈巴罗夫斯克地区），南部地区无霜期为130d，中部地区为111~113d，北部地区为92~100d。目前生产上推广的大豆品种有12个，中国品种占1.5%，推广品种种植面积占97%。远东地区的大豆种植主要集中在南部地区，播种日期一般为5月20—

基金项目：转基因生物新品种培育重大专项（2009ZX08004-003）

第一作者简介：王岚，女，硕士，副研究员，主要从事大豆遗传育种研究。E-mail：wanglan@caas.cn

通讯作者：王连铮，男，研究员，主要从事大豆遗传育种研究。E-mail：wanglianzheng@caas.cn

25日，10月初收获。阿穆尔州大豆种植面积30万hm^2，占远东地区总面积的70%左右，阿穆尔州有丰富的草甸黑钙土壤和较高的机械化耕种水平，因而阿穆尔州是俄罗斯的大豆种植中心。目前生产上应用的几个高产品种，阿穆尔310、扬搭尔、全俄-1、接斑人、全俄-2、十月-70、沿江-529、沿江-494、奏鸣曲产量为1 500~2 500kg/hm^2不等，生育期为96~124d，蛋白含量为38.8%~42.6%，脂肪含量为19.5%~21.0%。其中十月-70、ВНИИС1、杂嘎特、奏鸣曲、嘎尔毛尼亚的生育期为95~107d，产量达4 000kg/hm^2，适合滨疆地区、哈巴罗夫斯克地区、新西伯利亚地区。栽种的种植方式多为45cm行距平播，种植密度比较大，一般保苗在60万~80万株/hm^2，主要靠群体增产。病虫害防治主要采用轮作，豆—谷轮作，豆—多年生牧草轮作。防治田间杂草方法是：出苗前用圆盘耙处理土壤防旱生杂草。机械收获的同时将秸秆粉碎抛撒田间并翻入土中，进行秸秆还田，培肥地力。

1　2000—2014年俄罗斯大豆生产和需求变化

2000—2010年俄罗斯大豆生产由2000年的总产34.2万t增至2010年的120.95万t，基本呈递增趋势。俄罗斯大豆种植面积由2000年的42.10万hm^2增至2010年的119.78万hm^2，基本呈递增趋势。俄罗斯大豆产量由2000年的810.0kg/hm^2增至2010年的1 150.5kg/hm^2，基本呈递增趋势（表1）。

表1　2000—2010年俄罗斯大豆生产

项目	2000年	2001年	2002年	2003年	2004年	2005年	2006年	2007年	2008年	2009年	2010年
种植面积（万hm^2）	42.10	41.70	47.64	58.57	57.09	72.00	84.64	77.70	74.70	87.50	119.78
产量（kg/hm^2）	810.0	940.5	1 170.0	670.5	970.5	1 050.0	910.5	919.5	1 050.0	1 189.5	1 150.5
总产（万t）	34.20	35.00	42.28	39.33	55.50	68.61	80.45	65.02	74.60	94.40	120.95

2011年俄罗斯大豆收获量达历史新高，为170万t，平均产量为1 480kg/hm^2，2012年俄罗斯大豆总收获量达到188万t，2013年降至150万t。2013年俄罗斯大豆种植面积为154万hm^2，2013年受远东地区洪涝影响，近50万hm^2大豆损失。2014年俄罗斯大豆种植面积为172万hm^2。远东和东西伯利亚地区的耕地使用率不足50%。绝大部分大豆进入加工业，用于生产豆油以及复合饲料的豆粕。

2007—2011年间俄罗斯对大豆的需求平均增长36.3%，并在2011年达到264万t。2007—2011年俄罗斯的大豆进口增加到69.58万t，其中2008年的增长率最高。2012—2013年俄罗斯大豆出口将创新高，达到12万t，绝大部分出口到了中国，主要供应地是俄罗斯的远东联邦区。预计至2016年俄罗斯的大豆需求达到329万t。

2　俄罗斯不同地区大豆生产和需求变化

俄罗斯阿穆尔州是俄罗斯联邦远东地区重要的农业生产地区。阿州耕地面积180万hm^2左右，占远东地区总耕地面积的60%，其中大豆播种面积，占远东地区的80%，占俄罗斯联邦大豆总播种面积的70%以上，粮食和大豆的年产量占远东地区的2/3，牛奶和肉类占远东地区的1/3。阿州1999年粮食总产量约为21亿kg，大豆总产量约为19亿kg；2000年粮食总产量约为12.7亿kg，大豆总产量约为18.5亿kg。阿州的农业生产对俄罗斯联邦远东地区农业生产具有举足轻重的影响。

阿穆尔地区自2000—2010年大豆总产由16.87万t增至53.65万t，基本呈递增趋势。阿穆尔地区大豆种植面积由2000年的20.0万hm^2增至2010年的48.4万hm^2，基本呈递增趋势。阿穆尔地区大豆生产产量由2000年的850.5kg/hm^2增至2010年的1 110.0kg/hm^2，呈递增趋势（表2）。

表2　2000—2010年阿穆尔地区的大豆生产

项目	2000	2001	2002	2003	2004	2005	2006	2007	2008	2009	2010
种植面积（万hm^2）	19.75	20.57	23.99	28.31	25.33	28.99	31.01	31.39	35.98	40.1	48.41
产量（kg/hm^2）	850.5	990.0	1 110.0	550.5	720.0	660.0	769.5	780.0	850.5	1 050.0	1 110.0
总产（万t）	16.87	20.42	26.54	15.62	17.84	19.19	23.97	24.56	30.49	41.20	53.65

2001—2005年远东地区大豆种植面积为42.04万hm^2，产量为919.5kg/hm^2，总产量为31.00万t。2009年远东地区大豆种植面积为70.23万hm^2，而阿穆尔地区种植面积为48.0万hm^2，产量为1 110kg/hm^2。2012年远东地区大豆种植面积为84.72万hm^2，产量为1 180.5kg/hm^2，总产量为1 504万t。2013年俄罗斯大豆产量为150万t，2013年俄罗斯大豆种植面积为154万hm^2。

3　俄罗斯大豆农艺性状及产量评价

位于黑河对岸布拉格威辛斯克市的全俄大豆研究所以大豆育种为主，培育了30个中、早熟类型的品种，所育出的大豆品种产量多在2 000~3 500kg/hm^2，蛋白质含量36.0%~44.0%，脂肪含量18.0%~23.0%，这些品种在远东中南部地区应用面积达70%左右。对2011年布拉格维申斯克市种植的大豆品种的农艺性状进行调查，结果显示品种间的产量、百粒重、植株高度和生育期有所差异，俄罗斯品种的脂肪含量高于中国品种，蛋白质含量低于中国品种（表3）。

表3　2011年布拉格维申斯克市大豆品种产量和农艺性状评价

品种		产量（kg/hm^2）	百粒重（g）	植株高度（cm）	生育期（d）	脂肪含量（%）	蛋白含量（%）
滨海号	滨海81	2 110.5	20.4	66	119	22.3	38.7
Binhai	滨海69	1 830.0	17.0	92	122	22.2	40.3
	滨海96	2 260.5	20.0	80	119	22.9	39.4
	滨海4号	2 209.5	20.0	70	118	22.0	38.7
	滨海86	2 299.5	20.0	87	122	23.1	39.1
阿穆尔号	奏鸣曲	1 390.5	18.2	64	116	22.0	41.2
Amur	立几牙	1 420.5	18.6	63	116	23.0	39.4
	嘎尔毛尼亚	870.0	18.2	53	116	23.3	38.4
	未嘎	1969.5	20.4	73	115	21.8	40.6
	格拉才雅	1 219.5	18.1	58	115	23.3	38.3
中国号	黑农35	1 540.5	18.2	70	118	21.2	42.0
China	黑农40	2 280.0	18.3	71	122	21.3	41.9
	黑农25	1 920.0	17.1	73	122	20.9	42.2

4　俄罗斯大豆种植面临的主要问题

俄罗斯远东地区土地租金仅需约30元/hm^2，每年中国东北地区有几十批次人员赴俄种植大豆。从俄罗斯返销中国的大豆为进口大豆，不属于中储粮的收储范围。收储价为4.6元/kg，中国人在俄罗斯种的大豆卖给国内油企为4元/kg。大豆返销需要在俄罗斯交税，中国国内亦需要交税。除去各种成本，俄罗斯大豆运到国内销售利润为500元/t。俄罗斯大豆的品质和出油率与东北大豆相近，而且是纯天然绿色农作物，其返销不但能缓解国内油脂压榨企业“无豆下锅”的窘境，而且有助于其产品层次提升。由于俄罗斯中央政府对农业投入减少，以及近10年来工农业剪刀差进一步拉大，农业资金短缺，导致技术设备老化达90%～95%，化肥施用量大幅减少。加之农业扶助体系不健全，政府财力拮据，农业劳力短缺，劳动生产率远低于全俄平均水平，因此农业投入不足是目前远东农业存在的主要问题。

参考文献（略）

本文原载：大豆科学，2015，34（6）：1097-1099

附　　录

王连铮同志生平
（1930—2018）

中国共产党的优秀党员，忠诚的共产主义战士，我国著名农学家、大豆遗传育种学家，原农业部副部长、党组副书记，中国农业科学院原院长、党组副书记王连铮同志，因病于2018年12月12日在北京逝世，享年88岁。

王连铮同志1930年10月15日出生于辽宁海城。他从小立志刻苦学习，长大报效祖国。1948年12月，考入沈阳农学院学习。在校期间，他开始接受共产主义思想的启蒙和熏陶，1953年4月加入中国共产党。1954年5月毕业后，到林业部调查设计局担任俄文翻译，后随同林业部实习组赴苏联考察从事翻译工作。1957年5月，他主动要求到黑龙江省农业科学院工作，先后从事小麦、马铃薯等作物育种研究，参与选育的马铃薯品种“克新1号”，连续多年推广面积居全国第一（1987年获得国家发明二等奖）。1960年10月，赴苏联莫斯科农学院进修。1962年10月回国后，继续在黑龙江省农业科学院从事科研工作，历任黑龙江省农业科学院生物室技术员、副主任。

“文化大革命”初期，王连铮同志受到冲击和迫害，被下放到柳河“五七”干校劳动。恢复工作后，在黑龙江省农业科学院育种组从事大豆育种工作，1970年2月起，先后任黑龙江省农业科学院农作物育种研究所负责人、副院长、院长。1983年2月起，历任黑龙江省人民政府副省长兼黑龙江省农业科学院院长，黑龙江省人民政府副省长、党组副书记。其间，狠抓全院科研和人才队伍建设工作，全身心致力于大豆种质资源遗传育种和栽培生理研究，积极创新大豆育种理论，改进育种方法，主持或共同主持选育出大豆优良品种12个，累计推广面积7 500万亩。其中，“黑农16”获全国科学大会奖，“黑农26”获国家发明二等奖，“黑农35”获黑龙江省科技进步二等奖。他率先开展大豆基因工程研究，建立了大豆基因工程载体和受体系统及大豆体细胞培养实验系统。1981—1989年，主持联合国开发计划署资助的“加强黑龙江大豆科研促进生产发展”项目，组织黑龙江省及全国大豆科研协作，推动了大豆生产发展。在担任黑龙江省人民政府副省长期间，在省委领导下，认真贯彻执行党的各项方针政策，充分发挥专家作用，组织科技攻关和农业生产。他深入基层调查研究，认真了解情况，广泛听取意见，组织农田基本建设，开展三江平原涝害治理，促进了黑龙江省粮食总产大幅提升，1983年首次突破150亿kg大关，1986年达到177.6亿kg，取得了显著的经济效益和社会效益。

1987年10月起，王连铮同志历任中国农业科学院院长、党组书记，农业部副部长兼中国农业科学院院长、党组书记，农业部副部长、党组副书记兼中国农业科学院院长，中国农业科学院院长、党组副书记等职。在农业部工作期间，认真贯彻落实党中央、国务院和部党组的决策部署，尽职尽责，努力做好分管工作，主动走访国家有关部委介绍农业发展情况，积极争取科研项目。他面向全国农业科研和生产主战场，广泛开展调查研究，提出发展大豆高产栽培技术、增加粮食和棉花生产、科技兴农、科技扶贫等意见建议，多份报告得到党中央、国务院领导批示。

王连铮同志在担任中国农业科学院院长期间，为单位的建设和发展呕心沥血，殚精竭虑。他注重加强顶层设计，调整科研方向，建立院所两级管理体制，按学科专业实行分类管理；他大力推动科研平台和基础条件建设，新建、扩建了多个实验楼、实验室和中试车间，极大地改善了科研条件和人才引进条件。他高度重视重大项目凝练和成果培育，在任职期间，中国农业科学院取得科研成果494项，其中国家级奖励52项。

1991年5月起，王连铮同志连续当选为第四届、第五届中国科学技术协会副主席。他积极落实中央要求，推动农村科普工作。坚持到农业生产一线调查研究，提交了多份关于发展农业科研和生产的调研报告，组织科研单位和院校开展学术讨论，着力促进国内外学术交流，为推动我国农业科学技术水平的提高作出了积极贡献。

王连铮同志在繁忙的管理工作之余始终坚持科学研究，从任中国农业科学院院长起，一直主持黄淮海大豆育种研究，2004年3月退休后，他更是全身心投入大豆科研和生产实践，1991—2018年，主持选育出大豆新品种22个，累计推广面积达1.1亿亩。特别是广适高产优质大豆新品种“中黄13”，连续9年位居全国大豆年种植面积首位，是近20年来唯一年种植面积超千万亩的大豆品种，累计推广面积超过1亿亩，2012年获国家科技进步一等奖。超高产品种“中黄35”连续4年创造亩产超过400kg的全国大豆高产纪录。发表论文180余篇，主编、合编专著8部。发起创办了《大豆科学》杂志。他用个人获得的科研奖金捐助设立了“王连铮大豆青年科教奖励基金”，用于奖励在大豆科学研究与生产中取得突出成绩的青年科技人才。

王连铮同志是中共十二大代表，第九届全国人民代表大会代表，第九届全国人大农业与农村委员会委员，政协第八届全国委员会委员。曾任中国农学会第五届、第六届、第七届副会长，中国种子协会第二届理事长，中国作物学会第四届副理事长，第五届、六届理事长兼中国作物学会大豆专业委员会主任委员、中国农村专业技术协会理事长。著有《大豆遗传育种学》《现代中国大豆》等多部著作。曾荣获“中国作物学会科学技术成就奖”和“何梁何利基金科学与技术进步奖”。先后当选苏联农业科学院院士、俄罗斯农业科学院院士、印度农业科学院院士、英国国际农业生物科学中心理事会理事、亚太地区农业科研机构理事会常务理事。

王连铮同志政治立场坚定，认真学习马克思列宁主义、毛泽东思想、邓小平理论、“三个代表”重要思想、科学发展观、习近平新时代中国特色社会主义思想，坚决拥护和贯彻执行党的路线方针政策，始终在思想上政治上行动上同党中央保持高度一致。他始终忠于党，忠于人民，忠于共产主义事业。他淡泊名利，无私奉献，一生爱农学农务农，为我国社会主义建设，特别是农业现代化建设，奉献了毕生精力，作出了突出贡献。他求真务实，治学严谨，注重调查研究，密切联系群众，学术作风民主，具有德馨品高的大家风范，在我国农业界、科技界德高望重。他严以律己，宽以待人，廉洁奉公，生活简朴，始终保持了艰苦朴素的优良作风。

王连铮同志的一生，是为国家富强、民族复兴、科技进步不懈奋斗的一生，是全心全意为人民服务的一生。他的逝世，使我们失去了一位好党员、好干部、好同志。我们要学习他的崇高品德和优良作风，化悲痛为力量，更加紧密团结在以习近平同志为核心的党中央周围，高举中国特色社会主义伟大旗帜，锐意进取，埋头苦干，为决胜全面建成小康社会、夺取新时代中国特色社会主义伟大胜利、实现中华民族伟大复兴的中国梦而努力奋斗。

王连铮同志安息吧！

王连铮先生的学术成就

一、王连铮先生简介

姓名	王连铮	性别	男
出生日期	1930 年 10 月 15 日	民族	汉
工作单位	中国农业科学院作物科学研究所		
主要学历			
起止年月	毕业学校	专业	学位
1948.12—1954.5	东北农学院	农学	学士
1960.1—1960.10	北京外国语学院留苏预备部	俄语、哲学	进修
1960.10—1962.10	俄罗斯国立莫斯科季米里亚捷夫农学院	作物遗传育种	博士（2005 年获得）

主要经历		
起止年月	工作单位及部门	职务/职称
1954.05—1957.04	中央林业部调查设计局	俄文翻译
1957.05—1960.01	黑龙江省农业科学院作物育种系	技术员
1962.11—1969.12	黑龙江省农业科学院生物物理研究室	副主任、助研
1970.01—1978.06	黑龙江省农业科学院大豆研究所、作物育种研究所	所长
1978.06—1981.03	黑龙江省农业科学院	副院长、副研究员
1981.03—1986.12	黑龙江省农业科学院	院长、研究员
1983.02—1987.12	黑龙江省人民政府	常务副省长、研究员
1987.12—1994.11	中国农业科学院	院长、研究员
1988.12—1991.05	中华人民共和国农业部	常务副部长
1991.01 至今	中国农业科学院作物科学研究所	研究员
主要兼职		
起止年月	单位名称	兼任职务
1981.02—1989.12	中国科学院农业现代化研究委员会	委员
1988.01—1991.12	苏联农业科学院	院士
1988.01—1991.12	国际农业发展基金会	理事
1988.04—1998.04	中国农学会	副理事长
1991.01—1995.12	联合国亚太地区农业科学研究机构理事会	常务理事

（续表）

主要兼职		
起止年月	单位名称	兼任职务
1991.05—2001.05	中国科学技术协会（第四届、第五届）	副主席
1992.01 至今	俄罗斯农业科学院	院士
1992.04—1997.12	国务院学位委员会植物遗传育种栽培学科评议组	召集人、成员
1993.03—1998.03	第八届全国人民政治协商会议	委员、提案委员会委员
1994.01 至今	印度农业科学院	院士
1994.04—2002.04	中国作物学会	理事长
1994.04—2002.08	中国作物学会大豆专业委员会	理事长
1994.01—1997.12	英国国际农业生物科学中心理事会	理事
1995.01 至今	中国农业科学院学术委员会	名誉主任
1998.03—2003.03	第九届全国人民代表大会	代表、农委委员
1998.11—2006.10	中国种子协会（第二届）	理事长

二、主要成就与贡献

王连铮研究员是我国著名农学家和大豆遗传育种学家。60余年来，他围绕大豆品种改良目标，开展大豆杂交育种、野生大豆资源收集和利用、大豆起源与进化、大豆基因工程等方面的研究，取得了突出的科研成绩。在科技管理工作中，他勇于开拓，锐意改革，重视人才，求真务实，使他所领导的科研机构实力不断提升。在政府部门任职期间，他顾全大局，体察民情，大力组织农田基本建设，重视科技在农业生产发展中的作用，为黑龙江省乃至全国农业综合生产能力的提高作出了重大贡献，受到各级领导和人民群众的称赞。

（一）主持选育大豆品种 34 个，累计推广 2.1 亿亩

王连铮研究员已先后主持选育 34 个大豆品种（其中 10 个通过国家审定），累计推广 2.1 亿亩。

1. 在黑龙江省农业科学院工作期间主持选育大豆品种 12 个，累计推广 1.1 亿亩

在黑龙江省农业科学院工作期间，王连铮研究员与王彬如、胡立成研究员共同主持育成大豆品种 12 个，累计推广面积达 1.1 亿亩。主要品种介绍如下。

（1）黑农 26。以^{60}Co辐射处理创造的秆强、荚多、早熟突变系哈 63-2294 为母本，小金黄 1 号为父本，经杂交选育而成，1975 年通过黑龙江省审定。该品种综合性状好，产量高，适于机械化栽培，小面积亩产可达 250 多 kg，累计推广 3 200多万亩，增产大豆 4 亿多 kg。该品种 1984 年获国家发明二等奖。

（2）黑农 35。以黑农 16 为母本，十胜长叶为父本，经杂交选育而成。1990 年通过黑龙江省审定，1995 年通过内蒙古认定，1996 年通过国家审定。该品种蛋白质含量 45.24%，是出口优质专用大豆品种，累计推广面积 2 100万亩。该品种 1994 年获黑龙江省科技进步二等奖。

（3）黑农 16。利用^{60}Co处理五顶珠×荆山璞杂交组合的 F_2代种子，经后代选拔育成。该品种年最大推广面积达 200 多万亩，累计种植 1 200多万亩，系 20 世纪 70 年代黑龙江省中南部地区大豆主栽品种。该品种 1978 年获全国科学大会奖。

（4）黑农 10 号。20 世纪 70—80 年代初期黑龙江省中南部大豆主栽品种，累计推广 1 400多

万亩。

（5）黑农11、黑农17、黑农18、黑农19、黑农23、黑农24、黑农34等品种。累计推广1 000多万亩。

（6）黑农27、黑农33。1978年以来推广大豆品种黑农27、黑农33，累计推广1 647万亩。

2. 在中国农业科学院工作期间主持选育大豆品种22个，累计推广超1亿亩

自1987年12月调任中国农业科学院院长起，主持黄淮海大豆育种研究。在1991—2009年，育成22个大豆品种，其中国审大豆9个、省市自治区审定13个，在广适应、超高产育种方面取得突破。主要品种介绍如下。

（1）广适高产高蛋白大豆新品种中黄13。2001—2011年，先后通过国家及安徽省、天津市、陕西省、北京市、辽宁省、四川省、山西省、河南省和湖北省审定。该品种适合全国14个省（市）推广种植，既可在华北地区中南部夏播，又可在辽宁南部、华北北部春播，适宜种植区域从29°N~42°N，跨三个生态区13个纬度，是迄今为止纬度跨度最大，适应范围最广的大豆品种；中黄13光周期钝感，蓝光受体基因（*GmCRY1a*）研究结果揭示了其适应性广的分子机理；在黄淮海地区创亩产312.4kg的大豆高产纪录，在推广面积最大的安徽省区试平均亩产202.7kg，增产16.0%，全部25个试点均增产，产量列参试品种首位；该品种蛋白质含量高达45.8%，籽粒大，百粒重23~26g，商品品质好；该品种抗倒伏，耐涝，抗花叶病毒病、紫斑病，中抗胞囊线虫病。2004年在山西襄垣县良种场实收亩产达312.4kg。该品种在2005—2012年，连续8年被农业部列为全国重点推广品种。2008年推广面积达1 109万亩，连续5年位居全国大豆品种种植面积首位，也是自1995年以来，全国唯一的年种植面积超过1 000万亩的大豆品种，截至2018年已累计推广超1亿亩，增产大豆25亿kg，新增产值100亿元。该品种2011年获北京市科技进步一等奖，2012获国家科技进步一等奖。

（2）高产高油大豆新品种中黄35。2006—2009年先后通过国家黄淮北片、北方春大豆晚熟组、内蒙古自治区及吉林省审定，属高产、高油（23.45%）品种。2007年，该品种在新疆创造了亩产371.8kg的小面积单产典型，被547位院士评为2007年十大科技进展新闻之一。2009年，在新疆创造亩产402.5kg的全国大豆小面积高产纪录，并实收86.83亩，平均亩产364.68kg，创造了我国大豆大面积单产纪录。2011年在北京市密云县创造亩产324.84kg的黄淮海高产纪录。2012年在新疆再创小面积亩产421.37kg的全国高产纪录，连续5年被农业部列为大豆主导品种，具有广阔的推广应用前景。

（二）创新大豆育种理论，改进育种方法

在开展大豆品种选育的同时，王连铮研究员对大豆产量性状及抗病性等性状的遗传规律进行了系统研究，对大豆育种方法进行了探索。1980年，他提出在育种上降低大豆株高的4种途径：即利用有限结荚习性品种与无限结荚品种杂交、有限结荚品种间杂交、辐射育种以及从地方品种筛选矮秆材料，对大豆高产育种具有较大指导意义。利用此种理论育成两个大豆品种，较好解决了高产与高蛋白的矛盾，同时育成了在生育期和蛋白质含量上均超双亲的大豆品种。在研究大豆品种性状演变规律的过程中，他发现单株粒重与群体产量极显著正相关，并用于育种实践。他重视在不同肥水条件下对杂交后代进行鉴定，并采用南繁北育、温室加代、适当缩短株行距、加大优良组合株行数和优良株系早期繁殖等行之有效的方法，加快育种进程，同时提出利用不同纬度、地理远缘、遗传背景差异大的材料进行杂交，结合异地鉴定，选育广适应性大豆品种。

（三）在野生大豆考察、研究与利用方面取得显著成绩

1979—1982年，主持黑龙江省野生大豆考察及研究，共采集野生大豆576份，其中，蛋白质含量在48%以上的有45份，52%以上的4份，发现一批抗病性好的材料。研究发现，野生大豆具有蛋白质含量高、含油量低、油酸含量低、亚麻酸含量高等特点，可作为进化程度高低的评

价标准。他还提出了野生和半野生大豆变种和变型分类的新体系。

（四）率先开展大豆基因型致瘤反应及基因工程研究

1980—1985 年，王连铮研究员主持开展大豆对农杆菌致瘤反应的研究，筛选出易致瘤品种 94 个，并获无菌愈伤组织，部分愈伤组织中含有胭脂碱，证明 Ti 质粒可作为载体将胭脂碱基因转入大豆基因组并得到整合和表达。在此基础上，建立了大豆基因工程载体和受体系统，以及大豆体细胞培养实验系统，总结出一套外源 DNA 提取导入的实验技术。

（五）参与选育马铃薯品种“克新 1 号”，累计推广 2 亿亩

1958—1960 年，王连铮研究员还参与了马铃薯品种克新 1 号的选育工作。多年来，该品种一直是我国马铃薯生产中的主栽品种，已连续 10 多年稳居全国马铃薯年推广面积首位，也是多年来年推广面积超过 1 000万亩的唯一马铃薯品种。截至 2018 年，该品种已累计推广 2 亿亩，对我国马铃薯生产作出了重大贡献。该品种 1987 年获国家发明二等奖。

（六）组织黑龙江省及全国大豆科学研究工作，推动大豆生产发展

1981—1989 年，王连铮研究员主持联合国开发计划署和粮农组织资助的“加强黑龙江省大豆科学研究以促进生产发展”项目，任项目主任。在项目实施期间，积极组织推广新品种，展示、示范增施肥料、缩垄增行、化学除草、精细管理、防治病虫等技术，提高大豆生产技术水平，并通过聘请国外专家来华讲学、派出研究人员出国进修、增添设备等措施，提高科研单位的研究水平，改善科研条件，增强发展后劲。

在中国农业科学院工作期间，王连铮研究员担任中国作物学会大豆专业委员会理事长等职务，经常到农业生产第一线调查研究，向上级部门撰写了多份发展大豆科研和生产的建议，组织全国大豆科技工作者开展合作研究，有力地促进了全国大豆生产的发展。

（七）积极推动农业科技和大豆科研国际合作

在科研和管理工作中，王连铮研究员十分重视国际交流，多次组织和参与国际学术交流活动，足迹遍及世界农业大国和大豆生产国，多次出席联合国粮农组织、国际原子能机构等召开的学术会议。1994 年、1999 年和 2009 年，他 3 次代表中国在世界大豆研究大会做大会报告，获得好评。在我国申办、筹备、主办第八届世界大豆研究大会期间，他担任大会副主席，在会议组织、经费筹措方面发挥了重大作用。他重视与第三世界国家的学术交流，多次被聘请为联合国粮农组织顾问访问印度尼西亚、越南和孟加拉国等国家，并应邀做了五次学术报告，对上述国家的大豆科研和生产提出了许多宝贵意见。

王连铮研究员的学术水平和在中外农业科技交流中的贡献得到国际同行的广泛认可。1982 年，他被美国密西根州立大学授予名誉校友，1988 年 6 月当选苏联农业科学院院士，1992 年当选俄罗斯农业科学院院士，1994 年 1 月当选印度农业科学院院士，1994 年当选英国国际农业生物科学中心理事会理事，1991 年当联合国选亚太地区农业科研机构理事会常务理事。

（八）理论联系实际，重视科技成果转化

王连铮研究员经常深入农村和大豆生产第一线了解存在问题及技术需求，根据生产需要开展研究，使科研成果具有很强的针对性和实用性。他注意通过高产创建、现场观摩、集中培训，发放资料、电视宣传、企业参与等方式，加快新品种、新技术的推广力度，使优良品种的推广速度大大提高。在担任黑龙江省领导职务期间，他积极开展科技兴农，大力推广先进实用技术。在组织实施三江平原开发项目时，他提出的“挡住外水，排出内水，以稻治涝，全面发展”的策略得到省政府的采纳，通过改善三江平原的水利设施和建设人工湿地（稻田），较好解决了生态环境保护与农业生产发展的矛盾，使三江地区成为我国优质水稻的生产基地，对保障全国粮食安全发挥了积极作用。

王连铮研究员先后发表论文 180 余篇，其中 SCI 收录 10 余篇；主编、合编《Feeding a

Billion》《大豆高产栽培技术》《大豆基因工程的受体系统》《大豆遗传育种学》《中国农作物种业》《大豆栽培技术》《现代中国大豆》和《大豆研究50年》等专著，发起创办了《大豆科学》杂志，培养博士、硕士研究生6名、博士后1名。共获科技成果奖励18项，包括全国科学大会奖1项，国家科技进步一等奖1项，国家发明二等奖2项，省部级一等奖2项，省部级二等奖5项，省部级三等奖2项，以及中国作物学会科技成就奖和何梁何利科学与技术进步奖。

三、代表性成果、论文与论著

（一）代表性成果目录

序号	成果名称	获奖情况				主要合作者
		奖别	等级	排名	年份	
1	大豆品种黑农16	全国科学大会奖		第三	1978	王彬如
2	黑龙江野生大豆资源考察及研究	黑龙江省科技进步奖	二等	第一	1981	姚振纯
3	全国野生大豆资源考察与搜集	农业部农牧业技术改进奖	一等	参加	1980	李福山 姚振纯
4	大豆品种黑农26	国家发明奖	二等	第二	1984	王彬如
5	大豆基因型致瘤及基因转移的研究	黑龙江省优秀科技成果奖	二等	第一	1983	尹光初 邵启全
6	马铃薯克新1号品种	国家发明奖	二等	第八	1987	张秉懿
7	大豆遗传转化和基因工程研究	黑龙江省科技进步奖	二等	第一	1991	尹光初 邵启全
8	高产、高蛋白大豆品种黑农35	黑龙江省科技进步奖	二等	第一	1994	胡立成
9	高产、高蛋白大豆品种黑农35	全国农展会奖	银质奖	第一	2000	胡立成
10	黑龙江农作物品种志	黑龙江省优秀科技成果奖	三等	第二	1981	李景春 陈洪文
11	Юбилейный Наградный знак《За заслуги в аграрной науке и образовании》	俄罗斯国立莫斯科农业大学140周年农业科学教育成就奖	成就奖	第一	2005	陈洪文
12	中作系类优质大豆新品种引种开发推广	天津市科学技术进步奖	三等	第二	2005	高增尚
13	科学技术成就奖	中国作物学会	成就奖	第一	2010	孙君明
14	提高大豆生产水平的技术引进与创新研究	黑龙江省科学技术奖	二等	第二	2011	刘丽君
15	广适应高产优质大豆新品种中黄13的选育与应用	北京市科技进步奖	一等	第一	2011	赵荣娟 王岚
16	广适高产优质大豆新品种中黄13的选育与应用	国家科技进步奖	一等	第一	2012	赵荣娟 王岚
17	科学与技术进步奖	何梁何利基金		第一	2012	孙君明
18	超高产高油大豆新品种中黄35的选育与应用	大北农科技奖	二等	第一	2013	孙君明

（二）代表性论文和专著

序号	论文、论著名称	年份	排名	主要合作者	发表刊物或出版社名称
1	大豆高产品种选育的研究	1980	1	王彬如	黑龙江农业科学
2	黑龙江省野生大豆资源考察报告及观察研究	1983	1	吴和礼	植物研究
3	大豆致瘤及基因转移	1984	1	邵启全	中国科学
4	Feeding a Billion	1987	4	Wittwer S、余友泰、孙颔	Michigan State University Press
5	大豆栽培技术	1989	1	常跃中	农业出版社
6	大豆遗传育种学	1992	1	王金陵	科学出版社
7	大豆高产栽培技术	1992	1		中国农业科技出版社
8	现代中国大豆	2007	1	郭庆元	金盾出版社
9	大豆幼荚子叶原生质体培养及植株再生	1994	1	肖文言	Soybean Genetics Newsletter
10	高蛋白高产大豆新品种黑农 35 的选育及大豆矮化育种等问题	1995	1	胡立成	中国农业科学
11	中国小黑豆抗源对大豆胞囊线虫 4 号生理小种抗病的生化反应	1997	2	颜清上	植物病理学报
12	大豆抗胞囊线虫 4 号生理小种新品种选育研究	2002	1	颜清上、王岚	作物学报
13	Soybean transformation technologies developed in China	1999	2	Ching-Yeh Hu	In Vitro Cellular & evelopmental Biology-Plant
14	Study of soybean cultivars and their susceptibility to *Agrobacterium tumifaciens* EHA 101	2003	2	王岚、Clemente T、辛世文、黄其满	作物学报
15	Variability among chinese *Glycine soja* and chinese and north american soybean genotypes	2007	2	Nichols M、裴颜龙	Crop Science
16	大豆研究 50 年	2010	1	韩天富	中国农业科学技术出版社

四、选育大豆品种目录

序号	品种名称	审定情况	适宜范围
1	黑农 10	黑龙江，1970	黑龙江中南部地区春播种植
2	黑农 11	黑龙江，1970	黑龙江春播种植
3	黑农 16	黑龙江，1970	黑龙江中南部地区春播种植
4	黑农 17	黑龙江，1975	黑龙江丘陵地区春播种植
5	黑农 18	黑龙江，1975	黑龙江丘陵地区春播种植
6	黑农 19	黑龙江，1975	黑龙江丘陵地区春播种植

（续表）

序号	品种名称	审定情况	适宜范围
7	黑农 23	黑龙江，1977	黑龙江和内蒙古南部地区春播种植
8	黑农 24	黑龙江，1977	黑龙江省春播种植
9	黑农 26	黑龙江，1978	黑龙江中南部、吉林和内蒙古中部地区春播种植
10	黑农 28	黑龙江，1985	黑龙江省春播种植
11	黑农 34	黑龙江，1988	黑龙江和内蒙古南部地区春播种植
12	黑农 35	黑龙江，1990 内蒙古，1995 国家，1996	黑龙江和内蒙古中部地区春播种植
13	中黄 12	北京，2000	北京地区夏播种植
14	中黄 13	国家，2001 安徽、天津，2001 北京、陕西，2002 辽宁，2003 四川，2005 山西，2009	安徽、山东、陕西山西南部、河北南部、河南、江苏北部等地夏播，天津、北京、辽宁南部、四川、河北北部等地春播种植
15	中黄 17	国家，2001 北京，2001	北京、天津、河北、山东等地夏播种植
16	中黄 19	国家，2003	北京、天津、河北、山东等地夏播种植
17	中黄 20	国家，2003 天津，2001 辽宁，2002 北京，2002	北京、天津、河北、山东、辽宁等地夏播种植
18	中黄 21	辽宁，2002	辽宁地区春播种植
19	中黄 22	国家 2003 天津 2002	北京、天津、河北、山东等地夏播种植
20	中黄 23	天津，2002 内蒙古，2003	天津地区夏播和内蒙古地区春播种植
21	中作引 1 号	内蒙古，2003	内蒙古地区春播种植
22	中黄 26	北京，2003	北京地区夏播种植
23	中黄 27	北京，2003	北京地区夏播种植
24	中黄 33	北京，2005	北京地区夏播种植
25	中黄 34	北京，2006	北京地区春播种植
26	京黄 1 号	北京，2004	北京地区夏播种植
27	中黄 35	国家，2006、2007 内蒙古，2007 吉林，2009	北京、天津、河北、山东、内蒙古、辽宁、宁夏、甘肃、新疆等地区种植
28	中黄 36	国家，2006	北京、天津、河北、山东、宁夏、甘肃等地区种植
29	中黄 38	河北，2006 辽宁，2006 北京，2007	北京、河北、辽宁等地区种植

（续表）

序号	品种名称	审定情况	适宜范围
30	中黄 45	北京，2009 国家，2014	北京、天津、河北、山东、宁夏、甘肃等地区种植
31	中黄 53	北京，2010	北京地区夏播种植
32	中黄 54	国家，2012	陕西、甘肃、陕西和宁夏等地春播种植
33	中黄 67	北京，2012	北京地区夏播种植
34	中黄 73	辽宁，2014 天津，2018	辽宁省春播和天津市夏播种植

乐为园丁，桃李芬芳

——研究生培养

1983—2000年期间，王连铮先生先后培养硕士研究生、博士研究生和博士后流动人员共9名。严谨务实，桃李芬芳，在科研和做人等方面为中青年一代树立了榜样，对学生像慈父一般爱护，不但关心学习和工作，而且关心生活和家庭，深受学生们的爱戴和尊敬，培养的研究生已成为国内外科研骨干。研究生在读期间的工作主要集中于黄海海地区育成大豆品种主要农艺性状遗传改进趋势和亲缘关系分析、大豆花药培养和原生质体培养再生植株研究、大豆抗胞囊线虫遗传和生理生化机制探讨、大豆子叶节再生体系和转化体系建立等方面；毕业后分别从事植物生长发育、表观遗传、遗传转化、细胞工程和染色体工程育种、大豆遗传育种和玉米遗传育种等研究。

2010年9月叶兴国博士陪同导师王连铮在宁夏贺兰县简泉农场考察大豆品种中黄35

一、研究生在读期间取得的主要工作进展

1. 黄海海地区育成大豆品种主要农艺性状遗传改进和亲缘关系分析

大豆性状遗传是开展大豆育种的基础，对黄淮海地区大豆品种遗传改进开展了多年、多点研究，阐明大豆品种遗传改进的明显趋势是每荚粒数增多、每节荚数增多、荚比提高、分枝数减少、茎秆增粗、抗倒伏能力增强、粒型增大、单株粒重提高、脂肪含量增加，株高、节数、节间长度，生育期呈现先增后减的趋势，蛋白质含量没有明显改进，产量的遗传改进幅度为1.2%~2.5%。发现单株粒重、脂肪含量、荚比、每荚粒数、主茎荚数、每节荚数、三四粒荚数、百粒重、茎粗、节数、生育期与产量正相关或显著正相关，品种分类与品种来源、亲缘关系和推广应用年代有关。黄淮海地区育成的大豆品种主要归属于齐黄1号、莒选23、徐豆1号、58-161、晋豆1号、科系8号、商丘7608等骨干系谱；细胞质主要来自莒选23、齐黄1号、山东四角齐、58-161和科系8号等，细胞核主要来自5902、野起1号、滑县大绿豆、铁9117、泗豆2号和Williams等；莒选23、齐黄1号、徐豆1号、晋豆9号、Williams、Beeson等亲本具有较高的一般配合力，5902、莒选23、集体5号、科系8号、齐黄1号、郑州135等亲本具有较高的特殊配

合力。研究表明，黄淮海地区育成品种的亲缘关系较近，遗传基础狭窄，不利于高产稳产和防治病虫害。黄淮海地区育成大豆品种遗传改进研究和亲缘关系分析为育种目标确定、亲本选配和后代性状选择提供了理论依据。

1992 年 9 月王连铮在河南安阳田间指导叶兴国博士开展黄淮海地区大豆品种遗传改进试验

1995 年 1 月王连铮到海南儋州热作二院指导叶兴国博士开展大豆组织培养研究

2. 大豆花药培养影响因素研究

大豆是开展花药培养、原生质体培养和遗传转化非常困难的植物之一，王连铮先生指导研究生迎难而上，1991 年组建大豆生物技术实验室，逐步开展大豆细胞工程和基因工程研究。系统研究了大豆花药培养中培养基、基因型、激素配比、糖分种类及浓度、取材时期、预处理温度、接种方式、有机添加物等因素对愈伤组织诱导频率的影响，优化了大豆单倍体愈伤组织诱导培养基和分化培养基，发现大豆花药在培养基上的脱分化启动具有群体效应，合适的取材时期是单核中晚期，高浓度蔗糖能抑制体细胞愈伤组织的产生，而愈伤组织的分化则需要较低的蔗糖浓度，花药培养愈伤组织诱导率最高达 36.6%，从花药培养中获得了胚状体和再生植株。发现大豆单倍体愈伤组织的低分化率、再生芽容易枯死、胚状体不发育等与愈伤组织中内源激素水平有很大关系，缺少 ABA、ZT 等分化所需激素，IAA、GA_3 等生长素的含量非常低，认为激素平衡和协调问题应从诱导愈伤组织时人手解决，以此提高愈伤组织的质量。

3. 大豆原生质体培养再生植株获得

优化了从大豆幼荚子叶中分离原生质体的条件，建立了酶解游离原生质体后用 Gellan Gum 进行珠状包埋，在含 2,4-D 0.1~0.2mg/L、BA 0.5~1.0mg/L 改良 MS 液体培养基中悬浮技术，植板率显著提高，大豆原生质体 50~60d 可形成 1~2mm 大小的愈伤组织，愈伤组织转移到含 2,4-D 0.3mg/L、BA 0.5mg/L 的 MSB 固体培养基上进一步生长，再转移到含 NAA 5.0mg/L、BA 0.5mg/L、KT 0.5mg/L 的分化培养基上，瘤状愈伤组织可分化出胚状体，胚状体在含 NAA 1.0mg/L 和 KT 0.5mg/L 的 MSB 培养基上萌发，获得了原生质体来源的再生植株。

4. 大豆子叶节再生体系和转化体系探讨

利用大豆子叶节再生和转化系统，对中作 962、中作 975、中作 966、中作 965、中作 M17、合丰 35、NE3297、William 82、黑农 35、PI361066、A3237、Thorne 等多个大豆基因型进行了再生性能和农杆菌敏感性评价，不同基因型再生率 54.1%~93.5%，黑农 35 最高，PI361066、Thorne、合丰 35、中作 975 等较高，不同基因型 GUS 基因表达率为 0~20.0%，William 82 最高，中作 975、PI361066、黑农 37、Thorne 等较高，认为黑农 35、中作 975、PI361066、黑农 37、Thorne、William 82 等是大豆子叶节农杆菌转化系统的适宜材料。

5. 大豆抗胞囊线虫 4 号生理小种的遗传和生理生化机制

大豆胞囊线虫病是华北地区大豆主要病害之一，严重影响大豆产量。针对这一生产中的实际问题，王连铮先生利用国际上通用的一套标准鉴别品种，对北京地区大豆胞囊线虫群体进行了生理小种鉴定，证实北京地区有 4 号生理小种分布。对高抗大豆抗胞囊线虫 4 号生理小种的大豆进行了分子标记分析，在所用的 33 个引物中鉴定出 OPG04 与抗胞囊线虫病基因连锁。研究了中国小黑豆抗源灰皮支黑豆和元钵黑豆根渗出物对大豆胞囊线虫 4 号生理小种越冬胞囊、新鲜胞囊和离体卵孵化的影响，表明抗性品种根渗出物明显抑制胞囊孵化后的生长。研究了大豆品种接种胞囊线虫 4 号小种后的生化反应、组织反应和病理反应，发现抗病品种根部总糖、果糖、麦芽四糖、游离氨基酸，以及精氨酸、谷氨酸、丙氨酸、天门氨酸、亮氨酸和缬氨酸含量明显低于感病品种，几乎检测不到脯氨酸，总酚、绿原酸、阿魏酸、类黄酮和木质素含量呈相反趋势，可作为鉴定抗胞囊线虫 4 号小种的生化指标；抗病品种根内四龄幼虫、雌成虫和总成虫数明显，线虫性比较高，幼虫从二龄到三龄及从三龄到四龄阶段死亡率增加；抗病品种根部鞘细胞处形成的合胞体细胞较小，且染色较深，呈坏死反应特征，核糖体较多，内质网小而少（多为粗糙型），细胞内出现较多的类脂肪体，在侵染早期细胞质快速降解；抗病品种根内大豆胞囊线虫头部有明显的坏死。提出以抗病值表示大豆单株对胞囊线虫的抗性，探讨了其在大豆对胞囊线虫 4 号小种抗性遗传研究中的应用，抗病值分析法可增加 F 分离群体方差，利用该方法检测到灰皮支黑豆和元钵黑豆对胞囊线虫 4 号小种的抗性分别由 3 对隐性基因和 2 对显性基因控制。同时，充分利用鉴定的胞囊线虫病抗源材料配制杂交组合，连续大量选择优良抗病单株，结合早代鉴定、南繁北育等技术措施，培育了中作 5239、中作 975、中作 976 等抗病新品种。

6. 发表的主要文章

（1）颜清上，王连铮．“抗病值”在大豆抗胞囊线虫病遗传研究中应用的探讨［J］．作物学报，2000，26（1）：20-27.

（2）叶兴国，王连铮．大豆花药愈伤组织的分化及其内源激素分析［J］．作物学报，1997，23（5）：555-561.

（3）颜清上，陈品三，王连铮．中国小黑豆抗源对大豆胞囊线虫 4 号生理小种抗性机制的研究 II. 抗感品种根部合胞体超微结构的比较［J］．植物病理学报，1997，27（1）：37-41.

（4）颜清上，陈品三，王连铮．大豆根渗出物对大豆胞囊线虫 4 号生理小种卵孵化的影响［J］．植物病理学报，1997，27（3）：269-274.

（5）颜清上，王连铮，陈品三．中国小黑豆抗源对大豆胞囊线虫4号生理小种抗病的生化反应［J］．作物学报，1997，23（5）：529-537.

（6）颜清上，陈品三，王连铮．中国小黑豆抗源对大豆胞囊线虫4号生理小种抗性机制的研究 III. 抗感品种根部组织病理学证据［J］．大豆科学，1997，16（1）：34-37.

（7）颜清上，王岚，李莹，等．利用 RAPD 技术寻找大豆抗胞囊线虫4号小种标记初报［J］．大豆科学，1996，15（2）：126-129.

（8）颜清上，陈品三，王连铮．中国小黑豆抗源对大豆胞囊线虫4号生理小种抗性机制的研究 I. 抗源品种对大豆胞囊线虫侵染和发育的影响［J］．植物病理学报，1996，26（4）：317-323.

（9）叶兴国，王连铮，刘国强．黄淮海地区大豆品种遗传改进［J］．大豆科学，1996，15（1）：1-10.

（10）叶兴国，王连铮．黄淮海地区大豆品种亲缘关系概势分析［J］．大豆科学，1995，14（3）：217-223.

（11）颜清上，陈品三，王连铮．北京地区大豆胞囊线虫4号小种的验证［J］．大豆科学，1995，14（4）：355-359.

（12）肖文言，王连铮．大豆幼荚子叶原生质体培养及植株再生［J］．作物学报，1994，20（6）：665-670.

（13）叶兴国，富玉清，王连铮．大豆花药培养几个问题的研究［J］．大豆科学，1994，13（3）：194-199.

（14）肖文言，王连铮．大豆原生质体培养经胚胎发生高频再生植株［J］．大豆科学，1993，12（3）：249-251.

二、研究生毕业后取得的主要工作成绩

（一）叶兴国博士

1991—1995 年在王连铮先生指导下在中国农业科学院研究生院攻读博士学位，课题工作主要集中于黄海海地区育成大豆品种主要农艺性状遗传改进趋势和亲缘关系分析，以及大豆花药培养再生植株研究，以第一作者在作物学报、大豆科学等刊物上发表相关论文4篇。

博士毕业后在中国农业科学院作物科学研究所工作，1998 年 1 月晋升为副研究员，2000 年 5 月被聘为硕士生导师；2004 年 1 月晋升为研究员，2005 年 5 月被聘为博士生导师。1997 年 2 月至 1998 年 3 月在韩国高丽大学做访问学者研究，2000 年 6—12 月、2001 年 6 月至 2002 年 12 月、2003 年 4—10 月、2006 年 3—6 月先后 4 次在美国内布拉斯加大学合作研究。先后主持国家攻关、国际合作、948、出国留学回国人员择优资助、国家转基因专项、863、国际合作、国家自然科学基金等 10 多项课题，目前主持国家自然科学基金、国家转基因专项子课题、国家重点研发计划子课题和国际合作课题各 1 项。

首先，建立了农杆菌介导转化小麦的高效转化体系，转化效率 25%左右。尤其建立了转化中国商业化小麦品种的技术体系，转化效率 2.9%～22.7%，为小麦功能基因转化和优良转基因新品系培育奠定了基础。其次，利用双 T-DNA 媒介的共转化技术，建立了利用商业化小麦品种获得无筛选标记转基因小麦植株的技术体系，无筛选标记转基因小麦植株的频率为 15.3%，为转基因小麦安全性评价和商业化种植消除了隐患。并与同行合作，将一批目标基因转入了小麦，为培育转基因小麦新品系奠定了基础。同时，先后从小麦中分离克隆了与植株再生和转化相关的

*TaVIP*1、*TaVIP*2 和 *TaCB*1 基因，明确了这些基因的结构，并进行了详细功能分析。其中，*TaCB*1 基因促进小麦幼胚再生，显著提高转化效率，与 *TaCB*1 基因共转化基本克服了小麦基因型的依赖性。*TaCB*1 基因利用已申请了国际发明专利，并与日本烟草公司合作拓展该技术在国际上的应用。另外，与宁夏农林科学院合作利用细胞工程育种途径培育了宁春 50 号小麦新品种，在宁夏、内蒙古、甘肃等西北春麦区累积推广 100 多万亩。利用分子标记辅助选择和回交育种技术，将 CB037 中的抗白粉病基因 *Pm*21 转入了宁春 4 号等大面积推广品种中，培育了一批白粉病免疫、农艺性状优良的新品系，比对照增产 5%~10%，其中，NZ39 和 NZ42 已参加 2019 年宁夏春小麦区域试验，增产显著。利用转录组测序和生物信息技术，开发了 46 个鉴定簇毛麦不同染色体区段的分子标记，134 个鉴定高大山羊草不同染色体区段的分子标记。进一步利用分子标记从组织培养无性系后代中培育小麦—高大山羊草 1BL·1SS 易位系 3 个、1BS·1SL 易位系 2 个，为持续培育优质小麦新品种奠定了材料基础。

获北京市科技进步一等奖 1 项，中国农业科学院科技进步一等奖 1 项，宁夏回族自治区科技进步二等奖 1 项、三等奖 1 项。培育小麦新品种 3 个，获得国家发明专利 11 项。以通讯作者或第一作者在 Plant Biotech J、J Exp Bot、Food Chem、Theor Appl Genet、Sci Rep、BMC Plant Biol BMC Genom 和 Int J Mol Sci 等刊物上发表论文 120 余篇，其中 SCI 收录 40 多篇，主编和参编书籍 3 部。培养硕士研究生 28 名，博士研究生 10 名。兼任 BMC Genomics、Journal of Integrative Agriculture、作物杂志、科技导报等刊物编委。代表论文如下。

（1）Lang QJ，Wang K，Liu XN，Riaz B，Jiang L，Wan X，**Ye XG**，Zhang CY. Improved folate accumulation in genetically modified maize and wheat［J］. Journal of Experimental Botany，2019，70：1539-1551.

（2）Riaz B，Liang QJ，Wan X，Wang K，Zhang CY，**Ye XG**. Folate content analysis of wheat cultivars developed in the North China Plain［J］. Food Chemistry，2019，289：377-383.

（3）Li SJ，Wang J，Wang KY，Chen JN，Wang K，Du LP，Ni ZF，Lin ZS，**Ye XG**. Development of PCR markers specific to *Dasypyrum villosum* genome based on transcriptome data and their application in breeding *Triticum aestivum-D. villosum*#4 alien chromosome lines［J］. BMC Genomics，2019，20：289.

（4）**Ye XG**，Zhang SX，Li SJ，Wang J，Wang K，Lin ZS，Wei YQ，Du LP，Yan YM. Improvement of three commercial spring wheat varieties for powdery mildew resistance by marker-assisted selection［J］. Crop Protection，2019，125：104 889.

（5）Wang J，Liu C，Guo XR，Wang K，Du LP，Lin ZS，**Ye XG**. Development and genetic analysis of wheat double substitution lines carrying *Hordeum vulgare* 2H and *Thinopyrum intermedium* 2Ai-2 chromosomes［J］. Crop Journal，2018，7（2）：163-175.

（6）Wang KY，Lin ZS，Wang L，Wang K，Shi QH，Du LP，**Ye XG**. Development of a set of PCR markers specific to *Aegilops longissima* chromosome arms and application in breeding a translocation line［J］. Theoretical and Applied Genetics，2018，131：13-25.

（7）Anwar A，She MY，Wang K，Riaz B，**Ye XG**. Biological roles of ornithine aminotransferase（OAT）in plant stress tolerance：present progress and future perspectives［J］. International Journal of Molecular Sciences，2018，19：3 681.

（8）Wang K，Riaz B，**Ye XG**. Wheat genome editing expedited by efficient transformation techniques：progress and perspectives［J］. The Crop Journal，2018，6（1）：22-31.

（9）Li SJ，Lin ZS，Liu C，Wang K，Du LP，**Ye XG**. Development and comparative genomic mapping of *Dasypyrum villosum* 6V#4S-specific PCR markers using transcriptome data［J］. Theoretical and Applied Genetics, 2017, 130: 2 057-2 068.

(10) Wang K, Liu HY, Du LP, **Ye XG**. Generation of marker-free transgenic hexaploid wheat via an *Agrobacterium*-mediated co-transformation strategy in commercial Chinese wheat varieties [J]. Plant Biotechnology Journal, 2017, 15: 614-623.

(11) She MY, Wang J, Wang XM, Yin GX, Wang K, Du LP, **Ye XG**. Comprehensive molecular analysis of arginase-encoding genes in common wheat and its progenitor species [J]. Scientific Reports, 2017, 7: 6 641.

(12) Zhao P, Wang K, Zhang W, Liu HY, Du LP, Hu HR, **Ye XG**. Comprehensive analysis of differently expressed genes and proteins in albino and green plantlets from a wheat anther culture [J]. Biologia Plantrum, 2017, 61: 255-265.

(13) Zhou XH, Wang K, Du LP, Liu YW, Lin ZS, **Ye XG**. Effects of the wheat UDP-glucosyltransferase gene *TaUGT-B2* on *Agrobacterium* mediated plant transformation [J]. Acta Physiol Plant, 2017, 39: 15.

(14) Liu HY, Wang K, Xiao LL, Wang SL, Du LP, Cao XY, Zhang XX, Zhou Y, Yan YM, **Ye XG**. Comprehensive identification and bread-making quality evaluation of common wheat somatic variation line AS208 on glutenin composition [J]. PLoS ONE, 2016, 11 (1): e0146933.

(15) Zhao P, Wang K, Lin ZS, Zhang W, Du LP, Zhang YL, **Ye XG**. Cloning and characterization of *TaVIP2* gene from *Triticum aestivum* and functional analysis in *Nicotiana tabacum* [J]. Scientific Reports, 2016, 6: 37 602.

(16) **Ye XG**. Development and application of plant transformation techniques [J]. Journal Integrative Agriculture, 2015, 14: 411-413.

(17) Zhang W, Wang K, Lin ZS, Du LP, Ma HL, Xiao LL, **Ye XG**. Production and identification of haploid dwarf male sterile wheat plants induced by corn inducer [J]. Botanical Studies, 2014, 55: 26.

(18) She MY, Yin GX, Li JR, Li X, Du LP, Ma WJ, **Ye XG**. Efficient Regeneration potential is closely related to auxin exposure time and catalase metabolism during the somatic embryogenesis of immature embryos in *Triticum aestivum* L [J]. Molecular Biotechnology, 2013, 54: 451-460.

(19) Wang K, Lin ZS, Wang SL, Du LP, Li JR, Xu HJ, Yan YM, **Ye XG**. Development, identification, and genetic analysis of a quantitative dwarfing somatic variation line in wheat (*Triticum aestivum* L.) [J]. Crop Science, 2013, 53: 1 032-1 041.

(20) Zhou XH, Wang K, Lv DW, Wu CJ, Li JR, Du LP, Lin ZS, **Ye XG**. Global analysis of differentially expressed genes and proteins in the wheat callus infected by *Agrobacterium tumefaciens* [J]. PLoS ONE, 2013, 8 (11): e79390.

(21) Lin ZS, Zhang YL, Wang K, Li JR, Xu QF, Chen X, Zhang XS, **Ye XG**. Isolation and molecular analysis of gees Srpk-V2 and Stpk-V3 homologous to powdery mildew resistance gene Stpk-V in a *Dasypyrum villosum* accession and its derivatives [J]. Journal of Applied Genetics, 2013, 54: 417-426.

(22) Li JR, **Ye XG**, An BY, Du LP, Xu HJ. Genetic transformation of wheat: current status and future prospects [J]. Plant Biotechnology Reports, 2012, 6: 183-193.

(23) Bie XM, Wang K, She MY, Du LP, Zhang SX, Li JR, Gao X, Lin ZS, **Ye XG**. Combinational transformation of three wheat genes encoding fructan biosynthesis enzymes confers increased fructan content and tolerance to abiotic stresses in tobacco [J]. Plant Cell Reports, 2012, 31:

2 229-2 238.

(24) Wang SL, Wang K, Chen GX, Lv DW, Han XF, Yu ZT, Li XH, **Ye XG**, Hsam SL, Ma WJ, Appels R, Yan YM. Molecular characterization of LMW-GS genes in *Brachypodium distachyon* L. reveals highly conserved *Glu*-3 loci in *Triticum* and *related* species [J]. BMC Plant Biology, 2012, 12: 221.

(25) She MY, **Ye XG**, Yan YM, Ma WJ. Gene network in the synthesis and deposition of protein polymers during grain development of wheat [J]. Functional & Integrative Genomics, 2011, 11: 23-25.

(二) 肖文言博士

1991—1994 年在王连铮先生指导下在中国农业科学院研究生院攻读博士学位，课题工作主要集中于大豆原生质体培养再生植株和大豆基因枪转化体系研究，以第一作者在作物学报、大豆科学上发表学术论文 2 篇。

博士毕业后在中国农业科学院作物科学研究所工作，从事大豆生物技术和遗传育种研究。1996 年 9 月赴美国俄亥俄州立大学攻读发育生物学博士学位，然后在美国加州大学伯克利分校做博士后研究。现任美国圣路易斯大学终身教授，得到美国 NIH、NSF 和 USDA 等项目资助。现主要从事分子生物学、表观遗传学、植物生长和发育的研究。在世界上首次提出并证明 DNA 甲基化调控种子生长和发育，并阐明 DNA 甲基化和去甲基化相互对抗性的作用在调控种子生长和发育和基因组印记现象中的机制。最近首次提出并证明在种子生长和发育中，DNA 甲基化存在动态变化。

兼任 Scientific Reports、Journal of Plant Biotechnology Research 等期刊编委。以通讯作者和第一作者在国际有影响 SCI 杂志上发表学术论文 20 多篇，被引用超过 1 000多次。美国发明专利 2 项（待批）。在美国和国际会议上作学术报告 40 多次。培养硕士研究生 5 名，博士研究生 3 名，博士后 2 名。代表论文如下。

(1) Bartels A, Han Q, Nair P, Stacey L, Gaynier H, Mosley M, HuangQQ, Pearson JK, TFHsieh, An YC, **Xiao WY**. Dynamic DNA methylation in plant growth and development [J]. International Journal of Molecular Sciences, 2018, 19: 2 144.

(2) An YQ, Goettel W, Han Q, Bartels A, Liu ZR, **Xiao WY**. Dynamic changes of genome-wide DNA methylation during soybean seed development [J]. Scientific Reports, 2017, 7: 12 263.

(3) Braud C, Zheng WG, **Xiao WY**. Identification and analysis of LNO1-Like and AtGLE1-Like nucleoporins in plants [J]. Plant Signaling & Behavior, 2014, 8: e27376.

(4) Rea M, Zheng WG, Chen M, Braud C, Bhangu D, Rognan TN, **Xiao WY**. Histone H1 affects gene imprinting and DNA methylation in *Arabidopsis* [J]. The Plant Journal, 2012, 71: 776-786.

(5) Braud C, Zheng WG, **Xiao WY**. *LONO*1 encoding a nucleoporin is required for embryogenesis and seed viability in *Arabidopsis* [J]. Plant Physiology: doi: 10. 1104/pp. 112. 202192.

(6) **Xiao WY**, Custard KD, Brown RC, Lemmon BE, Harada JJ, Goldberg RB, Fischer RL. DNA methylation is critical for *Arabidopsis* embryogenesis and seed viability [J]. Plant Cell, 2006, 18: 805-814.

(7) **Xiao WY**, Brown RC, Lemmon BE, Harada JJ, Goldberg RB, Fischer RL. Regulation of

seed size by hypomethylation of maternal and paternal genomes [J]. Plant Physiology, 2006, 142: 1160-1168.

(8) **Xiao WY**, Gehring M, Choi Y, Margossian L, Pu H, Harada JJ, Goldberg RB, Pennell RL, Fischer R. Imprinting of the *MEA* polycomb gene is controlled by antagonism between MET1 methyltransferase and DME glycosylase [J]. Developmental Cell, 2003, 5: 891-901.

(9) **Xiao WY**, Sheen J, Jang JC. The role of hexokinase in plant sugar signal transduction and growth and development [J]. Plant Molecular Biology, 2000, 44: 451-461.

(10) **Xiao WY**, Jang JC. F-box proteins in *Arabidopsis* [J]. Trends in Plant Science, 2000, 5: 454-457.

（三）颜清上博士

1992—1995年在王连铮先生指导下在中国农业科学院研究生院攻读博士学位，课题工作主要集中于大豆抗胞囊线虫遗传和生理生化机制探讨，以第一作者在作物学报、大豆科学、植物病理学报等期刊上发表学术论文8篇。

博士毕业后在中国农业科学院作物科学研究所工作，从事大豆遗传育种研究。1996—2000年主持青年863、九五国家科技攻关、农业部重点课题、农业部948引智项目等基金课题研究。1997年担任中国农业科学院作物科学研究所大豆研究室副主任，主持大豆室工作，主笔完成国家大豆改良中心北京分中心申报材料，2000年获批。任国家大豆区试黄淮海地区主持人期间，联名东北和南方片主持人建议国家大豆区试结果可以作为国审新品种的依据，优异参试品系可直接批准为国审豆，获采纳。1998年任副研究员，2000年任中国农业科学院作物育种栽培研究所学术委员会委员。

2001—2004年在美国耶鲁大学医学院做博士后研究，2005—2013年任副研究员，以第一或共同作者在泰国农业科学、新英格兰医学杂志（NEJM）、美国科学院院报（PNAS）、临床研究杂志（JCI）等刊物上发表论文23篇。后到制药公司从事抗癌新药统计编程和申报工作，作为申报组的核心成员LENVIMA已被FDA先后批准用于抗甲状腺癌、肾癌和肝癌治疗。现任BEIGENE USA统计编程部经理。代表论文如下。

(1) Dong K, **Yan Q**, Lu M, Wan L, Hu H, Guo J, Boulpaep E, Wang W, Giebisch G, Hebert SC, Wang T. Romk1 knockout mice do not produce bartter phenotype but exhibit impaired K excretion [J]. J Biol Chem, 2016, 291: 5 259-5 269.

(2) Legro RS, Brzyski RG, Diamond MP, Coutifaris C, Schlaff WD, Casson P, Christman GM, Huang H, **Yan Q**, Alvero R, Haisenleder DJ, Barnhart KT, Bates GW, Usadi R, Lucidi S, Baker V, Trussell JC, Krawetz SA, Snyder P, Ohl D, Santoro N, Eisenberg E, Zhang H. Letrozole versus clomiphene for infertility in the polycystic ovary syndrome [J]. N Engl J Med, 2014, 371: 119-129.

(3) Gotoh N, **Yan Q**, Du Z, Biemesderfer D, Kashgarian M, Mooseker MS, Wang T. Altered renal proximal tubular endocytosis and histology in mice lacking myosin-VI [J]. Cytoskeleton, 2010, 67: 178-192.

(4) **Yan Q**, Yang X, Cantone A, Giebisch G, Hebert S, Wang T. Female ROMK null mice manifest more severe Bartter II phenotype on renal function and higher PGE2 production [J]. Am J Physiol Regul Integr Comp Physiol, 2008, 295: R997-R1004.

(5) Duan Y, Gotoh N, **Yan Q**, Du Z, Weinstein AM, Wang T, Weinbaum S. Shear-induced

reorganization of renal proximal tubule cell actin cytoskeleton and apical junctional complexes [J]. Proc Natl Acad Sci USA, 2008, 105: 1 418-1 423.

(6) **Yan Q**, Tongpamnak P, Srivines P, Opena RT. Identification of RAPD marker associated with downy mildew resistance in soybean using bulked segregant analysis of near-isogenic lines [J]. Thai J Agric Sci, 1998, 31: 527-532.

(四) 刘志芳博士

1992年10月至1996年12月在乌克兰哈尔科夫国家农业大学作物遗传育种与良种繁育专业学习，并获得博士学位。1997年1月至1999年3月在中国农业科学院研究生院博士后流动站从事博士后研究工作，主要从事大豆子叶节再生体系和转化体系的研究，期间任北京地区博士后联谊会理事。1999年3月晋升为副研究员。

博士后流动站出站后，先后在中国农业科学院原子能利用研究所和作物科学研究所从事作物诱变育种技术研究和玉米高产育种工作。2002年被聘为硕士研究生导师，并任中国农业科学院原子能利用研究所学术评审委员会委员，2004年任京区农口留苏学友会副秘书长。2013年1月晋升为研究员。任国家自然科学基金项目评审专家、北京市高级职称评审专家。

先后主持农业部农业结构调整重大技术研究专项、国家自然科学基金、国家攻关子课题、中国农业科学院西部开发项目、国家农业科技成果转化资金项目、863计划子课题、国家重点研发计划子课题、国家转基因专项子课题等项目，参加国家863项目、科技支撑计划、跨越计划、科技部中俄合作项目、商务部援非项目、院所长基金项目、科研院所技术开发专项、基本科研业务费增量项目、中国农业科学院科技创新工程项目等20余个课题的研究。获得省部级奖2项，参加选育大豆品种1个、培育国审玉米新品种4个、省审玉米品种9个。参加选育的玉米品种年推广面积达到1 000多万亩。获得国家植物新品种权4项、申请植物新品种权10余个，发表学术论文40余篇，参编著作1部，参加编译科普读物丛书1套。培养硕士研究生10名。代表性论文如下。

(1) Li K, Wang HW, Hu XJ, Ma FQ, Wu YJ, Wang Q, **Liu ZF**, Huang CL. Genetic and quantitative trait locus analysis of cell wall components and forage digestibility in the Zheng58 × HD568 maize RIL population at anthesis stage [J]. Frointiers in Plant Science, 2017, 17 (1472): 1-10.

(2) Hu XJ, Wang HW, Li K, Wu YJ, **Liu ZF**, Huang CL. Genome-wide proteomic profiling reveals the role of dominance protein expression in heterosis in immature maize ears [J]. Scientific Reports, 2017, 7: e16130.

(3) 王辉，梁前进，胡小娇，李坤，黄长玲，王琪，何文昭，王红武，**刘志芳**．不同密度下玉米穗部性状的QTL分析 [J]. 作物学报，2016，42 (11)：1 592-1 600.

(4) 马飞前，刘小刚，王红武，黄长玲，吴宇锦，胡小娇，**刘志芳**．玉米茎秆纤维素含量遗传分析 [J]. 玉米科学，2015，23 (1)：10-16.

(5) 马飞前，刘小刚，王红武，黄长玲，吴宇锦，胡小娇，**刘志芳**．玉米茎秆纤维品质、性状及其相关分析 [J]. 作物杂志，2014 (4)：44-48.

(6) **刘志芳**，吴宇锦，田志国，高群英，王红武，黄长玲．高产优质玉米新品种中单815的选育与栽培技术 [J]. 农业科技通讯，2010 (2)：86-86

(7) **刘志芳**，吴宇锦．安哥拉玉米生产现状及发展前景分析 [J]. 玉米科学，2007，15 (4)：151-152.

(8) **刘志芳**，邵俊明，唐掌雄，等．不同能量重离子注入农作物的诱变效应 [J]. 核农学报，2006，20 (1)：1-5.

三、浓厚的师生情谊

还是在导师王连铮先生 80 岁华诞那年几名研究生合作写过一篇“根植黑土地香飘黄淮海”的贺文，刊登在了大豆科学杂志上，反映了学生们对导师的深厚情谊。在王连铮先生 80 华诞前夕、教师节期间和 2015 年得知王先生身患重病之后，刘志芳博士代表研究生们前去看望王先生，给导师送去了学生们的美好祝愿。2016 年春节前夕，叶兴国博士代表研究生们去家里看望王先生，多数时间导师讲述他新近育成的大豆品种和育种体会，向叶兴国博士传授他的作物育种经验，同时非常关心学生们的科研、生活和健康，还关心研究生们的成长和发展方向。导师经常给学生们强调，无论是基础研究还是应用基础研究，都要围绕生产中存在的问题来做，不要只为了发表论文而开展研究，研究结果对科学发展要能产生推动作用，对同行具有正向参考价值。研究成果要在生产实践中能够应用，在大地上得到检验，能给国家和老百姓带来实实在在的效益。王连铮先生语重心长的话语每次都能深深打动学生们的内心，使弟子们受到鼓舞和激励。学生们十分敬仰王连铮先生，是学生们事业的楷模和人生的良师。

2016 年 2 月叶兴国博士代表研究生到家中看望导师王连铮

王连铮先生在黑龙江省工作期间先后育成了黑农 16、黑农 24、黑农 26 等系列大豆新品种，在东北地区大面积推广。1987 年调到北京工作后，在深入研究大豆性状选择理论和育种技术的基础上，又先后培育了中黄 13、中黄 19、中黄 35 等系列新品种，尤其中黄 13 连续 9 年名列全国大豆品种年推广面积的首位，累计推广面积已经超过 1 亿亩，2012 年获得了国家科技进步一等奖。

多么可亲可敬的一位老先生，尽管在事业上已经达到了顶峰，但在做人做事等方面却非常低调、谦和，这从与王先生来往的信件中可以清晰发现，他对每个人都非常尊重，一视同仁，给晚辈的信件不忘用“您好”来称呼，让学生们肃然起敬。记得王连铮先生 80 华诞宴会前，刘志芳博士去王先生家里将师母接到宴会上，这在刘博士看来本是一件再普通不过的小事情，可是王先生竟然还致亲笔函表示感谢，信中称刘志芳博士为“同志”，并将自己八十华诞庆祝活动的照片赠予刘博士留念，令刘博士十分感动。不仅如此，每次研究生们去家里看望王先生都会有满满的收获。还记得王先生给学生推荐酸奶加亚麻籽油的巴德维疗法，建议大家在饮食结构中采纳；针对血脂高问题，王先生推荐了瑞雪胶囊，说起前列腺问题他建议服用癃闭舒胶囊和泌淋清胶囊，他幽默地说自己快成了医生。

2010 年 10 月刘志芳博士代表研究生到办公室看望导师王连铮

导师除了喜欢他一生执着奉献的大豆育种工作，一直关心国际和国内政治、经济、文化等大事，保持着阅读人民日报、光明日报、科学日报、参考消息和求是等报刊的习惯。另外，导师还特别喜欢看体育类节目，甚至在住院期间，为中国女排夺得 2018 年世界锦标赛季军而自豪，盛赞女排精神，锲而不舍，团队拼搏，永不言弃。也为中国足球的现状而忧虑，认为中国足球队应该学习中国女子排球队的吃苦耐劳精神。这些言行均给学生们留下了深刻印象。

非常感动的是，导师还特别关心学生们的家庭。得知学生的子女结婚，导师第一时间送上诚挚的祝福。2018 年 10 月在导师因病住院期间，叶兴国博士一家去病房探望，导师知道叶博士女儿是一所学校的教师后说，老师是非常光荣、重要的职业，关系到国家未来和民族兴旺，摸索教学方法，把孩子们教育好，不但给他们传授知识，也给他们传授做人的道理，提高他们的综合素养。鼓励叶博士女儿着眼未来教育发展趋势，尽可能掌握 2 门外语，更好地服务教育事业。

2010 年 10 月刘志芳博士陪同师母出席导师王连铮 80 岁华诞宴会

据悉，王先生经常与学生和助手们通过短信、邮件等形式探讨学术问题，尤其是育成大豆品种的深入研究，强烈的事业心和责任心令人动容。王先生一生可以用严谨正直、朴实厚

2012 年 1 月颜清上博士回国探亲期间拜访导师王连铮

重、热情随和、低调务实、谦虚求真来概括，是我们做人做事当之无愧的楷模。

王连铮选育主要品种简介

克新1号

品种来源：黑龙江省克山农业科学研究所，1958年用374-128作母本，艾波卡（Epoka）作父本杂交育成的马铃薯品种。原系谱号5922-55。1967年确定推广。

品种特征：该品种株丛繁茂，株型直立，生长高大。茎粗壮，绿色，主翼微波状。复叶肥大，椭圆形，顶端小叶卵圆形。小叶叶片指数1.6。花序疏散，总梗长度中等。花柄关节及其上下段均为绿色。开花正常，花冠淡紫色，尖端白色，有外重瓣。花粉孕性低，天然不结实。块茎椭圆形，大而整齐，表皮较光滑，白皮白肉，芽眼深度中等。

品种特性：该品种生育期120d左右，块茎膨大期早。抗晚疫病和环腐病，抗花叶和卷叶型病毒病。较耐涝，耐贮。淀粉含量12%~13%，食味一般。结薯集中，大而整齐。一般亩产1 500~2 000kg。

栽培措施：种植不宜过密，亩保苗3 200~3 800株。可适当早收，作中早熟品种应用。

适应区域：适于黑龙江、吉林、辽宁等省栽培。

黑农10

品种来源：黑龙江省农业科学院大豆研究所，1959年以东农4号为母本，荆山扑为父本进行有性杂交育成的大豆品种。原系统号为哈63-7267。1969年确定推广。

品种特征：幼苗绿色，叶片中等，呈披针形。分枝1~2个，株型收敛。白花，灰毛。主茎发达，秆强，主茎节数19个。株高90~100cm，底荚高15cm左右。无限结荚习性，3、4粒荚多，平均每荚2.6粒，荚熟时呈褐色。籽粒椭圆形，种皮黄色，有光泽，脐黄色。大粒种，百粒重20~22g。

品种特性：生育期118d左右。哈尔滨地区1975年5月5日播种，5月20日出苗，6月28日开花，9月12日成熟。耐肥力中等，耐旱性较强，耐轻盐碱。脂肪含量22.44%，蛋白质含量39.6%。一般亩产150kg左右，最高亩产217kg，比东农4号、合交6号增产11.34%。

栽培措施：在平川中等肥力及轻盐碱土地上种植，亩保苗1.6万~2.0万株。适于机械化栽培。播种期4月下旬至5月上旬为宜。

适应区域：适于松花江、绥化、合江、牡丹江地区的双城、宾县、呼兰、阿城、望奎、安庆、兰西、勃利、林口、密山、虎林等地种植。

黑农11

品种来源：黑龙江省农业科学院大豆研究所，1960年以东农4号为母本，用荆山扑、紫花4号和东农10号多父本的混合花粉授粉杂交育成的大豆品种。原系统号为哈64-8634。1969年确定推广。

品种特征：幼苗绿色，叶片中等，呈披针形。分枝3~4个。白花，灰毛。主茎发达，秆强，主茎节数16个，节间短。株高70~80cm，底荚高10cm。无限结荚习性，4粒荚多，平均每荚

2.3个粒，主茎和分枝结荚分布均匀，荚熟时呈褐色。籽粒椭圆形，种皮黄色，有光泽，脐黄色。中粒种，百粒重17~18g。

品种特性：生育期115d左右。哈尔滨地区5月8日左右播种，5月30日出苗，7月6日左右开花，9月14日左右成熟。耐肥水。脂肪含量22.11%，蛋白质含量39%。一般亩产175kg左右，比东农4号、合交6号增产8%，最高亩产245.5kg。在豆麦间作条件下，亩产达260kg左右。

栽培措施：在肥沃土地及二洼地种植，增产显著。该品种适于清种及豆麦间作，亩保苗1.6万~2.0万株。播种期4月下旬至5月上旬为宜。

适应区域：适于黑龙江省中南部平原地区的宾县、阿城、双城、巴彦、通河、绥化、明水、安庆、宝清、勃利、密山等县。

黑农16

品种来源：黑龙江省农业科学院大豆研究所，1962年用^{60}Co丙种射线1万伦琴照射哈5913组合（五顶珠×荆山朴）的杂种第二代干种子，从其后代中选拔育成的大豆品种。原系统号为哈65-5135。1970年确定推广。

品种特征：幼苗绿色，叶片中等，呈披针形。分枝2~3个，株型收敛。白花，灰毛。主茎发达，秆强，主茎节数16个，节间短。株高90cm左右，底荚高20cm。无限结荚习性，3、4粒荚多，荚熟时呈褐色。籽粒椭圆形，种皮黄色，有强光泽，脐淡褐色。中粒种，百粒重17~18g。

品种特性：生育期118d左右。哈尔滨地区5月初播种，5月19日左右出苗，6月底开花，9月11日左右成熟。较耐肥，抗旱性较强，耐轻盐碱。秆强不倒，结荚较密。虫食粒率轻，病粒少。脂肪含量22.64%，蛋白质含量36.85%。一般亩产175kg左右，最高亩产245.85kg。

栽培措施：对土壤肥力要求不严，在中等土壤肥力或瘠薄地上较其他品种增产。亩保苗1.6万~2.0万株。播种期4月下旬至5月上旬为宜。

适应区域：适于黑土地区和轻盐碱土地区的巴彦、呼兰、阿城、通同、木兰、延寿、尚志、宾县、双城、五常、绥化、望奎、肇州、肇源、报东、安达、集贤、宝清等地种植。

黑农17

品种来源：黑龙江省农业科学院大豆研究所，1960年以东农4号为母本，荆山扑和紫花4号的混合花粉进行授粉杂交育成的大豆品种。原系统号为哈65-4212。1970年确定推广。

品种特征：幼苗绿色，叶片中等，呈披针形。分枝2~3个，株型收敛。白花，灰毛。主茎发达，秆强中等，主茎节数18个，节间矩，主茎和分枝结荚分布均匀。株高90~100cm，底荚高16cm左右。无限结荚习性3、4粒荚多，荚熟时呈褐色。籽粒近圆形，种皮黄色，有光泽，脐淡褐色。中粒种，百粒重18~20g。

品种特性：生育期118d左右。哈尔滨地区1966年5月5日播种，5月19日出苗，7月3日开花，9月12日成熟。耐肥力中等，抗旱性较强，叶部病害轻，虫食粒率较低。脂肪含量21.92%，蛋白质含量41.13%。一般亩产150kg左右，比东农4号、黑农5号增产14.5%。

栽培措施：在丘陵岗地或平川瘠薄地种植，亩保苗1.6万~1.8万株。适于机械化栽培。播种期4月下旬至5月上旬为宜。

适应区域：适于双城、宾县、五常、阿城、巴彦、呼兰、绥化、望奎、肇州等地种植。

黑农18

品种来源：黑龙江省农业科学院大豆研究所，1959年以丰地黄为母水，东农10号为父本进行有性杂交育成的大豆品种。原系统号为哈 65-4105。1970 年确定推广。

品种特征：幼苗绿色，叶片较大，呈椭圆形。分枝 1~2 个。白花，灰毛。主茎发达，秆强中等，主茎节数 16 个左右。株高 90cm 左右，底荚高 17cm。无限结荚习性 3 粒荚多，平均每荚 2.1 粒，荚熟时呈褐色。籽粒椭圆形，种皮黄色，有光泽，脐褐色。大粒种，百粒重 24g 左右。

品种特性：生育期 120d 左右，哈尔滨地区 5 月 5 日左右播种，5 月 19 日左右出苗，6 月底开花，9 月 16 日左右成熟。耐旱性较强，适应性较广。脂肪含量 21%，蛋白质含量 43.11%，是目前黑龙江省含蛋白质较高的一个推广品种。一般亩产 150kg 左右，比东农 4 号、黑农 3 号增产 10.3%，最高亩产 194kg。

栽培措施：该品种可在岗地及平川中等肥力的土地上种植。植株较繁茂，密度不宜过大，亩保苗 1.5 万~1.6 万株。播种期 4 月下旬至 5 月上旬为宜。

适应区域：适于松花江地区的双城、哈尔滨、宾县、巴彦、延寿、呼兰等地种植。

黑农 19

品种来源：黑龙江省农业科学院大豆研究所，1960 年以东农 4 号为母本，荆山朴和紫花 4 号的混合花粉授粉杂交育成的大豆品种。原系统号为哈 65-4217。1970 年确定推广。

品种特征：幼苗绿色，叶片中等，呈披针形。分枝 1~2 个。白花，灰毛。主茎发达，秆强中等，主茎节数 18 个。株高 100cm 以上，底荚高 20cm 左右。无限结荚习性 3、4 粒荚多，平均每荚 2.9 粒，荚熟时呈褐色。籽粒椭圆形，种皮黄色，有光泽，脐淡褐色。中粒种，百粒重 17~18g。

品种特性：生育期 120d 左右。哈尔滨地区 1966 年 5 月 5 日播种，5 月 19 日出苗，6 月 30 日开花，9 月 17 日成熟。较耐旱，虫食粒率少。脂肪含量 21.54%，蛋白质含量 40.77%。一般亩产 150kg 以上，比东农 4 号增产 9%，最高亩产 221kg。

栽培措施：该品种要求丘陵岗地及平川中等肥力土壤，在肥沃土壤上种植稍倒伏，密度不宜太大，亩保苗 1.6 万株左右。播种期于 4 月下旬至 5 月上旬为宜。

适应区域：适于松花江，绥化地区的双城、宾县、五常、巴彦、哈尔滨等地种植。

黑农 23

品种来源：黑龙江省农业科学院大豆研究所，1963 年以黑农 3 号为母本，东农 4 号为父本进行有性杂交育成的大豆品种。原系统号为哈 68-10230。1973 年确定推广。

品种特征：幼苗绿色，叶片中等，呈椭圆形。分枝 1~3 个。白花，灰毛。主茎发达，秆强中等，主茎节数 16 个左右。株高 90~100cm，底荚高 18cm 左右。无限结荚习性，3 粒荚多，每荚平均 2.4 粒，荚熟时呈褐色。籽粒扁椭圆形，种皮黄色，有光泽，脐黄色。大粒种，百粒重 21g。

品种特性：生育期 120d 左右。哈尔滨地区 1968 年 5 月 4 日播种 5 月 19 日出苗 7 月 6 日开花 9 月 16 日成熟。较耐肥，脂肪含量 22.24%，蛋白质含量 39.6%。一般亩产 150kg 左右，比东农 4 号增产 10.9%，最高亩产 248kg。

栽培措施：可在黑龙江省中南部地区的平川中等土壤肥力上种植，亩保苗 1.6 万~2.0 万株。播种期 4 月下旬至 5 月上旬为宜。

适应区域：适于松花江平原地区的呼兰、宾县、延寿、哈尔滨、阿城、五常、双城等地种植。

黑农 24

品种来源：黑龙江省农业科学院大豆研究所，1963 年以黑农 3 号为母本，东农 4 号为父本进行有性杂交育成大豆品种。原系统号为哈 68-1024。1973 年确应推广。

品种特征：幼苗绿色，叶片中等，呈椭圆形。分枝 1~2 个，株型收敛。白花，灰毛。主茎发达，秆较强，主茎节数 15~16 个。株高 85cm 左右，底荚高 18cm 左右。无限结荚习性，3 粒荚多，平均每荚 2.5 粒，荚熟时呈褐色。籽粒扁椭圆形，种皮黄色，有强光泽，脐黄色。大粒种，百粒重 20g 左右。

品种特性：生育期 117d 左右。哈尔滨地区 1968 年 5 月 4 日播种，5 月 19 日出苗，7 月 6 日开花，9 月 16 日成熟。较耐低温，较喜肥水，适应性较广，病虫粒轻。脂肪含量 21.58%，蛋白质含量 40.15%。一般亩严 150kg 左右，比黑农 5 号、合交 6 号增产 13.3%。

栽培措施：该品种要求平川中等肥力和肥沃的土地。亩保苗 1.6 万~2.0 万株。适于机械化栽培。播种期 5 月上旬为宜。

适应区域：适于阿城、通河、木兰、兰西、青肉、望奎、明水、庆安、密山、虎林等地及东部国营农场种植。

黑农 26

品种来源：黑龙江省农业科学院大豆研究所，1965 年以哈 63-2294 为母木，小金黄 1 号为父本进行有性杂交育成的大豆品种。原系统号为哈 70-5049。1975 年确定推广。

品种特征：幼苗绿色，叶片较窄小，呈披针形。分枝较少。白花、灰毛。主茎发达，秆粗壮，主茎节数 18 个左右。叶柄与主茎的角度较小。株高 90~110cm，底荚高 10~15cm。无限结荚习性，3、4 粒荚多，4 粒荚比率较高，主茎结荚多，荚熟时呈褐色。籽粒近圆形，种皮浓黄色，有光泽，脐黄色。中粒种，百粒重 17~21g。

品种特性：生育期 124d 左右。哈尔滨地区 5 月 8 日左右播种，5 月 18 日左右出苗，7 月初开花，9 月 19 日左右成熟。较喜肥水，耐干旱。虫食粒率低，品质优良。脂肪含量 2 1.6%、蛋白质含量 40.83%。一般亩产 175kg 左右，最高有的达 249kg。

栽培措施：该品种在肥沃土地上增产显著，对一般土壤肥力的耕地有一定的适应性，亩保苗 1.8 万~2.0 万株。播种期 5 月上旬为宜。

适应区域：适宜呼兰、巴彦、宾县、阿城、五常、双城、通河、延寿、尚志、哈尔滨、安达、肇源、肇东、兰西、绥化、望奎等地及东部国营农场种植。

中黄 13

品种来源：中黄 13（中作 975）系中国农业科学院作物科学研究所以豫豆 8 号为母本，中作 90052-76 为父本进行有性杂交，采用系谱法选育而成的大豆品种。2001 年通过安徽省和天津市审定，并于同年 8 月通过国家审定，审定编号：国审豆 2001008；2002 年通过北京和陕西省审定；2003 年通过辽宁省审定；2005 年通过四川省审定；2009 年通过山西省审定；2011 年通过河南和湖北省审、认定；2006 年授权中国植物新品种权，品种权号：CNA20040073.8；2008 年授权韩国植物新品种权，品种权号：2337。

特征特性：该品种为半矮秆品种，生育期夏播 100~105d，春播 130~135d；结荚习性为有限型，紫花、灰茸毛、椭圆形叶片，有效分枝 3~5 个，百粒重 23~26g；籽粒椭圆形，粒色为黄色，褐脐；成熟时全部落叶，不裂荚；抗倒伏，抗涝，抗大豆花叶病毒病，中抗大豆胞囊线虫病。中黄 13 结荚密并且荚大，属于超高产、高蛋白、抗病强，适应性广的品种，增产潜力很大，籽粒商品性好。经农业部农作物谷物品质监督检验测试中心测定，北京产的种子蛋白质含量为42.72%，脂肪含量为19.11%。安徽产的种子蛋白质含量为45.8%，脂肪含量为18.66%。

产量表现：1999—2000年参加安徽省区试，平均亩产202.73kg，比对照增产16.0%，18个试点全部增产。安徽生产试验比对照增产12.71%。1998—2000年参加天津区试，比对照科丰6号增产6.7%；生产试验亩产160.1kg，比对照增产10.8%。1999—2001年参加陕西省区试，平均比对照增产9.6%。2000—2001年在北京区试增产20.1%，达极显著水平。2004年在山西省襄垣良种场种植33.6亩平均亩产274kg，经国家大豆改良中心邱家驯教授为组长的大豆专家组正式验收，2004年实测1亩亩产达312.4kg。2005年实测1亩，达305.6kg，连续2年超过150kg。2009—2010年参加湖北省区域试验，平均亩产193.6kg，比对照增产16.98%，增产极显著。

栽培措施：①中黄13喜肥水适宜于肥地种植，种在有机质在2%左右的土壤结合其他措施可获得高产。②中黄13属半矮秆型品种，分枝较多，亩保苗1.5万~1.7万株为宜，行距可在35~45cm。③一定要注意足墒播种，适时早播，夏播在6月10日前应播完。④合理施肥，亩施有机肥2~3t、10kg磷肥和5kg钾肥并施用微量元素。⑤在花期及结荚期干旱时及时浇水。⑥注意防治病虫害，开花前后注意防治蚜虫。⑦及时收获，太晚易炸荚，⑧保持品种纯度，播前进行选种，收获前田间要拔杂去劣。

适应区域：中黄13适应地区较广，可在安徽、河南、山东、陕西南部、河北、江苏、天津、辽宁南部、山西、北京、四川等地种植。据全国农业技术推广中心统计，截至2018年，已累计推广超1亿亩。

中黄12

品种来源：中黄12（原代号中作5239）由中国农业科学院作物科学研究所以晋遗20为母本，以中国科学院遗传所遗-4为父本进行有性杂交，采用系谱法选育而成的大豆品种。2000年通过北京市审定。

特征特性：该品种植株繁茂高大，株高100cm，抗旱性好，夏播生育期100~103d；春播130d左右；结荚习性为无限型，以主茎结荚为主，并有3~5个分枝。白花、灰茸毛，成熟时全部落叶，不裂荚，适宜机械化收获。圆粒、黄脐、粒色黄、种皮有光泽，百粒重18~20g。本品种系抗旱性强的品种。经农业部农作物谷物品质监督检验测试中心测定，蛋白质含量为42.71%，脂肪含量20.50%。

产量表现：1997—1999年参加北京市大豆春播区域试验，产量结果：1997年亩产172.21kg，比对照中黄4号增产25.9%；1998年亩产142.6kg，比对照增产8.7%；1999年亩产152.5kg，比对照增产27.6%。3年平均亩产155.77kg，比对照平均增产20.7%。1997年和1999两年增产达极显著水平，1998年达显著水平。1998—1999年参加北京市大豆春播生产示范，两年平均亩产165.81kg，比对照增产显著，1998年在大兴县生产示范比对照中黄4号增产37.84%；同年在北京农学院生产示范比对照增产15.15%。

栽培措施：①播种期。春播在4月底和5月上旬，该品种植株生长繁茂，分枝较多，因而密度不宜过大，亩保苗1.3万~1.5万株即可；夏播播期力争在6月10—15日播种，越早越好。②土壤地力较差时，每亩可施用2000kg土杂肥和10kg磷酸二铵随耕地翻入地下作为底肥，开花期每亩追施5~10kg的尿素。③由于该品种植株繁茂，在苗期、分枝期可适当蹲苗，不宜灌水，应促使根系生长健壮，花期和鼓粒期干旱时应及时灌溉。④生育期及时防治病虫草害。⑤及时收获，保持品种纯度。

适应区域：在北京地区可春、夏播兼用，由于高大繁茂、增产显著，适于中等肥力条件下种植，太肥沃的土壤上种植易倒伏。

中黄 17

品种来源：中黄 17（中作 976）系中国农业科学院作物科学研究所以遗-2 为母本，美国高油大豆 Hobbit 为父本，进行有性杂交，采用系谱法选育而成的大豆品种。2001 年通过北京市审定。2001 年通过国家审定，审定编号：国审豆 2001009。2007 年授权植物新品种权，品种权号：CNA20040074.6。

特征特性：该品种生育期 103d 左右，株高 80~90cm，有效分枝数 1~2 个，椭圆形叶，紫花、灰毛、荚熟色为褐色，结荚习性为亚有限型，粒形圆，黄色种皮，黄脐，百粒重 18~20g。该品种抗倒伏，落叶性好，不裂荚。中抗大豆胞囊线虫病和根腐病。经农业部谷物品质监督检验测试中心 1999 年年底测定，蛋白质含量为 44.13%，脂肪含量 20.25%。

产量表现：1998—2000 年参加北京市大豆夏播区域试验，1998 年亩产 158.7kg，比对照早熟 18 增产 17.4%；1999 年亩产 165.7kg，比对照早熟 18 增产 10.8%；2000 年亩产 188.9kg，比对照早熟 18 增产 5.9%。3 年平均亩产 171.1kg，平均比对照增产 11.4%。1999—2000 年参加国家黄淮海北组区域试验，平均亩产 191.80kg，比对照增产 5.48%。

栽培措施：①精细选种。选用籽粒饱满，无虫蚀、大小整齐的籽粒做种子。②适期足墒播种。夏播最佳播期为 6 月上旬，最晚不得晚于 6 月 15 日。③合理密植。该品种分枝不是很多，夏播 1.5 万~1.8 万株。④施足底肥促苗早发。亩施有机肥 2~3t，最好在前茬施进或播前施进。施磷酸二铵 10~15kg，钾肥 5kg。⑤加强田间管理。花荚期追肥浇水，保花保荚，加强中耕除草以防草荒，及时防治病虫害。⑥适时收获。

适应区域：适宜北京、天津、河北、山东北部等地区种植。

中黄 19

品种来源：中黄 19（中作 9612）系中国农业科学院作物科学研究所以中品 661 为母本，豫豆 10 号为父本进行有性杂交，采用系谱法选育而成的大豆品种。2003 年通过国家审定，审定编号：国审豆 2003004。2006 年授权植物新品种权，品种权号：CNA20030479.8。

特征特性：该品种夏播生育期 108d，平均株高 72.5cm，结荚习性为亚有限型，有效分枝 2~4 个，紫花、灰茸毛，百粒重 24~26g；籽粒椭圆形，粒色为黄色，黄脐；成熟时全部落叶，不裂荚；抗倒伏，抗大豆花叶病毒病，中抗大豆胞囊线虫病。中黄 19 属于高产，蛋白较高，抗病品种，增产潜力大，籽粒商品性好。经农业部农作物谷物品质监督检验测试中心测定，蛋白质含量为 44.45%，脂肪含量为 18.04%。

产量表现：1998—2001 年参加黄淮海南片大豆品种区试和生试，平均亩产 193.09kg，增产 5.12%。1999 年在河南黄泛农场进行区域试验，平均亩产 322.34kg；2004 年在山西襄垣良种场播种 72.9 亩，平均亩产 274kg，经国家大豆改良中心邱家驯教授为组长的大豆专家组验收，实测 1 亩亩产量 294.2kg。2005 年实测 1 亩亩产量 314.6kg。

栽培措施：①中黄 19 喜肥水，适宜在高肥水条件下种植。②种植密度每亩 1.5 万~1.8 万株，行距 45~50cm。③一定要注意足墒播种，播前土壤墒情不好时，可在灌溉后播种。④合理施肥，亩施有机肥 2~3t 和 10kg 磷钾肥。⑤在花期及结荚期干旱时及时浇水。⑥注意防治病虫草害，开花前后注意防治蚜虫等为害。

适应区域：适宜在安徽、山东南部、陕西中部、河北南部、河南中北部、山西南部地区夏播种植。本品种成熟期比中黄 13 晚 4~5d，因而可在中黄 13 种植区以南地区种植中黄 19。

中黄 20

品种来源：中黄 20（中作 983）系中国农业科学院作物科学研究所以遗-2 为母本，Hobbit 为父本进行有性杂交结合系谱法选育而成的大豆品种。2001 年通过天津市品种审定委员会审定。2002 年通过北京市和辽宁省品种审定委员会审定，2003 年通过国家审定，审定编号：国审豆 2003005。2006 年授权植物新品种保护权，品种权号：CNA20030478. X。

特征特性：夏播生育期为 99d 左右，株高 70~80cm，主茎节数 14~16 节，有效分枝 2~4 个，亚有限型结荚习性、椭圆形叶、紫花、灰毛、圆粒、无色脐、粒黄色，种皮有光泽，粒大而整齐，外观品质好。荚熟色为褐色，落叶性好，不裂荚。经农业部谷物品质监督检验测试中心检测，北京区试 2000 年粗脂肪含量 23. 37%，2001 年粗脂肪含量为 22. 66%。2002 年天津区试粗脂肪含量 24. 30%。3 点平均含油量为 23. 50%。中黄 20 系高油大豆品种，比现在生产上应用的大豆品种含油量高 1%~2%。

产量表现：2000—2001 年参加北京市夏大豆区域试验，平均比对照早熟 18 增产 7%。2001 年生产试验平均亩产 198. 4kg，增产 23. 9%，在昌平南邵亩产 199. 20kg，比早熟 18 增产 35. 33%；在房山闫村亩产 235. 91kg 比对照品种早熟 18 增产 21. 47%。在辽宁省试验平均亩产 197. 85kg，比对照增产 11. 67%。

栽培措施：①播种量 4~5kg，肥地宜稀，瘦地宜密；春播宜稀，夏播宜密；早播宜稀，晚播宜密。亩保苗在 1. 2 万~1. 6 万株，因地制宜。②播前亩施腐熟有机肥 2~3t，播种时施磷钾肥作为种肥。③及时防治病虫草害，有病害时应及时打药。④进行节水灌溉，特别是分枝期、花期和鼓粒期，要防止干旱，及时灌水。对增加粒重，防止落花落荚有重要作用。⑤适时收获，单收单打。收获太晚损失大，太早粒重降低。作为种子田宜在收获前拔杂去劣。

适应区域：适宜北京、天津、河北北部、辽宁南部、山东省等地种植。

中黄 21

品种来源：中黄 21（中作 966）系中国农业科学院作物科学研究所以中品 661 为母本，以中-91-1 为父本进行杂交，经连续选拔并南繁加代育成的大豆品种。2002 年通过辽宁省品种审定委员会审定。

特征特性：夏播生育期 99d，白花，圆叶，灰毛，亚有限结荚习性，抗花叶病及霜霉病，不裂荚，株高 66cm，主茎 16 节，结荚高度 12. 3cm，有效分枝 1. 5 个，株有效荚 58 个，粒数 120 粒，粒重 18g，籽粒圆形，黄皮，黄脐，无紫斑和褐斑。经农业部谷物品质监督检验测试中心测定，中黄 21 蛋白质含量为 40. 43%，脂肪含量为 20. 53%。

产量表现：2000—2001 年在辽宁省参加区域试验，两年 12 点平均亩产 175. 2kg，比对照增产 12. 4%。1997 年经黄淮海中片区域试验，平均亩产 156kg，比对照品种鲁豆 4 号增产 11. 4%，列第二位。在河北省沧州市农业科学院试验亩产达 222kg，比对照增产 15. 2%；河南省濮阳市农科所试验亩产 210. 6kg，增产 10. 8%；河北省邯郸市亩产 209. 8kg；在山东省农业科学院试验亩产达 147kg，比对照增产 20. 1%。现已在辽宁省南部等地大面积示范。

栽培措施：①本品种密度以 1. 4 万~1. 7 万/亩为宜，密度不宜过大，过大易倒伏。②每亩施有机肥 2~3t 和磷钾肥 5~10kg。③花期前后注意防治蚜虫，并及时防治各种病虫害。④开花结荚鼓粒期干旱时注意灌水，特别要注意防止秋吊。⑤适时收获，单收单打，保持品种纯度。

适应区域：本品种产量高、适应性广、抗性好，可适应辽宁省南部、西部等地种植。

中黄 22

品种来源：中黄 22（中作 011）系中国农业科学院作物科学研究所 1991 年以中品 661 为母本，91-1 为父本进行有性杂交，采用系谱法选育而成的大豆品种。于 2002 年 12 月通过天津市品种审定委员会审定通过。于 2003 年 8 月通过国家审定，审定编号：国审豆 2003018。

特征特性：中黄 22 株高 80～90cm，生育期 106d 左右，有效分枝 2～3 个，单株有效荚数30～40 个，单株粒数 80～90 粒，单株粒重 18g 左右，百粒重 22～23g。株型收敛，紫花、灰毛、圆叶，亚有限结荚习性。成熟时种皮黄色，淡褐脐，粒圆形，籽粒整齐，商品性好。荚呈黄色，不裂荚，落叶性好，丰产，稳产性好，抗病，抗倒伏，综合性状良好。根据农业部谷物品质监督检验测试中心检测，2001 年蛋白质含量为 49.18%，2002 年初测定混合样品蛋白质含量为 48.39%，2002 年年底测定混合样品蛋白质含量为 45.71%，三次平均蛋白质含量为 47.76%。该品种属于高蛋白品种。

产量表现：2001—2002 年在天津区试和生试，平均比对照增产 5.24%。在国家黄淮海北片，两年区域试验平均亩产为 202.93kg，比对照增产 6.41%。2002 年在黄淮海北片 5 点进行生产试验，全部增产，5 点平均亩产 204.02kg，比对照增产 8.92%。2001 年在北京大兴试验点亩产 260.51kg，比对照品种早熟 18（188.45kg/亩）增产 20.57%，在河北南皮亩产 222.24kg，比对照增产 22.04%。2002 年在山东德州亩产 268.17kg，比对照早熟 18 号（亩产 192.97kg）增产 12.60%，在天津宁河亩产 215.57kg，比对照增产 13.01%，在河北易县亩产 194.65kg，比对照增产 14.24%。

栽培措施：①精细选种。选用籽粒饱满，无虫蚀、大小整齐的籽粒做种子。②适期足墒播种。夏播最佳播期 6 月上中旬。③合理密植。该品种分枝不是很多，夏播 1.5 万～1.8 万株。④施足底肥促苗早发。亩施有机肥 2～3t，最好在前茬施进或播前施进。施磷酸二铵 10～15kg，钾肥 5kg 和微量元素，瘠薄地块花期每亩可追施氮肥 10kg。⑤加强田间管理。花荚期干旱时浇水，保花保荚，加强中耕防草荒，防治病虫害。⑥适时收获，收获太晚易炸荚。

适应区域：适宜北京、天津、河北和山东北部等地种植。

中黄 23

品种来源：中黄 23（中作 962）系中国农业科学院作物科学研究所以杂抗 F_6 为母本，鲁豆 4 号为父本进行有性杂交，1993 年收到 F_2 代种子，同年拿到中国农业科学院原子能所进行辐射，后逐代选单株选育而成的大豆品种。2002 年通过天津市审定。2003 年通过内蒙古审定，审定编号：蒙审豆 2003006。

特征特性：中黄 23 为半矮秆型品种，突出特点是早熟，全生育期为 90d，比科丰 6 号早熟 8d，亚有限型结荚习性，株高 60～70cm，有效分枝 2～3 个，白花、成熟时荚为褐色，籽粒为圆形，浅脐，百粒重 20g 左右。成熟时全部落叶，不裂荚；抗倒伏，抗大豆花叶病毒病，中抗大豆胞囊线虫病。经农业部农作物谷物品质监督检验测试中心测定，蛋白质含量为 43.0%，脂肪含量为 20.18%。

产量表现：1999 年参加北方大豆品种区试，在辽宁省铁岭农科所试验居首位，增产 13%。平均亩产 193.09kg，增产 5.12%。2001 年亩产 185.98kg，比对照减产 2.11%，2002 年参加天津市夏大豆区域试验，4 点平均亩产 170.33kg。比对照科丰 6 号，增产 3.86%，居 8 个参试品种第二位，但比对照品种早熟 8d。

栽培措施：中黄 23 属半矮秆早熟型品种，亩保苗可在 1.5 万～1.9 万株，肥地宜稀，瘦地宜密。合理施肥，亩施有机肥 2～3t 和 10kg 磷、5kg 钾肥和微量元素，如土地瘠薄花期可追氮肥

10kg。在花期及结荚期干旱时及时浇水。注意防治病虫害，开花前后注意防治蚜虫等为害。在天津、北京等地可作为迟播品种，在北京试验6月末播种，10月初也可成熟，要适时收获，收获太晚易炸荚。

适应范围：适宜在天津、北京、河北等地夏播复种或作为迟播品种，适于内蒙古自治区通辽、赤峰等南部春季种植。适合≥10℃，活动积温2 800℃的地区。

中黄 26

品种来源：中黄26（中作RN02）系中国农业科学院作物科学研究所以高产品系单8为母本，美国抗胞囊线虫的大豆PI437654为父本，进行有性杂交，采用系谱法选育而成的大豆品种。2003年3月通过北京市审定。

特征特性：中黄26为春播品种，平均株高101.9cm，全生育期137d，该品种为亚有限结荚习性，紫花，灰毛，椭圆形叶，分枝2个左右，单株有效荚数66个，单株粒数115粒左右，百粒重21~22g。成熟时籽粒椭圆形，黄色种皮，黄脐，种皮有光泽，抗旱性较好，中抗大豆胞囊线虫病。

产量表现：2001—2002年参加北京市大豆春播区域试验，2001年亩产188.0kg，比对照早熟18增产19.9%；2002年亩产154.6kg，比对照早熟18增产8.3%。两年平均亩产171.3kg，平均比对照早熟18增产11.4%。

栽培措施：①精细选种。选用籽粒饱满，无虫蚀、大小整齐的种子。②适期足墒播种。春播在5月上旬播种，夏播最佳播期6月上中旬。③合理密植。该品种分枝不是很多，夏播亩1.4万~1.8万株。④施足底肥促苗早发。亩施有机肥2~3t，最好在前茬施进或播前施进。施磷酸二铵10~15kg，钾肥5kg。⑤加强田间管理。花荚期追肥浇水，保花保荚，加强中耕防草荒，及时防治病虫害。⑥适时收获，防止炸荚。

适应区域：适宜北京及胞囊线虫严重的地区和生态条件相同的地区种植。

中黄 27

品种来源：中黄27（中作015）系中国农业科学院作物科学研究所以晋遗20为母本，以中90052-76为父本，进行有性杂交，采用系谱法选育而成的大豆品种。2003年通过北京市审定。

特征特性：中黄27为夏播品种，有限结荚习性，平均株高73.1cm，全生育期107d，白花，灰毛，椭圆形叶，分枝2个，单株有效荚数42个，单株粒数92粒，百粒重19~20g。成熟时籽粒圆形，黄色种皮，浅褐脐，种皮有光泽。中抗大豆胞囊线虫病。

产量表现：中黄27是2001—2002年参加北京市夏播大豆区域试验，两年平均亩产163.5kg，平均增产14.05%，增产极显著。2004年参加全国农业技术推广服务中心组织的大豆新品种示范（北京郊区）产量居第一位。

栽培措施：①精细选种。选用籽粒饱满，无虫蚀、大小整齐的种子。②适期足墒播种。春播在5月上旬播种，夏播最佳播期6月上中旬。③合理密植。该品种分枝不是很多，夏播亩1.4万~1.8万株。④施足底肥促苗早发。亩施有机肥2~3t，最好在前茬施进或播前施进。施磷酸二铵10~15kg，钾肥5kg。⑤加强田间管理。花荚期追肥浇水，保花保荚，加强中耕防草荒，及时防治病虫害。⑥适时收获，防止炸荚。

适应区域：适宜北京及生态条件相同地区种植。

中黄 33

品种来源：中黄33系中国农业科学院作物科学研究所以豫豆8号为母本，晋遗20为父本进行有性杂交，采用系谱法选育而成的大豆品种。2005 年通过北京市审定。

特征特性：中黄 33 夏播生育期 105~110d，有限结荚习性，株高 70~80cm。分枝 2.1 个，主茎节数 16.4 个，单株有效荚数平均 44.1 个。成熟时落叶性好，不炸荚，百粒重 23g 左右，圆粒，黄色种皮，有光泽，黄脐，商品性好。经农业部谷物品质监督检验测试中心检测，籽粒粗蛋白质含量 40.54%，粗脂肪含量 20.34%。

产量表现：2003—2004 年两年参加北京市大豆区域试验平均亩产 171.4kg，比对照早熟 18 增产 4.2%，生产试验亩产 180.49kg，比对照增产 17.3%。2004 年在北京怀柔种子站生产试验亩产 209.7kg，比对照早熟 18 增产 22.94%。

栽培措施：①精细选种。选用籽粒饱满，无虫蚀、大小整齐的种子。②适期足墒播种。春播在 5 月上旬播种，夏播最佳播期 6 月上中旬。③合理密植。该品种分枝不是很多，夏播亩 1.4 万~1.8 万株。④施足底肥促苗早发。亩施有机肥 2~3t，最好在前茬施进或播前施进。施磷酸二铵 10~15kg，钾肥 5kg。⑤加强田间管理。花荚期追肥浇水，保花保荚，加强中耕防草荒，及时防治病虫害。⑥适时收获，防止炸荚。

适应区域：适宜北京地区及生态条件相同的地区夏播种植。

中黄 34

品种来源：中黄 34 系中国农业科学院作物科学研究所以晋遗 20 为母本，遗-4 为父本进行有性杂交，采用系谱法选育而成的大豆品种。2006 年通过北京市审定。

特征特性：该品种生育期较长，在北京地区春播全生育期 126d，有限结荚习性，椭圆形叶，紫花、灰毛，成熟时荚黄色。两年区试平均株高 80cm 左右，结荚高度 19cm 左右，单株有效分枝 1~2 个，主茎节数 17~20 节，单株有效荚数 44~75 个。籽粒椭圆形，种皮黄色，有微光，褐脐，百粒重 21.7g。该品种丰产稳产，抗花叶病毒病。经农业部谷物品质监督检验测试中心检测，籽粒粗蛋白质含量 43.22%，粗脂肪为 18.47%。

产量表现：两年区试平均亩产，比对照早熟 18 增产 10.0%，生产试验亩产 164.67kg，比对照增产 7.1%。

栽培措施：①精细选种。选用籽粒饱满，无虫蚀、大小整齐的种子。②适期足墒播种。春播在 5 月上旬播种，夏播最佳播期 6 月中下旬。③合理密植。该品种分枝不是很多，夏播亩 1.4 万~1.8 万株。④施足底肥促苗早发。亩施有机肥 2~3t，最好在前茬施进或播前施进。施磷酸二铵 10~15kg，钾肥 5kg。⑤加强田间管理。花荚期追肥浇水，保花保荚，加强中耕防草荒，及时防治病虫害。⑥适时收获，防止炸荚。

适应区域：适宜北京地区及生态条件相同的地区春播种植。

中黄 35

品种来源：高产高油早熟大豆中黄 35（中作 122）系中国农业科学院作物科学研究所以 PI486355X 豫豆 10（郑 8431）为母本，以郑 6062 为父本进行有性杂交，采用系谱法选育而成的大豆品种。2006—2007 年分别通过国家黄淮海北片和北方春大豆晚熟组审定，审定编号为：国审豆 2006002（夏播）和国审豆 2007018（春播）。2007 年通过内蒙古审定（蒙审豆 2007005），2009 年通过吉林省审定（吉审豆 2009002）。2009 年授权植物新品种权，品种权号：CNA20060408.1。

特征特性：中黄 35 生育期 100d 左右，株高 80~90cm，有效分枝数 1~2 个，椭圆形叶，白花、灰毛、荚熟色为褐色，结荚习性为亚有限型，粒形圆，黄色种皮，黄脐，百粒重 18~20g。该品种抗倒伏，落叶性好，不裂荚。中抗大豆胞囊线虫病和大豆花叶病毒病。经农业部谷物品质监督检验测试中心检测，蛋白质含量为 38.86%，脂肪含量 23.45%。

产量表现：2003—2004 年参加国家黄淮海北片夏大豆区域试验，两年区试平均亩产 205.12kg，比对照增产 12.47%；2005—2006 年参加国家北方春大豆晚熟组区域试验，平均比对照增产 8.5%。2004—2005 年参加内蒙古春大豆区域试验，平均比对照开育 10 号增产 18.2%。2005 年参加生产试验，平均亩产 138.5 kg/亩，比对照增产 21.7%。2009—2013 年在新疆地区连续 4 次小面积亩产超 400kg，最高亩产达 421.37kg，大面积亩产 364.68kg。2011 年在北京密云亩产也达 324.84kg。

栽培措施：在新疆地区可采用滴灌化控调酸控倒伏等技术。①精细选种。选用籽粒饱满，无虫蚀、大小整齐的种子。②适期足墒播种。夏播最佳播期 6 月中下旬。春播 4 月下旬，5 月上旬。③合理密植。该品种分枝不是很多，夏播亩 1.4 万~1.8 万株。春播密度可加大到亩 1.6 万~2.0 万株。④施足底肥促苗早发。亩施有机肥 2~3t，最好在前茬施进或播前施进。施磷酸二铵 10~15kg，钾肥 5kg。⑤加强田间管理。花荚期追肥浇水，保花保荚，加强中耕防草荒，防治病虫害。⑥适时收获，防止炸荚。

适应区域：适宜北京、天津、河北、山东等地夏播；适于内蒙古、辽宁、陕西、宁夏、甘肃、吉林等地春播。

中黄 36

品种来源：高产高油早熟大豆中黄 36（中作 984）系中国农业科学院作物科学研究所以遗-2 为母本，以 Hobbit 父本经有性杂交，采用系谱法选育而成的大豆品种。2006 年通过国家审定，审定编号：国审豆 2006001。2009 年授权植物新品种权，品种权号：CNA20060408.2。

特征特性：夏播生育期 102d 左右，株高 76.6cm，有效分枝数 0.6 个，单株有效荚数 42.7 个，单株粒数 93.3 个，单株粒重 15.1g，百粒重 16.5g，卵圆形叶，白花、灰毛、有限结荚习性，株型收敛，粒形圆，黄色种皮，黄脐。该品种抗倒伏，落叶性好，不裂荚。2004 年经接种鉴定，表现为抗大豆花叶病毒病 SC3 株系，中感大豆胞囊线虫病 4 号生理小种。经农业部谷物品质监督检验测试中心测定，蛋白质含量 39.32%，脂肪含量 23.11%。

产量表现：2004 年参加国家黄淮海北片大豆区域试验，2004 年平均亩产 194.6kg，比对照早熟 18 增产 12.70%，增产极显著；2005 年平均亩产 199.6kg，比对照冀豆 12 增产 3.1%，增产显著。两年区域试验平均亩产 197.1kg，比对照品种冀豆 12 增产 1.8%。

栽培措施：①精细选种。选用籽粒饱满，无虫蚀、大小整齐的种子。②适期足墒播种。春播在 5 月上旬播种，夏播最佳播期 6 月上中旬。③合理密植。该品种分枝不是很多，夏播亩 1.4 万~1.8 万株。④施足底肥促苗早发。亩施有机肥 2~3t，最好在前茬施进或播前施进。施磷酸二铵 10~15kg，钾肥 5kg。⑤加强田间管理。花荚期追肥浇水，保花保荚，加强中耕防草荒，及时防治病虫害。⑥适时收获，防止炸荚。

适应区域：适宜北京、天津、河北中部、山东北部及生态条件相同的地区种植。

中黄 38

品种来源：中黄 38（中作 119）系中国农业科学院作物科学研究所以遗-2 位母本，Hobbit 为父本进行有性杂交，采用系谱法选育而成的大豆品种。2005 年通过河北省审定（冀审豆 2006004），2007 年通过北京和辽宁（辽审豆 2007-99）审定。

特征特性：中黄 38 为中高品种。夏播生育期 107d 左右，亚有限结荚习性，白花、灰色、椭圆形叶片，有效分枝 2~3 个，百粒重 22g，种子圆形，种皮黄色，淡褐脐，成熟时全部落叶，不炸荚，抗倒伏，中抗大豆花叶病毒病，中抗胞囊线虫病。该品种属于高产，抗病品种，增产潜力很大，籽粒商品性好。经农业部谷物品质监督检验测试中心测定，蛋白质含量为40.00%，脂肪含量20.76%。

产量表现：在河北试验增产。2005年在辽宁锦州亩产190.9kg，丹东比对照丹豆11号增产20.69%。在北京市大豆区试中增产显著。

栽培措施：①精细选种。选用籽粒饱满，无虫蚀、大小整齐的种子。②适期足墒播种。夏播最佳播期6月上中旬；春播5月上旬。③合理密植。该品种分枝不是很多，夏播亩1.5万~1.8万株。④施足底肥促苗早发。亩施有机肥2~3t，最好在前茬施进施磷酸二铵10~15kg，钾肥5kg。⑤加强田间管理。花荚期追肥浇水，保花保荚，加强中耕防草荒，防治病虫害。

适应区域：适宜北京、河北、辽宁等地种植。

京黄一号

品种来源：京黄一号系中国农业科学院作物科学研究所以中晋遗20为母本，遗-4为父本进行有性杂交，北京市农业科学院于F_4取部分种子进行选育而成的大豆品种。2004年通过北京市审定（京审豆2004005）。

特征特性：亚有限结荚习性，生育期夏播113d，春播126d。圆粒，种皮黄色，微光，褐脐，百粒重20.6g。椭圆形叶，紫花，黄色荚，灰色茸毛，直立株型，株高80cm，落叶，不裂荚。抗倒伏，抗花叶病毒病。经农业部谷物品质监督检验测试中心测定，蛋白质含量45.11%，粗脂肪含量18.19%，系高蛋白品种。

产量表现：区域试验平均亩产181.5kg，比对照早熟18平均增产13.7%。生产试验平均亩产192.2kg，比对照早熟18平均增产23.4%。

栽培措施：①最适宜播种时期。春播5月5—15日；夏播6月5—15日。②正茬精细整地。大豆重茬、迎茬，病虫害发生率高，一般减产10%~30%。合理轮作，正茬精细整地，有利于次年适时播种。③增加农家肥、化肥：一般亩施磷酸二铵10~15kg，亩施农家肥1 500~2 000kg。④机械精量点播。精选良种，亩保苗。春播1.2万~1.3万株，夏1.3万~1.5万株，尽量做到植株分布均匀。⑤防治病虫，精细管理。田间管理要及时细致，根据墒情进行灌溉，控制杂草，并及时打药防治病虫。⑥营养诊断，科学施肥。分别在开花期、鼓粒初期和鼓粒末期进行植株营养诊断，缺什么营养就补什么营养，缺多少就补多少。

适应区域：适宜在北京地区以及北京周边地区种植，春、夏播均可。

中黄45

品种来源：中黄45系中国农业科学院作物科学研究所以中黄21为母本，WI995为父本进行有性杂交，经多年株选育成的大豆品种。2009年通过北京市审定（京审豆2009003），2014年通过国家审定（国审豆2014010）。

特征特性：该品种在北京地区夏播全生育期107d，亚有限结荚习性，椭圆形叶，白花、棕毛，成熟时荚褐色。两年区试平均株高78.4cm左右，结荚高度17cm左右，单株有效分枝1~2个，主茎节数15~17节，单株有效荚数50个。籽粒圆形，种皮黄色，有微光，褐脐，百粒重18~20g，抗大豆花叶病毒病。经农业部谷物品质监督检验测试中心测定，蛋白质含量36.04%，脂肪含量23.68%。

产量表现：2007—2008年参加北京市大豆区域试验，平均亩产203.0kg，比对照科丰14增产14.9%，生产试验亩产231.4kg，比对照科丰14增产30.74%。

栽培措施：①精细选种。选用籽粒饱满，无虫蚀、大小整齐的种子。②适期足墒播种。夏播最佳播期6月上中旬。③合理密植。夏播亩1.2万~1.5万株。④施足底肥促苗早发。亩施有机肥 2~3t，最好在前茬施进或播前施进。施磷酸二铵 10~15kg，钾肥 5kg。⑤加强田间管理。花荚期追肥浇水，保花保荚，加强中耕防草荒，防治病虫害。

适应区域：适宜北京地区夏播种植。

中黄 53

品种来源：中黄 53 系中国农业科学院作物科学研究所以中作 M17 为母本，豫豆 8×D90 为父本进行有性杂交，经多年株选育成的大豆品种。2010 年通过北京市审定（京审豆 2010003）。

特征特性：生长习性直立，株型收敛，苗期胚轴绿色，灰色茸毛，较稀疏，绿色椭圆形叶，叶片背面茸毛少且短，成熟时落叶性好，北京地区春播生育期 131d 左右，株高 89.9cm，有效分枝数平均 1.8 个。白花，结荚习性亚有限型，荚熟色为褐色，不裂荚，底荚高度 11.7cm，单株有效荚数平均 68.9 个，2 粒荚为主，荚形为弯镰形。种子粒形圆，黄色种皮，黄脐，黄色子叶，百粒重 17.2g。2008 年经国家大豆改良中心人工接种大豆花叶病毒流行株系 SC3、SC7，中抗 SC3 株系，感 SC7 株系。经农业部谷物品质监督检验测试中心测定，粗蛋白 42.25%，粗脂肪 21.24%。

产量表现：2007—2008 年参加北京市大豆区域试验，平均亩产 283.3kg，比对照中黄 13 增产 23.63%，生产试验亩产 171.8kg，比对照中黄 13 增产 68%。

栽培措施：①精细选种。选用籽粒饱满，无虫蚀、大小整齐的种子。②适期足墒播种。春播最佳播期 5 月上旬。③合理密植。春播亩 1.2 万~1.5 万株。④施足底肥促苗早发。亩施有机肥 2~3t，最好在前茬施进或播前施进。施磷酸二铵 10~15kg，钾肥 5kg。⑤加强田间管理。花荚期追肥浇水，保花保荚，加强中耕防草荒，防治病虫害。

适应区域：适宜北京地区春播种植。

中黄 67

品种来源：中黄 67 系中国农业科学院作物科学研究所以中黄 21 为母本，Dekafast 为父本进行有性杂交，经多年株选育成的大豆品种。2012 年通过北京市审定（京审豆 2012004）。

特征特性：夏播全生育期 108d，比对照科丰 14 早 1d；亚有限结荚习性，卵圆叶，白花，灰毛，黄荚；平均株高 81.5cm，主茎节数 16.5 个，有效分枝 1.6 个；结荚高度 14.5cm，有效荚数 60.8 个；圆粒，种皮黄色，有微光，黄脐，百粒重 18.3g。经农业部谷物品质监督检验测试中心测定，粗蛋白 41.34%，粗脂肪 18.70%。

产量表现：2009—2010 年参加北京市大豆区域试验，平均亩产 180.3kg，比对照科丰 14 增产 13.8%，生产试验亩产 151.14kg，比对照科丰 14 增产 22.9%。

栽培措施：①精细选种。选用籽粒饱满，无虫蚀、大小整齐的种子。②适期足墒播种。夏播最佳播期 5 月上旬。③合理密植。夏播亩 1.5 万~1.8 万株。④施足底肥促苗早发。亩施有机肥 2~3t，最好在前茬施进或播前施进。施磷酸二铵 10~15kg，钾肥 5kg。⑤加强田间管理。花荚期追肥浇水，保花保荚，加强中耕防草荒，防治病虫害。

适应区域：适宜北京地区夏播种植。

中黄 54

品种来源：中黄 54 系中国农业科学院作物科学研究所以单 8 为母本，PI437654 为父本进行有性杂交，经多年株选育成的大豆品种。2012 年通过国家审定（国审豆 2012005）。

特征特性：生育期平均 134d，比对照晋豆 19 晚 4d。株型半收敛，有限结荚习性。株高 74.6cm，主茎 15.6 节，有效分枝 1.7 个，底荚高度 13.2cm，单株有效荚数 48.0 个，单株粒数

100.5粒，单株粒重18.9g，百粒重20.1g。卵圆叶，白花，灰毛。籽粒圆形，种皮黄色、微光，种脐黄色。接种鉴定，抗花叶病毒病3号株系，中抗花叶病毒病7号株系，高感胞囊线虫病1号生理小种。经农业部谷物品质监督检验测试中心测定，粗蛋白含量38.77%，粗脂肪含量19.95%。

产量表现：2009—2010年参加西北春大豆品种区域试验，平均亩产220.5kg，比对照品种增产5.1%。2011年生产试验，平均亩产249.8kg，比对照品种晋豆19增产6.4%。

栽培措施：①4月底至5月初播种，条播行距45cm。②亩种植密度1.6万株。③亩施腐熟有机肥2 000~3 000kg、磷酸二氢铵20kg作基肥，花期亩追施尿素10kg，鼓粒期酌施磷酸二氢钾。④防治病虫草害。

适应区域：适宜陕西延安及渭南地区，甘肃中部及东部，山西中部地区，宁夏中北部春播种植。

中黄73

品种来源：中黄73（中作103）于2006年以中黄38搭载于“实践八号”卫星进行诱变育种，对后代连续个体选拔育成的大豆品种。2013年通过辽宁省审定（辽审豆2013013），2018年通过天津市审定（津审豆20180002）。2018年授权植物新品种权，品种权号：CNA20171119.3。

特征特性：辽宁省春播生育期132d左右，比对照早3d，属晚熟品种。株高86.9cm，亚有限结荚习性，株型紧凑，分枝数1.9个，主茎节数18.7个，椭圆形叶，白花，灰毛，褐色荚，单株荚数54.3个，单荚粒数2.4个，籽粒圆形，黄种皮，有光泽，淡褐脐，百粒重20.1g。经人工接种鉴定，抗大豆花叶病毒SMVI号株系。经农业部谷物及制品质量监督检验测试中心（哈尔滨）测定，籽粒粗蛋白质含量40.05%，粗脂肪含量19.74%。

产量表现：2011—2012年参加辽宁省大豆晚熟组区域试验，平均亩产185.3kg，比对照丹豆11号增产9.1%；2012年参加生产试验，平均亩产191.9kg，比对照丹豆11号增产7.0%。

栽培措施：在辽宁中南部地区中等肥力以上土壤上栽培，适宜密度为1.5万~1.8万株/亩，注意施肥结合灌水。注意防治病虫草害。

适应区域：适宜在天津市夏播区和辽宁省沈阳、鞍山、锦州、丹东及大连等晚熟大豆区种植。

中作引1号

品种来源：中作引1号（中作992）由中国农业科学院作物科学研究所1997年从意大利引进Fabio大豆品种经选系繁殖并在内蒙古东南部通辽、赤峰等地区域试验，2003年通过内蒙古审定。

特征特性：该品种为半矮秆型品种，突出特点是早熟，春播全生育期为120d，亚有限结荚习性，株高60~70cm，有效分枝2~3个，白花、成熟时荚为褐色，籽粒为圆形，浅脐，百粒重18~20g。成熟时全部落叶，不裂荚；抗倒伏，抗花叶病毒病，中抗胞囊线虫病。经农业部农作物谷物品质测试中心测定，蛋白质含量39.10%，脂肪含量21.68%。

产量表现：2000—2002年在内蒙古通辽等地区域试验，亩产在160~180kg，比对照增产6%~11%。

栽培措施：该品种属半矮秆早熟品种，亩保苗可在1.5万~1.9万株，肥地宜稀，瘦地宜密。合理施肥，亩施有机肥2t和10kg磷、5kg钾肥和微量元素，如土地瘠薄花期可追氮肥10kg。在花期及结荚期干旱时及时浇水。注意防治病虫害，开花前后注意防治蚜虫等为害。在内蒙古通辽、赤峰等地5月上旬春播，在天津、北京等地可作为迟播品种，北京试验6月末播种，10月初也可成熟，要适时收获，收获太晚收获易炸荚。

适应区域：适宜在≥10℃活动积温2 800℃以上的内蒙古东南部通辽、赤峰等地种植。

献身黑土地，勤奋育秋实

——记王连铮研究员在黑龙江省农业科学院30年科学研究之路

杜维广 陈 怡 王培英 刘忠堂

摘 要：为了学习和传承我国著名农学家和大豆遗传育种学家王连铮研究员在黑龙江省农业科学院30年来的科学研究取得的显著成就。本文采用议论散文文体格式，按时间顺序，回顾了王连铮先生在从事小麦和马铃薯品种资源的搜集整理和育种工作的成就，推广面积最大的马铃薯品种克新1号的育成孕育着他的奉献；回顾了他在大豆营养生理、大豆遗传育种、大豆生物技术研究等领域作出的卓越贡献。他在大豆高产育种和品质育种及矮化育种研究等领域颇有卓越建树，育成了高产和高蛋白品种以及半矮秆新种质，提出了高产、品质和矮化育种新的理念和思路；育成当时黑龙江省具有代表性的黑农16、黑农26和黑农35等大豆新品种，累计推广7 000多万亩，分别获得全国科学大会奖、国家发明二等奖和黑龙江省科技进步二等奖。他主持和参与育成的大豆品种共18个，累计推广近1亿亩，为黑龙江省乃至全国大豆科研和产业发展作出了突出贡献。

关键词：王连铮；大豆；遗传育种；理念与思路

1 引言

王连铮是我国著名的农学家和大豆遗传育种学家、研究员、博士生导师、俄罗斯农业科学院院士，印度农业科学院院士，何梁何利基金科技进步奖获得者。

1949—1954年他在东北农学院农学系本科学习，1960年赴国立俄罗斯莫斯科季米里亚捷夫农业大学农学院农学系从事作物遗传育种研究。1962年回国，后获国立俄罗斯莫斯科季米里亚捷夫农业大学农学博士学位。先后任黑龙江省农业科学院作物育种研究所大豆育种研究室副主任、作物育种所所长、副院长、院长。1983年2月至1987年12月任黑龙江省副省长、常务副省长、党组副书记。1987年12月至1994年11月任中国农业科学院院长。1988—1995年所任职务和1988—2006年学术兼职参阅叶兴国（2010）的报道。

王连铮研究员从1957—1987年主要在黑龙江省农业科学院从事30年的作物遗传育种研究及指导农业生产工作。他科研思路敏捷，勇于创新；工作兢兢业业、勤勤垦垦、勤奋好学；他掌握俄语和英语，精通俄语。他将自己青春年华献给了这片黑土地，献给了他热爱的作物遗传育种事业，尤其是献给了大豆遗传育种的研究工作。他曾从事小麦和马铃薯品种资源的搜集整理和育种工作；著名的推广面积最大的马铃薯品种克新1号育成有他的贡献。他在大豆营养生理、大豆遗传育种、大豆生物技术研究等领域作出了突出贡献；他在大豆高产和品质育种及矮化育种研究领域也颇有卓越建树，育成高产品种黑农26、高蛋白品种黑农34和黑农35及半矮秆新种质等，并为高产、品质和矮化育种提出了新的理念和思路；他是黑龙江省野生、半野生大豆研究领域先行者之一，是黑龙江省农业科学院大豆基因工程研究领域的开拓者。他在任黑龙江省农业科学院院长和黑龙江省副省长期间，对黑龙江省农业生产作出应有的贡献。凡有建树者无不成功于勤，勤奋就是他成功之母。新的育种理念和思路决定育种出路，途径和方法关乎育种成败。他针对大豆高产和品质育种及矮化育种的目标和亟需解决的关键瓶颈问题，通过育种实践成功育成了高产、高蛋白品种和半矮秆新种质，他总结了育成品种的过程，验证育种目标设计的可靠性，提出了高产、品质和矮化育种理念和思路及其育种的途径和方法；在育种理论和思路上有突破，在育种途径和方法上有创新，在破解大豆高产育种和品质育种及矮化育种的途径和方法，这一瓶颈问题上作出了突出贡献。

他在黑龙江省农业科学院工作期间培养硕士研究生3名，他言传身教，深受学生的尊重和爱戴，培养的学生已成为各自单位的骨干力量。

他非常重视大豆遗传育种的理论研究，到目前为止在中国科学B辑、科学通报、遗传学报等重要学术刊物发表180多篇论文，合著《大豆遗传育种学》《现代中国大豆》《大豆研究50年》《大豆基因工程的受体系统》《大豆高产栽培技术》《Feedong A Billion》等专著，提供给海内外大豆科学工作者参考，并为大豆科学文献宝库增添了十分有学术价值的新内容。由于在大豆育种领域的突出贡献，2010年获得中国作物学会科学技术成就奖，2012年获何梁何利科技奖。1982年在他倡导下，黑龙江省农业科学院创刊了“大豆科学”期刊，该期刊已成为全国乃至世界大豆科技工作者展示大豆科研成果和互相交流的平台。

本文仅概括回顾和总结了王连铮在黑龙江省农业科学院30年科学研究之路。以学习和传承他对作物遗传育种尤其是大豆遗传育种研究领域作出的功绩；为以后从事作物遗传育种的科研人员提供铺垫。总结过去，展望未来，以期促进我国大豆产业发展与科技进步，进而促进作物遗传育种像“荒林春雨足，新笋迸龙雏”一样蓬勃发展。

2 春华秋实，三十年科研展硕果

2.1 五年小麦和马铃薯育种研究

1957年他协助黑龙江省农业科学院作物育种系沙锡敏副主任整理调查归类小麦品种资源和筛选优良资源做杂交亲本，同时赴各地了解新品系在区域试验和生产试验的表现。1957年7月他有幸陪同我国著名小麦育种家庄巧生研究员赴黑龙江省克山农业科学研究所、哈尔滨等地考察和讲学，深受启发和教育，从中领会和学习了老一辈科学家深入实际的作风和严谨治学态度以及丰富的学术经验。这为刚开始从事作物育种研究的他来说，是一个很好的锻炼，且获得了有益的启迪。很遗憾只干半年，又调到马铃薯育种组。该组就滕忠璠和他两人，他们从民主德国引进30多个马铃薯新品种资源，至今还有一些品种仍然在生产上应用，如和平（mira）和波友1号（epoka）等，这些品种资源中有些已作杂交亲本，利用效果很好。马铃薯克新1号是克山所张秉懿主持育成。当时黑龙江省农业科学院也做了这个组合，1960年两个育种组合并到克山所，他参加克新1号的部分选育工作。该品种已推广50多年，至今全国推广面积仍居第一位，年推广1 000万亩左右，已累计推广2亿亩以上。此品种在生产上应用时间长达51年，说明该品种水平高，适应性广。这在各种作物育成品种中是极为罕见的。

2.2 二十五年大豆科研之路

2.2.1 大豆氮磷营养研究

1962—1969年，他在黑龙江省农业科学院生物物理研究室主持大豆氮磷营养研究，发现土壤营养水平低时氮肥利用效果好，在盆栽不施磷肥条件下，施用氮肥有效，但P_{25}达到每盆1.2g时再增施氮肥用量则不再增产。当P_2O_5每盆施量增加至0.3g时，继续施氮肥增产，但P_2O_5每盆增至0.6g时，施氮作用较少，当超过2.4g时则完全无效。以氮磷配合处理均比对照增产，辐度8.2%~24%，但在营养水平不高时需要多施磷钾肥和微量元素。

2.2.2 育成黑农系列大豆新品种，高产优质增产效果显著

1970—1978年，他在黑龙江省农业科学院作物育种研究所大豆育种室从事大豆育种研究工作，是大豆育种课题主持人之一。他与王彬如研究员共同主持带领大豆育种团队成功育成黑农10、黑农11、黑农16、黑农17、黑农18、黑农19、黑农23、黑农24、黑农26等大豆新品种。

这些品种均是不同时期大豆生产上的主栽品种。王金陵教授在为黑龙江省农业科学院大豆所出版的《大豆遗传育种论文集（1980—1999）》做序言时指出，1970—1980 年，在哈尔滨绥化等广大的大豆主产地区，黑农 10、黑农 11、黑农 16 和黑农 26 等大豆品种，覆盖了该地区几乎全部大豆生产面积，增产显著，创造了显著的经济效益、社会效益和生态效益。黑农 10 和黑农 16 当时是黑龙江省中部、南部地区首次采用杂交育成的长叶四粒荚的类型。1969—1978 年，由于黑龙江省大力发展大豆和玉米间作，黑农 16 与当时主栽大豆品种相比，具有叶绿素 a/b 比值低、光合速率高、耐阴性好、株型收敛、高油（脂肪含量 22. 62%、蛋白质含量 36. 64%）、高产稳产、适应性强等特点，致使该品种的种植面积迅速扩大，仅 1977 年推广面积就达到了 250 万亩，累计推广 1 000多万亩，1978 年获全国科学大会奖。黑农 10、黑农 11 和黑农 24 大豆品种，曾获黑龙江省科学大会奖。黑农 26 是 1965 年用辐射处理的（哈 63-2294×小金黄 1 号）早熟后代系谱法育成。该品种株高 90~110cm、无限结荚习性、主茎节数较多、白花、长叶、秆强、叶柄上举、生育期为 120d、脂肪含量 21. 8%、蛋白质含量 40. 83%、百粒重 18d 左右、抗灰斑病、适应性广，属高油高产广适性大豆品种。该品种累计推广面积 3 000多万亩，1984 年获国家发明二等奖。1970 年他从吉林省农业科学院（公主岭）引进日本大豆品种十胜长叶，通过与黑农 10、黑农 11、黑农 16、黑农 18、黑农 19 等品种杂交，发现黑农 16×十胜长叶的组合为最好，他的团队培育到 F_5 代，以后由胡立成等研究人员继续对哈 6296 等品系进行产量等生态性状鉴选工作，从哈 6296-3 选出黑农 35，从哈 6296-2 选出黑农 34。故此高蛋白高产黑农 34 和黑农 35 品种，是他与胡立成共同主持育成的，其中黑农 35（黑农 16×十胜长叶），1990 年推广，原品系代号哈 76-3。株高 80~85cm，白花、灰毛、亚有限结荚习性。主茎发达，节数多。节间短、结荚密，三四粒荚多，尖叶，叶柄上举通风透光好。籽粒椭圆，种皮淡黄色有光泽，种脐黄色，百粒重 20~22g。蛋白含量 45. 24%，脂肪含量 18. 36%，属高蛋白品种类型。熟期为中早熟，生育期 115d，活动积温 2 353℃。喜肥水、秆强不倒，耐病毒病，抗灰斑病。适宜在黑龙江省第二、三积温带黑土平原区推广种植。1992 年已累计推广达 700 万亩，并大量出口，据不完全统计，后来扩大推广 2 000多万亩。1994 年获黑龙江省科技进步二等奖。黑农 16、黑农 26 和黑农 35 三个品种是当时黑农号具有代表性大豆品种，也是当时黑龙江省代表性的大豆品种，代表了黑龙江省大豆品种的育种先进水平。

此外，王彬如和王连铮带领大豆育种团队，1974—1979 年又育成推广黑农 17、黑农 18、黑农 19 三个品种。这三个品种主要在丘陵地区推广，黑农 18 是高蛋白品种，用于豆制品加工。据不完全统计，这三个品种累计推广约 500 万亩。他们育成的黑农 23 和黑农 34 由于熟期偏晚，主要在黑龙江省南部和内蒙古部分地区种植，累计推广面积 400 多万亩。在 1970—1975 年，他在该团队中主持杂交组合配制和后代选择，1970 年他配制杂交组合 50 个，培育出黑农 27-33 等 7 个大豆品种，具不完全统计累积推广约 1 647万亩。

他特别关注大豆品种种植面积的扩大推广，注意品种选育繁殖推广相结合，注意新品种转化为生产力。他在双城县青岭乡建立了黑农 10 和黑农 11 大豆品种示范繁殖推广基地；在巴彦兴隆镇建立了黑农 16 大豆品种示范繁殖推广基地；在宾县新立乡建立了黑农 26 大豆品种示范繁殖推广基地；在海伦市共和乡建立了黑农 35 大豆品种示范繁殖推广基地。这样既起到新品种示范作用，又繁殖了大豆良种，扩大新品种推广。

他在规划黑龙江省农业科学院大豆研究所育种一室大豆遗传育种研究领域的工作思路等方面作出了卓越贡献。同时建立了大豆高产育种、高蛋白高产育种、矮化育种理念与思路。有效地指导大豆育种工作，开拓大豆育种工作的新局面。

2. 2. 3　诱变育种出新成果，填补大豆资源空白

1978—1987 年，王连铮主持黑龙江省农业科学院大豆辐射育种和野生半野生大豆及生物技

术方面的研究课题，取得显著的科研成果。

1979 年与王培英共同主持诱变育种研究，获得显著成果。他和王培英利用热中子处理黑农 16×十胜长叶的后代育成了黑农 28。早期在执行黑龙江省科委“八五”项目（G91B22-01-01-03）期间，成功育成大豆突变品系 90-3527（春豆突破性高蛋白种质），是以合丰 22 为母本，P1407. 788A 为父本配制地理远缘有性杂交组合，1986 年采用 3×10^{11}热中子/cm^2 照射（合丰 22 × P1407. 788A）的 F_1 风干种子，采用混合选择法育成。该突变品系是集早熟（比合丰 22 早 5~7d，生育期 110d）、高蛋白（蛋白质含量 47. 53%）、多抗为一体的大豆新种质，其蛋白质含量之高在春大豆区大豆资源中是首创的，在国内外大豆种质库中尚未发现这样综合性状突出的高蛋白大豆材料，填补了我国大豆种质资源的空白，为优质抗病大豆育种提供了一份宝贵的种质。所应用的创新方法途径在遗传改良方面也具有重要的利用价值和较高的学术价值，达到国内外领先水平，建议于此奖励并为利用（鉴定委员会的鉴定意见，王金陵教授为主任委员，1995 年 11 月 23 日）。采用$^{60}Co\gamma$1. 0 万伦辐照“丰山 1 号”，选育出较原品种早熟 3~5d、秆强、荚密、耐轻盐碱的龙辐 73-8955 大豆突变品系。1993 年用 EMS 诱发大豆脂肪酸组成优良突变研究结果显示，大豆油中脂肪酸含量发生遗传变异，育成 518-1、643-3 等突变体，其亚油酸和亚麻酸分别为 58. 45%、7. 82%，58. 26%、6. 42%；分别比对照增加 4. 23%、2. 72%，减少 6. 92%、22. 96%。他认为在选择高亚油酸、低亚麻酸时，可以在品质分析的基础上，利用超亲育种法原理，直接选择。也可以利用油酸与亚油酸、亚麻酸的负相关，间接选择高（或低）油酸含量、低亚麻酸、高亚油酸的材料。并探讨了大豆辐射育种相关问题，有效地指导大豆诱变育种工作。

2.2.4 *黑龙江省野生半野生大豆研究领域先行者之一*

王连铮主持黑江省野生半野生大豆的观察研究和黑龙江省野生大豆的考察和研究。这两项研究结果奠定了他是黑龙江省农业科学院乃至黑龙江省野生半野生大豆研究先行者的地位。在他主持下，首次报道了黑龙江省野生半野生大豆的观察研究结果、黑龙江省野生大豆资源概况、黑龙江省野生大豆的研究结果、阐述了关于野生大豆的利用问题、同时发现野生大豆蛋白质含量高、油分低、亚麻酸含量高、油酸低。栽培大豆与此相反，可作为进化程度高低的一个指标，以及关于野生大豆的分类等。上述研究结果对了解和利用黑龙江省野生半野生大豆资源，对丰富大豆种质基因库，适应大豆科研和育种工作的需要均具有重要意义。

2.2.5 *黑龙江省农业科学院大豆基因工程研究领域的开拓者*

王连铮是黑龙江省农业科学院大豆基因工程研究领域的开拓者。其主要研究结果如下：①早在 1984 年于《中国科学》B 辑发表“大豆致瘤及其基因转移”研究论文。报道了致瘤农杆菌（*Agrobacterium tumefaciens*）的 15 个菌系对大豆致瘤作用，筛选出 7 个对大豆致瘤效果较好的菌系，找出了大豆结瘤较好的条件。对野生大豆（*Glycine soja*）、半野生（*G. gracilis*）和栽培大豆（*G. max*）的 1 553个品种和品系中筛选出 94 个结瘤品种和品系，占筛选总数的 6%，并获得了无菌愈伤组织。经生化鉴定证明，上述愈伤组织中有一部分含有胭脂碱（nopaline）。证明 Ti 质粒可以作为载体，把胭脂碱基因转移到野生大豆、半野生大豆和栽培大豆的基因组中去整合和表达，并稳定保存在大豆基因组中，成功地实现了基因转移。②对野生、半野生和栽培大豆的 1 553份基因型做了引瘤试验，从中筛选出 94 个结瘤基因型，能被致瘤农杆菌感染而结瘤，其中有些是属于光滑型的瘤组织，它们是潜在的畸胎瘤。找到一个高结瘤率的野生大豆的品系，在接种 A208 菌种时，其单株结瘤率高达 50%。初次证明 Ti 质粒在栽培大豆及半野生大豆中都可以成为一个现实的基因载体。在大豆属中成功地完成了胭脂碱基因转移。王金陵教授为黑龙江省农业科学院大豆所出版的《大豆遗传育种论文集（1980—1999）》做序言时指出：以 1 553份野生半野生基因型致瘤研究，是大豆基因工程工作的可贵基础素材。③建立了大豆基因转移高蛋白受体系统。④1985 年在《中国科学》B 辑发表了“含 T-DNA 大豆细胞系的建立”的论文。该文报道了由致瘤农杆菌（*Agrobacterium tumefaciens*）C58菌株诱发的栽培大豆“四月黄”品种的瘤组织，经过无激素的MS培养基初步筛选和标记基因产物胭脂碱纸上电泳鉴定，筛选出含T-DNA的大豆愈伤组织。经过6代悬浮继代培养以及3次单细胞筛选，成功地获得了含T-DNA的稳定的大豆细胞系。同时还建立了一个含有T-DNA的多倍体细胞系。异源的T-DNA中的胭脂碱合成酶基因在大豆细胞基因组中稳定的整合和表达。⑤早在1987年、1989年完成了不同基本培养基和不同基因型（野生大豆、半野生大豆、栽培大豆）对大豆亚属愈伤组织的诱导和再分化的影响，并研究了不同植物激素在大豆经器官分化方式再生植株过程中的单独作用和配合作用。建立了较适于大豆再生植株培养基，并获得野生变种大豆的再生植株。野生变种大豆再生植株，在当时国内外尚未见报道。这对充分利用野生大豆资源，开展大豆体细胞无性系变异等研究，具有重要意义。⑥出版了《大豆基因工程的受体系统》专著。

2.2.6　主持联合国开发计划署资助项目，推动黑龙江省大豆科研和产业的发展

1981—1989年，他主持联合国开发计划署资助项目“加强大豆科学研究以促进黑龙江省大豆生产发展”项目，任项目主任。该项目获得了92万美元支持，黑龙江省农业科学院派出大批科研人员到美国等国外进修，聘请多位国外大豆专家开展合作研究，在全国举办培训班，购置了仪器设备。该项目对全国大豆科技人才水平的提高，尤其是对黑龙江省农业科学院科技人才的培养，以及黑龙江省大豆科研和产业的发展起到了重要作用。

此外，在他任黑龙江省农业科学院院长期间，引进加拿大资助的马铃薯研究项目、日本资助的低温冷害项目、修建人工气候室、建立了哈尔滨遥感分中心等，对发展黑龙江省农业科学院的科学研究起到显著的促进作用。

2.2.7　大豆育种理念与思路的新发展

王连铮研究员在25年大豆科研道路上，勇于攀登。对大豆的叶形、结荚习性、品质性状、脂肪酸组分、产量等生态性状方面的遗传研究，均有所建树，有力地指导了大豆的育种工作。主要体现在他和王金陵教授编著的《大豆遗传育种学》一书中；体现在他和王彬如带领的大豆育种团队在育成的大豆高产、高蛋白品种和矮秆品种的过程中不断总结经验，并引进、吸收、消化他人的研究成果，提出大豆育种的理念和思路中。

（1）创新大豆高产育种理念和思路。1980年王连铮研究员在双城地区发现有的大豆品种倒伏，严重影响产量。为提高大豆产量，必须选育秆强不倒的品种。他指出提高大豆品种秆强抗倒有两个途径：一是选育矮秆（50~60cm）和半矮秆（70cm），有小分枝、尖叶通风透光较好熟期适中、病害轻、簇状花序、单株结荚多、每荚粒多（三四粒荚占的比重大）、百粒重20g左右的大豆品种。同时也需要选育株高在80cm以上，秆强不倒的大豆品种。二是对高秆大豆后代用高肥水条件筛选，从中筛选出了秆强不倒的高油高产的大豆新品种黑农26。

研究提出降低株高防止倒伏的4种途径：有限结荚习性品种间杂交，辐射有限结荚习性品种，有限与无限结荚习性品种间杂交，可产生超亲遗传和从地方品种资源中筛选亲本杂交。

关于亲本选择问题，王连铮（1980）指出，除了选择适宜本地种植的优良当家品种作为亲本外，还应考虑亲本之间的亲缘关系。应避免近缘杂交，尽量采用地理远缘和亲缘远的材料，进行杂交组配，其杂交后代表现出的遗传类型丰富，选择余地大。如利用十胜长叶和本地优良品种杂交，后代分离广泛，类型丰富。

关于提高大豆品种的丰产性问题，王连铮（1980）指出，要想提高大豆产量，除了秆强不倒伏之外，主要是增加大豆的单株荚数，每荚粒数和粒重，培育高产品种时要选择高产亲本杂交，后代在高肥条件下鉴选。

（2）创新大豆高蛋白高产育种理念和思路。王连铮通过高蛋白高产大豆新品种黑农34和黑农35的选育，提出了高蛋白高产大豆育种理念和思路。为了选育大豆高蛋白高产品种，必须合

理选配亲本，亲本的亲缘要远，综合性状要好，同时在性状上要能互补，亲本中有一个品种蛋白质含量应当高。选择十胜长叶做亲本的组合，其杂交后代蛋白质含量均较高；对高世代品系及时进行蛋白质含量的分析也非常必要。此外，亲本之一应是高产推广品种，选择的黑农 16、黑农 11、黑农 10 等均为推广良种。同时配制的组合应多，在后代中应先选优良组合，然后从优良组合中多选单株，在高世代决选时应多选品系。

同时，他还指出在大豆品质育种中，要对亲本和杂交后代的脂肪及蛋白质含量进行大量分析，并结合产量和抗性等方面来选择高脂肪或高蛋白品种。先选组合后选单株，对优良组合的高世代材料，要加大群体的数量以便提高选择概率。

（3）大豆矮化育种理念和思路。王连铮等（1980）指出，大豆矮源的产生有 4 种：一是利用有限结荚习性品种和无限结荚习性品种杂交；二是有限结荚习性品种之间进行杂交；三是用 ^{60}Co射线处理有限结荚习性和亚有限结荚习性的大豆品种（如丰地黄、东农 4 号等）；四是选择农家品种中的矮秆和半矮秆的大豆品种。他们观察了有限及无限结荚习性的品种间杂交后代株高变异情况，在 1973 年对 7013 组合（黑农 16×十胜长叶）入选的 197 个单株进行调查，80cm 以上有 111 株，占 56. 3%；60~70cm 有 64 株，占 32. 5%；59cm 以下有 22 株，占 11. 2%。7046 组合（黑农 10×十胜长叶）入选的 91 个单株中 80cm 以上的有 54 株，占 59. 3%；60~79cm 的有 30 株，占 32. 9%；59cm 以下的有 7 株，占 7. 8%。

（4）制定合理育种目标、科学选择亲本的理念和思路。他十分强调在制定某一生态区育种目标时，应对该生态区的生态条件、耕作栽培制度、大豆品种现状、生产的需求，以及以后 10 年左右上述内容的变化都要了解十分清楚，同时要吸收前辈科学家的宝贵经验，他虚心向王金陵、马育华、张子金、卜幕华等先生请教，受益匪浅，起到传承作用。

他指出育种目标有很多，如高产、超高产；优质（高脂肪应在 21. 5%以上或高蛋白应在 44%以上，应提倡大豆专用品种）；多抗性（抗病、抗虫、抗倒伏、耐旱、耐涝等，应抗当地主要病虫害）；广适性（力争超过 8~10 个纬度、适于不同生态区）等。上述诸目标产量是第一位的，在考虑产量的同时又要和其他育种目标紧密结合来考虑。

在选择育种亲本时，要广泛收集大豆品种资源（包括野生、半野生资源），重视品种资源研究，从中选择符合育种目标的品种作为育种亲本。从目前生产上应用品种来看，选择生产上大面积推广的品种，改良 1~2 个或 2~3 个性状，选择性状可以互补的两个亲本杂交比较容易成功。要根据高产优质多抗等育种目标来选择亲本，选择遗传背景丰富的材料作亲本。利用不同纬度的品种杂交可产生广适性品种；选育优质（高蛋白或高油）高产品种，其亲本之一必须是高蛋白或高油品种，同时，另一亲本必须是高产品种。

（5）大豆育种后代培育条件的理念和思路。王连铮（1980）指出，为了选育高产和适应性广的大豆品种，对大豆育种后代应放在不同肥水条件下进行培育观察和鉴定。这样才容易选出适于不同条件下的品种。黑农 26 是 1970 年利用两种不同肥力灌溉条件下进行决选，品系号为哈 70-5049，在高肥圃及一般选种圃均表现优良，因而决选后表现适应性广，高产，在大面积上得到推广。黑农 35 杂交后连续 5 年放在高肥圃条件下进行鉴定，后来在大豆高产田进行试验和选拔，因而品种表现高产。

（6）大豆北育南繁问题。用北育南繁或温室进行加代工作，缩短育种年限，加速品种选育进程。黑农 26 就是在决选当年就进行南繁，回来后在所内外进行品系鉴定，后经区域试验、生产试验审定推广的。

（7）大豆地理远缘杂交和育种中间材料利用问题。王彬如和王连铮课题组从 1970 年开始利用日本高产高蛋白品种十胜长叶和本地材料杂交获得良好的结果。从这批材料选出多个品种，如黑农 35、黑农 34 等。利用热中子处理黑农 16×十胜长叶的后代育成黑农 28 等，同时强调指出，应注意对大豆中间材料的利用和保存。

关于制定合理的育种目标、科学选择亲本的理念和思路，大豆育种后代的培育条件问题，大豆北育南繁问题，大豆地理远缘杂交和育种中间材料的利用问题，均是王连铮提出的大豆高产育种、高蛋白高产育种和矮化育种理念的重要组成部分。应综合起来有机结合形成王连铮大豆育种理念的总体思路。

3　研究制定三江平原的基本方针，收效显著

1983 年 2 月至 1987 年 12 月，王连铮在黑龙江省任副省长、常务副省长、党组副书记工作期间，对农业科学研究极为重视，提出 6 项关键农业技术被省政府采纳。同时他积极参与三江平原治理工作，在省委统一领导下，他组织省计委、省水利厅、省农场总局等单位制定三江平原治理规划，并报省委批准，同时报水利部批准。经过研究提出三江平原治理方针：挡住外水，排除内水，以稻治涝，全面发展。得到省委、省政府的同意。所谓挡住外水，就是要挡住三江平原外来的水，以免淹没三江平原；排出内水就是排出七星河、七虎林河、别拉洪河和浓江鸭鲁河等的积水，因为不少河流有些地段没有河床，必须修建河床，以便排水，三江平原的坡降仅为万分之三，所以不排水，种不了地。另外，由于地势低洼，水源充足，适宜发展水稻，因而三江平原水稻生产得到大发展。他和黑龙江省委常委、省科委主任朱典明决策在黑龙江省示范推广水稻旱育稀植栽培技术，使该项技术迅速在省内推广，促进了水稻生产的发展，在全国推广 2 亿多亩。此外，林业、畜牧业、水产业、乡镇企业得到了全面发展。据省农场总局三江局史志办介绍，仅 1975—1978 年 3 年间，王连铮副省长就到建三江管局各农场七次，与农场总局赵清景书记、王强局长、刘文举局长、朱文喜副局长、王继忠副局长以及省水利厅宋立民厅长、徐政治副厅长、省农行领导等，多次共同研究三江平原治理问题。特别是 1986—1987 年，在浓江鸭鲁河工程决策问题上，据刘文举局长指出，王连铮副省长当场拍板决定立即启动，并协助解决工程所需要的启动资金问题。由于工程启动及时，解决了当年启动当年受益问题。由于浓江鸭鲁河工程启动，使得 300 万亩土地得以被利用，当地百姓获得很大收益，对黑龙江省农业发展起到了重大作用。

综上所述，王连铮研究员在黑龙江省 30 年间的科学研究历程，取得了重要的科研成果，充分显示了他对黑龙江省乃至全国大豆产业发展和科技进步作出的突出贡献。在他任黑龙江省副省长期间，在省委、省政府的领导下，他为黑龙江省农业发展和百姓的生计作出应有的贡献，他的著作和论文也给海内外大豆科研工作者提供了有益的参考，是指导大豆科研和生产的宝贵财富，为大豆科学文献宝库增添了浓墨重彩的一笔，也为他后来选育中黄系列大豆新品种奠定了坚实的理论基础。

王连铮研究员在为黑龙江省农业科学院大豆研究所出版的《大豆遗传育种论文集（1980—1999）》做序时指出："我很留恋在黑龙江省农业科学院所度过的大好青春时光，也很留恋团结相处的集体和每一位同志。"在他离开这片黑土地调到中国农业科学院工作期间，他仍然一如既往地关心和支持黑龙江省大豆生产和科研的发展，关心和支持黑龙江省农业科学院、大豆研究所和育种一室的大豆科研工作。

我们十分感谢和认真传承王连铮研究员 30 年科学研究历程给我们留下珍贵的物质和精神财富，我们衷心祝愿王连铮研究员在大豆科研和产业发展上取得更加辉煌的成就，衷心希望黑龙江省和全国的大豆科研和产业兴旺发达，蓬勃发展。

致谢：感谢黑龙江省农场总局三江局史志办和刘文举原局长提供有关三江平原治理的部分资料，感谢王连铮研究员提供的有关他在黑龙江省农业科学院科研的资料。

参考文献（略）

根植黑土地　香飘黄淮海

——记国家科技进步一等奖获得者王连铮

近年来，一个振奋人心的消息传来，广适高产优质大豆新品种中黄13选育成功，连续九年实现全国大豆品种种植面积最大，累计推广超1亿亩，它的选育者是我国著名的大豆遗传育种学家王连铮研究员，王连铮从事大豆科学研究60余载，辛勤耕耘，硕果累累，2012年获国家科技进步一等奖。他老骥伏枥，情系"三农"，足迹遍布华夏大地，为我国大豆科技和生产事业奉献了青春和智慧。

志存高远　立志学农报国

1930年王连铮出生在文化古都辽宁省海城县腾鳌堡镇福安村，他的幼年时光是在日伪的铁蹄下度过的，他目睹日本人残害中国老百姓，从小以"非学无以广才，非志无以成学"为座右铭，努力学习文化，立志报效国家。

1945年8月日本投降，由于日伪学校解散，王连铮回到了乡下，此时比较动荡，在东北民主联军的影响下他第一次听到"没有共产党，就没有新中国"这气宇轩昂的歌曲，思想开始觉悟。1948年11月沈阳解放，12月他由于务农爱农考入沈阳农学院，1949年1月转入哈尔滨东北农学院学习农学专业。由于学校是公费，吃穿用不愁。他感觉政府十分重视学生，因此学习无任何顾虑，并且学校加强思想引导，对共产党逐渐开始认识，感觉国家有了希望，个人有了前途，政治觉悟也逐渐提高，1949年9月，他加入了中国新民主主义青年团。入团以后，他通过听党课、学党章，多次学习中国共产党的历史、任务，逐步认识到中国共产党是无产阶级先锋队，是全心全意为人民服务的革命队伍，思想觉悟不断提高。1953年4月，他加入了中国共产党，成为工人阶级和全国人民先锋队的一员。

1949年7月，为了响应毛主席在《论人民民主专政》中提出要向苏联"一边倒"，向苏联学习，走十月革命的道路的号召，王连铮参加了学校组织的俄文学习班，由俄文老师讲课，学习俄语两年，期间还学习部分植物学、动物学的知识，通过阅读大量的俄文教材，丰富了专业知识。

"民以食为天"，农是国之基础。他在东北农学院学习期间从理论和实践两个方面，全面提高了专业素质和思想文化水平。清华大学梅贻琦校长说过"所谓大学者，非有大楼之谓也，有大师之谓也"。当时的东北农学院院长刘成栋挺重视聘请国内的名流专家，像留美博士、著名畜牧专家许振英教授、著名农业机械专家余友泰教授、著名大豆专家王金陵教授、著名兽医专家黄祝封教授、著名林学家杨衔晋教授、阳含熙教授、邵均教授，著名植物分类专家刘慎锷教授及俄罗斯植物学家斯克沃尔绰夫等。王连铮正是在这些大师的教导下，在知识的海洋中畅游，打下了坚实的农学理论基础，积累了丰富的实践经验，使其终身受益。

初出茅庐　开发大兴安岭

1954年5月，王连铮从东北农学院毕业后，被分配到中央人民政府林业部调查设计局工作，参与大兴安岭的调查开发设计工作。他作为俄文翻译陪同苏联经济专家塔拉辛克和斯米尔诺夫到内蒙古海拉尔野外考察，调查当地的经济状况、开发情况，铁路、桥梁的建设情况等，然后再结合航测，汇总研究提出大兴安岭整体的开发方案。当时条件十分艰苦，林区蚊虫肆虐，没有蔬菜，只能采集野菜、蘑菇充饥。虽然条件艰苦，但为国家事业，他从不抱怨。通过四个多月的调查，他足迹遍布大兴安岭，深深感受到中国幅员辽阔、资源丰富、景观壮丽，并为中国的大好河山而自豪。

为了更好地开发利用大兴安岭，1956—1957 年，王连铮随同中央人民政府林业部的专家组到苏联学习林业调查设计。一行 5 人，由林业部调查设计局赵百武处长带队去莫斯科学习。在莫斯科首先参观考察了第七森林经理调查设计大队，随后到郊区的谢尔普霍夫禁猎区参观欧洲野牛的保护和饲养繁殖，该林场是专门划出的禁猎区，严禁开发，以保护欧洲野牛的生长。在苏联考察期间，学习了苏联先进的林木管理经验。

年轻的王连铮第一次出国，在异国他乡感觉十分新鲜，尤其对苏联的文学艺术，十分着迷。那个时候中苏友好，苏联人民十分热情。1956 年 5 月 1 日和十月革命节，他受苏方邀请登上了红场观礼台观礼，看苏联红军部队和莫斯科市民的盛大游行，场面相当壮观。他也很喜欢苏联的芭蕾舞和歌剧，如《叶夫根尼·欧涅金》《伊万·苏萨宁》《天鹅湖》等。另外，他还参观了列宁博物馆、苏军博物馆、克林姆林宫、高尔基文化公园等文化设施，感受到苏联俄罗斯等民族深厚文化艺术的熏陶。

1956 年毛主席提出“向科学进军”的号召，他听到中央号召，跃跃欲试。在苏联学习期间，他对苏联森林的开发设计工作有了比较全面的了解，自己的俄文水平也有了很大的进步，同时对苏联人的文化生活也有了深入了解，回国后却总觉得单搞翻译和所学专业结合不够，甚至有些脱节，他毅然决然放弃翻译专心投身农业科学。

赴苏深造　收获真知而归

1957 年 5 月，王连铮怀着对农业科研的满腔热情，直接返回哈尔滨黑龙江省农业科学研究所（1960 年改为黑龙江省农业科学院)，开始了自己在农业科技战线上的探索。他被分配到作物育种系，师从沙锡敏先生开展小麦育种研究。1957 年底被调到马铃薯组，参加马铃薯的品种观察、杂交、温室管理和田间选种等工作，1958—1960 年，他参加了“克新 1 号”的选育工作。该品种产量高，受到农民的普遍欢迎，累计推广 2 亿多亩，连续 16 年推广面积居全国第一。1987 年，获得国家发明二等奖。

在“三年困难时期”，王连铮深刻感悟到“民以食为天”这个颠扑不破的真理的内涵。为了提高农业科研水平，1959 年他通过努力考取了留苏研究生，1960 年 10 月赴苏联莫斯科季米里亚捷夫农学院的农学系植物遗传育种教研室攻读农学专业，他希望通过学习国外先进育种知识提高我国粮食作物的产量，以解决我国人民的温饱问题。他在国外留学期间，满怀报国热情，不负众望，勤奋努力、谦虚好学，完成了作物育种学、植物学、生物生理学和生物化学等专业课程。他深知实践出真知，搞科研工作，需要站在前人的肩膀上前进，不可能抛弃人类千百年来积累的成果和经验，特别是前辈大师们的宝贵经验。在学余期间，他遍访名师，刻苦钻研，收获了丰富的科研第一手资料和实践经验，为回国后的科研工作打下了坚实的理论和实践基础。

潜心大豆科研奉出累累成果

1963 年王连铮从苏联回国后，到黑龙江省农业科学院大豆研究所和育种研究所，主要从事大豆遗传育种和栽培生理研究。1963—1966 年，他主要参与开展大豆营养生理研究。为了提高大豆亩产，他从矿质营养入手，对不同土壤如何提高肥力，进而提高大豆产量问题进行了专题研究，提出了低产土壤施氮肥效果优于施磷钾肥，高肥力土壤施磷钾肥优于施氮肥的论点。1967—1969年，他与王培英同志合作开展大豆辐射育种研究，探讨不同辐射源，如热中子、钴60、X射线和理化因子对大豆诱变的作用。利用X线处理中国大豆品种——满仓金，育成了“黑农4号”“黑农6号”“黑农8号”“哈钴1669”等大豆品种，其含油量都比原有品种提高1%~2%。

1970年2月王连铮回到黑龙江省农业科学院作物育种所工作，他接手王彬如同志的大豆育种材料，将其放在不同肥力条件下进行鉴定，培育出“黑农26”大豆品种，含油量达21.6%，累计推广3 000多万亩，1984年获国家发明二等奖。1970—1978年，他与王彬如、胡立成共同主持育成大豆品种12个，其中“黑农35”获黑龙江科技进步二等奖，“黑农16”获全国科学大会奖，还育成黑农10、11、34等大豆品种，累计推广7 500多万亩，增产7亿多kg。

王连铮创新大豆育种理论，改进育种方法。在开展大豆品种选育的同时，对大豆产量性状及抗病性等性状的遗传规律进行了系统研究，对大豆育种方法进行了探索。1980年，他提出在育种上降低大豆株高的四种途径：即利用有限结荚习性品种与无限结荚品种杂交、有限结荚品种间杂交、辐射育种以及从地方品种筛选矮秆材料，对大豆高产育种具有较大指导意义。利用此种理论育成两个大豆品种，较好解决了高产与高蛋白的矛盾，同时育成了在生育期和蛋白质含量上均超双亲的大豆品种。在研究大豆品种性状演变规律的过程中，他发现单株粒重与群体产量极显著正相关，并用于育种实践。他重视在不同肥水条件下对杂交后代进行鉴定，并采用南繁北育、温室加代、适当缩短株行距、加大优良组合株行数和优良株系早期繁殖等行之有效的方法，加快育种进程，同时提出利用不同纬度、地理远缘、遗传背景差异大的材料进行杂交，结合异地鉴定，选育广适应性大豆品种。

王连铮在野生大豆考察、研究与利用方面取得显著成绩。1979—1982年，他主持黑龙江省野生大豆考察研究，采集野生大豆576份，蛋白含量在52%以上的4份，发现抗病材料。认为野生大豆具有蛋白质含量高、含油量低、油酸含量低、亚麻酸含量高等特点，可作为进化程度高低的评价标准；提出了野生和半野生大豆变种和变型分类新体系，认为*Glycine gracilis*不宜作为独立种。

王连铮率先开展大豆基因型致瘤反应及基因工程研究。1980—1985年，他与邵启全研究员主持开展大豆对农杆菌致瘤反应的研究，选出易致瘤品种94个，并获无菌愈伤组织，愈伤组织含有胭脂碱，证明Ti质粒可作载体将胭脂碱基因转入大豆基因组并得到整合和表达，建立了大豆基因工程载体和受体系统及大豆体细胞培养实验系统。

王连铮还积极组织黑龙江省及全国大豆科研协作，推动大豆生产发展。1981—1989年，他任联合国开发计划署资助的“加强黑龙江大豆科研促进生产发展”项目主任。项目实施后大豆总产增加了83%，单产提高了29.3%，向上级提出多份发展大豆科研和生产的建议。

老骥伏枥　谱写大豆辉煌

1987年12月，王连铮调任中国农业科学院院长，组织大豆联合攻关。1995年从行政岗位退下后全身心投入大豆科研生产中，共主持育成大豆新品种22个，累计推广1亿多亩，取得了突出成绩。他选育的中黄13大豆品种，通过了国家及9个省市审定。适宜区域在北纬29°~42°，跨3个生态区13个纬度，是迄今为止我国纬度跨度最大，适应最广的大豆品种。该品种光周期钝感，蓝光受体基因（GmCRY1a）研究揭示了适应性广的分子机理；该品种在黄淮区域创亩产312.4kg高产，安徽区试亩产202.73kg，增产16.0%，全部区试点增产，列首位；蛋白含量45.8%，百粒重23~26G。连续9年被农业部列为全国主推品种，连续9年居全国大豆品种年种植面积首位，累计推广超1亿亩，增产大豆25亿kg，新增产值100多亿元，2010年获北京科技进步一等奖，2012年获国家科技进步一等奖。

王连铮主持选育的中黄 35 连创全国大豆高产纪录。该品种通过了黄淮北片、北方春大豆、内蒙古及吉林审定，属高产高油品种。在新疆创亩产 371. 8kg，被 547 位院士评为 2007 年十大科技进展新闻之一。他通过良种良法结合创高产，利用中黄 35 结合滴灌施肥化控调酸等方法连续创高产，做到水肥同步，减少化肥流失，创新了栽培模式。2009 年在新疆创亩产 402. 5kg，实收 86. 83 亩，亩产 364. 68kg，创我国大豆大面积单产纪录。2012 年在新疆再创小面积亩产 421. 37kg 的全国高产纪录，连续 5 年被农业部列为主导品种。88 岁高龄的王连铮，老骥伏枥仍然活跃在大豆科研第一线，为我国的大豆事业鞠躬尽瘁，死而后已。

注重国际交流　享誉世界同仁

王连铮十分重视国际交流，多次参加世界作物科学大会，与国际农学界有广泛交往，介绍我国农业持续发展的经验。诺贝尔和平奖得主 N. 布劳格给他写信认为中国农业取得了重大成就，同意他的观点，认为 L. Brown 的观点不公正，后者提出谁养活中国问题，危言耸听。王连铮于 1994 年、1999 年和 2009 年，三次代表中国在世界大豆研究大会做大会报告。我国申办、筹备和主办第八届世界大豆研究大会时，他担任大会组委会副主席、学术委员会主席，在会议组织、经费筹措等方面发挥了重大作用。他被聘为联合国粮农组织顾问访问印尼、越南和孟加拉国等国，应邀做了五次学术报告，对上述国家的大豆科研和生产提出了建议。

王连铮的学术水平和在中外农业科技交流中的贡献得到国际同行的广泛认可。1982 年，他被美国密西根州立大学授予名誉校友，1988 年 6 月当选苏联农业科学院院士，1992 年当选俄罗斯农业科学院院士，1994 年当选印度农业科学院院士，同年当选英国国际农业生物科学中心理事会理事，1991 年当选粮农组织亚太区农业科研理事会常务理事。

重视成果转化　提升科技水平

王连铮深刻领会“实践出真知”的真谛，经常深入农村和大豆生产第一线了解存在的问题及技术需求，根据生产需要开展研究，使科研成果具有很强的针对性和实用性。他注意通过高产创建、现场观摩、集中培训，发放资料、电视宣传、企业参与等方式，加快新品种、新技术的推广力度，使优良品种的推广速度大大提高。在担任黑龙江省领导职务期间，他积极开展科技兴农，大力推广先进实用技术。在组织实施三江平原开发项目时，他提出的“挡住外水，排出内水，以稻治涝，全面发展”的策略得到省政府的采纳，通过改善三江平原的水利设施和建设人工湿地（稻田），较好解决了生态环境保护与农业生产发展的矛盾，使三江地区成为我国优质水稻的生产基地，对保障全国粮食安全发挥了重大作用。

另外，王连铮在任中国农业科学院院长期间，十分重视科研成果的转化与应用，1987—1994 年全院共获得国家级奖励 52 项，平均每年 7. 4 项，其中“中棉 12 号”获国家发明一等奖，累计推广面积 5 000多万亩，这对巩固和加强我院作为国家农业科研龙头地位起到了举足轻重的作用。

一生献给中国豆

——追记我国著名农学家、大豆遗传育种学家王连铮

李丽颖

他育成了“中国最牛大豆”——中黄13，自2007年起已连续9年稳居全国大豆年种植面积之首，至2018年累计推广超过1亿亩。

他从事大豆科学研究60余载，辛勤耕耘，硕果累累，主持选育大豆品种34个，多次获得科技大奖。

他情系三农，一生以大豆为伴，足迹遍布中国大豆产区，即使在生命最后时刻的病床上仍然挂念着示范田里的大豆生产。

他就是我国著名农学家、大豆遗传育种学家王连铮。

立志学农潜心大豆科研

1930年王连铮出生在辽宁省海城县，他的幼年时光是在日伪的铁蹄下度过的，他目睹日本人残害中国老百姓，从小以“非学无以广才，非志无以成学”为座右铭，努力学习文化，立志报效国家。

1949年1月，王连铮进入哈尔滨东北农学院学习农学专业，他的系主任是大豆育种学家王金陵教授，受王金陵授课所吸引，王连铮从此爱上了大豆育种。

1957年，王连铮毅然放弃翻译工作，怀着对农业科研的满腔热情，回到在哈尔滨的黑龙江省农业科学研究所工作，开始了自己在农业科技战线上的探索。

1959年王连铮通过努力考取了留苏研究生，1960年10月赴苏联莫斯科季米里亚捷夫农学院的农学系植物遗传育种教研室攻读农学专业，他希望通过学习国外先进育种知识提高我国粮食作物的产量，以解决我国人民的温饱问题。

1963年王连铮来到了黑龙江省农业科学院大豆研究所和育种研究所，开始从事大豆遗传育

种和栽培生理研究。

1967—1969年，王连铮与王培英合作开展大豆辐射育种研究，育成了黑农4号、黑农6号、黑农8号和哈钴1669等大豆品种，其含油量可提高1~2个百分点。

1970—1987年，王连铮与王彬如、胡立成共同主持育成大豆品种12个，其中黑农35获黑龙江科技进步二等奖，黑农16获全国科学大会奖。

王连铮的大豆科研之路始终围绕着国家大豆产业需求，解决大豆生产实际问题。20世纪70—80年代，黑龙江省部分地方大豆发生倒伏，望着减产甚至绝收的大豆田，王连铮心急如焚，不解决倒伏问题他寝食难安。经过细心观察和育种实践，王连铮于1980年提出了矮化育种目标，即降低大豆秸秆的高度，增加其强度，并提出了降低大豆株高的4种途径，即利用有限结荚品种与无限结荚品种杂交、有限结荚品种间杂交、辐射育种以及从地方品种筛选。这4种途径对指导育种有较大意义，他利用此种理论育成了2个大豆品种。

王连铮在试验中还发现，野生大豆资源每个位点的等位基因显著多于栽培品种，因此，在1979—1982年，王连铮主持了黑龙江省野生大豆的考察及研究，共采集野生大豆576份，发现了一些抗病性好、多荚和高蛋白的材料；同时，发现了野生大豆蛋白质含量高、含油量低、油酸含量低、亚麻酸含量高的特点，并将这个特点作为进化程度高低的评价标准，为大豆新品种培育提供了新途径。

老骥伏枥育成“中国最牛大豆”

在王连铮的众多农业科研成果中，让人至今都无法超越的“高峰”是大豆中黄13，称其为“中国最牛大豆”一点也不为过。中黄13是近20年来全国仅有的年推广面积超千万亩的大豆品种，近30年来唯一累计推广面积超亿亩的大豆品种，也是唯一获国家科技进步奖一等奖的大豆品种。

每当提起中黄13，王连铮喜爱之情溢于言表：“这个品种最大的特点就是产量高、适应性广。”

1995年，60多岁的王连铮从中国农业科学院院长的位置上退了下来，全身心投入大豆科研生产中。选育新品种是件艰苦而长期的工作，为了育出优质高产广适的大豆品种，高温酷暑，风吹雨打，王连铮都没停下过脚步，在研究所与田间地头往返穿梭，查看大豆长势，看看是否经得起风雨的考验。他的品种选育绝不是指挥别人干，而是自己干。中国农业科学院作物科学研究所研究员韩天富回忆说，那年秋季，“王院长亲自在昌平基地选种，打着手电筒在晒场脱粒”。

豆秸由绿变黄，豆荚由瘪变鼓……一年又一年。中黄13的选育工作是1992年开始的，当时课题组以豫豆8号为母本、中90052-76为父本杂交，经过近6年的选育试验，其后代达到了王连铮要求的效果——产量高，品质好，株高整齐，性状不分离。

自1998年开始，中黄13开始接受生产鉴定评比，据测算，该品种可以实现增产20%~40%，并且由于它的广适性先后通过了国家以及安徽、河南、湖北、陕西、山西、北京、天津、辽宁和四川9个省（市）审定。

“一般的大豆品种能通过四五个省的审定就不错了，可以说，新中国成立以来全国没有一个大豆品种的适应性超过中黄13。”王连铮自豪地说。

高产稳产是农民喜欢中黄13的最主要原因。中黄13在黄淮海地区曾创造亩产312.37kg的单产纪录，在推广面积最大的安徽省区试平均亩产202.7kg，增产16.0%，全部25个试点均增产，产量列参试品种首位。

在宿州种植中黄13大豆的农民用“皮实耐用”来形容它。中黄13具有多抗性，抗倒伏，耐涝，抗花叶病毒病、紫斑病，中抗胞囊线虫病。自2002年推广以来，无论何种年景从未出现过绝产绝收的情况。

以中黄 13 为广适高产骨干亲本培育出新品系 308 个，其中参加国家和省级区试新品系 38 个，整体提升了我国大豆育种水平。

王连铮主持选育的中黄 35 连创全国大豆高产纪录。该品种通过了黄淮北片、北方春大豆、内蒙古及吉林审定，属高产高油品种。他通过良种良法结合创高产，利用中黄 35 结合滴灌施肥化控调酸等方法连续创高产，做到水肥同步，减少化肥流失，创新了栽培模式。2009 年在新疆创亩产 402. 5kg，实收 86. 83 亩，亩产 364. 68kg，创我国大豆大面积单产纪录。2012 年在新疆再创小面积亩产 421. 37kg 的全国高产纪录，连续 5 年被农业部列为主导品种。

肩负责任扛起国产大豆旗帜

中黄 13 通过国家审定的 2001 年，中国加入了世贸组织。因此，中黄 13 的发展、推广一直伴随着中国大豆产业和进口大豆激烈搏杀的过程。

国内大豆种植因受到进口影响，不断萎缩，甚至出现了放弃国产大豆的说法，但王连铮一直坚持身体力行地为大豆站台打气，坚定不移地开展国产大豆的育种与推广。“听到国家每年进口几千万吨大豆的消息，我立刻想到能不能做点力所能及的事来减少些大豆进口。我一辈子搞大豆，我觉得自己有责任。”

中黄 13 培育成功了，王连铮并没有止步不前，他想的是尽快将这一科技成果转化为生产力，“农业科技最重要的是服务生产，我们搞育种的，最希望看到的就是新品种真正能给农民带来增产增收，所以育种、审定、推广是我们必须做的工作。”王连铮说。

王连铮经常说，推广是一个比较艰难的阶段，需要得到农民的认可，否则很难扩大种植面积。农民是“不见兔子不撒鹰”，眼见为实，这是可以理解的，因为地只有那么点，如果不慎重，出了问题，全家人的温饱都将受到影响。王连铮经常深入农村和大豆生产第一线了解存在的问题及技术需求，根据生产需要开展研究，使科研成果具有很强的针对性和实用性。

2018 年 12 月 26 日，在北京八宝山举行的王连铮同志遗体告别仪式上，有几位特别的“朋友”从各地赶来为他悼念送行，这些朋友就是种植或推广中黄 13 的农民。

来自山东嘉祥的刘道峰告诉记者，“我是从网上看到王院长去世的消息，还有来自河南和安徽的农民，我们都是王院长和他的中黄 13 的受益者，靠种植或卖种子富起来的。”

来自安徽濉溪的农民刘超回忆说：“当时我只是听说农科院有个好品种，就自己找到北京想代理这个品种，副部长、院长在我们心目中是高高在上的，没想到是院长亲自接待我的，详细询问了当地大豆种植情况。”

中国农业科学院作物科学研究所所长刘春明研究员说：“品种不光是种子，在什么地方种、怎么种、出了问题怎么办，都需要专家指导，不是卖了种子以后就什么都不管，王院长经常到田间地头看。”

刘超还记得有一次，天气预报淮北大旱，王连铮马上打来电话：“今年听说你们淮北大旱，中黄 13 怎么样？今年产量受不受影响？”一个大专家亲自关心农民地里的大豆，让刘超深受感动。

王连铮通过高产创建、现场观摩、集中培训，发放资料等方式，加快新品种、新技术的推广力度，使优良品种的推广速度大大提高。

正是优良品种的大面积推广，使得以中黄 13 为代表的国产大豆品种和中国大豆产业一样，不仅没有倒下去，而且发展壮大。

目前，我国食用大豆绝大多数由国产大豆提供，高蛋白大豆育种是我国大豆育种的优势和主要特色。我国已经育成一批蛋白质含量在 45%以上的高蛋白大豆品种，个别品种蛋白含量甚至超过50%。特别是在加入世贸组织以后，在严酷的市场环境下，黄淮南部地区的大豆种植不仅没有萎缩，反而有所扩大。

韩天富说："可以说，王院长是非常具有预见性和超前性的科研工作者，他不仅服务当下，也在为未来育种。"以王连铮为代表的团队，针对中国大豆主产区的情况进行了相应的品种、技术研究，为中国大豆的发展奠定了基础，为未来大豆产业的提升提供了技术储备。

即使在生命最后时刻的病榻上，王连铮仍然关注、关心着挚爱着一生的大豆产业。2018年9月21日，在中黄13第一亿亩收获仪式举行的当天，韩天富还接到了王连铮从病房里打来的电话，询问今年大豆的生产情况。

一生伴"豆"，一生奋"豆"，这就是王连铮，流淌在血液里的是他对土地的深情、对农业的忠诚、对人民的热爱。正如王连铮在自传中所写："科研是我的事业之根，无论从事什么领导工作，我从不停止自己在农业科研道路上探索的步伐。我喜爱大自然，也喜欢农业，因为民以食为天。无数次走进田间地头，晚秋摇铃的豆荚吸引人更深入地钻研进去，因为很多大自然的问题并未完全破解。老百姓对科技的渴求我感同身受。试验、示范、推广，当如若胎儿的科研成果终于转化成农民田里增多的收成，兜里增加的收入，我由衷地感到欣慰。"

本文原载：农民日报，2019-01-04（005）